LEHRBUCH DER PHYSIOLOGIE DES MENSCHEN

VON

PROFESSOR DR. MED. RUDOLF HÖBER

SIEBENTE AUFLAGE

MIT 307 ABBILDUNGEN

SPRINGER-VERLAG BERLIN HEIDELBERG GMBH

ISBN 978-3-642-89852-5   ISBN 978-3-642-91709-7 (eBook)
DOI 10.1007/978-3-642-91709-7

Vorwort zur ersten Auflage.

Wenn ich zu den zahlreichen Lehrbüchern der Physiologie des Menschen noch ein weiteres hinzufüge, so bedarf es wohl eines Wortes der Rechtfertigung, um so mehr, da die weite Verbreitung mancher der schon vorhandenen Lehrbücher und das immer sich wiederholende Verlangen nach neuen Auflagen Zeugnis von ihrer Güte ablegt.

Aber mir schwebte ein Werk vor, das in mancher Beziehung anders beschaffen sein sollte, als die, die wir haben. Der Leser sollte in meinem Buch weniger von dem Werkstättenbetrieb der Physiologen spüren, sollte weniger bemerken, wie in mühseliger Kleinarbeit die Erfahrungen aneinander und ineinander gefügt werden, ihm sollten nicht die Fugen des Mosaiks und die klaffenden Lücken in dem Maß auffallen, daß sie vielleicht das Gesamtbild verwirren oder mindestens seinen ästhetischen Eindruck abschwächen. Ich wollte versuchen, mit breiterem Pinselstrich ein Bild der Physiologie zu entwerfen, auf die Gefahr hin, den Näherstehenden zu enttäuschen, weil er manche gewohnt gewordene oder ihm auch besonders wichtig dünkende Einzelheit vermißt. Die Lektüre sollte dadurch weniger der Arbeit einer ermüdenden Fußwanderung gleichen als einem erfrischenden Ritt durch ein reizvolles Gelände.

Das war der Plan. Daß mir seine Ausführung geglückt ist, erscheint mir selber zweifelhaft, und ich muß es dem Leser anheimstellen, zu entscheiden, ob es ein überflüssiges Beginnen war, den alten Wein wieder einmal in einen neuen Schlauch zu füllen.

Kiel, im Mai 1919.   **RUDOLF HÖBER.**

Vorwort zur sechsten Auflage.

Es sind zwar wiederum erst $1^1/_2$ Jahre vergangen, seit die letzte Auflage erschien; dennoch sah ich mich der Notwendigkeit gegenüber, mein Buch an vielen Stellen abzuändern. Was noch vor einiger Zeit der akademische Lehrer als ein Wagnis ansah, auch jüngste Ergebnisse der Forschung vor seinen Hörern vorzutragen und sie dabei sogar in den dramatischen Kampf der Meinungen mit hineinzustellen, dazu muß sich heute, scheint mir, auch der Verfasser eines Lehrbuchs mehr und mehr entschließen. Allüberall überstürzen sich die umwälzenden Ereignisse; so auch in der Physiologie. Aber nicht immer scheiden sich aus dem noch heißen Magma alsbald die klaren Kristalle ab, die man erwartete; scheinbar Erhärtetes wird da umgeformt und dort überwuchert; das Auge muß fort und fort umherschweifen, damit ihm keine bedeutungsvollen Gebilde entgehen. Wer es unternimmt, einen Überblick über Stand und Aussichten der wissenschaftlichen Klärung zu geben, der wird darum notgedrungen ein subjektives, vielleicht auch stellenweise fehlerhaftes Bild des in raschem Tempo fortschreitenden Werdeprozesses zeichnen. Zum Glück gibt es zahlreiche Beobachtungsstellen, und mit Freuden ergreife ich die Gelegenheit, um allen Kollegen herzlich zu danken, die mein verantwortungsvolles Unternehmen mit Vorschlag, Kritik oder Tadel fördern halfen, und bitte sie, mich auch künftig zu beraten.

Kiel, im September 1931.   **RUDOLF HÖBER.**

Vorwort zur siebenten Auflage.

Wem es beschieden ist, in rascher Aufeinanderfolge immer wieder ein Lehrbuch der Physiologie des Menschen neu zu bearbeiten und die vielen Erfahrungen zu nutzen, die der wohltuende Zwang der Vorlesungen dem verantwortungsbewußten und dem nach Klarheit strebenden akademischen Lehrer zuträgt, der wird sich stets von neuem dieselben schwerwiegenden Fragen vorlegen, wie er sein Beginnen vor sich selbst rechtfertigen kann. — Die eine Frage folgt aus dem fast beklemmenden Anblick des ungeheuren Anschwellens physiologischer Erkenntnisse, der, wie in den Vorlesungen vor den Studierenden, gerade so auch bei der Niederschrift eines für sie bestimmten Lehrbuchs dazu zwingt, aus der Fülle des durch die Forschung Errungenen eine Auswahl zu treffen, die ganz unvermeidlich subjektiv, die zufällig und willkürlich, die öfter auch gewagt und anfechtbar sein wird, und die sogar manchmal bewußt ein neu entdecktes Grundphänomen beiseite schiebt, weil es vorerst die angestrebte Einheit des dargestellten Gemäldes stört. Die Sorge hierum wird nur gemildert, wenn sich, wie mir, die erwünschte Gelegenheit bietet, in kurzen Zwischenräumen das einmal Gesagte zu revidieren und, gestützt auf die vielfältige und willkommene Kritik der Fachgenossen, das sozusagen impressionistische Bild von gestern durch ein vielleicht wahreres von heute zu ersetzen. —Eine zweite drückende Frage entspringt aus dem Widerstreit zwischen dem Streben des Forschers, der unter bewußter Einengung seines Blickfeldes in die Tiefe bohrt, und demjenigen des Lehrers, der das ausgedehnte Gebiet, über das hinweg die Ergebnisse aus der Tiefe zutage gefördert wurden und noch werden, „nur" überschauen will. Es scheint mir indessen, daß dieser Widerstreit heute dadurch leichter geschlichtet werden kann, daß es zusehends besser gelingt, aus der Physiologie des Menschen mehr zu machen, als eine bloße Aufzählung zahlreicher Einzelheiten, als die sie uns Älteren in unserer Studienzeit oft noch erschien, und dadurch wird es gerade dem, der das ganze weite Feld zu überschauen gewohnt ist, vielleicht leichter als dem ausschließlich Forschenden glücken, die zahllosen Sonderergebnisse in einer Art schöpferischer Synthese zusammenzufassen, so daß der menschliche Organismus als ein Ganzes, begreifbar in sich Zusammenhängendes in Wort oder in Schrift vor den Lernenden ersteht, und dies immer wieder zu versuchen, halte ich für die lohnendste Aufgabe, die vor seinem Auditorium angehender junger Ärzte der akademische Lehrer der Physiologie zu erfüllen hat.

Philadelphia, im April 1934.

                                 RUDOLF HÖBER.
                                 z. Z. Gastprofessor an der
                                 University of Pennsylvania.

Inhaltsverzeichnis.

Einleitung.

Die Erforschung des Lebendigen.

Die Physiologie des Menschen bildet nur einen kleinen Bezirk in dem weiten Feld der Lehre von den Lebenserscheinungen, aber denjenigen Bezirk, welcher für das Studium der Medizin und für die Ausübung der ärztlichen Tätigkeit naturgemäß weitaus die größte Bedeutung hat. Dennoch soll in diesem Buch, das sich an die werdenden und an die im Beruf stehenden Ärzte richtet, nicht gleich das Hauptthema angeschlagen werden, sondern, da es das Ziel aller physiologischen Forschung ist, das Phänomen des Lebendigen zu erklären, also die unterscheidenden Merkmale aufzusuchen, mit denen sich das Tote vom Lebendigen abgrenzen läßt, so ist es auch dem Standpunkt des Arztes, der der Vernichtung des Lebendigen entgegenarbeitet, angemessen, wenn das Thema der Physiologie zunächst in seiner allgemeinen Fassung erörtert und eine Klarheit darüber angestrebt wird, mit welcher Aussicht auf Erfolg die Analyse der Lebenserscheinungen überhaupt betrieben werden kann.

Es sind Zweifel darüber laut geworden, ob bei dem gegenwärtigen Stand der physiologischen Forschung von einer Lösung ihrer Aufgabe auch nur im entferntesten die Rede sein könne. MULDER hat zur Kennzeichnung dieses Standes den lebenden Organismus mit einem Haus verglichen, durch dessen Tor man wohl allerhand Dinge hineintragen, aus dessen Schornstein man den Rauch abziehen und aus dessen Nebenpforten man Abfälle und Schlacken wegtransportieren sieht, während das Interessanteste, das ganze innere Getriebe, dessen Anblick uns erst Zweck und Sinn der äußeren Vorgänge erkennen ließe, unserer Wahrnehmung entzogen ist, und GUSTAV v. BUNGE hat es ausgesprochen, daß, wenn wir die Strömung des Blutes, die Formänderung des Muskels, die Elektrizitätserzeugung durch den erregten Nerven, die Wärmebildung in den Drüsen messen, wir nur Äußerungen der Lebensvorgänge analysieren, nicht aber diese selber, daß alle diese Erscheinungen ebensowenig das Leben seien, wie die Bewegungen der Blätter und Zweige an einem Baum, der vom Sturm gerüttelt wird, oder wie die Bewegung des Blütenstaubes, den der Wind von der männlichen zur weiblichen Pappel hinüberträgt.

Man muß es nun in der Tat einräumen, daß auch heute, mehrere Jahrzehnte, nachdem diese Urteile gefällt wurden, trotz aller großen Fortschritte, die errungen sind, und die namentlich auch dem Arzt manche wirkungsreiche Waffe zur Bekämpfung der Krankheiten in die Hand gaben, *noch keine einzige der fundamentalen Lebensäußerungen völlig durchschaut* ist: wir sind weit entfernt von einer gesicherten Vorstellung, auf welche Weise die Zellen, die ein jedes Organ aufbauen, die Nahrung in sich aufnehmen, wir stehen den Ausscheidungsprozessen ohne ein auch nur halbwegs genügendes Verständnis gegenüber, die Konstitution der gebräuchlichsten Mittel für den chemischen Betrieb der Organismen, die Konstitution der Fermente, ist uns fast noch ein Buch mit sieben Siegeln, wir wissen nicht, worin der Mechanismus der Muskelverkürzung besteht, das Wesen des Wachstums ist uns unbekannt. Überall ist das Fazit bisher ein Ignoramus.

Aber wir können diesen Stand der physiologischen Forschung auch begreifen, ihn sozusagen vor dem Jahrhundert naturwissenschaftlicher Triumphe entschuldigen. Die lebenden Wesen sind Naturerscheinungen, geradeso wie ein Fluß, ein Berg, eine Wolke, und wenn wir irgendeinem dieser Gebilde mit dem Anspruch gegenübertreten, es völlig zu begreifen, so werden wir finden, daß es uns an den Fähigkeiten dazu gebricht. Wir sehen eine Wolke in ihrer bestimmten, aber bizarren und unregelmäßigen Form; wir haben wohl die Überzeugung, daß diese ihre gegenwärtige Form die Resultante zahlreicher physikalischer Kräfte von bestimmter Größe, die nach bestimmten Gesetzen wirken, darstellt, aber da die Form von der Temperatur, der Luftbewegung, der Lichtbestrahlung, dem Elektronengehalt der Luft, der Gravitation und noch vielem anderen abhängig ist, so ist es für uns ein Ding der Unmöglichkeit, die Form der einzelnen Wolke zu erklären, d. h. alle bei ihrer Formung angreifenden Kräfte quantitativ zu bestimmen. Nur wenn wir den Wasserdampf, welcher die Wolke bildet, dem Experiment unterwerfen, d. h. wenn wir möglichst alle Bedingungen für seine Formung konstant halten, bis auf eine, die wir allein variieren, nur dann können wir von einer Gesetzmäßigkeit in seiner Erscheinungsweise sprechen. Geradeso ist ein jeder Organismus eine Naturerscheinung, das Produkt zahlreicher Kräfte und darum an sich unanalysierbar, aber der experimentellen Erforschung deshalb noch ganz besonders unzugänglich, weil das Leben im allgemeinen an die *Mikroform* der Zelle gebunden ist, und diese ist ausgestattet mit einer *Mikrostruktur*, die so fein ist, daß wir sie nicht direkt nachweisen können, die wir mutmaßen, und die die Zelle fast zu einem noli me tangere macht, da wir bei jedem experimentellen Eingriff in die Zelle Gefahr laufen, das Leben zu zerstören. Hinzukommt ein überaus kompliziertes chemisches Verhalten im Innern dieser Mikrostruktur, das sich ebenso in der Größe und Vielgestaltigkeit der wichtigsten Molekülarten wie auch in der Mannigfaltigkeit der zahlreichen gleichzeitig verlaufenden und ineinander spielenden Reaktionen äußert.

Angesichts dieser offenbaren Schwierigkeiten, welche sich demjenigen entgegentürmen, der sich die Erforschung der Lebensvorgänge zum Ziele gesetzt hat, ist es eigentlich begreiflich genug, wenn sämtliche von der Physik und Chemie in den letzten hundert Jahren zur Verfügung gestellten verfeinerten Forschungsmittel die Physiologie nicht weiter gefördert haben als bisher. Trotzdem gibt es manche, welche jetzt schon sagen, daß die Gesetze der Physik und Chemie, welche im Reich des Anorganischen walten, nicht die einzigen sein können, welche die Vorgänge in der lebenden Substanz dirigieren, daß *das Leben vielmehr einer ganz anderen Kategorie von Erscheinungen angehört* und *grundsätzlich* in anderer Weise für die Forschung erschließbar sei als eine Wolke oder ein Gebirge; es komme noch ein spezifisches Unbegreifliches hinzu, eine „Lebenskraft", eine „anima inscia", ein „spiritus rector", der kräfteentwickelnd oder kräfterichtend in das Walten der anorganischen Kräfte eingreife. Fragen wir, worauf sich diese Ansicht hauptsächlich gründet!

Um das zu verstehen, müssen wir zunächst versuchen, das Lebendige zu definieren, das *gemeinsam Unterscheidende* aufzufinden, durch das sich das Lebende gegen das Tote abgrenzen läßt, also **Kriterien des Lebens** zu finden.

Das Leben ist durchweg an eine Substanz von bestimmter **chemischer Beschaffenheit** *gebunden.* Sie wird als *Protoplasma* bezeichnet. Daß das Protoplasma freilich im Ganzen Träger des Lebens ist, wird oft bestritten. Es ist auch gewiß nicht zweifelhaft, daß manche seiner geformten Einschlüsse, wie Stärkekörner, Ölkugeln, Kristalle von Eiweiß, von Oxalat und dergleichen durchaus nicht als belebt gelten können. Aber genauer im Protoplasma abzugrenzen, wo das Leblose aufhört, und wo das Lebendige anfängt, ist unmöglich. Jedenfalls ist das Wesentliche eine Summe von „organischen" Verbindungen wie *Eiweiß, Lezithin, Sterin, Kohlehydrat* u. a.; denn wir kennen keine lebende Substanz, in welcher diese nicht anwesend wären. Nun wissen wir aber seit langem, daß die Bildung der organischen Verbindungen keine Domäne der Lebewesen ist, sondern daß auch im Reagenzglas die Bildungsbedingungen künstlich erzeugt werden können. Zwar ist es dem Chemiker noch lange nicht gelungen, alle in den Organismen vorkommenden Verbindungen auch synthetisch herzustellen, vor allen Dingen nicht die niemals fehlenden *Eiweißkörper* und die ebenfalls niemals fehlenden *Fermente*; dennoch kann man wohl sagen, daß es bei den gewaltigen Fortschritten, welche die organische Chemie im Laufe der letzten 60 Jahre gemacht hat, nur eine Frage der Zeit ist, daß auch diese Ziele erreicht werden. Jedenfalls kann die Existenz der für das Protoplasma charakteristischen Verbindungen schon heute nicht mehr die Aufrichtung einer Schranke zwischen dem Anorganischen und dem Organischen rechtfertigen, welche mit den Mitteln der Physik und der Chemie nicht zu übersteigen wäre. Aber selbst wenn es heute den Anschein hätte, als könnte man der Schwierigkeiten der Synthese des Eiweißes, der Fermente u. a. niemals Herr werden, so würde man doch nicht behaupten können, daß deshalb das Leben ein spezifisch unbegreifliches Phänomen ist; denn ein einzelner Eiweißkörper oder ein einzelnes Ferment lebt ebensowenig wie Zucker oder Fett oder Lezithin. Man hat zwar öfter das Mysterium der lebendigen Substanz auf den Hauptzeugen ihrer chemischen Eigenart übertragen und von „lebendem Eiweiß" gesprochen, aber ohne jeden zureichenden Grund.

Etwas anderes ist es, wenn wir die Frage aufwerfen, wie aus der Mischung aller charakteristischen organischen Stoffe mit den anorganischen Verbindungen und dem Wasser Leben hervorgehen kann. Aus dieser Mischung resultiert nämlich *eine Kette chemischer Umsetzungen, welche, solange das Leben besteht, niemals abreißt.* Sie wird durch einen besonderen Namen zu einem wichtigen Kriterium des Lebens gestempelt, nämlich als **Stoffwechsel** bezeichnet. Jeder lebende Organismus steht mit seiner Umgebung in Austausch, er nimmt gewisse Stoffe als Nahrung auf und gibt andere als seine Ausscheidungen ab; dazu vollziehen sich Umsetzungen im Innern. Aber die Kontinuität der chemischen Reaktionen genügt nicht zur Definition des Stoffwechselbegriffs. Wenn die Kohlensäure der Luft ein Kalkgebirge in Jahrtausenden fortgesetzt zerfrißt, so ist das kein Stoffwechsel. Der chemische Umsatz im Organismus ist im allgemeinen dadurch gekennzeichnet, daß trotz seiner Kontinuität die lebende Substanz sich nicht aufzehrt, sondern für das, was verbraucht und zerstört wird, wird entweder durch Nachlieferung von Nahrung oder durch Synthese — z. B. durch Synthese von Kohlehydrat aus Kohlensäure und Wasser bei den grünen Pflanzen —, Ersatz geschaffen, und geschieht der Verbrauch der

lebenden Substanz in zeitlich wechselndem Maß, so paßt sich die Nachlieferung dem an, wie auch umgekehrt Schwankungen in der Nachlieferung
durch Regelung der Zersetzungen kompensiert werden. So wird bei vielen
Tieren im Winter, wenn die Nahrung knapp wird, der Verbrauch von
Körpermaterialien automatisch gebremst, und andererseits weckt ein gesteigerter Zerfall von lebender Substanz, etwa infolge von Arbeit, das
Bedürfnis nach Nahrung. Das Ergebnis ist daher ein stoffliches Gleichgewicht; d. h. aber nicht ein stabiles Gleichgewicht, bei welchem die
Konstanz des Zustandes auf der Ruhe der Teile basiert, sondern ein
stationäres Gleichgewicht infolge von Bewegung des Stoffes, welcher die
lebende Substanz mit einer im Mittel konstanten Geschwindigkeit passiert, die das Bestehen *selbstregulatorischer Einrichtungen* zur Voraussetzung hat.

Ist nun, in diesem Sinne verstanden, der Stoffwechsel etwas spezifisch
Vitales, analogielos und unbegreiflich? Wir wollen die Frage beantworten,
indem wir die wesentlichen Einzelheiten hervorkehren.

Was zunächst den *Verbrauch der Protoplasmabestandteile* anlangt, so
konnte es bis vor wenigen Jahrzehnten noch als etwas Wunderbares erscheinen, daß Substanzen wie Stärke, Fett, Eiweiß u. a., welche an sich
einen durchaus beständigen Charakter haben, innerhalb des Protoplasmas
mit Leichtigkeit zerfallen. Indessen weiß man jetzt, daß diese Zersetzlichkeit
im wesentlichen von der Gegenwart einer großen Zahl verschiedener Fermente herrührt, welche nach Analogie der anorganischen Katalysatoren die
Reaktionsfähigkeit vermehren.

Die Kehrseite des Zerfalls im Stoffwechsel, die *Synthese*, kann gleichfalls nicht als ein Reservat der Lebewesen angesehen werden. Jede chemische Reaktion ist natürlich in gewissem Sinn eine Synthese insofern, als
das Verschwinden der Reaktionskomponenten mit dem Auftreten neuer
Verbindungen Hand in Hand geht. Gemeint ist hier aber nur die Neubildung, welche unfreiwillig, d. h. unter dem Aufwand von Energie zustande
kommt. Das Prototyp für solche im Stoffwechsel des lebenden Wesens
zustande kommenden Synthesen ist die Photosynthese der Kohlehydrate
in den grünen Pflanzen. In der Tat muß man sagen, daß das Reich der
Organismen gegenüber dem Reich des Anorganischen durch das Vorkommen solcher aufbauenden Prozesse, die zur Bildung von Molekülen
mit komplizierter Struktur führen, ausgezeichnet ist, insbesondere das
Reich der Pflanzen, in deren Körper Kohlehydrate, Eiweißkörper und Fette,
Harze, Alkaloide, Farbstoffe und vieles andere aus einfachen Stoffen, zum
Teil aus den Elementen unter Energieverbrauch erzeugt werden. Aber
analogielos ist auch dies keineswegs. Nicht bloß, daß der Chemiker auch
künstlich alle die Bedingungen für die Synthese der komplizierten organischen Verbindungen herzustellen vermag; auch speziell für die Synthese
der Kohlehydrate unter Aufwand von strahlender Energie gibt es Analoga,
etwa in der Umwandlung von Anthrazen in Dianthrazen unter der Wirkung
des Lichts, während im Dunkeln freiwillig der Wiederzerfall des Dianthrazens in Anthrazen zustande kommt.

Die **selbstregulatorischen Einrichtungen**, welche beim Stoffwechsel Verbrauch und Nachlieferung regeln, sind außerordentlich zahlreich und sind
die Ursache dafür, daß sich die Organismen in so auffälliger Weise gegenüber den Kräften der Außenwelt zu behaupten vermögen. Als Beispiel
für ein höheres Tier sei etwa die Situation gewählt, bei der infolge einer zu
hohen Außentemperatur das Tier Gefahr läuft, übererwärmt zu werden

und an der zu hohen Innentemperatur zugrunde zu gehen. Selbstregulatorisch schützt sich das Tier alsbald dagegen, indem es durch Hineintreiben von warmem Blut in die Haut das Temperaturgefälle in die Umgebung steiler macht, indem es die Wärmeproduktion in den Muskeln und großen Drüsen einschränkt und ähnliches. Aber hierin gleicht das Tier doch wieder einigermaßen einem Anorganismus, wie es eine Maschine ist, welche die Überhitzung und damit Überspannung des Dampfes in ihrem Kessel selbstregulatorisch mit der Öffnung eines Ventils beantwortet, durch das der Wärme- und Spannungsüberschuß beseitigt wird.

Diesem mehr energetischen Beispiel von Selbstregulation lassen sich aber auch solche an die Seite stellen, in welchen die stoffliche Seite der Kompensation von Verbrauch und Nachlieferung stärker in den Vordergrund tritt. Wenn etwa ein Muskel zur Leistung von Arbeit sein Depot von Kohlehydrat aufzehrt, dann wird automatisch das in der Leber abgelagerte Kohlehydrat mobilisiert und dem Muskel als Brennmaterial nachgeliefert. Aber in vergleichbarer Weise regeln sich, wie schon LIONARDO DA VINCI bemerkte, Verbrauch und Nachlieferung auch in der Flamme einer brennenden Kerze. Indem im oberen Ende des Dochtes das geschmolzene Stearin verbrennt, wird von unten her weiter verflüssigtes Stearin in die Kapillaren des Dochtes nachgesogen. Zündet man die Kerze an, so verbrennt zunächst bloß das Stearin im Docht, dann wird die Flamme durch Aufbrauch des Stearins kleiner und kleiner und nähert sich dem unteren Dochtende, dort schmilzt sie neues Stearin, und so wird selbstregulatorisch die „ausgehungerte" Flamme genährt und vergrößert sich wieder. Dies Spiel wiederholt sich in kleinerem Maßstab bei jeder Störung der Verbrennung.

Daß dem *stofflichen stationären Gleichgewicht* ein energetisches stationäres Gleichgewicht entspricht, wurde bereits vermerkt. EMIL DU BOIS-REYMOND hat dafür einen eigenen Ausdruck, *dynamisches Gleichgewicht*, geprägt, um damit ein besonderes Kriterium des Lebens hervorzuheben, nämlich die Tatsache, daß ein stationärer Strom von Energie durch den Organismus hindurchgeht. Es ist nicht immer ganz ersichtlich, zu welchem Zweck Stoff und Energie im Innern des Protoplasmas fortwährend wechseln. Zum Teil ist der Grund hierfür, daß fast unausgesetzt Arbeiten geleistet werden müssen, um Eingriffe von seiten der Außenwelt rückgängig zu machen und so zur Außenwelt Stellung zu nehmen. Ferner sind sicherlich zwecks Aufnahme von Stoff, Verteilung im Zellinnern, räumlicher Trennung der Stoffe innerhalb der Feinstruktur des protoplasmatischen Gefüges und Abscheidung nach außen osmotische Arbeiten zu leisten. Beim höheren Tier muß zudem ein Strom von Energie in Gestalt von Wärme den Körper durchsetzen, damit seine Temperatur auf einer gewissen Höhe erhalten werden kann. Nur beiläufig sei daran erinnert, daß die organischen Bedingungen für diesen temperaturerhaltenden Wärmestrom in jeder Konstruktion eines Thermoregulators ihr anorganisches Analogon haben.

Wenn nun auch insoweit qualitativ eine Ähnlichkeit zwischen den verschiedenen Charakteristika des Stoffwechsels und gewissen anorganischen Vorgängen festzustellen ist, so sind im einzelnen, namentlich was die Selbstregulationen anlangt, die quantitativen Unterschiede doch so groß, daß man zweifeln muß, ob von einer brauchbaren Analogie, die auf Erklärungswert Anspruch hat, überhaupt noch die Rede sein kann. Zu solchen Vorgängen gehören vor allem manche *Regenerationen*. Tötet man z. B. bei einem Seeigelei im Zweizellen-Stadium die eine Blastomere, so entwickelt sich die andere doch zu einer vollständigen, nur kleineren Pluteuslarve. Aber viel merkwürdiger noch sind die Regenerationen bei ausgewachsenen Tieren. Schneidet man z. B. aus dem Leib einer Planarie durch zwei Querschnitte einen Streifen heraus, so sproßt aus dessen vorderer Schnittfläche ein neuer Kopf hervor mit Nervensystem, Augen, Darmkanal und anderen Organen, während aus der hinteren Fläche ein Schwanz auswächst, so daß ein neues verkleinertes Tier entsteht. Oder überläßt man ein nach Lage und Größe beliebiges Teilstück einer Aszidie von der Gattung Clavellina sich selbst, so regeneriert daraus eine typische kleine Aszidie mit Kiemenkorb, Eingeweidesack, Einströmungs- und Ausströmungsöffnung. Höchst wunderbar ist auch die Regeneration der Linse bei Triton; während normalerweise die Linse bei der Embryonalentwicklung vom Hornhautepithel aus gebildet wird, wuchert nach ihrer Entfernung eine neue Linse aus einem ganz anderen Ort hervor, nämlich aus dem oberen Rand der Iris. Einer anderen Kategorie von Regulationen gehört die Antikörperbildung an. Spritzt man z. B. einem Hund Gänseblut in seine Blutbahn, so reagiert er auf diese Fremdsubstanz mit der Produktion von „Antikörpern", welche ganz spezifisch dazu befähigt sind, das Fremdblut zu beseitigen, sei es durch Bindung und Ausfällung der Eiweißkörper, sei es durch Verklumpung und Auflösung der Blutkörperchen, welche von der Gans herstammen. Diese und ähnliche Selbsthilfen machen besonders deshalb den Eindruck des Unbegreiflichen und mit den anorganischen Vorgängen Unvergleichlichen, weil sie unter außerordentlichen Bedingungen zustande kommen und dadurch den Eindruck einer unbedingten Zweckmäßigkeit und Zielstrebigkeit in dem Reaktionsvermögen der lebendigen Substanz hervorrufen.

In der Tat fehlt es auch an einleuchtenden Erklärungen hierfür. Und dennoch müssen wir wohl, bevor wir daraufhin das Walten spezifisch vitaler Kräfte postulieren, uns klarmachen, daß wir von den Vorgängen im Innern des Protoplasmas, die hierbei hauptsächlich maßgebend sind, noch ungeheuer wenig wissen. Gerade für die Regeneration kommt es zweifellos auf die anererbten Dispositionen und Strukturen an. Das Vorhandensein von Protoplasmastrukturen können wir aber, wie schon einmal gesagt wurde, bisher nur mutmaßen, z. B. schon darauf hin, daß das Protoplasma, auch wenn es ziemlich homogen aussieht, doch oft ebensowenig verträgt, durcheinander gerieben zu werden, wie ein Uhrwerk einem zertrümmernden Schlag trotzt, wobei da wie dort die chemischen Bestandteile durch den Eingriff an sich nicht verändert werden. Und von den sicherlich strukturellen Eigenarten, welche die Basis für die Erberscheinungen bilden, können wir uns trotz aller bewundernswerten Fortschritte, auch trotz aller Hinweise auf die gesetzmäßige Anordnung der Gene in den Chromosomen doch nur eine recht vage Vorstellung machen. Aus diesen Gründen ist es wohl angemessen, die auffallende Erscheinung der organischen Regulationen als Forschungsproblem aufzufassen, statt Skepsis und Resignation aus ihnen herzuleiten, um so mehr, als die Wissenschaft erst in der Neuzeit sich in diesen Richtungen bewegt hat. Zudem lehren etwa für das Beispiel der Regeneration der Tritonlinse neuere Studien, daß man doch wohl zu einem besseren Verständnis derselben vordringen kann; die vorher genannte Clavellina-Regeneration verliert an Mystik durch die neuerliche Feststellung, daß in dem regenerierenden Teilstück fast alle Zellen zugrunde gehen bis auf wenige zerstreut liegende Zellen, die einen embryonalen Charakter, also wohl auch embryonale Potenzen bewahrt haben, und von denen allein die Neubildung ausgeht. Und wenn es auch nur eine vage Analogie ist, so ist das Phänomen, daß ein Kristall eine abgebrochene Ecke aus seiner Mutterlauge regeneriert, daß ein zerbrochener Hämoglobinkristall sich sogar durch bloße Verschiebungen in seiner halbfesten Substanz zu einem vollständigen nur kleineren Kristall umformt, doch vielleicht nicht bloß äußerlich mit den geschilderten regenerativen Neubildungen verwandt.

Zu den weiteren Kriterien des Lebens gehört neben der chemischen Zusammensetzung und den im Stoffwechsel sich äußernden chemischen Umsetzungen auch diejenige **physiko-chemische Beschaffenheit** der lebenden Substanz, welche ihre eigenartige Konsistenz, ihren — wie man es genannt hat —, *festflüssigen Aggregatzustand* bedingt. Dieser rührt von *Kolloiden* her, welche ähnlich wie der Leim, der ihnen den Namen gegeben hat, in Wasser aufquellen und Gallerten bilden, deren Widerstand gegen Formänderungen zwischen dem des festen und dem des flüssigen Aggregatzustandes die Mitte hält. Die „Biokolloide" gehören im wesentlichen den chemischen Gruppen der Eiweißkörper, der Kohlehydrate und der Phosphatide an. Sie sind aber keineswegs ein Sonderzeichen des Lebendigen. Als Beweis dafür sei etwa an den Irrtum des Bathybius Haeckelii erinnert, diese gallertige Masse, die, vom Boden der Tiefsee heraufgebracht, anfänglich für ein einfachstes in der Organisation noch unter den Amöben stehendes Wesen gehalten wurde, bis man feststellte, daß der zähe Schleim in der Hauptsache aus kolloidalen Erdalkalisalzen besteht. Die Konsistenz einer festeren oder weicheren Gallerte kommt in der Tat aller lebenden Substanz zu. Deshalb spielen auch in all den vielfältigen Versuchen, einfachste Lebewesen mit künstlichen Mitteln zu imitieren, Kolloide eine wichtige Rolle.

Die Bedeutung des kolloidalen Zustandes ist darin zu erblicken, daß durch ihn das Protoplasma eine Form erhält, nicht bloß eine *äußere Körperform*, sondern auch eine *innere Struktur*; zugleich besitzt aber die formgebende Substanz die Eigenschaft, ähnlich wie eine Flüssigkeit, wie ein Lösungsmittel und somit im Gegensatz zu den festen Körpern, das Spiel chemischer Reaktionen zu erlauben und, wiederum ähnlich wie eine Flüssigkeit, unter dem Einfluß äußerer und innerer Faktoren leicht die Form zu verändern.

Die Formen, die die Organismenwelt aufweist, sind dadurch vor der Welt des Anorganischen gekennzeichnet, daß sie bei aller Vielgestaltigkeit sich immer wiederholen, wie die charakteristischen Formen der Bäume und Kräuter, der Schmetterlinge, der Fische und der Vierfüßler. Zwar fehlen auch im Anorganischen die bestimmten stets wiederkehrenden Formen nicht völlig, wir finden sie in den Kristallen; aber die Mannigfaltigkeit ist geringer, das Ungeformte überwiegt bei weitem. Beim Kristall ist die gesetzmäßige Form das Ergebnis bestimmt gerichteter Atomkräfte; erst die Anwendung der modernen Hilfsmittel der Physik, besonders die Untersuchung der Kristalle mit monochromatischem Röntgenlicht hat ja offenbart, daß ihre Form von der in den Molekülen zustande gekommenen bestimmt gerichteten Ordnung der Atome abhängt. Mit den gleichen Mitteln ist aber auch neuerdings gezeigt, daß zahlreiche der aus Kolloiden bestehenden formbildenden Strukturen bei Pflanzen und Tieren, wie die gewachsenen Zellulosefasern und die Muskelfibrillen, aus kristallartig nebeneinander gelagerten Makromolekülen von bestimmter Gestalt bestehen. Die optische Untersuchung der kolloidalen Lösungen hat ferner ergeben, daß auch die in ihnen herumschwimmenden Ultramikronen oft ganz bestimmte Formen haben, die Form von Stäbchen oder von Plättchen, und daß sich diese — wahrscheinlich auf Grund elektrischer Kräfte, die auf ihrer Oberfläche verschieden verteilt sind, — von selbst in den Lösungen in bestimmter Weise anordnen und nicht in beliebiger Richtung herumwimmeln. In diesen Ergebnissen sind wohl brauchbare physikalische Grundlagen für eine künftige Physiologie der Formbildung zu erblicken, die bisher noch fast völlig mangelten.

Man hat den Vergleich der organischen Form mit der Kristallform öfter gescheut, weil der Kristall ein stabiles Gleichgewicht, der Organismus dagegen ein stationäres Gleichgewicht darstellt. Deshalb wurde der Vergleich mit einem Wasserfall oder einem Springbrunnen vorgezogen, weil bei diesen, trotz der Konstanz der Form, ein lebhafter Wechsel des Stoffes stattfindet. Noch brauchbarer wäre das Bild einer Flamme, in deren Innerem sich chemische Prozesse vollziehen. Aber gegen diese Modelle spricht, daß bei ihnen die Form und der Wechsel des Stoffes untrennbar sind; mit dem Aufhören des Stoffstroms verschwindet auch die Form, während der Tod bei den Organismen den Stoffwechsel, den Chemismus völlig umändert und zum Teil zum Stillstand bringt, ohne daß die Form davon zunächst mitbetroffen wird.

Mit dem Formwechsel einerseits, mit dem Stoffwechsel und besonders mit den regenerativen Vorgängen andererseits sind äußerlich und innerlich **Fortpflanzung, Wachstum** und **Entwicklung** verwandt, — Erscheinungen, welche die belebte von der unbelebten Materie in besonders augenfälliger Weise unterscheiden. Es mag hier darauf verzichtet werden, auf die vielfachen Analogien zwischen der Fortpflanzung durch Teilung und dem Zerfall von Flüssigkeiten in Tropfen unter verschiedenen Bedingungen, zwischen dem Wachstum des Organismus und dem appositionellen Wachstum der Kristalle, dem osmotischen „Wachstum" innerhalb von semipermeablen Membranen und dergleichen näher einzugehen. Auf alle Fälle sind ja die genannten organischen Phänomene etwas viel Komplizierteres und im einzelnen noch recht rätselhaft. Aber Physiologie und Entwicklungsmechanik sind ja auch bis in die neuere Zeit noch meist an ihnen vorbeigegangen, die Physik beginnt erst, wie wir eben sahen, zu diesem Thema Beiträge zu liefern.

Unter Entwicklung versteht man nicht bloß die *Individualentwicklung*, die Ontogenie, sondern auch die *Stammesentwicklung*, die Phylogenie. Daß eine derartige Entwicklung stattgefunden hat, bezweifelt heute niemand; die Paläontologie bringt dafür schlagende Beweise in den Petrefakten; hinzukommen die stammesgeschichtlichen Reminiszenzen, welche bei der Individualentwicklung in gewissen Embryonalanlagen, wie den Kiemenbögen, dem Herzschlauch, den Aortenbögen auftauchen. So gilt es als sicher, daß die Lebewesen sich von den einfachsten Formen bis zu den kompliziertesten im Lauf von Jahrmillionen allmählich entwickelt haben. Es ist im Grunde genommen eine Frage der Physiologie, welche Kräfte dies zuwege brachten. Man glaubte jahrzehntelang fast allgemein die Erklärung dafür in DARWINS Prinzip von der natürlichen Auslese im Kampf ums Dasein, in dem Prinzip von dem Überleben des Passendsten gefunden zu haben. Aber heute hat man erkannt, daß, selbst wenn der Kampf ums Dasein sich in dem Umfang abspielte, wie es die Darwinisten angenommen haben, nach wie vor das große Rätsel zu lösen bliebe, wie eigentlich die fortgeschritteneren „passenden" Varianten immer von neuem und in der gleichen Richtung, „orthogenetisch" und nicht beliebig richtungslos entstehen. Die Vervollkommnung, und vor allem die Vervollkommnung nicht bloß in einem einzelnen Organ, sondern die gleichzeitige harmonische „korrelative" Abänderung in verschiedenen funktionell zusammengehörigen Organen, oder im Sinn der Vererbungslehre ausgedrückt: die gleichzeitige abgestimmte Veränderung bestimmter

Gene oder Gengruppen, die notwendig ist, wenn eine bessere Anpassung an die Umgebungsbedingungen resultieren soll, setzt innere Entwicklungsgesetze voraus, die uns noch unbekannt sind. Wir kennen wohl äußere Einflüsse, welche bei allen möglichen Organismen bleibende und sogar erbbeständige „Mutationen" hervorrufen können, — Schmetterlingen kann z. B. durch hohe oder durch niedere Temperatur eine andere Farbe aufgeprägt werden, so daß die neu entstandene Variation sich über Generationen vererbt, Heferassen können durch hohe Temperatur dauernd die Fähigkeit verlieren, Sporen zu bilden — und an solchem veränderten Material könnte vielleicht der Kampf ums Dasein auslesend im Sinne besserer Anpassung wirken. Aber wie die äußeren Faktoren die innere Umprägung, vor allem die Umprägung im Sinne einer allgemeinen Vervollkommnung bewirken, das wissen wir, wie gesagt, nicht. Freilich ist selbst solch eine organische Entwicklung nicht völlig ohne Analogie im Anorganischen; die Kosmogonie, etwa nach der Hypothese von KANT und LAPLACE, ist solch ein Beispiel für eine anorganische Entwicklung. Aber zu einem Verständnis für die differenzierende Gestaltung der Organismen hilft uns dieser Vergleich in keiner Weise.

Wir wenden uns bei der Aufzählung von Kriterien des Lebens an letzter Stelle zu der **Beseeltheit,** welche die Lebewesen vor den anorganischen Gebilden auszeichnet — oder auszeichnen soll. Denn wir müssen dies Kriterium alsbald beanstanden, sobald wir uns die Frage vorlegen, woher das Urteil, daß die Lebewesen durch seelische Regungen ausgezeichnet sind, stammt. Zunächst kennen wir das Seelische nur aus uns selber; wenn ein Licht in unser Auge fällt oder wenn wir uns stoßen, so empfinden wir das Licht und den Stoß. Wenn wir dagegen Empfindungen und Gefühle in andere Wesen hineinlegen, so ist das nur ein Analogieschluß, den wir ziehen, weil wir die anderen Wesen sich ähnlich verhalten sehen, wenn sie ein Reiz trifft, wie wir es tun. Ein Mitmensch lauscht wie ich auf einen Ton, ein Hund heult, wenn er einen Schlag erhält, ein Wurm windet sich, wenn er verletzt wird. Aber Analogieschlüsse können trügen. Schon das Mienenspiel eines Mitmenschen können wir mißdeuten; ein Anencephalus, d. h. eine menschliche Mißgeburt ohne Gehirn, verzerrt das Gesicht wie vor Ekel, wenn Chinin auf seine Zunge gebracht wird, und schreit, wie vor Hunger, wenn er lange nichts zu trinken bekommen hat; bei einem Regenwurm, den man in der Mitte durchschneidet, krümmt sich am auffallendsten der hintere Teil, als ob die schmerzempfindende Seele nur dort säße; die Ameisen, die weit von ihrem Bau fortkriechen und sich nicht verirren, sondern wieder heimfinden, und die über Angehörige aus einem anderen Bau, denen sie draußen begegnen, herfallen, während sie die Mitinsassen des eigenen Baus ungeschoren lassen, erwecken den Eindruck, als besäßen sie eine außerordentliche Ortskundigkeit und ein großes Personalgedächtnis, und doch sind sie nur von sehr einfachen Geruchseindrücken, auf die sie reflektorisch antworten, beherrscht; das Infusor scheint seelischen Regungen zu folgen, wenn es unberechenbar „willkürlich" bald hierhin, bald dorthin steuert. Aber verfährt man in dieser Weise, dann kann man all und jedes beseelen; der Hund, welcher die Peitsche flieht, handelt dann gerade so aus egozentrischen Trieben, wie die Pflanze, deren Wurzel sich vom Licht abkehrt und in den Boden strebt, und wie die Erde, die kreisend den von der Schwerkraft erstrebten Sturz in den glühenden Sonnenball vermeidet. Wir enden im Panpsychismus; der gehobene und losgelassene Stein „sucht" dann die Erde, die Spitze der Magnetnadel „flieht" dann den Nordpol und „strebt" zum Südpol, „Liebe" und „Haß", „Eros" und „Polemos" treiben dann die Atome zueinander hin und voneinander fort.

Wir vermögen also keine Angaben darüber zu machen, wann und wo das Psychische in der Welt zuerst in primitivsten Regungen auftritt. Aber für die Erforschung der Lebensvorgänge ist das auch gleichgültig; denn welchen erkenntnistheoretischen Standpunkt wir auch immer einnehmen, mögen wir der Welt als naive oder praktische Realisten und Dualisten gegenübertreten und mit dem Glauben an eine objektive Realität der Außenwelt dieser das seelische Ich entgegenstellen, oder mögen wir als Idealisten die Welt, wie wir sie auffassen, als die Schöpfung unserer Sinne erkennen, — für den Physiologen kommt es auf das gleiche hinaus. So werden uns die unverständlichen, weil unberechenbaren Bewegungen des Infusors, das unter anscheinend homogenen Umgebungsbedingungen jetzt in dieser, gleich darauf in jener Richtung schwimmt, nicht im geringsten verständlicher, wenn wir in das Infusor seelische Stimmungen hineinlegen; wir versperren uns höchstens damit den Weg zur Erkenntnis. Denn beim näheren Zusehen erscheint es geradezu unerlaubt, behaupten zu wollen, daß in der unmittelbaren Umgebung des Infusors gar keine richtenden Unterschiede vorhanden wären, ganz abgesehen davon, daß auch lokale Veränderungen im Innern den Anreiz zur Bewegung abgeben können. Bei solcher Art von Tierpsychologie kehrten wir auf den primitiven Standpunkt des Naturerkennens zurück, auf dem der Mensch den Donner durch den Jupiter tonans, den Umlauf der Sonne durch die Fahrt des Sonnengottes erklärte. Und selbst wenn es einmal glücken sollte, die physikalischen und chemischen Vorgänge im Gehirn festzustellen, welche mit bestimmten seelischen Prozessen einhergehen, so würde uns von dem gewöhnlich eingenommenen realistischen Standpunkt aus der Gegensatz zwischen Soma und Psyche geradeso unüberbrückbar vorkommen, wie vorher. Das wäre aber kein Grund, das einstige Ignorabimus von DU BOIS-REYMOND von neuem mit Resignation zu zitieren, da ja unser Unvermögen, den Gegensatz zu überbrücken, nicht anders zu beurteilen ist als die Unmöglichkeit der Quadratur des Kreises. —

Blicken wir auf unseren Versuch, den Begriff des Lebendigen anschaulich zu machen, zurück! Wir stellen fest, daß zur Charakteristik der belebten Substanz eine besondere chemische und physiko-chemische Beschaffenheit gehört, ferner ein besonderer als Stoffwechsel bezeichneter chemischer Umsatz, die Fähigkeit der Selbstregulation gegenüber äußeren Kräften, die Eigenart der Form und die Fähigkeit des Formenwechsels, die Fähigkeit der Fortpflanzung, des Wachstums und der Entwicklung. In dieser K o m b i n a t i o n von Eigenschaften ist das Lebendige unzweifelhaft vom Toten und Anorganischen unterschieden, es stellt sich als *eine ganz besondere, sonst nirgends vorkommende Konstellation von Stoffen und Kräften* dar. Haben nun aber deshalb diejenigen recht, welche behaupten, daß die Physiologen, solange sie allein die Gesetze der Physik und der Chemie als „Hebel und Schrauben" anwenden, niemals zu der Klarheit der exakten Naturwissenschaften vordringen können, daß nur die Anwendung ganz besonderer Erklärungsprinzipien die Lösung des Lebensrätsels bringen kann?

Es kann gewiß keinem Zweifel unterliegen, daß das Ziel der physiologischen Forschung noch unendlich fern ist, ja daß wir sogar erst an den Anfängen der Erkenntnis stehen, daß noch kaum e i n e physiologische Aufgabe sich ohne Rest hat lösen lassen. Wohl wird man große Fortschritte in unserer Kenntnis von der chemischen Beschaffenheit und vom Stoffwechsel anerkennen müssen; demgegenüber müssen wir uns jedoch bei der Betrachtung der organischen Regulationen, des Formwechsels, der Fortpflanzung, des Wachstums, der Entwicklung vorläufig mit recht vagen Analogien im Anorganischen zufrieden geben. Auch wurde schon hervorgehoben, daß wichtige Organfunktionen des höheren Tiers, auf dessen Erforschung Mühe und Scharfsinn in besonders reichem Maß aufgewendet wurden, daß die Kontraktilität des Muskels, die Aufnahme von Nahrung in die Organzellen, die sekretorischen Leistungen der Drüsen und anderes noch fast unanalysierbar sind. Dennoch ist es gewiß verfrüht, Verzicht zu leisten und das Ignoramus mit einem Ignorabimus zu übertrumpfen. So verkehrt es uns vorkommt, wenn der Angehörige einer primitiven Rasse einem ihm gänzlich unverständlichen Wunderwerk der Technik eine besondere unbegreifliche Kraft beilegt, ebenso falsch ist es, wenn man beim Studium des kompliziertesten aller Naturvorgänge einen Deus ex machina an den Anfang der Forschung postiert, in einer Zeit, in der die besten Köpfe eben erst an der Arbeit sind, mit allen nur irgend erreichbaren Werkzeugen der Wissenschaft die Gebäude der Physik und der Chemie zu fundamentieren, und im Studium der Atomeigenschaften bei der gewohnten kausalen Betrachtungsweise auf Rätsel stoßen ganz ähnlich denen, die manche Biologen in das Lager der Vitalisten getrieben haben. Stellen wir heute schon die These auf, daß die Gesetze, welche in der anorganischen Welt herrschen, nicht ausreichen, das Phänomen des Lebens zu erklären, dann werfen wir damit dem mutig vorwärts Strebenden nur Steine in den Weg; denn Physik und Chemie sind diejenigen Naturwissenschaften, welchen wir fast ausschließlich die bisherigen Errungenschaften der Physiologie zu danken haben, während die besonderen Lebenskräfte, die man uns nicht außer acht lassen heißt, um das Leben verstehen zu lernen, noch von keinem nachgewiesen wurden.

Wenden wir uns nun unserer speziellen Aufgabe, der *Physiologie des Menschen*, zu! Sie ist auf alle Fälle das interessanteste und wichtigste Kapitel der ganzen Physiologie, mag man sie vom Standpunkt des Arztes, des Philosophen, des Naturforschers oder des Nationalökonomen betrachten. Sie ist auch die Wurzel aller Physiologie; denn beim Menschen hat die Physiologie angefangen, wie überhaupt alle und jede Wissenschaft eine anthropozentrische Basis hat. Es ist der uralte Kampf, den die Menschheit gegen die andringenden Kräfte der Natur führt, der ihm unter dem Zuruf: „tua res agitur" Hebel und Schrauben, Reagenzglas und Seziermesser geschaffen und in die Hand gedrückt hat, es ist die Not, die ihn immer wieder von neuem zugleich zum Objekt und zum Subjekt der Forschung macht; das gilt von den primitivsten Anfängen der Wissenschaft an bis in die jüngste Zeit, wo uns Weltkrieg und wirtschaftliche Not zwangen, uns immer wieder von neuem auf die Eigenschaften unseres Körpers zu besinnen, wo wir, das Schreckgespenst des Hungers drohend vor uns, probieren mußten, ob der Darm nicht doch in reichlicherem Maße Zellulose aufzuspalten vermag, ob er etwa die Glyzerinkomponente der Fette zugunsten der Erzeugung von Explosivstoffen entbehren und dafür andere Ester der Fettsäuren verwerten kann, und ob die allgemeine Eiweißnot sich nicht vielleicht durch einen teilweisen direkten oder indirekten Ersatz des Eiweißstickstoffs durch Ammoniakstickstoff bekämpfen läßt. — Daß schließlich dieser Abschnitt der Physiologie für den Medizinstudierenden, also für den angehenden Arzt der anziehendste ist, weil

von ihm aus die Wege in das Gebiet der Pathologie führen, das ist
selbstverständlich. —

Verteilen wir nun zunächst den Stoff, welcher hier gesichtet werden soll.
Wir halten uns zu dem Zweck an den oft gebrauchten Vergleich des mensch-
lichen Körpers mit einer Maschine; dann werden wir, in Anlehnung an deren
Betrieb, von der Brennstoffaufnahme, von der Ventilation des Verbren-
nungsraumes, von der Krafterzeugung durch Umwandlung des Brenn-
stoffs zu reden haben und werden damit auf Kapitel mit den Überschriften:
*Nahrungsaufnahme und Verdauung, Atmung, Stoff- und Energiewechsel,
Erzeugung von Wärme und mechanischer Arbeit* hingewiesen. Die speziellen
Einrichtungen in unserem Körper, welche der Verteilung der eingenommenen Brennstoffe und der Entfernung der Verbrennungsschlacken dienen,
erheischen dazu noch in besonderen Kapiteln die Besprechung der Physiologie des *Kreislaufs* und der *Bildung und Entleerung von Harn und
Schweiß*.

Alle diese eben genannten Funktionen finden wir bei sämtlichen Lebewesen, und weil man ihnen a u c h bei der Pflanze begegnet, heißen sie **vegetative Funktionen**. Im Gegensatz dazu spricht man von **animalen Funktionen,**
welche ein Kennzeichen des Menschen und des höheren, des beseelten Tieres
sind, und welche im allgemeinen auch bei der Maschine fehlen; das sind
diejenigen Funktionen, vermöge deren das höhere Wesen vornehmlich aus
der Rolle des trägen Dulders heraustritt, um zu sichtlichen Lebensäußerungen, zu aktiver Stellungnahme gegenüber den Änderungen und
Angriffen der Außenwelt, zu deutlicher Beherrschung des Anorganischen
überzugehen. Diese Funktionen sind die der Reizbarkeit und der
vielfältigen Reaktionsfähigkeit durch Muskelaktion; sie werden in den
Kapiteln der *Physiologie der Sinnesorgane und des Nervensystems* und in
den Kapiteln über *Bewegung, Lokomotion, Stimme* und *Sprache* erörtert.

Erster Teil.

Physiologie der vegetativen Funktionen.

1. Kapitel.

Die Aufnahme der Nahrung und ihre Veränderung in der Mundhöhle.

Nahrungsmittel und Nahrungsstoffe 13. Das Ziel ihrer Verdauung 15. Der Speichel 15.
Die Fermente und die Theorie der Fermente 16. Die Arbeit der Speicheldrüsen 20.
Die sekretorischen Nerven 21. Speichelreflexe 23.

Die Aufnahme der Nahrung wurde soeben mit der Zufuhr von Feuerungsmaterial bei einer Maschine verglichen. Dort wie hier entspringen die Leistungen der chemischen Energie, welche von dem zugelieferten Stoff unter Zutritt von Sauerstoff hergegeben werden kann. Freilich liegen die Verhältnisse insofern eigenartig, als das Maschinenmaterial auch selber mit zu Feuerungsmaterial werden kann, wenn die Nahrungszufuhr eine Unterbrechung erleidet, wie umgekehrt die Nahrung in Maschinensubstanz umgewandelt werden, also zum Aufbau von Körpersubstanz Verwendung finden kann. Auch insofern hinkt der Vergleich mit der Maschine, als eine eigentliche Verbrennung erst das Endglied einer langen Kette vorbereitender Spaltungen der Nahrung darstellt, welche ohne Sauerstoffaufnahme zustande kommen. Dagegen können wir den Vergleich darin wieder gutheißen, daß die Art des Brennmaterials so verschieden sein kann wie Kohle, Benzin und Spiritus.

Man unterscheidet **Nahrungsmittel** und **Nahrungsstoffe**; die Nahrungsstoffe sind das, was unser Körper ausnützt; neben ihnen enthalten die Nahrungsmittel oft noch Ballast, aus dem wir keinen Nutzen zu ziehen vermögen, wie Knochen, Holzfaser, Chitin, Hornsubstanz; die reinen Nahrungsstoffe verhalten sich zu den Nahrungsmitteln also etwa wie eine reine Kohle zu Torf. Die Nahrungsmittel setzen sich im allgemeinen (s. Kap. 11 und 12) aus drei Hauptnahrungsstoffen zusammen, aus den *Eiweißkörpern, Kohlehydraten* und *Fetten*. Sie sind in sehr verschiedenen Mengenverhältnissen in der Nahrung enthalten wie etwa die folgende Tabelle nach KÖNIG lehrt.

In der Tabelle sind die Eiweißkörper unter der Bezeichnung N-haltige Substanz enthalten; diese Bezeichnung ist gewählt, weil, namentlich bei der vegetabilischen Nahrung, der Stickstoffgehalt nicht allein auf Eiweiß zu beziehen ist, sondern noch auf andere Substanzen (Amide, Purine, Leim u. a.), welche später genauer zu besprechen sind. Die Tabelle zeigt, wie *alle Nahrung aus denselben Grundstoffen besteht*, wie nur die Quantität der einzelnen in dem Gemisch großen Schwankungen unterworfen ist; so überwiegen z. B. die Eiweißkörper im allgemeinen in der animalischen Nahrung, die Kohlehydrate in der vegetabilischen. Andere Nahrungsstoffe, welche an Quantität hinter den Eiweißkörpern, Kohlehydraten und Fetten zurücktreten, aber dessenungeachtet im Haushalt des Körpers von großer Bedeutung sind, werden später noch erwähnt.

Prozentische Zusammensetzung der Nahrungsmittel.

	N-haltige Substanz	Fett	Kohle-hydrat	Rohfaser	Asche	Wasser
Animalische Nahrungsmittel						
Rindfleisch, mittelfett	19,4	7,1	—	—	2	71,5
Kalbfleisch, mager	19,6	1,7	—	—	1,7	77,0
Schweinefleisch, fett	14,1	35,0	—	—	2	47,5
Gänsefleisch, sehr fett . . .	15,8	42,8	—	—	1	38,0
Hühnerfleisch, mittelfett . .	20,4	4,2	—	—	2	73,5
Fleisch von Wild	20,8	1,4	—	—	2	76,0
Lachs	20,6	12,3	—	—	2	64,0
Hecht . . . , ...	17,9	0,5	—	—	1,6	79,8
Bückling	20,4	7,3	—	—	2	69,3
Eier	12,2	11,5	—	—	2,5	74,2
Kuhmilch	3,2	3,4	4,9	—	1,1	87,4
Butter	0,5	81,5	0,5	—	2,4	9,1
Fettkäse	24,4	28,0	3,4	—	4,6	36,3
Magerkäse	33,5	11,9	4,1	—	4,7	43,1
Vegetabilische Nahrungsmittel						
Bohnen	24	0,6	52	6,0	2	12,5
Erbsen	23	0,6	52	5,6	2,8	13,8
Linsen	26	0,6	52	4,0	3,0	12,2
Reis	8	0,5	77	1,0	1,0	12,5
Weizenmehl, fein	10,8	0,7	75	0,8	0,5	12,6
Roggenmehl	11,5	1,0	69,6	2,0	1,9	14,0
Makkaroni	10,5	0,8	74,5	1,4	0,8	12,0
Weizenbrot (Semmel)	6,3	0,4	58,1	0,5	1,0	33,7
Graubrot	6,2	0,5	50,2	2,0	2,0	39,5
Schwarzbrot	6,8	0,7	46,2	2,0	2,0	42,0
Kartoffeln	1,5	0,2	20	1,8	1,5	75,0
Weißkohl	1,3	0,2	4,2	2,4	1,5	90,0
Spinat	2,4	0,3	3,2	1,6	2,0	89,0
Äpfel, frisch	0,5	—	11,3	2,0	1,2	85,0
Schokolade	6,3	21,0	64,0	2,2	2,3	1,6

Der Begriff des Nahrungsstoffes subsumiert nämlich nicht nur die Fähigkeit der Energiespendung, sondern auch die Fähigkeit zum Neuaufbau von Körpersubstanz; die Nahrungsstoffe sind also sowohl *Betriebsstoffe* als auch *Baustoffe*. Dabei kann die eine oder andere dieser beiden Rollen an Bedeutung überwiegen. Die Tabelle über die Zusammensetzung der Nahrungsmittel belehrt z. B. darüber, daß bestimmte anorganische Stoffe sehr erheblichen Anteil an ihrer Zusammensetzung nehmen, nämlich *anorganische Salze*, unter der Rubrik „Asche" angegeben, und vor allem *Wasser*. Diese Stoffe werden schon unabhängig von jeder wissenschaftlichen Betrachtungsweise rein instinktmäßig nicht als „nahrhaft" angesehen. Aber sie sind trotzdem ganz unentbehrliche Bestandteile jeder Nahrung, weil sie an dem Aufbau unseres Körpers geradeso teilhaben, wie die Eiweißkörper, Kohlehydrate und Fette. Für das Wasser kann gleich hier gesagt werden, daß es etwa 65 % des gesamten Körpergewichts ausmacht, daß es in den Weichteilen im allgemeinen zu 75—80 % enthalten ist, und daß seine Hauptbedeutung darin liegt, daß es gemäß dem alten chemischen Satz: „corpora non agunt nisi soluta" das Reaktionsmedium für fast alle chemischen Umwandlungen in unserem Körper darstellt. Wozu die Salze dienlich sind, soll im Zusammenhang erst später (Kap. 13) erörtert werden. Aber Energiespender sind sie ebensowenig in nennenswertem Betrag wie das Wasser; sie passieren ohne chemische Veränderungen unseren Körper; daher können sie uns nicht satt machen, und deshalb schließt sie die allgemeine Meinung mit Recht von der Gruppe der eigentlichen Nahrungsstoffe aus. Allein ihre Unentbehrlichkeit für den Ersatz verlorengegangener Körpersubstanz, also ihre Natur als Baustoff, kann für sie die Bezeichnung Nahrungsstoff rechtfertigen. Es gibt aber auch organische Verbindungen, die wenigstens darin eine ähnliche Rolle spielen wie das Wasser und die Mineralstoffe, daß sie als Energiespender nicht in Betracht kommen und doch in der Nahrung nicht fehlen dürfen; dazu gehören z. B. die *Lipoide* und *Vitamine*.

Umgekehrt kennen wir Nahrungskomponenten, die nicht zu den integrierenden Bestandteilen des Körpers gehören, aber doch als Nahrungsstoffe bezeichnet werden können, weil sie Betriebsstoffe sind, weil sie gespalten werden und damit Energie liefern können, die geradeso für die Leistungen des Körpers zu verwerten ist, wie die, die durch die Umsetzung der eigentlichen Nahrungsstoffe erzeugt wurde. Solche Stoffe sind etwa *Apfelsäure, Zitronensäure, Fruchtester, Alkohol* u. a. —

Die zugeführte Nahrung bedarf nun zwecks Ausnützung für die Leistungen des Körpers zuerst der **Verdauung**, *d. h. die Nahrungsstoffe müssen aus den Nahrungsmitteln herausgelöst und chemisch so verändert werden, daß sie erstens resorbiert und zweitens assimiliert werden können.* Unter *Resorption* versteht man den Übergang der verdauten Nahrungsstoffe aus dem Verdauungstrakt in die Säfte des Körpers, Blut und Lymphe, unter *Assimilation* ihre Einverleibung von da aus in die Organzellen, ihre Ablagerung als körpereigenes Material. Weder Resorption noch Assimilation kann im allgemeinen stattfinden, ohne daß die Nahrungsstoffe vorher bestimmte chemische Umwandlungen erfahren haben; die Gründe dafür werden bald ersichtlich werden.

Die Verdauung wird durch ein Hauptmittel erreicht: *die Speise wird mit Verdauungssäften übergossen,* deren es eine ganze Anzahl gibt. Sie werden von verschiedenen Drüsen produziert, welche in der Umgebung des Verdauungsschlauches oder in dessen Wand gelegen sind, und sie ergießen sich nacheinander über die Nahrung. Dafür wird diese mit Hilfe von Muskeln durch den langen Verdauungskanal langsam hindurchgeschoben; die Muskeln dienen ferner dazu, die Speise mit den Verdauungssäften zu durchkneten. Wir werden somit bei der Physiologie jedes Abschnitts des Verdauungskanals von einer *Chemie der Verdauung* und von einer *Mechanik der Verdauung* zu sprechen haben.

Der erste *Verdauungssaft,* welcher sich *in der Mundhöhle,* dem Anfang des Verdauungstrakts über die Speise ergießt, ist der **Speichel.** Er ist bekanntlich gewöhnlich eine zähe, fadenziehende Flüssigkeit; seine Klebrigkeit oder „Viskosität" rührt von einer eiweißartigen Substanz, dem *Muzin* oder *Schleimstoff,* her. Man kann es leicht mit einer organischen Säure, z. B. Essigsäure, nachweisen; im Gegensatz zu den meisten Eiweißkörpern fällt das Muzin dabei schon in der Kälte in Form von weißen Fäden oder Flocken aus. Der Speichel enthält ferner kleine Mengen von Eiweiß, etwas anorganische Salze, unter ihnen merkwürdigerweise Rhodansalz, und endlich zwei „Fermente", die *Amylase (Speicheldiastase, Ptyalin)* und die *Maltase.* Unter den anorganischen Salzen befindet sich Calciumbikarbonat, das beim Stehen des Speichels an der Luft durch Abdunsten von Kohlendioxyd in Calciumkarbonat übergeht. Dadurch trübt sich der Speichel. Auch innerhalb der Mundhöhle kann das Calciumkarbonat ausfallen und sich als „Zahnstein" niederschlagen. Die Fermente sind es, welche den Speichel zu einem typischen Verdauungssaft machen, denn ihnen verdankt der Speichel seine verdauenden Eigenschaften. In ihnen lernen wir die ersten Glieder einer ganzen Schar von Fermenten kennen, welche alle an den chemischen Verdauungsreaktionen beteiligt sind, und in ihnen lernen wir zum erstenmal Repräsentanten des weitaus wichtigsten und merkwürdigsten Werkzeugs kennen, dessen sich fast alle Zellen aller Organismen bedienen, um die vielfältigen typischen Stoffwechselreaktionen zu vollziehen. Es sei deshalb gleich an dieser Stelle der Begriff und das Wesen des Fermentes dargelegt.

Zuvor soll jedoch die Art der *verdauenden Wirkung des Speichels* geschildert werden. Unter den Nahrungsstoffen sind es die Kohlehydrate, und von diesen ist es *die Stärke, welche vom Speichel angegriffen wird.* Die sich vollziehende Reaktion kann summarisch durch die Gleichung

$$(C_6H_{10}O_5)_n + nH_2O = nC_6H_{12}O_6$$

ausgedrückt werden. Damit soll dargestellt werden, daß als Endprodukt der Spaltung eine Hexose, *Traubenzucker (Glukose)* auftritt; daneben findet sich das Disaccharid *Malzzucker (Maltose)* $C_{12}H_{22}O_{11}$, das wahrscheinlich bei der Spaltung durch die Amylase entsteht und durch die Maltase weiter in Glukose zerlegt wird. Beide Zucker können schon wenige Minuten nach der Vermischung von Speichel und Stärkelösung durch die bekannte TROMMERsche Reaktion, Reduktion von Kupferoxyd in alkalischer Lösung, nachgewiesen werden. Ebenso kann man das Verschwinden der Stärke am Verschwinden der Blaufärbung mit Jod erkennen.

Wenn man z. B. 10 ccm einer 1proz. Weizenstärkelösung mit 2 ccm von 500—1000fach mit Wasser verdünntem Speichel vermischt und in kleinen Zwischenpausen je einen Tropfen der Mischung mit einem Tropfen Jod-Jodkalilösung auf einer Porzellanplatte zusammenbringt, so bleibt schon kurze Zeit nach dem Beginn der Speichelwirkung die anfängliche Bläuung aus (BIEDERMANN).

Diese erste Verdauungsreaktion, die wir kennenlernen, ist in mehrfacher Hinsicht ein Paradigma. Erstens bestehen sämtliche Reaktionen, welche die Verdauungssäfte bewirken, in der Zerlegung größerer Moleküle in kleine; hier ist es eine Polyose (Polysaccharid), die in einfache Zucker aufgespalten wird. Zweitens sind sämtliche Spaltungen hydrolytische Spaltungen, Spaltungen unter Aufnahme von Wasser; deshalb faßt man auch alle bei der Verdauung wirksamen Fermente als „*Hydrolasen*" zusammen. Drittens verläuft die Spaltung offenbar erheblich komplizierter, als die Reaktionsgleichung es angibt; denn neben den beiden Zuckern treten auch noch größere Komplexe von Polyosecharakter auf, die sog. *Dextrine*, die von Jod nicht blau gefärbt werden, sondern violett bis rötlich (sog. Erythrodextrin), oder die sich gar nicht färben (Achroodextrin).

Auf welche Weise wirkt nun ein **Ferment?** Was ist es überhaupt? Der Begriff der „Fermentatio" stammt schon aus dem Altertum, er hängt vielleicht mit dem lateinischen „fervere" zusammen und bedeutet eine Gasentwicklung, wie sie bei den altbekannten Gärungsprozessen, wie etwa der alkoholischen Gärung zu beobachten ist. Der Begriff der Fermentation wurde dann auf andere verwandte Zersetzungsprozesse übertragen, man sprach von gasiger, von fauliger, von weiniger, von saurer Gärung. Die

Ursachen der Fermentation, die Fermente, blieben unbeachtet, bis im Jahre
1837 von CAGNIARD LATOUR und SCHWANN die Hefe entdeckt wurde.
Bald darauf entbrannte zwischen LIEBIG und PASTEUR ein erbitterter Streit
über die Natur der Fermentationen. LIEBIG hatte eine allgemeine Theorie
der Gärungen von seinem chemischen Standpunkt aus entwickelt; er nahm
an, die Ursache der Gärungen seien leicht zersetzliche Substanzen, welche
durch ihren Zerfall andere Stoffe in den Zusammensturz ihrer Moleküle
mit hineinrissen, es seien starke intramolekulare Schwingungen der fermen-
tierenden Stoffe, welche sich auf das Substrat der Gärung übertrügen und
dessen chemischen Bau erschütterten. Dieser „mechanistischen" Theorie
stellte PASTEUR die „vitalistische" Anschauung entgegen, daß die Gärung
an den Lebensvorgang gebunden sei; er zeigte durch vortreffliche Versuche,
daß das Zustandekommen einer Reihe der bekanntesten Gärungen von der
Anwesenheit von Mikroorganismen abhänge und deren Stoffwechsel zuzuschreiben sei. Enthielt auch diese biologische Theorie keine Erklärung
der Fermentation, verhüllte sie im Gegenteil den aufzuklärenden Vorgang
in das Dunkel der vitalen Prozesse, so mußte doch das von LIEBIG mit
Heftigkeit verteidigte mechanistische Dogma der Macht der Tatsachen
weichen.

Inzwischen waren aber noch andere Fermente bekanntgeworden, die
zwar der Lebenstätigkeit von Zellen entstammten, aber selbst keine Lebensäußerungen, vor allem kein Wachstum und keine Vermehrung darboten.
Solche Substanzen, welche bestimmte chemische Umsetzungen anregten,
waren durch Alkoholfällung in Form von Pulvern aus dem Magensaft als
„Pepsin", aus dem Pankreassaft als „Trypsin", aus den Mandelkernen als
„Emulsin" dargestellt worden. Da die Pulver keinerlei Struktur, nichts
von Organisation darboten, so wurden sie den lebenden *geformten oder
organisierten Fermenten* als *ungeformte Fermente* gegenübergestellt und
später von KÜHNE mit dem besonderen Namen der Enzyme bezeichnet.
Die PASTEURsche Anschauung paßte, wie schon gesagt, auf diese Fermente
nicht, aber auch der LIEBIGschen Theorie, welche sowieso in Mißkredit
geraten war, konnte ihr Nachweis nicht neuen Vorschub leisten, da die
Pulver und ihre Lösungen keinerlei Zeichen von Selbstzerfall darboten.
Immerhin konnte man versucht sein, die Enzyme doch noch zu den lebenden
geformten Fermenten in verwandtschaftliche Beziehungen zu setzen, weil
sie in manchen Eigenschaften an die Lebewesen erinnern. So sind ihre
Lösungen gegen höhere Temperaturen oder gegen Bestrahlung mit ultraviolettem Licht sehr empfindlich. Man kann z. B. den Speichel oder vielmehr die Amylase durch kurzes Erhitzen inaktivieren. Die Enzymlösungen
sind ferner gewöhnlich gegen starke Säuren und Laugen und gegen Schwermetallsalze unbeständig, ja sogar allein durch längeres Schütteln können
manche unwirksam gemacht werden. Die Pulver geben ferner meistens, so wie
jede lebende Zelle, die Reaktionen auf Eiweiß. Wegen dieser verschiedenen
Eigenschaften und in dem begreiflichen Bestreben, die Gesamtheit der
Fermente einheitlich aufzufassen, ist die Meinung vertreten worden, in
den Enzymen stecke noch eine Spur von Leben, sie seien vielleicht Proto-
plasmasplitter. So ging also die Tendenz dahin, die Fermente dem Bereich
physikalischer und chemischer Forschung zu entziehen, und sie samt und
sonders in den komplizierten und unanalysierten Erscheinungskomplex
Leben einzuhüllen.

Heute ist die Schranke zwischen den geformten und den ungeformten
Fermenten in weit befriedigenderer Weise beiseite geräumt. Allmählich

brach sich der Gedanke Bahn, die geformten Fermente entfalteten ihre chemische Tätigkeit vielleicht vermöge in ihnen eingeschlossener *„intrazellulärer" Enzyme*; zugunsten dessen konnte etwa angeführt werden, daß die Fähigkeit der Hefe, Rohrzucker zu invertieren, durch leichte Schädigung, z. B. durch Chloroformieren, aus ihrem Lebensprozeß herausgelöst und in das umgebende Wasser transloziert werden kann. In der Linie dieser Gedankenentwicklung lag dann die große, mit dem Nobelpreis gekrönte Entdeckung von EDUARD BUCHNER (1897), daß die typischen Gärungsvorgänge, die alkoholische, die Essig-, die Milchsäuregärung von der Tätigkeit der lebenden Zellen völlig losgelöst werden können; quetscht man die Mikroorganismen aus, so erhält man einen Preßsaft, welcher vermöge seines Gehaltes an *„Zymase"*, d. h. einem Gemisch von bis dahin im Zellinnern eingeschlossenen Enzymen, weiter gärt, dessen gärendes Prinzip durch Fällung mit Alkohol und Äther niedergeschlagen und in Wasser wieder aufgelöst werden kann, ohne seine Gärkraft einzubüßen. Damit war die Fermentation aus dem mysteriösen Bezirk des Vitalen ein für allemal herausgerückt, und vom Standpunkt des Physikers und Chemikers konnte von neuem die Frage gestellt werden: wie wirkt ein Ferment? Endgültig kann diese Frage auch heute nicht beantwortet werden, vor allem auch deshalb nicht, weil wir kaum von einem Enzym wissen, wie es chemisch konstituiert ist; allein das sog. Atmungsferment (s. Kap. 11) kann nach den Untersuchungen von O. WARBURG als ein häminartiger Stoff charakterisiert werden. Dies ist auch der Grund, weshalb wir eine der interessantesten Enzymeigenschaften noch nicht erklären können, die *Spezifität ihrer Wirkung*, d. h. die Eigenschaft, nur wenige oder eventuell nur eine einzige chemische Reaktion, etwa die Zerlegung von Milchzucker in Glucose und Galaktose, zu bewirken. Zwar haben neue Isolierungs- und Reinigungsmethoden zu Enzympräparaten von außerordentlich gesteigerter Wirksamkeit geführt. Diese Methoden bestehen vor allem in Adsorption an die Oberfläche bestimmter Pulver (Kaolin, Aluminiumhydroxyd) bei bestimmter Reaktion und in nachfolgender Elution eines Teils des Adsorbats bei anderer Reaktion (WILLSTÄTTER, v. EULER). Zudem haben, wenigstens in einzelnen Fällen, diese Enzympräparate weder Eiweiß- noch Kohlehydratcharakter, so daß man die häufige Angabe, dieses oder jenes Enzym sei seiner Natur nach ein Eiweiß oder Kohlehydrat, wohl auf die schwer abtrennbaren kolloidalen Beimengungen zurückzuführen hat. Aber zur chemischen Klassifizierung der Enzyme kann man gegenwärtig doch kaum mehr sagen, als daß sie die Eigenschaften von Kolloiden und die Eigenschaften von amphoteren Elektrolyten zu besitzen scheinen. Denn auch die an sich bemerkenswerte Tatsache, daß es geglückt ist, einzelne Enzyme, wie Pepsin, Trypsin, Urease, in kristalliner Form zu isolieren (NORTHROP), läßt zunächst keinen weitergehenden Schluß zu, als daß in diesen Fällen der „kolloide Träger", an dem jedes Enzym unter natürlichen Bedingungen zu haften scheint, ein kristallisierbares Kolloid ist.

Trotz alledem ist und bleibt es ein großer Gewinn für die allgemeinnaturwissenschaftliche Betrachtung der chemischen Vorgänge in den Organismen, daß WILHELM OSTWALD, anknüpfend an eine alte Einteilung von BERZELIUS, die Fermente zu den *„Katalysatoren"* der Chemiker in Beziehung setzte. Unter einem Katalysator versteht man nach OSTWALD einen Stoff, welcher einer Reaktion eine merkliche Geschwindigkeit erteilt, ohne sich anscheinend selbst an der Reaktion zu beteiligen. Dieser sehr allgemein gehaltenen Definition fügen sich die Enzyme zunächst insofern, als sie selbst, wie lange bekannt, bei ihrer Tätigkeit nicht verbraucht werden, sondern sich nach Ablauf der Fermentation noch unverändert im Substrat vorfinden. Zugunsten der Eingliederung in die Gruppe der Katalysatoren läßt sich ferner anführen, daß es eine ganze Anzahl von Reaktionen gibt, welche sowohl durch organische Fermente als auch durch anorganische „Kontaktsubstanzen" in Gang gebracht werden; z. B. erfolgt die Oxydation von Alkohol zu Essigsäure sowohl durch den Pilz Mycoderma aceti als auch durch fein verteiltes Platin; ebenso wird schweflige Säure in Schwefelsäure, ameisensaures Calcium in Wasser + Kohlendioxyd + Calciumkarbonat durch Bakterien oder Schimmelpilze und durch Iridium, Palladium oder Platin übergeführt, und die Zerlegung von Wasserstoffperoxyd in Wasser + Sauerstoff geschieht durch die wässerigen Extrakte zahlreicher Zellen, wie etwa Blutkörperchen, geradeso wie durch kolloidales Silber (sog. Kollargol). Auch die Hitzeempfindlichkeit der geformten und ungeformten Fermente ist nicht ohne Analogie bei den anorganischen Katalysatoren; beide werden ferner oft durch die gleichen Gifte inaktiviert (BREDIG). Selbst die Spezifität der Fermentwirkung kann im Gebiet der Katalysatoren in ausgesprochenstem Maße angetroffen werden, wofür später (Kap. 3) ein Beispiel gegeben werden soll. Was dann schließlich den *Mechanismus der katalytischen Wirkung* anlangt, so kann eine einheitliche Antwort darauf zwar nicht erteilt werden. Im großen ganzen wird man sich aber vorstellen dürfen, daß die Katalyse durch „Zwischenreaktion" vonstatten geht, etwa nach dem Modell des bekannten WILLIAMSONschen Ätherprozesses:

1. $C_2H_5OH + H_2SO_4 = C_2H_5HSO_4 + H_2O$
2. $C_2H_5HSO_4 + C_2H_5OH = (C_2H_5)_2O + H_2SO_4,$

in dem die Schwefelsäure die Rolle der Kontaktsubstanz spielt, die scheinbar nur durch ihre Gegenwart, aber in Wahrheit wohl durch die Zwischenreaktion wirkt, aus der sie immer wieder regeneriert wird. Auf die Enzyme übertragen heißt das, daß sie, an ihre kolloiden Träger gebunden, wahrscheinlich entweder lockere Bindungen mit dem zu verändernden Substrat eingehen, wobei es mehr auf die Absättigung von Nebenvalenzen ankommt als auf die echter Valenzen, oder vermöge der großen Oberfläche des kolloidalen Trägers durch Adsorption die Substratmoleküle an sich heranziehen. Die Beschleunigung der Reaktion durch den Katalysator beruht dann im allgemeinen darauf, daß die Zwischenreaktionen mit größerer Geschwindigkeit verlaufen als die Reaktionen ohne Katalysator.

Auf diese Weise vollziehen sich nun ungezählte Reaktionen in den Organismen, die den verschiedensten Reaktionstypen angehören. Versucht man danach die Enzyme zu ordnen, so kommt man etwa zu folgender Aufstellung (OPPENHEIMER, NEUBERG): eine große Gruppe von Enzymen bewirkt nur Hydrolysen und deren Gegenteil; sie werden als *Hydrolasen* bezeichnet. Zu ihnen gehören die Esterasen, Karbohydrasen, Peptidasen, Proteasen. Andere greifen tiefer in den Bau der Substratmoleküle und führen Schritt für Schritt den Umbau der Nahrungs- und Körperbestandteile, den Aufbau zu neuen, speziellen Funktionen dienenden Stoffen und den Abbau zu den Stoffwechselendprodukten herbei; sie werden als *Desmolasen* bezeichnet. Dahin gehören die Karboxylasen, Karboligasen, Dehydrasen, Oxydasen u. a. All das wird weiterhin genauer erörtert werden. —

Kehren wir nun zu der verdauenden Wirkung des Speichels zurück. Der genannte Einfluß der Enzyme auf die in der Speise enthaltene Stärke bleibt von einer vollständigen Aufspaltung weit entfernt; im Gegenteil, bei dem kurzen Aufenthalt der Speise im Mund tritt nur eine ganz unbeträchtliche Verzuckerung ein; man muß schon absichtlich lange etwa auf einem Stück Semmel herumkauen, um zu merken, daß die Stärke im Mund süß wird. Man könnte daher meinen, daß die ganze Verzuckerung überflüssig ist; wir werden jedoch später sehen, daß sie im Magen noch ausgiebig zur Wirkung kommt.

Die Bedeutung des Speichels für die Verdauung liegt aber nicht allein in seinem Fermentgehalt. Das erfährt man, sobald man sich den Einzelheiten der Speichelabscheidung zuwendet.

Der Speichel fließt aus drei Paaren großer **Speicheldrüsen** in die Mundhöhle; jederseits mündet eine Glandula parotis, eine Glandula submaxillaris und eine Glandula sublingualis; dazu kommt noch eine größere Zahl kleinerer und kleinster Drüsen. Die Parotis liefert ein muzinarmes, eiweiß- und fermentreicheres, „seröses" Sekret, die Submaxillaris und die Sublingualis ein muzinreiches, eiweiß- und fermentärmeres Sekret. Über Menge und Beschaffenheit der von den verschiedenen Drüsen abgeschiedenen Sekrete kann man sich durch ein vivisektorisches Experiment, durch Anlegung einer *Speichelfistel* orientieren; das Sekret fließt dann nicht aus der Mundhöhle, sondern tropft, ohne Vermischung mit Speise, aus einer in den Ausführungsgang eingebundenen Kanüle heraus. Indessen leidet dabei die Sekretion teils durch die Narkose, welche während der Operation vorgenommen werden muß, teils infolge der Schmerzen nach dem Aufwachen. PAWLOW verfuhr deshalb so, daß er bei einem Hund die Ausführungsgänge der drei großen Drüsen der einen Seite freilegte, durchschnitt und nach außen in die Haut einnähte, so daß die Sekrete dieser Seite nach außen abfließen mußten, während die Sekrete der drei anderen Drüsen in normaler Weise ihren Saft in die Mundhöhle ergossen. Erst wenn die Wunde völlig verheilt und permanente Fisteln gebildet waren, begann das eigentliche Experiment. Dabei wurden auf der operierten Seite kleine Becher unter die Fisteln an die Haut angehängt und das Sekret unter verschiedenen Versuchsbedingungen darin gesammelt. Mit dieser ingeniösen Methode konnte *die normale Arbeitsweise der Drüsen* festgestellt werden, d. h. es ließ sich die Frage beantworten, ob Qualität und Quantität der einzelnen Sekrete von Menge und Natur der in die Mundhöhle gebrachten Stoffe abhängig sind. Die folgende Tabelle enthält einige Angaben über die Reaktionen der Submaxillaris.

In die Mundhöhle eingeführt	Menge des Submaxillaris-Speichels in ccm	Organische Substanz %
Rohes Fleisch . .	1,1	0,956
Milch.	2,4	0,987
Semmel	3,0	0,967
Fleischpulver . .	4,4	0,869
Formalin 0,5% .	2,8	0,116
Kochsalz 20% . .	4,0	0,237
Sand.	1,9	0,133
Steine	0	—
Wasser	0	—

Betrachten wir zuerst die *Reaktion auf die Nahrungsstoffe!* Die Qualität des Submaxillaris-Speichels bleibt sich dabei offenbar gleich, aber die Quantität wird variiert; auf das getrocknete Fleisch wird am meisten, auf das frische Fleisch am wenigsten ergossen. Das erscheint höchst zweckmäßig, da das trokkene Pulver gar nicht aus der Mundhöhle herausgebracht und geschluckt werden könnte, wenn es nicht durch Flüssigkeit zusammengespült würde. So ist auch verständlich, daß sich auch auf trockene Semmel ziemlich viel Speichel ergießt. Dagegen erscheint die Sekretion bei der Milch unverhältnismäßig reichlich; dies ist indessen nach PAWLOW eine spezielle

Reaktion der Submaxillaris auf Milch und hat die Bedeutung, daß das Milchgerinnsel, das sich im Magen bildet (s. S. 29), bei reichlicher Durchsetzung mit Muzin lockerer und darum verdaulicher wird.

Nehmen wir nun die *Reaktion auf Nichtnahrhaftes* hinzu! Diesmal ist die Qualität des Speichels verändert, der Gehalt an organischer Substanz, d. h. vor allem der Gehalt an Muzin weit geringer. Und damit werden wir auf die Bedeutung des Muzins gelenkt: es dient dazu, vermöge der Viskosität seiner Lösungen (S. 15) die einzelnen Nahrungsbestandteile zusammenzukleistern, so daß sie mit Hilfe der die Mundhöhle umschließenden Muskeln zu einem kompakten Bissen geformt werden können, welcher zufolge seiner Schlüpfrigkeit die Speiseröhre hinuntergleitet. Der über die Speise ergossene Speichel ist also nach PAWLOWS Ausdrucksweise „*Gleit- oder Schmierspeichel*". Er kann aber auch vorwiegend „*Verdünnungsspeichel*" sein. Das folgt nicht bloß schon aus der besprochenen Anpassung der Speichelquantität an die Nahrung, sondern vor allem auch aus der Anpassung an das Nichtnahrhafte: auf Sand wird ein muzinarmes wässeriges Sekret ergossen, auf die ebenso unbrauchbaren Steine dagegen nichts. Der Sinn ist klar: so leicht durch einige Zungenbewegungen die Steine aus dem Mund herauszuschleudern sind, so schwer geht das mit Sand; er wird herausgespült, geradeso wie die unangenehm beißenden beiden Lösungen der Tabelle, die Lösungen von Formalin und Kochsalz, deren Wirkung durch die Verdünnung gemildert wird.

Der Milderung der Reizwirkung einer Nahrung dient in besonderer Weise die Parotis, wie die folgende Tabelle lehrt.

Auf die alkalische Soda- und die saure Schwefelsäurelösung wird ein doppelt so konzentrierter Parotisspeichel ergossen, als auf die neutrale Kochsalzlösung. Das hat nach

In die Mundhöhle eingeführt	Menge des Parotisspeichels in ccm	Organische Substanz %
Kochsalz 20 %	2	0,450
Soda 10 %	2	0,950
Schwefelsäure 0,67 % .	2,2	0,937

PAWLOW die Bedeutung, daß das Eiweiß des Parotissekrets als amphoterer Elektrolyt dazu verwendet wird, durch chemische Bindung der Hydroxyl- bzw. der Wasserstoffionen die ätzenden Lösungen zu neutralisieren.

Wir begegnen hier also einem unerwarteten und überaus prägnanten Beispiel zweckmäßiger Reaktionsweise, wie sie nach den Darlegungen in der Einleitung zu den Kennzeichen der Lebewesen gehört.

Es erhebt sich nun vor allem die Frage, wie der Inhalt der Mundhöhle die Drüsen zu ihrer Tätigkeit anregt. Dies geschieht von den Sinnesorganen im Mund, besonders von den Geschmacksorganen aus durch Vermittlung des Nervensystems. Im Jahre 1851 entdeckte CARL LUDWIG an den Speicheldrüsen die spezifisch **sekretorischen Nerven**. Die Speicheldrüsen werden, wie die meisten Organe, deren Funktion unserer Willkür nicht unterworfen ist, in doppelter Weise inerviert, erstens durch Fasern aus dem Sympathikus, zweitens durch direkt aus dem Zentralnervensystem stammende Nervenfasern, hier Fasern von Gehirnnerven, die deshalb, weil sie ihre Funktion neben dem Sympathikus auf die Drüsen oder andere Eingeweide ausüben, auch als *parasympathische Nerven* bezeichnet werden (s. Kap. 26).

Die Submaxillaris und Sublingualis beziehen ihre zerebralen Fasern aus dem Fazialis; ein Ast des Fazialis, die Chorda tympani, verläuft in den Ramus lingualis des Trigeminus, mit diesem gelangen dann die Fazialisfasern zu den Drüsen. Die zerebralen Fasern für die Parotis stammen aus dem Glossopharyngeus und gelangen auf dem Weg über den Nervus tympanicus und Nervus petrosus superficialis minor und über das Ganglion oticum zum Ramus auriculotemporalis des Trigeminus. Die Sympathikusfasern der Speicheldrüsen kommen aus dem Halssympathikus.

Durchschneidet man nun etwa die Chorda tympani oder den unteren Lingualisstamm bei einem Hund und reizt den peripheren Nervenstumpf mit dem elektrischen Strom, so sezerniert die bis dahin ruhende Submaxillaris; zugleich erweitern sich die Blutgefäße, und es fließt viel reichlicher Blut durch die Drüse. Es liegt natürlich nahe, anzunehmen, daß die einsetzende Speichelbildung mit der Durchblutung in unmittelbarem Zusammenhang steht, in dem Sinn, daß die unter Druck stehende Blutflüssigkeit durch die vergrößerte Filtrationsfläche der weiten Blutgefäße vermehrt hindurchgepreßt wird, und ferner liegt die Annahme nahe, daß der Effekt der Nervenreizung gar nicht die Existenz von Sekretionsnerven beweist, sondern bloß auf der Erregung der überall sich verbreitenden gefäßerweiternden Nerven (Kap. 10) beruht. Aber es kann leicht gezeigt werden, daß beide Annahmen falsch sind: Spritzt man dem Hund etwa 5 mg Atropin (das Alkaloid der Tollkirsche Atropa belladonna) in eine Vene, so fließt kurze Zeit darauf bei der Nervenreizung kein Tropfen Speichel aus dem Drüsenausführungsgang, dagegen findet nach wie vor die Gefäßdilatation statt (HEIDENHAIN). Der Angriffspunkt des Atropins ist also nicht in den Gefäßen oder deren Nervenendigungen zu suchen. Es lähmt aber auch nicht die Drüsensubstanz direkt, sondern da, wie wir sehen werden (bes. Kap. 26), Atropin ganz allgemein die parasympathische Innervation sperrt, mag es sich um die Reizübertragung auf eine Drüse oder auf einen Muskel handeln, so muß man den Schluß ziehen, daß bei der Wirkung auf die Speicheldrüsen spezielle Sekretionsnerven betroffen werden.

Den entgegengesetzten Effekt wie Atropin üben *Pilokarpin, Physostigmin, Azetylcholin* u. a. aus; auch ihr Angriffspunkt ist der Parasympathikus, auf den sie erregend wirken (s. ferner Kap. 9).

Für eine spezifische Wirkung und gegen bloße Beeinflussung einer Filtration spricht ferner der Effekt der Reizung der Sympathikusfasern. Auch diese erzeugt Sekretion, obgleich dabei infolge der Miterregung gefäßverengernder Nerven die Blutzirkulation in der Drüse sich vermindert oder gar zum Stillstand kommt. Der „*Sympathikusspeichel*" ist aber eine zähe, dickflüssige, eventuell klumpige Masse, der viel reichlicher fließende „*Chordaspeichel*" dagegen eine dünne, wasserklare Flüssigkeit.

Auch aus zahlreichen weiteren Beobachtungen geht hervor, daß der *Speichel das Produkt einer besonderen Drüsenarbeit ist*, und daß die Drüsensubstanz nicht etwa einem toten passiven Filter vergleichbar ist. So hat LUDWIG gezeigt, daß, wenn man in den Ausführungsgang einer Speicheldrüse ein Manometer einbindet, bei der Sekretion eventuell ein beträchtlich höherer „Sekretionsdruck" abzulesen ist, als gleichzeitig der Blutdruck in der Karotis beträgt. Ferner steigt die Temperatur in der Drüse bei der Sekretion über die Temperatur des zufließenden Blutes; LUDWIG beobachtete in einem Versuch eine Temperaturdifferenz von 1,5°.

Auch die chemische Zusammensetzung kennzeichnet den Speichel als spezifisches Produkt der Drüsenarbeit. Muzin, Amylase und Maltase werden nicht präformiert vom Blut der Drüse zugeführt, sondern durch besondere Tätigkeit von den Zellen erarbeitet. Die molekulare Konzentration des Speichels, gemessen an seinem Gefrierpunkt, ist erheblich geringer als die molekulare Konzentration des Blutes; die *Gefrierpunktserniedrigung* des mensch-

lichen Speichels beträgt bloß 0,09—0,24°, die des Blutes etwa 0,56°. Daraus folgt, daß die Speicheldrüsen gegen einen osmotischen Druck von
mehreren Atmosphären Arbeit leisten müssen, um ihr dünnes Sekret aus
dem Blutplasma abzuscheiden; denn der osmotische Druck des Speichels
errechnet sich aus den angegebenen Gefrierpunktswerten zu etwa 1—3, der
des Blutes zu etwa 7 Atmosphären (s. dazu Kap. 6 und 17). So versteht
man, daß diesen Leistungen ein besonderer Arbeitsstoffwechsel zugrunde
liegt, der sich, ähnlich wie beim Muskel (Kap. 20) in Konsumption von
Sauerstoff und Produktion von Kohlensäure, Milchsäure und Phosphorsäure kundgibt.

Endlich spricht auch *das histologische Bild der Speicheldrüsen* für ihre
Aktivität; denn je nach den Funktionszuständen ist es ein wechselndes
(s. Abb. 1). Im Ruhezustand ist das Protoplasma der Zellen meist erfüllt
von dunklen Körnchen, den sogenannten *Sekretgranula*; während der Tätigkeit verschieben sich diese von der Basis her gegen das Lumen; im Stadium
stärkster Sekretion, wie sie etwa durch elektrische Reizung der Drüsen-

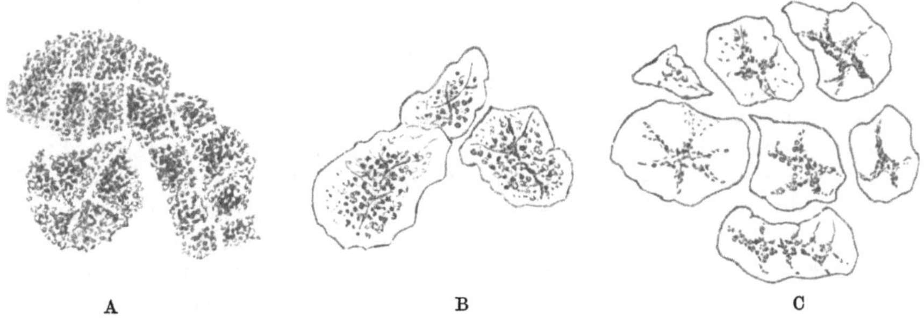

Abb. 1. Glandula parotis vom Kaninchen. (Nach LANGLEY.)
A ruhend. B während der Sekretion. C nach starker Sympathikusreizung.

nerven hervorzurufen ist, findet man oft nur einen schmalen Saum von
Granula dicht unter der Zelloberfläche, der übrige Teil der Zelle bis zur
Basis ist glasig und hell, fast granulafrei; die aus den Zellen ausgestoßenen
Granula liegen in den Lumina (HEIDENHAIN, LANGLEY).

Die nervösen Impulse, auf welche die Drüsen mit ihrer Tätigkeit
reagieren, können im Experiment, wie gesagt, durch elektrische Ströme
erzeugt werden; normalerweise kommen sie aber natürlich anders, und
zwar in erster Linie durch Erregung der Sinnesorgane der Mundhöhle
zustande; es sind der Geschmacks-, der Temperatur-, der Tast- und eventuell der Schmerzsinn, welche zunächst erregt werden; *die Speichelsekretion
erfolgt dann reflektorisch.* Unter einem *Reflex* versteht man eine auf einen
bestimmten Reiz mit Regelmäßigkeit und in typischem Ablauf und unabhängig von unserem Willen sich einstellende Reaktion. Ein Reflex kommt
zustande, indem von einem Sinnesorgan aus ein Sinnesnerv erregt wird;
die Erregung läuft dann „zentripetal" zum „Reflexzentrum", das irgendwo
im Zentralnervensystem gelegen ist, und dort findet die Übertragung der
Erregung auf einen „zentrifugalen" Nerven, in unserem Fall also einen
Sekretionsnerven statt. Das Speichelsekretionszentrum ist in der Medulla
oblongata gelegen. Die vorher (S. 20) geschilderte zweckmäßige Reaktion
der Speicheldrüsen, die sich in einer jeweils den Bedürfnissen angepaßten
Menge und Zusammensetzung des Speichels äußert, ist auf die Erregung des
Reflexes durch ganz bestimmte Sinnesorgane angewiesen. Das lehrt z. B. der

folgende Versuch aus PAWLOWS Schule, bei dem die reflektorische Parotis-
sekretion vor und nach Durchschneidung der Geschmacksnerven der Zunge,
des Lingualis und des Glossopharyngeus bei einem Hund untersucht wurde:

Mundhöhlenreiz	Prozentgehalt an festen Stoffen	Prozentgehalt an Salzen	Prozentgehalt an organischen Stoffen
vor Durchschneidung der Nerven			
Schwefelsäure . .	1,425	0,475	0,950
Soda	1,433	0,466	0,967
Kochsalz	0,903	0,466	0,437
nach Durchschneidung der Nerven			
Schwefelsäure . .	0,760	0,400	0,360
Soda	0,700	0,425	0,275
Kochsalz	0,275	0,400	0,325

Der Prozentgehalt des Speichels an organischer Substanz ist also infolge der Durchschneidung stark reduziert, und namentlich ist die spezifische Differenz in dem Gehalt nach der Wirkung von Kochsalz einerseits, von Säure oder Soda andererseits verschwunden.. Der vorher hervorgehobene Erguß eines besonders eiweißreichen Sekretes auf sauren oder alkalischen Mundhöhleninhalt zum Zweck von dessen Neutrali-sierung ist also an die Intaktheit der Geschmacksnerven gebunden; die von den anderen Nerven der Mund- und Rachenschleimhaut aus durch die drei Lösungen ausgelöste Reaktion ist dagegen unspezifisch.

Die eben geschilderten Reflexe sind „unbedingte" im Verhältnis zu den von PAWLOW sogenannten „*bedingten Reflexen*", welche namentlich von einem allgemeineren Standpunkt aus von großem Interesse sind. Ein bedingter Reflex ist es, wenn einem beim Anblick einer Speise, beim Durchlesen der Speisekarte, beim Geklapper der Teller oder dem Duft aus der Küche „das Wasser im Munde zusammenläuft". Hier wird das Reflexzentrum für die Speicheldrüseninnervation nicht direkt von den Geschmackssinnesorganen der Mundhöhle aus erregt, sondern in-direkt vom Auge oder Ohr oder der Nase aus über die optischen, akustischen oder olfaktorischen Zentren. „Bedingt" sind diese Reflexe insofern, als sie nicht unbedingt von jeher eintreten, sobald eine bestimmte Speise vorgehalten oder ein bestimmter Geruch appliziert wird, sondern die Speise muß ein- oder mehrmals gesehen und geschmeckt oder gerochen und geschmeckt sein, eine bestimmte „Assoziation" verschiedener Wahr-nehmungen ist Vorbedingung; „gebranntes Kind scheut das Feuer". Wenn aber einmal solche Assoziationen zustande gebracht sind, dann fließt bei einem Hunde beim bloßen Anblick von trockenem Fleischpulver und von Sand reichlich Speichel, beim Vorhalten von Steinen fließt keiner; dann sezerniert ein Hund, der mehrmals bei einem bestimmten Ton eine ihm mundende Speise, bei einem anderen Ton eine widerliche Speise bekommen hat, im ersten Fall einen muzinreichen „Gleitspeichel", im zweiten Fall einen wässerigen „Verdünnungsspeichel", sobald die betreffenden Töne erklingen (KRASNOGORSKY). Der Speichel wird also ein Ausdruck der Gemütsbewegungen, er wird, wie PAWLOW es etwas gewagt ausgedrückt hat, „psychischer Saft", an dessen Erscheinen oder Beschaffenheit man erkennen kann, ob der Hund zwei Reize, die er kennengelernt hat, unter-scheiden kann, wie lange er sie im Gedächtnis behalten hat, ob die Erinne-rung daran durch plötzliche neue Erfahrungen gestört wird und dergleichen. Es gelingt also, über die Speicheldrüsenfunktion in die Seelenvorgänge der Tiere vorzudringen. Natürlich hat bei diesen Studien die Speichel-drüsentätigkeit keine andere Bedeutung, als die einer recht bequem meß-baren und dabei unbewußten und unwillkürlichen Reaktion.

2. Kapitel.

Das Schlucken und die Verdauung im Magen.

Die Schluckbewegung 25. Das Schlucken als Reflex 26. Der Magensaft 27. Die Wirkung des Pepsins auf die Eiweißkörper 27. Die Labwirkung 29. Die Lipase 29. Die Absonderung des Magensaftes 29. Salzsäure und Milchsäure 32. Die Magenbewegungen 33. Das Hungergefühl 35. Das Erbrechen 36. Die Innervation der Magenmuskeln 36. Die Schichtung des Mageninhalts 37. Die Magenentleerung 38.

Die unter den zerschneidenden und zermahlenden Kaubewegungen eingespeichelte Nahrung wird nun verschluckt. Zum Zweck des **Schluckens** wird durch das Zusammenwirken von Zungen-, Lippen- und Wangen-

muskulatur ein *Bissen* geformt. Dieser wird auf der Zungenoberfläche durch eine von vorn nach hinten fortschreitende Hebung der Zunge rachenwärts geschoben. Durch die schließliche Hebung des Zungengrundes und durch Verkürzung der Gaumenbögen wird dann der Rachen gegen den Mundraum abgeschlossen. Zugleich wird das Gaumensegel nach oben bewegt, so daß es die Nasenhöhle von unten verschließt; dadurch, daß das Zungenbein und der Kehlkopf kräftig nach vorn und aufwärts gezogen werden, legt sich die Epiglottis

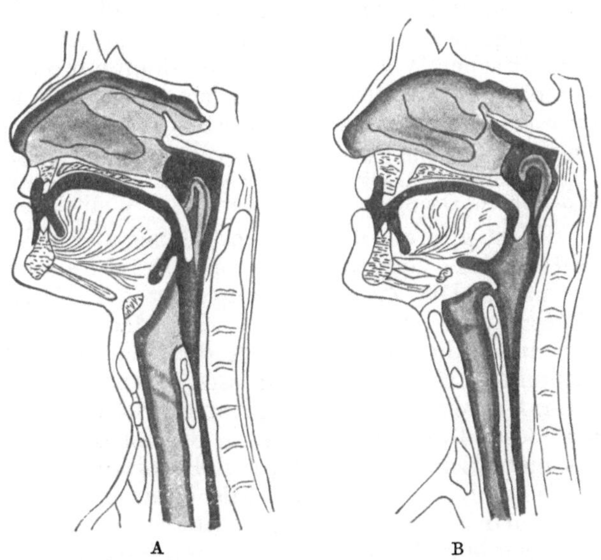

Abb. 2. Sagittalschnitte durch den Kopf.
A Ruhestellung, B Schluckstellung von Zunge, Gaumen und Kehlkopf.

auch auf den Kehlkopfeingang; außerdem wird der Ösophaguseingang geöffnet (s. Abb. 2). Wenn nun die Constrictores pharyngis auf den Bissen pressen, wobei er durch den Schleim der Tonsillen noch besonders schlüpfrig gemacht wird, so bleibt ihm kein anderer Ausweg, als in den Ösophagus hinabzugleiten. Hier wird der Bissen durch die sukzessive Kontraktion der den Ösophagusschlauch ringförmig umspannenden Muskulatur, durch eine sogenannte *peristaltische Bewegung* weiter abwärts geschoben, bis er an der Kardia anlangt; der Kontraktionswelle läuft eine Erschlaffungswelle voraus. Flüssigkeiten werden schon allein durch die heftige und plötzliche Kontraktion im oberen Schlundteil bis zur Kardia gespritzt, aber auch dann folgt noch eine peristaltische Welle nach. Werden mehrere Schlucke rasch nacheinander ausgeführt, wie beim Trinken einer Flüssigkeit, dann bleibt der Ösophagus bis zum letzten Schluck erschlafft in Ruhe, und dann erst läuft eine Kontraktionswelle über ihn hinweg. Dieser ganze komplizierte Schluckakt ist nur in seinem Anfangsteil ein Akt der Willkür, nämlich nur, bis der Bissen die Grenzlinie des Zungengrundes überschritten hat; von da ab wird der Bissen unabhängig von unserem Willen weiterbefördert.

Den zeitlichen Verlauf dieses Schluckakts hat man gemessen. Es wurde z. B. eine Schlundsonde in den Ösophagus gelegt, durch welche der ganzen Länge nach ein Faden gezogen war; an das unten herausragende Ende des Fadens war ein Stück blaues Lackmuspapier gebunden, und an dem Faden konnte das Papier kurze, aber verschiedene Zeiten nach Beginn des Schluckens einer sauren Flüssigkeit oder Speise in die Sonde hineingezogen werden; es ließ sich dann feststellen, ob das Papier schon gerötet war oder noch nicht. Oder es wurde Speise geschluckt, die mit basisch salpetersaurem Wismut (Bismutum subnitricum) durchknetet war; da das Wismutsalz für Röntgenstrahlen wenig durchlässig ist, so konnte die Bewegung des Bissens auf dem Röntgenschirm verfolgt werden (CANNON). Auf diesen und anderen Wegen ist gefunden, daß Flüssigkeiten in 0,5—1,5″ heruntergespritzt werden, feste Speisen brauchen wegen der Langsamkeit der peristaltischen Welle 8″ und mehr; denn nur das obere Drittel des Ösophagus ist von quergestreiften Muskeln eingehüllt, die unteren zwei Drittel werden von glatten Muskelfasern bewegt, die sich viel langsamer kontrahieren.

Wenn man die Kontraktion der Mylohyoidei als Beginn des Schluckaktes rechnet, so hebt sich der Kehlkopf zur Zeit 0,1″, die Pharynxkontraktion beginnt bei 0,3″, die des oberen Ösophagusdrittels bei 1,2″, des mittleren bei 3″ und des unteren bei 6″.

Es ist also ein überaus komplizierter Muskelapparat, welcher in Gang gesetzt wird, vergleichbar einem Präzisionswerk, das genau einreguliert sein muß. Die Zusammenschaltung der Einzelteile geschieht durch ein „Schluckzentrum", welches in der Medulla oblongata gelegen ist. Dort entspringen die Nerven, welche die zahlreichen Schluckmuskeln versorgen: Trigeminus, Hypoglossus, Glossopharyngeus, Vagus und Accessorius. Wieviel auf deren zeitlich und intensiv richtige Koordination ankommt, wird man besonders gewahr, wenn Störungen im Zentrum vorkommen. Es gibt eine nicht ganz seltene Erkrankung des Menschen, die sogenannte *Bulbärparalyse*, bei welcher die Ursprungskerne der motorischen Nerven gerade in der Medulla oblangata (im Bulbus rachiticus, wie es früher hieß) befallen werden; den bedauernswerten Patienten läuft die Speise oft aus Mund und Nase, wenn sie schlucken wollen, sie „verschlucken" sich, weil die Speise in den Kehlkopf gerät, und oft gehen sie an dem Verschlucken zugrunde, weil die Speise in die Lungen aspiriert wird und diese infiziert (s. Kap. 23).

Die einzelnen Abschnitte des Muskelschlauchs werden vom Schluckzentrum aus nacheinander zur Kontraktion angeregt. Durchschneidet man daher bei einem Tier den Ösophagus in mehrere Ringe, so hat das auf den Ablauf des Schluckvorgangs keinen Einfluß; die voneinander durch die Schnitte isolierten Rohrabschnitte kontrahieren sich nacheinander, als wären sie noch miteinander verwachsen (MOSSO). Eine entsprechende Beobachtung am Menschen hat v. MIKULICZ mitgeteilt; er bemerkte bei einem Patienten, welchem er den Ösophagus durchschnitten hatte, daß, wenn er Speise in die distale Ösophagusöffnung am Hals schob, der Ösophagus die Speise immer erst dann annahm und weiterbeförderte, wenn der Patient schluckte, wenn also dem unteren Ösophagus die Bewegung sozusagen vom oberen vorgemacht wurde.

Der Schluckakt ist eine Reflexbewegung, d. h. der Muskelmechanismus oder richtiger das Schluckzentrum bedarf der Anregung durch zentripetale Nerven. Diese sind Trigeminus, Glossopharyngeus und Laryngeus superior, welche den Rachenraum mit sensiblen Fasern versorgen. Ist die Speise willkürlich bis in den Rachen geschoben, dann setzt unwillkürlich und zwangsmäßig die Schlingbewegung ein.

Es ist ein Irrtum, wenn man glaubt, willkürlich schlucken zu können; wenn man es scheinbar tut, so bewegt man in Wirklichkeit nur etwas Speichel gegen den Rachen, und dieser ist es dann, welcher den Schluckreflex auslöst. Daher geht es schließlich nicht mehr, wenn man immer wieder „leer" zu schlucken versucht, und daher wird auch die Schluckfähigkeit durch Anästhesieren der Rachenwände mit Kokain zeitweilig aufgehoben.

Erreicht die dem verschluckten Bissen voraneilende Erschlaffungswelle die *Kardia*, so wird deren Sphinkter in den Erschlaffungsvorgang mit einbezogen und die Kardia öffnet sich langsam; zugleich erschlafft auch der benachbarte Fundusteil des Magens, so daß der Eintritt des Bissens in den Magen erleichtert wird. Hier gerät nun die Speise unter den Einfluß der zweiten Verdauungsflüssigkeit, des **Magensafts.** Reinen Magensaft zu gewinnen, ist schon schwieriger, als es für den Speichel der Fall war. Hebert man den Magensaft aus, so erhält man den Saft vermischt mit Speise; läßt man, wie es früher gemacht wurde, einen Hund ein Stückchen Schwamm schlucken, der an einem Bindfaden festgebunden ist, und zieht dann den Schwamm wieder heraus, so hat er sich wesentlich mit *Magenschleim* durchtränkt. Das beste Verfahren zur Gewinnung des Saftes ist auch hier die Anlegung einer Fistel; davon wird nachher die Rede sein.

Der Magensaft, eine wasserklare, farblose Flüssigkeit, enthält an Enzymen das eiweißverdauende *Pepsin*, das milchkoagulierende *Labferment* oder *Chymosin*, die fettspaltende *Lipase*, ferner etwa 0,3—0,5 % *Salzsäure* entsprechend einer Wasserstoffionenkonzentration von $[H^{\cdot}] = 10^{-1}—10^{-2}$ oder, wie man gewöhnlich schreibt, $p_H = 1—2$, indem man der Kürze halber statt der Konzentrationswerte deren Exponenten mit umgekehrtem Vorzeichen setzt und diese als p_H-Werte bezeichnet. Dazu kommen kleine Mengen von anorganischen Salzen und von Eiweiß. Die Gefrierpunktserniedrigung des Magensafts als Maß seiner molekularen Konzentration stimmt mit der des Blutes annähernd überein; es ist $\triangle = 0,48^0 — 0,54^0$.

Die wichtigste Eigenschaft des Magensaftes ist die **Eiweißverdauung.** Sie geschieht durch das Zusammenwirken von **Pepsin** und Salzsäure; denn das Pepsin wirkt nur bei saurer Reaktion. Die Salzsäure wirkt zugleich quellend auf das Eiweiß. An die Quellung schließt sich dann bei Gegenwart von Pepsin sein Zerfall an. Die Salzsäure wirkt aber nicht bloß als Quellungsmittel; denn andere Säuren, anorganische sowohl wie organische, stehen hinter ihr in der Aktivierung des Pepsins zurück. Ein Temperaturoptimum für die Wirkung liegt zwischen 35⁰ und 50⁰; Kochen zerstört die Wirksamkeit.

Die Verdauung durch das Pepsin erstreckt sich sowohl auf unlösliches, geronnenes Eiweiß als auch auf gelöstes; die Verdauung des geronnenen ist so viel auffälliger, daß sie zum *Nachweis der Pepsinwirkung* verwendet wird. Man benutzt dazu entweder eine Fibrinflocke oder ein Stückchen hitzekoaguliertes Hühnereiweiß.

Sehr empfindlich ist folgende Probe (MICHAELIS): man verdünnt Serum etwa 15fach mit Wasser und versetzt mit 10 % Sulfosalizylsäure bis zur Violettfärbung von Kongopapier (s. S. 32), d. h. bis $p_H = $ ca. 2: dabei entsteht eine dick milchige Trübung, die sich nach Zusatz von Pepsin bei 38⁰ aufhellt. Nach GRÜTZNER eignen sich zum Nachweis besonders gut mit Karmin gefärbte Fibrinflocken, welche erst

bei der Verdauung das Karmin loslassen, so daß die Rotfärbung des Saftes einen
Maßstab der verdauenden Kraft abgibt.

Die Verdauung des unlöslichen wie des gelösten Eiweißes ist wiederum,
wie die Stärkeverdauung, eine hydrolytische Spaltung, wie sie auch beim
Kochen mit verdünnten Säuren zustande kommt. Die Spaltprodukte heißen
Albumosen und *Peptone*, der Vorgang der Eiweißumwandlung *Peptonisierung*.
Albumosen und Peptone sind etwa den verschiedenen Dextrinen vergleichbar, es sind größere Bruchstücke des Eiweißmoleküls, welche selber noch
manche Ähnlichkeit mit dem Eiweiß besitzen.

Sie sind z. B. wie Eiweiß fällbar durch Alkohol, durch Pikrinsäure und Gerb-
säure, durch Sublimat und andere Schwermetallsalze, durch Salpetersäure; sie geben
wie Eiweiß mit Natronlauge und etwas Kupfersulfat eine Rotviolettfärbung (sog.
Biuretreaktion), beim Erhitzen mit in Salpetersäure gelöstem Quecksilber (*MILLON-
sches Reagens*) eine Fleischrosa- bis Rotfärbung, beim Erhitzen mit Salpetersäure
eine Gelbfärbung (*Xanthoproteinreaktion*) u. a. Dagegen koagulieren Albumosen
und Peptone nicht beim Erhitzen der Lösungen, ihre Niederschläge mit Salpetersäure oder mit Ferrozyanwasserstoffsäure lösen sich im Gegensatz zu den Nieder-
schlägen des Eiweißes beim Erwärmen; sie sind auch, im Gegensatz zu genuinem
Eiweiß, durch Neutralsalze, z. B. durch Ammoniumsulfat, nur partiell oder überhaupt nicht aussalzbar (KÜHNE, HOFMEISTER).

Albumosen und Peptone sind also im großen ganzen beständiger in ihrer
Lösung, haben eine größere Affinität zum Wasser als die Eiweißkörper,
und von den beiden Sorten von Spaltprodukten sind die Peptone löslicher
als die Albumosen. Albumosen und Peptone sind Sammelbegriffe für
eine große Zahl von Verbindungen, es entstehen bei der peptischen Spaltung
des Eiweißes eben sehr viele verschiedene Bruchstücke. Dabei beweist die
geringere Löslichkeit der Albumosen nicht etwa eine gröbere Aufteilung,
ein größeres Molekulargewicht. Sondern über die Löslichkeit entscheidet
die spezielle Zusammensetzung aus den Bauelementen der Eiweißkörper,
den *Aminosäuren*, auf die wir später (Kap. 3) zurückkommen werden.

Die Verdaulichkeit verschiedener Eiweißkörper ist verschieden. Fibrin
wird schnell, hart gesottenes Hühnereiweiß dagegen relativ langsam verflüssigt. Den Eiweißkörpern verwandt, jedenfalls auch aus Aminosäuren
aufgebaut, sind gewisse Stützsubstanzen, wie *Kollagen*, der Hauptbestandteil der Bindegewebsfasern, *Elastin* und *Keratin*, die Materialien der elastischen Fasern und der Hornsubstanzen (Haare, Nägel, Federn) (s. S. 42).
Von ihnen wird Keratin nicht, Elastin schwer, Kollagen dagegen besonders
leicht durch den Magensaft angegriffen; letzteres quillt durch die Säure und
wird zu *Leim*, der Leim wird alsdann peptonisiert. So kommt es, daß
Fleisch im Magen sich rasch in einen Brei auflöst, den *Chymus*, weil das
Bindegewebe, das die Muskelfasern zusammenhält, verflüssigt wird. Auch
schon durch bloßes Erhitzen wird das Kollagen in Gegenwart von Wasser
zur Quellung und Lösung gebracht. Darin liegt u. a. *die Bedeutung des
Kochens und Bratens*; denn dabei geschieht dieselbe Auflockerung des
Fleisches wie bei der Berührung mit Magensaft, nur daß dessen Säure besonders stark quellend wirkt, und daß sich an die Quellung die Aufspaltung
zu ,,Leimpeptonen" anschließt. Auch das Fettgewebe zerfällt durch die
Lösung des Bindegewebes in die einzelnen Fettzellen.

Vom Magensaft werden auch die sog. *Proteide* angegriffen. Darunter versteht
man Eiweißkörper (Proteine), die mit andern Stoffen Komplexverbindungen eingegangen sind, wie das *Hämoglobin* oder die *Nukleoproteide*. Diese Bindungen werden
nun gelöst, Hämoglobin zerfällt in Hämatin und das Eiweiß Globin, Nukleoproteid
ebenso in Nukleinsäure und Eiweiß. Das Eiweiß wird dann peptonisiert, die ,,pro-
sthetischen Gruppen" Hämatin und Nukleinsäure bleiben unverändert.

Unter den Eiweißkörpern und bei ihrer Verdauung im Magen spielt eine besondere Rolle der Käsestoff oder das *Kasein* der Milch. Milch gerinnt bekanntlich sehr leicht; es geschieht dadurch, daß Luftbakterien sich in der Milch entwickeln und den Milchzucker zu Milchsäure vergären, so daß die Milch sauer wird. Im Gegensatz zu vielen anderen Eiweißkörpern fällt nämlich Kasein schon in den verdünnten Lösungen schwacher organischer Säuren aus, darin vergleichbar dem Muzin (s. S. 15).

Dies ist folgendermaßen zu erklären: das Kasein ist bei der angenähert neutralen Reaktion der Milch, ähnlich wie zahlreiche andere Eiweißkörper, z. B. wie die im neutralen Blutplasma gelösten, als negativ geladene den Anionen vergleichbare Partikeln anwesend. Durch die H-Ionen einer Säure kann dann bei geeigneten Mengenverhältnissen das negative Eiweiß entladen, „isoelektrisch" werden (S. 41). Je nachdem ob es im isoelektrischen Zustand schwerer oder leichter löslich ist, fällt es dann aus oder bleibt in Lösung. Isoelektrisches Kasein ist unlöslich. Andere Eiweißkörper flocken demgegenüber nur in Gegenwart von starken Mineralsäuren, werden dabei aber weitgehend verändert, „denaturiert".

Milch gerinnt nun aber auch in Abwesenheit von Säure, wenn das **Labferment** oder **Chymosin** des Magensafts sich der Milch zumischt; es bildet sich dann aus Kasein ein fädiges Gerinnsel von *Parakasein*. Am einfachsten kann man, wie von alters her von der Käsebereitung bekannt, die Gerinnung herbeiführen, wenn man ein frisches, gewaschenes Stück Kälbermagen in die Milch hineinhängt. Diese merkwürdige chemische Umwandlung des löslichen Kaseins in das unlösliche Koagulum ist trotz vieler Bemühungen bisher wenig klargelegt; sicher weiß man aber, daß die Ca-Ionen der Milch an der Umwandlung beteiligt sind. Denn wenn man durch Zusatz von Natriumoxalat (zu 10 ccm Milch 2 ccm 3% Natriumoxalat), von Natriumfluorid oder Natriumzitrat den gelösten Kalk aus der Milch entfernt, so bleibt die Labwirkung aus, um wieder einzusetzen, sobald ein lösliches Calciumsalz zugeführt wird. In dieser Hinsicht ist die Labung der Blutgerinnung zu vergleichen; auch dabei wirken kalkfällende Mittel gerinnungshemmend (s. Kap. 6).

Der Sinn der Labgerinnung ist vielleicht der folgende: wir werden nachher sehen, daß Flüssigkeiten im allgemeinen rasch durch den Magen hindurch in den Darm übertreten. Geschähe das auch mit der Milch, so würde das Kasein im Gegensatz zu anderen Eiweißkörpern unverdaut in den Darm gelangen; dies wird durch die Verwandlung der Milch in eine feste Masse verhindert. Das Koagulum wird dann geradeso wie anderes geronnenes Eiweiß von Pepsin und Salzsäure allmählich in Peptone umgewandelt.

Der vorher erwähnten **Lipase** des Magensaftes kommt wegen ihrer kleinen Menge nur eine untergeordnete Bedeutung zu; sie spaltet bei schwach saurer Reaktion Fette in ihre Komponenten Glyzerin und Fettsäuren, aber die Wirkung ist unbeträchtlich.

Wir wenden uns nunmehr der Frage zu, durch welche Umstände **die Abscheidung des Magensaftes** herbeigeführt wird. Am besten legt man zum Studium dieser Frage eine *Magenfistel* an; dann kann der sich bildende Saft durch eine Kanüle direkt nach außen abfließen. Geht man nun durch die Kanüle mit einem Glasstab oder einer Federpose ein und reizt die Magenschleimhaut mechanisch, so erhält man wohl Magenschleim, der sich an der Oberfläche gebildet hat, aber keinen Magensaft; auch andere mechanische Reize, wie Sand oder Glaspulver, sind unwirksam. Aber auch manche Nahrungsstoffe sind erstaunlich schlechte Erregungsmittel; ausgekochtes Fleisch und Brot wirken beim Hund gar nicht, flüssiges Hühner-

eiweiß erst nach ca. 70 Minuten schwach, Wasser ist ebenfalls ein nur mäßiger
Reiz. Dagegen verursachen die Extraktivstoffe des Fleisches etwa in Form von
„Liebigs Fleischextrakt" durch die Fistel eingeführt schon nach 10—15' eine
stundenlang anhaltende Saftabscheidung; ebenso die Verdauungsprodukte
des Fleisches. Offenbar erhalten die Magendrüsen also gar nicht, so wie man
denken sollte, den ersten Anstoß durch die Speise selbst, sondern werden
erst sekundär durch deren Verdauungsprodukte in Tätigkeit versetzt.

In der Tat ist das primum movens etwas ganz anderes. PAWLOW hat
gezeigt, daß der Anreiz zur Sekretion im allgemeinen von der Mundhöhle
ausgeht. Sein Beweis ist die „*Scheinfütterung*": durchschneidet man bei
einem Hund den Ösophagus, heilt die Enden in die Haut des Halses ein
und legt dann noch eine Magenfistel an, so kann man den Hund füttern,
ohne daß die Speise in den Magen gelangt; denn sie fällt immer wieder
aus der Halsöffnung des Ösophagus heraus (Abb. 3). 3—5' nachdem

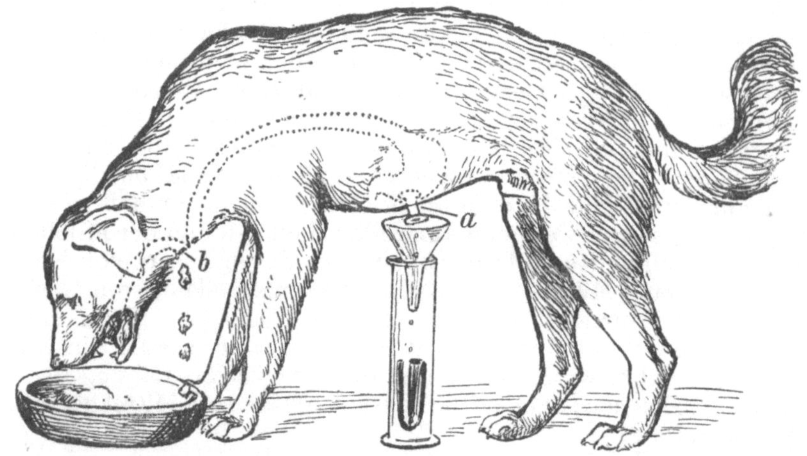

Abb. 3. PAWLOWS Scheinfütterung eines Hundes mit Magen- und Ösophagusfistel. (Nach v. FREY.)

die Scheinfütterung begonnen hat, fängt nun aus der Fistel reichlich
reiner Magensaft zu fließen an, und dieser Fluß kann 2—4 Stunden anhalten. Die Sekretion ist im allgemeinen stärker bei Fleisch- als bei Brot-
fütterung; sie ist spärlich, wenn der Hund satt, massenhaft, wenn er gierig
ist; sie fehlt, wenn der Hund Steine, Salzlösung oder Säure verschluckt,
auch wenn sie Speichelfluß bewirken. Deshalb bezeichnete PAWLOW diesen
Saft sehr prägnant als „*Appetitsaft*". Die Sekretion erfolgt also reflektorisch
durch Reizung der Geschmacksorgane. Die Erregung kann aber auch von
anderen Sinnen ausgehen; der Geruch, der Anblick der Speise und alle
Momente, welche wir bei den Speicheldrüsen in den „bedingten Reflexen"
wirken sahen, kommen auch hier wieder zur Entfaltung. Der Schritt des
Wärters, der das Futter zu bringen pflegt, lockt den Saft hervor, der Ärger
über eine Katze, welche dem Hund vorgehalten wird, bringt den Fluß zum
Versiegen (BICKEL). Bei einem Kind, dem wegen eines narbigen Ösophagus-
verschlusses eine Magenfistel angelegt werden mußte und dem eine Zeitlang
regelmäßig beim Essen auf einer Trompete vorgeblasen wurde, floß Saft aus
der Fistel auch dann, wenn allein der Trompetenton erklang. Man kann auch
jemandem in der Hypnose suggerieren, er verzehre eine Mahlzeit; nach einigen
Minuten fließt alsdann für längere Zeit reichlich Saft in den leeren Magen.
So erkennt man, welche Bedeutung dem assoziativen Moment für die Ver-

dauung zukommt, wie die Tischglocke, der Schmuck der Tafel, die Fräcke der Kellner der Ernährung unmittelbarere Dienste leisten, als man sonst wohl meint, und wie wahr es sein kann, daß einem „das Essen vor Ärger im Magen liegenbleibt".

Der Appetitsaft regt in der Tat die Magenverdauung erst an; denn Stoffe, die, wie wir sahen, an sich reizlos sind, wie gekochtes Fleisch oder Brot, werden nun mit dem Appetitsaft übergossen, und wenn sich dann erst einmal Verdauungsprodukte gebildet haben, so können diese, wie wir ebenfalls sahen, direkt weiter erregen. So wird der „Appetitsaft" zum „*Zündsaft*", wie Pawlow sich ausdrückt, die einmal angezündete Sekretion kann dann 4—10 Stunden lang fortgehen.

So erscheint auch die Bedeutung der *Fleischbrühe*, besonders derjenigen, die aus viel Fleisch mit wenig Wasser hergestellt, als „Kraftbrühe" Patienten oft zur Kräftigung gegeben wird, in neuem Licht. Denn Bunge hat schon vor langer Zeit darauf aufmerksam gemacht, daß bei ihrem geringen Gehalt an Leim, ihrem Gehalt an Salzen und Extraktivstoffen (wie Kreatin, Kreatinin, Histamin, Guanidin, Carnosin und anderen Eiweißabkömmlingen) von einer direkt kräftigenden Wirkung gar nicht die Rede sein kann. Aber da die Fleischextraktivstoffe zu den stärksten Sekretionsreizen für die Magenschleimhaut gehören, so ersetzt die Brühe den mangelnden Appetit, bei Gesunden so gut wie bei Kranken, und die alte Gewohnheit, die Suppe zum ersten Gang des Mittagsmahls zu machen, erhält ihre physiologische Rechtfertigung.

Den anregenden Stoffen stehen solche gegenüber, welche die Magensekretion hemmen; es sind vor allem Fette und Alkali. Nach einer fettreichen Mahlzeit dringt nämlich durch den offenen Pylorus alkalischer Pankreassaft aus dem Duodenum in den Magen ein, so daß sich nun schon im Magen eine reichlichere Fettverdauung vollzieht, wie sie sonst eigentlich erst im Darm einsetzt (Boldyreff). Hierdurch wird es begreiflich, daß man eine fette Speise als „schwer" empfindet, daß sie einem „Magendrücken" verursacht.

Die Erfahrungen bei der Scheinfütterung lassen es als selbstverständlich erscheinen, daß **sekretorische Nerven** für die Magendrüsen existieren. In der Tat gibt Reizung des durchschnittenen Vagus Saftbildung, und der Appetitsaft fließt nicht mehr, wenn die Vagi durchschnitten oder durch Atropin ausgeschaltet sind. Aber es muß auch noch andere Erregungsmöglichkeiten geben; denn auch nach der Vagusdurchschneidung, ja sogar nach völliger nervöser Isolierung des Magens verursacht Aufnahme geeigneter Nahrung noch Saftbildung durch „Zündung" (Popielski). Da zahlreiche Nervenfasern und Ganglienzellen in der Magenwand enthalten sind, so könnte deren unmittelbare Erregung dafür maßgebend sein, und sie könnte sowohl von der Magenschleimhaut her als auch vom Blut aus erfolgen. Spritzt man nämlich einen mit Salzsäure hergestellten und dann neutralisierten Extrakt der Magenschleimhaut einem Hund intravenös ein, so kommt es zu lebhafter Sekretion. Der Extrakt enthält also eine wirksame Substanz, die den Namen „Gastrin" oder „Magensekretin" erhalten hat; sie ist vielleicht mit dem eben genannten Eiweißderivat *Histamin* (s. Kap. 4) identisch, das jedenfalls bei subkutaner Applikation eine starke Magensaftabscheidung verursacht, während es per os zugeführt unwirksam bleibt. 0,5 mg Histamin subkutan oder intramuskulär verabfolgt genügen, um bei einem Menschen mit normaler Magenschleimhaut Saftbildung herbeizuführen; diese Reaktion wird diagnostisch verwertet.

Der Ort der Magensaftbildung sind die zahlreichen, die ganze Magenwand von innen auskleidenden Magendrüsen. Es gibt deren hauptsächlich zwei Sorten: die *Fundusdrüsen* und die *Pylorusdrüsen*. Nur im Fundusteil des Magens reagiert die Schleimhaut sauer, im Pylorusteil dagegen schwach alkalisch, ebenso wie die Oberfläche im Fundus schwach alkalisch reagiert, wenn kein Magensaft sezerniert wird. Die Salzsäure wird danach allein in den Fundusdrüsen gebildet; das Sekret der Pylorusdrüsen, ebenso wie der an der Innenfläche des Magens produzierte Schleim enthalten Alkali. Die Fundusdrüsenschläuche bestehen bekanntlich aus zwei Arten von Zellen, den vorherrschenden „Hauptzellen" und den weniger zahlreichen, aber größeren, scheinbar von außen auf die Drüsen daraufgelegten sogenannten „Belegzellen". Da die Belegzellen allein im Fundusteil vorkommen, werden sie als Produktionsstätte der Salzsäure angesehen, während die Bildung des Pepsins, die auch im Pylorusteil statthat, in die Hauptzellen verlegt wird.

Wie die Abscheidung der Salzsäure aus dem neutralen Blut von den Belegzellen zustande gebracht wird, ist unbekannt. Sicher muß dafür ein gewisses Quantum von Chlorionen disponibel sein. Infolgedessen versiegt die Salzsäurebildung mehr oder weniger, wenn man aus der Nahrung möglichst alles Kochsalz fortläßt. Die Abscheidung der starken Säure aus dem neutralen Blut hinterläßt notwendigerweise einen Alkaliüberschuß, welcher alsbald durch die Tätigkeit der Darmdrüsen, vor allem aber durch die Tätigkeit der Nieren beseitigt wird; diese produzieren während der Magenverdauung einen Harn, welcher entweder weniger sauer ist als sonst, oder sogar neutral bis alkalisch reagiert. Diese Änderung der Harnazidität kann direkt als ein Symptom einer regelrechten Säurebildung im Magen diagnostisch verwertet werden.

Zum *Nachweis der Salzsäure* des Magensaftes sind besondere Reagenzien angegeben worden. Der Nachweis der Chlorionen mit Silbernitrat genügt natürlich nicht, ebensowenig die Reaktion mit Lackmus, da bei Salzsäuremangel der Mageninhalt aus Gründen, die wir gleich kennenlernen werden, vor allem durch Milchsäure saure Reaktion erhalten kann.

Zum Nachweis dient meist das *Günzburgsche Reagenz* (eine alkoholische Lösung von Phlorogluzin und Vanillin); einige Tropfen davon mit einigen Tropfen Magenflüssigkeit vorsichtig eingedampft, geben bei Anwesenheit von freier Salzsäure einen ziegelroten Rückstand. Ferner schlägt Kongorot bei Zusatz von freier Salzsäure in Blau, Methylviolett ebenfalls in Blau um. Alle drei Reagenzien werden durch organische Säuren, wie Milchsäure, nicht verfärbt. Der Grund ist der folgende: alle drei Reagenzien sind Indikatoren, welche, wie die sonst üblichen Indikatoren, bei einer bestimmten H-Ionenkonzentration einen Farbumschlag geben; bei diesen speziellen Indikatoren genügt aber der H'-Gehalt der schwachen, relativ wenig dissoziierten organischen Säuren noch nicht, so wie z. B. bei Lackmus, um die Farbe zu verändern, sondern erst die größere H'-Konzentration, wie sie in der im Magensaft enthaltenen Salzsäure vorhanden ist.

Die bequeme Unterscheidung von Salzsäure und organischer Säure ist von Wichtigkeit, weil in pathologischen Fällen, z. B. beim Magenkrebs oder bei Magenerweiterung, die Bildung der Salzsäure oft versiegt. Der Salzsäuremangel ist also an sich ein wichtiges Krankheitssymptom; seine Folge ist das Auftreten der schon genannten *Milchsäure* neben anderen organischen Säuren. Sobald nämlich Salzsäure im Mageninhalt fehlt, wuchern die mit der Nahrung verschluckten Bakterien im Magen, und es kommt durch Vergärung der Kohlehydrate zur Bildung der Milchsäure. Krebsgewebe kann aber auch selber an dieser Produktion durch die Eigenart des Stoffwechsels seiner Zellen mit teilnehmen (WARBURG). So werden wir darauf aufmerksam, daß der *Salzsäure neben ihrer Aktivierung*

des Pepsins noch eine weitere wichtige Funktion zukommt, sie wirkt anti-
bakteriell, d. h. sie hemmt das Wachstum der Bakterien und schützt so den
Darm vor einem Übermaß an Mikroorganismen.

Man hat oft die Frage aufgeworfen, *warum der Magen sich nicht selbst*
verdaut, zumal da die Magenschleimhaut, die man einem getöteten Tier
entnimmt, vom Magensaft zersetzt wird. Die Erklärung ist wohl hauptsächlich darin zu finden, daß, wie so oft, auch hier die Drüsenzellen Stoffe
zur Abscheidung bringen, für die ihre intakte Oberfläche impermeabel ist.
Wir werden später (Kap. 6 u. 7) hören, daß die Zellgrenzfläche für sehr viele
Verbindungen, auch solche, die im Innern der Zellen enthalten sind, ein
unüberwindliches Diffusionshindernis darstellt, und zu diesen Verbin-

dungen gehören auch die Enzyme. Aus
keiner lebenden Zelle werden die intrazellulären Enzyme (s. S. 18) durch
eine Lösung, die sie umgibt, aus-
geschwemmt; ebensowenig können
aber Enzyme, die einmal im Sekretionsprozeß nach außen befördert worden sind, durch einen passiven Vorgang wie die Diffusion in die intakte
Zelle zurückkehren (NORTHROP).

Die Einwirkung des Magensaftes
wird unterstützt durch die **Magen-**
bewegungen. Diese haben nämlich
nicht bloß den Zweck, die Speise in
den Darm weiterzubefördern, sondern
sie sorgen auch dafür, daß die Speise
ausreichend mit Magensaft in Berührung kommt.

Die Bewegungen rühren von der
Muskulatur her, welche aus einer
äußeren Schicht längs verlaufender
Fasern und einer inneren Schicht teils
ringförmig den Magen umfassender,
teils diagonal verlaufender Fasern be-

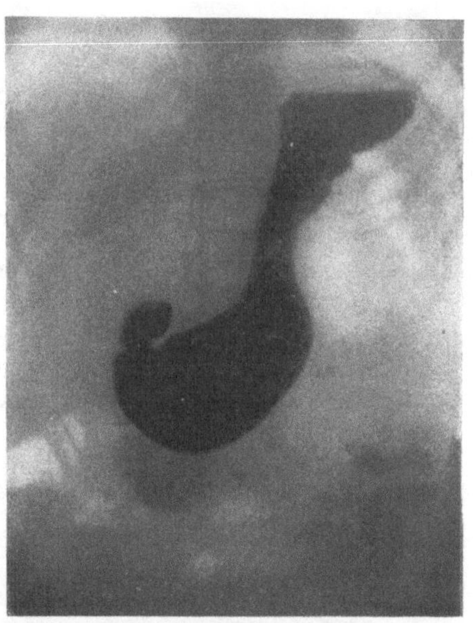

Abb. 4. Röntgenbild des menschlichen Magens. (Nach
v. BERGMANN.) Der Magen ist durch gasgefülltes
Kolon nach rechts verlagert.

steht. Diese Muskulatur ist im Pylorusteil des Magens stärker als im
Fundusteil und umschließt dort das sogenannte *Antrum pylori.*

Die Bewegung ist eine *peristaltische Bewegung,* d. h. es laufen rhythmische Kontraktionswellen, an der Kardia anfangend, bis zum Pförtner
über den Magen hin, im allgemeinen mit großer Regelmäßigkeit, etwa
alle 10—20″ eine Welle. Der Fundus führt ziemlich oberflächliche Bewegungen aus. Im Pylorusteil steigern sie sich, so daß gegen den Pylorus
hin tiefe zirkuläre Schnürfurchen entstehen, natürlich mit dem Effekt,
daß sie den Mageninhalt knetend vor sich hertreiben. Man kennt diesen
Ablauf genau, seitdem man Röntgenaufnahmen des mit Wismut- oder
Bariumsulfatbrei gefüllten Magens macht (Abb. 4); man erhält dann
Serien von Bildern, wie sie in Diagrammen die Abb. 5 zur Darstellung
bringt (CANNON, RIEDER). Jede Welle braucht etwa $^1/_2$ Minute, um über
den Magen hinzulaufen; daher sieht man auf den Bildern jedesmal mehrere
Schnürfurchen zugleich.

Sobald eine peristaltische Welle am Pförtner anlangt, öffnet sich
nicht etwa jedesmal dessen Sphinkter, sondern nur von Zeit zu Zeit;

das hängt noch von besonderen Umständen ab. So kommt es, daß der Mageninhalt im Antrum pylori kräftig durchknetet wird, und daß besonders gröbere Brocken dort noch zerkleinert werden. Die Intensität der Peristaltik variiert je nach der Menge und Beschaffenheit der Speise. Füllung, besonders rasche Füllung des Magens regt sie an. Fetthaltige Nahrung, deren hemmenden Einfluß auf die Magensaftsekretion wir schon kennenlernten, hemmt auch die Peristaltik, stark gewürzte Speisen steigern sie.

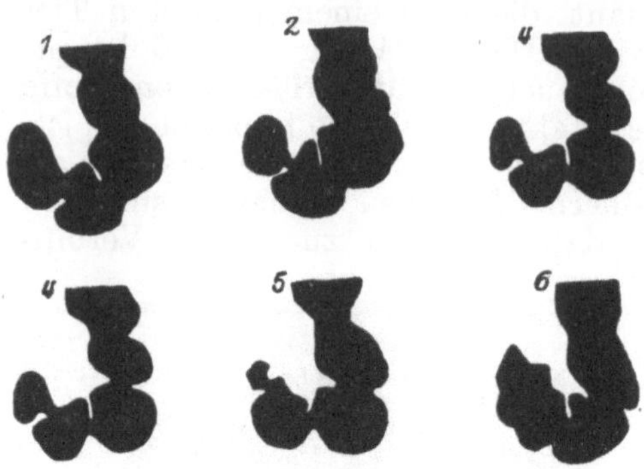

Abb. 5. Röntgenographische Aufnahmen der Peristaltik des menschlichen Magens. (Nach COLE, schematisiert.) 1—6 sechs verschiedene Phasen einer peristaltischen Welle. Die Horizontale am oberen Rand jedes der 6 Schatten entspricht der Füllung mit einem halbflüssigen Brei, der mit einer ebenen Fläche an die im Kardiateil enthaltene Luft angrenzt.

Die Pylorusöffnung wird reflektorisch besonders vom Duodenum aus reguliert (HIRSCH, VON MERING, PAWLOW); die Reize sind teils mechanischer, teils chemischer Natur. Legt man eine Duodenalfistel an, schiebt in deren Öffnung eine Gummiblase und bläst sie auf, so daß die Wände des Duodenums gespannt werden, so schließt sich der Pförtner; in ähnlicher Weise verursacht die pralle Füllung des Duodenums mit Speise Pylorusschluß und sistiert so die weitere Speisenentleerung aus dem Reservoir des Magens, bis sich das Duodenum seinerseits jejunumwärts

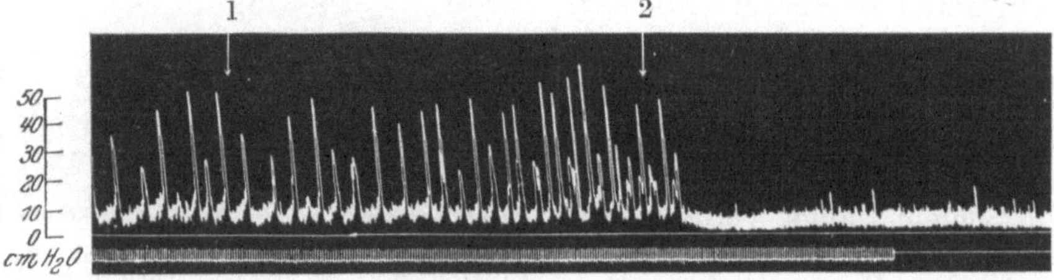

Abb. 6. Druckschwankungen im Pylorusteil des menschlichen Magens. (Nach KATSCH.) Bei Pfeil 1 werden durch eine ins Duodenum eingeführte Sonde langsam 20 ccm Paraffinöl, bei Pfeil 2 20 ccm Olivenöl eingespritzt.

entleert hat. Benetzt man von der Fistelöffnung aus die Duodenalschleimhaut mit Säure, so schließt sich ebenfalls der Pylorus, so daß trotz Fortbestandes der Magenperistaltik die Entleerung des Magens plötzlich unterbrochen wird. Offenbar soll also die Magenentleerung auch gehemmt werden, bis die Azidität des Darminhalts durch das Alkali des Pankreas- und Darmsaftes genügend abgestumpft ist. Andererseits löst die Berieselung der

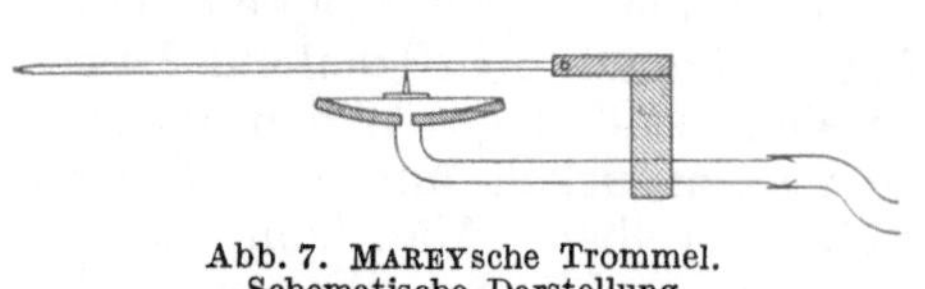

Abb. 7. MAREYsche Trommel. Schematische Darstellung.

Duodenalschleimhaut mit Wasser oder mit einer alkalischen Lösung den Pylorusschluß, und der Mageninhalt wird nun vom Antrum pylori in einzelnen Schüben ins Duodenum gespritzt. Bringt man auf die Duodenalschleimhaut Fett (Olivenöl), so wird der Magen unter Erschlaffung stillgestellt (Abb. 7); der Pylorus bleibt dabei wahrscheinlich offen. Wird in den Magen reichlich Fett eingeführt, so kommt es ebenfalls zur Stillstellung und zum Klaffen des Pylorus (s. S. 31), so daß nun vom Duodenum aus Pankreassaft und Galle in den Magen eintreten können; ja sie können sogar durch eine antiperistaltische Bewegung des Duodenums rückwärts getrieben werden, infolgedessen vollzieht sich die Fettverdauung, welche sonst in ausgiebigem Maß erst im Darm einsetzt, nun bereits im Magen (BOLDYREFF).

Auch der völlig leere Magen führt noch schwache peristaltische Bewegungen aus. Sie kommen auch noch zustande, wenn die Magennerven durchschnitten sind. Man kann sie beim Menschen beobachten, wenn man ihm eine mit einer dünnen Gummiblase unten verschlossene Schlundsonde in den Magen einführt und den Gummibeutel durch Einblasen von Luft etwas bläht; die leichten rhythmischen Drucke, welche von seiten der Magenwandungen auf die Blase ausgeübt werden, sind dann durch „Luftübertragung" graphisch zu registrieren (MORITZ).

Man macht dies etwa so, daß man die Schlundsonde durch Schlauch mit einer sog. MAREYschen Trommel verbindet (s. Abb 6). Sie besteht aus einer flachen Kapsel, deren obere Wand von einer dünnen Gummimembran gebildet ist; auf dieser ruht ein leichter Strohhebel. Jede Druckschwankung im Innern der Kapsel erzeugt eine Hebelbewegung, welche auf einer langsam sich bewegenden berußten Schreibfläche aufgeschrieben wird.

Die Bewegungen des leeren Magens sind als Hungerbewegungen bezeichnet worden, weil sie gleichzeitig mit dem *Gefühl des Hungers* auftreten (CANNON, CARLSON). Dies hat zu der Auffassung geführt, daß die Bewegungen direkt durch Reizung sensibler Nerven in der Magenwand den Hunger erregen. Man führt dafür u. a. die Beobachtung an, daß es bei den Eingeborenen Südamerikas gebräuchlich ist, den Hunger durch Kauen von Kokablättern zu bekämpfen; da das darin enthaltene Kokain die sensiblen Nerven lähmt, so könnte es auch die vom Magen aus durch die Hungerperistaltik ausgelösten Sensationen unterdrücken. Aber diese Deutung ist wohl nicht richtig oder vielmehr nicht ausreichend; denn es wird angegeben, daß auch nach Exstirpation des Magens das Hungergefühl noch weiter besteht, und die Kokainwirkung kann auch im Zentralnervensystem und braucht nicht in der Magenschleimhaut lokalisiert zu sein, da auch subkutane Einverleibung des Kokains den Hunger lindern soll. Der Hunger scheint übrigens auch nicht dadurch oder wenigstens nicht allein dadurch zustande zu kommen, daß man die Leere des Magens irgendwie spürt; denn wenn man den Magen mit großen Mengen von etwas Unverdaulichem, z. B. mit einem Brei von Bariumsulfat füllt, so hört nach manchen Angaben der Hunger doch nicht auf. Der Hunger hat seinen Ursprung zum Teil wohl ganz woanders; wenn man einem Hungernden Nahrung irgendwie beibringt z. B. eine Traubenzuckerlösung subkutan oder irgendwelche Speise als Klysma verabreicht, so wird dadurch wenigstens zeitweilig das Hungergefühl beseitigt; der Hunger entsteht danach bei einer gewissen chemischen Zusammensetzung des Blutes; er ist die Folge eines „Blutreizes", wie es deren viele gibt. Dieser Blutreiz ist aber wohl auch wieder für das Entstehen der Hungerbewegungen mit verantwortlich zu machen; denn CARLSON und LUCKHARDT fanden, daß, wenn man einem gesättigten Tier das Blut eines hungernden transfundiert, am Magen des ersteren Hungerbewegungen auftreten. Auch danach ist wohl nicht zu leugnen, daß die so häufige Lokalisation des Hungers in die Magengegend auf einer Mitbeteiligung von Magensensationen beruht; die Hungerkontraktionen steigern sich zudem oft deutlich mit periodischen Steigerungen des Hungergefühls.

Eine eigentümliche Kombination von Bewegungen des Magens mit anderen Bewegungen ist das *Erbrechen.* Der Magen ist daran in erster Linie durch Öffnung der Kardia beteiligt. Abgesehen davon ist der Hauptakt die plötzlich einsetzende Bauchpresse, d. h. die gleichzeitige Kontraktion von Bauchmuskeln und Zwerchfell. Die Magenbewegungen beim Brechakt lassen sich am besten auf dem Röntgenschirm beobachten. Man sieht dann, daß die Peristaltik des Antrum sich verstärkt, während zugleich der Fundusteil erschlafft; da der Pylorus geschlossen bleibt, so wird der Mageninhalt vom Antrum in den Fundus gedrängt und besonders von der Bauchpresse durch die sich unter dem Druck öffnende Kardia in den Ösophagus und Pharynx hinaufgetrieben. Eine regelrechte Antiperistaltik wird beim Erbrechen nicht beobachtet. Bekanntlich gesellt sich zu diesen Bewegungen noch eine Reihe weiterer Vorgänge: tiefe Inspiration, Hebung von Kehlkopf und Zunge, Schweißausbruch und Speichelfluß. Das läßt schon vermuten, daß für den ganzen Aktionskomplex, ähnlich wie für den Schluckakt, ein Koordinationszentrum im Zentralnervensystem vorhanden ist. Dieses sogenannte „Brechzentrum" ist wiederum in der Medulla oblongata gelegen (THUMAS). Es wird am häufigsten reflektorisch von der Rachenoder der Magenschleimhaut aus in Tätigkeit versetzt, z. B. durch manche Speisen oder durch Brechmittel, wie das weinsaure Antimonylkalium, den sog. Brechweinstein. Aber auch im Riechorgan oder im Labyrinth (z. B. bei der Seekrankheit) kann der Brechreiz ansetzen. Das Brechzentrum wird bisweilen auch durch unmittelbaren Angriff in der Medulla oblongata erregt, so wenn eine Gehirngeschwulst einen Druck auf sie ausübt, oder wenn das Brechmittel Apomorphin durch subkutane Einspritzung in den Kreislauf gebracht wird, auch wenn bei einer schweren Nierenkrankheit das Blut mit giftigen Stoffwechselprodukten überladen ist. Die zentripetale Leitung für den Reflex bilden meistens sensible Fasern des Vagus und des Glossopharyngeus; daher ist z. B. nach Vagusdurchschneidung der Brechakt durch Reizung der Magenschleimhaut nicht mehr auszulösen.

Nicht nur das Studium des Brechaktes, sondern vor allem die Physiologie der n o r m a l e n Magenbewegungen legt die Frage nach der **motorischen Innervation des Magens** nahe. Sie geschieht durch Vagus und Sympathikus, und zwar stehen die beiden wesentlich im Antagonistenverhältnis zueinander, so wie Chorda und Sympathikus bei den Speicheldrüsen (s. S. 32); der Vagus wirkt vorwiegend fördernd auf die Peristaltik, der Sympathikus vorwiegend hemmend, gerade umgekehrt wie beim Herzen (s. Kap. 9). Von großem theoretischem Interesse ist es, daß die peristaltischen Bewegungen auch ganz unabhängig von diesen Nervenimpulsen vor sich gehen können; durchschneidet man nach Möglichkeit alle von außen herantretenden Nerven oder noch radikaler: exstirpiert man den Magen, so hört seine Peristaltik doch nicht auf (HOFMEISTER), ja sogar das durch einen Zirkulärschnitt von ihm losgetrennte Antrum führt noch selbständige Bewegungen aus. Wir stoßen hier zum ersten Male auf einen Fall von sogenannter **Automatie.** Unter automatischen Funktionen versteht man solche Funktionen, welche zwar nicht ganz unabhängig von äußeren Impulsen zustande kommen, aber doch auf diese nicht angewiesen sind; die Magenbewegungen können zwar vom Vagus aus beeinflußt werden, sie kommen aber auch ohne Vagus zustande. Das Prototyp der automatischen Organe ist das ausgeschnittene schlagende Herz.

In jedem Fall von Automatie werden wir zu fragen haben, welch innerlicher Mechanismus dem Funktionieren zugrunde liegt. Gewohnt, irgendwelche Bewegungen auf die Anregung von seiten des Zentralnervensystems zu beziehen, werden wir zuerst nach entsprechenden nervösen Elementen fragen, die Impulse aussenden können. Beim Zentralnervensystem verlegt man den Ort der Impulsgebung meist in die Ganglienzellen, weil deren Besitz das Zentralnervensystem vor den peripheren Nerven auszeichnet. Ganglienzellen gibt es nun aber auch in allen automatischen Organen, und so wird man, wenn nicht besondere Gründe dagegen sprechen, zunächst diesen peripheren Ganglienzellen die gleichen Funktionen zusprechen wie den Ganglienzellen im Zentralnervensystem. Hier beim Magen wollen wir aber auf die Frage, ob seine automatische Bewegung auf die Anwesenheit von peripheren Ganglienzellen bezogen werden kann, nicht eingehen (s. S. 56). Jedenfalls breitet sich zwischen der äußeren Längs- und der inneren Zirkulärfaserschicht der Muskularis ein Nervennetz aus, in dessen Knotenpunkten Ganglienzellen liegen.

Nachdem wir die sekretorische und motorische Tätigkeit des Magens im einzelnen kennengelernt haben, sei zusammenfassend ein Bild von der *Gesamtleistung des Magens für die Verdauung* entworfen. Wenn die zerkaute Nahrung in einzelnen Portionen in den Magen geschluckt wird, so werden nicht, wie man sich das früher vorstellte, die Bissen durch lebhafte peristaltische Bewegungen durcheinander geworfen und so gleichmäßig mit Magensaft durchtränkt, sondern sie lagern sich teils übereinander, teils sinken die zuletzt geschluckten in die Masse der vorher geschluckten ein und drängen sie beiseite. So liegen die ersten Bissen am tiefsten, zum Teil bilden sie auch eine Hülle um die später angelangten. Auf jeden Fall kommen die ersten Bissen von vornherein in Kontakt mit der Magenwand, werden mit Saft übergossen und alsbald durch die Verdauung in einen dünnen Brei verwandelt, welcher infolge des von der Magenmuskulatur ausgeübten fast konstanten Drucks (von etwa 60—80 mm Wasser) und direkt unterstützt von der Wirkung der Peristaltik pyloruswärts ausweicht, während die kardiawärts und die zentraler gelegenen, später verschluckten Portionen zunächst mit Magensaft nicht in Berührung kommen. Diese Portionen sind es, in welchen das diastatische Ferment des Speichels noch eine Zeit lang amylolytisch wirken kann, nämlich solange es noch nicht durch die Säure des Magensafts inaktiviert worden ist, und so verstehen wir nun — was früher nicht verständlich war (S. 20) —, daß die Speichelamylase doch dazu kommt, bei der Verdauung mitzuwirken.

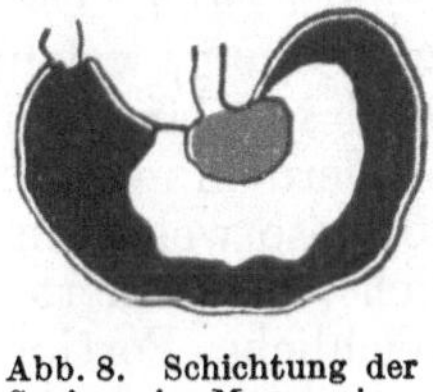

Von dieser eben geschilderten *Schichtung des Mageninhaltes* (ELLENBERGER und SCHEUNERT, GRÜTZNER) (s. Abb. 8) kann man sich vortrefflich überzeugen, wenn man eine weiße Ratte erst zwei Tage hungern läßt, sie dann nacheinander mit je einer kleinen Portion von Semmel mit Tierkohle, Semmel mit Milch und Semmel mit Karmin füttert und sie darauf sofort tötet; legt

Abb. 8. Schichtung der Speisen im Magen einer Ratte. (Nach GRÜTZNER.)

man dann den Magen in eine Kältemischung, bis er steifgefroren ist, und schneidet ihn durch, so findet man die rote, die weiße und die schwarze Speise scharf gesondert nebeneinander liegen.

Je breiiger die verschluckten Bissen von vornherein sind, um so rascher entweichen sie im allgemeinen aus dem Magen, ein Kohlehydratbrei rascher als ein eiweißhaltiger Brei, und dieser wieder rascher als ein fetthaltiger Brei (s. Abb. 9). Flüssigkeit, welche zu der relativ trockenen Kost zwischendurch hinzugetrunken wird, soll von der Kardia direkt längs der kleinen Kurvatur zum Pylorus und in den Darm abfließen, teils dadurch, daß die Schleimhaut des Magens an dieser Stelle Längsfalten hat, teils durch eine eigene Muskulatur, welche bei ihrer Kontraktion einen „Sulcus gastricus", eine „Magenstraße" von der Kardia zum Pförtner hin bildet (WALDEYER, RETZIUS). Nach Beobachtungen auf dem Röntgenschirm scheint jedoch beim Menschen die in den vollen Magen hineingetrunkene Flüssigkeit nur in der Nachbarschaft der Kardia der kleinen Kurvatur zu folgen, sich dann aber auch nach abwärts in den Fundus zu ergießen.

So erstreckt sich die Magenverdauung einer größeren Mahlzeit bis zur völligen Entleerung des Magens je nachdem auf einen Zeitraum von 2—3, gelegentlich bis zu 8 Stunden. Vom Menschen weiß man das teils durch Magenspülung, teils durch Röntgendurchleuchtung nach Zugabe von Bariumsulfat zur Speise. Beim Tier hat man auch Duodenalfisteln angelegt. Das

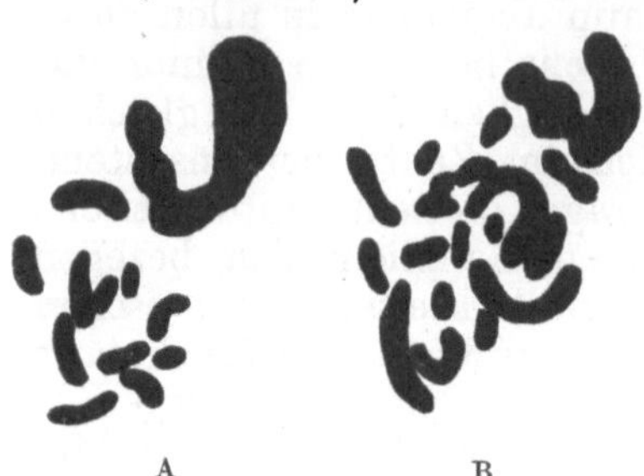

Abb. 9. Röntgenogramme von Magen und Dünndarm einer Katze, zwei Stunden nach Fütterung von Fleisch (A) und von Kohlehydrat (B). (Nach CANNON.)

letztere Verfahren gab aber meist viel zu kurze Verdauungszeiten, weil, wenn die aus dem Magen herausgespritzten Portionen Chymus durch die Fistelöffnung nach außen entleert werden, der vom Duodenum sonst reflektorisch ausgelöste Schluß des Pylorus nicht zustande kommt. TOBLER verfuhr deshalb so, daß er die aus der Fistel herausfallenden Portionen immer wieder duodenalwärts einspritzte. Auf die Weise erzielte er normale Verdauungszeiten und konnte sich zu gleicher Zeit durch Probeentnahme aus den einzelnen Portionen davon überzeugen, daß beim Hund aus einer Fleischmahlzeit etwa 50% vom Eiweiß in Form von Albumosen und Peptonen in den Darm übertreten, während etwa 30% schon innerhalb des Magens zur Resorption gelangen.

Hiernach könnte man zweifeln, ob eine Totalexstirpation des Magens mit einer einigermaßen ungestörten Verwertung der Nahrung verträglich ist. In der Tat hat man ja bei Tier und Mensch den Magen operativ entfernt. Das Fazit ist, daß *der Magen ohne besondere Gefährdung entbehrt werden kann.* Das wird verständlicher, wenn wir erfahren, daß die Eiweißverdauung, welche ja die wesentliche chemische Leistung des Magens ist, auch im Darm, und sogar noch vollständiger als im Magen vonstatten geht. Außerdem macht man sich aber beim Menschen die Erfahrungen der Physiologie so weit zunutze, daß man Patienten ohne Magen die Nahrung möglichst zerkleinert und in häufigeren, aber knappen Mahlzeiten zuführt, da reichliche Portionen ein Reservoir erfordern, kleine hingegen im engen Darm Platz finden. Wird die Diätvorschrift so auf physiologische Kenntnisse gegründet, so ist die Magenexstirpation bei gefährlichen Krankheiten (z. B. Magenkrebs) nicht nur lebensrettend, sondern wird auch viele Jahre vertragen. Immerhin macht sich der Fortfall des Organs öfter durch erhöhte Fäulnis im Darm und deren Symptome geltend (s. S. 61).

3. Kapitel.

Die Verdauung im Dünndarm.

Sobald der Chymus aus dem Magen ins Duodenum eingetreten ist, wird er von neuem von zwei Verdauungssäften übergossen, welche charakteristischerweise, an der gleichen Stelle, auf der Papilla duodenalis, ins Darmlumen fließen, vom *Bauchspeichel* oder *Pankreassaft* und von der *Galle*.

Der **Pankreassaft** ist eine farblose durchsichtige Flüssigkeit. Man kann sie rein und in reichlicher Menge gewinnen, wenn man eine permanente Pankreasfistel anlegt; man macht das am besten nach HEIDENHAIN und PAWLOW so, daß man die Mündung des Ductus pancreaticus zusammen mit einem Stückchen Duodenalwand in die äußere Haut verlagert. Die *Analyse des Saftes* ergibt, daß er durch reichlichen Gehalt an Natriumbikarbonat schwach alkalisch reagiert (p_H = ca. 8·5); dieses Natriumbikarbonat verleiht dem Saft sein physiologisch wichtiges großes Säurebindungsvermögen. Ferner enthält der Saft Salze und etwas Eiweiß, endlich Enzyme, und zwar Enzyme für alle drei Hauptkategorien von Nahrungsstoffen. Dadurch erhält der Bauchspeichel eine besonders große Bedeutung für die Verdauung.

Betrachten wir zuerst die *Umwandlungen der Eiweißkörper!*

Chemie der Eiweißkörper oder Proteine. [Die Eiweißkörper bestehen aus den 5 Elementen C, H, N, O und S. Ihre mittlere Zusammensetzung ist die folgende: C 50—55 %, H 6,5—7,3 %, N 15—17,6 %, O 19—24 %, S 0,3—2,4 %. Sie sind hochmolekulare, kolloidale Lösungen bildende Körper, welche durch hydrolytische Spaltung, am besten durch Kochen mit verdünnter Säure, in ihre charakteristischen Bauelemente, die *Aminosäuren*, zerfallen. Diese sind fast ohne Ausnahme α-Aminosäuren; durch ihr α-C-Atom sind sie optisch aktiv. Die wichtigsten sind im folgenden namentlich aufgezählt:

1. *Aliphatische Aminosäuren*
    a) Monaminosäuren: Glykokoll (Glyzin), Alanin, Serin, Zystein, Valin, Leuzin, Asparginsäure, Glutaminsäure.
    b) Diaminosäuren: Lysin, Arginin.

2. *Aromatische Aminosäuren*
    a) isozyklische: Phenylalanin, Tyrosin.
    b) heterozyklische: Histidin, Tryptophan, Prolin, Oxyprolin.

Die genannten haben folgende chemische Konstitution:

1. a) Glykokoll = Aminoessigsäure $CH_2(NH_2) \cdot COOH$
    Alanin = α-Aminopropionsäure $CH_3 \cdot CH(NH_2) \cdot COOH$
    Serin = α-Amino-β-Oxypropionsäure $CH_2(OH) \cdot CH(NH_2) \cdot COOH$
    Cystein = α-Amino-β-thiopropionsäure $CH_2(SH) \cdot CH(NH_2) \cdot COOH$

Valin = α-Aminoisovaleriansäure $\genfrac{}{}{0pt}{}{CH_3}{CH_3}\!\!>\!CH \cdot CH(NH_2) \cdot COOH$

Leuzin = α-Aminoisobutylessigsäure $\genfrac{}{}{0pt}{}{CH_3}{CH_3}\!\!>\!CH \cdot CH_2 \cdot CH(NH_2) \cdot COOH$

Asparaginsäure = Aminobernsteinsäure $COOH \cdot CH(NH_2) \cdot CH_2 \cdot COOH$

Glutaminsäure = α-Aminoglutarsäure $COOH \cdot CH(NH_2) \cdot (CH_2)_2 \cdot COOH$

b) Lysin = α, ε-Diaminocapronsäure $CH_2(NH_2) \cdot (CH_2)_3 \cdot CH(NH_2) \cdot COOH$

Arginin = Guanidin-α-Aminovaleriansäure

$$\genfrac{}{}{0pt}{}{\overset{\displaystyle NH_2}{\diagup}}{C\!-\!NH}\diagdown NH \cdot CH_2 \cdot (CH_2)_2 \cdot CH(NH_2) \cdot COOH$$

2. a) Phenylalanin = Phenylaminopropionsäure $C_6H_5 \cdot CH_2 \cdot CH(NH_2) \cdot COOH$

Tyrosin = p-Oxyphenylaminopropionsäure

$$C_6H_4(OH) \cdot CH_2 \cdot CH(NH_2) \cdot COOH$$

b) Histidin = α-Amino-β-imidazolpropionsäure

$$HC\underset{\diagdown N-\!\!-C}{\overset{\diagup NH-\!\!-CH}{}} \cdot CH_2 \cdot CH(NH_2) \cdot COOH$$

Tryptophan = Indol-α-Aminopropionsäure

$$HC \quad C-C \cdot CH_2 \cdot CH(NH_2) \cdot COOH$$

Prolin = α-Pyrrolidinkarbonsäure

$$\begin{array}{c} H_2C-CH_2 \\ |\qquad\quad| \\ H_2C \quad CH\cdot COOH \\ \diagdown \underset{H}{N} \diagup \end{array}$$

Oxyprolin = Oxypyrrolidinkarbonsäure

$$\begin{array}{c} HOHC-CH_2 \\ |\qquad\quad| \\ H_2C \quad CH\cdot COOH \\ \diagdown \underset{H}{N} \diagup \end{array}$$

Einzelne dieser Aminosäuren geben charakteristische *Farbenreaktionen*, durch die sich auch ihre Anwesenheit im Eiweißmolekül verrät. So weist die Rotfärbung einer Eiweißlösung beim Erhitzen mit *MILLONs Reagens* auf den oxydierten Benzolkern des Tyrosins hin. Erhitzen mit Salpetersäure gibt die Gelbfärbung der *Xanthoproteinreaktion* infolge Nitrierung der anwesenden Benzolkerne des Phenylalanins, Tyrosins und Tryptophans. Die *HOPKINSsche Probe*, eine violette Färbung an der Grenze der mit Glyoxylsäure versetzten Eiweißlösung und darunter geschichteter konzentrierter Schwefelsäure, deutet auf die Anwesenheit von Tryptophan. Die *Diazoreaktion* nach PAULY, Rotfärbung bei Zusatz von Diazobenzolsulfosäure bei sodaalkalischer Reaktion, rührt von der Anwesenheit von Histidin her.

Besondere Eigenschaften und die besondere Bedeutung der einzelnen Aminosäuren werden bei Gelegenheit später erörtert werden.

Die Aminosäuren sind nun im Eiweiß nach EMIL FISCHER wohl hauptsächlich säureamidartig so verkoppelt, daß die Aminogruppe eines Aminosäuremoleküls mit der Karboxylgruppe eines anderen unter Wasseraustritt reagiert, also z. B.

$$(NH_2)CH_2 \cdot COOH + (NH_2)CH \cdot COOH = (NH_2)CH_2 \cdot CO - (NH)CH \cdot COOH + H_2O$$
$$\qquad\qquad\qquad\qquad\quad |\qquad\qquad\qquad\qquad\qquad\qquad\qquad\qquad\qquad\qquad |$$
$$\qquad\qquad\qquad\quad CH_2(SH)\qquad\qquad\qquad\qquad\qquad\qquad\qquad\qquad\qquad CH_2(SH)$$

Glykokoll   Zystein   Glyzyl-Zystein

So können lange Ketten aneinander gereihter Aminosäuren entstehen; diese synthetischen Produkte sind von E. FISCHER als *Peptide* bezeichnet worden; je nach der Anzahl der darin enthaltenen Aminosäure-Moleküle spricht man von Di-, Tri-, Tetra- bis *Polypeptiden*. Die Komplexe von größerem Molekulargewicht haben viel Ähnlichkeit mit den Albumosen und Peptonen, welche, wie wir sahen, beim peptischen Abbau der Eiweißkörper entstehen; sie sind z. B. mehr oder weniger aussalzbar, geben die Biuretreaktion, sind alkoholfällbar, gerade so wie wir es für die Eiweißkörper, Albumosen und Peptone schon (S. 28) erfahren haben. Die Polypeptide können auch bei vorsichtigem Abbau der Eiweißkörper mit Hilfe von Säuren oder Fermenten gewonnen werden, und es gibt andere Fermente, die sie selber wieder weiter abbauen bis zu den einfachen Aminosäuren.

Die Eiweißkörper und die synthetischen Polypeptide haben den Charakter amphoterer Elektrolyte (*Ampholyte*), so wie die Aminosäuren selber. Als solche können diese durch die Formel $^+NH_3 \cdot CH \cdot COO^-$ gekennzeichnet werden; sie bil-

$$R$$

den also „Zwitterionen", sind Kation und Anion zugleich. Bei genügend saurer Reaktion bilden sie überwiegend Kationen von der Form $[NH_3 \cdot CH \cdot COOH]^+$, bei

$$R$$

genügend alkalischer Reaktion Anionen von der Form $[OH \cdot NH_3 \cdot CH \cdot COO]^-$·

$$R$$

Eine bestimmte mittlere Reaktion entspricht dem sog. *isoelektrischen Punkt*; das ist die Reaktion, bei der Kation- und Anioncharakter des Ampholyten gleich stark ausgeprägt, also die Konzentration der Zwitterionen maximal, die der gewöhnlichen Ionen minimal ist· Der isoelektrische Punkt braucht nicht mit der neutralen Reaktion zusammenzufallen. Analog den Aminosäuren verhalten sich die Polypeptide bzw. die Eiweißkörper, die demnach als Ampholyte etwa durch die Formel $^+NH_3 \cdot CH \cdot COO^-$ dargestellt werden können, worin Pept den Peptid-

$$Pept$$

komplex bedeutet. Die isoelektrischen Punkte der Eiweißkörper liegen ebenso wie die der Aminosäuren charakteristisch verschieden, meist im schwach sauren Reaktionsgebiet, die Eiweißkörper bilden also bei der angenähert neutralen Reaktion des Blutes (s. Kap. 6) meistens Anionen.

Die Eiweißkörper selber sind aber wohl nicht als Polypeptide anzusehen; vielmehr bestehen sie wahrscheinlich aus miteinander assoziierten Komplexen, den sog. Grundkörpern, die sich von den kettenförmigen Polypeptiden durch Bildung von ringförmigen Anhydriden vom Typus der Diketopiperazine ableiten (ABDERHALDEN). Ein einfachstes solches ringförmiges System eines Diketopiperazins ist das Glyzylglyzinanhydrid:

$$
\begin{array}{ccc}
 & \mathrm{CO} & \\
\mathrm{CH_2} & & \mathrm{NH} \\
| & & | \\
\mathrm{NH} & & \mathrm{CH_2} \\
 & \mathrm{OC} &
\end{array}
$$

Am Aufbau der überaus zahlreichen, in der Natur vorkommenden Eiweißkörper sind nun die einzelnen der genannten Aminosäuren quantitativ in sehr verschiedenem Maße beteiligt. Die folgende Tabelle gibt darüber für einige wichtigere Eiweißsubstanzen Aufschluß (ABDERHALDEN, FÜRTH). Sie lehrt, daß recht große Differenzen in der Zusammensetzung des Moleküls vorkommen; man achte etwa auf den außerordentlich verschiedenen Gehalt an Arginin oder an Glutaminsäure, man achte ferner darauf, daß manche Aminosäuren bei einem bestimmten Körper ganz fehlen, wie z. B. das Lysin und das Glykokoll beim Gliadin. Daran werden wir uns später bei der Besprechung des Nährwertes der Eiweißsubstanzen zurückerinnern müssen (s. Kap. 11, 14 u. 19).

Außer den einfachen Eiweißkörpern oder Proteinen kommen in den Organismen noch Verbindungen des Eiweißes mit anderen Stoffen vor, sie werden als **Proteide** bezeichnet. Von solchen wurden *Hämoglobin* und die *Nukleoproteide* schon angeführt (S. 28). Dazu rechnen ferner die *Phosphorproteide*, Verbindungen von Eiweiß mit Phosphorsäure; zu ihnen gehört das Kasein der Milch (s. S. 29). Endlich werden die von den verschiedensten Drüsen, namentlich denen des Intestinaltrakts, abgeschiedenen Muzine oder Schleimstoffe als *Glykoproteide* zusammengefaßt, weil sie bei der Spaltung reichlich Glucosamin, ein Derivat der Glucose, geben.

	Tierisches Eiweiß				Tierische Gerüst-substanzen		Pflanzen-Eiweiß		
	Eieral-bumin	Kasein	Serum-globulin	Leim	Elastin	Keratin	Legumin (aus Erbsen)	Gliadin (aus Weizen)	Edestin (aus Hanf)
Glykokoll	0	0	3,5	25,5	26,0	4,7	0,4	0	3,8
Alanin	8,1	0,9	2,2	8,7	6,6	1,5	2,0	2,5	3,6
Valin	2,5	1,0	2,0	—	1,0	0,9	—	0,3	+
Leuzin	10,7	10,5	18,7	7,1	21,4	7,1	8,0	6,0	21,0
Serin	—	0,2	—	0,4	—	0,6	0,5	0,1	0,3
Zystin	0,3	0,1	1,2	0 ?	—	7,9	—	0,45	0,25
Phenylalanin . .	5,2	3,5	3,8	1,4	3,9	0	3,75	2,6	2,5
Tyrosin	1,8	4,5	6,6	0,01	0,34	3,2	1,5	2,4	2,1
Histidin	1,7	2,6	2,8	0,9	0,3	0,6	1,7	1,7	2,2
Prolin	3,6	3,1	2,8	9,5	1,7	3,4	3,2	2,4	1,7
Tryptophan . . .	2,6	1,5	4,4	0	0	1,2	+	1,0	3,0
Lysin	3,8	5,8	8,9	5,9	+	1,1	5,0	0	1,65
Arginin	4,9	4,8	3,9	8,2	0,3	4,5	11,7	3,4	14,0
Asparaginsäure .	2,2	1,2	2,5	3,4	—	0,3	5,3	1,2	4,5
Glutaminsäure .	9,0	15,5	8,5	5,8	0,8	3,7	17,0	37,0	14,0

Nach dieser knappen Übersicht über die Chemie wenden wir uns der *Verdauung der Eiweißkörper durch den Pankreassaft* zu.

Wir haben es dabei mit wenigstens zwei Proteasen zu tun, mit dem **Trypsin** (KÜHNE) und dem **Erepsin** (COHNHEIM). Das Trypsin wirkt auf Eiweiß ähnlich wie das Pepsin; es bilden sich also Albumosen und Peptone, darüber hinaus aber auch einfachere Peptide. Das Reaktionsoptimum liegt im schwach Alkalischen, bei etwa 8,5 p_H. Das Erepsin läßt die echten Eiweißkörper und die Peptone unangegriffen und spaltet nur die einfachen Peptide zu Aminosäuren auf.

Die Spaltung geschieht derart, daß die Peptidbindungen durch Hydrolyse gelockert werden; denn es werden äquivalente Mengen von COOH- und NH_2-Gruppen frei. Dies kann so bewiesen werden, daß man die freien COOH-Gruppen mit Formol nach SÖRENSEN, die freien NH_2-Gruppen mit salpetriger Säure nach VAN SLYKE bestimmt. Der Formoltitration liegt folgende Reaktion zugrunde:

$$R \cdot CH(NH_2) \cdot COOH + HC \begin{matrix} O \\ \diagdown \\ H \end{matrix} = R \cdot CH(N{=}CH_2) \cdot COOH + H_2O$$

Die basische Aminogruppe des Ampholyten wird also durch Bildung einer Methylen-aminogruppe beseitigt; die restierende Karbonsäure kann dann wie jede andere Säure titriert werden. — Bei der Bestimmung nach VAN SLYKE wird aus der NH_2-Gruppe elementarer Stickstoff nach folgender Gleichung:

$$R \cdot CH(NH_2) \cdot COOH + HNO_2 = R \cdot CHOH \cdot COOH + N_2 + H_2O$$

frei gemacht und volumetrisch bestimmt.

Das Trypsin bedarf zu seiner vollen Wirksamkeit noch einer Aktivierung. HEIDENHAIN und PAWLOW bemerkten, daß Pankreassaft, den man direkt aus dem Ductus pancreaticus gewinnt, genuines Eiweiß nicht spaltet; sobald er aber mit der Darmschleimhaut in Berührung kommt, wird er dazu fähig durch die lockere, leicht wieder spaltbare Verbindung mit einer in der Darmschleimhaut befindlichen Substanz von unbekannter chemischer Natur, die als **Enterokinase** bezeichnet wird.

So treten also bei der pankreatischen Eiweißverdauung, wie man lange weiß, neben Albumosen und Peptonen auch freie Aminosäuren auf. Unter diesen erscheinen besonders frühzeitig Tyrosin, Zystein und Tryptophan,

besonders spät Prolin und Phenylalanin. Man kennt schon sehr lange
eine Reaktion, welche für tryptische Verdauungsgemische charakteristisch
ist, eine Violettfärbung bei Zusatz von Bromwasser; diese Reaktion wurde
„Tryptophanreaktion" genannt. Viel später erkannte man, daß sie an
das Freiwerden einer bestimmten Aminosäure gebunden ist, welche deshalb den Namen Tryptophan erhielt. Bei längerer Einwirkung von Pankreassaft wird der größte Teil des Eiweißes zu Aminosäuren aufgespalten;
aber ein Teil der Peptone, das von KÜHNE sogenannte „*Antipepton*"
leistet Widerstand. Es wäre aus mehr als einem Grund interessant zu
erfahren, woran das liegt. Bestimmte Regeln lassen sich aber noch nicht
angeben. Auf alle Fälle wird wohl so begreiflicher, daß gewisse natürlich vorkommende Komplexe von Aminosäuren für Pankreassaft unangreifbar sind;
das sind dann solche Komplexe, welche wegen ihrer größeren oder geringeren
Resistenz gegen die eiweißspaltenden „proteolytischen" Fermente, die
Proteasen, die auch in allen Geweben vorkommen, sich dazu eignen, vom Körper als *Gerüstsubstanzen* verwendet zu werden, ähnlich wie sonst anorganische
Stoffe als Skelettbildner. Das Elastin, das Keratin, das Fibroin der Seide
sind dafür Beispiele; sie setzen sich geradeso aus Aminosäuren zusammen,
wie das gewöhnliche Eiweiß und werden doch nicht vom Pankreassaft aufgespalten, während Casein, Fibrin, Leim u. a. leicht angegriffen werden.
Wir kennen ein Analogon aus der Kohlehydratchemie, die Zellulose; sie
ist ein Polysaccharid gerade so wie die Stärke, und sie dient als wichtigste
Stützsubstanz im Pflanzenreich, weil auch sie für die meisten Kohlehydrat
spaltenden Fermente unangreifbar ist.

Die Untersuchung der Wirkung von Pankreassaft auf synthetische
Peptide hat noch eine andere interessante Tatsache zutage gefördert.
Es wurde schon (S. 29) bemerkt, daß die Aminosäuren optisch-aktiv sind;
es gibt also eine d-Form und eine l-Form. Demgemäß müssen z. B. vier
verschiedene Alanyl-leuzine existieren, d-Alanyl-d-leuzin, l-Alanyl-l-leuzin,
d-Alanyl-l-leuzin und l-Alanyl-d-leuzin. Der Versuch hat nun gelehrt, daß
von diesen vier Peptiden allein das dritte vom Trypsin gespalten wird.
Das ist insofern begreiflich zu nennen, als es das einzige von den vier Peptiden ist, welches sich aus zwei natürlich vorkommenden Aminosäuren
zusammensetzt; denn l-Alanin und d-Leuzin sind Kunstprodukte. Immerhin werden wir darauf hingewiesen, *wie weitgehend spezifisch Enzym-
wirkungen sein können.* Das soll hier noch einmal (S. 18) von dem allgemeinen Standpunkt aus betont sein, den wir gegenüber den Enzymen
im Hinblick auf ihre hohe Bedeutung für das Verständnis der Lebensvorgänge immer von neuem aufsuchen müssen. Denn der eben erwähnten
Unterscheidungsfähigkeit der Enzyme für die stereoisomeren Verbindungen
begegnen wir auf Schritt und Tritt, und wenn es nicht die Enzyme sind,
so sind es ganze lebende Zellen, welche vermöge ihres Gehalts an intrazellulären Enzymen (S. 18) die stereochemische Spezifität der Wirkung äußern.
So ist seit PASTEUR bekannt, daß der Schimmelpilz Penicillium glaucum aus
einem razemischen Gemisch von d- und l-Weinsäure nur die d-Modifikation
verbraucht, daß Hefe die d-Glucose und d-Galaktose vergärt, die entsprechenden optischen Antipoden unberührt läßt; so reagiert unser
eigener Körper viel heftiger auf das in den Nebennieren natürlich vorkommende l-Adrenalin, als auf die künstlich erzeugte d-Form, so schmeckt
uns d-Mannose süß und l-Mannose bitter. All das findet eine gewisse Erklärung durch die Annahme, daß die Enzyme selber, wie so viele Komponenten des Protoplasmas, optisch-aktiv sind. Jedenfalls ist es unter

dieser Voraussetzung BREDIG gelungen, auch die **stereochemische Spezifität der Enzyme** durch einen Modellversuch nachzuahmen und damit eine der letzten Schranken zu zerstören, welche die chemischen Leistungen der Organismen von den chemischen Vorgängen in der anorganischen Welt trennen sollten. Z. B. zerfällt die Kampfokarbonsäure in Gegenwart von Basen als Katalysatoren in Kampfer und Kohlensäure:

$$C_8H_{14}\left<\begin{array}{c}CH{-}COOH\\ |\\ CO\end{array}\right. = C_8H_{14}\left<\begin{array}{c}CH_2\\ |\\ CO\end{array}\right. + CO_2$$

Wählt man nun, wie BREDIG, als Base das optisch aktive l-Nikotin, so wird die razemische Kampfokarbonsäure asymmetrisch gespalten, die d-Form zerfällt rascher als die l-Form. In gleicher Weise wirken Chinin und Cinchonin asymmetrierend.

Kehren wir nach dieser Abschweifung zur Verdauung durch den Pankreassaft zurück! Außer den Fermenten der Eiweißspaltung gibt es noch ein Ferment, welches auf Eiweiß wirkt, ein **Labferment**; es verwandelt ebenso wie das des Magens Kasein in Parakasein.

Ferner enthält der Pankreassaft mehrere Enzyme für die *Verdauung der Kohlehydrate*.

Chemie der Kohlehydrate. Den einfachen Aminosäuren, den Di-, Tri- bis Polypeptiden entsprechen bei den Kohlehydraten etwa die Mono-, Di-, Tri- bis Polysaccharide. Wie dort die Aminosäure, so ist also hier der einfache Zucker mit 5 oder 6 Kohlenstoffatomen, die *Pentose* oder die *Hexose*, das Bauelement.

Die folgende Übersicht enthält die für uns wichtigsten einfachen und komplexen Kohlehydrate:

I. *Monosaccharide (Monosen)*
   a) Pentosen, $C_5H_{10}O_5$: Arabinose, Xylose,
   b) Hexosen, $C_6H_{12}O_6$: 1. Aldosen: Glucose (Dextrose, Traubenzucker), Galaktose, Mannose; 2. Ketosen: Fruktose (Lävulose, Fruchtzucker);

II. *Disaccharide (Biosen)*
   aus Hexosen gebildet: $2\,C_6H_{12}O_6{-}H_2O = C_{12}H_{22}O_{11}$,
   Sacharose (Rohrzucker) —→ Glucose + Fruktose,
   Maltose (Malzzucker) —→ 2 Glucose,
   Laktose (Milchzucker) —→ Glucose + Galaktose;

III. *Polysaccharide (Polyosen)*
   a) aus Pentosen $(C_5H_8O_4)n$: Pentosane,
   b) aus Hexosen $(C_6H_{10}O_5)n$:
   Amylum (pflanzliche Stärke = Amylose + Amylopektin) —→ Glucose,
   Glykogen (tierische Stärke = Amylopektin) —→ Glucose,
   Inulin —→ Fruktose,
   Hemicellulose —→ Hexosen + Pentosen,
   Cellulose —→ Cellobiose —→ Glucose.

Auf die Struktur der Kohlehydratmoleküle, von der ihre Reaktionsfähigkeit abhängt, werden wir erst später (Kap. 11) eingehen.

Von den Kohlehydraten werden die Polyosen Stärke und Glykogen im Pankreassaft durch eine **Pankreasamylase** verzuckert, die Zellulosen hingegen nicht angegriffen. Der Spaltung der Maltose dient eine **Maltase**, der Spaltung des Milchzuckers eine **Laktase**. Die Notwendigkeit, zwei Enzyme voneinander zu unterscheiden, welche beide ein Disaccharid $C_{12}H_{22}O_{11}$ spalten, das eine Maltose, das andere Laktose, ergibt sich auf physiologischem Weg u. a. aus der von WEINLAND beim Hund gefundenen merkwürdigen Tatsache, daß Pankreassaft den Milchzucker nur nach Milchfütterung zu spalten vermag, während er nach längerer Milchkarenz des

Tieres diese Fähigkeit verliert. Wir begegnen hier zum erstenmal einer zweckmäßigen Anpassung im Fermentbestand an das jeweils vorhandene Substrat.

Endlich dient der Pankreassaft auch der *Verdauung der Fette*. Von ihnen kommen als Nahrungsstoffe hauptsächlich die Triglyzeride der Palmitin-, der Stearin- und der Oleinsäure in Betracht, daneben in kleineren Mengen die Glyzeride der Buttersäure, Kapron-, Kapryl-, Kaprinsäure — also charakteristischerweise alles Säuren mit einer **geraden** Anzahl von C-Atomen (s. dazu Kap. 11). Die Fette werden durch eine **Lipase** oder *Steapsin* hydrolytisch in Glyzerin und freie Fettsäuren gespalten, also z. B.

$$\begin{array}{lll}
CH_2O-OC\cdot C_{15}H_{31} & & CH_2OH \\
| & & | \\
CHO\ \ -OC\cdot C_{15}H_{31}+3\,H_2O\ = & CHOH\ +\ 3\,C_{15}H_{31}\cdot COOH \\
| & & | \\
CH_2O-OC\cdot C_{15}H_{31} & & CH_2OH \quad \text{Palmitinsäure} \\
\quad\text{Tripalmitin} & & \quad\text{Glyzerin}
\end{array}$$

Hierin erschöpft sich aber wohl die Wirkung des Pankreassaftes auf die Fette noch nicht; vielmehr hat der früher erwähnte Gehalt an *Natriumbikarbonat* noch seine besondere Bedeutung, abgesehen von seinem Zweck, den sauren Magenbrei zu neutralisieren und erst dadurch der kräftigen Wirkung der Pankreasenzyme, welche bei schwach alkalischer Reaktion das Optimum ihrer Wirkung entfalten, zugänglich zu machen, und abgesehen von dem früher erörterten Zweck der Regulierung der Pylorusbewegungen. Nämlich das Fett, welches in größeren Tropfen dem Chymus beigemengt ist, wird durch das Alkali in eine feine **Emulsion** verteilt. Dies hat den Vorteil, die Angriffsfläche für die Lipase enorm zu vergrößern; man kann sich leicht berechnen, daß die Aufteilung von 1 cm³ Öl in feine Tröpfchen von im Mittel 3 μ Durchmesser die Oberfläche des Öls auf ungefähr das 40000fache vergrößert. Gerade beim Fett ist aber solche Aufteilung von Nutzen, weil allein von der Oberfläche her die Spaltung zustande kommen kann; bei koaguliertem Eiweiß oder bei Stärke, welche von Wasser durchsetzt oder in Wasser quellbar sind, können die Enzyme auch ins Innere hineindiffundieren, beim Öl geht das nicht. Die Emulgierung beruht auf folgendem Vorgang: alle Nahrungsfette sind wenigstens eine Spur „ranzig", d. h. zu einem kleinen Bruchteil, gewöhnlich infolge von Bakterieneinwirkung, in Glyzerin und Fettsäure gespalten. Kommt nun die Fettsäure an der Oberfläche des Fetttropfens mit Alkali, also z. B. mit einer NaHCO$_3$-Lösung in Berührung, so bildet sich fettsaures Natrium, eine Seife. Da aber die Oberflächenspannung von Seifenlösung gegen Wasser geringer ist, als von Fett gegen Wasser, so wird am Ort der chemischen Reaktion das Öl aus dem Tropfen vorgebuchtet, gleichsam ein feines Öl-Pseudopodium vorgestreckt und dann leicht als ein feines Öltröpfchen abgerissen, und indem sich das an vielen Stellen der Öloberfläche und immer von neuem wiederholt, kommt es zur Emulgierung. Weil die Seifenlösung aber die geringere Oberflächenspannung gegen Wasser hat als Öl, muß sich auch um jedes Tröpfchen eine Hülle von kondensierter Seife bilden, und da diese Seifenhaut alsbald bis zu einem gewissen Grade wie eine Gallerte erstarrt, zu einer sogenannten *Haptogenmembran* wird, so können die feinen Tröpfchen, einmal gebildet, nicht wieder miteinander konfluieren; die Emulsion ist also beständig.

Findet nun bei all diesen Öltröpfchen die Spaltung durch die Lipase in Glyzerin und Fettsäure statt, so resultiert, im Gegensatz zum Effekt aller bisher betrachteten Verdauungsvorgänge, ein Produkt, welches größtenteils nicht löslicher ist als vor der Verdauung. Eiweiß, gelöstes wie festes, wird in die wasserlöslichen Albumosen, Peptone und Aminosäuren umgewandelt, Polyosen werden in die wasserlöslichen Zucker gespalten; aber von den Spaltprodukten der Fette ist nur das Glyzerin wasserlöslich, die freien Fettsäuren, welche etwa $^7/_8$ der Fettmasse ausmachen, sind vollkommen unlöslich. Da nun, wie wir sehen werden, aus Gründen der Resorbierbarkeit der Nahrung eines der Ziele der Verdauung die Herstellung wasserlöslicher Stoffe ist, so wird bei der Fettverdauung durch den Pankreassaft dies Ziel noch nicht oder nur zum kleinen Teil erreicht, nämlich nur insoweit, als Glyzerin gebildet wird, und als Verseifung durch das Bikarbonat eintritt.

Diese emulgierende Wirkung kann der Pankreassaft nun allerdings nur ausüben, soweit der Chymus alkalisch reagiert. Denn einerseits sind Seifenlösungen nur bei alkalischer Reaktion, oberhalb p_H 8,6—9,1 beständig (JARISCH), andererseits reagiert der Chymus im Darm meist schwach sauer, sein p_H liegt selten oberhalb p_H 7. In diesem Reaktionsgebiet des Darminhaltes können dann aber die Gallensäuren (S. 48) das Alkali des Pankreassaftes ersetzen, da sie, ähnlich wie die Seifen bei alkalischer Reaktion, die Oberflächenspannung des Wassers gegen Öl herabsetzen und dadurch emulgierend wirken (VERZÁR).

Der Reichtum an Enzymen, welcher dem Pankreassaft zu eigen ist, wird von der Drüse nicht verschwenderisch über jede beliebige Nahrung ausgeschüttet, sondern, wie wir das ähnlich schon bei den Speicheldrüsen kennengelernt haben, *paßt auch die Bauchspeicheldrüse ihre Tätigkeit haushälterisch den jeweiligen Bedürfnissen an.* PAWLOW hat angegeben, daß erstens der zeitliche Verlauf der Saftproduktion je nach der Nahrung verschieden ist, und daß zweitens auch die Ferment- und die Alkalikonzentration in zweckentsprechender Weise variiert; und wenn längere Zeit ein und dieselbe Nahrung genossen wird, so soll sich nach PAWLOW die Pankreasdrüse so sehr auf ihre bestimmte Tätigkeit einstellen, daß bei einem plötzlichen Diätwechsel die Drüse erst sozusagen umlernen muß; dieses Umlernen erfolgt aber nicht sofort, sondern beansprucht einige Tage, und daher kann ein akuter Diätwechsel Verdauungsstörungen verursachen, wie man sie eben als Folge derartiger Gewohnheitsänderungen auch beim Menschen oft genug zu sehen bekommt.

Fragen wir auch hier wieder nach den *Reizen für die Pankreasdrüse.* Hat man eine Pankreasfistel angelegt, so sieht man schon 1—2 Minuten nach der Nahrungsaufnahme oder auch nach der Scheinfütterung, also schon vor Beginn der Magendrüsentätigkeit, etwa eine halbe Stunde lang etwas Bauchspeichel fließen. Dabei sind charakteristischerweise Fett und Milch wirksamere Reize für die Pankreasdrüse als Fleisch, das bei der Scheinfütterung besonders die Magendrüsen in Funktion versetzt. Eine kräftige Sekretion setzt aber erst ein, wenn auch der Magen in Aktion tritt, und zwar ist es die Salzsäure, welche vom Magen aus erregend wirkt; denn auch Bespülung der Magenschleimhaut mit verdünnter Salzsäure erzeugt Pankreassekretion. Die Salzsäure wirkt ferner von der Duodenalschleimhaut aus als starker Reiz, so daß der saure Chymus, welcher vom Magen in den Darm übertritt, alsbald neutralisiert wird. Charakteristischerweise erzeugen ferner freie Fettsäuren und Seifen vom Duodenum aus Saftbildung.

Die **Sekretionsnerven für das Pankreas** sind wieder teils sympathische, teils zerebrale parasympathische Fasern; die zerebralen Fasern verlaufen im

Vagus, die sympathischen im Splanchnikus. Atropinvergiftung macht, wie bei den Speicheldrüsen, die Reizung der zerebralen Fasern unwirksam.

Aber die Salzsäure wirkt auch vom Duodenum aus safttreibend noch dann, wenn sämtliche zuführenden Nerven und die Bauchganglien des Sympathikus ausgeschnitten und das Rückenmark ausgerottet ist. Nach BAYLISS und STARLING kommt die Anregung dann durch ein im Duodenum gebildetes, von ihnen als **Sekretin** bezeichnetes Hormon zustande; sie extrahierten Duodenalschleimhaut mit verdünnter Salzsäure und injizierten das Extrakt in eine Vene; sofort begann der Bauchspeichel zu fließen. Dies Sekretin ist also ein Analogon des Magensekretins oder Gastrins (s. S. 31). Mit der Enterokinase ist es nicht identisch; denn zum Unterschied von ihr ist es hitzebeständig.

Besonders schön wird die Wirkung des Sekretins auf dem Blutweg durch einen Versuch von MATSUO demonstriert: man erzeugt bei zwei Hunden einen gemeinsamen Blutkreislauf, indem man die Karotis des einen mit der Jugularis des anderen verbindet und umgekehrt; ferner legt man bei beiden Tieren eine Pankreasfistel an. Wenn man nun dem einen Tier Salzsäure ins Duodenum bringt, so fließt auch aus der Fistel des anderen Pankreassaft.

Wenden wir uns nun dem Verdauungssaft zu, welcher gleichzeitig mit dem Bauchspeichel über den Chymus ergossen wird, der **Galle**. Ihre Abscheidung gehört zu den zahlreichen Funktionen der größten Drüse unseres Körpers, der Leber. Die Galle unterscheidet sich von den bisher besprochenen Verdauungssäften sehr wesentlich, nämlich *sie enthält gar keine Enzyme*, ist dafür aber durch besondere, für die Verdauung wichtige organische Verbindungen ausgezeichnet, wie sie den übrigen Sekreten fehlen oder wenigstens bei ihnen an Bedeutung in den Hintergrund treten.

Man gewinnt die Galle entweder aus der Gallenblase, oder indem man bei einem Tier eine Gallengangfistel anlegt. *Blasengalle* und *Fistelgalle* sind in ihrer quantitativen Zusammensetzung recht verschieden. Die Blasengalle enthält 14—20 %, die Fistelgalle nur etwa 1—4 % Trockensubstanz. Das liegt teils daran, daß die von der Leber der Gallenblase zugeführte Galle in der Blase durch Wasserresorption stark (bis auf $^1/_8$—$^1/_{10}$) eingedickt wird, teils daran, daß die Gallenausführungswege und besonders die Gallenblase selbst ein Muzin oder ein muzinartiges Nukleoalbumin hinzuliefern. Besonders dadurch erhält die Blasengalle ihre ziemlich dickflüssige, fadenziehende Beschaffenheit.

Unter den Bestandteilen der Galle fesseln unsere Aufmerksamkeit zuerst wegen ihrer auffallenden Färbung die *Gallenfarbstoffe*. Die Galle ist je nach der Tierart mehr rötlich-gelb oder mehr gelb-grün gefärbt. Das hängt davon ab, ob mehr das rötliche *Bilirubin* oder das grüne *Biliverdin* überwiegt. Der grüne Farbstoff, $C_{33}H_{36}N_4O_8$ ist ein Oxydationsprodukt des roten $C_{33}H_{36}N_4O_6$.

Auf dem Farbwechsel durch Oxydation beruht ein bekannter Gallennachweis, die *GMELINsche Gallenfarbstoffreaktion*: unterschichtet man Galle vorsichtig mit rauchender Salpetersäure, so bilden sich an der Grenze regenbogenartig übereinander liegende Farbzonen, unten rötlichgelb, dann rötlich, violett, blau, grün. Der rötlichgelbe Farbstoff ist das Endprodukt der Oxydation, zwischen ihm und dem grünen Biliverdin liegt eine Reihe verschiedenfarbener Oxydationszwischenstufen.

Chemisch leitet sich das Bilirubin von dem Porphinkern der Farbstoffkomponente des Oxyhämoglobins her (Kap. 7) und bildet sich nach HANS FISCHER aus dieser wahrscheinlich durch Oxydation und durch Abspaltung von Fe unter Sprengung des Porphinringsystems:

Bilirubin

Ferner enthält die Galle die sogenannten *Gallensäuren* bzw. deren Salze, beim Menschen hauptsächlich *Glykocholsäure* und *Taurocholsäure* sowie *Glykodesoxycholsäure* und *Taurodesoxycholsäure*. Diese bestehen einerseits aus Glykokoll und Taurin, andererseits aus Cholsäure und Desoxycholsäure. *Taurin* oder Aminoäthylsulfonsäure $CH_2 \cdot HSO_3$, ist ein durch

$$CH_2 \cdot NH_2$$

Oxydation an der Schwefelgruppe und durch Abspaltung von CO_2 entstandenes Derivat des Zysteins $CH_2 \cdot HS$ (s. S. 39). *Cholsäure* $C_{24}H_{40}O_5$ und

$$CH \cdot NH_2$$
$$COOH$$

Desoxycholsäure $C_{24}H_{40}O_4$ sind einbasische Säuren, die aus einem komplizierten Ringsystem mit einer Seitenkette bestehen. Sie entstehen durch zwei- und dreifache Oxydation aus der Cholansäure $C_{24}H_{40}O_2$, für die WINDAUS und WIELAND die folgende Konstitutionsformel als die wahrscheinlichste ansehen:

Cholansäure

Die Gallensäuren werden durch die *PETTENKOFERsche Reaktion* nachgewiesen: man mischt etwas Galle mit etwa 10proz. Rohrzuckerlösung, setzt etwas konzentrierte Schwefelsäure hinzu und erwärmt vorsichtig, jedoch nicht über 70^0; dann erscheint eine prachtvolle rotviolette Farbe.

Ein weiterer Bestandteil der Galle ist das *Cholesterin*, $C_{27}H_{45}OH$; es ist ein aromatischer Alkohol, der mit der Cholsäure und der Desoxycholsäure nahe verwandt ist:

Cholesterin

Cholesterin ist in Wasser unlöslich; es wird in der Galle teils durch Umhüllung mit den in ihr enthaltenen organischen Kolloiden vor dem Ausfallen geschützt („Schutzkolloidwirkung"), teils durch die Gallensäuren in Lösung gehalten (S. 49), kann aber leicht (in perlmutterglänzenden Blättchen) auskristallisieren und bildet dann neben den Kalkverbindungen der Gallenfarbstoffe das Hauptmaterial für die krankhafte Bildung der *Gallensteine.*

Cholesterin wird durch die *SALKOWSKIsche Reaktion* nachgewiesen: man löst einige Cholesterinkristalle in Chloroform und unterschichtet mit konzentrierter Schwefelsäure; schüttelt man dann leicht, so färbt sich die Chloroformlösung blutrot, die Schwefelsäure gelblich mit grüner Fluoreszenz.

Das gleiche Ringsystem wie den Gallensäuren und dem Cholesterin liegt auch dem Vitamin D und seiner Vorstufe, dem Ergosterin sowie dem weiblichen Sexualhormon zugrunde, alle drei hochwirksame Bestandteile unseres Körpers, mit denen wir uns noch eingehend beschäftigen werden (s. Kap. 11 und 14).

Endlich enthält die Galle *anorganische Salze.* Ihre *Reaktion* ist angenähert neutral. Ihre Gefrierpunktserniedrigung stimmt ebenso wie die des Pankreassafts mit der Gefrierpunktserniedrigung des Blutes überein.

Was nun die *physiologische Bedeutung der Galle* anlangt, so kommen für die Verdauung in erster Linie die **Gallensäuren** in Betracht. Wir sahen, daß speziell für die Fette die Pankreasverdauung trotz der starken Lipasewirkung dabei nicht ausreicht, und zwar weil die wasserunlöslichen freien Fettsäuren entstehen, welche unresorbierbar im Darm liegen bleiben. Hier greift nun *die Galle* ein, und *bringt die Fettsäuren in Lösung.* Schon vor mehr als 50 Jahren beobachtete WISTINGHAUSEN in Nachahmung der Resorptionsbedingungen, daß Öl durch eine tierische Membran hindurchzutreten vermag, wenn die Membran statt mit Wasser mit Galle durchtränkt wird. Das beruht darauf, daß Cholsäure und Desoxycholsäure nach WIELAND bei alkalischer und neutraler Reaktion, die gepaarten Gallensäuren nach VERZÁR noch bis etwa p_H 6,2, also bei der schwach sauren Reaktion des Darminhalts mit den Fettsäuren wasserlösliche, recht gut diffundierende Verbindungen eingehen. Auch Cholesterin wird auf dieselbe Weise in Lösung gehalten. So wird verständlich, daß bei Abwesenheit von Galle im Darm die Ausnützung der Fette notleidet. Wenn z. B. bei einer Erkrankung des Duodenums die Schwellung seiner Schleimhaut auf die Gallenwege übergreift und da wie dort reichliche katarrhalische Schleimbildung zustande kommt, oder wenn ein Gallenstein sich in den Ductus choledochus hineinzwängt, dann kann es zum Verschluß der Gallenwege kommen. Die Galle staut sich dann hinter dem Hindernis, sie füllt allmählich innerhalb der Leber von den Gallengangskapillaren aus die Lymphgefäße, und schließlich fließt sie durch den Ductus thoracicus in die Blutbahn über; der ganze Körper wird dadurch mit Galle überschwemmt, die Gewebe färben sich gelb, es kommt zu *Gelbsucht* oder *Icterus.* Wird jetzt eine fettreiche Mahlzeit eingenommen, so werden hell-lehmfarbene stinkende Fäzes entleert. Diese helle Farbe der „acholischen Stühle" rührt nicht bloß von der Abwesenheit der Gallenfarbstoffe her, sondern auch von der Anwesenheit unresorbierter Fette oder richtiger Fettsäuren; denn die Pankreaslipase hat ja gewirkt und die Fette zerlegt, das Glyzerin ist auch resorbiert, aber die Fettsäuren zusammen mit einem Teil der Seifen sind im Darm ungenützt liegen geblieben. Der üble Geruch der Fäzes bei Ikterus rührt von vermehrter Fäulnis im Darm her. Man hat daraufhin von einer antibakteriellen Wirkung der Galle gesprochen; aber Galle fault selbst überaus leicht. Die richtige Erklärung ist, daß die Massen von Fettsäure, welche bei Acholie im Darm liegen bleiben, auch Eiweiß, das sie einhüllen, von der Resorption zurückhalten, und daß dies Eiweiß dann in Fäulnis übergeht.

Die Gallensäuren unterstützen die Verdauung noch in einer anderen Weise. Die Pankreasfermente wirken bei Gallenzusatz viel intensiver als ohne das, *die Gallensäuren aktivieren also die Enzyme, insbesondere die Lipase.*

Aus dem Gesagten geht bereits hervor, worauf noch besonders hingewiesen werden soll, nämlich daß die wertvollen Gallensäuren nicht mit den Fäzes verlorengehen, sondern zurückresorbiert werden. Sie gelangen damit in das Blut und werden nun von neuem durch die Leber in die Galle abgeschieden; denn man kann nachweisen, daß Gallensäuren, die man intravenös injiziert, in der Galle wiedererscheinen. Es besteht also ein *innerer Kreislauf der Galle.*

Die übrigen der Galle eigentümlichen Bestandteile treten nun hinter den Gallensäuren an Bedeutung für die Verdauung zurück. Die **Gallenfarbstoffe** sind, wie man seit langem auf Grund von Experimenten und klinischen Beobachtungen annehmen konnte, Derivate des Blutfarbstoffs, des Hämoglobins. Nämlich wenn sogenannte „Blutgifte", wie Arsenwasserstoff, Phosphorwasserstoff, Toluylendiamin, Phenylhydrazin u. a. in den Kreislauf geraten, so zerfallen massenhaft Blutkörperchen, und es zirkuliert freies Hämoglobin; alsbald tritt dann ein starker Ikterus ein, welcher davon herrührt, daß auf das massenhafte Angebot von Blutfarbstoff die Leber mit vermehrter Gallenproduktion antwortet; aber es bildet sich nun so viel konzentrierte, dickflüssige Galle, daß es zu Stauung und zu Resorption in die Blutbahn kommt (sog. pleiochromer Ikterus; NAUNYN und MINKOWSKI). Auch physiologischerweise kommt durch einen akuten und gewaltigen Abbau von Blutkörperchen Gelbsucht zustande, als sog. *Icterus neonatorum.* ANSELMINO und HOFFMANN haben gezeigt, daß der menschliche Embryo im Mutterleib unter hochgradigem Sauerstoffmangel lebt und sich diesem Zustand unter anderem durch Steigerung des Hämoglobingehalts und der in der Raumeinheit enthaltenen Blutkörperchenzahl um 50 % im Verhältnis zur Norm adaptiert. Dieser große Überschuß wird nun gleich nach der Geburt als Folge des Übergangs von der plazentaren zur Lungenatmung durch Abbau von Blutkörperchen beseitigt; aus dem frei werdenden Hämoglobin wird das darin enthaltene Eisen (s. Kap. 7) herausgespalten und in Leber und Milz für weitere Verwendung deponiert. Der dabei massenhaft entstehende Gallenfarbstoff verursacht dann den einige Tage währenden Ikterus. — Zum Beweis dessen, daß der Gallenfarbstoff von der Leber gebildet wird und nicht etwa schon in der Blutbahn aus dem Hämoglobin entsteht, wurde Gänsen, neuerdings auch Hunden (MANN und MAGATH) die Leber exstirpiert — eine schwierige Operation, die die Tiere immerhin 1—2 Tage überleben —; vergiftet man danach mit Toluylendiamin oder Phenylhydrazin, so kommt der Ikterus nicht mehr zustande. Wo findet nun die Gallenfarbstoffproduktion in der Leber statt? Besonders ASCHOFF verweist sie auf Grund histologischer Befunde in das sogenannte *retikulo-endotheliale System,* das in der Leber in Gestalt der KUPFFERschen Sternzellen, aber auch extrahepatisch besonders in Milz und rotem Knochenmark vorkommt, dessen Zellen die zerfallenden Blutkörperchen verarbeiten und unter Eisenabspaltung aus dem Hämoglobin Gallenfarbstoffe herstellen sollen. Zweifellos entsteht auch Gallenfarbstoff extrahepatisch; denn nach der Totalexstirpation der Leber steigt bei Hunden bis zu ihrem Tod der Bilirubingehalt im Blut ständig an.

Man weist die kleinen Mengen so nach, daß man das Blutserum mit Alkohol enteiweißt und dann Diazosulfonsäure (aus Sulfanilsäure, Natriumnitrit und Salzsäure frisch bereitet) zusetzt; bei Gegenwart von Gallenfarbstoff tritt dann eine violettrote Färbung auf (VAN DEN BERGH).

Insbesondere findet man den Gallenfarbstoff in der Milzvene und den Venen des Knochenmarks (MANN). Jedoch sind die in dieser Weise extrahepatisch gebildeten Farbstoffmengen nicht beträchtlich, die Hauptproduktion findet also doch wohl in der Leber statt. Ob aber dort entsprechend der alten Auffassung die Parenchymzellen die Hauptbildner sind oder die Retikuloendothelien, ist noch nicht mit Sicherheit entschieden.

Daß die Gallenfarbstoffe vom Blutfarbstoff abstammen, ist auch auf chemischem Weg bewiesen worden. Wenn man aus dem Hämatin, der gefärbten Komponente des Hämoglobinmoleküls (S. 95) das Eisen mit Schwefelsäure abspaltet, so erhält man einen bräunlichen Farbstoff, das *Hämatoporphyrin*; nahe Verwandte dieses Körpers kommen auch normalerweise in kleinen Mengen im Harn des Menschen vor (s. Kap. 15 u. 17). Durch Spaltung unter Reduktion erhielten daraus schon vor mehreren Jahrzehnten NENCKI und W. KÜSTER einen basischen Körper, das *Hämopyrrol*, dem die Konstitutionsformel $CH_3 \cdot C - C \cdot C_2H_5$ zukommt. Hämo-

$$CH_3 \cdot \overset{\|}{C} \qquad \overset{\|}{C} \cdot H$$
$$NH$$

pyrrol ist also Dimethyläthylpyrrol. NENCKI machte dann weiter die grundlegende Entdeckung, daß das Hämopyrrol auch bei der Aufspaltung des *Chlorophylls* entsteht und gab damit den ersten Hinweis auf die zugleich chemische und funktionelle Verwandtschaft zwischen Blatt- und Blutfarbstoff (s. Kap. 7). In welcher Weise der Pyrrolkern vierfach am Aufbau des Bilirubins teilhat, wurde bereits (S. 48) gezeigt.

Endlich kann für die Genese der Gallenfarbstoffe aus dem Hämoglobin auch eine Beobachtung der pathologischen Anatomen herangezogen werden: in alten Blutextravasaten trifft man öfter einen gelbroten Farbstoff in kristallinischer Form, der von VIRCHOW *Hämatoidin* genannt wurde, und der sich als identisch mit Bilirubin erwiesen hat (H. FISCHER). Dies ist ein weiterer Beweis dafür, daß Gallenfarbstoff auch unabhängig von der Leber unter besonderen Bedingungen im Gewebe entstehen kann.

Den Gallenfarbstoffen kommt für die Verdauung keinerlei Bedeutung zu. Sie werden im Darminhalt weiterhin durch den Stoffwechsel der Bakterien chemisch verändert, besonders reduziert, es entsteht dabei das farblose *Urobilinogen*, das durch Oxydation in das rötliche *Urobilin* übergeht, von dem z. T. die Färbung der Fäzes herrührt. Bei kurzer Verweildauer der Fäzes im Darm, z. B. bei Diarrhöe, findet man unverändertes Bilirubin in den Entleerungen. Das Urobilinogen wird teilweise resorbiert, dann von der Leber aus dem Pfortaderblut abgefangen und wieder in der Galle abgeschieden. Ist die Leber erkrankt, so gelingt ihr dies Abfangen nicht vollständig, das Urobilinogen gelangt alsdann in den allgemeinen Kreislauf und wird von den Nieren ausgeschieden; es kommt zu gesteigerter *Urobilinurie*.

Man erkennt sie mit Hilfe der *EHRLICHschen Reaktion*: mit Dimethylaminobenzaldehyd + Salzsäure färbt sich der Harn normalerweise beim Kochen rot, bei gesteigerter Urobilinabscheidung schon in der Kälte.

Die Herkunft der Gallenfarbstoffe macht uns auch die Anwesenheit von **Cholesterin** in der Galle verständlich. Es gehört zu der Gruppe der *Sterine* und bildet einen ebenso regelmäßigen Bestandteil der tierischen Zelle, wie die *Phytosterine* bei den Pflanzen. Wenn man Zellen auf osmotischem Wege durch Wasser zerstört (s. Kap. 7), so bleibt vom Plasma ein ungelöster Rest übrig, das *Zellgerüst* oder *Stroma*, bei den roten Blutkörperchen auch als „Blutschatten" bekannt. Dies Stroma setzt sich im wesentlichen aus Eiweiß und aus den sogenannten *Lipoiden*, d. h. fettähnlichen Stoffen zusammen. Deren Fettähnlichkeit besteht in erster Linie in einer ähnlichen Löslichkeit in organischen Lösungsmitteln, wie bei den Fetten, also z. B. in einer Löslichkeit in Äther, Chloroform, Schwefelkohlenstoff u. a.; wirkliche chemische Ähnlichkeit mit Fett hat unter ihnen nur das *Lezithin* (s. Kap. 11), das übrigens auch in kleinen Mengen in der Galle enthalten ist. Neben dem Lezithin sind die wichtigsten Lipoide die verschiedenen Sterine. Von der allgemein-physiologischen Bedeutung dieser Lipoide soll erst später die Rede sein (s. Kap. 7 u. 11); dann werden wir auch noch einmal auf das Lezithin zurückkommen. Das Cholesterin, das uns hier angeht, verdankt seine Anwesenheit in der Galle offenbar verschiedenen Umständen. Ein Teil ist Nahrungscholesterin, das, im Darm resorbiert, ins Blutplasma gelangt und aus ihm durch die Leber abgefangen und wieder zur Ausscheidung gebracht wird. Ein großer Teil entsteht aber durch den Untergang zahlreicher Blutkörperchen in der Leber; das Cholesterin ist also eine Schlacke der Blutkörperchen, welche mit der Galle aus dem Körper entfernt wird. In dieser Hinsicht ist es also den Gallenfarbstoffen vergleichbar, wenn man nicht eine besondere physiologische Funktion des Cholesterins darin erblicken will, daß sein im Darminhalt durch Bakterienwirkung entstehendes Reduktionsprodukt, das *Koprosterin*, zufolge seiner harzigen Beschaffenheit dazu dient, die Fäzespartikeln miteinander zur Formung der Fäzes zu verkleben. Vielleicht wird ein Teil des Cholesterins auch in Cholsäure und Desoxycholsäure umgewandelt, mit denen es, wie wir (S. 48) sahen, nahe verwandt ist. Das Ringsystem dieser Stoffe kann, wie man annimmt, im tierischen Körper aufgebaut werden, z. T. wahrscheinlich in den Nebennieren.

Welches sind nun die physiologischen Bedingungen für die Abscheidung der Galle? Auch wenn wir diese Frage erörtern, begegnen wir bei der Galle Verhältnissen, welche von den bei den anderen Verdauungssäften vorgefundenen abweichen. Wir sahen schon, daß die Galle insofern kein gewöhnlicher Verdauungssaft ist, als sie keine Enzyme enthält; Verdauungssaft ist sie fast nur durch ihren Gehalt an Gallensäuren; die übrigen für sie charakteristischen Bestandteile, Gallenfarbstoffe und Cholesterin, erfüllen nach unserem gegenwärtigen Wissen keinen Zweck weiter, sie sind Abfallprodukte unseres Körpers. Insofern ist also die Galle nicht bloß ein Sekret, sondern auch ein *Exkret*. Unter einem Exkret versteht man nämlich ein Drüsenprodukt, welches dazu da ist, Schlacken des Körpers zu entfernen; der Harn ist das Prototyp eines Exkretes. Wie nun der Harn fortwährend von den Nieren abgesondert wird, weil fortwährend die Körpersubstanz zerfällt und Abfallstoffe bildet, so fließt auch fortwährend Galle; sie fließt sogar, wenn auch spärlicher, bei vollkommenem Hunger, wenn gar nichts zu verdauen ist.

Also nicht bloß nach ihrer Zusammensetzung, sondern auch nach ihren Abscheidungsbedingungen ist die Galle von den anderen Verdauungssäften unterschieden, da diese nur zu bestimmten Zeiten ihrer Anforderung von seiten des Intestinaltrakts produziert werden. Immerhin — und insofern zeigt eben die Gallenproduktion nicht bloß Exkret-, sondern auch Sekretcharakter — wird der Gallenfluß zu Zeiten der Nahrungsaufnahme verstärkt, und die einzelnen Nahrungsmittel verursachen dabei einen charakteristischen zeitlichen Verlauf der Sekretion nach Menge und nach Konzentration des Sekrets (PAWLOW).

Auch darin dokumentiert die Galle Exkretcharakter, daß der Einfluß von seiten des Nervensystems auf die Größe der Gallenproduktion recht undeutlich ist. Von den übrigen Verdauungssäften her sind wir das evidente Anschwellen des Sekretstromes bei elektrischer Reizung bestimmter Nerven zu sehen gewohnt; hier läßt sich durch Reizung des Vagus die Gallenabscheidung nur wenig fördern. Abermals werden wir dabei an ähnliche Verhältnisse bei den Nieren erinnert (s. Kap. 17).

Dagegen gibt es bestimmte Stoffe, welche die Gallenproduktion sehr deutlich fördern; sie heißen *Choleretica*. Choleretisch wirkt in erster Linie die Galle selbst, und zwar vermöge der verschiedenen Gallensäuren, ferner Ölsäure, Salicylsäure u. a.

Im Gegensatz zur Bildung steht *die Entleerung der Galle* aus dem Reservoir der Gallenblase, in dem die Lebergalle in der (S. 47) geschilderten Weise eingedickt wurde, unter auffälliger Abhängigkeit vom Nervensystem. Schwache Reizung des Vagus am Hals bewirkt Kontraktion der Blasenmuskulatur und besonders am Antrum deutliche Peristaltik, ferner Peristaltik an der Pars duodenalis des Ductus choledochus und Öffnung des ODDISCHEN Sphinkters an der Papilla duodenalis; Reizung des Sympathikus macht dagegen die Blase erschlaffen, so daß der Druck in ihr sinkt, und erzeugt Sphinkterenschluß (WESTPHAL). Dieser motorische Apparat wird reflektorisch in Gang gesetzt. Man kennt schon lange Mittel, den Gallenfluß nicht im Sinn einer Mehrproduktion, sondern im Sinn einer Steigerung der Blasenentleerung zu erhöhen; sie werden im Gegensatz zu den Choleretica *Cholagoga* genannt. So kommt es zu reflektorischem Erguß von Blasengalle bei Berieselung der Duodenalschleimhaut mit Pepton, mit Öl oder mit Sulfaten (STEPP), welch letztere im Karlsbader und anderen Mineralquellwässern genossen, seit langem als gallentreibend gelten (STEPP). Atropin, das den Vagus lähmt (s. Kap. 26), hebt den Reflex auf. Die Gallenblase führt also dem Darminhalt für seine Verdauung das Lebersekret in konzentrierter Form zu, nachdem es in dem Reservoir stark eingeengt worden ist.

Wir kommen nun zu dem letzten Verdauungssaft, welcher sich über die Nahrung ergießt, und welchem die Aufgabe zufällt, das zu vollenden, was die anderen angefangen haben, zu dem **Darmsaft,** dem Sekret der LIEBERKÜHNschen Drüsen.

Man gewinnt ihn am reinsten aus einer sogenannten *THIRY-VELLAschen Fistel*; man durchschneidet bei Hunden, welche 24 Stunden gehungert haben, den Dünndarm an zwei etwa 10—15 cm voneinander entfernten Stellen; das eine Ende des isolierten Darmstücks wird durch Naht verschlossen, das andere Ende in der Bauchwunde befestigt, so daß ein nach außen mündender Darmblindsack entsteht. Die beiden Schnittränder des übrigen Darms werden miteinander vernäht und auf die Weise ein verkürzter Darm gebildet. Da das Mesenterium des zum Blindsack umgewandelten Darmstücks unversehrt bleibt, so wird es auch weiter in normaler Weise mit Blut versorgt.

Aus solcher THIRY-VELLAschen Fistel kann man nun entweder durch mechanische Reize, z. B. eingeführte Stückchen Schwamm, oder durch chemische Reize, z. B. etwas Salzsäure, Darmsaft als eine hellgelbe schleimigwässerige, schwach alkalische Flüssigkeit gewinnen. Bei ihrer Untersuchung fanden THIRY und andere überraschenderweise, daß sie weder Hühnereiweiß, Fibrin oder Muskelstückchen noch Leim noch Stärkemehl verdaute, und daß sie auch Fett nur langsam angriff. So kam es, daß man eine Zeit lang die ganze Bedeutung des Darmsafts in seinem Gehalt an Alkali in Form von Bikarbonat erblickte, vermöge dessen der Darmsaft zu der Emulgierung der Fette beitrage. Erst später wurde gefunden, daß auch der Darmsaft ein typischer Verdauungssaft ist, der eine ganze Serie von Enzymen enthält, denen aber — in ebenso charakteristischer wie zweckmäßiger Art — die unveränderten Nahrungsstoffe unzugänglich sind, während die auf dem Weg zum Totalabbau sich bildenden Zwischenprodukte von ihnen weiter gespalten werden. Der Darmsaft enthält also kein proteolytisches Ferment, wohl aber eine „Peptidase", ein **Erepsin** (O. COHNHEIM), welches ebenso wie das Erepsin des Pankreassaftes nicht Eiweiß, Albumosen und Peptone angreift, sondern nur Peptide. Der Darmsaft enthält auch nur wenig amylolytisches Ferment für die Polyosen; dafür spaltet es den Malzzucker mit einer **Maltase,** den Rohrzucker mit einer **Invertase,** und wenn Milch als Nahrung verabfolgt wird, so erscheint in ihm eine **Laktase** für den Milchzucker (s. S. 44). Ferner ist im Darmsaft eine **Nuklease** enthalten, welche die durch die vorangegangene peptische und pankreatische Verdauung aus den Nukleoproteiden frei gemachte Nukleinsäure in ihre Spaltstücke (s. Kap. 11) zerlegt. Das Fett wird durch das Alkali des Darmsafts kräftig emulgiert und durch eine **Lipase** hydrolysiert. Endlich sei noch einmal daran erinnert, daß auch die **Enterokinase** ein Produkt der Dünndarmdrüsen ist.

Der Darmsaft fließt hauptsächlich auf den Reiz der Nahrungsaufnahme hin. Dabei wirkt aber die Nahrung nicht bloß unmittelbar, sondern auch aus der leeren THIRYschen Schlinge fließt spontan der Saft, wenn der übrige Darm mit Nahrung gefüllt wird. Der direkte Reiz der Nahrung wirkt freilich verstärkend. Der so angeregte Erguß dauert 6—7 Stunden. Ob dabei die Nerven des Darmes eine Rolle spielen, ist unsicher.

Eine ergiebige Ausnützung der in den Darm fließenden Verdauungssäfte ermöglichen nun erst **die Darmbewegungen,** indem sie den Speisebrei einesteils mit den Säften mischen, anderenteils ihn den langen Weg bis zum Dickdarm weiter schieben, wobei er immer von neuem mit Darmsaft übergossen wird. Diese Weglänge wird nach Messungen an der Leiche oft zu 4—5 m angegeben, wahrscheinlich ist sie aber erheblich kleiner (2,2—2,7 m), da während des Lebens die Längsmuskeln des Darms in tonischer Kontraktur verharren, die sich erst nach dem Tod löst (VAN DER REIS und SCHEMBRA).

Für die Beobachtung der eigenartigen Bewegungen sind verschiedene Methoden ersonnen worden. Am einfachsten ist es natürlich, die Bauchhöhle am lebenden Tier zu eröffnen und direkt den Darm zu betrachten; unter diesen abnormen Bedingungen ist der Erhaltung der Funktion förderlich, den Leib des Tieres in ein Bad von körperwarmer 0,9proz. Kochsalzlösung zu versenken oder noch besser, in ein Bad warmer RINGERscher Lösung (0,9% NaCl + 0,02% KCl + 0,02% CaCl$_2$ + 0,01% NaHCO$_3$); welche Vorteile diese bietet, wird später (s. Kap. 6, 9 u. 13) erörtert werden. KATSCH und BORCHERS verschafften sich einen Einblick in die Bauchhöhle so, daß sie unter aseptischen Maßnahmen die Bauchwand durch ein großes Fenster aus Zelluloid ersetzten; man kann dann an dem in Rückenlage gefesselten Tier tagelang die Bewegungen der Eingeweide inspizieren. Weit harmloser und doch ergebnisreich für die Physiologie von Tier und Mensch ist das schon mehrfach zitierte schöne Verfahren von CANNON, nach Verabreichung eines Barium- oder Wismutbreies mit Röntgenstrahlen zu durchleuchten.

Mit diesen Methoden hat man vor allem zweierlei Bewegungsformen des Darmes kennengelernt: 1. die Pendelbewegungen und 2. die Peristaltik.

Die *Pendelbewegungen* führen ihren Namen daher, weil bei ihnen die einzelnen Teile der Darmwand in der Längs- und in der Querrichtung des Darms hin- und herpendeln. Ein etwas ausgiebigeres Pendeln in der Querrichtung, beruhend auf abwechselnder Kontraktion und Erschlaffung der Ringmuskulatur einer Stelle mit einer Phasendifferenz im Pendeln der benachbarten Stellen, führt zu „*rhythmischer Segmentierung*" des Darminhalts, d. h. die Säule des Inhalts zerfällt in einem bestimmten Moment (a) durch die ringförmige Pressung in einzelne Segmente, um kurze Zeit darauf (b) an anderer Stelle segmentiert zu werden, so wie es etwa das Schema der Abb. 10 darstellt. Dies Pendeln dauert an, solange der Darm gefüllt ist. Im Duodenum beträgt der Rhythmus 17—21 pro Minute, in den unteren Darmabschnitten weniger (5—12).

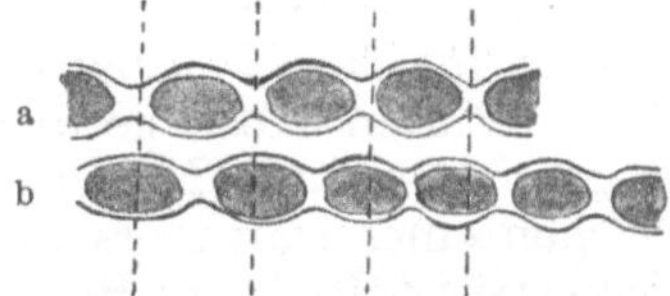

Abb. 10. Schematische Darstellung der rhythmischen Segmentierung des Dünndarminhalts.

Die *Peristaltik* besteht darin, daß, wenn in einem bestimmten Moment der Darm an einer Stelle gedehnt wird, oberhalb der gereizten Stelle eine starke Einschnürung zustande kommt, welche langsam nach Art einer Welle in der Richtung zum Dickdarm fortschreitet, während zu gleicher Zeit dicht unterhalb der gereizten Partie eine Ausweitung des Rohres durch Erschlaffung der Ringmuskulatur und Kontraktion der Längsmuskulatur entsteht, die sich in der gleichen Richtung verschiebt. Diese Bewegungsform erinnert täuschend an die Bewegungen eines sich heftig schlängelnden Wurmes.

Die *Auslösung der peristaltischen Bewegungen* geschieht, wie gesagt, durch die Dehnung der Darmwand; bei zunehmendem Innendruck beantwortet die Muskulatur die Dehnung mit Steigen der Spannung, und da magenwärts die Erregbarkeit größer ist als analwärts, so steigt der Tonus auch oben mehr als unten, bis bei Überschreitung eines gewissen Grenzwertes die tonische Anspannung mit einem Mal in die rhythmische Peristaltik umschlägt, welche, wiederum entsprechend der Erregbarkeitsverteilung, oben beginnen und nach unten fortschreiten muß (P. TRENDELENBURG). Je rascher die Dehnung erfolgt, um so leichter wird die Peristaltik ausgelöst; daher kann eine überrasche Füllung von Magen und Darm durch schnelles Essen die Peristaltik fördern, die Ausnützung der Nahrung also ungünstig beeinflussen. Die Peristaltik in dem Darmstück endet gewöhnlich damit, daß er sich seines Inhalts entleert. Dieser erregt dann in dem nächst unteren Darmstück dieselben Bewegungen.

Der Effekt des Pendelns ist in erster Linie eine sorgfältige Durchknetung des Chymus; dadurch entsteht z. B. beim Hund oder der Katze ein dünner, fast homogener Brei oder richtiger eine Flüssigkeit, die durch feine Bröckchen getrübt ist, wenigstens wenn nur Fleisch und Fett gefüttert werden.

Demgegenüber dient die Peristaltik der Fortführung des Inhalts; bei leicht verdaulicher Kost, d. h. wenn der Darminhalt einen dünnen Brei bildet, ist die Fortführung nur schwach, jeder harte Speiseteil regt sie jedoch an. Die gewöhnlichen mechanischen Reize sind harte Zellulosestücke und Knochen; Pflanzenfresser, wie z. B. Mäuse, sind so sehr auf die mechanische Anregung ihrer Peristaltik angewiesen, daß sie an „Darmlähmung" zugrunde gehen, wenn man sie mit den reinen Nahrungsstoffen füttert. Nüsse, grobes Brot, Sägemehl, Kohlenpulver, aber auch quellbare Stoffe (Agar) „führen ab", eine zu „leichte" Kost führt zu „Verstopfung".

Eine *Antiperistaltik*, welche man früher annahm, gibt es nicht. Wenn man ein Stück Darm einem eben getöteten Kaninchen entnimmt und an zwei Fäden in körperwarmer Ringerlösung aufhängt, so kann man beobachten, daß, wenn man am oralen Ende einen der kugeligen Kotballen in den Darm einschiebt, er kurze Zeit danach am anderen Ende wieder herausfällt (MAGNUS); niemals kann man aber einen Transport in der Gegenrichtung erzwingen. Durchschneidet man den Darm an zwei Stellen und heilt das isolierte, aber mit dem Mesenterium in Verbindung gebliebene Darmstück in verkehrter Richtung wieder in die Kontinuität des Darmes ein, so macht das eingeheilte Stück scheinbar antiperistaltische Bewegungen. Das ist für das Wohlbefinden des Tieres so lange gleichgültig, als es mit einer leichten Kost gefüttert wird, welche vorwiegend Pendeln erregt; sobald aber etwa Knochen gefüttert werden, geht das Tier unter den Zeichen eines Darmverschlusses (Ileus) zugrunde, weil die angeregten heftigen peristaltischen Bewegungen des Zwischenstücks wie ein richtiger Verschluß wirken.

Dieser ganze Bewegungsmechanismus ist weitgehend unabhängig vom Zentralnervensystem; *der Darm ist ein ausgesprochen automatisches Organ* (s. S. 36). Das lehrt schon der geschilderte Versuch, daß ein ausgeschnittenes Darmstück in seiner Peristaltik fortfährt, und die Automatie der Pendelbewegungen kann sehr leicht mit einem Stückchen überlebenden Dünndarms vom Kaninchen demonstriert werden, das man in sauerstoffgesättigter Ringerlösung aufhängt und seine überaus regelmäßigen Verkürzungen mit Hilfe eines Hebels registrieren läßt, so wie es die Abb. 11 zur Darstellung bringt.

Wiederum, wie beim Magen (S. 37), wird man zunächst dazu neigen, die Automatie auf ein „intramurales" Nervensystem zu beziehen. Unter der Serosa des Darmes liegt ja zwischen der äußeren Längs- und der inneren Ringmuskelschicht der Tunica muscularis der *Plexus myen-*

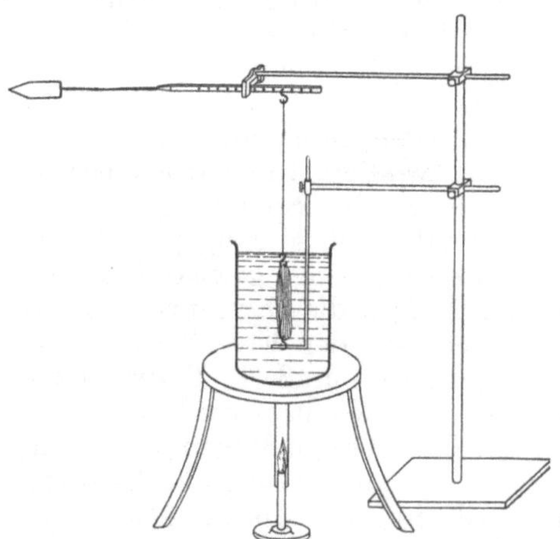

Abb. 11. Registrierung der Pendelbewegungen des Darms. (Nach MAGNUS.)

tericus Auerbachi, ein zweites Nervennetz liegt als *Plexus submucosus Meißneri* auf der Muscularis mucosae. Der MEISSNERsche Plexus kommt aber für die Automatie nicht in Betracht; denn die rhythmischen Bewegungen gehen weiter, wenn man Mucosa und Submucosa von einem lebenden Darmstück abstreift. Es gelingt aber auch, besonders beim Katzendarm, nach Entfernung der Serosa und der Längsmuskelschicht den Plexus myentericus von der Ringmuskelschicht vollständig abzupräparieren. Dennoch bleibt die Rhythmik erhalten. Ja, solche plexusfreie Muskelpräparate sprechen auch noch auf solche Gifte an, von denen meist angenommen wird, daß sie über das Nervensystem wirken, wie Pilokarpin, Atropin u. a. (UNDERHILL, GASSER) (s. hierzu S. 22, ferner Kap. 9 und 26). Dennoch kann man auch nach diesen Versuchen nicht mit Bestimmtheit sagen, daß in der Muskulatur selbst die Impulse für die rhythmische Tätigkeit entstehen, seit neuerdings gezeigt wurde, daß zwischen die glatten Muskelzellen ein ausgedehntes nervöses Syncytium eingelagert ist.

Wo nun auch der Ursprungsort für die Erregungen gelegen sein mag, jedenfalls kennt man chemische Mittel, deren Anwesenheit eine Vorbedingung für die Darmtätigkeit darstellt. WEILAND fand, daß die Bewegungen eines ausgeschnittenen Darmstücks durch eine Lösung, in der überlebender Dünndarm eine Weile gelegen hat, kräftig gesteigert werden (s. Abb. 12), und daß diese Anregung auch bei intravenöser Zufuhr des Darmextrakts zustande kommt.

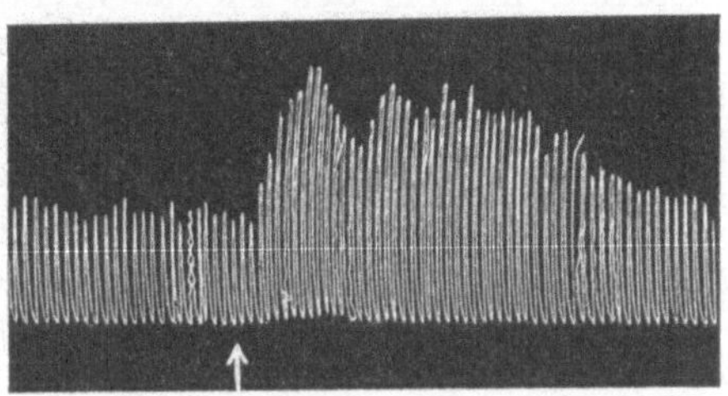

Abb. 12. Pendelbewegungen des isolierten Kaninchendünndarms. Der Pfeil markiert den Zusatz von Dialysat eines Katzendünndarms. (Nach MAGNUS und V. KÜHLEWEIN.)

LE HEUX stellte sodann fest, daß der Dünndarm reichlich freies *Cholin*

$$(CH_3)_3 \cdot N \Big\langle {}^{OH}_{CH_2 \cdot CH_2OH}$$

ein bekanntes Spaltprodukt des Lezithins (s. Kap. 11), enthält, und daß dieses die Erregung bewirkt. LE HEUX kam darauf durch die zufällige Beobachtung, daß die Darmextrakte durch Essigsäure stark aktiviert werden; es war aber bereits bekannt, daß Azetat die Darmbewegungen erregt, und daß *Azetylcholin* auf Herz und Blutdruck mehrtausendfach kräftiger wirkt als das Cholin selber. In der Darmwand konnte nun ein Ferment, die *Cholinesterase*, nachgewiesen werden, die eine Synthese von Cholin und Essigsäure herbeiführt. Wahrscheinlich wird Azetylcholin fortwährend vom Darm produziert (s. weiter dazu Kap. 9.)

Abb. 13. Röntgenbilder nach tiefer Chloroformnarkose. a) ohne Cholin: Magen prall gefüllt und bewegungslos; Dünndarm spärlich gefüllt, Dickdarm leer. b) mit Cholin: Magen fast leer, mit Peristaltik des Antrum pylori. Dünndarm stark gefüllt, Dickdarm gefüllt. (Nach MAGNUS und V. KÜHLEWEIN.)

Cholin steigert die Darmbewegungen schon in einer Verdünnung von 1 : 100000. Die Wirkung kann praktisch ausgenutzt werden, wenn der Darm, z. B. infolge einer tiefen Narkose, gelähmt ist. Abb. 13 gibt ein Bild von der Heilwirkung des intravenös einverleibten Cholins bei einer Katze.

So wie beim Magen kann aber auch beim Darm *die Tätigkeit vom Zentralnervensystem aus modifiziert* werden. Dort wie hier ist es der *Vagus*, welcher vorwiegend die Bewegungen erregt, und der *Sympathikus* in seinem Hauptast, dem Splanchnikus, welcher sie vorwiegend hemmt. Durch dies Hinzutreten „äußerer" Nervenfasern werden von weither kommende Einflüsse, z. B. Einflüsse von seiten des Großhirns, verständlich. CANNON beschreibt z. B., wie bei einer friedlichen Katze, die ruhig über der Röntgenröhre liegt, die peristaltischen Bewegungen in ihrer vollen Regelmäßigkeit auf dem Schirm zu sehen sind, während sie bei einem böswilligen Kater, der sich sträubt, still stehen; er beschreibt, wie die Bewegungen bei der Mutterkatze aufhören, sobald man ihr ihr Junges nimmt; so begreift man abermals die Ausdrucksweise, daß einem „der Ärger ins Gedärm fährt‘‘, daß manche empfindliche Menschen infolge einer Aufregung eine Verdauungsstörung bekommen (s. auch Kap. 26). Diese Einflüsse werden natürlich mittels des Plexus myenterius auf die Muskulatur übertragen.

Die Funktion des *Plexus submucosus* wird wohl durch folgende Beobachtung beleuchtet: spießt sich infolge der Peristaltik etwa ein spitziges Knochenstück gegen die Schleimhaut und droht die dünne Wand zu durchbohren, dann weicht das gestochene Schleimhautstückchen durch Erschlaffen der darunter gelegenen Stelle der Muscularis mucosae aus, und indem gleichzeitig rund um die erschlaffende Stelle die Muskelfasern sich zusammenziehen, entsteht ein ringförmiger Wall auf der Schleimhaut, so daß der Knochensplitter aufgerichtet wird und jetzt mit seinem stumpfen Ende in das Darmlumen hineinragt; schiebt nun die peristaltische Welle den Darminhalt analwärts, so wird das Knochenstück mit dem stumpfen Ende voraus mitgenommen, also die Spitze aus der Wand entfernt. Auch chemische Reize lösen eine lokale Reaktion aus; so erzeugt Berieselung mit schwacher Säure lokal Tonussteigerung und anschließend eine peristaltische Welle; anästhesiert man die Schleimhaut mit Novocain, so bleibt die Reaktion aus (KESTNER).

4. Kapitel.

Der Dickdarm, die Fäzes und die Defäkation.

Die Bildung und Zusammensetzung der Fäzes 59. Die Tätigkeit der Darmbakterien 61. Die mechanischen Vorgänge im Dickdarm 63. Die Defäkation 64.

Die Verdauung ist im wesentlichen beendet, wenn der Inhalt des Dünndarms in den Dickdarm übertritt. Erfahrungen am kranken Menschen, welchen ein künstlicher After am unteren Ende des Dünndarms angelegt werden mußte, haben gelehrt, daß hier der Inhalt ein dünner Brei von hellgelber bis hell-gelbgrüner Farbe ist, welcher durchaus noch keinen fäkalen Geruch hat. Die 5—10 % Trockensubstanz dieses Breies enthalten bei leicht verdaulicher Kost nur wenig noch ungelöste Nahrungsreste, wie z. B. einige Stärkekörner, Fetttropfen, einige Muskelfasern, gelöst finden sich Albumosen, Peptone und Aminosäuren, Dextrine, höhere und niedere Fettsäuren, bisweilen Zucker. Dazu kommen eventuell unbrauchbare Schlacken, wie Knochenstückchen und Zellulose. Ferner finden sich die Reste der Verdauungssäfte und Bakterien. Die Reaktion ist schwach sauer (ca. 6 p_H).

Die Veränderungen, welche dieser Brei bei seinem Aufenthalt im Dickdarm durchmacht, bestehen erstens in einer Fortführung der Dünndarmverdauung durch die mit übergetretenen Enzyme des Pankreas- und Darmsaftes, zweitens in der Resorption der Verdauungsprodukte und besonders des Wassers, so daß eine starke Eindickung des Breies bis zu einem Trockengehalt von 30—50 % zustande kommt, drittens in einer Durchmischung mit Dickdarmschleim, welcher, ähnlich wie muzinreicher Speichel, dazu dient, die Massen zusammenzubacken, und viertens in der Entfaltung einer mächtigen Wirkung der stark wuchernden Bakterien auf alle noch angreifbaren organischen Reste der Nahrung.

So wandelt sich der Dünndarmbrei allmählich im Dickdarm in die **Fäzes** um. Diese enthalten darum unter Umständen, nämlich wenn die Speise angenähert bloß aus reinen Nahrungsstoffen bestand, nichts oder fast nichts von Nahrungsresten und bestehen dann fast nur aus Schleim, aus abgestorbenen und abgestoßenen Epithelien, aus den Überbleibseln der Verdauungssäfte wie Cholesterin, Koprosterin, Urobilinogen, Urobilin, Cholsäure, Enzymen, aus unlöslichen Salzen — z. B. nach reichlichem Milchgenuß zu 10—20 % der Trockensubstanz aus Calciumphosphat —, endlich aus lebenden und toten Bakterien, deren Masse 30—50 % der Fäkalien ausmacht.

Darum ist auch verständlich, daß die im Hunger gebildeten Fäzes ihrer Qualität nach ebenso zusammengesetzt sind, wie die Fäzes bei Nahrungszufuhr; nur die Quantität der letzteren überwiegt, da bei Nahrungszufuhr eben mehr Verdauungssäfte fließen, mehr Schleim produziert wird, mehr Bakterien wuchern.

Die Zusammensetzung der Fäzes kann aber auch ganz anders beschaffen sein. Ist nämlich die Nahrung stark mit unverdaulichen, namentlich harten

Beimengungen, wie Knochen, Horn oder kompakten Zelluloseteilen belastet, dann bilden diese Massen nicht einfach ein Plus in dem Kot, sondern auch abgesehen davon verändern sie sie quantitativ und qualitativ. Die harten Teile verursachen erstens durch mechanische Reizung der Darmschleimhaut eine reichlichere Abscheidung von Verdauungssaft, insbesondere von Schleim; zweitens regen sie die Peristaltik an, so daß die Nahrung rascher als sonst den Darmkanal passiert, also weniger Zeit zur Resorption des Verdauten bleibt, es verschlechtert sich also die Ausnützung; drittens findet man speziell bei einer an Zellulose reichen Kost sogar unveränderte Nahrungsstoffe, Eiweiß, Stärke, Chlorophyll in den Fäzes, und zwar deswegen, weil die unverdauliche Zellulose als Zellmembran bei den Pflanzen das nahrhafte Protoplasma umschließt. Diese verschiedenen Einflüsse sind unmittelbar aus den folgenden Tabellen nach RUBNER abzulesen:

Fäzes-Trockensubstanz in g, welche 100 g getrockneter Nahrung entsprechen:

Weißbrot	4,5		Fett	8,5
Reis	4,1		Milch	9,0
Makkaroni	5,0		Kartoffeln	9,4
Fleisch	5,1		Wirsingkohl	14,9
Eier	5,2		Schwarzbrot	15,0
			Gelbe Rüben	20,7

Fäzes-Stickstoff in g, welche 100 g Nahrungs-Stickstoff entsprechen:

Fleisch	2,6		Wirsingkohl	25,3
Ei	2,6		Weißbrot	18,7—25,7
Milch	6,5—12,0		Schwarzbrot	32—40
Erbsen	10,5—17,5		Pilze	35,4
Kartoffeln	15,3		Gelbe Rüben	39
Mais	15,5		Kohlrüben	65
Reis	20,4		Äpfel	103

Die erste Tabelle beweist zahlenmäßig die bekannte Tatsache, daß vegetabilische Kost stärker kotbildend wirkt als animalische. Präparierte zellulosefreie Vegetabilien wie Reis und Makkaroni bilden dabei allerdings und begreiflicherweise eine Ausnahme. Auf der anderen Seite liefert Milch relativ reichlich Kot, wesentlich deshalb, weil, wie schon gesagt wurde, ein großer Teil der Milchsalze nicht resorbiert wird. Die stärkere Kotbildung durch vegetabilische Kost beruht aber auch noch auf dem größeren Wassergehalt (s. Kap. 12).

Die zweite Tabelle überzeugt davon, daß die Ausnützung des Eiweißes oder, vorsichtiger ausgedrückt, der N-haltigen Substanzen ungemein von der Art der Verabreichung abhängig ist. Das Eiweiß aus Fleisch und Eiern wird zu 97—98% ausgenützt, während bei vielen Vegetabilien die Verluste enorme sind, und diese Verluste sind um so höher zu veranschlagen, als der Gehalt an N-haltigen Stoffen sowieso schon bei den Vegetabilien im allgemeinen geringer ist (s. die Tabelle S. 14). Wir werden dies später bei der Besprechung der Kostmaße (Kap. 12) zu berücksichtigen haben. Die angegebenen Zahlen sind Mittelwerte, die Größe der Ausnützung ist stark individuell; im speziellen spielt auch die Gewöhnung eine wichtige Rolle. So ist z. B. beobachtet, daß bei Ernährung mit grobem Brot anfänglich 35% der N-haltigen Stoffe in den Fäzes verloren gingen, nach 7—10 Tagen nur noch 26% (ZUNTZ). Das ist in der Hauptsache so zu deuten, daß sich der Darm an die kräftigen mechanischen Reize von seiten der harten Kleieteile im groben Brot adaptiert und nicht mehr mit so starker Vermehrung der Peristaltik reagiert wie zuerst; in der langen Zeit des Weltkrieges und den folgenden Jahren hat wohl jeder Erfahrungen derart sammeln können.

Die Ausnützung der vegetabilischen Kost ist aber auch sehr stark abhängig von der **Tätigkeit der Bakterien im Darmkanal.** Beim Menschen sind diese im Jejunum nur spärlich vorhanden, reichlicher schon im Ileum, in Massen treten sie aber erst im Dickdarm in Erscheinung; warum, ist nicht ganz klar. Die vorherrschenden Spezies sind das *Bacterium coli* und das *Bacterium lactis aerogenes*, beide vergären Kohlehydrate; dazu kommt der Eiweißfäulnis erzeugende *Bacillus putrificus*.

Die Aufspaltung der Kohlehydrate durch die Bakterien geht viel weiter als die enzymatische Spaltung; einerseits betrifft sie auch diejenigen Kohlehydrate, welche für sämtliche Enzyme unseres Körpers unangreifbar sind, nämlich die Zellulosen, Hemizellulosen und Pentosane (s. S. 44); die Mikroben, welche diese Gärung hervorrufen, ließen sich bisher noch nicht rein züchten. Andererseits bleibt sie nicht bei den Zuckern als letzten Spaltprodukten stehen, sondern diese werden weiter in einfache Fettsäuren und deren Derivate, wie Ameisensäure, Essigsäure, Buttersäure, Milchsäure, Bernsteinsäure, in Gase wie Wasserstoff, Methan und Kohlendioxyd zersetzt. Diese Zersetzung beginnt bereits im Dünndarm; denn davon rührt der Gehalt des Dünndarmbreies an freien niederen Fettsäuren her (s. S. 59).

Ebenso werden bei der Eiweißfäulnis durch die Bakterien die Aminosäuren zerstört, wobei charakteristische, namentlich durch ihren üblen, zum Teil fäkalen Geruch ausgezeichnete Körper entstehen. Tryptophan geht über in die heftig riechenden *Skatol* und *Indol*:

$$
\underset{\text{Tryptophan}}{
\begin{array}{c}
\text{CH} \\
\text{HC} \diagup \quad \text{C} - \text{C} \cdot \text{CH}_2 \cdot \text{CH(NH}_2) \cdot \text{COOH} \\
\text{HC} \quad \text{C} \quad \text{CH} \\
\text{CH} \quad \text{NH}
\end{array}}
\;\longrightarrow\;
\underset{\text{Skatol (Methylindol)}}{
\begin{array}{c}
\text{CH} \\
\text{HC} \quad \text{C} - \text{C} \cdot \text{CH}_3 \\
\text{HC} \quad \text{C} \quad \text{CH} \\
\text{CH} \quad \text{NH}
\end{array}}
\;\longrightarrow\;
\underset{\text{Indol}}{
\begin{array}{c}
\text{CH} \\
\text{HC} \quad \text{C} - \text{CH} \\
\text{HC} \quad \text{C} \quad \text{CH} \\
\text{CH} \quad \text{NH}
\end{array}}
$$

Aus Tyrosin entstehen *para-Kresol* und *Phenol*:

$$
\underset{\text{Tyrosin}}{
\begin{array}{c}
\text{C(OH)} \\
\text{HC} \quad \text{CH} \\
\text{HC} \quad \text{CH} \\
\text{C} \cdot \text{CH}_2 \cdot \text{CH(NH}_2) \cdot \text{COOH}
\end{array}}
\;\longrightarrow\;
\underset{\text{p-Kresol}}{
\begin{array}{c}
\text{C(OH)} \\
\text{HC} \quad \text{CH} \\
\text{HC} \quad \text{CH} \\
\text{C} \cdot \text{CH}_3
\end{array}}
\;\longrightarrow\;
\underset{\text{Phenol}}{
\begin{array}{c}
\text{C(OH)} \\
\text{HC} \quad \text{CH} \\
\text{HC} \quad \text{CH} \\
\text{CH}
\end{array}}
$$

Aus Tyrosin, Histidin und Lysin bilden sich, besonders bei pathologisch gesteigerter bakterieller Tätigkeit, durch Dekarboxylierung die basischen Produkte *Tyramin, Histamin, Kadaverin* u. a.:

$$
\underset{\text{Tyrosin}}{
C_6H_4 \diagvee \begin{array}{l} \text{OH} \\ \text{CH}_2 \cdot \text{CH(NH}_2) \cdot \text{COOH} \end{array}}
\;\longrightarrow\;
\underset{\text{Tyramin (p-Oxyphenyläthylamin)}}{
C_6H_4 \diagvee \begin{array}{l} \text{OH} \\ \text{CH}_2 \cdot \text{CH}_2(\text{NH}_2) \end{array}}
$$

$$
\underset{\text{Histidin}}{
\begin{array}{c}
\text{CH} \\
\text{NH} \quad \text{N} \\
\text{CH} = \text{C} \cdot \text{CH}_2 \cdot \text{CH(NH}_2) \cdot \text{COOH}
\end{array}}
\;\longrightarrow\;
\underset{\text{Histamin (Imidazoläthylamin)}}{
\begin{array}{c}
\text{CH} \\
\text{NH} \quad \text{N} \\
\text{CH} = \text{C} \cdot \text{CH}_2 \cdot \text{CH}_2(\text{NH}_2)
\end{array}}
$$

$$
\underset{\text{Lysin}}{
\begin{array}{c}
\text{NH}_2 \qquad\qquad \text{NH}_2 \\
\text{CH}_2 \cdot \text{CH}_2 \cdot \text{CH}_2 \cdot \text{CH}_2 \cdot \text{CH} \cdot \text{COOH}
\end{array}}
\;\longrightarrow\;
\underset{\substack{\text{Kadaverin} \\ \text{(Pentamethylendiamin).}}}{
\begin{array}{c}
\text{NH}_2 \qquad\qquad \text{NH}_2 \\
\text{CH}_2 \cdot \text{CH}_2 \cdot \text{CH}_2 \cdot \text{CH}_2 \cdot \text{CH}_2
\end{array}}
$$

Alle diese Stoffe, die sog. *proteinogenen Amine*, sind mehr oder weniger giftig; werden sie resorbiert, so ergreift unser Körper wesentlich mit Hilfe der Leber gegen sie Abwehrmaßregeln, indem er sie zum Teil an Schwefelsäure bindet, es entstehen die sogenannten *gepaarten* oder *Ätherschwefelsäuren* (Esterschwefelsäuren), welche dadurch ungiftig sind, daß sie im Gegensatz zu den Ausgangsstoffen nicht mehr die Fähigkeit haben, die Oberfläche der Protoplasten, die „Plasmahaut" zu durchdringen (s. dazu Kap. 7).

Kohlehydrat- und Eiweißgärung schließen sich im großen ganzen gegenseitig aus; reichlichere Kohlehydratzufuhr unterdrückt infolge der dabei zustande kommenden Produktion von Säuren die Eiweißfäulnis, reichlichere Eiweißfäulnis die Kohlehydratgärung; jeder zoologische Garten belehrt die Nase darüber, wenn man an den Pflanzenfresser- und an den Raubtierkäfigen vorbeigeht.

Man könnte nach alledem der Meinung sein, daß die Bakterienflora für unseren Körper nichts weniger als erwünscht ist; bei genauerem Zusehen findet man, daß die Sache nicht so einfach liegt. Vor allem ist zu beachten, daß die Bakterien die Zellulose angreifen, für deren Spaltung unserem Körper, wie gesagt, kein Mittel zu eigen ist. Von den zarten Zellulosen und Hemizellulosen, z. B. des grünen Salats, können im Darm des Menschen 25 % und mehr vergoren werden, während freilich die mit Lignin- und Pektinsubstanzen inkrustierten harten Holzfasern Widerstand leisten. Dabei ist es weniger die Bildung der Spaltprodukte, welche, etwa als Fettsäuren, nach ihrer Resorption noch ausgenützt werden können, als die Tatsache der Aufschließung der von dem Zellulosemantel umhüllten pflanzlichen Protoplasten, welche die Vergärung der Zellulose für uns wertvoll machen. Diese Aufschließung spielt freilich im Verdauungskanal des Pflanzenfressers eine ungleich großartigere Rolle, aber auch das kommt uns indirekt zugute. Bekannt ist ja die absolut wie relativ gewaltige *Länge des Darms* bei den Pflanzenfressern; bei der Katze ist der Darm nur 3mal so lang als die Entfernung vom Kopf bis zum Steiß, beim Hund 4—6mal, beim Menschen 7—8mal, beim Schwein 14mal, bei Schaf und Ziege 27mal; besonders Coecum und Kolon haben außerordentliche Dimensionen. In diesem großen Raum haben beträchtliche Mengen Pflanzenkost Platz, und da sie sich z. B. im Leib des Wiederkäuers bis 3 Wochen lang aufhalten, spielt sich eine viel intensivere Gärung ab als im Darm des Menschen. Ja, beim *Wiederkäuer* ist sogar schon der Magen darauf eingerichtet, der Gärung möglichsten Vorschub zu leisten; die Speise gelangt bei ihm durch das Schlucken zuerst in die besonderen Abteilungen des *Pansen* und des *Netzmagens*, und dort verbleibt sie, reichlich mit Speichel durchsetzt, eine Weile und gärt, dann wird sie abermals ins Maul hinaufbefördert und durchkaut, „wiedergekäut", um, zum zweiten Male verschluckt, in den eigentlichen Magen mit seinem sauren Saft zu gelangen. Diese Steigerung der Kohlehydratgärung ermöglicht dem Pflanzenfresser die Ausnützung von Wiesengras und Heu, von Stroh, Spreu und Blättern, welche für uns unbrauchbar sind, deren Zellulose jene jedoch bis zu 80 % verdauen, und indem sie aus den aufgeschlossenen Protoplasten die Nahrungsstoffe herausresorbieren und zu Fleisch und Milch umbilden, kommt die Gärung auch uns indirekt zugute. Zugunsten der Bakterien können wir ferner anführen, daß, da die Gärungsvorgänge exotherme Reaktionen sind, Reaktionen, bei denen Wärme frei wird, nicht unbeträchtliche Mengen von Wärme entstehen, welche der sowieso notwendigen Anheizung des Körpers dienen können.

Diesen offenbaren Vorteilen der Vergesellschaftung mit den Bakterien stehen aber Nachteile gegenüber. Erstens wachsen die Bakterien und vermehren sich auf Kosten der zugeführten Nahrung, um dann in den Fäzes den Körper zu verlassen. Zweitens sind die Produkte der Gärung zum Teil für uns, im Gegensatz zu den Produkten enzymatischer Spaltung, unbrauchbar. Nicht bloß die Zellulose, sondern auch die für uns wertvolle Stärke kann bis zu einfachen Stoffen, wie Wasserstoff oder Methan, abgebaut werden, welche zwar einen hohen, aber für uns unzugänglichen Brennwert haben. Von den Produkten der Eiweißfäulnis wurde bereits gesagt, daß sie direkt giftig sind; aus dieser Erkenntnis des Vorkommens sogenannter *Autointoxikationen* entsprang teilweise die Lehre von der Schädlichkeit der Fleischkost, welche von zahlreichen Ernährungsreformern gepredigt wird, teils gründet sich darauf die Propaganda für die bekannten Gärungsprodukte der Milch, *Kefyr* und *Yoghurt*, da die Kefyr- und Yoghurt-Bakterien die Erreger der Eiweißfäulnis zurückdrängen sollen.

Stellt man die Vorteile, welche das Bakterienwachstum in unserem Darmkanal gewährt, mehr in den Vordergrund als die Nachteile, so kann man zu der Frage kommen, ob wir es hier nicht mit einer notwendigen Symbiose zu tun haben, ob nicht die Bakterien für unser Gedeihen geradezu unentbehrlich sind. NUTTALL und THIERFELDER haben darauf durch das Experiment zu antworten versucht, nämlich sie führten den von PASTEUR angeregten Versuch durch, neugeborene Tiere keimfrei aufzuzüchten. Sie gewannen junge Meerschweinchen steril durch Kaiserschnitt aus dem Muttertier und ernährten sie in einem kunstvollen sterilen Glaskäfig mit sterilen Keks und Milch; die Tiere wuchsen, boten keinerlei Zeichen von Störung und erwiesen sich, nachdem sie getötet waren, als wirklich keimfrei. KÜSTER ist es dann in ähnlicher Art gelungen, eine neugeborene Ziege 35 Tage lang mit Milch und Reisschleim steril aufzuziehen. Zum entgegengesetzten Resultat gelangte SCHOTTELIUS bei jungen, eben aus dem Ei gekrochenen Hühnchen; unter ähnlichen bakteriologischen Bedingungen, wie NUTTALL und THIERFELDER sie einhielten, gingen seine Tiere trotz reichlicher Nahrungsaufnahme zugrunde, konnten jedoch am Leben erhalten werden, als SCHOTTELIUS der Nahrung gewisse Bakterien zusetzte. Es ist jedoch zu bedenken, daß SCHOTTELIUS die Hühnchen mit Körnern fütterte, und diese verlangen natürlich Bakterien, welche die Zellulosemäntel der Protoplasten aufschließen; *bei Ernährung mit reinen oder fast reinen Nahrungsstoffen sind nach unseren gegenwärtigen Kenntnissen die Darmbakterien entbehrlich.*

Wie bei den übrigen Darmabschnitten, so werden auch beim Dickdarm die chemischen Veränderungen seines Inhaltes durch die **mechanischen Vorgänge** unterstützt. Dünn- und Dickdarm sind im allgemeinen gegeneinander an der Valvula coli durch den Sphincter ileocoecalis abgeschlossen; nur von Zeit zu Zeit öffnet sich der Sphinkter, um Dünndarminhalt in das Kolon übertreten zu lassen. Eine Passage in der entgegengesetzten Richtung kommt im allgemeinen nicht vor. Aber interessant und besonders für die ärztliche Praxis wichtig ist es, daß, wie Röntgendurchleuchtungen gelehrt haben, Nährklistieren der Übertritt in den Dünndarm unter Erschlaffung der Ringmuskulatur in der Umgebung des Sphinkters unterhalb sowohl wie oberhalb gewährt wird, aus welchen Gründen, ist nicht bekannt; der anomale Gehalt des Dickdarminhaltes an Nährstoffen wird dabei eine Rolle spielen. Die Bewegungen des Dickdarmes sind, wie beim Dünndarm, teils Pendelbewegungen, teils peristaltische Bewegungen. Als neue Bewegungsform kommt die *Antiperistaltik* in den proximalen Abschnitten hinzu (CANNON). Wenn nämlich reichlichere Mengen Dünndarminhalt ins Kolon befördert sind, dann wird lange Zeit, eventuell stundenlang, der Inhalt rückwärts gegen die geschlossene Valvula coli getrieben, und indem er sich so eine Weile staut, wird er durch ausgiebige Resorption von Wasser bis zu der fäkalen Konsistenz eingedickt. Ist dies erreicht, dann schlägt die Antiperistaltik plötzlich in die normale Peristaltik um, und diese treibt den Inhalt in die distalen Kolonabschnitte.

Die Bewegungen des Dickdarms sind wie die des Dünndarms *automatisch* (s. S. 56). Dazu kommt eine doppelte und wiederum antagonistische sympathisch-parasympathische äußere *Innervation*. Hemmungsnerven sind die Nervi splanchnici, Förderungsnerv für die oberen Abschnitte des Kolons der Vagus, für die untere der N. pelvicus. Die parasympathische Wirkung kann auch hier durch Pilokarpin gefördert und durch Atropin gehemmt werden. Ein Beispiel dafür geben die Röntgenogramme der Abb. 14. Der Sphincter coli wird vom 13. Thorakal- und 1. bis 3. Lumbalsegment des Rückenmarks aus über den Nervus splanchnicus innerviert. Durchschneidung dieser Fasern bringt den Sphinkter zu länger andauerndem Klaffen. Es ist

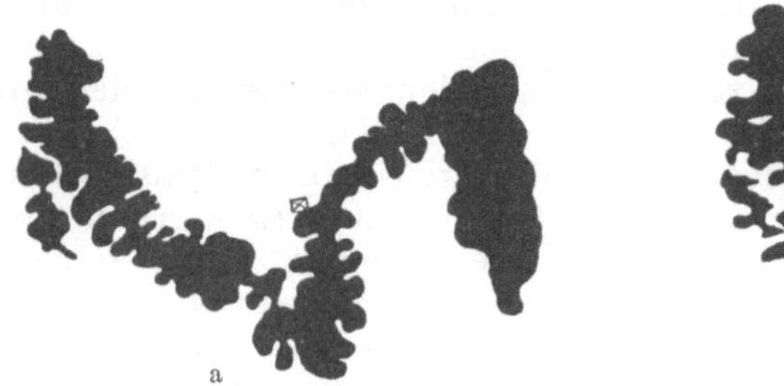
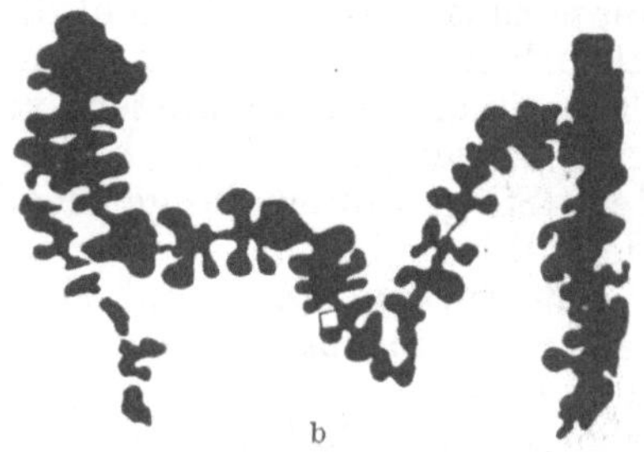

Abb. 14. Röntgenogramme des menschlichen Querkolons.
a) normal. b) 10 Minuten später nach subkutaner Injektion von 0,02 g Pilokarpin. (Nach KATSCH.)

die Meinung geäußert, daß manche Durchfälle, welche bei Verletzung des Rückenmarks beobachtet werden, damit in Zusammenhang stehen.

Die genannten Nerven treten in mannigfaltiger Weise in Tätigkeit. Eine leicht zu beobachtende Funktionsäußerung ist der *gastro-intestinale Reflex*; er besteht darin, daß alsbald nach der Nahrungsaufnahme peristaltische Bewegungen nicht bloß im Dünn-, sondern auch im Dickdarm einsetzen, so daß die Flexura sigmoides sich mit Koloninhalt füllt, der nun zur Entleerung bereit liegt.

Diese Entleerung oder **Defäkation** stellt eine weitere Folge der Nerventätigkeit dar, und zwar die wichtigste, aber durch das Zusammenspielen vieler Muskeln und Nerven auch die komplizierteste. Sie kommt folgendermaßen zustande: nachdem durch die Peristaltik des Dickdarms die Flexur gefüllt ist, verkürzt sich diese durch Kontraktion ihrer Längsmuskulatur, so daß sich ihr Inhalt ins Rektum verschiebt. Nun kommt es zu dem Gefühl des „Stuhldrangs“; es werden also von diesem Endabschnitt des Verdauungskanals aus Empfindungen ausgelöst, ähnlich wie auch Reize, welche den Anfangsteil, Mundhöhle, Schlund und Ösophagus treffen, empfunden werden. Dagegen teilen sich alle Vorgänge in dem langen und wichtigsten Abschnitt des Intestinums, in Magen, Dünn- und Dickdarm, unserem Bewußtsein nicht mit. Wir werden uns später (s. Kap. 34) mit dieser Tatsache der Unbewußtheit der inneren Funktionen noch einmal eingehend beschäftigen; hier sei nur noch darauf verwiesen, daß auch nur Anfangs- und Endteil des Intestinaltrakts einigermaßen unserer Willkür unterstellt sind. Auf den als Stuhldrang perzipierten Reiz der Füllung des Enddarmes erfolgt dann der *Reflex der Defäkation*, d. h. es kontrahieren sich Ring- und Längsmukulatur des Rektums, zu gleicher Zeit erschlaffen der Sphincter ani internus und externus, welche sich bis dahin im Zustand der Daueranspannung, im Tonus befanden; dazu setzt die ,,Bauchpresse'' ein und unterstützt das Rektum in seinem Bewegungseffekt. Zur Ausübung der Bauchpresse bedarf es aber der Innervation des Zwerchfells, der Bauchdeckenmuskeln und des Beckenbodens.

Es ist also eine komplizierte Muskelkoordination notwendig; die vom Zentralnervensystem her besorgt wird. In erster Linie untersteht die Defäkation dem im Rückenmark gelegenen *Centrum anospinale*. Wenn man das Lumbosakralmark bei einem Hund ausrottet, oder wenn bei einem Menschen die untere Lendenwirbelsäule durch Unfall oder Krankheit zertrümmert wird, so kommt es zu einer ,,Incontinentia alvi'', d. h. zu nicht mehr periodischer Entleerung größerer Kotmengen, sondern zu häufigem und unregelmäßigem Abgang kleiner Portionen aus dem klaffenden Anus. Der letzte Abschnitt des Darmkanals wird nämlich vom Lumbosakralmark aus innerviert, und zwar führen wieder, wie in den analogen Fällen, zweierlei Wege dorthin. Direkt aus dem Sakralmark entspringen Fasern, welche in den Nervi pelvici s. erigentes zum Enddarm laufen, und indirekt kommen Fasern der Nervi hypogastrici über den Grenzstrang des Sympathikus und das Ganglion mesentericum inferius aus dem 2.—4. Segment des Lumbalmarks; die künstliche Reizung dieser Nerven kann sowohl Erregung wie Hemmung der innervierten Muskulatur herbeiführen. Es ist aber, besonders von GOLTZ, die wichtige Feststellung gemacht worden, daß einige Zeit nach der Ausschaltung des Analzentrums die Defäkation annähernd normalen Charakter wieder erlangt; namentlich kommt es wieder zu einem kräftigen Sphinkterentonus. Das ist um so bemerkenswerter, als der Sphincter ani externus im Gegensatz zum Sphincter internus aus quergestreifter Muskulatur wie die Skelettmuskulatur besteht, und von dieser ist ja allgemein bekannt, daß sie, losgelöst vom Zentralnervensystem, dauernd erlahmt, und daß sie einige Zeit, nachdem die Impulse vom Zentrum her aufgehört haben, degeneriert (s. Kap. 22); der Sphincter ani externus dagegen behält auch nach der Zerstörung des Centrum anospinale dauernd seine Funktionsfähigkeit und dokumentiert seine Gesundheit auch durch die rote normale Farbe seiner Muskulatur. Es hängt dies wohl damit zusammen, daß im Gegensatz zum Skelettmuskel diese Eingeweidemuskulatur auch noch von dem peripheren Nervenplexus abhängt, ähnlich wie etwa Magen und Dünndarm.

Die Defäkation nach Ausschaltung des Zentralnervensystems ist aber in keinem Fall vollkommen normal, das Analzentrum ist also durchaus nicht überflüssig. Zwar erfolgen auch unter diesen Verhältnissen periodische Entleerungen größerer Kotmengen, aber ohne die wirkungsvolle Beteiligung der Bauchpresse; mit dadurch wird die Entleerung leicht unvollständig, so daß sich der Kot im Rektum staut. Es kommt also bei Erkrankung des Lumbosakralmarks häufig zu Obstipation.

Die Defäkation ist bis zu einem gewissem Maß *auch dem Großhirn unterstellt.* Von Natur ist sie ein unbedingter Reflex. Aber jedermann weiß, daß sie durch die Einflüsse der Zivilisation, besonders durch die Erziehung mehr oder weniger ein *bedingter Reflex* (s. S. 24) geworden ist; die Gesamtheit der Umgebung kann die Defäkation hemmen, eine bestimmte wiederkehrende lokale und zeitliche Situation sie enthemmen. Abgesehen hiervon kann das Großhirn aber auch dadurch mitwirken, daß es den Sphinkterverschluß willkürlich verstärken und willkürlich hemmen, daß also der Wille die Zeit des Stuhlgangs bis zu einem gewissen Grad mitbestimmen kann, indem er die Defäkation entweder durch Ingangsetzen der Bauchpresse und durch Entspannung der Sphinkteren fördert oder sie durch Anspannung der Sphinkteren hemmt. Heftige psychische Emotionen endlich lassen vom Großhirn aus die Sphinkteren bisweilen erschlaffen, so daß der Darm sich wider Willen entleert.

5. Kapitel.

Die Resorption.

Osmose und Diffusion 67. Die bei der Resorption beteiligten Kräfte 69.
Die Resorption der Hauptnahrungsstoffe 71.

Unter Nahrungsaufnahme ist vom Standpunkt des Physiologen wie auch des Morphologen nicht eigentlich das Verzehren der Speise zu verstehen, sondern ihre Resorption. Denn die Schleimhäute des Intestinaltrakts sind immer noch sozusagen eingestülpte Körperoberfläche; erst indem die Nahrungsstoffe aus der im Magen oder Darm enthaltenen Flüssigkeit in die Flüssigkeiten des Körpers, in Lymphe oder Blut übertreten, wird von ihnen zum erstenmal eine lebende Zelle oder Zellschicht, ein Teil unseres Leibes passiert. Die Frage, die uns jetzt beschäftigen soll, ist nun, auf welche Weise, durch welche Kräfte diese Bewegung zustande kommt. Ihre Beantwortung ist von unmittelbarem Interesse; denn sie ist ja im Zusammenhang mit allem, was wir bisher als Verdauungsphysiologie erörtert haben, die am nächsten liegende Aufgabe. Das Studium der Resorptionskräfte hat aber überdies die Aufmerksamkeit vieler Physiologen auch deshalb auf sich gelenkt, weil es zeitweilig den Anschein hatte, als könnte hier ein wichtiger Akt im Leben jedes Tieres restlos auf bekannte physikalische und physiko-chemische Gesetze zurückgeführt und damit das Endziel physiologischer Forschung in einem bestimmten Fall verwirklicht werden.

Strebt man nun auf dieses Ziel hin, so liegt es nahe, die Resorption mit dem Durchtritt von Lösungen durch irgendwelche tote Membranen hindurch, durch Pergament, durch eine Schweinsblase, durch eine Gelatineschicht oder dergleichen in Parallele zu setzen. Dieser Durchtritt könnte erstens durch *Filtration* zustande kommen. Darunter versteht man die Bewegung der Lösung durch die Membran infolge einer hydrostatischen Druckdifferenz zu beiden Seiten der Membran. Zweitens können die beiden Komponenten einer Lösung, Lösungsmittel und gelöster Stoff, mehr oder weniger unabhängig voneinander die Membran passieren; diese Bewegungen werden als **Osmose** und als **Diffusion** bezeichnet.

Schichtet man eine verdünnte wässerige Lösung über eine konzentriertere, so bewegt sich freiwillig der gelöste Stoff allmählich von Orten größerer Konzentration zu Orten geringerer Konzentration, bis seine Verteilung gleichmäßig geworden ist. Die Geschwindigkeit, mit welcher diese Ausbreitung, diese *Diffusion* erfolgt, ist u. a. eine Funktion der Molekülgröße; die Diffusionsgeschwindigkeit ist um so größer, je kleiner das Molekül ist. Daher ist die Diffusionsgeschwindigkeit hochmolekularer Substanzen, wie Eiweiß, Stärke oder Leim, in Wasser fast gleich Null, und GRAHAM bezeichnete die Stoffe, welche sich bei der Diffusion wie Leim (colla) verhalten, allgemein als *Kolloide*. Trennt eine Membran die konzentriertere von der verdünnteren Lösung, so hängt die Diffusionsgeschwindigkeit auch von Eigenschaften der Membran ab, nämlich, wenn die Membran Poren enthält, von dem Verhältnis des Gesamtquerschnitts der Poren zur Gesamtfläche der Membran,

5*

und wenn der Durchmesser der einzelnen Poren in die Größenordnung der Moleküldurchmesser hineinfällt, so kann die Membran zu einem „*Molekülsieb*" werden, welches gewisse kleine Moleküle passieren läßt und größere von der Diffusion ausschließt. In diesem Sinne sind z. B. zahlreiche tote Membranen Molekülsiebe für die Kolloide, stellen sogenannte *Ultrafilter* dar, da man unter diesen solche Filter versteht, welche Teilchen von ultramikroskopischer Dimension, Ultramikronen, wie die Kolloide sie bilden, zurückhalten. Aber es gibt auch poröse Membranen, z. B. aus Collodium gebildet, welche einfache gelöste Moleküle oder Ionen von der Diffusion zurückhalten, wenn ihr Durchmesser eine gewisse Größe, dem Durchmesser der Membranporen entsprechend, übersteigt (COLLANDER, MICHAELIS). Sie halten z. B. Ca zurück, aber nicht K, oder Glucose, aber nicht Harnstoff. Die Eigenschaften der Membranen können sich aber auch in ganz anderer Weise geltend machen; wenn z. B. eine Kautschukmembran eine wässerige Lösung von Äther und eine wässerige Lösung von Alkohol trennt, so diffundiert der Äther in die Alkohollösung, aber nicht umgekehrt der Alkohol in die Ätherlösung. Das ist dadurch zu erklären, daß Kautschuk ein Lösungsmittel für Äther, jedoch nicht für Alkohol ist. Hier kommt es für den Durchtritt der gelösten Stoffe also nicht auf die Porosität der Membran und nicht auf die Molekülgröße des diffundierenden Stoffes an, sondern auf *selektive Löslichkeit* (RAOULT, NERNST, OVERTON), d. h. auf eine gewisse Affinität der Membran zum gelösten Stoff.

Wie nun aber, wenn eine Membran zwei wässerige Lösungen verschiedener Konzentration voneinander trennt und die Membran weder als Porenfilter noch als Lösungsmittel dem gelösten Stoff den Durchtritt gewährt, so daß ein Ausgleich der Konzentrationsdifferenz durch Diffusion nicht zustande kommen kann? Dann ist eventuell noch ein Ausgleich durch *Osmose* möglich, vorausgesetzt, daß die Membran für das Lösungsmittel der Lösungen, für das Wasser durchlässig ist, das einen relativ sehr kleinen Moleküldurchmesser hat. Solche Membranen, welche allein das Lösungsmittel passieren lassen, heißen *halbdurchlässige* oder *semipermeable Membranen*; die Membran aus Ferrozyankupfer, welche sich an der Grenze einer Ferrozyankalium- und einer Kupfersulfat-Lösung bildet, verhält sich z. B. vielen Lösungen gegenüber als eine semipermeable Membran (M. TRAUBE). Man kann solche Membranen in bekannter Weise in einem Osmometer verwenden (s. Abb. 15); füllt man dieses mit einer geeigneten wässerigen Lösung und stellt es in Wasser, so steigt alsbald das Niveau in dem Steigrohr als Beweis dafür, daß eine Osmose von Wasser in die Lösung hinein statthat. Es bildet sich also eine hydrostatische Druckdifferenz aus als Maß für die osmotische Saugkraft der Lösung, und wenn ein Gleichgewicht, d. h. eine Konstanz der Druckdifferenz erreicht ist, dann repräsentiert der hydrostatische Druck den „*osmotischen Druck*" der Lösung.

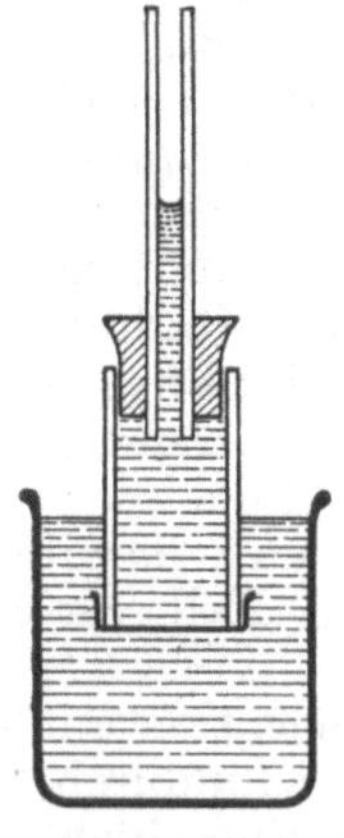

Abb. 15.
Osmometer.
Innerer Zylinder,
unten durch eine
semipermeable
Membran verschlossen.

Die Osmose ist unter sonst gleichen Bedingungen um so stärker, je größer der Konzentrationsunterschied in den Lösungen zu beiden Seiten der semipermeablen Membran ist. Der osmotische Druck ist ganz allgemein eine Funktion der molekularen (molaren) Konzentration, d. h. der in der Raumeinheit Lösung verteilten Zahl gelöster Moleküle (PFEFFER, VAN'T HOFF). Eine 1-molare Lösung, also eine Lösung, welche 1 Mol in 1 l Wasser gelöst enthält, übt durch eine semipermeable Membran hindurch gegen Wasser einen Druck von 22,4 Atm. aus. Trennt man also zwei Lösungen, welche zwei verschiedene Stoffe in der gleichen molekularen Konzentration gelöst enthalten (also z. B. eine 3,42 proz. Saccharose- und eine 0,92 proz. Glyzerinlösung) durch die Membran, so sind sie osmotisch im Gleichgewicht, sie sind *isotonisch*.

Isotonische Lösungen brauchen aber nicht im Diffusionsgleichgewicht zu stehen. Denn es gibt Membranen — und sie überwiegen weitaus —, welche sowohl für das Lösungsmittel als auch für gelöste Stoffe permeabel sind; dazu gehören die gewöhnlich zu Diffusionsversuchen gebrauchten Membranen, wie Pergament, Schweinsblase oder Cellophan. Bei ihnen wird je nach der Größe der osmotischen Druckdifferenz zwischen zwei beliebigen wässerigen Lösungen, welche die Membran voneinander trennt, je nach der Diffusionsgeschwindigkeit der beteiligten gelösten Stoffe, je nach den Eigenschaften der Membran als Porenfilter und als Lösungsmittel zunächst bald mehr die Diffusion, bald mehr die Osmose überwiegen; das Ende solch eines Austausches durch die Membran hindurch muß aber immer Gleichheit der Konzentrationen aller gelösten Stoffe auf beiden Seiten der Membran, also auch Gleichheit der osmotischen Drucke sein.

Fragen wir uns nun, ob die Resorption der gelösten Nahrungsstoffe aus dem Intestinaltrakt mit den eben geschilderten Membranvorgängen zu vergleichen, und nicht bloß das, ob sie durch dieselben auch zu erklären ist. *Das Hauptresorptionsorgan ist der Dünndarm*, seine Resorptionsleistungen überwiegen bei weitem die des Magens und des Dickdarmes. Er ist auch der Funktion der Aufnahme besonders angepaßt durch die enorme Ausdehnung seiner Schleimhautoberfläche, welche sich über die KERKRINKschen Falten und vor allem über die zahllosen, in den Dünndarmbrei eintauchenden Darmzotten hin erstreckt. Den in dem Brei gelösten Nahrungsstoffen oder vielmehr den durch die enzymatischen Spaltungen entstandenen wasserlöslichen und relativ kleinmolekularen Spaltprodukten derselben bietet sich also eine enorme Filtrations- und Diffusionsfläche für den Übergang in die Gewebsflüssigkeiten dar.

Über die **Natur der Resorptionskräfte** oder wenigstens über die wichtigste Frage, *ob die Resorptionsmembran trotz ihres Aufbaues aus lebenden Zellen sich nur wie eine tote Membran passiv bei dem Übergang der Stoffe verhält, oder ob die Zellen aktiv Arbeit leistend eingreifen*, kann man sich auf eine ziemlich einfache Weise orientieren. HEIDENHAIN entnahm einem Hunde Blut und brachte ihm nach Öffnung der Bauchhöhle dessen eigenes Blutserum in eine leere, beiderseits abgebundene Darmschlinge; es zeigte sich, daß der Hund sein eigenes Serum resorbiert. In diesem Experiment sind Konzentrationsdifferenzen zwischen Darminhalt und Gewebsflüssigkeit so gut wie ganz ausgeschlossen, Diffusion und Osmose können also an der Resorption keinen Anteil genommen haben; zu diskutieren wäre nur, ob etwa durch die Arbeit der Darmmuskeln, welche allseitig den Darminhalt umschließen und unter Druck versetzen können, das Serum ins Blut hinübergepreßt, also durch die Darmschleimhaut hindurch filtriert sein könnte. Aber vor aller weiteren Diskussion läßt sich durch ein anderes Experiment eine Filtrationskraft dieser Art ausschließen. REID verwendete frisch aus einem eben getöteten Kaninchen entnommene Stücke Dünndarm als Diaphragma, welches zwei mit der gleichen Kochsalzlösung gefüllte Räume voneinander trennte, und konnte nun feststellen, daß solch ein ausgeschnittenes Darmstück die Lösung eine Zeit lang von der Schleimhautseite zur Serosaseite durch sich hindurch transportiert. Hier leistet also die Membran selber Arbeit, sie drückt oder saugt die Lösung durch sich hindurch; nach einiger Zeit, offenbar indem sie abstirbt, aber auch wenn man sie chloroformiert, versagt sie; das beweist, daß es auf die Lebensfähigkeit ihrer Zellen ankommt. Wie soll man das erklären? Darauf läßt sich mit einer ansprechenden Hypothese antworten: die Darmzotten enthalten erstens glatte Muskelfasern, durch welche sie verkürzt werden können, zweitens erweitern sich die Lymphräume des unter dem Epithel gelegenen retikulären Bindegewebes zu einem „zentralen Chylusgefäß", welches in die tiefer gelegenen, „Chylus", d. h. Darmlymphe führenden größeren Lymphgefäße einmündet. Da nun die Zotten durch periodische Tätigkeit der Muskeln sich abwechselnd erigieren und verkürzen, so kann eine Saug- und Pumpwirkung zustande kommen; denn die Zotten verdicken sich bei der Verkürzung nicht, der Raum des zentralen Chylusgefäßes wird also abwechselnd klein und groß (GRAF SPEE, HEIDENHAIN); außerdem befinden sich in den tiefer gelegenen Lymphgefäßen Ventile, welche, ähnlich wie bei den Venen dem Blut, so hier der Lymphe nur in einer Richtung, nämlich vom Darm fort, zu fließen erlauben (s. Kap. 10). Funktioniert dieser Mechanismus der „Zottenpumpe" in Wirklichkeit, dann verstehen wir den sonst so rätselhaften Versuch von

REID. Zwar müssen wir dann unbedingt anerkennen, daß an dem Resorptionsakt vitale Leistungen teilhaben, aber das Problem, das dann zu lösen bleibt, ist kein anderes, als es jede beliebige Muskelkontraktion auch vor uns hinstellt.

Man kann nun die Zottenkontraktionen im einzelnen studieren (VERZÁR), wenn man die Schleimhaut einer durchbluteten Darmschlinge eines Hundes freilegt und mit Ringerlösung bespült. Man sieht dann oft die Zotten, etwa 5 auf 1 mm², sich lebhaft und unabhängig von einander auf- und abbewegen. Drückt man mit einem Haar in die Tiefe zwischen den Zotten, so wird dadurch eine Kontraktion der nächst benachbarten Zotte ausgelöst; drückt man anhaltend, so breitet sich die Bewegung mehr und mehr vom Zentrum des Reizes, offenbar im Plexus submucosus, in die Peripherie auf andere Zotten aus. Die Lebhaftigkeit ist besonders von chemischen Reizen abhängig; im hungernden Darm stehen die Zotten still; Pepton, Aminosäuren, Gallensäuren, besonders Extraktivstoffe, z. B. aus Hefe, bringen sie in Gang. Physostigmin erregt sie heftig, Acetylcholin ist wirkungslos, Verblutung lähmt die Zotten rasch, längstens nach 15 Minuten.

Abgesehen von dieser filtrierend wirkenden, von der Darmwand entwickelten Triebkraft der Zotten kommen nun aber auch die Kräfte der **Diffusion und Osmose** zur Geltung. Dies läßt sich etwa aus dem folgenden Versuch von HEIDENHAIN ableiten, bei welchem es sich um die Resorption verschiedenprozentiger Kochsalzlösungen aus dem Dünndarm eines Hundes handelt. In dem Versuch wurde die Bauchhöhle des Tieres geöffnet, eine Darmschlinge beiderseits abgebunden und mit den verschiedenen Lösungen gefüllt.

Eingeführt		Nach 15 Min. noch in der Schlinge enthalten		Also wegresorbiert	
ccm		ccm		ccm	
120	0,3 % NaCl	0,36 g NaCl	18	0,60 % NaCl	0,108 g NaCl	102	0,25 g NaCl
120	0,5 % NaCl	0,6 g NaCl	35	0,66 % NaCl	0,23 g NaCl	85	0,37 g NaCl
117	1,0 % NaCl	1,17 g NaCl	75	0,90 % NaCl	0,67 g NaCl	42	0,50 g NaCl
120	1,46 % NaCl	1,75 g NaCl	109	1,20 % NaCl	1,31 g NaCl	11	0,44 g NaCl

Das Ergebnis ist völlig zu begreifen, sobald man erstens bedenkt, daß außer Diffusion und Osmose die eben erwähnte Triebkraft wirkt, daß zweitens der NaCl-Gehalt des Blutplasmas etwa 0,65 % beträgt und daß drittens mit dem Blut eine ungefähr 0,95 % NaCl-Lösung isotonisch ist. Dann sieht man ein, daß die Geschwindigkeit der Wegresorption der Flüssigkeit um so geringer ist, je größer der NaCl-Gehalt, d. h. je größer der osmotische Druck der gegebenen Lösung ist. Ferner versteht man, daß der NaCl-Gehalt der Lösung, indem er sich während der Resorption ändert, gegen den Wert von etwa 0,65 % hin tendiert; denn die 0,3- und die 0,5proz. Lösungen sind mit dem Blut nicht isotonisch, sondern „hypotonisch", aus ihnen wird also osmotisch Wasser abgesogen, die 1,46 % Lösung ist „hypertonisch", sie zieht Wasser an, und aus der ungefähr isotonischen 1proz. Lösung kann NaCl durch Diffusion ins Blutplasma abwandern. Endlich ist auch zu begreifen, daß in den ursprünglich 0,3- und 0,5proz. Lösungen der Gesamtgehalt an NaCl während der Resorption abnimmt, und daß das Volumen der hypertonischen 1,46proz. Lösung während der Resorption nicht zunimmt, weil ja die Kräfte der Diffusion und Osmose durch die filtrierende Triebkraft überkompensiert sein können (HÖBER).

Die Mitbeteiligung der Diffusion bei der Resorption folgt auch aus der Tatsache, daß, wenn nicht komplizierende Einflüsse das Bild trüben, *die*

Resorptionsgeschwindigkeit der Diffusionsgeschwindigkeit parallel geht. Deshalb werden z. B. die relativ langsam diffundierenden Sulfate schlecht resorbiert und darum als Abführmittel verwendet, da sie osmotisch Wasser im Darm zurückhalten und so durch seine Füllung Peristaltik auslösen (s. S. 55). Dagegen wird von den verschiedenen Hexosen trotz gleicher Diffusibilität aus gleichprozentiger Lösung Glucose rascher resorbiert als die übrigen, offenbar weil sie innerhalb des Gewebes am raschesten verändert und verbraucht wird, so daß für sie das Diffusionsgefälle steiler verläuft als für die anderen. *Auch als Lösungsmittel in rein physikochemischer Betrachtung wirkt die Darmmembran bei der Resorption gewisser Stoffe,* also vergleichbar der vorher erwähnten Kautschukmembran, welche Äther „resorbiert". Nämlich diejenigen Stoffe, welche in den in sämtlichen Zellen als Stromabestandteile enthaltenen Lipoiden (s. S. 51) löslich sind, wie Äthylalkohol und andere Narkotika, werden relativ sehr rasch resorbiert und im allgemeinen um so rascher, je lipoidlöslicher sie sind (s. dazu Kap. 7); das ist so zu erklären, daß diesen Stoffen nicht bloß die wasserdurchtränkten Teile der Zellen zur Diffusion offen stehen, sondern dazu auch noch die Lipoide (Höber).

Es gibt aber auch Beobachtungen, welche dem, was man nach den Gesetzen der Diffusion und der Osmose zu erwarten hat, durchaus konträr laufen. O. Cohnheim gibt z. B. an, daß aus einem mit Jodnatriumlösung gefüllten und in Meerwasser aufgehängten Cephalopoden-Darm alles NaI verschwindet und in die umgebende Lösung hinausgetrieben wird, und auch bei Hunden läßt sich zeigen, daß unter bestimmten Bedingungen der NaCl-Gehalt einer Lösung im Darm unter den NaCl-Gehalt des Blutplasmas während der Resorption heruntersinkt, daß also Kochsalz entgegen dem Konzentrationsgefälle wandert. Hier handelt es sich um eine Arbeitsleistung, geradeso wie wenn ein Gas von einer niederen Konzentration, also von einem niederen Druck, auf einen höheren Druck gebracht werden soll. Das ist eine Leistung, wie sie in vergleichbarer Art und Weise auch in anderen Organen vollzogen wird; denn die Verrichtung von „Konzentrationsarbeit" ist typisch für zahlreiche Drüsen, wovon später die Rede sein wird. Die Leistung ist ein neues Dokument dafür, daß *die lebenden Zellen aktiv bei der Resorption* eingreifen.

Wenden wir uns nun der Betrachtung der **Resorption bestimmter Nahrungsstoffe** zu. Die *Fette* werden, wie wir (S. 46 und 49) sahen, im Darm in Fettsäuren und Glyzerin gespalten, die Fettsäuren zum Teil durch Überführung in Seifen, besonders aber durch den Einfluß der Gallensäuren in feine Verteilung und dann in Lösung gebracht; damit ist die Hauptbedingung für die Resorbierbarkeit, die Wasserlöslichkeit und die Diffusibilität erfüllt. Daß dies aber eine Conditio sine qua non ist, läßt sich gerade beim Fett zeigen. Denn verfüttert man z. B. an Stelle der gewöhnlichen Glyzerin-Fette einen Fettsäurecholesterinester, wie das Lanolin, welches für Lipase unangreifbar ist, so findet man, daß es nicht resorbiert wird.

Höchst merkwürdig ist, daß die Spaltlinge der Fette unmittelbar nach ihrer Resorption wieder zu Fett synthetisch vereinigt werden. Nach einer reichlichen Fettmahlzeit findet man die Darmlymphgefäße mit milchweißem Inhalt gefüllt, mit *Chylus,* in welchem geradeso wie in Milch das Fett emulgiert ist. Die Fetttröpfchen lassen sich nach rückwärts bis in die Zottenepithelien hinein verfolgen; dort sind sie aber nicht schon dicht unter der gegen das Darmlumen gerichteten Oberfläche oder im Stäbchensaum der

Epithelien zu sehen, sondern erst in tieferen Partien des Zellprotoplasmas. Regeneriertes Fett könnte also unmittelbar unter der Zelloberfläche höchstens in ultramikroskopischer Aufteilung vorhanden sein. Auf alle Fälle sind die Spaltprodukte, also Glyzerin und die an die Gallensäuren gekoppelten Fettsäuren nur auf der ganz kurzen Strecke vom Darmlumen bis hinein in die oberste Zone des Epithels vorhanden; aber das ist für die Resorption offenbar unumgänglich notwendig. Eine feine Emulgierung, so wie sie im Dünndarm statthat (S. 46), genügt zur Resorption noch nicht. Daher werden auch Kohlenwasserstoffe, wie z. B. Paraffinöl, die sich zwar sehr fein zerteilen, aber nicht in wässerige Lösung bringen lassen, nicht aufgenommen.

Die Resynthese der Fette ist wahrscheinlich, wie ihre Zerlegung, ein enzymatischer Vorgang; es wäre falsch, an der durch die bisherigen Darlegungen vielleicht genährten Vorstellung festzuhalten, als ob die Enzyme immer nur spalten; wir werden später noch auf den Nachweis von fermentativen Synthesen zu sprechen kommen. Interessant ist, daß die Darmepithelien vielleicht noch mit ganz anderen synthetischen Fähigkeiten begabt sind; verfüttert man nämlich freie Fettsäuren oder Seifen oder die Äthylester der Fettsäuren, so erscheinen trotzdem im Chylus die neutralen Glyzeride, es wird also Glyzerin hinzugeliefert (MUNK, FRANK).

Nach der Passage der Darmepithelien gelangen die Fetttröpfchen in die Lymphspalten und von da in die offenen Lymphgefäße.

Sehr eigenartig ist das Verhalten der *Sterine* (S. 51). Während das Cholesterin glatt mit Hilfe der Gallensäuren resorbiert wird, wird das nahe verwandte Koprosterin und werden nahe verwandte Phytosterine nicht aufgenommen, auch nicht das Ergosterin, während sein Bestrahlungsprodukt, das bekannte antirachitische Vitamin D (Kap. 11), die Darmwand passiert. Auf diese Weise wird unser täglich von Licht bestrahlter Körper vor einer gefährlichen Überschwemmung mit dem D·Vitamin bewahrt (s. dazu Kap. 11).

Im Gegensatz zu den Fetten werden die Spaltprodukte der *Kohlehydrate* und *Eiweißkörper* im allgemeinen nicht in die Lymphgefäße, sondern in die Blutbahn hinein resorbiert. Das liegt jedenfalls daran, daß die einfachen Zucker und Aminosäuren relativ diffusibel sind, also leicht die Wandungen der Blutkapillaren durchdringen und nun vom Blutstrom mit fortgeführt werden. Die resorbierten Zucker und Aminosäuren sind im Blut nicht leicht aufzufinden; man muß bedenken, daß, wenn auch reichlich Stärke oder Eiweiß als Nahrung zugeführt worden ist, doch in jedem Moment nur wenig Spaltprodukte im Darmkanal entstehen, welche resorbiert und nun gleich durch die rasche Blutbewegung auf die ganze Masse des Blutes verteilt werden; kommt hinzu, daß die Spaltprodukte zur weiteren Verwendung alsbald aus dem Blut in die Gewebe übertreten, so wird es begreiflich, daß der prozentische Gehalt an resorbierten Bestandteilen der Nahrungsstoffe im Blut nur sehr geringfügig sein kann. Immerhin steigt nach einer kohlehydratreichen Mahlzeit der Glucosegehalt im Pfortaderblut von 100 auf etwa 300 mg % an, und in größeren Quanten Blut kann man auch freie Aminosäuren nachweisen. Ein ingeniöses Verfahren, die diffusiblen Abbauprodukte der Nahrungsstoffe im Blute aufzufinden, ist von ABEL angegeben worden; er schaltete bei Hunden in die Kontinuität der Blutgefäßbahn einen langen, dünnwandigen, gewundenen Kollodiumschlauch ein, welcher von einem mit Kochsalzlösung gefüllten Mantel umgeben war. Das Blut kann so stundenlang durch den Schlauch zirkulieren und läßt dabei seine diffusiblen Substanzen zum Teil durch die Schlauchwände in die Lösung übertreten, in der sie später nach Eindampfen leicht nachgewiesen werden können. Auf diese Weise lassen sich durch „Vividiffusion" z. B. Aminosäuren grammweise dem Blut entziehen.

Aber *die komplexen Kohlehydrate und Eiweißkörper können gelegentlich auch unverändert zur Resorption gelangen.* Trotz ihrer geringen Diffusibilität passiert ein Teil davon, noch ehe die Verdauungsenzyme zur Wirkung kamen, die Darmwand, falls große Mengen in gelöster Form in den Darmkanal gebracht werden; genießt man z. B. mehrere rohe Eier, so tritt oft genuines Hühnereiweiß ins Blut über, ebenso ist dort Stärke nachgewiesen worden. Wie sich der Körper diesen abnormen Eindringlingen gegenüber verhält, werden wir bald erfahren. Normalerweise werden genuine Eiweißkörper wahrscheinlich in reichlicher Menge vom Säugling resorbiert. v. MÖLLENDORFF stellte dies bei jungen Mäusen mikroskopisch für das Eiweiß der Muttermilch fest, das man innerhalb der Darmepithelien in große Vakuolen eingeschlossen findet. Diese Aufnahme läßt besondere Resorptionsfähigkeiten junger Zellen vermuten, wie sie tatsächlich vielfach auch sonst nachweisbar sind. Sie dokumentieren sich z. B. auch darin, daß die Darmepithelien im Gegensatz zu denen des erwachsenen Tiers fähig sind, Tusche, die man an die Mäuse verfüttert, sogar in Körnchenform in sich aufzunehmen. Die Eiweißresorption erfolgt bei den saugenden Mäuschen anscheinend nur in den ersten Lebenstagen, zu einer Zeit, wo die LIEBERKÜHNschen Drüsen des Darms noch nicht entwickelt sind, der Darm also auch noch nicht beliebige Nahrung zu verdauen vermag, sondern die Muttermilch die einzige Nahrung darstellt.

6. Kapitel.

Das Blutplasma.

Wir haben eben gesehen, wie die Verdauungsprodukte der Nahrung dem Blut beigemengt werden und dieses so zu dem ernährenden Saft machen, als welcher es gemeiniglich angesehen wird. Aber wir sahen auch, wie sich die Nahrungsbestandteile in der großen Masse des Blutes verlieren, sie treten hinter anderen Blutbestandteilen bei weitem an Menge zurück. Auf diese letzteren wollen wir nun zunächst unsere Aufmerksamkeit richten und den Verbleib der Nahrungsstoffe erst später wieder ins Auge fassen, wenn wir uns der Tätigkeit der vom Blut gespeisten einzelnen Organe zuwenden.

Alsbald nachdem Blut aus einer Wunde ausgeflossen ist, bietet sich dem Auge ein überraschender Prozeß dar; das Blut erstarrt zu einer festen Masse. Der Sinn dieser **Gerinnung** ist klar; denn wenn die Wunde nicht allzu groß ist, so kann durch das Gerinnsel, das in dem aussickernden Blut entsteht, die Wunde automatisch verschlossen werden. Die Natur dieses Gerinnungsvorganges wird uns nachher beschäftigen; zunächst soll er uns nur dazu dienen, eine mechanische Analyse der Blutbestandteile vorzunehmen.

Erstarrt eine größere Menge von Blut in einem Glase, so spricht man von der roten, sulzigen, puddingartig aus dem Glase ausstülpbaren Masse als von einem *Blutkuchen*. Läßt man diesen eine Zeit lang stehen, so schrumpft er, indem er eine heller oder dunkler gelbe, klare Lösung aus sich herauspreßt, das *Blutserum*. Man kann aber die ganze Erstarrung verhindern, wenn man das Blut gleich nach seinem Austritt aus dem Blutgefäß mit einer Rute oder einem Stabe schlägt; es setzt sich alsdann im Verlauf einiger Minuten eine Masse von Fäden an der Rute fest, bestehend aus dem *Faserstoff* oder *Fibrin*; das übrigbleibende *defibrinierte Blut* gerinnt nicht mehr. Wäscht man das ausgeschiedene Fibrin mit Wasser, so zeigt sich, daß es schneeweiß ist. Das defibrinierte Blut sedimentiert bei längerem ruhigen Stehen in eine untere undurchsichtige rote Schicht, welche sich unter dem Mikroskop als aus *roten Blutkörperchen* oder *Erythrozyten* bestehend erweist, und eine obere durchsichtige gelbe Schicht, das Blutserum. Der feste Blutkuchen, der sich bei Erstarrung des Blutes in toto bildet, kommt danach so zustande, daß sich ein Netzwerk von Fibrinfäden abscheidet, in dessen Maschenwerk die Blutkörperchen und durch Kapillarität das Serum festgehalten werden. Manchmal gelingt es, z. B. besonders leicht beim Pferd, das Blut dadurch flüssig zu erhalten, daß man es in einem eisgekühlten Gefäß auffängt; bleibt es dann in der Kälte stehen, so sedimentiert es auch in eine untere rote Schicht aus Blutkörperchen und eine obere gelbe Flüssigkeit; hebert man diese aber ab und bringt sie auf Zimmertemperatur, so erstarrt sie zu einem diesmal gelblichen Kuchen, aus welchem wiederum mit der Zeit Serum abgepreßt wird. Die genuine Blutflüssigkeit, welche so gewonnen wurde, heißt *Blutplasma*.

Das Blut besteht also ursprünglich aus Plasma und Blutkörperchen; in dem Plasma muß in irgendeiner Vorstufe das Fibrin enthalten sein, das sich unter besonderen Bedingungen in fester Form abscheidet und die Gerinnung verursacht. Diese Bedingungen wollen wir zunächst zu präzisieren versuchen.

Es wurde bereits gesagt, daß der Sinn der Gerinnung der automatische Wundverschluß ist. Teils erfolgt dieser dadurch, daß das Gerinnsel als *Schorf* sozusagen wie ein Pfropfen die offenen Gefäße verschließt, teils dadurch, daß die Fibrinfäden sich an den Wundrändern anheften und sie zusammenziehen; denn die Fibrinfäden sind normalerweise mit einer eigentümlichen Retraktionskraft begabt, welche sich auch in dem vorher erwähnten Auspressen von Blutserum aus dem Blutkuchen äußert.

Die große Bedeutung der Gerinnung prägt sich dem Arzt oft in erschütternder Weise ein. Es gibt Krankheitsfälle, bei welchen das Blut diese Gerinnbarkeit mehr oder weniger einbüßt. Dies kommt z. B. im Verlauf von schweren Infektionskrankheiten vor, aber auch als lebenslängliche konstitutionelle Anomalie, als sog. *Hämophilie* oder *Bluterkrankheit*. In solchen Fällen führt schon eine geringfügige Verletzung zu schweren Blutverlusten, eine Zahnextraktion oder bloßes Nasenbluten können für einen Hämophilen lebensgefährlich werden; denn selbst wenn die Gerinnbarkeit des Blutes nicht völlig aufgehoben ist, so entsteht doch nur ein lockerer Blutpfropf in der Wunde, durch welchen das Blut weiter hindurchsickert. Aber auch das Gegenteil einer herabgesetzten Gerinnbarkeit kommt vor. Wiederum infolge einer Infektion, und zwar am Ort der Bakterienansiedelung selbst, kann ein Gerinnsel entstehen, und nun, an unrechter Stelle, in der Blutbahn, und zu unrechter Zeit gebildet, verheerend wirken. Bekannt ist, wie im Wochenbettfieber durch Invasion von Mikroorganismen vom infizierten Uterus aus in der Blutbahn im Ursprungsgebiet der V. hypogastrica eine Gerinnung oder „*Thrombose*" zustande kommt, wie das Gerinnsel wachsend bis zur V. iliaca communis und V. femoralis vordringt und diese verschließt, so daß das Blut sich im Bein staut, und wie zufällig, etwa beim ersten Aufrichten der Wöchnerin im Bett, ein Stück solch eines „*Thrombus*" sich loslöst und — als „*Embolus*" vom Blutstrom mitgerissen — eine größere Lungenarterie verschließt und dadurch plötzlich den Tod herbeiführt. Oder die Bakterien setzen sich, etwa bei einem Gelenkrheumatismus, auf einer Herzklappe fest, um den Infektionsherd herum lagert sich Fibrin ab, bei den heftig schleudernden Bewegungen der Klappen wird ein Stückchen Gerinnsel abgerissen, und wieder kommt es zu einer tödlichen *Embolie*, die diesmal etwa das Gehirn betrifft. So gibt es zahllose Beispiele aus der ärztlichen Praxis, welche eindringlich zu einem Studium des Gerinnungsprozesses auffordern.

Nun muß von vornherein gesagt werden, daß trotz eines großen Aufwands von Scharfsinn und Mühe unsere Kenntnisse über die Blutgerinnung recht unzureichend geblieben sind. Das **Fibrin** ist ein Eiweißkörper, vergleichbar in seiner Unlöslichkeit etwa dem hitzekoagulierten Hühnereiweiß; als solcher gibt es z. B. die Farbenreaktionen des Eiweißes (s. S. 40) und wird durch Magensaft peptonisiert. Das Blutplasma enthält dieses Fibrin in einer löslichen Vorstufe, als *Fibrinogen*. Die Menge beträgt nur etwa 0,1—0,3 %; das genügt aber bei der eigenartigen Form der Ausscheidung in den miteinander verfilzten Fäden, um den konsistenten Schorf oder Blutkuchen zu erzeugen. Das Fibrinogen gehört zu den sogenannten *Globulinen*; darunter versteht man Eiweißkörper, welche sich nicht, wie die *Albumine*, in reinem Wasser, sondern nur in· verdünnten Salzlösungen lösen und daher bei Dialyse von Serum gegen Wasser ausfallen. Durch Sättigung mit Kochsalz oder Drittelsättigung mit Ammonsulfat kann das Fibrinogen aus dem Blutplasma ausgefällt werden. Woher geht es nun beim Austritt des Blutes aus einem Gefäß in die feste Form über? Man könnte meinen, daß die Abkühlung beim Austritt etwas damit zu tun hat; aber wir haben ja schon gesehen, daß gerade umgekehrt Kälte, wie so viele Reaktionen, so auch die Reaktion der Gerinnung verzögert. Auch daran liegt es nicht, daß das Blut nicht mehr in den Gefäßen strömt, sondern zum Stillstand kommt; denn wenn man z. B. bei einem lebenden Tier ein Gefäß freilegt und an zwei Stellen eine Ligatur herumlegt, so kann das Blut tagelang in der abgesperrten Strecke flüssig bleiben.

Jedenfalls handelt es sich um einen chemischen Vorgang, denn *man kann durch Bindung der im Blut enthaltenen Ca-Ionen die Gerinnbarkeit aufheben* (ARTHUS); dies kann durch Zusatz von 0,1 — 0,15 % Natriumoxalat, 0,15 — 0,3 % Natriumfluorid oder 0,5 % Natriumzitrat geschehen. Setzt man dann von neuem Ca-Salz zu, so wird das Blut wieder gerinnbar.

Diese Tatsachen erinnern an einen Vorgang, den wir schon kennengelernt haben, an die Auslabung des Kaseins (s. S. 29). Auch diese ist an die Gegenwart von Ca gebunden, und auch dort handelte es sich um die Umwandlung eines löslichen Eiweißkörpers Kasein in eine unlösliche Modifikation Parakasein (s. Kap.18). Und wie dort die Umwandlung durch ein Enzym, das Labferment, zustande kommt, so scheint auch hier ein Enzym, das sogenannte*Fibrinferment* oder **Thrombin,** beteiligt zu sein (ALEXANDER SCHMIDT). Wenn man den Gerinnungsvorgang unter dem Mikroskop beobachtet, so sieht man, wie in der klaren Blutflüssigkeit plötzlich die Fibrinfäden in der Umgebung der körperlichen Elemente des Blutes anschießen. Von den letzteren wurden bisher allein die Erythrozyten erwähnt; neben ihnen, an Zahl erheblich zurücktretend, gibt es die weißen Blutkörperchen oder *Leukozyten* und die *Blutplättchen* oder *Thrombozyten*. Letztere sind es nun besonders, in deren Nachbarschaft die Gerinnung beginnt, wobei die Thrombozyten zerfallen. Man kann daher annehmen, daß sie ein Agens enthalten, welches die Fibrinausscheidung anregt, und da schon sehr kleine Mengen von Blutplättchen genügen, um große Mengen von Fibrin zu bilden, da man aus Serum mit Alkohol eine Fällung gewinnen kann, die, in Wasser wieder gelöst, Fibrinogenlösungen zur Gerinnung bringt, und die durch Erhitzen auf 100° zu inaktivieren ist, so spricht man von einem Ferment, eben dem Thrombin. Seine Existenz ist freilich aus anderen Gründen des öfteren bezweifelt, die Mitwirkung der Blutplättchen bei seiner Bildung verschieden gedeutet worden.

Jedenfalls muß aber ein *Zerfall von Thrombozyten* eingeleitet werden, damit das flüssige Blut erstarren kann; es erhebt sich deshalb die Frage, ob der Blutaustritt aus den Gefäßen dafür Bedingungen herstellt. Es ist lange bekannt, daß, wenn man Blut aus einem Tier direkt in ein Glas fließen läßt, dessen Wände mit Öl, Vaselin oder Paraffin überzogen sind, die Gerinnung stark verzögert wird. Zum Teil liegt das wohl daran, daß das Blut an diesen Stoffen nicht adhäriert, sondern abfließt und sich auf dem Boden des Gefäßes sammelt; es wird also verhindert, daß Blutstropfen an den Wandungen hängen bleiben und vertrocknen, und so der Anlaß für den Zerfall von Zellen gegeben wird. Die Adhäsion befördert freilich wohl auch noch in anderer Weise die Gerinnung; nämlich die Schwärme feiner kurzer Fibrinnädelchen, welche sich im ersten Augenblick ausscheiden (s. Abb. 16), ordnen sich infolge der Adhäsion der Flüssigkeit in ihrer Oberfläche parallel zur Wandschicht und verkleben dabei zu gröberen Fasern, während sie ohne das länger gesondert bleiben. Von DEETJEN ist ferner beobachtet, daß die außerordentlich empfindlichen Thrombozyten u. a. zwischen Objektträger und Deckglas besonders rasch zerfallen, daß dieser Zerfall aber verhindert werden kann, wenn man Quarzgläser verwendet. Es genügen also die Spuren Alkali, welche gewöhnliches Glas abgibt, um die Thrombozyten zu zerstören und dadurch die Gerinnung sichtlich einzuleiten, und da auch beim Austritt von Blut Kohlensäure in die Luft entweicht, so wird das Blut etwas alkalischer, und die Thrombozyten werden auch dadurch rascher vernichtet. Daß das Schlagen des Blutes so den Untergang der Zellen steigern und damit gerinnungsfördernd wirken kann, braucht kaum hinzugefügt zu werden.

Abb. 16.
Nadelförmige Fibrinkristalle im Dunkelfeld.
(Nach MANGOLD-KITAMURA.)

Es fragt sich weiter, in welcher Weise Fibrinogen, Ca und Thrombozyten zusammenwirken. Da es möglich ist, eine calciumfreie Fibrinogenlösung mit einer calciumfreien Thrombinlösung zur Gerinnung zu bringen (FULD und SPIRO), so wird angenommen, daß das Ca an der Bildung des Thrombins beteiligt ist, indem es dieses aus einer Vorstufe, dem *Thrombogen* (Plasmozym) bilden hilft. Das Thrombogen soll im Plasma präformiert vorhanden sein und seine Umwandlung in Thrombin in Gegenwart von Ca durch einen besonderen Stoff erfolgen, die **Thrombokinase** (Cytozym), dasjenige Agens, welches von den Thrombozyten (und wohl auch von den Leukozyten) bei ihrem Zerfall abgegeben wird (MORAWITZ, FULD). Die Thrombokinase ist auch in allen übrigen Geweben enthalten, und eben dadurch wird die Gerinnung und die Schorfbildung in einer Wunde begünstigt; darauf beruht es auch, daß, wo etwa das Gefäßendothel verletzt wird, z. B. durch eine sich ansetzende Kolonie von Bakterien, intravaskulär eine Gerinnung, ein Thrombus zustande kommt (s. S. 75), und damit erklärt man es, daß, wenn man Stückchen frischen Gewebes gegen eine blutende Wunde andrückt, die Blutung rascher steht. Der Gewebeextrakt vermag aber für sich keine Gerinnung in einer Fibrinogenlösung hervorzurufen; auch das spricht dafür, daß es auf zweierlei, auf Thrombin und Thrombokinase ankommt.

Wir können hiernach den Gerinnungsvorgang in folgendes Schema bringen:

$$\text{Plasma} \qquad \text{Zellen}$$
$$\text{Fibrinogen} \quad \text{Thrombogen Ca Thrombokinase}$$
$$\text{Thrombin}$$
$$\text{Fibrin}$$

Kommen wir nun noch einmal auf die vorher erwähnte pathologische Aufhebung der Gerinnungsfähigkeit zurück. Wenn im Verlauf schwerer

und lang andauernder Infektionskrankheiten, ferner bei schwersten Lebererkrankungen das Blut schwer gerinnbar wird, so kann das an einer
ungenügenden Produktion von Fibrinogen liegen; jedenfalls findet man
in solchen Fällen öfter „Hypinose", d. h. einen geringeren Gehalt an
Fibrinogen als sonst. Bei der Hämophilie beruht die mangelnde Gerinnungsfähigkeit vielleicht auf einem Defizit an Thrombokinase. Man hat auch in
Erwägung gezogen, daß es eigene gerinnungswidrige Stoffe, „*Antithrombine*"
und „*Antikinasen*", gibt. Das Mundsekret des Blutegels (Hirudo medicinalis)
enthält z. B. eine Substanz, Hirudin genannt, welche in winzigen Mengen
dem Blut zugesetzt die Gerinnbarkeit aufhebt. Entsprechend wirken
Extrakte aus Krebsmuskeln und Muscheln, eine dem käuflichen Pepton
anhaftende Substanz, ferner ein Extrakt aus der Leber, das *Heparin*, auf
dessen reichlichem Übertritt ins Blut auch von manchen die eben genannte
Hemmung der Gerinnung bei Leberkrankheiten zurückgeführt wird. —

In dem Fibrinogen haben wir einen besonders wichtigen Bestandteil
des Plasmas kennengelernt. Gehen wir nun auf dessen übrige Komponenten ein! Auch nach Ausscheidung des Fibrinogens als Fibrin enthält das
Plasma noch 7—9 % Eiweißkörper, in der Hauptsache das *Serumalbumin*
und die *Serumglobuline*, welch letztere je nach ihrer Fällbarkeit durch Salze
in *Euglobulin* und *Paraglobulin* unterschieden werden. Das Verhältnis
von Albumin und Globulin ist je nach der Tierart sehr verschieden; Pferde-
plasma ist z. B. relativ reich an Globulin (3,8 Gl. : 2,6 Alb.), Menschen-
plasma an Albumin (3,1 Gl. : 4,5 Alb.). Bei zahlreichen Infektionskrankheiten
des Menschen nimmt die relative Menge der Globuline zu (s. S. 91). Aus
dem Verhalten der Bluteiweißkörper ist vornehmlich der Begriff der
Artspezifität herausentwickelt worden, dessen Inhalt ein gewaltiges Kapitel
der modernen experimentellen Biologie, der Serologie, anfüllt, dessen
Grenzen sich stetig erweitern und noch kaum abgesteckt werden können.

Zum Verständnis dessen, was man unter Artspezifität versteht, wollen
wir von den Folgen einer sogenannten *parenteralen Injektion* von Eiweißkörpern ausgehen. Wenn man einem Tier oder einem Menschen Eiweiß
einer anderen Tierspezies, sogenanntes „*artfremdes*" Eiweiß nicht auf dem
gewöhnlichen enteralen Weg per os, sondern auf einem Nebenweg, am besten
durch Injektion in eine Vene einverleibt, so hat das eine ganze Reihe von
Folgen. Erstens treten häufig deutliche Vergiftungssymptome auf; nach
der Injektion von artfremdem Serum kommt z. B. oft die sogenannte *Serum-
krankheit* zum Ausbruch, welche mit Fieber, Hautausschlag, Schwellungen
und Gelenkergüssen einhergeht. Zweitens wird das artfremde Eiweiß
häufig ungenützt und unverändert durch die Nieren wieder ausgeschieden,
so besonders Hühnereiweiß und Kasein. Bleiben wir zunächst bei diesen
zwei Folgen der Einverleibung von artfremdem Eiweiß stehen, so belehren
sie uns darüber, daß der Eiweißabbau im Magen und Darm offenbar noch
einen ganz anderen Sinn hat, als bloß den der Umformung in wasserlösliche
und diffusible Produkte; *das Nahrungseiweiß muß seines Artcharakters ent-
kleidet werden,* sonst ist und bleibt es ein Fremdkörper, der obendrein schäd-
liche Wirkungen entfaltet. Das Nahrungseiweiß kann nicht direkt assimiliert werden, sondern sein Molekül muß erst umgebaut werden, und dafür
wird es erst durch die Enzyme der Verdauungssäfte in die einzelnen Bausteine der Aminosäuren zerlegt; denn diese sind sämtlichen Eiweißkörpern
gemeinsam, erst ihr Gefüge ist artspezifisch (ABDERHALDEN). Einen
Beweis für diese Deduktionen bildet z. B. die Tatsache, daß, wenn nach
Genuß mehrerer roher Eier, so wie früher (S. 73) erwähnt, Hühnereiweiß

unzerlegt im Darm resorbiert wird und in die Blutbahn gelangt, es dort als Fremdkörper behandelt wird; nämlich erstens bemächtigt sich seiner die Niere und scheidet es im Harn ab, wie die Niere mit jeder gelösten Fremdsubstanz verfährt, z. B. auch mit Rohrzucker oder Milchzucker, wenn sie parenteral zugeführt werden (F. Voit), und zweitens reagieren darauf auch andere Organe in einer Weise, die wir gleich genauer besprechen werden.

Viel gefährlicher als eine einmalige Injektion von artfremdem Serum ist die wiederholte Injektion, vorausgesetzt, daß die Reinjektion in einem gewissen zeitlichen Abstand, etwa nach zwei bis drei Wochen, erfolgt. Denn durch die erste Injektion gerät das Tier oder der Mensch ganz allmählich in einen Zustand von *Überempfindlichkeit* oder *Anaphylaxie* (Richet) gegenüber dem betreffenden Serum, er ist dafür so hochgradig sensibilisiert, daß die zweite Injektion eventuell einen „*anaphylaktischen Shock*" auslöst, der zum Tode führt. Bei dem besonders empfindlichen Meerschweinchen sensibilisiert z. B. bereits $^1/_{10}$—$^1/_{1000}$ ccm Serum stark, ja $^1/_{10\,000}$—$^1/_{1\,000\,000}$ ccm eventuell noch merklich, so daß die Reinjektion von nur $^1/_{10}$—$^1/_{100}$ ccm krank macht oder gar tötet, indem im anaphylaktischen Shock heftige Konvulsionen auftreten, die Körpertemperatur sinkt, und ein starker Krampf der Bronchialmuskulatur gewöhnlich zur Erstickung führt. All das tritt nicht ein, wenn die zweite Injektion nicht mit Serum der gleichen Art, wie das erste Mal, sondern mit einem beliebigen anderen Serum ausgeführt wird. Offenbar reagiert also der Körper streng spezifisch auf das spezifische Gift. Wir haben nun zu fragen, worin diese Reaktion besteht.

Länger bekannt, als das Auftreten der Sensibilisierung ist eine ganze Reihe anderer spezifischer Reaktionen, welche zur Produktion der sogenannten *Antikörper* führen (Ehrlich). Die Bildung derselben wird durch artspezifische Stoffe ausgelöst, welche mit dem allgemeinen Namen der *Antigene* bezeichnet worden sind. Am bekanntesten ist vielleicht die Reaktion, daß der Körper auf das von den Diphtheriebazillen produzierte und von der Infektionsstätte aus sich verbreitende Diphtherietoxin mit der Bildung von spezifischem Gegengift, dem Diphtherieantitoxin antwortet, das in die Blutflüssigkeit übertritt und durch das er sich eventuell selber immunisiert. In ähnlicher Weise vermag der Körper zahlreiche spezifische *Bakterienantitoxine* zu produzieren (Ehrlich). Eine andere Klasse von Antikörpern sind die *Agglutinine*; darunter versteht man Stoffe, welche artfremde Zellen, die in die Blutbahn gebracht werden, wie rote oder weiße Blutkörperchen, Pflanzenzellen oder Bakterien, zur Verklebung und Klumpenbildung, zur „Agglutination" bringen; spritzt man z. B. einem Hammel Kaninchenblut in die Blutbahn, so reagiert er darauf mit der allmählichen Bildung von spezifischem Agglutinin, so daß das Serum des Hammels, nun mit Blut eines Kaninchens zusammengebracht, dessen Blutkörperchen rasch verklumpt, während es Blutkörperchen vom Rind oder Schwein nicht oder wenig agglutiniert. Eine dritte Klasse von Antikörpern sind die *Lysine*, welche artfremde Zellen auflösen (Hämolysine, Zytolysine, Bakteriolysine), eine vierte Klasse die *Präzipitine*. Gerade bei diesen ist sicher, was bei den anderen Antikörpern nur wahrscheinlich ist, daß sie der spezifischen Reaktion auf Eiweiß entspringen, und darum wollen wir uns mit ihnen etwas mehr beschäftigen. Spritzt man einem Tier artfremdes Serum oder Milch oder auch Hühnereiweiß, Kasein, Pflanzeneiweiß ein, so erlangt das Serum des behandelten Tieres allmählich die Eigenschaft, mit dem Stoff, welcher zur Vorbehandlung benutzt ist, und nur oder wenigstens ganz vorwiegend mit diesem Stoff einen Niederschlag, ein Präzipitat, zu bilden (R. Kraus, Bordet). Spritzt man z. B. einem Kaninchen mehrmals Menschenblut ein, so gibt das Kaninchenserum mit Menschenserum einen Niederschlag, dagegen nicht oder kaum mit Rinderserum oder mit Hundeserum. Diese Präzipitinreaktion hat vielfache praktische Anwendung gefunden; sie dient in forensischen Fällen dazu festzustellen, ob ein Blutfleck in einem Kleidungsstück Menschen- oder Tierblut ist (Wassermann, Uhlenhuth), sie dient dazu, Nahrungsmittelverfälschungen herauszufinden, ferner dient sie dazu, auf experimentellem Wege eine *Blutsverwandtschaft* zwischen verschiedenen Spezies, Blutsverwandtschaft im eigentlichsten Sinn des Wortes nachzuweisen. Die Präzipitinreaktion und noch mehr die Agglutininreaktion sind damit in den Dienst der Abstammungslehre und der Erblichkeitsforschung gestellt, sie lieferten einen neuen Beweis dafür, daß die Anthropoiden Gorilla, Schimpanse, Orang und Gibbon näher mit dem Menschen verwandt sind als die Halbaffen, sie ließen sich so verfeinern, daß es gelingt, Rassen und Sippen biochemisch zusammenzufassen (v. Dungern).

Die Produktion der Antikörper geschieht wahrscheinlich im Retikuloendothel von Leber und Milz; ihrer Natur nach sind sie Globuline, die sich zu den übrigen Eiweißkörpern der Blutflüssigkeit hinzumischen. In dieser reagieren sie mit ihren Antigenen und neutralisieren sie, wie Säure und Base einander neutralisieren. Die Spezifität der Reaktion beruht auf der Gegenwart spezifischer chemischer Gruppen in den Antigenen, der sog. Haptene, die, um in die Retikuloendothelien eindringen zu können, an Eiweiß gebunden sein müssen; das Eiweiß spielt also vielleicht eine ähnliche Rolle als „kolloider Träger", wie wir sie bei der Wirkung der Enzyme kennengelernt haben (s. S. 18).

Eine noch andere Art spezifischer Reaktion besteht in der Mobilisierung gegen das Fremdeiweiß gerichteter Fermente. Wir können diese Erscheinung zunächst mit der früher (S. 44) erwähnten interessanten Beobachtung verknüpfen, daß bei Fütterung mit Milch der Hundedarm eine spezifisch gegen den Milchzucker gerichtete Laktase produziert, welche sonst nicht in ihm enthalten ist; ja, er produziert auch eine „Inulase", wenn in der Nahrung das Polysaccharid der Fruktose Inulin (s. S. 44) zugeführt wird. So erlangt nun auch das Blut fermentative Fähigkeiten, welche ihm sonst mangeln, wenn gewisse organische Fremdstoffe hineingeraten. Vor allem aber erscheinen nach Zutritt von artfremden Eiweißkörpern spezifisch gegen den Eindringling gerichtete, *proteolytische „Abwehrfermente"* im Blut (Abderhalden). Nach Abderhalden sollen diese sogar nicht bloß dann im Blut erscheinen, wenn artfremdes Eiweiß, sondern sogar auch, wenn „blutfremdes", obwohl „körpereigenes" Eiweiß anwesend ist, und auch diese Abwehrfermente sollen streng spezifisch wirken. So wurde von Abderhalden eine *Schwangerschaftsreaktion* beschrieben, welche darauf basiert, daß in der Schwangerschaft Plazentareiweiß ins Blut der Graviden gelangt und spezifisch dagegen gerichtetes Ferment anlocken soll, so daß eine Probe Blutserum, einer Schwangeren entnommen, Eiweiß einer beliebigen menschlichen Plazenta, aber nicht anderer Organe, abbaut, während Blutserum einer Nichtgraviden Plazentareiweiß nicht angreift. Hiernach wäre außer einer Artspezifität auch eine *Organspezifität* anzunehmen. Diese ist mit Sicherheit bei zwei Organen nachgewiesen, bei der Linse des Auges und beim Gehirn. Wenn man ein Kaninchen mit einer Suspension von Linsensubstanz einer anderen Tierart vorbehandelt, so entstehen Antikörper, welche mit der Linsensubstanz jeder beliebigen fremden Tierart reagieren, aber nur mit Linsensubstanz (Uhlenhuth). Der organspezifische Körper der Linsen ist aber interessanterweise ein Lipoid, während die Artspezifität auch bei der Linse am Eiweiß haftet. Entsprechend verhält sich das Gehirn.

Noch weitere Unterschiede in der Konstitution der Bluteiweißkörper haben sich durch die Entdeckung der sog. *Isoagglutination* geoffenbart (Landsteiner). Mischt man auf einem Objektträger Blutkörperchen eines Menschen mit einem Tropfen Serum eines anderen, so bleiben die Blutkörperchen je nachdem entweder vereinzelt oder sie ballen sich zu Klümpchen zusammen. Führt man diese einfache Probe mit den Bluten zahlreicher Menschen aus, so zeigt sich, daß jeder Mensch zu einer von vier **Blutgruppen** 0, A, B oder AB gehört. In ihrem Blut sind die Blutkörperchen entweder mit der agglutinablen Substanz A oder der Substanz B oder mit A + B oder mit keiner der beiden behaftet, während die Sera Agglutinine enthalten und zwar bei Gruppe A ein Anti-B, das die Blutkörperchen B agglutiniert, bei Gruppe B ein Anti-A, bei Gruppe 0 Anti-A und Anti-B und bei Gruppe AB gar kein Agglutinin (LANDSTEINER, HIRSCHFELD). Das Ergebnis der Mischungen ist also durch das folgende Schema darstellbar, in dem die Pluszeichen Agglutination, die Minuszeichen deren Ausbleiben bedeuten.

Diese Feststellungen sind von großer praktischer und theoretischer Bedeutung, praktisch z. B. in folgender Hinsicht: wenn es darauf ankommt, einen schweren Blutverlust infolge einer Verwundung oder einer Krankheit durch „Transfusion" von Fremdblut auszugleichen, so wird man einen solchen „Blutspender" dafür wählen, dessen Blut nicht mit dem Blut des Empfängers agglutiniert und ihn dadurch gefährdet. Der

Serum	Blutkörperchen			
	0	A	B	A B
0 (Anti-A, Anti-B)	—	+	+	+
A (Anti-B)	—	—	+	+
B (Anti-A)	—	+	—	+
AB (—)	—	—	—	—

ideale Spender ist natürlich ein Angehöriger der Gruppe 0. Von großer praktischer Bedeutung ist ferner die Tatsache, daß die Blutgruppenzugehörigkeit genotypisch bedingt und phänotypisch nicht zu beeinflussen ist, daß sie also so vererbt, und zwar dominant vererbt wird, daß z. B. Eltern, falls sie beide der Gruppe A angehören, niemals Kinder der Gruppen B oder A B haben, während ein Kind von Eltern, die verschiedenen Gruppen angehören, entweder mit dem Vater oder mit der Mutter in der Gruppenzugehörigkeit übereinstimmt. Von großem theoretischen Interesse ist die wechselnde Verteilung der beiden Faktoren A und B auf die verschiedenen Völker, weil daraus Schlüsse auf die Verwandtschaft und Ausbreitung der menschlichen Typen gezogen werden können, die für die Rassenbiologie von Bedeutung sind. Im Norden und Westen Europas dominiert der Faktor A, im Süden und Osten der Faktor B. In Deutschland sind die Blutgruppen etwa folgendermaßen verteilt: $0 = 36^0/_0$, $A = 47^0/_0$, $B = 12^0/_0$, $AB = 5^0/_0$.

Alle diese überaus merkwürdigen Erfahrungen lehren, daß es gelingt, durch die sogenannten „*biologischen Reaktionen*" Unterschiede zwischen den Eiweißkörpern festzustellen, wo chemische Methoden noch völlig versagen, und doch liegen den biologischen Reaktionen unzweifelhaft chemische Differenzen zugrunde. Was zur Bestimmung des Artcharakters in der Tier- und Pflanzenwelt in der Hauptsache dient, die äußere Gestalt und die Form der einzelnen Organe, das ist darum wohl innerlich in dem chemischen Gefüge, man kann vielleicht direkt sagen: in der ultramikroskopischen Form der großen Moleküle oder Molekülverbände der Eiweißkörper begründet.

Man könnte noch fragen, welchen Zweck die Eiweißkörper des Plasmas — natürlich abgesehen vom Fibrinogen — zu erfüllen haben. Ob die nächstliegende Antwort, daß sie zur Ernährung der Organe da sind, die richtige ist, kann bezweifelt werden, da die Zellen — wenigstens im erwachsenen Organismus (s. S. 73) — mit wenigen Ausnahmen Eiweiß als solches nicht aufnehmen. Vielleicht dienen sie in erster Linie vermöge ihres osmotischen Druckes zusammen mit der geringen Durchlässigkeit der Blutgefäßwände für ihre großen Moleküle der Erhaltung der normalen Wasserverteilung zwischen Blut und Gewebe (s. Kap. 10, 16 u. 17).

Die übrigen Bestandteile des Plasmas sind nicht von so aufdringlicher Bedeutung wie die Eiweißkörper, und doch wichtig genug. An *organischen*

Stoffen seien vor allem Glucose (0,1 %), Milchsäure (etwa 0,01 %), Aminosäuren, Harnstoff (0,05 %), Harnsäure (0,003 %), Kreatin (0,006 %), Purinbasen, Cholesterin und seine Ester (0,2 %), Bilirubin (0,0004 %) genannt;
als Vermittler zwischen dem ernährenden Darm und den verschiedenen
Organen einerseits, diesen Organen und den ausscheidenden Nieren andererseits muß ja das Blut allerlei Zeugen des progressiven und des regressiven
Stoffwechsels mit sich führen. Die eine oder andere dieser Verbindungen
kann aus besonderen Gründen — welche später zum Teil erwähnt werden
sollen — in gesteigertem Maß vorhanden sein; je nachdem spricht man
von „*Glykämie*", von „*Urämie*", von „*Urikämie*, von „*Cholesterinämie*".
Das Blut transportiert ferner sämtliche Hormone. Die Gesamtheit der
nichteiweißartigen N-haltigen Verbindungen mißt man im sogenannten
„*Reststickstoff*" (0,02—0,03 %). Gelegentlich findet sich nach fettreichen
Mahlzeiten das Blutplasma mehr oder weniger milchig getrübt durch feine
Fetttröpfchen, welche vom Ductus thoracicus her mit der Lymphe eingedrungen sind; solche Zustände von „*Lipämie*" haben oft auch eine besondere klinische Bedeutung (s. Kap. 11).

Der Gehalt des Plasmas an *anorganischen Stoffen* ist auffallend konstant und stimmt auch bei den verschiedenen Säugetieren merkwürdig
überein, wie etwa die folgende Übersicht lehrt.

Blutserum enthält im Mittel mg %:

	Mensch	Rind	Schwein	Hund
Na ...	300	320	320	310
K	20	21	22	21
Ca ...	10	9	9	11
Mg ...	2,5	2,6	2,2	2,1
Cl....	355	368	363	370
HPO_4 ..	100	140	100	100

Man kann schon vermuten, daß dies Verhalten seine besondere Bedeutung
hat. In der Tat bedeutet es erstens einmal, daß das Plasma einen konstanten
osmotischen Druck auf alle von ihm bespülten Zellen ausübt. Denn wenn
der Masse nach auch die organischen Bestandteile über die anorganischen
überwiegen — an Eiweiß enthält das Plasma ja 70—90 g im Liter — so
spielt ihr osmotischer Partialdruck wegen des großen, zum Teil sehr großen
Molekulargewichts gegenüber dem gesamten osmotischen Druck doch nur
eine sehr kleine Rolle, da ja der osmotische Druck eine Funktion der
Molekülzahl ist (s. die Tabelle S. 84); in der Tat ändert sich der osmotische
Druck des Plasmas nur wenig, wenn man es enteiweißt. Die Konstanz des
osmotischen Druckes ist aber von großer Bedeutung, weil dadurch eine
Bedingung für den geregelten Verlauf der Lebensprozesse garantiert ist, ein
konstanter Wassergehalt der Zellen, welcher in einem konstanten Volumen
zum Ausdruck kommt. Jede Senkung des osmotischen Druckes steigert,
jede Erhöhung vermindert das Zellvolumen durch Endosmose oder durch
Exosmose (s. Kap. 7).

Die Zellen verhalten sich nämlich im allgemeinen, als wäre ein flüssiger
Inhalt von einer semipermeablen Membran umkleidet (PFEFFER); diese
hypothetische Membran wird als „*Plasmahaut*" bezeichnet. Die Semi-
permeabilität der Zellen wird aber nicht bloß aus den osmotischen Wasser-
bewegungen gefolgert, sondern auch aus der Tatsache, daß die Zellen ihre
gelösten Innenbestandteile im allgemeinen festhalten. Die an sich leicht
diffusiblen Salze z. B. sind auch im Innern der Zellen mindestens zum

guten Teil in diffusibler Form enthalten; denn es läßt sich zeigen, daß die Zellen eine erhebliche „innere Leitfähigkeit" besitzen (Höber); dennoch sind die Salze innen dauernd in ganz anderen Mengenverhältnissen anwesend als die Salze außen im Plasma. Innen überwiegen z. B. bei weitem die Kali-, außen die Natriumionen. Oft ist auch der Zellsaft innerhalb von Pflanzenzellen gefärbt, und der umschließende Plasmamantel hält die Farbe fest, solange die Zelle lebt; erst, wenn das Plasma abstirbt, diffundiert der Farbstoff heraus (de Vries). Vermöge ihrer Plasmahaut emanzipiert sich also die Zelle von ihrem Milieu und führt ihr eigenes Leben. Das bedeutet logischerweise, daß der Akt der Aufnahme von Nahrungsstoffen von seiten der einzelnen Zellen und der Akt der Abgabe ihrer Stoffwechselprodukte etwas Besonderes, ein vitales Phänomen, irgendeine Äußerung von Aktivität der Zelle zu irgendeiner Zeit, nicht bloß ein einfacher Diffusionsausgleich ist (Overton, Höber).

Die Konstanz des osmotischen Druckes des Plasmas schließt auch das Postulat bestimmter Organe ein, welche „*osmoregulatorisch*" tätig sind, so wie es z. B. thermoregulatorische Apparate in unserem Körper gibt, welche der Erhaltung der Innentemperatur dienen (s. Kap. 15). Denn es ist ja zu bedenken, daß die periodische Zufuhr von Nahrungsstoffen, d. h. von wesentlich hochmolekularen Verbindungen, welche im Verdauungskanal in kleine Moleküle zertrümmert werden, die dann resorbiert den Körper überschwemmen, ebenso wie die periodische Zufuhr von Wasser, daß ferner die mit chemischen Umsetzungen verbundene Arbeitsleistung einzelner Organe das osmotische Gleichgewicht stark stören müßten, wenn nicht sofort die betreffenden Überschüsse irgendwie eliminiert würden. In der Tat versehen die Lungen, die Schweißdrüsen und vor allem die Nieren diese Funktion. Daher kann man eine Nierenerkrankung eventuell diagnostizieren, indem man den abnormen osmotischen Druck des Blutes feststellt. Letzteres geschieht am bequemsten durch Messung der *Gefrierpunktserniedrigung* ($\varDelta$) in einem Kryoskop.

Es ist bekannt, daß Wasser, in dem ein Stoff gelöst ist, unterhalb 0° gefriert, und daß die Erniedrigung des Gefrierpunktes um so größer ist, je größer die molare Konzentration, also der osmotische Druck der Lösung. Einer Lösung von 1 Mol pro Liter, also einer Lösung von der molaren Konzentration 1, entspricht eine Gefrierpunktserniedrigung von 1,85° und, wie schon (S. 68) gesagt, ein osmotischer Druck von 22,4 Atmosphären.

Die Gefrierpunktserniedrigung von normalem Blut beträgt im Mittel $\varDelta = 0{,}56°$ (v. Koranyi), sein osmotischer Druck also ungefähr 7 Atmosphären.

Die Exaktheit, mit welcher diese Einstellung immer wieder vor sich geht, ist ein Maßstab der Organisationshöhe der Säugetiere, geradeso wie ihre konstante Innentemperatur die Vorzüglichkeit ihrer thermoregulatorischen Einrichtungen beweist. Beides ist im Verlaufe der Phylogenese erst allmählich erworben. Denn den „poikilothermen" Tieren, deren Temperatur mit der Temperatur der Umgebung hin- und herschwankt (s. Kap. 15), entsprechen „*poikilosmotische*", welche ein Spielball der osmotischen Schwankungen des Milieus sind, wie die meisten Wirbellosen und unter den Wirbeltieren die Elasmobranchier; und zwischen den poikilothermen und poikilosmotischen Wesen einerseits, den „homoiothermen" und „*homoiosmotischen*" andererseits gibt es Zwischenformen, bei welchen das Gleichgewicht noch leicht zu stören ist. Das osmotische Gleichgewicht ist aber offenbar anstrebenswert, weil jede Änderung des Wassergehalts im Innern der Zellen Änderungen der chemischen Reaktionsgeschwindigkeiten, die eine Funktion der Konzentration sind, nach sich ziehen muß, und weil die feinen Innenstrukturen, welche aus vielen Gründen für die Zelleiber vorauszusetzen sind, durch Volumenänderungen sicherlich beschädigt werden.

Die Tabelle für die Aschenanalyse der Blutsera (S. 82) verweist aber außer auf die Konstanz des gesamten von den gelösten Salzen ausgeübten osmotischen Drucks auch noch auf **die Bedeutung der Einzelkonzentrationen der Salze**; denn es muß doch einen Sinn haben, daß auch im einzelnen die Schwankungen gering sind. Daß außer der Quantität der gelösten Moleküle auch die Qualität wesentlich ist, beweist ein einfacher Versuch (OVERTON): wenn man einen Muskel oder Nerven vom Frosch in eine mit seinem Blut isotonische Lösung von Traubenzucker oder Rohrzucker oder sonst einem beliebigen ungiftigen Nichtelektrolyten einlegt, so schwindet alsbald die Erregbarkeit, um nach Übertragung in die Lösung der Blutsalze oder selbst bloß in die Lösung eines neutralen Natriumsalzes wiederzukehren. Es kommt also nicht bloß auf eine bestimmte molare Konzentration im Plasma, also auf die Größe des osmotischen Drucks an, sondern darauf, daß Salze mit bestimmten Ionen anwesend sind, und zwar *Natriumionen*. Diese zusammen mit den Cl- (und HCO_3-) Ionen überwiegen aber in ihrer Konzentration bei weitem über die anderen, wie die folgende Tabelle nach KRAMER und TISDALL lehrt.

Molengehalt des Blutserums.

Na	0,1460	Cl	0,1010
K	0,0050	HCO_3	0,0267
Ca.	0,0050	HPO_4	0,0010
Mg	0,0025	SO_4	0,0040

Eiweiß . . . ca. 0,0047

NaCl ist also der Hauptelektrolyt, dessen Lösung denn auch in den physiologischen Instituten in Form der *„physiologischen Kochsalzlösung"* seit langem der Konservierung der Funktionen der klassischen Experimentierobjekte, der Muskeln und Nerven vom Frosch dient. Man wendet eine Konzentration von 0,65—0,7 % NaCl an, weil dabei Organvolumen und Organfunktion relativ am längsten erhalten bleiben; diese Lösung ist isotonisch mit den Säften des Frosches. Der molaren Konzentration des Säugetierblutes (= 0,3 Mol) entspricht eine Konzentration von ungefähr 0,95 % NaCl.

Aber es ist auch leicht zu zeigen, daß die physiologische Kochsalzlösung lange nicht das Ideal eines rein anorganischen Milieus ist, wenn es etwa auf die Konservierung des Herzens, des Darms oder des Zentralnervensystems oder selbst auch der Muskeln ankommt. Denn erstere büßen darin im Gegensatz zu Muskel und Nerv rasch ihre Erregbarkeit ein, und die Muskeln verfallen in der reinen Kochsalzlösung bald in unregelmäßige, „fibrilläre" Zuckungen. Im allgemeinen ist der physiologischen Kochsalzlösung die sogenannte *Ringersche Lösung* weit vorzuziehen, welche neben NaCl 0,02—0,03 % KCl und $CaCl_2$ enthält; das sind Mengen dieser Salze, wie sie ungefähr der Zusammensetzung der Serumasche entsprechen. Der Lösung wird sehr oft aus gleich zu erörternden Gründen ein wenig $NaHCO_3$ (0,01—0,02 %) zugesetzt. Wie man sich die Wirkung dieses Salzgemisches vorstellen kann, davon wird später (Kap. 13) zu reden sein.

Konstant ist auch **die Reaktion des Blutplasmas.** Neutral nennt man, wie bekannt, eine wässerige Lösung dann, wenn die Konzentration der Wasserstoffionen gleich der der Hydroxylionen ist, und zwar $[H^{\cdot}] = [OH'] = 0{,}8 \cdot 10^{-7}$ (bei 18^0), also $p_H = 7{,}1$. Überwiegen die H-Ionen, so ist die Reaktion sauer, überwiegen die OH-Ionen, so ist sie alkalisch. Untersucht man das Blut oder das Blutplasma unter Kautelen, welche einen Austritt der natürlicherweise darin enthaltenen Gase, insbesondere des Kohlendioxyds verhüten, so zeigt sich, daß *die Reaktion fast neutral,* ein wenig alkalisch ist; es ist bei 18^0 [H'] etwa gleich $0{,}44 \cdot 10^{-7}$, p_{H} also im Mittel gleich 7,36 mit einer Schwankungsbreite von nur 7,28—7,40, d. h. die H'-Konzentration überschreitet für gewöhnlich nicht die Grenzen von 0,000 000 02 und 0,000 000 03 g H' in 1 l. Diese Werte kann man mit verschiedenen physikochemischen Verfahren feststellen. Bei der elektrometrischen Methode (HÖBER) benutzt man zwei mit Wasserstoff beladene Platinelektroden, von denen die eine in Blut, die andere in eine Säure von bekannter H'-Konzentration [H']$_\mathrm{S}$ eintaucht; aus der elektromotorischen Kraft e läßt sich dann die unbekannte H'-Konzentration des Blutes [H']$_\mathrm{B}$ unter gewissen Bedingungen berechnen nach der Formel:

$$e = 0{,}058 \log \frac{[\mathrm{H}']_\mathrm{S}}{[\mathrm{H}']_\mathrm{B}} \, .$$

Der Indikatorenmethode (FRIEDENTHAL, SOERENSEN) liegt das Prinzip zugrunde, daß verschiedene Indikatoren bei jeweils bestimmter H'-Konzentration ihre Farbe ändern (s. dazu S. 32). Bei der gasometrischen Methode (HASSELBALCH) berechnet man die H'-Konzentration aus dem Gehalt des Plasmas an freier und gebundener Kohlensäure, also aus dem Verhältnis von CO_2 zu Bikarbonat (s. unten). Auf Einzelheiten kann hier nicht eingegangen werden. Die physiologische Schwankung im CO_2-Gehalt, d. h. die Veränderung des arteriellen zum venösen Blut, ändert an der Reaktion fast nichts. Unter normalen Verhältnissen steigt also der CO_2-Gehalt niemals so hoch, daß der H'-Gehalt auch nur den Neutralpunkt ($p_{\mathrm{H}} = 7{,}1$) erreicht.

Und dennoch: geradeso wie das Blutplasma fortwährend in der Gefahr schwebt, durch Stoffwechsel und Nahrungszufuhr sein osmotisches Gleichgewicht zu verlieren, so läuft es auch unausgesetzt Gefahr, durch die Bildung von Kohlensäure beim Abbau der organischen Verbindungen, von Schwefelsäure infolge der Oxydation des Eiweißschwefels, von Phosphorsäure durch Abspaltung aus Nukleoproteiden und Phosphatiden oder auch von schwächeren organischen Säuren, welche normalerweise etwa als Milchsäure oder Harnsäure, in pathologischen Fällen in Gestalt von Azetessigsäure und Oxybuttersäure sogar in enormen Mengen auftreten (s. Kap. 11), saure Reaktion anzunehmen. Hiergegen ist es aber in ausgezeichneter Weise durch die regulatorische Tätigkeit von Lungen und Nieren geschützt, welche den Überschuß an Kohlensäure, an sauren Phosphaten, Harnsäure u. a. hinausbefördern, vor allem aber auch durch in ihm selbst gelegene rein chemische Vorrichtungen, welche als *Puffer* bezeichnet werden. Diese mehrfache Sicherung der Reaktion gegen Störungen durch eine Anzahl von Mechanismen, welche aufs feinste ineinander spielen, ist offenbar deshalb vorhanden, weil die H-Ionen zu den aktivsten Körperbestandteilen gehören, die den Ablauf zahlloser Reaktionen beeinflussen. Mit den außerhalb des Bluts gelegenen Mechanismen der Reaktionsregulierung werden wir uns erst später befassen.

Unter einem Puffer ist physikochemisch folgendes zu verstehen: wie bei einem Eisenbahnwagen der Puffer den Stoß auffängt, der ihn zertrümmern würde, wenn nicht die Kraft der Feder im Puffer ihn schützte, geradeso fangen die Puffersubstanzen im Blutplasma den Stoß ab, welchen ohne sie die eben genannten sauren Substanzen — basische kommen in unserem Körper praktisch nicht in Betracht — seiner Reaktion versetzen würden. Die physiologischen Puffer werden darum, ganz allgemein gesagt, von schwachen Säuren oder den Salzen schwacher Säuren gebildet; ihre Funktion kann man sich am Beispiel des im Blut enthaltenen Natriumbikarbonats klarmachen. Die Reaktionsgleichung $HCO_3' + H^. = H_2CO_3$ besagt, daß, wenn zu einer Bikarbonatlösung, d. h. zu HCO_3-Ionen H-Ionen zugesetzt werden, diese nicht in Freiheit bleiben, also die Reaktion nicht nach der sauren Seite verschieben, sondern größtenteils von den Bikarbonat-Anionen aufgenommen werden, indem undissoziierte Moleküle der schwachen, d. h. wenig in Ionen zerfallenden Kohlensäure entstehen. Wieviel gebunden wird, richtet sich nach dem Massenwirkungsgesetz, das für unseren Fall des Gleichgewichtes zwischen Bikarbonat und Kohlensäure durch die Gleichung

$$\frac{[H^.] \cdot [HCO_3']}{[H_2CO_3]} = k \quad \text{oder} \quad \frac{[H^.] \cdot [HCO_3']}{[CO_2]} = K$$

ausgedrückt ist, d. h. das Produkt aus den Ionenkonzentrationen dividiert durch die Konzentration von CO_2 ist eine Konstante ($= ca. 8 \cdot 10^{-7}$). Wird also die Konzentration an $H^.$ in einem Kohlensäure-Bikarbonat-Gemisch durch Zusatz einer starken Säure vergrößert, so wird sich $H^.$ und HCO_3' so lange in $H_2CO_3 = H_2O + CO_2$ verwandeln, bis der Gleichung Genüge getan ist. Es ist klar, daß die Größe der Resistenz gegen eine Reaktionsstörung durch Säurebildung in solch einem System, die Größe des sogenannten *Pufferungsgrades* von der Konzentration der puffernden Säureanionen, also in unserem Fall von der Bikarbonat-Konzentration abhängig sein wird; sie stellt ein Maß für das Säurebindungsvermögen dar und wird als *Alkalireserve* bezeichnet.

Man bestimmt sie naturgemäß so, daß man durch Ansäuern sämtliche Kohlensäure, die „freie" sowohl wie die „gebundene" ($H_2CO_3 + NaHCO_3$), aus dem Blut austreibt und von dieser Gesamtkohlensäure die freie, die nur physikalisch absorbierte (s. S. 100) abzieht.

Je mehr die Alkalireserve im Blutplasma durch Produktion von Säure, etwa durch Einschwemmung von Milchsäure aus der heftig arbeitenden Muskulatur oder auch durch eine Zufuhr von außen zusammenschmilzt, je mehr das Blut in den Zustand der „*Azidose*" gerät, um so größer wird die Gefahr, daß die $H^.$-Konzentration durch weitere Zufuhr von Säure ihren Normalwert verläßt (SPIRO, L. J. HENDERSON, H. STRAUB). Der Normalwert ist also abhängig von einem richtigen Verhältnis zwischen Kohlensäure und Bikarbonat oder, wie man es auch ausdrückt: die Norm der Reaktion ist durch ein richtiges *Säure-Basen-Gleichgewicht* gekennzeichnet. Das Verhältnis von freier zu gebundener Kohlensäure im Blut beträgt ungefähr 1 : 20.

Außer dem Bikarbonat treten im Blutplasma als Puffer besonders noch die Eiweißkörper auf, welche als „Alkalieiweißverbindungen", das soll heißen: als Anionen einer schwachen Säure (Eiweiß) anwesend sind (s. S. 41), also auch entsprechend dem Bikarbonat wirken. Sein Hauptpufferungsvermögen verdankt das Blut aber dem Hämoglobin, das in sehr eigenartiger Weise durch seinen Einschluß in die Blutkörperchen die Reaktion zu regeln vermag. Dies kann aber erst später (S. 95) auseinandergesetzt werden.

7. Kapitel.

Die Blutkörperchen und die Blutgase.

Die weißen Blutkörperchen 87. Die Blutkörperchenzählung 88. Die Funktion der weißen Blutkörperchen 89. Die Blutplättchen 90. Die roten Blutkörperchen; ihre Form und Zahl 91. Die Sedimentierungsgeschwindigkeit 91. Die osmotischen Eigenschaften der roten Blutkörperchen; Hämolyse 92. Das Hämoglobin 95. Die gesamte Blutmenge 98. Die Blutgase; Gesetze der Gasabsorption; Blutgasanalyse 99. Die Bindung des Sauerstoffs und die Dissoziation des Oxyhämoglobins 102. Die Bindung des Kohlendioxyds 106. Das Kohlenoxydhämoglobin 106.

Die Zellformen, welche als Blutkörperchen im Blut enthalten sind, sind die *roten Blutkörperchen* oder *Erythrozyten*, die *weißen Blutkörperchen* oder *Leukozyten* und die *Blutplättchen* oder *Thrombozyten*. Alle drei sind vor den meisten anderen Zellen unseres Körpers durch die besondere Eigenschaft ausgezeichnet, daß sie nicht zu Geweben verbunden sind, sondern gesondert voneinander frei im Blutplasma flottieren. Wir werden sehen, daß das in engem Zusammenhang mit ihrer Funktion steht.

Wir beginnen die Besprechung mit den **weißen Blutkörperchen.** Diese verdanken ihren Namen ihrer Farblosigkeit im Gegensatz zu der so hervorstechenden Färbung der Erythrozyten. Sie kommen in einer Reihe verschiedener Formen vor, von denen die hauptsächlichsten folgende sind (s. Abb. 17): 1. als *Lymphozyten* (a), das sind kleine Zellen von der

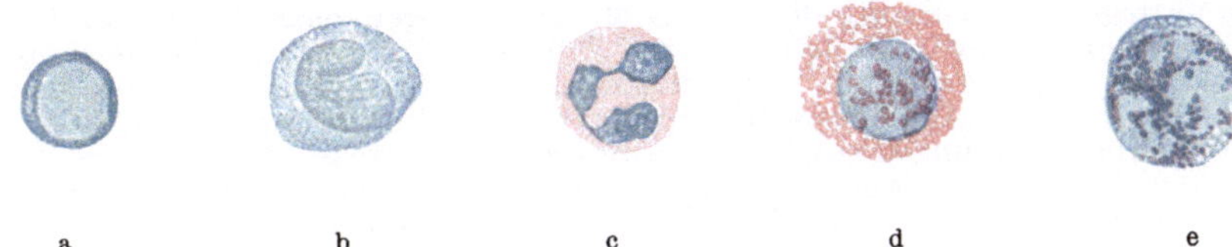

a   b   c   d   e

Abb. 17. Verschiedene Formen von weißen Blutkörperchen des Menschen.

a Lymphozyten, b große mononukleäre, c neutrophil-polymorphkernige, d eosinophile, e basophile Leukozyten
(Nach ERICH MEYER u. H. RIEDER.)

Größe der roten Blutkörperchen, mit rundem Kern und schmalem homogenem Protoplasmasaum; 2. *große mononukleäre Leukozyten* oder *Monozyten* (b), welche 2—3mal so groß sind wie die Erythrozyten; sie haben einen großen runden oder etwas gelappten Kern, welcher in einem kaum granulierten Protoplasma liegt; 3. *neutrophil-polymorphkernige Leukozyten* (c), etwa so groß wie die großen mononukleären, ausgezeichnet durch die Mannigfaltigkeit der Kernform und durch reichliches Protoplasma, welches zahlreiche neutrophile d. h. basischen und sauren Farbstoff zugleich aufnehmende feine Granula enthält; 4. *azidophile* oder *eosinophile Leukozyten* (d), welche schon ohne Färbungsmittel große Granula im Protoplasma erkennen lassen, die sich bei Zusatz von saurem Farbstoff, insbesondere von Eosin, leuchtend färben; ihre Form entspricht im übrigen den neutrophilen; 5. *basophile Leukozyten* oder *Mastzellen* (e), mit gelapptem Kern und großen Granulis, welche basische Farbstoffe an sich ziehen (P. EHRLICH).

Diese verschiedenen Zellformen sind in der Norm in charakteristischen Mengenverhältnissen im Blut enthalten; weitaus überwiegen die Neutrophilen, welche 65—70 % aller Leukozyten ausmachen; die Lymphozyten bilden etwa 20—25 %, die großen Mononukleären 6—8 %, die Eosinophilen 2—4 % und die Mastzellen 0,5 % (NAEGELI). Die Gesamtzahl tritt aber hinter der Zahl der Erythrozyten sehr stark zurück, auf 800—1500 rote kommt nur ein weißes Blutkörperchen.

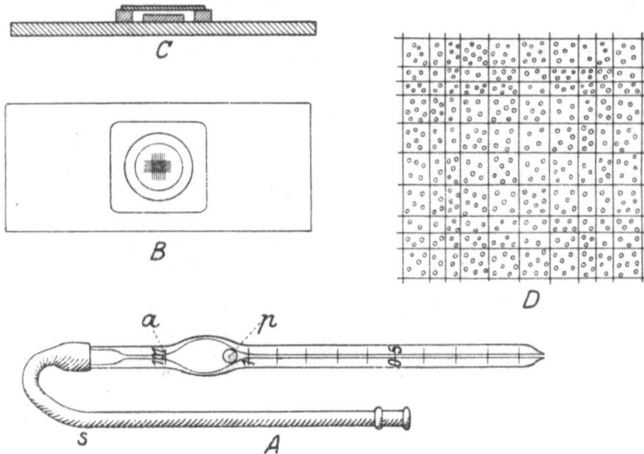

Die Zählung der Blutkörperchen nimmt man mit einer „*Zählkammer*" vor. Man verdünnt dabei zuerst das Blut in einer *Mischpipette*, wie sie Abb. 18 A darstellt; man füllt durch Saugen am Mundstück des Schlauchs *s* die Kapillare bis zu einer ihrer Marken (1 oder 0,5) mit Blut, saugt dann die Verdünnungsflüssigkeit bis zu der oberen Marke bei *a* nach und schüttelt mit Hilfe der im Pipettenraum eingeschlossenen kleinen Glasperle *p* tüchtig durch. Für die Zählung der *weißen Blutkörperchen* benutzt man gewöhnlich eine Pipette, deren Ausweitung so groß ist, daß man das Blut darin um

Abb. 18. Blutkörperchen-Zählapparat nach ZEISS-THOMA. A Mischpipette; B Zählkammer in der Aufsicht, ohne Deckglas; C im Längsschnitt, mit Deckglas; D Bild der gefüllten Kammer im Mikroskop.

das 10- oder 20 fache verdünnen kann, und verdünnt mit einer durch Essigsäure angesäuerten Methylviolett-Lösung; diese zerstört die roten und weißen Blutkörperchen, von den weißen läßt sie jedoch die Kerne übrig, welche sich mit dem Methylviolett anfärben. Zur Zählung der sehr viel zahlreicheren *roten Blutkörperchen* verdünnt man im allgemeinen um das 100- oder 200 fache und benutzt als Verdünnungsmittel entweder physiologische Kochsalzlösung, also für menschliches Blut eine etwa 1 proz. Lösung, welche die roten Blutkörperchen in ihrer Form erhält, oder auch eine andere Konservierungsflüssigkeit (am besten HAYEMsche Lösung, welche neben Kochsalz und Natriumsulfat ein wenig Sublimat enthält). Eine Probe des verdünnten Blutes wird alsdann in die Zählkammer übertragen, die die Form eines Objektträgers mit aufgelegtem Deckglas hat (ZEISS-THOMA, BÜRKER). Die Kammer von ZEISS und THOMA ist in der Abb. 18 in der Aufsicht B und im Längsschnitt C dargestellt. Der Raum zwischen Objektträger und Deckglas hat eine Höhe von 0,1 mm, auf dem Boden der Kammer ist ins Glas ein feines Netz von Quadraten eingeritzt, deren jedes $^1/_{400}$ mm² mißt. Ein Stück dieser Teilung ist in D vergrößert abgebildet. Es sind auf die Weise also Räume von $^1/_{4000}$ mm³ optisch abgegrenzt, und in diesen zählt man nach Füllung der Kammer die Blutkörperchen, bzw. die Kerne der Leukozyten. Das Bild Abb. 18 D stellt die mit roten Blutkörperchen gefüllte Kammer dar. Die *Blutplättchen* werden ähnlich wie die weißen Blutkörperchen zu ihrer Zählung gefärbt.

So findet man, daß *normalerweise 5—10 000 weiße Blutkörperchen in 1 mm³ enthalten sind.* In pathologischen Fällen kommt sowohl eine starke Steigerung vor, eine „*Leukozytose*", als auch eine Verminderung, eine „*Leukopenie*". Bei schweren Erkrankungen beobachtet man exzessive Vermehrungen (z. B. 500 000 in 1 mm³); man spricht dann von *Leukämie*.

Die Funktion der Leukozyten ist ungemein wichtig. Merkwürdigerweise werden wir, sobald wir sie vom Standpunkt der Physiologie aus erörtern wollen, fast ganz auf das Gebiet der Pathologie abgelenkt; aber wir werden noch öfter die Erfahrung machen, daß die Grenzen zwischen dem Gesunden und dem Kranken sich leicht verwischen, was schließlich auch nicht verwunderlich ist, da ja der Lebensvorgang ein Gleichgewicht zwischen den einander entgegenarbeitenden Prozessen des Zerfalls und des Aufbaus darstellt. Die Leukozyten, insbesondere die polymorphkernigen Neutrophilen und die großen Mononukleären, sind im Gegensatz zu den meisten Zellen unseres Körpers — eine Ausnahme bilden die Fibrozyten des Bindegewebes, ferner die Spermatozoen — mit der Fähigkeit der *Eigenbewegung* begabt; diese erinnert so sehr an die Eigenbewegung der Amöben, daß man die Leukozyten eine Zeit lang als Parasiten des Blutes ansah. Die „amöboiden" Bewegungen befähigen nun die Leukozyten geradeso wie die frei in der Natur lebenden Amöben dazu, erstens geformte Teilchen durch Ausstrecken von Pseudopodien und durch Herumfließen des Protoplasmas aufzunehmen und zweitens ihren Ort zu wechseln. Die Leukozyten werden auf die Weise zu „*Phagozyten*" oder „*Freßzellen*" (METSCHNIKOFF) und zu „*Wanderzellen*". Als Freßzellen nehmen sie Staubkörnchen, z. B. Kohlepartikeln oder Karminkörnchen, ferner artfremde rote Blutkörperchen, Trümmer von Zellen und Geweben, etwa Fett- und Lezithintröpfchen bei einer Nervendegeneration, oder Bakterien aller Art in sich auf, und wie die Amöben es tun, so verarbeiten sie manche dieser Fremdkörper, d. h. sie lösen sie allmählich auf, führen also sozusagen eine intrazelluläre Verdauung aus. Hat man z. B. in die Bauchhöhle eines Meerschweinchens artfremde Erythrozyten (etwa rote Blutkörperchen von der Gans) gebracht, so begegnet man dort alsbald Leukozyten, an denen man den Verlauf der Phagozytose beobachten kann. Anfangs sieht man die Gänseerythrozyten unverändert im Innern der Leukozyten liegen; in einem etwas späteren Stadium färben sich als Symptom des Absterbens ihre Kerne beim Zusatz eines Farbstoffes, welcher ins Innere der lebenden Leukozyten eindringt (z. B. Neutralrot), während die Kerne der übrigen Erythrozyten, welche nicht von Leukozyten aufgefressen sind, die Farbe noch nicht annehmen; noch etwas später sieht man das Hämoglobin der Gänseblutkörperchen ins Protoplasma des Phagozyten übertreten, und schließlich bleibt allein noch der Kern des Erythrozyten sichtbar, bis auch er allmählich zerfällt. Auf diese Weise wirken die Leukozyten auch als Schutzorgane gegen die gefährlichsten Feinde unseres Körpers, gegen die Bakterien, und sorgen zudem für die Reinigung des Körpers von gröberen Zerfallsprodukten. Diese Freßfunktion hat aber das erwähnte Wanderungsvermögen zur Voraussetzung. Dank dem Besitz *chemotaktischer Eigenschaften*, d. h. dank der „Empfindlichkeit" für gewisse chemische Reizmittel, welche z. B. in den spezifischen Produkten des Stoffwechsels der Bakterien oder in den löslichen Zerfallsprodukten abgestorbener Zellen gegeben sind, wandern die Leukozyten zu den gefährdeten oder geschädigten Orten hin. Sie strecken nämlich ihre Pseudopodien in derjenigen Richtung aus, in welcher die Reizstoffe in der größten Konzentration vorhanden sind; sie bewegen sich also gegen das Diffusionsgefälle der Reizstoffe und gelangen so zu den Orten, an denen die Produktion der Reizstoffe statthat. Haben sich z. B. Bakterien in der nächsten Nachbarschaft einer Blutkapillare angesiedelt, so kann man nach J. COHNHEIM unter dem Mikroskop eine „Emigration" beobachten; man sieht, wie sich die

Leukozyten zwischen den Endothelzellen der Kapillarwand hindurchzwängen, um sich alsdann der Eindringlinge zu bemächtigen (s. Abb. 19). Daher findet man die Leukozyten in großer Zahl im Eiter als sogenannte *Eiterkörperchen*. Der intrazellulären Verdauung fügen sie dort aber noch eine extrazelluläre hinzu, indem sie bei ihrem Zerfall *proteolytische Fermente*, ein Trypsin, ferner ein am besten bei schwach saurer Reaktion wirksames Ferment Kathepsin sowie Erepsin abgeben, so daß die Gewebstrümmer, welche etwa bei einer groben Verletzung entstanden sind, mehr oder weniger verflüssigt werden, um dann der Resorption durch die Blutgefäße anheimzufallen. So spielen die Leukozyten also eine höchst bedeutungsvolle Rolle, die gelegentlich besonders manifest wird, wenn ihre Hauptbrutstätte, das Knochenmark, versagt und nun infolge der dadurch zustande kommenden „*Neutropenie*" die Mikroorganismen die Oberhand gewinnen, die etwa bei einer Sepsis den Körper überschwemmen.

Die ungeheure Masse von Leukozyten, die man in einem Entzündungsherd antrifft, ist allerdings wahrscheinlich nur zu einem Teil vom Blut aus mobilisiert

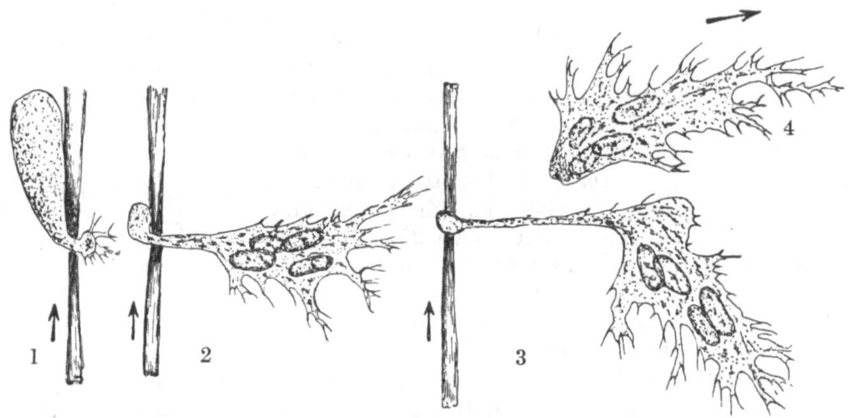

Abb. 19. Verschiedene Stadien der Emigration weißer Blutkörperchen durch die Kapillarwand beim Frosch. (Nach THOMA.) Die senkrechten Pfeile markieren die Richtung des Blutstroms in der Kapillare.

und eingewandert. Das Vermögen der Phagozytose auf Grund amöboider Bewegungen kommt nämlich auch den vorher schon genannten *Fibrozyten des Bindegewebes* zu, die sich unter einem örtlichen Reiz in Zellen umformen können, die als Histiozyten, Makrophagen u. a. in Aussehen und Funktion mit den Blutleukozyten übereinstimmen. Die gewaltige Immigration bei einer Gewebsreizung ist also wahrscheinlich zu einem Teil durch örtliche reaktive Umwandlung von Bindegewebszellformen vorgetäuscht (v. MÖLLENDORFF). Phagozytäre Fähigkeiten besitzen ferner die *Retikuloendothelien der Milz, der Lymphknoten und des Knochenmarks.*

Nach all dem ist es wohl verständlich, wieso wir, wenn wir die Leukozytenfunktion verstehen wollen, notgedrungen tief in die Erscheinungen der Pathologie geraten; denn da Infektion und Verwundung unvermeidlich jeden Menschen treffen, so ist es auch unter dem Gesichtspunkt der zweckmäßigen Organisation unseres Körpers zu begreifen, daß Abwehrmaßregeln in ihm vorgesehen sind.

Über die zweite Form von Blutzellen, die **Blutplättchen,** ist zu dem schon früher Gesagten nur wenig hinzuzufügen. Es sind unscheinbare Gebilde, 3—20 mal kleiner als die Leukozyten, da ihr Durchmesser nur 0,5—3 μ beträgt, und zudem ungemein empfindlich, so daß sie leicht zerfallen. Das ist aber vielleicht gerade im Sinn ihrer Funktion, da wir gesehen haben, daß durch ihren Untergang, offenbar infolge des Frei-

werdens von Thrombokinase, die Fibrinbildung eingeleitet wird (s. S. 76).
Ihre Zahl übertrifft die der weißen und steht hinter der Zahl der roten
Blutkörperchen zurück. Man rechnet gewöhnlich 200000—300000 auf
1 mm³; bei besonders schonender Behandlung durch Verdünnung des
Blutes mit Tyrodelösung (0,8 % NaCl, 0,1 % $NaHCO_3$, 0,02 % KCl, 0,02 %
$CaCl_2$, 0,01 % $MgCl_2$, 0,005 % NaH_2PO_4, 0,1 % Glucose) wurden etwa
700000 gefunden. Gelegentlich beobachtet man einen auffallenden Mangel
an Blutplättchen, eine „*Thrombopenie*", welche, ähnlich wie die Hämophilie (s. S. 75) mit Neigung zu Gewebsblutungen einhergeht. Auch die
Blutplättchen führen amöboide Bewegungen aus. Sie verkleben sehr
leicht zu größeren Klumpen. In defibriniertem Blut sind sie gewöhnlich
nicht aufzufinden, weil sie teils bei der Gerinnung zerfallen und teils sich
an das Fibrin anheften.

Unter Blutkörperchen schlechtweg versteht man gewöhnlich die **roten
Blutkörperchen,** weil sie an Masse weitaus die anderen überragen und durch
ihre Farbe so leicht in die Augen fallen. Sie haben eine *eigenartige Form*
(s. Abb. 20), sie bilden flache, kreisrunde Scheiben, von etwa 7,5 μ Durchmesser beim Menschen; der Rand der Scheibe ist gegenüber der Mitte verdickt, so daß der Querschnitt eine Biskuitform hat, sie erinnern also in
der Form an eine Bikonkavlinse. Am Rand beträgt die Dicke 2—2,5 μ,
in der Mitte 1—1,5 μ. Die *Zahl* beträgt nicht
weniger als im Mittel *5 Millionen pro 1 mm³ beim
Mann, 4,5 Millionen beim Weib.* Rechnen wir etwa
5 Liter Blut für den Körper des Erwachsenen,
so ergibt die enorme Zahl von etwa 25 Billionen
Erythrozyten zusammen mit der relativ sehr großen
Oberflächenentwicklung auf den einzelnen flachen
Scheibchen eine *Gesamtoberfläche* von ungefähr
3500 Quadratmetern; das ist etwa das 2000fache
der Körperoberfläche. Dies ist insofern bemerkenswert, als dadurch die Hauptbedeutung der roten
Blutkörperchen, ihre respiratorische Funktion,
beleuchtet wird; denn die roten Blutkörperchen
stehen im Dienst der Atmung, indem sie durch

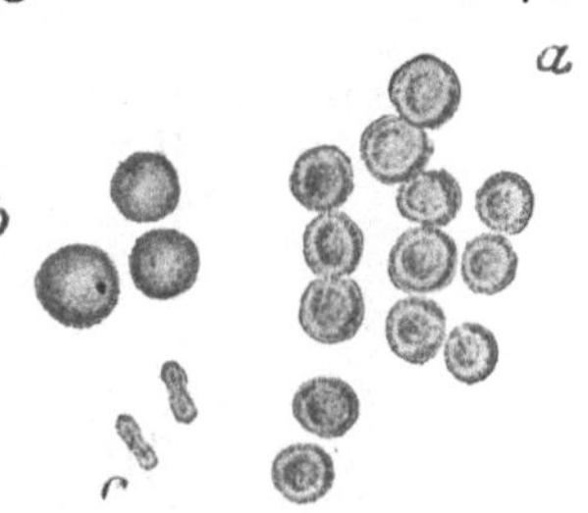

Abb. 20. Rote Blutkörperchen
des Menschen, a und b von
der Fläche bei verschiedener
Einstellung des Mikroskops,
c von der Kante.

ihre Oberfläche Sauerstoff aufnehmen und zeitweilig binden und dann
wieder abgeben.

Die Erythrozyten sind spezifisch schwerer als das Blutplasma; daher
sedimentieren sie allmählich, wenn man ungeronnenes (oder auch defi-
briniertes) Blut stehenläßt. Die **Sedimentierungsgeschwindigkeit** ist bei
verschiedenen Bluten sehr verschieden. Pferdeblut sedimentiert sehr rasch,
das Blut von Rind und Schwein sehr langsam. Beim menschlichen Blut,
dessen Blutkörperchen sich mit mittlerer Geschwindigkeit absetzen, variiert
die Sedimentierungsgeschwindigkeit unter verschiedenen normalen und
krankhaften Bedingungen. Sie ist beim Neugeborenen am kleinsten, beim
Weib etwas größer als beim Mann; während der Schwangerschaft ist sie
stark erhöht (FÅHRAEUS), ebenso bei zahlreichen akuten fieberhaften
Erkrankungen. Diese Steigerung hängt mit einer Vermehrung der Globuline
des Plasmas im Verhältnis zum Albumin zusammen (s. S. 78); trägt man Blutkörperchen in reine Fibrinogen-, Paraglobulin- und Albuminlösungen ein, so
sedimentieren sie in der ersten weitaus am raschesten, in der letzten am
langsamsten. Die gegenüber der Norm vermehrte Senkungsgeschwindigkeit
bewirkt es, daß, wenn eine fieberhafte Erkrankung den Tod herbeigeführt

hat, das Blut in der Leiche oft erst dann gerinnt, wenn sich die roten Blutkörperchen bereits abgesetzt haben; das Plasma erstarrt dann zu einer farblosen „Speckhaut", der *Crusta phlogistica*, die schon den griechischen Ärzten der Antike bekannt war und bei der Beurteilung der Krankheiten eine außerordentliche Rolle spielte. Die unmittelbare Ursache der raschen Sedimentierung ist eine *Agglutination* der Erythrozyten (s. S. 79), welche einsetzt, sobald die Strömung des Blutes zum Stillstand kommt; ihre Erklärung ist sehr komplizierter Natur. Bei der Agglutination legen sich die Blutkörperchen mit ihren Flächen in „Geldrollenform" zu längeren Ketten aneinander, die auch mit bloßem Auge sichtbare Klümpchen bilden (s. Abb. 21). Solche Gebilde können zwar in kleinerem Maßstab auch schon unter normalen Verhältnissen entstehen, aber dann fallen die Rollen schon bei den leichtesten Bewegungen wieder in die einzelnen Körperchen auseinander, während bei pathologisch gesteigerter Agglutination die Körperchen ziemlich fest aneinander haften bleiben (FÅHRAEUS).

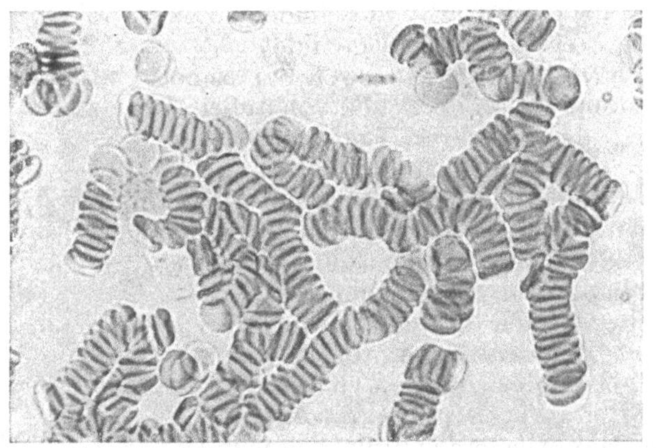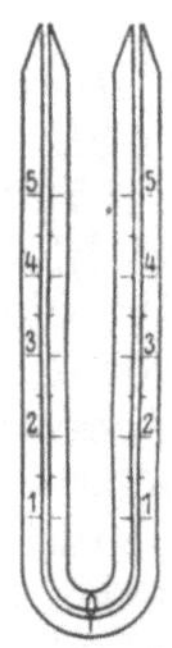

Abb. 21. Gesteigerte Geldrollenbildung im menschlichen Blut. (Nach PETERSEN.)   Abb. 22. Hämatokrit.

Die Abtrennung der Blutkörperchen vom Plasma kann natürlich durch Zentrifugieren einer Blutprobe beschleunigt werden. Man sieht dann meist die Masse der Erythrozyten mit einem grauen Schleier oberflächlich bedeckt. Dieser rührt von den weißen Blutkörperchen her, welche spezifisch etwas leichter sind als die roten Blutkörperchen. Will man genau das Volumenverhältnis zwischen Blutkörperchen und Plasma feststellen, so zentrifugiert man das Blut in einem sogenannten *Hämatokriten* (s. Abb. 22), einer U-förmig gebogenen und graduierten Kapillare. Man findet beim Menschen im Mittel ein *Blutkörperchenvolumen* von 35—40 %.

Durch die Möglichkeit solcher exakter Volummessungen lassen sich bei den roten Blutkörperchen leichter als bei irgendwelchen anderen tierischen Zellen die **osmotischen Eigenschaften** studieren, wie überhaupt die freie Verschieblichkeit der Blutzellen in ihrem Milieu sie zu einem auserlesenen Objekt für zellularphysiologische Untersuchungen macht; denn allen chemischen und physikalischen Einflüssen von seiten ihres Milieus sind sie eben dadurch, daß sie zu keinem kompakten Gewebe zusammengefügt sind, besonders zugänglich. Man muß freilich vorsichtig sein, die dabei gewonnenen Ergebnisse zu verallgemeinern, weil die roten Blutkörperchen der Säugetiere keine vollwertigen Zellen sind, sondern spezialistisch ausgebildete Formen, die durch ihre Kernlosigkeit von dem gewöhnlichen Zelltypus abweichen.

Über die osmotischen Eigenschaften der Zellen wurden schon im vorigen Kapitel (S. 82) einige Andeutungen gemacht, als von dem osmotischen Druck des Blutplasmas die Rede war. Es hieß dort, die Zellen seien von einer Plasmahaut umschlossen, welche im allgemeinen die Eigenschaften der semipermeablen Membranen (S. 68) besitze. Wenn dies nun auch für die Blutkörperchen gilt, so muß das hämatokritisch gemessene Blutkörperchenvolumen in einer zum Plasma hypotonischen Lösung, in der die Blutkörperchen anstatt in Plasma suspendiert werden, zunehmen und in einer hypertonischen Lösung abnehmen. Das ist auch in der Tat der Fall. Man kann dies Verhalten auch genau in einem einfachen osmotischen Modell nachahmen. Läßt man aus einer Kapillare einen Tropfen Kupfersulfatlösung in eine mit ihr isotonische Lösung von Ferrozyankalium austreten, so umgibt sich der blaue Tropfen sofort mit der früher schon erwähnten semipermeablen Membran aus Ferrozyankupfer (S. 68) und bleibt, in dieser gefangen, in der Oberfläche der gelben Lösung hängen; es hat sich eine sogenannte *Traubesche Zelle* gebildet. Verdünnt man nun die gelbe Außenlösung, so wächst die Zelle, weil der osmotische Druck gegen die Membran von innen her über den Druck von außen überwiegt und demzufolge unter Dehnung der Membran Endosmose zustande kommt; konzentriert man dagegen die Außenlösung, so schrumpft die Zelle. Auch bei der einzelnen Blutzelle kann man die osmotische Volumänderung im Mikroskop direkt sehen, wenn sie beträchtlich genug ist; in konzentrierten Lösungen sehen die Blutkörperchen deutlich geschrumpft aus, sie nehmen dabei eine unregelmäßige Form mit gezackter oder gebuckelter Oberfläche, eine sogenannte *Stechapfel-* oder *Maulbeerform* an; in stark hypotonischen Lösungen schwellen sie bis zur Kugelform an, um schließlich unter Loslassen ihres Farbstoffes fast unsichtbar zu werden; die übrigbleibenden Reste sind die früher schon genannten *Stromata* oder *Blutschatten*. Die Blutkörperchen lösen sich also in stark hypotonischen Lösungen anscheinend auf, man spricht von *osmotischer* **Hämolyse**. Diese beginnt, kenntlich am Austritt des roten Farbstoffs, der nach dem Abzentrifugieren der Blutkörperchen die überstehende Lösung färbt, bei etwa 0,5 % NaCl, wenn es sich um normale menschliche Erythrozyten handelt. Die „*osmotische Resistenz*" der Blutkörperchen anderer Tiere kann größer oder kleiner sein. Die beim Pferd entspricht etwa 0,7 % NaCl. Auch beim Menschen kann in pathologischen Fällen die Resistenz vermindert sein, z. B. bei dem sog. hämolytischen Ikterus, bei dem die Hämolyse manchmal schon bei 0,7 % NaCl beginnt.

Mit der Hämolyse hängt zusammen, daß Blut bei Verdünnung mit Wasser durchsichtig wird, während es bei Verdünnung mit physiologischer Kochsalzlösung undurchsichtig trüb bleibt. Denn die Undurchsichtigkeit des Blutes beruht auf den verschiedenen Brechungsindizes der Blutkörperchen und ihrer Suspensionsflüssigkeit; daher wird schräg auf sie auffallendes Licht reflektiert und dringt nicht durch. Wenn dagegen Hämolyse eingetreten ist, dann sind die Differenzen im Brechungsvermögen verschwunden, das Blut verhält sich wie eine *Lasur-* oder *Lackfarbe*, welche den Untergrund durchscheinen läßt; vorher war es eine *Deckfarbe*, welche, auf einen Untergrund gestrichen, diesen zudeckt.

Aber nicht in allen mit Plasma isotonischen Lösungen bewahren die Blutkörperchen ihr normales Volumen. Wie eine Kochsalzlösung verhalten sich im allgemeinen bei der entsprechenden isotonischen Konzentration auch die Lösungen anderer neutraler Salze, die Lösungen verschiedener Zucker, der Aminosäuren u. a. Dagegen wirken Lösungen der einwertigen Alkohole, Aldehyde, Urethane, Halogenkohlenwasserstoffe, ferner die Lösungen von Harnstoff, Glykol, Acetamid u. a., auch wenn sie denselben osmotischen Druck wie das Plasma haben, als wäre statt ihrer destilliertes Wasser zur Suspension der Blutkörperchen genommen, d. h. es tritt Hämolyse ein. Das beruht darauf, daß gegenüber den Lösungen dieser chemischen Verbindungen die Plasmahaut der Blutkörperchen nicht semipermeabel ist, daß diese Verbindungen sich vielmehr alsbald durch die Plasmahaut hindurch gleichmäßig auf die Blutkörperchen und ihre Umgebung verteilen, und nun schwellen die Blutkörperchen aus dem gleichen Grunde auf, wie die Blutkörperchen in destilliertem Wasser, nämlich die in ihrem Innern gelösten normalen Bestandteile üben gegen die für sie semipermeable Plasmahaut ihren osmotischen Druck aus, dem von außen her kein entsprechender Gegendruck entgegenwirkt, und so kommt es zur Schwellung wie im analogen Fall der „TRAUBEschen Zellen".

Zur Erklärung für das verschiedene Verhalten der Plasmahaut gegenüber den gelösten Stoffen sind bestimmte Hypothesen über ihren Bau entwickelt worden. Es wird angenommen, daß die Plasmahaut eine Art Mosaik darstellt, dessen Fläche wenigstens zweierlei Bausteine enthält, nämlich erstens lipoide Flächenelemente, welche nach dem Prinzip der *auswählenden Löslichkeit* (S. 68 und 71) nur solche Verbindungen durchtreten lassen, die in den in den Stromata reichlich enthaltenen Lipoiden (Cholesterin, Lezithin und ähnliche) (S. 51) löslich sind (OVERTON), und zweitens Elemente vom Charakter der *Moleküsiebe* (S. 68), die von Poren durchsetzt sind, durch welche gelöste Stoffe nur bis zu einem bestimmten Moleküldurchmesser penetrieren können (PFEFFER, COLLANDER). Zu den lipoidlöslichen Stoffen gehören von den vorher genannten die einwertigen Alkohole, Aldehyde, Urethane, Halogenkohlenwasserstoffe u. a., während Harnstoff, Glykol, Azetamid durch ein relativ niedriges Molekülvolumen ausgezeichnet sind. Gestützt wird die Hypothese von der Mosaikstruktur der Plasmahaut einerseits durch den Nachweis, daß die Geschwindigkeit des Durchtritts, d. h. hier die Hämolysiergeschwindigkeit in der ersten Gruppe von Stoffen um so größer ist, je größer ihre relative Löslichkeit in den Lipoiden, und andererseits durch die Beobachtung, daß in einer homologen Reihe, etwa der der mehrwertigen Alkohole Glykol, Glyzerin, Erythrit, Mannit, die Hämolyse von Glied zu Glied mit steigender Größe des Moleküls sich verlangsamt und oberhalb einer gewissen Größe gleich 0 wird. Für die lipoidlöslichen Stoffe wird die Hypothese ferner gestützt durch die Tatsache, daß sie auch dann Hämolyse verursachen, wenn sie in größerer Konzentration zum Plasma oder auch zu physiologischer Kochsalzlösung zugesetzt werden; denn da diese Stoffe sich nicht bloß in den Lipoiden lösen, sondern auch selber Lösungsmittel für die Lipoide sind, so können sie, in größeren Mengen in der Umgebung der Blutkörperchen befindlich, aus deren Plasmahaut die Lipoide herauslösen und die Oberfläche dadurch sozusagen durchlöchern So ist lange bekannt, daß durch Zusatz von Äther, Chloroform, Amylalkohol u. a. Blut lackfarben wird.

Auf eines sei aber in diesem Zusammenhang noch aufmerksam gemacht: die genannten lipoidlöslichen und deshalb permeierenden Verbindungen sind Zellgifte; unter denjenigen Verbindungen dagegen, für welche die Blutkörperchen und überhaupt die meisten Zellen impermeabel oder wenigstens schwer durchlässig sind, finden sich die Nahrungsstoffe und ihre Spaltprodukte, die Zucker, die Aminosäuren, die Salze. Damit werden wir noch einmal an die schon früher (S. 83) gezogene Konsequenz erinnert, daß der Akt der Nahrungsaufnahme in die Zellen mehr sein muß als ein einfacher Diffusionsvorgang, daß man also einer passiven, physikalischen eine aktive „physiologische Permeabilität" gegenüberstellen muß (HÖBER).

Einen guten Begriff von dieser gibt das Verhalten mancher im Wasser lebender Pflanzenzellen. Bei ihnen umschließt ein dünner unter der Zellulosehaut gelegener Protoplasmabelag eine große Zellsaftvakuole, die — ähnlich wie es bei den Blutkörperchen der Fall ist (S. 85), — anorganische Salze in wässeriger Lösung in ganz anderen Mengenverhältnissen enthält als die sie umgebende Lösung. Der Protoplasmamantel stellt ein Diffusionshemmnis dar, das den Ausgleich verhindert. Unter gewissen Umständen, z. B. bei starker Abkühlung oder mangelhafter Sauerstoffzufuhr; erleidet nun die Zelle einen Verlust an dem von ihr bis zu hohen Konzentrationen gespeicherten Kali nach außen; bei Belichtung und anderen günstigen Umständen vermag sie dann aber langsam das ausgetretene Kali von neuem entgegen dem Konzentrationsgefälle in ihr Inneres zurückzubefördern. Bei allen Zellen müssen wahrscheinlich in ähnlicher Weise ganz besondere, nicht zu jeder Zeit erfüllte Bedingungen vorliegen, damit der notwendige Import von Nahrungsstoffen stattfinden kann.

Die Plasmahaut der Blutkörperchen hat noch eine besondere, bisher nur bei dieser nachgewiesene Eigentümlichkeit, die für die *Erhaltung der Blutreaktion* (s. S. 84) mit von Bedeutung ist. Nämlich wenn die Blutkörperchen nach ihrem osmotischen Verhalten und nach den chemischen Analysen beurteilt impermeabel für anorganische Salze sind, so beruht dies nur darauf, daß ihre Plasmahaut zwar Kationen nicht durchläßt, wohl aber für Anionen permeabel ist. Ein Anion kann aber niemals für sich allein durch eine Membran diffundieren; ihre freien negativen Ladungen lassen es nicht zu. Entweder muß ein Kation mitwandern oder, wenn das nicht möglich ist, so muß ein in einer Richtung durchtretendes Anion durch ein in entgegengesetzter Richtung wanderndes ersetzt werden. In diesem Sinn besteht nun bei den Blutkörperchen eine reine *Anionenpermeabilität*; die außen und innen befindlichen Anionen sind frei gegeneinander vertauschbar (KOEPPE). Für die Reaktionsregulation hat dies folgende Bedeutung: Das im Innern der Blutkörperchen konzentrierte Hämoglobin, auf das wir sogleich zu sprechen kommen, ist dort bei Abwesenheit von Kohlensäure ähnlich wie die Plasmaeiweißkörper als Alkaliverbindung, also als Anion vorhanden (s. S. 86). Nimmt das Blut nun bei der Passage der Organe Kohlensäure auf, so tritt diese innerhalb der Blutkörperchen mit dem Hämoglobin in Reaktion. Das Hämoglobinanion wird, da das Hämoglobin eine noch schwächere Säure ist als die Kohlensäure, entionisiert, und an seiner Stelle tritt reichlich Bikarbonatanion auf, entsprechend einer Reaktionsgleichung: $CO_2 + H_2O + Hb' = HCO_3' + H \cdot Hb$. Das Bikarbonatanion diffundiert dann nach außen, indem es sich durch die Plasmahaut hindurch gegen Cl′ austauscht. So steigt also bei Säuerung des Blutes durch Kohlensäure die Alkalireserve (S. 86) des Plasmas, also das Säurebindungsvermögen (s. hierzu weiter S. 105).

Treibt man danach das CO_2 wieder aus, so spielt sich natürlich die umgekehrte Reaktion ab; das entionisierte Hämoglobin dissoziiert von neuem, unter Cl-Austritt tritt HCO_3' in die Blutkörperchen ein und bildet mit den frei werdenden H-Ionen $CO_2 + H_2O$.

Die selektive Anionenpermeabilität ist eine spezifische Eigenschaft der Plasmamembran der Blutkörperchen. Sie hat ihr Analogon in der selektiven Kationenpermeabilität der früher schon (S. 68) erwähnten Membran aus getrocknetem Kollodium (MICHAELIS). Beide Ionenpermeabilitäten beruhen auf der Anwesenheit feinster Poren in der Membran, wie u. a. dadurch bewiesen wird, daß die Permeierfähigkeit zum Ionendurchmesser im reziproken Verhältnis steht. Die Ursache für die Kationenpermeabilität im einen, für die Anionenpermeabilität im andern Fall ist elektrostatischer Natur; das Membranmaterial ist bei der Kollodiummembran Träger negativer, bei der Plasmahaut der Blutkörperchen Träger positiver elektrischer Ladungen. Daher wird die Kollodiummembran selektiv anionenpermeabel, sobald man sie durch Einlagerung gewisser organischer Basen positiv auflädt, und umgekehrt lassen die Blutkörperchen Kationen durchtreten, wenn man sie vorsichtig mit OH′ in Form von Natronlauge behandelt und dadurch ihre Membran elektronegativ macht (MOND).

Wir kommen nun zu dem chemischen Inhalt der Erythrozyten und haben da eigentlich nur noch einen charakteristischen und höchst wichtigen Bestandteil zu nennen, eben das **Hämoglobin**. Die roten Blutkörperchen bestehen im Mittel zu zwei Dritteln aus Wasser, ein Drittel ist Trockensubstanz; von dieser Trockensubstanz sind aber 90—95 % Hämoglobin; daraus allein geht schon die Bedeutung des Hämoglobins für die Funktion der Blutkörperchen hervor.

Man gewinnt das Hämoglobin aus lackfarben gemachtem Blut unter Zusatz von Alkohol in Form von Kristallen, welche je nach der Tierart, der das Blut entstammt, verschiedene Form haben; das menschliche Hämoglobin kristallisiert in großen rhombischen Prismen. Das Hämoglobin gehört, wie schon früher (S. 41) gesagt wurde, zu den Proteiden. Sein Molekulargewicht beträgt, aus Messungen des osmotischen Druckes, der Diffusionsgeschwindigkeit oder auch der Sedimentierung beim Zentrifugieren der Lösungen übereinstimmend ausgewertet, ungefähr 68000; das ist relativ wenig im Vergleich etwa zu Serumglobulin (104000) oder zu Kasein (188000) (s. dazu Kap. 16). Es wird sehr leicht, z. B. durch Erhitzen oder durch Alkalien, in seine beiden Komponenten gespalten, in einen Eiweißkörper *Globin* und, bei Abwesenheit von Sauerstoff, in einen Farbstoff, *Hämochromogen*, bei Gegenwart von Sauerstoff in *Hämatin*.

Das Hämatin ist in saurer Lösung braun, in alkalischer in dicken Schichten rot. Mit Salzsäure gibt es ein schwer lösliches Salz, *Hämin* genannt, welches in Form der sogenannten Teichmannschen *Kristalle* leicht auskristallisiert; diese sind mikroskopisch kleine braune rhombische Prismen (s. Abb. 23). Sie dienen, besonders für forensische Zwecke, zum Nachweis von Blut; wenige Tropfen wässerigen Extrakts aus einem Blutfleck oder dergleichen, mit einigen Körnchen Kochsalz und Eisessig

Abb. 23. Teichmannsche Häminkristalle.

langsam auf einem Objektträger eingedampft, genügen zur Bildung zahlreicher Häminkristalle. Da das Hämatin für alle Hämoglobine das gleiche ist, so kann man durch die Teichmannsche Probe nur Blut schlechtweg nachweisen; zur Feststellung, ob Menschen- oder Tierblut vorliegt, muß man eine der „biologischen Reaktionen" (s. S. 81) ausführen.

Das Hämoglobin enthält 0,34 % Eisen. Unter Zugrundelegung der Annahme, daß im Molekül 1 Atom Fe enthalten ist, ergibt sich ein Molekulargewicht von etwa 17000. Die direkte Messung führt, wie wir eben sahen, zu einem Molekulargewicht von 68000, also dem 4fachen. Danach würden in 1 Molekül Hämoglobin 4 Atome Fe enthalten sein.

Das Eisen gehört dabei der Hämatinkomponente an. Durch Behandlung mit Säure läßt es sich abspalten, und man erhält einen neuen eisenfreien, braunroten Farbstoff, das *Hämatoporphyrin*. Es wurde schon einmal (S. 51) erwähnt, als von der Herkunft der Gallenfarbstoffe die Rede war, und gesagt, daß es chemisch dem Bilirubin nahesteht. Auch daran sei noch einmal erinnert, daß es über sein Spaltprodukt, das *Hämopyrrol*, mit dem Chlorophyll verwandt ist (s. S. 51).

Die Konstitution des Hämins ist neuerdings vollständig aufgeklärt worden (W. Küster, Willstätter, H. Fischer). Es besteht aus dem

Porphinkern, einem Ringsystem von 4 Pyrrolkernen, die durch 4 Methin-
gruppen —CH= untereinander verbunden sind:

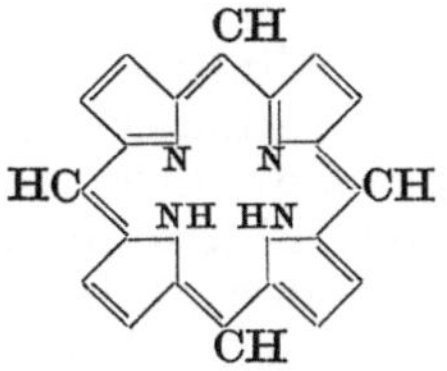

$$C_{34}H_{32}N_4O_4FeCl$$

Im Hämin sind dann die 4 N-Atome dieses Ringsystems durch zwei
Haupt- und zwei Nebenvalenzen mit Eisen verbunden. Das Formelbild
ist das folgende:

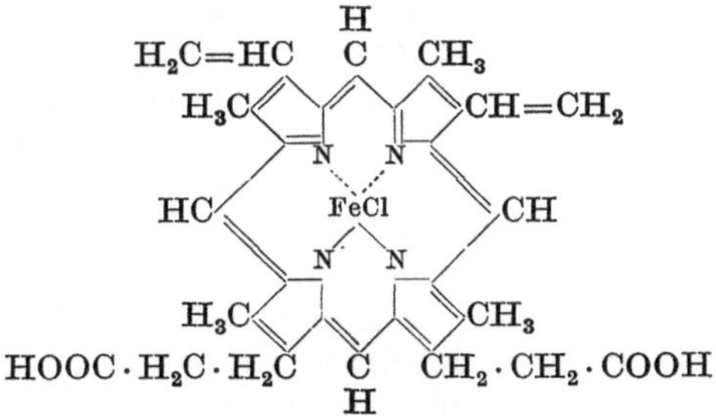

Das Hämin enthält aber 4 Methyl-, 2 Vinyl- und 2 Propionsäure-
gruppen. Das Eisen in ihm ist dreiwertig.

Das gleiche Ringsystem liegt dem Molekül des Chlorophylls zugrunde;
doch gruppieren sich hier die 4 Pyrrolkerne statt um Fe um Mg in der
gleichen Art Bindung.

Auch Hämatoporphyrin enthält den Porphinkern. Dagegen ist er
im Bilirubin unter Erhaltung der verschiedenen Seitenketten aufgespalten
(s. S. 48).

Für die Entstehung des Porphinkerns ist wahrscheinlich von Bedeutung, daß der Pyrrolkern auch im Prolin und Oxyprolin und im Tryptophan (= Benzopyrrolaminopropionsäure) (S. 40 und 61) enthalten ist.

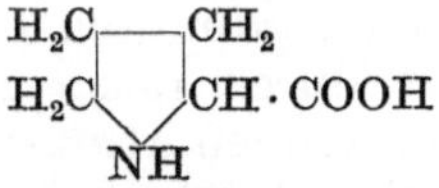

Prolin (=Pyrrolidinkarbonsäure) 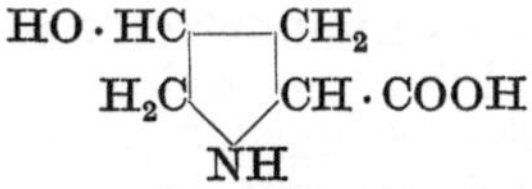   Oxyprolin

Die quantitative Bestimmung des Hämoglobins im Blut ist von gleich
großem Wert für die Physiologie und für die Pathologie. Sie ist, wie bei
allen Farbstoffen, relativ leicht mit einer der vielen kolorimetrischen Methoden auszuführen. ————

Bei der klinisch oft geübten Bestimmung mit dem *Hämometer von* SAHLI wird
eine kleine, genau gemessene Menge von einigen mm³ Blut in 0,1 normaler Salzsäure
in einem graduierten Röhrchen verdünnt, dabei entsteht eine braune Lösung von
Hämin; diese wird so lange mit Wasser weiter verdünnt, bis sie die gleiche Helligkeit
hat, wie eine in einem zugeschmolzenen Röhrchen befindliche Vergleichslösung von
Hämin von bekanntem Gehalt.

Der Hämoglobingehalt beim erwachsenen Menschen beträgt 13—14%
vom Blut; bei der Frau beträgt der Gehalt nur etwa 90% von dem des
Mannes.

Mit Hilfe dieser oder sonst einer kolorimetrischen Methode kann man auch *die Bestimmung der Gesamtmenge Blut* in einem Tier vornehmen. Man läßt das Tier verbluten, spült durch Einlaufenlassen von physiologischer Kochsalzlösung in die Blutbahn die Blutreste möglichst heraus und extrahiert dann noch die einzelnen zerkleinerten Organe mit Wasser. Darauf mischt man diese drei Flüssigkeitsquanten, nachdem man zuvor an einer Probe des spontan ausgeflossenen Blutes den Hämoglobingehalt gemessen hat, und bestimmt zum Schluß den Hämoglobingehalt des Gemisches. Alsdann läßt sich die Gesamtblutmenge berechnen. Auf diese Weise fand WELCKER, daß *die gesamte Blutmenge etwa* $^1/_{13} = 7,7\,\%$ *des Körpergewichts beträgt*, d. h. beim erwachsenen Menschen von im Mittel 65 kg etwa 5 Liter. Versuche am lebenden Menschen mit später zu erörternden Methoden (s. Kap. 10) haben einen ziemlich übereinstimmenden Wert ergeben, nämlich 8—10 % des Körpergewichts, also etwa 5,2—6,5 Liter.

Welche physiologische Funktion hat nun das Hämoglobin zu erfüllen? Wir wollen der Antwort auf diese Frage näherkommen, indem wir Ursachen und Folgen einiger Schwankungen im normalen Hämoglobingehalt betrachten. Es wird seit langer Zeit angegeben, daß während des Aufenthalts an hochgelegenen Orten bei Mensch und Tier die Zahl der roten Blutkörperchen und die Menge Hämoglobin in der Volumeinheit Blut zunehmen. Diese Steigerungen, welche man in einem wenige mm³ umfassenden Blutstropfen konstatiert, können natürlich relative sein. Es kommt z.B. vor, daß die Verteilung der Blutkörperchen unregelmäßig ist, so daß in den Hautkapillaren das Blut konzentrierter ist als in denen eines inneren Organs, oder das Blut kann durch starke Wasserverdunstung oder durch Auspressen von Plasma durch die Gefäßwände hindurch eingedickt sein. Aber wenigstens bei längerem Aufenthalt im *Höhenklima* nimmt der Hämoglobingehalt des Körpers auch absolut zu. Dem entspricht die Angabe, daß, wenn man von Hunden aus dem gleichen Wurf einige in der Höhe, die anderen in der Ebene aufwachsen läßt, bei den Höhentieren das rote Knochenmark, die Bildungsstätte der Blutkörperchen während der Jugendzeit, länger fortfährt, Blutkörperchen zu produzieren, als bei den Ebenetieren (ZUNTZ). Ferner werden Blutverluste im Höhenklima auffallend viel schneller durch Blutkörperchenneubildung ausgeglichen als in der Ebene (LAQUEUR). In diesen Vorgängen erblickt man wohl mit Recht eine Anpassung an den verminderten Sauerstoffgehalt der verdünnten Luft. Denn in größeren Höhen ist jede körperliche Arbeit durch rasch einsetzende Atemnot erschwert, der Körper kann sich aus der dünnen Atmosphäre nicht genügend mit Sauerstoff versorgen; dem kann aber durch Vermehrung der Zahl der Blutkörperchen und besonders durch Steigerung der Hämoglobinmenge mehr oder weniger abgeholfen werden, weil *das Hämoglobin im Dienst der Respiration steht, indem es Sauerstoff bindet.* In welchem Maß die Akklimatisierung statthat, zeigt etwa die nebenstehende Tabelle, die die Blutkörperchenzahl wiedergibt, die an Eingeborenen bei einer Himalayaexpedition bis zu 5600 m Meereshöhe ermittelt wurde (HINGSTON).

Datum	Meereshöhe	Blutkörp. in 10^6 pro mm³
10. April . . .	200	4,5
12. Mai . . .	1300	5,2
30. Mai . . .	3700	6,8
21. Juni . . .	4100	7,5
27. Juli . . .	5600	8,3

Dem Körper stehen aber noch andere Maßnahmen zur Verfügung, um den Sauerstoffmangel in der Atmosphäre zu kompensieren. Die Blutmenge nimmt zu, und die Pulsfrequenz steigt; dem dadurch vergrößerten Anspruch paßt sich das

Herz durch Vergrößerung seines Gewichts an (LINTZEL und RADEFF). Ferner wird die Ausnutzung des Sauerstoffs anatomisch durch eine relative Verbreiterung des Thorax und chemisch durch Vermehrung des Glutathions und der Katalase im Blut gefördert (GABBE) (s. dazu Kap. 11). Durch solche Selbstregulationen wird eventuell auch bei tagelangem Aufenthalt oberhalb 7000 m völliges körperliches Wohlbefinden ermöglicht, wie die deutsche Himalajaexpedition erst kürzlich (1931) gelehrt hat. — Eine ganz entsprechende Akklimatisierung an ein Leben in Sauerstoffmangel vollzieht auch, wie wir früher schon (S. 50) gesehen haben, der Embryo im Mutterleib, der nach den Beobachtungen von ANSELMINO und HOFFMANN von der Placenta her im Verhältnis zum Erwachsenen nur außerordentlich spärlich mit Sauerstoff versorgt wird; während das Blut der mütterlichen Uterinarterie ca. 15 Vol.% Sauerstoff enthält (s. dazu S. 101), enthält das arterialisierte Venenblut in der Nabelschnur nur etwa 3,5 %.

Das Gegenstück zu diesen Erscheinungen bilden die klinischen Beobachtungen bei den verschiedenen Formen von *Anämie* oder *Blutarmut*, bei welchen das Blut durch einen Mindergehalt an Hämoglobin, meist auch durch eine Verminderung der Blutkörperchenzahl gekennzeichnet ist. Hier begegnet man wieder der Atemnot, welche diesmal aber nicht dem äußeren Mangel an Sauerstoff, sondern dem inneren Defizit an Affinitäten zum Sauerstoff entspringt.

Wenn wir also zu der Ansicht gelangen, daß die Erythrozyten als Träger des Hämoglobins im Dienst der Respiration stehen, so werden wir uns daran zurückerinnern (S. 91), daß ihre Zahl, Größe und Form sie dafür besonders geeignet machen; denn das Hämoglobin wird dadurch in sehr großer Oberfläche dem im Plasma gelösten Sauerstoff dargeboten. Diese Auffassung wird durch das *Hämoglobin-Verteilungsgesetz* von BÜRKER gestützt. Bezieht man nämlich die im Blut enthaltene Hämoglobinmenge auf die Einheit der Blutkörperchenoberfläche, so erhält man bei allen Säugetieren, obgleich ihre Erythrozyten recht verschieden groß sind, dieselbe Zahl, wie die nebenstehende Tabelle lehrt.

Zum Verständnis der Beziehungen zwischen Hämoglobin und Sauerstoff wird es nun zweckmäßig sein, sich zuerst das Verhältnis von Gasen zu Flüssigkeiten, wie das Blut eine ist, ins Gedächtnis zurückzurufen.

Tierart	Hb-Gehalt eines Erythrozyten in 10^{-12} g	Oberfläche eines Erythrozyten in μ^2	Hb-Gehalt pro μ^2 in 10^{-14} g
Mensch . . .	30	98,4	31
Hund	24	82,7	29
Schwein . . .	22	68,4	32
Kaninchen . .	20	68,4	29
Rind	19	55,4	34
Pferd	18	55,4	33
Schaf	11	33,6	33
Ziege	8	25,1	32

Bekanntlich sind Gase in Flüssigkeiten, wie z. B. in Wasser, mehr oder weniger löslich; man bezeichnet *den freiwilligen Übergang von einem Gas in eine Flüssigkeit* als **Gasabsorption** und kennzeichnet den Grad der Löslichkeit eines Gases durch seinen *Absorptionskoeffizienten*. Darunter versteht man diejenige Menge Gas in cm³, welche bei 0° von 1 cm³ Flüssigkeit aufgenommen wird. Für die für uns wichtigsten Gase sind die Absorptionskoeffizienten gegenüber Wasser folgende:

$$O_2 = 0,049, \quad N_2 = 0,024, \quad CO_2 = 1,713.$$

Die Absorption sinkt mit steigender Temperatur; die Absorptionskoeffizienten für 40°, also ungefähr Körpertemperatur, sind:

$$O_2 = 0,023, \quad N_2 = 0,012, \quad CO_2 = 0,53.$$

Die Gewichtsmengen von Gas, die absorbiert werden, steigen proportional mit dem Druck; da aber die Gewichte der Gase ihren Volumina umgekehrt proportional sind, so sind die absorbierten Volumina unabhängig vom Druck (*HENRY-DALTONsches Absorptionsgesetz*).

Befindet sich über der Flüssigkeit kein reines Gas, sondern ein Gasgemisch, so wird jede Komponente des Gemisches proportional dem ihm zukommenden Partialdruck absorbiert. Luft ist z. B. ein Gemisch von 20,92 Volumprozent O_2, 79,05 % N_2 (+ Edelgasen) und 0,03 % CO_2; die Partialdrucke sind also bei Atmosphärendruck:

$$\frac{20,92 \times 760}{100} = 159 \text{ mm Hg für } O_2$$

$$\frac{79,05 \times 760}{100} = 600,8 \text{ ,, \quad ,, \quad ,, } N_2$$

$$\frac{0,03 \times 760}{100} = \quad 0,2 \text{ ,, \quad ,, \quad ,, } CO_2$$

Demnach werden, bezogen auf die Absorption aus den reinen Gasen, von O_2 nur $\frac{159}{760}$, von N_2 nur $\frac{600,8}{760}$ und von CO_2 nur $\frac{0,2}{760}$ absorbiert.

Von einer Flüssigkeit, welche sich mit einem Gas von 1 Atmosphäre Druck ins Gleichgewicht gesetzt hat, sagt man kurz: die Flüssigkeit hat eine *Gasspannung* von 1 Atmosphäre. Bringt man eine Flüssigkeit von höherer Gasspannung mit Gas von niederer Spannung in Berührung, so entweicht so lange Gas, bis die Flüssigkeit die entsprechende niedrigere Gasspannung angenommen hat. Daher braust Mineralwasser auf, wenn man die Flasche entkorkt, indem sich das Wasser von hoher CO_2-Spannung mit der viel niedrigeren CO_2-Spannung in der Luft ins Gleichgewicht setzt. Aus dem gleichen Grunde entstehen in den Geweben eines sogenannten Caissonarbeiters, der auf dem Boden eines Flußbettes in einem Caisson bei 2—3 Atmosphären Luftdruck arbeitet, dessen Gewebsflüssigkeit also eine Gasspannung von 2—3 Atmosphären angenommen hat, kleine Gasbläschen, wenn er plötzlich statt vorschriftsmäßig langsam nach Hochziehen des Caissons dem gewöhnlichen Luftdruck ausgesetzt wird. Die Bläschen bestehen hauptsächlich aus Stickstoff, weil der Sauerstoff leichter chemisch gebunden wird, und da Stickstoff in Fetten und in Lipoiden relativ gut löslich ist, sich in diesen also besonders reichlich speichert, so entwickeln sich die Gasbläschen besonders im Fettgewebe und in der lipoidreichen weißen Substanz des Zentralnervensystems, um so mehr da diese nur spärlich vaskularisiert sind; sie gefährden dort die Funktion, indem sie das Gewebe komprimieren oder zerreißen; die Folgen sind eventuell zentrale Lähmungen. Das beste Hilfsmittel beim Eintritt von Lähmungen ist, die Patienten schleunigst wieder unter erhöhten Druck zu setzen.

Zur Feststellung der Gasabsorptionsgesetze ist es notwendig, eine **Analyse der absorbierten Gasmengen** vorzunehmen, welche unter den verschiedenen Bedingungen von einer Flüssigkeit aufgenommen worden sind. Dazu stehen hauptsächlich folgende *Methoden der Gasgewinnung* zu Gebote:

1. Hat ein Flüssigkeitsquantum Gas absorbiert, so entweicht dieses Gas vollständig, wenn man die Flüssigkeit mit einem Vakuum in Berührung bringt, oder besser sie in Berührung mit dem Vakuum schüttelt. Denn die absorbierten Gasmengen sind ja proportional dem Gasdruck; ist der Druck Null, so ist auch die Absorption Null. Man kann also mit einer Luftpumpe alles Gas auspumpen und dann zur Analyse in einem Eudiometerrohr über Quecksilber ansammeln. Eine für die Gewinnung der Blutgase geeignete *Quecksilberpumpe* ist in Abb. 24 schematisch dargestellt.

2. Das absorbierte Gas entweicht auch vollständig, wenn man die Flüssigkeit in einen Raum bringt, welcher mit einem anderen Gas erfüllt ist, als sich in der Flüssigkeit absorbiert befindet; denn dies andere Gas wirkt wie ein Vakuum, weil der Partialdruck des absorbierten Gases darin gleich Null ist. Die Austreibung durch das Fremdgas geschieht am besten so, daß man es durch die Flüssigkeit hindurchströmen läßt.

3. Man kann das absorbierte Gas auch austreiben, indem man die Flüssigkeit zum Sieden erhitzt; denn die Absorption sinkt mit steigender Temperatur, und sie wird beim Siedepunkt gleich Null, weil die dann sich bildenden Dampfblasen des Lösungsmittels ebenso wirken wie das Fremdgas bei der zweiten Methode.

Die chemische Analyse der so gewonnenen Gasgemische erfolgt nach folgenden Prinzipien:

1. Zu dem in einem Eudiometerrohr über Quecksilber angesammelten Gas wird in fester oder gelöster Form Kaliumhydroxyd gebracht, dieses bindet sämt-

liches **Kohlendioxyd**; die Differenz der Gasvolumina, auf gleiche Temperatur und gleichen Druck bezogen, ergibt den Gehalt an CO_2.

2. Darauf wird zur Bindung des **Sauerstoffs** in den Gasraum entweder alkalische Pyrogallol- oder Ferrosulfatlösung gebracht, oder man leitet zu dem Gasgemisch ein genau gemessenes Volumen Wasserstoff hinzu und bringt durch einen elektrischen Funken zwischen den Enden zweier Platindrähte, welche in die Wand des Eudiometerrohres eingeschmolzen sind, das Gemisch zur Explosion; in letzterem Fall ist ein Drittel des verschwindenden Gasvolumens Sauerstoff.

3. Der Gasrest besteht, abgesehen von dem bei der Explosion übrigbleibenden Wasserstoffüberschuß, aus **Stickstoff** und den kleinen Mengen an Edelgasen.

Wenden wir uns nun speziell den **Blutgasen** zu! Wir können in deren Zusammensetzung unter den verschiedensten physiologischen Zuständen mit den geschilderten Methoden einen exakten Einblick gewinnen unter der Voraussetzung, daß das Blut von seiner Entnahme aus einer Arterie oder Vene an bis zum Einfüllen in die Quecksilberpumpe nicht mit der Luft in Berührung kommt; man kann zu dem Zweck das Blut z. B. über Quecksilber auffangen, indem man aus einem völlig mit Quecksilber gefüllten Gefäß einen Teil des Quecksilbers austreten läßt und direkt durch Blut aus einem Blutgefäß ersetzt.

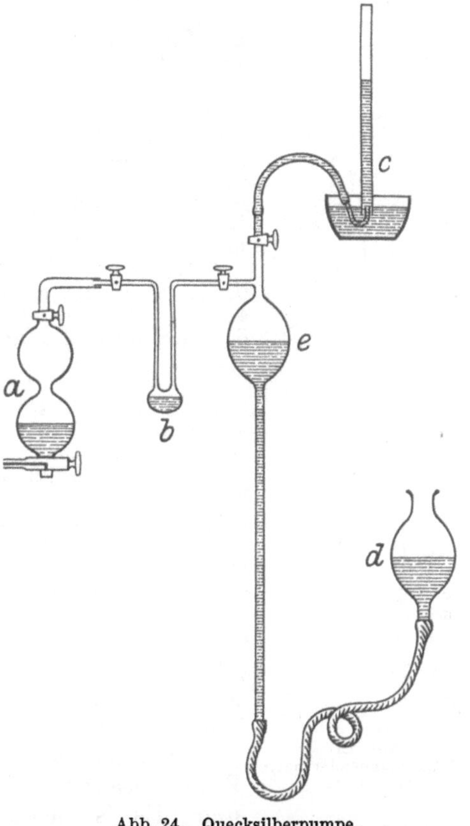

Auf diese Weise wurde gefunden, daß *der O_2-Gehalt des Blutes* vom arteriellen zum venösen Gebiet etwa zwischen 20 und 12 Volumprozent, *der CO_2-Gehalt* zwischen 43 und 50 Volumprozent schwankt, und daß der N_2-Gehalt etwa 1 Volumprozent beträgt. Das ist allein für den Stickstoff so viel, wie nach den Absorptionsmessungen bei Wasser und wässerigen Lösungen bei Körpertemperatur von vornherein zu erwarten ist; denn gehen wir davon aus, daß das zirkulierende Blut sich an der weit ausgedehnten inneren Oberfläche der Lungen mit der Lungenluft ins Gleichgewicht setzen kann, so wäre unter Berücksichtigung des Partialdrucks des Stickstoffs in der Luft und unter Berücksichtigung des Absorptionskoeffizienten für Stickstoff zu erwarten, daß 100 ccm Blut etwa $\dfrac{0{,}012 \cdot 79 \cdot 100}{100} = 0{,}95\,\text{ccm}\ N_2$ absorbieren.

Sauerstoff ist dagegen 30—60mal und Kohlendioxyd noch sehr viel reichlicher im Blut enthalten, als den Absorptionsgesetzen nach zu erwarten

Abb. 24. Quecksilberpumpe.

a Blutrezipient; *b* Gefäß mit konzentrierter Schwefelsäure zur Absorption von Wasserdampf; *c* Quecksilberwanne mit Eudiometerrohr. Durch abwechselndes Senken und Heben der Quecksilberfüllkugel *d* kann die anfänglich in *a* und *b* enthaltene Luft abgesogen und nach der Quecksilberwanne hinausgetrieben werden. Sind *a* und *b* völlig evakuiert, so wird der untere Hahn von *a* mit einem Blutgefäß verbunden, und durch Drehung des Hahns das Blut direkt aus dem Tier in *a* einströmen gelassen; das Blut kocht schäumend in den Kugeln von *a* in die Höhe. Darauf werden die Blutgase durch mehrmaliges Senken und Heben von *d* in das Eudiometer über der Quecksilberwanne befördert.

wäre. Die Erklärung dafür ist, daß *Sauerstoff und Kohlendioxyd größtenteils nicht einfach physikalisch absorbiert, sondern chemisch gebunden im Blut enthalten sind.*

Diese Tatsache der reichlichen Bindung ist die Grundlage für ein von BARCROFT angegebenes Verfahren, die Blutgase zu gewinnen und zu analysieren, das durch seine Einfachheit der Bestimmung mit Hilfe der Quecksilberpumpe weit überlegen ist und dabei den großen Vorzug hat, nur sehr geringe Blutquanten, so wie sie z. B. klinisch zu Gebote stehen, zu erfordern. Das BARCROFTsche *Blutgasmanometer* ist in Abb. 25 dargestellt. Das Gefäß *A* wird mit 2 ccm Ammoniak (+ Saponin als Hämolytikum) beschickt und 1 ccm Blut vorsichtig daruntergeschichtet; in das kleine Seitengefäß *B* füllt man 1 ccm gesättigte Ferricyankaliumlösung. Dann wird das Gefäß durch einen eingeschliffenen Glasstopfen mit dem Manometer verbunden und in einen Thermostaten gehängt, während der am Manometer angebrachte Hahn *C* geöffnet bleibt, bis Temperaturausgleich eingetreten ist. Sobald das geschehen ist, schließt man den Hahn und schüttelt kräftig. Das Saponin-Ammoniak hämolysiert dann das Blut, und das Ferricyankalium, das sich durch das Schütteln dem Blut zumischt, treibt sämtlichen gebundenen Sauerstoff aus. Infolgedessen wird die Sperrflüssigkeit des Manometers verschoben; an der sich einstellenden Niveaudifferenz *p* kann man nach der bekannten Zustandsgleichung für Gase

$$pv = p_0 v_0 (1 + 0{,}00367\,t)$$

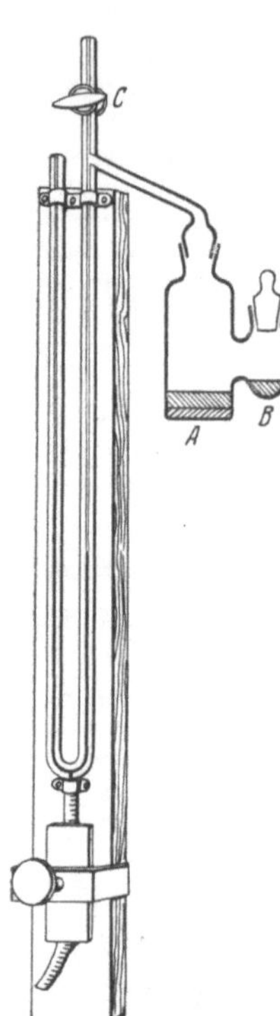

Abb. 25.
Blutgasmanometer nach
BARCROFT.

v_0, das Volumen des chemisch gebundenen Sauerstoffs, bezogen auf 0^0 und auf p_0, den Druck einer Atmosphäre, berechnen, wenn *p* den abgelesenen Druck, *v* den Gasraum bis zum Niveau der Sperrflüssigkeit im Manometer und *t* die Temperatur bedeutet. Als Sperrflüssigkeit verwendet man wegen des geringen sich entwickelnden Gasdrucks nicht Quecksilber, sondern eine wässerige Lösung. — An die Bestimmung des Sauerstoffs wird die Bestimmung des Kohlendioxyds direkt angeschlossen. Man öffnet zu dem Zweck den Hahn *C*, füllt das kleine Seitengefäß *B* mit 1 ccm Weinsäurelösung und verfährt dann noch einmal wie beschrieben. Die Säure neutralisiert nun beim Schütteln das Ammoniak und treibt das bis dahin gebunden gebliebene Kohlendioxyd aus, so daß abermals eine Niveaudifferenz im Manometer zustande kommt, aus der das Kohlendioxyd-Volumen berechnet wird.

Wenden wir uns nun der Frage zu, *in welcher Weise Sauerstoff und Kohlendioxyd im Blut gebunden sind.* Es ist leicht zu entscheiden, daß die gesamte **Bindung des Sauerstoffs** in den Blutkörperchen erfolgt; denn wenn man diese vom Plasma abzentrifugiert, so zeigt sich, daß das Plasma nicht mehr Sauerstoff aufzunehmen vermag, als dem Absorptionskoeffizienten entspricht, während auch das Plasma die Fähigkeit gewinnt, reichlich Sauerstoff zu binden, sobald man durch ein Hämolytikum den Inhalt der Blutkörperchen in ihm auflöst. Der wirksame Bestandteil der Blutkörperchen ist das Hämoglobin, das den Sauerstoff in lockerer, dissoziabler und reversibler Bindung als **Oxyhämoglobin** fixiert, d. h. der Sauerstoff wird als molekularer O_2 angelagert und wieder abgegeben; das Oxyhämoglobin ist also kein Oxydationsprodukt des Hämoglobins und ist kein Oxydationsmittel, das aktivierten atomistischen Sauerstoff auf andere oxydable Verbindungen überträgt (s. dazu Kap. 11). Das Hämoglobin ist mit Sauerstoff abgesättigt, wenn auf 1 Atom Fe 1 Molekül O_2 aufgenommen ist. Die Anlagerung ist also eine chemische Verbindung. Dafür sprechen aber auch noch folgende Gründe: Erstens ändert sich, wie bei so vielen chemischen Reaktionen, auch hier mit dem Einleiten von

Sauerstoff in vorher entgastes Blut die Farbe; die bläulich dunkelrote Farbe des Hämoglobins geht in die scharlachrote des Oxyhämoglobins über. Zweitens ändert sich das *Absorptionsspektrum*. Für das Oxyhämoglobin sind vor allem zwei Absorptionsbänder im gelben und grünen Teil des Spektrums zwischen der D- und E-Linie charakteristisch, dazu kommt eine starke Verkürzung des Spektrums am kurzwelligen Ende durch Absorption des Violett und Blau (s. Abb. 26); bei größeren Oxyhämoglobin-Konzentrationen konfluieren durch Absorption auch der zwischenliegenden

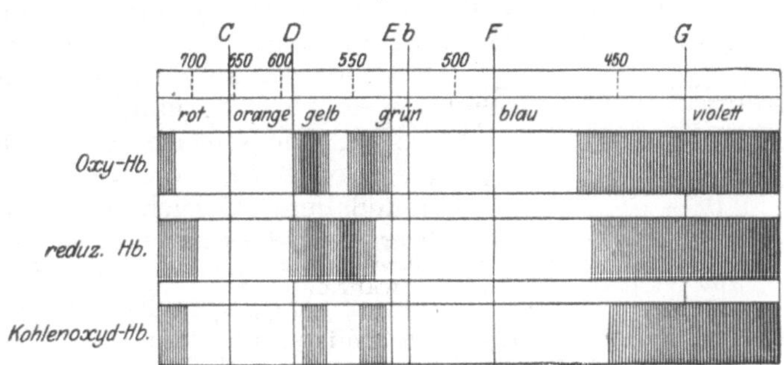

Abb. 26. Blutspektren.

Wellenlängen die beiden Streifen zu einem. Das Spektrum des Hämoglobins ist dagegen durch ein breites Absorptionsband ebenfalls zwischen der D- und E-Linie ausgezeichnet; dazu kommt wieder die Absorption der kurzwelligen Strahlen. Man kann das Spektrum des Oxyhämoglobins leicht in das des Hämoglobins überführen, indem man das Oxyhämoglobin reduziert; man setzt zu dem Zweck zu Blut etwas Schwefelammoniumlösung oder STOKESsche Lösung, d. h. eine ammoniakalische Lösung von Ferrosulfat und Weinsäure. Wie sich die Absorptionsstreifen mit der Konzentration an Oxyhämoglobin und an Hämoglobin ändern, zeigt die Abb. 27.

Die Verbindung von Hämoglobin und Sauerstoff ist, wie gesagt, *eine reversible Reaktion.* Das folgt schon aus der Tatsache, daß Blut, welches mit Luft in Berührung war, sehr viel Sauerstoff enthält, und daß durch Evakuieren dieser Sauerstoff vollständig ausgetrieben werden kann. *Die Größe der Sauerstoffaufnahme ist also offenbar eine Funktion der Sauerstoffspannung.* Man erfährt die Art dieses Zusammenhangs, wenn man eine Hämoglobinlösung mit Gasgemischen von verschiedenen Sauerstoff-Partialdrucken schüttelt und nach Eintritt des Gleichgewichts erstens die Sauerstoffspannung in dem betreffenden Gasgemisch und zweitens die Menge des in der Lösung gebundenen Sauerstoffs bestimmt. Wir wollen die Menge Sauerstoff, welche beim Schütteln mit dem reinen Gas (= 760 mm

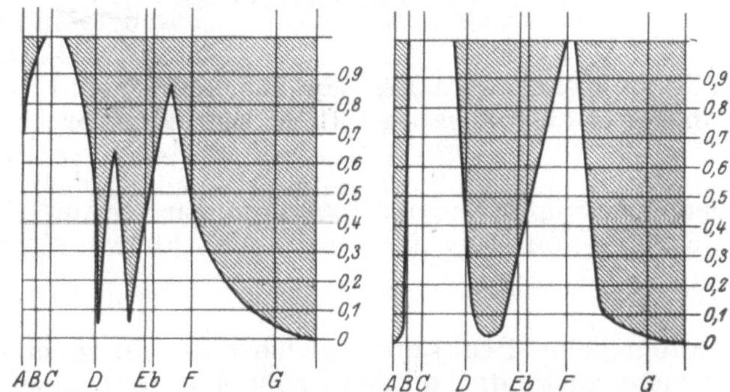

Abb. 27. Spektrale Absorption durch Oxyhämoglobin(I) und durch Hämoglobin (II) in Abhängigkeit von der Konzentration. (Nach ROLLET.) Die Ordinatenwerte bedeuten den Prozentgehalt an Farbstoff.

O_2-Spannung) gebunden wird, gleich 100 setzen; da bei dieser O_2-Spannung praktisch sämtliches Hämoglobin in Oxyhämoglobin übergeführt ist, so stellen die Werte für die bei niedrigeren Spannungen gebundenen Mengen, entsprechend umgerechnet, die *prozentischen Sättigungen mit Sauerstoff* dar, sind also Angaben darüber, welcher Anteil vom gesamten Hämoglobin in der Lösung in Form von Oxyhämoglobin und wieviel in Form von reduziertem Hämoglobin anwesend ist. So wurden z. B. für die Temperatur von 38^0 die folgenden Werte gefunden.

Trägt man diese Werte in ein Koordinatensystem ein, dessen x-Achse die Sauerstoffdrucke in mm Hg, dessen y-Achse die prozentischen Sättigungen angibt, so erhält man eine Kurve wie in Abb. 28, nämlich eine rechtwinklige Hyperbel. Die Kurve zeigt anschaulich, daß der relative Gehalt an Oxyhämoglobin in der Lösung mit den Sauerstoffdrucken von Null angefangen anfangs sehr rasch wächst, daß dann aber die weitere Steigerung des Sauerstoffdruckes von immer geringerem Einfluß ist. Von einem Druck

Sauerstoffdruck in mm Hg	Prozentische Sättigung
0	0
10	55
20	72
40	84
100	92

von etwa 159 mm Hg ab aufwärts (d. i. der Sauerstoffdruck in Luft von 1 Atm.) ist die Lösung schon fast vollständig (zu etwa 99 %) mit Sauerstoff gesättigt, ist praktisch alles Hämoglobin in Oxyhämoglobin übergeführt.

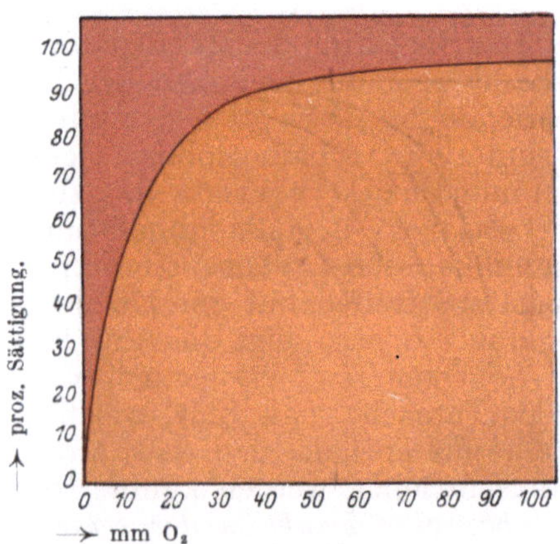

Abb. 28. Dissoziationskurve des Oxyhämoglobins. (Nach Barcroft.) Hellrot: Oxyhämoglobin, dunkelrot: Hämoglobin.

Der streng gesetzmäßige Verlauf der Kurve läßt vom Standpunkt der physikalischen Chemie leicht eine Deutung zu. Das Grundgesetz der chemischen Kinetik, das *Massenwirkungsgesetz* von GULDBERG und WAAGE besagt, daß die Geschwindigkeit einer Reaktion proportional ist dem Produkt aus den Konzentrationen der reagierenden Bestandteile; das heißt also für die Reaktion der Bildung von Oxyhämoglobin (Ox) aus Hämoglobin (Hb) und Sauerstoff nach der Gleichung Hb + $O_2 \rightarrow$ Ox:

$$v_1 = k_1[\mathrm{Hb}] \cdot [O_2],$$

wenn v_1 die Geschwindigkeit der Oxyhämoglobinbildung, k_1 ein Proportionalitätsfaktor, [Hb] und [O_2] die molekularen Konzentrationen von Hb und O_2 sind. Nun ist die Reaktion, mit der wir es zu tun haben, offenbar umkehrbar:

$$\mathrm{Hb} + O_2 \underset{\longrightarrow}{\longleftarrow} \mathrm{Ox};$$

denn bei großen Sauerstoffspannungen verläuft sie im Sinn der Reaktionsgleichung von links nach rechts, bei kleinen Spannungen von rechts nach links. Also gilt auch:

$$v_2 = k_2[\mathrm{Ox}]$$

Laufen beide Reaktionen gleichzeitig ab, so muß ein chemisches Gleichgewicht zustande kommen, sobald $v_1 = v_2$ geworden ist. Dann ist also:

$$k_1[\mathrm{Hb}] \cdot [O_2] = k_2[\mathrm{Ox}]$$

oder

$$\frac{k_1}{k_2} = \frac{[\mathrm{Ox}]}{[\mathrm{Hb}]\,[O_2]} .$$

[O_2] ist die Konzentration des gelösten Sauerstoffs, sie ist dem Partialdruck p von Sauerstoff in dem Gasgemisch, mit welchem die Hämoglobinlösung geschüttelt wurde, proportional, also $[O_2] = k_3 p$. Setzen wir diesen Wert ein, so erhalten wir:

$$\frac{k_1 \cdot k_3}{k_2} = K = \frac{[Ox]}{[Hb] \cdot p};$$

d. h. die Konzentration des Oxyhämoglobins dividiert durch die Konzentration des Hämoglobins mal der Sauerstoffspannung muß in jedem Fall konstant sein (HÜFNER). Prüfen wir daraufhin die Werte in der vorher (S. 104) gegebenen Tabelle:

Sauerstoffdruck in mm Hg	prozentische Sättigung	$\dfrac{[Ox]}{[Hb]}$	$\dfrac{[Ox]}{[Hb] \cdot p} = K$
0	0	—	—
10	55	$55 : 45 = 1{,}22$	$1{,}22 : 10 = 0{,}122$
20	72	$72 : 28 = 2{,}57$	$2{,}57 : 20 = 0{,}129$
40	84	$84 : 16 = 5{,}25$	$5{,}25 : 40 = 0{,}131$
100	92	$92 : 8 = 11{,}5$	$11{,}5 : 100 = 0{,}115$

Die letzte Zahlenkolonne zeigt, daß der mathematische Ansatz richtig war; denn die K-Werte sind ungefähr konstant.

Diese einfache Formulierung der experimentellen Befunde gilt jedoch nur, wenn das Gleichgewicht des Sauerstoffs mit reinen Hämoglobin-

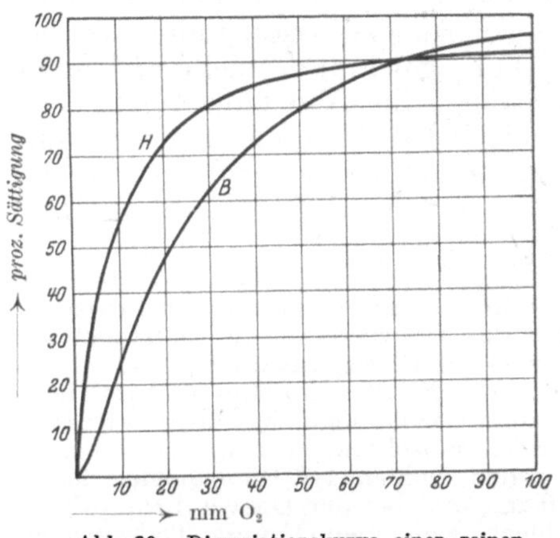

Abb. 29. Dissoziationskurve einer reinen Hämoglobinlösung (H) und von Blut (B). (Nach BARCROFT.)

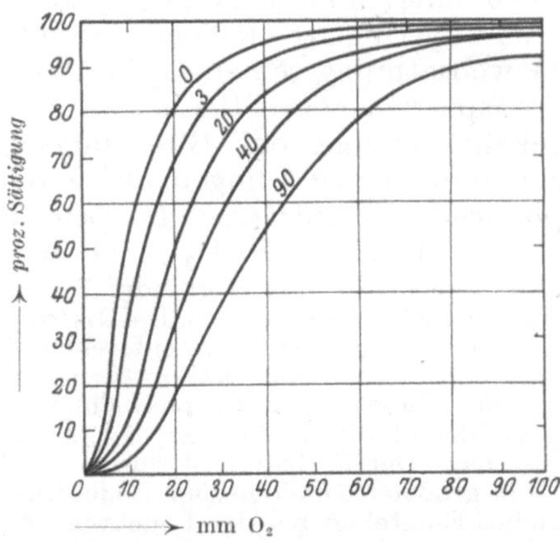

Abb. 30. Dissoziationskurve von Blut bei verschiedenen CO_2-Spannungen (von 0—90 mmHg). (Nach BARCROFT.)

lösungen untersucht wird. Die O_2-*Sättigungskurve* (*Dissoziationskurve*) für das Hämoglobin verläuft anders beim Blut (BOHR), nämlich etwa so, wie es die Kurve B der Abb. 29 zeigt. Dieser abweichende Verlauf rührt erstens von der Anwesenheit der Salze im Blut her (BARCROFT) und hängt damit zusammen, daß diese das kolloidale Hämoglobin in der Art verändern, daß neben einfachen Hämoglobinmolekülen in der Lösung auch noch verschiedene Aggregate mehrerer Moleküle existieren (A. V. HILL). Die Folge der Aggregation ist ein im ganzen vermindertes Sauerstoffbindungsvermögen. In derselben Weise deformieren zweitens Säuren die Sättigungskurve, unter ihnen die physiologisch wichtigste, die Kohlensäure, so wie es Abb. 30 für verschiedene CO_2-Spannungen darstellt. Die Spannung von 40 mm CO_2 entspricht dabei etwa der des arteriellen Blutes. *Kohlensäure treibt also den Sauerstoff aus dem Blut heraus*, und zwar, wie aus der Abb. 30 abzulesen ist, zu einem um so größeren Anteil, je niedriger die O_2-Spannung ist. Die physiologische Bedeutung dieser Tatsache werden wir noch (S. 110 und 111) zu würdigen haben.

Wenden wir uns nun der **Bindung des Kohlendioxyds** im Blut zu! Hier liegen die Verhältnisse dadurch komplizierter als beim Sauerstoff, daß das *Kohlendioxyd sowohl im Plasma wie in den Blutkörperchen chemisch gebunden wird.* Von der Bindung im Plasma war bereits (S. 86) die Rede. Die Hauptbindung geschieht aber vermöge des Hämoglobins in der früher (S. 95) geschilderten eigentümlichen Weise, d. h. das Hämoglobin bindet nicht selbst das CO_2, sondern es wandelt es vermöge seiner Eigenschaft einer äußerst schwachen Säure, deren Stärke noch geringer ist, als die der Kohlensäure, in HCO_3' um, das sich durch die anionenpermeable Plasmahaut der Blutkörperchen gegen Cl' des Plasmas austauscht. Hierfür ist es besonders geeignet, erstens durch seine sehr große Konzentration innerhalb der Blutkörperchen, zweitens dadurch, daß sein isoelektrischer Punkt, also die Reaktion, bei der es maximal entionisiert ist, nahe an dem Reaktionsbereich des Blutes, nämlich bei $p_H = 7$ gelegen ist. Die so bedingte hervorragende Fähigkeit des Kohlensäuretransports erhält das Blut aber nur da im Körper, wo ein Bedarf danach vorhanden ist. Solange nämlich das Hämoglobin mit Sauerstoff zu Oxyhämoglobin verbunden ist, ist es als Säure etwa 70 mál stärker als das reduzierte Hämoglobin, hat also eine entsprechend größere Dissoziationstendenz und ein entsprechend geringeres Kohlensäurebindungsvermögen; erst indem es bei der Gewebsatmung seinen O_2 hergibt (S. 111), gewinnt es mehr und mehr an Transportvermögen für das in den Geweben ins Blut eintretende CO_2. Umgekehrt vermag das Blut um so weniger CO_2 festzuhalten, je mehr O_2 von ihm in den Lungen aufgenommen wird; *der Sauerstoff treibt also entsprechend der stärkeren Dissoziation des Oxyhämoglobins die Kohlensäure aus:* $H \cdot Hb + HCO_3' + O_2 = Ox' + H_2O + CO_2$.

Außer den genannten Verbindungen des Hämoglobins sind noch einige andere von einem gewissen Interesse für uns. Das *Methämoglobin* ist eine festere Verbindung zwischen Hämoglobin und Sauerstoff; es entsteht in Blut, das sich zersetzt, und bildet sich auf Zusatz von Kaliumchlorat, Kaliumpermanganat, Ozon, Ferrizyankalium; ferner findet man es bei Vergiftung mit Kaliumchlorat oder mit Nitriten im Blut und im Harn. Der gebundene Sauerstoff ist im Gegensatz zu dem Oxyhämoglobin-Sauerstoff nicht dissoziierbar. Der Farbstoff ist durch ein charakteristisches Spektrum ausgezeichnet.

Von großer toxikologischer Bedeutung ist das **Kohlenoxyd-Hämoglobin,** dessen reichliches Entstehen bei der Leuchtgasvergiftung und bei der Gasvergiftung durch unvollkommene Verbrennung der Kohle in schlecht ziehenden Öfen die Todesursache bildet. Die Bindung des CO erfolgt nämlich offenbar an der gleichen Stelle des Hämoglobinmoleküls, wie die Bindung des O_2. Die Reaktion ist zwar an sich geradeso reversibel, wie die Oxyhämoglobinbildung, aber da die Affinität zu Kohlenoxyd etwa 150 mal so groß ist als die Affinität zu Sauerstoff, so nimmt das Hämoglobin bei gleicher Spannung von CO und O_2 von ersterem 150 mal mehr auf als von letzterem. Das bedeutet, daß bei Einatmung von CO-haltiger Luft sich leicht ein großer Teil des Oxyhämoglobins in CO-Hämoglobin verwandelt, so daß der vergiftete Organismus sich aus den fast entleerten Sauerstoffreservoiren, welche die roten Blutkörperchen jetzt darstellen, nicht mehr genügend versorgen kann und an Erstickung zugrunde geht; ein Gehalt von 0,1 % CO in der Luft genügt bereits, um etwa 50 % des Hämoglobins in die CO-Verbindung umzuwandeln; 0,3 % besetzen bereits annähernd 75 %. Der Rest von 25 % genügt dann nicht mehr, um den Körper genügend mit Sauerstoff zu versorgen; es tritt Erstickung ein. Dagegen bleibt selbst bei Verdrängung allen Sauerstoffs aus der Hämoglobinbindung durch CO die Zellatmung bestehen, wenn durch gleichzeitige Steigerung des O_2-Drucks von $^1/_5$ Atm. auf 2 Atm. für eine hinreichende Versorgung der Zellen gesorgt wird (J. HALDANE).

Das Kohlenoxydhämoglobin sieht kirschrot aus. Sein *Spektrum* (s. Abb. 26, S. 103) ist fast identisch mit dem des Oxyhämoglobins; die zwei Absorptionsstreifen im Gelb und Grün, welche für dieses charakteristisch sind, liegen beim CO-Hämoglobin nur ein wenig nach dem violetten Ende verschoben. Die Unterscheidung vom Oxyhämoglobin-Spektrum gelingt aber leicht; denn die früher (S. 103) genannten Reduktionsmittel, welche gewöhnlich an Stelle der zwei Absorptionsstreifen rasch das breite Absorptionsband des reduzierten Hämoglobins erscheinen lassen, sind hier unwirksam.

8. Kapitel.

Die innere und äußere Atmung.

Die Zusammensetzung von Exspirations- und Alveolarluft 107. Die Gasspannungen in der Alveolarluft und im Lungenblut 108. Die innere Atmung 111. Die Atemmechanik 112. Die Inspiration 113. Die Exspiration und der negative Druck im Thorax 114. Die bei der Atmung beförderten Luftmengen 117. Die Atemfrequenz. Die zuführenden Luftwege 118. Husten und Niesen 119. Die Innervation der Atembewegungen; das Atemzentrum 119. Chemische Regulation der Atembewegungen 122. Die Wasserstoffionen als Atemreiz 124. Der Einfluß des Vagus auf die Atmung 126.

Unvermerkt sind wir durch die Betrachtung der Beziehungen, welche zwischen dem Gasgehalt des Blutes und der Zusammensetzung des mit ihm in Berührung befindlichen atmosphärischen Gasgemisches herrschen, schon in das Kapitel der Atmung eingetreten; denn in ihrem Wesen ist ja *Atmung nichts anderes, als der Gasaustausch zwischen den Körperflüssigkeiten und der Luft.* Ja wir sind vielleicht sogar schon in gewisser Hinsicht zu einem prinzipiellen Verständnis des Atmungsvorgangs oder wenigstens zu der wichtigsten Fragestellung dabei vorgedrungen, nämlich, *ob der Atmungsgaswechsel auf einen Ausgleich von Spannungsunterschieden zurückgeführt werden kann.* Dies ist jedenfalls das erste, worüber wir jetzt ins klare kommen müssen. Dafür werden wir die bisherigen Betrachtungen von einem etwas veränderten Standpunkt aus fortführen, nicht vom Standpunkt des Blutes, sondern vom Standpunkt der Atmungsluft, welche dem Körper den Sauerstoff zu liefern hat, und vom Standpunkt der Organe, welche ihn erst indirekt durch Vermittlung des Blutes beziehen, um dafür die Kohlensäure, welche in ihnen durch den Abbau kohlenstoffhaltiger Verbindungen entstanden ist, wiederum durch Vermittlung des Blutes nach außen abzugeben.

Der Gaswechsel vollzieht sich im Körperinnern weitab von der von Luft umspülten Oberfläche des Körpers in den kleinen, nur auf dem langen Weg von der Nasenhöhle bis zu den feinsten Bronchiolen zu erreichenden *Alveolen* der Lunge. So kommt es, daß nicht die unveränderte atmosphärische Luft mit dem Lungenblut in Austausch tritt, sondern trotz der ventilierenden Atembewegungen mehr oder weniger stagnierende Luft; denn bei jeder Ausatmung können sich aus Gründen, welche wir erst später bei der Besprechung der Atemmechanik erörtern werden, die Lungen nicht völlig entleeren, so daß sie sich mit dem Beginn einer neuen Einatmung mit vollkommen frischer Luft füllen könnten, sondern die frische Luft mischt sich mit einem Teil der zurückgebliebenen.

Die trockene *Einatmungsluft* enthält: 20,92 % O_2, 79,05 % N_2 (+ Edelgasen), 0,03 % CO_2, die trockene *Ausatmungsluft* im Mittel: 16,4 % O_2, 79,8 % N_2, 3,8 % CO_2 bei der gleichen Temperatur. Es sinkt also der O_2-Gehalt um etwa 4,5 %, und der CO_2-Gehalt steigt um etwa 3,8 %. Dabei sind die ersten Portionen der Exspirationsluft in jedem Atemzug O_2-reicher und CO_2-ärmer, als die letzten; das rührt aber weniger davon her, daß sich der Gasaustausch in den Alveolen im Verlauf eines Atemzuges erst allmählich vollzieht, als davon, daß von der eingeatmeten Luft nur ein Teil bis in die Alveolen vordringt und sich mit der dort befindlichen Alveolarluft mischt, während derjenige Teil, welcher Mund- und Nasenhöhle, Kehlkopf, Trachea und Bronchen füllt, ohne respiratorische Veränderungen zu erfahren, über der eigentlich zur Atmung verwendeten Portion stehenbleibt. Diese Luftsäule, welche in dem *„toten oder schädlichen Raum"* des Respirationstrakts steht, wird daher, ebenso wie sie zuletzt eingeatmet ist, auch zuerst ausgeatmet, und erst später folgt in der Exspiration diejenige Luft, die wirklich der Respiration gedient hat.

Der tote Raum wird für den erwachsenen Menschen im Mittel zu 140 ccm veranschlagt (LOEWY); er ändert sich mit der Einstellung des Thorax (S. 112) und besonders mit dem Tonus der Bronchialmuskeln (S. 128). Aus seiner Größe und aus der Zusammensetzung der Exspirationsluft kann man die *mittlere* Zusammensetzung der **Alveolarluft** berechnen. Betrage z. B. der O_2-Gehalt der Exspirationsluft 17% und ihre Menge 500 ccm, so gilt die Gleichung:

$$500 \cdot 17 = 140 \cdot 21 + 360 \cdot x,$$

wenn x den mittleren Prozentgehalt an Sauerstoff in der Alveolarluft bedeutet. Daraus folgt: $x = 15{,}4$. In entsprechender Weise kann man auch den CO_2-Gehalt der Alveolarluft berechnen. Nach HALDANE und PRIESTLEY kann man die Zusammensetzung der Alveolarluft aber auch direkt auf folgendem Wege bestimmen: nach einer gewöhnlichen Inspiration atmet man durch einen langen Schlauch aus und verschließt den Schlauch zum Schluß der Exspiration mit der Zunge; dann entnimmt man durch einen seitlichen Ansatz nahe am Mund dem Schlauchinhalt eine Luftprobe und analysiert sie.

Die Zusammensetzung der Alveolarluft ist natürlich Schwankungen unterworfen, welche vor allem von der Größe der Verbrennungsprozesse im Körper und der Tiefe und Frequenz der Atemzüge abhängen; aber unter gewöhnlichen Umständen sind die Schwankungen sehr geringfügig, weil beim Steigen des Sauerstoffkonsums und der Kohlensäureproduktion automatisch eine Verstärkung der Atmung, also eine Vermehrung der Ventilation zustande kommt, welche ausgleichend wirkt.

Um nun ein Urteil darüber zu gewinnen, ob wirklich die Atmung auf Ausgleich der Gasspannungen zwischen Alveolarluft und Lungenblut beruht, müssen wir uns zunächst der Ermittlung dieser Spannungswerte zuwenden. *Die mittleren O_2- und CO_2-Spannungen der Alveolarluft* lassen sich aus deren Zusammensetzung leicht berechnen; man hat dabei nur noch zu berücksichtigen, daß die Inspirationsluft sich an der feuchten Oberfläche der Lungen und der zuführenden Luftwege mit Wasserdampf sättigt. Denn bei 37^0 beträgt die Wasserdampfspannung 46,6 mm Hg. Bei 760 mm Druck entspricht also z. B. dem vorher berechneten Sauerstoffgehalt von 15,4% der trockenen Alveolarluft eine Spannung von $\frac{15{,}4\,(760-46{,}6)}{100} = 109{,}9$ mm Hg. Im allgemeinen schwankt bei Ruhe und bei mäßiger Körperarbeit *die O_2-Spannung der Alveolarluft zwischen 100 und 110, die CO_2-Spannung zwischen 35 und 45 mm Hg; der Prozentgehalt variiert also in der trockenen Alveolarluft zwischen 14 und 15,4 für den Sauerstoff, zwischen 4,9 und 6,3 für das Kohlendioxyd.*

Schwieriger ist **die Messung der Gasspannungen im Blut,** das in den Lungen mit der Alveolarluft in Austausch tritt, d. h. die Messung der Spannungen im venösen und im arteriellen Blut; denn das Blut in einer großen Vene ist ungefähr mit dem in die Lunge eintretenden Blut der Art. pulmonalis, das Blut einer großen Arterie mit dem aus der Lunge austretenden Blut der V. pulmonalis zu identifizieren. Die Spannungsmessungen geschehen mit einem sogenannten *Aerotonometer.* Das Prinzip ist folgendes: Man läßt das Blut eine Zeit lang an einer Gasmenge vorbeiströmen und kontrolliert von Zeit zu Zeit deren Zusammensetzung; diese ändert sich anfänglich durch den Austausch mit dem Blut, um dann konstant zu werden; die endgültige Zusammensetzung entspricht den Gasspannungen des Blutes. Natürlich muß die Gasmenge im Verhältnis zu dem daran vorbeiströmenden Blut klein und die Berührungsfläche groß sein, damit der Austausch rasch und vollständig vonstatten geht.

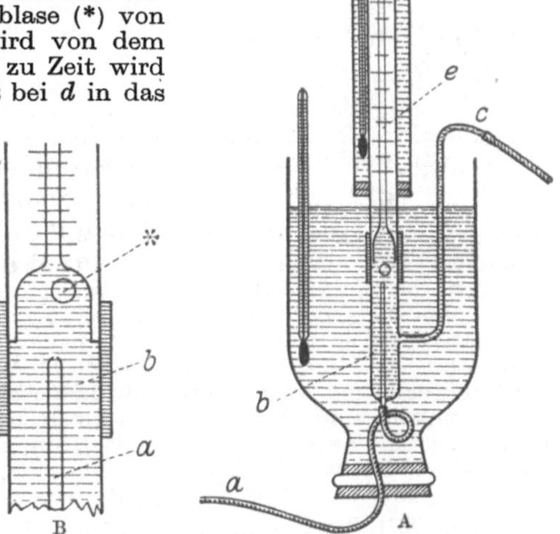

Abb. 31. Mikrotonometer von Krogh.

Diesen Anforderungen entspricht vortrefflich das *Mikrotonometer* von Krogh (s. Abb. 31 A): das Blut fließt direkt aus der Arterie eines Tiers unter konstantem Druck und bei konstanter Temperatur aus dem Rohr *a* durch den Raum *b* in das Rohr *c* und von da in das Tier zurück. In dem Raum *b* ist eine kleine Luftblase (*) von etwa 2 mm Durchmesser gefangen und wird von dem Blutstrom hin und her gerollt. Von Zeit zu Zeit wird diese Blase mit Hilfe des Spritzenstempels bei *d* in das in einen Wassermantel von konstanter Temperatur eingeschlossene, mit Wasser gefüllte kalibrierte Kapillarrohr *e* hineingesogen und die Länge des Gasfadens gemessen, bis Konstanz der Länge, also des Volumens eingetreten ist. Das ist spätestens nach 5 Minuten geschehen. Nun schreitet man zur Analyse des Gasgemisches in der Blase. Zu diesem Zweck wird die Meßkapillare mit der in ihr befindlichen Gasblase von *b*, mit welchem sie durch ein Schlauchstückchen verbunden ist, abgenommen (s. Abb. 31 B) und der an die Meßkapillare unten angeschlossene erweiterte Raum erst mit Kalilauge und danach mit alkalischer Pyrogallollösung gefüllt. Werden diese Flüssigkeiten nacheinander in die Kapillare aufgesogen und dabei mit der Gasblase in Berührung gebracht, so absorbieren sie aus dieser erst das Kohlendioxyd und dann den Sauerstoff.

Tonometrische Messungen der Art haben ergeben, daß *unter gewöhnlichen Atmungsbedingungen die mittlere Sauerstoffspannung in der Alveolarluft um etwa 15—20 mm Hg über die Sauerstoffspannung des arterialisierten Blutes der Lungenvene überwiegt, und daß umgekehrt die Kohlendioxydspannung des venösen Blutes in der Lungenarterie größer ist als in der Alveolarluft oder ihr gleichkommt* (Krogh). Das braucht nun freilich an sich noch nicht zu beweisen, daß der respiratorische Gaswechsel ein rein physikalisches Phänomen ist. Erstens kommt es noch darauf an, daß die Spannungsgefälle auch groß genug sind, um in der Zeiteinheit genügende dem Bedarf bzw. der Produktion entsprechende Mengen Sauerstoff und Kohlensäure in den Körper und aus ihm heraus zu treiben; entsprechende Diffusionsversuche an Membranen und an ausgeschnittenen Lungen haben

aber gelehrt, daß das in überreichlichem Maße der Fall ist (Zuntz und
Loewy). Zweitens kann man die Frage aufwerfen, ob die Spannungs-
differenzen unter allen Umständen, z. B. bei exzessiver, einen großen
Sauerstoffbedarf erzeugender und die Verbrennungsprozesse stark anfachen-
der Muskelarbeit oder in der verdünnten Luft großer Höhen zur Versorgung
des Körpers ausreichen. Diese Frage ist nach mannigfachen Versuchen
neuerdings dahin entschieden worden, daß auch bei relativem Sauerstoffmangel, wie nach 6 Tage langem Aufenthalt in Luft von nur 84 mm Sauerstoffspannung (entsprechend einer Höhe von mehr als 5000 m), während
dessen auch Muskelarbeit geleistet wurde, das reguläre Spannungsgefälle
von der Alveolarluft ins Blut erhalten bleibt (Barcroft). So wurden
folgende Werte gefunden:

	bei Ruhe	bei Arbeit
O_2-Spannung in der Alveolarluft	68 ·	57 mm Hg
O_2-Spannung im arteriellen Blut	60	48 „ „

An und für sich kann ja die Möglichkeit gewiß nicht von der Hand gewiesen
werden, daß unter besonderen Lebensbedingungen von unserem Körper Kräfte
mobilisiert werden, welche in gewöhnlichen Verhältnissen nicht beansprucht zu
werden brauchen; dafür gibt es ja zahlreiche Beispiele. Und es kommt hinzu, daß
in gewissen Fällen, die gleich genannt werden sollen, eine Beförderung des Sauerstoffs entgegen dem Sauerstoffdruck auch mit Bestimmtheit nachgewiesen ist. Man
spricht in diesen Fällen mit Recht von einer Gassekretion. Zum Typus der sekretorischen Funktion gehört nämlich, abgesehen von der Produktion bestimmter chemischer Verbindungen in der Drüse, wie etwa Trypsin im Pankreas oder Milchzucker
in der Milchdrüse, die Leistung von Konzentrationsarbeit, d. h. die Bewegung von gelösten Stoffen gegen ihren osmotischen Druck; ein gutes Beispiel ist
etwa die Anreicherung des Harnstoffs im Harn, welcher, im Blut in einer Konzentration von wenigen hundertstel Prozent enthalten, durch die Tätigkeit der Niere
auf eine Konzentration von 1—2 % im Harn gebracht wird. In ähnlicher Weise, wie
hier durch die · Arbeitsleistung der lebenden Nierenzellen der Harnstoff gegen sein
osmotisches Druckgefälle befördert wird, so wird nun gelegentlich auch der Sauerstoff
gegen das Gasdruckgefälle bewegt. So besteht das Gas in der Schwimmblase mancher
Fische zu 80 % und mehr aus Sauerstoff; der Sauerstoffgehalt steigt, wenn man die
Fische von der Oberfläche in größere Tiefen versetzt, und wenn man die Schwimmblase ansticht, so füllt sie sich von neuem mit Gas, welches manchmal fast reiner
Sauerstoff ist. Hier ist also die Sauerstoffspannung in der Blase, in die hinein Sauerstoff abgeschieden wird, bei weitem höher als im Blut. Zugunsten des Vergleichs mit
der Tätigkeit einer Drüse spricht noch besonders, daß die Sauerstoffabscheidung
aufhört, sobald der zur Schwimmblase hinzutretende Ast des N. vagus durchschnitten
wird (Biot, Bohr). In demselben Sinne könnte die Lunge als eine Gasdrüse funktionieren; aber das ist, wie wir heute wissen, nicht der Fall.

Die Mindestmenge Sauerstoff, die in der Atmungsluft enthalten sein
muß, damit der Körper nicht gefährdet wird, beträgt etwa 9 %; bei etwa
3 %, also einem Partialdruck von 21 mm Hg, tritt rasch Erstickung ein
(Speck).

Ein besonderes Moment bleibt noch zu erwähnen, welches den Übertritt des Sauerstoffs in das Lungenblut erleichtert. Es war früher davon
die Rede und wurde durch die Abb. 30 illustriert, daß Kohlensäure je nach
ihrer Konzentration in verschiedenem Maße die Fähigkeit des Blutes,
Sauerstoff zu fixieren, verringert, d. h. daß durch Einleiten von CO_2 in Blut,
welches mit einem Gasgemisch von bestimmter O_2-Spannung im Gleichgewicht ist, Sauerstoff aus dem Blut ausgetrieben werden kann. Umgekehrt wird demnach, wenn in den Lungenalveolen im Verlauf eines
Atemzuges aus dem Blut Kohlendioxyd mehr und mehr abdunstet, das
Sättigungsvermögen des Blutes für Sauerstoff stetig wachsen. Andererseits
geht aber aus dem früher (S. 106) Gesagten hervor, daß auch das Abdunsten
der Kohlensäure aus dem Blut in den Lungen noch besonders erleichtert

wird dadurch, daß durch die Sauerstoffaufnahme die schwache Säure Hämoglobin in die stärkere Säure Oxyhämoglobin umgewandelt wird, welche die Kohlensäure aus ihrer Bikarbonatbindung austreibt.

So viel von dem, was man gewöhnlich unter respiratorischem Gaswechsel versteht! Man bezeichnet ihn wohl auch als *äußere Atmung* im Gegensatz zu der *inneren Atmung*, dem eigentlich wesentlichen Atmungsprozeß. Unter *innerer oder Gewebsatmung* versteht man den Gasaustausch zwischen Blut und Organen, den Austausch der Kohlensäure, welche als Endprodukt des Abbaues organischer Verbindungen in den Organen entsteht, gegen den Sauerstoff, welcher für die Oxydationen zugeführt werden muß. LAVOISIER war noch der Ansicht, daß der Sauerstoff innerhalb der Gefäße verzehrt und zur Verbrennung der von den Organen dorthin abgegebenen oxydablen Stoffe verbraucht werde. Aber heute weiß man, daß die Sauerstoffzehrung beim normalen Blut auffallend geringfügig ist; denn auch der Sauerstoffverbrauch der Blutkörperchen ist, wenigstens beim Erwachsenen, nur sehr klein. Man betrachtet heute auf Grund zahlreicher Versuche als den *Sitz der Oxydationen die Organe*, und zwar die sie aufbauenden Zellen. Schon vom vergleichend-physiologischen Standpunkt aus kann man dafür anführen, daß auch die niederen Tiere und Pflanzen, welche gar kein Blut besitzen, Sauerstoff verbrauchen und Kohlensäure produzieren. PFLÜGER hat bei Fröschen das Blut nach Möglichkeit entfernt, indem er in die durchschnittene V. abdominalis herzwärts physiologische Kochsalzlösung einlaufen ließ, während aus dem peripheren Stück der Vene das Blut ausfloß, und konstatierte, daß solche „Salzfrösche" einen kaum niedrigeren respiratorischen Gaswechsel haben als normale. Auch ausgeschnittene Organe, welche man künstlich durchströmt, selbst dünne Scheibchen aus ihnen, die man in einer Sauerstoffatmosphäre aufhängt, weisen eine lebhafte Sauerstoffzehrung und Kohlendioxydbildung auf, und Blut, von dem gerade angegeben wurde, daß es unter normalen Verhältnissen besonders wenig Sauerstoff konsumiert, atmet lebhafter, sobald, etwa nach einem Blutverlust oder im Verlauf gewisser Erkrankungen, neben seinen kernlosen roten Blutkörperchen, die eben wegen ihrer Kernlosigkeit keine richtigen den Gewebszellen vergleichbaren Zellen sind, reichlicher kernhaltige Blutkörperchen (Erythroblasten) in der Gefäßbahn erscheinen.

Wie die innere Atmung vor sich geht, ist nach allen vorangegangenen Betrachtungen leicht zu verstehen. Da die Sauerstoffspannung in den Organen wegen ihres Verbrauchs, besonders natürlich, wenn sie sich in lebhafter Tätigkeit befinden, gering bis Null, die Sauerstoffspannung im arteriellen Blut gegen 110 mm Hg beträgt, so muß Sauerstoff in die Gewebe abfließen, und indem so die Sauerstoffspannung des Blutes bei seiner Passage durch das Organ sinkt, wird das bis dahin im ganzen Arteriensystem vom Herzen bis zum Organ bestehende, vom Massenwirkungsgesetz diktierte Gleichgewicht zwischen Oxyhämoglobin und Sauerstoff (S. 104) in den Blutkörperchen gestört, Oxyhämoglobin muß dissoziieren und Sauerstoff ins Plasma nachliefern. Umgekehrt wird aus den Organen das durch die Oxydationen entstehende Kohlendioxyd, dessen Spannung sich auf etwa 40—70 mm beläuft, in das arterielle Blut, in dem die Spannung nur 20—40 mm beträgt, fortdiffundieren, um im Plasma und in den Blutkörperchen chemisch gebunden zu werden. Und indem der Gehalt des Blutes an Kohlensäure, während es das Organ durchströmt, mehr und mehr zunimmt, sorgt dies Produkt der Verbrennung selber für die ausgiebige Nachlieferung von Sauerstoff; denn wie wir vorher sahen, daß in den Lungen durch das Abdunsten der Kohlensäure aus dem Blut die Affinität des Hämoglobins zum Sauerstoff wächst, so treibt hier umgekehrt die Kohlensäure mit steigender Konzentration den Sauerstoff mehr und mehr aus seiner Bindung, steigert also die Sauerstoffspannung und macht somit das Diffusionsgefälle ins Gewebe hinein steiler, und dieser Effekt muß, wie aus den Kurven der Abb. 30 (S. 105) abzulesen ist, gerade dann besonders zur Geltung kommen, wenn, wie im arbeitenden Gewebe, die Sauerstoffspannung sehr klein ist, während der Effekt bei den relativ hohen Sauerstoffspannungen der Alveolarluft (100—110 mm Hg) nur geringfügig sein kann. Den gleichen Zweck der Zulieferung von Sauerstoff erfüllen auch noch andere Vorgänge; je lebhafter die Tätigkeit eines Organs ist, um so stärker ist der Strom von Lymphe, die aus ihm austritt (s. Kap. 16); diese entstammt aber im Grunde genommen dem Blut, welches beim Durchfließen durch ein arbeitendes Organ merklich eingedickt wird; auch dadurch wird die Spannung des gelösten Sauerstoffs vermehrt. Im gleichen Sinne wirkt die Sekretbildung in den Drüsen, auch die Schweißabscheidung bei der Muskelarbeit. So wird aus dem hellroten arteriellen Blut, welches in ein tätiges Organ einströmt, das dunkle venöse Blut.

Aber auch im venösen Blut herrscht im allgemeinen neben einer CO_2-Spannung von 40—50 mm immer noch eine Sauerstoffspannung von 20 bis 40 mm; das bedeutet, wie aus den entsprechenden Kurven der Abb. 105 abzulesen ist, daß immer noch das Sauerstoffreservoir der roten Blutkörperchen mit ihrem Hämoglobin zu etwa 35—75 % gefüllt ist (s. hierzu Kap. 10).

Wir wenden uns nun dem äußerlich sichtbaren Teil der Atmung, der **Atemmechanik** zu. Der respiratorische Gaswechsel zwischen Alveolarluft und Lungenblut würde gänzlich unzureichend sein, das Verlangen des Körpers nach Sauerstoff sowie sein Bedürfnis nach Abgabe der Kohlensäure zu befriedigen, wenn nicht noch der Ventilationsmechanismus des Thorax hinzukäme. Der Ort des Gasaustausches, die Alveolen, liegt ja, wie bereits bemerkt wurde, weit entfernt von der reinen atmosphärischen Luft an der Körperoberfläche, und die Diffusion der Gase ist ein viel zu langsamer Prozeß, als daß dadurch allein die Luft in der Lunge genügend aufgefrischt und ihre Veränderung durch den Austausch immer von neuem rückgängig gemacht werden könnte. Andererseits erfüllt die Verlagerung des Gasaustausches in die Tiefe und in die engen Alveolen den Zweck, die respiratorische Oberfläche zu vergrößern; denn die Alveolen sind ja das Resultat einer vielmillionenfältigen Kammerung des großen Lungenluftraums; man veranschlagt die Fläche der Lungen auf etwa 80 m². Wie bei allen kiementragenden Tieren der gleiche Zweck durch eine mehr oder weniger fein verzweigte Ausstülpung der Rachenwandung erreicht wird, so ist bei den Lungenatmern — und ähnlich auch bei den Tracheenatmern — die komplizierte Einstülpung und Einschachtelung in das geschützte Innere des Körpers zustande gekommen. Diese große innere Oberfläche ist dann außerdem sinngemäß von einem engmaschigen Netz von Blutgefäßen umsponnen; ihr Lumen ist nur durch eine Gewebsschicht von 4 μ Dicke von der Alveolarluft getrennt.

Die Ventilation der Lunge erfolgt durch *abwechselnde Vergrößerung und Verkleinerung des Thoraxraumes,* in welchen die Lunge eingefügt ist. Gehen wir bei der Betrachtung der Atmung von derjenigen Phase aus, in welcher der Thorax am kleinsten ist; die Lungenoberfläche ist dabei zugleich der Thoraxinnenfläche eng angeschmiegt oder vielmehr durch eine kapillare Schicht von Gewebswasser von ihr getrennt, welche ein leichtes Gleiten der Lungenoberfläche entlang der Thoraxinnenwand ermöglicht. Wird jetzt durch Muskelwirkung der Brustraum erweitert, so werden *passiv die elastischen Wände der Lunge gedehnt*, so daß sie der Brustwand angelagert bleiben, und nehmen ein entsprechendes Quantum Luft auf, es erfolgt also eine Einatmung oder *Inspiration*. Verengt sich danach der Thorax, so passen sich die Lungen von neuem den geänderten Raumverhältnissen an, indem sich ihre elastischen Wandungen entspannen, sie stoßen also bei der Ausatmung oder *Exspiration* ein Quantum Luft aus. Zum Schluß der Exspiration ist jedoch die Lunge nie vollständig entleert, es findet also *bei der Atmung stets nur eine partielle Auffrischung der Alveolarluft* statt (S. 108).

Die Muskeln, welche die **Inspiration** besorgen, sind erstens das *Zwerchfell* und zweitens die an den Rippen angreifenden *Mm. intercostales externi* und *Mm. intercartilaginei*. Die Kontraktion des Zwerchfells erweitert den Thoraxraum besonders in der vertikalen Richtung; seine beiden Kuppeln flachen sich durch die Verkürzung der muskulösen Anteile ab, dazu entfernen sich die Randpartien von der Thoraxwand, der sie im Stadium der Exspiration seitlich anliegen, sodaß die Lungen sich in die Sinus phrenico-costales hineinschieben können. Durch die Interkostalmuskeln werden die Rippen gehoben. Wir können letztere zunächst als einarmige Hebel betrachten, deren Drehpunkt in der Gelenkverbindung mit den Wirbeln gelegen ist. Da nun die Intercostales externi von hinten oben nach vorn unten von Rippe zu Rippe verlaufen, so werden sie bei ihrer Verkürzung die Rippen heben, weil das Drehungsmoment am unteren Ansatz der Muskeln wegen der größeren Länge des Hebelarmes größer ist als am oberen. Im vorderen knorpeligen Drittel der Rippen dagegen vom Angulus costae ab, von wo die Rippen bzw. die Rippenknorpel zur Verbindung mit dem Sternum hin zum Teil aufsteigen, können die Intercartilaginei mit dem entgegengerichteten Verlauf von vorn oben nach hinten unten die Hebung unterstützen. Das Schema Abb. 32 macht diese

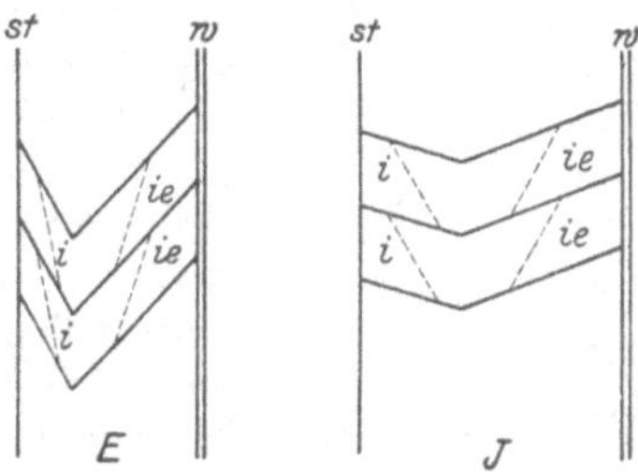

Abb. 32. Schema der Rippenbewegung nach HAMBERGER. E Exspiration. I Inspiration. *w* Wirbelsäule. *st* Sternum. *ie* Intercostales externi. *i* Intercartilaginei.

hebende Wirkung klar. Die Bewegung wird durch die feste, nicht gelenkige Knorpelverbindung mit dem Sternum natürlich beschränkt; die elastischen Knorpel müssen von den Muskeln erst durchgebogen werden. So werden durch die Torquierung elastische Kräfte geweckt, welche den Thorax in seine Ausgangslage zurückzuführen streben. Da die Rippenbögen in der Ruhelage von hinten nach vorn schräg abwärts gerichtet sind, so muß die Hebung des Bogens den Thorax im sagittalen Durchmesser erweitern, so wie es die rechte Hälfte von Abb. 32 in dem größeren Abstand von *w* bis *st* zum Ausdruck bringt. Dazu kommt aber auch noch, besonders in den un-

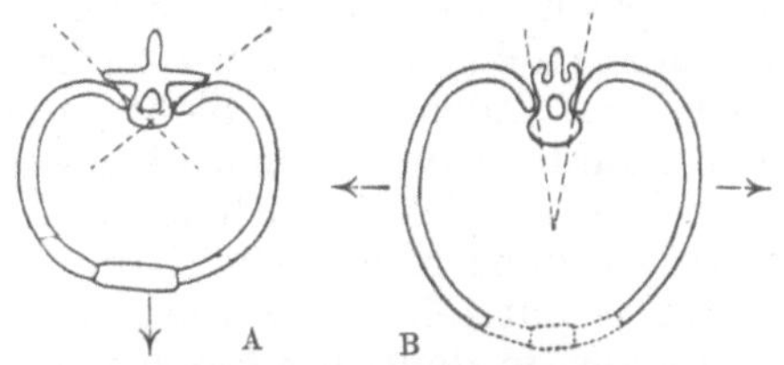

Abb. 33. Thoraxquerschnitte. A in der Höhe des 3., B in der des 10. Brustwirbels. Die gestrichelten Linien bedeuten die Drehachsen der Rippen.

teren Thoraxpartien, eine Erweiterung im frontalen Durchmesser. Dies rührt davon her, daß die Rippen mit den Wirbeln jederseits eine Art Scharniergelenk bilden, da sie sowohl am Capitulum costae mit den Wirbelkörpern als auch am Tuberculum costae mit den Querfortsätzen gelenkig verbunden sind, und da die Drehachsen dieser Gelenke in verschiedenen Winkeln schräg nach vorn gegeneinander konvergieren, so wie es die schematischen Abb. 33 A und B darstellen. Je nachdem dann durch die verschiedene Konfiguration der Wirbel die Drehachsen eine mehr frontale oder mehr sagittale Richtung erhalten, wird durch die um diese Linien erfolgende Drehung eine mehr sagittale (A) oder eine mehr frontale (B) Erweiterung zustande kommen müssen.

Zwerchfell und Interkostalmuskeln können in verschiedenem Ausmaß für die Inspiration herangezogen werden; danach unterscheidet man den *diaphragmatischen* oder *Abdominaltypus* und den *Kostaltypus* der Atmung; ersterer überwiegt beim männlichen, letzterer beim weiblichen Geschlecht. Ob der Kostaltypus als eine Anpassung des weiblichen Körpers an die Gravidität aufgefaßt werden darf, ist unsicher. Die sexuelle Differenz entwickelt sich erst etwa vom 10. Lebensjahre ab. Übung und Gewohnheit können den Atemtyp mehr nach der einen oder anderen Richtung verstärken. In jedem Fall ist aber die durch die Rippenatmung bewirkte Luftförderung die weit überwiegende.

In Fällen von besonders starkem Ventilationsbedürfnis können noch *auxiliäre Atemmuskeln der Inspiration* dienstbar gemacht werden. So sieht man besonders bei Kranken mit Lufthunger die Scaleni am Hals sich anspannen; indem Kopf und Nacken fixiert werden, helfen auch die Sternokleidomastoidei den Thorax nach oben ziehen; ferner werden die Arme aufgestützt und die Scapulae festgestellt, damit Pectorales und Serratus anterior die Rippen heben können, während sie für gewöhnlich umgekehrt den Thorax als Punctum fixum benutzen, um die Arme zu bewegen. Bei schwerer Atemnot werden auch die Nasenflügel gehoben und die Stimmritze erweitert, und im äußersten Fall vereinigen sich noch Mund- und Kehlkopfmuskulatur, um „Luft zu schnappen".

Die **Exspiration** erfolgt viel mehr passiv als durch Muskelaktion; die passiven Momente sind vor allen Dingen *elastische Kräfte* verschiedenen Ursprungs. Es wurde bereits gesagt, daß bei der Inspiration die Lungenoberfläche den nach allen Richtungen hin ausweichenden Thoraxwänden folgt, indem sich ihre elastischen Wände dehnen; die Arbeit der Inspirationsmuskeln dient also zum Teil der Spannung der elastischen Fasern der Lunge. Die so als elastische Energie teilweise aufgespeicherte Muskelarbeit wirkt nun darauf hin, sobald die Muskelspannung nachläßt, die Thoraxhebung und Zwerchfellsenkung rückgängig zu machen, indem die Lunge in ihre elastische Ruhelage zurückkehrt. Dieser *„Lungenzug"* ist natürlich zu Beginn der Exspiration am kräftigsten und läßt dann mehr und mehr nach. Aber auch zum Schluß der Exspiration sind die elastischen Fasern der Lunge noch nicht entspannt. Davon kann man sich durch ein bekanntes Experiment überzeugen: durchsticht man bei einer Leiche, deren Thorax sich natürlich in Exspirationsstellung befindet, die Brustwand, so zieht sich alsbald die Lungenoberfläche von der Thoraxwand zurück, es entsteht ein Zwischenraum zwischen Pleura costalis und Pleura pulmonalis, in den Luft hineinstreicht, und die kollabierende Lunge treibt einen Lufthauch durch die Atemwege nach außen. Dasselbe kann geschehen, wenn beim Lebenden eine penetrierende Wunde in der Thoraxwand oder, etwa infolge eines Eiterungsprozesses, ein Loch in der Lungenoberfläche zustande kommt; die Lunge sinkt zusammen, in den Pleuraraum tritt Luft, es bildet sich ein sogenannter *Pneumothorax*. Jede Inspiration lüftet von nun an nicht mehr die Lunge, sondern die Inspirationsluft tritt durch die Wunde oder das Loch in den Pleuraraum, während die Lunge still-liegt. So begreift man, daß, wenn ein doppelseitiger Pneumothorax ent-steht, fast unmittelbar Tod durch Erstickung eintreten kann. So begreift man auch, daß der Chirurg bei Operationen an der Lunge auf besonders schwierige Verhältnisse stößt, weil ihm die Lunge bei Eröffnung des Thorax ausweicht, indem sie sich auf ein kleines Volumen retrahiert. Doch kann man dieser Schwierigkeiten Herr werden, wenn man durch Ü b e r d r u c k vom Mund her die kollabierte Lunge aufbläht. Man kann es aber auch so machen, daß Patient und Operateur in einen hermetisch verschließbaren Raum kommen, durch dessen eine Wand nur der Kopf des Patienten herausragt; wird nun in diesem Raum durch Luftverdünnung ein bestimmter U n t e r d r u c k her-gestellt, so weiten sich die Lungen bis zu ihrem normalen Blähungszustand aus. Schließlich begreift man so, daß der Arzt nicht selten zwecks Ruhigstellung einer erkrankten Lunge durch Einstich und Einleiten von Gas (N_2) in den Pleuraraum einen künstlichen Pneumothorax anlegt.

Das Unterdruckverfahren macht es einem besonders verständlich, wenn man gewöhnlich von einem *negativen Druck im Pleuraraum* spricht; die Lunge verhält sich s o , a l s o b im Pleuraraum eine Saugkraft von periodisch wechselnder Größe bestände. Sticht man bei einem Tier einen Schenkel eines Manometers luftdicht durch die Thoraxwand hindurch, so wird der negative Druck durch eine Niveaudifferenz im Manometer angezeigt. Beim lebenden Menschen hat man statt dessen eine dünnwandige Schlundsonde in den Ösophagus eingelegt; wird deren oberes Ende mit einem Manometer verschlossen, so zeigt sich exspiratorisch ein Druck von — 3 bis 4,5, in-spiratorisch von — 7,5 bis 9 mm Hg (I. ROSENTHAL). Die ersten Messungen des intrathorakalen Druckes führte DONDERS so aus, daß er an der Leiche ein Manometer in die Trachea einband, darauf den Thorax öffnete; das Quecksilber stellte sich dann mit einem Niveauunterschied von 6 mm ein.

Woher rührt nun dieser auch in der Exspiration noch bestehende „Lungenzug‟? Wie ist ursprünglich die den negativen Druck verursachende elastische Spannung der Lungenwand zustande gekommen? Wenn man bei einem neugeborenen Kind den Thorax öffnet, so kollabiert die Lunge nicht (BERNSTEIN); erst etwa vom 8. Tage ab entsteht die elastische An-spannung. Die richtige Erklärung dafür ist wohl, daß der Thorax rascher wächst als die Lunge, letztere muß dann den sich weitenden Thoraxwänden nachfolgen, wie bei der Inspiration, und wie bei der Inspiration muß Luft in die Lunge eintreten; das Thoraxwachstum ist sozusagen eine lange, über Monate hin sich steigernde Inspiration. So kommt es auch, daß, wie schon gesagt wurde, auch bei maximaler Exspiration nicht alle Luft die Lunge verlassen kann, sondern ein Rest darin bleibt, die *Residualluft*; *der Thorax kann eben nicht so stark verkleinert werden, daß die Lunge sich völlig ent-spannt.* Das hat den Nachteil, daß die frisch inspirierte Luft sich stets mit der Residualluft vermischt (s. S. 118); demgegenüber füllen sich die Alveolen des Neugeborenen mit viel reinerer Luft.

Der *Lungenzug* wirkt naturgemäß auf alle nachgiebigen Teile am und im Thorax. Wie er die Manometerflüssigkeit einwärts saugt, wenn man ein Manometer in einen Interkostalraum durchstößt, so saugt er auch die nachgiebigen interkostalen Weichteile einwärts und würde dies noch mehr tun, wenn sie nicht inspiratorisch durch die Kontraktion der Inter-costales externi, exspiratorisch durch die Kontraktion der Intercostales tinterni verseift würden. Dennoch bilden sich bekanntlich im Verlauf des

Lebens entsprechend der Lage der Interkostalspalten Impressionen auf der Lungenoberfläche. Der Lungenzug wirkt ferner aufs Herz, auf seine Kammern, wenn sie diastolisch schlaff sind, und besonders auf die dünnwandigen Vorhöfe und trägt auf diese Weise wesentlich zur Füllung des Herzens mit Blut von den Venen her bei. Auch die großen Venenstämme, welche durch die Thoraxwand hindurchtreten, werden vom Lungenzug ausgeweitet und ihr Inhalt angesogen; daher besteht die Gefahr, daß, wenn man eine größere Vene in der Nähe des Thorax anschneidet, nicht Blut austritt, sondern im Gegenteil Luft angesogen wird, welche durch „Luftembolie", d. h. durch Verstopfung von Blutgefäßen mit Luft (s. dazu S. 75), wenn sie an lebenswichtigen Stellen erfolgt, einen plötzlichen Tod herbeiführen kann. Der Lungenzug kann aber gelegentlich überwunden, der negative Druck im Pleuraraum in einen positiven Druck umgewandelt werden. Dies geschieht, wenn die Exspirationsmuskulatur kontrahiert und gleichzeitig die Glottis geschlossen wird, wie beim Husten (S. 119), bei der die Defäkation begleitenden Bauchpresse und in der Austreibungszeit während der Geburt. Der intrapleurale Druck wird dann größer als der Atmosphärendruck. Unter diesen Umständen tritt an die Stelle der sonstigen Förderung des Blutstromes in den Thorax und ins Herz eine Hemmung, also eine Stauung in den Venen.

Über das normale Maß hinaus wird der interpleurale Druck in der einen oder anderen Richtung durch zwei bekannte, aber nicht ganz ungefährliche Versuche verändert, durch den Versuch von VALSAVA und den von JOHANNES MÜLLER. Bei dem ersteren wird nach starker Inspiration und bei geschlossener Glottis der Thorax anhaltend in Exspirationshaltung gebracht und dadurch sein Inhalt komprimiert; infolgedessen hört der Zustrom von Blut von den Venen ins rechte Herz auf, das Blut wird aus den Lungen ausgepreßt, das linke Herz entleert seinen Inhalt, so daß es schließlich fast leer schlägt und der Puls nicht mehr zu fühlen ist. Bei dem Versuch von JOHANNES MÜLLER führt man umgekehrt nach Exspiration bei Glottisschluß eine forzierte Inspiration aus und saugt dadurch Lungen und Herz so voll Blut, daß letzteres in seinem überdehnten Zustande sich nicht mehr entleeren kann und auch dadurch der Puls schwindet. Die Zusammenpressung des Herzens im ersten, seine Dehnung im zweiten Fall läßt sich auf dem Röntgenschirm verfolgen.

Die lebenslange Beanspruchung der elastischen Fasern in der Lunge führt, genau wie bei einem Gummiband, allmählich einen Elastizitätsverlust herbei. Infolgedessen haben alte Leute oft über Atemnot zu klagen. Aber auch bei Jüngeren besteht die Gefahr einer Schädigung der Atmung, wenn durch allzu häufiges forciertes Ausatmen gegen Widerstände in den Respirationswegen, z. B. beim Blasen eines Instruments oder auch beim asthmatischen Krampf der Bronchialmuskeln, die elastischen Fasern überdehnt werden. Die Lungen entleeren sich dann immer mangelhafter, und unwillkürlich wird der Thorax immer mehr und mehr in eine gesteigerte Inspirationsstellung gebracht, es entsteht das sog. „Emphysem der Lungen", die „Lungenblähung", durch die der Rest an Elastizität der Lungen noch möglichst wirksam gemacht wird. In relativer Inspirationsstellung findet den Thorax andauernd aber auch bei gesunden Menschen, wenn sie mehr als 4000 m über dem Meeresspiegel leben, wie die Bergarbeiter in Hochperu (BARCROFT), die trotz dieser Thoraxvergrößerung ständig an O_2-Mangel leiden; infolgedessen ist ihre Hautfarbe charakteristisch bläulichrot, schlägt aber alsbald in Rosa um, wenn sie sich in geringere Höhen begeben.

Bei der Exspiration betätigen sich außer der elastischen Kraft der Lunge auch noch die Kräfte anderer elastisch gespannter passiver Elemente. Wir sahen früher, daß inspiratorisch die *Rippenknorpel* von den Inspirationsmuskeln durchgebogen werden; exspiratorisch kehren sie von selbst in ihre elastische Ruhelage zurück, wobei die Rippen sich wieder senken. Inspiratorisch werden von dem herabsteigenden Zwerchfell die *Bauchdecken* vorgewölbt und die in den Baucheingeweiden enthaltenen *Darmgase* komprimiert, exspiratorisch retrahieren sich die Bauchdecken elastisch und die Gase dehnen sich wieder aus, so daß unter Mitwirkung des Lungenzuges das Zwerchfell wieder emporgehoben wird.

Zu den passiven Momenten der Exspiration gehört schließlich noch die *Schwerkraft*; die gehobenen Rippen fallen herunter, wenn keine Muskeln mehr sie oben halten.

Aber bis zu einem gewissen Grad ist *die Exspiration wohl auch aktiv* wie die Inspiration, indem die Intercostales interni in Tätigkeit treten, welche nach der Verlaufsrichtung ihrer Fasern von vorn oben nach hinten unten die Antagonisten der externi sind. Bei manchen Tieren ist die exspiratorische Funktion der interni experimentell festgestellt; für ihre Mitwirkung bei der Exspiration des Menschen wird angeführt, daß die Exspirationsstellung des Thorax sich jenseits seiner elastischen Ruhelage befindet.

Wie für die Inspiration werden im Falle der Not auch *auxiliäre Atemmuskeln für die Exspiration* in Gang gesetzt. Solche sind vor allem die Bauchmuskeln, welche das Zwerchfell nach oben drängen und das Brustbein mitsamt der vorderen Brustkorbwand abwärts ziehen, sowie Serratus posticus inferior und Quadratus lumborum, welche ebenfalls die Rippen senken.

Die Luftmengen, *welche durch diesen Atmungsmechanismus befördert werden,* sind je nach äußeren und inneren Umständen sehr ver-

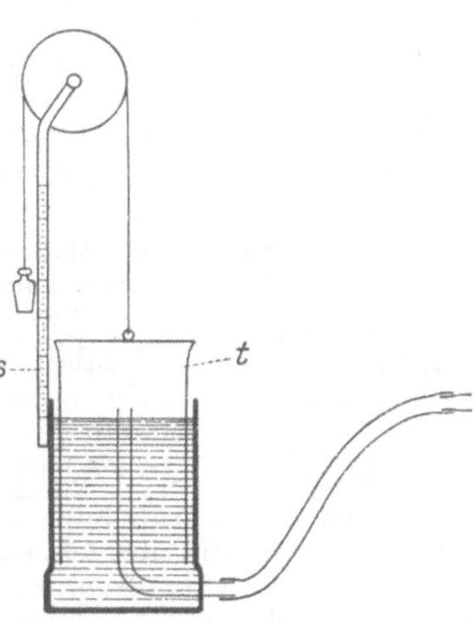

Abb. 34. Spirometer nach HUTCHINSON.

schieden groß. Man kann sie mit einem sogenannten *Spirometer* (HUTCHINSON) (s. Abb. 34) messen. Dies ist eine Art Gasometer, unter dessen Tauchglocke (*t*) die Ausatmungsluft eines oder mehrerer Atemzüge aufgefangen und an einer seitwärts angebrachten Skala (*s*) gemessen werden kann. Die Menge Luft, welche von einem Erwachsenen bei ruhiger Atmung gewöhnlich durch einen einzelnen Atemzug befördert wird, bezeichnet man als *Atemluft* oder *Respirationsluft;* sie beträgt, bei Zimmertemperatur gemessen, etwa 300—800 ccm, im Mittel rechnet man 500 ccm. Man kann aber leicht an eine gewöhnliche Exspiration noch eine tiefere Ausatmung anschließen und auf die Weise die sogenannte *Reserveluft,* 1500—2500 ccm, abgeben; andererseits kann man zu dem gewöhnlichen Quantum der Respirationsluft auch noch ein Quantum von 1500—3000 ccm als *Komplementärluft* aufnehmen. Es gelingt also nach einer tiefen Inspiration etwa 3500—6000 ccm zu exspirieren; dieses Quantum repräsentiert die *vitale Kapazität der Lunge.* Man atmet für gewöhnlich also recht oberflächlich, da man nur $^1/_7$ bis $^1/_{12}$ der möglichen Menge hin- und herbewegt. Die Vitalkapazität richtet sich natürlich nach der Körpergröße und vor allem nach den Dimensionen des Thorax, ferner nach seiner Beweglichkeit. Sie nimmt mit dem Alter ab, z. T. weil die Beweglichkeit abnimmt, sie vergrößert sich durch Übung, wie Rudern, Laufen u. dgl.

Wir haben bereits erfahren, wie und warum die Lunge auch nach der stärksten Exspiration noch Luft enthält, die sogenannte *Residualluft*. Man hat ihr Volumen auf verschiedenen Wegen bestimmt, z. B. so, daß man nach einer tiefen Exspiration aus einem Spirometer Wasserstoff etwa 10 mal hin- und heratmen und zum Schluß wiederum maximal exspirieren ließ; analysiert man dann die Zusammensetzung des Gasgemisches im Spirometer, so kann man die Menge der Residualluft berechnen. Auf diese Weise wurden Quanten von 800—1700 ccm gefunden.

Die Residualluft ist auch noch in der Lunge einer Leiche enthalten; legt man bei dieser einen Pneumothorax an, so fällt die Lunge zusammen, und es entweicht die sogenannte *Kollapsluft*. Dann bleibt noch die *Minimalluft* in der Lunge übrig, welche von den elastischen Fasern der Lunge nicht ausgetrieben werden kann, weil die kollabierten Bronchiolen zu großen Widerstand bieten. Daher ist auch eine ausgeschnittene Lunge noch lufthaltig und schwimmt auf Wasser. Nur die „atelektatische", d. h. die an den letzten Ausläufern der Atemwege von Luft nicht ausgeweitete Lunge, z. B. die Lunge eines Fetus, welcher noch keinen Atemzug getan hat, sinkt bei der „Schwimmprobe" unter — ein forensisch wichtiges Merkmal.

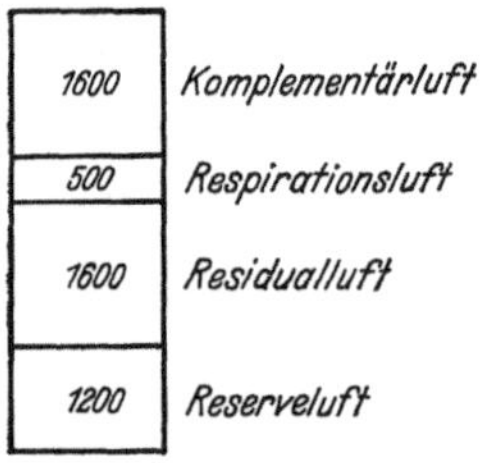

Die Aufteilung der gesamten Lungenluft in die einzelnen Summanden ist in dem Schema Abb. 35 dargestellt.

1600	*Komplementärluft*
500	*Respirationsluft*
1600	*Residualluft*
1200	*Reserveluft*

Abb. 35.

Die **Frequenz der Atmung**, d. h. die Anzahl von Malen, welche die Respirationsluft pro Minute hin- und herbewegt wird, beträgt beim ruhenden Erwachsenen 12—20. Doch wird die Zahl durch äußere Umstände stark beeinflußt. Muskeltätigkeit, erhöhte Umgebungstemperatur steigern die Frequenz, psychische Einflüsse wirken erniedrigend oder erhöhend, auch stark modifizierend auf den zeitlichen Verlauf des einzelnen Atemzuges, wie etwa das *Seufzen*, das *Schluchzen*, das *Lachen* zeigen. Im allgemeinen werden entsprechend der Atemtiefe und Atemfrequenz etwa 6—8 l pro Minute bei Körperruhe befördert, bei starker Arbeit eines kräftigen Mannes kann aber die Zahl auf 100 l und mehr ansteigen. Dabei ist aber nicht gleichgültig, ob oberflächlich und frequent oder ob tief und selten geatmet wird. Denn je mehr sich die Größe der Respirationsluft der des toten Raumes, etwa 140 ccm (S. 108) nähert, um so schlechter muß der Ventilationseffekt werden. Würde das Atemvolumen unter die 140 ccm hinunter sinken, so müßte auch bei hoher Atemfrequenz Erstickung eintreten.

Die Einatmungsluft streicht, bevor sie bis in die Lunge gelangt, durch **die zuführenden Luftwege;** diese haben mannigfache Funktionen zu erfüllen. Nase, Mund und Rachen dienen dazu, die *inspirierte Luft vorzuwärmen und anzufeuchten.* Ferner fangen die Schleimhäute der Luftwege bis in die kleinen Bronchen hinunter, indem die Luft daran vorbeiwirbelt, die Staubteilchen ab, welche in der Luft mittransportiert werden, und dieser Staub wird dann mit dem Schleim und mit abgestoßenen Epithelien und Leukozyten durch das *Flimmerepithel*, welches die tiefen Partien des Respirationstrakts auskleidet, aufwärts getrieben. Der Kehlkopf kann durch *reflektorischen Verschluß der Glottis* Bronchen und Lungen vor dem Eindringen von schädlichen reizenden Gasen, wie Säuredämpfen, Ammoniak, Chlor, Brom u. a., schützen. Dem gleichen Zweck und vor allem auch der Entfernung fester Partikeln dienen die Nasen- und Kehlkopfreflexe des *Niesens* und *Hustens*. Der Hustenreiz löst gewöhnlich zuerst eine tiefe Inspiration aus, dann schließt sich die Glottis, und nun erfolgt eine heftige Exspiration unter Beteiligung der Bauchpresse, wodurch die Glottis explosiv gesprengt und das reizende Agens hinausgeschleudert wird. Auch der Niesakt beginnt mit einer tiefen Inspiration, aber die Glottis bleibt danach weit, dafür verschließt sich reflektorisch der Nasenraum durch den weichen Gaumen gegen den Rachen; folgt nun wieder eine krampfhafte Exspiration, so wird diesmal der Nasenrachenverschluß gesprengt und die heftig aus der Nase herausgetriebene Luft fegt den Reizkörper mit hinaus. Eine willkürliche Nachahmung dieser unwillkürlichen Reflexe ist das „*Schnäuzen*"; dabei wird nach tiefer Inspiration die Nase mit den Fingern verschlossen und nun bei kräftiger Exspiration der Ausweg durch die Nase wieder freigegeben. Es ist einleuchtend, daß diese Reflexe des Hustens und Niesens große, unter Umständen vitale Bedeutung haben; schützt doch besonders der Hustenreflex davor, daß etwa infolge „Verschluckens" Speiseteile durch den Kehlkopf hindurch in die Lunge aspiriert werden und diese infizieren (s. Kap. 23). Ein weiterer Schutzreflex ist die *reflektorische Verengerung der Bronchen* von den Schleimhäuten aus (S. 128). Eine abnorme Steigerung in der Auslösbarkeit dieses Reflexes hat klinische Bedeutung; sie ist eine der Ursachen für das quälende Asthma, bei dem Inspiration wie Exspiration durch die Einengung der Luftwege erschwert sind.

Wenn wir uns nunmehr der **Innervation der Atembewegungen** zuwenden, so stoßen wir zum drittenmal auf die Erscheinung einer im gewöhnlichen Wortsinn automatischen, d. h. unwillkürlichen, rhythmischen Aktion, und so könnte es zunächst naheliegen, die rhythmischen Impulse, welche der Atmungsmuskulatur zufließen, so wie bei Magen und Darm, auf autochthone, der Muskulatur direkt angelagerte Nervenelemente zurückzuführen. Immerhin besteht zwischen hier und dort der bemerkenswerte Unterschied, daß erstens die Atemmuskeln Skeletmuskeln und wie alle Skeletmuskeln quergestreift sind, und daß zweitens, wenn auch die Atmung im allgemeinen unwillkürlich vor sich geht, sie doch jederzeit vom Willen modifiziert werden kann, wie etwa die Vorgänge des Sprechens und Singens beweisen.

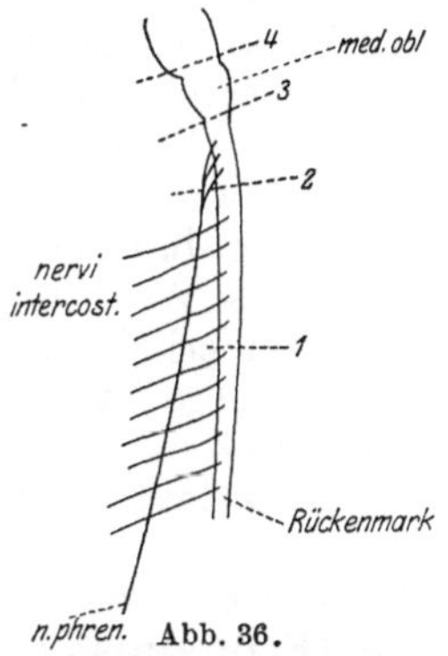

In der Tat kommt denn auch die Anregung für die Atmung nicht autochthon zustande, sondern die Impulse stammen von „außen" her; darum stehen Zwerchfell und Interkostalmuskeln still, sobald die sie innervierenden Nervi phrenici und N. intercostales durchschnitten werden. Es fragt sich, von wo dann die Impulse ihren Ursprung nehmen, und das Experiment gibt folgende Antwort: Durchschneidet man das Rückenmark im Thorakalabschnitt (s. Schnitt 1 des Schemas Abb. 36), so fahren diejenigen Thoraxteile fort zu atmen, welche von Nerven versorgt werden, die oberhalb der Schnittstelle aus dem Rücken-

Abb. 36.
Schema der Innervation
der Atemmuskeln.

mark entspringen; trennt man das Thorakal- vom Zervikalmark (Schnitt 2), so bleibt allein die diaphragmatische Atmung bestehen; durchschneidet man oberhalb des 3. Zervikalsegments, d. h. oberhalb des Ursprungs der Nn. phrenici (Schnitt 3), so wird auch das Zwerchfell gelähmt, und der Tod durch Erstickung tritt ein, es persistieren allein noch die akzessorischen Atembewegungen der Nase. Dies führt zu dem Schluß, daß die Impulse für die

Atmungsmuskeln weiter oberhalb produziert werden; wie weit oberhalb, darüber belehrt ein vierter Schnitt, welcher über der Medulla oblongata gelegt wird (Schnitt 4); hiernach bleiben Zwerchfell- und Thoraxatmung in Gang, wenn auch nicht unverändert. Ganz unversehrt bleiben sie erst bei Durchschneidung in Höhe der Corpora quadrigemina posteriora (LUMSDEN).

So werden wir also auf die *Medulla oblongata als Hauptort* der *Ursprungsreize für die Atmung* hingewiesen, und schon 1811 ist von LEGALLOIS gezeigt worden, daß, wenn man in die Medulla oblongata in der Höhe des Austritts des 8.—10. Gehirnnerven einsticht, die Atmung erlischt. FLOURENS bezeichnete dies scharf umschriebene **Atemzentrum** als *nœud* oder *point vital*, gleich als ob dort in einem Punkte sämtliche Nervenfasern zusammenliefen, durch welche den einzelnen Organen die Impulse zu ihrem Leben zufließen. Und in der Tat erlischt ja unmittelbar nach dem Stich in den Lebensknoten nicht bloß die Atmung, es hört auch das Herz auf zu schlagen, und das Tier sinkt zu Boden, also die sichtlichsten Äußerungen des Lebens verschwinden, wie wenn wirklich der *Eintritt des Todes* die unmittelbare Folge der Zerstörung des Lebensknotens wäre, wie wenn also dieses kleine Stück Nervenmasse das Leben aller Organe sozusagen in der Hand hielte. Einer derartigen Anschauung widersprechen aber schon verschiedene der früher gemachten Beobachtungen an „überlebenden" Organen; so sahen wir, daß der ausgeschnittene Magen und daß Darmstücke in ihren normalen Bewegungen fortfahren, wenn sie in Ringerlösung von Körpertemperatur eingehängt und ein Strom von Sauerstoff durch die Lösung hindurchgeleitet wird. Beim Frosch gelingt es noch viel leichter, die Lebendigkeit der einzelnen Organe des zerstückelten Tieres nachzuweisen; denn hier beim Kaltblüter ist es nicht notwendig, die Organe künstlich auf einer höheren Temperatur zu halten, bei der normalen niedrigeren Temperatur ist aber auch der Stoffwechsel so gering, daß im allgemeinen eine besondere Zufuhr von Sauerstoff entbehrlich ist; die einfach ausgeschnittenen Muskeln, Nerven, das Zentralnervensystem, Herz, Leber, Nieren bleiben lange Zeit funktionsfähig. Wenn beim Warmblüter das Leben der Organe einer besonderen Zentralstelle in der Medulla oblongata unterstellt zu sein scheint, wenn also bei Zerstörung dieser Stelle der Tod fast momentan eintritt, so liegt das allein daran, daß, wenn die Atmung aufhört, fast sofort alle Organe bei ihrem großen Bedarf an Sauerstoff erstickt werden. Wir werden bald erfahren, daß man bei hinlänglicher Sauerstoffversorgung auch jedes Warmblüterorgan, auch das Herz, vom Körper losgetrennt, am Leben erhalten kann.

Genauere Studien über den *Sitz des Atemzentrums* haben noch gezeigt, daß es bilateral vorhanden ist; macht man einen Medianschnitt im Calamus scriptorius der Medulla oblongata, so geht die Atmung fast ungestört weiter; durchtrennt man dann die Medulla oblongata von einer Seite her an ihrem unteren Ende, so erlöschen die Atembewegungen nur auf der operierten Seite (FLOURENS, SCHIFF). Von einem besonderen Kern von Ganglienzellen ist die Atmung nicht abhängig, sondern von der gesamten *Formatio reticularis* in der Gegend der Rautengrube (GAD und MARINESCU); von dort verlaufen Fasern, vielleicht im sogenannten Respirationsbündel, abwärts zu den Ursprungskernen der Nervi phrenici und intercostales.

An der bisher von uns unbedenklich festgehaltenen ursprünglichen Auffassung des Atemzentrums als eines Zentrums für die koordinierte rhythmische Innervation sämtlicher Atemmuskeln etwa von der Art des Schluckzentrums (s. S. 26) wurde man zweifelhaft, als die Erscheinungen des sogenannten *Shocks* beim Zentralnervensystem genauer untersucht wurden. Darunter versteht man die Tatsache, daß bei Operationen am Zentralnervensystem die Funktionsfähigkeit der dem Operationsgebiet mehr oder weniger benachbarten, jedenfalls nicht direkt insultierten Bezirke zeitweilig schwer beeinträchtigt oder sogar ganz aufgehoben wird, um nach einiger Zeit wieder zurückzukehren; die Shockerscheinungen sind dabei unterhalb der Operationsstelle besonders schwere. Danach wäre es möglich, daß die rhythmischen Atemimpulse eigentlich in den spinalen Ursprungskernen der Atemnerven entständen, daß der Stillstand der Atmung bei Zerstörung des Point vital nur ein Atemzentrum in der Medulla oblongata vortäuschte, und daß die rhythmischen Aktionen der im Shockgebiet befindlichen Ursprungskerne der Atemnerven nach einiger Zeit sich wieder einstellen würden, wenn nicht eben die zeitweilige Unterbrechung der Sauerstoffversorgung des Körpers dem Leben inzwischen ein Ziel setzte. Eine etwas andere Auffassung erblickt in der Unterbrechung des Atemrhythmus durch den Stich in den Lebensknoten den Effekt einer Reizwirkung, welche auf ein *Hemmungszentrum* in der Medulla oblongata ausgeübt wird. Diese Vorstellung hält sich besonders an die Tatsache, daß das sogenannte Atemzentrum die Gegend der Vaguskerne einnimmt, und so könnte Reizung der Vagi in ähnlicher Weise die Atmung hemmen, wie sie auch das Herz hemmt (s. Kap. 9). Gegen diese Shock- und Hemmungstheorien lassen sich aber gewichtige Argumente anführen. Vor allem hat W. Trendelenburg eine „reizlose" Abtrennung der Medulla oblongata vom Zervikalmark dadurch vorgenommen, daß er bei Kaninchen unterhalb des Calamus scriptorius um das Rückenmark einen dünnen Schlauch (aus Meerschweinchendünndarm) herumlegte, und durch diesen Eiswasser fließen ließ; dann hörte infolge dieses „Kältequerschnitts" die eigentliche Atmung alsbald auf — nur die Nasenflügelatmung persistierte —, um zur Norm zurückzukehren, sobald warmes Wasser durch den Schlauch geschickt wurde. In diesem Experiment kommt weder Shockwirkung noch Reizung von Hemmungsfasern für den Effekt in Betracht.

Immerhin scheinen die Kerne der Nervi phrenici und Nn. intercostales doch bis zu einem gewissen Grad auch selbständig rhythmische Erregungen produzieren zu können und insofern als *spinale Atemzentra* zu fungieren. Diese anzunehmen hätte von vornherein manches für sich; denn die Funktion des Rückenmarks baut sich auch sonst vielfach aus den Funktionen seiner einzelnen Segmente auf (s. Kap. 22), und speziell die Atmung ist bei vielen Wirbellosen (Insekten, Krebsen) ausgesprochen segmental; daher könnte auch bei den Wirbeltieren ein den spinalen Kernen übergeordnetes besonderes Atmungszentrum entbehrlich erscheinen. In der Tat hat Langendorff gefunden, daß bei neugeborenen Tieren, deren Erregbarkeit durch Strychnin gesteigert ist, auch nach Abtrennung der Medulla oblongata noch thorakale Atembewegungen vorhanden sind, und Wertheimer konstatierte das gleiche bei ausgewachsenen Hunden, wenn bei ihnen längere Zeit künstliche Atmung unterhalten wurde, um dem Zentralnervensystem Zeit zu geben, sich vom Shock zu erholen. Es scheint also so, als ob ein Hauptzentrum als „führender Teil" (s. S. 133) für gewöhnlich die Atmung beherrscht, während untergeordnete spinale Nebenzentra nebenher oder vikariierend wirksam sind.

Wie der ausgeschnittene Magen und Darm, so *funktioniert auch der gesamte Atemapparat* **automatisch** im Sinn der Physiologie, d. h. das Atemzentrum bedarf keiner Anregung seiner Tätigkeit durch zentripetale Erregungen wie ein Reflexzentrum, sondern es produziert seine Rhythmik aus sich heraus. Der Beweis ist so geführt, daß man nach Möglichkeit alle zur Medulla oblongata führenden zentripetalen Leitungen unterbrach, d. h. man durchschnitt die Verbindung mit dem Hirnstamm, ferner die Vagi, die hinteren Wurzeln des Zervikalmarks und das Rückenmark selber an der Grenze zwischen Zervikal- und Thorakalteil (I. ROSENTHAL); trotzdem blieb die Respiration bestehen.

So kommt es also nicht auf eine Anregung „von außen" an, wohl aber sind „innere Reize" vom Blut her wirksam. Es läßt sich nämlich zeigen, daß *das Ausmaß der Tätigkeit des Atemzentrums und seine Tätigkeit überhaupt von einer bestimmten Beschaffenheit des Bluts, vor allem vom Grad seiner Venosität abhängt.* Wenn diese zunimmt, d. h. im allgemeinen, wenn der CO_2-Gehalt des Blutes steigt, der O_2-Gehalt sinkt, dann wird die Atmung gesteigert, die Atemzüge werden tiefer und häufig schneller, es tritt **„Dyspnoe"** oder **„Hyperpnoe"** auf; man beobachtet dies beispielsweise, wenn durch eine Entzündung der Lunge die respiratorische Oberfläche verkleinert wird, oder bei Verengung der Luftwege, oder auch beim Aufenthalt in verdünnter Luft. Umgekehrt führt eine Abnahme der Venosität, z. B. infolge von Überventilation, zu **„Apnoe"**, d. h. zu einem Stillstand der Atmung; so braucht man nur absichtlich eine Reihe beschleunigter und vertiefter Inspirationen auszuführen, um sein Bedürfnis zu atmen für eine halbe Minute und mehr auszuschalten; ja nach Einatmen von reinem Sauerstoff kann der Atem bis zu 15 Minuten angehalten werden. *Die Atmung ist also abhängig vom Atmungsbedarf,* und sie wird je nach dem Bedarf regulatorisch so geändert, daß das Blut einen einer gewissen Norm entsprechenden Gehalt an Sauerstoff und Kohlendioxyd besitzt; ist das erreicht, so besteht der Zustand der **„Eupnoe"** (I. ROSENTHAL).

Dieser Blutreiz wirkt in erster Linie unmittelbar auf das Atemzentrum; das ist besonders eindrucksvoll durch folgenden Versuch von FREDERICQ zu demonstrieren: verbindet man bei zwei Hunden je eine Karotis kreuzweise von Tier zu Tier durch Glaskanülen, so strömt das arterielle Blut des einen Tieres direkt zum Gehirn und zur Medulla oblongata des anderen Tieres und umgekehrt; infolgedessen machen sich respiratorische Veränderungen des Blutes der Tiere kreuzweise und unmittelbar durch die Wirkung auf die beiden Medullae oblongatae geltend. Klemmt man bei dem einen Tier die Trachea zusammen, so wird das andere alsbald dyspnoisch, gerade als wäre seine Trachea zugesperrt, und da es nun kräftig durchventiliert wird, so kann das andere Tier, welches eigentlich Dyspnoe haben sollte, eher apnoisch werden, weil seinem Kopfmark das stark ventilierte Blut zuströmt. Danach haben wir uns also vorzustellen, daß die normale Impulsgebung von seiten des Atemzentrums so zustande kommt, daß es andauernd vom arteriellen Blut mit seinem bestimmten mittleren Gehalt an Sauerstoff und Kohlendioxyd gereizt wird. Wie viele andere Organe, antwortet es dann auf die kontinuierliche Reizung mit rhythmischer Aktion. Dies hängt mit der weit verbreiteten Eigenschaft der lebenden Substanz zusammen, nach einer Erregung zunächst in ein *Refraktärstadium* zu verfallen, während dessen sie auf den weiterbestehenden Reiz nicht mehr ansprechen kann, und das erst abgeklungen sein muß, damit der Reiz von neuem wirksam wird (s. bes. Kap. 21).

Ein guter Beweis für den Zusammenhang von Blutbeschaffenheit und Atmung ist die sogenannte *fetale Apnoe* (I. ROSENTHAL). Solange nämlich der Fetus im mütterlichen Uterus von der Plazenta aus mit Sauerstoff versorgt wird, atmet er nicht, auch nicht, wenn, wie in den letzten zwei Monaten der Schwangerschaft, sein Atemzentrum an sich fähig wäre, zu agieren. Der erste Atemzug erfolgt erst dann, wenn bei der Geburt die Loslösung vom mütterlichen Kreislauf ziemlich brüsk zustande kommt und infolgedessen die Venosität des Blutes rasch anwächst. Zieht sich dabei die Ausstoßung des Fetus so in die Länge, daß das Blut bereits Reizwirkung erhält, bevor der Kopf geboren ist, dann wird eventuell nicht Luft inspiriert, sondern Fruchtwasser, und das Kind erstickt, indem es in seinem eigenen Fruchtwasser ertrinkt.

Wenn nun nach dem Gesagten ein gewisses Maß von Venosität des Blutes den Reiz für das Atemzentrum abgibt, so bleibt zu fragen, ob im speziellen die Überschreitung einer bestimmten Kohlensäure-Konzentration oder ob ein bestimmtes Defizit an Sauerstoff den Reiz abgibt. Für beides lassen sich experimentelle Erfahrungen anführen; aber die Steigerung der Kohlensäurekonzentration ist das wichtigere Moment. Für die *Reizwirkung der Kohlensäure* spricht zunächst, daß, wenn man den CO_2-Gehalt der Inspirationsluft künstlich ein wenig steigert, Hyperpnoe einsetzt, obwohl der Sauerstoffgehalt des Blutes dabei zum mindesten nicht sinkt, eher infolge der kräftigen Ventilation etwas steigt. HALDANE und LORRAIN SMITH ließen zum Beweis der Reizwirkung des CO_2 einen Menschen in einem vollkommen abgeschlossenen Raum atmen; nach einiger Zeit, wenn der O_2-Gehalt auf ein bestimmtes Maß gesunken, der CO_2-Gehalt gestiegen war, setzte Hyperpnoe ein; wenn man nun den Versuch ein zweites Mal in der Weise wiederholt, daß man alles sich bildende CO_2 wegabsorbiert, so stellt sich keineswegs Hyperpnoe ein, wenn der O_2-Gehalt ungefähr ebenso tief gesunken ist, wie das erstemal; füllt man dagegen bei einer dritten Wiederholung den Raum statt mit Luft mit Sauerstoff, so beginnt diesmal die Hyperpnoe, sobald der Kohlensäuregehalt dieselbe Grenze wie das erstemal erreicht hat, obwohl die O_2-Spannung noch erheblich höher ist. Die Reizwirkung der Kohlensäure wird praktisch ausgenützt, wenn man zum Schluß einer Inhalationsnarkose der Atmungsluft CO_2 beimischt und so durch Verstärkung der Atmung das Chloroform oder den Äther rascher wieder aus dem Körper entfernt (Y. HENDERSON).

Aber *auch Sauerstoffmangel wirkt erregend.* Sinkt z. B. in dem zweiten Versuch von HALDANE und SMITH bei Abwesenheit von CO_2 der O_2-Gehalt mehr und mehr ab, so kommt es schließlich auch dann zu Hyperpnoe. Die Bedeutung des O_2-Mangels als erregenden Moments wird gut auch durch folgenden Versuch demonstriert: wenn man einige Minuten lang forciert atmet, so entfernt man einen großen Teil der Kohlensäure aus den Alveolen, und die Folge davon ist eine länger dauernde Apnoe; mißt man nun zum Schluß, kurz bevor die Atmung spontan wieder einsetzt, die alveolare CO_2-Spannung, so zeigt sich, daß sie immer noch gegen die Norm herabgesetzt ist. Folglich kann nur O_2-Mangel den Anreiz für den Wiederbeginn der Atmung bilden. Dieser Mangel macht sich auch in der leichenhaften Färbung kenntlich, die während der Apnoe mehr und mehr hervortritt. Die Reizwirkung des O_2-Mangels wird auch dadurch bewiesen, daß, wenn man zum Schluß der forcierten Atmung einige Atemzüge reinen Sauerstoff inspiriert, die Dauer der Apnoe bis auf 4—8 Minuten verlängert werden kann (VERNON).

Hiernach ist die Steigerung der Kohlensäurespannung das wichtigere Moment verstärkter Ventilation. Diese kommt dann gewöhnlich so zustande, daß zunächst die A t e m t i e f e gesteigert wird; erst wenn deren Zunahme nicht ausreicht, um die Kohlensäure so weit aus dem Körper auszuwaschen, daß ihre Spannung, gemessen am CO_2-Gehalt der Alveolarluft, angenähert normal bleibt, dann nimmt auch die A t e m f r e q u e n z zu. Die folgende Tabelle nach STARLING gibt den Beweis in einem Versuch, in dem ein Mensch Luftgemische mit steigenden Zusätzen von CO_2 atmete.

Einfluß von CO_2-Atmung auf die Lungenventilation.

% CO_2	Atemtiefe in ccm	Atemfrequenz	Durchlüftung in % der Norm	% CO_2 in der Alveolarluft
0,04	673	14	100	5,6
0,79	739	14	116	5,5
2,02	864	15	153	5,6
3,07	1216	15	226	5,5
5,14	1771	19	498	6,2
6,02	2104	27	857	6,6

Wir haben demnach zweierlei Reize für das Atemzentrum anzunehmen. Trotzdem ist wahrscheinlich die unmittelbare Ursache für die Erregung beide Male die gleiche, nämlich eine *Zunahme der Wasserstoffionenkonzentration* (WINTERSTEIN). Daß diese bei einer Steigerung der CO_2-Spannung im Blut zustande kommen muß, ist natürlich ohne weiteres klar; es resultiert eine „*hämatogene Hyperpnoe*", welche das die Reaktion des Blutes störende Mißverhältnis von Kohlensäure und Bikarbonat durch Entfernung des Kohlensäureüberschusses beseitigt (s. S. 86). Aber auch bei Sauerstoffmangel steigt der H⋅-Gehalt, weil dann als intermediäre Stoffwechselprodukte Säuren, z. B. Milchsäure, in den Geweben entstehen, welche sonst bei ausreichender Sauerstoffversorgung der Oxydation anheimfallen würden (s. Kap. 11). Diese Säuren entstehen speziell auch im Zentralnervensystem, also am Ursprungsort der Atmungsimpulse selber, und es kommt so zu einer „*zentrogenen Hyperpnoe*". Ein Fall rasch einsetzenden Sauerstoffmangels tritt z. B. beim Aufstieg im Luftballon ein. Die zentrogene Hyperpnoe bewirkt, da das Blut dabei von vornherein gar keinen Überschuß an Kohlensäure enthält, daß die CO_2-Spannung unter die Norm sinkt, so daß ein relatives Übergewicht an Bikarbonat im Blut zustande kommt, für dessen Beseitigung nun vor allem die Nieren in Tätigkeit treten, indem sie einen bikarbonatreichen, alkalischeren Harn produzieren.

Einen direkten Beweis für diese *Reaktionstheorie der Atmung* erbrachte WINTERSTEIN auf folgende Weise: er durchspülte neugeborene Kaninchen von der Aorta aus mit sauerstoffgesättigter Ringerlösung und erzeugte so Apnoe; setzte er nun etwas Salzsäure oder Weinsäure zu der Lösung, so traten Atembewegungen auf. Die Kohlensäure ist bei gleicher H⋅-Konzentration als Atemreiz allerdings noch wirksamer als die genannten Säuren, aber nur deshalb, weil sie wegen ihrer Lipoidlöslichkeit besonders leicht in die Gewebe und ihre Zellen vordringt (JACOBS). Es widerspricht daher auch nicht der Reaktionstheorie der Atmung, daß z. B. infolge einer Injektion von $NaHCO_3$ eine p_H-Verschiebung im Blut von 7,38 auf 7,61 zustande kommen kann und trotzdem die Ventilation zunimmt, wenn zugleich die CO_2-Spannung im Blut steigt (GOLLWITZER-MEIER) und der p_H-Wert im Liquor cerebrospinalis sinkt (GESELL).

Die *Empfindlichkeit des Atemzentrums* ist außerordentlich groß. Wir sahen z. B. früher (S. 108), daß der CO_2-Gehalt in der trockenen Alveolarluft für gewöhnlich 4,9—6,3 % beträgt. Nach HALDANE und PRIESTLEY braucht dieser Gehalt nur um 0,2—0,3 % zuzunehmen, um die Lungenventilation bereits um 100 % zu steigern. Schon eine Änderung der Nahrung kann den H·-Gehalt des Blutes so beeinflussen, daß sich auch die Atmung ändert. Zum Beispiel maß HASSELBALCH beim Menschen die H·-Konzentration des Blutes einmal nach Fleischkost und ein anderes Mal nach Pflanzenkost, nachdem er die Blutproben mit CO_2 von 40 mm Spannung ins Gleichgewicht gesetzt hatte; im ersteren Falle betrug der H·-Gehalt $0,47 \cdot 10^{-7}$ ($p_H = 7,33$), im zweiten nur $0,38 \cdot 10^{-7}$ ($p_H = 7,42$). Im Körper stellte sich aber beide Male automatisch der H·-Gehalt des Blutes auf den gleichen Wert ein, indem durch Selbstregulation die Fleischkost die Atmung verstärkte, so daß die alveolare CO_2-Spannung sank; sie betrug bei Fleischkost 38,9 mm, bei Pflanzenkost 43,3 mm. In diesem Falle wurde also die Atmung bereits durch ein Plus von etwa *1 Milliardstel Prozent H·* ganz erheblich gesteigert. — Ähnlich säurebildend wie die Fleischkost wirkt die Muskelarbeit; bei jeder Arbeitsleistung steigt der respiratorische Gaswechsel, und dies geht Hand in Hand mit einer Zunahme der alveolaren CO_2-Spannung, beruht demnach auf einer Reizwirkung infolge der gesteigerten CO_2-Spannung des Blutes. GEPPERT und ZUNTZ bewiesen diesen Zusammenhang auf folgende Weise: sie versetzten die Hinterbeine eines Hundes durch elektrische Reizung in Dauerkontraktion, nachdem alle nervösen Verbindungen mit dem Vordertier durchtrennt waren, es trat Hyperpnoe ein; wurden nun die Blutgefäße der Beine abgeklemmt, so hörte die Hyperpnoe auf; wurden sie wieder freigegeben, so setzte die Hyperpnoe von neuem ein, auch wenn die Dauerkontraktion inzwischen aufgehoben war. Das Blut vermittelte also zwischen den Muskeln und dem Atemzentrum. — Nur bei starker Muskelarbeit sinkt infolge starker Ventilation die alveolare CO_2-Spannung. Trotzdem erregt auch dann das Blut das Atemzentrum, weil das Minus an Kohlensäure durch ein Plus an sauren Stoffwechselprodukten aus den arbeitenden Muskeln überkompensiert wird; dies zeigt sich sehr deutlich daran, daß der H·-Gehalt in einer bei starker Arbeit entnommenen Blutprobe nach Austreiben sämtlicher Kohlensäure im Vakuum erheblich größer sein kann als unter den gleichen Verhältnissen im Blut bei Ruhe (HÖBER). Die Anhäufung dieser sauren Produkte ist auch die Ursache dafür, daß die Hyperpnoe nach Beendigung der Arbeit nur langsam verschwindet; denn die sauren Produkte (Milchsäure) werden erst allmählich zersetzt.

Nimmt die Venosität des Blutes mehr und mehr zu, so treten zu der Dyspnoe *Erstickungskrämpfe* der gesamten Körpermuskulatur, zugleich verengen sich sämtliche Gefäße, und der Puls wird langsamer (s. Kap. 10), die Pupillen werden weit (s. Kap. 22). Dann geht die Erregung des Atemzentrums in Erschöpfung und Lähmung über, d. h. die Atmung wird immer oberflächlicher; es entsteht der Zustand der „*Asphyxie*". Bei Erstickung durch Absperrung der Luftzufuhr muß dieser Zustand in wenigen Minuten eintreten; denn im Gesamtblut sind weniger als 2 g Sauerstoff enthalten, während der tägliche Bedarf etwa 750 g beträgt. Setzt in der Asphyxie auf irgendeine Weise wieder eine kräftigere Ventilation der Lunge ein, so kann das dyspnoische Stadium abermals erscheinen, um mehr und mehr in Eupnoe überzugehen. Bei hochgradigem Sauerstoffmangel, z. B. bei ausgesprochener Bergkrankheit, nimmt die Atmung öfter einen eigentümlichen periodischen Charakter an, welcher als *CHEYNE-STOKESsches Atmen* bezeichnet wird (s. Abb. 37); man kennt die gleiche Erscheinung als Folge verschiedener das Herz und die Lunge befallender Krankheiten oder

Vergiftungen. Aber auch normalerweise kommt das CHEYNE-STOKESsche Atmen gelegentlich im Schlaf, besonders auch bei den Winterschläfern vor. In ähnlicher Weise beobachtet man periodisches Agieren beim Herzen, wenn seine Automatie verringert ist, sowie periodische Tonusschwankungen bei den Gefäßen.

Außer durch die inneren oder Blutreize wird die Tätigkeit des Atemzentrums auch durch herantretende *zentripetale Nerven* beeinflußt, z. B.

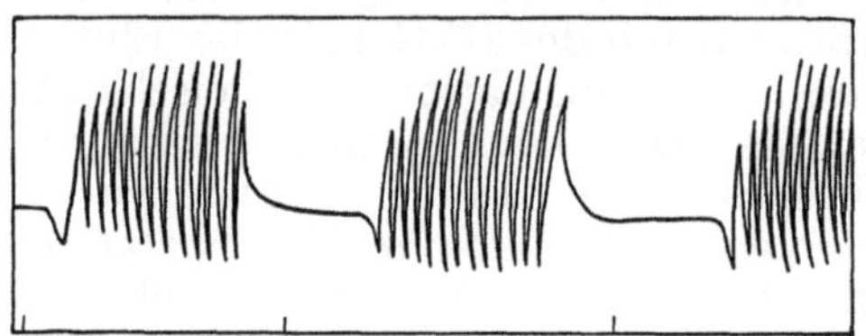

Abb. 37. CHEYNE-STOKESsches Atmen des Menschen.

durch die *sensiblen Nerven der Haut.* So kann man durch Kneifen der Haut bei Tieren die Atmung beschleunigen, ein Reflex, der offenbar den Sinn hat, den Körper für notwendige Abwehrmaßnahmen durch Betätigung der Muskeln reichlich mit Sauerstoff zu versorgen; ferner löst beim Menschen Übergießen mit kaltem Wasser tiefe Inspirationen aus. Ein weiterer Atemreflex ist die Hemmung der Inspiration durch Reizung des N. splanchnicus, wodurch wohl ein übermäßiger Druck von seiten des Zwerchfells auf die Bauchorgane vermieden wird (SJÖBLOM). Die größte Bedeutung hat der *Nervus vagus,* weil er einerseits seine Ursprungskerne in unmittelbarer Nachbarschaft des Atemzentrums hat und weil er andererseits Äste an die Lunge ab-

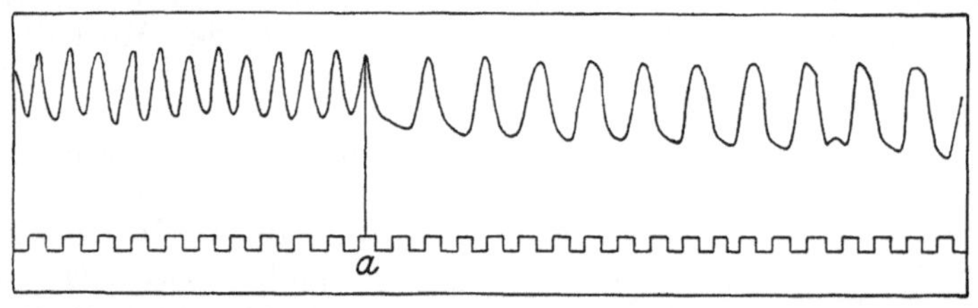

Abb. 38. Einfluß reizloser Vagusausschaltung auf die Atmung des Kaninchens.
Bei *a* Durchfrierung der Vagi. Unten Sekundenmarken.

gibt. Seine Mitwirkung bei der Atmung erkennt man am einfachsten so, daß man eine doppelseitige Vagotomie ausführt oder — um das Mithineinspielen von Reizwirkungen in die Ausfallserscheinungen möglichst auszuschließen — so, daß man die beiden freigelegten Vagi lokal stark abkühlt und damit ihr Leitungsvermögen aufhebt. Dann tritt alsbald die sogenannte *Vagusdyspnoe* auf (s. Abb. 38); d. h. die Inspirationen werden tiefer und seltener, sie erhalten einen mehr krampfhaften „tetanischen" Charakter, und die Pause zwischen zwei Inspirationen wird verlängert. Die Folge davon ist meist eine Verschlechterung der Ventilation; deshalb ist es eigentlich auch nicht richtig, von einer Vagusdyspnoe zu sprechen, da die wirkliche Dyspnoe im Gegenteil eine Steigerung der Ventilation bedeutet. Beides zeigt deutlich der Verlauf eines Versuchs am Kaninchen, das vor und nach Vagusdurchschneidung verschiedene Luft-CO_2-Gemische zu atmen bekam. Man sieht, wie unter normalen Verhältnissen CO_2 die Ventilation mächtig anfacht, während nach der Vagotomie die Atemtiefe von vornherein so groß ist, daß die Kohlensäure sie nicht mehr sehr zu steigern vermag, die Atemfrequenz dagegen so gesunken und zugleich so unempfindlich gegen den CO_2-Reiz geworden ist,

daß die Ventilation fast unverändert bleibt und das Tier in Gefahr
gerät, durch Kohlensäure vergiftet zu werden.

Atmung	Atmungsgemisch	Atemtiefe	Atemfrequenz	Durchlüftung pro Min.
normal	Luft	19	72	1368
	„ + 4,2 % CO_2	25	96	2400
	„ + 8,6 % CO_2	29	97	2813
nach Vagotomie . .	Luft	29	45	1305
	„ + 4,2 % CO_2	34	45	1530
	„ + 8,6 % CO_2	38	42	1596

Die Vagi erleichtern also auf irgendeine Weise den Ablauf der Atembewegungen. Wie das aber geschieht, darüber belehren Versuche von HERING
und BREUER. Sie reizten nämlich die sensiblen Äste der Vagi in den Lungen
in möglichst natürlicher Form mechanisch, indem sie durch eine Trachealkanüle entweder Luft in die Lungen einbliesen oder aus ihnen absaugten.
Jede Ausweitung durch Einblasen löst dann sofort eine Exspiration, jeder
Kollaps durch Absaugen eine Inspiration aus. Man kann dies besonders
gut beim Kaninchen beobachten, dessen Nasenflügelatmung einen bequemen
Indikator für die jeweils vorhandene Atemphase abgibt. HERING und
BREUER sprachen auf Grund dieser Beobachtungen von einer *Selbststeuerung der Atmung*, weil offenbar jede Inspiration von selbst eine Exspiration, jede Exspiration eine Inspiration wachruft. Sobald diese
Selbststeuerung durch die doppelseitige Vagotomie ausgeschaltet wird,
dann macht sich der Mangel in der vorher geschilderten Vagusdyspnoe
geltend.

Die Selbststeuerung kann noch auf andere Weise demonstriert werden.
Wenn man z. B. die Trachealkanüle am Schluß einer Inspiration verschließt
oder stark verengt, so daß der Blähungszustand der Lungen länger erhalten
bleibt als ohne dies, so wird dadurch die Exspiration in die Länge gezogen;
umgekehrt, verschließt man die Kanüle am Schluß der Exspiration, so wird
dadurch die Inspiration verlängert. Beides geht aber nur, solange die Vagi
intakt sind. Ferner haben HERING und BREUER gezeigt, daß, wenn man
bei einem Tier plötzlich einen doppelseitigen Pneumothorax (s. S. 115)
erzeugt, der Lungenkollaps mit einer langanhaltenden tetanischen Inspiration beantwortet wird.

Hiernach wird man annehmen, daß bei jedem Atemzug Erregungsimpulse von den Lungen durch die Vagi aufwärts laufen. Dies läßt
sich in der Tat nachweisen, wenn man von dem peripheren Stumpf
eines durchschnittenen Vagus mit Elektroden zu einem Galvanometer
von geeigneter Empfindlichkeit ableitet. Jede Erregung eines Nerven
ist nämlich, wie wir später erfahren werden (s. Kap. 20 u. 21), vom Auftreten elektrischer Ströme, der sogenannten Aktionsströme, begleitet, und
so läßt sich auch hier feststellen, daß synchron mit der Atmung Stromschwankungen im peripheren Vagusstumpf zustande kommen, nämlich
frequente Impulse bei jeder Einatmung, die bei der Ausatmung fast völlig
verschwinden (s. Kap. 21).

Von den Vagi ist auch die vorübergehende Apnoe, welche, wie (S. 122)
hervorgehoben wurde, durch künstliche Überventilation erzeugt werden
kann, bis zu einem gewissen Grade abhängig. Sie ist nämlich nur schwer
zu erzeugen, wenn die Vagi vorher durchschnitten sind, und wenn man

die Vagi während des Bestehens solch einer Apnoe durchschneidet, so
setzen sofort tiefe Inspirationen ein. Deshalb hat man auch diese künstliche Apnoe als *Apnoea vagi* oder *A. spuria* zu der echten (*A. vera*), z. B.
der fetalen in Gegensatz gestellt und die Apnoea vagi als Hemmung des
Atemzentrums infolge der starken mechanischen Reizung der Lungenvagi
durch die Überventilation aufgefaßt. Aber daß es auch eine echte Apnoe
durch Überventilation gibt, bei welcher von solch einem reflektorischen
Einfluß des Vagus nicht die Rede sein kann, beweist der vorher (S. 122)
geschilderte Überkreuzungsversuch von FREDERICQ. Andererseits stellt
sich auch bei forciertester Atmung keine Apnoe ein, wenn man ein Luft-
gemisch atmet, welches so viel CO_2 enthält, wie etwa der normalen Alveolar-
spannung entspricht; denn dann kann trotz der Polypnoe die CO_2-Spannung
des Blutes nicht unter den Schwellenwert für die Erregung des Atemzentrums heruntersinken (HALDANE und PRIESTLEY).

Der Vagus innerviert auch die *Bronchialmuskeln* und bewirkt bei
seiner Erregung Verengung der Luftwege, während der Sympathikus
umgekehrt durch Hemmung des Bronchialmuskeltonus die Luftwege erweitert. Von diesen Veränderungen wird je nach den Bedingungen bald
diese, bald jene teils vom Gehirn aus und teils reflektorisch ausgelöst.
Bei körperlicher Ruhe, wenn das Bedürfnis nach Durchventilierung der
Lungen nur gering ist, werden die Bronchen und Bronchiolen und damit
der tote Raum des Respirationstraktes vom Vagus eng gehalten, doch nur
so, daß auch bei oberflächlicher Atmung immerhin genug frische Luft
bis in die Alveolen vordringt. Werden dagegen bei starker körperlicher
Arbeit große Luftmengen angefordert, dann setzt der Sympathikus den
Bronchialmuskeltonus herab, damit die weiten Luftwege der Atemluft
möglichst wenig Widerstand entgegenstellen, so daß die gesteigerte Ventilation auch für die Auffrischung des Blutes ausgenutzt werden kann,
das infolge der ebenfalls sympathisch herbeigeführten Steigerung der Herzaktion (Kap. 9) in reichlicherem Strom die Lungen passiert. Der Vagus
vermag ferner durch kräftige Tonisierung der Bronchen die Alveolen vor
dem Eindringen reizender Agenzien, vor allem giftiger Gase, zu schützen
(s. auch S. 118). Dieser Reflex wird aber zur Gefahr, wenn infolge einer
zentral oder peripher bedingten Übererregbarkeit beim Asthmatiker die
Tonisierung zum Krampf ausartet, durch den die Atemwege mehr oder
minder zugesperrt werden. Hier hilft, wie aus der Art der Innervation
zu folgern ist, die Anwendung des parasympathischen Lähmungsmittels
Atropin oder des sympathischen Reizmittels Adrenalin (s. dazu Kap. 14
und 26).

9. Kapitel.

Das Herz.

Entwicklung der Lehre vom Blutkreislauf 129. Anatomie des Herzens: Muskulatur, Reizleitungssystem, Nervensystem 131. Die rhythmische Automatie des Herzens 132. Theorie der Herztätigkeit 135. Besonderheiten der Reizbarkeit des Herzmuskels 137. Der Spitzenstoß 140. Herzklappen und Herztöne 140. Die Aktionsströme des Herzens und das Elektrokardiogramm 143. Der intrakardiale Druck 144. Die Innervation des Herzens: chrono-, dromo- und inotrope Wirkungen 146. Die Schlagfrequenz des Herzens 149.

Nachdem auf den vorangegangenen Seiten geschildert worden ist, wie die Nahrung eingenommen und von den Verdauungsorganen vorbereitet wird, um durch die Kräfte der Resorption ins Blut befördert zu werden, nachdem wir ferner erfahren haben, wie durch die Lunge noch ein besonderer Nahrungsbestandteil, der Sauerstoff, dem Blute zugeführt wird, wenden wir uns nun der Beförderung dieses Blutes zu, welche dazu dient, Nahrung und Sauerstoff auf die verschiedenen Organe des Körpers zu verteilen.

Wenn irgendeine Kenntnis von den Verrichtungen unseres Körpers schon von der Schule her unserem Gedächtnis eingeprägt wird, so ist es wohl die Kenntnis vom Kreislauf, den das Blut beschreibt; und wie dieses Stück Physiologie unseren frühesten Besitz an Wissen von den materiellen Vorgängen in uns ausmacht, so steht dies selbe Stück Wissen auch am Anfang der historischen Entwicklung der Physiologie.

Allbekannt ist das Schema (s. Abb. 39), in welchem die **Lehre vom Blutkreislauf** dargestellt wird, seit sie im Jahre 1628 von WILLIAM HARVEY in seiner berühmten Schrift: „Exercitatio anatomica de motu cordis et sanguinis in animalibus" zusammengefaßt wurde. In dieser Schrift vereinigt der englische Arzt die Beobachtungen VESALS und der italienischen Ärzte des Cinquecento, von welchen er bei seinen Studien in Padua hörte, mit den eigenen anatomischen und physiologischen Erfahrungen zu einem Bild von fast vollendeter Klarheit. So ist denn

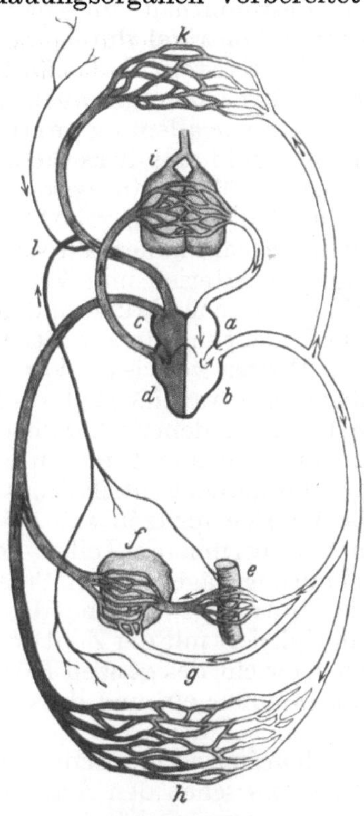

Abb. 39. Schema des Blutkreislaufs nach HARVEY.

a linker Vorhof; *b* linker Ventrikel; *c* rechter Vorhof; *d* rechter Ventrikel; *e* Verdauungskanal; *f* Leber; *g* A. hepatica; *h* Kapillargebiet der unteren Körperhälfte; *i* Lunge; *k* Kapillargebiet der oberen Körperhälfte; *l* Ductus thoracicus.

dieses erste große Ergebnis der Physiologie ein echtes Kind der Renaissance; denn in Italien erwachte zuerst wieder die objektive Betrachtung der Dinge, und Renaissance bedeutet ja keineswegs bloß ein Auflebenlassen des antiken Wissens, sondern prüfenden Neuerwerb des Althergebrachten und seine tägliche Anwendung auf das wirkliche Leben, das mit neuen Augen angesehen wird; nur dadurch gab das Altertum den Anstoß zur Entdeckung der nahen und fernen Welt, welche sich in jener Zeit vollzog.

Betrachten wir, der historischen und sachlichen Bedeutung der Entdeckung des Kreislaufs entsprechend, ganz kurz die Hauptwendepunkte in der Entwicklung dieser Lehre. Zu Beginn der neuen Zeit fußte man noch auf der alten aristotelischen, nur zum Teil von GALEN überwundenen Lehre, daß die Arterien lufthaltig sind; man ließ das Blut in den in den Organen blind endigenden Venen noch hin- und hergehen, ließ es aus der Leber Nahrung schöpfen und diese in der Vena cava inferior und superior den Organen zuführen, und man dachte sich die Scheidewand des Herzens durchlöchert, so daß auch das linke Herz Nahrung empfangen konnte. Anderthalb tausend Jahre hatte man an dieser Anschauung festgehalten bis zur Mitte des 16. Jahrhunderts. Um diese Zeit traten SERVETO und COLOMBO der Galenischen Anschauung von der Porosität der Scheidewand mit Bestimmtheit entgegen und behaupteten, das Blut fließe aus dem rechten Ventrikel durch die Lungen hindurch ins linke Herz, sie lehrten also die Existenz des „kleinen Kreislaufs". Bald darauf, im Jahre 1571, erkannte CESALPINO auch die Notwendigkeit des „großen Kreislaufs"; er stellte vor allem experimentell fest, daß, wenn man eine Vene unterbindet, nicht das herzwärts gelegene Stück anschwillt, im Gegenteil sich entleert, während umgekehrt das periphere Stück, das mit den Organen verbunden ist, sich mit Blut füllt; daraus zog er genial den Schluß, daß „vasa in capillamenta resoluta" existieren müßten, durch welche in den Organen Arterien und Venen miteinander anastomosieren. Diesen Schluß erhärtete noch SARPI, indem er auf die Stellung der Venenklappen und ihre Bedeutung für die Strömung des Venenblutes in der einen Richtung zum Herzen verwies. Was dann schließlich HARVEY 1628 in seinem Buch hinzufügte, war eine Reihe neuer und exakter Beobachtungen, die, in vollendeter Logik mit dem Vorhandenen zusammengestellt, die Existenz des Kreislaufs unwiderleglich und endgültig darlegten. Er stellte am frei liegenden Herzen die Synchronie der Ventrikelzusammenziehung mit dem Puls der Arterien fest, sah die Arterien spritzen, sah bei schwacher Umschnürung des Arms das Blut in den peripheren Teilen der Hautvenen sich stauen, bei starker Umschnürung dagegen den Puls der Arterien verschwinden, er bemerkte, daß die Blutmenge, welche das Herz bei einem einzelnen Schlag austreibt, multipliziert mit der Zahl der Pulse an einem Tag, eine Menge ergibt, welche das Gewicht des ganzen Körpers bei weitem übertrifft, und folgerte daraus. daß offenbar ein und dasselbe Blut mehrmals am Tage das Herz passiere, daß es also durch den Körper zirkuliere. Erst im Jahre 1661 sah MALPIGHI mit dem inzwischen erfundenen Mikroskop die Kapillaren als Verbindungsstücke zwischen den Arterien und Venen und legte damit den Schlußstein an das ganze Gebäude.

Beginnen wir nun unsere Erörterungen über den Kreislauf mit der *Physiologie des Herzens!* Legt man es bei einem Warmblüter bloß, so kann man sehen, wie an den Einmündungsstellen der großen Venen beginnend die beiden Vorhöfe zu gleicher Zeit sich kontrahieren; dieser „*Systole*" der Atrien folgt die gleichfalls synchrone Systole der beiden Ventrikel, während zugleich die Vorhöfe erschlaffen, in „*Diastole*" übergehen; daran schließt sich die Diastole der Ventrikel, und nach einer kurzen Pause, der „*Herzpause*", beginnt das Spiel von neuem.

Suchen wir nach einem Verständnis für den inneren Mechanismus dieses Spiels, so müssen wir einige Betrachtungen über die **Anatomie des Herzens** vorausschicken. Das Herz besteht im wesentlichen aus einem Synzytium eigenartiger quergestreifter Muskelzellen. Dazu kommt ein Nervennetz aus Ganglienzellen und Nervenfasern; die Ganglienzellen sind zum Teil zu Ganglienknoten gehäuft.

Die **Muskulatur** *der Vorhöfe* bildet nur eine dünne Schicht, entsprechend der geringfügigen Arbeitsleistung, welche in der Beförderung des Blutes aus den Vorhöfen in die benachbarten diastolisch schlaffen Ventrikel besteht. An den Einmündungsstellen der großen Venen sind die Muskelfaserzüge zirkulär nach Art von Sphinkteren angeordnet. Von den viel dicker wandigen *Ventrikeln* ist der linke stärker als der rechte; der rechte ist sozusagen nur ein Spaltraum in der rechten Wand des linken Ventrikels (s. Abb. 40). Das kommt dadurch zu-

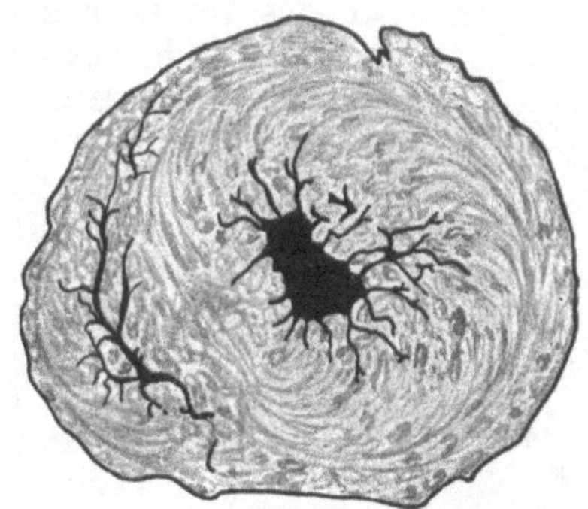

Abb. 40. Querschnitt durch das systolisch kontrahierte Herz. (Nach KREHL.)

stande, daß die Hauptmasse der Muskelzellen zu transversal gerichteten Zügen geordnet ist, welche ringförmig verlaufend teils allein den linken Ventrikel, teils das ganze Herz umspannen, während eigene Ringmuskeln für den rechten Ventrikel nicht vorhanden sind. Der linke Ventrikel ist mit seiner starken Wand der großen Arbeit, das Blut durch den ganzen Körper zu treiben, angepaßt; der rechte hat dagegen das Blut nur durch die Lungen zu befördern. Der Hauptmasse der Zirkulärmuskeln, welche von KREHL als *Triebwerk* des Herzens bezeichnet worden ist, sind außen und innen mehr in Längsrichtung verlaufende Faserzüge aufgelagert. Die Fasern der dünnen Außenschicht entspringen an dem Annulus fibrosus der Atrioventrikulargrenze und ziehen schräg abwärts zur Herzspitze, bilden dort, spiralig sich windend, den „Herzwirbel" und biegen dann großenteils ins Innere um, um auf der Innenwand der Ventrikel wieder aufwärts zu steigen. Die Fasern der Innenschicht verbreiten sich auf den Trabeculae carneae und auf den Papillarmuskeln, an deren Spitzen sie mit den Sehnenfäden der Atrioventrikularklappen, den Chordae tendineae, verbunden sind; dadurch treten sie in den Dienst der Aktion der Herzklappen.

Auf der Innenfläche des Herzens breitet sich aber außerdem noch eine besondere Faserung aus, das sogenannte **Reizleitungssystem**. Es gehört genetisch zur Muskulatur, hat aber eine besondere Funktion, nämlich die, den einzelnen Herzabschnitten die Erregungen zuzuführen. Das Reizleitungssystem besteht aus plasmareichen Zellen (PURKINJEsche Zellen) mit wenigen Muskelfibrillen (s. Abb. 41), die im Aussehen und auch durch ihren Glykogengehalt an embryonale Muskelzellen erinnern. Die Zellen sind meist zu Reihen geordnet, welche an ihren Enden in die Züge der Muskelfasern übergehen, im übrigen aber durch Bindegewebe von der Muskulatur getrennt sind. An zwei Stellen ist das Reizleitungssystem zu

Knoten verdickt, erstens in der Wand des rechten Vorhofs vor der
Vena cava superior zum *Keith-Flackschen Sinusknoten* und zweitens
ebenfalls in der Wand des rechten Vorhofs nahe am Septum dicht
oberhalb der Atrioventrikulargrenze zum *Aschoff-Tawaraschen Atrioventrikularknoten*. Der Sinusknoten versorgt die Vorhofsmuskulatur mit Impulsen. Vom Atrioventrikularknoten aus geht, durch Bindegewebe gegen die
Muskulatur abgesetzt, ein starkes Bündel, das *Hissche Bündel* kammer-
wärts; es ist die einzige „Muskelbrücke" zwischen Atrien und Ventrikeln,
welche im übrigen durch den Annulus fibrosus voneinander getrennt
sind. Das Bündel teilt sich, am unteren Rand der Pars membranacea
des Ventrikelseptums verlaufend, in die zwei *Atrioventrikularschenkel*,
deren Verzweigungen sich auf der Innenseite der beiden Ventrikel netz-
förmig ausbreiten und dort teils auf der Oberfläche der Trabekeln, teils

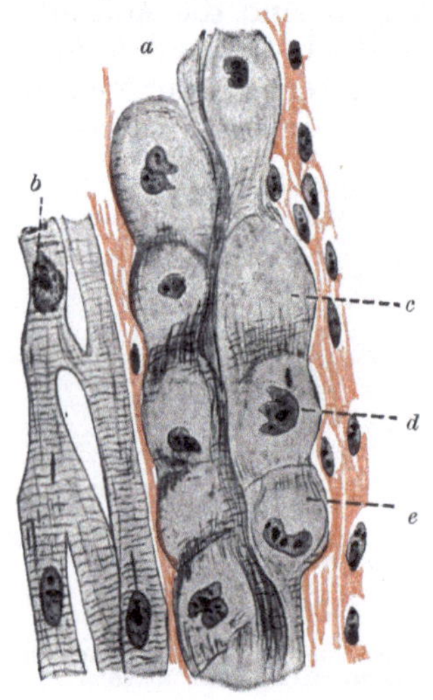

Abb. 41. Zellen aus dem Reizleitungssystem des Hundes.
(Nach Tawara.)
a ein Purkinjescher Faden, *b* gewöhnliche Kammermuskelfasern
mit deutlicher Querstreifung, *c—e*
Purkinjesche Zellen.

frei als „falsche Sehnenfäden" oder „Purkinjesche Fäden" verlaufen und schließlich mit der
Muskulatur in funktionelle Verbindung treten.

Das **Nervensystem** des Herzens ist ein dicht-
maschiges, überallhin ausgebreitetes Nervennetz, in dessen Knoten kleinste Ganglienzellen
liegen. Größere Anhäufungen aus größeren
Ganglienzellen liegen bei den Säugern meist
subperikardial, besonders zwischen den großen
Gefäßen und an der Atrioventrikulargrenze.
Auch das Reizleitungssystem ist reichlich
von Nervenfasern und Ganglienzellen begleitet. Beim Frosch ist ein größeres Ganglion in
der Wand des „Sinus", der Einmündungsstelle
der großen Venen, zu finden, der sogenannte
Remaksche Haufen; von dort ziehen zwei
„Scheidewandnerven" zu einem Ganglion an
der Atrioventrikulargrenze, dem *Bidderschen
Haufen*. —

Wenden wir uns nun zur Physiologie des
Herzens, so knüpft sich unsere erste Frage
an eines der eindrucksvollsten Experimente,
nämlich die Beobachtung des herausgenommenen Herzens, dessen einzelne Abschnitte
sich in der regelrechten Aufeinanderfolge weiter kontrahieren können.
Beim Frosch und anderen Kaltblütern braucht man zu dem Zweck
nur das Herz möglichst vollständig, d. h. unter Mitnahme der Ansätze
der großen Venen herauszupräparieren. Das weit empfindlichere
Säugetierherz muß man mit reichlich Sauerstoff versorgen; zu dem Zweck
bindet man eine Kanüle herzwärts in die Aorta des ausgeschnittenen
Herzens und läßt in der der normalen Blutströmung entgegengesetzten
Richtung körperwarme, sauerstoffgesättigte Ringerlösung (s. S. 84) unter
Druck einlaufen; da sich dabei die Aortenklappen von selbst schließen,
so fließt die Lösung von den Klappentaschen aus durch die Koronargefäße
ins Innere des Herzmuskels (Langendorff). Mit der gleichen Methode
glückt es auch, menschliche Herzen, welche auf Eis aufgehoben sind,
noch einen Tag nach dem Tod von neuem zu beleben (Kuliabko). *Das
Herz ist also ein* **rhythmisch-automatisches** *Organ*, wie Magen, Darm,
Atemzentrum. So erhebt sich hier, wie dort, die Frage, in was für Ele-

menten der Sitz der automatischen Fähigkeiten zu suchen ist; hier lädt aber das Objekt durch die koordinierte Bewegung, welche seine anatomisch gut abgegrenzten und relativ leicht zugänglichen Abschnitte in einzelnen Phasen ausführen, ganz besonders dazu ein, dieser Frage nachzugehen.

Trennt man beim Frosch durch eine Ligatur oder auch durch Schnitt den Sinus venosus vom übrigen Herzen ab, so bleibt das Herz stehen, während der Sinus unverändert weiter pulsiert (STANNIUS). Nach einiger Zeit fängt dann meist das Herz wieder an zu schlagen, gewöhnlich in verlangsamtem Tempo. Regelmäßiger und rascher als das Froschherz erholt sich das Herz der Schildkröte nach Anlegung der Ligatur. Durch den STANNIUSschen Versuch wird demonstriert, daß der Sinus automatische Fähigkeiten besitzt. Den länger anhaltenden Stillstand des übrigen Herzens kann man dann entweder durch die Annahme deuten, daß das Herz geringere Automatie hat als der Sinus und im allgemeinen von diesem aus angeregt wird, oder durch die Annahme, daß durch die Ligatur Hemmungsnerven, welche vom Sinus her ins Herz eintreten, gereizt werden. Die zweite Deutung wird jedoch dadurch widerlegt, daß, wenn man die Hauptnervenverbindungen (Scheidewandnerven) zwischen Sinus und Herz für sich abbindet und auch noch die Atrienwände teilweise durchschneidet, die Kammern dennoch fortfahren zu schlagen, solange sie noch eine Brücke mit dem Sinus verbindet (F. B. HOFMANN). *Auch das vom Sinus abgetrennte Herz hat demnach ein gewisses Maß von Automatie,* und wie das ganze Herz, so haben auch einzelne seiner Teile noch automatische Fähigkeiten, wenn auch geringere, als der Sinus. So können einzelne Stücke der zerschnittenen Ventrikel noch rhythmisch schlagen, ebenso der Bulbus aortae; bei Säugern, Reptilien und Fischen pulsiert auch noch die abgeschnittene Herzspitze (ENGELMANN, PORTER).

Es sieht also so aus, als ob beim Froschherz *der Sinus „führender Teil"* ist, als ob er am leichtesten rhythmisch schlägt und seinen Rhythmus dem übrigen Herzen aufzwingt. Dies läßt sich auch direkt beweisen. Wenn man den Sinus isoliert erwärmt, so steigt die Schlagfrequenz des Herzens; wenn man ihn abkühlt, so sinkt sie; ändert man dagegen auf dieselbe Weise die Temperatur des Ventrikels, so ändert sich allenfalls dadurch seine Kontraktionshöhe, aber nicht das Tempo. Ähnlich verhält sich das Säugetierherz. GANTER und ZAHN haben das schlagende Herz von außen mit einer „Thermode" abgekühlt, d. h. mit einem kleinen Zapfen aus Metall, den sie gegen die Herzwand andrückten und durch den warmes oder kaltes Wasser hindurchgeleitet werden konnte; es ergab sich, daß allein von einem schmalen Streifen des rechten Vorhofs zwischen den Einmündungsstellen der Hohlvenen, also an einer dem Sinus des Froschherzens ungefähr entsprechenden Partie das Tempo beschleunigt oder verlangsamt werden konnte. Unter genau derselben Stelle liegt aber hier der KEITH-FLACKsche Sinusknoten. Daraus wird man den Schluß ziehen, daß *an diesem Ursprungsort des reizleitenden Gewebes in erster Linie die rhythmischen Erregungen produziert werden, und daß von hier aus das übrige Herz seine Anregung erhält,* nämlich zuerst die Vorhofsmuskulatur, die dann ihrerseits den Atrioventrikularknoten in Tätigkeit versetzt. In der Tat läßt sich für diese Doppelfunktion des Reizleitungssystems eine Reihe von Gründen anführen.

Wenn man an der Atrioventrikulargrenze, am besten von den eröffneten Vorhöfen aus, durch Einstich schmale Verletzungen erzeugt, so tritt allein für den Fall, daß dabei das HISsche Bündel getroffen wird, eine Alteration in der Tätigkeit des Herzens ein: die Koordination wird zerstört, die Vorhöfe schlagen zwar im alten Tempo weiter, aber die Ventrikel schlagen langsamer und völlig unabhängig von den Vorhöfen (HIS, H. E. HERING); man bezeichnet die Störung als *Allorhythmie*, als *Dissoziation* oder auch als *Herzblock*. Die normale Überleitung von dem rechten Atrium zu den Ventrikeln, welche offenbar auf dem Weg des HISschen Bündels erfolgte, ist also aufgehoben, und nun manifestieren die Ventrikel ihre eigenen unabhängigen, aber geringfügigeren automatischen Fähigkeiten. In reversibler Weise läßt sich die Überleitungsstörung erzeugen, wenn man vom rechten Vorhof aus gegen den Ort des HISschen Bündels abwechselnd eine kalte und eine warme Thermode andrückt. Man erhält dann Herzreaktionen, wie sie etwa in den Kurven der Abb. 42 dargestellt sind (GANTER und ZAHN).

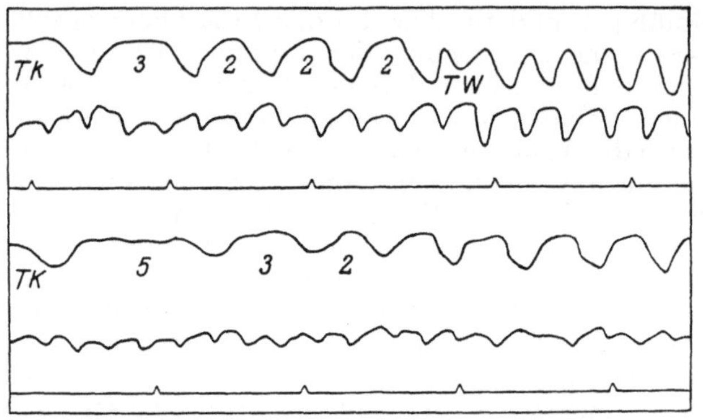

Abb. 42. Überleitungsstörungen bei Einwirkung von Thermoden auf den Atrioventrikularknoten des Kaninchenherzens. (Nach GANTER und ZAHN.)
Oben Ventrikelkurve, unten Vorhofskurve, *TK* Kühlung, *TW* Erwärmung in der Gegend des Tawaraknotens. Die Zahlen bedeuten die Anzahl Atrienschläge, welche einem Ventrikelschlag entsprechen.

etwa durch eine Kältethermode aus, so schlägt von nun ab das Herz allein vermöge der Automatie, welche Atrien und Ventrikel besitzen; die Anregung geht dabei vom Atrioventrikularknoten aus. Denn tastet man jetzt das Innere des Vorhofes mit einer zweiten Thermode ab, so bekommt man Rhythmusänderungen allein bei Reizung im rechten Vorhof an der Stelle des ASCHOFF-TAWARAschen Knotens. Ferner schlägt gleich nach der Ausschaltung des Sinusknotens die normale Herztätigkeit in den sogenannten *atrioventrikulären Rhythmus* um, d. h. Vorhöfe und Kammern schlagen nicht mehr nacheinander, sondern synchron, oder die Ventrikel schlagen sogar vor den Vorhöfen (s.

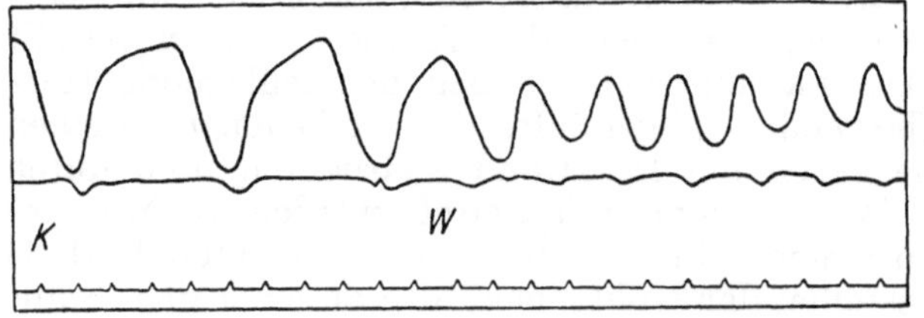

Abb. 43. Wirkung einer Thermode auf den Sinusknoten des Affenherzens. (Nach GANTER und ZAHN.)
Oben Ventrikelkurve, unten Vorhofskurve.
K Kältewirkung; deutlicher atrioventrikulärer Rhythmus.
W Wärmewirkung; normale Schlagfolge.

Abb. 43); reizt man nach der Ausschaltung des Sinusknotens den Atrioventrikularknoten mit einer warmen Thermode mehr oben, so kommt es zu der synchronen Tätigkeit; reizt man ihn mehr unten, so kehrt sich die normale Schlagfolge um, die Kammern beginnen, und die Vorhöfe folgen. Trifft endlich eine Verletzung nur einen der beiden Atrioventrikularschenkel unterhalb des HISschen Bündels, so daß ein sogenannter *Schenkelblock* zustande kommt, dann ist die Folge eine „Längsdissoziation“, d. h. nur der eine der beiden Ventrikel erhält vom Vorhof her seinen Antrieb,

und er seinerseits setzt dann erst mit einer Verzögerung von 0,03—0,04"
den anderen Ventrikel in Bewegung (ROTHBERGER).

Die Leitungsfunktion des Reizleitungssystems kommt des ferneren
auch darin zum Ausdruck, daß die Papillarmuskeln, an welche ja die Aus-
läufer der beiden Schenkel des HISschen Bündels zunächst herantreten,
sich schon kurze Zeit vor den Ventrikeln kontrahieren.

Aus all dem folgt, daß *die Herztätigkeit offenbar nicht „neurogener"
Natur* ist, wie man im Hinblick auf die Nervenversorgung, vielleicht auch
nach Analogie mit den rhythmisch automatischen Funktionen des Atemzentrums (s. S. 120) zunächst annehmen könnte. *Sie ist aber auch nicht
„myogener Natur"*, da das Reizleitungssystem nicht einfach mit der Muskulatur identifiziert werden kann. *Das Reizleitungssystem ist eben ein
rhythmisch-automatisches Organ sui generis*, vielleicht sogar der einzige
rhythmisch-automatisch agierende Bestandteil des Herzens, von dessen
einem oder anderem Stück aus die verschiedenen durch Schnitt isolierten
Herzteile erst ihre Erregung beziehen. Diese Fähigkeit zur rhythmischen
Impulsgebung haftet sehr fest an ihm. Denn das ultimum moriens, wie
ALBRECHT VON HALLER den rechten Vorhof nannte, weil man schon
seit GALEN beobachtet hatte, daß dieser Teil des Herzens im Tode zuletzt seine Tätigkeit einstellt, ist nach neueren Beobachtungen speziell
auf die Gegend des Sinusknotens lokalisiert, und nach den Feststellungen
von ISHIHARA und NOMURA pulsieren die „falschen" Sehnenfäden des Hunde-
herzens, auch wenn man sie herausgeschnitten in Ringerlösung aufhebt, noch
nach 10 Stunden, weit länger als irgendein anderer Abschnitt der Ventrikel.

In dem heftigen Kampf um die neurogene und myogene *Theorie der
Herztätigkeit*, der eine Zeitlang wogte, ist nun eine große Zahl interessanter
Tatsachen zutage gefördert worden, von denen noch einige zur Erläuterung
des Gesagten angeführt seien.

Schneidet man aus dem Froschherzen nach Möglichkeit die nervösen Elemente heraus, wie den REMAKschen und BIDDERschen Haufen
und die mit Ganglienzellen besetzten Scheidewandnerven, so ist dies
ohne Einfluß auf die Aktion (F. B. HOFMANN). Natürlich spricht das
dagegen, daß die Impulse für die Herzaktion von den Ganglien aus-
gesendet werden. Diesen kommt vielmehr die Funktion zu, Einflüsse von
seiten des Zentralnervensystems durch von außen herantretende Nerven
dem Herzmuskel zu übermitteln (s. S. 146). Andererseits beweist der Versuch natürlich nicht, daß die eigentlichen Herzmuskelzellen Automatie
besitzen.

Ein besonders starkes Argument zugunsten der myogenen Auffassung
wurde von manchen in der Beobachtung erblickt, daß das „punctum
saliens", das embryonale Herz in der Keimanlage des bebrüteten Hühnereies
schon zu einer Zeit pulsiert, wo Nervenelemente vom Medullarrohr aus
noch gar nicht in das Herz eingewachsen sind. Aber man kann dagegen
einwenden, daß das embryonale Gewebe andere Eigenschaften haben kann
als das ausgewachsene; die embryonalen Herzzellen weichen ja auch histologisch von den Herzmuskelzellen ab, sie haben noch keine Querstreifung
und können vielleicht eher mit den Zellen des Reizleitungssystems verglichen werden und darum automatisch-rhythmische Fähigkeiten besitzen. Man weiß aber auch noch nicht, ob nicht das Nervennetz im
Herzen peripheren Ursprungs ist; denn nur von den großen Ganglienzellen ist bekannt, daß sie bei der Entwicklung von außen ins Herz
einwandern. Dieser Einwand träfe dann freilich nicht mehr die Beobach-

tung von Burrows an Gewebskulturen, nach der selbst isolierte Muskelzellen des Hühnerembryos noch rhythmisch agieren.

Zugunsten der neurogenen Lehre ist besonders auf das Herz eines Tieres verwiesen worden, bei welchem der neurogene Charakter seiner Aktion in der Tat nicht in Zweifel gezogen werden kann; das ist das Herz der Arachnoide *Limulus polyphemus*. Im Gegensatz zu den Wirbeltierherzen, von welchen jedes kleinste Stück von dem Nervennetz durchsetzt ist, liegt hier ein großes Ganglion oberhalb des Herzmuskelschlauches und entsendet zu ihm, ähnlich wie zu einem Skeletmuskel, mehrere Nervenfäden. Carlson hat nun gezeigt, daß hier das Ganglion in jeder Hinsicht die Führung des Herzens hat. Durchschneidet man die Nervenfäden, so erlischt die Tätigkeit; reizt man einen Faden, so kontrahiert sich das zugehörige Herzsegment. Zerschneidet man das Herz in mehrere Stücke, so wird die koordinierte, peristaltische Aktion nicht alteriert, solange nur das Ganglion intakt bleibt; das Verhalten erinnert also etwa an den nervösen Schluckmechanismus (s. S. 26). Nur wenn man das Ganglion erwärmt, steigt die Frequenz; Erwärmung des Herzschlauchs selber ist ohne Einfluß. Verweist man aber auf all das zugunsten einer allgemeinen neurogenen Theorie der Herztätigkeit, indem man betont, daß hier, wo einmal eine scharfe Trennung zwischen nervösen und muskulösen Elementen einwandfreie Experimentierbedingungen bietet, die Herrschaft der nervösen Substanz sich deutlich manifestiert, so bildet nicht bloß der Abstand in den biologischen Eigenschaften von Wirbellosen und Wirbeltieren einen Einwand gegen die Generalisierung, sondern etwa auch die Beobachtung von P. Hoffmann, daß der Herzmuskel von Limulus tetanisierbar ist wie ein Skeletmuskel, während es, wie wir gleich sehen werden, einen Tetanus beim Wirbeltierherzen nicht gibt.

Sehr ähnlich dem Limulusherzen verhalten sich dagegen die sog. Lymphherzen vom Frosch (s. Kap. 16). Die ihnen die Impulse zuerteilenden Ganglienzellen liegen im Rückenmark, die Zuleitung erfolgt in der Hauptsache durch den 11. Spinalnerven. Ihre Systolen sind echte Tetani, wie die Ableitbarkeit oszillatorischer Aktionsströme beweist (s. Abb., Kap. 20).

Die vergleichend-physiologische Forschung hat noch eine andere Parallele zum Wirbeltierherzen kennen gelehrt, *die Meduse*, die physiologisch dem Herzen so weitgehend ähnlich ist, daß man sie mit Recht als *ein frei im Meer umherschwimmendes schlagendes Herz* bezeichnet hat. Diese Ähnlichkeit äußert die Meduse, abgesehen von ihrer rhythmischen Automatie, z. B. darin, daß sie alle dieselben Besonderheiten in ihrer Reizbarkeit besitzt, welche wir für das Herz alsbald kennenlernen werden. Auch der Schlag der Meduse ist nun durchaus neurogener Natur. Entfernt man den Nervenring mit den Randkörpern, welche im Schirmrand der Meduse gelegen sind und ihr Zentralnervensystem repräsentieren, so hört das rhythmische Pulsieren auf; ferner kommen alle diejenigen Rhythmusstörungen, welche man künstlich dadurch erzeugen kann, daß man die Konzentrationen der einzelnen Salze des Meerwassers ändert (s. S. 139), nur von den Randkörpern aus und nicht durch direkte Wirkung auf die Muskulatur zustande (Bethe).

Aber auch hier muß man wieder sagen, daß man das klare Verhalten bei den Medusen nicht als einen Beweis für die neurogene Natur der Tätigkeit auch des Wirbeltierherzens ansehen kann. Denn es bleibt eben die Tatsache bestehen, daß die *Automatie beim Wirbeltierherzen irgendwie an das besondere, bei keinem anderen Organ bisher gefundene Gewebe des Reizleitungssystems gebunden ist*. Freilich ist auch dies

System mit Nervenfasern und Ganglienzellen reichlich durchsetzt, aber das gilt, wie wir (S. 132) sahen, auch für alle übrigen Abschnitte des Herzens.

Die Eigenschaften des Reizleitungssystems bedingen wohl auch den *zeitlichen Ablauf eines ganzen Herzschlags*. Dieser besteht ja darin, daß zuerst die Vorhöfe sich synchron kontrahieren und danach nach einer kleinen Pause die Ventrikel. Dies scheint so zustande zu kommen, daß die Erregung sich im Reizleitungssystem, besonders im Atrioventrikularknoten nur langsam, in der Herzmuskulatur bzw. dem Nervennetz demgegenüber rasch ausbreitet. Die langsame Fortleitung der Erregung vom rechten Vorhof auf die Ventrikel verursacht die Pause zwischen Atrien- und Ventrikelsystole, die rasche Ausbreitung in den Wänden bedingt die praktisch gleichzeitige Aktion sämtlicher Teile der Atrien und der Ventrikel.

Wenn man den Versuch macht, dem Herzen außer den Erregungen, welche ihm von Natur von seinen automatiebegabten Teilen her zufließen, noch künstliche Erregungen zuzuführen, oder wenn man versucht, es künstlich wieder in Tätigkeit zu versetzen, nachdem es etwa durch Ausschaltung des Sinus zum Stillstand gekommen ist, so stößt man auf eigentümliche Verhältnisse in der **Reizbarkeit des Herzmuskels.** Erstens spricht er auf den Reiz, mag es sich um einen mechanischen oder elektrischen oder sonst einen Reiz handeln, viel langsamer an als ein gewöhnlicher quergestreifter Muskel, d. h. die

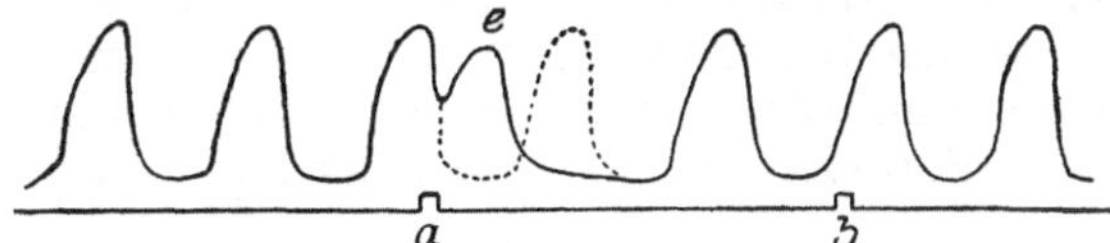

Abb. 44. Extrasystole und kompensatorische Pause.
Bei *a* Extrareiz in der Diastole; ihm folgt eine Extrakontraktion *e*, danach eine kompensatorische Pause. Bei *b* Extrareiz zu Beginn der Systole, also im Refraktärstadium.

Zeit, die zwischen Reiz und Reaktion verstreicht, die *Latenzzeit*, ist größer, und die Verkürzung bis zum Maximum wird weniger schnell erreicht. Hierin ähnelt der Herzmuskel den glatten Muskeln anderer Eingeweide. Eine zweite Eigenart besteht darin, daß, während ein Skeletmuskel auf einen an der Schwelle der Wirksamkeit befindlichen Reiz mit einer minimalen Zuckung antwortet und bei kontinuierlich gesteigerter Reizstärke kontinuierlich bis zu einem Maximum anwachsende Kontraktionen ausführt, das Herz schon bei Schwellenreizen mit maximaler Verkürzung reagiert; *die Zuckungshöhe ist hier unabhängig von der Reizstärke* stets maximal, es gilt, wie es Bowditch genannt hat, das „Alles-oder-Nichts-Gesetz“. Das ist allerdings nicht so zu verstehen, daß das Herz sich unter allen Umständen stets um die gleiche Länge kontrahiert, vielmehr nur so, daß **unter den gegebenen Bedingungen die Kontraktionshöhe ein Maximum ist und nicht durch die Reizstärke abgestuft werden kann.** Diesem Gesetz folgt der Skeletmuskel allerdings nur scheinbar nicht, wie wir später (Kap. 20) erfahren werden. Mit der Geltung des Alles-oder-Nichts-Gesetzes hängt noch eine dritte Besonderheit zusammen, das ausgesprochene *Refraktärstadium*. Wenn man auf einen Skeletmuskel zu irgendeiner Zeit, während er sich auf einen Reiz verkürzt oder während er sich verlängert, einen zweiten Reiz ausübt, so beginnt er sogleich mit einer neuen Kontraktion, welche sich auf die erste superponiert (s. Kap. 20). Anders der Herzmuskel! Er spricht während der ganzen Systole, ja sogar schon kurz vorher, d. h. innerhalb der Latenzzeit, auf einen Reiz überhaupt nicht an (absolutes Refraktärstadium), und gewinnt erst während der Diastole mehr und mehr die Erregbarkeit zurück (relatives Refraktärstadium). Aber auch hinsichtlich des Refraktärstadiums unterscheidet sich der Herzmuskel nur quantitativ, nicht qualitativ vom Skeletmuskel; denn auch er zeigt eine refraktäre Phase, aber sie dauert nur 0,001—0,002″ und macht nur einen Bruchteil seiner Latenzzeit aus, während sie beim Herzen mehrere Zehntel Sekunden beansprucht. Reizt man das Herz nun außerhalb seines absoluten Refraktärstadiums in der Diastole, so antwortet es darauf mit einer „*Extrasystole*", d. h. beim spontan schlagenden Herzen wird in das regelmäßige, vom Sinus herrührende Tempo eine Extrakontraktion eingeschaltet; sie ist im allgemeinen um so größer, je später sie in der Diastole ausgelöst wird, d. h. je weiter die relative refraktäre Phase abgeklungen ist. Der Extrasystole folgt aber eine *kompensatorische Pause*, welche die gewöhnliche Herzpause (s. S. 131) an Länge überdauert (s. Abb. 44). Ihr Zustandekommen ist wohl so zu erklären, daß, wenn nach der Extrasystole vom Sinus der dem normalen Rhythmus angehörige nächste Impuls abgesandt wird, das Herz sich noch von der Extrasystole her wiederum in einem Refraktärstadium befindet, so daß die Antwort auf diesen Impuls ausfällt, und erst der nächste wieder wirksam wird. Daher gilt das „Gesetz der Erhaltung der physiologischen Reizperiode" (ENGELMANN); die erste Kontraktion nach der Extrasystole tritt im selben Zeitmoment ein, wo sie auch ohne die Extrasystole zustande gekommen wäre, nicht früher. Das Schema der Abb. 45, in dem die refraktären Perioden durch Schraffierung dargestellt sind, veranschaulicht das

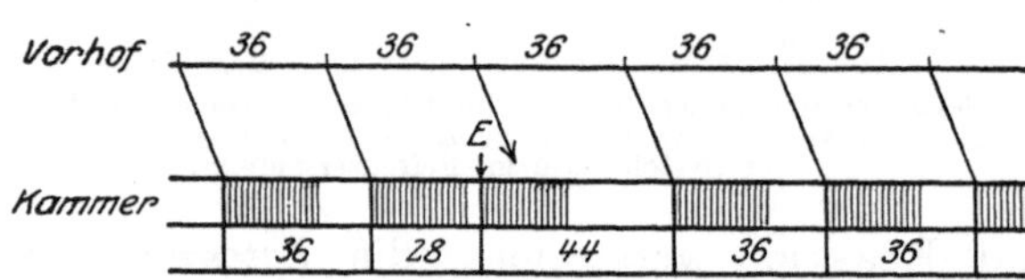

Abb. 45. Kompensation der durch eine ventrikuläre Extrasystole (*E*) verursachten Rhythmusstörung (28 + 44 = 72 = 2 × 36). (Nach ROTH-BERGER.)

Verhalten. Extrasystole und kompensatorische Pause spielen auch klinisch eine wichtige Rolle, da durch Krankheitsherde im Herzmuskel sowie durch Widerstände im Kreislauf Extrareize ausgeübt werden, die irgendwo in der Herzwand entstehen können; solche Reize nennt man „heterotope" gegenüber den normalen „nomotopen", die am gesetzmäßigen, normalen Ort zustande kommen (H. E. HERING). Aus der Existenz eines Refraktärstadiums folgt wohl endlich auch, daß, wie schon gesagt, im Gegensatz zum Skeletmuskel *der Herzmuskel nicht tetanisierbar* ist. Der rhythmischen Erregung vom Sinus her entspricht eben ein rhythmisches Refraktärsein, so daß das Herz auf die frequenten elektrischen Reize, welche sonst zum Tetanus führen, nur jeweils in den Intervallen der Beanspruchbarkeit antwortet; so entsteht an Stelle der tetanischen Dauerkontraktionen nur ein „Wühlen" oder „Wogen". Aus demselben Grund antwortet das Herz auf Dauererregungen, wie sie etwa durch Auflegen eines Kochsalzkristalls aufs Herz oder durch Durchleiten eines galvanischen Stroms hervorgerufen werden können, mit mehr oder weniger rhythmischer Bewegung; der Dauerreiz wird eben durch die Einschaltung der langen refraktären Phasen in einen periodischen Reiz umgewandelt (s. auch S. 122).

Für alle diese typischen Reaktionen ist Vorbedingung die Erhaltung normaler Ernährungsverhältnisse. Dazu gehört bei ausgeschnittenen Herzen, vor allem bei Säugetierherzen Zufuhr von Sauerstoff und Durchspülung mit einer indifferenten Lösung, welche die Stoffwechselprodukte entfernt; nicht notwendig ist dagegen die Zufuhr von organischen Nahrungsstoffen, da der Herzmuskel gewöhnlich genügende Reserven enthält. *Eine indifferente Lösung, welche die Erregbarkeit konservieren soll, muß gewisse Salze in bestimmten Konzentrationen enthalten.* In einer reinen isotonischen Kochsalzlösung erschöpft sich das Herz in kurzer Zeit; auch hierin unterscheidet es sich vom Skeletmuskel, welcher zwar ebenfalls in physiologischer Kochsalzlösung abnorm wird, insofern als er auch ungereizt fortwährend „fibrilläre Zuckungen" ausführt; aber er bleibt doch immerhin lange Zeit erregbar. Das durch Kochsalzlösung gelähmte Herz wird erst wieder fähig zu schlagen, wenn einige hundertstel Prozent Calciumchlorid zugesetzt werden. Aber in dieser NaCl-CaCl$_2$-Lösung schlägt das Herz verlangsamt, die Systolen sind krampfartig (s. Kap. 20) verlängert, und in der Diastole

erschlafft das Herz nicht vollständig; nach einiger Zeit wird der Schlag unregelmäßig und dann bleibt das Herz in tonischer Kontraktur stehen. Setzt man aber außer CaCl$_2$ noch einige hundertstel Prozent KCl hinzu, so wird die Herzreaktion wieder normal. So ist also die früher (S. 84) erwähnte *Ringerlösung* von der Zusammensetzung 0,65 % NaCl (für den Frosch) oder 0,95 % (für das Säugetier) + 0,02 % KCl + 0,02 % CaCl$_2$ geeignet, die Herzaktion für längere Zeit zu konservieren. Läßt man aus der Ringerlösung das Ca weg, so steigt die Schlagfrequenz zunächst, das Herz erlahmt aber bald unter Kleinwerden der Systole

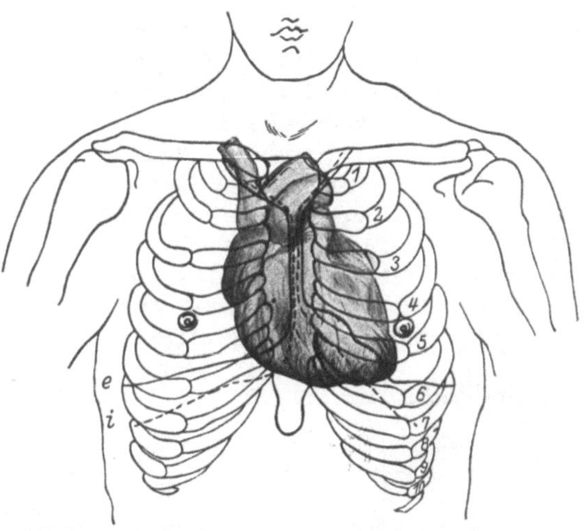

Abb. 46. Lagerung des Herzens im Thorax.

Die Lungengrenzen auf der Höhe der Inspiration (i) und der Exspiration (e) sind mit eingezeichnet.

und bleibt in Diastole stehen. Das in reiner NaCl-Lösung zum Stillstand gekommene Herz kann durch K allein nicht wieder zur Tätigkeit erweckt werden. Das Herz nimmt übrigens in seinem Salzbedarf keine Sonderstellung gegenüber allen anderen Organen ein; auch das Zentralnervensystem büßt seine Reflexfunktionen ein, wenn es mit reiner Kochsalzlösung durchspült wird, die „indirekte" Erregung des Muskels vom Nerven aus,

die Automatie des Darmes, der der Herzaktion in vieler Hinsicht ähnliche Schlag der Medusen geht in Abwesenheit von Ca verloren. In allen diesen Fällen handelt es sich um Systeme, in denen Nerven mit Nerven oder Nerven mit Muskeln funktionell verbunden sind, und man neigt dazu, den Verlust der Funktionsfähigkeit

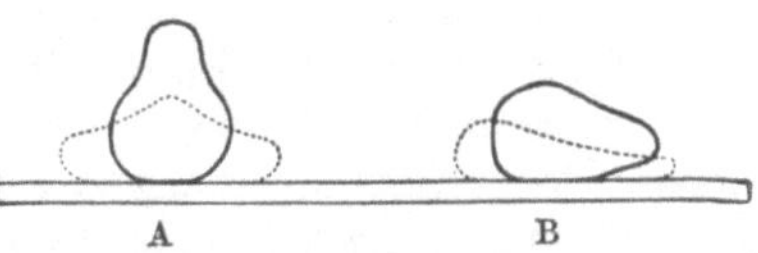

Abb. 47. Verhalten der Herzachse beim Übergang von Diastole in Systole, schematisch. (Nach NICOLAI.)

bei Ca-Mangel auf die Lösung einer die verschiedenen Systemkomponenten verbindenden Kittsubstanz zurückzuführen. Das würde, aufs Herz übertragen, bedeuten, daß der Kontakt zwischen Reizleitungssystem und Herzmuskel durch Wegnahme des Ca gelockert wird.

Bisher hatten wir es im wesentlichen mit Beobachtungen am ausgeschnittenen Herzen zu tun. Wenden wir uns nun dem Verhalten des Herzens in situ zu, so wie es, in den Thorax eingeschlossen, agiert. Diese Tätigkeit manifestiert sich nach außen in verschiedener Art, nämlich vor allem durch den Spitzenstoß, die Herztöne und die Aktionsströme.

Der **Herzspitzenstoß** besteht in einer fühlbaren und oft auch sichtbaren kurzen lokalen Erschütterung der Thoraxwand, beim Erwachsenen meist im 5. linken Interkostalraum, etwas einwärts von der Mamillarlinie, d. h. der durch die Mamilla gezogenen Senkrechten. Daß es die Herzspitze ist, welche gegen die Thoraxwand anpocht, ergibt die Thoraxtopographie (s. Abb. 46). Man fühlt den Spitzenstoß fast gleichzeitig mit dem Puls der Karotis oder der Radialis; daraus ist zu folgern, daß der Spitzenstoß von der Systole der Ventrikel herrührt. Dies könnte unerwartet erscheinen, weil man sich unter der Systole zunächst eine Verkürzung des Herzens in der Längsachse, also ein Abrücken von der Thoraxwand, vorstellen wird; die Lageverhältnisse bedingen aber gerade das Gegenteil.

Wieviel auf die Lagerung ankommt, zeigt z. B. folgender Versuch: Legt man ein ausgeschnittenes Froschherz, die Längsachse horizontal gerichtet, auf eine Unterlage, so verkürzt sich die Achse, wenn es, etwa infolge eines leichten Druckreizes, aus der Diastole in Systole übergeht (s. Abb. 47 B); liegt es aber auf seiner Basis, die Spitze nach oben gerichtet, so verlängert sich systolisch die Achse (A). Das beruht darauf, daß das Herz systolisch-hart zwar eine bestimmte Gestalt hat, diastolisch-weich aber je nach der

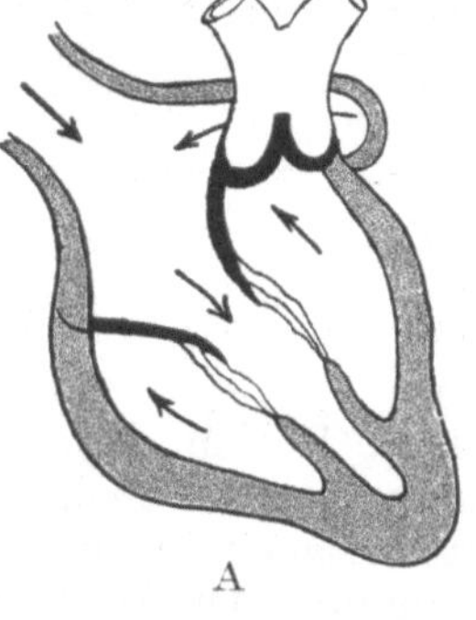

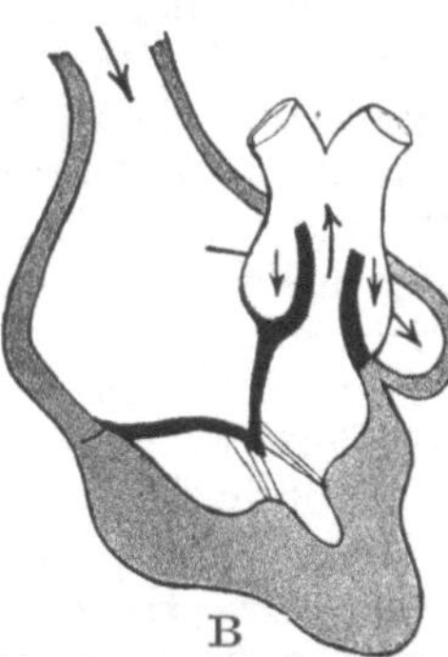

Abb. 48. Zur Theorie des Spitzenstoßes.

Abb. 49. Schema für die Bewegungen der Herzklappen. (Nach LANDOIS.) A Atriensystole und Ventrikeldiastole. B Ventrikelsystole und Atriendiastole.

Unterlage ganz verschieden geformt ist. Im Thorax liegt nun das Herz fast horizontal auf dem Zwerchfell und schmiegt sich in der Diastole ganz passiv der Umgebung an; es hat dabei eine elliptische Basis und schräg abwärts geneigte Längsachse (s. Abb. 48 *a d*). Bei der Systole rundet sich dann die Basis ab, und die Achse erfährt zwar eine Verkürzung, aber infolge der Lagerung und der Aufhängung an den großen Gefäßen zugleich auch eine Drehung (*a s*), welche die Spitze gegen die Thoraxwand andrängt (C. LUDWIG). Daß der Spitzenstoß dabei in der Rückenlage gewöhnlich deutlicher zu spüren ist als beim Aufrechtstehen, wird durch die genannte Beobachtung am Froschherzen ohne weiteres verständlich.

Die **Herztöne** sind zwei zu jedem einzelnen Herzschlag zugehörige leise Geräusche, welche an der Thoraxwand direkt mit dem Ohr oder mit Hilfe eines „Stethoskops“ zu hören sind. Sie hängen mehr oder weniger mit der Bewegung der **Herzklappen** zusammen (s. Abb. 49). Wenn durch die Atriensystole das Blut in die Ventrikel geworfen wird (A), so flottieren die Zipfel der *Atrioventrikularklappen* in dem in Wirbelbewegung befindlichen Blut, an ihren Rändern durch die Sehnenfäden gehalten, welche von den Papillarmuskeln entspringen. Folgt nun die Ventrikelsystole (B), während die Atrien erschlaffen, so staut sich das Blut hinter den Klappensegeln, ihre Ränder legen sich aneinander und verschließen die Atrioventrikularostien. Dabei müßten die Segel trotz der Sehnenfäden in die Atrien durchschlagen, da ja die Herzspitze, gegen welche die Sehnenfäden hinziehen, sich der Herzbasis annähert, wenn nicht die Verkürzung der Papillarmuskeln, an welche die Fäden unmittelbar inserieren, diese Annäherung kompensieren würde. Gesichert wird der Klappenschluß dann noch dadurch, daß von je einem Papillarmuskel Sehnenfäden zu den einander gegenüberliegenden Rändern zweier Segel hinlaufen.

Mit dem Einsetzen der Ventrikelsystole wird das Blut ferner gegen die *Semilunarklappen* angedrängt, welche am Ausgang in die Aorta und in die Arteria pulmonalis stehen, und welche in der Diastole der Ventrikel durch den Blutdruck innerhalb der Arterien geschlossen sind. Sobald nun der Druck von seiten der Ventrikel überwiegt, öffnen sich die Semilunarklappen, und das Blut wird ausgetrieben. Hierbei „stellen" sich die Klappen infolge der Wirbelung im Blut, d. h. sie legen sich nicht dicht an die Gefäßwandungen an, vielmehr werden sie durch die retrograden Strömungen, die durch den Wirbel in die Sinus valsalvae hinein erzeugt werden, von der Wand ferngehalten. Sobald aber zum Schluß der Systole der Einstrom vom Herzen in die Gefäße aufhört, schließen sich die Klappen brüsk, weil die retrograde Strömung den Einstrom überdauert, und werden von nun an durch den von der elastischen Spannung der Aortenwand herrührenden Druck fest geschlossen gehalten (s. dazu S. 145 und 156).

So garantieren also die sich im Druckgefälle bewegenden Klappenventile die Blutströmung durchs Herz in der einen normalen Richtung. Nur an den Mündungen der großen Venen ins Herz könnte das Blut sich rückwärts stauen; aber erstens begünstigt der bei der Atriensystole herrschende niedrige Druck in den Ventrikeln (s. S. 145) das Einfließen hierhin, zweitens befinden sich in den Venen, wenn auch nicht an ihrer Einmündung ins Herz, so doch weiter rückwärts Klappen, welche die Blutströmung herzwärts richten (s. Kap. 10), und drittens bilden einen gewissen Ersatz für Klappen die vorher (S. 131) genannten sphinkterartigen Zirkulärmuskeln, welche an den venösen Ostien der Atrien vorhanden sind.

Macht man sich so den Sinn der Herzklappen klar, so versteht man auch ohne weiteres die große Gefahr der „Klappenfehler", welche im Gefolge von Herzerkrankungen zustande kommen; man begreift, daß z. B. bei ungenügendem Schluß der Valvula mitralis die Lungenzirkulation leidet und Dyspnoe sich einstellt, man begreift, wie sich bei einer Undichtigkeit der Valvula tricuspidalis das Blut in den Venen des großen Kreislaufs stauen muß, und wie infolgedessen Anschwellungen („Ödeme") der Gliedmaßen auftreten, u. a.

Von dieser Funktion der Herzklappen sind nun auch die **Herztöne** abhängig. Man unterscheidet bei jeder Herzperiode einen *ersten oder systolischen* und einen *zweiten oder diastolischen Herzton;* der erste ist etwas dumpfer und von etwas längerer Dauer als der zweite. Der erste Herzton ist „Muskelton", der zweite „Klappenton". Wenn man nämlich ein ausgeschnittenes blutleeres schlagendes Herz behorcht, so hört man noch den ersten Ton, wenn auch abgeschwächt, aber nicht mehr den zweiten; auch wenn man bei dem in situ befindlichen Herzen die Atrioventrikularklappen durch ein von der V.-jugularis oder von der Art. carotis aus vorgeschobenes Häkchen auseinanderhält, vernimmt man noch den ersten Ton (LUDWIG und DOGIEL, KREHL). Ungeschwächt hört man den ersten Ton, wenn man das Herz — am besten im Moment der Füllung der Ventrikel — an der Herzwurzel abschnürt, obwohl die Klappen dadurch außer Funktion gesetzt werden (W. R. HESS). Der *erste Ton* kommt dadurch zustande, daß nach der systolischen Abrundung der Ventrikel die weitere Verkürzung der Muskelfasern, die sich um den flüssigen inkompressiblen Inhalt herum anspannen, jäh unterbrochen wird, weil in diesem Moment der Inhalt auf die Form mit kleinster Oberfläche gebracht ist. Diese abrupte Bremsung der Kontraktion führt zu den Schwingungen, die den ersten Ton ausmachen. Danach nimmt nur noch die Spannung, nicht die Verkürzung der Muskelfasern weiter zu, bis sie groß genug geworden ist, um unter Sprengung der Semilunarklappen den Inhalt auszutreiben. Der Schluß der Atrioventrikularklappen vollzieht sich schon vorher anscheinend vollkommen lautlos in einem Zeitmoment, in dem die Ventrikelwandungen noch nicht gespannt, also wenig geeignet sind, Schwingungen auf die Umgebung zu übertragen (W. R. HESS). Der *zweite Ton* hängt dagegen, wie aus den angeführten Versuchen bereits hervorgeht, von der Klappenfunktion ab. Wenn nämlich die Klappenwände plötzlich gespannt werden, so wie es am Ende der Ventrikelsystole mit den Semilunarklappen geschieht, so entsteht ein klappendes Geräusch, gerade so, wie wenn der Wind plötzlich ein Segel spannt.

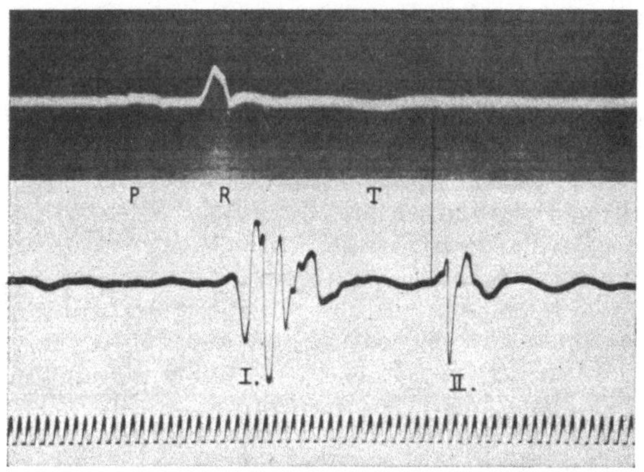

Abb. 50. Kardiophonogramm vom Hund nach E. SCHÜTZ. Darüber Elektrokardiogramm. Zeitschreibung: $^1/_{100}$ Sek.

    Die Herztöne sind, wie gesagt, wenig ins Ohr fallende Geräusche; trotzdem ist es für den Arzt notwendig, pathologische Veränderungen derselben möglichst sicher zu diagnostizieren. Besonders anatomische Veränderungen an den Klappen, welche durch Krankheiten hervorgerufen werden können, z. B. Verwachsungen oder Schrumpfungen, gehen wohlverständlicherweise mit Änderungen der Herztöne einher. Der geübte Arzt vermag auf Grund der „Auskultation" des Herzens genau den Sitz und die Art der Veränderung anzugeben. Aber weil eben die Methode große Übung voraussetzt, so strebt man mit Recht danach, die Auskultation durch die *objektive Registrierung der Herztöne* zu ersetzen. Zu diesem Zweck wird z. B. ein Schalltrichter über dem Herzen auf die Brust aufgesetzt; die in ihm auftretenden Druckschwankungen werden dann durch Lufttransmission mit Hilfe eines Schlauches auf ein Kohlemikrophon übertragen; die so erzeugten Intensitätsänderungen eines hierdurchgeschickten elektrischen Stromes können von einem empfindlichen und mit möglichst wenig Trägheit reagierenden Galvanometer angezeigt und eventuell photographisch registriert werden (EINTHOVEN, O. WEISS).

    Für solche Aufzeichnungen geeignete Instrumente sind das *Saitengalvanometer* von EINTHOVEN und der *Schleifenoszillograph* von SIEMENS. Das Saitengalvanometer (Abb. 51) besteht aus einem versilberten Quarzfaden $a\,b$ von 2—3 μ Dicke, der durch das Feld eines starken Magneten oder Elektromagneten hindurchläuft. Fließt durch die gespannte „Saite" ein Strom, so bewegt sie sich je nach der Stromrichtung nach rechts oder links. Die Magnetpole sind durchbohrt, so daß man die Saitenbewegung mit Hilfe eines Mikroskops beobachten oder besser auf einen rotierenden photographischen Film projizieren kann. Der Schleifenoszillograph (Abb. 52) enthält statt der einfachen Saite eine Schleife s, auf der ein kleiner Spiegel befestigt ist, der sich bei Stromdurchgang dreht.

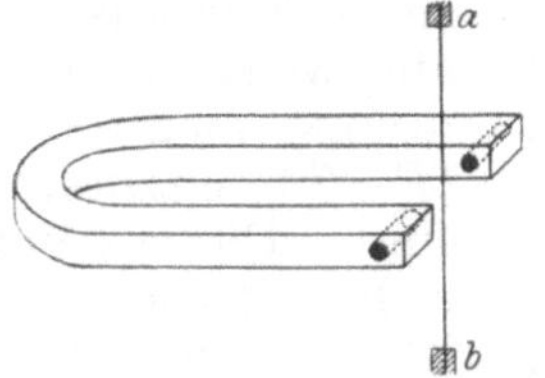
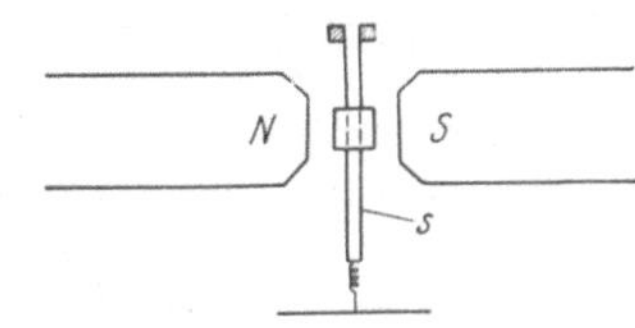

Abb. 51. Saitengalvanometer. (Schematisch.)   Abb. 52. Schleifenoszillograph. (Schematisch.)

Neuerdings bedient man sich zur Schallübertragung mit großem Vorteil eines Kondensatormikrophons, das auf die Thoraxwand aufgesetzt wird. Es enthält einen winzigen Luftkondensator, dessen eine Platte aus einer dünnen Metallfolie besteht, welche den Druckamplituden des Schalls getreu folgt, so daß die Kapazität des in einen elektrischen Schwingungskreis eingeschalteten Kondensators sich genau konform den Schallschwingungen ändert. Die so hervorgerufenen Frequenzänderungen der elektrischen Schwingungen werden dann in besonderer Weise mit Hilfe eines Gleichrichters in Amplitudenänderungen umgesetzt (RIEGGER, F. TRENDELENBURG).

Statt die Stromschwankungen mit einem Galvanometer sichtbar zu registrieren („Kardiophonogramm"), kann man sie auch mit Hilfe von Elektronenröhren verstärken und durch ein Telephon weithin hörbar machen.

Abb. 50 gibt ein Beispiel eines „Kardiophonogramms".

Die Tätigkeit des im Innern des Thorax eingeschlossenen Herzens macht sich ferner nach außen in den **Aktionsströmen** geltend. Es wurde schon einmal hervorgehoben (S. 127, ferner Kap. 20 u. 21), daß die Erregung eines jeden Organs von elektrischen „Aktionsströmen" begleitet ist. Man weist sie im allgemeinen so nach, daß man unmittelbar an das Organ Elektroden anlegt, welche zum stromanzeigenden Instrument

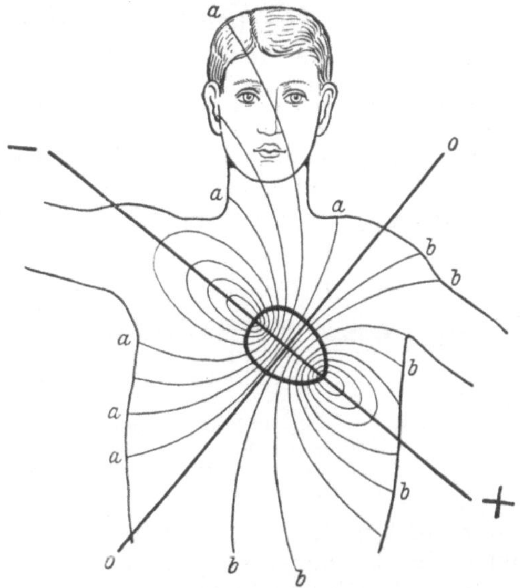

Abb. 53. Verteilung der von der Herzaktion herrührenden elektrischen Spannungen im Körper. (Nach WALLER.)

hinführen. Aber wenn das betreffende Organ von anderen Geweben umhüllt ist, so kann man auch von den Stromschleifen, welche die Umgebung durchsetzen, ableiten. So verfährt man beim Herzen. Gewöhnlich gibt man einem Menschen einfach die Elektroden in die Hand und verbindet sie mit einem Saitengalvanometer. Diese Anordnung würde ergebnislos sein, wenn das Herz symmetrisch zur Medianebene des Körpers läge; aber da es asymmetrisch gelagert ist, so verteilen sich die Spannungen, welche durch die Aktion entwickelt werden, so wie es in Abb. 53

dargestellt ist. Der rechte Arm entspricht also der Herzbasis, der linke der Herzspitze; beide verhalten sich, synchron mit der Herzaktion, bald positiv und bald negativ (s. Kap. 20 u. 21).

Registriert man die Aktionsströme, indem man die Bewegungen der Saite des Saitengalvanometers photographisch aufnimmt, so erhält man ein „*Elektrokardiogramm*" („Ekg"). Das Elektrokardiogramm des Menschen ist eine komplizierte Kurve (s. Abb. 54), auf welcher nach EINTHOVEN mehrere Zacken ($P—T$) charakteristisch sind. Die zeitliche Beziehung zu den Herztönen ist aus der Abb. 50 zu ersehen. Die Deutung der Kurve, über welche viel diskutiert worden ist, ist in mancher Hinsicht noch strittig. Sicher gehört die P-Zacke der Vor-

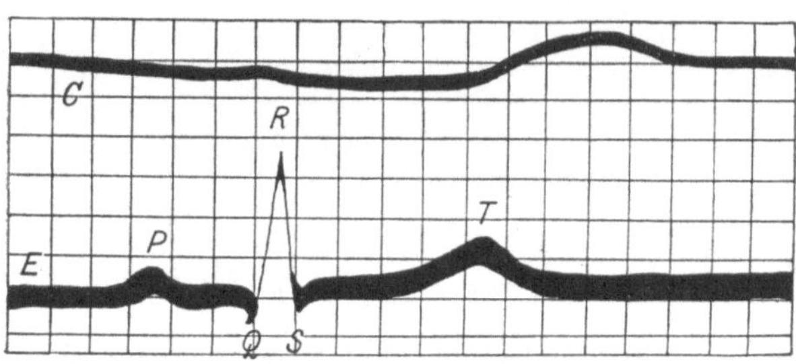

Abb. 54. Normales Elektrokardiogramm nach EINTHOVEN.
Oben C = Carotis-Pulskurve. Unten E = Elektrokardiogramm mit den Zacken $P-T$.

hofssystole an, die Zacken $Q—T$ entsprechen der Ventrikelaktion. Der zweite Herzton liegt also zeitlich hinter der T-Zacke (s. Abb. 50). Der Abstand $P—Q$ entspricht der Überleitungszeit, während deren die Erregung vom Vorhof durch das Reizleitungssystem auf den Ventrikel übergeht. Das Kurvenstück QRS, das großenteils der Zeit vor dem ersten Herzton entspricht, bedeutet die Anspannung des Ventrikels bis zur Öffnung der Semilunarklappen. Die Auswertbarkeit des Ekg für klinische Zwecke beruht auf der Tatsache, daß die Kurve des normalen Herzens einen

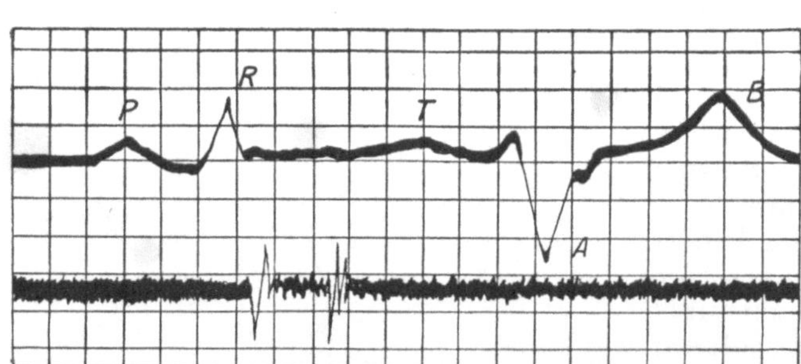

Abb. 55. Anomales Elektrokardiogramm nach EINTHOVEN.
$P\,R\,T$ normaler Herzschlag. $A\,B$ Extrasystole.
Darunter das zugehörige Kardiophonogramm.

typischen Verlauf hat. In pathologischen Verhältnissen kommen mannigfache Abweichungen vor; als Beispiel zeigt die Abb. 55 das Bild einer in die normale Rhythmik hineinfallenden Extrasystole.

Eine weitere Vertiefung der Kenntnisse von der Herztätigkeit ist durch vivisektorische Eingriffe zu erlangen. So sind vor allem die Schwankungen des **intrakardialen Druckes** gemessen worden (CHAUVEAU und MAREY). Zu seiner Registrierung benutzt man, ebenso wie in der Technik, Manometer; da es sich hier aber um sehr rasche und sehr hohe Druckschwankungen handelt, so sind Quecksilbermanometer nicht zu brauchen; denn bei der Trägheit ihrer Masse geben sie stark deformierte Kurven. Man verwendet elastische Manometer (Tonographen) von geringer Masse und hoher Eigenschwingungszahl (O. FRANK). Das Herz wird durch Eröffnung des Thorax freigelegt, dann werden in die verschiedenen Herzhöhlen Hohlnadeln eingestochen und diese mit den Manometern verbunden. So erhält man „Tonogramme", wie sie in Abb. 56 zusammengestellt sind (H. STRAUB, PIPER). Aus der Abbildung ist in der Hauptsache folgendes zu entnehmen: 1. Der systolische Druckanstieg im linken Ventrikel ebenso wie der diastolische Druckabfall verläuft sehr steil; im linken Ventrikel der Katze wurden Maximaldrucke von 150—170 mm Hg, also von ca. $^1/_5$ Atmosphäre registriert. (Im rechten Ventrikel betrug das Maximum nur 40—50 mm Hg.) 2. Die Vorhofssystole verursacht in der Kammer nur einen kleinen Druckanstieg (V). 3. Bei K markiert sich in der Vorhofskurve der Schluß der Atrioventrikularklappen durch eine kleine Drucksteigerung. 4. Bei S markiert sich die Öffnung der Semilunarklappen. Wenn man nämlich die Aortendruckkurve (welche in der Abbildung rein

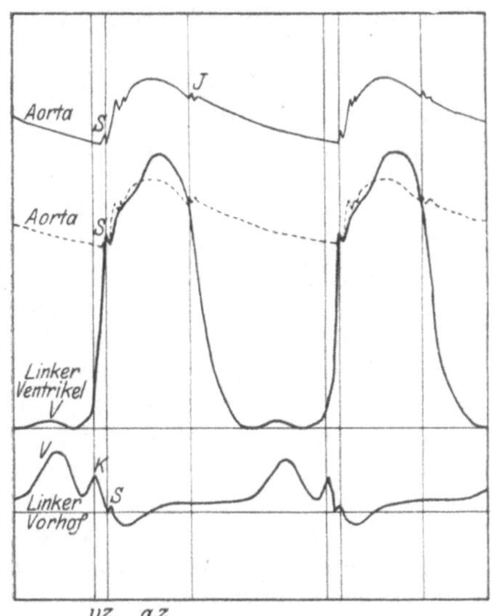

Abb. 56. Druckschwankungen im linken Vorhof, im linken Ventrikel und in der Aorta der Katze. (Nach PIPER.)

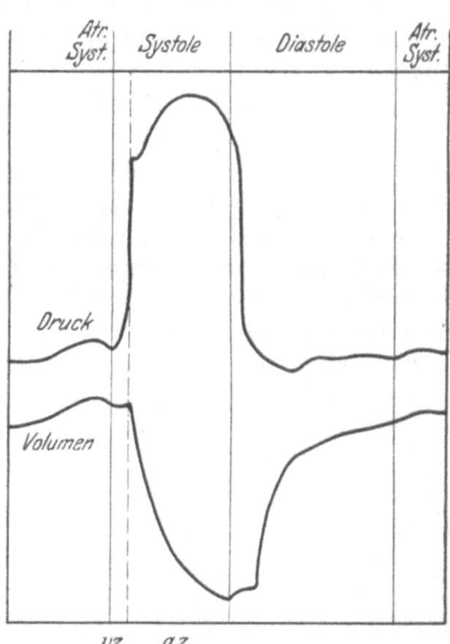

Abb. 57. Druck-Volumkurve des Ventrikels
vz = Verschlußzeit. az = Austreibungszeit.

willkürlich über die anderen Kurven gezeichnet ist) mit der Kurve für den linken Ventrikel auf das gleiche Koordinatensystem bringt (s. die gestrichelte Kurve), dann sieht man, daß die beiden Kurven sich bei S schneiden, d. h. in dem zugehörigen Zeitmoment wird der Druck im Ventrikel gerade größer als der Aortendruck; dann muß also der bis dahin bestehende Verschluß der Semilunarklappen gesprengt werden. Daraus folgt, daß während der kurzen Zeit vom Schluß der Atrioventrikularklappen bis zur Öffnung der Semilunarklappen die Ventrikel allseitig geschlossen sind; in dieser kurzen Zeit — sie dauert beim Menschen etwa 0,09″ — spannt sich also die Ventrikelmuskulatur um das eingeschlossene Blut an, ohne sich zu verkürzen, vollführt also eine „isometrische Kontraktion" (s. Kap. 20), bis der Gegendruck von der Aorta her überwunden ist; dann erst beginnt die Entleerung in die Gefäße. Man unterscheidet deshalb in der Systole der Ventrikel die *Verschluß- oder Anspannungszeit (vz)* von der *Austreibungszeit (az)*. Die zeitliche Aufteilung der Systolendauer ergibt sich besonders deutlich, wenn man gleichzeitig Druck- und Volumänderung registriert, die letztere auf onkometrischem Wege (s. Abb. 75, S. 171). Man erhält dann Kurven wie die in Abb. 57 wiedergegebenen. 5. Bei I (Abb. 56) markiert sich der neue Schluß der Semilunarklappen; er erfolgt, wie die Abbildung zeigt, linkerseits in dem Moment, wo der Druck innerhalb des linken Ventrikels wieder unter den Druck in der Aorta heruntersinkt. 6. An die Ventrikeldiastole schließt sich eine kurze *Herzpause*, während deren allgemeine Ruhe herrscht.

Der geschilderte Verlauf der Druckschwankungen oder allgemeiner, der Verlauf der Herzaktion innerhalb einer Periode erfährt nun sowohl in seinen zeitlichen als auch in seinen dynamischen Verhältnissen mannigfache Variationen durch den Einfluß der bereits mehrfach erwähnten von außen an das Herz herantretenden Nerven. Jedermann kennt an sich selber die Wirkungen psychischer Erregung auf Tempo und auf Stärke des Herzschlags; darin dokumentiert sich am deutlichsten der **Einfluß des Nervensystems.**

Das Herz wird, wie Magen (s. S. 36), Darm (S. 57) und Bronchen (S. 128) und wie überhaupt die inneren Organe, doppelt und in antagonistischem Sinn von sympathischen und parasympathischen Nerven versorgt, welche der Willkür nicht unterstellt sind. Im Jahre 1845 machten die Gebrüder WEBER die berühmte Entdeckung, daß Reizung der *Nervi vagi* die Herztätigkeit verlangsamt oder gar völlig aufhebt. Sie fanden damit das erste Beispiel der hemmenden Wirkung eines Nerven und lösten mit ihrer Entdeckung eine Fülle neuer Untersuchungen aus. Erst etwa 20 Jahre später wurde durch v. BEZOLD festgestellt, daß die als *Nervi accelerantes* bezeichneten Äste des Sympathikus als Antagonisten der Vagi die Herztätigkeit fördern. Die Acceleransfasern entstammen dem 1.—5. Thorakalsegment; sie verlaufen in den zugehörigen Rami communicantes albi zum Ganglion stellatum; aus dessen Zellen entspringen alsdann neue Fasern, welche als Nervi accelerantes in den Plexus cardiacus eintreten.

Die Wirkungen der Herznerven sind sehr komplizierter Natur. Man kann nach ENGELMANN chronotrope, dromotrope und inotrope Einflüsse unterscheiden. Die *chronotropen Wirkungen* sind Wirkungen auf das Tempo. Die Vagi wirken negativ chronotrop, d. h. bei ihrer Reizung kommt es zur Verlangsamung des Herzschlags, bei genügend starker Reizung zu *Stillstand in Diastole*. Fährt man darüber hinaus noch mit der Reizung fort, so kann das Herz wieder anfangen zu schlagen; es schlägt dann aber häufig im atrioventrikulären Rhythmus (s. S. 134) (H. E. HERING). Die Vagusreizung hat dann offenbar den Sinusknoten total gehemmt, und die Impulse entstehen im Atrioventrikularknoten. Schaltet man die Vagi durch Durchschneiden oder am besten reizlos durch Abkühlen aus, so schlägt das Herz in beschleunigtem Tempo. Daraus folgt, daß die Vagi andauernd von ihrem Zentrum in der Medulla oblongata aus erregt werden; man spricht deshalb von einem „*Vagustonus*". Die Nervi accelerantes wirken als Antagonisten der Vagi positiv chronotrop. Wie es ganz allgemein für die Nerven der inneren Organe gilt, so werden auch die antagonistisch wirkenden Nerven des Herzens von verschiedenen Giften affiziert (s. Kap. 26); Muskarin verlangsamt den Herzschlag durch Vagusreizung, Adrenalin beschleunigt ihn durch Acceleransreizung; Atropin beschleunigt das Tempo durch Vaguslähmung, Ergotoxin verlangsamt es durch Acceleranslähmung.

Unter *dromotroper Wirkung* versteht man einen Einfluß auf die Reizleitung. Wieder wirken Vagi und Accelerantes hierbei in negativem und positivem Sinn. So beobachtet man bei der Vagusreizung häufig außer der Hemmung des Tempos auch Überleitungsstörungen, teils in Form von richtiger Dissoziation (S. 134), teils bloß als Verlängerung der sog. *Praesystole*, d. h. des Intervalls zwischen Atrien- und Ventrikelsystole (*P—Q* im Ekg). Die elektrische Reizung des Vagus beim Frosch und beim Hund, die mechanische durch Druck beim Menschen lehrt ferner, daß der rechte Vagus gewöhnlich stärker negativ chronotrop, der linke stärker negativ dromotrop wirkt, offenbar, weil der rechte Vagus vorwiegend Fasern zum Sinusknoten, der linke vorwiegend zum Atrioventrikularknoten entsendet; daher pflegt die Reizung rechts das Tempo stärker herabzusetzen als die Reizung links; diese verursacht dafür leichter einen Herzblock (S. 134), den man experimentell am frei liegenden Herzen rückgängig machen kann, indem man mit einer Warmthermode die Gegend des Atrioventrikularknotens erwärmt (GANTER und ZAHN). Acceleransreizung umgekehrt wirkt positiv dromotrop; daher weicht manchmal eine Verlängerung der Überleitungszeit (S. 144) oder gar ein Herzblock bei direkter elektrischer Acceleransreizung oder bei Reizung durch Injektion von Adrenalin.

Inotrope Wirkungen sind solche, welche die Kraft der Herzkontraktionen verändern. Besonders die negativ inotrope Wirkung des Vagus äußert sich in Verkleinerung der Kontraktionshöhe, die Vorhofssystolen werden dabei oft geschwächt, so daß die *P*-Zacke des Elektrokardiogramms (S. 144) verschwindet.

Abb. 58. Bei ↑ und ⌃ Einfüllung von Ringerlösung in ein „Empfängerherz", die sich 6 Minuten lang ohne Reizung im „Spenderherzen" befand. Bei I Einfüllung von Ringerlösung, die während der Vagusreizung im Spenderherzen verweilte. Man sieht eine (starke, aber bald vorübergehende) negativ ino- und chronotrope Wirkung.

Durch das Studium der Herznervenwirkungen ist auch ein gewisses Verständnis für die Natur der bei den Eingeweiden so verbreiteten Hemmungs- und Förderungswirkungen eröffnet worden. Die Nerven wirken nämlich nicht unmittelbar auf das Herz, sondern durch Vermittlung von chemischen Stoffen, die sie quasi sezernieren. O. LOEWI fand, daß, wenn man bei einem ausgeschnittenen Froschherzen den N. vagus einige Zeit reizt, der Herzinhalt die Eigenschaft annimmt, in ein zweites Herz übertragen dessen Schlag so zu verändern, als wäre sein Vagus gereizt (s. Abb. 58). Es geht also in den Inhalt ein „Vagusstoff" über, und nach analogen Versuchen hat man als Produkt der Acceleranserregung einen „Acceleransstoff" anzunehmen. Der Vagusstoff ist nach LOEWI wahrscheinlich ein Cholinester (s. dazu S. 57), der bald nach seiner Abscheidung durch die Wirkung eines im Blut und im Herzgewebe enthaltenen Ferments zerfällt; dadurch erklärt sich die in Abb. 58 so deutliche Flüchtigkeit der Wirkung. Wahrscheinlich ist der Vagusstoff identisch mit Azetylcholin (S. 57); dafür spricht u. a., daß dieses ebenso rasch durch Blut inaktiviert wird wie der Vagusstoff, ferner daß Physostigmin in spezifischer Weise durch Lähmung des Ferments beide Stoffe vor Zerfall schützt. Die Bedeutung der raschen Zersetzung ist wohl darin zu erblicken, daß dadurch die Wirkung des Vagusstoffes lokal beschränkt bleibt, also eine unerwünschte Verbreitung und Fernwirkung auf andere Organe, eine *humorale Irradiation* vermieden wird.

Nach neueren Untersuchungen scheint es nun, als ob die Erregungs-

übertragung vom Nerven auf das Erfolgsorgan durch das Mittel der
„Lokalhormone" beim vegetativen Nervensystem etwas Generelles sei. So
wird in der Speicheldrüse bei Reizung der parasympathischen Chorda
ein Stoff produziert, der die Drüse in derselben Weise zur Tätigkeit anregt, wie wenn man ihr intravenös Azetylcholin zuführt (s. S. 22). Behandelt man das Tier im voraus mit Physostigmin, so wird jetzt der azetyl-
cholinartige „Chordastoff" aus der Drüse mit dem Blutstrom unzersetzt
bis zum Herzen weitergetragen, so daß eine jähe Blutdrucksenkung zustande kommt (S. 172), oder bis zum Dünndarm, so daß dessen Bewegungen
gefördert werden (S. 57), wie wenn nicht die parasympathische Chorda,
sondern der parasympathische Vagus gereizt wäre (DALE, BABKIN); unter
diesen Umständen kommt dann die normalerweise vermiedene humorale
Irradiation doch zustande. Durch ähnliche Experimente wurde gezeigt,
daß die azetylcholinempfindlichen „Tonus"-Muskeln (Kap. 20) selber bei
Reizung Azetylcholin produzieren (CURTIS, PLATTNER), und daß eine
Dünndarmschlinge, die durch Splanchnikusreizung gehemmt wird, eine
adrenalinartige Substanz, eine Art Acceleransstoff, ein „Sympathin"
abgibt, das bei einer zweiten Dünndarmschlinge Tonussenkung und Verlangsamung der Pendelbewegungen herbeiführt (DALE).

Allen den Nervenwirkungen, wie sie durch die experimentelle Analyse sozusagen in einzelne Fraktionen zerlegt worden sind, begegnen
wir nun auch unter den natürlichen Bedingungen wieder in mannig-
fachem und kompliziertem Zusammenspiel, da fast zu gleicher Zeit die
verschiedensten Reize ihren Einfluß geltend machen können. Wenden
wir unsere Aufmerksamkeit vor allem den der Untersuchung am leichtesten
zugänglichen chronotropen Wirkungen zu, so finden wir erstens *das Tempo
reflektorisch beeinflußt*. So ruft Reizung aller möglichen sensiblen Nerven,
z. B. der Hautnerven, des Ischiadikus, des Plexus brachialis bald Zunahme,
bald Abnahme der Frequenz hervor. Besonders genau untersucht ist der
sogenannte *Depressorreflex* (LUDWIG und CYON): beim Kaninchen verläuft
neben dem Vagusstamm am Hals ein feiner Ast, der Nervus depressor,
welcher die Aortenwand innerviert und zentripetal leitet (TSCHERMAK);
durchschneidet man ihn und reizt seinen zentralen Stumpf, so verlangsamt
sich durch Reflex auf den zentrifugalen Vagus unter gleichzeitiger Hemmung des Akzelerans der Herzschlag. Auch bei anderen Tieren kommt der
entsprechende Ramus aorticus vagi vor; sein Verlauf ist aber sehr mannigfaltig. Der Sinn des Reflexes ist darin zu sehen, daß je nach der Höhe
des arteriellen Blutdrucks und damit je nach der Größe der Gefäßwand-
dehnung die Depressorendigungen in der Aortenwand bald mehr, bald
weniger mechanisch gereizt werden und auf die Weise den Blutdruck regulieren, d. h. ihn bald zügeln und bald fördern (s. S. 167). Es gibt also einen
Depressortonus von wechselnder Stärke, mit der parallel der Blutdruck jeweils
sinkt und steigt. Eine zweite derartige Steuerungsvorrichtung ist in der
Wandung der Art. carotis communis, im Sinus caroticus gelegen; auch dieser enthält zentripetale, zum Glossopharyngeus gehörige Nervenfasern, bei
deren mechanischer oder elektrischer Reizung das Herz langsamer schlägt,
während ihre Durchschneidung Frequenz und Druck in die Höhe treibt
(H. E. HERING) (s. Abb. 76, S. 173). Diese Nervenpaare werden deshalb
auch die *Blutdruckregler* (Aortenregler und Carotisregler) oder die *presso-
rezeptorischen Nerven* genannt. Der Depressorreflex ebenso wie der *Carotissinusreflex* bestehen aber nicht bloß in zentrifugalen Einflüssen auf das
Herz, sondern in einem ganzen System von Wirkungen, auf die wir

später (S. 172) zurückkommen werden. Umgekehrt wie bei diesen Reflexen kommt es zu Pulsfrequenzzunahme, wenn z. B. infolge einer Injektion das Venensystem überfüllt und gedehnt wird; die Zunahme beruht nach BAINBRIDGE teils auf Senkung des Vagus-, teils auf Steigerung des Acceleranstonus.

Einen Reflex auf den Vagus demonstriert auch der GOLTZ*sche Klopfversuch;* klopft man in raschem Tempo einem auf dem Rücken liegenden Tier auf den Bauch, so verlangsamt sich der Herzschlag, oder es tritt Stillstand in Diastole ein. Der Reflex beruht auf der mechanischen Reizung der Baucheingeweide; von dort läuft die Erregung durch den Splanchnikus aufwärts in den Grenzstrang des Sympathikus, tritt dann ins Rückenmark ein und nimmt ihren Weg hinauf zur Medulla oblongata, dem Ursprungsgebiet des Vagus. Daher erlischt der Klopfreflex, sobald man die Medulla oblongata oder die Vagi durchschneidet. Der Reflex hat klinisches Interesse insofern, als gelegentlich durch einen Stoß vor den Bauch der Tod (durch Herzstillstand) eintritt, ohne daß bei der Sektion irgendeine Verletzung der Baucheingeweide aufzufinden wäre; auch manche Pulsverlangsamungen bei Darmverschluß (Ileus) oder bei Magen- und Darmreizungen sind vielleicht im Sinne des Klopfversuches zu erklären.

Den reflektorischen Einflüssen auf das Herz sind die *Tempoänderungen vom Gehirn aus* vergleichbar. Daß Änderungen der Frequenz die Begleiterscheinungen der Gemütsbewegungen, Freude, Kummer, Angst sind, wurde bereits erwähnt. Pulsverlangsamung ist ferner ein Symptom der Vermehrung des Hirndrucks, wie sie z. B. durch eine wachsende Geschwulst zustande kommt, aber auch schon infolge venöser Stauung bei kräftiger Anwendung der Bauchpresse; hier wirkt wohl der Druck entweder direkt oder durch Störung der Durchblutung auf das Vaguszentrum.

Ferner ist das *Tempo von der Blutzusammensetzung abhängig;* genau so, wie der Sauerstoff- und Kohlensäuregehalt des Blutes auf die Tätigkeit des Atemzentrums in der Medulla oblongata bestimmend einwirkt, so wirkt er auch auf den Vagustonus. Wird z. B. ein Tier erstickt, so kommt es anfänglich infolge der Erregung des Zentrums der Vagi zu Pulsverlangsamung, daran schließt sich später Pulsbeschleunigung an, wenn durch das Übermaß der Kohlensäure und den Sauerstoffmangel die Medulla oblongata gelähmt wird; endlich verlangsamt sich nochmals der Puls, um allmählich zu versagen, wenn das Herz durch das Asphyxieblut (S. 125) gelähmt wird. In analoger Weise hört man im Verlauf einer Geburt durch die Bauchdecken der Gebärenden, wie der Herzschlag des Fetus bei jeder Wehe infolge der Einschränkung des Plazentarkreislaufs, teils auch infolge des gesteigerten Hirndrucks sich verlangsamt, in jeder Wehenpause wieder schneller wird; wird aber der Fetus auf irgendeine Weise asphyktisch, so geht die Frequenz der Herztöne abnorm in die Höhe. Bis zu einem gewissen Grad ein Gegenstück zu diesen Erscheinungen ist die Beobachtung, die man leicht an sich selber machen kann, daß, wenn man durch Überventilation der Lungen das Blut arterialisiert, oft eine deutliche Pulsbeschleunigung eintritt.

Vielfältig bedingt ist die bekannte *Steigerung der Herzfrequenz durch Muskelarbeit.* Teils handelt es sich dabei um eine Mitinnervation der Accelerantes bei der Innervation der Muskeln vom Großhirn aus, teils um Reflexe von den sensiblen Muskelnerven und um Reflexe von den großen Venen und vom rechten Vorhof aus; denn dadurch, daß die arbeitenden Muskeln ihr Blut herzwärts auspressen, wird das dort liegende venöse System stärker gefüllt, so daß seine Wände sich spannen. Auch die Erwärmung des Blutes, die Bildung anregender Stoffwechselprodukte durch die arbeitenden Muskeln sowie Adrenalinsekretion infolge der Gemütserregung (s. Kap. 26), die mit jeder starken Anstrengung einhergeht, tragen mit zu der Wirkung bei.

Alle die nervösen Regulationen der Herztätigkcit sind aber bis zu einem gewissen Grade entbehrlich. FRIEDENTHAL hat gezeigt, daß Hunde, bei denen die extrakardialen Nerven durchschnitten worden sind, sich für gewöhnlich völlig normal verhalten; nur wenn ihnen übermäßig starke und andauernde Anstrengungen zugemutet werden, dann versagt der Zirkulationsapparat. Das beruht darauf, daß das Herz von sich aus über eine nicht unbeträchtliche Anpassungsfähigkeit an verschiedene mechanische Bedingungen verfügt. Dies ist besonders gut an dem von STARLING erprobten „Herz-Lungen-Präparat" zu studieren.

Hierbei treibt ein ausgeschnittenes Säugetierherz das Blut vom linken Ventrikel durch ein Rohr, an dem der Strömungswiderstand durch Verengung beliebig zu erhöhen ist, in ein offenes Reservoir; aus diesem fließt das Blut in den rechten Vorhof mit einer Geschwindigkeit ab, die durch eine Klemme im Abfluß geregelt werden kann. Vom rechten Ventrikel wird das Blut alsdann durch die in situ belassene künstlich ventilierte Lunge des Tieres ins linke Herz zurückgetrieben.

Es zeigt sich nun, daß, auch wenn man durch Änderung des Widerstandes den Druck, gegen den das linke Herz das Blut austreiben muß, etwa zwischen 40 und 200 mm Hg variiert, die in der Zeiteinheit beförderte Blutmenge konstant bleibt. Variiert man andererseits durch Betätigung der Reservoirklemme den Zufluß zwischen 100 und 3000 ccm pro Minute, so zeigt sich, daß das Herz sich auch dem anzupassen vermag, indem es bei ungeändertem Druck um so mehr befördert, je mehr ihm zufließt, so daß es zu keiner Stauung auf der venösen Seite kommt. Die Herzfrequenz ändert sich im einen und anderen Fall nicht. Es ist vielmehr die Dehnung seiner Wandungen, die Vergrößerung seines diastolischen Volumens, auf die das Herz mit Erhöhung seines Stoffwechsels und dadurch mit Steigerung seiner Arbeitsleistung antwortet. Diese Anpassung ist um so interessanter, als der Energieumsatz im Herzen, in Calorien gemessen (s. Kap. 12), dabei keine Änderung erfährt. Vielmehr stellt das Herz bei jedem Schlag das gleiche unveränderliche Energiequantum zur Verfügung, von dem aber mit zunehmender Belastung der Wand zunehmende Anteile für die Leistung der mechanischen Arbeit ausgenützt werden. Der Wirkungsgrad der Maschine wird also um so höher, je größer die Beanspruchung ist, sie arbeitet zunehmend ökonomischer (BOHNENKAMP).

Trotz aller wechselnden Einflüsse auf das Tempo kann man von einer für einen bestimmten Menschen **normalen Schlagfrequenz** oder **Pulsfrequenz** sprechen und sie in einer einigermaßen bestimmten Zahl angeben. Man versteht darunter die Frequenz bei körperlicher und seelischer Ruhe. Sie beträgt für den Erwachsenen im Alter von 20—60 Jahren beim Stehen im Mittel 70—75 pro Minute, jedoch kommen bei Gesunden auch Werte von über 100 und unter 50 vor. Das *Alter* spielt insofern eine Rolle, als jenseits 60 Jahren die Frequenz ein wenig, und im Kindesalter erheblich höher ist; bei Neugeborenen beträgt die Pulszahl ca. 130, bei Zehnjährigen ca. 90. Ferner kommt es auf die *Körperhaltung an*; im Stehen ist die Frequenz etwa um 10 Schläge größer als im Liegen. Daß Körperbewegungen die Frequenz noch mehr steigern, wurde schon gesagt. Auch die *Körper-*

größe spielt mit; kleine Menschen haben einen etwas schnelleren Puls als
große. Die gleiche Beziehung zur Körpergröße findet man allgemein,
wenn man große und kleine Tierspezies miteinander vergleicht; der Elefant
hat 25 Pulse pro Minute, die Maus 500—800. Weiter steht die Pulsfrequenz
in Beziehung zur *Verdauung*; nach jeder Nahrungsaufnahme steigt sie an.
Endlich ist die *Körpertemperatur* von Einfluß; daher bildet die Erhöhung
der Pulszahl auch ein bekanntes und wichtiges Symptom des Fiebers;
freilich ist der rasche Fieberpuls nicht allein durch die Temperatursteigerung
im Herzen bedingt. So resultiert aus dem Zusammenwirken der verschiedenen Momente auch in gesunden Zeiten eine ziemlich komplizierte Tages-
kurve.

10. Kapitel..

Die Bewegung des Blutes in den Gefäßen.

Nachdem wir den Motor kennengelernt haben, welcher das Blut in seine Bahnen hineintreibt, wenden wir uns zur Lehre von den Gesetzen, welche das Strömen des Blutes in den Gefäßen beherrschen, zur *Hämodynamik.* Wir wollen jedoch dies Studium statt an dem komplizierten Naturobjekt mit seinen vielfachen Verzweigungen, mit der Biegsamkeit und der Elastizität seiner Wände und mit den rhythmischen Impulsen, die sein Inhalt erfährt, vorerst an einem einfachen Modell vornehmen.

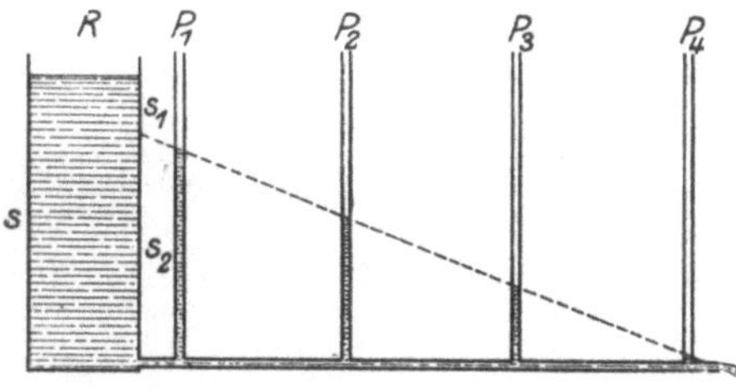

Abb. 59.   Piezometer-Schema des Kreislaufsystems.

An die Stelle des Herzens tritt dabei (s. Abb. 59) ein großes Reservoir (R), bis zur Höhe s mit Wasser gefüllt, an dessen Boden seitlich ein horizontales Rohr entspringt. Der hydrostatische Druck am Boden des Gefäßes repräsentiert den vom Herzen entwickelten Druck. Das Reservoir ist so groß gewählt, daß während eines kurze Zeit dauernden Auslaufs das Niveau sich nicht wesentlich senkt. Das horizontale Ausflußrohr hat überall den gleichen Querschnitt; es ist an die Stelle des ungleich weiten und stark verzweigten Blutgefäßsystems getreten. Die Ausflußöffnung am Ende des Rohres entspricht der Ausmündung in die Vorhöfe.

Betrachten wir nun die Energie, welche zur Unterhaltung eines stationären Flusses durch das horizontale Rohr aufgewendet werden muß. Wir können sie erstens als lebendige Kraft $\frac{1}{2} m \cdot v^2$ des bewegten Wassers messen, wenn m die Masse des in einer Sekunde aus dem Rohr ausfließenden Wassers, v seine lineare Geschwindigkeit (den Quotienten aus Volumgeschwindigkeit und Rohrquerschnitt) bedeutet. Zweitens können wir sie als potentielle Energie des aus dem Druckgefäß herausfallenden Wassers $p \cdot s$ messen, wo p das pro Sekunde austretende Gewicht Wasser, s die Druckhöhe bedeutet. Aus der Energiegleichung $p \cdot s = \frac{1}{2} m \cdot v^2$ ergibt sich dann das *Toricelli sche Theorem:* $v = \sqrt{2 g s}$, wo g die Erdbeschleunigung ist.

Mißt man nun in einem gegebenen Fall an dem Modell die Ausflußgeschwindigkeit v, so findet man, daß sie viel geringer ist, als der Gleichung $v = \sqrt{2gs}$ entspricht; sie ist nur so groß, als ob das Wasser um die Strecke s_1 gefallen wäre. s_1 kann als die *Geschwindigkeitshöhe* bezeichnet werden, weil sie ein Maß für die dem Wasser erteilte Geschwindigkeit bzw. für seine kinetische Energie ist. Es geht also ein Bruchteil der zur Verfügung gestellten potentiellen Energie verloren und wandelt sich nicht in Energie des strömenden Wassers um. Welcher Art dieser Verlust ist, darauf deutet ein noch einfacherer Versuch über das Ausfließen hin. Mißt man die Geschwindigkeit, mit welcher Wasser aus einer Öffnung im Boden eines Gefäßes hervorstürzt, so ist auch diese Geschwindigkeit geringer, als die theoretische Fallgeschwindigkeit. Das rührt wesentlich davon her, daß das Wasser nicht einfach senkrecht in zylindrischem Strahl aus der Öffnung herausfällt, sondern daß auch von den Seiten her Wasserteilchen in den ausfließenden Strahl münden; ein äußeres Zeichen davon ist die konische Zusammenziehung des Strahles unterhalb der Ausflußöffnung, die „Contractio venae". So kommt es zu Wirbelbildung und damit zu Verlusten an Energie durch Reibung, also in Form von Wärme.

Auch die noch größeren Energieverluste beim Ausfließen aus dem horizontalen Rohr des Modells sind Reibungsverluste, herrührend von der „äußeren" Reibung des Wassers an der Rohrwand durch seine Adhäsion und von der „inneren" Reibung der Wasserteilchen aneinander. Von der Größe der Widerstände, welche sich auf diese Weise dem Strömen des Wassers entgegenstellen, bekommt man ein anschauliches Maß, wenn man an dem horizontalen Rohr in Abständen voneinander vertikale Seitenrohre, sogenannte *Piezometer* P_1—P_4, anbringt; in diesen steigt, wie die Abb. 59 es zeigt, das Wasser während seines Ausfließens um so höher, je näher das Piezometer dem Druckgefäß, um so weniger hoch, je näher es der Ausflußöffnung ist; verbindet man alle Niveaus in den Piezometern, so erhält man eine zur Ausflußöffnung geneigte Gerade, welche, rückwärts bis zum Druckgefäß verlängert, an diesem die Höhe s_2 abteilt; s_2 heißt die „*Widerstandshöhe*", weil sie ein Maß für die dem Strömen sich bietenden Widerstände, ein Maß für den Energieverlust durch Reibung darstellt. Der Vergleich von s_1 und s_2 lehrt, daß in dem gegebenen Fall der größere Teil der potentiellen Energie im Druckgefäß zur Überwindung der Widerstände verbraucht und nur der kleinere Teil der Bewegung des Wassers nutzbar gemacht wird.

An jeder Stelle des horizontalen Rohres steht das Wasser, wie an den Piezometern abzulesen ist, unter einem bestimmten Druck; dieser ist kleiner, als wenn die Ausflußöffnung verschlossen, der Widerstand also unendlich groß wäre, und er ist größer als Null, wie beim freien Ausfließen an der Ausflußöffnung. Der *Seitendruck ist* an jeder Stelle *ein Maß für die von dem Wasser noch weiterhin zu überwindenden Widerstände.* Betrachten wir nun genauer, von was für Umständen dieser Rohrwiderstand abhängt.

Der Widerstand ist ceteris paribus erstens um so größer, je länger das Rohr; zweitens wird er durch jede Biegung und jede Verzweigung des Rohres vergrößert, weil dabei in der Flüssigkeitsströmung Wirbel entstehen, welche vermehrte Reibung verursachen. Aus dem gleichen Grund steigt er durch jede plötzliche Erweiterung und Verengerung des Querschnitts. Die Verengerung, besonders die kapillare Verengerung, wirkt aber noch aus einem anderen Grund widerstandsvermehrend. Für Kapil

laren gilt nämlich das *Poiseuillesche Gesetz*, wonach das bei der Druckhöhe s in der Zeiteinheit ausfließende Volumen

$$V = \frac{\pi\, r^4\, s}{8\, \eta\, l}$$

ist; l ist die Rohrlänge, η eine Konstante. Da die Ausflußgeschwindigkeit
$v = \dfrac{V}{r^2\,\pi}$ ist, so folgt:

$$v = \frac{r^2\, s}{8\, \eta\, l}\,,$$

d. h. bei gleicher Länge und gleicher Druckhöhe steigt die Geschwindigkeit
mit dem Quadrat des Radius des Rohrquerschnitts. Die Geschwindigkeit
ist also nicht dem Umfang des Rohrs proportional, sondern der Fläche;
daraus ist zu schließen, daß der Widerstand (welcher der Geschwindigkeit
umgekehrt proportional ist) nicht bloß von der Reibung der Flüssigkeit
durch Adhäsion an der Wand, wie bei weiten Rohren, sondern auch von
der *inneren Reibung* abhängt. Indem die äußerste Flüssigkeitsschicht
von der Wand festgehalten wird, muß die nächst innere Schicht an der
äußersten entlang gleiten, und
so fort bis zur Achse, so daß
der Achsenfaden die größte,
die Peripherie die geringste Geschwindigkeit hat, genau wie in
einem schmalen Bach das Wasser in der Mitte am raschesten
fließt und an den Ufern am langsamsten. Die Konstante η ist ein
Maß für die Größe der inneren
Reibung der jeweils das Rohr
durchströmenden Flüssigkeit.

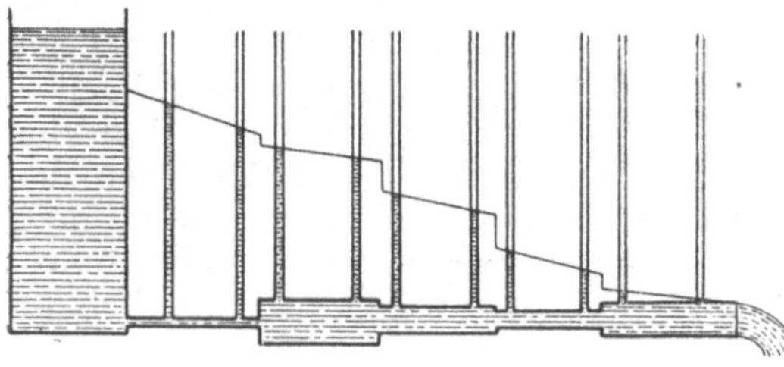

Abb. 60.   Einfluß der Querschnittsänderung
auf den Seitendruck einer strömenden Flüssigkeit.

Auf diese Weise gestaltet sich der Druckabfall in dem horizontalen Rohr
unseres Modells bei wechselweiser Zusammenschaltung enger und weiter
Rohrstücke etwa so, wie es in der Abb. 60 dargestellt ist; man sieht, wie der
Seitendruck, also der Widerstand, von der Ausflußöffnung an gerechnet,
jedesmal bei einer Querschnittsänderung in die Höhe springt, und wie
längs eines gleich weiten Rohrstückes der Widerstand um so steiler ansteigt,
je enger das Rohr.

Endlich haben wir noch den *Einfluß der Verzweigung* zu betrachten,
welcher, unabhängig von Wirbelbildungen an den Übergangsstellen, allein
von der Aufteilung des Gesamtquerschnitts herrührt. Es fließe Wasser
unter dem gleichen Druck einmal durch ein Rohr vom Radius 10 und der
Länge l und einmal durch 100 parallel geschaltete Kapillarröhrchen, jedes
mit dem Radius 1 und der gleichen Länge l; der Querschnitt ist dann beide
Male der gleiche, aber das aus dem weiten Rohr ausfließende Volumen
ist, wie man leicht der Formel des Poiseuilleschen Gesetzes entnehmen
kann, 100 mal so groß, als der Ausfluß aus den 100 Kapillarröhrchen.
Daraus folgt, daß die Einschaltung eines Systems von engen Gefäßen
den Widerstand stark vermehren muß.

Wie sehr dies bei der kapillaren Aufteilung im Blutgefäßsystem ins
Gewicht fallen wird, läßt sich aus der folgenden Tabelle nach Mall und
Miller für die kapillare Aufsplitterung zweier Arterien eines Hundes
ablesen:

Gefäß	Einzel-durch-messer	Einzel-quer-schnitt	Einzel-umfang	Zahl	Gesamt-durch-messer	Gesamt-querschnitt	Gesamt-umfang
Art. mesen-terica sup.	3 mm	7 mm²	9,4 mm	1	3 mm	7 mm²	9,4 mm
Darm-kapillaren	7 μ	38,5 μ^2	22 μ	71,5 · 10⁶	60 mm (1 : 20)	2800 mm² **(1 : 400)**	1600 m **(1 : 170 000)**
Art. pulmo-nalis . . .	15,5 mm	181 mm²	48,5 mm	1	15,5 mm	181 mm²	48,5 mm
Lungen-kapillaren	7 μ	38,5 μ^2	22 μ	600 · 10⁶	171 mm (1 : 11)	23 000 mm² **(1 : 130)**	13 000 m **(1 : 270 000)**

Die Tabelle lehrt, daß der Querschnitt der Arteria mesenterica superior beim Übergang in ihr Kapillargebiet um das 400fache, der Querschnitt der Arteria pulmonalis um das 130fache zunimmt. Noch viel mehr wächst aber ihr Umfang, nämlich auf das 170 000fache bzw. 270 000fache. Das heißt: der Einfluß der Wandfläche auf die Strömung, also der relative Einfluß der äußeren und inneren Reibung wächst enorm. Demnach müssen die Gebiete feinster Verzweigung des Gefäßsystems im Körper Orte besonders großen Widerstandes sein. Unter diesen Gebieten ist indessen keineswegs bloß das Kapillargebiet zu verstehen. Die Kapillaren im physikalischen Sinn, Kapillarröhren, sind nicht allein die Kapillaren der Histologen, sondern auch die Arteriolen und die feinsten Venen, und manche Arteriolen sind sogar enger als die daran ansetzenden Kapillaren (KROGH). Dem entspricht, soviel

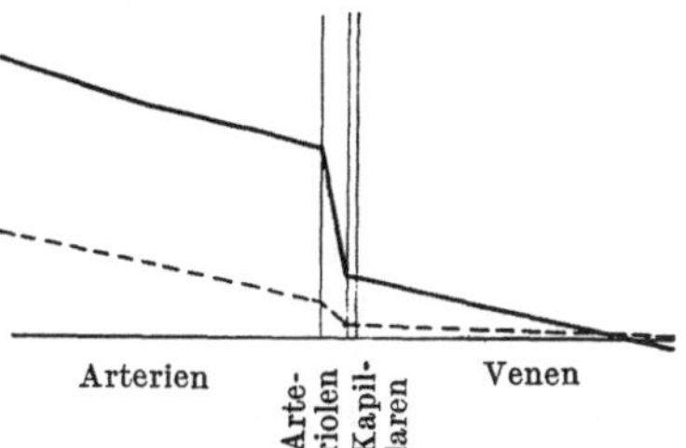

Abb. 61. Die ausgezogene Linie stellt den Blutdruckabfall im Körperkreislauf dar, die gestrichelte Linie den Abfall im Lungenkreislauf. (Nach W. R. HESS.)

die bisherigen Messungen (S. 157 ff.) ergeben haben, die Druckverteilung; *der Hauptdruckabfall erfolgt im Gebiet der Arteriolen, von da ab nimmt im Gebiet der Kapillaren und Venen die Senkung des Blutdruckes einen flacheren Verlauf*, so wie es in der schematischen Abb. 61 dargestellt ist. Die Abbildung macht ferner darauf aufmerksam, daß *die Länge des Arteriolen- und Kapillargebietes verhältnismäßig sehr gering* ist; wenn man das aus dem Auge läßt, macht man sich leicht falsche Vorstellungen von den Widerständen, die von dem das Blut treibenden Herzen überwunden werden müssen.

Für die Widerstände im Gebiet der feinen Verzweigung kommt es aber nicht bloß auf Querschnitt und Wandfläche der Gefäße an, sondern auch noch auf die spezifischen Verhältnisse im Blut als einer Suspension von Zellen. Denn die Reibung wird überall dort noch in besonderer Weise vermehrt, wo der Durchmesser der suspendierten Teilchen der Größenordnung nach an den der Gefäße heranreicht; dies trifft aber für die Blutkörperchen in den Kapillaren zu. Man kann ja unter dem Mikroskop sehen, daß *die Blutkörperchen sich öfters gegenseitig elastisch deformieren*, wenn sie eine Kapillare passieren, oder sogar an einer Verzweigungsstelle hängenbleibend das Lumen zeitweilig fast versperren. Wenden wir uns nun noch der *Geschwindigkeit des Strömens in einem starren verzweigten Rohrsystem* zu, so liegen da die Verhältnisse von vornherein übersichtlicher als bei den Drucken. Nämlich durch jeden (Gesamt-) Querschnitt muß (wegen der Inkompressibilität der Flüssigkeit) in der Zeiteinheit die gleiche Flüssigkeitsmenge fließen; die *Volum*geschwindigkeit ist also in jedem Querschnitt die gleiche. Für ein unverzweigtes Rohr mit streckenweise verschiedenem Querschnitt bedeutet das, daß die *lineare* Geschwindigkeit in den engen Rohrabschnitten größer sein muß, als in den weiten, wie das Wasser in einem Flußlauf oberhalb und unterhalb eines Sees rasch, im See selber dagegen langsam fließt; die lineare Geschwindigkeit ist *umgekehrt proportional* dem Querschnitt. Ist das Rohr streckenweise in eine Anzahl parallel verlaufender enger Zweige aufgesplittert, so wird die Strömung in dem Maß verlangsamt, wie der Gesamtquerschnitt durch die Aufteilung vergrößert wird; das langsame Fließen in einem Kapillargebiet wird nicht etwa durch die Widerstände des Kapillargebiets verursacht. Dagegen kann in den einzelnen Zweigen die Geschwindigkeit sehr verschieden sein, wenn die Zweige verschieden weit sind; bei gleichem Druckgefälle sind die Geschwindigkeiten den Querschnitten *direkt proportional*. Hat der eine Zweig ein doppelt so großes Lumen als ein anderer, so ist also auch die Geschwindigkeit in ihm doppelt so groß.

Nach all dem läßt sich voraussehen, daß *die Geschwindigkeit* des Blutes in den Gefäßen, vom Herzen anfangend bis zum Herzen zurück, *in den Arterien groß, im Gebiet der Kapillaren klein und in den Venen wieder groß sein muß.*

Betrachten wir schließlich, um den physiologischen Verhältnissen noch näherzukommen, das *rhythmische* Einpressen von Flüssigkeit durch eine Pumpe in ein *elastisches* Rohrsystem, welches ähnlich dem Blutgefäßsystem gebaut ist, d. h. zwischen weiten Rohren ein Kapillargebiet eingeschaltet enthält; ferner soll an der Grenze von Pumpe und Rohrleitung ein Ventil liegen, welches ein Strömen nur in der Richtung in die Rohrleitung hinein zuläßt. Wir denken uns zunächst das Wasser in diesem System in Ruhe; wird jetzt durch einen ersten raschen Impuls ein weiteres Quantum Wasser hinzugepumpt, so nimmt der weite Anfangsteil des Systems unter Dehnung seiner Wandung den Zufluß auf, weil der elastische Widerstand der Wandung geringer ist, als der Widerstand des folgenden Kapillargebiets, durch welches das hinzugepumpte Wasserquantum sonst, d. h. ohne die Nachgiebigkeit der Wände, abfließen müßte. Folgt dem ersten Impuls eine Pause, so herrscht doch keine Ruhe in dem Rohrsystem; vielmehr wird jetzt die gedehnte Wand ihrer elastischen Ruhelage wieder zustreben, sich zusammenziehen und dabei das Wasser austreiben. Dies könnte entweder in der Richtung zur Pumpe oder in Richtung zum Kapillargebiet geschehen; da der Rückfluß zur Pumpe aber alsbald durch das Ventil verhindert wird, so bleibt nur der Weg kapillarwärts. Bevor aber noch die Entspannung des Rohranfangs beendet ist, mag ein zweiter Impuls kommen; die Wände werden von neuem und stärker gedehnt als das erste Mal; dementsprechend wird auch die in der Pause wirkende, zu den Kapillaren gerichtete Triebkraft stärker sein als zuvor, und so folgt nun Impuls auf Impuls, bis ein dynamischer Gleichgewichtszustand eingetreten ist, in welchem in der Zeiteinheit ebensoviel Flüssigkeit von der Pumpe eingetrieben, als von der Pumpe und den elastisch gespannten Wänden ins Kapillargebiet ausgetrieben wird. Es fließt also Flüssigkeit ins Kapillargebiet nicht bloß bei jedem Pumpenstoß, sondern auch in der Pause zwischen zwei Stößen, *der rhythmische Ausfluß aus der Pumpe wird also in einen mehr oder weniger kontinuierlichen Ausfluß umgewandelt.* Wir haben also ganz ähnliche Verhältnisse wie bei der alten Feuerspritze mit ihrem elastischen Luftpolster im Windkessel.

Es ist einleuchtend, daß eine solche Struktur bei unserem Gefäßsystem für das Herz eine große Entlastung bedeutet. Denn hätten die Blutgefäße unnachgiebige Wandungen, so müßte in der kurzen Zeit der Systole das Herz die ganze Blutmasse vor sich hertreiben; in der übrigen Zeit würde sie ruhen. So aber wird der Herzinhalt nur in den Anfangsteil des arteriellen Systems entleert, und während der Diastole, der Herzpause und der Atriensystole treiben die elastischen Wände, in welchen ein Teil der Herzenergie aufgespeichert ist, das Blut weiter.

Wir schließen hiermit die orientierende Betrachtung der Kreislaufsmodelle. Sie stellt uns nun vor allem vor zwei Aufgaben, nämlich erstens den *Druck* und zweitens die *Geschwindigkeit* des Blutes in den verschiedenen Abschnitten des Gefäßsystems zu messen, um zu kontrollieren, ob die Verhältnisse wirklich so liegen, wie es die Modelle voraussehen ließen.

Die **Messung des arteriellen Blutdrucks** kann genau nur im vivisektorischen Experiment vorgenommen werden. Schon im 18. Jahrhundert band STEPHAN HALES zu dem Zweck bei einem Pferd ein Rohr in eine Arterie und sah zu, wie hoch darin das Blut anstieg. Später führte man gewöhnlich eine Kanüle in das Gefäß ein und verband sie mittels eines dickwandigen Schlauchs oder eines Bleirohres mit einem *Quecksilbermanometer*, so wie es in Abb. 62 dargestellt ist. Die Quecksilberbewegungen werden dann durch einen Schwimmer auf einer bewegten Schreibfläche, am besten auf der berußten Fläche einer rotierenden Trommel („Kymographion"; s. Abb. 74, S. 171) aufgeschrieben (C. LUDWIG). Den Raum zwischen Quecksilber und Blut füllt man mit einer die Gerinnung verhindernden Lösung, also etwa mit einer Lösung von Natriumoxalat.

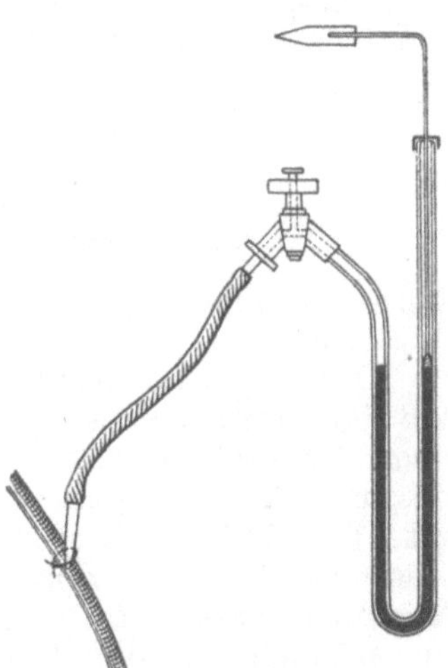

Abb. 62. Quecksilbermanometer, mit einem Blutgefäß verbunden. (Nach C. LUDWIG.)

Mit dieser Methode findet man in den *Arterien*, wie z. B. in der Karotis oder Arteria femoralis eines größeren Säugetieres, einen Druck von 120—170 mm Hg, gleich $^1/_4$—$^1/_6$ Atmosphäre; man mißt dabei den Seitendruck der Aorta wie mit einem Piezometer in dem Schema Abb. 60 (S. 154). *Dieser Druck ist unter äußerlich gleichen Umständen konstant*, oder genauer er schwankt in periodischen Oszillationen um einen mittleren konstanten Wert, so wie es Abb. 79 (S. 176) zeigt. Die kleineren Oszillationen, die „Pulsschwankungen", sind mit dem Herzschlag, die größeren, die „respiratorischen Blutdruckschwankungen", mit der Atmung synchron; sie werden später (S. 175) genauer erörtert werden. Da die Quecksilbermasse des Manometers viel zu träge ist, um die Schwankungen exakt zu registrieren, so verwendet man heute an Stelle des Quecksilbermanometers ein geeignetes *Federmanometer* (HÜRTHLE, FRANK). Dann zeigt sich, daß die Pulsschwankung, d. h. der Unterschied zwischen dem *systolischen* und dem *diastolischen Druck*, der sog. *Pulsdruck* etwa die Hälfte des diastolischen, etwa ein Drittel des systolischen Druckes ausmacht. Es werden z. B. folgende Mittelwerte für das Alter von 25 Jahren angegeben: systolischer Druck 115 mm, diastolischer Druck 75 mm, Pulsdruck 40 mm Hg.

Die *Messung des arteriellen Blutdruckes beim Menschen* wird natürlich zumeist unblutig vorgenommen. Das gebräuchlichste Instrument ist das *Sphygmomanometer von* RIVA-ROCCI (s. Abb. 63).

Es besteht aus einer breiten Gummimanschette (v. RECKLINGHAUSEN), einem Quecksilbermanometer und einem Handgebläse. Die Gummimanschette, wird um den Oberarm gelegt und durch Einpumpen von Luft mit dem Gebläse aufgebläht, so daß sie den Oberarm und damit die Art. brachialis ringförmig komprimiert; man preßt so lange Luft ein, bis der Radialispuls (S. 159) nicht mehr zu fühlen ist. Öffnet man dann ein kleines Ventil am Manometer, so daß die Luft ganz langsam entweichen kann, so spürt man in einem bestimmten Moment wieder den Puls. In diesem Augenblick liest man den Stand des Quecksilbers am Manometer ab. Er ergibt den

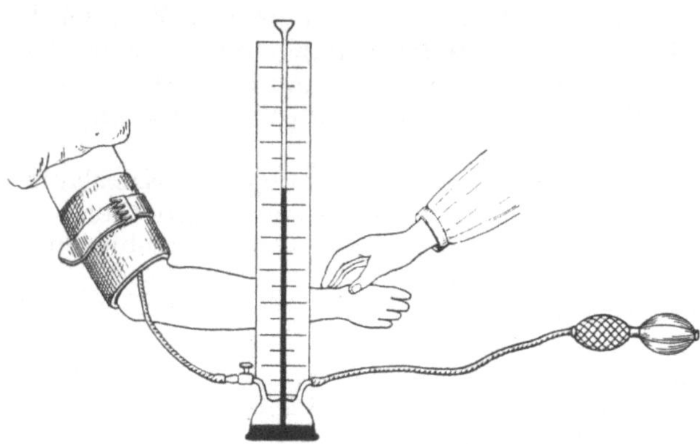

Abb. 63.   Sphygmomanometer von RIVA-ROCCI.

systolischen Blutdruck, d. h. in diesem Fall also den in der Arterie herrschenden Druck, der eben den Außendruck zu überwinden vermag.

Der Apparat beruht also, wie auch andere ähnliche, auf dem Prinzip, daß der Blutdruck, welcher von innen auf der Arterienwand lastet, durch einen äußeren Druck kompensiert bzw. überkompensiert wird. Die Messung ist keine ganz exakte, da die Überlagerung der Arteria brachialis mit Weichteilen, die Formelastizität des Arterienrohrs, die Inkongruenz zwischen Arterienkompression und Verschwinden des Pulses Fehlerquellen darstellen; aber für vergleichende Bestimmungen ist der Apparat gut zu gebrauchen. Man findet mit ihm beim gesunden jungen Menschen in der Art. brachialis einen systolischen Druck von 90—120 mm Hg. Mit dem Alter pflegt der Brutdruck zu steigen. Eine alte Regel, die aber Ausnahmen hat, lautet, daß man beim Erwachsenen Blutdruckwerte als noch normal ansehen kann, die so viele Millimeter über 100 liegen, als der Mensch Jahre zählt.

Für die genaue Verzeichnung der Pulsschwankungen beim Menschen ist der *Sphygmograph* konstruiert worden. Bekanntlich fühlt und sieht man den **Arterienpuls** an Orten, an denen Gefäße oberflächlich unter der Haut verlaufen; man fühlt ihn am besten dort, wo ein Knochen die Unterlage bildet, also an der Arteria radialis, an der A. temporalis oder an der A. dorsalis pedis. Die Registrierung wird meist an der Radialis vorgenommen. Der wesentliche Teil des Sphygmographen ist ein System von Winkelhebeln, welches die Druck-Volumschwankungen des Pulses auf eine bewegte Schreibfläche überträgt. Die beste Konstruktion ist der Sphygmograph von FRANK und PETTER; sein Hebelsystem ist in der Abb. 64 schematisch dargestellt. Ein damit verzeichnetes normales „Sphygmogramm" ist in Abb. 65 wiedergegeben.

Die an dem Hebel *a* angebrachte Pelotte *p* wird über der pulsierenden Stelle mit Hilfe einer Manschette befestigt, ihre Bewegungen werden durch die Hebel *c* und *b* auf die Schreibfläche *s* übertragen. f_1, f_2 und f_3 sind spannende Federn.

Das *Sphygmogramm* besteht in seinen Hauptzügen aus einem steil aufsteigenden und einem flacher abfallenden Schenkel. Während der Anstieg geradlinig verläuft, ist der Abfall kompliziert; er ist erstens anfangs am steilsten und verliert dann mehr und mehr an Steile, zweitens enthält er eine oder mehrere sekundäre Erhebungen. Die eine derselben ist so deutlich, daß man deshalb den normalen Puls als doppelschlägig oder als „dikrot", speziell als dikrot-katakrot bezeichnet, weil die zweite Erhebung auf dem absteigenden ($\varkappa\alpha\tau\alpha$) Kurvenast gelegen ist und in Krankheitsfällen auch „anakrote", im aufsteigenden Ast gelegene Erhebungen beobachtet werden.

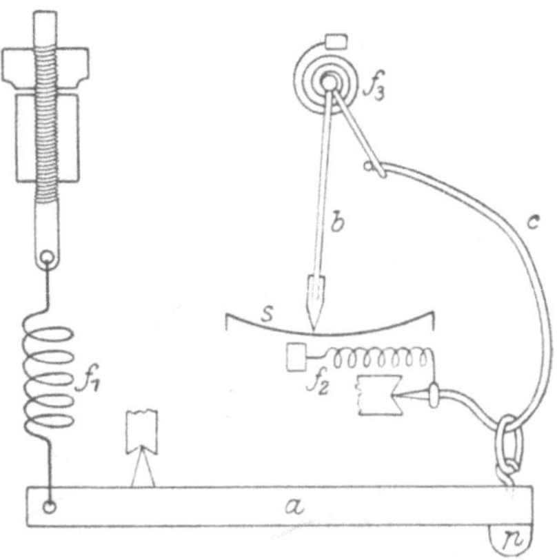

Abb. 64. Sphygmograph.
(Nach Frank und Petter.)

Die Deutung der Kurve ist recht schwierig. Gehen wir für ihre Analyse von dem Modell eines dünnwandigen, mit Wasser gefüllten, an seinen beiden Enden verschlossenen Gummischlauchs aus; wenn man an dem einen Ende auf den Schlauch schlägt, so entsteht neben der geschlagenen Stelle durch Dehnung eine Ausbuchtung und eine Drucksteigerung, welche sich wellenförmig über den Schlauch fortpflanzt. Die Geschwindigkeit, mit welcher die Welle über den Schlauch hineilt, hängt von der Elastizität der Wand ab. Am Ende des Schlauchs angekommen, wird die Welle reflektiert, eilt zurück, wird am anderen Ende abermals reflektiert und so fort, bis sie sich durch Verbrauch der elastischen Energie und durch Reibung der verschobenen Flüssigkeitsteilchen verzehrt hat.

In ähnlicher Weise entsteht eine Schlauchwelle im Gefäßsystem, wenn an seinem einen Ende durch die Ventrikelsystole ein Blutquantum eingepreßt wird.

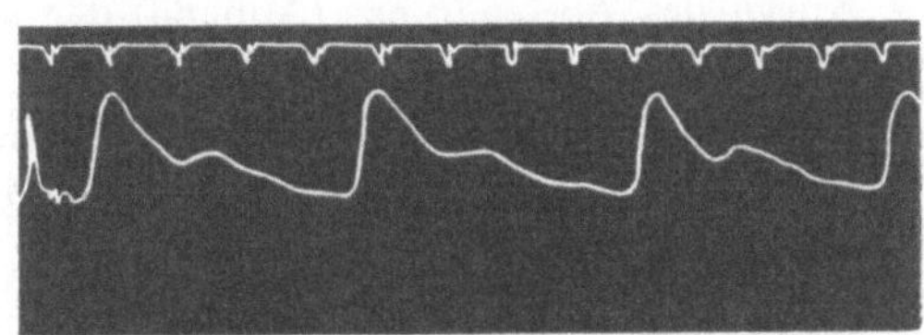

Abb. 65. Sphygmogramm der Arteria radialis.
(Nach Frank und Petter.) Oben $^1/_5$ Sekunden-Marken.

Der Druckanstieg bis zum Wellenberg erfolgt, wie die Pulskurve zeigt, steil, entsprechend der Raschheit der Systole. Der Druckabfall geht langsamer vor sich; denn das Blut wird aus der ausgebuchteten Stelle durch die elastischen Kräfte der gedehnten Wandung herausgedrängt, kann jedoch wegen des Schlusses der Semilunarklappen nicht in das diastolisch schlaffe Herz zurückfallen, sondern muß distal in das enge Kapillargebiet ausweichen; die elastischen Kräfte, welche unmittelbar nach der Ausbuchtung maximale sind, lassen aber mit der Entspannung der Wand mehr und mehr nach.

Die Druckschwankung pflanzt sich mit großer Geschwindigkeit über das Gefäßsystem fort. Legt man einen Finger an die Karotis, einen anderen an die Radialis, so fühlt man den Puls zwar fast synchron, aber an der Radialis doch deutlich etwas später als an der Karotis. Genaue Messungen lehren, daß der Karotispuls etwa 0,1″, der Radialispuls 0,17″, der Fußpuls 0,24—0,28″ später auftritt als die Ventrikelsystole. Daraus ergibt sich eine *Fortpflanzungsgeschwindigkeit der Pulswelle* von 6—9 m pro 1″ (E. H. Weber). Diese Geschwindigkeit ist jedoch nicht mit der Geschwindigkeit des Blutstroms (s. S. 161) zu verwechseln; das vorher verwendete

Modell des beidseitig geschlossenen wassergefüllten Schlauchs lehrt ja, daß
eine große Pulsgeschwindigkeit mit einer Stagnation der Flüssigkeit Hand
in Hand gehen kann; bei der Ausbreitung der Druckschwankung bewegen
sich die Wasserteilchen nur in geschlossenen elliptischen Bahnen auf und ab.

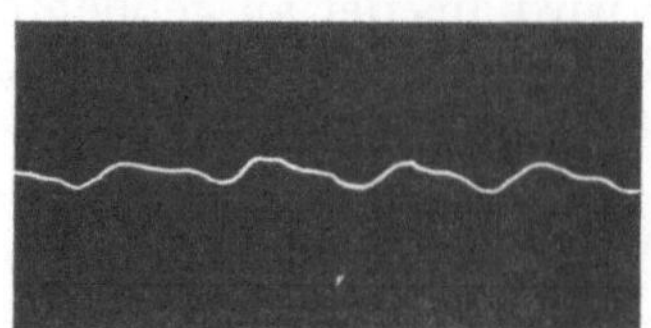

Abb. 66. Druckablauf in der Aorta beim
Hund. (Nach O. FRANK.)

Ob eine dem Modell entsprechende Reflexion der Pulswelle am Ende des Arteriensystems stattfindet, ist unsicher. Mit dem Modell ist das Arteriensystem nicht direkt zu vergleichen, da die Arterien sich mehr und mehr verzweigen und am Ende in das Kapillargebiet münden. Die Pulswelle geht zwar nicht ins Kapillargebiet über, aber das beruht darauf, daß sie durch die Verzweigungen und die Reibungswiderstände mehr und mehr gedämpft wird. Von manchen werden die kleinen Erhebungen auf der Pulswelle, welche neben der dikroten Erhebung öfter zu sehen sind, als Ausdruck hin und her gehender reflektierter Wellen angesehen.

Die *dikrote Erhebung* ist wohl folgendermaßen zu deuten: wenn unmittelbar
nach der Systole der Ventrikel der steile diastolische Druckabfall im Herzen einsetzt (s. Abb. 56, S. 145), so weichen die Semilunarklappen, welche nun unter dem
einseitigen Druck von der Aorta her stehen, ventrikelwärts aus; außerdem wird
auch durch das Zurückgehen der Muskelpolster, welche die Semilunarklappen stützen,
Raum gewonnen. Daher nimmt die Geschwindigkeit des Vorwärtsströmens des
Blutes für eine kurze Zeit erheblich ab, der Pulsdruck sinkt also nach dem anfänglichen systolischen Anstieg rasch. Sind dann aber die Semilunarklappen geschlossen,
so erhöht sich die Geschwindigkeit von neuem, und hinzu kommt, daß an den
Klappen, indem sie sich schließen, im Blut Wirbelbewegungen erzeugt werden,
welche einen Druckzuwachs bewirken. Für diese Theorie spricht besonders, daß in
der Kurve des Aortendrucks (Abb. 66) der steile diastolische Abfall viel steiler ist
(„Incisur") als in der Peripherie, und daß ihm ein erneuter Druckanstieg unter mehrfachen „Nachschwingungen" folgt. Die kleine Zacke vor dem steilen systolischen
Ast der Aortenkurve, die „Vorschwingung", entspricht der Anspannungszeit (s. S. 175)
und rührt davon her, daß die geschlossenen Semilunarklappen in dieser Zeit etwas
nach der Aorta hin ausweichen.

Die Deutung der Pulskurve wird mehr oder weniger durch klinische Beobachtungen gestützt. So ist danach vorauszusehen, daß, wenn etwa infolge entzündlicher Prozesse die Aortenklappen zum Teil verwachsen und dadurch das Aortenostium „stenosiert" ist, der aufsteigende Schenkel der Pulskurve nicht die gewöhnliche Steilheit, sondern einen flacheren Verlauf aufweist (sogenannter *Pulsus tardus*)
(s. Abb. 67), und daß bei einer mangelhaften Schließfähigkeit, bei einer „Insuffi-

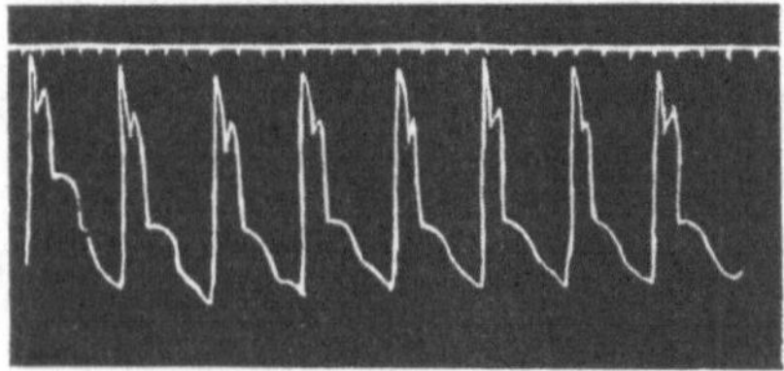

Abb. 67. Pulsus tardus bei Aortenstenose.   Abb. 68. Pulsus celer bei Aorteninsuffizienz.

zienz" der Aortenklappen der im großen ganzen flache Abfall durch ein rapides
Absinken ersetzt ist, davon herrührend, daß das Blut nun diastolisch in den Ventrikel
zurückfallen kann (sogenannter *Pulsus celer*, s. Abb. 68).

Wenden wir uns nun dem **kapillaren Blutdruck** zu! Man kann ihn
beim Menschen nach einem ähnlichen Prinzip messen, wie den Druck
in den Arterien.

Man legt zu dem Zweck ein Glasplättchen etwa auf eine Fingerbeere und belastet es durch Auflegen von Gewichten auf eine an den Rändern des Plättchens mit Fäden angehängte Wagschale so lange, bis die rosa Haut unter dem Druck erblaßt, also bis zur Kompression der Kapillaren. Dann bestimmt man die Fläche, an welcher die Last auf der Haut angreift, folgendermaßen: man schwärzt die Haut der Fingerbeere mit Ruß, legt noch einmal das Plättchen mit der gleichen Belastung wie vorher auf und nimmt einen Abdruck der belasteten Fläche, deren Größe man über Millimeterpapier ausmißt. Man kann dann den Druck berechnen (N. v. KRIES). Die Messungen sind nicht sehr genau, vor allem, weil schwer anzugeben ist, bei welchem Druck die Haut eben zu erblassen beginnt.

Genauer sind die Bestimmungen mit dem *Kapillartonometer* von BASLER: wenn man die Epidermis der Haut mit Glyzerin benetzt, so wird sie so durchsichtig, daß man die oberflächlicher gelegenen Gefäße unter dem Mikroskop mit einer schwachen Vergrößerung betrachten kann (LOMBARD). Besonders geeignet für die Beobachtung von Kapillaren ist die Haut an der Grenze des Nagelbetts, wo die Kapillarschlingen langgestreckt in die Kutispapillen vordringen. Man bringt einen Finger unter eine mit Glyzerin gefüllte Kapsel, welche oben durch ein Fenster, unten durch Cellophan verschlossen ist, und buchtet dieses durch Drucksteigerung innerhalb der Kapsel so lange gegen den Finger vor, bis man ein Blutgefäß, das man mit dem Mikroskop durch Fenster, Glyzerin und Cellophan hindurch ins Auge faßt, eben infolge der Kompression nicht mehr sieht.

Wohl am genauesten ist die direkte Messung, bei der man eine feinst zugespitzte Glaskanüle, die mit einem Wassermanometer verbunden ist, unter einem Binokularmikroskop in eine Kapillarschlinge des Nagelbetts einsticht. Der normale Blutstrom in der Kapillare braucht dabei nicht unterbrochen zu werden. Das Manometer gibt den Kapillardruck an, wenn die Blutkörperchen synchron mit dem Herzschlag um die Kanülenspitze pendeln, ohne in sie einzutreten, und ohne daß die beim Einstechen in sie eingetretenen wieder austreten (LANDIS).

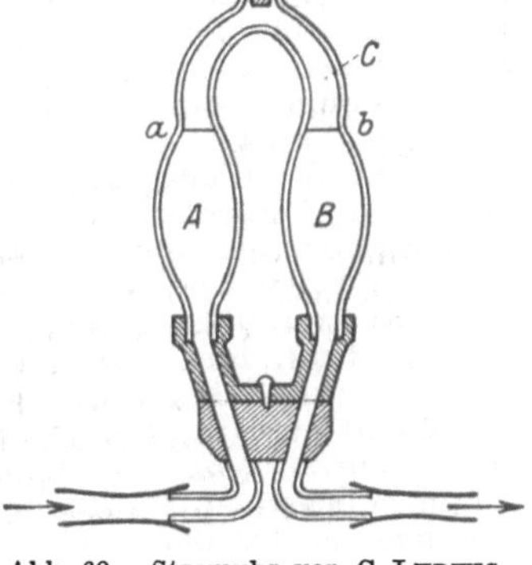

Abb. 69.   Stromuhr von C. LUDWIG.

In dieser Weise wurden für den normalen Kapillardruck Werte von 6—25 mm Hg festgestellt.

Den **Venendruck** bestimmt man wie beim Tier, so auch beim Menschen am besten mit einem Manometer, indem man eine mit diesem verbundene Hohlnadel in Richtung der Blutströmung in den Seitenast einer größeren oberflächlich gelegenen Vene einsticht, deren Seitendruck auf diese Weise gemessen wird (MORITZ und v. TABORA). Man findet, je nachdem man ferner oder näher am Herzen mißt, Drucke von $+5$ bis -5 mm Hg. Damit wird es verständlich, daß sich das Blut in den Venen so sehr leicht durch einen äußeren Druck stauen läßt.

Auch bei den Venen sind pulsatorische Druckschwankungen nachzuweisen, manchmal sind sie gut zu sehen. Der **Venenpuls** entsteht aber ganz anders als der Puls der Arterien. Das wird sofort klar, wenn man etwa Karotis- und Jugularispuls gleichzeitig verzeichnet; man bemerkt dann, daß die Hauptgipfel der Kurven nicht zusammenfallen, sondern alternieren. Die Haupterhebung des Venenpulses ist synchron mit der Atriensystole; sie bedeutet aber nicht ein Rückwärtsströmen des Blutes vom Herzen in die Venen, sondern nur eine Verzögerung des Einströmens ins Herz infolge der Widerstandserhöhung durch die Atriensystole. Der Venenpuls ist nur in der Nähe des Herzens zu spüren; weiter rückwärts ist er durch die Wirkung der Venenklappen ausgeschaltet.

Nachdem wir erkannt haben, daß der Druckabfall im Kreislaufsystem sich so gestaltet, wie es das Studium des Modells voraussehen ließ (s. S. 152), betrachten wir nun als zweiten Indikator der Herzarbeit die **Blutgeschwindigkeit.** Die Modellstudien ließen hier voraussehen, daß die Blut-

geschwindigkeit in den Arterien groß, in den Kapillaren klein und in den
Venen wieder groß sein würde (S. 156); das Experiment hat die Voraus-
sage bestätigt. An den großen Gefäßen wurde von Ludwig die Geschwindigkeit durch vivisektorisches Experiment mit Hilfe einer *Stromuhr* gemessen.

Die Stromuhr von C. Ludwig (s. Abb. 69) ist ein U-förmiges Rohr mit zwei
Erweiterungen A und B, welches in die beiden Enden des durchschnittenen Gefäßes
eingesetzt wird, nachdem die beiden Enden vorher durch Ligatur verschlossen waren.
Die Erweiterung B ist mit physiologischer Kochsalzlösung bis zur Marke b gefüllt,
die Erweiterung A sowie das Verbindungsstück C mit Petroleum. Öffnet man nun
die Ligaturen, so treibt das Herz die Kochsalzlösung ins periphere Gefäßstück aus,
das Petroleum füllt allmählich B, während in A an Stelle von Petroleum Blut tritt.
Die Stromuhr ist nun so eingerichtet, daß, sobald B mit Petroleum, A mit Blut
gefüllt ist, das ganze U-Rohr auf seinem Sockel um 180^0 gedreht werden kann, so daß
B an die Stelle von A und A an die Stelle von B rückt. Das in A befindliche Blut
kann jetzt also in das periphere Gefäßstück übertreten, und so fort. Kennt man das
Volumen von A bzw. von B und zählt, wie oft man in einer Minute die Stromuhr
wenden muß, so kann man die Volumgeschwindigkeit des Blutes berechnen,
d. h. die Menge Blut, welche in einer Minute den Gefäßquerschnitt passiert. Mißt man
ferner den Gefäßquerschnitt, so erhält man durch Division der Volumgeschwindigkeit durch den Querschnitt die lineare Geschwindigkeit.

Die Volumgeschwindigkeit in einem einzelnen Organ kann man experimentell
sehr einfach auch so bestimmen, daß man die abführende Vene durchschneidet
und die in der Zeit austretende Blutmenge mißt. Dabei begeht man keinen
wesentlichen Fehler durch Änderung des Widerstandes, wie es bei entsprechendem Verfahren an einer Arterie der Fall sein würde, von der aus das Blut noch
den Hauptwiderstand der Organkapillaren zu überwinden hat.

Dem Stromuhr-Verfahren ist weit überlegen die Messung mit der *Thermostromuhr* von Rein, mit der die Volumgeschwindigkeit ohne Eröffnung des Gefäßes
ermittelt wird. Das freigelegte Gefäß wird dabei in eine kurze Rinne verlagert, in
deren Wand zwei rechteckige Elektroden einander gegenüberliegen, von denen aus
durch Zuleitung von hochfrequentem Wechselstrom eine gleichmäßige Heizung der
dazwischenliegenden Säule von strömendem Blute vorgenommen wird. Am Boden der
Rinne sind in der Längsrichtung zueinander zwei Lötstellen eines Thermokreises angebracht, die einem stromauf und einem stromab von der Heizstelle aus gelegenen
Punkt der Gefäßwand anliegen; die Differenz der Bluttemperatur an den zwei Punkten
wird dann mit Hilfe eines Schleifenoszillographen (S. 142) fortlaufend registriert. Die
Erwärmung des Blutes ist ein Maß der Strömungsgeschwindigkeit. Die Thermostromuhr wird in die Tiefe des Gewebes versenkt und die Wunde vernäht. In dieser Weise
läßt sich die Geschwindigkeitsmessung an mehreren größeren Arterien und Venen
zugleich sehr genau ausführen (s. dazu Abb. 73).

Für die Arterien größerer Säugetiere ist so eine Geschwindigkeit von
10—50 cm, für Venen eine Geschwindigkeit von etwa 20 cm pro Sekunde
gefunden. Die Geschwindigkeit in den Kapillaren mißt man unter dem
Mikroskop durch Beobachtung der Verschiebung der Blutkörperchen entlang einem Mikrometer. Man findet Werte von 0,05—0,08 cm pro Sekunde.
Das bedeutet bei einem Durchmesser der Kapillaren von 10 μ, daß pro
Sekunde 40—63 · 10^{-6} mm^3 passieren, also bloß 1 mm^3 in 4 Stunden 27 Minuten bis 7 Stunden oder bloß *1 cm^3 in 190—290 Tagen* (Stewart).

An den mikroskopisch sichtbaren kleinen Arterien kann man auch
sehen, daß die Geschwindigkeit keine kontinuierliche ist, sondern synchron
mit der Herzsystole anwächst und in der Herzdiastole und Herzpause
abschwillt. Diese pulsatorische Erscheinung verliert sich aber meist in
den Kapillaren, es sei denn, daß die Blutdruckschwankungen, welche das
Herz in den Arterien erzeugt, ausnehmend große sind; dann bekommt
man auch einen *Kapillarpuls* zu sehen, welcher eventuell ein periodisches
Erröten und Erblassen der Haut verursacht.

Die Geschwindigkeit des Blutes ist nicht in allen Teilen eines Gefäß-
querschnittes gleich groß, sondern sie ist *axial am größten und an der Wand
am kleinsten;* das folgt, wie wir schon (S. 154) sahen, aus dem Vorhanden-

sein der inneren Reibung. Die mittlere Strömungsgeschwindigkeit in einem Blutgefäß ist ungefähr gleich der Hälfte der maximalen, d. h. der axialen. Da die roten Blutkörperchen spezifisch schwerer sind als das Plasma, so sammeln sie sich in der Achse; im Strom der Randpartien bewegen sich dagegen die weißen Blutkörperchen.

Schaltet man eine Stromuhr in die Aorta ein, so kann man erfahren, wie groß das **Schlagvolumen** des Herzens ist, d. h. die Menge Blut, welche mit einer einzigen Systole aus dem (linken) Herzen ausgeworfen wird. Das Schlagvolumen ist gleich der Volumgeschwindigkeit dividiert durch die Zahl der in der Zeiteinheit erfolgenden Pulsschläge. Beim Menschen bestimmt man Volumgeschwindigkeit und Schlagvolumen auf indirektem Wege (BORNSTEIN, FRANZ MÜLLER, KROGH und LINDHARD): man setzt zu einem größeren in einem Spirometer befindlichen Luftquantum eine gemessene Menge eines indifferenten Gases, welches vom Blut rein physikalisch absorbiert wird, z. B. Stickoxydul oder noch besser (wegen seines hohen Absorptionskoeffizienten) Azetylen (MARSHALL und GROLLMAN), läßt kurze Zeit das Gasgemisch atmen, bestimmt hinterher, wieviel von dem indifferenten Gas noch vorhanden ist, und berechnet aus dem Defizit und aus dem Absorptionskoeffizienten des Gases, wieviel Blut in der Versuchszeit die Lungen passiert hat. Ebensoviel Blut muß dann in der gleichen Zeit vom Herzen ausgetrieben sein. Man kann so das **Minutenvolumen** berechnen. Dividiert man dieses durch die Anzahl der Herzschläge pro Minute, so erhält man das *Schlagvolumen.*

Das Schlagvolumen beträgt bei kräftigen Menschen in der Ruhe 55—75 ccm. Es kann sich bei Arbeit mehr als verdoppeln. Dies geschieht dadurch, daß bei steigendem venösen Angebot von Blut das Herz stärker gefüllt und gedehnt wird und sich infolgedessen stärker kontrahiert (S. 150). Natürlich darf ein Dehnungsoptimum nicht überschritten werden, wenn nicht die Zunahme des Schlagvolumens in eine Abnahme umschlagen soll. Das Minutenvolumen beträgt 3—6 l, es kann aber bei der Arbeit auf über 30 l steigen, da auch die Pulsfrequenz mit der Arbeit zunimmt. Schlagvolumen und Minutenvolumen sind überaus wichtige Kriterien für die Leistungsfähigkeit eines Herzens.

Die Kenntnis des Minutenvolumens ermöglicht auch einen tieferen Einblick in die Verhältnisse des Sauerstoffbedarfs und Sauerstoffkonsums der Gewebe. Im Tierexperiment kann man sich dadurch darüber unterrichten, daß man den Sauerstoffgehalt des arteriellen Bluts mit dem des rechten Herzens vergleicht. Beim Menschen kann man den Einblick auf Grund der Überlegung gewinnen, daß der Sauerstoffverbrauch pro Minute gleich dem Produkt von Minutenvolumen und Differenz des Sauerstoffgehalts zwischen arteriellem und venösem Blut sein muß (A. FICK). Bestimmt man also den Sauerstoffverbrauch im Respirationsversuch und das Minutenvolumen, so läßt sich die genannte Differenz, die sog. *arteriovenöse Sauerstoffdifferenz,* berechnen. Man findet so, daß von den etwa 16—20 Volumprozent Sauerstoff, die das arterielle Blut enthält (S. 101), bei Körperruhe etwa 3—4 % in den Geweben verzehrt werden, bei kräftiger Arbeit 7—8 % und bei äußerster Arbeit 12—14 %, d. h. 60—80 % des gesamten Sauerstoffvorrats im Blut.

Mit Hilfe des Werts für das Schlagvolumen kann man auch die **Herzarbeit** bei einer Systole näherungsweise berechnen. Die Herzarbeit setzt sich aus zwei Summanden zusammen, nämlich erstens aus der Arbeit $p\,v$, die aufzuwenden ist, um gegen den Druck p in die Aorta das Schlagvolumen v auszutreiben, und zweitens aus der Arbeit $^1/_2\,m\,V^2 = {}^1/_2\,P\,V^2/G$, durch die der Masse m bzw. dem Gewicht P des Schlagvolumens eine bestimmte Geschwindigkeit V erteilt wird (G = Konstante der Erdbeschleunigung). — Setzen wir das Schlagvolumen eines Ventrikels zu 75 cm³, den Druck in der Aorta zu 120 mm Hg oder ungefähr 160 g/cm², so beträgt der erste Summand der Herzarbeit für den linken Ventrikel $p\,v = 160 \cdot 75$ gcm = 0,12 kgm. Der zweite Summand beträgt, wenn wir die Geschwindigkeit in der Aorta zu 50 cm

ansetzen, $\dfrac{75 \cdot 2500}{2 \cdot 981} = 94\,\text{gcm}$, ist also neben dem ersten Summanden zu vernach-
lässigen. — Für den rechten Ventrikel beträgt die Arbeit ungefähr $^2/_5$ von dem Wert
für den linken, also 0,05 kgm; denn der Druck in der Art. pulmonalis beträgt etwa
$^2/_5$ des Aortendrucks, das Schlagvolumen muß aber rechts und links gleich groß sein,
da in der Zeiteinheit durch jeden Querschnitt der Blutbahn gleich viel hindurchfließt, und rechtes und linkes Herz synchron agieren. Die Arbeit einer Systole beträgt demnach 0,12 + 0,05 = 0,17 kgm. Das macht bei einer Pulsfrequenz von
70 pro Minute in einem Tage rund 17000 kgm.

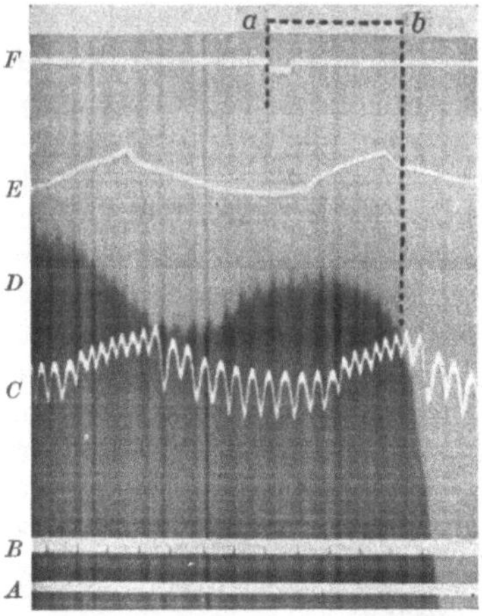

Diese Arbeit wird nicht gespeichert, sondern im Körper gleich beim Entstehen wieder vernichtet, nämlich in Reibungswärme umgesetzt; nach dem mechanischen Wärmeäquivalent umgerechnet ergeben die 17000 kgm ca 40 große Kalorien. Tatsächlich erzeugt der Herzmuskel aber viel mehr Wärme, nämlich ungefähr das Dreifache, da er ähnlich wie die technischen Maschinen die von ihm verbrauchte chemische Energie nur zum Teil in Arbeit umsetzt (S. 150). Wenn wir den Wirkungsgrad des Herzmuskels auf etwa ein Drittel veranschlagen (s. Kap. 12 u. 20), so ergibt sich für das Herz ein Kalorienbedarf von täglich etwa 120 Kalorien, und da wir den Gesamtkalorienverbrauch des Körpers zu etwa 3000 Kalorien ansetzen können (s. Kap. 12), so verzehrt das Herz $^1/_{25}$ davon.

Von der Blutgeschwindigkeit hängt auch die **Umlaufszeit** ab, d. h. die Zeit, welche ein Blutteilchen braucht, um den gesamten Kreislauf durchzumachen. Sie ist zuerst von Ed. Hering (1826) beim Tier in der Weise gemessen, daß in eine Vena jugularis externa in einem bestimmten Moment Ferrozyankali eingespritzt und dann aus der Jugularvene der anderen Seite Blut in einzelnen kleinen Portionen entnommen und der Augenblick festgestellt wurde, wo zuerst im Plasma mit Eisenchlorid eine Bläuung eintrat. Stewart

Abb. 70. Photographische Registrierung der Umlaufszeit im kleinen Kreislauf des Hundes auf einem rotierenden Film. *A* Abszisse. *B* Zeit in Sekunden. *C* Blutdruck, der respiratorische Schwankungen (S. 175) zeigt. *D* Schatten des Meniskus eines Kapillarelektrometers, der auf die Widerstandsänderungen zwischen den an das Gefäß angelegten Elektroden reagiert und daher auch die pulsatorischen und respiratorischen Blutdruckschwankungen mit anzeigt. *E* Respiration. *F* elektromagnetische Signalisierung des Moments der Injektion. (Nach Romm.)

spritzte eine kleine Menge 2,5% Kochsalzlösung in die Vene, deren Ankunft in irgendeinem Gefäßquerschnitt sich erkennen läßt, wenn man an das Gefäß von außen Elektroden anlegt, zwischen denen der Widerstand eines Gleichstroms brüsk absinkt, sobald die gut leitende Lösung vorbeipassiert. Abb. 70 zeigt ein Beispiel eines derartigen Versuchs von Romm, die Umlaufszeit des kleinen Kreislaufs bei einem Hund zu bestimmen; im Moment a wird die Salzlösung in die V. jugularis ext. eingespritzt, im Moment b erscheint sie zwischen den an die Art. carotis angelegten Elektroden. Hering fand beim Pferd eine Umlaufszeit von 32″, beim Hund von 17″, bei der Katze von 7″; jedesmal war der Umlauf nach etwa 27 Herzschlägen vollzogen. Daraus errechnet sich für den Menschen eine Umlaufszeit von etwa 22″. In Übereinstimmung damit fand Koch beim Menschen, wenn er als Kennstoff Fluorescein in die V. cubitalis einspritzte und aus der gleichen Vene der anderen Seite alle 5 Sekunden einen Blutstropfen entnahm, für das Alter von 15—19 Jahren 18,4″, zwischen 30 und 40 Jahren 21″, für 70—80 Jahre 22,6″. Es ist jedoch zu bedenken, daß diese Zeit eine Minimalzeit sein kann, entsprechend der maximalen Blutgeschwindigkeit, wie sie in der Achse der Blutgefäße besteht. Die *mittlere Umlaufszeit* wird etwa den doppelten Betrag haben

(S. 163). Man kann die Umlaufszeit auch indirekt bestimmen, indem man aus der Gesamtblutmenge (S. 98 u. 169) und dem Schlagvolumen die Anzahl von Herzschlägen berechnet, durch welche das gesamte Blut einmal durch die Aorta hindurchgetrieben wird. —

Von großer Bedeutung sind nun die Vorrichtungen, mit Hilfe deren das Blut bald dahin, bald dorthin dirigiert wird, ähnlich wie in einer der Landwirtschaft dienenden Berieselungsanlage, in der durch abwechselndes Schließen und Öffnen der Stauwehre der ernährende Flüssigkeitsstrom je nach Bedarf auf das eine oder andere Feld ergossen wird. So ist auch durch die wechselnde Durchblutung ein Organ bald blaß und kühl und das Volumen klein, bald rötet es sich, wird warm und schwillt an. Denn die Organe sind niemals gleichzeitig ad maximum durchblutet; das wäre eine Verschwendung an Herzkraft; auch würde die Blutmenge dafür gar nicht ausreichen. Das wichtigste Mittel der Durchblutungsregulation ist das Nervensystem, das vermöge der Gefäßnerven die einzelnen Gefäßprovinzen erweitert oder verengert; nächstdem entscheidet der Stoffwechsel der Organe über ihre Blutversorgung und in dritter Linie die Blutbeschaffenheit.

Die Gefäßnerven oder *Vasomotoren* wurden von CLAUDE BERNARD (1851) mit der Beobachtung entdeckt, daß das Kaninchenohr erblaßt und seine Gefäße sich verengen, wenn man den Halssympathikus reizt; er sah ferner, daß, wenn man die chorda tympani reizt, die Blutgefäße der gl. submaxillaris sich weiten und aus der angeschnittenen Vene das Blut im stärkeren Strom ausfließt. Danach hat man *Nervi vasoconstrictores* und *N. vasodilatatores* zu unterscheiden; beide gehören dem sympathischen Nervensystem an. Die Konstriktoren wirken dadurch, daß sie die in der Gefäßwand der Arterien und Venen zirkulär angeordneten glatten Muskelfasern zur Verkürzung bringen; die Dilatatoren erweitern die Gefäße durch Hemmung der Verkürzung. Von welchen Wandbestandteilen die von STEINACH und KAHN zuerst nachgewiesene Verengung der Kapillaren abhängt, ist noch unklar. Neuerdings hat man dafür öfter die sogenannten *Rouget-Zellen* oder *Perizyten* der Kapillarwand in Anspruch genommen.

Die Gefäßnerven verlaufen meistens in den zerebralen oder den spinalen Nerven, denen vom Grenzstrang aus auf dem Wege der Rami communicantes grisei oder von den Halsganglien aus die sympathischen Fasern beigemischt sind; sie verlaufen aber auch in den peripheren Ästen des Sympathikus, wie z. B. im Nervus splanchnicus, welcher das große Gebiet der Baucheingeweide mit Gefäßnerven versorgt. Häufig laufen erweiternde und verengernde Fasern im selben Nerven; man kann ihre Funktion aber experimentell trennen und gesondert zur Anschauung bringen. Die Vasokonstriktoren sind nämlich im allgemeinen empfindlicher gegen allerlei Einflüsse als die Dilatatoren. Das lehren z. B. folgende Versuche mit dem den Sympathikus erregenden Adrenalin (s. Kap. 26): für gewöhnlich verursacht Adrenalin Gefäßverengerung, weil die Konstriktoren meist über die Dilatatoren überwiegen; ist der Gefäßnerv aber einige Zeit vorher durchschnitten, so bewirkt Adrenalin Erweiterung, weil die Konstriktoren nach der Durchschneidung früher degenerieren, als die Dilatatoren. Ferner wirkt Adrenalin bei längerer Wirkungsdauer dilatierend, weil die Konstriktoren rascher ermüden. Endlich erzeugt Adrenalin auch Dilatation nach Vorbehandlung mit Ergotoxin, weil dies vornehmlich die Konstriktoren lähmt. Es gibt aber auch isoliert verlaufende dilatierende Fasern, z. B. in den Coronargefäßen des Herzens oder in der Chorda tympani, deren Erregung eine starke Gefäßerweiterung in der Submaxillardrüse hervorruft (S. 22), während ihr die Konstriktoren auf dem Wege des Halssympathikus zugeführt werden. Dilatatoren verlaufen auch in den motorischen Nerven; infolgedessen werden bei deren Reizung die Blutgefäße in den Muskeln weit, selbst wenn durch Lähmung der motorischen Fasern, z. B. mit Kurare (Kap. 21), die Kontraktion ausbleibt.

Die gefäßverengernden Nerven sind dauernd erregt; daher kommt es in einem Gefäßgebiet zur Erweiterung, sobald man die zuführenden Gefäßnerven durchschneidet. Dieser *Gefäßtonus* rührt von der Tätigkeit **vasokonstriktorischer Zentra** her (C. LUDWIG). Macht man im Zervikalmark eine quere Durchtrennung oder einen Kältequerschnitt (S. 121), so erweitern sich alsbald die Gefäße des ganzen Körpers; durchtrennt man oberhalb der Medulla oblongata, so bleibt der Effekt oft aus. Daraus wurde gefolgert, daß in der Medulla oblongata ein allgemeines Vasokonstriktorenzentrum gelegen ist (s. Kap. 23). An der gleichen Stelle fanden wir schon das tonisch innervierende Vaguszentrum und das ebenfalls andauernd tätige Atemzentrum vor. Wie diese beiden (s. S. 146 und S. 120), so wird auch das Gefäßzentrum durch „Blutreize", durch ein Übermaß an Kohlensäure und durch Mangel an Sauerstoff erregt; starke Dyspnoe geht mit *Gefäßkrampf* einher. Ist aber nach der Durchschneidung des Rückenmarks unterhalb der Medulla oblongata einige Zeit verstrichen, so stellt sich der normale Gefäßtonus wieder ein. Er weicht dann abermals einer Gefäßlähmung, wenn man weiter unterhalb das Rückenmark noch einmal durchschneidet. Es gibt also *vasokonstriktorische Nebenzentra* im Rückenmark. Aber selbst wenn das Rückenmark größtenteils, vom mittleren Zervikalteil an bis zum Sakralteil, ausgerottet ist, stellt sich doch wieder ein Tonus her, welcher demnach zum Teil peripher bedingt ist (GOLTZ und EWALD).

An den vom Zentralnervensystem völlig *isolierten Gefäßen*, ja sogar an ausgeschnittenen Gefäßstücken kann man noch Tonusänderungen durch mannigfache physikalische und chemische Reizungen hervorrufen. Durchschneidet man z. B. den Ischiadikus bei einem Hund, ja läßt man das Bein allein noch mittels der Gefäße in Zusammenhang mit dem übrigen Körper, so erzeugt lokale Erwärmung noch lokale Gefäßerweiterung, und Kälte bewirkt das Gegenteil. Ferner werden die Gefäße eines überlebenden Organs, z. B. der Niere, noch eng und weit, je nachdem man dyspnoisches oder arterialisiertes Blut hindurchleitet. Auch aus dem Körper herausgeschnittene Gefäßstücke reagieren noch auf die Temperaturreize. Auf Druck von innen her antwortet das Gefäß mit Konstriktion. Adrenalin erzeugt wie bei intravenöser Injektion im ganzen Tier (s. Kap. 14) so auch am isolierten Gefäßstück meist Tonussteigerung, bei den Coronargefäßen dagegen Tonussenkung. Interessant ist, daß auf einen und denselben Reiz Arterien und Kapillaren entgegengesetzt reagieren können. Histamin ruft z. B. bei den Arterien Kontraktion, bei den Kapillaren und Venen Erschlaffung hervor (DALE).

Die voneinander unabhängige Reaktion der Arterien einerseits und der Kapillaren und Venen andererseits macht es auch erklärlich, daß die Haut einmal warm und blaß, ein andermal kühl und rot sein kann, je nachdem die Arteriolen weit und die Kapillaren eng oder die Arteriolen eng und die Kapillaren weit sind. Bei starker und anhaltender Kälte z. B. sind die Arterien so eng, daß sie der Haut nur wenig warmes Blut zuführen; da zugleich die Kapillaren ad maximum erweitert sind, so stagniert das Blut in ihnen fast völlig und nimmt venöse Beschaffenheit an, so daß die Haut blaurot aussieht. Inwieweit alle diese Reaktionen der unmittelbaren Beeinflussung der Gefäßmuskulatur oder der Beeinflussung über die in die Gefäßwand eingestreuten Ganglienzellen zuzuschreiben sind, ist schwer zu entscheiden.

Dieser ganze motorische Apparat, d. h. die kontraktionsfähigen Elemente der Arterien, Kapillaren und Venen, werden nun zum Zweck der richtigen Blutverteilung — vorzugsweise auf dem Nervenweg und zumeist reflektorisch — in mannigfaltiger Weise in Gang gesetzt. Die **Gefäßreflexe** dienen teils der Regulierung des Zustroms zu den Organen durch Änderung des Arterienquerschnittes und teils der Regulierung der Versorgung des Herzens durch Änderung des venösen Strombettes. Funktionell betrachtet handelt es sich im einen Fall großenteils um *nutritive Reflexe*, d. h. um Steuerungen des Blutstroms zugunsten der Ernährung bestimmter Organe unter Einsparung an anderer Stelle, ferner um *pressorische* und *depressorische Reflexe*, d. h. um Maßnahmen zur Einstellung des Blutdrucks auf die jeweils erforderliche Höhe durch Regulierung der arteriellen Widerstände, im anderen Fall um Reflexe im Dienst einer *zweckentsprechenden Inanspruchnahme der Herzkraft* dadurch, daß entweder unter Verengung der großen Venen dem Herzen eine Mehrleistung durch Vergrößerung seines Minutenvolumens zugemutet oder daß das Herz vor Überanstrengung und Überfüllung bewahrt wird, indem die sich weitenden Venen zeitweilig einen Teil des Blutes beherbergen.

Betrachten wir einige Beispiele! Wenn man die Haut eines Tieres durch Kneifen reizt oder einen Hautnerven oder den zentralen Ischiadikusstumpf elektrisiert, so verengen sich die Gefäße im Innervationsgebiet des N. splanchnicus, also in den Baucheingeweiden, während zu gleicher Zeit die Gefäße in den Muskeln und im Zentralnervensystem teils aktiv, teils passiv erweitert werden. Dieser Reflex hat offenbar den Sinn, daß im Moment der Gefährdung durch irgendeine feindliche Gewalt vor allem diejenigen Organe gut versorgt werden, welche der Abwehr oder der Flucht dienen können. Umgekehrt werden die Gefäße in Muskeln und Zentralnervensystem eng, wenn zwecks lebhafter Sekretion der Verdauungsdrüsen die Blutgefäße der Bauchorgane sich erweitern; daher auch das bekannte: „Plenus venter non studet libenter." — Ein anderes Ziel als das der zureichenden Ernährung verfolgen die Gefäßreflexe, die im Dienst der Wärmeregulation unseres Körpers stehen. Taucht man ein Bein in kaltes Wasser, so verengen sich die zuführenden Gefäße der Haut nicht bloß in dem gereizten Bezirk, sondern auf der ganzen Haut; taucht man das Bein in warmes Wasser, so breitet sich die lokale Rötung auf den ganzen Körper aus (Brown-Séquard). Vortrefflich ist dies Verhalten beim Kaninchen zu beobachten, dessen Ohrlöffel mit seiner großen Oberfläche als Thermoregulator funktioniert. Lokale Erwärmung irgendwie an einer größeren Hautpartie macht die Gefäße im Ohrlöffel weit, und der Ohrlöffel wird aufgerichtet, so daß aus der von warmem Blut durchströmten Hautfalte reichlich Wärme an die kühlere Umgebung abfließen kann; lokale Abkühlung bewirkt das Gegenteil. Auch die Erscheinung, daß, wenn man mit einem spitzen Gegenstand über die Haut hinstreicht, zuerst ein blasser, danach ein roter Strich auf der Haut erscheint (Dermographie), ist beim Menschen mehr oder weniger reflektorischer Natur. Denn Lähmung der sensiblen Nerven mit Kokain oder ihre Durchschneidung hebt das Phänomen auf, und wenn in einem bestimmten Rückenmarksniveau ein Krankheitsherd lokalisiert ist, so kann z. B. ein längerer senkrechter Strich, den man durch Darüberhinstreichen auf der Rumpfhaut hervorruft, in der

Blässe oder Rötung eine entsprechende Lücke zeigen. Unter den Gefäß-
reflexen mag hier ferner das Erröten und Erblassen bei psychischer Erregung,
aus Freude oder Scham, aus Schreck oder Angst mit aufgezählt werden.
Endlich zeigt sich Natur und Bedeutung der Venenreflexe, wenn wir
beispielsweise den früher (S. 148) erwähnten Depressorreflex noch weiter
analysieren. Der Reflex besteht nicht bloß darin, daß durch Reizung
des rezeptorischen Vagusastes zur Entlastung der Arterien das Herztempo verlangsamt wird, sondern daß — neben anderen Folgen (S. 172)
— auch der Venentonus sinkt, also ein allzu großer Zustrom von Blut
zum Herzen hintangehalten wird. Abb. 71 gibt dafür ein Versuchsbeispiel:
ein Stück Mesenterialvene wird künstlich durchströmt und das Stromvolumen V registriert; wird nun das zentrale Stück des durchschnittenen

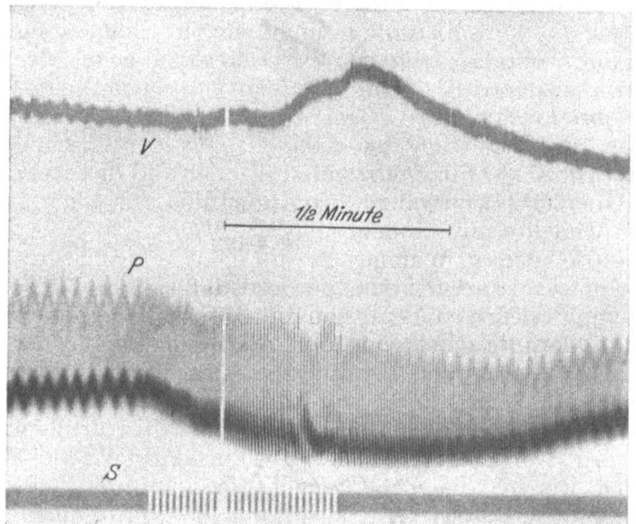

Abb. 71. Künstliche Durchströmung einer Mesenterialvene bei der Katze
(nach FLEISCH). Der Blutdruck P wird im zentralen Stumpf der linken
Carotis gemessen. S ist die Nullinie für den Blutdruck und das venöse
Stromvolumen V. Während der rhythmischen Unterbrechungen in der
Signallinie S wird der rechte zentrale Vagusstumpf gereizt.

Vagus, also der N. de-
pressor, gereizt, so
sinkt der Blutdruck P
bei gleichzeitiger Ver-
langsamung des Herz-
schlags, und das
Stromvolumen V der
Vene nimmt durch
Reflex auf die in ihr
endigenden Venodila-
tatoren bedeutend zu.

Die Venen haben
also die Bedeutung
von **Blutspeichern**,
durch die je nach Be-
darf die zirkulierende
Blutmenge vergrößert
oder verkleinert wer-
den kann, und neuere
Untersuchungen ha-
ben gelehrt, daß diese
Speicherfunktion so-
gar unerwartet groß
ist; denn nach BAR-
CROFT können in den verschiedenen venösen Speichern eventuell nicht
weniger als 46 % des Gesamtblutes beherbergt werden.

Diese Speicherbedeutung manifestiert sich nirgends so klar wie bei
der **Milz**. In dieser „Blutdrüse" liegt nach mancherlei Beobachtungen
das Blut ziemlich abseits vom Kreislauf in den großen Venensinus und
stagniert hier vielleicht sogar zeitweilig. Für diese verborgene Lagerung
des Blutes spricht eindrucksvoll die Beobachtung von BARCROFT, daß,
wenn man ein Tier Kohlenoxyd atmen läßt, das CO-Hämoglobin erst
geraume Zeit später in dem Milzblut nachzuweisen ist als an anderen Orten,
und daß, wenn man das Tier dann wieder in reine Luft zurückbringt, man
CO-Hämoglobin noch zu einer Zeit in der Milz nachweisen kann, zu der es im
übrigen Blut bereits verschwunden ist. Immer dann, wenn sich der Sauerstoffbedarf des Körpers erhöht, kommt es nun zu einer Verkleinerung
der Milz, bei der CO-Vergiftung, beim Ersticken, bei einem großen Blutverlust, vor allem bei kräftiger Muskelarbeit, aber auch bei einer heftigen
psychischen Emotion. Man kann bei der Katze die Verkleinerung sehr schön

auf dem Röntgenschirm verfolgen, wenn man zuvor vivisektorisch an den Rändern der Milz Metallknöpfe befestigt, die dann auf dem Schirm sichtbar sind. Man erfährt so, daß die Milz sich bei Muskelarbeit bis auf $1/_2$ oder gar $1/_3$ verkleinert, bei einem starken Blutentzug sogar bis auf $1/_6$ (BARCROFT); Abb. 72 gibt ein Bild der Verkleinerung. Dieser Vorgang beruht darauf, daß vom Zentralnervensystem aus über den N. splanchnicus major die Muskeln der Gefäße, vor allem aber die der Kapsel und der Trabekeln der Milz, zur Kontraktion gebracht werden. Auf diese Weise preßt die Milz ihren Vorrat an Blut aus, dessen Hämoglobingehalt im Mittel 115 % von dem in den Gefäßen kreisenden beträgt, und die so mobilisierte Reserve kann 17%, also $1/_6$ und mehr des gesamten kreisenden Bluts ausmachen. Aber auch schon die Kontraktion eines einzelnen Muskels genügt, um den Blutspeicher der Milz anzugreifen. Abb. 73 z. B. lehrt, daß, wenn der eine Gastrocnemius eines Hundes durch rhythmische elektrische Schläge in Tätigkeit versetzt wird, mit der Thermostromuhr von REIN (S. 162) nicht bloß eine starke und die Arbeitsperiode überdauernde Zunahme der Durchblutung in dem

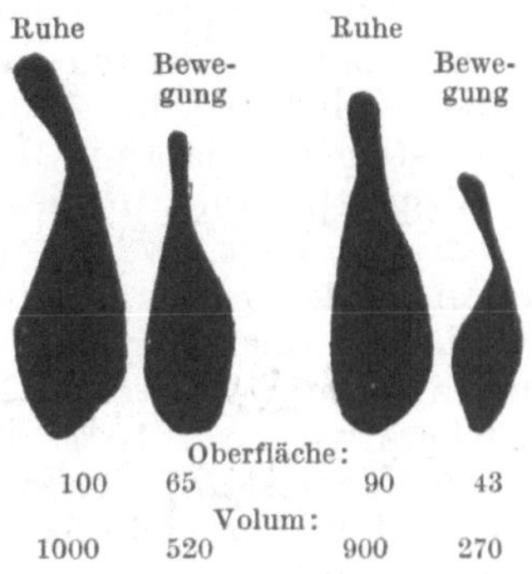

Abb. 72.
Rekonstruierte Milzoberfläche vor und nach körperlicher Bewegung bei der Katze. (Nach BARCROFT.)

arbeitenden Muskel nachgewiesen werden kann, sondern daß sich auch die Milz durch Hergabe von mehr Blut an der Versorgung des Muskels beteiligt. Auch beim Menschen kann man die Zunahme der *Blutmenge* durch die Milzverkleinerung konstatieren, da die Messung dieser Menge nicht bloß beim verblutenden Tier möglich ist (S. 98), sondern wenigstens annähernd auch im intakten Körper.

Man verfährt dabei so, daß man eine bestimmte Menge einer leicht nachweisbaren Substanz einführt, die sich auf das Blut verteilt und die Blutbahn möglichst langsam verläßt. Als solch eine Substanz wurde zuerst das Kohlenoxyd gewählt (GREHANT und QUINQUAUD), neuerdings Säurefarbstoffe (Chicagoblau, Trypanblau),

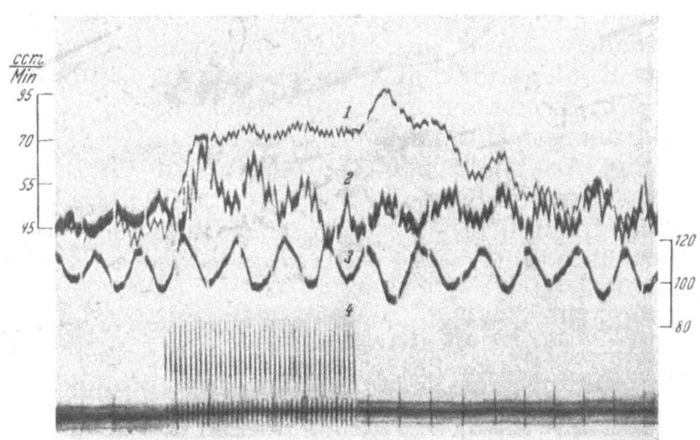

Abb. 73. 1. Durchblutung der V. femoralis dextra. 2. Durchblutung der Milzvene. 3. Art. Blutdruck. 4. Arbeitskurve des M. gastrocnemius dextra. (Nach KELLER, LOESER und REIN.)

die kolloidal sind und deshalb nicht diffundieren, und die nicht in die Blutkörperchen eindringen, sich also nur auf das Plasma verteilen (KEITH, GERAGHTY und ROWNTREE). Aus der Farbstärke des Plasmas und dem mit dem Hämatokriten (S. 92) bestimmten Blutkörperchen-Volumen läßt sich dann die Blutmenge berechnen; sie beträgt etwa 8—10 % des Körpergewichts, also 5,2—6,5 l bei 65 kg.

Ähnlich der Milz kann auch die **Leber** einen großen Vorrat von Blut beherbergen. Es geschieht durch eigenartige Drosselvorrichtungen in den Lebervenen. Diese enthalten in Längsrichtung verlaufende, zum Teil enorme Verstärkungen der glatten Gefäßmuskeln, die als Polster ins Lumen vorspringen und sphinkterenartig dem Blut den Weg versperren können (PICK und MAUTNER). Durch Öffnung dieser Stauwehre kann die Leber bis zu 59 % des Gewichts des blutleeren Organs hergeben und vom Gesamtblut kann sie bis zu 20 % speichern (JANSSEN und REIN). Bei Vagusreizung kommt es durch Abdrosselung der Venen zu Stauung, bei Sympathikusreiz zu Entstauung. Eine der wichtigsten Bedingungen der Entstauung ist die Muskelarbeit; dadurch werden die sozusagen vor dem Tor des rechten Herzens bereitliegenden Blutmengen zugunsten der Muskeln zur Verfügung gestellt; die Öffnung der Sperre bewirkt dabei wahrscheinlich das ins Blut sezernierte Adrenalin (S. 173). Im Gegensatz hierzu steigert Histamin die Drosselung; wahrscheinlich betätigt sich dies Eiweißspaltprodukt in dieser Weise vornehmlich während der Verdauung, so daß das Blut zwecks weiterer Verarbeitung seines Gehalts an Nährstoffen in der Leber angeschoppt wird (DALE).

Nächst der Milz und der Leber hat wahrscheinlich auch die *Haut* durch ihre subpapillären Venenplexus Reservoirfunktion. Die Größe dieses Speichers wird auf 10 % der Gesamtblutmenge veranschlagt.

Die Versorgung der einzelnen Körperteile mit dem nötigen Quantum Blut erfolgt aber nicht bloß auf reflektorischem Weg, sondern die tätigen Organe befriedigen ihren Bluthunger auch direkt durch lokale Maßnahmen, indem in ihnen selber zustande kommende mechanische, chemische oder thermische Reize die Gefäße, besonders die Kapillaren, zur Erweiterung bringen. In diesem Sinn spricht man von **funktioneller Gefäßerweiterung.** Unter den genannten Reizen sind am wichtigsten die chemischen als Produkte des eigenen Stoffwechsels der Organe.

Von den chemischen Reizen sind an erster Stelle die *H-Ionen* zu nennen; sie werden fast bei jeder Organbetätigung frei, beim Muskel besonders durch die Milchsäureproduktion und allerorts durch Bildung von Kohlensäure. Bei normaler Blutreaktion befinden sich die Gefäße in einem Zustand mittlerer Konstriktion, eine geringe Steigerung der H·-Konzentration führt zu Erweiterung (GASKELL, ATZLER); nach FLEISCH genügt Atmung von 0,5—1 % CO_2, um im Blut eine bereits dilatatorisch wirksame Herabsetzung des p_H um 0,05 herbeizuführen. Auch Sauerstoffmangel durch Abdrosselung des Blutstroms von einem Organ führt zu Vasodilatation, wobei die anoxybiotische Milchsäureproduktion (S. 124) den H-Ionen-Reiz liefert.

Nächst den H-Ionen kommt wohl dem *Histamin* als Produkt des Eiweißzerfalls in stark tätigen Organen eine besondere den Kapillartonus senkende Bedeutung zu (DALE), ferner dem *Adenosin* und der *Adenylsäure* (Adenosinmonophosphorsäure) des Muskels (Kap. 20), die aus den verschiedensten Organen zu gewinnen sind und außer Verlangsamung des Herzschlags und Hemmung der Darmbewegung ebenfalls Gefäßdilatation, besonders in den Koronargefäßen hervorrufen (SZENT-GYÖRGYI).

Auf der Wirkung dieser verschiedenen Substanzen beruht es, daß in den arbeitenden Organen, und zwar nach Maß der Arbeitsgröße *die kapillare Durchströmung* steigt. Sehr schön ist dies am bloßgelegten *Muskel* zu beobachten (KROGH), wenn im Gesichtsfeld des Mikroskops bei Erregung eine Menge Kapillaren auftauchen, die vorher unsichtbar blieben, weil sie verschlossen waren, und die einige Zeit, nachdem die Erregung abgeklungen ist, sich wiederum verschließen. Die Zahl der sichtbaren Kapillaren kann sich auf diese Weise um das 30—40fache ändern. Der Sinn der Reaktion ist klar; wenn die Kapillarzahl zunimmt, so verkleinert sich damit der Abstand zwischen dem Blut als Sauerstoffreservoir und der Stätte des

Sauerstoffverbrauchs, der bei der Aktion gewaltig anwächst. Zugleich werden die Stoffwechselprodukte fortgeschwemmt. Und da die Erweiterung, wie gesagt, die Tätigkeit überdauert, so dient die reichliche Durchspülung mit Blut gleichzeitig der Erholung des Organs.

Dieser Wechsel zwischen funktioneller Ruhe und Betätigung der Kapillaren ist in anderer Weise bei der *Niere* deutlich sichtbar (RICHARDS); nämlich hier sieht man bei mäßiger Harnbildung in der freigelegten durchbluteten Niere im Mikroskop eine mäßige Zahl von Glomeruli; von diesen verschwindet aber von Zeit zu Zeit der eine oder andere, und an deren Stelle tauchen neue auf, so daß in einem gewissen Rhythmus bald dieses, bald jenes Harnkanälchen in Funktion treten kann. Dieser rhythmische Wechsel beruht vielleicht darauf, daß, wenn ein Glomerulus eine Weile verschlossen gewesen ist, infolge der damit einsetzenden Asphyxie eine selbsttätige Öffnung zustande kommt, durch die die angehäuften Stoffwechselprodukte weggespült werden und den benachbarten, bis dahin tätigen Glomeruli das Blut entzogen wird.

Wiederum anders stellen sich die *Darmzotten* als Resorptionsorgane auf größere oder geringere Anforderungen ein. Auch in diesem Fall wird dem Herzen außerhalb der Verdauungszeit die über-

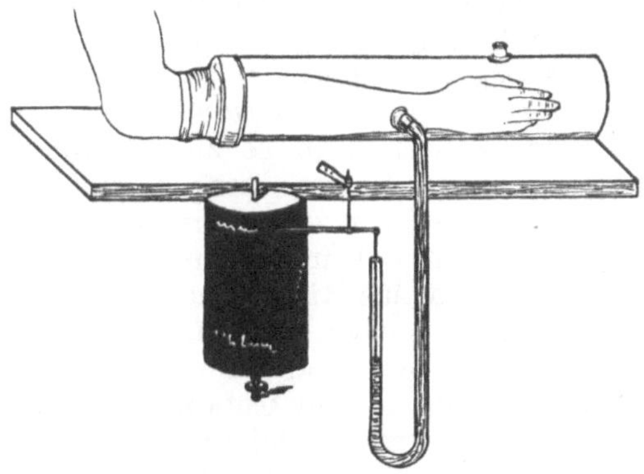
Abb. 74. Armplethysmograph nach A. FICK. Registrierung auf einem Kymographion.

flüssige Belastung durch maximale Durchblutung des engen Kapillarnetzes der Zotten erspart, indem sich die Zirkulation mehr oder weniger auf deren kurze und weite arterio-venöse Randschlinge beschränkt, während man auf der Höhe der Verdauung überall in den Kapillaren der Zotten das Blutzirkulieren sieht (SPANNER).

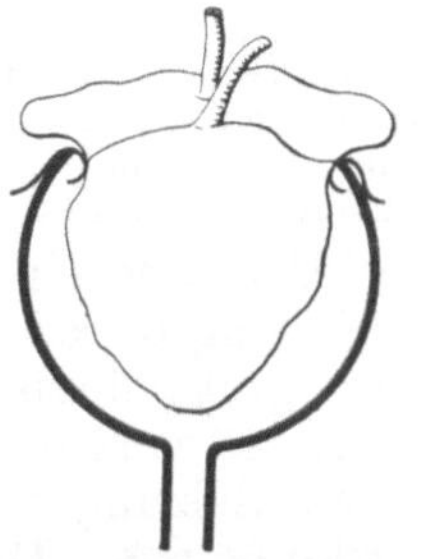

Die besonders wichtige funktionelle Gefäßerweiterung in den arbeitenden Muskeln ist aber oft außer auf die Bildung von Stoffwechselprodukten auch darauf zurückgeführt worden, daß die Innervation der Muskeln Hand in Hand geht mit einer *Mitinnervation von Vasodilatatoren.* Hiergegen wird indessen von FLEISCH folgendes geltend gemacht: wenn man durch elektrische Reizung der Großhirnrinde Muskulatur in Gang setzt, so erweitern sich ihre Gefäße; schaltet man aber zuvor durch Vergiftung mit Kurare die Muskeln vom Nervensystem ab, so daß sie sich auf den Reiz hin nicht mehr kontrahieren (s. Kap. 21), so kommt auch die Dilatation nicht mehr zustande, obwohl sie an sich noch möglich ist, da sie z. B. bei Durchspülung des kurarisierten Muskels mit Säure prompt in die Erscheinung tritt.

Abb. 75. Herzonkometer, bestehend aus einer gläsernen Kapsel, über deren obere Öffnung eine dünne Gummimembran gespannt ist. Durch ein in die Membran eingebranntes Loch stülpt man die Ventrikel ins Kapselinnere.

Methodisch ist für das Studium der Änderung der Blutverteilung auf die verschiedenen Organe in vielen Fällen der *Plethysmograph* ein sehr geeignetes Instrument. Er dient dazu, die Volumänderungen eines Körperteils zu registrieren. Abb. 74 zeigt einen Armplethysmographen nach FICK. In das zylindrische Gefäß wird der Arm hineingesteckt und an seinem Austritt wasserdicht durch Gummi abgedichtet; dann füllt man den Zwischenraum zwischen Zylinderwand und Haut mit Wasser und registriert die Volumänderungen des Armes durch Luftübertragung mittels eines Wassermanometers oder einer MAREYschen Kapsel (s. Abb. 16 S. 34), die an dem in der Abbildung sichtbaren, an der Oberseite des Plethysmographen befindlichen Rohrstutzen angesetzt wird. Im vivisektorischen Experiment kann man auch einzelne freigelegte Organe in kleine, der Form des Organs angepaßte Kapseln hineinlegen (s. Abb. 75); den Zwischenraum füllt man eventuell mit warmem Öl und dichtet am Austritt des Gefäßhilus aus der Kapsel mit Vaselin ab. Einen solchen Apparat, wie ihn Roy zuerst für die Registrierung der Volumschwankungen der Niere bei ihrer Tätigkeit konstruierte, bezeichnet man als *Onkometer.*

Wir kommen nun auf den **arteriellen Blutdruck, seine Konstanz und seine Schwankungen** zurück (s. S. 157). Die relative *Konstanz* des Blutdrucks, wie sie die manometrischen Messungen nachwiesen (s. S. 157), erscheint verständlich als Ausdruck eines dynamischen Gleichgewichts zwischen der Muskelkraft des Herzens, welche das Blut in gleichmäßigem Rhythmus ins Arteriensystem eintreibt und dabei die Arterienwände dehnt, und der elastischen Kraft dieser Wände, welche das Blut in die Kapillaren entgegen deren Widerständen weitertreibt, wobei die Dehnung der Wände zurückgeht. Daraus ergeben sich *zwei Hauptmomente für die Änderungen des arteriellen Blutdrucks, nämlich Änderungen in der Größe des Zuflusses und Änderungen in den Widerständen gegen den Abfluß*; auf beide Weisen muß es zu Veränderungen der Spannung der Arterienwände, also zu Schwankungen des Blutdruckes kommen.

Betrachten wir zuerst einige Blutdruckänderungen durch *Änderungen der Widerstände!* Wir beginnen mit einem sehr starken Eingriff: durchschneidet man das Rückenmark unterhalb der Medulla oblongata, so sinkt der Blutdruck enorm, weil durch Ausschaltung des von dem Vasokonstriktorenzentrum der Medulla oblongata (S. 166) unterhaltenen Gefäßtonus der Widerstand in den Gefäßen des ganzen Körpers sinkt; das Blut kann also aus den Arterien leichter abfließen, und die elastischen Wände der Arterien entspannen sich. Das ist der Hauptgrund, es ist aber nicht der einzige Grund für die Drucksenkung, sondern, da der Tonus auch in den Venen sinkt, so bleibt das Blut in diesen sozusagen liegen, und dem Herzen fließt infolgedessen weniger Blut zu.

Den gleichen Effekt kann man auch durch chemische Mittel erreichen. Wenn man langsam Histamin intravenös injiziert (DALE und LAIDLOW), so sinkt der Blutdruck, obwohl das Herz sich nach wie vor ausgiebig zusammenzieht, allmählich tiefer und tiefer, weil die Kapillarwände mehr und mehr erschlaffen. Dazu kommt allerdings eventuell noch eine Steigerung der Durchlässigkeit der vergifteten Kapillaren, aus denen das Blutplasma in die Gewebe austritt, und wir werden bald (S. 176) sehen, daß eine Verminderung des Blutvolumens ebenfalls eine Blutdrucksenkung herbeiführen kann.

Das Gegenstück zu diesen Experimenten ist die starke Blutdrucksteigerung durch Reizung des Gefäßzentrums, welche entweder elektrisch oder „physiologischer" etwa durch Erstickung, also durch das Mittel der Blutreize vorgenommen werden kann; ferner übt eine Adrenalininjektion durch Reizung der Sympathikusendigungen eine mächtige „pressorische" Wirkung aus. Daher manifestiert sich ein Mangel an Adrenalin, wie er infolge einer Nebennierenerkrankung beim Morbus Addisoni (s. Kap. 14) eintritt, in Niedrigstand des Blutdrucks.

In diesen Beispielen handelt es sich um pressorische oder depressorische Wirkungen dadurch, daß ganz allgemein die Schleusen für das Blut gesenkt oder gezogen werden. Geringere Effekte, wie sie besonders unter physiologischen Umständen vorkommen, ergeben sich bei mehr lokalisierter Widerstandsänderung, etwa bei der Auslösung des *Depressorreflexes* und des *Carotissinusreflexes* (s. S. 148). Wir sahen schon, daß, wenn die „Blutdruckregler" der Aortenwand und des Sinus caroticus durch stärkere Dehnung mechanisch gereizt werden, die Erregung reflektorisch auf den zentrifugalen Vagus und auf den Bauchsympathikus übergeht, so daß das

Herztempo sich verlangsamt und der Venentonus sinkt (s. S. 168). Zu dieser Reaktion gesellen sich aber noch mehrere andere Reflexeffekte hinzu. Nämlich erstens Erweiterung der Arteriolen in den Eingeweiden, Drüsen und Muskeln; dadurch wird ein erheblicher Teil der der Aortenentleerung entgegenstehenden Widerstände weggeräumt, so daß der Blutdruck sinkt (s. Abb. 76). Umgekehrt ruft Abnahme der Dehnung der Aorta oder der Carotis, letztere durch Abklemmen der Carotis communis, Steigen des Blutdrucks unter deutlicher Acceleration des Herzens und unter Konstriktion der genannten Gefäßgebiete hervor. Weiter führt Drucksteigerung in der Carotis momentan zu einer mächtigen reflektorischen Erweiterung der Gefäße der Schilddrüse, die auf die Weise zu einer Blutschleuse wird, durch welche Druckschwankungen oberhalb der A. thyreoidea, die dem Gehirn gefährlich werden könnten, vermieden werden (REIN). Ferner bewirkt Entspannung des Sinus caroticus zwecks besserer Blutversorgung des Herzens nicht bloß Tonussteigerung in den Venen (s. S. 168), sondern auch eine energische Verkleinerung der Milz (HEYMANS). Endlich wird der arterielle Blutdruck mit Hilfe der Pressorezeptoren auch durch reflektorische Beeinflussung der Adrenalinsekretion gesteuert (RICHARDS). Besonders elegant hat all dies HEYMANS auf folgendem Wege demonstriert: bei einem Hund B werden die Nerven des einen Sinus caroticus durchschnitten, der andere Sinus wird zwischen Carotis und Jugularvene eines zweiten Hundes A eingeschaltet, so daß dessen Blut durch den isolierten Sinus B hindurchfließt; die eine Nebennierenvene von B

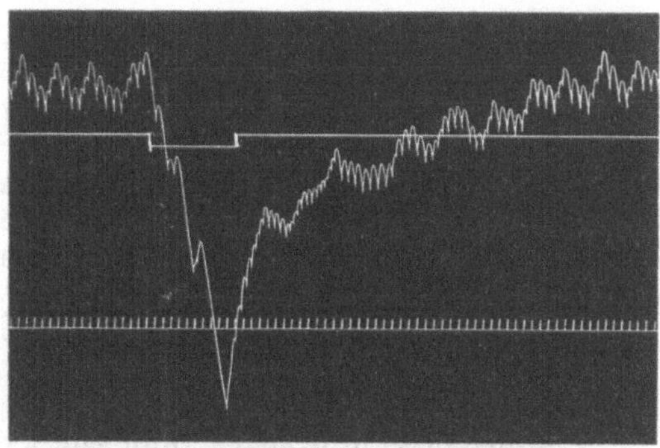

Abb. 76. Registrierung des arteriellen Blutdrucks beim Hund. Die eine Carotis ist abgeklemmt; oberhalb der Klemme wird an der Verzweigungsstelle der Carotis durch kräftigen Zug eine mechanische Reizung des Sinusnerven ausgeübt. Der Blutdruck sinkt infolgedessen steil ab. (Nach KAHN.)

wird sodann mit der Jugularvene eines dritten Hundes C verbunden, dessen Milz in einem Onkometer (S. 172) liegt. Sobald jetzt der arterielle Blutdruck in A (etwa durch Aderlaß) zum Sinken gebracht wird, reagiert B mit Herzacceleration und Adrenalinabscheidung, so daß die Milz von C sich kontrahiert. Auf weitere Wirkungen der Erregung der Pressorezeptoren werden wir später (Kap. 26) noch zu sprechen kommen.

Bei den eben genannten Einflüssen handelt es sich um Widerstandsänderungen in einer ganzen Anzahl von Organen. Betrachten wir schließlich noch den Einfluß, den die *Betätigung eines einzelnen Organs und* die damit verbundene lokale Dilatation auf den *allgemeinen arteriellen Blutdruck* ausübt, so zeigt sich, daß dieser oft verschwindend klein ist. Das Blut wird dann also — zum speziellen Vorteil des arbeitenden Organs — unter dem gleichen Druck wie vorher, nur viel reichlicher, hindurchgetrieben.

Eine Widerstandsänderung besonderer Art kann aus einer Änderung in der Zusammensetzung des Blutes resultieren. Wir sahen, daß der Gefäßwiderstand von der Adhäsion des Blutes an der Gefäßwand, von der inneren Reibung bei der Verschiebung der einzelnen Blutschichten gegeneinander und von der Gegenwart der Blutkörperchen abhängt (s. S. 154 u. 155).

Diese *innere Reibung* oder *Viskosität* kann nun größer oder kleiner werden. Man mißt sie mit dem *Viskosimeter*.

Ein Instrument, das speziell für die Untersuchung des Blutes von W. R. Hess konstruiert ist, ist in Abb. 77 angedeutet; zwei gleiche Rohre a und b und die daran anschließenden gleich langen und gleich weiten Kapillaren werden bis zur Marke 0 mit Wasser bzw. mit Blut gefüllt; dann werden die beiden Flüssigkeiten gleichzeitig mit Hilfe des Gummiballes c in die graduierten Rohre a_1 und b_1 angesogen. Die in gleichen Zeiten von den Flüssigkeiten durchlaufenen Wegstrecken stehen im umgekehrten Verhältnis zur Viskosität; saugt man also das Blut bis zur Marke 1, so gibt die Marke, bis zu welcher das Wasser dann gelangt ist, die relative Viskosität des Blutes an.

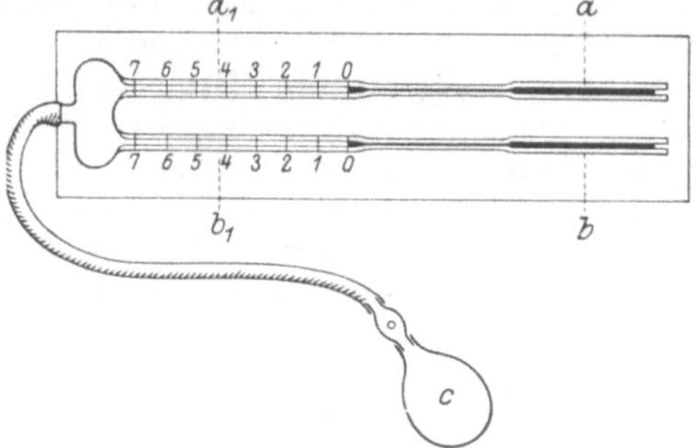

Abb. 77. Viskosimeter nach W. R. Hess.

Die Viskosität hat beim menschlichen Blut ungefähr den Wert 5. Der Wert ist vor allem abhängig vom Blutkörperchenvolumen, d. h. im wesentlichen von der Blutkörperchenzahl; denn die Viskosität des Plasmas beträgt nur 1,8—2. Daher kann der Widerstand in der Gefäßbahn z. B. durch Bluteindickung infolge schwerer Diarrhöen, wie etwa bei der Cholera, oder infolge eines experimentellen Histaminschocks (S. 172) stark vermehrt sein. Die Viskosität sinkt dagegen bei Aderlaß, weil dabei das Blut durch eintretendes Gewebswasser verdünnt wird (s. S. 176).

Gehen wir nun zu den *arteriellen Blutdruckschwankungen durch Änderungen des Blutzuflusses* zum Gefäßsystem über! Dahin gehört vor allem der schon mehrfach erwähnte Einfluß der Änderung des *Herztempos*. Schlägt das Herz langsamer, so wird im allgemeinen weniger Blut in die Arterien geworfen, und die elastischen Elemente der Gefäßwände können sich entspannen; demnach sinkt der Blutdruck. So erzeugt jede nicht zu schwache Vagusreizung, mag sie direkt oder reflektorisch erzeugt werden, eine Blutdrucksenkung, wie sie in Abb. 78 dargestellt ist. Auffallend sind während der Senkung die hohen, mit dem Herzschlag synchronen Pulse; sie rühren teilweise davon her, daß das Herz zwischen den einzelnen Systolen Zeit findet, sich von den Venen her mit reichlich Blut aufzufüllen. Reizt man den Vagus direkt und stark, so bleibt das Herz in Diastole stehen, und der Blutdruck sinkt eventuell bis auf Null ab. Umgekehrt wie die Herabsetzung des Tempos wirkt auf den Druck im allgemeinen die Beschleunigung, wie sie z. B. im Zusammenhang mit einer kräftigen Muskelaktion zustande kommt (S. 149).

In allen diesen Fällen kann die mit der Frequenzänderung gleichzeitig erfolgende Änderung des *Schlagvolumens* (S. 163) den Effekt komplizieren. Im allgemeinen nimmt das Schlagvolumen ab, wenn das Tempo zunimmt. Daher können eventuell die Änderungen des Tempos und des Schlagvolumens einander kompensieren; das Minutenvolumen (S. 163) bleibt dann also ungeändert. Es kann sogar vorkommen, daß die Wirkung des verringerten Schlagvolumens die Temposteigerung überkompensiert; so sinkt der Blutdruck oft prämortal trotz „fliegender Pulse" mehr und mehr. Wenn das Schlagvolumen im allgemeinen bei Frequenzzunahme sinkt, so hat das, wie wir schon sahen, zum Teil seinen einfachen Grund darin, daß bei kürzeren Herzpausen das Herz sich weniger reichlich von den Venen her füllen kann als sonst, so daß ihm auch nur weniger Blut für den Austrieb zur Verfügung steht. Aber auch am leeren ausgeschnittenen Herzen ist zu konstatieren, daß das Kontraktionsausmaß um so geringer ist, je schneller der Schlag; denn Dehnung steigert seine Kraft (S. 150). Wichtig ist, daß es Pharmaka gibt, welche bei geeigneter Dosierung unabhängig von einem Einfluß auf das Tempo die Systole und die Diastole verstärken, also das Schlagvolumen vergrößern; dahin gehören z. B. die für den Arzt so wertvollen Digitalissubstanzen.

Nicht bloß das Schlagvolumen, sondern auch das *Minutenvolumen* kann sehr stark über das gewöhnliche Maß ansteigen (S. 163). Dies ist vor allem bei der Muskelarbeit der Fall. Obwohl hierbei durch Gefäßerweiterung in den Muskeln (S. 170) die peripheren Widerstände geringer werden, sinkt der arterielle Blutdruck keineswegs, er steigt im Gegenteil oft, weil ein vergrößertes Minutenvolumen den vermehrten Abfluß überkompensiert. Denn bei starker Muskelarbeit wird dem Herzen mehr Blut zugeführt als sonst; nämlich die Muskeln pressen das größere in ihnen enthaltene Blutquantum bei jeder Kontraktion aus, die verstärkte Respiration übt eine größere Ansaugung aus, Milz und Leber entleeren ihre Blutspeicher, durch die bei der Muskelarbeit einsetzende Gefäßverengung im Splanchnikusgebiet werden die großen Mengen Blut, die in diesem Gebiet enthalten sind, in die Venen abgeschoben, und endlich kontrahieren sich die Venen unter dem Einfluß der in den Muskeln gebildeten Kohlensäure; denn sie reagieren auf den H-Ionenreiz entgegengesetzt wie die Arterien (FLEISCH). Das größere Blutangebot bewältigt das Herz dann je nachdem entweder mehr durch Steigerung des Schlagvolumens oder mehr durch Steigerung der Frequenz, bei Trainierten mehr durch die erste Maßnahme, bei Untrainierten mehr durch die zweite. Die nebenstehende Tabelle nach BAINBRIDGE gibt ein Beispiel.

Mit den Änderungen im Blutzufluß zum

Einfluß der Übung auf die Herztätigkeit des Arbeitenden.

	ccm O₂ pro Min.	Min.-Volumen in l	Pulszahl	Schlag-Volumen in ccm
Trainiert				
Ruhe . . .	219	3,9	66	59
Arbeit . .	782	9	90	100
Untrainiert				
Ruhe . . .	185	3,6	58	61,5
Arbeit . .	912	9,3	133	70

arteriellen System hängen auch in der Hauptsache die *respiratorischen Blutdruckschwankungen* zusammen, welche auf der Abb. 79 (ebenso wie auf Abb. 76, S. 173) verzeichnet sind. Sie kommen nicht regelmäßig vor, und wenn sie vorkommen, sind sie sehr verschieden deutlich. Beim Hund beobachtet man gewöhnlich inspiratorischen Anstieg und exspiratorischen Abfall des Druckes.

In Betracht kommt dafür in der Hauptsache: 1. daß im Inspirium die Lungenkapillaren weiter sind, als im Exspirium, so daß die Lungen mehr Blut fassen und im Laufe der Inspiration mehr Blut in das linke Herz übertreten lassen, 2. daß inspiratorisch die Herzfrequenz steigt (S. 149), 3. daß während der Inspiration durch den gesteigerten negativen Druck im Thorax (S. 115) mehr Blut ins Herz gesogen wird. Dies Moment kann allerdings ebensowohl als blutdrucksteigernd wie als blutdrucksenkend aufgefaßt werden; denn einerseits wird wohl das Blut durch den negativen Druck im Herzen zurückgehalten, andererseits kommt aber auch die stärkere Füllung des Herzens dem arteriellen Blutdruck zugute. Ein depressorischer Faktor ist auch das inspiratorische Nachlassen des von der Medulla oblongata aus unterhaltenen Gefäßtonus. Nach all dem ist also die respiratorische Druckschwankung ein recht verwickeltes Phänomen.

Man beobachtet außerdem gelegentlich auch periodische Blutdruckschwankungen unabhängig von der Atmung als sogenannte *TRAUBE-HERINGsche Wellen.* Sie erscheinen besonders bei Sauerstoffmangel bzw. bei Kohlensäureüberladung im Blut. Ihre Unabhängigkeit von der Atmung manifestiert sich besonders deutlich, wenn man bei einem Tier den Thorax eröffnet, beide Vagi durchschneidet und die eingeleitete künstliche Atmung dann nur mangelhaft unterhält. Es handelt sich wohl um die Wirkung einer rhythmischen Tätigkeit des Gefäßzentrums, vergleichbar dem autochthonen Rhythmus des Atemzentrums oder vergleichbar dem Rhythmus des CHEYNE-STOKESschen

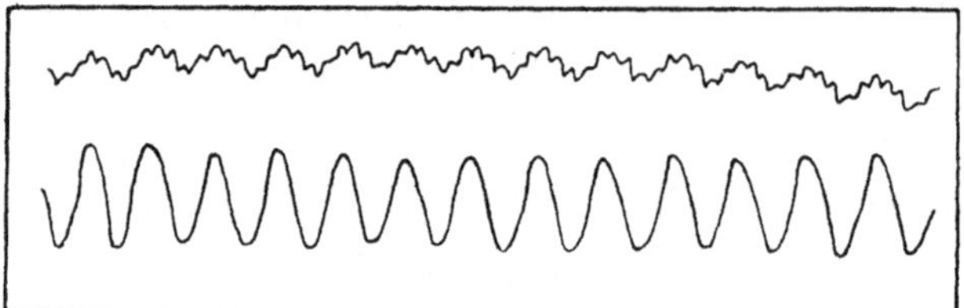

Abb. 79. Respiratorische Blutdruckschwankungen beim Kaninchen.
Oben Blutdruck, unten Atmung.

Atmens, das ja unter ähnlichen Bedingungen auftritt wie die TRAUBE-HERINGschen Wellen (s. S. 126). Aber auch die ausgeschnittenen Blutgefäße zeigen bei Körpertemperatur rhythmische Zusammenziehungen.

Änderungen sowohl im Blutzufluß zu den Arterien wie in den Widerständen sind auch bei den Beobachtungen über den *Einfluß der Blutmenge auf den Blutdruck* in Frage zu ziehen. Schwankungen der Blutmenge kommen unter zweierlei wichtigen Verhältnissen in Betracht, bei Blutverlusten infolge einer Verletzung und bei Transfusionen, also intravenösen Einläufen, welche, besonders klinisch, aus verschiedenen Gründen gemacht werden. In beiden Fällen könnte man eine bedeutende Druckänderung, einen Druckanstieg bei Transfusion, einen Abfall bei einer Verblutung erwarten; beides ist nicht der Fall. Sucht man nämlich die Blutmenge durch Transfusion zu vermehren, so wird das Gefäßsystem alsbald von einem großen Teil des Flüssigkeitsüberschusses wieder befreit, teils durch Aufnahme in die Gewebe, teils durch Übertritt in die serösen Höhlen und teils durch die Tätigkeit der Nieren und anderer Drüsen; ferner verringert sich der Gefäßtonus besonders in dem viel Flüssigkeit fassenden Gebiet der Bauchorgane, und da schließlich auch bei manchen Transfusionen, z. B. von physiologischer Kochsalzlösung, die Viskosität des Blutes sinkt, so kommt es nur vorübergehend zu einem Druckanstieg. Tritt andererseits ein großer Blutverlust ein, so hält sich der Druck lange Zeit dadurch auf seiner normalen Höhe, daß erstens Gewebswasser in die Blutbahn eindringt, daß zweitens alle Sekretionen eingeschränkt werden, und daß endlich der Gefäßtonus, besonders im Splanchnikusgebiet, zunimmt. Erst, wenn mehr als die Hälfte Blut verlorengegangen ist, tritt unter rapidem Druckabfall der Tod ein.

Will man dieser Gefahr klinisch durch eine rasche Transfusion begegnen, so läßt sich der Blutdruck weit leichter hochhalten, wenn man statt einer physiologischen Salzlösung eine Salzlösung mit einem Zusatz von etwa 7 % Gummi arabicum verwendet (BAYLISS); dadurch wird der allzu rasche Übertritt der Salzlösung in die Gewebe und in den Harn verhindert. Für Gummi ist nämlich, wie für die Serumeiweißkörper, die Kapillarwand wenig durchlässig (s. Kap. 16); diese üben nach STARLING einen osmotischen Druck von etwa 25—30 mm Hg aus. Der Blutdruck in den Kapillaren ist aber nicht größer als dieser osmotische Druck (s. S. 161). Transfundiert man dagegen eine physiologische Salzlösung, so wird dadurch, d. h. durch die Verdünnung des Plasmas, der von den Eiweißkörpern ausgeübte osmotische Druck erniedrigt, und dementsprechend kann Flüssigkeit die Blutbahn verlassen. Dies geschieht nicht, wenn man durch die Mitinjektion von Gummi oder einer anderen kolloidalen Substanz, für die die Kapillarwand mehr oder weniger impermeabel ist, das Eiweiß als osmotisch wirksamen Stoff ersetzt.

Wenn nun der Blutdruck von den Arterien über die Kapillaren zu den Venen hin gegen Null absinkt, so erhebt sich die Frage, wie die **Füllung des Herzens von den Venen aus** zustande kommt. Diese Frage ist zum Teil bereits mit dem Nachweis beantwortet, daß in der Nähe des Thorax der Blutdruck in den Venen negativ wird. *Die elastisch gespannten Lungen üben* hier ihre *Saugkraft aus* (S. 115). Daher nimmt die Negativität des Druckes in den Venen inspiratorisch zu und exspiratorisch ab; darum vergrößert sich der Röntgenschatten des Herzens deutlich bei einer tiefen Inspiration und verkleinert sich bei einer tiefen Exspiration. Exspiriert man aber besonders kräftig bei geschlossener Glottis unter Zuhilfenahme der Bauchpresse, dann steigt der Venendruck auf positive Werte, das Blut in den Venen staut sich, es steigt auch der Kapillardruck (s. dazu den VALSALVAschen Versuch S. 116). So kann es kommen, daß bei heftiger Ausübung der Bauchpresse brüchige Gefäße bersten; deshalb wird beim Arteriosklerotiker vom Arzt die Neigung zu Obstipationen bekämpft.

Dem Transport des Venenblutes ins Herz ist aber auch das Vorhandensein und die Anordnung der *Venenklappen* förderlich. Jeder Druck von außen auf eine Vene entleert diese herzwärts, da die Klappen die Strömung in der Gegenrichtung verhindern. Solch einen Druck übt fast jeder Skelettmuskel bei seiner Kontraktion aus, und daher unterstützen Körperbewegungen jeder Art, zumal systematische, rhythmisch ausgeführte Freiübungen die Blutzirkulation. Auch das instinktive Dehnen und Recken des Körpers morgens und nach längerem Sitzen regt den Kreislauf an, da die Venen bei der Streckung des Körpers, der Beine und der Arme mehr Blut fassen als bei gebeugter Haltung. Speziell das Gehen wirkt auch dadurch anregend auf die Blutbewegung in den Venen, daß bei jeder Streckung des Oberschenkels die Vena femoralis unter dem Ligamentum inguinale sich leert und bei jeder Beugung sich von neuem füllt; so pumpt das Gehen das Venenblut aus den Beinen nach oben (BRAUNE).

Der Füllung des Herzens wirkt bei den häufigsten Körperhaltungen die *Schwerkraft* entgegen. Bestände das Gefäßsystem aus starren Röhren, so wäre sie freilich ohne Belang, weil Arterien und Venen kommunizierende Röhren bilden, bei denen der Inhalt des einen Schenkels den des anderen äquilibriert. Aber da es sich um Röhren mit dehnbaren Wandungen handelt, so wird der hydrostatische Druck in den tiefstgelegenen Teilen, z. B. in den herabhängenden Füßen und Händen die Gefäße auszuweiten suchen, wie etwa bei einem Gummischlauch, welchen man mit Quecksilber füllt. Sind die Gefäßwände also allzu nachgiebig, so kommt es zur Bildung von „Krampfadern" und zu relativer Stagnation des Blutes. Die Resistenz der Gefäße gegen dehnende Einwirkungen ist aber wesentlich von zwei Faktoren bestimmt, erstens von ihrer Elastizität und zweitens von der Höhe ihres Muskeltonus. Letztere ist zum Teil anatomisch bedingt; denn die den hydrostatischen Einflüssen am meisten exponierten Venen der unteren Extremitäten sind durch eine besonders gute Muskulatur ausgezeichnet. Aber außerdem ist der Muskeltonus auch von der Gewohnheit und von der Übung abhängig. Das Kaninchen, das seiner normalen Hockstellung entsprechend ganz bestimmte Gefäßgebiete in Tonus hält, stirbt, wenn man es eine Zeitlang gestreckt mit dem Kopf nach oben hält, weil das Blut sich in den unteren Körperteilen ansammelt, an deren Tonisierung es nicht gewöhnt ist, und aus dem Kopf abfließt; Kranke, die lange bettlägerig waren, werden ohnmächtig, wenn sie sich aufrichten, weil der Tonus der tiefliegenden Teile sich nicht gleich wiederherstellt; Turner, welche geübt sind, ihren Körper alle möglichen Haltungen einnehmen zu lassen, haben zugleich so viel „Gymnastik der Gefäßmuskulatur" getrieben, daß ihnen das Blut auch nicht zu Kopf steigt, wenn dieser nach unten hängt, während untrainierte Menschen nicht selten bei längerem Stehen durch eine gewisse Gehirnanämie müde werden und an Gedächtniskraft einbüßen, sich dagegen in liegender Haltung besonders frisch und arbeitsfähig fühlen.

11. Kapitel

Der Stoffwechsel in den Organen.

Assimilation und Dissimilation 179. Der Stoffwechsel der Fette 180. Der Stoffwechsel der Eiweißkörper 186. Harnstoff und Kreatinin 193. Der Stoffwechsel der Kohlehydrate 194. Tierische Verbrennung und Oxydoreduktion 200. Der Purinstoffwechsel 203. Die Lipoide 206. Die Vitamine 207.

Blicken wir von dem bis hierher erreichten Standpunkt der Erfahrungen auf das zurück, was auseinandergesetzt wurde, um den Weg zu erkennen, dem wir naturgemäß weiter zu folgen haben. Wir erinnern uns des bekannten Vergleichs des Menschen mit einer Maschine, welcher Brennmaterial und Sauerstoff zugeführt werden muß, damit sie arbeitsfähig ist. Dieser Vergleich führte uns an den Ausgangspunkt der Darstellung, die Beschreibung des Nahrungsimports und der Verdauung. Wir verfolgten die Umwandlung der Nahrung im Intestinaltrakt, bis sie zur Resorption gelangt, wir sahen sie sodann ins Blut übertreten und lernten die übrigen Blutbestandteile, denen sie sich beimischt, kennen. Im Blut fanden wir auch den Sauerstoff und erfuhren, wie er durch den Atmungsprozeß herangeschafft wird, und schließlich beschäftigte uns die Frage, auf welche Weise das Blut, also mit ihm Nahrung und Sauerstoff, durch den ganzen Körper, durch alle Organe hindurchgetrieben wird. So ergibt sich die nächste Aufgabe von selbst, nämlich klarzulegen, wie sich nun die Organe der Nahrungsstoffe bemächtigen, und in welcher Weise sie sie ausnützen, um ihre speziellen Leistungen zu vollziehen.

Zeichnen wir im voraus ein Bild von dem, was die Lösung dieser Aufgabe bedeutet! Wir werden erst jetzt einen Einblick in den großartigen und differenzierten chemischen Betrieb der Organismen gewinnen und dabei sehen, daß die chemischen Vorgänge bei der Verdauung nur ein kleines Vorspiel waren. Der Stoffwechsel der Organe umfaßt einerseits die Einlagerung der Nahrungsstoffe bzw. ihrer bei der Verdauung entstandenen Abkömmlinge in die Zellen in einer Form, welche der Eigenart der Organe und ihrer Leistungen entspricht; man bezeichnet diesen Vorgang als „*Assimilation*" und will damit zum Ausdruck bringen, daß die Nahrungsstoffe nicht bloß aus den zahlreichen Blutbestandteilen, mit denen sie kreisen, heraussortiert und dann zu weiterer Verwendung aufgespeichert werden, sondern daß — wenigstens sehr häufig — dazu noch eine chemische Umwandlung vollzogen wird, durch welche die Stoffe dem schon vorhandenen spezifischen Bestand der einzelnen Zellen „angeähnelt" werden. Diese Umwandlung bedeutet meist eine Synthese zu größeren Molekülen. Die Kehrseite dieser Prozesse ist die „*Dissimilation*", der Abbau zu unspezifischen Produkten, ähnlich wie bei der Verdauung, nur tiefergreifend. Und indem wir weiter deren Sinn ins Auge fassen, den wir wenigstens im Hinblick auf die wichtigsten Organleistungen des Körpers in der Überführung chemischer

Energie in mechanische und osmotische Arbeit und in Wärme erblicken können, erhebt sich zugleich die unendlich wichtige Frage nach dem Zusammenhang von Nahrungszufuhr und Leistungsfähigkeit. Wir werden damit vor eine der wichtigsten praktischen Aufgaben gestellt, deren grenzenlose Bedeutung unserem Volk in den Kriegs- und Nachkriegsjahren den Wert physiologischer Forschung so nah vor Augen gerückt hat wie nie zuvor. Die quantitativen Untersuchungen des Stoffwechsels werden uns demgemäß die Grundlage der Ernährungslehre zu liefern haben, in welcher der Physiologe die Gesetze diktiert, nach denen die Volkswirtschaft im eigentlichsten Sinne des Wortes zu verfahren hat. In diesem Kapitel soll aber vorerst nur rein qualitativ der Stoffwechsel der einzelnen Nahrungsstoffe erörtert werden. Wir werden uns dabei außer mit den drei Hauptkategorien der Eiweißkörper, Kohlehydrate und Fette noch mit den Nukleoproteiden, den Lipoiden und den Vitaminen beschäftigen. Wir beginnen mit dem Stoffwechsel der Fette.

Die **Fette** der Nahrung sind teils tierische Fette, teils Pflanzenöle. Wir begegneten den Fetten zuletzt im Blutplasma (s. S. 82), nachdem wir sie auf ihrem Weg durch das Zottenepithel und durch die Chylusgefäße des Dünndarms begleitet hatten. Nach einer sehr fettreichen Mahlzeit kann das Fett im Blutplasma in feinen und feinsten Tröpfchen in solchen Mengen suspendiert sein, daß das Serum milchig aussieht. Aus diesem Fettvorrat des Blutes schöpfen nun die Organe. Das Fett wird dabei zum Teil für späteren Bedarf in den typischen Depotorten abgelagert, also in der Unterhaut (Panniculus adiposus), der Bauchhöhle, dem Mesenterium und dem Netz, zum Teil aber wohl zu unmittelbarer Verwendung als Zellfett ins Parenchym der Organe, in Leber, Herzmuskel, Niere u. a. aufgenommen.

Betrachten wir zuerst das *Depotfett*. Es entstammt offenbar direkt, d. h. ohne weitere chemische Umwandlung, dem Nahrungsfett. Dies ist so gezeigt, daß man ein Fett verfütterte, das den Glyzerinester einer fremden Fettsäure enthält. Verfüttert man z. B. Rüböl an Hunde, so findet man die darin enthaltene Erucasäure im Unterhautbindegewebe wieder; verabreicht man das jodhaltige Jodipin, so erscheint es nach einiger Zeit im Sekret der Milchdrüse; im Unterhautbindegewebe des Duallah-Negers läßt sich das Fett seiner Nahrung, das Palmöl, nachweisen. Man könnte meinen, daß dies Ernährungseffekte sind, welche für den Haushalt des Körpers gleichgültig sind. Aber LEUBE hat einen mageren Hund überreichlich mit Butter gefüttert, dann die Bauchhöhle geöffnet, dem Hund etwas von dem dort abgelagerten Fett entnommen und festgestellt, daß das Fett mit seinem niedrigen Schmelzpunkt eher der Butter als gewöhnlichem Hundefett entspricht; darauf schloß er wieder die Bauchhöhle, ließ den Hund nun eine Weile hungern und überzeugte sich danach, daß der Hund das abgelagerte Fett zur Deckung seines Bedarfs verbraucht hatte. Daraus ergibt sich, daß das in großer Menge verabreichte und eingelagerte Depotfett auch wirklich Verwendung finden kann.

Nun scheint es aber doch, als ob jede Tierart — wenigstens in gewisser Beziehung — im Besitz eines arteigenen (s. S. 78) Fettes ist. Der Hammeltalg ist ein hartes Fett von hohem Schmelzpunkt, Schweinefett ist weicher, und Gänseschmalz schmilzt schon bei höherer Zimmertemperatur. Dies liegt daran, daß von den drei Triglyzeriden, welche hauptsächlich im tierischen Fett enthalten sind, dem Tristearin, dem Tripalmitin und dem Triolein, die ersten beiden bei etwa 70°, das Triolein schon unterhalb 0° schmelzen, und daß der prozentische Anteil der drei Glyzeride in den verschiedenen Fetten sehr verschieden ist. Das Triolein als Fett einer ungesättigten Fettsäure läßt sich speziell auch so im Gemisch identifizieren und quantitativ bemessen, daß man die sog. *Jodzahl* bestimmt. Diese gibt an, wieviel Jod eine bestimmte Menge Fett in alkoholischer Lösung anzulagern vermag, wobei 2 Atome Jod am Ort der Doppelbindung der ungesättigten Säure gebunden werden. Nach Schmelzpunkt und Jodzahl hat also das Fett artspezifischen Charakter, aber nicht im chemischen, sondern im physikalischen Sinn, durch die Art seiner Mischung. Wenn wir nun das Depotfett als thesauriertes Nahrungsfett aufzufassen haben, so muß die „Artspezifität" offenbar so erklärt werden, daß jede Tierart dasjenige Fett besitzt, das seiner natürlichen selbstgewählten Nahrung entspricht (ROSENFELD).

Daß aber auch noch ganz andere Momente bei der Fettablagerung in Betracht gezogen werden müssen, darauf weist weiter die Tatsache hin, daß das Fett in den einzelnen Depots eines und desselben Tieres verschieden zusammengesetzt ist; das Fett im Unterhautbindegewebe ist gewöhnlich weicher als das der inneren Organe, die Milchdrüse arbeitet als Butterfett ein besonders weiches Fett heraus. Ferner ist leicht zu zeigen, daß das Fett des Körpers auch noch einen ganz anderen Ursprung hat als im Fett der Nahrung.

Damit kommen wir auf eine in theoretischer und praktischer Hinsicht gleich wichtige Frage zu sprechen, nämlich die Frage nach der *Überführbarkeit der einzelnen Nahrungsstoffe ineinander*, hier speziell die Frage nach der Bildung von Fett aus Nahrungskohlehydrat und aus Nahrungseiweiß. Diese Frage ist nicht bloß vom rein chemischen Standpunkt überaus interessant, nicht bloß vom Standpunkt der physiologischen Chemie, weil uns durch ihr Studium die merkwürdigen und weitgehenden synthetischen Fähigkeiten des tierischen Körpers enthüllt werden, sondern in Zeiten stark eingeengter Nahrungszufuhr und Nahrungsauswahl, wie in den Kriegszeiten, auch als praktisch-hygienisches Problem, ob ein in der Ernährung ausfallender Nahrungsbestandteil durch einen anderen einigermaßen vertreten oder vollwertig ersetzt werden kann. Die Physiologie hat sich mit dieser Frage seit langem befaßt und für das Fett dahin beantwortet, daß es sicherlich direkt durch Kohlehydrat und indirekt jedenfalls durch Eiweiß vertreten werden kann.

Für *die Bildung von Fett aus Kohlehydrat* könnte zunächst u. a. das landläufige Rezept angeführt werden, daß, wer nicht fett werden will, sich vor einem Übermaß an Mehlspeisen hüten soll. Experimentell ist die Umwandlung u. a. von SOXHLET bewiesen worden, welcher am wachsenden Schwein mit reiner Reisnahrung, also bei Zufuhr von wenig Eiweiß und fast keinem Fett einen starken Fettansatz erzeugte. Vergleicht man die Konstitutionsformeln der Fette und der Kohlehydrate miteinander, so sieht man, daß diese chemische Überführung offenbar eine starke Reduktion, eine starke Entbindung von Sauerstoff aus dem Kohlehydrat-Molekül bedeutet. Das wird auch direkt kenntlich, wenn man während der Fettmästung mit Kohlehydrat den respiratorischen Gaswechsel verfolgt. Der Vergleich der Inspirations- und der Exspirationsluft lehrt, daß für gewöhnlich bei der Atmung ein größeres Volumen Sauerstoff aus der Luft verschwindet, als Kohlensäure dafür erscheint; das ist z. B. auch aus früheren Angaben (S. 107) zu ersehen. Das Verhältnis des Volumens der gebildeten Kohlensäure zum Volumen des verschwundenen Sauerstoffs, der sogenannte *respiratorische Quotient*, beträgt nun bei gemischter Kost im Mittel 0,8; während der Umwandlung von Kohlehydrat in Fett bei starker Kohlehydratzufuhr steigt der respiratorische Quotient aber eventuell auf über 1. Das ist folgendermaßen zu erklären: würde zu einer Zeit im Körper ausschließlich Kohlehydrat, z. B. $C_6 H_{12} O_6$, verbrannt, so würde Sauerstoff nur zur Oxydation des Kohlenstoffs im Zuckermolekül verwendet werden; denn das intramolekuläre Verhältnis von Wasserstoff und Sauerstoff entspricht schon der vollständigen Oxydation des Wasserstoffs; in diesem Falle muß also der respiratorische Quotient 1 betragen, da auf 1 Molekül verbrauchten Sauerstoffs 1 Molekül Kohlendioxyd gebildet wird, und da nach der AVOGADROschen Regel gleichen Molekülzahlen gleiche Volumina (bei gleichem Druck und gleicher Temperatur) entsprechen. Eiweiß und Fett enthalten relativ sehr viel weniger Sauerstoff; daher muß bei ihrer Verbrennung sowohl für die Oxydation des Kohlenstoffs zu Kohlendioxyd als auch für die Oxydation des Wasserstoffs zu Wasser Sauerstoff aufgenommen werden, und es ist zu berechnen, daß der respiratorische Quotient bei der alleinigen Verbrennung von Fett ungefähr 0,7, bei der von Eiweiß ungefähr 0,8 betragen muß. Man kann danach den *respiratorischen Quotienten* auch so definieren: er ist *das Verhältnis des zur Oxydation des Kohlenstoffs verbrauchten Sauerstoffs zum gesamten verbrauchten Sauerstoff* (TANGL). Wenn nun bei der Fettmast mit Kohlehydrat der respiratorische Quotient den auffallenden Wert von 1,2—1,3 erreicht, wie z. B., wenn man Gänse mit Mehlklößen „stopft" (BLEIBTREU), so beruht das offenbar darauf, daß bei der Überführung von Kohlehydrat in Fett Sauerstoff disponibel wird und dementsprechend weniger Sauerstoff von außen aufgenommen zu werden braucht. So vermag also — wie wir das auch später erfahren werden — der respiratorische Quotient einigermaßen Aufschluß darüber zu geben, welches Heizmaterial jeweils bei den materiell und örtlich so komplizierten Verbrennungen im Körperinnern präponderiert.

Wie die Synthese von Fett aus Kohlehydrat chemisch verläuft, ist noch in mancher Hinsicht unklar. Zunächst wird das Kohlehydrat anscheinend als Glykogen an den Depotorten abgelagert (WERTHEIMER). Der Weg, auf dem dann weiterhin die höheren Fettsäuren entstehen, kann nur indirekt aus dem Fettsäureabbau erschlossen werden; davon wird nachher die Rede sein. Das Glyzerin bildet sich aus den Kohlehydraten vielleicht über den *Glyzerinaldehyd* (EMBDEN):

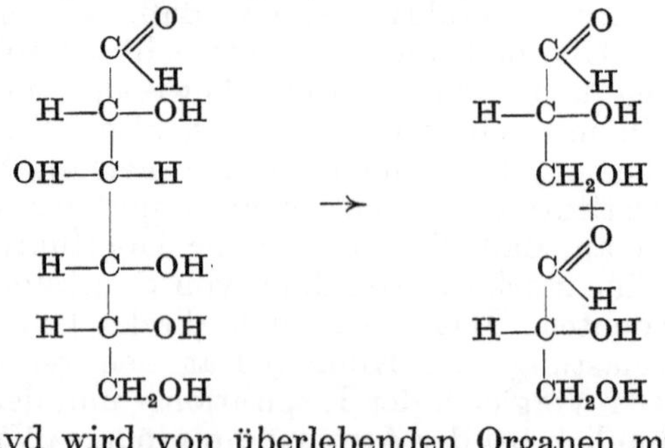

$$
\begin{array}{ccc}
\begin{array}{c}
\quad\; O \\
\;\; C \diagup \\
\;\; | \;\;\diagdown H \\
H{-}C{-}OH \\
| \\
OH{-}C{-}H \\
| \\
H{-}C{-}OH \\
| \\
H{-}C{-}OH \\
| \\
CH_2OH
\end{array}
& \longrightarrow &
\begin{array}{c}
\quad\; O \\
\;\; C \diagup \\
\;\; | \;\;\diagdown H \\
H{-}C{-}OH \\
| \\
CH_2OH \\
+ \\
\quad\; O \\
\;\; C \diagup \\
\;\; | \;\;\diagdown H \\
H{-}C{-}OH \\
| \\
CH_2OH
\end{array}
\end{array}
$$

Der Glyzerinaldehyd wird von überlebenden Organen mit Leichtigkeit in Glyzerin umgewandelt. Das Produkt der Fettsynthese aus Kohlehydrat ist ein relativ hartes Fett.

Unsicher ist heute noch die *Bildung von Fett aus Eiweiß*, obwohl gerade diese früher als die sicherste Quelle des Körperfetts galt. Man führte dafür eine Anzahl von Beobachtungen an, welche, wenn auch ihre Deutung heute als irrtümlich erkannt ist, an sich noch von großem Interesse sind. Besonders evident schien die Bildung bei der von VIRCHOW sogenannten *fettigen Degeneration* erwiesen; wenn nämlich die Zellen, z. B. in der Leber, infolge von chronischem Mißbrauch von Alkohol, von chronischer Vergiftung mit Phosphor oder Arsen oder bei chronischer Tuberkulose allmählich zugrunde gehen, so sieht man in ihnen mehr und mehr Fetttröpfchen auftreten, welche direkt aus dem Zerfall des Protoplasmas hervorzugehen scheinen. Aber heute weiß man, daß dies Fett zum großen Teil von außen durch das Blut in das degenerierende Organ eingeschwemmt wird. ROSENFELD hat z. B. einen Hund reichlich mit Hammelfett gefüttert; dies Fett lagert sich alsdann in der Hauptsache im Unterhautzellgewebe ab, das Fett der Leber dagegen bleibt nach wie vor „Hundefett"; wird dann der Hund mit Phosphor vergiftet, so verfällt die Leber der fettigen Degeneration. Aber das dort erscheinende Fett ist, nach seinem relativ hohen Schmelzpunkt und seiner relativ niedrigen Jodzahl zu urteilen, wesentlich Hammelfett, also transportiertes Fett. Teilweise ist das in den degenerierenden Zellen erscheinende Fett freilich auch autochthon; teils befand es sich dort ursprünglich in ultramikroskopischer Aufteilung und fließt nun beim Untergang des Protoplasmas zu größeren Tropfen zusammen, teils stammt es aus dem Zerfall von Phosphatiden, insbesondere von Lezithin (s. S. 206).

Ein anderes Beispiel fälschlicher Argumentierung für die Bildung von Fett aus Eiweiß ist die *Entstehung des sogenannten Leichenwachses*. Wenn Muskeln oder andere Organe längere Zeit im Wasser oder im feuchten Erdreich liegen, so wandeln sie sich unter Schwund des Eiweißes in eine weißliche teigige Masse um, welche hauptsächlich aus freien Fettsäuren und aus Kalk- und Magnesiaseifen besteht. Indessen, wenn hier auch die Herkunft der Fettkomponente aus Eiweiß höchst wahrscheinlich ist, so ist deren Bildung doch auf die Anwesenheit von Bakterien zurückzuführen; denn bei steriler Aufbewahrung bleibt die Leichenwachsbildung, überhaupt die Zunahme der Fettsäuren aus (FR. KRAUS). Aber was die Bakterien an chemischen Synthesen zustande bringen, braucht deshalb noch nicht im Tätigkeitsbereich auch der höheren Tiere zu liegen.

Auch alle übrigen Versuche, namentlich zahlreiche Fütterungsversuche an Hunden, haben die Frage nicht zur Entscheidung zu bringen vermocht (PFLÜGER). Wenigstens mit einer indirekten Entstehung von Fett aus Eiweiß darf man aber deshalb rechnen, weil, wie wir bald sehen werden, die Bildung von Kohlehydrat aus Eiweiß nicht in Abrede gestellt werden, das Kohlehydrat sich also sekundär in Fett verwandeln kann. Daß aber dieser Weg der Fettbildung oft und reichlich beschritten wird, ist nicht wahrscheinlich.

In den Versuchen über die fettige Degeneration hat sich ergeben, daß man zwischen dem Transportfett und dem autochthonen Leberfett unterscheiden muß. Ganz allgemein begegnet man der Tatsache, daß das *Zellfett* zum Unterschied vom Depotfett durch niedrigen Schmelzpunkt und hohe Jodzahl ausgezeichnet ist. Dies wird vielfach darauf zurückgeführt, daß das Nahrungsfett bei seiner Einlagerung zu unmittelbarem Verbrauch in den Zellen eine Umwandlung durchmacht, die gesättigten Fettsäuren werden zu ungesättigten dehydriert, und es findet eine Anlagerung von Phosphorsäure bzw. Glyzerinphosphorsäure statt; es bilden sich also *Phosphatide* (S. 206), die einen erheblichen Anteil der Zellfette ausmachen. In der ungesättigten Form, als Ölsäure ($C_{18}H_{34}O_2$), als Linolsäure ($C_{18}H_{32}O_2$) oder als Linolensäure ($C_{18}H_{30}O_2$) sind die Fettsäuren aber leichter angreifbar, zudem als Phosphatide wasserlöslich und auch dadurch reaktionsbereiter. Die Umwandlung und Koppelung mit Phosphorsäure vollzieht sich anscheinend zum Teil schon in den Blutkörperchen, so daß die Fettsäuren den Organen bereits als Phosphatide zugeführt werden.

Betrachten wir nun die Kehrseite des Fettstoffwechsels, den *Abbau der Fette*. Er geht, wie jeder Abbau komplizierter Stoffe in unserem Körper, stufenweise vor sich. Die erste Etappe ist dabei wohl immer die *hydrolytische Spaltung* in Fettsäuren und Glyzerin; denn Lipase (s. S. 27 u. 45) findet sich überall, schon weil das Blut eine Lipase enthält; speziell auch im Fettgewebe kommt reichlich Lipase vor. Dennoch ist es nicht wahrscheinlich, daß sich hier ein tieferer Abbau vollzieht; denn zu Zeiten gesteigerten Bedarfs, wie im Hunger oder bei der Abmagerung der Zuckerkranken, wenn in der Leber das Glykogen schwindet, trifft man im Blut reichlich mobilisiertes Fett, das sich auf der Auswanderung aus den Fettdepots befindet (Hungerlipämie, diabetische Lipämie).

Es ist nun von großer Bedeutung, daß sich eine Abhängigkeit dieser Auswanderung vom Zentralnervensystem feststellen läßt. Wir lernen damit an einem ersten Beispiel kennen, daß mit Hilfe nervöser Impulse chemische Reserven des Körpers mobilisiert werden können, um mit dem Blutstrom an Stätten des Verbrauchs geschwemmt zu werden. Die nervösen Impulse sind im allgemeinen nicht die einzigen, die für solche Zwecke zur Verfügung stehen; die Produkte der Drüsen mit innerer Sekretion stellen, wie wir (Kap. 14) sehen werden, ein zweites wichtiges Hilfsmittel dar; gerade auch der Fettstoffwechsel ist diesen Drüsen, z. B. der Schilddrüse, der Hypophyse, den Keimdrüsen deutlich unterstellt. Dabei dienen die nervösen Impulse im allgemeinen mehr für Fälle akuten Bedarfs, die inkretorischen dagegen für dauerhaftere Bereitstellungen. Aber auch je nach der chemischen Natur der Reserven ist das Tempo, mit dem sie disponibel gemacht werden, charakteristisch verschieden; Fett gehört, im Vergleich zu Kohlehydrat, zufolge seiner Wasserunlöslichkeit zu den relativ stabilen Vorratsstoffen, es ist in ausgesprochenerem Maß Depotmaterial als Kohlehydrat.

Die Abhängigkeit der Fettmobilisierung vom Zentralnervensystem erkennt man sehr deutlich, wenn man ein gut genährtes Tier plötzlich in Hunger versetzt. Normalerweise tritt dann eine starke Lipämie ein, so daß der Fettgehalt des Blutes von 0,3—0,8 % eventuell bis auf 10 % steigt. Das auf der Wanderung befindliche Fett wird dann von der Leber abgefangen und von hier aus dem tiefgehenden Abbau preisgegeben. Durchschneidet man nun zuvor das Rückenmark oberhalb des 7. Brustwirbels (WERTHEIMER), dann kommt es bei Einsetzen des Hungerzustandes weder zu Lipämie noch zur Bildung einer Fettleber. Macht man aber die Durchschneidung erst, nachdem das Fett bereits aus den großen Depots in die Leber eingeschwemmt ist, so zeigt sich, daß es nun aus der Leber viel rascher verschwindet als sonst. Wie die Verhältnisse, deren Erforschung erst begonnen hat, auch zu deuten sein mögen, jedenfalls kommt der Einfluß des Zentralnervensystems, der wahrscheinlich von einem großen an der Gehirnbasis gelegenen Stoffwechselzentrum ausgeht (s. Kap. 14, 15 u. 26), aufs deutlichste zum Ausdruck.

Nachdem die Fette dann durch die Organlipasen hydrolysiert worden sind, vollzieht sich der *Abbau der freien Fettsäuren*. Von den ungesättigten Säuren ist anzunehmen, daß ihre C-Ketten am Ort der Doppelbindung am ersten auseinanderbrechen; doch ist hierüber noch wenig bekannt.

Die gesättigten Säuren werden wahrscheinlich nach einem von KNOOP aufgestellten Schema desmolysiert (S. 19), nämlich durch sukzessive β-Oxydation:

$$R \cdot CH_2 \cdot CH_2 \cdot COOH \rightarrow R \cdot CH(OH) \cdot CH_2 \cdot COOH$$
$$\rightarrow R \cdot CO \cdot CH_2 \cdot COOH \rightarrow R \cdot COOH + CH_3 \cdot CHO.$$

Die Oxydation setzt also in dem in β-Stellung zur Karboxylgruppe stehenden C-Atom an, aus der β-Oxysäure entsteht die β-Ketosäure, und dann verkürzt sich die Kette um 2 C-Atome unter Bildung von *Azetaldehyd*.

Die Beweisführung von KNOOP ist folgende: verfüttert man an ein Tier Benzoesäure, Phenylpropionsäure oder Phenylvaleriansäure, so erscheint im Harn jedesmal Benzoesäure oder vielmehr Benzoesäure, mit Glykokoll zu Hippursäure $C_6C_5 \cdot CO\!-\!NH \cdot CH_2 \cdot COOH$ gekoppelt; verfüttert man aber Phenylessigsäure oder Phenylbuttersäure, so erscheint jedesmal Phenylessigsäure, mit Glykokoll zu Phenazetursäure $C_6H_5 \cdot CH_2 \cdot CO\!-\!NH \cdot CH_2 \cdot COOH$ gekoppelt. Dies ist so zu erklären, daß die C-Kette immer zwischen dem α- und β-C-Atom abreißt und so Stück für Stück verkürzt wird:

$$C_6H_5 \cdot CH_2 \cdot CH_2 \cdot CH_2 | CH_2 \cdot COOH \rightarrow C_6H_5 \cdot CH_2 | CH_2 \cdot COOH \rightarrow C_6H_5 \cdot COOH$$
$$C_6H_5 \cdot CH_2 \cdot CH_2 | CH_2 \cdot COOH \rightarrow C_6H_5 \cdot CH_2 \cdot COOH$$

Dieser Bruch erfolgt nach einem auch sonst häufigen Reaktionsmodus (S. 200) unter Dehydrierung, bei der eine ungesättigte Verbindung auftritt, die unter Wasseranlagerung und abermalige Dehydrierung über die Oxysäure in die Ketosäure umgewandelt wird, deren Kette dann hinter der CO-Gruppe zerreißt:

$$C_6H_5 \cdot CH_2 \cdot CH_2 \cdot COOH\!-\!2\,H \rightarrow C_6H_5 \cdot CH\!=\!CH \cdot COOH$$
$$\rightarrow C_6H_5 \cdot CHOH \cdot CH_2 \cdot COOH\!-\!2\,H \rightarrow C_6H_5 \cdot CO \cdot CH_2 \cdot COOH$$
$$\rightarrow C_6H_5 \cdot COOH + CH_3 \cdot CHO$$

Die Untersuchung dieses Abbaus wurde vor allem durch die wichtige klinische Beobachtung angeregt, daß bei der *Zuckerkrankheit*, dem *Diabetes mellitus* im Harn die sogenannten *Azetonkörper* auftreten, nämlich *Azeton* $CH_3 \cdot CO \cdot CH_3$, *Azetessigsäure* oder β-*Ketobuttersäure* $CH_3 \cdot CO \cdot CH_2 \cdot COOH$ und quantitativ vorwiegend β-*Oxybuttersäure* $CH_3 \cdot CH(OH) \cdot CH_2 \cdot COOH$; das Azeton ist dabei als Produkt einer Dekarboxylierung (S. 61) mit Hilfe eines weitverbreiteten Zellferments *Karboxylase* (NEUBERG) aufzufassen:

$$CH_3 \cdot CO \cdot CH_2 \cdot COOH = CH_3 \cdot CO \cdot CH_3 + CO_2$$

Azeton ist leicht durch die *LEGAL*sche *Probe* nachzuweisen: Rötung der Lösung mit Nitroprussidnatrium + NaOH, darauf bei weiterem Zusatz von Essigsäure Karminrotfärbung.

Die Azetonkörper entstehen beim Diabetes oft in sehr großen Mengen; sie werden bis zu 200 g täglich im Harn ausgeschieden. Die relativ starken Säuren dezimieren dann die Alkalireserve des Blutes (S. 86) und bringen die Gewebe in die Gefahr der Azidose, das Azeton wirkt dazu als Narkotikum, und so kommt es beim Zuckerkranken zu dem gefürchteten und lebensgefährlichen Vergiftungszustand des „Coma diabeticum", das dann entsprechend seiner Natur unter anderem durch Vermehrung der Alkalireserve, also durch Injektion von Bikarbonat, bekämpft wird.

Über die Herkunft der Azetonkörper war man sich lange Zeit im unklaren. Man nahm zunächst an, daß sie beim Diabetes aus einem abnormen Abbau der Kohlehydrate hervorgehen. Aber gerade die Kohlehydrate sind nicht die Ausgangspunkte ihrer Entstehung; im Gegenteil wirken diese „antiketogen", d. h. die „Ketosis" wird — aus bisher nicht klar ersichtlichen Gründen — bei Verabreichung von Kohlehydraten zurückgedrängt, eine für die Behandlung des Diabetikers wiederum ungemein wichtige Erkenntnis. Dagegen können die Azetonkörper aus Eiweiß bzw. aus einigen Aminosäuren nach Desaminierung (S. 192) entstehen. Als ihre Hauptquelle werden aber heute die Fettsäuren angesehen, die vom Diabetiker nicht bis zu CO_2 und Wasser abgebaut werden, sondern eben nur bis zu den Azetonkörpern. Leitet man nämlich die niedrigeren Fettsäuren durch die überlebende Leber eines zuckerkranken Tieres, so bilden sich die Azetonkörper, aber charakteristischerweise nur dann, wenn die Fettsäuren C-Ketten mit einer geraden Anzahl von C-Atomen in ihrem Molekül enthalten (EMBDEN, KNOOP). Dies beruht darauf, daß, wie vorher gesagt, die Fettsäuren eben durch β-Oxydation abgebaut werden; die C_{18}-Kette der Stearinsäure z. B. würde danach also über C_{16}, C_{14}, C_{12} usw. bis zu C_4 verkürzt werden, und wenn dann der weitere und vollständige Abbau bis zu CO_2 und Wasser bei der Zuckerkrankheit gestört ist, dann müssen die C_4-Ketten als β-Oxy- und β-Ketobuttersäure im Harn erscheinen. Da nun aber, wie wir früher sahen (S. 45), die Fettsäuren der tierischen und pflanzlichen Fette fast allgemein aus Ketten mit einer geraden Anzahl von C-Atomen bestehen, so ist daraus zu folgern, daß beim Zuckerkranken der Abbau aller Fette zu den Azetonkörpern führt. Führt man statt der Fettsäuren mit gerader C-Atomzahl solche mit ungerader Zahl zu, so werden auch deren C-Ketten unter β-Oxydation sukzessive verkürzt, und die schließlich entstehende Propionsäure wird wahrscheinlich wiederum zu Azetaldehyd abgebaut.

Unter der Voraussetzung, daß die Azetonkörper von den Fetten herstammen, werden aber auch noch folgende Beobachtungen erklärlich: Erstens werden die Azetonkörper auch vom gesunden Menschen in ganz geringen Mengen (0,01 — 0,02 g täglich) ausgeschieden; während des Hungers, während dessen ja besonders das Fettpolster eingeschmolzen wird, oder beim Mangel an Kohlehydraten in der Nahrung treten sie dagegen grammweise im Harn auf (GEELMUYDEN). Ferner wird die Ketosis im Hunger stark herabgemindert, sobald man durch die vorher angeführte Rückenmarksdurchschneidung den Transport der Fette an den Ort des Abbaues verhindert.

Der Verlauf des Fettsäureabbaues enthält auch einen Fingerzeig für die Beantwortung der vorher (S. 182) schon aufgeworfenen Frage nach der *Entstehung der Fettsäuren aus Kohlehydrat*. Der Abbau erfolgt, wie wir soeben sahen, durch allmähliche Verkürzung der C-Ketten unter Bildung von Azetaldehyd. Azetaldehyd entsteht aber einerseits bei oxydativem Abbau der Kohlehydrate (S. 200), andererseits geht er im Körper entsprechend der großen Kondensationsfähigkeit der Aldehyde leicht in Aldol und in Azetessigsäure über (FRIEDMANN):

$$CH_3 \cdot C\!\!\begin{array}{c} H \\ \diagdown \\ O \end{array} + CH_3 \cdot C\!\!\begin{array}{c} H \\ \diagdown \\ O \end{array} \rightarrow CH_3 \cdot C\!\!\begin{array}{c} H \\ \diagup \\ \diagdown OH \end{array}\!\!\!\!\underset{\text{Aldol}}{\quad}\!\!CH_2 \cdot C\!\!\begin{array}{c} H \\ \diagdown \\ O \end{array} \rightarrow CH_3 \cdot CO \cdot CH_2 \cdot COOH,$$

und diese Aneinanderlagerung von C-Paarlingen dürfte wiederholt zustande kommen:

$$CH_3 \cdot \underset{\text{Aldol}}{CHOH \cdot CH_2 \cdot COH} + CH_3 \cdot \underset{\text{Aldol}}{CHOH \cdot CH_2 \cdot COH} \longrightarrow$$

$$CH_3 \cdot CHOH \cdot CH_2 \cdot CHOH \cdot CH_2 \cdot CHOH \cdot CH_2 \cdot COH \longrightarrow$$

$$\underset{\text{Kaprylsäure}}{CH_3 \cdot CH_2 \cdot CH_2 \cdot CH_2 \cdot CH_2 \cdot CH_2 \cdot CH_2 \cdot COOH}.$$

Wenden wir uns nun zum **Stoffwechsel der Eiweißkörper!** In der Nahrung nehmen wir sie meistens in der Form der tierischen Organe auf; aber auch manche Pflanzenteile, wie das Endosperm der Leguminosen, enthalten sie in großen Mengen. So sicher nun nach den angeführten Experimenten die Nahrungsfette direkt im Körper abgelagert und dann verbraucht werden können, ebenso sicher gilt das Gegenteil für das Eiweiß der Nahrung. Die „biologischen Reaktionen" (s. S. 81) beweisen es. Das Nahrungseiweiß muß erst seines Artcharakters beraubt werden, — und dazu dient die Aufspaltung im Darm bis zu den Aminosäuren —, damit aus diesen indifferenten Produkten das arteigene Eiweiß neugeschaffen wird. Die Fette sind eher als tote Reserven aufzufassen, welche zeitweilig im Körper für späteren Gebrauch beiseite gelegt werden; das Eiweiß wird in ganz anderem Sinn dem Körper einverleibt, es wird der lebenden Substanz angegliedert, es wird im eigensten Sinn des Wortes „assimiliert". Aber auch abgesehen von den artspezifischen Bedürfnissen ist ein Umbau der Moleküle des Nahrungseiweißes vonnöten. Es sei nur auf eine früher (S. 42) gegebene tabellarische Zusammenstellung verwiesen, aus welcher hervorgeht, daß die verschiedenen Eiweißstoffe, aus denen sich unser Körper aufbaut, einen ganz verschiedenen prozentischen Anteil der verschiedenen Aminosäuren in ihrem Molekül enthalten; jedes Organ muß sich also aus den im Blut kreisenden resorbierten Aminosäuren (s. S. 72) diejenigen in dem richtigen Quantum heraussortieren, welche es in seinem Gefüge braucht. Wie sollte man anders verstehen, daß z. B. der Säugling seine Leibessubstanz bei einseitiger Ernährung mit Milcheiweiß, also hauptsächlich mit Kasein aufbaut! Daß die Gewinnung all der vielfältigen in den Geweben enthaltenen Eiweißkörper übrigens bloß durch eine Totalzerlegung des Nahrungseiweißes bis zu den einzelnen Aminosäuren erreicht werden kann, das ist nicht gesagt; auch die gröberen ersten Spaltprodukte, die Albumosen und Peptone, haben schon nicht mehr spezifische Eigenschaften, und zum Umbau des Nahrungseiweißes zu den einzelnen Organeiweißen könnte auch das Zerschlagen in größere Blöcke genügen. Jedenfalls aber kann die Aufspaltung eine totale sein, ohne daß das Nahrungseiweiß an Nahrungswert verliert. Das lehrt eine einfache experimentell prüfbare Konsequenz dieser Erörterungen: wenn das Eiweiß doch im Verdauungskanal aufgespalten wird, dann muß es für die Ernährung gleichgültig sein, wenn man in der Nahrung alles Eiweiß wegläßt und dafür ein Gemisch der Aminosäuren verfüttert. Das trifft in der Tat zu. O. Loewi und besonders Abderhalden haben gezeigt, daß Hunde, Mäuse oder Ratten mit Fleisch, dessen Eiweiß zuvor durch Pepsin, Trypsin und Erepsin oder auch durch Schwefelsäure total hydrolysiert worden ist, geradeso gut gedeihen und in der Wachstumsperiode gerade so gut an Körpergewicht zunehmen können, wie wenn sie mit dem unveränderten Fleisch gefüttert worden wären. Auch Menschen hat man bei Verätzung des Ösophagus per rectum oder bei einer Pankreaserkrankung per os mit total abgebautem Eiweiß ernährt und dabei sogar Eiweißansatz erzielt (Frank und Schittenhelm).

Unser Körper vollzieht also unzweifelhaft eine Resynthese von Eiweiß aus den freien Aminosäuren des Nahrungseiweißes. Über den Ort und über die Mittel dieser Synthese ist aber nichts Genaues bekannt. Man hat teils angenommen, daß die Synthese bereits in der Darmwand erfolgt, ähnlich wie die Darmwand den Wiederaufbau des Fettes aus den im Darmlumen frei gewordenen Fettsäuren und Glyzerin vollzieht (s. S. 71), teils hat man die Leber dafür beansprucht, welche ja auch sonst stark synthetisierende Fähigkeiten offenbart, speziell auch die resorbierten Zucker durch die Synthese zu Glykogen (s. S. 195) speichert. Aber weder für die eine noch für die andere Annahme existieren sichere Beweise. Ausschließlich in der Darmwand vollzieht sich die Regeneration des Eiweißes schon nicht aus dem einfachen Grunde, weil von ABEL durch die Vividiffusion (s. S. 73) reichlich Aminosäuren im Blut nachgewiesen worden sind. Ferner ist es HENRIQUES und ANDERSEN gelungen, einem Ziegenbock drei Wochen lang alles Eiweiß in der Nahrung zu entziehen und dafür ganz langsam eine Lösung von Aminosäuren aus künstlich verdautem Fleisch in die Vena jugularis einfließen zu lassen; sein Eiweißbestand blieb dabei erhalten. Und die Leber kann wohl nicht der einzige Ort der Resynthese sein, weil bei Tieren mit einer sogenannten *ECKschen Fistel*, d. h. bei Tieren, bei welchen durch eine auf operativem Wege hergestellte direkte Überleitung des Portalvenenblutes in die Vena cava inferior die Leber wenigstens aus dem Pfortaderkreislauf ausgeschaltet ist, auch bei ausschließlicher Fütterung mit Aminosäuren kein Eiweißverlust eintritt. Nach Totalexstirpation der Leber steigt freilich der Gehalt des Blutes an Aminosäuren fortschreitend bis zum Tod der Tiere an (MANN und MAGATH) (s. auch S. 50). Am wahrscheinlichsten ist es, daß die Synthese in sämtlichen Zellen erfolgt, indem jedes Organ zum Aufbau seiner „organeigenen" Eiweißkörper die zweckentsprechende Auslese unter den kreisenden Aminosäuren trifft.

Die Mittel der Synthese sind wahrscheinlich Fermente. Wir lernten diese bisher hauptsächlich als Verdauungsfermente in ihrer abbauenden, und zwar meistens hydrolysierenden Tätigkeit kennen (s. jedoch S. 72). Aber sowohl die Theorie der Katalysatoren als auch das Experiment belehren darüber, daß dieselben Fermente, welche spaltend wirken, prinzipiell auch die umgekehrte Reaktion herbeiführen müssen, und so ist auch für Zucker, für Glykoside, für Ester und für die Fette nachgewiesen, daß, wenn man die sonst spaltenden Enzyme zu stark konzentrierten Lösungen der Spaltprodukte hinzusetzt, die Ausgangsstoffe regeneriert werden. Fermente gibt es ja aber nicht bloß in den Sekreten der Drüsen, sondern, wie wir mehr und mehr erfahren werden, auch intrazellulär, und so darf man annehmen, daß auch die Eiweißsynthese ein Akt der Zellfermente ist, wenn es auch bisher nicht bewiesen wurde.

Die Lehre, daß die einzelnen Organe sich aus dem ihnen gebotenen Gemisch von Aminosäuren diejenigen in den geeigneten Proportionen herausholen, welche sie als Bausteine für ihr Eiweiß nötig haben, führt nun noch zu einer wichtigen Schlußfolgerung: da das Nahrungseiweiß in bezug auf die einzelnen Aminosäuren geradeso verschieden zusammengesetzt sein kann, wie etwa die in der Tabelle S. 42 aufgezählten Eiweißkörper verschiedener Herkunft, *so muß der Nährwert der jeweils in der Nahrung enthaltenen Eiweißstoffe je nachdem, wie und wo sie im Körper verwendet werden sollen, verschieden sein*; die Eiweißstoffe müssen, wie man sagt, eine verschiedene *biologische Wertigkeit* besitzen (THOMAS). Ein eklatantes Beispiel dafür ist der Leim, welcher, zu den eiweißähnlichen Stoffen oder den sogenannten *Albuminoiden* gehörig, wie echtes Eiweiß ausschließlich zu Aminosäuren abgebaut wird. Seitdem nämlich zur Zeit der französischen Revolution eine vom Institut français und später eine von der französischen Akademie eingesetzte Kommission den Knorpelleim als Nahrungsmittel empfohlen hatte, breitete sich die Verwendung von Leimsuppen in zahlreichen öffentlichen Anstalten, namentlich in Kasernen, Krankenhäusern, Gefängnissen aus. Aber es hat viele Jahrzehnte gedauert, bis man erkannte, daß der *Leim zwar Eiweiß ersparen, aber keinesfalls ersetzen kann* (C. VOIT), so daß Mensch und Tier, bei denen das Eiweiß der Nahrung mehr oder weniger vollständig durch Leim ersetzt wird, allmählich an Eiweißmangel dahinsiechen. Heute weiß man, daß Leim deshalb nicht vollwertig ist, weil die Aminosäure Tryptophan darin fehlt und Tyrosin und Zystin im Leim nur in sehr kleinen Mengen enthalten sind (s. S. 42). Entscheidend für die Richtigkeit dieser Auffassung ist, daß man nach Versuchen von M. KAUFMANN und von ABDERHALDEN den Leim zu einem wirklichen Ersatzmittel für Eiweiß machen kann, wenn man die mangelnden Aminosäuren hinzugibt. Aus diesem Grunde bezeichnet man die Folgen der ausschließlichen oder vorwiegenden Darreichung von Leim und von ähnlichen „unvollständigen Eiweißkörpern" mit Recht als eine „Mangelkrankheit" durch „partielle Unterernährung". Ein Gegenstück zu den Beobachtungen beim Leim ist die Feststellung, daß die Spaltprodukte des Kaseins, welche an sich das Nahrungseiweiß ersetzen können, ihre Vollwertigkeit einbüßen, sobald man daraus das Tryptophan entfernt.

Des ferneren ist hiernach vorauszusehen, daß die kleinste Menge Eiweiß, mit welcher ein Tier unter bestimmten Lebensbedingungen eben auf die Dauer auskommen kann, nicht durch eine einzige bestimmte Menge in Grammen auszudrücken ist, sondern daß es dabei auf die Art des Nahrungseiweißes ankommt. Denn angenommen, das Tier braucht zur Aufrechterhaltung seines Organbestandes von den einzelnen Aminosäuren die und die Menge, so wird vielleicht nur eine bestimmte Sorte Eiweiß gerade entsprechend diesem Verhältnis der einzelnen Aminosäuren zueinander zusammengesetzt sein, jedes andere Eiweiß wird von dieser und jener Aminosäure relativ zu viel enthalten. In der Tat ist gefunden worden, daß das *Eiweißminimum*, mit welchem ein Tier oder der Mensch eben auskommt, *von Eiweißsorte zu Eiweißsorte verschieden groß ist;* von Fleisch- oder Milcheiweiß z. B. wird weniger gebraucht als von Gliadin, Phaseolin oder Edestin, den Eiweißkörpern des Weizens, der Bohne und des Hanfs (MICHAUD, THOMAS). Ganz allgemein ist für den Menschen das Eiweiß der Cerealien minderwertig im Verhältnis zu tierischem Eiweiß, noch geringeren Nährwert hat das Eiweiß der Hülsenfrüchte mit Ausnahme der Sojabohne. Vom ökonomischen Standpunkt muß das Nahrungseiweiß eben möglichst so beschaffen sein, daß jede einzelne für die Erhaltung des Organbestandes notwendige Aminosäure in der dargebotenen Menge einen Mindestbetrag überschreitet. Angesichts der verschiedenen Zusammensetzung der Eiweißkörper wird dadurch verständlich, daß *eine einseitige Kost sehr unvorteilhaft* sein kann; denn wenn sie ausreichend sein soll, so muß in ihr so viel Eiweiß zugeführt werden, daß manche Aminosäuren dabei verschwendet werden. Dagegen kann ein in diesem Sinn unzweckmäßiges Eiweiß bei geeigneter Wahl durch ein zweites, das an sich auch nicht günstig ist, gut ergänzt werden. Das Gluten der Weizenkleie ergänzt z. B. vorteilhaft das Gliadin des Weizenmehls, das besonders durch seinen Lysinmangel ungünstig ist. In Amerika bäckt man das Weizenbrot zweckmäßigerweise mit einem Zusatz von Magermilch; denn auch das Lactalbumin ergänzt (durch seinen hohen Lysingehalt) das Gliadin. Das Eiweißminimum kann dadurch z. B. von 80 g bis auf 33 herabgesetzt werden. Das Zein, das Haupteiweiß im Futtermais, ist arm an Tryptophan und Lysin; dieser Mangel wird ausgeglichen bei Zufütterung eines Preßkuchens aus Kokosnüssen. So gewinnt die genaue Analyse des Eiweißbedarfs eine ungewöhnliche Bedeutung nicht nur für die Ernährung des Menschen, sondern auch für die landwirtschaftliche Produktion, um so mehr, da der moderne Massenanbau von Ackerfrüchten in vielen Ländern die Gefahren der einseitigen Ernährung für Mensch und Tier täglich steigert.

Auch wenn der Eiweißbestand eines einzelnen Organs gehoben werden soll, wird nach all dem die Art der Aminosäuremischung für die Größe des Effekts entscheidend sein. Ein gutes Beispiel dafür gibt die folgende Beobachtung von ZUNTZ: es ist schon lange bekannt, daß der Wollertrag bei Schafen durch Verfütterung eines eiweißreichen Futters gesteigert werden kann, was an sich ohne weiteres verständlich ist, da ja die Keratinsubstanz der Wolle aus Aminosäuren aufgebaut ist. Nur muß die Eiweißration ziemlich hoch sein, damit von dem im Keratin besonders reichlich, dagegen in anderen Eiweißkörpern nur spärlich enthaltenen Zystein (s. S. 42) genügend zugeführt wird. ZUNTZ kam nun auf den Gedanken, den Tieren die Aminosäuren gerade in denjenigen relativen Mengen zuzuführen, in denen sie sie zum Aufbau der Haare verwenden können, d. h. er gab ihnen Hornsubstanz selber als Futterzusatz, aber, da sie ganz unverdaulich ist, in Form ihrer künstlich hergestellten Abbauprodukte, und erreichte in der Tat dadurch eine deutliche Steigerung der Wollproduktion, wobei das einzelne Haar um ein Drittel an Durchmesser zunahm.

Immerhin ist nun nicht jede einzelne Aminosäure ein unersetzlicher Baustein im Eiweißmolekül; vielmehr können manche derselben in unserem Körper neu entstehen. Zweifellos ist das beim Glykokoll der Fall. Man kennt seit langem als Bestandteil des Pflanzenfresserharns die Hippursäure $C_6H_5 \cdot CO \cdot NH \cdot CH_2 \cdot COOH$ (Kap. 17), die Verbindung von Benzoesäure mit Glykokoll. Verfüttert man nun Benzoesäure, so kann man derartig große Mengen von Glykokoll als Hippursäure aus dem Tier herausholen — bis zu 64 % des gesamten Harnstickstoffs —, daß sie nicht anders als neu entstanden sein können (s. auch S. 185). Für eine Neubildung spricht ferner z. B., daß man den Eiweißbedarf eines erwachsenen Tieres allein mit Gliadin decken kann, obwohl Glykokoll und Lysin in dessen Molekül fehlen (S. 42). Aber noch mehr: einige Aminosäuren können sogar von Grund auf synthetisch hergestellt werden. KNOOP hat gefunden, daß, wenn man an Hunde γ-Phenyl-α-Ketobuttersäure $C_6H_5 \cdot CH_2 \cdot CH_2 \cdot CO \cdot COOH$ verfüttert, die entsprechende Aminosäure $C_6H_5 \cdot CH_2 \cdot CH_2 \cdot CH\,(NH_2) \cdot COOH$ ausgeschieden wird; ferner bildet sich bei der Durchleitung durch die Leber von Hunden aus der α-Ketopropionsäure oder Brenztraubensäure $CH_3 \cdot CO \cdot COOH$ Alanin $CH_3 \cdot CH \cdot (NH_2) \cdot COOH$, aus Oxyphenylbrenztraubensäure Tyrosin (EMBDEN). Wir haben danach also damit zu rechnen, daß *in unserem Körper aus stickstofffreien Säuren und aus Ammoniak Eiweiß synthetisch gebildet wird;* das wäre somit eine Synthese, vergleichbar der, die von den Pflanzen vollführt wird. Wie wichtig diese Schlußfolgerung für einige Probleme der Ernährungslehre ist, soll sogleich gezeigt werden.

Wir werden bald zu erörtern haben, daß im Stoffwechsel durch Fette und durch Kohlehydrate Eiweiß eingespart werden kann, aber *Kohlehydrate wirken viel stärker eiweißsparend als Fette* (s. S. 235). Diese lange bekannte Tatsache erhält durch den Nachweis der eben genannten Synthesen eine einfache Deutung. Eiweiß wird nämlich in den Organen weit tiefer abgebaut als durch die Verdauungssäfte; die Spaltung geht bis zum Ammoniak, das dann in Form von Harnstoff durch die Nieren ausgeschieden wird (s. S. 193). Da ferner die Kohlehydrate über Milchsäure und Brenztraubensäure gespalten werden (s. S. 197), so ist es möglich, daß frei gewordenes Ammoniak, das sich schon auf dem Wege der Ausscheidung befindet, von Brenztraubensäure, falls diese nach reichlicher Kohlehydratzufuhr in größerer Menge zur Disposition steht, abgefangen und noch einmal in Eiweiß überführt wird. Fette kommen aber dafür nicht in Frage; denn die Fettsäuren werden β-oxydiert (s. S. 185), sie könnten also allenfalls über β-Ketosäuren in β-Aminosäuren übergehen, welche zur Regeneration von Eiweiß nicht zu gebrauchen sind; denn Eiweiß baut sich aus α-Aminosäuren auf (s. S. 39).

Eine zweite interessante Konsequenz aus den Versuchen von KNOOP und EMBDEN ist die folgende: wie nach den Versuchen von LOEWI und ABDERHALDEN die Aminosäuren von Mensch und Tier gleich gut zur Eiweißbildung im Körper verwendet werden können, mögen sie durch Spaltung von Nahrungseiweiß im Darmkanal erst entstanden, oder mögen sie gleich in der Nahrung statt Eiweiß zugeführt sein, gerade so könnte man versuchen, wenigstens *einen Teil des Eiweißes in der Nahrung durch Ammoniak und Kohlehydrat zu ersetzen*. Experimente in dieser Richtung haben bisher nicht zum Ziel geführt, wenigstens nicht zu dem Ziel, daß der Nachweis der direkten Ausnutzung anorganischer Ammoniumsalze geglückt wäre. Immerhin kommt dennoch die Verwertung von Ammoniak an Stelle von Eiweiß unter gewissen Verhältnissen mit Bestimmtheit in Betracht. KELLNER und ZUNTZ sowie VÖLTZ haben nämlich gefunden, daß man bis zu 30—40 % des Eiweißes in der Nahrung der Wiederkäuer durch Ammoniak oder noch besser durch Ammoniumazetat oder Harnstoff ersparen kann; diese Sparwirkung ist aber eine indirekte. Im Magen des Wiederkäuers, speziell in dem als Pansen bezeichneten Abschnitt leben nämlich die für die Vergärung der Zellulose sehr wichtigen Pansenbakterien (s. S. 62). Sie wachsen für gewöhnlich auf Kosten des Nahrungseiweißes; da sie aber, wie die meisten Pflanzen, ihr Zelleiweiß noch besser mit Hilfe von Ammoniak synthetisch herstellen, so kann man von vornherein den Teil des Nahrungseiweißes, der doch ein Raub der Bakterien würde, durch Ammoniak oder Derivate des Ammoniaks ersetzen. Das so gebildete Bakterieneiweiß kommt dann den Wiederkäuern zum Aufbau ihres eigenen Leibes zugute; denn im Verdauungskanal gehen stets massenhaft Bakterien zugrunde, und das Eiweiß ihres Leibes kann dann gerade so gut als irgendein anderes Eiweiß zur Nahrung dienen.

So viel von der Assimilation des Eiweißes! *Die dissimilatorische Phase des Eiweißstoffwechsels* ähnelt zunächst, gerade so wie beim Fettstoffwechsel, den Vorgängen bei der Verdauung; wenigstens scheint es so, als ob das Zelleiweiß, wenn es angegriffen wird, zunächst durch Hydrolyse in dieselben Produkte zerlegt wird, wie bei der Einwirkung der pankreatischen Fermente. SALKOWSKI hat nämlich folgende eigentümliche Beobachtung gemacht: bewahrt man ausgeschnittene Organe, wie z. B. die Leber oder Muskeln, längere Zeit vollkommen steril auf, so wandeln sie sich allmählich in einen Brei um und zerfließen. Man bezeichnet den Vorgang als **Autolyse** oder **Autodigestion.** Er beruht darauf, daß vor allem die Eiweißstoffe durch die Wirkung intrazellulärer „autolytischer" Fermente, „Gewebsproteasen", wie Kathepsin und Erepsin (s. S. 90), in Albumosen, Peptone und Aminosäuren gespalten werden; aber auch Fette, Phosphatide und Kohlehydrate unterliegen der Hydrolyse. Aus den letzteren entstehen dabei Phosphorsäure und Milchsäure, welche erst die optimale Reaktion für den Fortgang der Autolyse (etwa $p_H = 6{,}3$) herstellen. Zugleich wird die katheptische Wirkung noch durch die Gegenwart aus dem Eiweißzerfall hervorgehender Sulfhydrylverbindungen, wie Zystin und Glutathion (S. 202), aktiviert (WALDSCHMIDT-LEITZ). Nun könnte es fraglich erscheinen, ob diese postmortale Selbstverdauung irgendeinem intravitalen Vorgang gleichzusetzen sei. Es lassen sich aber mannigfache Gründe zugunsten dieser Hypothese anführen, zumal auch dafür, daß zum normalen Eiweißabbau das intermediäre Auftreten von Aminosäuren gehört. Denn erstens kann man beobachten, daß bei einem Organ, dessen Funktion vor dem Tod gesteigert war, auch postmortal die Autolyse besonders intensiv verläuft.

so z. B. bei der Milchdrüse, welche vor dem Tod sezernierte, oder wenn
der Stoffwechsel der Organe vor dem Tod durch Verfütterung von Schilddrüsensubstanz in die Höhe getrieben war (s. Kap. 14). Zweitens gelingt
es unter verschiedenen Bedingungen, intra vitam Peptide und Aminosäuren als Organprodukte nachzuweisen, welche für gewöhnlich unmerk-
lich bleiben, offenbar weil sie weiter umgewandelt werden (s. nächste
Seite). So begegnet man ihnen im Harn, wenn nach der Geburt der
Uterus sich zurückbildet, oder wenn beim Aufenthalt in großen Höhen
durch den Mangel an Sauerstoff der oxydative Abbau eingeschränkt ist,
oder wenn bei der sogenannten akuten gelben Leberatrophie oder bei Phosphorvergiftung die Leber rasch erweicht und sich verflüssigt, oder sie erscheinen in Eiterherden (S. 90), in denen Gewebe eingeschmolzen wird, oder
im Auswurf der Lungen, wenn nach einer Lungenentzündung das Infiltrat der Alveolen von den proteolytischen Fermenten der in die Alveolen
eingewanderten und dort zerfallenden Leukozyten gelöst wird (s. S. 90).
Ferner gibt es eine seltene, familiär und erblich auftretende Erkrankung,
die *Zystinurie*, bei welcher Zystin oder α-Diamino-β-Dithiodilaktylsäure

$$
\begin{array}{cc}
CH_2 \cdot S—S \cdot CH_2 \\
| \qquad\qquad | \\
CH(NH_2) \quad CH(NH_2) \\
| \qquad\qquad | \\
COOH \qquad COOH
\end{array}
$$

das Dehydrierungsprodukt des Zysteins (S. 39 und 202), von den Nieren
abgesondert wird, und daneben in kleinen Mengen noch verschiedene
andere Aminosäuren; offenbar ist also bei der Zystinurie der Abbau des
Eiweißes im ganzen mehr und weniger gestört. Endlich sei nochmals der
experimentellen Beobachtung gedacht, daß man durch Verfütterung von
Benzoesäure z. B. an Kaninchen dem Körper ganz außerordentliche Mengen von Glykokoll in Form von Hippursäure entziehen kann.

Halten wir mit diesen Beobachtungen die Hypothese einer inter-
mediären Entstehung von Aminosäuren beim Eiweißabbau für genügend
gestützt, so erhebt sich die weitere Frage nach dem gewöhnlichen Schicksal dieser Aminosäuren. Vermutlich werden sie öfter, wie die Aminosäuren
des verdauten Eiweißes, zum Umbau oder Neuaufbau von Organeiweiß
verwendet; wenn z. B. ein hungerndes Tier Milch sezerniert, so muß das
Kasein aus dem eigenen Körperbestand durch Umbau hergestellt werden,
und in weit großartigerem Maßstab muß sich wohl solch innerer Kreislauf
von Aminosäuren vollziehen, wenn sich beim Rheinlachs während seiner
Monate langen Wanderung stromaufwärts, während deren er keine Nahrung
zu sich nimmt, die mächtigen Sexualdrüsen auf Kosten der schwindenden
Muskulatur entwickeln (MIESCHER). Aber das häufigere Schicksal ist
wohl der weitere Abbau. Dieser führt erstens durch Dekarboxylierung zu
proteinogenen Aminen (S. 62), wie Histamin, Tyramin u. a., oder unter
gleichzeitiger Oxydation zu Taurin (S. 48), oder unter gleichzeitiger Methylierung zu Cholin (S. 207). Weit wichtiger ist, daß es bei der Autolyse der
steril aufbewahrten Organe, hauptsächlich in Leber und Niere, zu einer
reichlichen Entbindung von *Ammoniak* kommt. Diese *Desaminierung* erfolgt nach NEUBAUER oxydativ entsprechend der Gleichung:

$$R \cdot CH(NH_2) \cdot COOH + O \longrightarrow R \cdot CO \cdot COOH + NH_3,$$

d. h. unter Bildung der reaktionsfähigen Ketosäuren, die dann unter Dekarboxylierung in die nächstniedrigeren Aldehyde übergehen können. Da

die Aufspaltung der Aminosäuren auch im Organextrakt in Gegenwart von Sauerstoff zustande kommt, ist anzunehmen, daß der Vorgang enzymatischer Natur ist und von einer „Desaminase" geleitet wird.

Der das Eiweiß charakterisierende Stickstoff tritt also allmählich beim Stoffwechsel in der einfachsten Form zutage. Ammoniak kreist dementsprechend stets in kleinen Mengen (etwa 0,9 mg %) im Blut; es entstammt freilich zum Teil auch anderen Quellen als den Aminosäuren, vor allem den Nukleotiden verschiedener Organe, wie Muskeln und Niere (S. 203 u. Kap. 20).

Das Ammoniak wird dann weiter zusammen mit Kohlensäure synthetisch zu **Harnstoff** vereinigt. Verfüttert man an Hunde kohlensaures Ammonium oder das Ammoniumsalz irgendeiner Säure, welche leicht zu Kohlensäure oxydiert wird, etwa ameisensaures Ammonium, so steigt alsbald die Harnstoffausscheidung. Wie die Durchblutungsversuche von W. von Schröder an überlebenden Nieren, Lebern und Muskeln gezeigt haben, ist der Ort der Synthese die Leber. So versteht man, daß bei Leberleiden oft die Ausscheidung von Ammoniak im Harn absolut und relativ zur Harnstoffausscheidung steigt. Freilich gibt es auch Fälle, in denen bei hochgradigem Schwund der Lebersubstanz die Ausscheidungsverhältnisse von der Norm kaum abweichen, woraus geschlossen wurde, daß die Leber nicht der einzige Ort der Harnstoffsynthese ist. Dagegen hört nach der neuerdings geglückten Totalexstirpation der Leber bei Hunden jede meßbare Harnstoffproduktion auf (Mann und Magath).

Die *Harnstoffsynthese* erfolgt im Gegensatz zu der eben genannten Desaminierung nicht in Leberextrakt, sondern nur in Lebergewebe. Wie H. A. Krebs gezeigt hat, kommt sie nicht direkt zustande entsprechend der Gleichung

$$2\,NH_3 + CO_2 = CO(NH_2)_2 + H_2O\,,$$

sondern unter katalysatorartiger Mitwirkung von *Ornithin* und einem in allen Organen, besonders reichlich in der Leber enthaltenen Enzym, der *Arginase* (Kossel und Dakin). Die Synthese geht in den folgenden 3 Reaktionsstufen vor sich:

$$
1.\ \begin{array}{l} HN{=}C{\large<}^{NH_2} \\ CH_2NH \\ CH_2 \\ CH_2 \\ CHNH_2 \\ COOH \end{array}
+ H_2O =
\begin{array}{l} CH_2NH_2 \\ CH_2 \\ CH_2 \\ CHNH_2 \\ COOH \end{array}
+ O{=}C{\large<}^{NH_2}_{NH_2}
$$

Arginin — Ornithin — Harnstoff

$$
2.\ \begin{array}{l} CH_2NH_2 \\ CH_2 \\ CH_2 \\ CHNH_2 \\ COOH \end{array}
+ NH_3 + CO_2 =
\begin{array}{l} O{=}C{\large<}^{NH_2} \\ CH_2NH \\ CH_2 \\ CH_2 \\ CHNH_2 \\ COOH \end{array}
+ H_2O
$$

Ornithin — Citrullin

$$
3.\ \begin{array}{l} O{=}C{\large<}^{NH_2} \\ CH_2NH \\ CH_2 \\ CH_2 \\ CHNH_2 \\ COOH \end{array}
+ NH_3 =
\begin{array}{l} HN{=}C{\large<}^{NH_2} \\ CH_2NH \\ CH_2 \\ CH_2 \\ CHNH_2 \\ COOH \end{array}
+ H_2O
$$

Citrullin — Arginin

Aus der Aminosäure Arginin (S. 40), wird also mit Hilfe von Arginase Harnstoff abgespalten, das restierende Ornithin ($= \alpha$, δ-Diaminovaleriansäure) wird mit dem im Stoffwechsel frei gewordenen NH_3 und CO_2 zu Citrullin ($= \delta$-Ureido-α-aminovaleriansäure) umgewandelt und aus diesem unter Einlagerung von NH_3 das Arginin regeneriert.

Hiermit haben wir nun schon den Hauptweg kennengelernt, auf welchem der Eiweißstickstoff den Körper des Menschen verläßt. Denn erstens enthält der Harnstoff den größten Teil (im Mittel 80—90%) des im Harn ausgeschiedenen Stickstoffs, und zweitens liefern die quantitativen Stoffwechseluntersuchungen den sicheren Beweis, daß der Harnstoff als Maß des Eiweißumsatzes in unserem Körper zu gelten hat; vor allem steigt und fällt die Menge dieser Ausscheidung mit der Menge des in der Nahrung zugeführten Eiweißes (s. S. 223 u. 235).

Neben dem Harnstoff ist es das **Kreatinin**

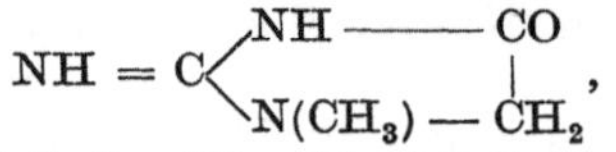

$$NH = C \begin{cases} NH \text{------} CO \\ | \\ N(CH_3) \text{---} CH_2 \end{cases},$$

in welchem ein kleiner Teil des Eiweißstickstoffs den Körper verläßt. Es entsteht durch Wasserabspaltung aus **Kreatin** oder Methylguanidinessigsäure

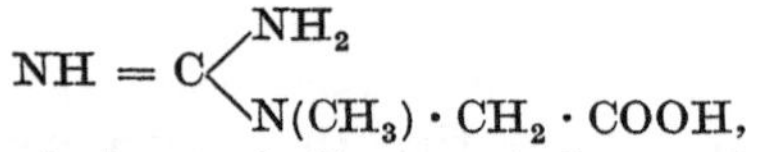

$$NH = C \begin{cases} NH_2 \\ N(CH_3) \cdot CH_2 \cdot COOH, \end{cases}$$

einem Bestandteil des Muskels, und dieses wiederum bildet sich vielleicht aus Arginin durch oxydativen Abbau über Guanidinessigsäure mit anschließender Methylierung.

Wie die Formel des Kreatinins zeigt, ist in ihm aber auch ein Imidazolring enthalten, so daß es auch möglich erscheint, das Kreatinin vom Histidin (S. 40) oder von den Purinen (S. 204) herzuleiten, die gleichfalls den Imidazolring enthalten.

Kraatin und Kreatinin sind jedenfalls als Bruchstücke von Eiweißmolekülen aufzufassen, welche der tiefer greifenden Zerlegung entgangen sind. Sie sind aber in anderem Sinn Schlacken des Eiweißes als Harnstoff; denn die Ausscheidung von Kreatinin (neben Kreatin) im Harn läuft weder der Eiweißzufuhr noch der Harnstoffausscheidung parallel; es erscheint reichlicher im Harn bei größeren Gewebskonsumptionen, also z. B. im Fieber, bei der diabetischen Abmagerung, bei Phosphorvergiftung, ferner wenn hungernde Tiere starke Muskelarbeit leisten. Das Kreatin spielt im Muskelstoffwechsel (s. Kap. 20) eine sehr wichtige Rolle in Verbindung mit Phosphorsäure als *Phosphokreatin* oder *Phosphagen*:

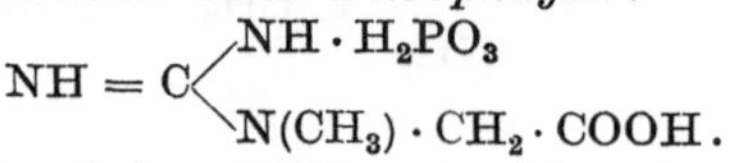

$$NH = C \begin{cases} NH \cdot H_2PO_3 \\ N(CH_3) \cdot CH_2 \cdot COOH. \end{cases}$$

Im Harn wird das Kreatinin mit Nitroprussidnatrium und NaOH nachgewiesen (*WEYLsche Reaktion*); der Harn färbt sich ähnlich wie durch Azeton (S. 185) rot, die Farbe blaßt aber bald ab und geht bei Essigsäurezusatz ins Grünliche über. Für quantitative kolorimetrische Bestimmungen benutzt man die Reaktion von JAFFÉ, Rotfärbung mit Pikrinsäure und NaOH.

Die Kohlenstoffketten, welche von den Aminosäuren nach ihrer Desaminierung übrigbleiben, werden mit in den **Kohlehydrat-Stoffwechsel** hineingezogen, dem wir uns nunmehr zuwenden.

Die Kohlehydrate der Nahrung sind hauptsächlich in der Pflanzenkost enthalten, in erster Linie als Stärke in Brot und Kartoffeln, als Zucker in Früchten und Wurzeln, als Glykogen (die „tierische Stärke") auch in den Pilzen. Wir verfolgten bisher ihr Schicksal bis zu ihrer Aufspaltung in die Monosaccharide durch die Enzyme von Speichel, Pankreassaft und

Darmsaft und bis zu ihrer Resorption in die Blutbahn. Man könnte meinen, daß bei der Reichlichkeit, mit welcher die Kohlehydrate gewöhnlich in der Nahrung vertreten sind, auch der Zuckergehalt im Blut wenigstens zu Zeiten der Verdauung ziemlich erheblich sein müßte. Aber man findet im allgemeinen nur 0,06—0,12 %. Das hat verschiedene Gründe. Erstens verteilt sich der Zucker entsprechend seiner Diffusibilität leicht auf die Gewebe. Zweitens wird er alsbald nach der Resorption zum Teil abgebaut; das folgt aus dem Gang des respiratorischen Quotienten (s. S. 182) nach Kohlehydratzufuhr. Fütterte man z. B. einen Hund, dessen respiratorischer Quotient zunächst 0,74 betrug, mit 300 g Reis + 30 g Zucker, so stieg der respiratorische Quotient in der ersten Stunde auf 0,90, und in den folgenden Stunden betrug er 0,87, 0,97, 0,99, 0,95 usw. Drittens wird der Zucker, wenn seine Zufuhr den augenblicklichen Bedarf des Körpers übersteigt, deponiert. Zur Anlage von Reserven werden die Kohlehydrate zwar im allgemeinen nicht so reichlich verwendet wie die Fette (s. S. 184 u. 236), immerhin erheblich mehr als die Eiweißkörper, welche, wie wir später noch erfahren werden, nur unter wenigen und besonderen Bedingungen im Körper des Menschen zum Ansatz zu bringen sind. Andererseits sind die Kohlehydrate aber auch leichter zu mobilisieren, so daß sie es in erster Linie sind, die für besondere und rasche Anforderungen an die Leistungsfähigkeit des Körpers zur Verfügung gestellt werden.

Die Form, in welcher die Kohlehydrate der Nahrung gespeichert werden, ist das **Glykogen**, die *tierische Stärke*, so genannt, weil sie, wie die pflanzliche Stärke, eine Polyose von der Formel $(C_6H_{10}O_5)_n$ ist (s. S. 44), weil sie auch mit Jod eine charakteristische, nämlich eine rotbraune Farbe erzeugt, und weil sie bei der hydrolytischen Spaltung Glukose liefert. Wie die Eiweißkörper, so werden also auch die Kohlehydrate erst in eine andere Form, als sie in der Nahrung enthalten waren, übergeführt, bevor sie im Körper gespeichert werden. Der Hauptort der Glykogenspeicherung ist die Leber (CLAUDE BERNARD, VIKTOR HENSEN); nach reichlicher Kohlehydratzufuhr kann innerhalb 16—20 Stunden ihr Glykogengehalt bis auf 18 % der Trockensubstanz anwachsen, während er nach längerem Hunger auf ein Minimum reduziert ist. Neben der Leber findet man noch ziemlich reichlich Glykogen in den Muskeln (bis zu etwa 1 % der Trockensubstanz), aber auch in den weißen Blutkörperchen, im Herzen, im Uterus, in den Nieren und anderen Orts.

Obwohl das Glykogen bei seinem Abbau in Glukose übergeht, kann es doch auch aus anderen Monosacchariden entstehen, z. B. leicht aus Fruktose und Mannose, die auch außerhalb des Organismus bei schwach alkalischer Reaktion wahrscheinlich über die Enolform ineinander übergehen:

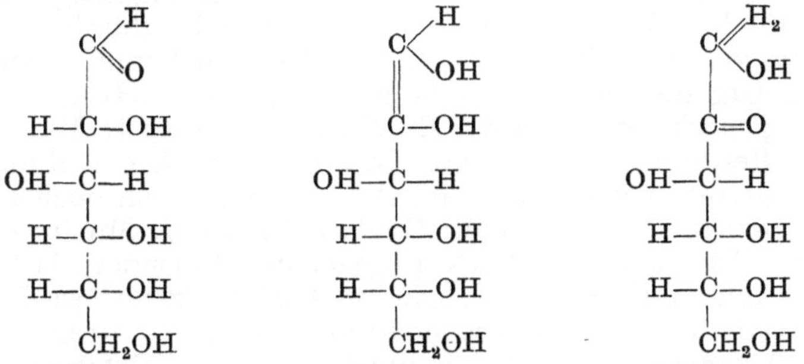

d-Glukose   Enolform   d-Fruktose

13*

Schwerer und nur durch eine sterische Umlagerung vermag die Leber auch Galaktose umzuformen und als Glykogen zu speichern. Daher ist bei manchen Lebererkrankungen die Verwertbarkeit der Galaktose besonders schwer gestört, und die Galaktose erscheint unverändert im Harn.

Aber auch die einfache Assimilation der Glucose gelingt der Leber nicht unbegrenzt. Bei überreichlicher Zufuhr vermag die Leber nicht allen ihr durch die Pfortader zugeführten Zucker als Glykogen zu fixieren, sondern ein Teil passiert die Leber, gelangt in den großen Kreislauf und wird nun von den Nieren dem „hyperglykämischen" Blut (s. S. 82) entnommen und in den Harn abgeschieden; die Nieren, welche auf den geringen Normalgehalt des Blutes an Traubenzucker von ungefähr 0,06 bis 0,12 % nicht reagieren, behandeln den Zucker bei Überschreitung eines gewissen Schwellenwerts oder „Normalspiegels" als Fremdstoff, und es kommt nun zu einer sogenannten *alimentären Zuckerharnruhr* oder *Glykosurie*. Die „*Assimilationsgrenze*" der Leber für die Glucose wird im allgemeinen überschritten, wenn auf einmal mehr als etwa 100—150 g zugeführt werden; für die Galaktose, die nicht direkt gespeichert werden kann, sondern dazu erst der Umformung in Glucose bedarf, liegt die Assimilationsgrenze schon bei 30—40 g. Übrigens ist die Assimilationsgrenze Schwankungen unterworfen; vielerlei Schädigungen des Körpers, Infektionskrankheiten, etwa Typhus oder Pneumonie, eine erhebliche Verdauungsstörung, eine schwere Alkoholintoxikation können sie stark herabdrücken.

Die Assimilationsgrenze für Glucose hat mit dem Grad der Füllung der Leber mit Glykogen anscheinend nichts zu tun; wohl aber ist dieser Grad bestimmend dafür, ob das Nahrungskohlehydrat noch als Glykogen gespeichert oder in Fett umgewandelt und anderen Orts deponiert wird (s. später).

Dauernd ist die Assimilationsgrenze für die Glucose bei einer Krankheit herabgesetzt, welche auch für uns wegen der Aufklärung verschiedener physiologischer Verhältnisse von großem Interesse ist, nämlich bei der schon (S. 185) erwähnten *Zuckerkrankheit*, dem Diabetes mellitus. Mit dessen Ursachen und mit seiner experimentellen Erzeugung wollen wir uns hier jedoch noch nicht beschäftigen, sondern wir wollen zunächst nur den Diabetiker als einen Organismus näher untersuchen, bei welchem weder die Aufspeicherung des Zuckers in Form von Glykogen noch sein Abbau in normalem Umfang möglich ist, um so einige besondere Fragen des Kohlehydratstoffwechsels zu beantworten.

Erstens fragen wir nämlich wieder, *ob im menschlichen Körper Kohlehydrat aus Eiweiß entstehen kann*. Es ist schwierig, dies allein durch Beobachtungen am Normalen zu entscheiden, hauptsächlich deshalb, weil einerseits der sich etwa bildende Zucker leicht abgebaut wird, und weil andererseits ein Glykogenvorrat, welcher sich nach einseitiger Ernährung mit Eiweiß findet, durch Sparung von Zucker oder durch Sparung und Umwandlung von Fett in Zucker entstanden sein könnte. Anders beim diabetischen Organismus, besonders wenn er durch Hunger annähernd glykogenfrei gemacht ist, bevor das Eiweiß zugeführt wird! Manche Eiweißkörper enthalten nun allerdings von vornherein Zucker in ihrem Molekül präformiert, sie setzen sich außer aus Aminosäuren auch noch aus Aminoglukose zusammen; z. B. enthält Ovalbumin 10 %, Muzin sogar 33 % Glucosamin. Will man den Fütterungsversuch besonders beweisend gestalten, so wählt man also ein möglichst kohlehydratarmes Eiweiß aus. LÜTHJE fütterte deshalb diabetische Hunde nach einer Hungerperiode mit Kasein, welches gar keinen Kohlehydratkern enthält, PFLÜGER mit Kabeljaufleisch, welches an ·Fett und Kohlehydrat besonders arm ist; in beiden Fällen reagierten die diabetischen Tiere mit starker Glykosurie; es hat also eine ,,Glukoneogenie'' stattgefunden.

Diese Versuche beweisen also die Umwandlung von Eiweiß in Kohlehydrat; sie könnten allenfalls noch so gedeutet werden, daß das Eiweiß Fett erspart, und daß dies *Fett in Kohlehydrat umgewandelt* wird. Das ist aber wenig wahrscheinlich, denn Fett wird besonders leicht angesetzt, und Eiweiß besonders leicht an Stelle von Fett zerlegt. Damit soll jedoch nicht gesagt sein, daß Zucker nicht auch aus Fett entstehen kann, wie ja auch das Umgekehrte geschieht (s. S. 181); nur ist es im Stoffwechselversuch bisher nicht sicher zu erweisen.

Fragen wir nun noch nach dem Chemismus dieser Umwandlungen. Die Tatsache der Desaminierung (s. S. 192) macht ihn uns, wenigstens teilweise, verständlich. Wenn z. B. Alanin $CH_3 \cdot CH (NH_2) \cdot COOH$ nach reichlicher Verfütterung zum Teil desaminiert wird, so bilden sich *Brenztraubensäure* $CH_3 \cdot CO \cdot COOH$ und *Milchsäure* $CH_3 \cdot CH (OH) \cdot COOH$; beides sind aber bekannte Spaltprodukte der Kohlehydrate, welche z. B. bei der Durchblutung der Leber, wohl über *Glyzerinaldehyd* $CH_2OH \cdot CHOH \cdot COH$ mit Leichtigkeit aus Glykogen, Traubenzucker oder (S. 195) Fruchtzucker entstehen (EMBDEN), und welche umgekehrt auch leicht in Kohlehydrat zurückzuverwandeln sind. Daher ist denn auch zu beobachten, daß, wenn man eine überlebende Leber mit alaninhaltigem Blut durchströmt, Glykogen angesetzt, oder, wenn man einen diabetischen Hund mit Alanin füttert, quantitativ die entsprechende Menge Zucker ausgeschieden wird (EMBDEN, NEUBERG). Aber auch andere Aminosäuren, wie Glykokoll, Asparaginsäure und Glutaminsäure, sind Zuckerbildner; hier folgt wohl der Desaminierung noch ein Umbau der stickstofffreien Säuren.

Was die Bildung von Zucker aus Fett anlangt, so kann das Glyzerin der Fette sich leicht über Glyzerinaldehyd, den einfachsten Zucker, eine Triose, in Kohlehydrat umwandeln (s. S. 182). Für die Fettsäuren wird vielfach angenommen, daß ihre lange C-Kette durch die β-Oxydation in Teilstücke von zwei Kohlenstoffatomen (Azetaldehyd) abgebaut wird (s. S. 185), und daß von diesen aus die Synthese zu Zucker vor sich gehen kann, etwa über die reversible Reaktion:

$$CH_3COH + CO_2 \rightleftharpoons CH_3 \cdot CO \cdot COOH.$$

Es gibt also eine große Zahl von *Glykogenbildnern, die nicht Zucker sind*. Die meisten von ihnen gehören aber, wie wir noch sehen werden, zu den Abbauprodukten der Zucker, wie Glyzerinaldehyd, Dioxyazeton, Methylglyoxal, Milchsäure, Brenztraubensäure, Äpfelsäure, Bernsteinsäure, Fumarsäure. Unter ihnen ist die Milchsäure als ein Stoff hervorzuheben, der auch unter physiologischen Bedingungen eine größere Rolle als Glykogenbildner zu spielen scheint; sie wird vom arbeitenden, Glykogen abbauenden Muskel reichlich in das Blut abgegeben, aus dem die Leber sie wieder an sich zieht, um sie, ähnlich wie der Muskel selber in der sogenannten PASTEUR-MEYERHOFschen Reaktion in Glykogen zurückzuverwandeln (CORI) (s. Kap. 20).

Nach Erörterung des Aufbaus wenden wir uns nun der *Dissimilation der Kohlehydrate* zu! Das in der Leber und in anderen Organen gespeicherte Glykogen wird durch eine *Amylase* zu Traubenzucker abgebaut. Läßt man eine ausgeschnittene Leber liegen, so bildet sich in ihr Zucker, und zwar um so reichlicher, je glykogenhaltiger sie ist (HENSEN, CLAUDE BERNARD). Aber auch während des Lebens geschieht dieser Abbau; die Lebervene enthält daher meist etwas mehr Glucose als die Pfortader, und nach Ausschaltung der Leber aus dem Kreislauf sinkt die Blutzuckermenge auf die Hälfte bis ein Drittel der vorherigen Menge. Steigt der Bedarf an Zucker im Körper, dann kann der Glykogenvorrat der Leber schnell dezimiert werden; so wird durch starke Muskelarbeit, besonders durch Muskelkrämpfe, etwa mit Strychnin erzeugt, durch Hunger, durch rasche Abkühlung, z. B. durch ein kaltes Bad, die Leber ihres Glykogens beraubt. Diese regulative Mobilisierung wird nach CLAUDE BERNARD von dem sogenannten Zuckerzentrum aus besorgt, das beim Sinken des Zuckerspiegels im Blut unter ein bestimmtes Niveau in Tätigkeit tritt. Man kann nämlich die Leber dazu veranlassen, mit großer Geschwindigkeit ihr Glykogen in Traubenzucker umzuwandeln, wenn man an bestimmter Stelle in die Medulla oblongata einsticht; die Folge des „Zuckerstichs‘‘ ist eine starke, aber vorübergehende Glykosurie. Andere künstliche Mittel, Diabetes zu erzeugen, sind Injektion von Adrenalin, Exstirpation des Pankreas, Zufuhr von überreichlich Schilddrüsensubstanz u. a. In allen diesen Fällen schüttet die Leber quasi ihr Glykogen in Form von Traubenzucker ins Blut aus. Diese Zusammenhänge werden im Kap. 14 genauer erörtert werden.

Der Diabetes mellitus besteht aber, wie vorgreifend gesagt sein mag (s. Kap. 14), nicht bloß in einer Störung der Glykogenbildung und Glykogenretention, sondern auch in einer Störung des Glukoseabbaues. Wir sahen vorher (s. S. 195), daß, wenn man einen gesunden Hund mit Kohlehydrat füttert, alsbald sein respiratorischer Quotient gegen 1 hin ansteigt. Anders bei der Zuckerkrankheit! Ein diabetisch gemachter Hund bekam z. B. Milchreis; vor der Fütterung betrug sein respiratorischer Quotient 0,72, in den nächsten Stunden nach der Fütterung 0,69, 0,73, 0,72, 0,73. Hier versagen also offenbar die den Abbau besorgenden Faktoren; der respiratorische Quotient bleibt nach wie vor der gleiche.

Der Abbau der Glucose erfolgt, wie schon mehrfach gesagt, über die Milchsäure und endet mit der Bildung von Kohlensäure und Wasser. In dieser Weise betrachtet, besteht also der Abbau aus zwei Phasen, einer auch ohne Sauerstoff ablaufenden „*anaeroben*‘‘ (anoxybiontischen) *Gärungsreaktion*: $C_6H_{12}O_6 = 2\,C_3H_6O_3$, der sog. *Glykolyse*, und einer Verbrennungs- oder *Atmungsreaktion*, also einer „*aeroben*‘‘ *Reaktion*: $C_3H_6O_3 + 3\,O_2 = 3\,CO_2 + 3\,H_2O$.

Die Bildung von Milchsäure ist unter der Bedingung der Anaerobiose bei sämtlichen Geweben, wenn auch quantitativ in sehr verschiedenem Ausmaß nachzuweisen; hervorragend deutlich ist sie bei den rasch wachsenden Zellen, wie Embryonalgewebe oder bösartigen Tumoren, weil bei diesen auch in Gegenwart von Sauerstoff die Fähigkeit, den Sauerstoff zu veratmen, mehr oder weniger mangelt (O. WARBURG).

Die Spaltung in Milchsäure geschieht nicht direkt, sondern so, daß der Zucker zunächst mit 1 oder 2 Molekülen Phosphorsäure zu Hexosemonophosphorsäure $C_6H_{11}O_5(H_2PO_4)$ bzw. Hexosediphosphorsäure $C_6H_{10}O_4(H_2PO_4)_2$ verestert wird. Bei dieser Phosphorylierung entsteht wahrscheinlich eine besondere *alloiomorphe Form (am-Form) des Zuckers*, in der er erst reaktionsfähig ist. Schon seit langem (EMIL FISCHER) wird angenommen, daß die Hexosen in wäßriger Lösung in tautomeren Formen auftreten, bei denen 2 C-Atome durch eine Sauerstoffbrücke miteinander verbunden sind, so daß ringförmige Systeme entstehen. Für gewöhnlich bildet sich durch Überbrückung zwischen dem ersten und fünften C-Atom der Sechsring des Pyrans, und es entsteht, entsprechend der Konstitutionsformel I, eine *Pyranose*, die relativ stabil ist. Demgegenüber wird für die reaktionsfähige am-Form eine Überbrückung zwischen C 1 und C 4, also die Existenz eines Fünfrings, des Furans, die Bildung einer *Furanose* (II) angenommen:

$$
\begin{array}{c}
\text{H}_2\text{C} \\
\diagup \quad \diagdown \\
\text{HC} \qquad \text{CH} \\
\| \qquad \quad \| \\
\text{HC} \qquad \text{CH} \\
\diagdown \quad \diagup \\
\text{O}
\end{array}
\qquad
\begin{array}{c}
\text{HC}-\text{CH} \\
\| \qquad \| \\
\text{HC} \quad \text{CH} \\
\diagdown \diagup
\end{array}
\qquad
\begin{array}{c}
\left[\begin{array}{l}
-\text{CHOH} \\
\ \ \ \text{CHOH} \\
\text{O}\ \text{CHOH} \\
\ \ \ \text{CHOH} \\
-\text{CH} \\
\ \ \ \text{CH}_2\text{OH}
\end{array}\right]
\end{array}
\qquad
\begin{array}{c}
\left[\begin{array}{l}
-\text{CHOH} \\
\ \ \ \text{CHOH} \\
\text{O}\ \text{CHOH} \\
-\text{CH} \\
\ \ \ \text{CHOH} \\
\ \ \ \text{CH}_2\text{OH}
\end{array}\right]
\end{array}
$$

$$\text{Pyran} \qquad\qquad \text{Furan} \qquad\qquad \text{I. Pyranose} \qquad \text{II. Furanose}$$

Die *Entstehung der Milchsäure* würde dann von der am-Form aus erfolgen. Dies geschieht hauptsächlich über *Glyzerinaldehyd* $\text{CH}_2\text{OH} \cdot \text{CHOH} \cdot \text{COH}$ bzw. über *Glyzerinaldehydphosphorsäure* oder *Triosephosphorsäure* $\text{CH}_2\text{O}(\text{H}_2\text{PO}_3) \cdot \text{CHOH} \cdot \text{COH}$, in zweiter Linie über den Aldehyd der Brenztraubensäure, das *Methylglyoxal* $\text{CH}_3 \cdot \text{CO} \cdot \text{COH}$ bzw. das Methylglyoxalhydrat:

a) $\text{C}_6\text{H}_{12}\text{O}_6 = 2\,\text{CH}_2\text{OH} \cdot \text{CHOH} \cdot \text{COH}$

b) $\text{C}_6\text{H}_{12}\text{O}_6 = 2\,\text{CH}_3 \cdot \text{CO} \cdot \text{CH(OH)}_2 = 2\,\text{CH}_3 \cdot \text{CO} \cdot \text{COH} + 2\,\text{H}_2\text{O}$.

Die Bildung des Methylglyoxals wird über zum Teil noch unbekannte Zwischenstufen durch eine besondere Desmolase (s. S. 19), die *Glykolase* bewirkt (NEUBERG).

Die Umbildung der Triosephosphorsäure in Milchsäure geschieht nach EMBDEN und MEYERHOF im Muskelbrei folgendermaßen:

$$
\begin{array}{llll}
\text{CH}_2\text{O}(\text{H}_2\text{PO}_3) & & \text{CH}_2\text{O}(\text{H}_2\text{PO}_3) & \text{CH}_2\text{O}(\text{H}_2\text{PO}_3) \\
\ | & & \ | & \ | \\
2\,\text{CHOH} & +\,\text{H}_2\text{O} = & \text{CHOH} & +\ \text{CHOH} \\
\ | & & \ | & \ | \\
\text{COH} & & \text{CH}_2\text{OH} & \text{COOH} \\
\text{Triosephosphorsäure} & & \text{Glyzerinphosporsäure} & \text{Phosphoglyzerinsäure}
\end{array}
$$

Es spielt sich also unter dem Einfluß eines Enzyms, der *Aldehydmutase*, eine *Oxydoreduktion*, nämlich zu gleicher Zeit eine Oxydation an einem, eine Reduktion an einem zweiten Molekül ab, eine sogenannte CANIZZArosche *Reaktion* oder *Dismutation*.

Die Phosphoglyzerinsäure wird darauf dephosphoryliert:

$$
\begin{array}{lll}
\text{CH}_2\text{O}(\text{H}_2\text{PO}_3) & \text{CH}_3 & \\
\ | & \ | & \\
\text{CHOH} & = \text{CO} & +\,\text{H}_3\text{PO}_4 \\
\ | & \ | & \\
\text{COOH} & \text{COOH} &
\end{array}
$$

und die entstehende *Brenztraubensäure* reagiert darauf mit der Glyzerinphosphorsäure unter abermaliger Dismutation; es entsteht *Milchsäure* und wird Triosephosphorsäure regeneriert:

$$
\begin{array}{llll}
\text{CH}_3 & \text{CH}_2\text{O}(\text{H}_2\text{PO}_3) & \text{CH}_3 & \text{CH}_2(\text{H}_2\text{PO}_3) \\
\ | & \ | & \ | & \ | \\
\text{CO} & +\,\text{CHOH} & = \text{CHOH} & +\ \text{CHOH} \\
\ | & \ | & \ | & \ | \\
\text{COOH} & \text{CH}_2\text{OH} & \text{COOH} & \text{COH}
\end{array}
$$

Die Überführung des Methylglyoxals bzw. des Methylglyoxalhydrats in Milchsäure geschieht ebenfalls durch Oxydoreduktion mit Hilfe eines in Muskeln, Leber und anderen Geweben nachgewiesenen Enzyms, das zugleich die Aldehyd- und die Ketogruppe angreift und deshalb von Neuberg als *Glyoxalase* oder *Ketonaldehydmutase* bezeichnet wurde:

$$
\begin{array}{ccc}
CH_3 & CH_3 & CH_3 \\
| & | & | \\
CO \;\; + H_2O = & CO{\;}_{OH} & = CHOH \\
| & | \diagup & | \\
COH & C{-}H & COOH \\
& \diagdown OH &
\end{array}
$$

Dabei wirkt noch ein besonderer Enzymaktivator mit, ein *Koferment*, das sich aus Adenosylpyrophosphat, anorganischem Phosphat und Magnesium zusammensetzt (Lohmann) (s. dazu Kap. 20).

Auch die aerobe Phase des Abbaues ist mehrstufig; wahrscheinlich bildet sich aus der Oxysäure durch Dehydrierung (s. dazu S. 201) zunächst die Ketosäure Brenztraubensäure und aus dieser mit Hilfe einer *Karboxylase* Azetaldehyd (Neuberg):

$$2\,CH_3 \cdot CHOH \cdot COOH - 4\,H = 2\,CH_3 \cdot CO \cdot COOH$$
$$2\,CH_3 \cdot CO \cdot COOH = 2\,CH_3 \cdot COH + 2\,CO_2$$
$$4\,H + O_2 = 2\,H_2O$$

Der Azetaldehyd geht dann wiederum unter dem Einfluß einer Aldehyd-mutase unter Dismutation in Alkohol und Essigsäure über:

$$2\,CH_3 \cdot COH + H_2O = CH_3 \cdot CH_2OH + CH_3 \cdot COOH$$

Der Abbau ist hiermit so weit vollzogen, daß von den 6 C-Atomen der Hexosen 2 in CO_2, von den 12 H-Atomen 4 in H_2O übergeführt sind. Der weitere Abbau geht dann wahrscheinlich von der Essigsäure durch Dehydrierung über Bernsteinsäure und Fumarsäure zu Äpfelsäure:

$$
2\,CH_3 \cdot COOH - 2\,H \rightarrow
\begin{array}{c} CH_2 \cdot COOH \\ | \\ CH_2 \cdot COOH \end{array}
- 2\,H \rightarrow
\begin{array}{c} CH \cdot COOH \\ \| \\ CH \cdot COOH \end{array}
+ H_2O \rightarrow
\begin{array}{c} CHOH \cdot COOH \\ | \\ CH_2 \cdot COOH \end{array}
$$

Essigsäure   Bernsteinsäure   Fumarsäure   Äpfelsäure

Danach wird über Oxalessigsäure und Brenztraubensäure als Zwischenstufen wiederum Azetaldehyd gebildet:

$$
\begin{array}{c} CHOH \cdot COOH \\ | \\ CH_2 \cdot COOH \end{array}
- 2\,H \rightarrow
\begin{array}{c} CO \cdot COOH \\ | \\ CH_2 \cdot COOH \end{array}
\rightarrow
\begin{array}{c} CO \cdot COOH \\ | \\ CH_3 \end{array}
+ CO_2 \rightarrow CH_3 \cdot CHO + CO_2
$$

Äpfelsäure   Oxalessigsäure   Brenztraubensäure

In dieser Folge von Umwandlungen (Hahn, Thunberg) werden also von 4 C 2 zu CO_2, von 8 H 4 zu H_2O oxydiert. Indem der restierende Azetaldehyd dann abermals in Reaktion tritt, vollendet sich der oxydative Abbau mehr und mehr.

Nehmen wir schließlich hinzu, daß in dieses System von Reaktionen auch diejenigen Reaktionsfolgen einmünden, welche beim Abbau der Fettsäuren und der Aminosäuren durchlaufen werden, so haben wir eine — freilich schematisierte — Vorstellung von dem oxydativen Abbau der Hauptkörperbestandteile bis zu den Endprodukten des Stoffwechsels gewonnen, auf den, wie man sieht, der Ausdruck Verbrennung, wie er bis vor kurzem gang und gäbe war, nur wenig paßt; an die Stelle der üblichen Bruttoformeln, mit denen man die bei hoher Temperatur, etwa in einem Ofen sich vollziehenden Verbrennungen organischer Substanz versinnbildlicht, auf deren linker Seite O_2, auf deren rechter Seite $H_2O + CO_2$ als wichtigste Glieder figurieren, ist hier ein System von Reaktionsgleichungen getreten, welches den besonderen Charakter der langsamen und wandlungsfähigen, enzymatisch bedingten biologischen Oxydationen zu einem prägnanten Ausdruck bringt. Das Besondere ist dabei in erster Linie, daß *CO₂ keineswegs als Verbrennungsprodukt erscheint*, das aus der Oxydation von C-Atomen hervorgeht, sondern ohne Beteiligung von Sauerstoff aus präformierten oder neu sich bildenden COOH-Gruppen herausgespalten wird, und daß der *Sauerstoff als solcher nur dazu verwendet wird*, *H-Atome*, die in den einzelnen Reaktionsstufen des Gesamtprozesses mobilisiert worden sind, *zu binden*. Im übrigen können aber Oxydationen auch so zustande kommen, daß, wie z. B. bei der Dismutation oder bei der Umwandlung von Fumarsäure in Äpfelsäure, Wasser in Reaktion tritt und dadurch *zugleich in einem Molekül oder Radikal eine Oxydation, in einem zweiten eine Reduktion* zustande kommt.

Den Mechanismus dieser letztgenannten Reaktion kann man aber auch ganz anders ansehen, und damit kommen wir auf eine der beiden einander gegenüberstehenden Theorien der organischen Oxydation. Nach WIELAND ist jede solche Oxydation eine Dehydrierung, die in einer *Mobilisierung von H-Atomen* besteht. So erfolgt die Dismutation von Azetaldehyd din er Weise, daß sich durch Wasseranlagerung ein Hydrat bildet, in dem dann mit Hilfe der Aldehydmutase 2 H-Atome mobilisiert und dadurch aktiviert werden, so daß ein zweites Molekül Aldehyd den angeregten Wasserstoff aufnehmen kann, entsprechend den beiden Reaktionsstufen:

$$1. \quad CH_3 \cdot CH \begin{subarray}{l} \diagup OH \\ \diagdown OH \end{subarray} \quad - 2\,H = CH_3 \cdot COOH$$

$$2. \quad CH_3 \cdot C \begin{subarray}{l} \diagup H \\ \diagdown O \end{subarray} \quad + 2\,H = CH_3 \cdot CH_2OH$$

Das eine Molekül Aldehyd fungiert bei dieser Oxydoreduktion als „Donator" des Wasserstoffs, das andere als „Akzeptor". Das Enzym wirkt als **Dehydrase.** In dieser Weise ist auf S. 200 eine Reihe von Abbaureaktionen als Dehydrierungen dargestellt, in deren Folge angeregter atomarer Wasserstoff sich mit molekularem Sauerstoff als Akzeptor zu Wasser verbindet: $4\,H + O_2 = 2\,H_2O$.

Der Theorie von WIELAND steht die von WARBURG gegenüber, nach der die Oxydationen dadurch zustande kommen, daß nicht Wasserstoff, sondern Sauerstoff aktiviert wird. Hierfür ist nach WARBURG die Anwesenheit komplexer Schwermetallsalze notwendig, die an die Strukturbestandteile der Zellen, an ihre Stromata oder ihre Granula verankert sind. Die Salze funktionieren in der Weise als „Oxydasen", daß das Metall intermediär von einer niederen in eine höhere Oxydationsstufe übergeht, die dann den *Sauerstoff in atomistischer Form* an den Akzeptor weitergibt. Die Anschauung entwickelte sich aus folgenden Beobachtungen: WARBURG und MEYERHOF fanden, daß ein etwa durch Gefrieren oder vorsichtiges Zerreiben gewonnener Brei von Blutkörperchen, Seeigeleiern, Leberzellen, Bakterien oder auch die durch Eintragen in Azeton-Äther und Trocknen im Vakuum hergestellten Pulver der Zellen noch einen mehr oder weniger großen Rest der Zellatmung beibehalten haben. Erst wenn man die Zelltrümmer völlig zermalmt, also ihre Struktur völlig zerstört, hört der Gaswechsel auf. Es zeigte sich dann weiter, daß solche atmenden Systeme stets kleine Mengen Schwermetall, meist Eisen, enthalten und daß die Atmung verschwindet, wenn man Blausäure, Schwefelwasserstoff oder Kohlenoxyd zusetzt, d. h. Stoffe, welche mit Eisen einfache oder komplexe Verbindungen eingehen. Die Sauerstoffübertragung wird aber nicht durch beliebige Eisenverbindungen bewirkt; Eisenion einerseits, Hämoglobin, Hämatin oder das in vielen pflanzlichen und tierischen Zellen von Keilin gefundene häminartige Cytochrom andererseits sind unwirksam. Dennoch ist das „Atmungsferment" häminverwandt. Seine Inaktivierung durch CO kann nämlich nach Warburg durch Belichtung rückgängig gemacht werden, wobei sich zeigt, daß die gleichen Wellenlängen stark wirksam sind, welche von den häminartigen Stoffen relativ stark absorbiert werden. Das auf diese Weise als ein Proteinabkömmling charakterisierte Atmungsferment ist mit der spektrometrischen Methode sowohl in Bakterien wie in pflanzlichen und tierischen Zellen nachgewiesen worden. Seine Isolierung scheiterte bisher an den geringen Mengen, die in den Zellen enthalten sind.

Die Oxydation bzw. Dehydrierung in den Geweben wird vielfach noch durch besondere Hilfskatalysatoren verstärkt oder erleichtert. Von solchen ist erstens die *Katalase* zu nennen, ein bei Pflanzen und Tieren weit verbreitetes Enzym, das Wasserstoffperoxyd H_2O_2 in $H_2O + O$ zerlegt. Wasserstoffperoxyd ist zwar in den Geweben nicht nachzuweisen, aber es ist kaum zu bezweifeln, daß, wenn durch Dehydrierung aktiver Wasserstoff frei wird, dieser durch Reaktion mit molekularem Sauerstoff das starke Oxydationsmittel entsprechend der Gleichung: $H + H + O_2 = H_2O_2$ entstehen läßt. Weitere Hilfskatalysatoren sind das *Cystein* und das weit verbreitet vorkommende *Glutathion* (Hopkins). Letzteres ist ein Tripeptid (S. 41), das aus Glutaminsäure, Cystein und Glykokoll zusammengesetzt ist. Es wird sehr leicht in Gegenwart von Eisen an der Sulfhydrylgruppe —SH dehydriert, ähnlich der Umwandlung von Cystein in Cystin (S. 39 und 192), und kann dann seinerseits wiederum andere Verbindungen dehydrieren:

$$2 \; Gl \cdot SH + Akzeptor \rightleftarrows Gl \cdot S—S \cdot Gl + Akzeptor \cdot H_2 \, .$$

In diesem Zusammenhang verstehen wir also die früher angeführte Beobachtung, daß, wenn das Bedürfnis unseres Körpers nach besserer Ausnützung des Sauerstoffs unter besonderen Umständen, z. B. im Höhenklima steigt, er neben anderem zu dem Hilfsmittel greift, seinen Bestand an Katalase und an Glutathion zu vermehren (s. S. 99). Endlich scheinen sich als Hilfskatalysatoren der Atmung durch Übertragung von Wasserstoff bzw. Sauerstoff auch einige der *Vitamine* (A, B_2, C) zu betätigen, von denen nachher die Rede sein wird.

Zum Schluß wollen wir uns noch einmal ins Gedächtnis zurückrufen, daß am Eingang dieses Kapitels die Nahrungsstoffe in traditioneller Weise mit dem Brennmaterial einer Arbeit leistenden Maschine verglichen wurden, um uns angesichts der Tatsache, daß die tierische Verbrennung so ganz anders abläuft als die explosive Zersetzung in einem Verbrennungsofen, die Frage vorzulegen, *wie die für den Lebensbedarf notwendige Energielieferung auf die einzelnen Stufen des Abbaus der Nahrungsstoffe verteilt ist.* Die Antwort lautet, daß der größte Ertrag an Arbeit in die aerobe, die Atmungsphase, fällt. Darüber belehrt folgendes Beispiel: Wenn 1 Mol Glucose zu CO_2 und H_2O verbrannt wird, so werden 673,4 kg-Kalorien (kcal.) frei; davon werden nach Neuberg bei der Umwandlung von 1 Mol Glucose in 2 Mol Methylglyoxal nur 4,9 kcal., bei der Umwandlung von

2 Mol Methylglyoxal in 2 Mol Milchsäure nur 22,6 kcal. in Freiheit gesetzt. Die anaeroben Gärungsreaktionenn, die Dekarboxylierungen, die Oxydoreduktionen, ebenso wie die an den ursprünglichen Nahrungsstoffen, den Eiweißen, Fetten, Polysacchariden sich vollziehenden Hydrolysen laufen sämtlich mit recht geringen bis verschwindenden Wärmetönungen ab. Der Sinn ist darin zu erblicken, daß auf diese Weise schon mit sehr geringem Energieaufwand die ersten Abbauprodukte der Hauptkörperbestandteile in zahlreichen reversiblen Reaktionen ineinander umgewandelt und so die vielen gegenseitigen Vertretungen von Stoffen zustande kommen können, die uns in diesem Kapitel beschäftigten. Demgegenüber sind die endgültigen, irreversiblen Verbrennungen stark exotherme Reaktionen. Genau genommen handelt es sich aber dabei, wie wir schon sahen (S. 201), immer wieder um die Oxydation des Wasserstoffs, um die Knallgasreaktion, durch die pro Mol Wasserstoff 69 kcal. geliefert werden. —

Es bleibt nun noch der Stoffwechsel dreier Gruppen von Verbindungen zu erörtern, welche quantitativ hinter den Fetten, Eiweißkörpern und Kohlehydraten zurücktreten und deshalb längere Zeit der Beachtung entgangen waren, der Stoffwechsel der *Nukleoproteide*, der *Lipoide* und der *Vitamine*. Wegen ihrer geringen Quantität spielen sie auch nicht die Rolle, in der die übrigen Nahrungsstoffe in erster Linie unsere Aufmerksamkeit auf sich lenken, sie sind nicht oder nur im kleinsten Maß Träger der chemischen Energie, welche durch das Mittel der chemischen Umwandlung für den Betrieb der Organe zur Verfügung gestellt werden muß. Aber da wir unter einem Nahrungsstoff nicht bloß einen Stoff verstehen, welcher durch seine chemische Reaktionsfähigkeit für unseren Körper Wert erhält, sondern auch einen Stoff, welcher zu den regelmäßigen Bestandsteilen der Zellen gehört (s. S. 15) und bei Verlust durch die Nahrung ergänzt wird, so sind zu den Nahrungsstoffen auch die genannten drei Gruppen von Verbindungen zu zählen. Dazu kommen dann noch die *anorganischen Salze*, die in einem besonderen Abschnitt besprochen werden sollen.

Die **Nukleoproteide** kommen, wie ihr Name besagt, vor allem in den Zellkernen vor. Ihr Molekül besteht größtenteils aus Eiweiß; daneben enthält es noch andere Bestandteile, unter denen die **Purine** unser besonderes Interesse beanspruchen.

Ihren Aufbau hätten wir schon in dem Kapitel über die Verdauung erörtern können, da auch die Nukleoproteide, wie die übrigen Nahrungsstoffe, durch die einzelnen Verdauungssäfte mit Hilfe von Enzymen, die man als *Nukleasen* bezeichnet, sukzessive abgebaut werden. Der Magensaft spaltet die Nukleoproteide in *Nuklein* und in Eiweiß; während letzteres verdaut wird, bleibt das Nuklein, eine in Wasser und in Säure unlösliche Substanz, unverändert. Im Darm wird das Nuklein durch das Alkali des Pankreassaftes gelöst und dann weiter zerlegt; nämlich es wird abermals Eiweiß abgespalten und verdaut, daneben entsteht *Nukleinsäure*, ein merkwürdiger Komplex aus Kohlehydrat, Phosphorsäure und den basischen Purinen und Pyrimidinen, welcher durch den Darmsaft noch weiter gespalten wird, aber nicht bis zu den eben genannten einzelnen Bausteinen des Moleküls, sondern es bleiben größere Bruchstücke übrig, die *Nukleotide* und *Nukleoside* (LEVENE), welche resorbiert werden. Die Nukleoside sind glykosidartige Verbindungen von je 1 Molekül Kohlehydrat und Base; die Nukleotide entstehen daraus bei Anlagerung von 1 Molekül Phosphorsäure an das Kohlehydrat, sie sind also Verbindungen mit der Gruppierung Phosphorsäure—Kohlehydrat—Base. Die Vereinigungen verschiedener solcher (Mono-) Nukleotide bilden dann die Nukleinsäuren (*Polynukleotide*).

Wenn die Nukleoproteide in den Organen von den intrazellulären Enzymen angegriffen werden, dann geht die Spaltung dort zunächst den gleichen Weg, aber — wie wir das auch bei den anderen Nahrungsstoffen gefunden haben — sie geht tiefer als bei der Verdauung im Darmkanal; die Nukleinsäure zerfällt in ihre eigentlichen Bauelemente, und auch diese werden noch weiter verändert.

Was nun diese Bauelemente im einzelnen anbelangt, so kommen von Kohlehydraten sowohl Hexosen als Pentosen vor. Die Purine sind *Adenin, Guanin, Hypoxanthin* und *Xanthin*, die Pyrimidine sind *Cytosin, Uracil* und *Thymin*. Die Purine leiten sich ab von einer Stammsubstanz, dem *Purin* (EMIL FISCHER), welchem folgende Konstitutionsformel zukommt:

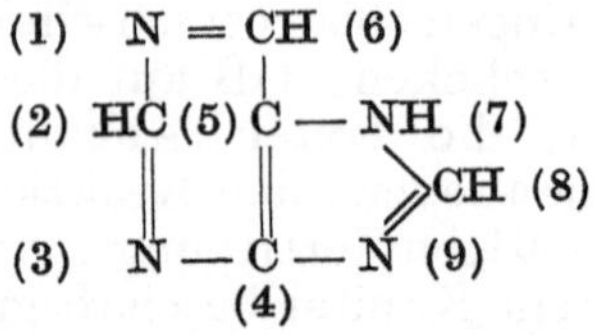

$$
\begin{array}{ll}
(1) & N = CH \ (6) \\
(2) & HC\,(5)\ C - NH \ (7) \\
      & \qquad\qquad\quad CH \ (8) \\
(3) & N - C - N \ (9) \\
      & \qquad (4)
\end{array}
$$

Die beigeschriebenen eingeklammerten Zahlen 1—9 sollen die Orte bezeichnen, an denen Substitutionen eintreten können. So ist z. B. Guanin als 2-Amino-6-Oxypurin zu bezeichnen, da es die folgende Konstitutionsformel hat:

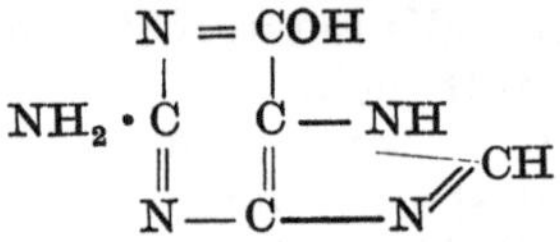

$$
\begin{array}{l}
N = COH \\
NH_2 \cdot C \quad C - NH \\
\qquad\qquad\qquad\quad CH \\
N - C \quad\quad N
\end{array}
$$

Entsprechend ist Adenin = 6-Aminopurin, Hypoxanthin = 6-Oxypurin, Xanthin = 2,6-Dioxypurin (EMIL FISCHER). *Pyrimidin* ist der dem Sechsring der Purine zugrunde liegende Körper von der Konstitution:

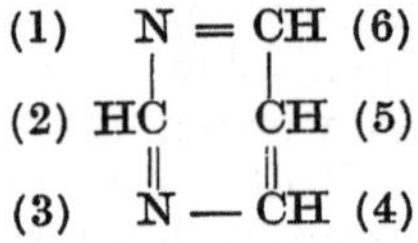

$$
\begin{array}{ll}
(1) & N = CH \ (6) \\
(2) & HC \quad\ CH \ (5) \\
(3) & N - CH \ (4)
\end{array}
$$

Cytosin ist 2-Oxy-6-Aminopyrimidin, Uracil 2,6-Dioxypyrimidin, Thymin 2-Oxy-5-Methylpyrimidin.

Der Purinkern enthält danach einen Pyrimidin- und einen Imidazolring (s. S. 40 u. 194).

Die Purine werden nun in den Organen durch besondere Enzyme (BURIAN, SCHITTENHELM) desaminiert und oxydiert. In den Nukleoproteiden sind ursprünglich nur Adenin und Guanin enthalten; Hypoxanthin und Xanthin entstehen aus ihnen erst sekundär unter oxydativer Desaminierung mit Hilfe von zwei Enzymen *Adenase* und *Guanase*. Darauf erfolgt die weitere Oxydation durch eine *Xanthinoxydase* zu dem wichtigsten Derivat, dem 2, 6, 8-Trioxypurin, der **Harnsäure,**

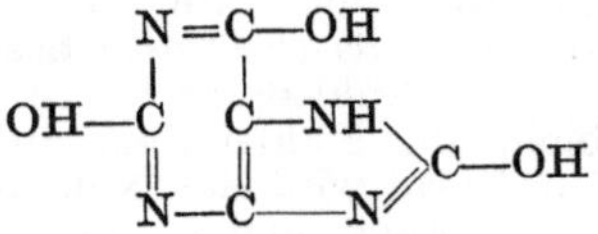

$$
\begin{array}{l}
N = C-OH \\
OH-C \quad C-NH \\
\qquad\qquad\qquad\qquad C-OH \\
N-C \quad\ N
\end{array}
\qquad \text{oder} \qquad
\begin{array}{l}
HN-C=O \\
OC \quad C-NH \\
\qquad\qquad\qquad\qquad CO \\
HN-C-NH
\end{array}
$$

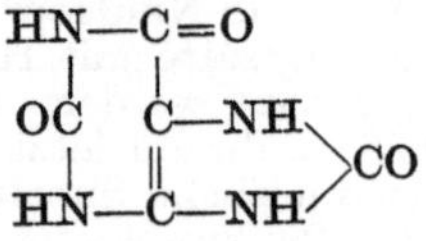

Ihr Nachweis geschieht durch die *Murexidprobe* (Kap. 17). Sie wurde lange Zeit als Produkt einer unvollkommenen Eiweißverbrennung aufgefaßt, bis HORBACZEWSKI zeigte, daß sie im Reagenzglas entsteht, wenn man Nuklein zu Milzpulpa hinzusetzt. Heute gelten die gesamte Harnsäure des Harns sowie die dort vorkommenden methylierten Xanthine, zusammengefaßt unter dem Namen der *Harnpurine*, als Abkömmlinge der Kernsubstanzen.

Nur bei Vögeln und Reptilien, deren Harnstickstoff überwiegend Harnsäure ist, hat diese größtenteils eine andere Herkunft. Nämlich wie bei den Säugetieren, Amphibien und Fischen das äußerste stickstoffhaltige Endprodukt der Eiweißzersetzung, das Ammoniak, zusammen mit Kohlensäure zu Harnstoff synthetisch vereinigt wird, so bilden Vögel und Reptilien ebenfalls unter Verwendung von Ammoniak und gleichfalls in der Leber Harnsäure (MINKOWSKI).

Bei manchen Säugetieren, insbesondere den Fleischfressern, geht die Oxydation über die Harnsäure hinaus, und es bildet sich *Allantoin* unter Mitwirkung eines Enzyms, der *Urikase*:

$$\text{Harnsäure} + O + H_2O = \text{Allantoin} + CO_2$$

Harnsäure   Allantoin

Diese Umwandlung erfolgt wiederum hauptsächlich in der Leber, so daß nach deren Ausschaltung sich Harnsäure in Blut und Harn ansammelt (MANN und MAGATH).

Die Harnpurine stammen teils aus der Nahrung, welche natürlich stets Kernmaterial enthält, teils gehen sie aus dem Zerfall von Körpersubstanz hervor. Man kann dementsprechend *exogene* und *endogene Harnpurine* unterscheiden (BURIAN und SCHUR). Diese doppelte Quelle ist auf folgende Weise festzustellen: läßt man einen Menschen hungern, so scheidet er eine ziemlich konstante, individuell charakteristische Menge von Purinen aus; sie entspricht der täglichen Abnutzung seiner Organe. Wenn nun Organsubstanz aus irgendeinem Grunde stärker schwindet, dann wird die Menge der endogenen Harnpurine zunehmen; das geschieht z. B., wenn sich bei einer Pneumonie nach der Krise das Infiltrat der Alveolen löst und aus den zerfallenden Leukozyten die Nukleoproteide austreten und resorbiert werden, oder wenn bei der Röntgenbestrahlung vergrößerter Lymphdrüsen Lymphozyten zerstört werden. Die exogene Herkunft der Harnpurine kann man beweisen, indem man Nahrung von verschiedenem Kernreichtum gibt. Animalische Kost ist im allgemeinen kernreicher als vegetabilische; bei animalischer Kost werden täglich etwa 2 g, bei vegetabilischer nur 0,2—0,7 g Harnsäure ausgeschieden. Und wie schon das histologische Bild vermuten läßt, produzieren drüsige Organe wie Leber, Nieren, Thymus, entsprechend ihrem Kernreichtum, mehr Purine, wenn sie genossen werden, als Muskeln oder Gehirn. Muskeln enthalten freilich Purine außer in den Kernen auch noch als Nukleotide, nämlich als Adenosylpyrophosphorsäure, die nach v. EULER und LOHMANN zusammen mit Phosphat und Magnesium das Koferment der Milchsäurebildung darstellt (s. S. 200 u. Kap. 20), ferner als Adenosylphosphorsäure oder *Adenylsäure* (EMBDEN) und als Hypoxanthosylphosphorsäure oder *Inosinsäure* (s. dazu Kap. 20); daher sind Fleischbrühe und besonders Fleischextrakt purinhaltig. Der Adenylsäure kommt nach LEVENE folgende Formel zu:

$$N=C-NH_2 \quad ; \quad OH\ OH \quad OH$$

Aber auch unter den animalischen Nahrungsmitteln kommt eines von großer Wichtigkeit vor, das sehr purinarm ist, die Milch. Andererseits gibt es auch Vegetabilien, welche ziemlich reichlich Purine liefern können; so enthalten Kaffee, Tee und Kakao methylierte Xanthine als Koffein, Theophyllin und Theobromin.

Diese Zusammenhänge sind speziell von Bedeutung für die Behandlung einer verbreiteten Konstitutionsanomalie, der *Gicht*. Deren Hauptsymptom ist bekanntlich die anfallsweise auftretende entzündliche Schwellung bestimmter Gelenke, begleitet von einer Abscheidung von Harnsäure besonders in diese. Die unmittelbare

Ursache der Ablagerung ist eine „Hyperurikämie", eine Überladung des Blutes mit Harnsäure (statt 3—4 mg % 6—8), welche schwer löslich ist und darum leicht ausfällt. Worauf aber diese Hyperurikämie beruht, ist bisher unbekannt. Deshalb ist man auch bisher nicht imstande, die Krankheit an der Wurzel zu fassen, sondern muß sich wesentlich auf eine diätetische Behandlung beschränken, und die physiologische Chemie zeigt dafür den Weg: Vermeidung von Fleisch aller Art, von Kaffee, Tee, Schokolade; statt dessen vegetarische Kost und Milch. Eine Mahlzeit von Leber oder Niere kann bei Gichtdisposition direkt einen Anfall auslösen.

Die *Purine* müssen als *unentbehrliche Bestandteile der Nahrung* angesehen werden. Denn es gibt bisher keine ganz sicheren Beweise dafür, daß sie in unserem Körper synthetisch gebildet werden können, wenigstens im Körper des Erwachsenen. Im Körper des Säuglings nimmt allerdings der Bestand an Purinen zu, obwohl seine Nahrung, die Milch, fast purinfrei ist. Auch im bebrüteten Hühnerei bilden sich Purine (KOSSEL). Ferner vollzieht sich offenbar im Rheinlachs, welcher zum Laichen stromaufwärts wandert (s. S. 192), die Purinsynthese, da er, ohne Nahrung aufzunehmen, seine Geschlechtsprodukte, die an Nukleoproteiden reichen Spermatozoen, aufzubauen vermag (MIESCHER).

Über den Stoffwechsel der *Pyrimidine*, welche mit den Purinen als charakteristische Komponenten der Nukleoproteide zu nennen waren (s. S. 204), ist bisher fast nichts bekannt.

Gehen wir nun zur Betrachtung der **Lipoide** über. Im Gegensatz zu den bisher erörterten Nahrungsstoffen handelt es sich bei ihnen um eine Gruppe von Verbindungen, welche chemisch uneinheitlich und statt dessen physikalisch-chemisch charakterisiert ist. Die Lipoide tragen nämlich ihren Namen der „fettähnlichen" nur deshalb, weil sie in denselben Lösungsmitteln wie die Fette löslich sind, nämlich in heißem Alkohol, Äther, Benzol u. a. Das ist natürlich eine sehr unvollkommene Charakterisierung, weil die gleiche Eigenschaft zahlreichen Verbindungen zukommt, welche nicht zu den Lipoiden gezählt werden. Die Lipoide werden in die **Phosphatide** und die **Sterine** eingeteilt; die wichtigsten Phosphatide sind die *Lezithine* und *Kephaline*, die wichtigsten Sterine *Cholesterin* und *Ergosterin*.

Das Molekül der Lezithine besteht aus Glyzerin, Fettsäuren, Phosphorsäure und Cholin; sie unterscheiden sich voneinander durch die Art und Stellung der Fettsäuren. Die Konstitution eines Lezithins mit 2 Molekülen Stearinsäure ist durch die folgende Formel wiederzugeben:

$$CH_2O—OC \cdot C_{17}H_{35}$$
$$|$$
$$CHO—OC \cdot C_{17}H_{35}$$
$$|$$
$$CH_2O$$

$$N \equiv \begin{cases} C_2H_4 \cdot O \\ (CH_3)_3 \\ OH \end{cases} \quad \begin{matrix} CH_2O \\ OH \end{matrix} {>} PO$$

Die *Kephaline* enthalten statt des Cholins das *Kolamin* = Oxyäthylamin $CH_2OH \cdot CH_2(NH_2)$.

Bau und Eigenschaften des *Cholesterins* wurden schon früher (S. 48) bei Erörterung der Galle besprochen. Das *Ergosterin* bildet, wie wir sehen werden, eine Vorstufe des Vitamin D.

Die Lipoide kommen, soviel man weiß, in den Zellen aller Organe vor. Bei den Tieren sind sie besonders reichlich im Nervengewebe und im Eidotter enthalten. Wir hatten sie schon zu erwähnen, als bei der Beschreibung der Blutkörperchen von den allgemeinen diosmotischen Eigenschaften der Zellen die Rede war (s. S. 94). Die Plasmahaut der Zellen verhält sich in vieler Hinsicht so, als ob sie eine Lipoidmembran wäre, und die Analysen lehren, daß die „Zell-Stromata" wirklich zu einem erheblichen Teil aus Lipoiden bestehen. *Die Lipoide sind demnach niemals fehlende Bauelemente der Zellen*, sie gehören gerade so gut zu deren integrierenden Bestandteilen wie die Eiweißkörper, Nukleoproteide, Wasser und Salze, während Kohlehydrate und Fette weit eher als Reservematerial zu bezeichnen sind, das auch im Zelleib gelegentlich fehlen kann.

An Hand dieser Betrachtungen gelangen wir von selbst zu der Frage, *ob die Lipoide unbedingt in der Nahrung enthalten sein müssen*, um im Stoffwechsel zustande gekommene Verluste zu ersetzen, oder ob sie vielleicht von den Zellen aus anderem Material immer wieder neu gebildet werden können. Diese Frage kann nicht a priori beantwortet werden; denn wenn auch Phosphorsäure, Fettsäuren und Glyzerin durch den Stoffwechsel sicherlich zu Gebote stehen, so wissen wir über die Bildungsbedingungen des Cholins und Kolamins ebenso wie über die des Cholesterins noch recht wenig. Kolamin und Cholin denkt man sich durch Dekarboxylierung und Methylierung des Serins (S. 39) entstanden:

$$CH_2OH \cdot CH(NH_2) \cdot COOH \longrightarrow CH_2OH \cdot CH_2(NH_2) + CO_2 \longrightarrow CH_2OH \cdot CH_2N {\Large\langle} {}^{(CH_3)_3}_{\quad OH} \cdot$$

Serin   Kolamin   Cholin

Ernährt man Mäuse mit einer sonst zureichenden Kost, der durch Ätherextraktion die Lipoide entzogen sind, so gehen sie zugrunde, während sie gedeihen, wenn dem extrahierten Futter die Lipoide wieder zugesetzt werden. Man schloß daraus auf die Unentbehrlichkeit der Lipoide und auf die Unfähigkeit der Mäuse, die Lipoide synthetisch zu bilden. Heute weiß man, daß man mit den Lipoiden auch gewisse Vitamine extrahiert, und daß vor allem deren Mangel die Tiere krank macht (s. S. 211ff.). Ob die Synthese der Lipoide im Tierkörper möglich ist, kann man aber direkter entscheiden. STEPP und FINGERLING ernährten Enten monatelang mit einem Futter, das an organischen Phosphorverbindungen arm war, dagegen anorganische Phosphate reichlich enthielt, und fanden, daß ihre Eierproduktion nicht geringer war als bei normaler Ernährung, und daß die Eier ebensoviel Lezithin enthielten wie sonst, weit mehr als etwa direkt aus dem Körper der Ente an die Eier abgegeben sein konnte. Die Enten vermögen also Lezithin aufzubauen. In entsprechender Weise stellten THANNHAUSER und SCHÖNHEIMER auch für das Cholesterin durch Analysen fest, daß es im bebrüteten Ei, ferner von der Eier produzierenden Henne und wahrscheinlich auch vom wachsenden Hund neu gebildet wird, während die Synthese beim erwachsenen Tier nicht erwiesen ist. Dieses würde dann also seinen Lipoidbedarf immer wieder aus der Nahrung ergänzen müssen. In der Tat ist die Resorbierbarkeit der Lipoide im Darm nachgewiesen. Bei dem an sich unlöslichen Cholesterin erfolgt sie unter Mitwirkung der Galle (S. 72). Seine Resorption ist nicht bloß am Verschwinden im Darminhalt, sondern auch an der Anreicherung im Blut und in der Leber nachzuweisen (HUECK). Ein besonderes Speicherorgan für Cholesterin stellt die Nebennierenrinde dar. Nach SCHÖNHEIMER werden im Gegensatz zum Cholesterin Koprosterin (S. 52), ferner Ergosterin und andere Phytosterine nicht oder nur in sehr kleinen Mengen resorbiert (s. S. 72).

Wenden wir uns nun zu der Gruppe der **Vitamine**, so beginnen wir die Erörterung eines Abschnittes der Physiologie, dem sich zugleich mit der Hormonphysiologie das Interesse der Allgemeinheit in ganz ungewöhnlichem Maß zugewendet hat. Die Gründe sind mannigfaltiger Natur. Vor allem ist auf Störungen in der Zufuhr von Vitaminen wie Hormonen zu den einzelnen Organen eine größere Zahl von zum Teil lange bekannten und verbreiteten Krankheiten zurückgeführt und damit der Weg zu ihrer kausalen Heilung aufgezeigt worden. Bei beiden handelt es sich ferner in charakteristischer Weise um kleine und kleinste Stoffmengen, deren Einfluß fast etwas Mysteriöses an sich hat. So läßt sich im Versuch an Ratten noch $1/100\,000$ mg Vitamin D, im Versuch an Mäusen noch $1/25\,000$ mg Sexualhormon, in Wachstumsversuchen mit Hafer noch $1/50\,000\,000$ mg Auxin an der Wirkung gut erkennen. Für den Chemiker lag und liegt gerade darin ein besonderer Reiz, durch Isolierung die Existenz dieser Stoffe sicherzustellen und sie so weit anzureichern, daß die Konstitutionsermittlung und damit die Synthese und als praktisches Ergebnis die exakte Dosierung für Heilzwecke glückt. Aber auch unter einem physiologischen Gesichtspunkt hat sich Vitaminen und Hormonen das Interesse häufig gleichzeitig zugewendet, nämlich sie sind öfter einander in ihrer Wirkung merkwürdig ähnlich. So ist das Parathormon der Nebenschilddrüse mit dem D-Vitamin, ein Bestandteil der Nebennierenrinde mit dem C-Vitamin, das Sexualhormon und ein Hormon des Hypophysenvorderlappens mit dem E-Vitamin vergleichbar.

Wenn trotz alledem die Lehre von den Hormonen hier abgetrennt und die Vitamine im Stoffwechsel-Kapitel abgehandelt werden, so ist dafür die Tatsache maßgebend, daß die Vitamine so wie die anderen Nahrungsstoffe dem Körper von außen zugeführt werden, während die Hormone Produkte unseres eigenen Körpers sind. Zwar gibt es auch Vitamine, die nicht fertig in der Nahrung enthalten sind, sondern in einer Vorstufe, die erst im Körper in die aktive Form umgewandelt wird, wie beim A- und D-Vitamin; aber der wesentlichste Teil der Synthese vollzieht sich doch außerhalb.

Die Lehre von den Vitaminen steht noch ganz in der Entwicklung. Das äußert sich in erster Linie darin, daß die Zahl der nachgewiesenen Vitamine noch ständig wächst. Mit dem Stand unserer Kenntnisse hängt auch zusammen, daß die Bedeutung sehr verschieden hoch eingeschätzt wird. Einerseits kennt man seit Jahrzehnten, zum Teil seit Jahrhunderten schwere Krankheiten, die als *Avitaminosen* bezeichnet werden, seitdem man erkannt hat, daß sie auf extrem einseitige Formen der Ernährung und damit eben auf den Mangel an bestimmten Vitaminen zurückzuführen sind, und die man nun heute größtenteils zu vermeiden gelernt hat. Andererseits muß man bedenken, daß die Gefahren einer einigermaßen einseitigen Kost auch heute noch durch den Zwang der wirtschaftlichen Abhängigkeiten in der „zivilisierten" Welt immer von neuem heraufbeschworen werden können. Die Erfahrungen des Weltkrieges und der Nachkriegszeit haben ja auch mit erschreckender Deutlichkeit gelehrt, daß Beschränkungen in der freien Auswahl der Nahrung Krankheiten hervorrufen, die alle Abstufungen zwischen der Norm und den typischen Avitaminosen darstellen.

Zum Ausgangspunkt der Lehre von den Vitaminen nehmen wir die beiden klassischen Avitaminosen Skorbut und Beriberi.

Wie man seit langem weiß, bricht der **Skorbut** dann aus, wenn bei Schiffsreisen, namentlich den langen Fahrten der Segelschiffe, bei Belagerungen oder einer Hungersnot Mangel an f r i s c h e r Pflanzenkost eintritt. Die Krankheit äußert sich in Blutungen und Geschwüren im Zahnfleisch, Blutungen in Haut, Periost und Gelenken, Blutungen in den inneren Organen, Hämaturie und Anämie, und sie schwindet, wie ebenfalls lange, schon seit dem 18. Jahrhundert bekannt ist, sobald man, wenn auch nur in kleinen Dosen, frische Vegetabilien verabreicht. Diese Zusammenhänge sind auch durch das Experiment sichergestellt. AXEL HOLST und FRÖHLICH machten Meerschweinchen durch systematische ausschließliche Fütterung mit Brot, getrockneten Hülsenfrüchten oder trockenen Getreidekörnern skorbutkrank und heilten sie dann durch Hinzugeben von Grünfutter, frischem Fruchtsaft oder frischer Milch. Es genügt auch, die trockene Gerste oder den trockenen Hafer, mit denen man den Skorbut hervorgerufen hat, auskeimen zu lassen, um sie zu einem vollwertigen Nahrungsmittel zu machen, während abermalige Trocknung des gekeimten Korns bei 37° genügt, um die früheren Schädigungen aufs neue hervorbrechen zu lassen. Aber nicht alle Tiere sind gleichmäßig empfindlich gegen diese Kost; während Kaninchen und Affen skorbutkrank werden, sind Ratten, Mäuse, Tauben, Hühner unempfindlich.

Die antiskorbutische Wirkung der frischen Nahrungsmittel ist verschieden; sie ist groß bei Apfelsinen-, Zitronen- und Himbeersaft, Tomaten, grünen Gemüsen und Weißkohl, geringer bei Kartoffeln, Rüben, Äpfeln, Bananen, Muskelfleisch und Leber, bei der Milch nach Grünfütterung größer als nach Trockenfütterung der Kühe, noch geringer bei Honig oder Bier. Früchte und Gemüse, die durch lang anhaltendes Erhitzen konserviert sind, haben ihre antiskorbutische Kraft eingebüßt, während zweckmäßig hergestellte industrielle Konserven noch ziemlich reich daran sind.

Die Substanz, auf die es ankommt, hat zunächst den indifferenten Namen Vitamin C erhalten. Der Name Vitamin, der dieser Substanz und überhaupt der ganzen Klasse von FUNK gegeben wurde, sollte ursprünglich besagen, daß man es bei den Vitaminen mit lebenswichtigen Aminen zu tun hat; diese chemische Rubrizierung besteht nach den gegenwärtigen Kenntnissen nicht zu Recht, aber der Name hat sich eingebürgert. Das Vitamin C hat folgende Eigenschaften: es ist wasser- und alkohollöslich, dagegen unlöslich in Äther und Chloroform, es ist ziemlich diffusibel und wenig adsorbierbar; es hält sich bei saurer Reaktion und geht bei alkalischer zugrunde; es leidet beim Trocknen und beim Erhitzen und ist gegen Sauerstoff, besonders gegen Ozon und Wasserstoffperoxyd empfindlich. Kürzlich ist es v. SZENT-GYÖRGYI gelungen, es rein darzustellen; es ist eine stark reduzierende Hexuronsäure, also verwandt der Glucuronsäure (s. S. 304), dem Bau nach wahrscheinlich eine Furanose (S. 199) und befähigt, aktivierten Wasserstoff auf Sauerstoff zu übertragen (S. 201). Es hat die einfache Formel $C_6H_8O_6$. Die Säure hat den Namen *Askorbinsäure* erhalten. 0,5 mg davon genügen als Tagesdosis, um ein skorbutkrankes Meerschweinchen zu heilen. Die Nebennierenrinde enthält einen Stoff, der der Askorbinsäure sehr nahe steht, vielleicht mit ihr identisch ist.

Dem Skorbut nahe verwandt ist die *MÖLLER-BARLOWsche Krankheit* der Kinder, die auch als *infantiler Skorbut* bezeichnet wird. Sie kommt fast ausschließlich bei künstlicher Ernährung der Säuglinge vor, besonders bei Ernährung mit zu lange oder bei zu hoher Temperatur sterilisierter Milch zusammen mit Kindermehlpräparaten. Dementsprechend ließ sich auch bei Affen durch Verfüttern von kondensierter Milch die Krankheit erzeugen (K. HART). Dagegen führt kurzes Aufkochen der Milch oder Eintrocknen im Vakuum (Trockenmilch) nur zu geringen Vitaminverlusten. Die Krankheit äußert sich besonders in schmerzhaften Periost- und Epiphysenblutungen, die das Wachstum der Knochen aufs schwerste gefährden. Ganz kleine Dosen von Fruchtsaft oder frischer Milch können oft in wunderbar kurzer Zeit die Krankheit heilen.

Die **Beriberikrankheit** hat ihre Heimat besonders in Japan, dem Malaiischen Archipel und den Philippinen, wo sie große Opfer gefordert hat; ihr Studium hat vor allem die Vitaminforschung in Fluß gebracht. Die Krankheit tritt in verschiedenen Formen auf; meist kommt es zu einer allgemeinen Nervenentzündung und -degeneration, begleitet von Kontrakturen, Atrophien und Lähmungen der Muskeln; in anderen Fällen überwiegen Herzschwäche mit Ödemen, Diarrhöe, Störung sämtlicher Sekretionen, Herabsetzung der Gewebsatmung und allgemeiner Verfall (Mc Carrison, Abderhalden); die Krankheit ist klinisch auch als *alimentäre Dystrophie* bezeichnet worden. Sie ist in den genannten Ländern meist die Folge einer vorherrschenden Ernährung mit Reis, aber mit Reis, der poliert, d. h. seiner äußeren Kleieschicht durch Abmahlen beraubt wurde (Eykman, Grijns, Schaumann). Gibt man zu dem polierten Reis die Kleie hinzu, so tritt Gesundung ein. Auch hier ist die Genese der Krankheit durch das Tierexperiment sichergestellt: Eykman verfütterte polierten Reis an Vögel und erhielt so eine beriberiartige *Polyneuritis gallinarum*, die durch Reiskleie, aber auch andere Kleiesorten, durch trockene Hülsenfrüchte, Hefe, Eier, Fleisch zu heilen ist. Hofmeister erzeugte Beriberi bei Mäusen durch einseitige Ernährung mit Weizenbrot und konnte die Krankheit wieder beseitigen, wenn er als Zulage einen Auszug aus kleiehaltigem Roggenmehl mit verfütterte. Diese und andere Versuche führten zu dem Schluß, daß Beriberi und Skorbut nichts miteinander zu tun haben; denn Weizenbrot mit Kleie allein erzeugt bei Tieren, die dafür empfindlich sind, Skorbut. Es muß in der Kleie und in den anderen genannten Nahrungsmitteln also ein anderer oder vielmehr noch ein zweiter Stoff neben dem C-Vitamin enthalten sein, der die übrigen Nahrungsstoffe erst zu einem vollwertigen Futter ergänzt; er ist *Antiberiberistoff* oder **Vitamin B$_1$** (oder F) genannt worden. Vielfältige Versuche, das wasser- und alkohollösliche, ziemlich hitzeempfindliche Vitamin rein darzustellen, führten zuerst Jansen und Donath zu einem kristallinischen Präparat, von dem 3—4 γ (1 γ = $^1/_{1000}$ mg) genügen, um kleine Vögel von der zuvor experimentell erzeugten Reispolyneuritis zu heilen. Das von Windaus vor kurzem dargestellte Vitamin B$_1$ hat die Formel $C_{12}H_{17}N_3OS$; hiervon ist eine Heildosis für eine Taube schon in 2—4 γ enthalten.

Bei jungen Tieren verursacht Ernährung mit Beriberi erzeugender Kost eine rasch einsetzende Verzögerung oder einen Stillstand des *Wachstums*. Vielleicht hängt dies mit der vorher schon genannten Verminderung der Gewebsatmung zusammen, die ihrerseits von manchen auf eine Störung der Schilddrüsensekretion durch den B$_1$-Mangel zurückgeführt wird (s. dazu S. 265).

Von anderen werden aber noch besondere *Wachstumsvitamine* angegeben (B$_3$—B$_5$). Keinesfalls ist das, was man ursprünglich als Vitamin B bezeichnete, und worunter im wesentlichen die heilkräftigen wässerigen Extrakte aus Reisschalen und Hefe verstanden wurden, etwas Einheitliches. Einigermaßen Übereinstimmung herrscht über die Abtrennbarkeit eines alkoholunlöslichen, thermostabilen **Vitamin B$_2$** (oder G), dessen Mangel für eine weitere merkwürdige Krankheit, die **Pellagra**, verantwortlich zu machen ist. Deren auffälligste Symptome sind Entzündung und Atrophie der Haut, beim Menschen oft einhergehend mit braunschwärzlicher Verfärbung, ferner Haarausfall, Rötung und Schwellung von Augen und Ohren, Blutarmut und Abmagerung. Die Krankheit ist besonders in den Mittelmeerländern zu Hause.

Das B_2-Vitamin ist reichlich in Hefe, Fleisch, Milch, Eiern enthalten. Es scheint ein fluoreszierender, zu energischen Dehydrierungen befähigter Farbstoff zu sein (KUHN, GYÖRGYI).

Nachdem das Studium der beiden erstgenannten weitverbreiteten und schweren Krankheiten, des Skorbuts und der Beriberi, die Lehre von den „Mangelkrankheiten" begründet hatte, fußte die Entdeckung weiterer Vitamine vornehmlich auf dem Tierexperiment. Schon in den achtziger Jahren fand man (BUNGE, LUNIN), daß Mäuse, die mit Milchnahrung vorzüglich gediehen, bei einer Nahrung, die aus einem künstlichen Gemisch der einzelnen Bestandteile, aus Kasein, Fett, Zucker, Salzen bestand, aufhörten zu wachsen, und zog daraus den Schluß, daß in der natürlichen Nahrung noch weitere unentbehrliche Komponenten vorhanden seien. Jedoch erst mehr als 30 Jahre später wurde von HOPKINS auf Grund von Fütterungsversuchen, die er, OSBORNE und MENDEL u. a. mit besonders sorgfältig gereinigten Nahrungsstoffen anstellten, die bestimmte Ansicht ausgesprochen, daß den gewöhnlichen Nahrungsstoffen noch „akzessorische Nahrungsstoffe" in kleinen Quantitäten beigemischt sein müßten, wenn die Tiere gedeihen, d. h. vor allem sich regelrecht entwickeln sollten. Nun kann es zu Stillstand des Wachstums freilich auch kommen, wenn man unvollständige oder irgendwie in ihrer Aminosäurekomposition ungenügende Eiweißkörper (s. S. 189), wie z. B. Gliadin, verfüttert. Aber dies kommt als Ursache des krankhaften Verhaltens dann nicht mehr in Frage, wenn man als Eiweißquelle z. B. Kasein verwendet oder auch nur das Gliadin durch Lysin ergänzt.

Die weiteren Fortschritte knüpften dann besonders an die schon (S. 207) angegebenen Versuche von STEPP an, nach denen bei Mäusen das Wachstum aufhört,

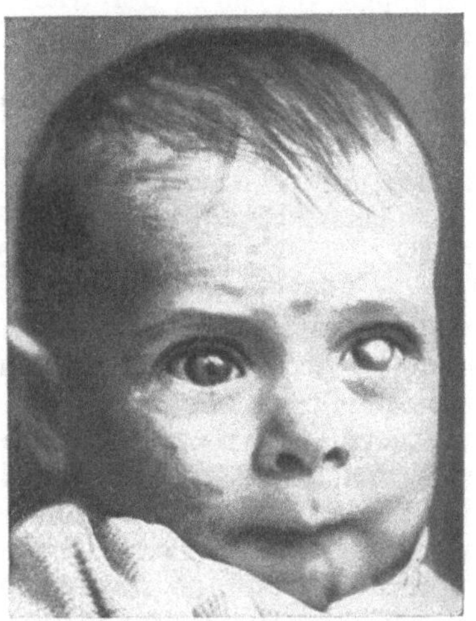

Abb. 80. Ausgeheilte Keratomalacie mit Erblindung des linken Auges. (Nach BLOCH.)

wenn man die Tiere mit alkohol-ätherextrahiertem Futter ernährt. Es ließ sich bald zeigen, daß dabei nicht einfach die Wegnahme der Fette oder der Lipoide das Wesentliche ist, sondern der Mangel darin enthaltener besonderer Substanzen, der *fettlöslichen Vitamine A und D* (OSBORNE und MENDEL, MacCOLLUM und DAVIS).

Das **Vitamin A** ist nicht in allen Fetten enthalten; nichts davon oder wenig findet sich in Schweineschmalz, Oliven-, Mandel-, Kokos- und Baumwollsaatöl, viel in Butter, Eigelbfett, Lebertran, Fischhoden, Nieren, überhaupt in „Zellfett" im Gegensatz zum Depotfett. Ferner ist es im Pflanzenreich weit verbreitet, aber nicht in den Samen, sondern in Blättern, Knollen, Wurzeln, manchen Früchten, so in Klee, Spinat, Kohl, Möhren, Karotten, Tomaten, und nur in grünen und nicht in etiolierten Blättern. Die Tiere beziehen das Vitamin A wohl größtenteils aus dem Pflanzenreich; so kommt es in den Lebertran, weil die Dorsche sich von kleinen Fischen und Crustaceen und diese sich von Algen und Diatomeen ernähren. Kühe geben bei Grünfütterung eine A-reichere Milch als bei Trockenfütterung.

Die Störungen, die bei Mangel an fettlöslichem A-Vitamin eintreten, bestehen in mehrererlei. Das auffallendste Symptom ist eine besondere

Augenerkrankung, die *Xerophthalmie*, bei der es zu einer „Eintrocknung" der Cornea und Conjunctiva kommt, die in *Keratomalacie*, d. h. Erweichung der Hornhaut durch Geschwürsbildung, und in *Panophthalmie*, Vereiterung des ganzen Bulbus, übergehen kann (s. Abb. 80). Erfahrungen am Menschen wurden hierüber besonders in Wien zur Zeit der großen Hungersnot nach dem Weltkrieg gemacht, wo sich zeigte, daß die Xerophthalmiekinder oft mit wunderbarer Schnelligkeit durch Butterzugabe zur Nahrung geheilt werden können.

Die Eintrocknung der Hornhaut beruht auf einer Verhornung ihres Epithels; derselben Veränderung ist das Epithel der Tränendrüsen unterworfen, so daß die Tränensekretion versiegt. Noch ein weiteres Augensymptom ist charakteristisch, die *Hemeralopie* oder Nachtblindheit; sie beruht auf einer mangelhaften Regeneration des Sehpurpurs (Kap. 29). Außer am Auge kommen noch an zahlreichen anderen Organen *Keratinisierungen* vor, so in der Nase, Trachea, den Bronchen, den Speicheldrüsen, in Nierenbecken, Ureter, Blase und Vagina. Damit hängt das häufige Auftreten von allerlei *Infektionskrankheiten* bei A-Mangel zusammen; denn der Schutz, den das Epithel sonst auszuüben vermag, wird durch seine Wucherung, Deformation, Trockenheit und Abschuppung unvollkommen.

Das A-Vitamin ist ein Abkömmling des Kohlenwasserstoffs *Karotin* $C_{40}H_{56}$, eines fettlöslichen Farbstoffs, eines sogenannten Lipochroms. Darauf wurde man durch die Beobachtung aufmerksam, daß solche Nahrungsmittel, die besonders stark durch Lipochrome gelb bis rot gefärbt sind, wie Tomaten, Karotten, Butter, Eigelb, auch zur Behebung des A-Mangels sich besonders eignen (v. EULER). Die Untersuchung lipochromhaltiger Gewebe, zu denen auch Leber, Niere, Nebenniere, Retina u. a. gehören, lehrte dann, daß die wirksame Substanz zum Unverseifbaren der Fette gehört, und daß sie ziemlich sauerstoffempfindlich ist. So kam man auf das Karotin. Dieses ist aber nur eine Vorstufe, also das Provitamin A, das erst in der Leber unter Halbierung seines Moleküls in das Vitamin $C_{20}H_{30}O$ umgewandelt wird. Dessen wahrscheinliche Konstitutionsformel ist nach KARRER und v. EULER folgende:

$$\begin{array}{c}
CH_3\ CH_3 \\
\diagdown\ \diagup \\
C \\
| \\
H_2C\diagup\ \diagdown C{-}CH{=}CH{-}\overset{\overset{\displaystyle CH_3}{|}}{C}{=}CH{-}CH{=}CH{-}\overset{\overset{\displaystyle CH_3}{|}}{C}{=}CH{-}CH_2OH \\
H_2C\diagdown\ \diagup C{-}CH_3 \\
C \\
H_2
\end{array}$$

Durch die in dem Molekül enthaltenen Doppelbindungen ist es befähigt, Sauerstoff peroxydartig anzulagern und aktiviert weiterzugeben.

2—3 γ Karotin reichen aus, um bei Ratten die Verhornung des Scheidenepithels (Kolpokeratose) zu verhindern.

Von dem Vitamin A, dem antixerophthalmischen Vitamin, ist das gleichfalls fettlösliche **Vitamin D,** das antirachitische, zu unterscheiden, dessen Mangel für die schwere Wachstumsänderung verantwortlich zu machen ist, die als *Rachitis* oder *englische Krankheit* lange bekannt ist, und die durch ungenügende Einlagerung von Kalksalzen in die Knochensubstanz des jugendlichen Organismus zustande kommt. Im Tierexperiment kann man eine Art Rachitis durch bloße Herabsetzung der Kalkzufuhr erzeugen. Bei der echten Rachitis handelt es sich aber wohl um eine mangelhafte Assimilationsfähigkeit der organischen Knochengrundsubstanz für die anorganischen Salze, d. h. besonders für Kalk und Phosphor. Wahrscheinlich beruht die normale Einlagerung darauf, daß im Blut zirkulierende Phosphorsäureester (Hexosephosphorsäure) (s. S. 198, auch 183) durch ein im Knochen enthaltenes Enzym, eine *Phosphatase*, gespalten werden, und daß die frei werdende Phosphorsäure den im Blut enthaltenen Kalk niederschlägt (ROBISON). Vielleicht wird diese Wirkung der Phosphatase von dem Vitamin D reguliert. Nach einer anderen Ansicht wirkt das D-Vitamin in erster Linie steigernd auf die Resorption von Kalk und Phosphorsäure.

Die Notwendigkeit, zwei fettlösliche Vitamine A und D voneinander zu unterscheiden, ergab sich aus verschiedenen Beobachtungen (MELLANBY). Erstens sah man bei Fütterungsversuchen, daß die stark antixerophthalmisch wirkende Butter nur wenig antirachitisch wirkt, während umgekehrt Kokosnußöl die Xerophthalmie bestehen läßt, dagegen eine negative Calciumbilanz in eine positive zu verwandeln und so die Verkalkung der Knochen zu fördern vermag.

Ein zweites wichtiges Merkmal für die Besonderheit des D-Vitamins knüpft an die Feststellung HULDSCHINSKYS an, daß die menschliche Rachitis durch Sonnenlicht und durch Bestrahlung mit ultraviolettem Licht geheilt werden kann. Die einfache Erklärung dafür gaben A. F. HESS und STEENBOCK: Unter dem Einfluß ultravioletter Strahlen entsteht in tierischen und pflanzlichen Geweben ein antirachitisches Agens, dessen Ausgangsprodukt sich auch hier wiederum im Unverseifbaren der im Körper der Tiere und Pflanzen enthaltenen Fette findet, d. h. zu den in den Fetten gelösten Sterinen, dem Cholesterin und den Phytosterinen gehört. Daher gewinnen die sterinhaltige Pflanzenöle, z. B. Olivenöl oder Baumwollsaatöl, durch Ultraviolettbestrahlung ebenso antirachitische Eigenschaften wie Gemüse oder wie Hefe, Ei, Milch (auch als Trockenmilch). Auch die Heilwirkung der direkten Bestrahlung rachitischer Tiere wird unmittelbar verständlich durch den Nachweis, daß die Haut durch die Bestrahlung D-haltig wird, so daß rachitische Ratten durch Verfütterung der Haut bestrahlter Ratten von ihrer Krankheit geheilt werden können. Durch besonderen Reichtum an D-Vitamin ist schon von Natur der Lebertran ausgezeichnet, das altbewährte Mittel gegen die englische Krankheit.

WINDAUS und POHL haben sodann gefunden, daß, wenn man Cholesterin durch Ultraviolettbestrahlung antirachitisch wirksam macht, sein Absorptionsspektrum für Ultraviolett bei der Umwandlung nur eine sehr geringe Veränderung im Gebiet von etwa 320—290 mμ Wellenlänge erfährt, und haben daraus geschlossen, daß nicht das Cholesterin selbst die Quelle des D-Vitamins ist, sondern das in geringfügiger Beimengung ($^1/_{40}$—$^1/_{60}$ %) darin enthaltene *Ergosterin*, ein im Pflanzenreich weit verbreiteter Verwandter des Cholesterins (s. S. 206). Ergosterin ist also *D-Provitamin*. Aus ihm wird heute das D-Vitamin hergestellt und als *Vigantol* oder *Calciferol* in den Handel gebracht.

Von großer praktischer Bedeutung ist jedoch, daß die Bestrahlung zu einer Reihe von Umwandlungsprodukten von verschiedener biologischer Wertigkeit führt; sowohl bei Unter- wie bei Überbestrahlung entstehen teils indifferente, teils toxische Produkte; nur das von WINDAUS in Kristallform isolierte Produkt D_2 ist das antirachitische Vitamin. Es ist ein Isomeres des Ergosterins von der Formel $C_{28}H_{44}O$.

Die Heildosis des kristallinischen Vitamins D_2 für die rachitische Ratte beträgt 0,015 γ. Größere Dosen, etwa oberhalb 0,05 mg, wirken giftig; es kommt zu Durchfall, Erbrechen, Gewichtsverlust, ferner zu Hypercalzämie und Hyperphosphatämie und in deren Gefolge zu ausgedehnter Verkalkung (Kalzinose) in Myokard, Gefäßen, Magen-Darmkanal und Nieren. Stark toxisch wirken aber auch die Produkte der Überbestrahlung des D_2-Stoffs, die sogenannten „Suprasterine". Die richtige Dosierung ist demnach von weittragender Bedeutung.

Unsere Nahrungsmittel sind im allgemeinen D-arm; am reichsten dar an ist der Lebertran, aber als Nahrungsmittel spielt er keine Rolle. Relativ viel D-Stoff enthalten ferner Hering und Sprotte sowie Eigelb. Wenn trotzdem die Rachitis nicht allgemein verbreitet ist, so dürfte das so zu erklären sein, daß die notwendigen D-Mengen durch die Besonnung entstehen. Bekanntlich tritt ja auch die Rachitis häufiger im Winter auf als im Sommer, häufiger in dunklen Kellerräumen als in sonnigen Wohnungen.

Den bisher genannten 4 Vitaminen ist dann von Evans noch ein **E-Vitamin** angereiht worden, das für einen normalen Ablauf der Fortpflanzungsvorgänge unentbehrlich ist; es gehört mit dem A- und D-Stoff in die Gruppe der fettlöslichen. Störungen in der Fortpflanzung können auf mancherlei Wegen zustande kommen, durch Hunger, Krankheit, Alkoholintoxikation, Röntgenbestrahlung u. a.; die neueren Forschungen machen nun auch dafür eine Ernährung verantwortlich, die zwar in jeder anderen Hinsicht vollwertig ist, aber eben Sterilität herbeiführt. Evans fütterte z. B. Rattenweibchen mit einem Futter aus Roggenstärke, Speck, Kasein, Hefe, Milchfett und Salzen; die Tiere gediehen ausgezeichnet bis zur Geschlechtsreife, zeigten normale Brunsterscheinungen und wurden befruchtet. Aber bei mangelhafter Plazentabildung starben die Feten am 12. bis 13. Tag ab. Auch besondere Zugabe der übrigen Vitamine half nichts. Die genauere Untersuchung ergab, daß ein „*Antisterilitätsfaktor*" in der Nahrung vorhanden sein muß, der mit grünen Pflanzenteilen, mit Keimlingen von Weizen und Hafer, mit manchen Pflanzenölen, weniger mit frischem Fleisch und Milch zuzuführen ist, dagegen nicht mit Lebertran. Der Faktor ist mit Alkohol und Äther extrahierbar und läßt sich so als ein Öl gewinnen, das in wenigen Tropfen injiziert die Sterilität behebt. Entsprechende Versuche an männlichen Tieren ergaben, daß auch hier Futter zusammenzustellen sind, die gutes Gedeihen und normales Wachstum garantieren, bis zwischen dem 50. und 65. Tage eine progressive Degeneration der Hoden einsetzt, die nur durch eine entsprechende Ergänzung des Futters hintangehalten werden kann.

Wenn wir nun noch einmal auf die mitgeteilten Hauptdaten aus der neuen Lehre von den Vitaminen zurückblicken, so ergibt sich, daß schon jetzt, wo wir zweifellos noch mitten in der Entwicklung dieses Zweiges der Physiologie darinstehen, die Ernährungslehre gegenüber früher ein sehr verändertes Aussehen bekommen hat; sie hat sich außerordentlich kompliziert, nicht bloß dadurch, daß die Zahl der Nahrungsstoffe, auf deren Zufuhr Gewicht gelegt werden muß, sich beträchtlich vermehrt hat und sicherlich noch weiter vermehren wird, sondern auch dadurch, daß man Nahrungsstoffe anerkennen muß, die nicht generelle, sondern ganz spezielle Organbedürfnisse befriedigen, und darin äußert sich fraglos auch die besondere chemische Beschaffenheit der Vitamine, soweit wir oder so wenig wir auch bisher darüber unterrichtet sind. Die praktische Bedeutung der

Lehre von den Vitaminen ist — das sei noch einmal betont — heute noch schwer abzuschätzen; denn wenn auch ein Mangel an diesem oder jenem Vitamin, der so ausgesprochen ist, daß er sich in einer wirklichen Krankheit äußert, nur unter ungewöhnlichen Umständen zustande kommt — eine Ausnahme davon macht vielleicht nur der verbreitete Mangel an D-Vitamin in unserer Kost —, so muß man doch bei den heutigen Lebensverhältnissen, namentlich in den großen Städten, immerhin mit der Möglichkeit rechnen, daß die Vitaminzufuhr bei recht vielen Menschen unter dem Optimum bleiben kann, und daß dadurch körperlich und geistig eine Senkung des Leistungsniveaus unter das individuelle physiologische Normalmaß herbeigeführt wird. Erst genaue Bilanzaufstellungen über Ein- und Ausfuhr, die heute noch kaum begonnen sind, werden diese ungemein wichtige Angelegenheit klären. Die bestehende unsichere Situation bietet jedenfalls der Propaganda für Ernährungsformen Vorschub, die, wie die Rohkostbewegung, Gefahren in sich trägt, auf die noch besonders hingewiesen werden wird (s. Kap. 13). So richtig es ist, daß die Pflanzennahrung durch den Reichtum an Vitaminen ausgezeichnet ist, so verkehrt ist die Meinung, daß die gewöhnliche Zubereitung die Pflanzenkost durch Zerstörung der Vitamine entwertet. Wer seine Nahrung einigermaßen vernünftig zusammenstellt und zubereitet, der wird leicht in der Lage sein, ein Vitamindefizit zu vermeiden.

12. Kapitel.

Die Bedeutung der Salze.

Salzarme Ernährung 216. Die Bedeutung der verschiedenen Ionen 217. Das Kochsalz 218. Theorie der Salzwirkungen 218.

Als Nahrungsstoffe gelten im allgemeinen nur die organischen Verbindungen, welche mehr oder weniger in den Stoffwechsel eingreifen und durch ihn verändert werden, und welche zugleich dazu dienen, verlorengegangene Körpersubstanz zu ersetzen. Wenn man den Nachdruck auf die zweite Hälfte der Definition legt, so fallen unter den Begriff Nahrungsstoff auch noch die anorganischen Salze, weil sie ebenso notwendig sind, Verluste des Körpers auszugleichen, wie die organischen Verbindungen. Aus diesem Grunde wurden sie schon früher, als zum erstenmal von den Nahrungsstoffen die Rede war (s. S. 15), unter diesen mit aufgezählt, und wir müssen uns nachträglich mit ihnen beschäftigen, um darüber ins klare zu kommen, welchen Zweck sie in unserem Körper erfüllen.

Anorganische Salze müssen unbedingt mit der Nahrung zugeführt werden. Für den wachsenden Organismus kann man das von vornherein deshalb voraussetzen, weil es überhaupt keine Zellen, weder in der Pflanzen- noch in der Tierwelt, gibt, welche nicht Salze enthielten; also kann ein Aufbau von Zellsubstanz auch nicht ohne Zulieferung von Salzen vonstatten gehen. Aber auch der ausgewachsene Organismus ist auf die Salzzufuhr angewiesen, weil Teile von ihm unausgesetzt zerfallen und sich wieder aufbauen und bei dem Zerfall hauptsächlich durch Harn und Fäzes Salze verloren gehen. Ein klassischer Versuch aus dem Jahre 1873 steht am Anfang dieser Lehre von der Unentbehrlichkeit der Salze: FORSTER fütterte Hunde mit Fleischrückständen, welche zuvor zum Zweck der Herstellung von Liebigs Fleischextrakt mit Wasser ausgelaugt worden waren; sie enthielten nur 0,8 % Asche in der Trockensubstanz. Bei dieser Ernährung gingen die Hunde bald zugrunde, und zwar zum Teil rascher, als wenn sie überhaupt nichts zu fressen bekamen. Es ist nicht genauer analysiert worden, an was die Hunde eigentlich starben. Die Forschung ist später ganz andere Wege gegangen, um dahinterzukommen, *wie die Salze im tierischen Körper wirken.*

Einige grundlegende Beobachtungen zu dieser Frage sind bereits früher (s. S. 84 u. 138) mitgeteilt worden. Es wurde darauf hingewiesen, daß *der osmotische Druck, welchen der Inhalt der Zellen sowie die Gewebsflüssigkeiten ausüben, vor allem von den Salzen herrührt,* daß aber die Ausübung dieses osmotischen Drucks nicht die einzige Funktion der Salze sein kann. Denn in der Lösung eines sonst indifferenten Nichtleiters, wie z. B. in einer Glucoselösung, welche mit den Geweben isotonisch ist, erlischt deren Funktion, während sie in der entsprechenden physiologischen Kochsalzlösung erhalten bleibt; so werden Skeletmuskeln oder das Herz rasch gelähmt, wenn man sie in die Glucoselösung einlegt; ein Zusatz von Kochsalz stellt ihre Kontraktilität wieder her (OVERTON). Man weiß aber auch, daß nicht beliebige von den neutralen Salzen, welche im Körper vorkommen, in diesem Sinn funktionserhaltend wirken können. So bleiben Nerven und Muskeln in Lösungen von Kali-, von Calcium- und von Magnesiumsalzen gelähmt; *nur Natriumverbindungen und allenfalls von körperfremden Salzen noch Lithiumsalze vermögen die Erregbarkeit der genannten Gewebe zu konservieren.* Damit wird also dem in den Säften weitaus prävalierenden Kation, dem Natriumion, eine ganz bestimmte und wichtige Rolle zugesprochen (OVERTON).

Solche Versuche über die Bedingungen der Erregbarkeit von Nerven und Muskeln geben aber auch ein Bild von der Bedeutung der übrigen in den Körperflüssigkeiten enthaltenen Kationen. Es sei nur daran erinnert, wie sehr die *RINGERsche Lösung*, welche neben NaCl kleine Mengen von KCl und $CaCl_2$ enthält — so wie es ungefähr ihrem Verhältnis in den Säften entspricht —, der physiologischen Kochsalzlösung überlegen ist; in einer reinen isotonischen Kochsalzlösung verfallen nicht bloß die Muskeln in unaufhörliche fibrilläre Zuckungen, erlahmt nicht bloß das Herz und der Darm, es verliert auch das Zentralnervensystem seine Reflexerregbarkeit, und der Muskel kann nicht mehr von seinem Nerven aus zur Kontraktion gebracht werden (s. S. 139), während in Ringerlösung alle diese Organe funktionstüchtig bleiben. Dieselbe Rolle spielen K- und Ca-Ionen auch für die niederen Tiere und Pflanzen im Meerwasser, welches seiner Zusammensetzung nach einer verdünnten Ringerlösung ähnelt; denn in dieser kommen auf 100 Moleküle NaCl etwa 2,4 Mol. KCl und 1,6 Mol. $CaCl_2$, im Meerwasser auf 100 Moleküle NaCl etwa 2,2 Mol. KCl und 2,3 Mol. $CaCl_2$.

Auch die einfache chemische Analyse von Geweben und Gewebssäften läßt ohne alle physiologischen Experimente schon darauf schließen, daß *jeder einzelne Salzbestandteil seine bestimmte Rolle zu spielen hat.* Denn nur dann kann es einen Sinn haben, daß z. B. im Blutplasma mit Hilfe der verschiedenen exkretorischen Organe des Körpers ein ganz bestimmtes Verhältnis der einzelnen Salze zueinander aufrechterhalten wird, obgleich bei dem wechselnden Gehalt der Nahrung an Salzen dies Verhältnis immer wieder von neuem gestört werden muß. Nur so ist es auch zu verstehen, daß meist innerhalb der Zellen Kalium- und Phosphorsäureionen, außerhalb dagegen Natrium- und Chlorionen überwiegen, und daß die Binnensalze je nach der Tierart ganz charakteristisch gemischt sind, wie z. B. die folgenden Zahlen für die roten Blutkörperchen lehren (ABDERHALDEN):

Es sind enthalten in 1000 g Blutkörperchen von:

	Rind	Schaf	Ziege	Pferd	Schwein	Hund	Katze
Natron . .	2,232	2,135	2,174	0	0	2,821	2,705
Kali . . .	0,722	0,744	0,679	4,935	4,957	0,289	0,258

Es gibt also Blutkörperchen, wie die vom Pferd oder vom Schwein, welche, in einem natriumreichen Plasma schwimmend, natriumfrei sind und dafür reichlich Kalium enthalten, und andere Blutkörperchen, wie die vom Hund und der Katze, welche neben viel Natrium nur wenig Kalium enthalten.

Den deutlichsten Hinweis auf die Bedeutung der Salze liefern von solchen Analysen aber diejenigen der Milch und des Säuglings, der sich von der

Milch nährt. BUNGE verglich z. B. die *Aschenbestandteile des neugeborenen Hundes, der Hundemilch und des Hundeblutes* und fand die folgenden Werte.

Es sind enthalten in 100 g Asche von:

	neugeborenem Hund	Hundemilch	Hundeblut	Hundeserum
K_2O . .	11,14	15,0	3,1	2,4
Na_2O .	10,06	8,8	45,6	52,1
CaO . .	29,5	27,2	0,9	2,1
MgO . .	1,8	1,5	0,4	0,5
P_2O_5 . .	39,4	34,2	13,3	5,9
Cl . . .	8,4	16,9	35,6	47,6

Die Asche der Hundemilch ist also merkwürdig ähnlich zusammengesetzt wie die des Säuglings, während das Blut oder das Serum, aus welchen die Milchdrüse doch für die Milchproduktion schöpft, ganz andere Verhältnisse aufweist. Offenbar arbeitet also die Drüse besonders darauf hin, dem Säugling die Salze in solchen Relationen zu bieten, wie er sie direkt ohne Verlust zum Aufbau seines Körpers verwenden kann. Ähnlich liegen die Dinge beim Kaninchen und Meerschweinchen, während beim Menschen der entsprechende Zusammenhang vermißt wird (s. Kap. 19). BUNGE wird wohl das Richtige getroffen haben, wenn er annimmt, daß die Ursache in dem sehr viel langsameren Wachstum des Menschen zu finden ist.

Diese Tatsache des zähen Festhaltens an einem bestimmten Salzbestand erklärt vielleicht auch eine merkwürdige Erscheinung, welcher man beim Kochsalz begegnet. Manche Tiere haben einen ausgesprochenen *Kochsalzhunger*. BUNGE hat darauf hingewiesen, daß alle diese Tiere Pflanzenfresser sind; beim Fleischfresser fehlt das Kochsalzbedürfnis. Auch beim Menschen ist es so, daß Pflanzennahrung den Trieb nach Kochsalz auslöst. Ackerbauende Völker salzen ihre Speisen, Jägervölker nicht, und wo es bei den ersteren an Kochsalz mangelt, da gilt es als Leckerbissen, und instinktiv verwenden gewisse afrikanische Stämme sogar die Asche aus den Fäzes oder aus dem Harn zum Salzen. Das Kochsalz muß also mehr bedeuten als ein Genußmittel, dessen Geschmack gesucht wird. Nach BUNGE kommt es darauf an, daß in der Pflanzennahrung im allgemeinen im Verhältnis zum Natrium viel mehr Kalium enthalten ist als in der tierischen Nahrung, und vermutlich kommt dann der Kochsalzhunger dadurch zustande, daß die Nieren, wenn sie den Kaliüberschuß eliminieren, zugleich auch Natrium mit ausscheiden, so daß eine Verarmung an Natrium zustande kommt.

All diese Daten veranschaulichen nun aber nur die Unentbehrlichkeit der Salze, ohne eine Erklärung für ihre Notwendigkeit zu geben. Diese ist zum Teil wohl darin zu erblicken, daß *die Salze dem Protoplasma eine ganz bestimmte, für seine Funktion erforderliche Konsistenz verleihen* (LOEB, HÖBER). Die Salze sind nämlich im allgemeinen dadurch ausgezeichnet, daß sie den Quellungszustand der Kolloide in der einen oder anderen Richtung einer größeren Auflockerung oder größeren Konsolidierung, je nach Konzentration und nach chemischer Beschaffenheit, zu beeinflussen vermögen; eine gegebene Zahl von Salzen wird also nur bei einer bestimmten Mischung und Konzentration dem an Kolloiden reichen Protoplasma einen bestimmten Grad von Starre zu erteilen vermögen. Für diese Deutung lassen sich u. a. folgende Beobachtungen anführen: untersucht man bei neutraler Reaktion die verschiedenen Salze des Natriums oder eines anderen Alkalis in ihrem Einfluß auf den Quellungszustand von Eiweiß, Gelatine oder dergleichen, so zeigt sich, daß die Wirkung der Anionen in der Reihenfolge SO_4—Cl—Br, NO_3—I abgestuft ist, während, wenn man bei ungeändertem Anion die Alkalikationen variiert, diese gewöhnlich in der Reihenfolge: Na, Li—Cs—Rb—K wirksam sind. *Die für die Kolloidzustandsänderungen charakteristischen Ionenfolgen findet man nun auch bei dem Einfluß der Salze auf die verschiedensten Zellen und Gewebe* (HÖBER).

Suspendiert man z. B. rote Blutkörperchen in isotonischen Lösungen der verschiedenen neutralen Natriumsalze, so tritt nach einiger Zeit trotz der Isotonie Hämolyse ein, und zwar verlieren die roten Blutkörperchen am frühesten von ihrem Hämoglobin in NaJ, dann in $NaNO_3$ und NaBr, darauf in NaCl und am spätesten im Na_2SO_4; entsprechend hämolysiert von den Chloriden KCl am raschesten, dann RbCl, nächstdem CsCl und am langsamsten LiCl und NaCl. Bringt man statt der Blutkörperchen Muskeln in die isotonischen Lösungen, so findet man, daß die Erregbarkeit nach den genannten für die Beziehungen zu den Kolloiden charakteristischen Reihenfolgen der Ionen abnimmt. Wieder in derselben Abstufung wird von den Salzen das Schlagen des Flimmerepithels geschädigt, und wenn man, wie wir später (Kap. 19) erfahren werden, unbefruchtete Eier von Seeigeln durch kurzes Einlegen in die isotonischen Lösungen der reinen Neutralsalze zu parthenogenetischer Entwicklung anzuregen vermag, so glückt das bei den Natriumsalzen wiederum am leichtesten mit NaJ, langsamer mit $NaNO_3$ und NaBr und noch langsamer mit NaCl. In den meisten dieser Fälle wird man sich vorzustellen haben, daß die aus Kolloiden bestehende Plasmahaut den Ort des primären Angriffs der Salze darstellt, und daß je nach Erhöhung oder Verringerung der Permeabilität der Plasmahaut die Funktion alteriert wird.

Eine andere Reihe von Versuchen, welche auf eine Einwirkung der Salze auf die Protoplasmakolloide hindeutet, zeigt, daß die Beseitigung der schädigenden Wirkung reiner Kochsalzlösung durch alle möglichen zweiwertigen Kationen zustande kommt. Es ist nämlich ein Gesetz der Kolloidchemie, daß die Wirksamkeit der Ionen als Fällungs- oder Quellungsmittel im allgemeinen um so größer ist, je größer ihre Wertigkeit, und daß mehrwertige Ionen von gleicher Wertigkeit, oft fast unabhängig von ihrer chemischen Natur, gleich wirken. *Als Analogon dieser ,,Wertigkeitsregel'' der Kolloidchemie kann man es betrachten, daß die Schutzwirkung, welche das Calciumion bei verschiedenen physiologischen Zuständen und Vorgängen entfaltet, auch von Ba, Sr, Mg, Mn, Co, Ni, gelegentlich auch von Zn und Pb ausgeübt werden kann.* Das ergibt sich sehr anschaulich aus der folgenden Tabelle nach Versuchen von LOEB über den Einfluß von Salzgemischen auf die Entwicklung der befruchteten Eier eines kleinen Knochenfisches Fundulus heteroclitus. Die Eier sterben nämlich in einer mit dem Meerwasser isotonischen $^5/_8$-molekularen NaCl-Lösung rasch ab, während sie sich in größerer oder kleinerer Zahl zu Embryonen entwickeln, wenn man zu der NaCl-Lösung kleine Mengen von einem Salz mit mehrwertigem Kation hinzufügt. Die Tabelle gibt von diesen Salzen diejenigen Mengen an, welche den günstigsten Effekt ausüben:

Zusammensetzung des Mediums	Prozente der zur Entwicklung gelangenden Eier
100 ccm $^5/_8$ m-NaCl	0
100 ccm $^5/_8$ m-NaCl + 2 ccm 1 m-$BaCl_2$	90
100 ccm $^5/_8$ m-NaCl + 2 ccm 1 m-$MgCl_2$	75
100 ccm $^5/_8$ m-NaCl + 2 ccm $^1/_8$ m-$CoCl_2$	88
100 ccm $^5/_8$ m-NaCl + 8 ccm $^1/_{128}$ m-$ZnSO_4$	75
100 ccm $^5/_8$ m-NaCl + 8 ccm $^1/_{16}$ m-$MnCl_2$	55
100 ccm $^5/_8$ m-NaCl + 4 ccm $^1/_8$ m-$NiCl_2$	5
100 ccm $^5/_8$ m-NaCl + 1 ccm $^1/_{64}$ m-$Pb(CH_3COO)_2$	17
100 ccm $^5/_8$ m-NaCl + 1 ccm $^1/_{160}$ m-$UO_2(NO_3)_2$	3

Man sieht, daß also auch solche Kationen, welche sonst als schwere Gifte gelten, wie Zn, Mn, Ni, Pb, in der Kombination mit Kochsalz günstige

Wirkungen entfalten, während dieses für sich allein schädlich ist. Die giftige Wirkung, die die Na-Ionen für sich ausüben, wird also durch die mehrwertigen Kationen in geeigneter kleiner Konzentration aufgehoben; LOEB führte dafür den treffenden Ausdruck des *Ionenantagonismus* ein.

In ganz ähnlicher Weise können die mehrwertigen Kationen nun aber auch gegenüber den Zellen von Säugetieren die Rolle des Schutzmittels gegen die giftigen Wirkungen der reinen Alkaliionen übernehmen. So kann man die schädigende Wirkung kleiner Narkotikummengen auf in NaCl-Lösung suspendierte rote Blutkörperchen nicht bloß durch Zusatz von Ca hemmen, sondern auch durch Ba, Mn, Co, Ni, oder man kann den lähmenden Einfluß von Kaliumionen auf Muskeln durch Ca, Sr, Co, Mn, Ni, Zn u. a. aufheben (HÖBER). Die Abb. 81 gibt hierfür ein Beispiel; sie zeigt, wie ein Muskel, der in 0,65 % NaCl + 0,05 % KCl hängt, bei Reizung mit Induktionsschlägen allmählich gelähmt, dann aber von neuem gut und anhaltend erregbar wird, wenn der Lösung noch 1/500-molar Manganchlorür zugesetzt wird.

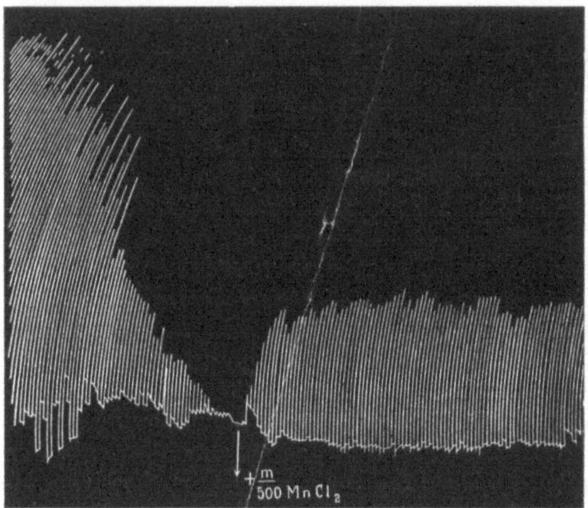

Abb. 81. Antagonismus zwischen Alkali- und Manganionen gegenüber dem Skeletmuskel vom Frosch. (Nach HÖBER.)

Alle diese physiologischen Phänomene finden ihr Analogon im Verhalten kolloidaler Substanzen. So gibt es z. B. beim Eiweiß einen Kationenantagonismus, der sich darin äußert, daß sich geeignete Mischungen von viel Alkali- und wenig Erdalkalichlorid auffinden lassen, in denen das gelöste Eiweiß weit weniger Neigung zur Ausflockung zeigt als in den entsprechenden reinen Salzlösungen (HÖBER).

Die Bedeutung des Ca in unseren Säften liegt demnach u. a. wahrscheinlich darin, daß es der Erhaltung der verschiedenen aus Kolloiden aufgebauten Strukturbestandteile dient, und von diesem Standpunkt aus ist wahrscheinlich zum Teil auch die verbreitete therapeutische Verwendung der Kalksalze zu verstehen, wenn es sich um die Bekämpfung des Austritts von Flüssigkeit (Transsudation) an Schleimhäuten, z. B. beim Schnupfen oder bei der Bildung eines Ergusses in den Pleurahöhlen und dergleichen handelt. Denn da man beobachtet hat, daß in Abwesenheit von Ca die Zellen eines Zellverbandes, wie die einzelnen Zellen eines Algenfadens oder die Blastomeren eines sich entwickelnden Eies, auseinanderfallen, offenbar weil die Kittsubstanz sich auflockert, so wird wahrscheinlich auch an den Schleimhäuten und der Serosa der Zusammenhalt der Zellen durch die Wirkung des Ca auf die verbindende kolloide Kittsubstanz gewährleistet. Die Folge der Lockerung einer normalen Verkittung ist dann vielleicht auch die Erscheinung, daß ein Muskel nicht mehr vom Nerven aus erregt werden kann, wenn in der umgebenden Lösung das Calcium fehlt, während die direkte Erregbarkeit des Muskels dabei erhalten bleibt, und ein Analogon dazu ist wohl ferner die Areflexie bei Ca-Mangel, d. h. die Aufhebung der

Reflexerregbarkeit, die als eine intrazentrale Störung in dem Kontakt zwischen den einzelnen Nerven anzusehen wäre.

Wenn sich in dieser Weise auf die Kolloidchemie eine allgemeine Theorie der physiologischen Salzwirkungen aufbauen läßt, so ist indessen nicht zu vergessen, daß *die einzelnen Ionen zum Teil auch ganz spezielle Zwecke zu erfüllen haben*. So werden Calcium, Magnesium und Phosphor besonders zum Aufbau des Skelets verwendet, Calcium ist ferner bei der Gerinnung von Blut und Milch beteiligt, Phosphor bei der Bildung von Lezithin, von Nukleoproteiden und von Kasein, ist aber auch beim Umsatz der Kohlehydrate und im Stoffwechsel des Muskels unentbehrlich, Chlor ist für die Herstellung der Magensalzsäure erforderlich.

Auf alle Fälle ist aber aus alledem abzuleiten, daß der Mangel an bestimmten Aschenbestandteilen oder daß eine falsche Ionenmischung in den Säften Störungen in den Funktionen nach sich ziehen muß. Deshalb fallen hier die Erkrankungen solcher Organe ins Gewicht, die in spezieller Weise mit der Regulierung des Ionenmilieus zu tun haben, wie etwa die Krankheiten der Niere (Kap. 17), des Hypophysenhinterlappens (S. 275) oder der Epithelkörperchen (S. 262), während bei Gesunden wenig darauf ankommt, in welchem Verhältnis sie die gewöhnlichen Salze in der Nahrung zu sich nehmen, da die Regulationsvorrichtungen des normalen Körpers für das nötige Gleichgewicht in seinem Innern sorgen.

13. Kapitel.

Die Größe des Nahrungsbedarfs.

Das 11. Kapitel lehrte uns in qualitativer Hinsicht die chemischen Umwandlungen kennen, welche die Nahrungsstoffe innerhalb des Körpers durchmachen. Wir müssen diese Umwandlungen jetzt noch einmal von einem anderen Standpunkt aus, nämlich auf ihre Quantität hin betrachten. Der Endzweck des Stoffwechsels im lebenden Organismus ist das Freimachen von Energie für bestimmte von seiner Größe und Struktur abhängige Leistungen. Andere als chemische Energie steht dem Menschen dafür nicht zur Verfügung. Also drängt sich die Frage auf: wie groß muß der Umsatz sein, damit das nötige Maß von Leistungsfähigkeit resultiert, d. h. *wieviel Nahrung muß ein Mensch einnehmen, damit er seine Funktionen verrichten kann?* Zwar ist zu berücksichtigen, daß der Körper auch ohne jede Nahrungszufuhr auf Kosten seiner eigenen Leibessubstanz zu arbeiten vermag; doch das geht natürlich nicht auf die Dauer, und soll er ohne jede Einbuße von seiner Substanz seine Funktionen ausüben, so ist eine Mindestzufuhr notwendig. Offenbar ist es nun von höchster Bedeutung, nämlich in gleichem Maß von sozialökonomischem, individualhygienischem und medizinisch-diätetischem Interesse, dieses Mindestquantum von Nahrung kennenzulernen, mit welchem der Bedarf des Körpers zu decken ist; um es zu erfahren, ist *genau wie in einem geschäftlichen Betrieb eine Bilanzaufstellung zu machen, in welcher Import und Export gebucht werden.* Dabei können die Werte für den Import und den Export entweder in Gewichtseinheiten der daran beteiligten Stoffe oder auch in Energieeinheiten aufgeführt werden. Diese wichtige Aufgabe soll in dem folgenden Kapitel gelöst werden. Freilich ist besonders nach den Erfahrungen des 11. Kapitels von neuem zu beachten, daß wir die Nahrung durchaus nicht bloß als Betriebsstoff zu werten haben; nur Betriebsstoffe sind allenfalls Kohlehydrate und Fette, aber schon nicht ist es von den drei Hauptnährstoffen das Eiweiß, das als Baustoff des Körpers unentbehrlich ist, und vollends gilt es nicht für Lipoide, Purine und Vitamine, die wegen der kleinen Mengen, in denen sie nur zugeführt werden, als Energiespender gar keine Rolle spielen, ebensowenig wie die Salze.

Will man auf gewichtsanalytischem Weg einen Einblick in den Haushalt des Körpers gewinnen, so ist man, da die Nahrungsstoffe im Stoffwechsel umgewandelt werden, die Ingesta also chemisch anders beschaffen sind als die Egesta, auf die Aufstellung der Bilanzen für die einzelnen in Frage kommenden Elemente angewiesen. Diese sind vor allem Kohlenstoff, Wasserstoff, Sauerstoff und Stickstoff, aus denen die Hauptnahrungsstoffe, die Eiweißkörper, Kohlehydrate und Fette aufgebaut sind; vom Schwefel und Phosphor und einigen anderen Elementen können wir im großen und ganzen absehen, da sie an Menge hinter den übrigen weit zurücktreten. Zur Bilanzaufstellung für die genannten vier Elemente sind bestimmte **quantitative Methoden der Stoffwechseluntersuchung** ausgearbeitet worden, denen wir uns zuerst zuzuwenden haben.

Beginnen wir mit dem **Stickstoff** als demjenigen Element, welchem als Charakteristikum des Eiweißes eine ganz besondere Bedeutung zukommt. Denn wegen dieses Stickstoffgehaltes ist ja das Eiweiß weder durch Kohlehydrat noch durch Fett in der Nahrung zu vertreten, es darf niemals dauernd in der Nahrung fehlen. Es fehlt auch niemals in irgendeiner lebenden Zelle, während Kohlehydrate und Fette eher als tote Reserven aufzufassen sind, welche an sich von der Zelle entbehrt werden können. Den Stickstoff bestimmt man allgemein nach dem *Verfahren von* KJELDAHL.

Das heißt: man zerlegt die getrocknete Substanz durch Kochen mit konzentrierter Schwefelsäure; da so gut wie aller Stickstoff, welcher im Stoffwechsel eine Rolle spielt, Aminostickstoff ist, so wird auf diese Weise der Stickstoff in Ammoniumsulfat übergeführt. Die saure klare Lösung, welche bei dem Kochen resultiert, wird dann mit Lauge alkalisch gemacht, das frei werdende Ammoniak ausgetrieben und in titrierter Schwefelsäure aufgefangen.

Wendet man das KJELDAHL-Verfahren auf die Nahrung an, so kann man in den meisten Fällen den gefundenen Stickstoff als Eiweiß- oder Aminosäurestickstoff ansehen, muß sich freilich stets bewußt bleiben, daß es auch anders sein kann. Da Eiweiß im Mittel 16 % Stickstoff enthält, so ergibt die Stickstoffmenge in einem abgewogenen Quantum Nahrung mit 6,25 multipliziert den Eiweißgehalt.

Stickstoff enthaltende Egesta sind der Harn, die Fäzes und der Schweiß, gegebenenfalls auch Menstrualblut, Milch, Sperma. Der Harnstickstoff ist gewöhnlich ganz vorwiegend im Harnstoff enthalten (s. Kap. 17), und da dieser aus dem Abbau des Eiweißes hervorgeht, so kann man im allgemeinen den *Harnstickstoff als Maß des Eiweißverbrauchs* ansehen. Der Schweißstickstoff kann in den gewöhnlichen Stoffwechselversuchen vernachlässigt werden; bei starker Muskelarbeit, bei hoher Außentemperatur und unter ähnlichen Bedingungen, bei welchen die Schweißproduktion erheblich ist, muß jedoch auch darauf Rücksicht genommen und der Stickstoff in der schweißgetränkten Wäsche und im Spülwasser der Körperhaut mitbestimmt werden. Dieser Stickstoff, welcher auch im wesentlichen Harnstoffstickstoff ist (s. Kap. 18), ist dann ebenfalls für die Eiweißbilanz in Rechnung zu stellen. Anders ist der Stickstoffgehalt der Fäzes zu beurteilen; er ist nur teilweise von der Größe des Eiweißumsatzes abhängig. Nämlich der Fäzesstickstoff, dessen Menge je nach der Art der Ernährung sehr stark wechseln kann, ist großenteils nicht in Eiweißschlacken, sondern in genuinem Eiweiß enthalten, nämlich teils in Eiweiß, welches mit der Nahrung zugeführt, aber der Resorption entgangen ist — das betrifft vor allem Pflanzeneiweiß, welches, in harte unverdauliche Zellulosehäute eingeschlossen, genossen und deshalb nicht ausgenutzt wurde (s. S. 60) —, teils handelt es sich um das Eiweiß der Bakterienleiber, welches ebenfalls als ungenutztes Nahrungseiweiß, freilich durch Assimilation von den Bakterien umgewandelt, anzusehen ist (s. S. 62). Teilweise ist der Fäzesstickstoff aber auch in abgestoßenen Darmepithelien, in Resten der Verdauungssäfte, in Dickdarmschleim enthalten; dies ist also dann wiederum Stickstoff, welcher ausgenutztem Nahrungseiweiß entstammt.

Wenn man demnach eine *Bilanz des Stickstoffwechsels* aufstellen will, so kann man entweder den Stickstoff der Nahrung als Import dem Stickstoff von Harn, Schweiß und Fäzes als Export gegenüberstellen, oder man verfährt im allgemeinen richtiger, wenn man Nahrungsstickstoff minus Fäzesstickstoff als Import, Harn- und Schweißstickstoff als Export bucht.

Letzten Endes soll bei der Untersuchung des Stickstoffwechsels natürlich herauskommen, ob ein Mensch bei einer bestimmten Ernährung sich im *Stickstoff- bzw. Eiweißgleichgewicht* befindet, ob er dabei Eiweiß ansetzt, oder ob er vom eigenen Eiweiß zuzusetzen hat.

In der Praxis zeigt sich, daß die Beantwortung dieser Frage oft dadurch erschwert wird, daß die Fäzes, welche bei einer bestimmten Ernährung gebildet werden, eventuell Tage lang im Darm verweilen, so daß, wenn nacheinander verschiedene Sorten von Nahrung gegeben werden, man zunächst nicht weiß, welche Fäzesportionen zu den einzelnen Nahrungssorten gehören. Man hilft sich so, daß man zu Anfang und zum Schluß einer bestimmten Ernährungsperiode die zugehörigen Fäzes durch Verabreichung einer Portion Knochen (beim Hund) oder durch Zusatz von pulverisierter Kohle, Karmin oder auch Blaubeeren (beim Menschen) abgrenzt.

Schwieriger ist die Aufstellung der Bilanz für **Kohlenstoff, Wasserstoff** und **Sauerstoff.** Die Ingesta und Egesta, soweit sie flüssig oder fest sind, analysiert man dabei nach den gewöhnlichen Methoden der Elementaranalyse. Der größte Teil der Sauerstoffaufnahme und der Kohlenstoffabgabe (etwa 90 %) erfolgt aber in Gasform, vor allem durch die Lungen, in geringerem Grade, etwa zu 1 %, auch durch die Haut; ein vollständiger Stoffwechselversuch erfordert daher die **quantitative Messung des respiratorischen Gaswechsels.** Diese geschieht am besten nach dem *Prinzip von REGNAULT und REISET*: der Mensch oder das Tier kommt für längere Zeit in einen hermetisch nach außen abgeschlossenen Raum; die Luft darin wird durch einen Ventilator ständig in Zirkulation gehalten und dabei durch Flaschen mit titrierter Kalilauge hindurchgetrieben, um die bei der Respiration abgegebene Kohlensäure zu binden. Der verbrauchte Sauerstoff wird durch Nachlieferung von einem Sauerstoffreservoir aus ersetzt. Auch der ausgeatmete Wasserdampf wird (durch Schwefelsäure) absorbiert. Zu Anfang und zum Schluß des Versuches entnimmt man dem Versuchsraum eine Probe Luft zur Analyse, wägt die Absorptionsgefäße und liest den Sauerstoffverbrauch am Reservoir ab.

Ein weit einfacheres Verfahren vernachlässigt den Gaswechsel durch die Haut hindurch, die *Perspiratio insensibilis*, welche freilich, wie gesagt, nur etwa 1 % des ganzen Gaswechsels ausmacht, und berücksichtigt allein den Lungengaswechsel (SPECK, GEPPERT und ZUNTZ). Zu diesem Zweck wird bei verschlossener Nase ein Respirationsrohr in den Mund genommen, welches zur Trennung von Inspirations- und Exspirationsluft zwei Ventile enthält. Die Exspirationsluft streicht wieder durch eine Gasuhr, und Proben von ihr werden in einem Analysenapparat aufgefangen. Dies Verfahren wird besonders in k u r z d a u e r n d e n V e r s u c h e n verwendet, in welchen der Einfluß bestimmter Arbeitsleistungen oder bestimmter Außenbedingungen auf den Stoffwechsel untersucht werden soll; ZUNTZ hat den Apparat tragbar nach Art eines Tornisters eingerichtet, so daß er z. B. während Bergbesteigungen, Radfahrten und dergleichen angewendet werden kann.

Die Exspirationsluft kann dabei auch in einem DOUGLAS-Sack gesammelt werden; das ist ein Gummisack, der aufgeblasen etwa 100 l faßt und der mit dem Exspirationsventil verbunden wird.

Hat man nun auf diese Weise eine Bilanz von Wasserstoff, Kohlenstoff, Stickstoff und Sauerstoff aufgestellt, so läßt sich daraus nicht bloß entnehmen, ob ein Gewinn oder Verlust an den einzelnen Elementen eingetreten ist, sondern *es läßt sich aus den Stoffwechseldaten auch ungefähr errechnen, welcher Ansatz oder welche Einbuße an den einzelnen Hauptnahrungsstoffen, Eiweiß, Kohlehydrat und Fett stattgefunden hat.*

Die Berechnungsart soll ganz kurz und schematisiert an einem einfachen Beispiel klargemacht werden:

Jemand habe in 24 Stunden 10 g Stickstoff und 300 g Kohlenstoff ausgeschieden; davon finden sich die 10 g Stickstoff und 7 g von dem Kohlenstoff in Harn und Fäzes, die übrigen 293 g Kohlenstoff, also weitaus das meiste, sind in Form von 1074 g CO_2 durch die Lungen abgegeben. Dann hat der Körper $10 \cdot 6{,}25 = 62{,}5\,g$ *Eiweiß* verloren, und da Eiweiß im Mittel 53 % Kohlenstoff enthält, so beträgt der Verlust an Eiweiß-Kohlenstoff $62{,}5 \cdot 0{,}53 = 33\,g$. $300 - 33 = 267\,g$ von dem abgegebenen Kohlenstoff, entsprechend 979 g CO_2, müssen alsdann der Einbuße an stickstofffreien Substanzen, also an Fetten und Kohlehydraten entsprechen.

Von den 33 g Eiweiß-Kohlenstoff befinden sich 7 g in Harn und Fäzes; also werden $33 - 7 = 26\,g$ in Form von 95 g CO_2 durch die Lunge abgegeben.

Sei nun auch festgestellt, daß innerhalb 24 Stunden 900 g Sauerstoff aufgenommen wurden, dann ist es möglich, sich mit Hilfe der respiratorischen Quotienten ein Bild davon zu machen, wieviel g Fett und wieviel g Kohlehydrat außer den 62,5 g Eiweiß zersetzt worden sind. Wir sahen nämlich (s. S. 182), daß der respiratorische Quotient für Kohlehydrat 1, für Eiweiß 0,8 und für Fett 0,7 beträgt. Daraus folgt, daß, wenn sich 95 g CO_2 ($= 48{,}3\,1\ CO_2$) bei der Eiweißzersetzung bildeten, für dieselbe Zersetzung $48{,}3:0{,}8 = 60{,}4\,1$ Sauerstoff $= 86{,}3\,g$ Sauerstoff konsumiert wurden. Von den 900 g Sauerstoff, welche aufgenommen wurden, entfallen also nur $900 - 86{,}3 = 813{,}7\,g$ auf die Verbrennung von Fetten und Kohlehydraten zu 979 g CO_2. Da 813,7 g Sauerstoff ein Volumen von 570 l, 979 g CO_2 ein Volumen von 498 l einnehmen, so ist der zu der Verbrennung der Fette und Kohlehydrate gehörige respiratorische Quotient gleich $\dfrac{498}{570} = 0{,}874$. Das läßt schon erkennen, daß sowohl Fett als auch Kohlehydrat verbraucht worden ist; wieviel von jedem einzelnen, ergibt die folgende Überlegung:

1 g Kohlehydrat (Stärke) verbraucht für seine Oxydation zu CO_2 und H_2O, wie leicht zu berechnen ist, 1,185 g O_2, 1 g Fett 2,839 g. Sind x g Kohlehydrat und y g Fett verbrannt, so gilt die Gleichung:

$$1{,}185\,x + 2{,}839\,y = 813{,}7.$$

Ferner bildet 1 g Kohlehydrat bei der Verbrennung 1,629 g CO_2, 1 g Fett 2,790 g. Aus x g Kohlehydrat und y g Fett entstehen also:

$$1{,}629\,x + 2{,}790\,y = 979$$

Gramm CO_2. Aus den beiden Gleichungen folgt, daß *386 g Kohlehydrat* und *125 g Fett* verbrannt worden sind.

Diesen Werten für den Verbrauch von Eiweiß, Kohlehydrat und Fett sind nun die Einnahmen gegenüberzustellen. Den Eiweißgehalt der Nahrung erfährt man, wenn man eine Probe der getrockneten Nahrung nach KJELDAHL auf ihren Stickstoffgehalt untersucht. Zur Bestimmung des Fettanteils wird die Trockennahrung mit Äther extrahiert, in welchem sich vor allem das Fett löst; den Kohlehydratgehalt findet man angenähert, wenn man von dem Gewicht der Trockennahrung das Gewicht von Eiweiß, Fett und Asche subtrahiert. (Über die Zusammensetzung der Nahrungsmittel siehe die Tabelle auf S. 14.)

Eine zweite Form der Bilanzaufstellung erhält man durch die **Messung des Energiewechsels.** Wie wir bei der Untersuchung des Stoffwechsels die allerverschiedensten in den Einnahmen und Ausgaben enthaltenen chemischen Verbindungen miteinander vergleichen konnten, indem wir auf die elementaren Bestandteile, welche ihnen allen gemeinsam sind, zurückgingen, so läßt sich auch für die verschiedenen Energien, welche in unserem Körper transformiert werden, ein einheitliches Maß gewinnen. Im Grunde handelt es sich ja bei dem chemischen Geschehen im Körper, wie der Vergleich der Nahrungsstoffe mit den Endprodukten des Stoffwechsels lehrt, um

Oxydationsvorgänge, und daher läßt sich die fast ausschließlich in unseren Körper eingehende Energie, nämlich die in den Nahrungsmitteln enthaltene chemische Energie in Wärmemaß, d. h. durch die Größe der *Verbrennungswärme der Nahrungsmittel* ausdrücken. Die Wärme bildet auch den Hauptanteil der energetischen Abgaben. Daneben tritt in den Abgaben eine zweite Energieform auf, die mechanische Arbeit. Soweit sie „äußere" Arbeit ist, welche sich in Meterkilogramm ausdrücken läßt, ist auch sie nach dem mechanischen Wärmeäquivalent, 1 kg-Kalorie (kcal) = 427 mkg, in Wärmemaß umzurechnen. Alle „innere" Arbeit jedoch, welche vom Herzen, von den Atem-, den Magen-, den Darmmuskeln geleistet wird, wird sowieso durch Reibung vollständig in Wärme übergeführt, ebenso wie auch die meiste äußere Arbeit, bestehend in Hebungen des Körpers oder der Gliedmaßen, gewöhnlich durch nachfolgende Senkung wieder vernichtet und dabei in Wärme übergeführt wird. *Die Aufgabe der Messung des Energiewechsels ist also durch eine Anzahl von Wärmemessungen zu erledigen.*

Dabei ist aber eines stillschweigend vorausgesetzt, nämlich daß die Wärmemenge, welche bei der gewöhnlichen Verbrennung eines der Nahrungsstoffe, z. B. bei der Verbrennung von 1 g Fett in irgendeinem Feuerungsraum entsteht, identisch ist mit der Wärmemenge, welche bei dem stufenweisen und schließlich oxydativen Abbau in unserem Körper frei wird. Denn die Energiezufuhr soll ja nach den eben angestellten Überlegungen so gemessen werden, daß man die Verbrennungswärme der Nahrung in der gewöhnlichen Art und Weise, wie bei einer beliebigen reinen organischen Verbindung, mißt. Wenn außerhalb des Organismus eine Oxydation oder überhaupt irgendeine Reaktion das eine Mal in mehreren Stufen und ein anderes Mal in einem einzigen Prozeß bis zu den gleichen Endprodukten verläuft, dann fordert das *Gesetz der konstanten Wärmesummen* von HESS als eine spezielle Form des Gesetzes von der Erhaltung der Energie, daß die Wärmetönung beide Male dieselbe ist. Thermisch läuft es also z. B. auf dasselbe hinaus, ob Zucker im offenen Feuer direkt zu Kohlensäure und Wasser verbrennt, oder ob er katalytisch erst in Milchsäure übergeführt und danach diese über verschiedene Zwischenstufen zu Kohlensäure und Wasser zerlegt wird. Daß dies Gesetz der konstanten Wärmesummen auch im lebenden Organismus gilt, ist zwar von vornherein sehr wahrscheinlich, da zunächst kein Grund für die Annahme vorliegt, daß das Gesetz von der Erhaltung der Energie innerhalb der Lebewesen ungültig ist; aber es ist doch von grundsätzlicher Bedeutung, es noch extra zu beweisen; wir werden später darauf zurückkommen.

Was nun die **Methodik der Wärmemessungen** betrifft, so geschieht die Bestimmung des *Brennwerts der Nahrung* wie gewöhnlich bei chemischen Arbeiten durch explosive Verbrennung in reinem Sauerstoff innerhalb einer BERTHELOTschen *kalorimetrischen Bombe*, wobei die entstehende Wärme sich dem Wasser überträgt, in welchem die Bombe liegt. Die folgende Tabelle enthält die Wärmetönungen von 1 g Substanz in kcal für mehrere chemisch reine Verbindungen (STOHMANN):

Verbrennungswärme von 1 g Substanz.

Traubenzucker	3,7 kcal.	Eieralbumin	5,7 kcal.
Rohrzucker	4,0 ,,	Kasein	5,9 ,,
Stärke	4,2 ,,	Leim	5,3 ,,
Fett	9,3 ,,	Harnstoff	2,5 ,,
Stearinsäure	9,5 ,,		

Die nächste Tabelle enthält die Kalorienwerte für 100 g Nahrungsmittel:

Verbrennungswärme von 100 g Nahrungsmittel.

Animalische Nahrungsmittel:		*Vegetabilische Nahrungsmittel:*	
Kalbfleisch, gekocht	118 kcal.	Kartoffeln, gekocht	96 kcal.
Schweinefleisch, gekocht	180 „	Kartoffeln, geröstet	200 „
Huhn (Brust)	168 „	Blumenkohl	40 „
Hecht	77 „	Spinat	45 „
Schellfisch	93 „	Rotkohl	68 „
		Spargel	18 „
Kalbsbraten	160 „	Steckrüben	24 „
Schweinebraten	210 „	Erbsenbrei	170 „
Gänsebraten	711 „		
		Weißbrot	265 „
Schinken	160 „	Schwarzbrot	250 „
Zervelatwurst	525 „	Keks	388 „
Leberwurst	254 „	Grießbrei	80 „
Bückling	166 „		
		Äpfel	51 „
Kuhmilch	65 „	Kirschen	52 „
Butter	800 „	Apfelsinen	26 „
Schweizerkäse	420 „	Weintrauben	69 „
		Walnüsse	652 „
Hühnerei	166 „	Kopfsalat	18 „
Kaviar	241 „	Radieschen	22 „
		Schokolade	498 „
		Bier	50 „
Bouillon	10 „	Wein	65 „

Schwieriger ist die *Bestimmung der Wärmeabgabe bei einem Menschen oder bei einem Tier*, und zwar deswegen, weil die Wärmeproduktion sich ganz langsam und kontinuierlich vollzieht und die durch Verdunstung, Leitung und Strahlung von der Körperoberfläche abfließende Wärme sich notwendigerweise schon in der Zeit während der Produktion in die Umgebung zerstreut.

Es gibt freilich auch Verfahren, diese Zerstreuung zu vermeiden. Eine DEWAR*sche Flasche* ist z. B. fast adiatherman, weil der Raum zwischen den beiden Wänden des Gefäßes evakuiert ist. Daher bleibt die Wärme, welche sich in ihrem Innern bildet, gefangen. Aber bildet sich die Wärme kontinuierlich, so steigt die Temperatur im Innern fort und fort, und ein eingeschlossener wärmeproduzierender Organismus wird sich darum unter stets wechselnden Umgebungsbedingungen befinden Das Dewargefäß hat besonders zur Messung des geringfügigen Energiewechsels von Mikroorganismen Verwendung gefunden

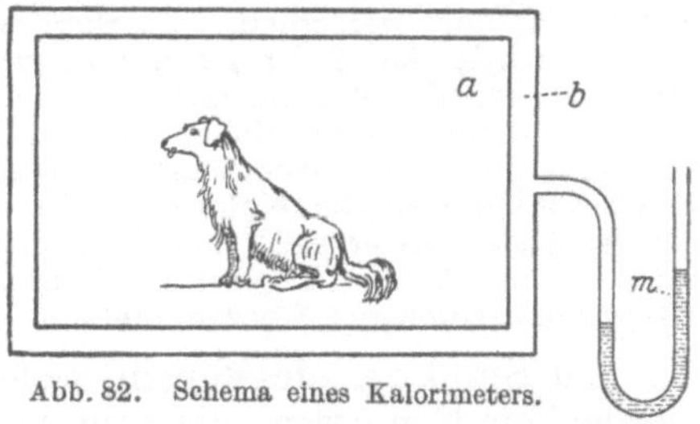

Die *Kalorimeter* für größere Organismen bestehen aus einem Raum (s. Abb. 82, *a*) mit Metallwänden, in welchem das Tier oder der Mensch sich aufhält, ohne jedoch die Metallwände zu berühren. Die von ihnen

Abb. 82.   Schema eines Kalorimeters.

produzierte Wärme teilt sich durch die Wände einem zweiten engen geschlossenen Raum (*b*) mit, welcher entweder den ersten Raum konzentrisch umgibt oder in Gestalt eines Systems von Röhren den ersten Raum durchzieht. Der ganze Apparat befindet sich in einem Zimmer von möglichst konstanter Temperatur. Die Temperaturzunahme in *b*, welche durch die Wärmeproduktion im Tierraum verursacht wird, wird mit Hilfe eines Wassermanometers *m* an der Druck- bzw. Volumzunahme der Luft gemessen, welche in *b* eingeschlossen ist. Der Apparat wird in der Weise geeicht, daß man in *a* entweder durch langsames Verbrennen eines bestimmten

Quantums Alkohol oder durch Hindurchschicken eines genau gemessenen elektrischen Heizstroms eine bestimmte Kalorienmenge erzeugt.

Eine sehr vollkommene Einrichtung für langdauernde Kalorimetrie von Menschen wurde von ATWATER und BENEDIKT geschaffen (s. Abb. 83). Der Mensch befindet sich in einem Raum mit blanken, die Wärmestrahlen reflektierenden Kupferwänden. Den Raum aus Kupfer umschließt in einem Wandabstand von einigen Zentimetern ein zweiter Kasten aus Zink. Dann folgen zum Zweck möglichst vollkommener thermischer Isolierung noch mehrere Mäntel aus Holz mit Lufträumen dazwischen, und dies ganze System von Kästen ist in einen Kellerraum von ziemlich konstanter Temperatur eingebaut. Es wird nun jeder unkontrollierte Wärmeübergang von außen nach innen oder von innen nach außen auf folgende Weise vermieden (in der Abbildung nicht mit angegeben): an über 300 Stellen ist der Kupferkasten mit dem Zinkkasten zu einer Lötstelle eines Thermoelementes verbunden, so daß jede Temperaturdifferenz zwischen den beiden Kästen, welche sich an irgendeiner Stelle ausbildet, galvanometrisch entdeckt und ausgeglichen werden kann; in dem Raum außerhalb des Zinkkastens befinden sich nämlich an zahlreichen Stellen kleine Heizspiralen für elektrischen Strom und Schlangen-

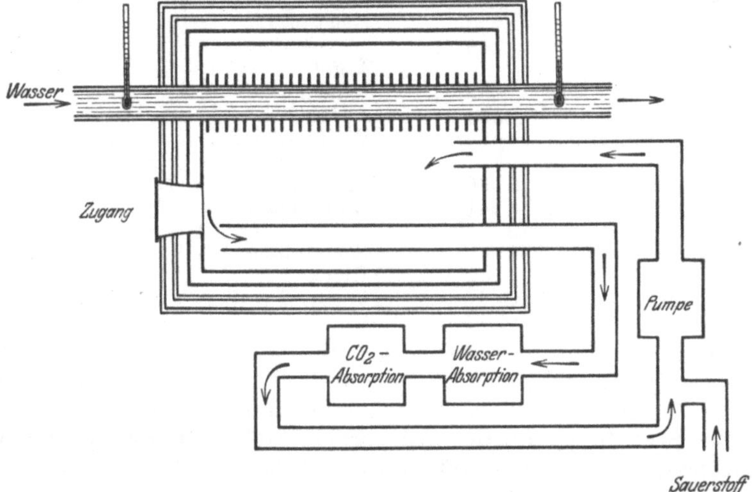

Abb. 83. Respirationskalorimeter nach ATWATER und BENEDICT.

röhren für kaltes Wasser, durch deren Ingangsetzen eine zu kühle Stelle erwärmt, eine zu warme rasch gekühlt werden kann. Die von dem Menschen innerhalb des Kalorimeters produzierte Wärme wird von kaltem Wasser aufgenommen, welches in einem je nach Bedarf verschieden starken Strom in einem Rohr durch den Innenraum geleitet wird; das Rohr ist außen mit vorspringenden Rippen versehen und geschwärzt, um die Wärme möglichst leicht aufzunehmen. Man mißt in kurzen Zeitabständen mit empfindlichen Instrumenten die Temperatur des eintretenden und die Temperatur des austretenden Wassers, mißt zugleich die Strömungsgeschwindigkeit und kann so die Kalorienproduktion berechnen. Der Apparat ist zugleich so eingerichtet, daß er auch zur Messung des respiratorischen Gaswechsels nach dem Prinzip von REGNAULT und REISET gebraucht werden kann. Er wird deshalb als *Respirationskalorimeter* bezeichnet.

An Hand der Messungen, welche mit solchen Kalorimetern ausgeführt worden sind, müssen wir nun vor allem zuerst die Frage beantworten, *ob das Gesetz der konstanten Wärmesummen auch für den lebenden Organismus gilt*, weil davon alle weiteren Schlußfolgerungen abhängen. Wenn wir nämlich gleichzeitig mit der Kalorimetrie einen vollständigen Stoffwechselversuch durchführen, so können wir aus dem Verbrauch von Eiweiß, Kohlehydrat und Fett unter Einsetzen der Werte für ihre Verbrennungswärme die Kalorienproduktion berechnen und sehen, ob die berechnete Größe mit der experimentell gefundenen übereinstimmt. Für diese Berechnung ist aber eins noch zu berücksichtigen. Da Fett und Kohlehydrat in der kalorimetrischen Bombe und im Organismus zu den gleichen Endprodukten Kohlensäure und Wasser verbrennen, so ist für beide Fälle der mittlere *Brennwert von 1 g Fett zu 9,3 kcal, von 1 g Kohlehydrat zu 4,1 kcal* anzusetzen (s. die Tabelle S. 226). Anders beim Eiweiß! Dieses wird im Körper nicht vollständig verbrannt; denn z. B. Harnstoff, das stickstoffhaltige Endprodukt des Eiweißstoffwechsels, ist ja selbst noch brennbar. Der *physiologische Brennwert des Eiweißes* muß also von seinem physiko-chemischen Brennwert (ca. 5,5) abweichen. RUBNER hat den ersteren so zu ermitteln versucht, daß er einen Hund mit Eiweiß fütterte, die Verbrennungswärme des dem Eiweißumsatz entsprechenden Harns und Kots bestimmte und diese Werte sowie die Quellungswärme des Eiweißes und die Lösungswärme des zugehörigen Harnstoffs von der Verbrennungswärme des Eiweißes abzog. Er kam so zu einem *mittleren Brennwert von 1 g Eiweiß gleich 4,1 kcal.* Rechnen wir nun mit diesen Werten die Daten eines Stoffwechselversuches um, so findet man in der Tat eine so weitgehende Übereinstimmung zwischen den berechneten und den gefundenen Kalorienzahlen, wie man bei der Schwierigkeit und bei der relativen Ungenauigkeit der Experimente nur erwarten kann. RUBNER bestimmte z. B., daß von zwei Hunden in acht Versuchsreihen, welche sich über 46 Tage erstreckten, 17 683,6 kcal produziert wurden; die Berechnung aus dem Stoffwechsel ergab 17 735,9 kcal, also ein Plus von 52,3 kcal, das sind nur 0,3 % Unterschied. Damit ist *das Gesetz der konstanten Wärmesummen auch für den Organismus als gültig erwiesen.*

Soviel von der Methodik! Wenden wir uns nun zu den Ergebnissen der Messungen des Stoff- und Energiewechsels.

Wir beginnen die Erörterungen mit dem Verhalten im **Hungerzustand;** denn dieser repräsentiert relativ die einfachsten Experimentalbedingungen. Man könnte einwenden, daß der Hungerzustand doch etwas Abnormes ist; aber selbst bei längerem Hungern laufen die Funktionen wie unter gewöhnlichen Verhältnissen ab, und hungernde Menschen äußern völliges Wohlbefinden. Man kann die Untersuchungen im Hungerzustand auf lange Zeiträume ausdehnen; Kaltblüter, z. B. Frösche, vertragen den Hunger länger als ein Jahr, Hunde 1—2 Monate und ebenso lange Menschen, wie die Erfahrungen an professionellen „Hungerkünstlern" gelehrt haben, welche 30—50 Tage keinerlei Nahrung zu sich nahmen. Natürlich hängt die Länge der Hungerperiode in allen Fällen vom anfänglichen Ernährungszustand ab.

Der Stoffwechsel im Hunger gestaltet sich nun folgendermaßen: Die Stickstoffausscheidung als Maß der Eiweißkonsumption sinkt ganz allmählich ab und beträgt beim erwachsenen Menschen etwa 7—12 g, entsprechend 45—75 g Eiweiß. Dies Eiweißquantum wird auch als „*Abnutzungsquote*" (RUBNER) bezeichnet, weil es ein Ausdruck dafür ist, daß die Organe sich in den täglichen Leistungen verbrauchen, wie etwa die Eisenteile einer Maschine allmählich abgenutzt werden, die einen mehr, die anderen weniger. Besonders kurzlebig sind die roten Blutkörperchen, besonders langlebig die Ganglienzellen; Haut und Schleimhäute erneuern sich fort und fort unter Abstoßung von Haaren, Nägeln, Hautschuppen, Epithelien, Abgabe von Schleim u. dgl. Neben dem Eiweiß wird, wie die quantitativen Messungen des Kohlenstoff- und Sauerstoffwechsels, besonders die Messungen des respiratorischen Quotienten lehren, auch Fett und Kohlehydrat zersetzt, Kohlehydrat aber nur anfänglich in größerer Menge; die Glykogenreserven sind schnell erschöpft, und von da ab wird mehr das Fett zur Bestreitung der Bedürfnisse herangezogen. Schließlich setzt vor dem Tod noch einmal eine stärkere „prämortale Eiweißzersetzung" ein. Voit faßte sie als Folge des totalen Aufbrauchs des Fettes auf, der den Körper dazu zwingt, auf seine wertvollen Eiweißbestände zurückzugreifen; andere sehen sie als die Wirkung einer Autointoxikation an, die durch den Zerfall der infolge des Hungers zugrunde gehenden Zellen zustande kommt.

Obgleich nun hiernach in den verschiedenen Abschnitten der Hungerperiode die einzelnen Körperbestandteile in sehr verschiedenem Maß für den Umsatz herangezogen werden, ändert sich währenddessen die *Energieabgabe* nur langsam, vorausgesetzt, daß die Leistung äußerer Arbeit konstant gehalten wird. Der Erwachsene von etwa 70 kg Körpergewicht verliert bei körperlicher Ruhe 1800—2000 kcal in 24 Stunden, also etwas mehr als *1 kcal pro Kilogramm und Stunde*. Diese Zahl ist ein Maß für seinen „*Grundumsatz*", das Minimum, welches aufzuwenden ist, um alle Organe so viel zu betätigen, als unentbehrlich ist; es repräsentiert eine wichtige physiologische „Konstante", auf deren Bestimmung in einer für die Praxis vereinfachten Form wir nachher (S. 232) zurückkommen werden. Was an Umsatz durch Arbeitsleistungen zum Grundumsatz hinzukommt, wird öfter als „*Leistungszuwachs*" bezeichnet. Im allgemeinen nimmt entgegen älteren Erfahrungen die Wärmeabgabe während des Hungerns allmählich ab. Aus einer Zusammenstellung über eine größere Zahl von Hungerversuchen am Menschen errechnete Grafe folgende mittlere Kalorienabgaben pro kg nach 24 Stunden: 1. Tag 30,2, 5. Tag 28,2, 10. Tag 25,7, 25. Tag 22,3.

Aus der Tatsache, daß die Kalorienproduktion im Hunger nur langsam absinkt, obwohl die einzelnen Körperbestandteile in stark wechselnden Mengen in den Verbrauch einbezogen werden, ist ein wichtiger Schluß zu ziehen: offenbar treten die einzelnen Stoffe in den verschiedenen Phasen des Hungerns in solchen Mengen für einander ein, welche kalorisch gleichwertig sind, oder, wie Rubner es ausgedrückt hat, in „*isodynamen*" *Mengen*. Da 1 g Kohlehydrat und 1 g Eiweiß je 4,1 kcal, 1 g Fett 9,3 kcal produziert, so sind 1 g Kohlehydrat und 1 g Eiweiß isodynam mit 0,44 g Fett. Diese Tatsache der Isodynamie ist deshalb so wichtig, weil sie der eigentliche Grund dafür ist, daß man meist *als Hauptmaßstab für den Nährwert einer Kost ihren Kaloriengehalt gebraucht*. Der Bedarf an Energie ist danach also das, was in erster Linie den Verbrauch regelt; daß es aber darauf allein nicht ankommt, sondern daß die chemische Qualität als ein weiteres Moment sogar überragende Bedeutung erhalten kann, wurde mehrfach hervorgehoben (S. 188, 206 u. 208).

An dem Grundumsatz während des Hungerns sind auch die verschiedenen Organe in sehr verschiedenem Maß beteiligt. Das lehrt die Feststellung ihres mittleren relativen Gewichts vor und nach dem Hungern. Nach Voit schwindet z. B. das Fettgewebe bis zu 97 %, die Leber zu 54 %, die Muskeln zu 31 %, Herz und Hirn nur zu 3 %. Diese großen Unterschiede rühren aber nicht etwa davon her, daß der Stoffwechsel im Fettgewebe am intensivsten und in dem immerwährend arbeitenden Herzen am geringsten wäre; das folgt allein schon daraus, daß, wenn das Herz ganz auf sich angewiesen und allein aus sich das chemische Material für seine Arbeitsleistung bestritte, es sich innerhalb 4 Tagen total aufgezehrt haben würde. Es muß also eine Stoffwanderung zum Herzen hin und überhaupt ein Stofftransport von Organ zu Organ stattfinden, welcher besonders an denjenigen Stellen regenerierend eingreift, wo die Lebenswichtigkeit es am meisten verlangt. Der Hungertod tritt erst ein, wenn der Körper etwa $^1/_2$ bis $^3/_5$ von seinem Anfangsgewicht eingebüßt hat.

Im vorausgegangenen ist des öfteren der Stoff- und Energieverbrauch zum Körpergewicht in Beziehung gesetzt worden, und darin ist schon die selbstverständliche Tatsache zum Ausdruck gebracht, daß *der Bedarf mit der* **Körpergröße** *steigt.* Bezieht man aber nun den Energieverbrauch verschieden großer Individuen ceteris paribus auf die Gewichtseinheit, so zeigt sich, daß *der Energieverbrauch nicht der Körpergröße proportional* ist, sondern daß er für die Gewichtseinheit um so größer ist, je kleiner das Individuum. Das lehrt die nebenstehende für den Hund geltende Tabelle (nach RUBNER). Man sieht, daß ein Hund von 3,1 kg $2^1/_2$ mal soviel pro kg umsetzt, als ein Tier von 30,4 kg. Bezieht man aber mit RUBNER den Stoffverbrauch nicht auf das Körpergewicht, sondern auf die Körperoberfläche, so findet man

Körpergröße und Energieverbrauch beim Hund.

Körpergewicht in kg	Kalorienabgabe	Kalorienabgabe pro kg	Kalorienabgabe pro m² Körperoberfläche
30,4	1058	34,8	984
23,7	953	40,2	1082
19,2	856	44,6	1141
17,7	802	45,3	1047
11,0	630	57,3	1191
6,5	398	61,2	1073
3,1	266	85,8	1099

nur geringfügige Schwankungen des Verbrauchs pro Flächeneinheit. *Der Energieverlust ist also porportional der* **Körperoberfläche.** RUBNER hat diese Erscheinung zunächst in Zusammenhang mit dem Wärmehaushalt der Tiere gebracht. Die Säugetiere leben im allgemeinen in einer Umgebung, welche kühler ist als der Körper, sie verlieren also andauernd Wärme durch ihre Hautoberfläche an die Umgebung. Da nun ein kleines Tier relativ mehr Oberfläche hat als ein großes, so muß ein kleines, wenn es dieselbe Körpertemperatur festhalten will wie ein großes, entsprechend mehr Wärme produzieren.

Diese zunächst ansprechende Erklärung befriedigt aber nicht mehr, sobald man feststellt, daß das Oberflächengesetz auch für die „Kaltblüter" oder richtiger „Wechselwarmblüter" gilt, deren Körpertemperatur verschieden ist. v. HOESSLIN hat deshalb nach einer anderen Erklärung der Gesetzmäßigkeit gesucht; er hat gezeigt, daß der Umsatz für die Arbeit, welche erforderlich ist, den Körper mit möglichster Geschwindigkeit über eine Strecke fortzubewegen, proportional $\sqrt[3]{\text{Körpergewicht}^2}$, also auch proportional der Oberfläche sein muß. Kleine Tiere haben aber das Interesse, sich gleich schnell über die gleiche Wegstrecke zu bewegen wie große Tiere, wenn sie die gleiche Beute erobern oder der gleichen Gefahr entrinnen wollen; Hund und Pferd, Hirsch und Hase laufen, wenn es darauf ankommt, kaum verschieden geschwind, und Versuche an Hunden haben gelehrt, daß in der Tat *die Arbeit der Lokomotion pro qm Oberfläche gleich groß ist.* v. HOESSLIN u. a. haben aber auch darauf hingewiesen, daß die Kalorienproduktion auch noch anderen Körperflächen proportional ist, der Fläche der Lungen, des Darms, dem Gesamtquerschnitt des Gefäßsystems u. a., so daß wir es danach mit einer allgemeinen Flächenbeziehung zu tun haben.

Auch vom **Alter** *ist der Energieverbrauch abhängig;* junge Individuen einer Spezies haben einen intensiveren Stoffwechsel als ältere. Aber das hängt nicht allein damit zusammen, daß die jungen Individuen kleiner sind, also relativ mehr Oberfläche haben als die älteren; es ist auch nicht bloß so gemeint, daß die jungen Individuen einen größeren Nahrungsbedarf haben als ältere, was ja aus Gründen des Wachstumsansatzes eine Notwendigkeit ist. Denn die Kalorienmenge, welche pro qm abgegeben wird, ist im Kindesalter am größten und sinkt mit den Jahren mehr und mehr. Setzt man die Kalorienabgabe für das Alter von 20—40 Jahren gleich 100, so beträgt sie zwischen $2^1/_2$ und 12 Jahren 137—160, zwischen 14 und 17 Jahren 114—130, zwischen 50—70 Jahre aber nur 80.

Kommen wir nun noch einmal auf die **Bestimmung des Grundumsatzes** zurück. Wir verstanden darunter (S. 230) das Minimum an Kalorien, die der Mensch produziert, wenn er sich in körperlicher Ruhe befindet, und unter dieser ist nicht nur Muskelruhe, sondern auch möglichste Ruhe der übrigen Organe verstanden, die dann erreicht wird, wenn eine Zeit lang die Nahrungszufuhr unterbleibt. In praxi verfährt man folgendermaßen: 24—48 Stunden vor der Bestimmung wird eine eiweiß- und fettarme Kost gegeben. Morgens bei Bettruhe und nüchtern wird dann der O_2-Verbrauch bestimmt. Dazu bedient man sich vielfach eines besonderen von KROGH angegebenen *Spirometers*, das in Abb. 84 schematisch dargestellt ist.

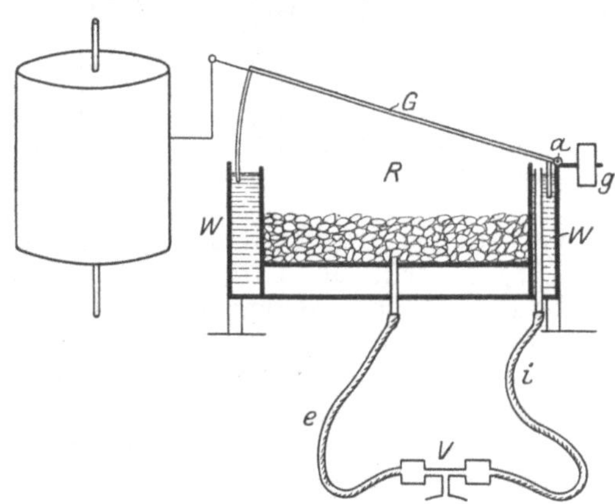

Abb. 84. Spirometer nach KROGH
zur Bestimmung des Grundumsatzes.

V ist ein Respirationsventil, das so eingerichtet ist, daß die Inspirationsluft durch i aus dem keilförmigen mit Sauerstoff gefüllten Raum R eingesogen, die Exspirationsluft durch e aus den Lungen wieder ausgeatmet wird. Die Exspirationsluft streicht dabei durch eine Schicht von Natronkalkstücken, die sich auf dem Boden eines Einsatzes im Spirometer befinden, und wird dadurch von CO_2 befreit. Der keilförmige Raum R ist nach oben hin durch die besonders geformte Spirometerglocke G abgeschlossen, die sich um eine horizontale Achse a heben und senken kann, und deren Gewicht durch ein Gegengewicht g äquilibriert ist. Ihre Ränder tauchen in den Wassermantel W. Ein an der Stirn der Glocke angebrachter Hebel verzeichnet das Auf und Ab der Atembewegungen auf einer Kymographiontrommel. Die so aufgenommene Kurve der regelmäßigen Atembewegungen verläuft schräg geneigt abwärts entsprechend dem O_2-Verbrauch. Man liest nach $^1/_4$ Stunde ab, um wieviel sich die Hebelspitze gesenkt hat, und erfährt so, wenn der Spirometerraum zuvor geeicht wurde, den O_2-Verbrauch in Litern. *Unter den angegebenen körperlichen Bedingungen, d. h. bei einem respiratorischen Quotienten von 0,8—0,9 ist dann 1 l O_2 = 4,9 kcal.*

Bei Verbrennung von Eiweiß liefert nämlich 1 l Sauerstoff 4,5 kcal, bei Verbrennung von Fett 4,7 kcal, bei Verbrennung von Kohlehydrat 5 kcal. Der nüchterne ruhende Mensch, der schon tags zuvor kein oder wenig Eiweiß genossen hat, verbraucht vorwiegend Kohlehydrat, dazu Fett und produziert dadurch pro 1 l Sauerstoff im Mittel den angegebenen Wert von 4,9 kcal.

Man rechnet nun auf 24 Stunden um und bezieht die Kalorien auf 1 m² Körperoberfläche. Die Körperoberfläche der Versuchsperson, ausgedrückt in cm², berechnet man entweder nach der durch BENEDICT modifizierten Formel von MEEH: $O = k \sqrt[3]{\text{Gewicht}^2}$, wobei k für den Erwachsenen zu 11 anzusetzen und das Gewicht in g gerechnet ist, oder nach einer Formel von DU BOIS: $O = 167,2 \sqrt{\text{Gewicht}} \cdot \sqrt{\text{Länge}}$, bei der man das Gewicht in kg, die Körperlänge in cm einzusetzen hat. Nach BENEDICT, LUSK u. a. beträgt *der Ruhe-Nüchternwert*, in dieser Weise kurzfristig gemessen, für den Erwachsenen *etwa 840 Kcal. pro m²*. Nach BENEDICT und DU BOIS gelten bei verschiedenem Alter die folgenden Grundumsatzwerte, angegeben in Kcal. pro Stunde und pro m².

Der Grundumsatz ist bei Erwachsenen oft jahrelang fast unverändert der gleiche. Seine Bestimmung ist für die Klinik besonders wertvoll wegen seiner Abhängigkeit von Störungen in der Tätigkeit der endokrinen Drüsen (s. Kap. 14).

Wir wenden uns nun zu der wichtigen Frage nach dem **Einfluß der Nahrungs-zufuhr auf den Stoff- und auf den Energie-wechsel.** Wir fanden, daß im Hunger-zustand der Energieverbrauch eines Erwach-senen bei körperlicher Ruhe etwa 1800 bis 2000 kcal beträgt. Man könnte nun meinen,

Grundumsatz = Kalorien-produktion pro Stunde und pro m²:

Alter	Mann	Frau
18—20	41	38
20—30	39,5	37
40—50	38	36
60—70	36	34

daß, wenn man Nahrung zuführt, die Kalorienabgabe dadurch nicht ver-ändert wird. Denn wenn im Hunger zur Bestreitung der Bedürfnisse für 1800 bis 2000 kcal Körpersubstanz eingeschmolzen wird, so könnte bei Nahrungszufuhr dieser Verlust derart erspart werden, daß an die Stelle der Körpersubstanz eine kalorisch gleichwertige Nahrungsmenge tritt, während ein etwa vorhandener Überschuß an Nahrung als Reserve ab-gelagert wurde. Tatsächlich steigt aber *bei Nahrungsaufnahme die Energie-abgabe des Erwachsenen in der Ruhe im Mittel auf 2400 kcal.* Wie ist das zu erklären?

In erster Linie ist dafür wohl maßgebend, daß bei Nahrungszufuhr eine Anzahl von Organen in Funktion tritt, welche während des Hungerns ganz oder wenigstens fast ganz ruhten, nämlich die Muskeln und Drüsen des Intestinaltrakts. Diese beginnen jetzt zu arbeiten und zu sezernieren, für ihre Versorgung steigt zugleich sekundär die Herzarbeit und die Arbeit der Atmungsorgane; so ist es, kurz gesagt, die ,,*Verdauungsarbeit*‘‘, welche infolge der Ernährung den Stoff- und damit den Energiewechsel hebt (ZUNTZ). In einzelnen Fällen ist das besonders evident: legt man z. B. einem Hund zu seiner Kost eine Portion Knochen hinzu, so steigt infolge davon sein Energiewechsel um 10—30 %; beim Wiederkäuer ist der respi-ratorische Gaswechsel um 30—40 % geringer, wenn man statt des gewöhn-lichen Rauhfutters mit seinem großen Zellulosegehalt die gleiche Menge Nahrung in Form reiner Nahrungsstoffe verfüttert; allein schon die anhaltende Kauarbeit bei der Fütterung mit Heu oder Stroh ver-mehrt die Energieabgabe beträchtlich. Sehr demonstrativ ist auch der Nachweis, daß die Scheinfütterung (s. S. 30) den Stoffwechsel steigert (O. COHNHEIM).

In zweiter Linie wird der Energiewechsel durch die Natur der Nahrungsstoffe gesteigert, nämlich die Eiweißstoffe treiben den Energie-verbrauch stärker in die Höhe als die Kohlehydrate und Fette; RUBNER spricht deshalb von einer *spezifisch-dynamischen Wirkung* der Eiweiß-stoffe. Sie beruht nicht darauf, daß das Eiweiß eine besonders große Ver-dauungsarbeit erfordert, sondern es regt in irgendwie anderer Weise die Organe zu erhöhtem Umsatz an. Man bemerkt die spezifisch-dynamische Wirkung des Eiweißes nur unter bestimmten Umständen, nämlich bei nicht zu niedriger Außentemperatur. Die Kalorienproduktion ist nämlich — was wir bisher ganz außer acht ließen —, ceteris paribus um so höher, je kälter die Umgebung; das hängt damit zusammen, daß die beim Stoffwechsel entstehende Wärme nicht bloß die Bedeutung eines energetischen Neben-produktes neben der Arbeit hat, sondern daß sie Selbstzweck ist insofern, als unser Körper stets auf eine bestimmte Normaltemperatur von ungefähr 37⁰ angeheizt sein muß (s. Kap. 15). Bei niederer Außentemperatur vertreten sich nun, geradeso wie im Hunger (s. S. 230), die einzelnen Nahrungsstoffe gegenseitig nach ihren isodynamen Werten, die verschiedenen Nahrungsstoffe werden also je nach den Mengen, in welchen sie zu Gebote stehen, so verbraucht, daß die für den Körper erforderliche Kalorienmenge in Freiheit gesetzt wird. Aber bei höherer Umgebungstemperatur (ca. 25°), bei welcher die Wärme sozusagen im Überfluß auftritt und durch besondere temperaturregulierende Maßnahmen des Körpers (s. Kap. 15) nach außen abgeschoben wird, da zeigt sich, daß das Eiweiß die Verbrennungen stärker anfacht als die anderen Nahrungsstoffe. Während Fettzufuhr die Kalorienabgabe des Hungernden um etwa 2,5 %, Zufuhr von Kohlehydrat um 5—9 % erhöht, beträgt die Wirkung des Eiweißes 12—24 %. So wie Eiweiß wirken auch einzelne Aminosäuren und Amine spezifisch-dynamisch, z. B. Glykokoll, Alanin, Tyramin (GRAHAM LUSK). Dieser Einfluß des Eiweißes zeigt sich auch dann, wenn man es mit Umgehung des Verdauungskanals, ,,parenteral", also z. B. subkutan einverleibt. Es wirkt ähnlich erregend auf den Stoffwechsel der Organe, wie gewisse in den Drüsen mit innerer Sekretion gebildete und normalerweise ins Blut hinein sezernierte Stoffe (s. Kap. 14), z. B. das Sekret der Schilddrüse und der Hypophyse, den Stickstoffwechsel und den respiratorischen Gaswechsel in die Höhe treiben (ZUNTZ). Vielleicht ist auch die Steigerung der Nierenarbeit zwecks Ausscheidung der N-haltigen Eiweißreste (s. Kap. 17) noch besonders in Betracht zu ziehen.

Das Eiweiß rückt aus seiner Sonderstellung in bezug auf die spezifisch-dynamische Wirkung heraus, wenn man die Kalorienproduktion nicht beim ruhenden, sondern beim arbeitenden Körper betrachtet. Denn dann erweist sich, daß auch die Fette erheblich, um etwa 10 % unökonomischer sind als die Kohlehydrate, d. h. eine um etwa 10 % größere Wärmeproduktion bei gleicher Arbeit verursachen (KROGH u. LINDHARD). Dies ist so zu verstehen, daß, wie wir noch sehen werden, die Fette ebensowenig wie die Eiweißkörper unmittelbare Quellen der Muskelarbeit sind, sondern erst nach vorangehender Umwandlung in Kohlehydrat für die Muskelarbeit ausgenutzt werden können.

Gehen wir nun weiter zu der Frage über, *welche Quantitäten von den einzelnen Nahrungsstoffen unserem Körper zugeführt werden sollen, um seinen Kalorienbedarf zu decken.*

Von vornherein ist da zu sagen, daß wir bestimmt für das Eiweiß an eine Minimalzufuhr gebunden sind, unter welche nicht heruntergegangen werden darf, weil das Eiweiß weder durch Kohlehydrat noch durch Fett völlig vertreten werden kann. Wollen wir dies Minimum aufsuchen, so werden wir probieren, mit welcher Eiweißmenge **Stickstoffgleichgewicht** erzielt werden kann. Man könnte erwarten, daß bei einer bestimmten Kost diese Menge für jedes Individuum eine ganz bestimmte ist; man könnte sich vorstellen, daß bei jeder Überschreitung der Menge Eiweiß abgelagert, also die Stickstoffbilanz positiv, bei Unterschreitung die Bilanz negativ werden würde. Tatsächlich ist aber *mit sehr verschiedenen Mengen Eiweiß Stickstoffgleichgewicht herzustellen.* Wie das geschieht, lehren die folgenden 2 Tabellen nach Versuchen von VOIT an einem Hund.

Das Tier befand sich also am 31. V. fast, aber nicht ganz im Stickstoffgleichgewicht, da es 17,0 g Stickstoff aufnahm, 18,6 g abgab. Als dann am folgenden Tage die Stickstoffzufuhr verdreifacht wurde, stieg die Stickstoffabgabe sofort auf 41,6 g und stieg dann in den nächsten Tagen bei der gleichen Stickstoffzufuhr von 51 g noch weiter, bis sich am

7. Tag ein neues Gleichgewicht auf einem viel höheren Niveau als früher eingestellt hatte. Man kann im allgemeinen sagen, daß, *je mehr Eiweiß zugeführt, auch um so mehr zersetzt wird.* Gesteigerte Zufuhr erzeugt also höchstens einen ziemlich geringfügigen Ansatz von Eiweiß. Der in der zweiten Tabelle dargestellte Versuch bildet die Kehrseite des ersten. *Das Stickstoffgleichgewicht kann also hin und her geschoben werden, Tiere und Menschen vermögen sich mit sehr verschiedenen Eiweißmengen ins Gleichgewicht zu bringen.*

Legt man zu einer Eiweißkost Kohlehydrat

Verschieblichkeit des Stickstoffgleichgewichts beim Hund.

Tag	N-Zufuhr in g	N-Abgabe in g	N-Bilanz
31. V. 63	17,0	18,6	— 1,6
1. VI. 63	51,0	41,6	+ 9,4
2. VI. 63	51,0	44,5	+ 6,5
3. VI. 63	51,0	47,3	+ 3,7
4. VI. 63	51,0	47,9	+ 3,1
5. VI. 63	51,0	49,0	+ 2,0
6. VI. 63	51,0	49,3	+ 1,7
7. VI. 63	51,0	51,0	0
		Summe:	+ 26,4

Tag	N-Zufuhr in g	N-Abgabe in g	N-Bilanz
13. IV. 63	51,0	51,0	0
14. IV. 63	34,0	39,2	— 5,2
15. IV. 63	34,0	36,9	— 2,9
16. IV. 63	34,0	37,0	— 3,0
17. IV. 63	34,0	36,7	— 2,7
18. IV. 63	34,0	34,9	— 0,9
		Summe:	— 14,7

oder Fett hinzu, so kann dadurch *Eiweiß erspart,* also z. B. eine negative Stickstoffbilanz eventuell in eine positive verwandelt werden, wie aus nebenstehenden Versuchen von VOIT zu entnehmen ist. Dabei wirkt *Kohlehydrat stärker eiweißsparend als Fett* (s. S. 190).

Natürlich gibt es *eine obere und eine untere Grenze der Eiweißzufuhr,* mit welcher sich ein Körper ins Stickstoffgleichgewicht bringen kann.

Zugeführtes			Fleisch-umsatz	Fleisch-bilanz
Fleisch	Fett	Kohlehydrat		
1500	—	—	1512	— 12
1500	150	—	1474	+ 26
500	250	—	558	— 58
500	—	300	466	+ 34
500	—	200	505	— 5

Die obere Grenze ist beim Menschen dadurch gezogen, daß der Darmkanal nur ein gewisses Quantum zu bewältigen vermag; geht man darüber hinaus, so treten heftige Verdauungsstörungen infolge der Fäulnis des unzersetzt bleibenden Eiweißes auf. Die Grenze liegt individuell verschieden hoch; sie ist besonders abhängig von den Ernährungsgewohnheiten; Grönlandeskimos, die durch das Klima auf animalische Kost angewiesen sind, verzehren z. B. bis zu 600 g Eiweiß in etwa 4 kg Fleisch. Bei Menschen, die in unseren Breiten leben, ist eine Eiweißzufuhr von 350 g, entsprechend 1750 g Fleisch, schon exorbitant hoch. Mit 350 g Eiweiß vermag man aber nicht etwa seinen ganzen Kalorienbedarf zu decken, da 350 g Eiweiß nur 1400 kcal repräsentieren. Es muß also nebenher Fett oder Kohlehydrat oder beides genossen werden. Anders beim echten Fleischfresser; PFLÜGER hat z. B. einen mageren Hund $^3/_4$ Jahre lang ausschließlich mit magerem Fleisch gefüttert und ihn zu gleicher Zeit stark arbeiten lassen.

Wichtiger ist es, *die untere Grenze des Eiweißbedarfs* festzulegen. Nach den übereinstimmenden Angaben verschiedener Autoren kann ein Mensch schon mit 0,4—0,6 g Eiweiß pro kg, also bei einem Körpergewicht von

70 kg mit 28—42 g ins Gleichgewicht kommen. Zum Teil handelt es sich in den beobachteten Fällen um einen gleichzeitigen überreichlichen Konsum von Kohlehydrat und Fett; aber z. B. SIVÉN kam sogar mit 0,3 g Eiweiß pro kg ins Gleichgewicht bei einer Zufuhr von 42 kcal pro kg; das gibt auf einen Menschen von 70 kg Gewicht umgerechnet 21 g Eiweiß bei 2900 kcal, ein Energiewechsel, welcher dem Bedarf für einen nicht ruhenden Menschen entspricht (s. S. 237). Die Lage des Minimums ist jedoch entsprechend der sehr verschiedenen Beteiligung der Aminosäuren am Aufbau der einzelnen Eiweißkörper und entsprechend dem wechselnden Bedarf an bestimmten Aminosäuren weitgehend abhängig von der Herkunft des Nahrungseiweißes. Wir sahen ja z. B. (S. 189), daß der Bedarf an Eiweiß bei ausschließlicher Zufuhr von Gliadin mit 80 g zu decken ist, während bei einer Zulage von Lactalbumin das Minimum bis auf 33 g heruntergedrückt werden kann.

Vergleicht man die bei der Ernährung erreichten Eiweißminima mit der Eiweiß-Abnutzungsquote im Hunger (s. S. 229), so fällt auf, daß *man eventuell mit weniger Eiweiß auskommen kann, als dem Hungerminimum (45—75 g) entspricht*. Das beruht wesentlich auf der gleichzeitigen Zersetzung von Kohlehydraten, welche ja besonders gute Eiweißsparmittel sind (s. S. 190). Denn verabreicht man einem Hungernden allein Fett in einer seinem Kalorienbedarf entsprechenden Menge, so sinkt die Eiweißzersetzung kaum unter den Hungerwert; dagegen verschiebt die entsprechende Menge Kohlehydrat den Abnutzungswert beträchtlich nach unten (LANDERGREN).

Aus dem Angeführten ergibt sich, daß bei der großen Zersetzlichkeit des Eiweißes es nicht leicht gelingen wird, mit einer eiweißreichen Nahrung *Eiweißansatz* zu erzeugen. Am leichtesten ist es, worauf schon früher hingewiesen wurde, *auf Fett zu mästen*; dies gelingt nicht nur bei reichlicher Fett-, sondern auch bei reichlicher Kohlehydratzufuhr. Im letzteren Fall wird außerdem auch *Glykogen abgelagert*, aber das Vermögen des Körpers, Glykogen zu speichern, ist bald erschöpft. Das Eiweiß wird, wie wir sahen, um so stärker gespalten, je mehr man verfüttert. Zu einem ausgiebigen und dauerhaften Eiweißansatz kommt es nach den gegenwärtigen Kenntnissen wesentlich unter den folgenden Bedingungen: 1. bei jugendlichen Individuen während der Wachstumsperiode, 2. wenn die starke Eiweißzufuhr mit kräftiger Muskelarbeit kombiniert wird; denn dann „hypertrophieren" die Muskeln, indem sich Muskelfleisch neu bildet, 3. beim Aufenthalt in größeren Höhen, wohl unter der Wirkung des Sauerstoffmangels (ZUNTZ), 4. während der Schwangerschaft, besonders in ihrer zweiten Hälfte, und 5. in der Rekonvaleszenz nach einer konsumierenden Krankheit oder nach Konsumption durch längeren Hunger.

Eine der praktisch wichtigsten Fragen in der ganzen Ernährungslehre ist die Frage nach dem **Nahrungsbedarf bei körperlicher Arbeit.** Es ist selbstverständlich, daß, je mehr Arbeit von der Muskelmaschinerie verlangt wird, um so mehr „Brennmaterial" zugeführt werden muß, und schon LAVOISIER wußte, daß Muskelarbeit mit einem gesteigerten Konsum von Sauerstoff und mit einer erhöhten Produktion von Kohlensäure einhergeht. Setzen wir den Stoffwechsel des Erwachsenen im Ruhezustand gleich 2400 kcal (s. S. 233), so beträgt nach den Untersuchungen von ATWATER der Umsatz bei Arbeit im Mittel $2400 + 0,012 \cdot x$ kcal, wenn x die Anzahl der geleisteten Meterkilogramm bedeutet. Dies Ergebnis wurde so gewonnen, daß ein Mensch innerhalb des Respirationskalorimeters

(s. S. 228) an einem feststehenden Zweirad Dreharbeit leistete, welche zum Antreiben eines Dynamos verwendet wurde; der erzeugte Strom wurde darauf in einer Glühlampe in Wärme umgewandelt und die Wärme in Meterkilogramm umgerechnet. Die Gleichung von ATWATER besagt, daß bei einer Arbeitsleistung von:

$$
\begin{array}{llll}
50\,000 & \text{mkg} & 2400 + 600 = 3000 & \text{kcal} \\
100\,000 & \text{,,} & 2400 + 1200 = 3600 & \text{,,} \\
200\,000 & \text{,,} & 2400 + 2400 = 4800 & \text{,,} \\
300\,000 & \text{,,} & 2400 + 3600 = 6000 & \text{,,}
\end{array}
$$

produziert werden. Dabei repräsentieren 200 000—300 000 mkg eine schon ganz erhebliche Arbeitsleistung eines 8 stündigen Arbeitstages.

Von besonderem wirtschaftlichen Interesse wäre es natürlich, zu erfahren, wieviel Kalorien in den verschiedenen Berufen täglich abgegeben werden. Dafür ist die Untersuchung im Kalorimeter mindestens in zahlreichen Fällen (z. B. bei Grab-, Heiz-, Schmiedearbeit) aus naheliegenden Gründen nicht zu brauchen. Aber ein gewisses Maß für die Steigerung des Energiewechsels durch die berufliche Tätigkeit kann man auch schon so gewinnen, daß man nur den Sauerstoffkonsum und die Kohlensäureabgabe mißt, um so mehr, da wir nachher sehen werden, daß die Arbeit gewöhnlich nicht auf Kosten von Eiweiß, sondern durch Abbau der stickstofffreien Nahrungsstoffe geleistet wird. Man kann sich dabei vortrefflich des (S. 224) erwähnten tragbaren Analysenapparates von ZUNTZ oder des Douglassackes bedienen, die man in den Arbeitsbetrieb mitnehmen kann. Auch wenn man wissen will, um wieviel eine schwere an sich nur kurze Zeit durchführbare Arbeit, wie z. B. das Heben einer Last, um wieviel eine turnerische Übung oder Schwimmen den Stoffwechsel steigert, ist so zu verfahren. Ja es genügt, den Sauerstoffkonsum oder die Kohlensäureproduktion und dazu den respiratorischen Quotienten zu messen, um unter der gewöhnlich zutreffenden Voraussetzung, daß die Arbeit bloß auf Kosten von Fett und Kohlehydrat geleistet wird, die Kalorienproduktion zu berechnen (s. dazu S. 225). Mit diesen Methoden ist u. a. folgendes festgestellt:

Nach Versuchen hauptsächlich von ZUNTZ und seiner Schule wird der respiratorische Gaswechsel im Vergleich zu Bettruhe gesteigert

durch Sitzen	um 7,5 %
,, Klavierspielen	,, 12,5 %
,, militärisches Stehen	,, 26 %
,, Marsch mittlerer Geschwindigkeit	,, 200—300 %
,, Marsch bergan	,, 500—900 %
,, Radfahren 9 km pro Stunde	,, 300 %
,, ,, 15 km ,, ,,	,, 600 %
,, ,, 21 km ,, ,,	,, 900 %
,, Schwimmen	,, 900 %

Eine achtstündige Tagestour auf dem Rad oder eine stramme Bergtour bedingen danach einen Verbrauch von mehr als 6000 kcal.

RUBNER und WOLPERT, BECKER und HÄMÄLÄINEN u. a. haben Arbeiter in ihrer beruflichen Tätigkeit untersucht; Mittelwerte aus den Ergebnissen sind in der folgenden Tabelle zusammengestellt. Dabei ist für Arbeiter ein Ruheverbrauch von 2100 kcal bei einem Körpergewicht von 70 kg, für Arbeiterinnen ein Ruheverbrauch von 1680 kcal bei einem Gewicht von 65 kg zugrunde gelegt. Die letzte Kolonne der Tabelle gibt die prozentische Steigerung des Energiewechsels bei Arbeit im Verhältnis zur Ruhe:

Kalorienproduktion bei körperlicher Arbeit.

Gewerbe	Kalorienabgabe in 16 Ruhestunden	Kalorienabgabe in 8 Arbeitsstunden	Totale Kalorienabgabe	Prozentische Steigerung der Kalorienabgabe durch die Arbeit
Schneider	1400	1040	2440	15
Schuhmacher . . .	1400	1370	2770	20
Metallarbeiter . . .	1400	1740	3140	25
Schreiner	1400	1790	3190	26
Anstreicher	1400	1840	3240	26
Steinhauer	1400	3080	4480	44
Holzsäger	1400	3800	5200	54
Handnäherin . . .	1120	680	1800	12
Maschinennäherin .	1120	890	2010	16
Buchbinderin . . .	1120	890	2010	16
Waschfrau.	1120	1890	3010	34

Die Tabelle lehrt u. a., daß selbst eine zwar schwere, aber noch nicht maximale Arbeit, wie Steine hauen oder Holz sägen, den Ruheumsatz von 2100 bis 2400 kcal schon auf etwa 5000 kcal in die Höhe treibt; bei „schwerer" Arbeit, wie bei der eines Lastträgers oder bei großen Sportsleistungen, kann der Bedarf danach leicht 5000—7000 kcal übersteigen.

Aus dem ATWATERschen Ansatz, daß die Kalorienproduktion eines erwachsenen Arbeiters im Mittel $2400 + 0{,}012$ mal der Anzahl der Meterkilogramm beträgt, folgt, daß zur Leistung von 1 mkg 0,012 kcal erforderlich sind, d. h. 83 mkg sind physiologisch 1 kcal äquivalent. Das mechanische Wärmeäquivalent einer kcal ist jedoch bekanntlich 427 mkg; also arbeitete in den Versuchen von ATWATER die Maschine Mensch nur mit einem **Wirkungsgrad** von $^{83}/_{427} =$ ca. 20 %. ZUNTZ fand in anderen Versuchen, in welchen Menschen, Pferde oder Hunde Steigarbeit leisteten, Wirkungsgrade von ungefähr 30 %. Die Berechnung wurde auf Grund folgender Überlegung ausgeführt: schon für die Fortbewegung auf horizontaler Bahn, welche keine mechanisch meßbare Arbeit liefert, wird Energie verbraucht; bei Bergangehen kommt die Arbeit des Hebens zu dieser Horizontalleistung noch hinzu. Darum ist von dem Energieverbrauch beim Durchschreiten einer ansteigenden Bahn der Energieverbrauch für die Horizontalbewegung auf einer gleich langen Strecke abzuziehen und diese Differenz zu der Anzahl der durch Hebung des Körpers geleisteten Meterkilogramm in Beziehung zu setzen.

Der Wirkungsgrad, welchen man auf solche Weisen findet, ist übrigens von Fall zu Fall recht verschieden. Eine wichtige Rolle spielt dabei der Grad der Übung; der Ungeübte führt eine große Zahl von unzweckmäßigen oder ganz überflüssigen Bewegungen aus, welche der Trainierte vermeidet. So kann eine bis ins feinste durchgeführte Schulung die Ökonomie der technischen Arbeit des Menschen in außerordentlichem Maße steigern, wie das vielbesprochene System der „Taylorisierung" (s. auch Kap. 20) zeigt. Ein anderes Moment ist die Ermüdung; auch bei der geübten Arbeit sinkt der Wirkungsgrad, wenn die Muskeln ermüden. Ermüdung ist freilich ein Phänomen, das nicht durch Stundenkalorien quantitativ bemessen werden kann (DURIG). Wo es z. B. auf die Geschwindigkeit in der Arbeit ankommt, wie beim Schreibfräulein oder bei der Packerin, da ist die Ermüdbarkeit, die in der Wirtschaftspraxis auch unter sozial hygienischem Gesichtspunkt Beachtung erfordert, eher eine Angelegenheit des Zentralnervensystems als der Muskeln, und wo Schwerarbeit zu leisten ist, da muß bedacht werden, daß die vermehrte Kalorienproduktion von seiten der Muskeln weit in die der Arbeit nachfolgende Ruhepause hineinwirkt, da die bei den Kontraktionen entstandene „Sauerstoffschuld" zu tilgen ist (s. S. 240). Aber auch die Art der Arbeit bestimmt begreiflicherweise die Ausnutzung der aufgewandten Energiemenge; bei Arbeiten, welche mehr statische als dynamische Arbeiten sind, ist der Wirkungsgrad geringer; unter einer statischen Arbeit ist dabei eine solche verstanden, bei welcher die Muskeln nicht zur Leistung „äußerer" physikalisch meßbarer Arbeit verwendet werden, sondern nur „innere" Arbeit (s. Kap. 20) ausführen, indem sie dauernd angespannt werden; so muß man, wenn man eine schwere Dreharbeit ausführen will, die Gelenke des Rumpfes und der unteren Extremitäten durch ausgiebige Muskelspannungen versteifen, bei Hebung eines Gewichts den Schwerpunkt des Körpers verlagern und fixieren und dergleichen, wobei der Wirkungsgrad ganz verschieden ist, je nachdem z. B. ein Gewicht um die gleiche Höhe in gebückter Stellung vom Boden oder aufrecht von einem bequem erreichbaren Standort aus gehoben, eine Kurbel mit hocherhobenen Armen oder in Ellenbogenhöhe gedreht werden muß (ATZLER). Endlich spielen in der Ökonomie des Energieumsatzes auch die individuellen Eigenschaften eine wichtige Rolle; daher wird der Sanguiniker, welcher auf zahlreiche äußere Einwirkungen mit großer Lebhaftigkeit reagiert, bei der gleichen Kost stets mager bleiben, wo der Phlegmatiker Fett ansetzt.

Ist nun durch die direkten und indirekten kalorimetrischen Bestimmungen festgestellt, wieviel chemische Energie für eine bestimmte Arbeit verbraucht wird, so erhebt sich die neue wichtige Frage, in welcher Form die Energie zugeführt werden soll, mit anderen Worten: *welcher Stoff als* **Quelle der Muskelkraft** *anzusehen ist, Eiweiß, Kohlehydrat oder Fett.* Am nächsten liegt die von LIEBIG seinerzeit verfochtene Annahme, daß mit dem Eiweiß als demjenigen Material, aus welchem sich der Muskel hauptsächlich aufbaut, auch sein Energiebedarf bestritten wird. Gerade das trifft aber für gewöhnlich nicht zu; ein klassischer Versuch aus dem Jahre 1865 zeigt es. FICK und WISLICENUS bestiegen nämlich vom Brienzersee aus das 1956 m hohe Faulhorn; 17 Stunden vor der Besteigung hatten sie keine eiweißhaltige Nahrung mehr zu sich genommen, während derselben ernährten sie sich stickstofffrei. Sie sammelten den Harn während und mehrere Stunden nach der Arbeitsleistung. Der in dieser Periode ausgeschiedene Stickstoff entsprach nun einer Zersetzung von 37 g Eiweiß, das ergäbe also etwa 150 kcal. Würde man nun selbst davon absehen, daß diese Kalorien nur zum Teil für die Leistung mechanischer Arbeit, d. h. für die Hebung des Körpers aufgewendet sein können, da ja auch Herz-, Atem- und Verdauungsarbeit geleistet wurde, und würde man selbst den Wirkungsgrad zu 100 % ansetzen, so entsprächen die 150 kcal doch immer nur $150 \cdot 427 = 64\,000$ mkg, während der Körper von 76 kg Gewicht um 1956 m gehoben wurde, die Leistung also ungefähr 150 000 mkg betrug. *Es ist also unzweifelhaft, daß das Eiweiß höchstens zum kleinen Teil die Quelle der Muskelkraft gewesen ist.*

Aber für gewöhnlich arbeiten die Muskeln sogar ganz ohne Verbrauch von Eiweiß. Namentlich VOIT und PETTENKOFER haben gezeigt, daß bei Hunden und Menschen die Stickstoffausscheidung überhaupt nicht durch die Muskeltätigkeit beeinflußt wird, so wie es etwa das in der folgenden Tabelle angeführte Beispiel nach TIGERSTEDT lehrt, es sei denn, daß die Arbeit übertrieben und ermüdend ist, daß die Muskeln längere Zeit

Sauerstoffmangel leiden, oder daß die Ernährung mangelhaft ist; nur dann folgt größere Stickstoffausscheidung, die wohl auf die reichlichere Bildung verschiedener, im Muskelstoffwechsel intermediär auftretender N-haltiger Spaltprodukte zurückzuführen ist, die gewöhnlich durch die Verkoppelung der verschiedenen nebeneinander ablaufenden Reaktionen wieder zum Verschwinden gebracht und auf diese Weise eingespart werden können (s. Kap. 20). Im übrigen wird aber allein der respiratorische Gaswechsel gesteigert, und da gleichzeitig vor allem das Glykogen in den Organen, speziell auch in den Muskeln schwindet (s. Kap. 20), so folgt, daß *die gewöhnliche Quelle der Muskelkraft die Kohlehydrate sind.*

Stickstoffausscheidung eines Menschen bei Ruhe und Arbeit.

Lebensweise	Kalorienzufuhr	N-Zufuhr	N im Harn	N-Bilanz
3 T. Ruhe	3272	16,3	13,8	+ 2,5
3 T. Arbeit v. 46717 mkg .	3278	16,2	14,5	+ 1,7
3 T. Ruhe	3327	16,2	15,6	+ 0,6

Und offenbar ist sie auch die ökonomischste; denn vergleicht man die beiden stickstofffreien Nahrungsstoffe Kohlehydrat und Fett miteinander auf ihre energetische Ausgiebigkeit, so zeigt sich, daß für die gleiche Leistung der Kalorienbedarf aus Fett etwa um $10^0/_0$ den aus Kohlehydrat übersteigt (KROGH und LINDHARD). Dies ist, wie schon S. 234 angegeben wurde, darauf zurückzuführen, daß das Fett vor seiner Verwendung in der Muskelmaschine in synthetischer Arbeit in Kohlehydrat umgewandelt wird, das als Blutzucker den Muskeln zufließt. Daß schließlich aber auch auf Kosten von Eiweiß große körperliche Leistungen erzielt werden können, das beweist der früher (S. 235) erwähnte Hund, welchen PFLÜGER mehrere Monate lang ausschließlich mit magerem Fleisch ernährte, und der währenddessen starke Zugarbeit an einem Wagen zu leisten hatte; der Glykogen- und Fettgehalt seines Futters hätte nicht einmal hingereicht, die Herzarbeit in der Zeit zu bestreiten. Wir kommen also zu dem Schluß, daß zwar jeder Nahrungsstoff die Energiequelle für die Muskelarbeit sein kann, daß aber in erster Linie die Kohlehydrate dafür herangezogen werden.

Wir werden nun später (Kap. 20) sehen, daß der Kontraktionsvorgang mit der Spaltung einer Reihe von Stoffen einhergeht, besonders mit der Umwandlung von Kohlehydrat in Milchsäure, und daß diese Stoffe unter Sauerstoffverbrauch wieder beseitigt werden. Nimmt man dementsprechend den Sauerstoffkonsum als Maßstab der Steigerung des Stoffwechsels durch Arbeit, so zeigt sich, daß, sobald die in der Zeiteinheit geleistete Arbeit ein gewisses Maß übersteigt, die Sauerstoffaufnahme noch bis weit in die anschließende Ruheperiode hinein erhöht sein kann. Dies beruht zum großen Teil darauf, daß die Sauerstoffmenge, die dem Muskel, während er arbeitet, zugeführt wird, trotz gesteigerter Blutzirkulation (s. S. 170) nicht ausreicht, um die verschiedenen Spaltprodukte so vollständig, wie es bei einer mäßigen, aber stetigen Arbeit tatsächlich geschieht, oxydativ zu beseitigen. Es entsteht dann also eine „*Sauerstoffschuld*", deren Größe sich nach der Menge der im Muskel angehäuften und ins Blut binausgespülten Milchsäure richtet, und es braucht eventuell bis 80 Minuten, um durch Mehrverbrauch von Sauerstoff gegenüber dem Ruhestoffwechsel den Ausgleich herbeizuführen (A. V. HILL). Atmung von reinem Sauerstoff beschleunigt demzufolge die Restitution. Es ist klar, daß, wenn man diese charakteristische, zum Arbeitsstoffwechsel zugehörige Nachatmung nicht mit berücksichtigt, man zu verkehrten Werten für den Wirkungsgrad einer Arbeit gelangen muß, sobald man ihn aus dem Stoffwechsel berechnet.

Von besonderem Interesse ist noch die Frage, ob auch „*geistige Arbeit*" die Stoffwechselprozesse steigert. Unvoreingenommen wird man die Frage bejahen; denn erstens findet man bei zahlreichen Organen, keineswegs bloß bei den Muskeln, die Steigerung der Aktion mit Steigerung des Stoffwechsels verknüpft, wird also per analogiam dasselbe für das Gehirn annehmen; zweitens kennt man beim Gehirn geradeso eine Ermüdung und Erschöpfung als die Folge erhöhter Inanspruchnahme wie beim arbeitenden Muskel und weiß, daß der, der stark geistig arbeitet, nicht weniger auf eine reichlichere Ernährung Anspruch macht wie der körperlich Arbeitende, während andererseits eine jähe Störung in der regelmäßigen Blutversorgung Bewußtseinstrübungen (Ohnmacht) bewirkt. Man kennt ferner histologische Veränderungen in den Ganglienzellen des Zentralnervensystems als Folge exzessiver Erregungen (s. Kap. 22) und weiß durch plethysmographische Untersuchungen (s. S. 171) am Menschen mit Schädeldefekten, wobei die Schädelkapsel selbst als Plethysmograph diente, daß bei stärkerer Geistesarbeit der Blutkonflux zum Gehirn zunimmt. Auch ist erwiesen, daß die Glukosezersetzung, welche am überlebenden Froschrückenmark zu beobachten ist, bei der Übertragung reflektorischer Erregungen gesteigert, durch Narkose herabgesetzt wird (H. WINTERSTEIN).

Zahlreiche Experimente am Menschen (SPECK, ATWATER, LEHMANN, ILZHÖFER) haben nun aber ergeben, daß *bei geistiger Anstrengung eine Änderung des Stoff- und Energiewechsels nicht mit Sicherheit nachgewiesen werden kann* (SPECK, ATWATER). Daraus kann freilich nach dem eben Gesagten nicht geschlossen werden, daß die geistige Arbeit oder vielmehr die ihr zugrunde liegenden Erregungsvorgänge im Gehirn gar keine Energie verzehren. Man wird daraus nur folgern, daß die Vermehrung der Umsetzungen über den Umsatz in der „Ruhe" hinaus zu gering war, um die Fehlerquellen der Messungen des Stoff- und Energiewechsels zu übersteigen; es spricht ja nichts dagegen, daß selbst die höchste geistige Leistung nur von einer kleinen Veränderung im Stoffwechsel der Nervensubstanz begleitet wird. Es gibt allerdings auch nicht wenige Angaben, nach denen geistige Arbeit den Stoffwechsel doch merklich in die Höhe treibt. Aber es ist auch nicht immer genügend berücksichtigt worden, daß bei der geistigen Anspannung sehr häufig unwillkürlich Muskeln mit angespannt oder gar bewegt werden, und daß auch die Herzaktion und die Atmung sich dabei beschleunigen können. —

Wir sind nunmehr durch die beschriebenen Experimente einigermaßen dafür gerüstet, für jeden Menschen in jeder Lebenslage eine Ernährungsvorschrift geben zu können. Nur eines ist dafür noch zu beachten, das ist die verschiedene stoffliche und kalorische *Ausnützung der einzelnen Nahrungsmittel* durch die Verdauungsorgane, welche zwar früher (s. Kap. 4) schon erwähnt, aber in quantitativer Hinsicht noch nicht genügend erörtert worden ist. Man bestimmt den Grad der Ausnutzung, indem man die zu einer bestimmten Nahrung zugehörigen Fäzes analysiert (s. dazu S. 223 u. 224). Die Tabelle auf S. 242 enthält Angaben über den Grad der Ausnutzung auf Grund solcher Analysen (nach KÖNIG und RUBNER).

Die Ausnutzbarkeit der Nahrung ist danach außerordentlich verschieden und muß darum im einzelnen berücksichtigt werden. Man würde offenbar in Fällen, wo — sagen wir — $^1/_5$ der Nahrung unausgenutzt mit den Fäzes verlorengeht, einen großen Irrtum begehen, wollte man allein nach ihrer chemischen Zusammensetzung und nach ihrem Brennwert das zuzuführende Quantum berechnen. So bedeuten also auch die in der Tabelle S. 238 für verschiedene berufliche Arbeiten angegebenen Kalorienabgaben nicht, daß zur Deckung des Energiebedarfs ebenso viele Kalorien in der Nahrung zugeführt werden müssen, sondern ebenso viele ausnutzbare Kalorien.

Im allgemeinen werden die animalischen Nahrungsmittel besser verwertet als die vegetabilischen. Das liegt natürlich in erster Linie an dem Zellulosegehalt der letzteren, und die Verluste sind desto beträchtlicher, je resistenter die Zellulose ist. Auffallend groß sind die Verluste an Eiweiß bei den Vegetabilien, was um so bemerkenswerter ist, als viele Vegetabilien, wie Kartoffeln, Reis, die meisten Gemüse, Obst, an sich schon sehr wenig (s. die Tabelle S. 14) und zumeist minderwertiges Eiweiß (S. 188) enthalten. Bei den Cerealien rühren die Verluste an Eiweiß besonders davon her, daß es in die harte Zellulose der Kleie eingehüllt ist; daher kann seine Verwertung durch gründliches Zermahlen gesteigert werden. In anderen Fällen hängt für die Ausnutzbarkeit der

Verluste an Nahrung durch mangelhafte Ausnutzung (in Prozenten):

Nahrungsmittel	Stickstoffhaltige Substanzen	Fette	Kohlehydrate	Kalorien
1. Animalische Kost.				
Fleisch	2,5	6,0	—	5,5
Fisch	3,0	9,0	—	—
Milch	6,5	5,0	1,0	—
Käse	5,0	10,0	2,0	4,4
Eier	3,0	5,0	—	3,8
Butter	—	3,0	—	—
2. Vegetabilische Kost.				
Weißbrot, fein	19,0	25,0	1,5	4,5
„ grob	28,0	45,0	7,5	13,7
Roggenbrot, fein	27,0	—	5,2	—
„ grob	40,0	—	10,0	18,0
Reis	20,0	7,0	1,0	2,6
Erbsen, Bohnen	30,0	70,0	15,5	—
Kartoffeln	22,0	2,5	4,2	6,8
Gemüse	28,0	7,0	16,5	15—20
Kakao	58,5	5,5	2,0	—
Steckrüben	85,0	—	—	24,5

Vegetabilien viel von der Sorgfältigkeit der Zubereitung ab. Der Kochprozeß befördert die Quellung der Zellmembranen und ihre Zersprengung; die Pflanzenteile werden hierfür zugänglicher gemacht, wenn sie vor dem Kochen zerrieben, zerhackt oder durch die Maschine getrieben werden. In ähnlicher Weise erleichtert eine nachträgliche Zermalmung oder auch der Kauprozeß die Aufschließung durch die Verdauungssäfte. So werden z. B. von Kartoffelstücken etwa 70 % des Eiweißes, von Kartoffelbrei dagegen 80 % resorbiert. Von den Fetten werden die leicht schmelzenden, wie Butter, Schmalz, Pflanzenfett, Tran, besser ausgenutzt als die schwer schmelzbaren, wie Hammel- oder Rindertalg; von ersteren gehen nur 1—4 % von letzteren 5—10 % in den Fäzes verloren. Die in der Tabelle angeführten Daten für die Ausnutzbarkeit haben übrigens keinen Anspruch auf Allgemeingültigkeit, da *die Verdaulichkeit einer Kost auch von vielen individuellen Eigentümlichkeiten abhängt*. —

Nachdem hiermit die Aufgabe des Physiologen, Leitsätze für die Ernährungspraxis aufzustellen, in der Hauptsache gelöst ist, wollen wir daran gehen, die Auswahl unter den Nahrungsmitteln, welche nun ein jeder unter dem Zwang oder auch in der Unbeschränktheit seiner Verhältnisse trifft, an dem Maßstab der Laboratoriumserfahrungen zu prüfen und zu kritisieren. Natürlich werden wir im großen und ganzen eine Übereinstimmung zwischen der Zusammensetzung der „frei" erwählten Kost und der vom Experiment geforderten zu erwarten haben; denn die Menschen müssen ja instinktiv im wesentlichen das Richtige getroffen haben, da sie sich sonst gar nicht hätten erhalten können. Damit ist aber nicht gesagt, daß es nicht doch eine große Zahl von Diätformen gibt, welche im Sinne der Physiologie unzweckmäßig, wenn nicht gar schädlich sind, Diätformen, welche teils in den geographischen Verhältnissen ihre Ursache haben, durch welche eine fast ausschließlich animalische oder vegetabilische Kost aufgenötigt werden kann, teils in besonderen Sitten und Gebräuchen eines Stammes, vor allem aber in der sozialen Schichtung der Bevölkerung.

Sobald man nun aber den Plan eines Vergleichs von „Theorie" und „Praxis" verwirklichen will, stößt man auf große Schwierigkeiten. Es gilt ja, womöglich für eine große Zahl einzelner Menschen der verschiedensten Alters-, Körpergewichts- und Berufsklassen für längere Zeiträume festzustellen, wie sie sich ernähren. Das geschieht am genauesten, wenn man von jeder einzelnen Speise, die genossen wird, ein bestimmtes Quantum analysiert. Aber das ist in größerem Maßstab kaum durchzuführen. Vielfach muß man sich damit begnügen, von der Speise, welche eine ganze Familie konsumiert, das Gewicht festzustellen, deren Zusammensetzung aus den einzelnen Nahrungsstoffen nach bekannten Mittelwerten zu berechnen und ungefähr zu überschlagen, wieviel von der Speise von jedem Familienmitglied verzehrt worden ist. Noch weit ungenauer verfährt man, wenn man die Haushaltungsbücher als Grundlage der Berechnung nimmt und aus den Preisen auf die eingekauften Gewichte zurückschließt und auch die Küchenabfälle und Überbleibsel mit in Anschlag bringt. So ist das zur Verfügung stehende statistische Material höchst ungleichwertig. Mit die brauchbarsten Resultate liefern die Erhebungen bei Tischgemeinschaften von ungefähr Gleichaltrigen und gleichartig Arbeitenden (wie Studentenklubs, wie die Holzfäller des Bayrischen Waldes oder die Bemannung eines Schiffes).

Durch derartige Ermittlungen kam Voit im Jahre 1875 zur Aufstellung seines viel zitierten „*Kostmaßes*" *für den Erwachsenen* von 67 kg Gewicht bei mittlerer Arbeitsleistung (also etwa der Arbeit eines Schreiners oder eines Maurers), nämlich: *118 g Eiweiß, 56 g Fett, 500 g Kohlehydrat = 3055 kcal.*

Vergleichen wir dieses Kostmaß mit den Laboratoriumsresultaten, so fällt vor allem die hohe Eiweißdosis auf. Voit empfahl allerdings absichtlich ein den wirklichen Bedarf übersteigendes Eiweißquantum, rechnete auch damit, daß von den 118 g Eiweiß nur etwa 105 g resorbiert werden. Aber nach den früher (S. 235) angeführten Experimenten k a n n der Bedarf des Menschen mit erheblich weniger Eiweiß gedeckt werden, und wir werden gleich sehen, daß auch nach den statistischen Erhebungen im Speisezettel vieler Menschen die Eiweißmenge weit hinter dem Voitschen Wert zurückbleibt. Es soll darum gleich die Frage aufgeworfen werden, *welches Quantum Eiweiß am meisten zu empfehlen ist.* Über dies „hygienische Eiweißminimum" hat sich ein lebhafter wissenschaftlicher Streit entsponnen, welcher überdies noch dadurch angefacht wird, daß aus besonderen Gründen die verschiedenen Bevölkerungsklassen um eines der eiweißreichsten Nahrungsmittel, das Fleisch, in Konkurrenz treten.

Was die zahlreichen *statistischen Erhebungen über die Ernährung bei freier Wahl der Nahrungsmittel* anlangt, so sind vor etwa 30 Jahren deren zuverlässigste Ergebnisse von Tigerstedt verarbeitet und in der Tabelle auf S. 244 zusammengestellt. Betrachten wir in der Tabelle zunächst nur die uns augenblicklich interessierenden Zahlen für das Eiweiß, so ergibt sich, daß die meisten Mittelwerte nicht unter das VOITsche Maß heruntergehen. Aber wohl zu beachten ist, daß es sich dabei um Mittelwerte handelt, die Minima liegen meist weit tiefer als die VOITschen Zahlen, und wenn es sich in manchen Fällen (namentlich der Gruppe I mit einer Zufuhr von nur 2000—2500 kcal) auch um Unterernährung handeln mag, so sind in den wichtigsten Gruppen III und IV mit einer mittleren Zufuhr von 3000 bis 4000 kcal Beobachtungen an zu jener Zeit wohlhabenderen und gut sich nährenden Leuten (Studenten, Mechaniker, Juristen) mit eingeschlossen, welche weit weniger Eiweiß verzehrten als 118 g. Hinzukommt, daß, da in der genossenen Kost vielfach die Vegetabilien stark vorherrschten, auch die Ausnutzung des zugeführten Eiweißes wahrscheinlich schlechter ausfiel, als VOIT es voraussetzte. Wir können danach zunächst den Schluß ziehen, daß *auch eine Eiweißzufuhr, welche freiwillig und andauernd erheblich kleiner ist als 118 g, nicht unzuträglich zu sein braucht.*

Gruppe	Zahl der Beobachtungen	Kaloriengehalt der zugeführten Nahrung	Mittlerer Eiweißgehalt in g (in Klammern Minimum und Maximum)	Mittlerer Fettgehalt in g	Mittlerer Kohlehydratgehalt in g
I.	31	2000—2500	84 (35—131)	63	329
II.	38	2500—3000	96 (49—160)	84	405
III.	52	3000—3500	115 (52—163)	105	438
IV.	30	3500—4000	131 (66—199)	115	516
V.	23	4000—4500	139 (74—182)	147	553
VI.	12	4500—5000	163 (80—225)	150	647
VII.	16	> 5000	156 (93—218)	196	809

Diese Erkenntnis ist aber deshalb von Bedeutung, weil des öfteren behauptet worden ist, daß jeder überflüssig große Eiweißkonsum allerlei Schädigungen der Gefäßwandungen, des Zentralnervensystems, des Darms, der Nieren und anderer Organe im Gefolge habe. Indessen so wenig auch bezweifelt werden kann, daß bei übertriebener Zufuhr giftige Eiweißspaltprodukte meist basischer Natur (s. S. 61) entstehen, bei chronischer Überladung vielleicht auch Gefäßveränderungen sich einstellen können, so wenig ist das für kleinere Dosen etwa von der Höhe des VOITschen Wertes dargetan. Auf der anderen Seite müssen wir aber auch die Frage aufwerfen, *ob sich Einwände gegen eine ausgiebige Reduktion des VOITschen Wertes erheben lassen.*

Der amerikanische Physiologe CHITTENDEN hat in Versuchen, die sich auf $1/_2$—$1^1/_2$ Jahre erstreckten, 26 Personen (Dozenten, Studenten und Soldaten) mit einer Kost ernährt, welche nur 40—60 g Eiweiß enthielt; alle fühlten sich bei der Lebensweise völlig gesund und nahmen nach eigener Aussage bei regelmäßigen gymnastischen Übungen an Leistungsfähigkeit noch zu. Der dänische Arzt HINDHEDE und seine Hausangehörigen ernährten sich monatelang mit Kartoffeln und Margarine, Schwarzbrot und Zwetschen und dergleichen und kamen so bei vollem Wohlbefinden und großem körperlichen Arbeitsvermögen anscheinend mit etwa 25 g Eiweiß ins Gleichgewicht. Vegetarier haben sich auffallend oft bei Dauermärschen als Sieger hervorgetan trotz ähnlich geringen Eiweißgenusses. Es kann also keinem Zweifel unterliegen, daß die körperlichen Fähigkeiten auch bei einem Eiweißkonsum, welcher nur ein Viertel des VoITschen Maßes ausmacht, nicht notzuleiden brauchen. Etwas anders ist es, ob man jemandem empfehlen soll, die untere Grenze der Eiweißdosierung dauernd einzuhalten. Das wäre sicherlich gefährlich, vor allem, wenn man sich das Eiweiß in Vegetabilien zuführt, da ja das vegetabilische Eiweiß nach seinem Aufbau aus Aminosäuren meistens nicht vollwertig ist (s. S. 188). Denn dann genügt eventuell eine unzureichende Zubereitung, ein zu oberflächliches Kauen, ein individuell geringes Verdauungsvermögen, eine kleine Verdauungsstörung, ein Schnupfen mit seinem Übermaß an Schleimproduktion oder eine geringe fieberhafte Erkrankung, um die Erhaltung des Eiweißgleichgewichts unmöglich zu machen. Aber wie hoch man über das Minimum hinausgehen soll, ist schwer zu entscheiden, zumal da uns jeder objektive Maßstab für die Leistungsfähigkeit eines Menschen fehlt, mag es sich um körperliche oder auch um geistige Leistungen handeln.

Einer auffälligen Erscheinung muß hier jedoch noch gedacht werden, nämlich der Tatsache, daß in vielen Kulturländern *der Fleischkonsum andauernd gestiegen ist.* Dies lehrt z. B. die folgende Tabelle nach RUBNER für Deutschland in dem Jahrhundert von 1816—1930, wobei die Nachkriegszeit sich durch einen vorübergehenden starken Rückgang markiert.

Jährlicher Fleischkonsum in Kilogramm pro Kopf in Deutschland:

1816	13,6	1892	32,5	1924	42,1
1840	21,6	1900	43,4	1925	47,0
1861	23,2	1907	46,2	1927	49,9
1873	29,5	1913	52,9	1928	52,8
1883	29,6	1923	31,1	1930	50,5

Der Fleischkonsum ist also in den 100 Jahren auf etwa das 4fache gestiegen. Heute ist er zum Teil noch viel höher, besonders in den großen Städten (1929 betrug er in Wien z. B. 80 kg). Dies ist natürlich nicht gleichbedeutend mit einer entsprechenden Steigerung des Eiweißkonsums. Im Gegenteil hat es RUBNER durch statistische Erhebungen wahrscheinlich gemacht, daß der mittlere Eiweißkonsum in allen Ländern Europas ungefähr der gleiche ist (etwa 85 g); nur ist es das Fleischeiweiß, das in manchen Ländern, wie England oder Deutschland, eine immer größere Rolle spielt, während in anderen Ländern, Frankreich, Rußland, Italien, das vegetabilische Eiweiß mehr vorherrscht. Man fragt natürlich, was der wachsende Fleischkonsum zu bedeuten hat, und kommt zu der Antwort, daß die Erscheinung teils mit physiologischen Faktoren, mit der besonderen Schmackhaftigkeit des Fleisches und seiner Leichtverdaulichkeit zusammenhängt, teils mit wirtschaftlichen Faktoren, mit der Hebung der sozialen Lage und vor allem mit der Industrialisierung und Technisierung aller Betriebe. Beide Momente stehen auch untereinander in Beziehung (RUBNER). Die Schmackhaftigkeit dankt das Fleisch seinen Extraktivstoffen; selbst bei mangelhafter Zubereitung erregt es dadurch den Appetit im Gegensatz zu vielen häufig verwendeten Vegetabilien, welche erst in zeitraubender und sorgfältiger Küchenbehandlung in eine würzige Kost umgewandelt werden. Appetit ist aber weit mehr als der bloße Trieb zur Befriedigung kulinarischer Empfindungen, Appetit bedeutet, wie PAWLOW gelehrt hat (S. 30), die Einleitung der Verdauung durch Bildung von „Zündsaft" im Magen. Wenn also z. B. der abgehetzte Großstädter ohne viel

Eßlust zum Mittagsmahl kommt, so regt eine kräftig schmeckende Speise seine Verdauung an, ja die Extraktivstoffe des Fleisches wirken sogar, auch ohne daß sie mit den Geschmacksorganen in Berührung kommen, von der Magenschleimhaut aus direkt safttreibend (S. 30). Geschmacklose Stoffe, wie etwa selbst die reinen Nahrungsstoffe Stärke, Eiweiß, Fett, regen nicht nur den Appetit nicht an, sondern es gelingt kaum, sie in größeren Mengen herunterzuschlucken. Das Fleisch ist aber noch aus einem anderen Grunde im Vorteil vor der Pflanzenkost, das ist seine im allgemeinen größere Verdaulichkeit; Pflanzenkost verlangt erstens eine längere Verdauungszeit und zweitens wegen ihres größeren Wassergehaltes und wegen der schlechteren Ausnutzung die Zufuhr größerer Volumina; beides beschwert besonders den Großstädter, wie nachher noch weiter erörtert werden soll. Das Fleisch nimmt ferner — und damit treten die physiologischen Faktoren mit den wirtschaftlichen in Konkurrenz — unter den Nahrungsmitteln durch seinen hohen Preis eine Sonderstellung ein, und so erhielt die Sucht nach Fleisch auch den Stempel des Klassenkampfes; die aufstrebenden Volksschichten betrachteten es als ihr Anrecht, reichlich Fleisch zu genießen. Daher sind an der Steigerung des Fleischkonsums vor allem die Industrieländer und in diesen vorzugsweise die Handarbeiter in den Städten beteiligt. Der Hauptgrund hierfür liegt aber in der gänzlich veränderten Lebensweise unserer Zeit (KESTNER). Nicht bloß in dem äußeren Bild der großen Städte sowie in den gewaltigen Zentralen ihrer industriellen Arbeit ist es die Maschine mit ihren Leistungen, die den beherrschenden Eindruck auf uns ausübt; auch auf dem Lande wurde in der modernen landwirtschaftlichen Betriebsführung die Muskelarbeit des Menschen in raschem Tempo durch die Arbeit der Maschine abgelöst. Damit sinkt natürlicherweise der Kalorienbedarf des Menschen, ohne daß aber zugleich der Eiweißbedarf wesentlich sinkt. Daher muß der relative Anteil des Eiweißes in der Kost steigen, absolut wird vor allem das Kohlehydratquantum reduziert aus Gründen, die gleich noch erörtert werden sollen. So kam es dann, daß Kartoffeln und Brot an Bedeutung verloren, und daß die konzentrierten Eiweißträger Fleisch und Eier heute mehr bevorzugt werden, Milch und das schmackhafte Obst an Boden gewinnen.

Kehren wir nun noch einmal zu der tabellarischen Zusammenstellung von TIGERSTEDT (S. 244) über die Kostsätze bei freiwilliger Nahrungsauswahl zurück. Die sehr verschiedene Kalorienzufuhr, welche zwischen 2000 und mehr als 5000 schwankt, steht natürlich in erster Linie in Zusammenhang mit der *Größe der geleisteten körperlichen Arbeit;* so befinden sich unter den Leuten der Gruppe VII bayrische und amerikanische Holzknechte, Holzsäger aus Schweden, Feldarbeiter aus Siebenbürgen und ähnlich Beschäftigte, also Leute, welche der Klasse der Schwerarbeiter zuzurechnen sind; in der Gruppe III befinden sich dagegen Leichtarbeiter, wie Mechaniker, Studenten, Fabrikarbeiter. RUBNER hat die Berufe je nach ihrem Bedarf an ausnutzbaren Kalorien etwa so eingeteilt:

2400	Kalorien:	Beamte, Gelehrte, Kaufleute, Maschinenpersonal
3000	,,	gewöhnliche Arbeiter (Industriearbeiter, Handwerker)
3400	,,	Maurer, Schneider, Soldaten
4000—5000	,,	Landarbeiter, Lastträger, Sportsleute.

Weiter zeigt die Tabelle von TIGERSTEDT, daß mit der Kalorienzufuhr, d. h. also mit der Arbeitsleistung, der Eiweißkonsum steigt. Da nun die Muskelarbeit für gewöhnlich auf Kosten der Kohlehydrate erfolgt, so könnte man meinen, daß stark Arbeitende sich nicht mehr Eiweiß zuzuführen brauchten als schwach Arbeitende. Wenn die Tabelle das Gegenteil lehrt, nämlich daß im Mittel etwa 15 % des Gesamtkalorienbedarfs durch Eiweiß gedeckt werden, so ist das wohl mit dem Hinweis zu erklären, daß, wer berufsmäßig seine Muskulatur viel braucht, auch eine größere Fleischmasse, also wohl auch eine größere Abnutzung seines Körpereiweißes hat als jemand mit spärlicher Muskulatur; so wäre es also nur rationell, daß die Schwerarbeiter auch mehr Eiweiß konsumieren. Vielfach ergibt sich das wohl ganz von selbst dadurch, daß der stark Arbeitende sich aus der Schüssel eben mehr herauslöffelt als der schwach Arbeitende.

Wie gestaltet sich schließlich noch *das Verhältnis von Fett zu Kohlehydrat in der Ernährungspraxis?* Wir haben zwar früher gesehen, daß eines das andere ersetzen kann, aber die Zusammenstellung auf S. 244 lehrt, daß stets beide gewählt werden, und das entspricht nicht nur der Zusammensetzung unserer Verdauungssäfte hinsichtlich der Enzyme, sondern es rechtfertigt sich auch aus anderen Gründen. Wer fast fettfrei leben will, muß vegetarisch leben. Nun kann ja gewiß kein Zweifel darüber bestehen, daß man bei rein *vegetarischer Kost* Proben hoher körperlicher Leistungsfähigkeit ablegen kann, aber im allgemeinen bedingt die rein vegetarische Kost doch eine Belastung des Verdauungskanals, welche allerhand Unzuträglichkeiten im Gefolge hat. Die vegetarische Kost, die aus Kartoffeln, Brot, Gemüse und Obst zusammengestellt ist, ist außerordentlich voluminös, und dadurch sowohl wie durch ihren Gehalt an Zellulose erfordert sie fast immer eine größere Verdauungsarbeit als die animalische Kost, und diese besondere Inanspruchnahme der Intestinalorgane wird, zumal vom Städter mit seinem rapiden Lebenstempo im Verhältnis zum Landmann, unbehaglich empfunden. Ein teilweiser Ersatz der genannten Vegetabilien durch das kalorisch hochwertige Fett (das natürlich in Gestalt irgendeines Pflanzenfettes auch vegetabilische Herkunft haben kann) bedeutet, besonders für diejenigen, welche schwer oder welche in kalter Umgebung arbeiten müssen, eine willkommene Entlastung und wird deshalb auch stets durchgeführt, soweit es die ökonomische Lage zuläßt. Auf der anderen Seite ist bezüglich des Vegetarismus zu sagen, daß die Entwöhnung von Vegetabilien, besonders von Gemüsen, wie sie in den letzten Jahrzehnten in den Städten mehr und mehr Platz griff, den großen Nachteil hat, daß die Verdauungsorgane, durch Fleisch, Fett, Weißbrot, Zucker und dergleichen nur zu schwächlicher Arbeit angeregt, an Leistungsfähigkeit einbüßen, um so mehr, als wir feststellten, daß der Kalorienbedarf und damit das Nahrungsquantum des Städters, welcher infolge der vielfältigen Errungenschaften der Technik Muskeln, Herz und Atmungsorganen weniger Arbeit aufbürdet als der Bauer, sowieso schon reduziert ist (RUBNER). Hier haben die Erfahrungen des Weltkrieges in mancher Hinsicht Belehrung gebracht.

Als eine besondere Form vegetarischer Nahrung wird gegenwärtig oft die *Rohkost* propagiert. Sie wird aus Obst, Nüssen, Salat, Gemüsen, Pflanzenölen, Grütze, eingeweichten Getreidekörnern in ungekochtem Zustand zusammengestellt. Brot und Kartoffeln fehlen darin. Ihren besonderen Wert erblickt man in einem hohen Vitamingehalt, aber doch nur zum Teil mit Recht (s. Kap. 11). Demgegenüber birgt die Ernährung mit Rohkost die Gefahr des Kalorien- und des Eiweißdefizits in sich, denn die Ausnützung ist recht mangelhaft.

Zum Schluß sei noch an einem Beispiel (nach v. HOESSLIN) gezeigt, wie man etwa ein physiologisches Kostmaß in billiger Form in die Praxis umsetzen kann:

Einfache reichliche Kost 1930 (nach v. HOESSLIN).

g Nahrung	Eiweiß	Fett ·	Kohlehydr.	Kalorien	Preis in Pfg.
500 Milch	15,5	17,5	23,5	325	16
10 Butter	—	8,2	—	76	4
40 Schmalz	—	38,0	—	352	9,6
30 Margarine	0,1	24,6	0,1	230	6
75 Fleisch, Wurst	12,7	10,5	—	150	21
50 Käse	12,5	7,5	1,8	127	14
1 halbes Ei	2,7	2,6	0,1	36	6
50 Fisch	10,0	4,5	—	80	3,5
500 Brot	29,0	—	242,5	1130	20,0
250 Kartoffeln	3,8	—	51,3	225	2,5
50 Mehl, Nudeln	5,5	0,2	35,0	166	3,5
100 Gemüse	1,0	—	4,0	21	4
50 Obst	0,2	—	7,5	25	3
50 Zucker	—	—	49,0	200	3
	93,0	113,6	414,8	3143	116,1

14. Kapitel.

Die Hormone.

Es wurde bereits (S. 207) darauf aufmerksam gemacht, daß wohl kein Feld der physiologischen und medizinischen Forschung in den letzten Jahrzehnten die Anteilnahme der Allgemeinheit so sehr geweckt hat, wie das der Erforschung der Vitamine und der Hormone; auch die nächstliegenden Gründe dafür wurden schon angeführt. Auf den Physiologen übt aber das Studium der hormonalen Funktionen noch aus einem besonderen Grunde eine starke Anziehungskraft aus. Ihn treibt die Durchpflügung seines Arbeitsfelds immer stärker dazu, nicht mehr bloß die Funktionen der Einzelorgane der Analyse zu unterwerfen, sondern auch den Weg der Synthese zu beschreiten, um zu einer Einsicht in die gefühlsmäßig erfaßte *Einheit des Organismus* vorzudringen, die sich hinter der Summe der Organe verbirgt, und die erst allmählich für den Verstand enthüllt werden muß, — nicht aus irgendeinem philosophischen Bedürfnis heraus und nicht auf spekulativem Weg, sondern unter dem Zwang von Entdeckungen und in harter experimenteller Arbeit. Bis vor einigen Jahrzehnten schien allein das Zentralnervensystem den Spieler darzustellen, der die einzelnen Organe des höheren Tieres wie die Saiten eines Instruments zu harmonischer Wirkung zusammenklingen läßt, wobei wir gleich hinzufügen wollen, daß wir uns heute die zentralnervöse Bedingtheit der Ganzheit des Organismus viel komplizierter vorstellen als früher, nämlich darin bestehend, daß jeder erregte Teil des Zentralnervensystems auf den jeweils erregenden Teil zurückwirkt, sodaß eine unausgesetzte Korrelation der Einzelteile, eine stete gegenseitige Kontrolle hergestellt ist (s. dazu Kap. 22—24). Demgegenüber haben wir es hier mit dem Nachweis zu tun, daß noch auf einem zweiten Weg, nämlich *auch mit chemischen Mitteln* in ungeahnter Mannigfaltigkeit die Einzelteile des höheren Tieres in Wirkung und Gegenwirkung zum Ganzen zusammengefaßt werden.

Hormone sind — in der klassischen Formung des Begriffs — chemische Stoffe, die in charakteristischer Verschiedenheit von bestimmten Organen, den Hormondrüsen, produziert werden, um auf dem Blutweg zu anderen Organen zu gelangen und deren Tätigkeit zu verändern ($\delta\varrho\mu\tilde{\alpha}\nu$ = anregen) (STARLING). Diese Drüsen unterscheiden sich also von den meisten übrigen dadurch, daß sie ihr Sekret nicht durch einen Ausführungsgang auf eine Schleimhautfläche werfen, sondern — als „Drüsen ohne Ausführungsgang" — ins Blut oder in die Lymphe sezernieren. Aus diesem Grund hat man sie auch als *Drüsen innerer Sekretion*, als *endokrine Drüsen*, ihre Produkte als *Inkrete* bezeichnet. Im Effekt sind die Hormone also mit den Nerven zu vergleichen, die auch zwischen weit auseinanderliegenden Organen, etwa auf dem Weg des Reflexes, vermitteln; es gibt also *nebeneinander nervöse und chemische Korrelationen* zwischen den Organen, die sich im allgemeinen dadurch unterscheiden, daß die nervösen Korrelationen in kürzester Zeit entsprechend der Geschwindigkeit der Nervenimpulsleitung hergestellt werden können, während die Hormone langsamer und meist über längere Zeiträume hinweg ihren Einfluß ausüben. Dabei gibt es, wie gesagt, auch hier ähnlich wie beim Nervensystem Gegenseitigkeiten; es gibt Rückwirkungen der hormonalen Effekte auf den Hormonproduzenten, gegenseitige Beeinflussung der Hormondrüsen mit Hilfe ihrer Hormone, ferner Direktiven, die das Nervensystem zur Hormonproduktion austeilt, ebenso wie das Gegenteil, Änderung der nervösen Erregbarkeit durch die zirkulierenden Hormone. Zum Teil steckt die Erkenntnis dieser Beziehungen noch in den Anfängen; aber es hebt sich doch schon das komplizierte Bild einer „neuroendokrin" bedingten Einheit des Organismus von dem Untergrund der verwirrenden Einzelheiten ab.

Der Begriff des Hormons wird heute oft weiter gefaßt als der ursprünglichen klassischen Definition gemäß. Die stets durch chemische Eigenart ausgezeichneten Stoffe, die man Hormone nennt, werden nicht bloß in Hormondrüsen gebildet. So lernten wir beim Studium des Herzens seine „Lokalhormone" kennen (S. 48), den Vagusstoff und den Akzeleranzstoff, ferner den Chordastoff u. a., deren Bildung irgendwie mit der Erregung von Nervenendigungen zusammenhängt (s. auch Kap. 26). Auch von dem aus der Darmschleimhaut extrahierbaren Sekretin (S. 47) wissen wir nicht, ob es ein Drüsenprodukt ist, ebensowenig von dem Hormon der Darmbewegungen, dem Cholin. Vollends gilt dies von den Phytohormonen, besonders vom Auxin, dem Wachstumshormon der Pflanzen, und manchen anderen.

Die Hormondrüsen blieben lange Zeit fast unbeachtet. Die Anregung zu ihrer experimentellen Erforschung ist vornehmlich von der Klinik ausgegangen. Seitdem im Jahre 1855 ADDISON die nach ihm benannte Krankheit auf einen zerstörenden Prozeß in den Nebennieren zurückführte, seit man den Zusammenhang zwischen der Akromegalie (s. S. 270) und der Erkrankung der Hypophyse, zwischen der kropfigen Vergrößerung der Schilddrüse und dem Kretinismus, dem Myxödem und der BASEDOWschen Krankheit (s. S. 264 u. 268) erkannte, seitdem wandte man sich mehr und mehr dem Tierexperiment zu, das bald, im Jahre 1889, einen seiner größten Erfolge in der Entdeckung von MINKOWSKI und v. MERING erlebte, nämlich daß durch Exstirpation des Pankreas als Folge des Ausfalls eines Pankreashormons schwerer Diabetes entsteht. Von da ab mehrten sich rasch die Erfahrungen, daß neben dem nervösen Konnex zwischen den Organen die nicht minder wichtige chemische Korrelation existiert, und damit erlebten wir eine Renaissance der alten Humoralphysiologie und -pathologie, nach welcher die Humores, die Körperflüssigkeiten, durch ihre chemische Zusammensetzung maßgeblich sind für Gesundheit und Krankheit, und deren einstige Herrschaft noch in den Begriffen der „schlechten Säfte", der „Leicht- und Schwerblütigkeit", der „blutreinigenden Mittel", des „sanguinischen Temperaments" und dergleichen fortlebt.

Wir beginnen mit der Physiologie der **Nebennieren** oder vielleicht richtiger des *Nebennierensystems*. Denn die Nebennieren bilden nur den Hauptteil einer ganzen Gruppe kleiner und kleinster Drüsen. Nämlich die beiden verschiedenen Gewebe, aus denen die eigentlichen Nebennieren aufgebaut sind, die *Rindensubstanz* und die *Marksubstanz*, kommen jede für sich noch an anderen Orten vor, die Marksubstanz vor allem längs des Sympathikus, zum Teil in größeren Zellanhäufungen als sogenannte „Paraganglien", die Rindensubstanz als „versprengte Nebennierenkeime" oder „akzessorische Nebennieren" in den Nieren, neben den Keimdrüsen und zerstreut hinter dem Peritoneum. Die Marksubstanz wird auch als „chromaffine Substanz" bezeichnet, weil sie sich mit chromsauren Salzen gelbbraun färbt; durch diese Reaktion ist sie leicht kenntlich zu machen. In der Verbreitung der Rinden- und der Marksubstanz in Form der akzessorischen Nebennieren und Paraganglien gibt es von Tier zu Tier und ebenso beim Menschen zahllose Variationen. Allein schon dadurch wird es begreiflich, daß in der Geschichte der Physiologie der Nebennieren die Ansichten über die Folgen ihrer Exstirpation hin und her geschwankt haben. Lebensgefährlich ist die Exstirpation nur dann, wenn der größte Teil des Nebennierensystems entfernt wird.

Nach *Totalexstirpation des Systems der Nebennieren* tritt der Tod binnen kurzem ein. Hunde bleiben die ersten 2—3 Tage gesund, dann verlieren sie die Lust zu fressen, die Muskeln werden schlaff, die Tiere liegen kraftlos am Boden, es entwickeln sich ausgesprochene Lähmungen, die Körpertemperatur sinkt; dann gesellen sich dazu Dyspnoe, Blutdrucksenkung und Herzschwäche, manchmal auch Krämpfe, und in dieser allgemeinen Prostration gehen die Tiere ein. In der kurzen Krankheitszeit sinkt das Körpergewicht rapide, schneller als durch den Hunger allein zu erklären wäre; auffallend und schwer zu deuten ist der starke, oft beobachtete Glykogenschwund in der Leber, gepaart mit Hypoglykämie. Auch bei der mehr chronisch verlaufenden *Addisonschen Krankheit* des Menschen herrscht das Symptom der Abmagerung und der Kraftlosigkeit, der „Adynamie" vor; zugleich beobachtet man niedrigen Blutdruck, niedrige Körpertemperatur, oft Diarrhöen und als auffallendste Erscheinung eine schwarzbraune, meist diffuse, öfter aber auch fleckförmige Pigmentierung der Haut, derentwegen die Krankheit auch als Bronzekrankheit bezeichnet wird. Die Anlage zu dieser „Melanodermie" gibt es auch beim nebennierenexstirpierten Tier, da in ausgeschnittenen Hautstücken noch postmortal im Thermostaten eine starke Pigmentbildung zustande kommt.

Fragt man nach der Ursache dieses meist rasch tödlichen Verlaufs, so könnte man zunächst in Erwägung ziehen, ob nicht wenigstens zum Teil die Verletzung sympathischer Nerven daran schuld ist, da die Nebennieren ja in inniger Beziehung zum Sympathikus stehen, sowohl genetisch als auch dadurch, daß ihr Mark reichlich sympathische Nervenfasern und Ganglienzellen enthält. Dagegen spricht jedoch, daß man die Nebennieren allseitig von der Umgebung bis auf den Gefäßstiel loslösen und unter die Rückenhaut verlagern kann, ohne daß Störungen eintreten; entfernt man danach in einer zweiten kleinen Operation die dislozierten Drüsen, so entwickelt sich das typische Krankheitsbild (Biedl).

Wir werden nun sehen, daß in der Physiologie der Hormondrüsen zwei Experimente immer wieder eine Rolle spielen, wenn es gilt zu beweisen, daß es auf eine innere Sekretion ankommt, nämlich erstens das Transplantationsexperiment und zweitens das Experiment der Einverleibung eines Drüsenextrakts. Kann man zeigen, daß das als Hormondrüse angesprochene Organ von seiner Bildungsstätte fortgenommen und an eine andere Stelle im Körper verpflanzt und zur Einheilung gebracht werden kann, ohne daß die Störungen eintreten, welche die bloße Exstirpation nach sich zieht, so ist damit erwiesen, daß von der fraglichen Drüse nicht auf dem Nervenwege, d. h. reflektorisch die Einflüsse auf den übrigen Körper übermittelt werden. Und wenn es glückt, die Folgen der Drüsenexstirpation dadurch hintanzuhalten, daß man entweder Extrakte der Drüse injiziert oder — noch einfacher — die Drüsensubstanz verfüttert — eine Maßnahme, die als *Organtherapie* bezeichnet wird —, so ist dargetan, daß in dem Nachweis spezifischer chemischer Bestandteile in den Hormondrüsen der Schlüssel zum Verständnis ihrer Funktion gelegen ist. Beide Experimente glücken nun nicht im Fall der Nebennieren oder nur bedingt. Für die Transplantation sind die Nebennieren zu empfindlich, sie gehen zugrunde, ehe sie genügend eingeheilt, d. h. vaskularisiert worden sind, und auch die Verfütterung ist unwirksam, offenbar weil die Nebennierenhormone zu leicht zerstört werden. Wohl aber kann eine Extraktinjektion für kurze Zeit die Folgen der Nebennierenexstirpation mildern.

Sichergestellt ist die Auffassung, daß die Nebennieren durch innere Sekretion wirken, vor allem durch die Reindarstellung eines spezifischen Hormons, des *Adrenalin* oder *Suprarenin*, das in der Marksubstanz und in den Paraganglien gebildet wird. Nachdem OLIVER und SCHAEFER im Jahre 1894 gefunden hatten, daß Marksubstanzextrakt beliebiger Tiere den Blutdruck in außerordentlichem Maße zu steigern vermag, wurde von FÜRTH und TAKAMINE der wirksame Stoff isoliert. Unter seinen Reaktionen ist die bekannteste eine smaragdgrüne Färbung mit Eisenchlorid. Adrenalin ist l-Methylaminoäthanolbrenzkatechin:

$$\begin{array}{c} \text{H} \\ \text{C} \\ \text{OH} \cdot \text{C} \diagup \quad \diagdown \text{C} \cdot \text{CHOH} \cdot \text{CH}_2 \cdot \text{NH} \cdot \text{CH}_3 \\ \text{OH} \cdot \text{C} \diagdown \quad \diagup \text{CH} \\ \text{C} \\ \text{H} \end{array}$$

Diese Feststellung der Konstitution hat prinzipiell eine um so größere Bedeutung, als das Adrenalin neben dem Thyroxin (S. 267) das einzige Hormon ist, dessen chemische Konstitution vollständig aufgeklärt ist. Das durch Synthese (STOLZ) hergestellte Produkt ist aber nur etwa halb so wirksam wie das natürliche; das beruht darauf, daß es das razemische Gemisch ist, dessen d-Komponente physiologisch nur geringe Wirkung hat. Ein zweites Hormon ist in den Extrakten der Nebennierenrinde enthalten, aber bisher nicht isoliert.

Wir werden nun ausführlich die *Wirkungen des Adrenalins* erörtern, um danach zu prüfen, inwieweit die Krankheitssymptome nach der Nebennierenexstirpation als Adrenalin-Ausfallserscheinungen gedeutet werden können. Die mannigfaltigen Einflüsse lassen sich einheitlich zusammenfassen in den Satz: *das Adrenalin ist ein Reizmittel für den Sympathikus.* Das Nebennierenmark erhält hiermit eine einzigartige Charakterisierung; einem wichtigen Teil des Nervensystems wird eine eigene Hormondrüse zur Verfügung gestellt, um seine Funktion zu regulieren, und wir wollen gleich ein zweites Charakteristikum hinzufügen, nämlich, daß die sehr ausgedehnte Wirkung, die sich entsprechend der Ausbreitung des Sympathikus über fast den ganzen Körper erstreckt (Kap. 26), dadurch zeitlich beschränkt wird, daß das sehr empfindliche Adrenalin im Blut rasch der Zerstörung zu inaktiven Stoffen anheimfällt. Das hat natürlich seinen biologischen Sinn, auf den wir später (S. 255) zu sprechen kommen (s. aber auch S. 147).

Beginnen wir mit den glatten Muskeln! Am bekanntesten ist die Reaktion der Gefäßmuskulatur, sie ist enorm empfindlich. Beim Frosch

lassen sich schon 0,00125 γ Adrenalin durch die Verlangsamung des Blut-
austritts aus einem angeschnittenen Gefäß nachweisen (LAEWEN,
P. TRENDELENBURG). Beim Säugetier wird durch Zunahme des Gefäßtonus der Blutdruck schon durch 0,5 γ pro kg und Minute eben gehoben.
Besonders stark sprechen die Gefäße im Splanchnikusgebiet an, weniger
in Hirn, Herz und Lungen. Daher ist das Adrenalin ein wirksames Mittel
bei einem Kollaps durch Herzschwäche oder durch Hirnanämie; denn das
Blut wird dadurch aus dem großen Eingeweidegebiet mehr in die bedrohten
Bezirke verschoben. Das Adrenalin wirkt aber keineswegs bloß tonus-
steigernd, auch die Vasodilatatoren werden erregt; da aber für gewöhnlich
der erstere Einfluß überwiegt (s. S. 165), so ist Gefäßverengung der meist
beobachtete Effekt. Von praktischer Bedeutung ist der gegenteilige Effekt
aber beispielsweise beim Herzen, dessen Koronargefäße nur vasodilatato-
risch versorgt werden, so daß man mit Adrenalin den Koronarkreislauf
zu verbessern vermag. Erweiternd wirkt das Adrenalin auch, wenn es
— z. B. bei der Muskelarbeit — die Lebersperre (MAUTNER und PICK)
aufhebt, die etwa während der Verdauung durch Zufuhr von Histamin
vom Darm her hervorgerufen war (s. S. 170). Das Adrenalin wirkt teils
indirekt über das Zentralnervensystem (s. S. 294), teils durch direkten Angriff auf die Gefäßwand. Letzteres wird dadurch gezeigt, daß auch ausgeschnittene Gefäßstücke sich noch unter Adrenalineinfluß kontrahieren
(s. S. 166). Diese lokale Reaktion macht man sich häufig bei kleinen
chirurgischen Eingriffen zunutze; z. B. injiziert man vor einer Zahnextraktion Adrenalin mit etwas Novokain, erstens um die Blutung zu
stillen, und zweitens um den Forttransport des Novokains zu verlangsamen und damit dessen anästhesierende Wirkung in die Länge zu ziehen.
Dazu trägt auch die Kontraktion der Lymphgefäße mit bei.

Die Blutdrucksteigerung nach Adrenalininjektion ist zum Teil auch
Herzwirkung. Nämlich infolge der Reizung des Herzsympathikus wird
sowohl der Schlag verstärkt, wie die Frequenz erhöht, wie auch die Reizleitung gesteigert, besonders deutlich, wenn vorher die Vagi durchschnitten
wurden.

Im Intestinaltrakt macht sich die Adrenalinwirkung auf die glatte
Muskulatur in verschiedener Weise geltend, da der Sympathikus teils
hemmende, teils fördernde Fasern enthält. Der Tonus der Kardia und
Tonus wie Peristaltik von Magen und Darm werden durch das Adrenalin
vermindert, unter Umständen also spastische Kontrakturen des Darms
gelöst (s. S. 64); der Schluß des Pylorus und der Ileozökalklappe wird dagegen verstärkt.

Die Bronchialmuskulatur wird durch Sympathikusreizung zur
Erschlaffung gebracht; dem entspricht die Wirkung des Adrenalins.
Man benutzt es daher mit Vorteil, um einen asthmatischen Krampf
der Bronchialmuskeln zu kupieren (s. S. 128).

Auch der Blasentonus (s. S. 312) wird durch Adrenalin verringert,
die Uteruskontraktionen dagegen, insbesondere bei Gravidität, angeregt, so daß man eine Zeit lang Adrenalin zur Verstärkung der Wehentätigkeit empfahl. Ferner werden die Mm. arrectores pilorum durch
Adrenalin zur Kontraktion gebracht; in auffallendem Maß macht sich dies
bei manchen Tieren im Sträuben der langen Rückenborsten bemerkbar.

Am Auge bewirkt das Adrenalin vor allem Mydriasis, d. h. Erweiterung
der Pupille infolge der Erregung des M. dilatator iridis; am ausgeschnittenen
Froschauge kann man auf die Weise Adrenalin noch in einer Konzentration

von 1 : 20 Millionen nachweisen. Zu der Wirkung auf die Iris kommt eine Lidspaltenerweiterung durch Reizung des HORNERschen Muskels (M. palpebralis tertius s. tarsalis sup.) und eine Vorwölbung des Auges (Protrusio bulbi) durch Reizung des M. orbitalis hinzu. Nach MELTZER und AUER wird die mydriatische Adrenalinwirkung im Tierexperiment enorm verstärkt, wenn vorher das Gangl. cervicale superius exstirpiert wurde.

Aber nicht bloß die glatten Muskeln sind dem Adrenalineinfluß unterstellt, sondern, da sie ebenfalls mit sympathischen Fasern versorgt werden, auch die Skeletmuskeln, deren Ermüdung durch anhaltende rhythmische Reizung ihrer motorischen Nerven auf diesem Wege mit Hilfe von Adrenalin hintangehalten werden kann (s. Kap. 20).

Sympathisch innerviert sind ferner die Drüsen. Daher verursacht Adrenalin eine vorübergehende Steigerung der Tränen-, der Speichel- und der Magensaftsekretion.

Von besonderer Bedeutung ist die Wirkung auf den Stoffwechsel. Injiziert man etwa 0,1 γ Adrenalin pro Kilogramm und Minute in die Blutbahn, so erscheint Zucker im Harn (BLUM, P. TRENDELENBURG). Diese *Adrenalinglykosurie* beruht darauf, daß das Glykogen der Leber mobilisiert und als Zucker ins Blut ausgeschüttet wird; die Glykämie ist darum im allgemeinen um so stärker, je glykogenreicher die Leber ist. Eine Adrenalininjektion ist also ein Modus, auf künstliche Weise vorübergehend Diabetes zu erzeugen. Weit länger bekannt ist ein anderer Modus: CLAUDE BERNARD entdeckte schon 1854, daß, wenn man an bestimmter Stelle in die Medulla oblongata einsticht, eine vorübergehende starke Glykosurie eintritt; man bezeichnet die Verletzung als *Zuckerstich* oder als *Piqûre* (s. Kap. 23). Wahrscheinlich ist die unmittelbare Ursache für den Diabetes bei beiden Methoden dieselbe. CLAUDE BERNARD stellte nämlich schon fest, daß der Zuckerstich ohne Erfolg ist, wenn vorher die Nervi splanchnici durchschnitten werden; denselben Effekt hat es, wenn man die Sympathikusendigungen mit Ergotoxin lähmt (POLLAK). Man kann danach den *Zuckerstich als eine Reizung des Sympathikus innerhalb des Zentralnervensystems* auffassen. Nachdem dann die Adrenalinglykosurie entdeckt war, wurde bei den intimen Beziehungen des Sympathikus zu den Nebennieren mit Recht vermutet, daß *der Splanchnikus der sekretorische Nerv für die Nebennieren* ist, dessen Erregung durch den Stich Adrenalin ins Blut treibt, welches dann weiter auf die Leber wirkt. In der Tat ist auch nachgewiesen worden, daß, wenn man den Splanchnikus elektrisch reizt, Adrenalin ins Blut übertritt. ASHER und ELLIOT zeigten das folgendermaßen: da die Reizung des Splanchnikus den Blutdruck in erster Linie dadurch steigert, daß sie die Gefäße in den Bauchorganen verengt (s. S. 167 u. 173), so wurden zunächst alle Bauchorgane exstirpiert mit alleiniger Ausnahme der Nebennieren und dann erst der Splanchnikus, welcher einen feinen Faden an die Nebennieren entsendet, gereizt; da auch jetzt noch der Blutdruck anstieg, so mußte ein Übertritt von Adrenalin aus den Nebennieren die Ursache sein. Ferner ist durch KAHN gezeigt, daß nach dem Zuckerstich die Menge der chromaffinen Substanz im Mark der Nebennieren abnimmt, daß dieser Schwund jedoch ausbleibt, wenn vorher die Splanchnici durchschnitten wurden, und endlich ist festgestellt, daß, wenn Kaninchen die Exstirpation der Nebennieren eine Zeit lang überleben, der Zuckerstich auch bei reichlichem Glykogenbestand in ihrer Leber keine Glykosurie auslöst (KAHN). Also muß man schließen, daß *der Zuckerstich über die Nebennieren wirkt.*

Der Kohlehydratstoffwechsel ist aber — wie vorausgreifend schon hier bemerkt sei — noch von anderen Inkreten beherrscht. Das allerbekannteste und auch das stärkste Mittel, einen Diabetes zu erzeugen, ist nach MINKOWSKI und v. MERING die *Pankreasexstirpation*. In diesem Fall ist es nun der Wegfall eines Hormons, des Insulins, durch den die Glykosurie zustande kommt, wie es im Fall der Nebennieren die Zufuhr des Hormons, des Adrenalins ist, welche die Glykosurie auslöst. *Nebenniere und Pankreas stehen also zueinander im Verhältnis von Antagonisten* (s. dazu 260 u. 295); aus dem Gleichmaß ihrer Funktion resultiert der normale Kohlehydratstoffwechsel. Daher kann Insulinüberfluß ebenso wie Adrenalinmangel eine von Krämpfen (S. 251 u. 259) begleitete Hypoglykämie erzeugen, die durch Zufuhr von Glucose bekämpft werden kann. Ferner illustriert den Antagonismus u. a. folgende Beobachtung von O. LOEWI: Bringt man einem Tier ein wenig Adrenalin in den Konjunktivalsack, so tritt im allgemeinen die beschriebene Mydriasis nicht ein, weil das Adrenalin zu langsam resorbiert wird, als daß die jeweils im Auge vorhandenen Spuren die Sympathikusendigungen im M. dilatator iridis genügend erregten; ist aber das Pankreas vorher exstirpiert, so ist durch den Wegfall seines Hormons der Sympathikus im Übergewicht, so daß die Adrenalinmydriasis nun doch zustande kommt. Man kann also eventuell einen Diabetes durch die Pupillenreaktion diagnostizieren. Auf weitere Beziehungen zwischen Adrenalin und Insulin werden wir noch zu sprechen kommen (S. 260).

Zählen wir nun in dieser Weise alle Einzelwirkungen des Adrenalins auf, so erhalten wir zwar ohne weiteres den Eindruck, daß es außerordentlich intensive Einflüsse ausüben kann, aber welche Rolle es im normalen Leben spielt, und was es im besonderen als universelles Reizmittel des Sympathikus bedeutet, bleibt noch eine offene Frage. Die Antwort darauf soll hier nur kurz gegeben werden. In seiner Gesamtheit tritt der Sympathikus offenbar dann in Funktion, wenn es darauf ankommt, alle Fähigkeiten des Körpers auszunutzen, um ihn in Angriff, Wettkampf, Abwehr oder Flucht einer besonderen Situation Herr werden zu lassen. Dafür sind nicht bloß die Muskeln nötig, sondern vor allem auch Kreislauf- und Atmungsorgane, aber über das hinaus eigentlich alle übrigen Teile des Körpers, wie später (Kap. 26) noch genauer auseinandergesetzt werden wird. In dieser weit ausgedehnten Wirkung wird der Sympathikus vom Nebennierenmark unterstützt, wobei der Sympathikus zunächst die Inkretion in Gang setzt und das Inkret dann seinerseits die Sympathikusinnervation steigert. Auf diese Weise wird — im Sinn der Einleitung zu diesem Kapitel — ein Consensus partium erreicht und der ganze Körper auf neuroendokrinem Weg zu einem Ganzen zusammengefaßt. Vielfach ist diese Zusammenfassung aller Kräfte aber nur für kurze Zeit nötig, und insofern ist es vielleicht als sinnvoll anzusehen, daß infolge seiner Labilität die Wirkung des Adrenalins rasch abklingt.

Fraglich ist, wie weit das Adrenalin seine Rolle der Sensibilisierung des Sympathikus schon unter gewöhnlichen Lebensumständen spielt, oder bei welchem Grad von Aktivität des Körpers seine Beteiligung einsetzt. Man kann dieser Frage etwa dadurch näher treten, daß man die Größe der Adrenalinmobilisierung untersucht. In den beiden Nebennieren des Menschen sind etwa 5 mg enthalten. Nach STEWART und ROGOFF werden in der Ruhe pro Kilogramm und Minute weniger als $0{,}25\,\gamma$ abgegeben. Da das Adrenalin sehr leicht in Gegenwart von Sauerstoff zerstört wird, so findet man nichts im venösen Blut der einzelnen Organe; im arteriellen Blut beträgt nach P. TRENDELENBURG u. a. die Konzentration in der Ruhe etwa $1 : 10^{12}$ und weniger. Diese winzigen Mengen können nicht chemisch, sondern nur biologisch an Objekten von geeigneter Empfindlichkeit gemessen werden, wie am rhythmisch agierenden Dünndarm oder an der durch Exstirpation des Ganglion cervicale superius sensibilisierten Iris (S. 254). Die in den Arterien meist vorhandene Konzentration hat wahrscheinlich keine physiologische Wirkung. Daher sinkt der arterielle Blutdruck auch nicht, wenn man die Nebennieren exstirpiert, auch nicht, wenn man die Entfernung der Hypophyse zwecks Ausschaltung ihres adrenalinähnlichen Hormons, des Vasopressins (S. 276) noch hinzufügt (DALE). Steigt die abgegebene Menge von dem Ruhewert von etwa $0{,}25\,\gamma$ auf $0{,}6\,\gamma$ pro Kilogramm und Minute, dann kommt eine merkliche Blutdrucksteigerung zustande. Die Sekretion kann unter physiologischen Bedingungen aber auch auf das 5- bis 10fache des Ruhewerts steigen, z. B. durch schmerzhafte Reizung von sensiblen Nerven oder durch Aufregung; zugunsten einer erhöhten Tätigkeit der Organe, insbesondere der Muskeln und des Zentralnervensystems hebt sich der Blutdruck dann kräftig, und Zucker erscheint in vermehrter Menge im Blut. Wenn aber der Blutdruck auf diese Weise zu stark erhöht wird, dann wird die Adrenalinausscheidung spontan von den Blutdruckreglern (s. S. 148) wieder eingeschränkt, so wie umgekehrt ein Aderlaß regulativ das zirkulierende Adrenalin und damit auch den zirkulierenden Zucker vermehrt (s. S. 173).

Aus dem geschilderten Verhalten kann man schon schließen, daß *das Adrenalin nicht absolut lebensnotwendig ist.* In der Tat haben STEWART und ROGOFF gezeigt, daß Tiere nach vollständiger Entfernung des adrenalinbildenden Gewebes überleben. Andererseits haben wir erfahren, daß Fortnahme der Nebennieren zum Tod führt (beim Hund nach 6—14 Tagen), und es gelingt nicht, die operierten durch Adrenalininjektionen zu retten. Nach BIEDL und KISCH beruht dies auf dem Ausfall der *Nebennierenrinde.* Dafür spricht besonders, daß die Rindensubstanz bei manchen Fischarten in einem besonderen Organ, dem Interrenalorgan, zusammengefaßt ist, dessen alleinige Wegnahme unter zunehmender Muskelschwäche, begleitet von Krämpfen und unter Abnahme der Atemfrequenz in kurzer Zeit den Tod herbeiführt. Von der Rindensubstanz weiß man bisher nur wenig. Jedenfalls werden aber völlig darniederliegende nebennierenlose Tiere durch Rindenextrakte aus ihrem komatösen Zustand wieder erweckt; dabei steigen Körpertemperatur, Blutdruck und Blutzucker, und die große Schwäche läßt nach. Besonders zwei der Symptome der Addisonschen Krankheit (S. 251), die *Adynamie* und die *Dyspnoe,* lassen sich auf den Mangel an Rindensubstanz zurückführen; denn die hochgradige Ermüdbarkeit der Muskeln und die eigentümliche Unregelmäßigkeit der Atmung, die nach P. TRENDELENBURG bei Meerschweinchen, nach KISCH bei Selachiern zu beobachten sind, können beide durch Injektion eines adrenalinfreien Salzsäureextrakts der Rinde (Cortin) beseitigt werden.

Den Nebennieren wollen wir nun als eine zweite Inkretdrüse das **Pankreas** gegenüberstellen. In ihm haben wir früher eine Drüse kennengelernt, welche durch die „äußere" Sekretion des Bauchspeichels eine Hauptrolle bei der Verdauung spielt; hier handelt es sich um seine Hormonproduktion, durch die es in einer wesentlichen Beziehung zum Gegenspieler der Nebennieren wird. Wenn nämlich vermöge des Adrenalins dem Körper zu Zeiten besonderen Bedarfs aus seinen Glykogenvorräten Glucose zur

Verfügung gestellt wird, so wird durch das Pankreashormon diese Bereitstellung reguliert und gegebenenfalls gestoppt, so daß das normale Gleichgewicht zwischen Angebot und Nachfrage sich wieder herstellt.

Wir haben schon einmal die Entdeckung von MINKOWSKI und v. MERING erwähnt, daß nach Totalexstirpation des Pankreas eine schwere Störung des Kohlehydratstoffwechsels zustande kommt; wenige Stunden nach der Operation erscheint Traubenzucker im Harn, die *Glykosurie* erreicht nach etwa drei Tagen ihren Höhepunkt, und von nun ab wird ein Harn ausgeschieden, der bis zu 20 % Traubenzucker enthalten kann. Gleichzeitig besteht Polyurie und als Folge des großen Verlustes an Nahrungsstoff und an Wasser Polyphagie und Polydipsie, Hunger und Durst. Dieser *Diabetes mellitus* wird als „schwerer" Diabetes bezeichnet; das soll heißen, daß nicht, wie bei manchen Formen von sogenanntem „leichten" Diabetes, bei Aussetzen jeglicher Kohlehydratzufuhr die Glykosurie schwindet, sondern daß auch bei ausschließlicher Eiweiß-Fettdiät die Zuckerausscheidung fortbesteht. Wir haben früher (S. 196) gesehen, daß dieser Zucker zweifellos aus dem Eiweiß, zum Teil wohl auch aus dem Fett herstammt.

Es ist nun festgestellt, daß diese schwere Ernährungsstörung nichts mit dem Ausfall der äußeren Sekretion der Bauchspeicheldrüse zu tun hat; denn einerseits erzeugt Unterbindung des Ductus pancreaticus keinen Diabetes, andererseits kann man den Pankreaskopf mit dem Ausführungsgang exstirpieren — solange ein Rest von Drüsensubstanz im Körper verbleibt, braucht kein Diabetes zu entstehen. Schon $^1/_{50}$ der Drüsensubstanz kann genügen, um die Glykosurie zu verhindern.

Die unmittelbare Ursache der Glykosurie ist die kurze Zeit nach der Totalexstirpation einsetzende *Hyperglykämie* (s. S. 196), und diese kommt erstens dadurch zustande, daß die Leber ihren Glykogenbestand in Form von Zucker ins Blut ausschüttet; *die Leber büßt an ihrer bisherigen Fähigkeit ein, Glucose als Glykogen zu retinieren.* Diese Glykogenolyse ist aber nicht sekundär durch eine Störung des Stoffwechsels in anderen Organen bedingt; denn sie findet sich auch bei der ausgeschnittenen Leber eines diabetischen Tieres (A. FRÖHLICH und POLLAK). Zweitens kommt es zu einer *verminderten Fähigkeit des Körpers, den Zucker zu verbrauchen.* Wenn man z. B. den Blutzuckergehalt im Blut der Arterie und Vene eines Muskels bestimmt, so findet man, daß unter sonst gleichen Umständen die Differenz beim Normalen weit größer ist als beim Diabetiker.

So steht also im Zentrum der durch die Pankreasexstirpation gesetzten Störungen die Alteration des Kohlehydratstoffwechsels. Aber auch der Eiweiß- und der Fettstoffwechsel sind verändert; sie sind gesteigert, und dadurch ist die Abmagerung bis zum Skelet zu erklären, welche trotz Polyphagie den schweren Diabetes charakterisiert. Eine Sekundärerscheinung ist die früher erörterte Bildung der *Acetonkörper* aus den Fettsäuren, welche als Folge der mangelhaften Kohlehydratzerlegung zu deuten war (s. S. 185); durchströmt man die Leber eines pankreaslosen Hundes mit Blut, so treten in dieses reichlich Acetonkörper über (EMBDEN). An der Vergiftung durch diese Stoffe, der *Ketosis*, geht der zuckerkranke Organismus oft im *Coma diabeticum* zugrunde (s. S. 185).

Daß der Ausfall eines Hormons für all dies verantwortlich zu machen ist, das wurde zunächst durch *Transplantationsversuche* erwiesen. Entfernt man die Bauchspeicheldrüse, bringt aber ein Stück davon unter der Haut so zur Einheilung, daß der eventuell darin gebildete Pankreassaft sich nicht in dem Drüsengewebe staut und es durch seine Enzyme zerstört, sondern durch eine Fistel nach außen abfließen kann, so bleibt der Diabetes aus; sobald aber dieser letzte Rest durch eine zweite Operation, welche an sich weit harmloser ist als die erste, entfernt wird, kommt die Erkrankung zustande. In eigentümlicher Weise hat FORSCHBACH bewiesen, daß es auf die Funktion eines Hormons ankommt; er brachte zwei Hunde in Parabiose, d. h. er heilte operativ die beiden Tiere zusammen, so daß ihre Blutbahnen miteinander kommunizierten; wurde dann das eine Tier pankreatektomiert, so wurde es doch nicht diabetisch, offenbar weil die Funktion der einen Drüse für beide Tiere ausreichte.

Das antidiabetische Hormon des Pankreas verläßt die Drüse auf dem Lymphwege. BIEDL fand nämlich, daß, wenn man den Ductus thoracicus unterbindet oder wenn man die Lymphe aus dem Ductus dauernd ableitet, Glykosurie zustande kommt; injiziert man aber Ductuslymphe einem diabetischen Tier in die Blutbahn, so wird der Diabetes temporär vermindert. Die Abscheidung des Hormons untersteht, wie die Bildung des „äußeren“ Pankreassaftes, der Vaguswirkung; denn reizt man die zum Pankreas hinziehenden Vagusfasern, so nimmt der Gehalt des Blutes an Glucose ab (ASHER und DE CORRAL). Die Anwesenheit des antidiabetischen Hormons im Blut verrät sich nach HÉDON durch die Erscheinung, daß die Überleitung von Blut aus der Karotis eines gesunden Tieres in die Karotis eines diabetischen bei dem letzteren die Glykosurie eine Zeit lang beseitigen kann.

Es drängte sich auf diese Weise die Frage auf, ob die funktionelle Zweiteilung des Pankreas nicht auch histologisch zum Ausdruck kommt, oder ob das äußere und das innere Sekret am selben Ort gebildet werden. Von LAGUESSE ist schon 1893 die Meinung geäußert worden, daß die sogenannten *LANGERHANSschen Inseln* im Pankreas die endokrinen Elemente darstellen. Zugunsten dieser Anschauung wurde folgendes angeführt: unterbindet man den Ductus pancreaticus, so degeneriert die Drüse mehr oder weniger; aber die Inseln bleiben oft erhalten oder wachsen sogar; Glykosurie tritt gewöhnlich nur anfänglich auf. Exstirpiert man dann später den degenerierten Drüsenrest, so kommt es zu Diabetes. Ferner fand man beim Diabetes des Menschen in ungefähr 70 % der Fälle pathologische Veränderungen im Pankreas; fast immer sind dabei die LANGERHANSschen Inseln geschädigt, sie zeigen Degenerationszeichen oder sind atrophisch, und die Zahl der Inseln ist im Verhältnis zur Norm deutlich herabgesetzt.

Trotz dieser deutlichen Hinweise auf den Sitz des Hormons mißlang seine Gewinnung in zahlreichen Versuchen bis in die neueste Zeit, bis BANTING und BEST 1921 auf den Gedanken kamen, daß das Hormon bei der gewöhnlichen Pankreasextraktbereitung durch das Trypsin vielleicht zerstört werde. Von dieser Voraussetzung ausgehend, glückte ihnen alsbald die Gewinnung des Hormons, des *Insulins*. Erstens führten sie die Unterbindung des Ductus pancreaticus aus, warteten dann die Degeneration des Drüsengewebes ab und stellten erst danach aus dem die Inseln enthaltenden Rest einen Extrakt her; er erwies sich als stark antidiabetisch. Zweitens extrahierten sie mit Erfolg das Pankreas von Rinderfeten, das noch kein Trypsin enthält, und drittens fanden sie, daß das Hormon sich mit Alkohol aus den Drüsen ausziehen läßt, und daß es in saurer Lösung kochbeständig ist. ABEL erhielt es neuerdings in kristallisierter Form. Bei der Spaltung erhält man eine Anzahl Aminosäuren, unter ihnen Cystin und Tyrosin. Es handelt sich danach um eine eiweißartige Substanz, deren

Empfindlichkeit gegen die Verdauungssäfte auf die Weise verständlich wird. Das Molekulargewicht beträgt etwa 20000; die Aufklärung der Konstitution stößt daher auf große Schwierigkeiten.

Die *Wirkung des Insulins*, intravenös oder subkutan gegeben, ist ein jäher Absturz des Glucosegehaltes im Harn und Blut. Gleichzeitig hört die Bildung der schädlichen Azetonkörper auf. Damit ist der Medizin das naturgegebene Mittel geschenkt, um den Diabetes zu bekämpfen; denn im Prinzip hat man nur durch Insulingabe in geeigneten Intervallen dafür zu sorgen, daß kein Mangel daran zustande kommt. Sobald man die Insulinzufuhr über ein gewisses, individuell verschiedenes Maß hinaustreibt, sinkt der Zuckerspiegel des Blutes nicht bloß bis zur Norm, sondern senkt sich darunter, es kommt zu *Hypoglykämie*, deren Folgen außerordentlich gefährlich sind. Ist nämlich der Blutzuckerspiegel bis unter 0,06—0,02 % gesunken, so brechen tonische (spastische) und klonische (Schüttel-) Krämpfe aus, die Temperatur sinkt, die Reflexe hören auf, und eventuell tritt unter Atemlähmung der Tod ein. Man kann die Gefahr jedoch rasch beseitigen, wenn man Glucose oder noch besser die leichter assimilierbare Fruktose injiziert oder auch durch Adrenalin eine Glykämie hervorruft. Der hypoglykämische Symptomenkomplex ist anscheinend bloß Sache des Glucosemangels; denn MANN und MAGATH fanden, daß auch bei ihren leberexstirpierten Hunden (s. S. 50 und 193) die hypoglykämischen Krämpfe eintreten, die durch Glucosezufuhr zu bekämpfen sind. Auch die früher (S. 251) erwähnten Krämpfe nach Nebennierenexstirpation haben ihre Ursache wohl in der Hypoglykämie.

Die Natur der Insulinwirkung ist erst teilweise aufgeklärt. Die chemischen Veränderungen, die durch das Insulin gesteigert werden, scheinen vor allem die eigenartige gekoppelte Reaktion zu betreffen, die für den Kohlehydratumsatz im Muskel besonders charakteristisch ist. Wie später (Kap. 20) genauer erörtert werden wird, wird nach MEYERHOF im Muskel Kohlehydrat in Milchsäure gespalten, die Milchsäure dann aber nicht vollständig zu CO_2 und Wasser oxydiert, sondern nur zum kleineren Teil, während der Rest mit Hilfe der bei der Oxydation frei werdenden Energie in Kohlehydrat zurückverwandelt wird. Dieser quantitativ wichtigste Umsatz der Kohlehydrate in den Muskeln wird nach LESSER und DALE durch das Insulin verstärkt, d. h. bei künstlicher Glykämie bewirkt Insulin sowohl Steigerung des respiratorischen Gaswechsels wie Ansatz von Glykogen. Den Glykogenansatz zeigen z. B. die folgenden Versuche von DALE, in denen bei einer eviszerierten, spinalen, künstlich durchbluteten Katze (s. Kap. 22) die Muskeln vor und nach Insulinzufuhr auf Glykogen analysiert wurden. Ohne Insulin kommt es unter diesen Umständen nicht zu Glykogenansatz, während der Vergleich von vor und nach der Insulinzufuhr der rechten und linken Körperhälfte entnommenen symmetrischen Muskeln den starken Unterschied im Glykogengehalt aufweist. Außer diesem Eingriff in die Aufbau- und Abbaureaktionen der Glucose scheint

| | Glykogenprozente in Muskeln vor und nach Insulin. | | |
	rechts (vor)	links (nach)	Differenz
I	0,499	0,807	+ 0,358
II	0,543	0,730	+ 0,187
III	1,162	1,342	+ 0,180

das Insulin aber auch irgendwie das in der Leber gespeicherte Glykogen vor dem übermäßigen Abbau, vor gesteigerter „Glykogenolyse" zu bewahren. Dafür spricht z. B. die Feststellung, daß die Zuckermobilisierung, die an der ausgeschnittenen überlebenden Leber durch Adrenalin bewirkt wird, durch gleichzeitige Insulinzuleitung gehemmt werden kann (BORNSTEIN).

Kehren wir nun zu der anfänglichen Angabe zurück, daß *das Pankreas als Hormondrüse der Antagonist der Nebennieren* sei. Diese Annahme ist ohne weiteres einleuchtend betreffs des Kohlehydratstoffwechsels. Adrenalin wirkt mobilisierend, Insulin fixierend auf die Glucose. Umgekehrt wirkt die Glucose aber auch je nach ihrer Konzentration zurück auf die Abscheidung der beiden Hormone; Hyperglykämie, die irgendwie experimentell herbeigeführt wird, sei es alimentär, sei es durch Injektion oder durch Adrenalin, ruft eine Abscheidung von Insulin ins Blut hervor, wie sich direkt im Pankreasvenenblut nachweisen läßt (ZUNZ), und Hypoglykämie, durch Insulin bewirkt, erzeugt umgekehrt Adrenalinabscheidung, die leicht durch die abnehmende Chromierbarkeit des Nebennierenmarks (S. 254) zu erkennen ist (POLL, KAHN). Bei jeder Störung der Normallage des Blutzuckerspiegels wird demnach eine Neueinstellung herbeigeführt, die sich oft auch beim Menschen überzeugend nachweisen läßt. Gibt man einem Gesunden z. B. 20—30 g Glucose per os, so steigt infolge der plötzlichen Überschwemmung sein Blutzuckergehalt auf etwa 0,15 % an und sinkt dann innerhalb einer Stunde ab, aber oft nicht nur bis auf den Ausgangswert, sondern noch darunter, weil inzwischen zur Abwehr der Hyperglykämie eine Hyperinsulinämie eingesetzt hat (STAUB). Dies charakteristische Einpendeln zur Normallage fehlt beim Diabetiker. Beide Reaktionen, die bei Hypo- und die bei Hyperglykämie, beruhen aber in der Hauptsache auf zentralnervösen Regulationen; denn die Reaktion auf die Hyperglykämie wird durch Vagotomie, die auf Hypoglykämie durch Splanchnikotomie aufgehoben (CANNON, GEIGER). Der Sitz der Regulationen ist wahrscheinlich die Regio hypothalamica. Durch die genannten wie durch weitere Feststellungen ist immer wieder die diagnostisch wichtige Frage nach dem Vorkommen zentralnervös bedingter Fälle von Pankreasdiabetes aufgetaucht. Schließlich sei in diesem Zusammenhang noch einmal auf die früher beschriebene Sensibilisierung der Adrenalinmydriasis durch Pankreasexstirpation (S. 255) hingewiesen.

Wir wenden uns weiter zur Physiologie der **Schilddrüse** und der **Nebenschilddrüsen** oder **Epithelkörper**! Auch hier ist das experimentelle Studium, vor allem die planmäßige Ausführung von Totalexstirpationen durch die Klinik angeregt worden. Die Schweizer Chirurgen REVERDIN und KOCHER teilten 1882 die Beobachtung mit, daß sich nach der Wegnahme von zu *Kropf* vergrößerten Schilddrüsen ein Symptomenbild einstellt, welches an eine besonders in England beobachtete, mit einer Schrumpfung der Schilddrüse einhergehende Krankheit, das *Myxödem*, erinnert. Dieses äußert sich in einer Anschwellung der Haut infolge einer schleimigen Verquellung im Unterhautbindegewebe, wobei gleichzeitig die Epidermis durch besondere Trockenheit ausgezeichnet ist, so daß sie rissig und runzelig wird; auch an anderen Epithelgebilden zeigen sich Störungen, die Haare fallen aus, die Nägel und Zähne werden defekt. Dazu kommt eine allgemeine Schwerfälligkeit, welche sich ebensosehr in den körperlichen wie in den psychischen Tätigkeiten ausdrückt. Befällt die Krankheit Kinder, so tritt als auffallendste Erscheinung eine starke Verzögerung des Wachstums hinzu. Noch an eine andere ihnen besonders naheliegende Erkrankung wurden die Schweizer Chirurgen durch ihre Beobachtungen an Kropfexstirpierten erinnert, nämlich an den im Gebirge vielfach endemischen *Kretinismus*, welcher sich ebenfalls in Zwergwuchs, Trockenheit, Blässe der

Haut und geistiger Stumpfheit äußert und in den meisten Fällen vom Auftreten eines Kropfes, einer *Struma*, einer zwar vergrößerten, aber degenerierten Schilddrüse begleitet ist. Gerade so werden nun auch die Patienten nach der Kropfexstirpation, gewöhnlich im Verlauf einiger Monate, von geistiger und körperlicher Müdigkeit, von Frieren, von Verdickungen der Haut, besonders im Gesicht befallen, so daß der Ausdruck etwas Starres bekommt, und schließlich pflegen die Patienten unter starker Abmagerung langsam, oft erst nach Jahren zugrunde zu gehen. Dieser Zustand ist als *postoperatives Myxödem* oder als *Kachexia strumipriva* bezeichnet worden. Jedoch wurden öfter auch stürmischere Operationsfolgen beobachtet, nämlich schwere *tetanische Krämpfe*, unter denen die Patienten infolge von Herzschwäche oder Versagen der Atemmuskeln starben.

Alle diese Erscheinungen sind auch im Tierexperiment wiedergefunden worden. Dabei ergab sich aber alsbald ein merkwürdiges Faktum; während nämlich Fleischfresser, wie Hund, Katze und Fuchs, 1—3 Tage nach der Operation unter den akuten Erscheinungen der „*Tetanie*" erkranken, die für gewöhnlich im Krampfanfall unter Temperatursteigerung bis zu 41—42° zum Tode führt, entwickelt sich bei Pflanzenfressern, wie Kaninchen, Schaf, Ziege, das Bild der Kachexie. Das hat jedoch weniger mit der Ernährungsweise zu tun als damit, daß im ersten Fall die Nebenschilddrüsen in nächster Nachbarschaft, zum Teil sogar im Innern der Schilddrüsen liegen, so daß sie bei der Exstirpation der letzteren mit beseitigt oder leicht verletzt werden, während sie im zweiten Fall weiter entfernt irgendwo, in ziemlich wechselnder Lage am Hals zu finden sind. So wurde durch die Laboratoriumserfahrungen die Aufmerksamkeit auf die unscheinbaren, ja nur 2—5 cg wiegenden „Epithelkörper" gelenkt, um die man sich bis dahin kaum gekümmert hatte. Die Tetanie ist danach als eine Krankheit für sich anzusprechen, sie wird passend als *Tetania parathyreopriva* (ERDHEIM) bezeichnet. Beim Menschen liegen zwei der Nebenschilddrüsen gewöhnlich der Kapsel der Schilddrüse von außen an und werden daher bei der Kropfexstirpation gewöhnlich geschont. Nur wenn sie zufällig mit verletzt werden, treten mehr oder weniger deutliche Tetaniesymptome auf.

Inwiefern ist nun zu zeigen, daß diese beiden verschiedenen Drüsensorten Hormondrüsen sind? Zwei Experimente wurden (S. 251) als Hauptbeweise für das Vorhandensein einer inneren Sekretion angeführt, die Transplantation von Drüsensubstanz und ihre künstliche Einverleibung.

Prüfen wir mit diesen Experimenten zunächst die *Funktionsweise der* **Epithelkörper.** Beide sind mit Erfolg, auch beim Menschen, ausgeführt worden. v. EISELSBERG beschrieb z. B. folgenden Fall: eine Patientin erkrankte nach einer Kropfoperation an schwerer Tetanie. Alle Versuche, sie durch Verabreichung von Tabletten aus getrockneten Epithelkörpern oder durch Narkotika zu bekämpfen, schlugen fehl. Nach einem Jahr wurde der Patientin eine Nebenschilddrüse implantiert, welche der frischen Leiche eines 3 Tage alten Kindes entnommen war, einige Zeit später wurde noch eine zweite Drüse aus der Leiche eines soeben verunglückten Arbeiters verpflanzt; danach verschwand die Tetanie andauernd fast vollständig. Die Herstellung eines zur Injektion geeigneten Saftes ist COLLIP geglückt; er extrahierte die Drüsen von Rindern mit Salzsäure und zeigte, daß die parathyreoprive Tetanie bei Mensch und Tier mit dem darin enthaltenen „*Parathormon*" zum Verschwinden zu bringen ist.

Die Tetanie ist in erster Linie durch die neuromuskulären Symptome
gekennzeichnet; elektrische und mechanische Übererregbarkeit der peripheren Nerven, fibrilläre Zuckungen der Muskeln, Kontrakturen bis zu
tonischen und klonischen Krämpfen zeichnen sie aus. Hinzu kommt bei
jungen Individuen eine verlangsamte oder deutlich gestörte Knochen-
bildung, besonders in den Epiphysen der Röhrenknochen, ähnlich wie bei
der Rachitis, im späteren Lebensalter äußert sich die unvollkommene
Verknöcherung u. a. in schlechter Kallusbildung nach einem Knochenbruch und im Auftreten von Schmelzdefekten an den Zähnen.

Alles dies ist die Folge einer *Störung des Kalkstoffwechsels* (ERDHEIM,
MAC CALLUM). Alsbald nach der Drüsenexstirpation sinkt der Ca-Gehalt
des Blutes und der Gewebe stark und dauernd. Normalerweise enthält
das Serum ungefähr 10 mg% Ca, bei der parathyreopriven Tetanie oft
weniger als 7 mg%. Das Kalkdefizit verursacht in erster Linie die abnorme
Steigerung der Erregbarkeit. Dementsprechend kann man eine Tetanie-
neigung durch Kalkmedikation wirksam bekämpfen und durch Injektion
von Parathormon die akuten lebensgefährlichen Krämpfe, die sich im
Anschluß an eine Schilddrüsenoperation einstellen können, zugleich mit
der Hypocalcämie beseitigen.

Die Hebung des Kalkspiegels durch Parathormon erinnert an die
entsprechende Wirkung des Vitamin D (S. 213). Es ist in der Tat vielfach
gelungen, den Ausbruch der Tetaniekrämpfe durch Vorbehandlung mit
Vitamin D zu verhindern. Auch sonst finden sich mancherlei Beziehungen
zwischen der D-abhängigen Rachitis und der Tetanie.

Interessant ist, daß die sogenannte *idiopathische Kindertetanie* oder
Spasmophilie, welche sich besonders in Glottiskrämpfen, Krämpfen der
Respirationsmuskeln, Kontrakturen in den Unterarmen (,,Geburtshelfer-
stellung der Hände". Abb. 85), in Übererregbarkeit der Nerven und des
Zentralnervensystems, eventuell in gewissen Psychosen äußert, ebenfalls
mit Hypocalcämie einhergeht, ohne daß jedoch das Leiden auf eine Erkrankung der Epithelkörper bezogen werden kann.

Es gibt noch einen Weg, die parathyreoprive Tetanie zu bekämpfen,
das ist die Art der Ernährung. Füttert man die operierten Tiere mit einer
fleischfreien Kost (Milch, Brot), so werden sie nicht krank; aber die Tetanie
ist dann nur latent, eine einzige Portion Fleisch oder eine Dosis von Liebigs
Fleischextrakt kann genügen, um einen schweren Anfall auszulösen (LUCK-
HARDT, SINELNIKOFF). Hat man die Tiere längere Zeit fleischfrei ernährt,
so können schließlich die Krampfanfälle auch bei Fleischzugabe ausbleiben.
Mit diesen Erfahrungen wird eine Beobachtung von NOEL PATON in Zusammenhang gebracht, die aber nicht unbestritten ist, nämlich vermehrtes
Auftreten von *Guanidin* und *Dimethylguanidin* im Harn nach der Wegnahme der Epithelköper. Die Guanidine sind nämlich Krampfgifte und
können durch Bakterienwirkung neben anderen basischen Abkömmlingen
der Eiweißkörper (S. 61) aus dem vor allem im Fleisch enthaltenen Kreatin
durch Dekarboxylierung gebildet werden:

$$\mathrm{NH{=}C} \underset{N}{\overset{NH_2}{<}} \overset{CH_2 \cdot COOH}{\underset{CH_3}{}} \quad \rightarrow \quad \mathrm{NH{=}C} \underset{N}{\overset{NH_2}{<}} \overset{CH_3}{\underset{CH_3}{}} + CO_2.$$

Nach HERXHEIMER sind parathyreoprive Tiere in gesteigertem Maß guani-
dinempfindlich. Das ist aber wohl durch die zweifellos bei der Tetanie

bestehenden Hypocalcämie und durch die dadurch bedingte Übererregbarkeit genügend erklärt. Nach LUCKHARDT schützt ein normaler Kalkgehalt der Körpersäfte vor den krampferzeugenden Produkten des Fleischabbaues im Darm vielleicht dadurch, daß die Ca-Ionen eine abdichtende Wirkung auf die Schleimhäute ausüben (s. S. 220).

Bis zu einem gewissen Grad ist das Gegenbild zur Tetanie die *Ostitis fibrosa* (RECKLINGHAUSEN), eine Krankheit des Menschen, bei der osteoides Gewebe besonders an den Diaphysen der Röhrenknochen wuchert, und bei gleichzeitiger starker Hyperlccaämie die Knochen weitgehend an Kalksalzen verarmen; die Erregbarkeit ist herabgesetzt. Zugleich findet man oft eine geschwulstartige Vergrößerung der Epithelkörper, die auf eine Überproduktion von Hormon schließen läßt.

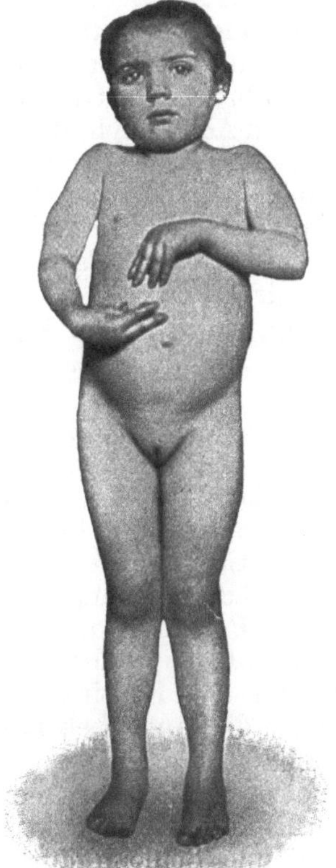

Abb. 85. Geburtshelferstellung der Hände bei Tetanie. (Nach FALTA.)

Abb. 86. Zwei Ziegen aus dem gleichen Wurf, die rechte vor 4 Monaten am 21. Lebenstage thyreoidektomiert, die linke normal. (Nach v. EISELSBERG.) (Aus BIEDL, Innere Sekretion.)

Die große Bedeutung der **Schilddrüse** für den Menschen wurde schon durch die Folgen ihrer Erkrankung und ihrer operativen Entfernung charakterisiert. Vervollständigen wir jetzt das Bild durch die Schilderung der Symptome *experimenteller Athyreosis*. Nimmt man jungen Tieren die Schilddrüse, so ist die auffallendste Folge die Beeinträchtigung des Wachstums. Besonders die langen Röhrenknochen werden befallen, indem die enchondrale Ossifikation an den Epiphysen gestört wird. Dadurch erhalten die Knochen eine kurze gedrungene Form mit verdickten Epiphysen, die Gestalt wird zwergenhaft klein (s. Abb. 86). Von dem abnormen Wachstum der Epithelgebilde war schon früher die Rede. Dadurch entstehen verkümmerte Hörner und Klauen; in der Abbildung der athyreotischen Ziege manifestiert sich die Störung in dem struppigen Fell. Zum Teil beruht die Gedrungenheit der Form auch auf dem Vorhandensein von Meteorismus, d. h. auf einer Blähung der Eingeweide. Der Stoffwechsel, als Grundumsatz gemessen (s. S. 232), ist hochgradig herabgesetzt, die Stickstoffausscheidung sowie der respiratorische Gaswechsel sind vermindert; infolgedessen ist auch die Körpertemperatur unternormal. Aus dem gleichen Grunde ist die Assimilationsgrenze für Zucker (s. S. 196) teils infolge des verminderten Verbrauchs von Kohlehydrat, teils infolge stärkerer Fixierung des Glykogens (s. S. 198) erhöht, und es kommt leicht zu Fettansatz. Im Zusammenhang mit der Herabsetzung des Stoffwechsels steht ferner die verlangsamte Herztätigkeit (Bradykardie) und die Neigung zu Stuhlverstopfung. Regenerationen, wie z. B. die Blutkörperchenneubildung nach einem Blutverlust, die Kallusbildung nach einem Knochenbruch, die Granulation von Wunden oder das regenerative Auswachsen von Achsenzylindern aus dem zentralen Stumpf eines durchschnittenen Nerven verlaufen stark verzögert. Die Genitalien entwickeln sich mangelhaft, so daß die Geschlechtsreife spät oder gar nicht eintritt. Im geistigen Wesen äußert sich die Athyreosis durch Intelligenzmangel und durch Apathie. Die Hypophyse vergrößert sich und häufig auch die Thymusdrüse.

Die operative Athyreosis des erwachsenen Organismus, die *Kachexia strumipriva*, bietet alle dieselben Symptome dar; allein die Wachstumsstörung fehlt begreiflicherweise.

Im Vergleich zu der experimentellen Athyreosis weist die krankhafte degenerative Athyreosis des Menschen manche besondere Züge auf. Zwar prägen auch bei dem *endemischen Kretinismus* (s. S. 260) Zwergwuchs, Idiotie, genitaler Infantilismus und die trockene, pergamentene, blasse runzelige Haut das Bild der Athyreosis. Aber charakteristisch ist die frühzeitige Ossifikation, welche dadurch, daß sie auch die Schädelbasis ergreift, die eigentümliche tiefliegende Nasenwurzel und die Prominenz der Stirn erzeugt (s. Abb. 87). Ferner ist die Lidspalte klein, die Pupille eng; dies zusammen mit der Schädelkonfiguration gibt den Kretins die merkwürdig verschmitzte Physiognomie. Auffallend ist die lange Lebensdauer der Kretins verglichen mit der bei der Kachexia stumipriva.

Auch vom *Myxödem*, das bei Neugeborenen, Kindern und Erwachsenen vorkommt, war bereits (S. 260) die Rede; diese Form von Hypothyreosis ist besonders durch die teigige Schwellung von Haut und Schleimhäuten ausgezeichnet.

Der Grundumsatz ist bei der Hypothyreosis und Athyreosis des Menschen oft bis auf 50—60% der Norm herabgesetzt.

Die *inkretorische Tätigkeit* der Schilddrüse wurde in erster Linie durch das Transplantationsexperiment erwiesen (SCHIFF). Es ist bei Mensch und Tier oft gelungen, die Kachexia thyreopriva durch Einpflanzen von Schilddrüsengewebe unter die Haut, in die Milz, ins Peritoneum oder in Röhrenknochen hinein mehr oder weniger zu bekämpfen.

PAYER beschrieb z. B. folgenden Fall: einem achtjährigen athyreotischen Kinde, das total verblödet war, obwohl es seit Jahren Schilddrüsentabletten bekam, wurde ein Teil der Schilddrüse seiner Mutter in die Milz implantiert. Während es bis dahin im Verlauf von drei Jahren nur 6 cm gewachsen war, wuchs es nach der Operation in einem halben Jahre 12 cm, in einem Jahr 18 cm. Haut, Haare, Nägel bekamen ein normaleres Aussehen. Das Kind fing an zu sprechen und zu spielen. Nach zweieinhalb Jahren erfolgte dann aber ein Rückfall, weil die eingepflanzte Drüse degenerierte.

Ein vortrefflicher Hormonbeweis ist ferner folgende klinische Beobachtung von v. EISELSBERG: auch die zur Geschwulst gewucherten Drüsenzellen eines Schilddrüsenkarzinoms produzieren noch Hormon; daher kam es nach Entfernung eines karzinomatösen Kropfes zu Kachexia strumipriva; nachträglich entwickelte sich dann aber aus metastasierten Zellen der Geschwulst im Knochen ein neuer Krebsknoten, unter dessen Wachstum die Symptome der Kachexie schwanden, um von neuem aufzutreten, als auch dieser Knoten operativ entfernt wurde.

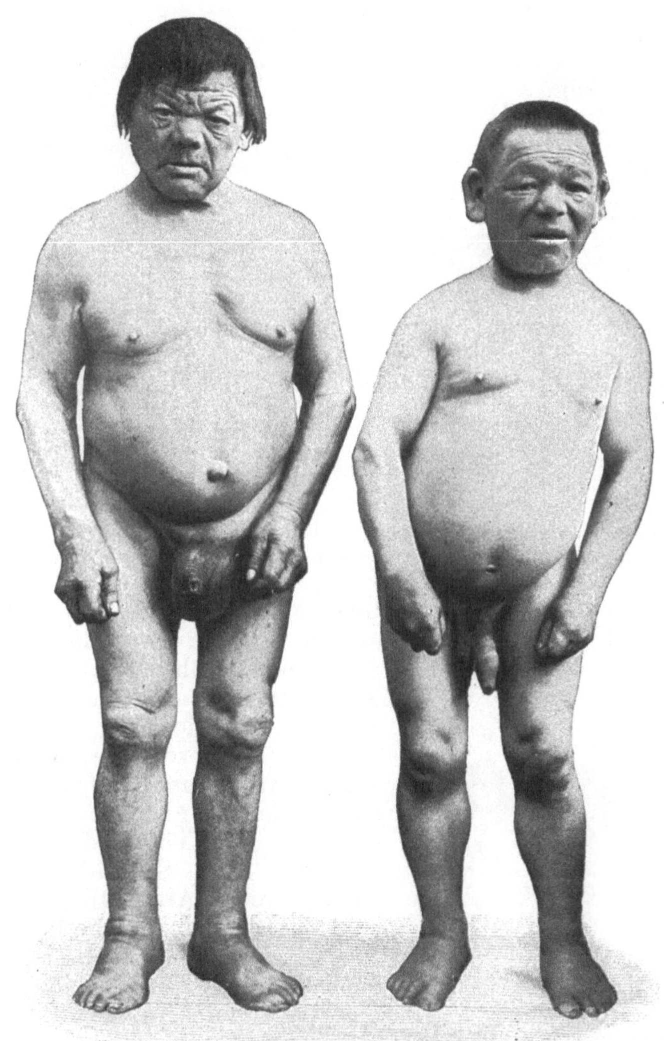

Abb. 87. Zwei Kretins. Körperlänge 140 und 130 cm. (Aus WEYGANDT, Psychiatrie.)

Auch die ,,Organotherapie'', die Ernährung mit der Hormondrüsensubstanz, hat sich in zahlreichen Fällen von Athyreosis oder Hypothyreoidismus als wirksam und für den Menschen ungemein segensreich erwiesen, so daß sie z. B. in den österreichischen Alpenländern zur Bekämpfung des Kretinismus von Staats wegen eingeführt wurde. Am sichersten gelingt die Besserung (d. h. Hebung) des Stoffwechsels; der respiratorische Gaswechsel steigt bis um 80 %, die Stickstoff- und Wasserausscheidung nimmt zu, dadurch sinkt das Körpergewicht und die teigige Schwellung der Haut wird geringer (KOCHER, FALTA und EPPINGER). Aber auch die übrigen

Erscheinungen von Insuffizienz können zurückgehen, wie ein Blick auf die Abb. 88 und 89 lehrt.

Der Einfluß des Schilddrüseninkrets auf Stoffwechsel und Wachstum läßt sich experimentell außerordentlich schön an Kaulquappen demon-

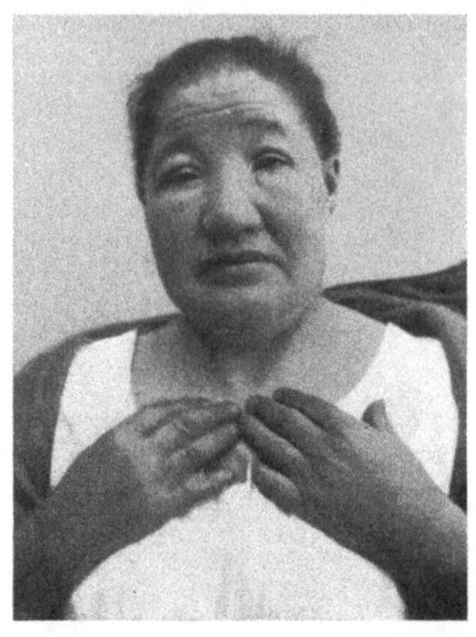

Abb. 88. Myxödematöse Frau vor der Behandlung.
(Nach J. A. ANDERSON.)

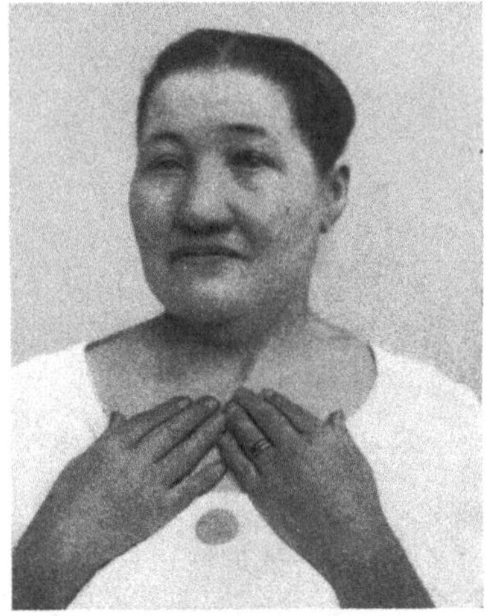

Abb. 89. Dieselbe Frau 7 Monate später.
(Aus TIGERSTEDT, Lehrbuch der Physiologie.)

striren. GUDERNATSCH ernährte diese mit Stückchen der verschiedensten Organe und bekam sehr deutliche Effekte vor allem mit Thymus und Schilddrüse. Während die Thymustiere lange Zeit wuchsen, ohne zu metamorphosieren, trat bei den Schilddrüsentieren die Metamorphose sehr verfrüht ein. Auf die Weise entsprachen dem gleichen Entwicklungsstadium bei Thymusfütterung Riesenlarven, bei Schilddrüsenfütterung Zwergtiere (s. Abb. 90). Offenbar beruht dies darauf, daß die Schilddrüsensubstanz den Stoffwechsel und damit auch die Entwicklung mächtig beschleunigt; so kommt es, daß am Ende der Metamorphose die Menge an organischer Substanz im Körper bis auf ein Drittel der ursprünglich vorhandenen Menge eingeschmolzen sein kann (ROMEIS).

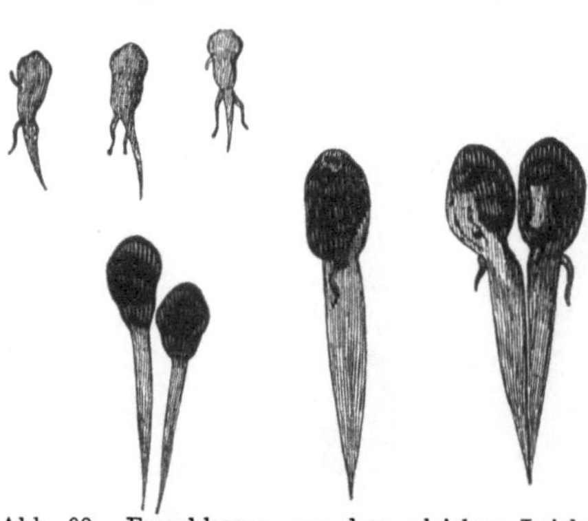

Abb. 90. Froschlarven aus dem gleichen Laich. Links oben drei Larven nach einwöchentlicher Fütterung mit Schilddrüse; rechts unten drei Larven nach ebenso langer Fütterung mit Thymus. Links unten zwei Kontrolltiere. (Nach GUDERNATSCH.)

Umgekehrt wird die Metamorphose, ähnlich wie durch Thymusfütterung, bei Schilddrüsenatrophie um Monate verzögert (ADLER).

Die chemischen Studien an der Schilddrüse haben zu wichtigen Aufschlüssen auch über die *Hormone* geführt. BAUMANN entdeckte (1895), daß die Schilddrüse Jod in organischer Bindung enthält, und isolierte durch Kochen mit Schwefelsäure einen bis zu 9 % Jod enthaltenden Körper, das *Jodothyrin*, welches wenigstens in einer Beziehung der Schilddrüsensubstanz bei ihrer Verfütterung ähnelt, nämlich in der Steigerung des Stoffwechsels. OSWALD zeigte, daß der genuine jodhaltige Körper ein Globulin ist, welches in dem bekannten „Kolloid" der Schilddrüsenfollikel enthalten ist, das *Jodthyreoglobulin*. Auch dies hebt bei Verfütterung den Stoffwechsel, außerdem verstärkt es die Wirkung des Adrenalins auf den Gefäßtonus und auf den Blutdruck, ohne selber blutdrucksteigernd zu wirken (Asher). Das Jodthyreoglobulin ist als eine Verbindung von Eiweiß mit den eigentlich aktiven Körpern aufzufassen; bei der Verdauung wird das Globulin abgespalten und abgebaut. Nach Abderhalden, Kahn und Romeis können auch die Produkte einer tiefgehenden Aufspaltung der Schilddrüsensubstanz durch die Verdauungsenzyme sowie eiweißfreie kochbeständige Dialysate von Schilddrüsentabletten noch die von Gudernatsch beobachtete Entwicklungsbeschleunigung an Kaulquappen erzeugen. Schließlich ist Kendall die Isolierung einer hochaktiven Jodverbindung, des *Thyroxins* gelungen; der Kaulquappenversuch fällt noch positiv aus, wenn die Aufzucht in einer Thyroxinlösung von 1 : 5000 Millionen vorgenommen wird. Beim Menschen bewirkt 1 mg eine Steigerung des Grundumsatzes von 2—3 %, 2—3 mg eine Steigerung von 20—30 %; es wirkt günstig bei Myxödem und hebt das zurückgebliebene Wachstum. Die Stoffwechselsteigerung ist in erster Linie auf Mobilisierung von Glykogen in der Leber zurückzuführen. Nach Harington ist Thyroxin ein Dijodoxyphenyldijodtyrosin von der Formel:

$$\text{OH} \langle \overset{\text{J}}{\underset{\text{J}}{\bigcirc}} \rangle - \text{O} - \langle \overset{\text{J}}{\underset{\text{J}}{\bigcirc}} \rangle - \text{CH}_2 \cdot \text{CH(NH}_2) \cdot \text{COOH}.$$

Im Jodthyreoglobulin ist aber mindestens noch ein jodhaltiger Körper enthalten, das *Dijodtyrosin* (Harington). Im Gegensatz zum Thyroxin bewirkt es Senkung des Grundumsatzes (Abelin).

Der hohe Jodgehalt der Schilddrüsenhormone bringt uns auf die *Ursache der Kropfkrankheit*. Es ist eine höchst auffallende Tatsache, daß ganz vorwiegend Gebirgsbewohner befallen werden. In Europa ist der Kropf vor allem in den Alpenländern zu Hause; er kommt aber auch in anderen Gebirgsländern, im Himalaya, in den Anden und im Hochland von Afrika vor. Die Erkrankung hat also mit der Bodenbeschaffenheit zu tun, und schon im Altertum vermutete man, daß die Ursache im Trinkwasser gelegen sei. Heute neigt man dazu, im Jodmangel des Bodens, auf dem die erkrankenden Menschen leben, die Schuld zu erblicken. Diese Meinung wurde sogar schon zu einer Zeit vertreten, als man von der Speicherung von Jod in der Schilddrüse noch nichts wußte, wohl aber den relativ hohen Jodgehalt pflanzlicher und tierischer Meeresprodukte und das seltene Vorkommen von Kropf bei den Meeresanwohnern kannte. Sehr ausgiebige Analysen von Erde, Gestein, Luft, Wasser, Pflanzen und Tieren, besonders in der Schweiz, haben gelehrt, daß der Kropf da verbreitet ist, wo relativer Jodmangel herrscht, während er in jodreicheren Gegenden selten oder nicht vorkommt (v. Fellenberg). Daraufhin hat man vor einigen Jahren damit begonnen, systematisch der der Kropfgefahr ausgesetzten Bevölkerung Jodsalz zuzuführen. Man rechnet als Jodbedarf pro Jahr die kleine Menge von 16—20 mg, entsprechend der Feststellung, daß der tägliche Jodbedarf beim Erwachsenen 17—80 γ beträgt, und sucht diesen Bedarf dadurch allgemein zu decken, daß man Kochsalz in den Handel bringt, dem auf 1 kg etwa 5 mg Jodkali zugesetzt sind. Diese Maßnahme scheint sich zu bewähren; besonders bei den Neuge-

borenen, die in Kropfgegenden häufig schon mit einem Kropf geboren werden,
soll der Erfolg der Jodverabreichung an die gravide Mutter eklatant sein.
Immerhin ist zu bemerken, daß die Jodmangeltheorie nicht unangefochten
ist. Vielleicht gibt es verschiedene Kropfursachen; insbesondere sprechen
manche Beobachtungen für eine infektiöse Natur des Kropfes. Vielleicht
darf auch die neuerdings wieder durch REIN belebte alte Auffassung der
Schilddrüse als einer „Blutdrüse" zur Regelung der Blutzufuhr zum Kopf
(S. 173) nicht außer Acht gelassen werden, da die Ansprüche, die in dieser
Hinsicht an die Drüse gestellt werden, bei Gebirgsbewohnern infolge der
ihnen von der Natur aufgenötigten Herzleistung besonders groß sein werden.

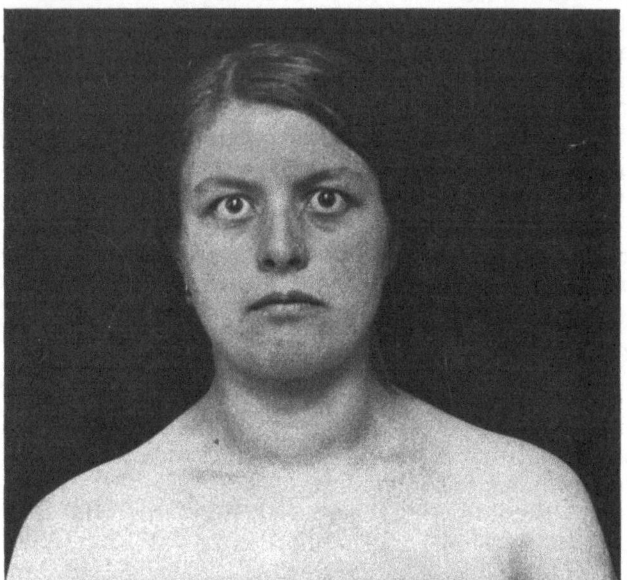

Abb. 91.   Morbus Basedowii. (Nach FALTA.)

Verfüttert man an
ein normales Tier große
Dosen von Schilddrü-
sensubstanz, so tre-
ten Erscheinungen auf,
welche man auch beim
Menschen als Krank-
heitssymptome kennt,
und welche man als
Ausdruck eines *Hyper-
thyreoidismus* auffas-
sen kann, da sie Punkt
für Punkt das Gegen-
stück zur Athyreosis
bilden: der Grund-
umsatz ist dabei ge-
steigert, infolgedessen
kommt es zu Abma-
gerung, die Assimila-
tionsgrenze für Kohle-
hydrate ist herabge-
setzt, die Knochen sind
lang und schlank; beim
hyperthyreotischen

Menschen ist die Haut feucht, jugendlich durchblutet und zart, seine
geistigen Funktionen sind rege, oft leidet er unter Angst- und Aufregungszuständen, die Reflexe sind lebhaft, die Pupillen sind weit, die Lidspalten
vergrößert, die Augen vorgewölbt (Exophthalmus). Alle diese Symptome
findet man beim Menschen in der sogenannten *BASEDOWschen Krankheit* (s. Abb. 91), welche demgemäß als die Folge einer Überfunktion der
Schilddrüse aufzufassen ist. Dementsprechend findet man den Jodgehalt des
Blutes, seinen „Jodspiegel", erhöht. Zugleich ist die Schilddrüse, ähnlich wie
beim Kretinismus, vergrößert (BASEDOW-Struma). Aber die Vergrößerung
geht nicht mit einer Degeneration, sondern im Gegenteil mit einer Hyperplasie
des Drüsengewebes Hand in Hand. Infolgedessen läßt sich die BASEDOWsche
Krankheit oft durch operative Verkleinerung der Schilddrüse oder durch wohl-
dosierte Röntgenbestrahlung heilen; auch Zufuhr von Dijodtyrosin wirkt
als Antagonist des Thyroxins anscheinend günstig.

Bemerkenswert ist, wie manche Symptome des Hyperthyreoidismus
an die Wirkungen des Adrenalins erinnern; auch das Adrenalin erniedrigt
die Assimilationsgrenze für Zucker, es erweitert die Pupillen und erzeugt
„Glotzaugen"; ferner gehört die Herzakzeleration (Tachykardie), welche

Adrenalin hervorruft, zu den Hauptsymptomen der BASEDOWschen Krankheit. So regt also offenbar auch das Schilddrüsensekret den Sympathikus an, wie das Adrenalin; *die Schilddrüse ist Synergist der Nebennieren* (FALTA und EPPINGER), wie der Inselapparat des Pankreas ihr Antagonist.

An die Besprechung der Schilddrüse schließen wir die der **Thymusdrüse** an, weil wir es auch bei ihr mit Einflüssen auf das Wachstum zu tun haben. Die Kenntnisse über ihre Funktionsweise sind aber noch recht unsicher. Nach ihren eigenartigen anatomischen Verhältnissen wird man ihre Hauptbedeutung in einem Einfluß auf den jugendlichen Organismus suchen. Denn es ist bekannt, daß *die Drüse ungefähr zur Pubertätszeit ihre höchste Entwicklungsstufe erreicht*, um von da ab einen Involutionsprozeß durchzumachen. Das geht z. B. aus nebenstehenden für die menschliche Thymusdrüse geltenden Wägungsdaten (nach HAMMAR) hervor.

Die Drüse ist also absolut am schwersten zwischen 11 und 15 Jahren, relativ am schwersten bei der Geburt.

In der Tat lassen nun auch die wenigen feststehenden physiologischen Beobachtungen einen *Zusammenhang mit der körperlichen, speziell auch der geschlechtlichen Entwicklung* erkennen.

Es ist viel Mühe darauf verwendet worden, bei jugendlichen Individuen die Thymusdrüse total zu entfernen. Der Eingriff ist sowohl wegen des Alters der Tiere als auch wegen der Lage des Organs auf dem Mediastinum sehr eingreifend, und infolgedessen sind die Angaben über die Folgen widerspruchsvoll. Übereinstimmend wird eine Störung des Knochenwachstums angegeben: die Röhrenknochen bleiben kurz und haben verdickte Epiphysen wie bei der Rachitis; da die Kalkablagerung nur mangelhaft erfolgt, so bleiben die Knochen weich und brechen leicht, die Frakturen heilen infolge unzureichender Kallusbildung schlecht. Auch die Entwicklung der Geschlechtsfunktionen verläuft abnorm; öfter ist das Wachstum der Keimdrüsen beschleunigt, in anderen Fällen die Spermatogenese aufgehoben. Hinzu kommen Störungen im Nervensystem: die thymektomierten Tiere sind träge und muskelschwach und von psychischer Indolenz, welche sich allmählich bis zu Verblödung steigert (Idiotia thymopriva); die histologische Grundlage dafür bildet eine Quellung der Ganglienzellen und Wucherung der Gliazellen (KLOSE und VOGT).

Auf einen Zusammenhang zwischen Thymusfunktion und Entwicklung deuten auch die früher (S. 266) erwähnten Versuche an Froschlarven von GUDERNATSCH, welche ergaben, daß Fütterung mit Thymus die Metamorphose verzögert, so daß Riesenlarven entstehen. Ferner ist bekannt, daß Kastration die normale Involution der Thymusdrüse stark verlangsamt, wie umgekehrt eine stärkere sexuelle Tätigkeit — z. B. wenn Stiere als Zuchtstiere verwendet werden — die Rückbildung beschleunigt (PATON und HENDERSON).

Die Thymusdrüse spielt weiterhin, wie die histologischen Untersuchungen lehren, als *Produktionsstätte für rote und weiße Blutkörperchen* eine Rolle.

Mit der nun folgenden Erörterung über die **Hypophyse** (Glandula pituitaria) knüpfen wir einerseits noch einmal an die Physiologie der

Alter:	Gewicht der Thymusdrüse in g:	Gewicht pro 1000 g Körpergewicht:
neugeboren . . .	13,3	4,2
1—5 Jahre . .	23,0	2,2
6—10 ,, . .	26,1	1,2
11—15 ,, . .	37,5	0,9
16—20 ,, . .	25,6	0,5
21—25 ,, . .	24,7	0,4
26—35 ,, . .	19,9	0,3
36—45 ,, . .	16,3	0,3
46—55 ,, . .	12,8	0,2

Schilddrüse und der Nebennieren an, andererseits leiten wir damit zu den hormonalen Funktionen der Keimdrüsen über. Wiederum ist hier das experimentelle Studium der Funktion erst durch die klinische Beobachtung angeregt worden. PIERRE MARIE entdeckte im Jahre 1886 den Zusammenhang einer seltenen Erkrankung des Menschen, der *Akromegalie* (Riesenspitzenwuchs), mit Veränderungen der Hypophyse. Ihre Hauptsymptome sind Vergrößerungen der hervorstehenden Teile am Körper; Kiefer, Hände und Füße werden durch Knochenneubildung plump. Ferner werden Gesicht, Zunge und Kehlkopf durch Bindegewebswucherung und Verdickung der Epidermis vergröbert und deformiert (s. Abb. 92). Oft werden auch die inneren Eingeweide (Lunge, Leber, Pankreas,

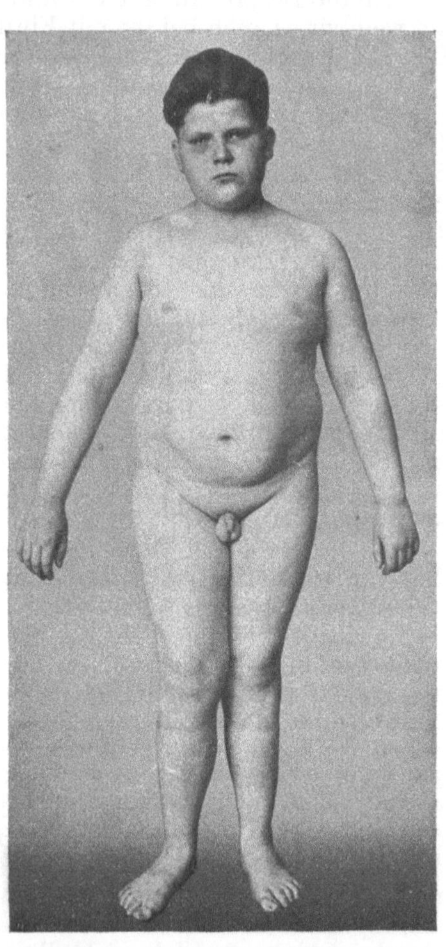

Abb. 93.   Dystrophia adiposogenitalis.

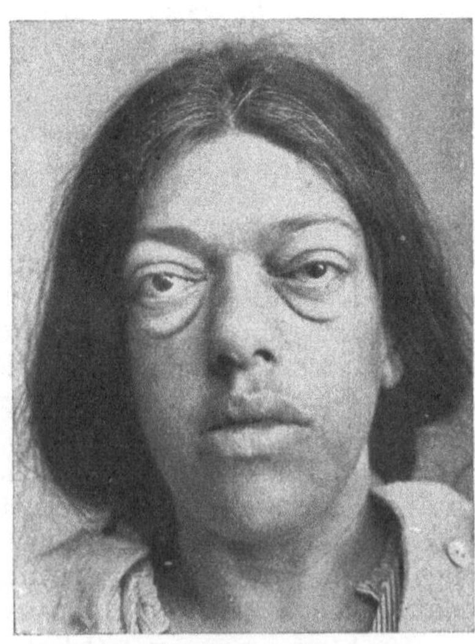

Abb. 92.   Akromegalie.

Ovarien) von der Vergrößerung befallen (Splanchnomegalie). Dazu kommen seelische Trägheit, Störungen in den Sexualfunktionen, Verlust der männlichen Potenz und der Menstruation beim Weibe, ferner häufig Glykosurie. Tritt die Erkrankung frühzeitig, tritt sie vor allem in der Pubertätszeit auf, so wird das Knochenwachstum oft noch in anderer Weise gestört; die langen Röhrenknochen, besonders der unteren Extremitäten, wachsen infolge einer längeren Persistenz der Epiphysenfugen stark, es kommt zu *Riesenwuchs* oder *Gigantismus*; dabei bleiben die Genitalien auf einer kindlichen Stufe der Entwicklung stehen, ebenso die geistigen Funktionen. Später entwickelt sich dann öfter eine echte Akromegalie. Das Gegenteil zum hypophysären Giganten ist der *hypophysäre Zwerg*; zum Unterschied von anderen Zwergen ist er wohlproportioniert, mit einem kindlichen Skelet. Eine andere Form jugendlicher Hypophysenerkrankung ist die *hypophysäre Fettsucht* (*Dystrophia adiposogenitalis*) (A. FRÖHLICH), bei welcher neben den Störungen im Sexualapparat Veränderungen des Stoffwechsels in den Vordergrund treten, welche sich am auffallendsten in einer starken Fettablagerung äußern (s. Abb. 93). Noch ein weiterer Symptomenkomplex kennzeichnet die SIMMONDSsche *Krankheit* oder *hypophysäre Magersucht*; sie äußert sich in hochgradiger Abmagerung, Trockenheit der Haut, Haarschwund, Verfall des Genitalapparates, Atrophie der Eingeweide (Splanchnomikrie) und endet in Koma und Tod. Ein ganz abweichendes Krankheitsbild ist endlich das des *Diabetes insipidus*, dessen hervorstechender Zug eine gewaltige Polyurie ist; täglich werden dabei 5—20 und mehr Liter Harn abgeschieden, in dem zum Unterschied von Diabetes mellitus gewöhnlich keine Glucose enthalten ist. Die Patienten werden begreiflicherweise von heftigstem Durst gepeinigt.

Die Ursache der Akromegalie ist meistens ein Adenom der Hypophyse, d. h. eine Geschwulst, bei welcher die Drüsensubstanz gewuchert ist; der Tumor schafft sich dabei einerseits Raum durch Erweiterung und Vertiefung des Türkensattels, andererseits erzeugt er oft Hirndrucksymptome und, infolge der Nachbarschaft zum Chiasma opticum, Sehstörungen, partielle oder totale Erblindung (*bitemporale Hemianopsie*; s. dazu Kap. 24). Dem pathologisch-anatomischen Befund nach kann man die Akromegalie als die Folge eines „*Hyperpituitarismus*", einer Überfunktion der Hypophyse auffassen, ähnlich wie die BASEDOWsche Krankheit eine Überfunktion der Schilddrüse bedeutet. Dafür spricht, daß die Chirurgen auch hier durch partielle Exstirpation des Tumors ausgezeichnete Heilerfolge erzielen, nämlich abgesehen von der Beseitigung der schweren Sehstörungen Verkleinerung von Gesicht und Händen, Verdünnung der Haut, Wiedererwachen der Geschlechtsfunktionen. Der Gigantismus ist mit der Akromegalie pathogenetisch nahe verwandt; so versteht man die schon genannte Tatsache, daß der Gigantismus in späteren Jahren öfter in Akromegalie übergeht. Der hypophysäre Zwergwuchs sowie die hypophysäre Fettsucht werden dagegen als Formen von *Hypopituitarismus* angesehen. Bei dem ersteren findet man häufig eine Hypoplasie der Hypophyse, bei der zweiten manchmal zwar eine Vergrößerung durch Geschwulstbildung, die dann aber, etwa der Struma des Kretins vergleichbar, nicht eine Steigerung, sondern eine Verminderung der Inkretbildung bedeutet. Die Auffassung als Hypopituitarismus wird u. a. durch solche klinische Fälle nahegelegt, bei denen nach einer Verletzung der Hypophyse, z. B. durch ein Geschoß, das in die Schädelbasis eindrang (MADELUNG, BEHR), die hypophysäre Fettsucht zum Ausbruch kam. Indessen wird auch die Ansicht vertreten, die Dystrophia adiposogenitalis beruhe auf einer Erkrankung der in der Nachbarschaft der Hypophyse gelegenen Regio hypothalamica, die, wie wir noch (S. 276 u. 294, ferner Kap. 26) sehen werden, ein Zentrum des Stoffwechsels darstellt. Ähnlich ist die Genese des Diabetes insipidus zu beurteilen; auch dieser ist manchmal auf eine Verletzung oder eine Geschwulst der Hypophyse zurückzuführen; es gibt aber auch Fälle, in denen die Hypophyse unversehrt ist und allein eine Erkrankung der Zwischenhirnbasis festzustellen ist. Die SIMMONDSsche Krankheit endlich wird durch schwere Zerstörungen der Hypophyse (Zysten, Geschwülste) herbeigeführt.

Das *experimentelle Studium* der Hypophyse, das durch die klinischen Beobachtungen angeregt wurde, hat nun gelehrt, daß man es funktionell mit zwei Organen zu tun hat, die sich ja auch anatomisch im *Vorderlappen* und im *Hinterlappen*, in der Adenohypophyse und in der Neurohypophyse ausprägen. Wir haben es hier also geradeso mit einem hormonalen Doppelorgan zu tun wie bei der Nebenniere mit ihrer Rinde und ihrem Mark oder auch wie bei der Schilddrüse, soweit bei manchen Tieren die Nebenschilddrüsen in deren Substanz eingebettet sind.

Betrachten wir zunächst die Folgen der *Totalexstirpation der Hypophyse*, also der Entfernung beider Teilorgane. Die Operation ist bei der verborgenen Lage der Hypophyse recht schwierig; sie wird teils vom Rachen aus vorgenommen (ASCHNER), teils von der Gehirnbasis aus nach Entfernung großer Stücke des Schädeldaches und nach Verschiebung des Gehirns (BIEDL, KARPLUS und KREIDL). Die Exstirpation führt zu einem wohlumschriebenen Krankheitsbild (s. Abb. 94): bei wachsenden Tieren bleibt das Wachstum auf dem Jugendstadium stehen, die Tiere behalten die infantile gedrungene Körperform, besonders die kurze Schnauze, im Unterhautbindegewebe lagert sich reichlich Fett ab, der Pelz bleibt weich und wollhaarig, das Milchgebiß persistiert; auf infantiler Stufe bleiben auch die inneren und äußeren Genitalien (CUSHING, ASCHNER); der Stoffwechsel ist herabgesetzt, die Assimilationsgrenze für Zucker erhöht, die Körpertemperatur niedrig; auch die Adrenalinglykosurie ist schwerer hervorzurufen, ebenso wie die Mydriasis durch Adrenalin; geistig sind die Tiere meist stumpf. Der Zustand erinnert also in mehrfacher Hinsicht an die thyreoprive Kachexie. Exstirpation bei erwachsenen Tie-

Abb. 94. Hunde aus dem gleichen Wurf, 12 Monate alt.
Dem linken wurde im Alter von $2^{1}/_{2}$ Monaten die Hypophyse exstirpiert.
(Nach ASCHNER.)

ren ist von weniger auffallenden Störungen gefolgt; der Stoffwechsel wird auch dabei herabgesetzt, das Fettpolster vermehrt, die Sexualtätigkeit abgeschwächt. Die Totalexstirpation ist nicht tödlich.

Die genauere Analyse lehrt nun, daß das auffälligste Symptom, die Wachstumsstörung, auf den Mangel an *Vorderlappensubstanz* zurückzuführen ist. Denn einerseits zeigt sich, daß alleinige Exstirpation des Vorderlappens ebenfalls Zwergwuchs hervorruft, andererseits ist es nach vielen Mißerfolgen geglückt, durch Injektion von Vorderlappenextrakt bei Salamandern, Ratten und Hunden Riesentiere zu erzeugen, die das doppelte Gewicht hatten wie die Kontrolltiere (UHLENHUTH, EVANS und LONG). Der Hypophysenvorderlappen scheidet also ein *Wachstumshormon* ab, das in seinen eosinophilen Zellen entsteht (SMITH und McDOWELL).

Der Stoffwechsel ist in eigentümlicher Weise ebenfalls dem Vorderlappen unterstellt; dieser produziert nämlich ein *thyreotropes Hormon* (L. LOEB), d. h. ein Hormon, das die Schilddrüse zu erhöhter Tätigkeit anregt. Histologisch dokumentiert sich dies darin, daß z. B. bei Ratten oder Meerschweinchen 1—2 Tage nach der Implantation eines Vorderlappenstückchens in die Bauchhöhle oder 2 Stunden nach der Injektion eines Extraktes die Schilddrüse stärker durchblutet, ihr Epithel höher wird, und daß Anzeichen von Abgabe des Kolloids sichtbar werden. Hypophysenexstirpation führt umgekehrt zu Aplasie der Schilddrüse, so daß

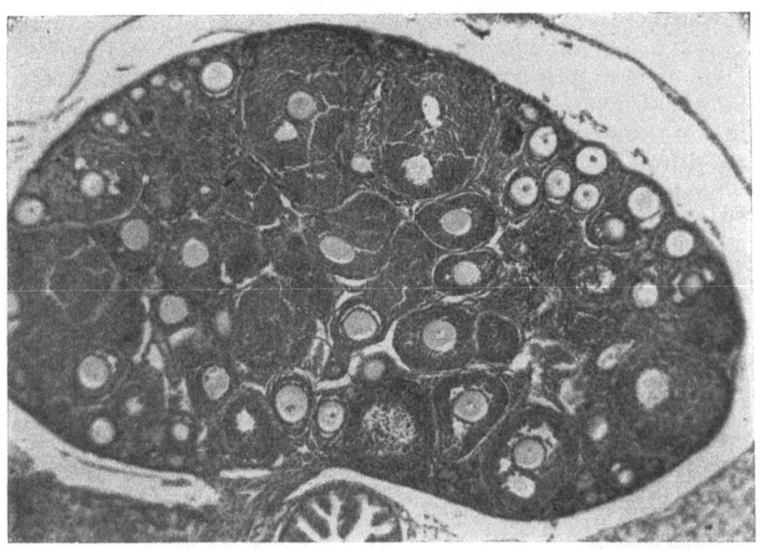

Abb. 95. Ovarium einer infantilen Maus. (Nach Zondek und Aschheim.)

infolge der Operation z. B. Kaulquappen nicht mehr metamorphosieren (Adler). Injektion des Hormons setzt ferner den Jodgehalt der Schild-

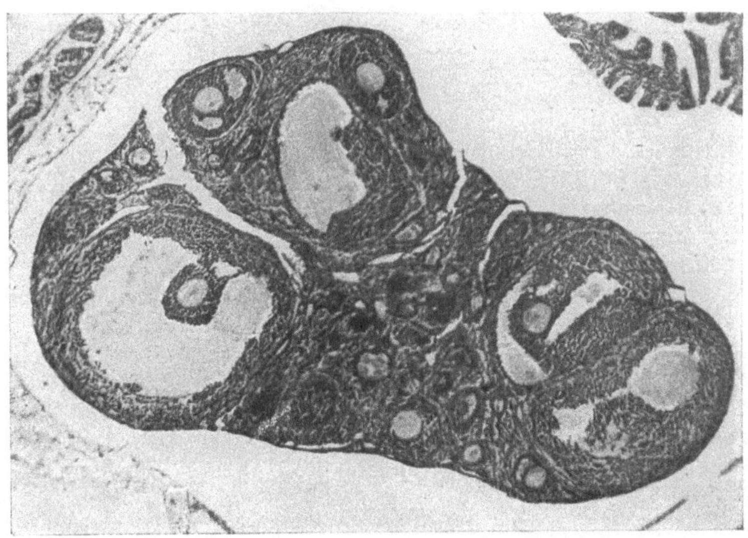

Abb. 96. Ovarium einer infantilen Maus 60 Stunden nach Implantation von
Vorderlappensubstanz. (Nach Zondek und Aschheim.)

drüse herab und steigert den des Blutes („Jodspiegel" s. S. 268), sie führt Glykogenabbau in der Leber und Steigerung des Grundumsatzes herbei. Ist die Schilddrüse vorher exstirpiert, so scheint beides nicht mehr zu-

stande zu kommen (JANNSSEN). Bei der Dystrophia adiposo-genitalis
scheint die Produktion des thyreotropen Hormons herabgesetzt zu sein.

Auch die Einflüsse auf die Geschlechtsfunktionen gehen vom Vorderlappen aus. Implantiert man Vorderlappensubstanz infantilen Mäusen, so
kommt es alsbald zu einer vorzeitigen Pubertät, indem die Ovarien hyper-
ämisch werden, massenhaft Follikel produzieren, die nach dem Platzen unter
Luteinbildung zu Corpora lutea werden und allmählich sich bis auf das 10-
bis 15fache vergrößern (EVANS, ZONDEK und ASCHHEIM). Abb. 95 zeigt
einen Schnitt durch das Ovarium einer infantilen Maus, Abb. 96 das Aussehen
60 Stunden nach Vorderlappenimplantation. Man sieht die großen gereiften
Follikel. Hierbei nehmen Uterus und Vagina zunächst an der Entwicklung
nicht teil, erst das entwickelte Ovar bewirkt von sich aus die für die Geschlechtsfunktionen charakteristischen Veränderungen auch an diesen Organen (S. 281). *Der Hypophysenvorderlappen ist also als Hormondrüse dem
Ovar übergeordnet.* Dies wird dadurch bewiesen, daß die Heranreifung von
Uterus und Vagina durch Vorderlappensubstanz nicht beim kastrierten Tier

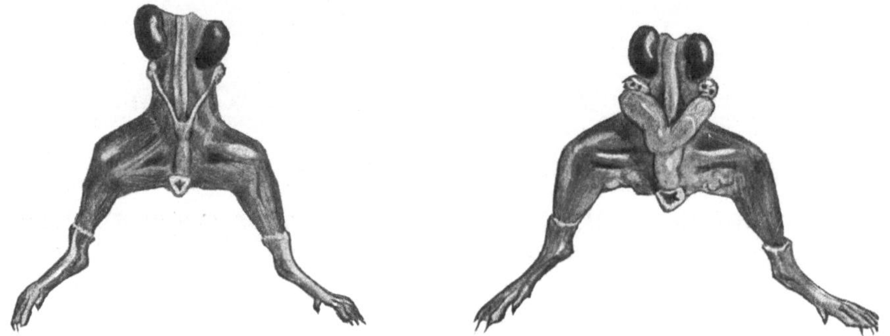

Abb. 97. Geschlechtsorgane einer infantilen Maus. (Nach ZONDEK und ASCHHEIM.)
Links: normal. Rechts: 100 Stunden nach Implantation von Vorderlappensubstanz.

herbeizuführen ist. Abb. 97 gibt einen Eindruck von der Hormonwirkung;
im Gegensatz zu den links wiedergegebenen Verhältnissen beim unreifen
Tier sieht man rechts nicht bloß die vergrößerten Ovarien, sondern auch
die mächtig entwickelten Uterus und Vagina. Auch bei senilen Tieren
kommt es durch Zufuhr von Vorderlappensubstanz zu erneuter Proliferation. Die Wirkungen sind auf zwei voneinander zu sondernde *gonadotrope
Hormone* zurückgeführt, auf das *Prolan A*, das die Follikel zur Reifung
und zum Sprung bringt, und das *Prolan B*, das Luteinisierungshormon,
das die Follikel in Corpora lutea umwandelt (ZONDEK).

Besonders interessant ist das Verhalten während der Schwangerschaft;
wie ZONDEK und ASCHHEIM fanden, setzt bei der Frau gleich mit dem
Beginn der Schwangerschaft eine enorme Produktion von Prolan ein, das
Blut wird damit überschwemmt und erscheint in gewaltigen Mengen im
Harn; ferner lagert sich das Hormon in Placenta und Uterus ab. Man
kann es im Harn nachweisen, indem man etwa 2 ccm in mehreren Portionen infantilen Mäusen einspritzt; in weniger als 100 Stunden kommt
es dann zur Reifung des Ovars. Es gelingt, auf diese Weise eine *Früh-
diagnose der Schwangerschaft* zu stellen (s. dazu S. 80). Mit der Geburt fällt
die Prolanproduktion steil ab. Ort seiner Bildung sind wahrscheinlich die
basophilen Zellen des Vorderlappens (BERBLINGER).

Prolan wirkt aber auch auf den männlichen Körper; Injektion des Hormons ruft Vergrößerung des Hodens mit Anregung der Spermiogenese, Wachstum von Prostata und Samenblasen, wenn auch nicht volle Spermienreifung hervor (STEINACH, ZONDEK, PH. E. SMITH). *Prolan ist also geschlechtsunspezifisch.*

Schon länger bekannt ist, daß auch aus dem *Hinterlappen* der Hypophyse Stoffe mit charakteristischer Wirkung zu extrahieren sind; sie sind unter dem Namen *Hypophysin, Pituitrin, Pituglandol* u. a. in den Handel gebracht. Injiziert man den Extrakt intravenös. so kommt es erstens zu Steigerung des arteriellen Blutdrucks (OLIVER und SCHAEFER); die Wirkung erinnert also an die des Adrenalins, ist aber vor allem darin verschieden, daß sie minutenlang anhält, und daß eine zweite nachfolgende Injektion den Druck nicht von neuem steigert, im Gegenteil eine Drucksenkung veranlaßt. Diese Reaktion beruht in erster Linie auf einer Tonussteigerung in den Muskeln der kleinen Arterien und in den Kapillaren. In ähnlicher Weise werden auch die glatten Muskeln in anderen Organen erregt; so steigt der Tonus der Blase, die Kontraktionen des Darms werden verstärkt, die Gallenblase preßt ihren Inhalt aus, und vor allem wird der Tonus des Uterus erhöht; führt dieser langsame rhythmische Kontraktionen aus, so wird ihre Frequenz gesteigert. Diese von DALE und von v. FRANKL-HOCHWART und A. FRÖHLICH entdeckte Wirkung hat die Hypophysensubstanz zu einem höchst wertvollen und viel verwendeten Arzneimittel für die Geburtshilfe gemacht, um eine zu schwache Wehentätigkeit des gebärenden Uterus anzuregen. Zu den charakteristischen Wirkungen der Hypophysensubstanz gehört schließlich noch eine starke, aber vorübergehende Förderung der Milchsekretion sowie eine Beeinflussung der Harnbereitung. Diese kann von verschiedener Art sein; sie besteht, wenn dem Tier reichlich Wasser zugeführt wird, in einer starken Beschränkung der Harnproduktion unter Anstieg der molaren Konzentration, insbesondere des Chlorgehalts des Harns; andernfalls wirkt die Hypophysensubstanz diuretisch. Die antidiuretische Wirkung ist besonders frappierend beim *Diabetes insipidus,* Hier fand VAN DEN VELDEN, daß wenigstens vorübergehend durch subkutane Injektion von Pituitrin die kolossale Harnflut unter Anstieg der molaren Konzentration des Harns zum Verschwinden gebracht und damit auch der so außerordentlich quälende Durst des Patienten beseitigt werden kann. Der Angriffspunkt ist dabei mindestens zum Teil unmittelbar die Niere. Dies wird durch ein schönes Experiment von STARLING und VERNEY bewiesen: die ausgeschnittene, überlebende, künstlich durchblutete Niere vom Hund produziert einen Harn, der stark hypotonisch ist, dessen molare Konzentration aber sofort ansteigt, wenn man dem durchspülenden Blut Pituitrin zusetzt. Leitet man das Blut (ohne Pituitrinzusatz) nun außer durch die isolierte Niere auch noch durch den Kopf des Hundes, so bleibt die molare Konzentration des Harns ebenfalls hoch; sie sinkt aber sofort, wenn man aus dem isolierten Kopf die Hypophyse herausnimmt.

Das Hinterlappeninkret wird wenigstens zum Teil durch den Stiel, mit dem die Drüse am Infundibulum festsitzt, in den Liquor cerebrospinalis hinein sezerniert. DIXON und P. TRENDELENBURG haben dies so gezeigt daß sie kleine Stücke von Rattenuterus mit etwas Liquor aus dem vierten Ventrikel zusammenbrachten; Anwesenheit von Hinterlappensekret äußert sich dann in Verstärkung der rhythmischen Uteruskontraktion. Es ließ sich auf diese Weise auswerten, daß die Hormonkonzentration im Liquor 1 mg Hinterlappensubstanz auf 2,5 l Flüssigkeit entspricht.

Nach Karplus steigt die Hormonkonzentration im Liquor, wenn man den freigelegten Hypothalamus elektrisch reizt; wahrscheinlich stellt also der Hypothalamus ein Sekretionszentrum für die Hypophyse dar, das sich über eine den Hypophysenstiel durchlaufende Nervenbahn auswirken kann. Das so in den Liquor abgeschiedene Hormon sensibilisiert dann wahrscheinlich den Hypothalamus, dieses wichtige vegetative Zentrum (Kap. 26), dabei vielleicht auch ein in ihm enthaltenes regulatorisches Zentrum für den Wasserhaushalt. Mit dieser Vorstellung wäre auch vereinbar, daß alleinige Verletzung der Zwischenhirnbasis auch nach Wegnahme der Hypophyse eine anhaltende Polyurie hervorrufen kann (Curtis und Camus). Das Verhältnis zwischen Hypothalamus und Hinterlappenhormon wäre also ähnlich beschaffen wie das zwischen Hypothalamus und Adrenalin (s. S. 255 u. Kap. 26).

Über die chemischen Eigenschaften der Hinterlappenhormone ist sehr wenig bekannt; es ist aber bemerkenswert, daß in letzter Zeit Kamm die auch therapeutisch wertvolle Zerlegung von Hinterlappenextrakt in zwei Bestandteile gelungen ist, einen, der vornehmlich auf den Uterus wirkt, *Orasthin* oder *Oxytocin* genannt, und einen, der vornehmlich den Blutdruck, die Intestinalbewegungen und die Diurese beeinflußt, das *Tonephin*, *Vasopressin* oder *Pitressin*.

Wenden wir uns zum Schluß den **Keimdrüsen** als endokrinem Gewebe zu. Wie etwa bei der Bauchspeicheldrüse, so ist auch hier die äußersekretorische Tätigkeit derart in die Augen springend, daß man darüber lange Zeit die endokrine Funktion übersehen oder ihr wenigstens nicht die volle Beachtung geschenkt hat. Dabei ist es nur notwendig zu sehen, wie die Wegnahme der Keimdrüsen, die Kastration, die seit langem zu den verschiedensten Zwecken bei Tier und Mensch vollzogen worden ist, den ganzen Körper in allen seinen Teilen verändert, um sich klarzumachen, daß die Produktion von Spermatozoen und von Eiern nicht das Einzige ist, was die Keimdrüsen leisten, daß die Männlichkeit und die Weiblichkeit sich weit über die Abgabe der Geschlechtszellen hinaus in bestimmten morphologischen und physiologischen Charakteren manifestiert, welche irgendwie von dem Vorhandensein der Keimdrüsen abhängen.

Vergegenwärtigen wir uns dafür die *Hauptzüge des Kastratentypus*, wie er beim Menschen in die Erscheinung tritt. Verändert werden infolge der Kastration sowohl die primären als auch die sekundären Sexualcharaktere. Unter den primären Sexualcharakteren versteht man bekanntlich die außer den Keimdrüsen unmittelbar als Geschlechtsteile in Betracht kommenden, d. h. unmittelbar der Fortpflanzung dienenden Organe, Penis, Prostata, Samenblase, Uterus, Vagina unter sekundären alle übrigen an der sexuellen Differenzierung sich beteiligenden Teile und Eigenschaften. Was nun die primären Geschlechtszeichen anlangt, so verursacht die Kastration eine mangelhafte Entwicklung, wenn die Operation frühzeitig, eine Rückbildung, wenn sie in späteren Jahren ausgeführt wird. Von sekundären Geschlechtszeichen sei zuerst das Skelet erwähnt. Beim männlichen Kastraten tritt die Verknöcherung an den Epiphysenknorpeln verspätet ein, es bleibt also der infantile Typus länger erhalten. Dadurch kommt es, daß die Extremitäten im Verhältnis zum Rumpf übermäßig lang werden (Abb. 98). Auch beim Schädel erfolgt die Verknöcherung an den Nähten verspätet. Beim Weib behält das Becken die kindliche Form. Die Haut der männlichen Kastraten entbehrt der charakteristischen Behaarung, die Scham-, Axillar- und Barthaare erscheinen nicht oder spärlich. Ferner entwickelt sich beim Weib die Brustdrüse nicht über den kindlichen Typus hinaus. Im Unterhautbindegewebe wird oft reichlich Fett abgelagert. Die Ursache hierfür ist, wie Respirationsversuche lehren, eine Herabsetzung des Stoffwechsels um etwa 20 %. Dieser Fettansatz beim Kastrierten ist eine so allgemeine Erscheinung, daß bekanntlich die Viehzüchter sie sich zunutze machen, um Schweine, Rinder, Hähne auf Fett zu mästen. Ferner ist beim Kastraten die Muskelkraft vermindert. Psychisch besteht oft tiefe Depression, unterbrochen von Aufregungszuständen. Bekannt ist endlich der Einfluß auf das Kehlkopfwachstum und damit auf die Höhe des Stimmklangs.

Sehen wir nun zu, was sich zugunsten der Auffassung anführen läßt, daß diese Erscheinungen von dem Ausfall bestimmter Keimdrüsenhormone herrühren. In erster Linie wurde hier das Beweismaterial vom *Transplantationsexperiment* geliefert, dessen Erfolg überaus frappant ist. Die Verpflanzung der Keimdrüsen ist der älteste Versuch einer Drüsentransplantation überhaupt; schon 1849 glückte BERTHOLD die *Einheilung von Hoden* bei kastrierten Hähnen, und er zeigte damit, daß die Hähne im Gegensatz zum Kapaun im Besitz aller Attribute ihres Geschlechts, des Kammes und der Halslappen, des Krähens, der Kampflust bleiben. Aber dieser Versuch geriet für Jahrzehnte fast in Vergessenheit. In neuerer Zeit ist dann von STEINACH die Hodenverpflanzung bei Ratten mit übereinstimmendem Erfolg wie bei den Hähnen ausgeführt worden; ferner ist es geglückt, Männer, die z. B. durch einen Unfall oder eine Schußverletzung beide Hoden verloren hatten, und bei denen bereits die üblichen Folgen der Kastration in einer auffallenden Fettablagerung, in der Abnahme der männlichen Behaarung, im Mangel jeglicher Erregbarkeit des Geschlechtstriebes offenbar wurden, durch die Implantation eines Hodens zu heilen und vor den Erscheinungen des Kastratentums zu bewahren. Häufiger ist die *Implantation von Ovarien* gelungen, so bei Hühnern, Kaninchen und Affen (HALBAN) mit dem Effekt, daß die Ovarien weiter funk-

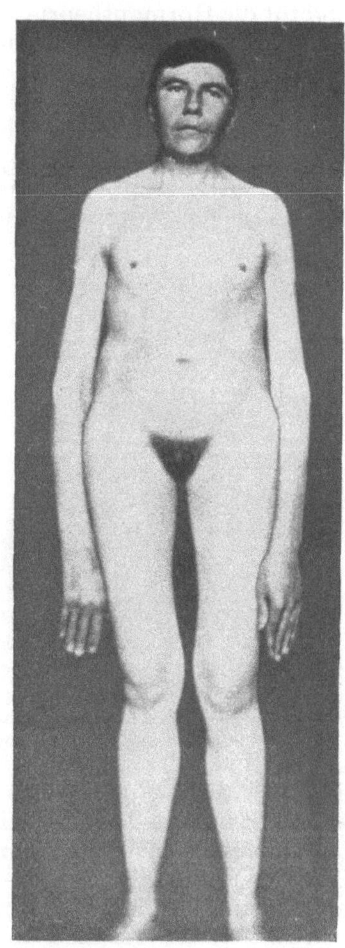

Abb. 98. 24 Jahre alter, im 5. Lebensjahr kastrierter Mann. Gesamtlänge 184 cm, Spannweite 204 cm, Unterlänge 108 cm. (Nach TANDLER und GROSZ.)

tionierten, und daß die sekundären Geschlechtsmerkmale zur vollen Ausbildung gelangten. Aber auch beim Weib ist sie so geglückt, daß nach der Menopause die Menstruation wieder einsetzte und die begonnene Involution des Uterus rückgängig wurde. Von großem Interesse ist ferner die Feststellung (HARMS, STEINACH), daß, wenn jugendliche Keimdrüsen einem senilen Tier (Ratte, Meerschweinchen, Hund, Ziege) implantiert werden, die Erscheinungen des „Alterns" oft höchst auffällig für einige Zeit zurückgehen; Haltung und Gang der Tiere werden wieder straff und kraftvoll, sie reagieren auf zahlreiche Sinnesreize mit größerer Lebhaftigkeit, ihre Freßlust

steigt, die Haare wachsen von neuem und glätten sich, beim Männchen
erwacht der Geschlechtstrieb wieder, es erzeugt nochmals Junge, beim
Weibchen kehren die normalen Brunsterscheinungen zurück, bei der operierten Ziege strafft sich wieder der Euter. In all dem kommt es sodann
zu erneuter seniler Involution, sobald das Implantat degeneriert. Besonders die Effekte der Hodentransplantation nach vorangegangener Kastration
sind für die Hormontheorie beweiskräftig; denn die äußere Sekretion der ver-
pflanzten Hoden, die Erzeugung von Spermatozoen hört ja auf, die Erhaltung
der Maskulinität hängt also nicht unmittelbar von der Samenbereitung ab.

Von unübertrefflicher Überzeugungskraft sind aber vor allem die Versuche von STEINACH, in welchen die *Keimdrüsen männlicher und weiblicher
Tiere ausgetauscht* wurden; jungen kastrierten Männchen wurden Ovarien,
jungen kastrierten Weibchen wurden Hoden unter die Haut verpflanzt;
die Männchen wurden dadurch „feminiert“, die Weibchen „maskuliert“,

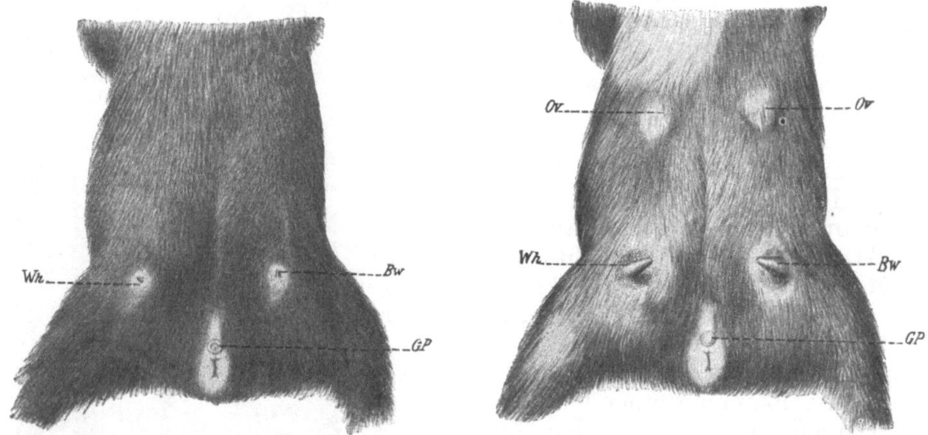

Abb. 99.   Links normales, rechts feminiertes Meerschweinchenmännchen. (Nach STEINACH.)
Bw Brustwarze, *Wh* Warzenhof, *Gp* Glans penis, *Ov* subkutan implantiertes Ovarium.

d. h. es wurden durch das Implantat die heterosexuellen Eigenschaften
hervorgerufen — ein Beweis dafür, daß jede der beiden Keimdrüsen ihre
besonderen Hormone produziert, welche nur einerlei Geschlechtscharaktere
zur Entwicklung bringen, — im Gegensatz zu der Unspezifität des Puber-
tätshormons der Hypophyse (S. 275). So bekamen die feminierten Männchen
von Ratten das grazilere weibliche Skelet, den weicheren Pelz, das stärkere
Fettpolster, vergrößerte Brustwarzen mit einem Warzenhof (s. Abb. 99);
sie zeigten weibliche Reflexe, wie das Heben des Schwanzes in Gegenwart
des dadurch angelockten normalen Männchens, sie waren feige und ängst-
lich statt aggressiv, sie wurden von Männchen verfolgt und besprungen,
ja die Entwicklung des weiblichen Typus ging infolge der besonders starken
Wucherung der implantierten Keimdrüsen sogar über das gewöhnliche
Maß hinaus, so daß die Brustdrüsen sich voll entwickelten und anfingen
Milch zu sezernieren, mit welcher die feminierten Männchen wie die geduldig-
sten Mütter junge Tiere säugten. Schwieriger gelang die Maskulierung von
Weibchen; auch durch sie wurde das eine Geschlecht mit den Kennzeichen
des anderen, dem groben Skelet, dem großen Kopf, dem struppigen Haar-
kleid, dem männlichen Geschlechtstrieb, der Kampflust u. a., behaftet.
Ähnliche Versuche, wie sie STEINACH an Ratten ausführte, sind auch bei

Meerschweinchen und Hirschen sowie bei verschiedenen Vögeln gelungen. Beim maskulierten Meerschweinchen entwickelt sich die Klitoris penisartig, das maskulierte Weibchen des Damhirschs entwickelt den Ansatz zu einem Geweih, dem feminierten Hahn wächst ein weibliches Gefieder; Pezard und Sand rupften einem kastrierten Hahn vor der Mauser die Federn einer Seite aus und implantierten ihm dann ein Ovar; danach wuchs ihm neben dem männlichen Gefieder der einen Seite ein weibliches auf der anderen.

Auch das Experiment, ein sekundäres Sexualorgan wie die Brustdrüse zu verpflanzen und nun an seinem neuen Einheftungsort von den kreisenden Hormonen beeinflussen zu lassen, ist gelungen. Es ist bekannt, daß das Parenchym der Brustdrüse in der Zeit der Pubertät, besonders aber in der Zeit der Gravidität wuchert und, nachdem die Geburt erfolgt ist, anfängt Milch zu bilden. Daß es dafür nicht auf nervöse Impulse ankommt, wie man früher annahm, war schon aus den Erfahrungen von Goltz und Ewald am Hund mit verkürztem Rückenmark zu entnehmen. Diese hatten bei einer trächtigen Hündin das Rückenmark vom oberen Brustmark an bis zum Sakralmark exstirpiert (s. S. 321); als einige Tage danach die Geburt regulär erfolgt war, fing die Drüse an zu sezernieren, und die Zitzen röteten sich, während das Junge trank. Ribbert fand nun, daß beim Meerschweinchen die Brustdrüse, die er vom Bauch aufs Ohr transplantiert hatte, ebenfalls während der Trächtigkeit anschwoll und, nachdem die Jungen geworfen waren, Milch produzierte. Auch für den Menschen gibt es analoge Erfahrungen: von den miteinander verwachsenen „parabiotischen" (s. S. 258) Zwillingsschwestern Blazek wurde die eine gravid; während der Schwangerschaft entwickelten sich auch bei der anderen sekundäre Graviditätszeichen, wie Pigmentierung der Haut, Anschwellung der Schilddrüse und Vergrößerung der Brustdrüsen, und nach der Geburt zeigte sich bei beiden eine schwache Milchsekretion (Basch).

Wenden wir uns zu dem zweiten Hauptexperiment der Hormonphysiologie, zur *stomachalen oder intravenösen Einverleibung von Drüsensubstanz*. Auch dafür sind die Versuche mit Keimdrüsen vorbildlich gewesen; denn mit seiner Mitteilung über die die physischen und geistigen Kräfte steigernden Wirkungen von Hodensaftinjektionen inaugurierte im Jahre 1889 Brown-Sequard die ganze Ära der Organotherapie. Manche derartiger Hormoneinflüsse sind in die Augen springend. So brachte Nussbaum kastrierten Fröschen Hodenstücke in den Rückenlymphsack und fand, daß ihre Vorderarmmuskeln und Daumenschwielen, welche beide dem Umklammerungsreflex dienen, so wie zur Zeit der Geschlechtsreife hypertrophierten und der Reflex auslösbar wurde. Ganz analog wachsen bei Kapaunen Kamm und Bartlappen stärker, wenn Hodensubstanz verfüttert wird (Loewy). Eklatant ist auch der Einfluß auf den Stoffwechsel; es wurde bereits (S. 277) bemerkt, daß nach Kastration der respiratorische Gaswechsel bis um 20 % verringert ist; umgekehrt kann man durch Verfütterung oder Injektion von Hoden- oder von Ovarialsubstanz den gesunkenen Stoffwechsel wieder um 30—50 % heben (Loewy und Richter). Im Zusammenhang damit steht der Einfluß von Hodenextrakten auf die Muskelkraft; nach Zoth und Pregl wird dadurch die ergographische (s. Kap. 20) Muskelleistung ganz beträchtlich gesteigert.

Was nun die *Produktionsstätte der Sexualhormone* anlangt, so kann man nach Analogie mit der Pankreasdrüse mit ihrer doppelten Funktion vermuten, daß auch hier exokrine und endokrine Funktion histologisch differenziert werden können. Entsprechend wurde von Steinach, Bouin und Ancel u. a.

die Lehre aufgestellt, daß die Hormonfunktion bei den Hoden von den eigentümlichen, zwischen den Tubuli seminiferi gelegenen LEYDIGschen Zwischenzellen ausgehe, daß es also neben der Keimzellen produzierenden Drüse eine „Pubertätsdrüse" gebe. Andere Autoren bekämpfen diese Ansicht und verlegen die Hormonproduktion entweder in die Keimzellen selbst oder beim Hoden wohl auch in die SERTOLIschen Stützzellen. Die Lehre von der männlichen Pubertätsdrüse stützt sich vor allem darauf, daß die Produktion von Spermatozoen weitgehend unterdrückt werden kann, ohne daß die äußeren Zeichen der Maskulinität reduziert sind. Bekannt ist z. B. die hohe Empfindlichkeit der Keimzellen für Röntgenstrahlen, die diesen Zellen mit allen lebhaft sich teilenden Zellen gemeinsam ist, wie den Zellen der Keimzentren der Lymphfollikel, den Zellen im Stratum germinativum der Haut, den Zellen rasch wachsender Tumoren; Bestrahlung der Hoden mit Röntgenstrahlen führt also zu Sterilität. Während nun aber nach regelrechter Kastration die früher geschilderten Folgen alsbald bemerkbar werden, während z. B. so auffallende Geschlechtsabzeichen, wie das Geweih des Rehbocks oder der Kamm des Hahns, nicht zur Ausbildung gelangen, behalten die mit Röntgenstrahlen sterilisierten Tiere meist äußerlich den vollen maskulinen Typus (TANDLER und GROSZ). Auch die Natur führt ähnliche Experimente aus. Bei sogenanntem *Kryptorchismus* des Menschen und der Tiere handelt es sich z. B. meist nicht bloß um das Ausbleiben des Descensus, sondern auch um eine mangelhafte Entwicklung der Hoden. Dabei ist aber häufig nur die Spermiogenese verloren gegangen, während trotz der Sterilität die Sexualcharaktere und der Geschlechtstrieb normal entwickelt sind.

In allen diesen Fällen findet man nun Hand in Hand mit der Erkrankung und Degeneration der Samenkanälchen eine Wucherung der Zwischenzellen, die oft das Bild des histologischen Präparats in überraschendem Maß beherrschen. Dennoch ist die Entscheidung darüber, ob die Inkretbildung anderswohin zu lokalisieren ist als die Bildung der Samenzellen, nicht sicher, weil die Samenkanälchen durch die genannten Schädigungen kaum je völlig verödet werden, sondern Teile des samenproduzierenden Gewebes, wie Spermatogonien oder Spermatozyten, im mikroskopischen Präparat sichtbar bleiben, für die man dann auch die Inkretbildung in Anspruch nehmen kann.

Die Frage nach der Bildungsstätte von weiblichem Sexualhormon ist zunächst auf einem anderen als dem histologischen Wege verfolgt worden. Die Inkretbildung wurde nämlich mit dem nach jeder Ovulation entstehenden Corpus luteum in Zusammenhang gebracht, das sich ja, wenn der Ovulation keine Befruchtung folgt, zurückbildet, während es persistiert und wächst, wenn eine Schwangerschaft zustande kommt. L. FRAENKEL schrieb deshalb dem Corpus luteum die Bedeutung zu, die Einbettung des Eies in die Uterusschleimhaut zu ermöglichen; seine periodische Bildung durch Proliferation des Follikelepithels bereitet immer wieder aufs neue die Uterusschleimhaut zur Aufnahme eines Eies vor; bleibt dann diese Einbettung aus, weil das Ei nicht befruchtet worden ist, so kommt es zu menstrueller Blutung und Rückbildung der Schleimhaut (s. S. 327). Der Zusammenhang mit dem gelben Körper wird u. a. dadurch bewiesen, daß seine Zerstörung beim Kaninchen den Eintritt oder die erste Fortentwicklung der Gravidität verhindert, und daß, wenn man beim Weibe das von der letzten Ovulation herrührende Corpus luteum galvanokaustisch beseitigt, die nächste Menstruation ausbleibt.

Auf Grund dieser Beobachtungen einer Fernwirkung des Corpus luteum auf den Uterus wurden nun Versuche mit Extrakten daraus ausgeführt, aber auch mit Extrakten aus Ovarien, Plazenta, Uterus und Fetus. Ein ausgezeichnetes Objekt zur Prüfung von deren Wirksamkeit — etwa vergleichbar den Kaulquappen als Testobjekt für das Schilddrüsenhormon — ist nach STOCKARDT, ALLEN und DOISY die Vagina von kastrierten Ratten und Mäusen, in deren Epithel sich in vollkommen regelmäßigem Rhythmus von 4 bis 6 Tagen außerordentliche Veränderungen parallel mit den Vorgängen im Ovarium und Uterus abspielen; in der Brunst (Oestrus) ist das Epithel mächtig gewuchert, es verhornt rasch und wird in Schollen abgestoßen; in der Zwischenzeit (Dioestrus) bildet es nur eine dünne Schicht, die Leukozyten, Epithelien und Schleim abgibt. Ein Scheidenabstrich läßt dadurch jederzeit erkennen, in welchem Stadium sich der Sexual- bzw. Vaginalzyklus gerade befindet (*ALLEN-DOISY-Test*). Besonders mit dieser Methode wurde festgestellt (ZONDEK und ASCHHEIM, LAQUEUR, ALLEN und DOISY, LOEWE u. a.), daß das Hormon im Ovarium gebildet wird; es ist in den Follikeln und in der Follikelflüssigkeit nachzuweisen; seine Produktion erfolgt cyklisch. Mit Steigen und Sinken seiner Abnahme geht die Umwandlung der Uterusschleimhaut für die Einnistung des Eies auf und ab (s. Kap. 19). Bei infantilen Tieren, denen es injiziert wird, fördert es das Wachstum von Uterus und Vagina (Abb. 100) und ruft Brunsterscheinungen hervor; es fördert ferner die Entwicklung der Milchdrüse und ruft schließlich Milch-

Abb. 100. Vagina und Uterus von 4 Ratten aus demselben Nest. Links mit Hormon behandelt rechts nicht behandelt. (Nach LAQUEUR.)

sekretion hervor. Dagegen fördert es nicht das Wachstum des Ovars; dieses wird vielmehr, wie wir (S. 274) sahen, durch das übergeordnete Hypophysenvorderlappenhormon zur Reife gebracht.

Das weibliche Sexualhormon tritt ins Blut und von da in den Harn über; hier findet man es beim Weib am reichlichsten etwa am 10. Tag vor der Menstruation; dann sinkt der Gehalt, falls keine Befruchtung eintritt, bis zur Menstruation ab (SIEBKE). Die Produktion nimmt während der Gravidität enorm zu; das Hormon sammelt sich dann in der Placenta, so daß diese 500mal mehr enthalten kann als beide Ovarien zusammen. Daher kann auch Implantation von Placentastücken das Wachstum von Uterus und Vagina lebhaft anregen. Vom Blut tritt das Hormon während der Schwangerschaft massenhaft in Harn und Fäzes über, es findet sich also während der Gravidität im Harn ebenso angereichert wie das Prolan der Hypophyse (S. 274). Bei senilen Tieren, denen das Hormon injiziert wird, werden die Brunsterscheinungen neu erweckt, das Ovarium verjüngt sich.

Besondere Wirkungen erhält man, wenn man Corpus luteum für sich extrahiert. Während das aus den reifen Follikeln stammende Hormon die Uterusschleimhaut zur Proliferation anregt, bewirkt das Corpus luteum-Hormon eine verstärkte Entwicklung der Uterusdrüsen und unterstützt damit Einnistung und Wachstum des Eies; auf den vaginalen Oestrus hat es aber keine Wirkung (CORNER und ALLEN). Man unterscheidet deshalb das eigentliche weibliche Sexualhormon als *Follikulin, Menformon, Thelykinin, Brunsthormon* vom *Corpus luteum-Hormon* oder *Progestin*.

Das weibliche Sexualhormon ist geschlechtsspezifisch, wie schon aus den Transplantationsversuchen von STEINACH zu folgern war, aber es ist nicht artspezifisch. Die Geschlechtsspezifität folgt auch aus der Beobachtung (STEINACH, LAQUEUR), daß das weibliche Hormon zwar den Stoffwechsel des kastrierten Weibchens steigert, nicht aber den des Männchens, und daß es das Wachstum der männlichen Geschlechtsorgane nicht nur nicht fördert, sondern deutlich hemmt; deren Wachstum kann aber von neuem einsetzen, sobald man die Zufuhr des „antimaskulinen" weiblichen Hormons unterbricht.

Dem weiblichen Hormon steht ein männliches gegenüber, das *Androkinin*. Seine Eigenschaften lassen sich schwieriger studieren, besonders weil es lange nicht in so großen Mengen vorkommt wie das Follikulin z. B. im Schwangerenharn. Erst 2000 l Männerharn enthalten etwa 1 mg des

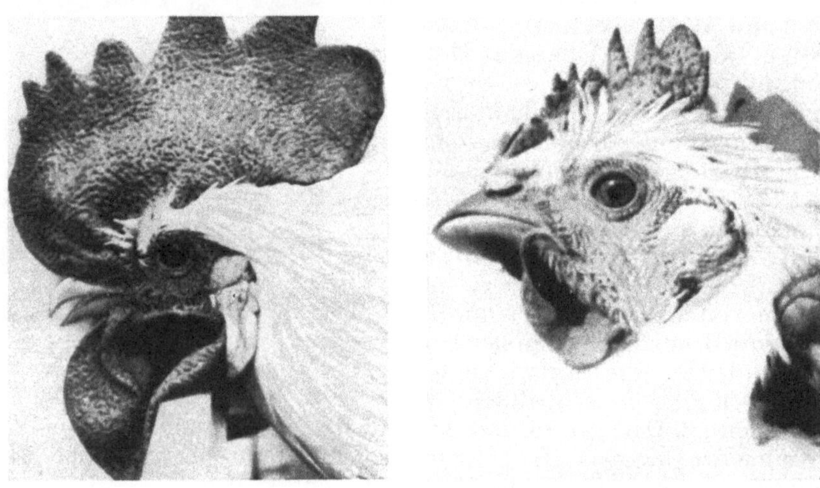

Abb. 101. a Kastrierter Hahn, $3^1/_2$ Monate mit männlichem Sexualhormon behandelt. b Derselbe Hahn, nachdem die Behandlung seit $2^1/_2$ Monaten abgebrochen ist. (Nach FREUD, LAQUEUR und POMPEN.)

höchst gereinigten Hormons. Der Nachweis wird am häufigsten so geführt, daß man Kapaunen das Hormon subkutan injiziert; binnen kurzem wächst dann der unentwickelt gebliebene Kamm der Tiere in meßbarem Grad, desgleichen die Bartlappen, und die Tiere fangen an des öfteren zu krähen. Abb. 101a zeigt den Kopf eines Kapauns nach $3^1/_2$ Monaten Behandlung mit Hormon, Abb. 101b dasselbe Tier $2^1/_2$ Monate später, nach Abbruch der Behandlung. Das Hormon bringt ferner die Hoden zur Reifung und zur Produktion von Spermien und vergrößert die Prostata.

Versuche, das weibliche Sexualhormon zu isolieren, führten FELLNER, E. HERMANN und FRAENKEL zu ölartigen Produkten. ZONDEK und ASCHHEIM, LAQUEUR u. a. zeigten, daß es auch in Wasser in Lösung gehalten werden kann. Erst das reine Präparat, das neuerdings von DOISY und BUTENANDT in Kristallform abgeschieden wurde, ist wasserunlöslich, dagegen löslich in Äther, Chloroform, Benzol. Seine Zusammensetzung entspricht der Formel $C_{18}H_{22}O_2$, nach seinem Aufbau gehört es zu den Sterinen (S. 48). $0{,}025\,\gamma$ des kristallinen Hormons genügen, um bei einer Maus Brunst auszulösen.

Dem Molekül des Androkinins scheint nach BUTENANDT das gleiche Ringsystem zugrunde zu liegen wie dem Thelykinin.

15. Kapitel.

Wärme und Licht.

In dem folgenden Kapitel wird die Wärmeabgabe von einem wesentlich anderen Standpunkt aus betrachtet werden als in dem Kapitel, das vom Kalorienwert der organischen Nahrungsstoffe handelte. Nämlich bei der Erörterung über das für den Menschen unter verschiedenen Lebensbedingungen notwendige Kostmaß betrachteten wir dessen Körper in erster Linie vom Standpunkt des Technikers, der wissen will, mit wieviel oder wie wenig Brennmaterial er seine Maschine zu voller Leistungsfähigkeit antreiben kann. Die bei der Verbrennung resultierende Wärme interessiert dabei den Techniker mehr in der negativen Richtung als energetisches Nebenprodukt, das er, weil seine Maschine von dem Ideal der Technik, einem Wirkungsgrad von 100 %, noch weit entfernt ist, neben der eigentlich allein erwünschten mechanischen Arbeit mit in den Kauf nehmen muß; die Wärme spielte in den Betrachtungen über die Ernährung nur dadurch scheinbar eine bedeutende Rolle, daß sie auch als bequemer Maßstab für die geleistete Arbeit verwendet wurde, um die gesamte Energieproduktion in dem einheitlichen Maß der Kalorie anzugeben. Nun liegen die Verhältnisse aber beim Menschen wie bei allen Warmblütern in der Beziehung ganz anders als bei der technischen Maschine, daß die Wärme keineswegs bloß unerwünschtes Nebenprodukt ist, sondern daß sie dazu da ist, den Körper auf eine bestimmte Temperatur anzuheizen, bei welcher sich allein die Lebensprozesse in normalem Ausmaß abspielen. Unter diesem Gesichtspunkt erhebt sich aber sofort die Hauptfrage für diesen Abschnitt, *wie es kommt, daß trotz der sehr verschiedenen Größe der Kalorienproduktion und, wie wir sehen werden, auch der sehr verschiedenen Größe der Kalorienabgabe die Körpertemperatur fast konstant erhalten wird.*

Die Innentemperatur des Menschen schwankt nämlich bekanntlich nur um einige Zehntelgrade. Man mißt sie gewöhnlich mit einem Thermometer entweder in der Axillargrube oder in der Mundhöhle oder im Rektum. Die Temperaturschwankungen in der Mundhöhle sind relativ groß, in Abhängigkeit von der Temperatur der Umgebung; konstanter ist die Temperatur in der Axilla und im Rektum, im letzteren ist sie im allgemeinen etwa um $0,5^0$ höher als in der Axilla. Thermoelektrisch ist die Temperatur auch in den inneren Organen bestimmt worden; die höchsten Werte findet man in der Leber, nämlich $38{-}39^0$. Demgegenüber ist die unbekleidete Haut erheblich niedriger temperiert, man findet Temperaturen von etwa 29—32⁰, an der Nasenspitze und den Ohrmuscheln sogar nur 22—24⁰.

Die häufigst gemessene *Rektaltemperatur schwankt bei den meisten Menschen in ziemlich regelmäßigem Turnus zwischen* 36,5 und 37,5⁰; das Minimum wird nachts zwischen 1 und 5 Uhr erreicht, das Maximum zwischen 2 und 6 Uhr nachmittags. Diese Periodizität hängt zum Teil von der Nahrungszufuhr ab; aber das ist nur ein Faktor, da der Hungernde ungefähr dieselbe Temperaturkurve zeigt. Ein zweiter Faktor, und zwar der wichtigere, ist die Muskelaktion. Man hat allerdings festgestellt, daß auch bei Bettruhe (und Hunger) die gewöhnliche Schwankung, nur meist abgeflacht, zustande kommt, aber bei Bettruhe werden tagsüber während des Wachseins auch lebhaftere Muskelbewegungen ausgeführt als nachts im Schlaf. Entscheidend sollte der Versuch sein, durch Nachtarbeit und durch Schlafen bei Tag die Temperaturkurve umzudrehen, d. h. Maximum und Minimum um je 12 Stunden zu verschieben. Aber diese Umkehr ist keineswegs regelmäßig zu bewerkstelligen; vielmehr liegt auch unter diesen Umständen öfter ein flaches Maximum und ein flaches Minimum an den gewöhnlichen Stellen, woraus geschlossen wurde, daß ein innerer Rhythmus die Temperaturkurve mitbedingt. Dies ist aber doch wohl nicht richtig. Dagegen spricht z. B. die Erfahrung, daß, wenn jemand eine Weltreise macht, die Temperaturkurve sich nach der jeweiligen Ortszeit richtet und nicht nach der Uhr seines dauernden Wohnsitzes. Nachtarbeiter können eben im allgemeinen doch nicht in jeder Hinsicht die Nacht zum Tag und den Tag zur Nacht machen. Wo dies wirklich gelungen ist, wie an den Polen zur Zeit der Polarnacht, wo man beliebig „Tag" und „Nacht" ansetzen kann, da kann auch die Umkehr zustande gebracht werden (LIND-HARD). Daß die Muskelaktion an der Höhe der Körpertemperatur teilhat, ist bei starker Arbeit evident, da dann die Innentemperatur um etwa 1⁰ ansteigen kann.

Die Körpertemperatur des Menschen ist also, wie bei allen höheren Tieren, relativ konstant; das Mittel ist 37,0⁰ bis 37,1⁰. Man stellt die höheren Tiere deshalb als *Homoiotherme* den Wechselwarmblütern oder *Poikilothermen* gegenüber, welche einer „Eigentemperatur" ermangeln, bei welchen vielmehr die Innentemperatur mit der Außentemperatur hin und her schwankt, ähnlich wie bei den Poikilosmotischen der osmotische Innendruck (s. S. 83).

Homoiotherm bedeutet aber nicht bloß konstant temperiert, sondern soll zugleich warmblütig heißen, d. h. wärmer als die Umgebung. Beides zusammen qualifiziert das homoiotherme Tier als höher organisiert. Denn das Gesetz, welches in der unbelebten Natur herrscht, daß die Geschwindigkeit chemischer Reaktionen mit der Temperatur rasch anwächst, gilt auch für die Reaktionen in den Organismen. So ist eine hohe Temperatur mit einem intensiveren Stoffwechsel verknüpft, und dieser allein ermöglicht die stete Bereitschaft des höheren Tiers zu rascher Stellungsnahme gegenüber den Wechseln in der Umgebung. Die erhöhte Temperatur bedingt die große Fortpflanzungsgeschwindigkeit der Erregung in den Nerven (s. Kap. 21), bedingt die Flinkheit der Muskelaktionen, bedingt die reichliche Durchblutung der Organe durch das schnell arbeitende Herz und vieles andere. Diese selben Eigenschaften kann auch das poikilotherme Tier aufweisen, solange es, etwa durch die Bestrahlung der Sonne, durchwärmt ist, aber das homoiotherme Tier reagiert in der gleichen Art und Weise durch alle Jahreszeiten und in allen Klimaten.

Worauf beruhen die **thermoregulatorischen Fähigkeiten der Warmblüter,** welche offenbar dafür notwendig sind?

Die Körpertemperatur des Warmblüters ist im großen und ganzen das Resultat der Wärmeproduktion im Innern und der Wärmeabgabe an die Umgebung, aber jeder der beiden Faktoren ist variabel. So wird die Wärmeregulation in der Hauptsache auf eine Äquilibrierung dieser beiden gegensinnig wirkenden Faktoren hinauslaufen. Um das im einzelnen zu verstehen, ist es notwendig, die Bedingungen genauer kennenzulernen, unter denen Wärmebildung und Wärmeverlust variieren.

Die **Wärmeproduktion** des vollkommen r u h e n d e n Menschen rührt schätzungsweise zu etwa $^2/_3$ von den Umsetzungen in der großen Masse der Körpermuskulatur, zu $^1/_3$ von der inneren Arbeit des Herzens und der Atemmuskeln, von dem Stoffwechsel der Leber, der Nieren und anderer innerer Organe her. Wenn nun die Wärmeproduktion steigt, so stammt der Zuwachs meistens und bei beträchtlichen Graden immer ganz vornehmlich von der *Arbeit oder der Anspannung der Skeletmuskeln* her; in dem Kapitel über die Ernährung haben wir ja gesehen, wie außerordentlich die Kalorienproduktion durch schwere Arbeit gesteigert werden kann. In geringerem Maß kann die Wärmebildung ferner durch *Nahrungsaufnahme* vergrößert werden, teils infolge der dadurch ausgelösten Verdauungsarbeit (s. S. 233), teils durch den sich an die Resorption anschließenden Abbau der Nahrungsstoffe. Neben diesen Quellen des Wärmezuwachses tritt die Vermehrung der Funktion der übrigen Organe weniger deutlich zutage.

Die **Wärmeabgabe** erfolgt vor allem durch drei Vorgänge: durch Leitung, durch Strahlung und durch Verdunstung von Wasser an der Körperoberfläche.

Die *Wärmeleitung* erstreckt sich zum Teil auf feste Stoffe und Flüssigkeiten. So können kühle Speisen oder ein kühles Bad dem Körper Wärme entziehen; auch der Wärmeverlust durch Entleerung von Harn und Fäzes ist hierher zu zählen. Wichtiger ist die Ableitung von Wärme an die L u f t. Luft ist zwar an sich ein schlechter Wärmeleiter, aber z. B. die in wenigen Sekunden zustande kommende Erwärmung der Inspirationsluft in den Lungen zeigt, daß sie leitet. Wie bei festen und flüssigen Körpern ist auch bei der Luft die *Größe der Wärmeleitung dem Temperaturgefälle proportional.* Daher entzieht bewegtes Wasser oder bewegte Luft der Haut mehr Wärme als ruhendes Wasser und ruhende Luft, und die „kühlenden" Winde empfinden wir im Sommer selbst dann angenehm, wenn die Luft verhältnismäßig warm ist. Denn durch die Fortbewegung der den Körper unmittelbar berührenden und von ihm erwärmten Wasser- oder Luftschicht wird mit dem Wasser oder der Luft auch Wärme fortgeführt und durch kühleres Wasser oder kühlere Luft ersetzt. Zu der Wärmeleitung kommt also *Wärmekonvektion* noch hinzu. Das Wärmeleitungsvermögen der Luft wird um so größer, je mehr ihr Feuchtigkeitsgehalt ansteigt; daher kann ein feuchtes, mäßig kaltes Klima kühler erscheinen als ein trockenes und an sich kälteres.

Die Wärmeableitung von unserem Körper ist aber nicht bloß eine Funktion der Änderungen in der Umgebung, sondern hängt auch von Zuständen der Körperoberfläche ab. Vor allem wechselt die *Durchblutung der Haut* und damit ihre Temperatur. Durchschneidet man z. B. bei einem Kaninchen auf einer Seite den Halssympathikus, in welchem vasokonstriktorische Fasern zum Ohrlöffel verlaufen, so rötet sich das Ohr infolge der stärkeren Durchblutung und wird auffallend wärmer als das Ohr auf der nicht operierten Seite; da auf die Weise das Temperaturgefälle zwischen Haut und Umgebung steigt, so verliert das Tier durch die große Hautfalte seines Ohrlöffels mehr Wärme als vorher.

Auch die *Wärmestrahlung* unseres Körpers, die im wesentlichen eine Ultrarotstrahlung ist, nimmt mit der Temperatur seiner Oberfläche zu; von der Temperatur der Luft ist sie dagegen unabhängig, da Luft als diatherman angesehen werden kann.

Die *Verdunstung* spielt die auffälligste Rolle, wenn die *Schweißdrüsen* in Tätigkeit geraten. Durch die Verdunstung von 1 g Wasser an der Hautoberfläche werden dem Körper in maximo 0,54 kcal entzogen. Natürlich ist die Verdunstung um so reichlicher, je trockener und je bewegter die Luft; so können trockene Winde dem schweißbedeckten Körper außerordentlich große Wärmemengen entziehen. Zu der Verdunstung sichtbaren Schweißes kommt noch die *Perspiratio insensibilis* hinzu, d. h. die Abgabe von Wasser in Dampfform (neben Kohlendioxyd) von der durch das Blut durchfeuchteten Haut (s. S. 316).

Auch die *Atemtätigkeit* verursacht fortwährende Wärmeverluste durch Verdunstung, da die Luft, welche an den Schleimhäuten des Respirationstraktes bis zu den Alveolen entlang streicht, feucht wird. Selbst wasserdampfgesättigte Luft, wie etwa neblige Winterluft, vermag noch Wärme durch Verdunstung zu binden, da die Luft, indem sie sich im Körperinnern erwärmt, von ihrem Sättigungspunkt abrückt, also noch mehr Wasser aufzunehmen vermag.

Wie werden nun diese verschiedenen Faktoren in den Dienst der Wärmeregulation gestellt? Die bisherigen Betrachtungen lehrten bereits, daß man eine *chemische* und eine *physikalische Wärmeregulation* einander gegenüberstellen kann; die physikalischen Mittel der Steigerung der Wärmeableitung, der Wärmeausstrahlung und der Verdunstung werden dann in Gang gesetzt werden, wenn die Gefahr einer Überheizung des Körpers eintritt, das chemische Mittel der Steigerung des Stoffwechsels durch Arbeitsleistung oder auch durch Nahrungszufuhr wird in Fällen drohender Unterkühlung zur Verwendung kommen.

Beginnen wir mit der **physikalischen Wärmeregulation!** Gesetzt den Fall, daß die Temperatur der Umgebung steigt, so macht man die Beobachtung, daß die Haut durch *Vasodilatation* sich rötet. Geschieht die Erwärmung rein lokal, so bleibt die Reaktion der Rötung sehr häufig doch nicht auf den Ort der Wärmezufuhr von außen beschränkt, sondern die Haut des ganzen Körpers wird stärker durchblutet. Diese Fernwirkung läßt vermuten, daß der regulative Faktor der Gefäßerweiterung dem Zentralnervensystem unterstellt ist, daß wir es also mit einem Reflex zu tun haben; wir werden nachher darauf zurückkommen. Hüllt man zum Zweck lokalisierter Erwärmung z. B. ein Bein eines Kaninchens in warme Tücher, so weiten sich die Gefäße auch in den Ohrlöffeln, und diese, die bis dahin dem Rücken des Tieres platt anlagen, werden aufgerichtet, augenscheinlich zu dem Zweck, von der vergrößerten und wärmeren Körperoberfläche in die gleich temperierte Umgebung entsprechend dem steileren Temperaturgefälle mehr Wärme abfließen zu lassen. So kompensiert das Tier die Wärmezufuhr vom Bein aus durch stärkere Wärmeabgabe von den Ohrlöffeln.

Nehmen wir dagegen den umgekehrten Fall, daß die Temperatur der Umgebung sinkt, so ist die Folge davon ein Erblassen der Haut durch *Vasokonstriktion;* die Haut wird dadurch kühler, das Temperaturgefälle

flacher, es fließt daher von der Haut, und weil die Haut und das darunter-
liegende Fettpolster an sich schlechte Wärmeleiter sind, auch von den
unter der Haut gelegenen Organen weniger Wärme an die Umgebung ab;
dafür verbleibt mehr Blut im Innern des Körpers, wo ihm durch den Stoffwechsel der Organe fort und fort Wärme zugeführt wird. Nur wenn die Abkühlung der Haut, z. B. bei scharfem Frost, sehr intensiv ist, kann das Gegenteil einer Abdrosselung der Blutzufuhr eintreten; die heftige, eventuell sogar
schmerzhafte Erregung der Haut durch die Kälte erzeugt dann eine Vasodilatation, wie an den besonders exponierten Partien (Nasenspitze, Ohren,
Fingerspitzen) so oft zu beobachten ist, aber eine Vasodilatation von besonderer Art; nämlich weit werden nur die Kapillaren und kleinsten
Venen, während die Arteriolen zugleich stark verengt sind; so fließt das
Blut nur sehr langsam durch die Haut und bekommt dabei die venöse
Farbe; die Haut sieht daher „blau vor Frost" aus und fühlt sich kühl an
(s. S. 166).

Die Gefäßreaktion ist aber nicht das einzige Mittel, um durch Änderung der Wärmeleitung und Wärmestrahlung den Körper gegen Abkühlung
oder gegen Überhitzung zu schützen. Der Wärmeabfluß von der Haut
in die Umgebung ist nicht nur von der Temperatur abhängig, sondern
zweitens auch von der Größe der leitenden und strahlenden Körperoberfläche und drittens abhängig von dem Wärmeleitungsvermögen der jeweils
vorhandenen natürlichen oder künstlichen Körperbedeckung.

Die Oberflächenausdehnung spielt in folgender Hinsicht eine offensichtige
Rolle: in kalter Umgebung kauern Mensch und Tier sich zusammen und ex-
ponieren ihre Haut so wenig als möglich, oder sie rücken so eng aneinander,
daß ihre Körperoberflächen sich berühren; bei warmem Wetter sieht man
Hunde und Katzen, alle Viere von sich gestreckt, möglichst ausgebreitet
daliegen, um den Wärmeabfluß von der Haut zu steigern.

Das Wärmeleitungsvermögen wechselt je nach der Dichte des Haar-
und Federkleides bei den Tieren, nach der Dicke der Kleider beim Menschen
und nach dem unter der Haut abgelagerten Fettpolster.

Die *Haare* und *Federn*, welche einen Wärmeschutz gewähren, sind
weniger dadurch wirksam, daß die Keratinsubstanz, aus welcher sie hauptsächlich bestehen, ein besonders schlechter Wärmeleiter wäre, als dadurch,
daß sie eine poröse Hülle bilden, in deren Räumen die 100mal schlechter
leitende Luft stagniert. Statt daß am nackten Körper die ihm anliegende
Luftschicht, indem sie erwärmt wird, fortwährend aufwärts abfließt und
durch Konvektion kalter Luft von unten her immer wieder ersetzt wird,
bleibt die in den Maschen des Pelzes und des Gefieders befindliche er-
wärmte Luft ruhen und bildet um den Körper herum ein „Privatklima",
dessen Temperatur von der nahe benachbarten freien Atmosphäre stark
abweichen kann. So bleibt auch in der Kälte die Haut warm, „das Kleid
friert an Stelle des Körpers". Hieraus folgt, daß Pelz und Gefieder einen
umso besseren Wärmeschutz gewähren, je feinporiger und dabei luft-
haltiger sie sind. So versteht man, daß der Winterpelz, mit dem die
Natur viele Tiere versieht, weicher und wolliger ist als der Sommerpelz.
Hinzukommt, daß bei Kälte durch Kontraktion der Mm. arrectores pilorum
Haare und Federn gesträubt werden können, so daß sich der schützende
Luftmantel verdickt.

Den gleichen Dienst, wie Haare und Federn, leisten die *Kleider* für
den Menschen; er bedeckt sich aus demselben physikalischen Grunde mit
ihnen, wie er im Winter mit Hilfe eines Doppelfensters eine ruhende Luft-

schicht zwischen drinnen und draußen legt. Auch bei den Kleidern entscheidet der Grad der Porosität über die Wirksamkeit. Jedoch dürfen
die Poren nicht so fein sein, daß die Luft in ihnen vollständig stagniert;
denn sonst würde die Luft sich von der Haut aus allmählich mit Feuchtigkeit sättigen und dadurch ihr geringes Wärmeleitungsvermögen verlieren
(RUBNER).

Denselben Zweck wie Pelz, Gefieder und Kleidung erfüllt auch das
Unterhautfettgewebe; hier ist es die Decksubstanz selber, das Fett, welches
die Wärme schlecht leitet; hinter dem Fettwall staut sich die Binnenwärme wie das Wasser hinter einem Wehr. Selbst die im arktischen Meer
lebenden Wale sind warmblütig; denn die in ihren Muskeln gebildete
Wärme fließt nur langsam durch die Fettschicht ab.

Die Mittel zu rascher Steigerung der Wärmeabgabe, Änderung der
Hautgefäßweite und Änderung der Körperhaltung und damit Änderung
der die Luft berührenden Körperoberfläche können ihre Aufgabe der
Entwärmung nicht mehr erfüllen, wenn die Außentemperatur so hoch
steigt, daß das Temperaturgefälle zwischen Haut und Luft sich umkehrt.
Aber auch dann, wenn die Haut nur wenig wärmer ist als die Umgebung,
oder wenn im Innern durch große Arbeitsleistungen besonders viel Wärme
produziert wird, reichen die eben genannten Mittel für die Wärmeabgabe
nicht mehr aus. In diesen Fällen tritt die *Verdunstung* in ihr Recht, und nichts
ist für diese Form der Wärmeabgabe besser geeignet als das Wasser des
Schweißes; denn die Verdampfungswärme des Wassers ist größer als die
irgendeiner anderen Flüssigkeit. Die Wärmemengen, welche so dem Körper entzogen werden können, sind gelegentlich kolossale. Wenn z. B. in
den Tropen eine Temperatur von 45° längere Zeit ertragen wird, so ist das
nur unter der Voraussetzung möglich, daß gegen den Temperaturanstieg
von der Haut zur Luft die 2400 kcal, welche der Erwachsene täglich
mindestens produziert, abgegeben werden. Da nun, wie gesagt, bei der
Überführung von 1 g Wasser in Wasserdampf der Hautoberfläche 0,54 kcal
entzogen werden können, so müssen zur Abgabe der 2400 kcal 4,5 l
Wasser verdunsten oder vielmehr sicher mehr, erstens wegen des negativen
Temperaturgefälles und zweitens weil der Teil des Schweißes, welcher
vom Körper abtropft und nicht an seiner Oberfläche verdunstet, nutzlos
ist. Tatsächlich beobachtete man, daß in den Tropen 10—15 l Wasser
getrunken werden, und daß amerikanische Schnitter, welche bei heißem
Wetter arbeiteten, 12 l Schweiß verloren. Natürlich ist die Schweißproduktion um so wirksamer, je trockener die warme Luft ist; bei trockener
Luft können daher Temperaturen von 50—60°, für kurze Zeit sogar bis
zu 120° ausgehalten werden. In wasserdampfgesättigter warmer Luft
nützt dagegen alle Schweißproduktion nichts; die Ströme von Schweiß,
welche sich in einem Dampfschwitzbad bei 30—40° ergießen, kühlen nicht;
die feuchte Luft vor einem sommerlichen Gewitter ist unerträglich schwül,
und wird dabei angestrengt marschiert oder sonstwie gearbeitet, so kommt
es zum „Hitzschlag", der Folge der Überhitzung des Körperinnern.

Für die Ausnutzung der Schweißbildung ist von hoher Bedeutung
die *Bekleidung* des Körpers. Das Kleid muß durchlässig für das verdunstende Wasser sein. Ledersachen und namentlich Gummimäntel
annullieren darum den ganzen Sinn des Schwitzens und sind bei warmem
Wetter eine Qual. Poröse Stoffe können dagegen die Verdunstung begünstigen. wenn sie hygroskopisch sind. Sind sie zugleich auch dünn,
wie man sie im Sommer wählt, so kühlt die Verdunstung die Haut; sind

sie dick, wie im Winter, so verdunstet der etwa durch körperliche Arbeit gebildete und von den hygroskopischen Kleidern aufgesogene Schweiß an der Kleideroberfläche, und die Haut wird von da aus nur sekundär leicht gekühlt. Ungünstig ist bei Wärmeüberschuß im Innern auch ein starkes Fettpolster; denn der Fettleibige, welcher durch Leitung viel weniger Wärme abgeben kann als der Magere, muß um so mehr durch Schwitzen für die Entwärmung seines Körpers sorgen. Zuntz beobachtete, daß bei gleicher Kleidung und auf dem gleichen Marsch ein Fettleibiger 2575, ein Magerer 953 g Schweiß verlor.

Durch Verdunstung wirkt auch die *Atmung* kühlend. Das wird besonders deutlich, wenn bei Gefahr der Überhitzung des Körperinnern die sogenannte „*Wärmetachypnoe*" einsetzt. Sie ist besonders auffallend beim Hund, welcher fast keine Schweißdrüsen besitzt; bei Hitze steigt bei ihm die Atmung langsam auf etwa 80 Züge pro Minute, dann schlägt sie plötzlich in das sogenannte „Hacheln" um, d. h. die Frequenz schnellt auf 130—600 in die Höhe, wobei der Hund zugleich die lange feuchte Zunge aus dem Maul heraushängen läßt, so daß er, statt wie sonst bei Ruhe 2 l Luft pro Minute, nun 50—75 l befördert und dabei durch Verdunstung von der Lungenoberfläche und der reichlich bespeichelten Zunge pro Stunde bis 200 g Wasser verliert (Zuntz). Hindert man den Hund am Hacheln durch Vorlegen eines Maulkorbs, so gerät er in die Gefahr, an Überhitzung zugrunde zu gehen. Auch beim Menschen ist die thermische Tachypnoe zu beobachten.

Stellen wir der physikalischen nun **die chemische Wärmeregulation** gegenüber! Für den Warmblüter ist seit langem bekannt, daß er den Wärmeentzug durch eine kühle Umgebung mit einer Steigerung der Wärmeproduktion beantwortet, während die Wärmezufuhr aus warmer Umgebung eine Herabsetzung der Produktion herbeiführt. Die Tabelle S. 290 enthält ein Beispiel für den Hund. Die regulative Produktionssteigerung beruht, wie bereits (S. 285) gesagt wurde, in erster Linie auf der *Tätigkeit der Muskeln*. Bei einer niederen Umgebungstemperatur reagiert der Mensch, angeregt durch das Gefühl der Kälte, mit Herumlaufen, mit Schlagen und Reiben der Hände, und wenn er keine gröberen Bewegungen ausführen kann, wenigstens mit Zittern und mit einer „Gänsehaut", d. h. mit Kontraktion der Hautmuskeln, dem letzten Überbleibsel der Fähigkeit, sich gegen einen akuten Wärmeentzug durch Sträuben der Haare zu schützen. Aber auch wenn jede sichtliche Bewegung mangelt, steigt bei Abkühlung die am respiratorischen Gaswechsel gemessene Wärmeproduktion (Pflüger). Daß auch dafür noch die Muskeln verantwortlich zu machen sind, wird durch Versuche an Tieren bewiesen, bei denen die Muskeln durch Vergiftung mit Kurare gelähmt wurden (s. Kap. 21), so daß sie der Willkür völlig entzogen sind, und bei denen dennoch der Gaswechsel bei Abkühlung zunahm (Freund). Dies wird so erklärt, daß es bei den Muskeln außer der Willkürinnervation noch eine zweite Innervation vom vegetativen Nervensytem aus gibt, die die Muskelspannung und damit den chemischen Umsatz steigern kann (s. Kap. 20). Mansfeld begründete diese Anschauung damit, daß, wenn man beim kurarisierten Hund die motorischen Nerven der Hinterbeine durchtrennt, der Gaswechsel um 10—15 % sinkt, daß dies aber nicht eintritt, wenn zuvor der Grenzstrang des Sympathikus entfernt wurde; er schließt daraus, daß vom Sympathikus aus auf dem Weg der motorischen Nerven ein „chemischer Tonus" in den Muskeln unterhalten wird. Freund und Janssen schalteten die Willkürbewegung bei Katzen durch Durchschneidung des Brustmarks aus (s. dazu S. 294) und untersuchten dann den Gaswechsel in den Muskeln der hinteren Extremitäten durch Analysen des arteriellen und venösen Blutes; sie fanden so, daß, je nachdem bei Konstanthaltung der Temperatur der zu prüfenden Muskeln das übrige Tier abgekühlt oder erwärmt wurde, der O_2-Konsum in den Muskeln stieg oder sank, auch noch nach Durchschneidung der motorischen Nerven, dagegen nicht mehr, wenn die sympathischen Nerven durchschnitten waren, welche in der Adventitia der die Muskeln versorgenden Arterien verlaufen.

Aber auch in der *Leber*, diesem größten Stoffwechselorgan, in dem, wie früher (S. 283) angegeben, die Körpertemperatur am höchsten ist, wird anscheinend mit Hilfe der sympathischen Nerven der Stoffwechsel zugunsten der Temperaturkonstanz gesteigert und herabgesetzt; Durchschneidung des Vagus nach vorausgegangener Durchtrennung des Brustmarks ebenso wie Zerstörung des Plexus hepaticus setzt nach FREUND und PLAUT einen Teil der Wärmeregulationsfähigkeit außer Funktion.

Die Wärmeproduktion steigt aber nicht bloß bei Abkühlung, sondern zweckwidrigerweise — freilich nicht stark — auch dann, wenn die Außentemperatur des ruhenden Menschen 15° erheblich überschreitet. Dies beruht großenteils darauf, daß das Ingangsetzen der verschiedenen Mechanismen, welche die Wärmeabgabe steigern, selber mit Wärmebildung verknüpft ist; so verursacht die Schweißdrüsentätigkeit und die verstärkte Tätigkeit der Atemmuskeln einen vermehrten Sauerstoffverbrauch. Dazu kann noch hinzukommen, daß trotz der regulativen Maßnahmen die Körpertemperatur, wenigstens die Temperatur oberflächlich gelegener Muskeln über die Norm hinaus steigt und nun nach dem gewöhnlichen Gesetz der Abhängigkeit der chemischen Reaktionsgeschwindigkeit von der Temperatur (s. S. 284) der Stoffwechsel in die Höhe geht.

Ob übrigens eine Abkühlung der Haut mehr mit einer Vermehrung der Wärmeproduktion oder mit einer Verminderung der Wärmeabgabe beantwortet wird, das ist individuell recht verschieden. Wer sich entwöhnt hat, viel körperliche Arbeit zu leisten, der bekommt auf den Kältereiz hin eine blasse oder sogar bläuliche (zyanotische) Haut (s. S. 287), und von der fröstelnden Haut aus werden reflektorisch die schwachen Kontraktionen des Zitterns und die Gänsehautbildung ausgelöst; trotzdem sinkt die Körpertemperatur. Wer dagegen seinen Muskelapparat viel benutzt, der reagiert — auch unbewußt — auf den Kältereiz mit kräftigen Muskelbewegungen und behält dabei seine rote wohl durchblutete Haut.

Weniger wichtig für die Wärmeregulation auf chemischem Weg ist die *Nahrungsaufnahme*. Doch ist zu konstatieren, daß unwillkürlich in kühlem Klima oder in der kalten Jahreszeit mehr verzehrt wird als in der Wärme.

Haben die bisherigen Erörterungen nun schon ergeben, daß die thermoregulatorischen Vorrichtungen physikalischer und chemischer Art zumeist durch Nervenimpulse in Gang versetzt werden, so erhebt sich jetzt weiter die Frage, wie das **Zentralnervensystem** dabei beteiligt ist.

RUBNER hat an einem ruhenden und hungernden Hund nebenstehende Beobachtungen gemacht.

Danach *treten die verschiedenen thermoregulatorischen Vorrichtungen nicht gleichzeitig ins Spiel, sondern werden nach bestimmten Regeln eine nach*

Luft-temperatur	Wärme-produktion (a)	Wasser-Abgabe durch Verdunstung (b)		Wärmeabgabe durch Leitung und Strahlung (a−b)
°	Kal.	g	Kal.	Kal.
7,6	83,6	19,3	= 11,8	71,7
15	63,0	23,0	= 14,0	49,0
20	**53,5**	26,6	= 16,2	**37,3**
25	54,2	27,7	= **16,9**	**37,3**
30	56,2	42,9	= **26,2**	30,0

der anderen zur Wirkung gebracht. Die Tabelle lehrt nämlich, daß für den Hund unter den angegebenen Bedingungen die Lufttemperatur von 20° ein Optimum repräsentiert insofern, als der Hund bei dieser Tempe-

ratur weder seine chemischen noch seine physikalischen Thermoregulatoren
in Gang zu setzen braucht, um seine Innentemperatur festzuhalten. Denn
wie die zweite Zahlenkolonne zeigt, produziert der Hund bei 20° ein
Minimum an Kalorien. Unterhalb 20° steigt seine Produktion, vielleicht
unter Erhöhung des Muskeltonus, stark an; oberhalb 20° hält er seine
Produktion fast konstant, muß nun aber die physikalischen Regulatoren spielen lassen, um trotz der Senkung des Temperaturgefälles die
bisherige Innentemperatur festzuhalten. Zu diesem Zweck vermehrt er
zunächst in dem Lufttemperatur-Intervall von 20—25° die Wärmeabgabe
durch Leitung und Strahlung; denn das bedeutet es offenbar, daß zwischen
20° und 25° die in der letzten Zahlenkolonne verzeichnete Wärmeabgabe
nicht weiter sinkt, sondern konstant bleibt; in diesem Intervall kommt
es offenbar zur Gefäßerweiterung in der Haut, so daß trotz des äußeren
Temperaturanstiegs um 5° die Ableitung und Abstrahlung der Wärme
nicht sinkt. Oberhalb 25° hilft sich der Körper schließlich durch Verdunstung; die Wasserabgabe steigt mit einem Mal sprunghaft an (s. die
3. Zahlenkolonne), die Wärmetachypnoe hat bei dem Hund eingesetzt.

Diese ganze Art und Weise des Reagierens läßt es kaum zweifelhaft
erscheinen, daß *der thermoregulatorische Apparat dem Zentralnervensystem
unterstellt ist*, ja noch mehr, daß es in diesem wohl einen bestimmten Bezirk
geben wird, von welchem die geeigneten Direktiven für ein geordnetes
Zusammenspiel der verschiedenen Faktoren erteilt werden.

Wenn wir daraufhin die einzelnen Apparate prüfen und mit den *physikalischen Regulationsmitteln* beginnen, so ist von vornherein einzuräumen,
daß die Gefäßreaktionen zum Teil rein lokal bedingt sind, also unabhängig
vom Zentralnervensystem zustande kommen. Man kann nicht nur durch
Wärme, sondern auch mechanisch, etwa durch Reiben, oder chemisch,
etwa durch ein Senfpflaster, eine Hautrötung erzeugen. Auch in den ent-
nervten Extremitäten und in ausgeschnittenen überlebenden Organen kommt
es noch zur Vasodilatation, wenn man die Teile erwärmt. Die für die Erhaltung der Körpertemperatur wesentlichen Reaktionen erfolgen aber auf andere
Weise, nämlich erstens *reflektorisch*. Erwärmt oder kühlt man z. B. einen
Arm oder nur die Hand, so kommt es nicht nur auf der Gleichseite, sondern
auch auf der Gegenseite zu einer plethysmographisch meßbaren Gefäßerweiterung oder -verengerung. Ein anderes bekanntes Beispiel einer Fernwirkung ist die bereits (S. 286) erwähnte Reaktion des Kaninchenohres, dessen
Gefäße sich weiten, wenn man ein Bein erwärmt. Die Reflexwirkung ist
auch evident, wenn man die Trigeminusendigungen in der Zunge chemisch
durch Pfeffer reizt und darauf eine mit Schweißausbruch einhergehende
Rötung des Kopfes erhält. Auch die bekannte stärkere Hautdurchblutung,
die nach Genuß selbst kleiner Mengen eines heißen Getränkes zustande
kommt, ist nicht darauf zu beziehen, daß das Getränk das Blut erwärmt
und so die Wärme überallhin trägt, sondern auf einen Reflex, der von den
temperaturempfindlichen Magennerven aus ausgelöst wird. Auf das
Zentralnervensystem verweist ferner die Beobachtung von Durig, daß
Hunde, die man täglich 10 Minuten lang in Wasser von 10° badet, anfangs
einen Temperaturverlust erleiden, dann aber, wenn sie gesund und kräftig
sind, allmählich die Unterkühlung ihres Körpers überwinden lernen, also
„sich abhärten", offenbar indem die Muskeln der Hautgefäße stärker und
andauernder kontrahiert werden.

Das Blut wird demnach im Körper hin- und hergeschoben, je nachdem die Haut der Erwärmung oder der Abkühlung bedarf. Das ge-

schieht aber nicht so, daß alle Körperteile gleichmäßig daran beteiligt sind, Blut herzugeben oder aufzunehmen, denn erstens muß den einzelnen Organen die für ihre Funktion notwendige Temperatur und zweitens der für die jeweils ausreichende Durchblutung erforderliche Blutdruck garantiert werden. Mit der Thermostromuhr (S. 162) stellte REIN z. B. fest, daß, wenn man einem in kühler Umgebung gehaltenen Hund einen Aderlaß macht, der arterielle Blutdruck wesentlich dadurch aufrechterhalten wird, daß die Extremitätengefäße gedrosselt werden, während das Splanchnikusgebiet — offenbar zum Wärmeschutz der inneren Organe — gut durchblutet bleibt. Demgegenüber bewirkt bei einem in einem Wärmekasten gehaltenen Tier der gleiche Aderlaß Kontraktion der Eingeweidegefäße, während sich an der Durchblutung der an der Peripherie gelegenen Gefäße, die der Wärmeabgabe dienen, wenig ändert. Ferner zeigt sich so, daß weder die Gefäße des Gehirns noch die der Niere sich für gewöhnlich an der wärmeregulatorischen Blutverschiebung beteiligen.

Das Zentralnervensystem wird auch noch auf einem anderen als dem Reflexwege zur Ausübung seiner Regelung der Gefäßweite angeregt. So stellte KAHN fest, daß, wenn man um die freigelegte Karotis eine Manschette herumlegt, durch die man warmes Wasser fließen läßt, alsbald die Hautgefäße weit werden, obwohl durch diese lokale Überhitzung des Kopfes nachweislich die Temperatur im übrigen Körper nicht ansteigt. Immerhin ist nicht ohne weiteres gesagt, daß die Temperatur des zirkulierenden Blutes nicht auch unmittelbar auf die Organe wirkt; so ist gezeigt worden, daß, wenn man das Bein eines Kaninchens kräftig erwärmt, die Ohrgefäße auch dann weit werden können, wenn man entweder die Hautnerven oder das Rückenmark oder die Nerven des Ohres zuvor durchtrennt hat.

Was nun soeben für die Gefäße gesagt wurde, das gilt ungefähr in gleicher Art für die Abhängigkeit der Schweißabsonderung und der Tachypnoe vom Zentralnervensystem. Lokale Reizung kann lokal die Haut zum Schwitzen bringen, Reizung der Zunge mit Pfeffer, der Magenschleimhaut durch ein heißes Getränk verursacht Schweißausbruch, Erwärmung des Karotisblutes verursacht ebenfalls Schwitzen und dazu Tachypnoe. Die Wirkung der Blutwärme auf das Zentralnervensystem wird sehr schön auch durch folgenden Versuch von L. HILL demonstriert: In Luft von 38^0 kommt es zu Schweißausbruch auf der Stirn; hält man dann die Hände in kaltes Wasser, so hört das Schwitzen auf; dagegen bleibt es bestehen, wenn man vor dem Abkühlen der Hände eine Stauungsbinde um den Arm legt, so daß das Abfließen von gekühltem Blut aus dem Arm verhindert wird; eine Änderung der Rektaltemperatur läßt sich während des Versuchs nicht feststellen. Im übrigen werden wir auf die Physiologie der Schweißbildung später (Kap. 18) noch einmal zurückzukommen haben.

Fragt man nun nach der mutmaßlichen Schaltungszentrale, so wird man sie in jedem Fall in oder oberhalb der Medulla oblongata zu suchen haben; denn bei der Wärmeregulation handelt es sich ja um die Betätigung des Gefäßzentrums, des Zentrums für die Atmung, des Zentrums für die Schweißabsonderung, um die Innervation der gesamten Muskulatur, also um lauter Impulse, welche mindestens oberhalb des Halsmarkes ihren Ausgang nehmen (s. S. 166 und S. 120, ferner S. 315). Die Erregung dieser Orte kann dann nach dem Gesagten entweder von der Haut aus auf dem Wege zentripetaler Nerven, also reflektorisch erfolgen oder auf dem

Blutweg, indem, je nachdem, zu warmes oder zu kaltes Blut den Zentra
zufließt.

Die **Lokalisation des Wärmeregulationszentrums** ist, wie immer
(s. Kap. 22—24), so auch hier teils durch Reizungs- und teils durch Durchschneidungsversuche ausgeführt worden. Sticht man beim Kaninchen
seitlich von der Mittellinie des Schädels dicht hinter der Frontalnaht
durch ein Trepanloch hindurch ins Gehirn so tief, daß der Stich die Stammganglien erreicht, so steigt gewöhnlich alsbald die Körpertemperatur um
mehrere Grade, um nach 1—2 Tagen wieder zur Norm zurückzukehren
(SACHS, ARONSOHN). Dieses „*Stichfieber*" ist als eine Reizerscheinung aufzufassen; denn läßt man das stechende Instrument liegen, bis das Fieber
wieder abgeklungen ist, und benutzt es dann als Elektrode, so kann man
durch elektrische Reizung erneut die Temperatur zum Steigen bringen.
Eine Folge mechanischer Reizung des „Zentrums" ist wohl auch das
Fieber, das man bei Hirngeschwülsten oder bei Thalamusblutungen beobachtet. Der physiologische Erregungsmodus ist natürlich nicht mechanischer Natur; macht man den „*Wärmestich*" mit einer Doppelkanüle,
durch welche kaltes oder warmes Wasser geleitet werden kann, so bewirkt
Kühlung des Zentrums, daß genau die gleichen Reaktionen eintreten,
wie wenn eine äußerliche Abkühlung zustande käme: die Hautgefäße
verengern sich, die Ohren werden an den Körper angelegt, die Wärmeproduktion steigt, das Tier beginnt zu fiebern; Erwärmung bewirkt das
Gegenteil (HANS HORST MEYER). Hieraus wird man den Schluß ziehen, daß
auch normalerweise durch peripher abgekühltes Blut ein Reiz auf das Zentrum ausgeübt werden kann, welches nur so lange die temperatursteigernden Apparate in Gang setzt, bis es selber wieder die physiologische Temperatur erreicht hat. Überwarmes Blut würde dann nach dieser Auffassung
einen beruhigenden, hemmenden Einfluß auf das „Wärmezentrum"
ausüben.

Zu einer genaueren Eingrenzung des „*Wärmezentrums*" gelangt man
auf folgende Weise: Trennt man Großhirn und Corpus striatum durch
einen Schnitt vor dem Thalamus vom übrigen Zentralnervensystem ab,
so erleidet die Wärmeregulation keine Störung. Durchtrennt man hinter
dem Thalamus, so verliert das Tier seine Eigenwärme; bei einer bestimmten
Außentemperatur behält es zwar eine bestimmte, um einige Grade höhere
Körpertemperatur, aber jedes Steigen oder Sinken der Außentemperatur
wird auch von einer parallelen Änderung der Körpertemperatur begleitet,
und es genügt schon Nahrungsaufnahme, um die Innentemperatur eventuell
um mehrere Grade in die Höhe zu treiben. Das bis dahin homoiotherme
Tier ist also in ein poikilothermes verwandelt worden (ISENSCHMID und
KREHL). *Das Regulationszentrum ist danach auf der Höhe des Thalamus
zu suchen.* Genauere Lokalisationsversuche ergaben erstens, daß man
Hyperthermie erhält, wenn man von der Gehirnbasis aus im Gebiet des
Tuber cinereum in den Boden des 3. Ventrikels einsticht, aber seitlich,
nicht in der Mittellinie, zweitens daß Reizungen der Infundibulargegend
Schweißsekretion, Blutdruckänderung, Änderungen der Gefäßweite, Änderungen der Atemfrequenz, Kontraktion der Mm. arrectores pilorum, Polyurie,
Muskelzittern, Erhöhung der Kalorienabgabe herbeiführen können (KAR
PLUS und KREIDL, ASCHNER u. a.). Wir werden hier also abermals darauf
aufmerksam (s. S. 276), daß am Boden des 3. Ventrikels, *im Hypothalamus,
ein Zentrum vegetativer Innervationen* gelegen ist, die mehr oder weniger an
der Wärmeregulation teilhaben (s. auch Kap. 26).

Über den *Verlauf der Nervenbahnen vom Wärmezentrum zur Peripherie* weiß man bisher folgendes: Nicht nur die Durchtrennung des Hirnstammes hinter dem Thalamus, sondern auch die Durchschneidung des Halsmarks in beliebiger Höhe ruft das poikilotherme Verhalten hervor (PFLÜGER). Anders wenn man über das 8. Zervikalsegment hinausgeht, also unter dem 1.—2. Dorsalsegment das Rückenmark durchschneidet; die Regulierfähigkeit bleibt dann zwar nicht intakt, aber sie wird doch nicht mehr völlig aufgehoben, die chemische Regulation besteht weiter, die physikalische wird dagegen geschädigt (H. FREUND und GRAFE). Während nämlich nach Halsmarkdurchschneidung die Wärmeproduktion bei sinkender Temperatur nicht regulativ wie sonst steigt, sondern im Gegenteil sinkt, findet man nach Brustmarkdurchschneidung erstens, daß die Kalorienproduktion weit über die Norm gesteigert ist in Anpassung an eine Steigerung der Wärmeabgabe, welche von der Störung in der Gefäßregulation herrührt, und zweitens beobachtet man, daß diese Kalorienproduktion noch zunimmt, sobald das Tier abgekühlt wird. Die so operierten Tiere zeichnen sich infolgedessen durch eine außerordentliche Freßlust aus; sie müssen also durch chemische Regulierung ersetzen, was durch physikalische nicht mehr zu leisten ist. Denselben Effekt wie nach Durchschneidung am 8. Zervikalsegment erhält man auch, wenn man die Durchschneidung im Thorakalmark mit der Exstirpation des Ganglion stellatum kombiniert.

Was kann man daraus schließen? Offenbar spielen Sympathikusfasern eine große Rolle, welche von dem Wärmezentrum aus innerviert werden. In der Tat sind ja die wichtigsten thermoregulatorischen Vorgänge, Gefäßtonus, Schweißbildung, vielleicht auch Muskelspannung dem Sympathikus unterstellt. Auch daß man vom Hypothalamus aus durch Reizung Pupillen- und Lidspaltenerweiterung erhält, beweist, daß dieser Gehirnbezirk ein Zentrum für den Sympathikus darstellt (s. Kap. 26). Ferner ist es charakteristisch, daß wie durch den Wärmestich, so auch durch typische Erregungsmittel des Sympathikus, wie durch Tetrahydronaphthylamin, Adrenalin u. a. Fieber erzeugt wird (H. H. MEYER). Diese Mittel wirken zwar auch auf die peripheren Endigungen des Sympathikus erregend (s. Kap. 26), hier kommt es aber auf den Angriff im Zentrum an; denn die Mittel verlieren ihre fiebererzeugende Wirkung, wenn vorher der Thalamus abgetrennt worden ist. Endlich sprechen auch die eben angeführten Rückenmarksdurchschneidungen dafür; denn erst vom 1. Thorakalsegment ab verlaufen Nervenfasern aus dem Rückenmark durch die Rami communicantes albi zum Grenzstrang des Sympathikus; solange also noch den Erregungen vom Wärmezentrum über das Halsmark Bahnen ins sympathische Nervensystem offenstehen, so lange kann wenigstens noch ein Rest von Wärmeregulationsfähigkeit erhalten bleiben.

Am wenigsten geklärt ist bisher der Einfluß des Wärmezentrums auf den Stoffwechsel, insbesondere auf den Stoffwechsel der Bauchorgane (S. 290). Es ist festgestellt, daß beim Stichfieber die Temperatur am frühesten und am stärksten im Bauch ansteigt, speziell in der Leber; in dieser schwindet dann auch das Glykogen, während es in den Muskeln noch nicht angegriffen wird, und im Hungerzustand macht der Wärmestich oft kein Fieber (HIRSCH und ROLLY). Dieser Einfluß ist aber vielleicht zum Teil kein direkter, sondern wird wohl auch durch die Drüsen mit innerer Sekretion übermittelt. So hat GEIGER gezeigt, daß, wenn man nach dem Verfahren von KAHN (S. 292) von den Carotiden aus dem Wärmezentrum überwarmes Blut zuleitet, eine Hypoglykämie zustande kommt, deren Erscheinen aber verhindert wird, wenn man zuvor die Vagi unterhalb des Zwerchfells durchtrennt. Umgekehrt verursacht Kühlung des Wärmezentrums Hyperglykämie, die an die Intaktheit der Splanchnici gebunden ist. Es ließ sich wahrscheinlich machen, daß in dem einen und anderen Fall die Impulse über die Vagi und Splanchnici in den Inselapparat des Pankreas und ins Mark der Nebennieren abgesandt werden; je nachdem wird also Glucose fixiert oder mobilisiert. Daß aber überhaupt die Inkretdrüsen hemmend oder fördernd auf den Stoffwechsel und damit auf die Wärmeproduktion einwirken können, ist früher (Kap. 14) an einer ganzen Anzahl von Beispielen gezeigt worden.

Die Erörterungen über den Energiewechsel, die sich bisher (s. dazu Kap. 12) fast allein auf Arbeit und Wärme erstreckten, sollen nicht abgeschlossen werden, ohne noch ein Wort über die **physiologische Bedeutung der Lichtenergie** für den Menschen zu sagen. Im Gegensatz zur Wärme kommt hier in erster Linie die Aufnahme der Energie in Frage. Aber dabei interessiert uns nicht derjenige große Anteil der Lichtenergie, welcher beim Auftreffen auf die Oberfläche des Körpers in Wärme umgewandelt wird, sondern es sollen nur die *photochemischen Prozesse* behandelt werden, d. h. die Reaktionen, bei welchen entweder das Licht als Katalysator fungiert, oder bei denen Lichtenergie direkt in chemische Energie umgewandelt wird. Solche photochemische Reaktionen, die in den Ablauf der Lebensvorgänge eingreifen können, gibt es in sehr großer Zahl; viele organische Verbindungen und viele Enzyme sind lichtempfindlich. Damit ist zugleich erklärt, warum das Licht auf die verschiedensten Zellen der Tier- und Pflanzenwelt reizend, schädigend oder tödlich wirkt. Beim Menschen und beim höheren Tier kommt als primäre Lichtwirkung allein die *Wirkung auf die Haut* in Frage.

Wir wollen mit einem eklatanten Fall beginnen: es gibt gewisse Farbstoffe, welche die Haut ganz ähnlich wie eine photographische Platte gegen Licht zu sensibilisieren vermögen, z. B. Eosin oder Erythrosin. v. Tappeiner hat gefunden, daß, wenn man zu einer Aufschwemmung von Bakterien, Infusorien, roten Blutkörperchen u. a. die *„photodynamischen“ Farbstoffe* (welche sämtlich auch die Eigenschaft haben, zu fluoreszieren) hinzusetzt, sie so lange unschädlich sind, als die Zellsuspensionen im Dunkeln gehalten werden, daß aber, wenn man sie dem Licht exponiert, die Bakterien und Infusorien zugrunde gehen und die Blutkörperchen hämolysieren. Spritzt man einem Tier mit weißem Pelz solche Farbstoffe unter die Haut, so entsteht bei der Belichtung eine Entzündung der Haut und der Konjunktiven, die Tiere kratzen sich heftig, die Augenlider verkleben, und oft werden die Tiere von einer steigenden Mattigkeit befallen, bekommen Atemnot und gehen unter Krämpfen zugrunde; Tiere mit dunklem Pelz bleiben dagegen von der Lichtwirkung verschont (Hausmann). In intensivem Licht können die Erscheinungen so akut verlaufen, daß in wenigen Minuten der „Lichttod“ eintritt, während gleich behandelte Tiere im Dunkeln vollkommen gesund bleiben.

Diese merkwürdige Erscheinung erhält nun eine allgemein-biologische Bedeutung dadurch, daß photodynamische Farbstoffe auch unter den Stoffwechselprodukten vorkommen. Hausmann hat festgestellt, daß man Tiere von heller Hautfarbe mit *Hämatoporphyrin* (s. S. 96) stark sensibilisieren kann; photodynamisch wirksame Porphyrine zirkulieren aber sowohl in pathologischen Fällen, z. B. nach Sulfonal- oder nach Bleivergiftung, im Blut und machen die Haut deutlich lichtempfindlich, wie

auch normalerweise Spuren davon vorkommen, so daß man wohl nicht zu
weit geht, wenn man die Vermutung ausspricht, daß dank der Anwesenheit
von Hämatoporphyrin-ähnlichen Stoffen das Licht einen gewissen Hautreiz ausübt, welcher neben vielem anderem wohl auch die physiologische
Basis dessen ist, was man als erregende und die Stimmung hebende Wirkung
hellen Wetters empfindet. Die aktive Strahlung liegt um 500—600 mμ
also im Grün bis Orange.

Gelegentlich kommt beim Menschen auch eine besondere Belichtungserkrankung
der Haut vor, die *Hydroa aestiva*, bei welcher als Begleiterscheinung häufig die Ausscheidung großer Mengen von Porphyrinen, wie *Uroporphyrin* und *Koproporphyrin*,
im Harn festgestellt worden ist.

Verwandt mit dieser zuletzt genannten Erkrankung ist der *Fagopyrismus*, eine
quälende Hautentzündung, die das Vieh nach Fütterung mit Buchweizen (Fagopyrum)
befällt. Wenn die Tiere lange gesund im Stall gestanden oder auch bei trübem Wetter
draußen geweidet haben, dann werden sie mit einem Male im Sonnenschein krank;
betroffen werden aber nur die Tiere mit hellem Fell oder bei gefleckten Tieren werden
allein die hellen Stellen befallen. Manche Viehzüchter halten deshalb nur schwarze
Tiere. Selbst 3—4 Wochen nach der letzten Buchweizenfütterung kann der Fagopyrismus noch ausbrechen. Hier handelt es sich um einen alkohollöslichen, dem
Chlorophyll verwandten Farbstoff, welcher in den Samen enthalten ist und photodynamische Wirkung besitzt. Ähnlich dem Fagopyrismus ist die *Kleekrankheit* der
Pferde, welche auch nur helle Hautstellen befällt.

Aber auch ganz unabhängig von der Gegenwart besonderer photo-
dynamischer Farbstoffe entfaltet das Licht in der Haut Reizwirkungen.
Jeder kennt den „Sonnenbrand", d. h. die Rötung der Haut, das „Sonnen-
erythem", das nach intensiver Besonnung mit einer charakteristischen
mehrstündigen Latenz auftritt, und die sich daran anschließende Pigment-
wanderung, welche gegen erneute starke Lichtreize Schutz gewährt. Die
Intensität dieses Einflusses ist abhängig von der Wellenlänge (FINSEN);
eine intensive Lichtwirkung beginnt erst bei Bestrahlung mit kurzwelligem
Ultraviolett. Nach HAUSSER wirken die Wellenlängen 300 und 254 mμ am
stärksten, dazwischen liegt ein Gebiet um 280 mμ, das fast keine Erythem-
wirkung hat. Dies hängt wohl damit zusammen, daß Serum und Lipoide
die Strahlen von 280 mμ maximal, die Strahlen von 300 und 254 mμ viel
weniger absorbieren. Infolgedessen werden die mittleren Wellenlängen
schon in den alleroberflächlichsten Hautschichten absorbiert und können
nicht bis in das Gebiet der Erythemreaktion vordringen. Ultraviolett-
strahlen werden bekanntlich überhaupt sehr leicht absorbiert; schon die
Atmosphäre läßt nur einen kleinen Teil durch. So versteht man, daß sich
die Ultraviolettwirkung besonders in größeren Gebirgshöhen äußert und
den „Gletscherbrand" provoziert.

Nicht bloß die Erfahrungen mit den photodynamischen Farbstoffen,
sondern auch die Begleiterscheinungen eines intensiven Sonnenbrands in
Form einer oft mit Fieber einhergehenden Allgemeinerkrankung beweisen
nun aber, daß über den bestrahlten Hautbezirk hinaus das Licht Wirkungen
in die Ferne erzeugt. Auch sonst sind Fernwirkungen des Lichts bekannt;
so hat HASSELBALCH gezeigt, daß intensives, an ultravioletten Strahlen
reiches Licht die Atmung vertieft und verlangsamt und zwar derart, daß
eine einzige Bestrahlung noch monatelang auf die Atmung fortwirken
kann. Oft beobachtet ist ferner eine lang anhaltende Blutdrucksenkung nach
Bestrahlung. Eine merkwürdige Fernwirkung des Lichts hat schon vor langer
Zeit ENGELMANN beobachtet; besonnt man bei Fröschen allein die hinteren
Extremitäten, während die vorderen Extremitäten und der Kopf gegen
Licht völlig abgedeckt sind, so kommen in der Netzhaut die gleichen

Bewegungen von Zapfen und Pigment zustande wie bei Belichtung der Augen (s. Kap. 29).

Diese Fernwirkungen deuten mindestens zum Teil darauf hin, daß das Licht Substanzen erzeugt, welche mit dem Blutstrom im ganzen Körper verbreitet werden. In der Tat hat WELS festgestellt, daß ultraviolett bestrahltes Rinderserum die Blutgefäße des Frosches erweitert und dem Adrenalin entgegenwirkt. ELLINGER hat gefunden, daß bei Bestrahlung aus Histidin unter Dekarboxylierung eine histaminähnliche Substanz mit starker kapillarerweiternder Wirkung entsteht (s. S. 170 u. 172). Zweifellos beruht auch die erfolgreiche Behandlung der Rachitis mit Sonnenlicht oder mit der „künstlichen Höhensonne" darauf, daß das dabei in Vitamin D umgewandelte Ergosterin, dies den Stoffwechsel und das Wachstum so mächtig anregende Agens (s. S. 213), aus der Haut ins Körperinnere weitertransportiert wird.

16. Kapitel.

Lymphe und Lymphbildung.

Die Bedeutung und Zusammensetzung der Lymphe 298. Bedingungen der Lymphbildung 299. Die Lymphdrüsen 301.

Die zahlreichen Abbauprodukte, deren Bildung im Stoffwechsel wir
kennengelernt haben, werden von den Zellen nach außen abgegeben und
würden sich in ihrer Umgebung anhäufen, wenn nicht ein Strom von
Flüssigkeit die Organe durchspülte; diese Flüssigkeit wird als *Gewebsflüssigkeit* oder auch als **Lymphe** bezeichnet. Sie stammt ursprünglich
aus dem Blut, und da lange nicht alle Zellen in unmittelbarer Nachbarschaft von Blutgefäßen liegen, so dient die Gewebsflüssigkeit auch dazu,
den Zellen die nötige mit dem Blutstrom herangeschaffte Nahrung zuzuführen. Die „Drainage" der Gewebe durch die Lymphe erfüllt also *zweierlei
Zwecke, die Lieferung von Material für die Assimilation und die Entfernung
von Dissimilationsprodukten.* Die Zufuhr aus dem Blut erfolgt durch Austritt von Plasmabestandteilen durch die Gefäßwand hindurch in die Inter-
stitien, die Abfuhr geschieht dadurch, daß sich die Gewebsflüssigkeit in
kapillaren Lymphgefäßen sammelt, welche sich zu größeren Lymphstämmen
vereinen; diese sammeln sich schließlich im Ductus thoracicus, welcher
seinen Inhalt in die Vena subclavia sinistra ergießt.

Durch ihren Ursprung ist es verständlich, daß die *Zusammensetzung
der Lymphe* qualitativ derjenigen des Blutplasmas gleicht. Man findet in
ihr gelöst Serumalbumin, Serumglobulin, Fibrinogen, die Blutsalze, kleine
Mengen Fett, Cholesterin, Lezithin und zahlreiche Stoffwechselprodukte.
Jedoch ist zum Unterschied vom Blut die Zusammensetzung höchst inkon-
stant; sie wechselt von Organ zu Organ und schwankt mit der Intensität
des Stoffwechsels hin und her. Statt des Eiweißgehaltes des Blutplasmas
von ungefähr 16 % findet man nur 0,3—5 % in der Lymphe; besonders
dadurch macht die Lymphflüssigkeit den Eindruck eines verdünnten
Plasmas. Wie das Blutplasma, so gerinnt auch die Lymphe spontan; infolge
der Geringfügigkeit der Fibrinogenmengen ist das Gerinnsel aber locker,
schwammig oder gallertig. Besonders auffällig ist der Wechsel im Fettgehalt; nach einer fettreichen Mahlzeit wird die Lymphe des Ductus
thoracicus, besonders aber die Darmlymphe milchig-weiß durch das darin
enthaltene emulgierte Fett; die Darmlymphe führt deshalb den Namen des
Milchsafts oder *Chylus* (s. S. 71).

Auch *zellige Elemente* enthält die Lymphe wie das Blut, nämlich
Lymphozyten (s. S. 87), in außerordentlich wechselnden Mengen, wenig
zahlreich in der eigentlichen Gewebsflüssigkeit, reichlicher in den Lymphgefäßen, und da die Lymphozyten von den Lymphdrüsen produziert werden, findet man sie reichlicher in den Lymphgefäßen, welche aus den Lymph-

drüsen austreten, als in den zuführenden. Vereinzelt kommen auch *rote Blutkörperchen* in der Lymphe vor.

Die *Lymphmenge*, welche beim Menschen täglich durch den Ductus thoracicus ins Venenblut ergossen wird, ist unbekannt. Bei einem 10 kg schweren Hunde hat HEIDENHAIN 640 ccm gemessen, also etwa $^1/_{15}$ des Körpergewichts. Über die Größe der Lymphströmung in den Organen besagen derartige Zahlen aber nichts, da vielleicht ein erheblicher Teil der Lymphe in die Venen zurückresorbiert wird (s. unten). BARCROFT und KATO fanden, daß die Lymphmenge, die ein arbeitender Muskel vom Hund produziert, in weniger als 1 Stunde dem Volumen des Muskels gleichkommt. v. BRÜCKE berechnete, daß selbst beim Frosch mit seinem langsamen Stoffwechsel die Blutflüssigkeit wenigstens 50mal pro Tag den Lymphweg passiert.

Über die Bedingungen für die **Bildung der Lymphe** bestehen noch zahlreiche Unklarheiten. Da die Lymphe vom Blutplasma abstammt, so wird man in erster Linie in Erwägung ziehen, daß sie unter der Wirkung des Blutdrucks durch *Filtration* entsteht (LUDWIG). Man kann mancherlei Beobachtungen dafür anführen, so z. B., daß, wenn man einem Tier eine größere Menge Blut von einem anderen durch Transfusion einverleibt und so den Blutdruck steigert, sich das Gefäßsystem eines großen Teils des Überschusses dadurch entledigt, daß es Plasma ins Gewebe austreten läßt, während die Körperchen zurückbleiben, also an Zahl pro Volumeinheit zunehmen; ferner wirkt venöse Stauung und dadurch Erhöhung des Filtrationsdrucks in den Kapillaren vielfach lymphtreibend, besonders bei Stauung in Darm und Leber. Aber unter anderen ähnlichen Umständen bleibt der zu erwartende Übertritt aus; z. B. ändert sich die Zahl der Blutkörperchen nicht, wenn man in der vorderen Körperhälfte eines Tiers durch Kompression seiner Aorta oder wenn man durch Splanchnikusreizung oder durch elektrische Reizung der durchschnittenen Medulla oblongata den arteriellen Blutdruck in die Höhe treibt. Es ist deshalb fraglich, ob die in den erstgenannten Versuchen beobachtete Vermehrung der Gewebslymphe nicht auf andere Umstände zurückgeführt werden muß.

Ein zweites Moment, das zu berücksichtigen ist, ist der Austausch zwischen Blut und Geweben durch *Osmose* und *Diffusion*. Als einen Diffusionsaustausch haben wir früher (S. 110) den Gaswechsel der Organe, die sogenannte „innere Atmung" aufgefaßt. Auch wandern Sulfat- oder Jodidionen entlang ihrem Konzentrationsgefälle, je nachdem man Lösungen davon ins Blut oder in die Gewebe injiziert, und spritzt man Kochsalzlösungen unter die Konjunktiva des Auges, so findet man, daß hypotonische Lösungen durch vorherrschende Wasserresorption, hypertonische Lösungen durch vorwiegende Salzresorption der Isotonie zustreben (WESSELY).

Von besonderer Bedeutung ist der osmotische Druck des Eiweißes, für das im Gegensatz zu den kristalloiden Stoffen die Blutgefäßwände ganz oder großenteils undurchlässig sind. Infolgedessen kann der Kapillardruck allenfalls so lange Flüssigkeit ins Gewebe treiben, als er die Differenz der „*kolloidosmotischen Drucke*" des im Plasma und des in der Gewebslymphe enthaltenen Eiweißes überwindet, und umgekehrt wird aus den Geweben Flüssigkeit ins Blut übertreten, sobald der Blutdruck geringer wird als die kolloidosmotische Druckdifferenz. Nach LANDIS beträgt der mittlere Arteriolendruck für die Hautkapillaren des Menschen (S. 161) 43 cm Wasser, der Druck in den zugehörigen Venulae 16 cm, der kolloidosmotische Druck des Blutes 35—36 cm. Danach muß eine Strömung von Lymphe durch die Organe und damit eine Zufuhr von kristalloidem Nahrungsmaterial und ein Abfluß von Zersetzungsprodukten zustande kommen, um so mehr, da die Eiweißkonzentration des Plasmas nach den Venen zu etwas ansteigt (STARLING, KROGH). Zum Beweis der Wirksamkeit des Eiweißdrucks für die Bildung des Gewebewassers sei hier noch einmal auf die früher (S. 177) zitierten Versuche von BAŸLISS zurück verwiesen, nach denen die Transfusion von reiner Ringerlösung in die Gefäße eines Verblutenden durch ihren allzu raschen Abfluß in die Gewebe oft nutzlos ist, während Zusatz von 7 % Gummi arabicum die Füllung der Gefäße und damit das Schlagvolumen des Herzens auf normaler Höhe erhält.

Ein dritter wichtiger Faktor ist von ASHER als *Arbeit der Organe* bezeichnet worden; nämlich der Lymphabfluß aus einem Organ ist im allgemeinen um so kräftiger, je stärker sich das Organ betätigt. Reizt man z. B. bei einem Hund die Chorda tympani, so sezerniert die Gl. submaxillaris stärker, und zugleich fließt in vermehrtem Maß Lymphe aus den Lymphgefäßen der Drüse. Man könnte meinen, daß dies von der gleichzeitigen Vasodilatation in der Drüse herrührt (s. S. 22); aber wenn man die Drüse mit Atropin vergiftet und dann die Chorda reizt, so steigert sich der Lymphfluß nicht, obwohl die Durchblutung gerade so wie vorher anschwillt (ASHER und BARBÈRA). In ähnlicher Weise kann man den Lympherguß vergrößern, indem man bei der Leber die Gallenbildung durch intravenöse Injektion von taurocholsaurem Natrium oder von Hämoglobin, bei der Pankreasdrüse die Saftabscheidung durch Einspritzung von Sekretin anregt (BAINBRIDGE). Ferner haben schon CLAUDE BERNARD und RANKE beobachtet, daß eine tätige Drüse oder ein tätiger Muskel dem sie durchströmenden Blut Wasser entziehen.

Sucht man diesen Phänomenen eine physikalisch-chemische Deutung zu geben, so wird man daran zu denken haben, daß im allgemeinen beim Stoffwechsel der Organe große Moleküle in zahlreiche kleine zertrümmert werden, und da der osmotische Druck eine Funktion der Molekülzahl ist, so wird *mit der Steigerung des Stoffwechsels eine Steigerung des osmotischen Drucks* Hand in Hand gehen. Von dieser Stoffwechselwirkung kann man sich z. B. überzeugen, wenn man einem Hunde beide Nieren herausnimmt; da die Nieren sonst dafür sorgen, den molekularen Überschuß in Gestalt von Endprodukten des Stoffwechsels aus dem Körper zu entfernen, so steigt jetzt — auch wenn das Tier hungert — der osmotische Druck des Blutes fort und fort an, sein Gefrierpunkt (s. S. 83) sinkt also z. B. von — 0,56° auf — 0,75°. So kann man sich als unmittelbaren Effekt der Organarbeit vorstellen, daß aus dem durchströmenden Blut durch Osmose Wasser angesogen wird.

Dieses Wasserüberschusses entledigen sich sodann die Organe, und dafür können mehrere Faktoren in Rechnung gestellt werden, nämlich erstens der *Turgor der Organe* (LANDERER); indem die arbeitenden Organe sich prall mit Gewebswasser füllen, gerät ihre mit elastischen Elementen durchsetzte Kapsel in Spannung und vermag auf diese Weise Flüssigkeit abzupressen (wenigstens unter der Voraussetzung, daß die Strömungswiderstände periodisch wechseln). Zweitens wird jeder von außen auf die Organe ausgeübte Druck den Lymphabstrom befördern, zumal da in den Lymphgefäßen *Klappen* vorhanden sind, welche ähnlich den Venenklappen (s. S. 177) die Strömung nur in der einen Richtung nach dem Ductus thoracicus hin zulassen. Ferner führen die Lymphgefäße *peristaltische*

Kontraktionen aus (HELLER), welche wiederum zusammen mit den Klappen die Lymphabströmung besorgen. Sodann wird bei jeder Inspirationsbewegung infolge der Zunahme des negativen Druckes im Thorax Lymphe in den Ductus thoracicus angesogen. Endlich gibt es lokale Spezialeinrichtungen für die Beförderung der Lymphe; dazu gehören die *glatten Muskeln*, welche in der Kapsel und in den Trabekeln der Lymphdrüsen enthalten sind und wohl den Inhalt der Drüsen auspressen können; die *Darmzotten* pumpen vermöge ihrer rhythmischen Bewegungen (s. S. 69) die Lymphe der zentralen Chylusgefäße in die größeren Chylusgefäße des Mesenteriums, und manche Tiere sind im Besitz von *Lymphherzen* als eigenen Transportmitteln für die Lymphe (s. S. 136 u. 351); beim Frosch liegen z. B. zwei solcher Herzen zu beiden Seiten des Kreuzbeins und zwei oberhalb der Schulter.

Auf besondere chemische Mittel der Lymphbildung, die sogenannten *Lymphagoga*, hat HEIDENHAIN aufmerksam gemacht; es sind das allerhand Fremdstoffe, wie Extrakte aus Blutegeln, Krebsmuskeln, Muscheln, Erdbeeren und Bakterien, ferner Pepton, Hühnereiweiß, Galle. Die Wirkung dieser Mittel ist noch nicht genügend analysiert.

Die *Geschwindigkeit*, mit welcher die Lymphe sich durch die Lymphgefäße ergießt, ist gering; WEISS stellte am Hauptlymphstamm vom Hals des Pferdes eine Geschwindigkeit von 240—300 mm pro Minute fest, also eine etwa 60mal geringere Geschwindigkeit als in einem größeren Blutgefäß. In den kleinen Lymphgefäßen, aus deren Zusammenmündung die großen hervorgehen, ist die Geschwindigkeit entsprechend noch viel kleiner.

Zu dem Lymphgefäßapparat gehören auch die schon erwähnten **Lymphdrüsen.** Sie sind von Strecke zu Strecke in die Lymphbahnen eingeschaltet und produzieren die Lymphozyten, die sie durch ihre efferenten Lymphgefäße abgeben. Daher sinkt die Leukozytenzahl im Blut, wenn man den Ductus thoracicus unterbindet; andererseits wird das Blut mit Lymphzellen überfüllt, es kommt zu *Leukämie*, wenn eine krankhafte allgemeine Hyperplasie der Lymphdrüsen sich ausbildet. Bekannt ist das Anschwellen der „regionären Lymphdrüsen", wenn lokal eine Infektion, z. B. eine Tonsillitis (Angina) oder ein Abszeß, in einem „hohlen" Zahn zustande kommt. Diese und ähnliche pathologische Prozesse lehren besonders gut die Bedeutung der Lymphdrüsen erkennen. Die von dem Infektionsherd abgegebenen Bakterien und ihre Toxine werden in den Lymphbahnen fortbewegt, sie reizen deren Wandungen, so daß sie sich entzünden, man sieht sie dann als rote Stränge durch die Haut hindurchschimmern. Die eingeschalteten Lymphdrüsen bilden aber ein Hindernis für die weitere Ausbreitung der Infektion über den ganzen Körper, teils indem sie rein mechanisch als Filter die Infektionserreger abfangen, teils indem sie sie und ihre Toxine mit Hilfe der Leukozyten und der Retikulumzellen durch Phagozytose (s. S. 89) unschädlich machen. Auch andere geformte Fremdkörper werden durch die Lymphdrüsen zurückgehalten, z. B. Kohlepartikeln, welche eingeatmet aus den Lungen durch deren Lymphgefäße den Drüsen im Lungenhilus zugeführt werden. Die Lymphdrüsen dienen aber wahrscheinlich auch schon unter normalen Umständen dazu, im Stoffwechsel gebildete giftige Produkte unschädlich zu machen und so den Körper vor einer Autointoxikation zu schützen. Jedenfalls hat ASHER nachgewiesen, daß Lymphe, die durch Massage gewonnen wurde und deshalb nur kurze Zeit in den Lymphdrüsen verweilen konnte, in die Blutbahn injiziert für das eigene Tier giftig ist, da Blutdruck und Puls dadurch geändert werden.

17. Kapitel.

Harn, Harnbildung und Harnentleerung.

Die Zusammensetzung des Harns 302. Die Bildung des Harns 306. Die Harnentleerung 311.

Die Stoffwechselendprodukte, welche, in den Organen entstanden, mit der Lymphe dem Blut zugeführt werden, werden als Schlacken aus dem Körper entfernt. Dies geschieht teils durch die Lungen, welche das Kohlendioxyd eliminieren, teils durch den Dickdarm, dessen Drüsen z. B. Kalk und Eisen zur Ausscheidung bringen; vor allem werden die festen wasserlöslichen Zerfallsprodukte aber durch Nieren und Schweißdrüsen abgegeben. Inwieweit dies für die Nieren der Fall ist, lehrt uns die Chemie des Harns.

Wir haben bereits (s. Kap. 11) erfahren, daß, wenn wir die hauptsächlichsten Endprodukte des Eiweißstoffwechsels herzählen — nämlich Harnstoff, Harnsäure, Kreatinin und Purine —, wir damit zugleich auch die wichtigsten der *organischen Bestandteile des Harns* nennen. Der Harn enthält in der Tat, wenn wir von den anorganischen Salzen absehen, ganz überwiegend Derivate des Eiweiß- bzw. Nukleoproteidumsatzes.

Unter den organischen Bestandteilen spielt die wichtigste Rolle der *Harnstoff*. Er wird täglich im Mittel in einer Menge von 20—30 g ausgeschieden. Die Menge richtet sich nach der Größe der Eiweißzufuhr und Eiweißzersetzung (s. S. 193 u. 223).

Der Harnstoff ist sehr leicht löslich in Wasser, daher kristallisiert er aus dem Harn nur beim Eintrocknen oder Eindampfen aus. Der bekannteste Nachweis ist die *Biuretreaktion*: wenn man trocknen Harnstoff erhitzt, so schmilzt er, gibt Ammoniak ab und geht dabei in Biuret über: NH_2—CO—NH—CO—NH_2; dieses, in verdünnter Natronlauge gelöst und mit etwas Kupfersulfat versetzt, gibt eine violette Färbung (ähnlich wie eine Eiweiß- oder Peptonlösung, deren „Biuretreaktion" (s. S. 28) aber nicht auf der Bildung von Biuret beruht).

Hinter dem Harnstoff bleibt an Menge weit zurück das *Kreatinin* (s. S. 194), im Mittel wird etwa 1 g pro Tag ausgeschieden.

Seine Anwesenheit im Harn verrät sich durch eine charakteristische Farbenreaktion: versetzt man eine Probe Harn mit einer frisch bereiteten Lösung von Nitroprussidnatrium und einigen Tropfen Natronlauge, so erscheint eine rubinrote Farbe, die rasch zu Gelb abblaßt und bei Essigsäurezusatz ins Grünliche übergeht (WEYLsche Reaktion) (s. dazu auch die LEGALsche Reaktion S. 185).

Auch *die Harnsäure* (s. S. 204) ist nur in relativ kleinen Quantitäten vorhanden, zu etwa 0,7 g pro Tag. Sie wird in Form ihrer Salze, der *Urate* abgesondert. Da diese schwer löslich sind, so fallen sie leicht aus, besonders aus konzentriertem Harn und besonders bei Abkühlung. Das sich bildende Sediment besteht hauptsächlich aus *Mononatriumurat*, es ist durch Mitreißen von Harnfarbstoff gelblich bis gelbrot gefärbt; die letztere Farbe hat ihm den Namen Ziegelmehlsediment (*Sedimentum lateritium*) eingetragen. Ein nur durch die Urate getrübter Harn wird wieder klar, sobald man ihn erwärmt, ist also nicht Symptom einer Krankheit. Die freie Harnsäure ist noch schwerer löslich als die Urate; säuert man daher den Harn mit etwas Mineralsäure an, so kristallisiert die Harnsäure fast quantitativ in eigentümlichen durch den Harnfarbstoff rötlich gefärbten Kristallen aus (s. Abb. 102).

Die Kristalle sind durch die sogenannte *Murexidprobe* (Murex = Purpurschnecke) als Harnsäure zu identifizieren: dampft man ein wenig Harnsäure mit etwas Salpetersäure ein, so entsteht ein gelbroter Stoff, welcher mit etwas Ammoniak versetzt purpurrot, mit etwas Natronlauge blauviolett wird. Die Reaktion spielt sich in der Weise ab, daß die Harnsäure durch Oxydation mit der Salpetersäure in *Alloxanthin* übergeführt wird, welches mit Ammoniak *Purpursäure* bzw. purpursaures Ammon bildet:

$$
\begin{array}{ccc}
\text{NH—CO} & \text{CO—NH} \\
| \quad | \;\diagdown\!\text{OH OH}\!\diagup\; | \quad | \\
\text{CO} \quad \text{C}\!\!-\!\!-\!\!-\!\!\text{C} \quad \text{CO} \\
| \quad | & | \quad | \\
\text{NH—CO} & \text{CO—NH}
\end{array}
\;\longrightarrow\;
\begin{array}{ccc}
\text{NH—CO} & \text{CO—NH} \\
| \quad | \;\diagdown\!\text{NH}\!\diagup\; | \quad | \\
\text{CO} \quad \text{C}\!\!-\!\!\text{C} \quad \text{CO} \\
| \quad | & | \quad | \\
\text{NH—CO} & \text{CO—NH}
\end{array}
$$

Alloxanthin   Purpursäure

In noch kleineren Mengen als die Harnsäure sind im Harn die übrigen Purine enthalten, wie *Heteroxanthin, Paraxanthin* u. a. (s. S. 204).

Ferner findet man *Hippursäure* oder Benzoyl-Glykokoll (s. S. 190), in größeren Mengen bei Pflanzenkost, in kleineren bei Fleischkost. Die Menge richtet sich nach der vorhandenen Quantität Benzoesäure. Diese entsteht zum Teil aus verschiedenen stickstofffreien, in der Pflanzennahrung enthaltenen Säuren, teils bildet sie sich aber auch im Körper durch Eiweißfäulnis im Dickdarm, indem die aromatischen Aminosäuren desaminiert und weiter abgebaut werden (s. dazu S. 185). z. B.:

$$
\begin{array}{cccc}
\text{C}_6\text{H}_5 & \text{C}_6\text{H}_5 & \text{C}_6\text{H}_5 & \text{C}_6\text{H}_5 \\
| & | & | & | \\
\text{CH}_2 & \text{CH}_2 & \text{CH}_2 & \text{COOH} \\
| \rightarrow & | \rightarrow & | \rightarrow & \\
\text{CHNH}_2 & \text{CH}_2 & \text{COOH} & \\
| & | & & \\
\text{COOH} & \text{COOH} & &
\end{array}
$$

Phenylalanin   Phenyl-propionsäure   Phenyl-essigsäure   Benzoesäure

Abb. 102. Harnsäurekristalle von verschiedener Form. (Nach LENHARTZ.)

Daher kann man bei Fleischfressern durch Desinfektion des Darms mit Kalomel die Hippursäure zum Verschwinden bringen (BAUMANN). Die Hippursäure entsteht dadurch, daß die sich bildende Benzoesäure mit beim Eiweißabbau frei werdendem Glykokoll reagiert; die Verkoppelung geschieht beim Hund in der Niere (SCHMIEDEBERG und BUNGE).

Dem Eiweißstoffwechsel entstammen auch die sogenannten *Ätherschwefelsäuren* (Esterschwefelsäuren oder *gepaarte Schwefelsäuren*), die Verbindungen von Phenol, Kresol, Indol und Skatol mit Schwefelsäure, z. B.:

$$C_6H_5OH + H_2SO_4 = C_6H_5O \cdot HSO_3 + H_2O.$$

Ihre organischen Komponenten entstehen wie die Benzoesäure durch Eiweißfäulnis im Dickdarm (s. S. 61); die Paarung mit Schwefelsäure geschieht offenbar zu dem Zweck, die giftigen Fäulnisprodukte unschädlich zu machen (s. S. 62). Von besonderem Interesse ist die Ätherschwefelsäure, welche sich vom Indol herleitet, die *Indoxylschwefelsäure* oder das

Harnindikan; es läßt sich leicht in Indigo überführen und eignet sich dadurch zu einer kolorimetrischen Messung des Grades der Darmfäulnis:

Versetzt man eine Lösung von Harnindikan

$$
\begin{array}{c}
\text{H}\\
\text{C}\\
\text{HC}\diagup\text{C}\diagdown\text{CO}\cdot\text{HSO}_3\\
\text{HC}\diagdown\diagup\text{CH}\\
\text{C}\quad\text{NH}\\
\text{H}
\end{array}
$$

mit konzentrierter Salzsäure, so spaltet sich Indoxyl

$$
\begin{array}{c}
\text{H}\\
\text{C}\\
\text{HC}\diagup\text{C}\diagdown\text{COH}\\
\text{HC}\diagdown\diagup\text{CH}\\
\text{C}^{\text{C}}\text{NH}\\
\text{H}
\end{array}
$$

ab; dieses geht in Gegenwart von schwachen Oxydationsmitteln, wie Eisenchlorid oder Chlorkalk, in Indigo

$$
\begin{array}{cc}
\text{H} & \text{H}\\
\text{C} & \text{C}\\
\text{HC}\diagup\text{C}\diagdown\text{CO}\quad\text{OC}\diagup\text{C}\diagdown\text{CH} & \\
\text{HC}\diagdown\diagup\text{C}\!=\!=\!\text{C}\diagdown\diagup\text{CH} & \\
\text{C}\,^{\text{C}}\text{NH}\quad\text{NH}^{\text{C}}\,\text{C} & \\
\text{H} & \text{H}
\end{array}
$$

über, welcher hinzugegebenes Chloroform beim Umschütteln blau färbt.

Ist die Produktion von Phenol, Kresol, Indol, Skatol besonders groß, so wird vom Körper für die Paarung außer Schwefelsäure auch *Glykuronsäure* zur Verfügung gestellt, die als intermediäre Oxydationsstufe der Glucose angesehen wird: $COH\cdot(CHOH)_4\cdot COOH$ (s. auch S. 209). Glykuronsäure gibt die TROMMERsche Reaktion.

Von Eiweißderivaten finden sich ferner im Harn kleine Mengen von Aminosäuren, von Guanidin (S. 262), Allantoin (S. 205) u. a.

Die *Farbe des Harns* kommt durch ein Gemisch von Stoffen zustande; die wichtigsten sind *Urochrom*, von unbekannter Herkunft, daneben verschiedene *Porphyrine* (s. S. 97 u. 296), *Uroerythrin* und das Derivat der Gallenfarbstoffe, *Urobilin* (s. S. 51 u. 59).

Endlich gehören zu den organischen Harnkomponenten, welche in ganz kleinen Mengen vorzukommen pflegen, die *Milchsäure* und die *Oxalsäure*; erstere nimmt bei der Muskelarbeit unter Umständen bedeutend zu (bis 1,5 g pro 1 l), letztere stammt größtenteils aus den vegetabilischen Nahrungsmitteln, in denen sie neben anderen organischen Säuren enthalten ist, z. T. entsteht sie auch unter Bakterieneinfluß aus Kohlehydraten. Im Harnsediment findet man öfter oktaedrische Kristalle von Calciumoxalat (sog. Briefkuvertkristalle).

Wenden wir uns nun zu den *anorganischen Bestandteilen*! Unter den *Anionen* überwiegt das *Chlor*. Daneben findet man *Phosphat*, das teils aus dem Zerfall der Nukleine, Lezithine, Kohlehydratphosphorsäure und Phosphagen hervorgeht, teils von der Nahrung herstammt. Ferner *Sulfat;* es entsteht vor allem durch Oxydation des Eiweiß-Schwefels (s. S. 39 u. 48); daher gehen im allgemeinen die Ausscheidung von Stickstoff und die von Sulfat parallel. Endlich enthält der Harn auch etwas *Bikarbonat*.

Die wichtigsten *Kationen* sind *Kalium, Natrium, Calcium, Magnesium* und *Ammonium*. Von Ammonium wird täglich etwa 0,7 g ausgeschieden; es entsteht beim Eiweiß- und beim Purinabbau und wird dann durch Bindung an die im Stoffwechsel frei gewordenen anorganischen, eventuell auch organischen Säuren der Umwandlung in Harnstoff entzogen. Denn wenn man einem Menschen oder Hund Säure zuführt, so erscheint entsprechend mehr Ammoniak im Harn; ebenso ist im Diabetes entsprechend der Bildung von Azetessigsäure und β-Oxybuttersäure die Ammoniakausscheidung gesteigert. Zum Teil entsteht das Ammoniak aber auch erst in der Niere durch eine sich dort vollziehende Desaminierung von Aminosäuren (Nash und Benedict, Krebs).

Die *Reaktion des Harns* ist verschieden; der Fleischfresserharn reagiert gewöhnlich sauer, der des Pflanzenfressers entweder neutral oder alkalisch. Der Harn des Menschen reagiert gewöhnlich schwach sauer, die H-Ionenkonzentration liegt etwa zwischen 10^{-5} und 10^{-7}. Die saure Reaktion rührt von den im Eiweiß- und Nukleinstoffwechsel gebildeten Säuren, Schwefelsäure, Phosphorsäure, Harnsäure, sowie von der Retention von Bikarbonat im Blut her, die alkalische Reaktion kommt in der Hauptsache so zustande, daß die Alkalien der Pflanzensäuren im Körper zu kohlensaurem Alkali verbrannt werden. Auch der Harn des Pflanzenfressers wird sauer, wenn er hungert, also vom eigenen Fleisch lebt. Etwa 2 Stunden nach der Nahrungsaufnahme pflegt der Harn alkalischer zu werden; die Nieren kompensieren dadurch die Säureabscheidung durch den Magensaft (S. 32). Im Schlaf steigt gewöhnlich die Azidität des Harns; dies beruht darauf, daß im Schlaf die Erregbarkeit des Zentralnervensystems und damit auch die des Atemzentrums sinkt; dadurch kommt es zu einer Stauung der Kohlensäure im Blut, die sich sowohl in Zunahme der alveolaren CO_2-Spannung als auch in einer saureren Reaktion des Harns kundgibt (Endres) (S. 124).

Der sauer reagierende Harn ist gewöhnlich klar und trübt sich dann allenfalls nachträglich bei Abkühlung durch die sich abscheidenden schwer löslichen Urate (S. 302). Der alkalische Harn ist von vornherein getrübt durch die Phosphate und Karbonate der Erdalkalien. Daher wird der alkalische Harn klar, sobald man ihn ansäuert. Die alkalische Reaktion kann in pathologischen Fällen aber auch von Ammoniak herrühren; nämlich wenn der Harn z. B. in der Blase infiziert wird, dann kommt es durch den Micrococcus

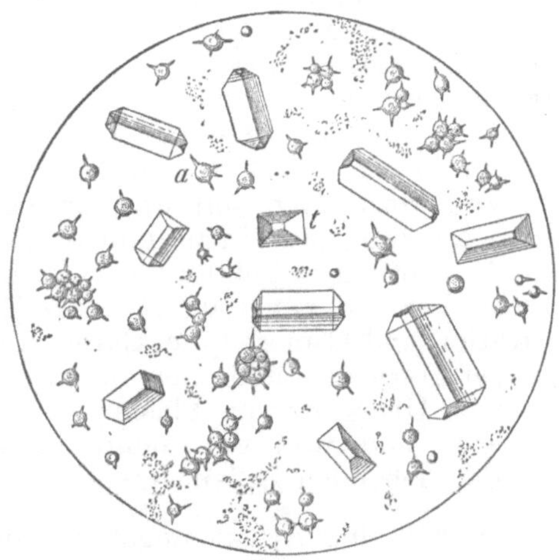

Abb. 103.

Harnsediment bei ammoniakalischer Harngärung. (Nach Lenhartz.) Kristalle von Tripelphosphat (sog. Sargdeckelkristalle) und von harnsaurem Ammonium.

ureae zur *ammoniakalischen Harngärung*, bei welcher der Harnstoff hydrolytisch in Ammoniak und Kohlensäure gespalten wird, entsprechend der Gleichung:

$$CO(NH_2)_2 + H_2O = CO_2 + 2\,NH_3.$$

Diese selbe Gärung bedingt auch bei dem an der Luft sich zersetzenden Harn den penetranten Ammoniakgeruch. Auch der ammoniakalische Harn ist trübe durch die Erdalkaliphosphate und -karbonate; außerdem enthält sein Sediment Kristalldrusen des unlöslichen Ammoniumsalzes der Harnsäure und die charakteristischen sargdeckelförmigen Kristalle des Magnesiumammoniumphosphats, des sogenannten *Tripelphosphats* $Mg(NH_4)(PO_4)$ (s. Abb. 103), ferner oft Mikroorganismen.

Die *molekulare Konzentration* des Harns ist, im Gegensatz zum Blut (s. S. 83), großen Variationen unterworfen; sein Gefrierpunkt schwankt zwischen — $0,075^0$ und — $2,6^0$, für gewöhnlich liegt er aber zwischen — $1,3^0$ und — $2,3^0$. Der Harn ist also für gewöhnlich im Verhältnis zum Blut ($\Delta = - 0,56^0$) hypertonisch.

Den großen Schwankungen der molekularen Konzentration entsprechen große Schwankungen im *spezifischen Gewicht*. Dieses liegt gewöhnlich zwischen 1,017 und 1,020, kann aber auch einerseits 1,002 und andererseits 1,040 betragen.

Endlich wechselt auch stark die *Harnmenge*. Im Mittel rechnet man mit einer Ausscheidung von 1500 ccm in 24 Stunden, aber auch Mengen von 400 und von 3000 ccm kommen unter normalen Umständen vor.

Überblicken wir nun noch einmal die Summe der in dem Harn enthaltenen gelösten Stoffe, so begegnen wir ausschließlich Abfallprodukten aus dem Stoffwechsel, welche keine Verwendung mehr im Haushalt unseres Körpers finden. Der Harn repräsentiert also den Typus des Exkrets, welches, wie früher (S. 52) definiert wurde, vom Sekret eben durch den Mangel an noch brauchbaren Bestandteilen unterschieden ist. Die im Harn enthaltenen Stoffe sind auch so gut wie samt und sonders — eine Ausnahme bildet wohl die Hippursäure (S. 303) — im Blut schon präformiert, sind also nur durch die Nieren aus dem Blutplasma in den Harn zu befördern. Wenn wir uns also jetzt der Frage zuwenden, **wie die Nieren den Harn bereiten,** so ist demnach die zu lösende Aufgabe eigentlich im Vergleich mit den bei anderen Drüsen gegebenen Verhältnissen (s. S. 22) scheinbar besonders einfach. Dennoch steht die Wissenschaft, trotz mehr als 80jähriger intensiver Forschung, noch in den Anfängen der Erkenntnis.

Von vornherein soll uns ein einfacher Vergleich zwischen der Zusammensetzung des Harns und derjenigen des Blutplasmas, aus welchem der Harn offenbar gebildet wird, darüber belehren, daß der einstige heroische Versuch von Carl LUDWIG (1844), die Harnbildung allein durch Filtration und Osmose zu erklären, nicht gelingen kann. Wir sahen schon, daß der Harn des Menschen für gewöhnlich zum Blut stark hypertonisch ist; beim Übergang von Plasma in Harn wird also eine osmotische Druckdifferenz, und zwar von mehreren Atmosphären hergestellt. Dazu muß von den lebenden Zellen irgendwie *osmotische Arbeit* verrichtet werden,

ähnlich wie eine Arbeit ungefähr von der Größe $A = v\dfrac{p_1 - p_0}{2}$ geleistet

werden muß, wenn ein Gasvolumen v vom Druck p_0 auf den Druck p_1 gebracht werden soll (DRESER). Erst unter diesem Gesichtspunkt versteht man, wozu die Nieren bei ihrer unausgesetzten Tätigkeit sehr viel Sauerstoff verbrauchen, und um so mehr, je stärker sie sezernieren (BARCROFT), obwohl für die Bildung der Harnbestandteile, weil sie alle schon im Blut vorgebildet sind, gar keine chemische Arbeit zu leisten ist; der Sauerstoffverbrauch beträgt im Mittel $1/_{11}$ des gesamten Sauerstoffverbrauchs des Körpers, obwohl die Nieren nur etwa $1/_{112}$ des Körpergewichts ausmachen. Dazu durchfließt die Nieren ungefähr ebensoviel Blut wie die unteren Extremitäten (REIN). Es wird also reichlich chemische Energie aufgewendet, um den Harn zu produzieren.

Auch wenn man nicht die molare Gesamtkonzentration ins Auge faßt, sondern die Partialkonzentrationen, wird man zu demselben Schluß geführt. So beträgt beim Menschen der Harnstoffgehalt im Plasma etwa 0,05 %, im Harn oft mehr als 2 %, der Kochsalzgehalt im Plasma etwa 0,58 %, im Harn über 1 %; umgekehrt sinkt im allgemeinen die Konzentration vom Plasma zum Harn bei der Glucose, da sie im Plasma etwa 0,1 %, im Harn 0 % beträgt; auch Eiweiß enthält der Harn gewöhnlich nicht trotz des hohen Eiweißgehaltes im Plasma. Es wird also an den einzelnen chemischen Bestandteilen verschieden große osmotische Arbeit und Arbeit in verschiedener Richtung ausgeführt.

Fragt man nun nach dem inneren „Mechanismus", mit Hilfe dessen die Nieren dies leisten, so kommt man zunächst auf Grund der *histologischen Struktur* zu gewissen Annahmen.

Die Niere baut sich bekanntlich aus einer großen Zahl nebeneinander geordneter Harnkanälchen auf, welche sämtlich in das Nierenbecken einmünden; nach VIMTRUP sind es beim Menschen in jeder Niere etwa 1 Million. Jedes Harnkanälchen (s. Abb. 104) ist ein ganz auffallend langer gewundener Schlauch, welcher mit einer ampullenförmigen Erweiterung in der Nierenrinde blind endigt. Die Ampulle ist trichterförmig eingestülpt, etwa so wie man den Ballon an einer Gummispritze mit dem Finger einstülpen kann. Der Trichter, die sogenannte *BOWMANsche Kapsel*, umhüllt einen Gefäßknäuel, den *Glomerulus*, welcher dadurch gebildet ist, daß ein Ast der Arteria renalis sich unvermittelt auf eine kurze Strecke zu einem kurzen Kapillarnetz aufsplittert. Kapsel und Glomerulus bilden zusammen das *MALPIGHIsche Körperchen*. Die Wand jedes Nierenkanälchens ist von Epithelien besetzt, welche größtenteils — besonders in den gewundenen Abschnitten, den *Tubuli contorti* — den Typus des Drüsenepithels aufweisen. Dies histologische Bild legt den Gedanken nahe, daß in den Glomerulis hauptsächlich die Harn-

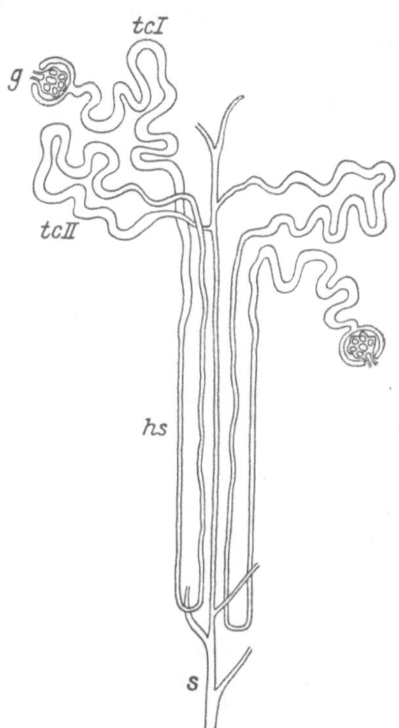

Abb. 104. Schema zweier Harnkanälchen.
g Glomerulus. *t c I* Tubulus contortus I. Ordnung oder Hauptstück. *t c II* Tubulus contortus II. Ordnung oder Schaltstück. *h s* HENLEsche Schleife. *s* Sammelröhrchen.

flüssigkeit abgeschieden wird, während auf dem langen Weg durch die Kanälchen durch die Tätigkeit der Epithelien die spezifische, dem Harn eigentümliche Zusammensetzung zustande kommt. Insbesondere wird man auch zu der Vermutung neigen, daß die Flüssigkeit, welche den Anfang der Harnkanälchen zwischen den beiden Blättern der BOWMANschen Kapsel füllt, aus dem in den Glomerulusschlingen strömenden Blut durch den Blutdruck abgepreßt wird.

Die nächstliegende und scheinbar einfachste experimentelle Aufgabe ist hiernach, festzustellen, *ob Harnmenge und Blutdruck parallel gehen*. Dies ist nun zweifellos oft der Fall. Aber in zahlreichen anderen Fällen vermißt man auch jeden Zusammenhang. Wir wollen sehen, worauf das beruht. Setzt man z. B. durch einen kräftigen Aderlaß oder durch Vagusreizung oder durch Durchschneidung des Halsmarks den Blutdruck herab, so vermindert sich die Harnmenge (C. LUDWIG, GOLL, GRÜTZNER); durchschneidet man dagegen die Gefäßnerven, welche am Hilus der Niere eintreten, und erzeugt auf die Weise eine lokale Vasodilation in der Niere und damit eine Drucksteigerung in ihren Kapillaren, so nimmt die Harnmenge zu (CLAUDE BERNARD). In diesen Beispielen verhält sich also die Niere äußerlich wie ein passives Filter, welches nach Maß des Filtrationsdrucks jeweils weniger oder mehr Flüssigkeit durchtreten läßt.

Anders in folgendem Versuch: wenn man einem Kaninchen das Blut eines anderen transfundiert, so daß seine Blutmenge um etwa 50 % zunimmt und der kapillare Blutdruck dementsprechend ansteigt, so nimmt die Harnmenge doch nicht oder nur ganz unbeträchtlich zu (MAGNUS). Dieser Widerspruch mit der Filtrationstheorie der Harnbildung läßt sich auf folgende Ursachen zurückführen: ein großer Teil der Blutflüssigkeit verläßt alsbald nach der Transfusion das überfüllte Gefäßsystem, indem sie durch die Gefäßwände ins umliegende Gewebe übertritt; dies äußert sich in einer Zunahme der Blutkörperchenzahl pro Volumeneinheit Blut (s. S. 299); außerdem wird aber auch das Blutplasma eingedickt, da die Blutgefäßwände, ebenso wie es auch andere tierische Membranen bei der Filtration tun, den größeren Teil des Eiweißes aus dem übertretenden Plasma zurückhalten. Wenn man nun die wahrscheinliche Annahme macht, daß schon das Glomerulusfiltrat so wie der definitive Harn vollkommen eiweißfrei ist (s. S. 310), so ist ähnlich wie bei der Lymphbildung (S. 299) ein Teil der hydrostatischen Druckdifferenz zwischen dem Blut in den Glomeruli und der Flüssigkeit im Anfang der Harnkanälchen dazu aufzuwenden, um gegen den osmotischen Druck des Eiweißes eine eiweiß-freie Flüssigkeit in die BOWMANsche Kapsel abzupressen. Ist also der Eiweißgehalt des Plasmas erhöht, so verbleibt ein entsprechend kleinerer Teil des hydrostatischen Überdrucks für die Filtration. So kann es kommen, daß der Anstieg des Kapillardrucks bei der Bluttransfusion in seinem Effekt durch einen entsprechenden Anstieg des osmotischen Drucks des Plasmaeiweißes annulliert wird. Daß das Eiweiß in diesem Sinn wirken kann, dafür lassen sich Versuche von KNOWLTON anführen: injiziert man ins Blut abwechselnd Ringerlösung mit und ohne Zusatz von 5 % Gelatine, so geht die Harnbildung jedesmal zurück, wenn die Gelatine, für die tierische Membranen ähnlich undurchlässig sind wie für Eiweiß, dem Blut zugemischt wird.

Noch eine weitere Beobachtung, welche mit der Filtrationstheorie anscheinend disharmoniert, findet bei Berücksichtigung des osmotischen Drucks und der Nichtfiltrierbarkeit des Eiweißes wohl eine Deutung. Es ist der Filtrationstheorie oft die alte Beobachtung von FRERICHS entgegengehalten worden, daß bei Kompression der Nierenvene die Harnproduktion rasch absinkt, obwohl der kapillare Filtrationsdruck dabei steigt; wenn man aber bedenkt, daß sich bei der Kompression die Blutgeschwindigkeit entsprechend verlangsamt, also schon ein relativ geringfügiger Übertritt von Flüssigkeit aus dem wenig durchfließenden Blut in die Harnkanälchen genügt, um den Eiweißgehalt des Plasmas stark zu steigern, so versteht man, daß der hydrostatische Druckanstieg eventuell durch den osmotischen Druckanstieg in bezug auf das Eiweiß überkompensiert wird.

Außerordentlich umfangreich sind die Beobachtungen über *Diurese*, d. h. über Vermehrung der Harnproduktion durch Injektion von Lösungen der verschiedensten Kristalloide, wie Harnstoff, Traubenzucker, Kochsalz, Natriumsulfat und andere Salze. Allen diesen Injektionen folgt unmittelbar eine starke Harnflut; gleichzeitig steigt meistens der arterielle Blutdruck, teils direkt infolge der Flüssigkeitszufuhr, teils weil bei Verwendung hypertonischer Lösungen Wasser aus den Geweben in die Blutbahn osmotisch eingesogen wird; ferner erweitern sich speziell die Nierengefäße, so daß man die reichlichere Durchblutung der Nieren sowohl onkographisch (s. S. 172), als auch durch Messung der Menge des aus der Nierenvene pro Zeiteinheit ausfließenden Blutes (MAGNUS, BARCROFT und BRODIE), als auch vor allem durch Betrachtung der in situ freigelegten Niere unter dem Mikroskop nachweisen kann; denn man sieht dann (RICHARDS und SCHMIDT), daß gleichzeitig mit dem Zustandekommen der Diurese eine Menge Glomeruli im Gesichtsfeld auftauchen, die bis dahin unsichtbar waren, weil sie nicht funktionierten und deshalb auch nicht durchblutet wurden (s. dazu S. 171). Aber die Diurese läuft doch oft nur anfänglich der Blutzufuhr parallel, so daß z. B. eine kräftige Diurese noch fortbestehen kann, wenn die Kreislaufsverhältnisse schon wieder normal geworden sind. Teilweise ist auch dies wieder darauf zurückzuführen, daß durch die Versuchsbedingungen der Eiweißgehalt des Blutes verändert, nämlich durch das injizierte Diuretikum herabgesetzt, das Blut also verwässert und auf die Weise leichter filtrierbar gemacht ist.

Trotz all dieser Argumente zugunsten der auch durch das histologische Bild nahegelegten Annahme, daß in den Glomeruli ein provisorischer Harn in einfachster Weise durch Filtration gebildet wird, ist doch eine andere kompliziertere Auffassung notwendig. Es gelingt nämlich zu zeigen, daß, wenn man den auf den Gefäßwänden lastenden Druck, die Durchströmungsgröße und die Zusammensetzung der durchströmenden Flüssigkeit völlig unverändert läßt und nur zeitweilig und vorzugsweise den Glomeruli ein Narkotikum oder Cyanid zuführt, *die Harnbildung für die Zeit der narkotischen Lähmung oder der durch das Cyanid eingeleiteten Erstickung sistiert oder wenigstens stark herabgesetzt wird.* Dies Experiment läßt sich nicht an der Säugetierniere ausführen, wohl aber an der weniger empfindlichen isolierten Niere vom Frosch, die mit sauerstoffgesättigter Ringerlösung durchströmt wird (CULLIS). Daß die Niere auch unter solchen vereinfachten Bedingungen noch lebt und funktionstüchtig ist, folgt u. a. daraus, daß sie, wie es für den Frosch charakteristisch ist, einen stark hypotonischen Harn produziert, der unter Umständen nur 0,1 % NaCl und weniger enthält, der glucosefrei ist, auch wenn der durchströmenden Ringerlösung 0,1 % Glucose zugesetzt wurde, und dem ein kleinerer p_H-Wert zukommt als der Durchströmungslösung. Die Niere vom Frosch (besonders von Rana esculenta) bietet ferner den Vorzug, daß ihre Blutversorgung eine doppelte ist derart, daß die Glomeruli vorwiegend von der Aorta, die Tubuli vorwiegend von der sogenannten Venà portae renalis gespeist werden (NUSSBAUM); inwiefern dies für das Studium der Nierenfunktion einen Vorzug bedeutet, werden wir sogleich erfahren. Die Harnbildung läßt sich nämlich, wie gesagt, bei der Froschniere durch Zufuhr von Narkotikum oder von Cyankali allein von der Aorta aus reversibel unterbrechen, ohne daß die Durchströmung sich dabei irgendwie zu ändern braucht (HÖBER, STARLING); da auf die Weise die Glomeruli und der unmittelbar daran anschließende erste Abschnitt der Harnkanälchen vergiftet werden, während die von der V. portae renalis aus gespeisten Hauptabschnitte der Tubuli unbetroffen bleiben, so ist daraus der Schluß zu ziehen, daß *die Flüssigkeitsabscheidung in den ersten Abschnitt der Harnkanälchen hinein ein aktiver Transport ist und keine Filtration.* Was so abgeschieden wird, ist wie ein „Ultrafiltrat" beschaffen insofern, als die Glomeruluswandungen

das kolloidale Eiweiß zurückhalten, sonst aber die in der Blutflüssigkeit
vorhandenen gelösten Stoffe wahrscheinlich in unveränderter Konzentration
durchtreten lassen (s. unten).

An diesen ersten Akt der Harnbildung schließen sich dann weitere
an, in denen den einzelnen Stoffen die für den definitiven Harn charakteristischen Partialkonzentrationen erteilt werden. Dies geschieht sicherlich dadurch, daß die einzelnen Abschnitte der Harnkanälchen Sonder-
funktionen übernehmen. Darüber ist allerdings noch relativ wenig bekannt. Jedenfalls hat man damit zu rechnen, daß die *Anreicherung eines
Stoffes* im Harn entweder so erfolgt, daß der Stoff aus dem Blut durch die
Wand der Harnkanälchen in die Kanälchenlumina befördert, also *sezerniert*
wird, oder daß Wasser aus den Kanälchen durch die Wandepithelien
zurückresorbiert wird. Und umgekehrt kann die *Verdünnung eines Stoffes*
entweder durch Sekretion von Wasser herbeigeführt werden oder dadurch,
daß die Epithelien ihn wieder in das die Kanälchen umspülende Blut
hineinbefördern.

Sekretion und Rückresorption vollziehen sich nun bei der Froschniere
vornehmlich in den Hauptstücken der Tubuli. Ihre *rückresorbierende
Funktion* ist besonders klar durch folgende zwei Versuche bewiesen:
1. Wenn man die Froschniere von Aorta und V. portae renalis aus mit
Ringerlösung durchströmt, der Glucose oder Aminosäure in nicht zu hoher
Konzentration zugesetzt ist, so fließt ein Harn, der entweder frei von
Glucose und Aminosäure ist oder diese wenigstens in erheblich niedrigerer
Konzentration enthält, als die durchströmende Lösung, und der ferner
im Vergleich mit der Ringerlösung kochsalzarm ist (G. A. CLARK, HÖBER).
Sobald man jetzt die Hauptabschnitte der Tubuli von der V. portae aus
durch Narkose oder Erstickung funktionell ausschaltet, so fließt ein „Harn“,
dessen Partialkonzentrationen annähernd denen der Durchströmungslösung gleich sind; die Niere verhält sich jetzt also ähnlich wie ein passives
Filter, d. h. sie bildet jetzt nur noch vermöge der Funktion der Glomeruli,
die von der Vergiftung nicht mitbetroffen sind, einen ultrafiltratähnlichen
Harn; diese Nierenlähmung ist reversibel (BAINBRIDGE, HÖBER). 2. Durch
Anstechen mit einer sehr feinen Kapillare kann man aus der BOWMAN-
schen Kapsel eine winzige Menge Glomerulussekret abzapfen und findet
bei ihrer Analyse, daß darin Glucose enthalten ist, die im definitiven Harn
fehlt, daß die Cl-Konzentration der der Durchströmungsflüssigkeit gleichkommt, und daß kein Eiweiß vorhanden ist (RICHARDS und WEARN).

Der Sinn der Rückresorptionsfunktion ist klar: die Niere spart dadurch Stoffe ein, die für den ganzen Körper noch von Wert sind, die aber,
in den MALPIGHIschen Körperchen aus dem Blut in den provisorischen
Harn der BOWMANschen Kapsel übergetreten, schon im Begriff sind,
den Körper zu verlassen; wertvoll sind aber nicht bloß Glucose und
Aminosäuren als Nahrungsstoffe, sondern für ein Süßwassertier wie den
Frosch auch Kochsalz.

Rückresorbiert wird in der Froschniere auch Wasser. Dies ergibt sich aus folgenden Beobachtungen: narkotisiert man in der geschilderten Weise allein die
Hauptabschnitte der Tubuli, so steigt nicht nur die Kochsalzkonzentration im Harn,
sondern meist nimmt gleichzeitig die Harnmenge zu; ferner gibt es Stoffe, z. B.
Sulfat oder viele Säurefarbstoffe, die, allein von der Aorta aus der Niere zugeführt,
im Harn meist in etwas erhöhter Konzentration erscheinen, aber, sobald man die
Tubuli lähmt, in der Konzentration der zugeleiteten Lösung abgegeben werden.

Dieselben Hauptabschnitte der Tubuli, die die Rückresorption vollziehen, besorgen bei der Froschniere aber auch die *sekretorische Konzen-*

trierung. Am sichersten ist dies für die Harnsäure nachgewiesen; bietet man diese der Niere in Ringerlösung allein von der V. portae aus an, so erscheint sie, auf das Mehrfache konzentriert, im Harn; führt man gleichzeitig von der V. portae aus Narkotikum zu, so bleibt die sekretorische Konzentrierung aus (HÖBER). Ähnlich der Harnsäure verhält sich wahrscheinlich Harnstoff.

Abschließend sei aber nochmals betont, daß wir mit unseren Kenntnissen von der Tätigkeit der Niere noch ganz in den Anfängen stecken, insbesondere von der der Säugetierniere, bei der die für das Experiment so günstige Versorgung mit Blut auf zwei verschiedenen Wegen nicht existiert. Daher ist bei ihr bisher kaum etwas Sicheres darüber auszusagen, welche Spezialleistungen die verschiedenen Abschnitte der langen Harnkanälchen, die Hauptstücke, die Schaltstücke, der absteigende und der aufsteigende Schenkel der HENLEschen Schleife zu erfüllen haben. Noch völlig rätselhaft sind ferner die Mechanismen der verschiedenen osmotischen Arbeitsleistungen, nicht bloß nach ihrer Qualität, sondern auch nach der quantitativen Abstufung ihrer Leistung; sie befähigen ja die Niere, durch richtige selektive Entnahme die Zusammensetzung des Blutes trotz aller Störungen, die in jedem Augenblick provoziert werden, so wunderbar konstant zu halten.

Die **Harnentleerung** erfolgt periodisch, obwohl der Harn, entsprechend der ununterbrochenen Bildung von Stoffwechselendprodukten, andauernd von der Niere abgeschieden wird. Dies beruht auf der Einschaltung der Blase als Reservoir in die Ausführungswege.

Aus dem Nierenbecken befördert zunächst der *Ureter* den Harn. Es geschieht durch peristaltische Kontraktionen, welche rhythmisch über den Ureter mit einer Geschwindigkeit von 2—3 cm pro Sekunde hinlaufen; die Wellen folgen einander in einem Tempo von $^1/_4$—1 Minute je nach der Stärke der Nierentätigkeit. Man kann mit dem Zystoskop den rhythmischen Flüssigkeitseintritt in die Blase beobachten, wenn man den Harn durch Verabreichung von Indigkarmin blau färbt. Die Bewegungen des Ureters sind automatisch; jedoch können sie durch herantretende Sympathikusäste aus dem N. splanchnicus und dem N. hypogastricus beschleunigt werden.

Der Harn sammelt sich auf diese Weise in der **Harnblase.** Er verweilt dort oft stundenlang, wobei ein freilich sehr langsamer Austausch durch Diffusion und Osmose mit dem Blut stattfinden kann (BAYLISS).

Die *Entleerung* erfolgt durch eine in die Blasenwand eingelassene glatte Muskulatur.

Man unterscheidet eine äußere dünne Lage von wesentlich meridional verlaufenden Muskelfasern, eine mittlere kräftige Schicht von Zirkulärfasern und ein inneres lockeres Maschenwerk, das wieder vorwiegend in Längsrichtung verläuft. Die Längsmuskulatur ist am Blasengrund teilweise an die Symphyse, beim Mann auch an die Prostata angeheftet. Der ganze Muskelapparat wird als *M. detrusor urinae* bezeichnet. Der Ausgang der Blase in die *Urethra* kann durch zwei Sphinkteren verschlossen werden. Der eine, der *M. sphincter trigonalis* oder *M. sphincter vesicae internus* bildet eine Fortsetzung der Blasenwandmuskulatur, welche von der Rückwand der Blase, vom Trigonum Lieutaudi herkommt; der andere, der *M. compressor urethrae* oder *M. sphincter vesicae externus* besteht aus quergestreiften Fasern; er liegt zum Teil dem Sphincter internus auf und umfaßt den proximalen Abschnitt der Harnröhre.

Die *Innervation* dieser Muskulatur geschieht unmittelbar von einem Nervennetz aus, das in die Blasenwand eingelagert ist.

Dies Nervennetz wird von außen her doppelt innerviert, erstens sympathisch durch Fasern, welche aus dem 4.—6. Lumbalsegment des Rückenmarks stammen, über den Grenzstrang in das Ganglion mesentericum inferius und von dort im N. hypogastricus zum Plexus hypogastricus und zur Blase gelangen, zweitens parasympathisch durch Fasern, welche aus dem 2.—4. Sakralsegment entspringen und im N. pelvicus (N. erigens) ebenfalls den Plexus hypogastricus und die Blase erreichen.

Beide Fasersorten wirken sowohl auf den M. detrusor wie auch auf die Sphinkteren; Reizung des N. hypogastricus bewirkt vorwiegend Erschlaffung des Detrusors und Schluß der Sphinkteren, Reizung des N. pelvicus das Gegenteil. Dementsprechend sind Pilocarpin und Adrenalin Antagonisten (s. Kap. 26).

Dies ganze neuromuskuläre System ist dem Zentralnervensystem unterstellt. Wird das Lumbosakralmark zerstört, so tritt Blasenlähmung auf, d. h. der bis dahin von einem *Centrum vesicale* unterhaltene Tonus des Detrusor und der Sphinkteren wird aufgehoben (BUDGE, GOLTZ und EWALD); infolgedessen stellt sich *Harnträufeln (Incontinentia urinae)* ein. 2—3 Tage nach der Verletzung kommt aber wieder ein tonischer Sphinkterenschluß zustande; das Centrum vesicale erteilt also nicht primär die Impulse für die Blasenmuskulatur, vielmehr ist es nur peripher gelegenen Innervationsstätten (sympathische Ganglien, Plexus vesicalis) übergeordnet. Die Verhältnisse liegen demnach bei der Blase analog wie beim Rektum (s. S. 65), wie sich auch aus dem Weiteren ergibt. Nach Wiederherstellung des Sphinkterentonus kann also wieder Harn gehalten werden, er wird nur periodisch entleert; jedoch sind die Portionen kleiner als normal, die Entleerung geschieht auch nicht vollständig, ferner fließen kleine Mengen Harn auch bei zufälligen Innervationen der Bauchdecken oder bei lebhaften Körperbewegungen aus der Blase aus. Es besteht also sowohl eine gewisse Detrusor- wie auch eine Sphinkterenschwäche. Die sonst wirksamen Reize zur Harnentleerung, wie z. B. Kältewirkung auf die Bauchdecken und die Gegend des Damms oder psychische Einflüsse, sind natürlich nach der Zerstörung des Reflexzentrums im Lumbosakralmark wirkungslos.

Weitere Aufklärung über die physiologische Bedeutung des Centrum vesicale gewähren Beobachtungen an Patienten oder an Tieren, bei denen das Lumbosakralmark durch eine höher oben gelegene Querläsion des Rückenmarks isoliert worden ist. In solchen Fällen findet man eine fast normale Blasenfunktion; die entleerten Harnmengen sind so groß wie gewöhnlich, und die Entleerung geschieht vollständig. Nur die sonst vom Gehirn ausgehenden Hemmungen (s. Kap. 22) fehlen, so daß alle möglichen geringfügigen Hautreize Harnlassen auslösen; durch die Isolierung des Lumbosakralmarks sinkt also der Mensch wieder auf die Stufe des kleinen Kindes zurück, bei dem die Hemmungslosigkeit der Reflexe neben anderem durch die Häufigkeit des „Sichnaßmachens" gekennzeichnet ist.

Das Gehirn ist hiernach in der Weise an dem Akt der Harnentleerung beteiligt, daß es den Detrusortonus zu vermindern, den Sphinktertonus zu steigern vermag. Aber auch das Gegenteil ist möglich; durch Impulse vom Gehirn aus kann der Detrusortonus gesteigert, der Sphinktertonus gehemmt werden. Die Impulse zur Blase gehen vor allem vom Lobulus paracentralis (Abb. 174) aus. *Das Harnlassen ist also bis zu einem gewissen Grade der Willkür unterstellt*, es kann jederzeit herbeigeführt oder hinausgeschoben werden. Im allgemeinen erfolgt die Harnentleerung so: wenn die Blase sich mehr und mehr füllt, so teilt sich die dadurch zustande kommende periphere Erregung dem Großhirn mit, es kommt zu dem *Gefühl des Harn-*

drangs. Dies Gefühl kann aber bei sehr verschiedenem Füllungszustand der Blase eintreten; das richtet sich ganz nach der Höhe des Blasentonus. Im Gegensatz zum Skeletmuskel, bei welchem zu jeder bestimmten Länge nur eine bestimmte Spannung gehört, können nämlich bei der glatten Muskulatur ganz verschiedene Längen der gleichen Spannung zugeordnet sein (s. Kap. 20). Bei der Blase kann man dies nachweisen, wenn man in eine Blasenfistel ein Manometer einlegt; dann zeigt sich u. a., daß im Schlaf der Blasentonus sinkt, so daß die Blase sich mehr und mehr füllen kann, ohne daß die Spannung zunimmt und es dadurch zu Harndrang kommt; dagegen zeigt sich, daß beim Erwachen der Tonus und damit auch die Spannung steigt, daß ferner bei willkürlicher Unterdrückung des Harndrangs der Tonus wieder sinken kann. So ist z. B. gefunden, daß für gewöhnlich zwar bei einer Spannung von etwa 150 mm Wasser 200 bis 250 ccm Harn von der Blase entleert werden, daß aber ebensogut auch schon bei einer Füllung mit 70 ccm oder erst bei einer Füllung mit 600 ccm die Spannung von 150 mm erreicht wird und Harndrang und -entleerung erfolgen. Das Gehirn leitet dabei die Harnentleerung so ein, daß es die Blasenmuskulatur nicht direkt innerviert, sondern über die peripheren Ganglien auf sie wirkt. Diese nur mittelbare Innervation äußert sich deutlich in der großen Latenzzeit, mit welcher allein man willkürlich, d. h. ohne daß vorher Harndrang zu bestehen brauchte, die Blase entleert werden kann. Ganz verschieden davon ist die Wirkung auf den quergestreiften M. sphincter vesicae externus, welcher, wie alle quergestreifte Muskulatur im Gegensatz zur glatten, der Willkür direkt unterstellt ist; mit Hilfe dieses Muskels, welcher vom N. pudendus versorgt wird, ist es möglich, plötzlich durch Kompression der Urethra den Harnstrahl zu unterbrechen oder in einem gegebenen Moment trotz starken Harndrangs den Harn zu verhalten. Die analoge Rolle spielt bei der Defäkation der Sphincter ani externus.

18. Kapitel.

Ausscheidungen der Haut.

Der Schweiß 314. Der Talg 315. Die Milch; ihre Zusammensetzung 316. Das Kolostrum 321. Die Bildung der Milch 321.

In dem vorangehenden Kapitel hätte neben der Physiologie des Harns und der Harnbildung die Erörterung noch eines Drüsenproduktes Platz finden können, welches chemisch durchaus Exkretcharakter hat; das ist der *Schweiß*. Das Kapitel über den Wärmehaushalt 'hat uns aber gelehrt, daß dem Schweiß noch die zweite wichtige Aufgabe zufällt, die Körpertemperatur zu regulieren, dadurch, daß er auf der Hautoberfläche verdunstet. In dieser Hinsicht kann man das Produkt der Schweißdrüsen auch als Sekret ansehen und es anderen Sekreten der Haut, wie dem *Talg* und der *Milch* an die Seite stellen.

Der **Schweiß** ist wegen seiner *Zusammensetzung* mit Recht oft als verdünnter Harn bezeichnet worden. Er enthält nur sehr wenig gelöste Stoffe, nur etwa 2 % Trockensubstanz; davon sind drei Viertel anorganische Salze, ein Viertel organische Verbindungen. Unter den ersteren überwiegt das Kochsalz, von den letzteren ist etwa die Hälfte Harnstoff; daneben findet man von Harnbestandteilen noch Kreatinin, Indikan, Harnsäure, ferner Fettsäuren, Ammoniak, bei kräftiger Muskelarbeit auch Milchsäure. Die *Reaktion* ist neutral oder schwach sauer. Der *Geruch* rührt von freien Fettsäuren her, welche aus dem Hauttalg entstehen. Entsprechend der geringen Konzentration an gelösten Stoffen beträgt das *spezifische Gewicht* nur 1,002—1,010, die *Gefrierpunktserniedrigung* 0,08—0,37°; der Schweiß ist also zum Blut stark hypotonisch. Dieser Reichtum an Wasser steht natürlich im Zusammenhang mit der zweiten Hauptfunktion des Schweißes, durch Wasserverdunstung die Körpertemperatur zu regulieren; denn je größer die molekulare Konzentration einer Lösung ist, um so größer ist die Erniedrigung der Dampfspannung des Lösungsmittels. Seine exkretorische Funktion tritt besonders in solchen Fällen mehr in den Vordergrund, in denen die Nieren darin zu wenig leisten; so steigt bei Anurieen irgendwelcher Art, z. B. infolge einer Nierenentzündung, die Schweißkonzentration manchmal so erheblich an, daß sich bei der Verdunstung Harnstoffkristalle auf der Haut ablagern.

Die *Menge* des Schweißes schwankt innerhalb weitester Grenzen. Wir sahen (S. 288), daß in heißem Klima bei starker körperlicher Arbeit unter Umständen 10—15 l abgedunstet werden müssen, damit die Körpertemperatur normal bleibt; in solchen Fällen wird das Wasser, wenn es nicht durch reichliche Aufnahme genügend zur Disposition steht, den übrigen Geweben entzogen, vor allem aber versiegt dann der Harn. Es ist auch leicht zu beobachten, daß im Sommer und Winter Nieren und Schweißdrüsen den Wasserhaushalt in reziprokem Verhältnis beherrschen.

Die *Schweißdrüsen* sind über die Haut verschieden reichlich verteilt, sie sezernieren auch an verschiedenen Stellen mit verschiedener Stärke. Der Mensch schwitzt besonders stark an Handtellern und Fußsohlen, Achselhöhle, Stirn und Nasenrücken, Pferd und Schaf schwitzen auf der ganzen Haut, Hund und Katze nur an den nackten Zehenballen. Zum Zweck der Wärmeregulation durch Verdunstung tritt deshalb beim Hund an die Stelle der Schweißbildung die Wärmetachypnoe und das Heraushängenlassen und Bespeicheln der Zunge (s. S. 289).

Die Schweißdrüsen geraten nur auf Nervenreiz in Tätigkeit; die *Innervation* erfolgt wahrscheinlich durch parasympathische Fasern, welche innerhalb des Sympathikus vom Grenzstrang aus auf dem Weg der Rami communicantes grisei den Spinalnerven beigemischt werden (s. Kap. 26). Reizt man z. B. bei einer Katze den Ischiadikus, so sieht man Schweißperlen aus den Zehenballen austreten. Es handelt sich dabei aber nicht etwa um bloße Innervation von Vasodilatatoren, sondern um spezifisch sekretorische Nerven. Dafür spricht u. a. die weitgehende Unabhängigkeit der Schweißbildung vom Grad der Durchblutung; so treten die Schweißtröpfchen auf Ischiadikusreiz auch noch am amputierten Bein auf (LUCHSINGER), und der Angst- und der Todesschweiß bilden sich, während die Haut leichenblaß ist. Ferner kann man, gerade so wie bei den Speicheldrüsen, auch die Schweißdrüsennerven durch Pilokarpin zu höchster Tätigkeit anregen und sie durch Atropin lähmen (s. S. 22).

Unter natürlichen Verhältnissen wird die *Tätigkeit der Schweißdrüsen entweder reflektorisch angeregt oder durch Blutreize, welche auf das Zentralnervensystem wirken* (s. auch S. 291). Der Schweiß bricht z. B. lokalisiert am Handteller aus bei lokaler Erwärmung oder bei Arbeitsleistung der Hand. Daß dies ein Reflexakt ist, wird u. a. dadurch bewiesen, daß ein transplantiertes Hautstück erst dann wieder zu schwitzen vermag, wenn seine Sensibilität durch Regeneration der Nerven zurückgekehrt ist (L. R. MÜLLER). Eine reflektorische Wirkung in die Ferne stellt man durch die Beobachtung fest, daß wenn man den zentralen Stumpf des durchschnittenen Ischiadikus bei einer Katze reizt, an den Zehenballen der übrigen drei Beine Schweiß hervorperlt, und ärgert man eine Katze durch Vorhalten eines Hundes, so schwitzen alle vier Extremitäten (LUCHSINGER). Die zentrale Erregung auf dem Blutweg kommt immer dann in Betracht, wenn dem Blut irgendwie, durch ausgebreitete Erwärmung der Haut oder durch starke Körperarbeit, Gelegenheit gegeben ist, eine höhere Temperatur anzunehmen als normal. Am deutlichsten ist dieser Zusammenhang, wenn man von einer herumgelegten Manschette aus das Karotisblut bei einer Katze erwärmt; es schwitzen dann auch die hinteren Extremitäten, obwohl die Körpertemperatur im Hintertier sich nicht geändert hat (KAHN). LUCHSINGER durchschnitt bei der Katze die hinteren Wurzeln und brachte sie dann in einen Schwitzkasten; der Schweißausbruch, welcher danach erfolgt, rührt nicht von einer direkten Temperaturwirkung auf die Haut her, sondern ist zentral bedingt; denn durchschneidet man einen Ischiadikus, so schwitzt das betreffende Bein nicht mit. Auch asphyktisches Blut (s. S. 125) erregt die Schweißzentra des Rückenmarks.

Ein zweites wichtiges Sekret der Haut ist der **Talg**, welcher als ölige Masse vor allem in den Talgdrüsen der behaarten Haut, deren Ausführungsgänge in die Haarfollikel einmünden, gebildet wird, und welcher auf der Oberfläche der Haut zu einer salbenartigen Substanz erstarrt. Die *chemische Untersuchung* des Talgs, der in mit Petroläther getränkten Wattebäuschen von der Haut abgerieben ist, ergibt, daß in ihm kein eigentliches Fett, kein Fettsäureglyzerinester enthalten ist, sondern wahrscheinlich ein Gemisch von Estern verschiedener höherer Fettsäuren mit einwertigen Alkoholen. Unter den letzteren befinden sich Cholesterin und Oxycholesterin, welche, mit den Fettsäuren gekoppelt, die sogenannten *Lanoline* (LIEBREICH, LINSER) darstellen; ferner soll nach RÖHMANN Oktadezylalkohol in den Estern enthalten sein. Außerdem finden sich freie Fettsäuren, freies Cholesterin, eine wachsartige Substanz Lanozerin und Salze niederer Fettsäuren.

Physiologisch bedeutsam ist, daß im Gegensatz zu den Fettsäureglyzeriden die Hautfette mit Wasser ziemlich gut benetzbar sind und demzufolge reichlich Wasser aufnehmen können. Auf die Weise ist die Haut für Wasser nicht undurchgängig und ermöglicht die *Perspiratio insensibilis* (s. S. 224 u. 286) unabhängig von der Schweißdrüsentätigkeit. Andererseits ist der Fettcharakter der Hautfette doch immerhin so weit gewahrt, daß sie die Benetzung der Haut erschweren, so daß z. B. Wasser von der Haut ziemlich leicht abläuft, und daß bei längerem Aufenthalt in Wasser die Epidermis nur sehr allmählich und nur in den oberflächlichsten Schichten aufquillt. Der Hauttalg macht ferner die Haut geschmeidig und verhütet, daß sie trocken und rissig wird. Endlich bieten für die Einfettung der Haut die Lanoline den Vorteil, daß sie nur schwer von Bakterien gespalten werden; sie werden also weniger leicht ranzig als die Fettsäureglyzerinester, verursachen also auch weniger leicht einen ranzigen Geruch und eine Reizung der Haut durch die freien Fettsäuren. Von dieser geringeren Angreifbarkeit der Lanoline war schon früher (S. 71) einmal die Rede, als wir feststellten, daß sie nicht resorbiert werden können, weil die Lipasen des Darms sie nicht zu hydrolysieren vermögen.

Von ganz besonderer Bedeutung ist ein drittes Sekret, das man vielleicht mit hierher zu den Hautdrüsenprodukten rechnen darf, die **Milch.** Ihre Bildung ist eine Leistung, die nicht im Interesse des eigenen Körpers geschieht, sondern mit welcher der Körper Vorsorge trifft für die nächste Generation. Deshalb steht auch die Entwicklung der Milchdrüse in Zusammenhang mit anderen Vorbereitungen des Körpers auf die Schaffung der Nachkommenschaft, wie wir zum Teil schon in der Lehre von den Sexualhormonen (Kap. 14) kennengelernt haben. Ferner haben wir uns mit der Milch als solcher vom Standpunkt der Ernährungsphysiologie zu beschäftigen; denn die Milch stellt ja monatelang die ausschließliche Nahrung für den Säugling dar, muß also in ihrer chemischen Zusammensetzung eine hohe Vollkommenheit als Nahrungsmittel zum Ausdruck bringen. Endlich interessiert uns die normale Art der Darreichung der Milch durch die Brust, durch welche Mutter und Kind noch weit über den Zeitpunkt der Geburt hinaus miteinander „verwachsen" sind, so daß das Kind notwendigerweise in den Schutz der Mutter gestellt bleibt.

Wir beginnen mit der *chemischen Zusammensetzung der Milch.* Das auffallendste Kennzeichen dieses Sekrets ist seine Farbe. Sie rührt bekanntlich davon her, daß das *Fett* der Milch in mikroskopisch kleinen Tröpfchen im Milchplasma zu einer feinen Emulsion verteilt ist. Die Zahl der Tröpfchen beträgt 1—6 Millionen pro cmm, ihr Durchmesser schwankt zwischen 2 und 5 μ. Die weiße Farbe kommt dadurch zustande, daß bei der Verschiedenheit der Brechungsindizes von Fett und Milchplasma das auf die Fetttröpfchen auffallende Licht total reflektiert wird. Die Emulsion zeigt einen hohen Grad von Beständigkeit; infolge der Schwere-

differenzen zwischen dem Suspensionsmittel und den suspendierten Fett-
tröpfchen geschieht zwar ähnlich wie beim Blut, wo die schwereren Blut-
körperchen sich allmählich im Plasma zu Boden senken, auch hier eine
Entmischung, die spezifisch leichteren Fetttröpfchen scheiden sich als
„Rahm" an der Oberfläche der Milch ab; aber die Entmischung erfolgt
doch nur langsam und unvollständig. Während Kuhmilch z. B. 2,7—4,3 %
Fett enthält, besteht der Rahm zu ungefähr 25 % aus Fett, die abgerahmte
„Magermilch" enthält aber auch noch etwa 0,8 %; nur wenn man die
Trennung durch Zentrifugieren vornimmt, gewinnt man eine Magermilch
von etwa 0,1 % Fett. Die Beständigkeit der Emulsion rührt davon her,
daß jedes Fetttröpfchen von einer Haut aus Kasein überzogen ist; wie
wir früher (S. 45) sahen, daß, wenn man eine künstliche Emulsion durch
Schütteln von Öl in schwach alkalischem Wasser herstellt, jedes Öltröpfchen
sich an seiner Oberfläche mit einer Schicht von Seife umgibt, so spielt hier
das Kasein der Milch die Rolle der Seife, und die Oberflächenmembranen
verhindern hier wie dort, daß die einzelnen Tröpfchen konfluieren. Wenn man
den Rahm dann „schlägt", so zerplatzen die Häutchen, und das Fett vereinigt
sich zu großen Massen, zu „Butter"; die „Buttermilch" bleibt übrig.
Das Fett der Milch besteht größtenteils aus Olein und Palmitin; außerdem
enthält es die Glyzeride niederer Fettsäuren. Ferner ist dem Butterfett
etwas Lezithin und Cholesterin beigemischt. Die gelbe Farbe der
Kuhbutter rührt von Blattfarbstoffen der Futterpflanzen, Carotin (s. S. 212),
Xanthophyll u. a. her.

Das eben erwähnte *Kasein* ist der wichtigste Eiweißkörper der Milch,
er ist für sie spezifisch. Das Kasein gehört zu der Gruppe der Phosphorproteide (s. S. 41). Es ist vergleichbar den Nukleoproteiden durch einen
Gehalt an Phosphorsäure ausgezeichnet; jedoch ist es von diesen dadurch unterschieden, daß es eine Verbindung von Eiweiß mit Phosphorsäure darstellt und als solche selber Säurecharakter hat. während die
Phosphorsäure der Nukleoproteide ein ganz anders gebundener Bestandteil der Nukleinsäure ist (S. 203). Wie die Milch uns schon durch
ihren Suspensionscharakter an das Blut erinnert, so ist sie auch darin
mit dem Blut vergleichbar, daß sie durch Umwandlung des Kaseins
gerinnen kann; in Gegenwart von Labferment (s. S. 29) bildet sich eine
kompakte Masse, die aus dem koagulierten Kasein, dem *Parakasein*, und
den in dem Gerinnsel eingeschlossenen Fetttröpfchen besteht; aus dieser
Masse scheidet sich allmählich eine opaleszente Flüssigkeit ab, die „Molke".
Diese Gerinnung erinnert besonders auch darin an die Fibrinogengerinnung
im Blut, daß sie an die Gegenwart von Kalksalzen gebunden ist; entfernt
man die reichlich in der Milch enthaltenen Kalksalze mit Oxalat oder
Fluorid (s. S. 29), so bleibt die Milch auch in Gegenwart von Labferment
flüssig. Im einzelnen ist aber der Gerinnungsvorgang doch von dem des
Blutes verschieden (HAMMARSTEN, FULD und SPIRO). Nämlich auch in
Abwesenheit von Kalksalzen wandelt das Labferment das Kasein um, so
daß das Kasein danach, auch wenn das Labferment durch Erhitzen zuvor
inaktiviert worden ist, bei erneutem Zusatz von Kalksalzen und unter
Bindung von Kalk ausflockt. Dabei wird zugleich das Kasein gespalten;
denn nach der Gerinnung bleibt eine kleine Menge einer albumosenartigen
Substanz, das *Molkeneiweiß* in Lösung. Außer in Gegenwart von Lab fällt das
Kasein auch beim Ansäuern der Milch aus; dies kommt dadurch zustande,
daß das Kasein als Phosphorproteid infolge seines Charakters einer schwachen
Säure bei der neutralen Reaktion der Milch als Kaseinat-Anion gelöst an-

wesend ist, dagegen bei saurer Reaktion undissoziierte und unlösliche Kolloid-aggregate bildet; die Flockung ist bei p_H 4,7, dem isoelektrischen Punkt (S. 41) des Kaseins, maximal. Wird Milch also spontan sauer dadurch, daß Luft-bakterien den in der Milch enthaltenen Zucker zu Milchsäure vergären, so erstarrt sie durch die Flockung in der bekannten Weise zu „dicker Milch". In frischer Milch koaguliert das Kasein dagegen nicht beim Erhitzen.

Das Kasein der Kuhmilch ist von dem der Frauenmilch verschieden; Lab erzeugt in Frauenmilch ein feinflockiges Koagulum, während sich das Kasein aus der Kuhmilch in gröberen Massen abscheidet; ferner ist das Frauenkasein schwerer durch Säuren fällbar als das Kuhkasein. Aus dem aus Kasein und Fett bestehenden Gerinnsel, welches durch Labferment nieder-geschlagen worden ist, aus dem Quark, entsteht durch einen „Reifungs-prozeß" der Käse; dabei wird durch Bakterien das Eiweiß teilweise pep-tonisiert, auch tiefer abgebaut, sogar desaminiert, es werden Fettsäuren frei u. a.

Neben dem Kasein enthält die Milch noch einfache Eiweißkörper in kleinen Mengen, *Laktalbumin* und *Laktoglobulin*; beide sind hitzekoagulabel („Milchhaut"). Für die Ernährung sind diese kleinen Mengen durchaus nicht gleichgültig; denn das Laktalbumin ist verhältnismäßig reich an Zystin und Tryptophan und ergänzt in vorteilhafter Weise das Kasein. Daß das Laktalbumin den Nährwert mancher Pflanzeneiweiße auffallend zu steigern vermag, wurde schon früher (S. 189) erwähnt. Da der Kaseingehalt der Frauenmilch geringer ist als der der Kuhmilch, spielen in der ersteren Laktalbumin und Laktoglobulin eine größere Rolle. In der Frauenmilch ist das Verhältnis von Albumin + Globulin zu Kasein 1 : 2, in der Kuh-milch 1 : 6.

Auch die Kohlehydrate sind in der Milch vertreten, und zwar in Form von *Milchzucker* (*Laktose*). Seine Vergärung spielt auch eine Rolle bei der Be-reitung eines bekannten, aus Milch hergestellten Nahrungsmittels, das wir von den Kaukasusvölkern übernommen haben, des Kefyrs. Durch Zusatz des „Kefyrferments", das aus bestimmten Hefen und Bakterien zusammen-gesetzt ist, wird der Milchzucker gespalten (s. S. 44) und dann in Alkohol und Kohlensäure vergoren; daneben entstehen Milchsäure und durch Um-wandlung der Eiweißkörper Peptone. Durch Überwuchern der Kefyr-pilze über die übrigen Bakterien soll die Eiweißfäulnis im Darm ein-geschränkt werden (s. S. 63). Im Gegensatz zu den Kefyrerregern vermag die gewöhnliche Bäckereihefe den Milchzucker im Gegensatz zur Glucose nicht zu Alkohol und Kohlensäure zu vergären; dies Verhalten ist diagno-stisch wichtig, da im Harn von Wöchnerinnen gelegentlich Laktose auf-tritt, die ebenso wie Glucose die TROMMERsche Reaktion gibt.

In kleinen Quantitäten enthält die Milch von organischen Stoffen ferner *Harnstoff*, *Kreatin* und *Kreatinin*, außerdem die *Vitamine A, B_2, C*, weniger B_1 und *D* (s. Kap. 11). Bemerkenswert ist ihr fast vollständiger Mangel an *Purinen;* daher die Verordnung von Milch bei Behandlung der Gicht (s. S. 205)!

Endlich findet man in der Milch *anorganische Verbindungen*, unter ihnen auffallend viel Calcium und Phosphorsäure, die zur Bildung der Knochensubstanz im wachsenden Säugling dienen.

Alle diese Bestandteile der Milch sind, wie die *quantitative Analyse* lehrt, in annähernd konstanten Mengen vorhanden. Ausdruck dessen ist die molare Konzentration, welcher eine Gefrierpunktserniedrigung von 0,54—0,59^0 entspricht. Die Milch ist also mit dem Blut der Säuge-

tiere isotonisch. Auch das **spezifische Gewicht** schwankt nur innerhalb des kleinen Bereichs von 1,028—1,035 sowohl bei der Kuhmilch als
auch bei der Milch der Frau. Der Gehalt an den wichtigsten organischen
Bestandteilen ist aber
von Tierart zu Tierart
recht verschieden, wie
die nebenstehende Ta-
belle lehrt.

Tierart	Eiweiß	Fett	Zucker	Salze
Mensch . . .	1—2	3—4	6—7	0,2
Esel	2,1	1,3	6,3	0,3
Pferd	2,0	1,1	6,7	0,3
Kuh	3,5	4,0	4,8	0,7
Ziege	3,7	4,1	4,5	0,85
Hund	9,9	9,6	3,2	0,7

Auf Grund dieser
Analysenergebnisse wird
die Milch der Eselin und
der Stute als der Frauenmilch besonders ähnlich angesehen. Der gebräuchlichste Ersatz der Muttermilch, die Kuhmilch, enthält erheblich mehr Eiweiß und Salze, weniger Zucker. Darauf gründet sich die Vorschrift der
Kinderärzte, die Kuhmilch für die Ernährung des menschlichen Säuglings
mit Wasser zu verdünnen und ihr dann Zucker zuzusetzen.

Die verschiedene Zusammensetzung der Milch der verschiedenen
Tierarten scheint in Zusammenhang mit der Geschwindigkeit zu stehen,
mit welcher die saugenden Jungen wachsen; dafür spricht die folgende
Zusammenstellung:

Tierart	Zahl der Tage bis zur Ver-doppelung des Geburts-gewichts	In 100 Teilen Milch sind enthalten		
		Kalorien	Eiweiß	CaO, MgO, P_2O_5
Mensch	180	70	1,2	0,08
Rind	47	65	3,3	0,46
Ziege	20	80	5,0	0,6
Schaf	12	105	5,6	0,6
Schwein	8	170	7,5	0,8
Hund	8	135	9,7	1,0
Kaninchen . . .	6	160	15,5	1,9

Also diejenigen Stoffe, welche für den Aufbau der Zellen notwendig
sind, die Eiweißkörper und gewisse Salze, scheinen im allgemeinen dem
Säugling in um so konzentrierterer Form in der Milch geboten zu werden,
je rascher er sich entwickelt.

Auch die **relativen** *Mengen der anorganischen Salze* sind für die
Tierart kennzeichnend; es sei dafür auf die Angaben auf S. 218 verwiesen,
wo gezeigt wurde, daß die Aschenbestandteile der Milch der Hündin in
ihren relativen Mengen in überraschendem Maß mit den Aschenbestandteilen
im Hundesäugling übereinstimmen, welcher seinen Körper aus der Milch
aufbaut. Auch dafür kommt es nach
Bunge auf die Wachstumsgeschwindigkeit an; denn während bei den
schnell wachsenden Tieren, wie Kaninchen, Hund und Meerschweinchen, diese
Übereinstimmung vorhanden ist, wird
sie beim Menschen und beim Rind vermißt. Für den Menschen z. B. gelten
nach Camerer und Söldner die nebenstehenden Zahlen. Danach ist die

Es sind enthalten in 10 g Asche von

	Säugling	Frauenmilch
K_2O	7,8	31,4
Na_2O	9,1	11,9
CaO	36,1	16,4
MgO	0,9	2,6
P_2O_5	38,9	13,5
Cl	7,7	20,0

Asche der Frauenmilch also ganz abweichend von der des Säuglings zusammengesetzt. Kaninchen und Hunde wachsen aber nach der Geburt so rasch,

daß sie schon in 6 bzw. 8 Tagen ihr Körpergewicht verdoppeln, während der Mensch dazu etwa 180 Tage braucht (s. Tabelle).

Aus all dem ist zu folgern, daß die Muttermilch für das Neugeborene ein Nahrungsmittel sein muß, das kaum zu ersetzen ist. Es kommt noch hinzu, daß die Milch in verschiedenen Perioden der Laktation verschieden zusammengesetzt ist, die Brustdrüse sich also anscheinend fortwährend den sich ändernden Bedürfnissen des Säuglings anpaßt. Z. B. ist der Eiweiß- und der Salzgehalt in der Frauenmilch in den ersten Tagen des Säugens am höchsten und nimmt dann allmählich ab, während der Milchzuckergehalt umgekehrt allmählich ansteigt. So wird es begreiflich, daß die „Brustkinder" im großen und ganzen viel besser gedeihen als die „Flaschenkinder", wenn dafür auch noch andere Verhältnisse geltend zu machen sind (s. S. 321).

Nur an zwei Bestandteilen ist die Milch regelmäßig so arm, daß man deshalb mit dem oft für sie verwendeten Prädikat eines „vollkommenen Nahrungsmittels" zurückhalten möchte. Erstens mangeln, worauf bereits aufmerksam gemacht wurde, die Purine, welche zum Aufbau der Kernsubstanz unentbehrlich sind, also auch dem wachsenden Säugling zugeführt werden sollten. Aber wahrscheinlich kann der Säugling sie in der Milch deshalb entbehren, weil er sie sich selber synthetisch aufbaut (s. S. 206). Und zweitens ist die Milch überaus arm an Eisen. Dieser Mangel wird wahrscheinlich so ausgeglichen, daß das Neugeborene einen Eisenvorrat in sich trägt, mit welchem es seine Bedürfnisse bestreiten kann, bis es zu eisenreicherer Nahrung übergeht. Beim Kaninchen liegt eine besonders große Eisenreserve in der Leber, bei Hund und Katze im Hämoglobin. Während der Saugezeit sinkt dann anscheinend bei allen Tieren der Eisenvorrat ab und erreicht zum Schluß dieser Zeit ein Minimum, um sich von da ab durch den Übergang auf andere Kost wieder zu vergrößern (LINTZEL und RADEFF). Dies Verhalten wird durch die folgende für das Kaninchen geltende Tabelle (nach BUNGE) illustriert:

Alter des Tieres	mg Fe in 100 g Körpersubstanz	Alter des Tieres	mg Fe in 100 g Körpersubstanz
1 Stunde nach der Geburt .	18,2	22 Tage nach der Geburt .	4,3
1 Tag „ „ „ .	13,9	24 „ „ „ „ .	3,2
4 Tage „ „ „ .	9,9	27 „ „ „ „ .	3,4
7 „ „ „ „ .	6,0	35 „ „ „ „ .	4,5
13 „ „ „ „ .	4,5	46 „ „ „ „ .	4,1
		74 „ „ „ „ .	4,6

Der relative Eisengehalt des Kaninchens sinkt also bis in die 4. Woche nach der Geburt, um von da ab wieder etwas zu steigen und sich dann konstant zu halten. In der 4. Woche beginnen aber die jungen Kaninchen zu Grünfutter überzugehen.

So wird auch die oft gehörte Erfahrung verständlich, daß Kinder, welche zu lange allein an der Mutterbrust genährt werden, anämisch werden.

Noch in einer anderen Hinsicht äußert sich die Anpassung der Sekretionsarbeit der Milchdrüse an die Bedürfnisse des Säuglings, nämlich darin, daß *die Zusammensetzung der Milch recht weitgehend unabhängig von der Ernährung* ist. Diese Regel wird allerdings nach den neueren Erfahrungen stark durchbrochen in bezug auf die Vitamine. Wir haben früher (Kap. 14) erfahren, daß der Gehalt der Milch namentlich an A-, C- und D-Substanz je nach der Zufuhr in der Nahrung großen Schwankungen unterworfen ist.

Eine besondere Beschaffenheit hat die Milch, welche in den ersten Tagen nach der Geburt in spärlichen Mengen abgesondert wird; sie wird mit einem eigenen Namen als **Kolostrum** bezeichnet. Das Kolostrum sieht gelblich aus. Es enthält neben den Fetttröpfchen in Suspension die sogenannten **Kolostrumkörperchen**, Leukozyten, in deren Protoplasma größere und kleinere Fettgranula liegen. Der Eiweißgehalt des menschlichen Kolostrums ist höher als bei der Milch; es enthält an Kasein 3—4%, an Albumin + Globulin 5—10%. Beim Erhitzen koaguliert das Kolostrum.

Zur **Bildung der Milch** kommt es bekanntlich, nachdem während der Gravidität das Drüsengewebe gewuchert (s. S. 279) und nachdem die Geburt erfolgt ist. Die Bildung ist ein echter Sekretionsprozeß. Dafür ist kennzeichnend, daß mehrere der wesentlichsten Bestandteile, Kasein und Milchzucker, nicht im Blut präformiert sind, sondern von der Drüse neu gebildet werden. Wie das geschieht, ist nicht bekannt. Ob das Fett in der Milchdrüse, wenigstens zum Teil, neu entsteht, ist unsicher; neuerdings wird die Ansicht vertreten, daß die Fettsäuren, besonders ungesättigte, in Form von Phosphatiden mit dem Blut zugeführt und unter Abspaltung der Phosphorsäure in der Milchdrüse frei gemacht werden. Jedenfalls kann man aber Nahrungsfett, wenn auch nur in kleinen Mengen, in der Milch nachweisen. Es sei daran erinnert, daß, wenn man jodiertes Fett verfüttert, ein Teil davon in der Milch wiedergefunden wird (s. S. 180). Wenn manche Tiere in der Milch für längere Zeit erheblich mehr Fett abgeben, als sie in der Nahrung aufnehmen, so beweist das natürlich nicht, daß das Plus in der Milchdrüse entstanden ist; es ist nur irgendwo im Körper neu gebildet (s. S. 181). Auch andere Nahrungsbestandteile können in die Milch übergehen; so ändert sich bekanntlich der Geschmack und der Geruch der Milch, wenn Kühe von Trockenfutter zu Grünfutter übergehen; die Herkunft der Vitamine aus der Nahrung wurde bereits angeführt. Besonders bedenklich ist die Durchgängigkeit der Drüse für Alkohol. Im allgemeinen ist aber, wie gesagt, die Zusammensetzung der Milch nur sehr wenig durch die Ernährung zu beeinflussen.

Außer in der Bildung spezifischer Bestandteile äußert sich die Lebenstätigkeit der Milchdrüse auch darin, daß sie aus dem Blut bestimmte Stoffe in bestimmter Menge ausliest. Wir sahen, daß sie z. B. den Blutsalzen gegenüber so verfährt. Obwohl aber die Salze in der Milch in ganz anderen Mengeverhältnissen enthalten sind als im Blut, so ist doch der osmotische Druck in beiden Flüssigkeiten der gleiche (s. S. 318).

Diese ganze Drüsenaktion ist nicht an die Mitwirkung des *Nervensystems* im Sinne eines Sekretionszentrums gebunden. Das geht am deutlichsten aus den Beobachtungen von Goltz und Ewald an einer Hündin mit verkürztem Rückenmark hervor. Das Tier, bei dem das Thorakal- und Lumbosakralmark operativ entfernt war, gebar in normaler Weise eine Anzahl Junge, von denen eines an die Brustdrüsen angelegt und überreichlich mit Milch versorgt wurde. Dabei rötete sich und schwoll jedesmal diejenige Drüse, an welcher das Junge gerade trank. Hieraus darf aber noch nicht geschlossen werden, daß das Nervensystem für die Laktation überhaupt gleichgültig ist; neuere Versuche von Cannon über den Einfluß der Exstirpation des sympathischen Nervensystems bei Hunden und Katzen haben gelehrt, daß, wenn man die Beobachtungszeit nach der Operation über eine längere Periode ausdehnt, die Milchsekretion sich als außerordentlich eingeschränkt erweist. Ob normalerweise der Saugreiz über nervöse Elemente auf die Milchdrüse wirkt, ist nicht sicher. Auf alle Fälle vermehrt das Saugen die Ergiebigkeit der Drüsentätigkeit, was für die Beurteilung der vielerorts verbreiteten Stillunfähigkeit der Frauen von Wichtigkeit ist; denn diese öfter als Degenerationszeichen gedeutete Erscheinung ist vielfach nur vorgetäuscht durch mangelnde Gewissenhaftigkeit und mangelnde Ausdauer von seiten der Stillenden sowie durch oft unzureichende Beratung und Belehrung von seiten des Arztes. Wie hoch die natürliche Ernährung des Säuglings mit der Muttermilch zu veranschlagen ist, darauf wurde bereits hingewiesen (s. S. 320). Die Unersetzlichkeit der Muttermilch folgt nicht bloß aus ihrer spezifischen Zusammensetzung; hinzukommt, daß die Milch nur beim unmittelbaren Bezug aus der Drüse dem Säugling keimfrei zugeführt wird, während die Kuhmilch der Sterilisierung oder wenigstens der *Pasteurisierung*, d. h. der etwa halbstündigen Erhitzung auf über 60° bedarf, und selbst wenn dies mit aller Sorgfalt ausgeführt wird, gehen dabei leicht wichtige Bestandteile, wie Laktalbumin, Laktoglobulin und Vitamine, verloren (s. S. 209). Auch werden die Brustkinder von der Mutter im allgemeinen ungleich sorg·samer gepflegt als die Flaschenkinder.

19. Kapitel.

Fortpflanzung und Wachstum.

Das Sperma 323. Erektion und Ejakulation 325. Die Eier; Ovulation und Menstruation 326. Befruchtung und Entwicklung des Eies 327. Das Wachstum 331.

Die Fortpflanzungsfähigkeit gehört, wie wir schon in den einleitenden Betrachtungen des ersten Kapitels gesehen haben, zu den Hauptkriterien des Lebens. Sie besteht in der Fähigkeit der Organismen, aus sich heraus lebendige Teile zu entwickeln, welche von ihrem Ursprungsort losgelöst zu neuen Individuen sich umgestalten oder heranwachsen, die denjenigen, von denen sie abstammen, den „Eltern", ähnlich sind. Uns interessiert hier wesentlich die sogenannte *geschlechtliche Fortpflanzung*, d. h. diejenige Form der Fortpflanzung, bei welcher zwei verschiedene Lebewesen, Lebewesen von verschiedenem „Geschlecht", in ihrem Innern verschiedene „*Keimzellen*" (die *männlichen und die weiblichen Geschlechtszellen*) produzieren, welche, nachdem sie sich von dem elterlichen Körper losgelöst haben, miteinander verschmelzen müssen, damit sich ein neues, den Eltern ähnliches Wesen entwickelt.

Die Lehre von der **Fortpflanzung** gründet sich bisher in erster Linie auf morphologische Untersuchungen über Struktur und Bildung der Keimzellen und über den Verlauf und die Folgen des als *Befruchtung* bezeichneten Verschmelzungsvorgangs. Die Physiologie der Fortpflanzung, welche hier allein in Betracht kommen soll, hat es vor allem mit den Lebenseigenschaften der Keimzellen zu tun und mit den äußeren und inneren Bedingungen für das Zustandekommen der Befruchtung und der daraus entspringenden *Entwicklungserregung;* wir stoßen jedoch bei dieser Lehre vorläufig auf Schritt und Tritt auf ungelöste Fragen.

Die männlichen Geschlechtszellen werden bei den höheren Tieren im **Samen** oder **Sperma** aus den Hoden entleert. Der Samen ist eine schleimige, klebrige, ziemlich konsistente Flüssigkeit, von opaleszentem, beinahe milchigem Aussehen und eigentümlichem Geruch. Kurz nach der Entleerung nimmt seine Konsistenz noch zu, der Samen wird gallertig, um sich wenige Minuten danach wiederum mehr zu verflüssigen.

Die *chemische Analyse* ergibt einen Gehalt an Trockensubstanz von etwa 10 %; davon sind etwa 9 % organische Substanz. In dieser findet man reichlich Nukleoproteide, Albumin, Muzin, Lezithin und Cholesterin. In den Nukleoproteiden ist die Nukleinsäurekomponente — besonders bei den Fischen — häufig an besondere basische Eiweißkörper, Histone und Protamine, gebunden.

Die milchige Opaleszenz des Samens rührt vor allem von den darin suspendierten Keimzellen, den **Samenfäden** oder **Spermatozoen** (*Spermien*), her, ähnlich wie die Farbe der Milch von den suspendierten Fetttröpfchen herrührt.

21*

Im Mittel findet man in 1 mm³ 60000 Samenfäden; da bei einer Ejakulation des Menschen 0,75—6 ccm Sperma entleert werden, so werden also auf einmal mehrere Millionen Samenfäden abgegeben.

Das Auffallendste an den Samenfäden ist ihre *Beweglichkeit*. Diese fehlt noch im Hoden und in den meisten Partien des Nebenhodens. Die Beweglichkeit wird wahrscheinlich erst durch die Beimischung des Prostatasekrets herbeigeführt. Die Bewegungen bestehen entweder in einem pendelnden Hin- und Herschlagen des Schwanzes, welches ein Hin- und Herwackeln des Kopfes verursacht, wobei das Spermatozoon nur langsam von der Stelle kommt, oder der Schwanz führt schlängelnde Bewegungen aus, welche den Kopf geradeaus vorschieben. Die Progression beträgt etwa 3—4 mm pro Minute. Schwach alkalische Reaktion belebt, saure Reaktion lähmt die Bewegungen.

Bei den Säugetieren findet nun die Vereinigung der Samentierchen mit den weiblichen Keimzellen in den obersten Abschnitten des Genitaltrakts, in der Tube oder auf der Oberfläche des Ovariums statt; es fragt sich, wie die Samentierchen dorthin finden. PFEFFERS bekannte Entdeckung, daß die Schwimmrichtung bei den Spermien der Farne durch chemische Stoffe bestimmt wird, welche von dem Archegonium in das angrenzende Wasser abgegeben werden, ließ vermuten, daß auch bei der Orientierung der tierischen Samenfäden *Chemotaxis* im Spiele ist. In der Tat ist durch CHROBAK und durch O. LOEW gezeigt, daß das schwach alkalische Zervikalsekret des Uterus und das Tubensekret positiv, der saure Vaginalschleim negativ chemotaktisch auf die Spermatozoen wirken. Wenn diese also in die Scheide ejakuliert sind, so können sie an der Portio vaginalis des Uterus durch den in die Vagina herausragenden Pfropf von Zervikalschleim in den Uterus hineingelockt werden.

Die Weiterbewegung von dort zur Tube hinauf und in dieser aufwärts beruht nach einer weitverbreiteten Ansicht auf einer *negativ rheotaktischen Reaktion* der Samenfäden. Erzeugt man nämlich in der Flüssigkeit, in welcher die Samentierchen schwimmen, eine sanfte Strömung, so orientieren sich die Samentierchen alsbald gegen diese Strömung (ROTH). Wenn also Uterus und Tube mit einem Flimmerepithel ausgekleidet sind, dessen Schlag eine Strömung nach außen unterhält, so würden sich die Samentierchen gegen den Strom einstellen, wie KRAFT auch wirklich bei Spermatozoen von Kaninchen auf der Tubenschleimhaut einer Kuh beobachtet hat. Nach neueren Beobachtungen von PARKER ist die Rheotaxis der Spermien aber ein Artefakt, die Flimmerströmung in der Tube verläuft in beiderlei Richtung, und die Spermien bewegen sich infolgedessen bald ovar-, bald uteruswärts.

Auf ihrer Wanderung müssen nun die Spermatozoen einer vom Ovarium ausgestoßenen Eizelle begegnen. Da dies Ausstoßen nur in längeren Intervallen geschieht, so ist es notwendig, daß die Spermatozoen innerhalb des weiblichen Körpers eine Zeit lang überleben. Es sind denn auch z. B. im Eileiter der Henne noch 40 Tage nach der Begattung lebende Spermatozoen gefunden worden, bei der Fledermaus müssen sie ein halbes Jahr im Uterus lebendig erhalten bleiben, da die Begattung im Herbst, die Abstoßung der Eier vom Ovarium und damit die Befruchtung erst im Frühjahr erfolgt, und beim Weib hat DÜRSEN bei Gelegenheit einer Operation noch $3^1/_2$ Wochen nach der Kohabitation lebende Spermatozoen in der Tube nachgewiesen.

Der im Hoden gebildeten Samenflüssigkeit mischen sich auf ihrem Weg nach außen noch mehrere Drüsensäfte bei. Erstens ergießen die

Samenblasen ihr zähes gelbliches Sekret ins untere Ende der Samenleiter; zu welchem Zweck, ist für den Menschen nicht sicher bekannt. Bei den Nagetieren gerinnt nach STEINACH und nach CAMUS und GLEY das Samenblasensekret bei Berührung mit dem Saft der Prostata; es bildet sich auf die Weise ein Pfropf, welcher die Vaginalöffnung verschließt und das Ausfließen des Samens verhindert. Der Verschluß dient bei den Nagern vielleicht auch dazu, durch Abschluß der Luft die Beweglichkeit der Spermien und damit den Verbrauch ihrer Substanz auf ein Minimum herabzusetzen, damit sie noch im Frühjahr befruchtungsfähig sind, nachdem die Begattung schon im Herbst erfolgt ist (REDENZ). Die ältere Lehre, daß die Samenbläschen beim Menschen ein Receptaculum seminis bilden, wird auch neuerdings wieder vertreten.

Das Sekret der **Prostata** ist trübe und dünnflüssig; in ihm soll der Stoff enthalten sein, welcher dem Sperma den eigentümlichen Geruch verleiht. Die besondere Beziehung der Prostata zur geschlechtlichen Tätigkeit offenbart sich darin, daß die Prostata sich zur Pubertätszeit vergrößert, und daß sie durch Kastration verkleinert wird; die letztere Tatsache hat mit Rücksicht auf die im Alter öfter zustande kommende, der Harnentleerung in quälender Weise hinderliche Prostatahypertrophie chirurgisch-therapeutische Bedeutung. Nach STEINACH und FÜRBRINGER dient das Prostatasekret dazu, die Bewegungen der Samenfäden anzuregen, vielleicht nur vermöge seiner Alkaleszenz, welche den respiratorischen Gaswechsel der Spermatozoen steigert.

Das Sekret der **Cowperschen Drüsen,** der Glandulae bulbo-urethrales, endlich ist schleimig-fadenziehend. Bei der Kohabitation wird es wahrscheinlich durch den Musculus bulbocavernosus in die Harnröhre ausgepreßt. Wahrscheinlich wird die weißliche Flüssigkeit, welche bei starker sexueller Erregung vor der Samenentleerung aus der Urethraöffnung austritt, aus den COWPERschen Drüsen entleert; sie soll durch ihre alkalische Reaktion Säuren entfernen, die in der Urethra enthalten sind und das Sperma schädigen könnten.

Der Erguß des Samens ist ein Reflexakt, dem bei den Säugetieren gewöhnlich ein anderer Reflex vorausgeht, welcher für die Einführung des Penis in die weibliche Vagina die Vorbedingung ist, die **Erektion.** Sie kommt dadurch zustande, daß sich die Schwellkörper (Corpora cavernosa) des Penis strotzend mit Blut füllen. Die Schwellkörper stellen ein System von Lakunen dar, das zwischen Arterien und Venen eingeschaltet ist. Die Füllung könnte einesteils durch vermehrten Blutzufluß durch die Arterien, anderenteils durch verminderten Abfluß aus den Venen erfolgen. Wahrscheinlich ist das erste das Entscheidende; denn bei der Erektion wird der Penis nicht zyanotisch, wie bei einer venösen Stauung, und seine Temperatur steigt, wie bei einer arteriellen Hyperämie (EXNER). Nach v. EBNER und KISS spielen besondere glatte Muskeln des Penis die Hauptrolle; es werden nämlich erstens die erwähnten Lakunen von Muskelfasern, die in den Trabekeln der Corpora cavernosa verlaufen, umsponnen, derart, daß ihre Kontraktion eine Entleerung bewirken muß, und zweitens findet man in den Arterien des Penis, besonders an ihrem Übergang in das Lakunensystem, polsterartige Verdickungen der Intima, in welche ebenfalls Muskelfasern eingelagert sind, so daß bei ihrer Kontraktion die Polster in das Lumen der Arterien vorgebuchtet werden und den Blutzufluß erschweren müssen. Die Erektion kann danach so zustande kommen, daß reflektorisch der Tonus dieser glatten Muskulatur sinkt. Daneben findet bei der Erektion wohl auch eine gewisse Erschwerung des venösen Abflusses statt dadurch, daß die geschwellten Corpora cavernosa auf die Venen drücken, und daß auch die Mm. bulbo- und ischiocavernosi die Venen zum Teil komprimieren.

Die zentrifugale Leitung der Erregung bei dem Erektionsreflex erfolgt im N. erigens, wie von ECKHARD durch elektrische Reizung gezeigt worden ist; sein Antagonist ist der N. pudendus, welcher durch Spannung der glatten Muskulatur in den Arterienpolstern und in den Corpora cavernosa die Erschlaffung bewirkt.

Die **Ejakulation** geschieht durch eine Reihe von rhythmischen Kontraktionen. An diesen sind erstens die Längs- und Ringmuskeln des Vas deferens beteiligt, welches sich bei Reizung zugleich verkürzt und verengt. Zweitens kontrahieren sich wahrscheinlich die Muskelbündel, welche die Drüsenläppchen der Prostata umfassen, und pressen das Sekret in die Harnröhre. Drittens und vor allem ziehen sich die Muskeln der Urethra und die Mm. bulbo- und ischiocavernosi ruckweise zusammen.

Das Zentrum für den Erektions- und Ejakulationsreflex, das **Centrum genito-spinale** ist im Sakralmark gelegen; seine Zerstörung hebt die Reflexe auf (GOLTZ) (s. Kap. 22). Im speziellen ist das Zentrum ins untere Sakralmark zu lokalisieren; denn nach Quertrennung des Rückenmarks im Lumbalteil und selbst im oberen Sakralteil bleiben die Reflexe erhalten, ja sie können durch die Isolierung sogar gesteigert werden. Darauf ist es wohl zu beziehen, daß man bei Erhängten und Enthaupteten gelegentlich eine Erektion hat zustande kommen sehen. —

Die *weiblichen Geschlechtszellen*, die **Eier,** entwickeln sich im Ovarium aus den Primordialfollikeln. Zu Beginn der Pubertät sind in den Eierstöcken des Weibes etwa 40—80 000 Eier vorhanden; von diesen reift im allgemeinen zu einem bestimmten Zeitpunkt immer nur eines und wird sodann vom Ovarium abgestoßen. Da die Abstoßung ungefähr in einem vierwöchentlichen Intervall erfolgt, so werden von den 40—80 000 Eiern in der Zeit der Geschlechtstätigkeit des Weibes, d. h. ungefähr zwischen dem 15. und 50. Lebensjahr, nur etwa 400 Eier verbraucht.

Die Reifung eines Eies geschieht innerhalb eines GRAAFschen Follikels; platzt dieser, so schwemmt die in ihm enthaltene Flüssigkeit das Ei mit aus in die Bauchhöhle; aus dem geborstenen Follikel wird durch Wucherung des Follikelepithels und der Bindegewebszellen der Theca folliculi ein Corpus luteum (s. S. 280).

Mit der regelmäßigen Abstoßung eines Eies, mit der *Ovulation*, steht nun eine zweite Erscheinung im Zusammenhang, die *Menstruation*, d. h. die vierwöchentliche Blutung aus den Genitalien. Die Uterusschleimhaut macht nämlich eine periodische Umwandlung durch. Von einem bestimmten Zeitpunkt ab beginnt sie allmählich zu schwellen und sich aufzulockern, die Drüsenschläuche wuchern, die Sekretion nimmt zu; all das ist begleitet von einer Steigerung der Durchblutung. Haben diese Vorgänge einen gewissen Höhepunkt erreicht, so löst sich die Schleimhaut in ihren tieferen Partien in einzelnen Fetzen unter starkem Blutaustritt los und wird ausgestoßen. Danach beginnt eine Regeneration, indem die Reste des Drüsenepithels durch Wucherung die Wundfläche zudecken. Dann beginnt der ganze Prozeß von neuem.

Diese periodische Umwandlung der Uterusschleimhaut ist, wie schon früher erörtert wurde, von einer innersekretorischen Tätigkeit des Ovariums abhängig. Dafür wurde angeführt (S. 280), daß es ohne Ovarium keine

Menstruation gibt, und daß die regelmäßige Menstruation auch dann fortbestehen kann, wenn die Ovarien zwar exstirpiert, aber an einen anderen
Ort transplantiert worden sind. Nach L. FRAENKEL ist es besonders das
Corpus luteum, welches die Umwandlungen im Uterus anregt. Dabei ist
von Wichtigkeit, daß die Ovulation, an welche sich die Bildung des Corpus
luteum anschließt, zeitlich nicht mit der Menstruation zusammenfällt;
meistens findet man einen frisch geborstenen Follikel zwischen dem 10. und
20. Tag nach Beginn der menstruellen Blutung bzw. 1—2 Wochen vorher.
Dem entspricht der früher (S. 280) zitierte Befund, daß etwa 10 Tage
vor der Menstruation am meisten Sexualhormon im Blut kreist. Das Schema
Abb. 105 gibt die zeitlichen Beziehungen zwischen dem Ovulations- und dem
Menstruationszyklus nach R. SCHRÖDER wieder. Man sieht darauf, wie
nach der menstruellen Desquamation der Schleimhaut ihre Regeneration
und Verdickung einsetzt, während gleichzeitig ein Follikel zum Sprung
heranreift, wie dann etwa in der Mitte zwischen der vorangegangenen und
der folgenden Menstruation die Ovulation zustande kommt und das Corpus

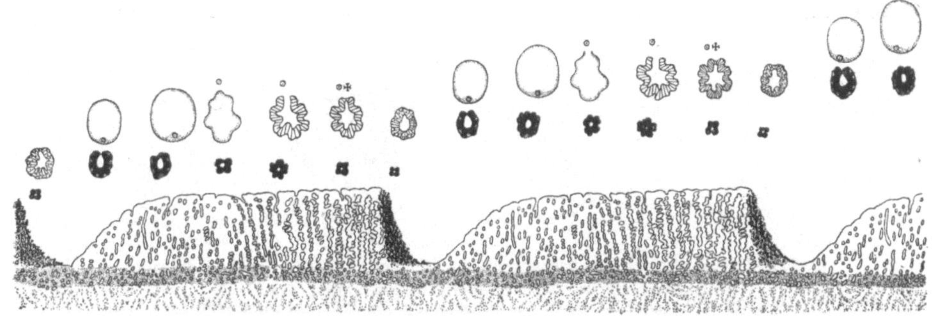

Abb. 105. Schema der periodischen Veränderungen von Ovarium und Uterusschleimhaut. (Nach R. SCHRÖDER.)

luteum sich entwickelt; Hand in Hand damit geht eine mächtige Wucherung
der Uterusdrüsen vor sich. Wird das Ei alsdann nicht befruchtet, so setzt
kurz vor der Menstruation und wohl als ihre Ursache eine rasche Degeneration
des Corpus luteum ein. Diese Deutung wird experimentell durch die Beobachtung von ALLEN und ZONDEK gestützt, daß, wenn man kastrierten
Affen oder nichtmenstruierenden Frauen Sexualhormon einspritzt, die
Uterusschleimhaut wuchert, daß aber einige Tage nach der Unterbrechung der Einspritzungen eine Menstruation zustande kommt. Wahrscheinlich stellt, wie schon früher (S. 281) gesagt, die Auflockerung und
Wucherung der Uterusschleimhaut, welche jeder Menstruation folgt, eine
Vorbereitung zur Aufnahme eines befruchteten Eies dar.

Jede menstruelle Blutung dauert im Mittel 3—5 Tage; es werden
dabei 30—200 g mit Uterussekret und Vaginalschleim untermischten
Blutes ausgeschieden.

Ungefähr mit dem 50. Lebensjahr erlischt die Ovulation; die Menstruation verliert um diese Zeit des sogenannten *Klimakteriums* ihre strenge
Periodizität, und die Blutungen werden unregelmäßig, teils spärlich, teils
überreichlich. Ovarium und Uterus bilden sich zurück, Verengung der
Scheide, Schrumpfung der Schleimhaut, Schwund der Behaarung, Abnahme der Libido sexualis bilden weitere Zeichen der *senilen Involution*. —

Wenn sich nach der Begattung Spermatozoon und Ei innerhalb des
weiblichen Organismus im **Befruchtungsvorgang** vereinigen, so wird dadurch

der Anstoß zur Entwicklung eines neuen, den Eltern ähnlichen Wesens gegeben. Es gehört zu den interessantesten Aufgaben der Physiologie festzustellen, worauf die *Entwicklungserregung* zurückzuführen ist.

Man hat sich zu ihrer Lösung zunächst von folgendem morphologischen Gesichtspunkt leiten lassen: Vor der Befruchtung macht das Ei einen *Reifungsprozeß* durch, welcher darin besteht, daß sein Kern an die Oberfläche rückt, und daß das Ei sich dann zweimal nacheinander in zwei ganz ungleiche Hälften teilt, so daß neben dem protoplasmareichen reifen Ei die zwei kleinen Pol- oder Richtungskörperchen entstehen, welche im Verhältnis zu ihrer Masse viel Kernsubstanz enthalten. Der Eikern hat also bei der Reifung eine Reduktion seiner Chromatinmasse erfahren. (Reduktionsteilung). Diese Reifung erfolgt beim Säugetierei entweder noch solange es im GRAAFschen Follikel eingeschlossen ist oder nach seiner Ausstoßung kurz vor der Befruchtung. Die Reifung könnte nun den Sinn haben, das Ei aufnahmefähig für neues Chromatin zu machen, welches ihm durch die Vereinigung mit einer anderen Zelle, dem Spermatozoon, zugeführt würde; damit würde es dann auch fähig zu neuen Teilungen. Aber es wurde experimentell bewiesen, daß diese Deutung verkehrt ist; BOVERI u. a. zeigten, daß auch kernlose Fragmente von Eiern befruchtungsfähig sind, und daß sich daran eine Entwicklung anschließt, die freilich nur bis zum Gastrulastadium führt. BOVERI selber führte den Anstoß zur Entwicklung durch das Eindringen der Samenzelle darauf zurück, daß erst die Samenzelle ein aktives Zentrosoma, das die zur Teilung notwendigen Plasmastrahlungen anregt, in die weib

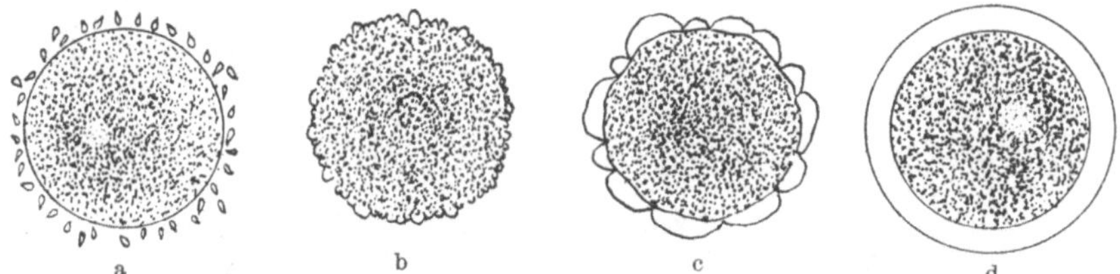

Abb. 106. Bildung der Befruchtungsmembran beim Seeigelei. (Nach J. LOEB.)
a unbefruchtetes Ei, von Spermatozoen umschwärmt,
b—d verschiedene Stadien in der Entstehung der Befruchtungsmembran.

liche Keimzelle einführe. Es hat sich jedoch gezeigt, daß auch bei der künstlichen Entwicklungserregung ohne Spermatozoon, auf welche wir gleich genauer zu sprechen kommen, regelmäßige Plasmastrahlungen auftreten, und daß sich sogar in kernlosen Eifragmenten durch bestimmte Einflüsse künstlich Zentrosomen und Plasmastrahlungen erzeugen lassen (WILSON). Heute wird der Sinn der Reifungsteilungen, morphologisch betrachtet, darin erblickt, daß durch die Eigenart ihres Verlaufs der diploide Chromosomensatz des unreifen Eies in den haploiden des reifen Eies umgewandelt wird, so daß bei der Vereinigung mit dem Spermium, das ebenfalls einen haploiden Kern enthält, die diploide Garnitur, die alle somatischen Zellen auszeichnet, wiederhergestellt wird, die aber nun zu gleichen Teilen aus väterlichen und mütterlichen Chromosomen mit den zugehörigen Erbeinheiten besteht.

Aber hierbei bleibt natürlich die vorher aufgeworfene Frage, inwiefern die Befruchtung den Anstoß zur Entwicklung gibt, vollkommen unberührt; denn die Physiologie verlangt eine Antwort auf die Frage, welcher Art die Kräfte sind, durch die mit dem Hinzutreten des Spermiums auch der Prozeß der Entwicklung des Eies angebahnt wird. Darüber hat einiges Licht in erster Linie die Entdeckung von J. LOEB verbreitet, daß die Entwicklung auch ohne Spermatozoon rein mit Hilfe einfacher chemischer und physikochemischer Mittel in Gang gesetzt werden kann. LOEB experimentierte vor allem mit Seeigeleiern, bei welchen in der Natur der Anstoß zur Entwicklung stets von einem Spermatozoon ausgeht, aber er zeigte, daß sie auch zu *künstlicher Parthenogenese* angeregt werden können, wenn man sie aus dem normalen Meerwasser für kurze Zeit in Meerwasser überträgt, dessen osmotischer Druck irgendwie, durch Zusatz eines Elektrolyten oder eines Nichtleiters, um etwa 50 % erhöht ist.

Bringt man sie nach 1—2 Stunden in das normale Meerwasser zurück, so entwickeln sie sich über das Morula- und Blastulastadium hinaus bis zu der kompliziert gestalteten Larvenform des sogenannten Pluteus. Läßt man die Eier aber in dem hypertonischen Meerwasser liegen, so verfallen sie alsbald der Auflösung.

Diese künstliche Entwicklungserregung bleibt nun aber in mehrfacher Beziehung hinter dem Ideal der natürlichen Entwicklung zurück. Der auffälligste Unterschied ist der, daß bei der Parthenogenese nicht, wie sonst unmittelbar nach der Befruchtung, eine *Befruchtungsmembran* um das Ei herum gebildet wird (s. Abb. 106). Auch die Furchung verläuft abnorm; die Zerklüftung des Protoplasmas in die Blastomeren erfolgt ungleichmäßig, die Kernteilung geht in den Blastomeren nicht gleichzeitig vor sich u. a. Deshalb versuchte LOEB die natürlichen Vorgänge noch besser zu imitieren, und es glückte ihm auch, Mittel für die künstliche Bildung einer Befruchtungsmembran aufzufinden; es eignen sich dafür alle solche Stoffe, welche fähig sind, bei längerer Einwirkung einen als Zytolyse bezeichneten Zellzerfall herbeizuführen. Solche Mittel sind Benzol, Chloroform, Äther, freie Fettsäuren, Saponin, gallensaure Salze, artfremdes Serum, also Stoffe aus allen möglichen chemischen Kategorien, denen allen aber, wie gesagt, die Eigentümlichkeit zukommt, zytolytisch zu wirken. Legt man die unbefruchteten Seeigeleier für wenige Minuten in Meerwasser und etwas Zytolytikum, überträgt sie dann für 5—10 Minuten in normales Meerwasser, bringt sie danach für ca. 1 Stunde in hypertonisches Meerwasser und dann wieder in normales Meerwasser zurück, so können sich eventuell 100 % der Eier ausgezeichnet zu regelrechten Larven entwickeln (s. Abb. 107); ja, es ist sogar durch gewisse Modifikationen des LOEBschen Rezeptes geglückt, parthenogenetisch noch weit über das Pluteusstadium hinauszukommen, fast bis zum ausgebildeten Seeigel (DELAGE, SHEARER und LLOYD).

Natürlich erhebt sich so die weitere Frage, wie die Zytolyse und die Steigerung des osmotischen Drucks die Entwicklungsvorgänge auslösen. Darüber ist bisher wenig mehr als folgendes bekannt: Unmittelbar nach der Befruchtung steigt bei den Eiern der Sauerstoffverbrauch stark an, und genau so steigt er bei der künstlichen Membranbildung (O. WARBURG, LOEB); auf welche Weise die Zytolytika das aber bewirken und welche Bedeutung es hat, ist strittig. Läßt man die Zytolytika länger als nötig wirken, so sind es,

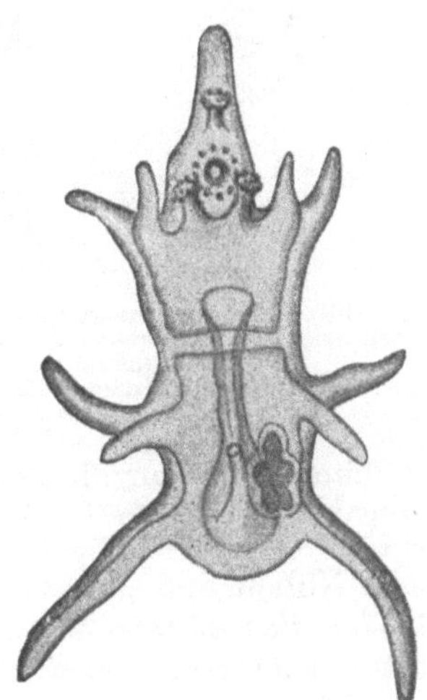

Abb. 107. Parthenogenetisch entstandene Larve (Bipinnaria-Stadium) von Asterias glacialis. (Nach DELAGE.)

(Aus WINTERSTEINS Handbuch der vergleichenden Physiologie.)

wenigstens zum Teil, die starken Oxydationsprozesse, welche die Zytolyse herbeiführen; denn durch Wasserstoffeinleitung oder durch Zusatz von etwas Zyankali, das die Oxydationen lähmt, läßt sich der Zellzerfall aufhalten.

Die Methode von LOEB ist mit ihrem Anwendungsbereich nicht auf die Seeigel beschränkt, sondern mehr oder weniger ist sie auch für die Eier von Mollusken, Würmern, Insekten und Amphibien zu brauchen. Darin liegt die allgemeine Bedeutung dieser Versuche.

Man kann nun nach diesen Erfahrungen annehmen, daß es auch bei der natürlichen Befruchtung durch das Spermatozoon auf zweierlei ankommt, erstens auf die Anregung zur Bildung einer Befruchtungsmembran und zweitens auf ein Moment, welches der Wirkung der Hypertonie entspricht. Zugunsten dieser Annahme läßt sich vor allem folgendes anführen: es ist der Versuch gemacht worden, Tierformen, welche einander sehr unähnlich sind, wie z. B. Echinodermen und Mollusken, miteinander zu bastardieren. Dabei hat sich gezeigt, daß, auch wenn das Spermium sich mit dem Ei verbindet, die Entwicklung doch oft nicht in Gang kommt, daß sich aber doch wenigstens die Befruchtungsmembran bildet. In solchen Fällen gelingt es dann häufig noch, durch Behandlung mit hypertonischem Meerwasser die weitere Umbildung anzuregen (KUPELWIESER, GODLEWSKI). Das fremde Spermatozoon enthält also offenbar eine generell wirksame membranogene

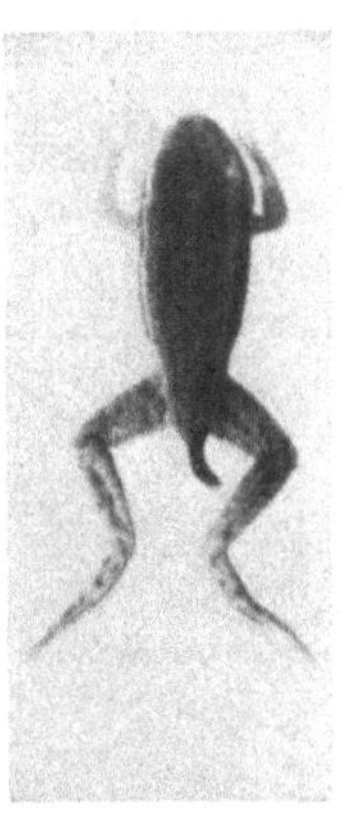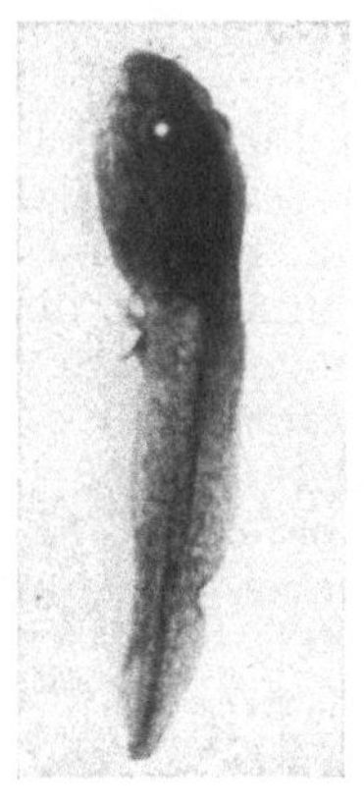

Substanz, und es ist ROBERTSON auch gelungen, eine solche zu isolieren; sie ist wasserlöslich und thermostabil und ist als *Oozytin* bezeichnet worden.

Natürlich kommt dem Spermatozoon außerdem die längst anerkannte Fähigkeit zu, die väterlichen Eigenschaften auf das Ei bzw. auf den sich entwickelnden Embryo zu übertragen. Daß davon aber die hier in den Vordergrund gestellte entwicklungserregende Fähigkeit als etwas Besonderes abzugrenzen ist, dafür mag etwa noch folgende Beobachtung angeführt werden: Wenn man Eier von Bufo vulgaris mit Sperma von Rana fusca oder Eier von Triton mit Sperma von Salamandra befruchtet, so sterben die Bastarde schon nach kurzer Zeit ab, weil die beiden artverschiedenen Protoplasmen irgendwie einander schädlich beeinflussen. Wenn man aber die Spermatozoen zuvor mit Radium bestrahlt, so schreitet die Bastardentwicklung ungleich länger fort (O. HERTWIG). Nach der Deutung von HERTWIG beruht dies darauf, daß die

Abb. 108. Parthenogenetisch durch BATAILLON-schen Stich erzeugte Frösche. (Nach J. LOEB u. BANCROFT.)
(Aus WINTERSTEINS Handbuch der vergleichenden Physiologie.)

Radiumbehandlung die Fortpflanzungsfähigkeit des Spermaplasmas aufhebt und nur seine entwicklungserregende Fähigkeit übrig läßt, d. h. er betrachtet die sich entwickelnden Bastarde als parthenogenetische Larven.

Neben der chemischen Entwicklungserregung gibt es noch *andere Methoden der künstlichen Parthenogenese.* So hat TICHOMIROW die unbefruchteten Eier von Bombyx mori durch Bearbeiten mit einer Bürste, MATHEWS die Eier von Asterias durch bloßes Schütteln zur Entwicklung gebracht; BATAILLON vermochte durch leichtes Verletzen mit einer Nadel die Eier von Fröschen und Kröten so zu erregen, daß die Entwicklung bis zur Metamorphose weiterging. Abb. 108 zeigt den Effekt des BATAILLONschen Stiches, wie er allerdings nur an zweien von 10 000 angestochenen Eiern erhalten wurde. Ferner haben DELAGE und R. S. LILLIE bei Echinodermen durch kurzdauernde Temperatursteigerung die Entwicklung hervorgerufen. Die genauere Analyse all dieser Beobachtungen wird wohl später einmal lehren, woher die physikalischen Mittel ähnliche Wirkungen auf das Ei ausüben wie die chemischen Mittel. Für den BATAILLONschen Stich ist bereits nachgewiesen, daß nur dann die Entwicklung in Gang kommt, wenn mit dem Stich Spuren von Blut, insbesondere von Leukozyten in das Innere des Eies übertragen werden. Über die Natur der Entwicklungserregung bei Säugetiereiern ist bisher nichts bekannt.

Wenn hiermit die Betrachtung unserer Kenntnisse von den unmittelbaren Folgen der Befruchtung abgeschlossen wird, so gewährt ein Rückblick nichts weniger als Befriedigung. Erinnern wir uns, daß die Fortpflanzungsfähigkeit zu den Hauptkriterien des Lebens gehört (s. S. 8), so ist es überraschend wenig, was wir bisher über die inneren Bedingungen der mannigfachen *Teilungs- und Gestaltungsvorgänge* zu sagen wissen, die alsbald nach der Verschmelzung der beiden Keimzellen in die Erscheinung treten. Hier ist aber die experimentell-physiologische Forschung in der Hand der Entwicklungsmechaniker mit Erfolg daran gegangen, die Gestaltung des Keims verstehen zu lernen. So gelingt es nach neueren Beobachtungen offenbar, aus den in frühen Keimanlagen entstehenden „Organisatoren", die nach SPEMANN die Bildung bestimmter Gewebe induzieren, Substanzen zu extrahieren, welche dieselbe Induktionskraft ausüben wie der lebende Organisator selbst.

Ähnlich wie mit dem Problem der Entwicklung und Gestaltung steht es mit dem des *Wachstums*. Auch dabei müssen wir uns als Physiologen vorerst mit einer skizzenhaften Darstellung begnügen, die in gar keinem Verhältnis zu der Bedeutung des Themas steht. Denn abgesehen davon, daß auch das Wachstum zu den generellen Charakteristika des Lebens gehört, abgesehen davon, daß rein äußerlich das Hervorwuchern der gewaltigen Zellmasse eines erwachsenen Körpers aus der winzigen befruchteten Eizelle heraus zu den eindrucksvollsten Lebensvorgängen gehört, sind auch praktische Medizin und Nationalökonomie, sind insbesondere Pädiatrie und Tierzuchtlehre aufs lebhafteste an der Vervollkommnung der Wachstumsphysiologie interessiert.

Unter **Wachstum** verstehen wir bei einem höheren Organismus die Zunahme an Volumen, welche im allgemeinen darauf zurückzuführen ist, daß sowohl die Zahl der Zellen als auch die Masse der Interzellularsubstanz, manchmal auch die Größe der Zellen sich vermehrt; jedoch muß die Zunahme, wenn sie nicht den Charakter pathologischen Wachstums erhalten soll, so beschaffen sein, daß zwischen den einzelnen chemischen Bestandteilen und zwischen den einzelnen Formelementen ein gewisses normales Verhältnis bestehen bleibt. So ist es z. B. nicht als Wachstum zu bezeichnen, wenn der „Erwachsene" jenseits seiner Wachstumsperiode durch reichliche Fettablagerung an Volumen zunimmt, oder wenn sich, etwa im Gefolge einer Kreislaufsstörung, reichlich Gewebswasser zwischen den Zellen der Organe einlagert und ein „Ödem" verursacht.

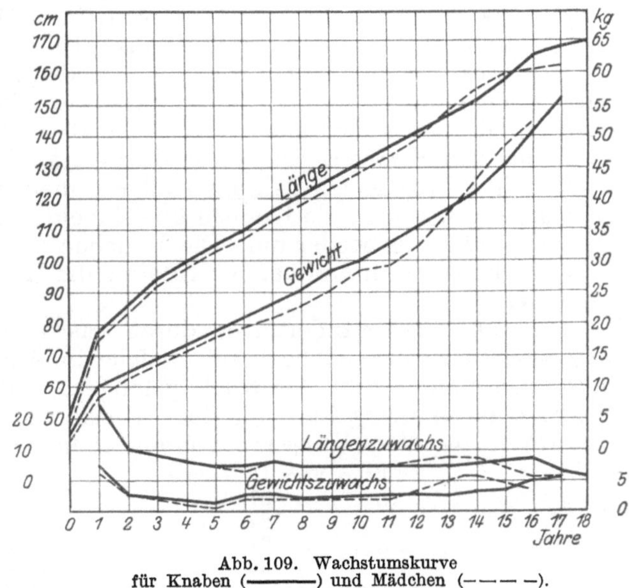

Abb. 109. Wachstumskurve für Knaben (———) und Mädchen (— — — —).

Als *äußeres Maß des Wachstums* verwendet man bei den Säugetieren vornehmlich *das Körpergewicht und die Körperlänge*. Die Zunahmen an Gewicht und Länge in ein und derselben Zeitspanne sind im allgemeinen in der Jugend groß und nehmen allmählich mehr und mehr ab bis zum Stadium des Ausgewachsenseins oder, anders ausgedrückt: die Wachstumsgeschwindigkeit ist zu Anfang des Lebens groß und verkleinert sich allmählich bis zum Wert Null. Dies kommt in der *Wachstumskurve* zum Ausdruck, welche im allgemeinen bei Abtragung der Zeiten auf der Abszisse, der Gewichte oder Längen auf der Ordinate eine gegen die Abszisse konkave Linie darstellt. Aber in der Steilheit des Anstiegs und besonders in kleineren, Variationen der Wachstumsgeschwindigkeit entsprechenden Schwankungen unterscheiden sich die Wachstumskurven der einzelnen Tierspezies in charakteristischer Weise voneinander. Die mittleren Gewichts- und Längenkurven des Menschen für die Zeit der Jugend sind in der Abb. 109 dargestellt.

Der Mensch wird mit einem Durchschnittsgewicht von 3000—3500 g geboren, die Schwankungen des *normalen Geburtsgewichts* gehen jedoch bis etwa 2400 g einerseits und 5000 g andererseits. Die *normale Geburtslänge* beträgt 50—51 cm. Innerhalb der ersten 5—6 Monate steigt das Körpergewicht auf etwa 6400 g, es findet also in dem ersten Halbjahr ungefähr Verdoppelung statt (s. S. 319). Zu Ende des ersten Jahrs beträgt das Gewicht etwa 9500 g, die Länge 77 cm. Aus den Kurven in Abb. 109 ist zu ersehen, daß das Wachstum im 6. oder 7. Lebensjahr sich ein wenig beschleunigt, und daß eine ausgesprochene *zweite Streckungsperiode* mit entsprechender Steigerung der Gewichtszunahme bei den Knaben vom 14.—16., bei den Mädchen vom 12.—14. Lebensjahr statthat; dabei scheint das Längenwachstum hauptsächlich ins Frühjahr, die Gewichtszunahme in den Herbst zu fallen. Die Lebensjahre der zweiten Streckungsperiode sind diejenigen, welche der Pubertätszeit unmittelbar vorausgehen oder schon mit ihr zusammenfallen; die Pubertät setzt bei den Mädchen früher ein als bei den Knaben. Die Folge davon ist, daß etwa vom 12. Jahr ab die Mädchen, welche bis dahin im allgemeinen in den Maßen hinter den Knaben zurückstehen, die Knaben überflügeln; vom 16. Jahr ab kehrt sich aber das Verhältnis wieder um. Die Mädchen sind dann vom 17.—18. Jahr ab „erwachsen", während bei den Knaben die Länge noch bis zum 21. Jahr zunimmt.

Die äußeren Veränderungen durch das Wachstum sind von *inneren Wachstumserscheinungen* begleitet, welche in Änderungen der chemischen Zusammensetzung zum Ausdruck gelangen. Allgemein findet man eine *Abnahme des Wassergehalts* mit dem Alter. Die folgende Tabelle enthält z. B. Daten für diese Wasserverarmung beim Kaninchen (nach FEHLING):

Embryo von 15 Tagen	91,5 %	Wasser
„ „ 21 „	86,3 %	„
„ „ 24 „	85,0 %	„
„ „ 27 „	82,1 %	„
„ „ 30 „	79,4 %	„
Neugeborenes	77,8 %	„
Erwachsenes Tier	69,2 %	„

Der relative Wasserverlust beginnt also intrauterin und setzt sich extrauterin fort. Ähnlich liegen die Verhältnisse beim Menschen.

Mit der Abnahme des Wassergehalts steigt natürlich der Gehalt an festen Stoffen. Bei dieser Steigerung prävaliert das Fett, wie der folgenden Tabelle nach THOMAS für die Katze zu entnehmen ist:

Alter	Wasser %	Fett %	Eiweiß %	Salze %
Neugeboren	80,4	1,7	14,1	2,6
9 Tage alt	79,7	3,8	13,1	2,2
14 Tage alt	73,8	7,1	15,0	2,5
83 Tage alt	66,7	7,9	20,1	3,2

Die Anlagerung von Fett findet besonders lebhaft um die Zeit der Geburt statt, also um die Zeit, welche den Übergang vom warmen und gleichmäßig temperierten Aufenthalt im mütterlichen Leib zu der kühlen Umgebung der Außenwelt bildet; daher ist der Fettgehalt schon bei der Geburt besonders groß bei solchen Tieren, wie den Meerschweinchen, welche gleich nach der Geburt vom Muttertier emanzipiert und völlig homoiotherm sind. Auch der menschliche Embryo setzt im letzten Schwangerschaftsmonat besonders viel Fett an.

Die Steigerung im Salzgehalt kommt besonders den Knochen zugute; das äußert sich auch darin, daß überwiegend der Gehalt an Calcium und Phosphor steigt, während der Gehalt an Natrium und an Chlor, zum Teil wohl infolge der Verdrängung des kochsalzreichen Knorpels durch die Knochensubstanz, sogar zurückgeht.

Fragt man nun nach der Ursache für diese verschiedenen Äußerungen des Wachstums, so ist es selbstverständlich, daß irgendein *innerer „Wachstumstrieb"* die Hauptsache ist. Was man sich darunter zu denken hat, davon später! Aber es ist auch leicht festzustellen, daß *äußere Einflüsse* das Wachstum mit beherrschen, wenn sie auch nur als sekundäre Faktoren aufzufassen sind. So ist es ja bekannt, daß kümmerliche und ungesunde Lebensverhältnisse, Mangel an Nahrung und Bewegung sowie Krankheit die Entwicklung aufhalten.

Unter den äußeren Einflüssen steht an Wichtigkeit die *Nahrungszufuhr* oben an. Nicht daß sich durch überreichliche Zufuhr, besonders etwa durch Zufuhr von Eiweiß, das Wachstum über das gewöhnliche Maß hinaus steigern ließe. Aber umgekehrt verändert *Unterernährung* das Wachstum; Körpergewicht und Körperlänge bleiben hinter der Norm zurück. Von der Wachstumsstörung werden aber nicht alle Teile gleichmäßig

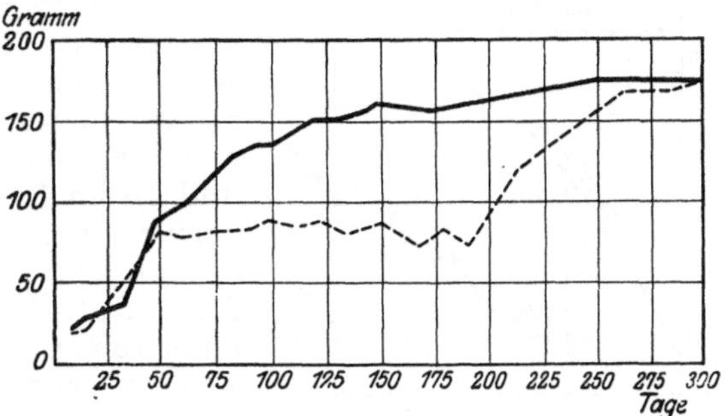

Abb. 110. Gewichtskurve zweier Ratten bei zureichender (————) und bei zeitweilig unzureichender (— — —) Ernährung. (Nach H. Aron.)

stark betroffen; namentlich wächst das Skelet weiter, während das Fettgewebe und später auch die Muskulatur relativ und manchmal auch absolut schwinden. Ist die Unterernährung nur vorübergehend, so wird, ebenso wie nach einer die Entwicklung störenden Krankheit, das, was im Wachstum versäumt wurde, rasch wieder nachgeholt, wie etwa die Kurve Abb. 110 erkennen läßt. Selbst wenn durch Nahrungsmangel das Wachstum bis über die Zeit der normalen Wachstumsperiode hinaus gehemmt wird, zeigt sich, sobald wieder reichlicher Nahrung zufließt, daß der Wachstumstrieb inzwischen nicht erloschen ist (Aron, L. B. Mendel), wenn auch die Einbuße dann nicht wieder völlig ausgeglichen werden kann.

Eine das Wachstum störende Unterernährung braucht aber nicht bloß darin zu bestehen, daß das Nahrungsquantum ungenügend ist, sondern die Nahrung kann auch falsch zusammengesetzt sein dadurch, daß der eine oder andere notwendige Bestandteil fehlt oder knapp ist; die resultierende Wachstumsstörung ist dann die Folge einer — wie man sagen kann (s. dazu auch S. 189) — *partiellen Unterernährung.* Wieviel gegebenenfalls auf die richtige Mischung ankommt, das geht mit besonderer Deutlichkeit aus der schon früher (S. 218 und S. 319) angeführten Beobachtung hervor, daß die Milch, namentlich in bezug auf ihre Aschenbestandteile, den Bedürfnissen des wachsenden Organismus in höchst vollkommener Weise angepaßt ist. Der Begriff der partiellen Unterernährung wurde bereits an dem Beispiel einer Nahrung erläutert, welche dadurch minderwertig ist, daß in ihrem Eiweiß die eine oder andere für den Körper notwendige Aminosäure fehlt, wie z. B. bei dauerndem Ersatz des Eiweißes durch den eiweißähnlichen Leim, wobei wegen des Mangels an Tyrosin und Tryptophan der Körper allmählich an Unterernährung zugrunde geht (s. S. 189). Solches Aminosäuredefizit kann nun auch besonders das Wachstum, d. h. die Gewichts- und Größenzunahme bei einem sich entwickelnden Tier stören oder gar vollkommen zum Stillstand bringen (RÖHMANN, OSBORNE und MENDEL u. a.). In der folgenden Kurve nach OSBORNE und MENDEL (Abb. 111) handelt es sich z. B. um die Ernährung einer Ratte mit Kasein; enthält die Nahrung 18 % Kasein, so geht das Wachstum flott vorwärts, bei 9 % Kasein erfolgt es viel langsamer. Das liegt aber nicht an Eiweißmangel im ganzen, sondern bloß daran, daß das Kasein so wenig Cystin im Molekül enthält, daß der Bedarf daran durch Darreichung von 9 % Kasein nicht gedeckt wird. Sobald man zu den 9 % Kasein etwas reines Cystin dazu gibt, geht das Wachstum mindestens so gut vonstatten wie bei 18 %, wie die punktierten Kurvenstücke, die für die jedesmaligen Cystinzusätze gelten, lehren. In ähnlicher Weise ist auch das Gliadin, in dessen Molekül Glykokoll und Lysin fehlen (S. 42), in der Wachstumsperiode unzureichend, wird aber dafür tauglich, sobald man Lysin als „Wachstumsstoff" zufügt. Natürlich brauchte die Zulage nicht in einer reinen Aminosäure zu bestehen, sondern in praxi würde man den Erfolg weit einfacher durch Zugabe eines Eiweißkörpers erzielen, der die mangelnde Aminosäure in genügender Menge enthält, wie man z. B. den Eiweißkörper des Mais, das Zein, das als alleiniger Eiweißrepräsentant in der Nahrung das Wachstum bremst, weil Tryptophan und Lysin darin mangeln, vorteilhaft durch Laktalbumin ergänzen kann.

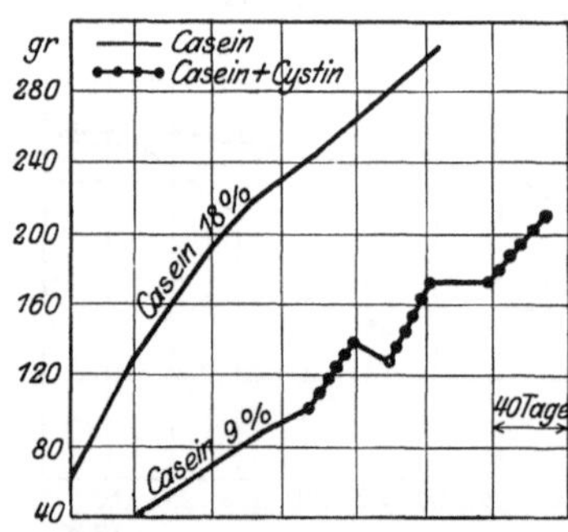

Abb. 111. Wachstumsbeschleunigung durch Cystin bei unzureichender Ernährung von Ratten mit Kasein. (Nach OSBORNE und MENDEL.)

Wie in diesen Fällen das Defizit an bestimmten Aminosäuren, so kann es in anderen Fällen ein Defizit an bestimmten Salzen, an Lipoiden und vor allem an Vitaminen (A, B, D) sein, das die partielle Unterernährung verursacht. Dies wurde bereits früher (s. Kap. 11) erörtert.

Aus all dem folgt, daß, wenn es darauf ankommt, sich die Faktoren des normalen Wachstums klarzumachen, die Frage der Ernährung in ihrer Bedeutung gar nicht überschätzt werden kann. Namentlich der Landwirt wird großen praktischen Nutzen aus der Einsicht ziehen, daß z. B.

noch so viel von einem bestimmten billigen Futtermittel trotz seines anscheinend zweckentsprechenden Gehalts an Nährstoffen und Kalorien das Wachstum nicht recht zu fördern vermag, daß aber ein kleiner Zusatz, der nach seinem Energiegehalt fast wertlos ist, genügen kann, um daraus ein vollwertiges Futter herzustellen. Auch der Pädiater wird bisweilen in der vorwiegenden eintönigen Verwendung eines bestimmten Nährstoffgemisches, auch wenn es Eiweißkörper, Kohlehydrate und Fette im richtigen Verhältnis gemischt enthält, den Grund für eine mangelhafte Entwicklung finden.

Der partiellen Unterernährung läßt sich eine *partielle Überernährung* an die Seite stellen, durch welche sich das Wachstum in exzessivem Maße steigern läßt — so wenig es auch, wie gesagt, möglich ist, durch einfache Überfütterung Riesenwuchs zu erzeugen. Als Nahrungsbestandteile, welche in diesem Sinn auf das Wachstum wirken, könnte man manche *Hormone* bezeichnen. Man denke nur an die erfolgreiche Beeinflussung des Wachstums zurückgebliebener kretiner und myxödematöser Kinder durch Darreichung von Schilddrüsenpräparaten, an die früher (S. 266) angeführten Versuche von GUDERNATSCH, in welchen durch Fütterung hyperthymisierte Froschlarven zu Riesenlarven wurden, oder an den Riesenwuchs, der durch überreichliche Zufuhr von Hypophysenvorderlappensubstanz bei Salamandern, Ratten und Hunden hervorgerufen worden ist.

Aber mit der Erwähnung der Hormone greifen wir schon über auf die Frage nach den *inneren Ursachen des Wachstums*; denn die Hormone werden ja innerhalb des Körpers produziert, und viel häufiger als durch künstliche Zufuhr von außen wirken sie sich je nach dem Grad der Zufuhr zu den Organen von innen her in der einen oder anderen Richtung im Wachstum aus. Erinnern wir uns an die zwergenhafte Gestalt der athyreotischen Kretins und an den Gegensatz dazu, die lang aufgeschossenen jugendlichen Basedowkranken, ferner an Akromegalie und Gigantismus als Folgen eines Hyperpituitarismus, an die noch wenig durchschaute Tätigkeit der Thymusdrüse, die zur Pubertätszeit, wenn das Wachstum vollendet ist, einen raschen Schwund erleidet, also vielleicht zu dieser Zeit die Produktion eines „Wachstumshormons" einstellt, weiter an die unproportionierte Hochbeinigkeit des Eunuchen und die mannigfaltigen anderen Wachstumsstörungen, die nach der Kastration Jugendlicher in Erscheinung treten; auch die kleinere Gestalt der Frau, die frühere Beendigung ihres Wachstums wird von manchen auf das frühere Einsetzen der Geschlechtsreife zurückgeführt. All dies läßt die Existenz von „Wachstumsstoffen" erkennen, deren bisher meist noch rätselhafter Einfluß durch die Kleinheit der Wirkdosis nur noch rätselhafter erscheint und uns erst kürzlich wieder bei der Entdeckung des Auxins ($C_{18}H_{32}O_5$) vor Augen gerückt wurde, dieses pflanzlichen Wuchsstoffes, von dem schon ein Fünfzigmillionstel eines Milligramms genügt, um bei einem Haferkeimling eine Wachstumskrümmung um 10^0 hervorzurufen (WENDT, KÖGL).

Wenn wir somit in der geregelten Hormonproduktion ein ungemein wichtiges Moment des physiologischen Wachstums oder richtiger: der ganzen äußeren und inneren Ausgestaltung erblicken müssen, so gibt es daneben sicherlich noch zahlreiche andere Wachstumsfaktoren, die in dem komplizierten Getriebe des *Stoffwechsels* zu suchen sind. So hat WARBURG gefunden, daß in den Zellen der rapide wachsenden Geschwülste eine außerordentlich *starke Glykolyse*, eine Vergärung von Kohlehydrat zu Milchsäure (S. 198) stattfindet, die auch in Gegenwart von Sauerstoff durch Oxydation nicht zum Verschwinden zu bringen ist. Ähnlich verhält sich embryonales, also ebenfalls rasch wachsendes Gewebe; denn während in erwachsenem Gewebe unter anaeroben Bedingungen die Glykolyse sehr geringfügig ist, ist sie im embryonalen Gewebe von ähnlicher Größe wie in den Tumoren, nur kann bei ihm die reichlich entstehende Milchsäure aerob zum Verschwinden gebracht werden. Eine Mittelstellung nehmen lymphatische Organe, wie Lymphdrüsen und Tonsillen, ferner Hoden ein, die wiederum durch eine intensive Zellproduktion ausgezeichnet, zugleich eine starke anaerobe Glykolyse aufweisen, bei denen aber auch unter aeroben Bedingungen die Glykolyse etwa zur Hälfte bestehen bleibt. Für das wachsende Gewebe ist also wohl allgemein die besonders große Milchsäureproduktion charakteristisch und vielleicht auch von kausaler Bedeutung.

Aber noch in ganz anderer Weise können Stoffwechselreaktionen den Wachstumsvorgängen zugrunde liegen, wie aus den folgenden Beobachtungen abzuleiten ist: Die Eier vom Frosch sind, solange sie sich im Ovarium befinden, mit seinen Säften isotonisch; daher schwellen sie auf und gehen zugrunde, wenn man sie in Wasser überträgt. Anders die befruchteten Eier; sie sterben umgekehrt in einer mit den Säften des Frosches isotonischen Lösung und entwickeln sich in normaler Weise nur in Wasser. Dies hängt nach BACKMAN und RUNNSTRÖM damit zusammen, daß bei der Befruchtung durch eine im einzelnen nicht bekannte Änderung des Stoffwechsels der osmotische Druck der Eier stark herabgesetzt wird. Sind die Eier dann ins Wasser abgesetzt, so steigt mit ihrer Entwicklung der osmotische Druck in ihnen wieder langsam mehr und mehr an, um schließlich den normalen osmotischen Druck der Säfte des Frosches abermals zu erreichen. BACKMAN und RUNNSTRÖM wiesen dies in der Weise nach, daß sie durch Zerpressen der Eier oder der Embryonen einen Brei herstellten, dessen Gefrierpunktserniedrigung als Maß des osmotischen Drucks bestimmt wurde; sie fanden:

Befruchtete ungeteilte Eier . . . . $\triangle = 0{,}045^0$	
Embryonen mit halbmondförmigem Urmund .	$0{,}042^0$
Embryonen mit ringförmigem Urmund . .	$0{,}215^0$
5 Tage alte Larven	$0{,}230^0$
20—25 Tage alte Larven	$0{,}405^0$

Das gleiche Verhalten wurde von BACKMAN und von BIALASZEWICZ auch bei anderen Amphibien, bei Fischen und bei Hühnerembryonen festgestellt. Auf Grund dessen kann man annehmen, daß die allmähliche *osmotische Drucksteigerung* den Sinn hat, zunächst einmal durch kontinuierliches Einsaugen von Wasser in das sich entwickelnde Gewebe eine Volumenzunahme zu erzielen, welche äußerlich als Wachstum imponiert (DAVENPORT, SCHAPER); nachträglich müßten sich dann in das turgeszente Gewebe irgendwie feste Stoffe einlagern. Man kann freilich die Beobachtungen auch so deuten, daß die osmotische Spannung, ähnlich wie es für das Pflanzenwachstum öfter angenommen wurde, nur eine Wachstumsbedingung, nicht die Wachstumsursache ist.

Es lassen sich aber noch manche weitere Faktoren aus dem komplexen Phänomen des Wachstums herausanalysieren: Faktoren mechanischer, chemischer, elektrischer Natur. Es mag genügen, dies nur anzuführen, um das Wachstum des höheren Organismus als einen Lebensvorgang zu kennzeichnen, der sich ganz besonders schwer umschreiben läßt und dessen in vieler Hinsicht noch rätselhaften Mechanismus man noch in vielseitigen experimentellen Studien in die Einzelkomponenten zerlegen muß, um die Bedeutung der ins Spiel tretenden Kräfte und Massen nach Qualität und Quantität und in ihren kausalen Zusammenhängen zu erkennen.

Zweiter Teil

Physiologie der animalen Funktionen.

20. Kapitel.

Die Muskeln.

Mit dem Kapitel über die Lehre von der Muskeltätigkeit wenden wir uns zu dem zweiten großen Abschnitt der Physiologie, zur *Physiologie der animalen Funktionen*, die wir schon zu Anfang dieses Buches der Physiologie der vegetativen Funktionen gegenübergestellt haben. Diese Art der Einteilung der Physiologie, die seit etwa hundert Jahren, seit Bichat sie vorschlug, herkömmlich geworden ist, stammt aus einer Zeit, in der die Lebenserscheinungen bei Tier und Pflanze noch durch eine weit tiefere Kluft getrennt schienen, als es heute anerkannt wird. Bis in die Mitte des 19. Jahrhunderts nahm man noch an, daß auch in denjenigen Funktionen, mit welchen wir uns bisher hauptsächlich beschäftigt haben, Tier und Pflanze einen Gegensatz bilden; die Pflanze wurde als assimilierender, synthetisch tätiger, reduzierender, endotherm arbeitender Organismus aufgefaßt, während beim Tier von alledem die Kehrseite, nämlich Dissimilation, Abbau, Oxydation, exothermes Reagieren hervortritt. Aber heute wissen wir ja seit langem, daß diese Charakterisierung der Pflanze vornehmlich für ihre Chlorophyll führenden Vertreter richtig ist, und auch nur so lange, als Licht auf sie einstrahlt. Und daß auf der anderen Seite bei den Tieren die synthetischen Fähigkeiten erheblich stärker ausgebildet sind, als man sonst annahm, das haben uns ja gerade die Forschungen der letzten Jahrzehnte, über die hier besonders im Kapitel über den Stoffwechsel berichtet wurde, gelehrt. Trotzdem ist die Gegenüberstellung von vegetativen und animalen Funktionen auch weiterhin gerechtfertigt, aber in einem anderen Sinne, nämlich so, daß alle die vegetativen Funktionen, mit denen wir uns bisher beschäftigt haben, die Nahrungsaufnahme, die Stoffwanderung, die Atmung, der Stoffwechsel, die Sekretion und Exkretion, die Fortpflanzung und das Wachstum, zwar auch im Leben der Tiere ihre Rolle spielen, aber daß außerdem das Tier noch durch Funktionen ausgezeichnet ist, durch deren Besitz es sich auffallend von der Pflanze unterscheidet. Ja, man kann sagen, daß dieser Besitz derart in die Augen springt, daß man sogar über dem Trennenden das Verbindende bei Tier und Pflanze zuerst übersieht. Denn der unbefangene Beobachter erblickt in einer Katze, einer Taube und selbst in einem Krebs ein Wesen,

das ihm deshalb verwandt ist, weil es, wie er selber, die Welt mit Empfindungen und Gefühlen zu erfassen, weil es, wie er selber, der Welt mit Wollen
und Begehren, mit Zuneigung und Feindschaft gegenüberzutreten scheint,
und dies vor allem, weil es, wie er selber und zum Unterschied von den rein
passiven Pflanzen handelnd Stellung nimmt zu den Vorgängen um ihn,
und für alles das gebraucht es seine Sinne, sein Gehirn, seine Muskeln,
lauter Organe, welche er bei den Pflanzen vermißt. Nun ist freilich auch
dieser Gegensatz wieder auf die Spitze getrieben; die niederen, namentlich die
festsitzenden Wirbellosen haben in ihrer Wesenheit unzweifelhaft viel Pflanzenhaftes, und die „empfindliche" Mimose, die Insekten fangende und verzehrende Drosera und die umherkriechenden Myxomyzeten tragen tierische Charakterzüge. Aber bei einem Rundblick über das gesamte Gelände
ist doch zu sagen, daß wir mit der Physiologie der animalen Funktionen
ein Gebiet betreten, an dem wir als tierische Organismen und vor allem als
empfindende Wesen noch unmittelbarer interessiert sind als am Bisherigen. —
Wir beginnen den Abschnitt über die animale Physiologie mit der
Physiologie der Bewegung, deren Organe die **Muskeln** sind.

Im großen ganzen kann man beim höheren Tier zwei Sorten von
Muskeln unterscheiden, die Skeletmuskeln und die Viszeralmuskeln. Die
Skeletmuskeln bewirken vornehmlich die Stellungnahme unseres Körpers
zur Umwelt dadurch, daß sie die einzelnen Teile des Knochengerüstes
gegenseitig in Bewegung setzen. Sie sind meist kompakte Massen langer,
nebeneinander geordneter Muskelfasern, welche im mikroskopischen Bild
durch *Querstreifung* charakterisiert sind. Bei Erregung verkürzen sie sich
im allgemeinen rasch, die Erregungsimpulse fließen ihnen gewöhnlich vom
Zentralnervensystem zu. Besonders sind sie auch dem Gehirn unterstellt
und sind damit *Organe der Willkür*. Die *Viszeralmuskeln* dagegen führen
die Bewegungen der Eingeweide aus, sie umschließen, gewöhnlich schichtweise angeordnet, Hohlräume, wie die Lumina von Magen und Darm, von
Harnblase und Uterus, von Gefäßen und Bronchen. Sie sind aus kürzeren,
spindelförmigen, nicht quergestreiften, sondern *glatten Muskelfasern* zusammengesetzt, welche teils nebeneinander, teils in Längsrichtung aneinandergereiht sind. Ihre Verkürzung erfolgt im allgemeinen langsam
und oft unabhängig vom Zentralnervensystem, der willkürlichen Beeinflussung sind sie gewöhnlich entzogen. Diese Gegenüberstellung ist jedoch
nicht für alle Fälle richtig. So besteht z. B. der M. ciliaris des Auges aus
glatten Muskelfasern, und trotzdem ist die Akkommodation bis zu einem
gewissen Grad der Willkür unterworfen; andererseits gehört etwa der
M. stapedius des Ohres oder der M. cremaster zu den quergestreiften
Muskeln, und doch gelingt es nicht, diese absichtlich zu innervieren. Diese
Gegenüberstellung ist auch dann nicht richtig, wenn man außer den höheren
Tieren, d. h. den Wirbeltieren, die Wirbellosen mit betrachtet. Denn die
rasch reagierenden unter ihnen, wie etwa ein Cyclops, sind fast nur mit
quergestreiften Muskeln ausgestattet, langsam reagierende, wie die Weinbergschnecke, deren Muskeln oft Haltefunktion auszuüben haben (s. S. 355ff.)
fast nur mit glatten; soll man deshalb einem Cyclops mehr Willkür zutrauen als einer Schnecke?

Wenn man die Funktion der Muskeln eines höheren Tieres experimentell untersuchen will, so kann man sich zu ihrer Erregung verschiedener
Reize bedienen. Die natürlichen Verhältnisse imitiert man bei der „*indirekten" Erregung*, d. h. bei der Erregung von den Nerven aus, welche sich zu
sämtlichen Muskeln hinbegeben. Eine künstliche „*direkte*" Erregung kann

durch mechanische, osmotische, chemische, thermische oder elektrische Reizung geschehen. Dabei muß man aber im Auge behalten, daß die gewöhnlich so genannte direkte Reizung auch eine indirekte ist, da sich der zutretende Nerv ja ins Innere des Muskels begibt und sich dort ausbreitet. Eine wirkliche direkte Reizung geschieht erst nach Ausschalten der Nervenendigungen durch Degeneration (S. 411) oder durch Curare (S. 387). Mechanisch kann man einen Muskel in einfacher Weise erregen, indem man z. B. einen schwachen Schlag auf ihn ausübt; bei dieser Form der Reizung werden aber leicht die oberflächlichen Muskelfasern zerquetscht. Thermische Reize sind nur wirksam, wenn der Temperatursprung rasch erfolgt; auch das ist ohne Schädigung schwer auszuführen. Chemische Reize, z. B. Betupfen mit Mineralsäuren, mit kalkfällenden Mitteln, wie Natriumzitrat oder Natriumoxalat, mit Alkohol, Chloroform u. a., und osmotische Reize, z. B. Einlegen in konzentrierte Kochsalzlösung, greifen ebenfalls die Muskulatur an und setzen dabei nicht sämtliche Fasern zu gleicher Zeit, sondern zunächst nur die oberflächlichen in Funktion. Günstiger ist unter den künstlichen Reizen der elektrische; denn der elektrische Strom durchsetzt sofort den ganzen Muskel, ferner macht es keine methodischen Schwierigkeiten, ihn beliebig kurze Zeit wirken

zu lassen, und seine Stärke läßt sich ausgezeichnet dosieren. Aus diesen Gründen wird der elektrische Reiz auch vornehmlich verwendet und spielt auch in der medizinischen Praxis eine große Rolle. Über die verschiedenen Methoden der elektrischen Reizung und

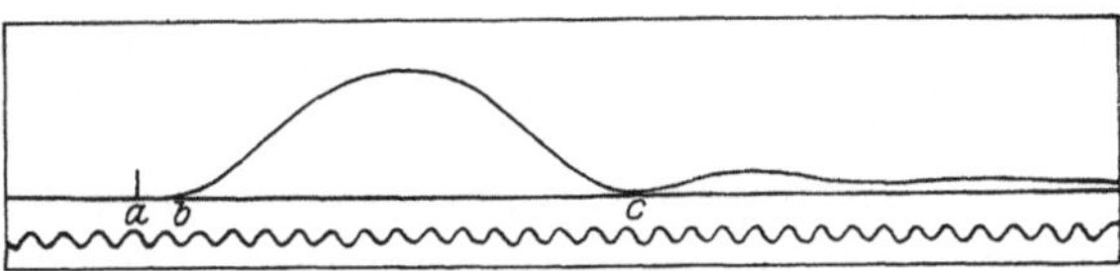

Abb. 112. Isotonische Muskelzuckung.
a Reizmoment. *b-c* Kontraktion.
Nach der Kontraktion einige elastische Nachschwingungen.
Unten Stimmgabelschwingungen (Schwingung = $^1/_{100}$ sec).

ihre Wirkung wird darum später (s. Kap. 21) noch mehr gesagt werden.

In denjenigen Versuchen, welche zum Studium der Muskeltätigkeit ausgeführt wurden, ist weitaus am häufigsten der Induktionsstrom benutzt worden, der, mit Hilfe des DU BOIS-REYMONDschen Schlitteninduktoriums durch gegenseitige Verschiebung der Primär- und Sekundärspule in seiner Intensität abgestuft, einen überaus flüchtigen Reiz, einen Induktionsschlag ausübt. Läßt man einen solchen auf einen ausgeschnittenen überlebenden Muskel, etwa auf den Gastroknemius eines Frosches wirken, so antwortet dieser mit einer **Muskelzuckung.** Sie besteht in einer raschen Verkürzung und Verdickung, die von einer Erschlaffung gefolgt ist. Gleichzeitig findet dabei eine ganz geringfügige Volumverminderung um etwa $^1/_{20\,000}$ statt (ERNST), die nach MEYERHOF aus den mannigfaltigen teils mit Volumkontraktion und teils mit Volumdilatation einhergehenden Stoffwechselreaktionen im Muskel (s. S. 357) resultiert.

Den Verlauf der Zuckung in ihren Einzelheiten kann man nur erkennen, wenn man sie graphisch registriert. Zu dem Zweck hängt man den Muskel an einem Ende auf, befestigt am anderen einen Hebel, welcher in einer Schreibspitze endigt, und führt, während der Muskel gereizt wird, mit großer Geschwindigkeit eine Schreibfläche. etwa die Zylinderfläche einer Kymographiontrommel (s. S. 157) an der Schreibspitze vorbei. Man erhält dann eine *Muskelkurve,* deren Abszissenwerte Zeiten, deren Ordinatenwerte Hubhöhen darstellen (s. Abb. 112). Der Schreibhebel verzeichnet die Längenänderung des Muskelhebels exakt, wenn der Hebel an sich möglichst wenig Masse hat und die Spannung des Muskels durch ein Gewicht erfolgt, welches nahe der Drehachse des Hebels, etwa an einer kleinen Rolle angreift (s. Abb. 113). Würde nämlich der Hebel schwer sein oder die Last an einem langen

Hebelarm angreifen, so würde die Trägheit der zu bewegenden Masse anfänglich die Verkürzung verzögern, bis die Spannung des Muskels einen gewissen Betrag erreicht hat; weiterhin, wenn die Massen in Schwung versetzt sind, würden diese aber entsprechend ihrer Trägheit in dem einmal erreichten Bewegungszustand verharren, sich

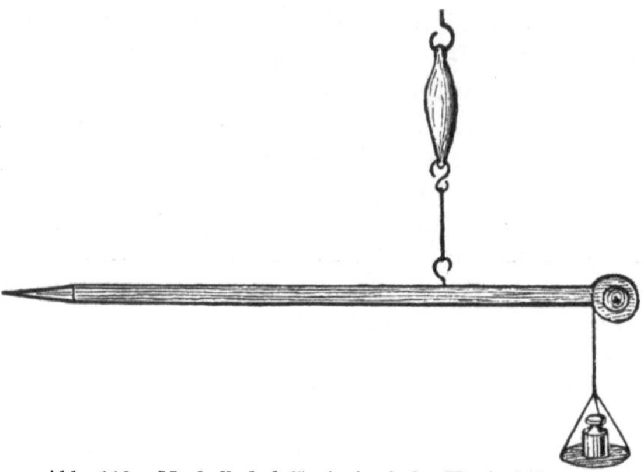

Abb. 113. Muskelhebel für isotonische Kontraktionen.

also unabhängig von dem Muskel fortbewegen, die vom Hebel geschriebene Kurve würde zu einer Schleuderkurve, welche von der Muskelkurve mehr oder weniger abweicht. Bei der beschriebenen Anordnung ist dagegen das Trägheitsmoment des an dem kurzen Hebelarm befestigten Gewichts so gering, daß die Schleuderung vermieden ist, der Muskel also bei gleichmäßiger Spannung oder, wie FICK es nannte, „*isotonisch*" arbeitet. Im Vergleich dazu spricht man von einer *isometrischen* oder *Spannungszuckung* dann, wenn ein Gewicht oder eine Feder den Muskel so stark spannt — ohne ihn zu dehnen —,

daß er sich kaum verkürzen kann; die sehr geringfügige Längenänderung, die durch einen genügend langen Schreibhebel zu verzeichnen ist, ist dann ein Ausdruck der zu- und abnehmenden Spannung.

Die isotonische Muskelzuckung verläuft im allgemeinen entsprechend der Abb. 112; aufsteigender und absteigender Ast der Kurve sind annähernd symmetrisch gestaltet. Die leichten Schwingungen am Ende der Kurve rühren von der Elastizität des belasteten Muskels her und haben mit der eigentlichen Zuckung nichts zu tun. Gleichzeitig geschriebene Stimmgabelschwingungen lassen erkennen, daß *die Zuckung beim Skeletmuskel vom Frosch etwa 100—170 msec (= 100—170 σ) dauert.* Aber bei jedem Tier ist die Zuckungsdauer je nach der Muskelsorte verschieden. Bei vielen Tieren, z. B. bei Kaninchen und Hühnern, sind die Muskeln auch nach ihrer Farbe verschieden, man kann *rote und weiße (blasse) Muskeln* unterscheiden; die Zuckung der roten verläuft gedehnter als die der weißen (RANVIER). Die roten Muskeln findet man hauptsächlich da, wo es auf dauernde

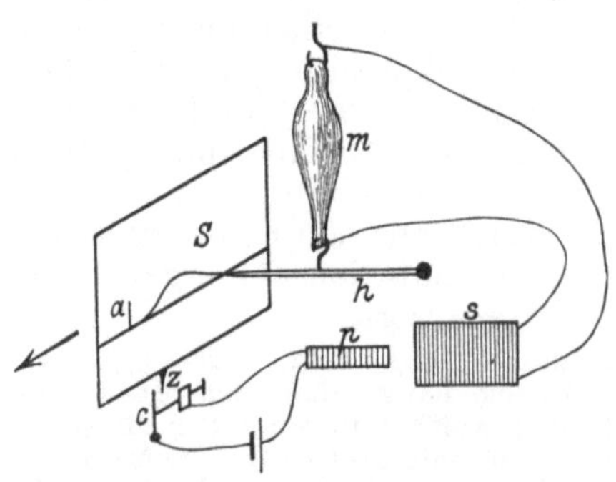

Abb. 114. Anordnung zur Aufzeichnung einer Muskelkurve. (Nach HERMANN.)

Betätigung, auf Halten, Spannen, Tragen oder Sperren, ankommt; die weißen Muskeln dagegen werden mehr für vorübergehende, aber rasche Bewegungen, also vor allem zur Lokomotion benutzt. In Anpassung an diese verschiedene Funktion sind die roten Muskeln weniger ermüdbar als die weißen. Die Zuckung der *glatten Muskeln* verläuft meist viel gestreckter; sie dauert oft 50—100", die Erschlaffungsphase ist dabei erheblich länger als die Kontraktionsphase.

Die Verkürzung beginnt nicht im Moment der Reizung, sondern erst nach einer gewissen *Latenzzeit (Stadium der latenten Reizung)*. Man mißt diese Zeit etwa auf folgende Weise (s. Abb. 114): Der am unteren Rand der beweglichen Schreibfläche *S* angebrachte Zahn *z* öffnet bei deren

Vorbeischnellen an der Schreibspitze einen im Primärkreis eingeschalteten Kontakt *c*, wodurch im Sekundärkreis ein Öffnungsinduktionsschlag erzeugt wird, welcher den Muskel zur Kontraktion und zur Aufzeichnung einer Kurve veranlaßt. Bewegt man nun ein zweites Mal die Schreibfläche ganz langsam an der Schreibspitze entlang, so zeichnet diese bei Öffnung von *c* eine Senkrechte *a*, deren Fußpunkt einige Millimeter vor der Abhebung des aufsteigenden Kurvenastes von der Abszisse gelegen ist; dieser Abstand entspricht der Latenzzeit (s. auch Abb. 112). Sie ist aus der Geschwindigkeit der vorbeischnellenden Schreibfläche zu berechnen und beträgt beim Skeletmuskel etwa $0{,}004$—$0{,}01'' = 4$—10 msec. Doch ist sie in Wahrheit kürzer (das Minimum beträgt nach BETHE etwa 2 msec), da die Kontraktion meist an einer Stelle beginnt und dadurch zunächst die benachbarten Stellen, entsprechend der Elastizität des Muskels, gedehnt werden; auf die Weise wird die Hebung der Schreibspitze etwas verzögert. Die gemessenen Werte der Latenzzeit sind um so größer, je langsamer die Zuckung verläuft; bei glatten Muskeln beträgt sie $0{,}5$—$1''$. Bei indirekter Reizung ist die Latenzzeit der Skeletmuskeln noch um etwa 5 msec länger, auch wenn man von der für die Fortleitung der Erregung im Nerven verbrauchten Zeit (s. Kap. 21) absieht; der Übergang der Erregung vom Nerven auf den Muskel ist also mit einem besonderen Zeitverbrauch verbunden (BERNSTEIN).

Wie gesagt, beginnt bei Reizung die Kontraktion meist an einem Punkt; von dort pflanzt sie sich wellenförmig fort. Man kann die Geschwindigkeit der Ausbreitung dieser *Kontraktionswelle* messen, indem man auf zwei voneinander entfernte Stellen eines Muskels Schreibhebel auflegt, welche die Verdickung registrieren; man findet alsdann für den Skeletmuskel beim Frosch etwa 3 m, beim Kaninchen 5—10 m, beim Menschen 10—15 m, für glatte Muskeln dagegen nur 10 mm und weniger pro Sekunde (BERNSTEIN, HERMANN). Von der Reizstelle breitet sich die Kontraktionswelle nach beiden Seiten über den Muskel aus; da bei vielen Muskeln der Nerv in der Mitte ihrer Länge eintritt, so laufen also bei der Erregung vom Nerven aus zwei Kontraktionswellen gleichzeitig in entgegengesetzter Richtung über den Muskel. Der Muskel hat demnach *doppelsinniges Leitungsvermögen*. Reizt man den Muskel mit einem seine ganze Länge durchsetzenden elektrischen Strom, so beginnt die Kontraktionswelle gewöhnlich an der Kathode und läuft von da aus über ihn hin (s. Kap. 21); nur wenn man einen **starken** Strom verwendet, dann entsteht keine Kontraktionswelle, sondern alle Teile der Fasern geraten gleichzeitig in Erregung (BETHE).

Die Hubhöhe bei einer Muskelkontraktion hängt u. a. von der Reizstärke ab. Erregen wir z. B. mit einem elektrischen Strom, so läßt sich eine Stromstärke finden, bei welcher der Muskel eben nur mit einer ganz leichten Kontraktion reagiert. Man bezeichnet den so wirksamen Reiz als *Schwellenreiz* oder als *Reizschwelle*. Schwächere Ströme sind dann als „unterschwellige Reize" anzusehen. Läßt man die Reizstärke von der Schwelle ab anwachsen, so nimmt mit der Reizstärke die Hubhöhe zu, aber nur bis zu einer gewissen Größe, weitere Steigerung der Reizstärke vermehrt den mechanischen Effekt nicht. Zu „maximalen Zuckungen" gehören also gleicherweise „maximale" und „übermaximale" Reize. Das für den Herzmuskel gültige und an ihm entdeckte *Alles-oder-Nichts-Gesetz* (s. S. 137) gilt danach für den Skeletmuskel nicht, aber nach einer verbreiteten Ansicht *gilt es nur scheinbar nicht*. Der Muskel setzt sich nämlich aus zahlreichen Fasern zusammen, die wahrscheinlich nicht alle die gleiche Reizschwelle haben; beim Schwellenreiz für den ganzen Muskel sprechen

daher nur die allererregbarsten Fasern an, diese aber sogleich maximal, die
Hubhöhe ist aber dabei nur klein, weil die wenigen erregbaren Fasern die
Masse der übrigen mitzuschleppen haben; danach folgt bei geringer Steigerung der Reizstärke eine zweite Gruppe von Fasern und so fort, bis der
Schwellenwert für alle Fasern erreicht ist (LUCAS). Submaximale Zuckungen
sind hiernach solche, bei denen nicht sämtliche Fasern eines Muskels an
seiner Kontraktion beteiligt sind. Die Grundlage für diese Auffassung sind
Experimente am M. cutaneus dorsi des Frosches, der nur aus 15—20 Fasern
besteht; hier kann man sehen, daß bei Steigerung der Reizstärke die Kontraktionshöhe nicht kontinuierlich ansteigt, sondern sprungweise in kleinen
Absätzen. Bei der Membrana basihyoidea des Frosches ist sogar unter
dem Mikroskop die Gültigkeit des Alles-oder-Nichts-Gesetzes an einzelnen
Muskelfasern demonstriert. Hiernach verhielte das Herz sich also nur äußerlich anders, weil bei ihm die Erregung eines Muskelelements gleich auf alle
übrigen weitergeleitet wird. Es wird jedoch auch die Meinung vertreten,
daß es sich bei den genannten Versuchen, die an außerordentlich zarten
Objekten ausgeführt wurden, um unphysiologische Reaktionen handelte.

Die Hubhöhe ist ferner von der Länge der Muskelfasern abhängig; je
länger der Muskel, desto größer die Hubhöhe. Dies beruht darauf, daß
die Fortpflanzungsgeschwindigkeit der Kontraktion so groß ist, daß das
Ende des Muskels längst von der Kontraktionswelle erreicht ist, wenn
auch der Anfang sich noch in Kontraktion befindet.

Ein dritter Faktor der Hubhöhe ist die Belastung. Im allgemeinen
nimmt die Hubhöhe mit steigender Belastung ab; nur bei schwacher Belastung nimmt sie anfänglich oft zu. Läßt man die Belastung mehr und
mehr anwachsen, so gelangt man zu einem Gewicht, welches der Muskel
eben nicht mehr zu heben vermag. Diese Last ist ein Maß für das Kontrak-
tionsvermögen, sie repräsentiert die **Muskelkraft.** Bestimmt man sie für
verschiedene Muskeln, so findet man, daß *die Muskelkraft unabhängig
von der Länge, aber proportional dem Querschnitt ist* (ED. WEBER). Unter
Querschnitt ist dabei die Summe aller Querschnitte der einzelnen Muskelfasern zu verstehen. Ist ein Muskel also schräg gefasert, oder ist der Verlauf der Fasern gefiedert, so ist der „*physiologische Querschnitt*" größer
als der physikalische, die Kraft solcher Muskeln also relativ
zu ihrem physikalischen Querschnitt groß. Man begegnet solchem Aufbau aus schrägen kurzen Fasern da, wo große Lasten
zu bewältigen, dem Aufbau aus parallellaufenden langen Fasern da, wo große Hubhöhen zu erzielen sind.

Die Kraft des Muskels ist am größten zu Anfang der
Kontraktion und nimmt mit deren Fortschreiten mehr und
mehr ab. Dies lehrt der *SCHWANNsche Versuch*: Man hängt
einen Muskel an einem Ende auf und bringt an seinem anderen Ende ein Gewicht an, das man unterstützt, so daß

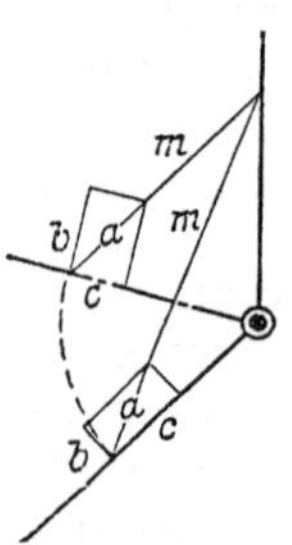
Abb. 115.
Änderung der
Kraftkomponen-
ten eines Beuge-
muskels im Ver-
lauf der Beugung.

der Muskel es erst im Verlauf seiner Kontraktion von seiner Unterlage abhebt; nun kann man es durch beliebige
Annäherung der Unterlage an den oberen Aufhängepunkt
so einrichten, daß der Muskel entweder gleich bei Beginn
der Kontraktion mit dem Gewicht belastet wird, oder erst
wenn er sich bereits um ein kleineres oder größeres Stück seiner Ruhelänge verkürzt hat; je nachdem wird die maximale Last, welche er eben zu
heben vermag, größer oder kleiner sein. Dies Verhalten spielt bei den natürlichen Leistungen unserer Muskeln eine große Rolle: Sei in der Abb. 115

durch eine Linie *m* ein Muskel dargestellt, welcher, an einem Knochen entspringend, über ein Gelenk hinweg an einem zweiten Knochen inseriert; wenn sich der Muskel verkürzt, so werden die beiden Knochen gegeneinander gebeugt. Die in Richtung des Zugs wirkende Kraft des Muskels sei durch *a* dargestellt; sie kann dem Kräfteparallelogramm entsprechend in zwei Komponenten zerlegt werden, in die wirksame tangential gerichtete Komponente *b* und in die gegen die Drehachse gerichtete und darum unwirksame Komponente *c*. Die Zeichnung lehrt nun, daß mit Zunahme der Beugung die wirksame Kraftkomponente zunächst größer und größer wird. Wäre das nicht der Fall, so würde mit fortschreitender Beugung ein den unteren Knochen belastendes Gewicht wegen der Abnahme der Muskelkraft schwerer und schwerer gehoben; so aber spüren wir von der Abnahme nichts, weil sie durch die Zunahme der wirksamen Kraftkomponente mehr oder weniger kompensiert wird. Wo aber solch eine Kompensierung der Abnahme der Kraft durch eine günstigere Kraftrichtung nicht statthat, da macht man die bekannte Erfahrung, daß ein Schwerstgewicht nur um eine ganz kleine Strecke gehoben werden kann.

Die Muskelkraft, auf die Einheit des Querschnittes 1 cm² und auf die günstigste Länge des Muskels bezogen, heißt *absolute Muskelkraft*; sie beträgt für den Frosch-Gastroknemius im Mittel 1,8 kg, für den Bizeps und Brachialis des Menschen im Mittel 11 kg (BETHE). Für den Menschen wurden die ersten Werte von ED. WEBER so bestimmt, daß die größte Last aufgesucht wurde, die ein Mensch dadurch eben noch zu heben vermag, daß er sich auf die Zehen stellt; mißt man den Hebelarm von den Metatarsusköpfchen bis zur Ferse als dem Angriffspunkt der Kraft der Wadenmuskulatur, ferner den Hebelarm von den Metatarsusköpfchen bis zum Angriffspunkt der Last, d. h. dem Schnittpunkt der Schwerlinie des Körpers mit dem Fuß (s. S. 366), und endlich den physiologischen Querschnitt der Wadenmuskulatur an einer Leiche von ähnlicher muskulöser Beschaffenheit wie die Versuchsperson, so läßt sich die absolute Kraft berechnen.

Der Satz, daß die Hubhöhe mit steigender Belastung abnimmt, gilt im allgemeinen wohl bei isotonischer Anordnung, dagegen nicht, wenn sich die Spannung während der Kontraktion ändert. Die Spannung kann z. B. wachsen, wenn der Muskel sich gegen eine Federspannung kontrahiert, oder wenn er ein an seinem Ende befestigtes Gewicht heben soll, dessen Trägheit erst zu überwinden ist. Unter diesen Umständen, wo der Muskel statt isotonisch sich „auxotonisch" kontrahiert, wachsen die Hubhöhen bis zu einem gewissen Maß mit der Belastung; jeder Spannungszuwachs wirkt sozusagen als neuer Reiz, welcher den Muskel zu stärkerer Kontraktion veranlaßt.

Wird ein Muskel längere Zeit beansprucht, so zeigen sich Erscheinungen von **Ermüdung.** Diese äußert sich erstens in einer *Abnahme der Hubhöhe*. Reizt man den Muskel z. B. rhythmisch mit maximalen Reizen, so sinkt (nach einem anfänglichen Stadium der Zunahme, der sogenannten „Treppe") die Hubhöhe kontinuierlich bis auf Null ab. Der Abfall ist um so steiler, je größer die Belastung ist, und je rascher die einzelnen Reize aufeinanderfolgen. Der Zuckungsverlauf wird ferner darin durch die Ermüdung abgeändert, daß die Zuckung mehr Zeit in Anspruch nimmt als sonst; besonders das Stadium der Erschlaffung zieht sich in die Länge. Das geht bei hochgradig ermüdeten Muskeln so weit, daß nach der Kontraktion überhaupt keine vollständige Erschlaffung mehr zustande kommt, sondern ein *Verkürzungsrückstand* oder eine *Kontraktur* übrigbleibt. (Leichte Grade von Verkürzungsrückstand sieht man aber auch häufig beim unermüdeten Muskel, wenn er sehr wenig belastet wird; s. Abb. 112, S. 339.)

Der Verlangsamung des Kontraktionsablaufs entspricht eine Verlangsamung der Kontraktionswelle; sie kann so ausgesprochen werden, daß bei lokaler Reizung die Kontraktion am Reizort stehenbleibt; es bildet sich ein sogenannter *idiomuskulärer Wulst*. Man kennt die Erscheinung besonders vom absterbenden Muskel, welcher auf einen Schlag mit einem Lineal quer zur Faserrichtung oder beim Darüberstreichen mit solcher Wulstbildung reagiert. Durch Ermüdung wird ferner die Kraft des Muskels herabgesetzt, seine Reizschwelle erhöht.

Für den Verlauf der Ermüdung infolge rhythmischer elektrischer Reizung ist es von Bedeutung, ob man den Muskel direkt oder indirekt reizt. Bei der direkten Reizung kommt nämlich nach SCHEMIZKY zu der Leistungsabnahme infolge der Arbeit des tätigen Organs noch eine Leistungsabnahme hinzu, die von polar entgegengesetzten physikochemischen Veränderungen herrührt, die sich unter den Elektroden an der Oberfläche der Muskelfasern abspielen. An der Kathode entwickelt sich eine Verminderung der Erregbarkeit, eine „depressive Kathodenwirkung" (s. S. 384), die stärker ist als die entgegengesetzte Wirkung unter der Anode; die Hubhöhen nehmen also schon allein dadurch mehr und mehr ab. Zur Charakteristik *dieser* Art Ermüdung dient der „Wendungseffekt", der darin besteht, daß ein durch Stromstöße erregter und durch die depressive Kathodenwirkung völlig untätig gewordener Muskel nach Umkehr der Stromrichtung sich wieder weitgehend erholt, weil die Anode die kathodische Veränderung rückgängig macht.

Wenn man den infolge der Arbeit vollständig ermüdeten Muskel ruhen läßt, tritt *Erholung* ein, auch wenn er ausgeschnitten und somit aus dem Kreislauf ausgeschaltet ist. Man sollte dies vielleicht nicht erwarten; denn die Ermüdung durch Arbeit beruht natürlich darauf, daß der Muskel bei seinen Leistungen von seinem Gewebsmaterial verbraucht und daß sich Zersetzungsprodukte als „Ermüdungsstoffe" ansammeln; das Blut aber kann neues Nährmaterial heranschaffen und die Zersetzungsprodukte fortspülen. Wenn trotzdem auch ohne Blutzufluß ein gewisses Maß von Erholung zustande kommt, so beruht das darauf, daß der Sauerstoff der Luft gewisse Ermüdungsstoffe, auf die wir später bei der Erörterung des Muskelchemismus näher eingehen werden (s. S. 357), beseitigt; dafür muß aber der Sauerstoff Zeit haben, ins Innere des Muskels hineinzudiffundieren.

Ein durchbluteter Muskel erholt sich nicht nur leichter, sondern er ermüdet auch schwerer. Wird er z. B. irgendwie in regelmäßigem Rhythmus erregt, so kann er, wenn die Erholungspausen zwischen den einzelnen Erregungen eine gewisse Mindestgröße einhalten, praktisch unermüdlich arbeiten, bei schnellerem Reiztempo sinkt aber seine Leistungsfähigkeit. Beim Menschen hat man die Erfahrungen darüber vor allem mit dem *Ergographen* von Mosso gesammelt.

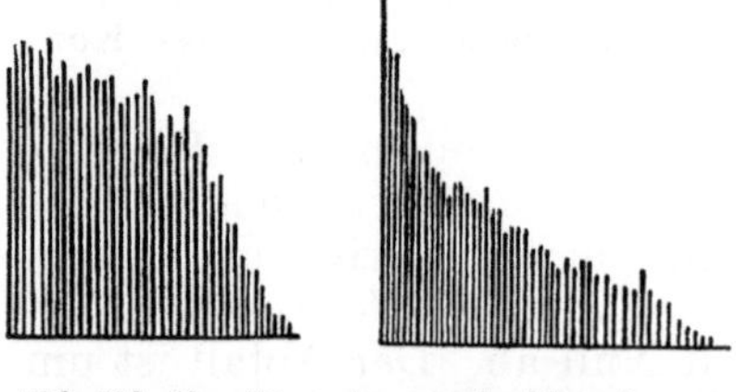

Abb. 116. Ermüdungskurven des Menschen von individuell verschiedener Form, unter den gleichen Bedingungen aufgenommen.

Dieser besteht aus einem Gestell, in welchem der Unterarm horizontal in Supinationshaltung durch Riemen fixiert wird; um den Mittelfinger wird ein Ring gelegt, von welchem ein Seil über eine Rolle zu einem Gewicht führt. Die Beugemuskulatur des Fingers hat nun rhythmisch das Gewicht so hoch wie möglich zu heben; die Hubhöhen werden mit Hilfe eines an dem Seil und senkrecht zu seiner Verlaufsrichtung befestigten Schreibhebels auf einer Kymographiontrommel registriert.

Man erhält auf die Weise „Ermüdungskurven" von der Art der in Abb. 116 reproduzierten. Ihr Verlauf ist, abgesehen von individuellen

Eigentümlichkeiten, natürlich wieder abhängig von der Größe der Belastung und von dem Reiztempo, von der Größe der Erholungspausen ferner aber auch vom allgemeinen Wohlbefinden, vom Ernährungszustand, von der Übung, bei willkürlicher Innervation der Muskulatur vom Grad und von der Erschöpfbarkeit der Willenskraft, von der Mitwirkung geistiger Arbeit u. a. mehr. Der Ergograph ist daher besonders häufig auch bei experimentell-psychologischen Studien in Anwendung gekommen.

Man hat diese Erfahrungen am Ergographen auch in die Praxis der beruflichen Arbeit übertragen, welche ja sehr häufig rhythmischen Charakter hat. TAYLOR, der Urheber der „wissenschaftlichen Betriebsführung", die heute nach ihm als „Taylorisierung" bezeichnet wird (s. S. 238), hat z. B. bei Schaufelarbeitern neben der zweckmäßigsten Schaufelbewegung die günstigste Schaufellast und das günstigste Schaufeltempo festgestellt, bei welchen ein Leistungsoptimum erzielt werden kann, hat ferner, je nach dem zu schaufelnden Material, z. B. Erz oder Kohle, die Schaufelgröße der günstigsten Schaufellast adaptiert und erreichte auf diese Weise, daß 140 Arbeiter in der gleichen Zeit dasselbe leisteten wie sonst 500 Arbeiter, daß der Durchschnittsarbeiter statt 16 Tonnen 59 bewältigte, ohne dabei mehr zu ermüden.

Die Muskelkontraktion ist außer mit der Produktion von mechanischer Arbeit noch mit zwei weiteren energetischen Äußerungen verknüpft: mit der Produktion von Wärme und von Elektrizität. Der Zusammenhang von Wärmebildung und Arbeitsleistung hat uns schon früher beschäftigt, es wird hier aber noch einmal (s. S. 362) darauf zurückzukommen sein. Auch der elektrischen Äußerung der Muskeltätigkeit, dem sogenannten Aktionsstrom, sind wir schon einmal, im Kapitel über die Herzphysiologie begegnet; die Aktionsströme des schlagenden Herzens haben, wie wir dort (S. 143) sahen, einen so charakteristischen Verlauf, daß ihre Registrierung als Elektrokardiogramm nicht nur ein allgemein physiologisches, sondern vor allem auch klinisches Interesse beansprucht. Die Aktionsströme der Skelet- und Eingeweidemuskeln stehen in dieser praktischen Hinsicht hinter den Herzströmen zurück, und sie bilden auch neben den beiden anderen energetischen Äußerungen der Muskelfunktion nur unauffällige und scheinbar wenig beachtenswerte Begleiterscheinungen. Aber man muß sich nur einerseits klarmachen, daß die elektrischen Organe der elektrischen Fische, welche nach ihrer embryonalen Entwicklung mit den Muskeln nahe verwandt sind, und welche vermöge der in ihnen hergestellten Spannungen von mehreren hundert Volt mächtige Schläge austeilen, in ihrem Bau und namentlich in ihrem Mangel an irgendwelchen Leitern erster Klasse von allen physikalischen Apparaten ähnlicher Wirksamkeit völlig abweichen, um sofort das theoretische Interesse an diesen Erscheinungen stark zu beleben; andererseits muß man sich ins Gedächtnis rufen, daß die Erscheinungen der „tierischen Elektrizität" an der Eingangspforte der gesamten modernen Elektrizitätslehre stehen, welche die Hilfsmittel geschaffen hat, um Millionen von Motoren zu treiben, Riesenstädte zu erleuchten und viele Tausende von Kilometern voneinander entfernte Orte telegraphisch, telephonisch und drahtlos miteinander zu verbinden.

Als GALVANI im Jahre 1786, mit Experimenten an Froschmuskeln beschäftigt, die Muskeln, welche mit kupfernen Haken an dem eisernen Gitter seiner Terrasse in Bologna aufgehängt waren, zucken sah, sobald sie zufällig mit beiden Metallen zugleich in Berührung kamen, als er diese Experimente dann systematisch wiederholte und stets dadurch Kontraktionen auszulösen vermochte, daß er die Muskeln mit einem aus zwei Metallen bestehenden Bogen berührte, da glaubte er mit seinen Versuchen in den Muskeln schlummernde Lebenskräfte zu wecken; er stellte sich vor, daß ein Muskel vermöge der in ihm wohnenden tierischen Elektrizität ähnlich wie eine Leydener Flasche geladen sei, und daß die Vereinigung der beiden Elektrizitäten durch den metallischen Bogen die Lebensäußerung der Bewegung auslöse. GALVANIS Rivale VOLTA wies jedoch schlagend nach, daß die polaren Gegensätze auch unabhängig von irgendwelchen Lebenserscheinungen auftreten, wenn man irgendeinen feuchten Leiter zwischen zwei Metalle schaltet, und legte damit den Grund zu dem noch heute nach seinem Vorläufer benannten „Galvanismus" und zum Aufbau der ganzen Lehre von der strömenden Elektrizität. Aber ein wichtiger Versuch, den GALVANI weiter anstellte, blieb zunächst unbeachtet: Auch wenn man einen Muskel nicht mit einem Bogen aus zwei Metallen „schließt", sondern mit dem eigenen Nerven, indem man z. B. das proximale Ende des am Gastroknemius hängenden N. ischiadicus auf den Sehnenspiegel des Muskels oder noch besser auf einen frischen Querschnitt desselben fallen läßt, auch dann macht der Muskel eine Zuckung; diese „Zuckung ohne Metalle" ist in der Tat, wie wir gleich sehen werden, ein Zeichen für das Vorhandensein von „tierischer Elektrizität".

Die einfachste und dabei sehr sinnenfällige Demonstration eines bioelektrischen Stromes ist aber wohl der Nachweis des 1838 von MATTEUCCI entdeckten **Ruhestromes des Muskels.** Wenn man von einem Muskel ein Stück abschneidet und eine Stelle der unversehrten Muskeloberfläche einerseits, eine verletzte Stelle andererseits mit einem Spulengalvanometer in leitende Verbindung bringt, so beobachtet man eine Ablenkung aus der Ruhelage, welche stunden-, ja tagelang bestehen bleibt. *Die verletzte Stelle, der „Querschnitt", verhält sich dabei negativ gegen die unverletzte Stelle, den „Längsschnitt"*; wie also bei einem Daniellelement ein Strom vom positiven Kupferpol im äußeren Schließungsbogen zum negativen Zinkpol verläuft, so verläuft beim verletzten ruhenden Muskel ein „Ruhestrom" vom Längsschnitt durch den äußeren Schließungsbogen zum Querschnitt. Die elektromotorische Kraft dieses Elements Muskel, sein *Ruhepotential*, kann man nach den gebräuchlichen Methoden der Physik, also am einfachsten in Potentiometerschaltung messen; man findet dann in maximo eine elektromotorische Kraft von 80 mV (E. DU BOIS-REYMOND).

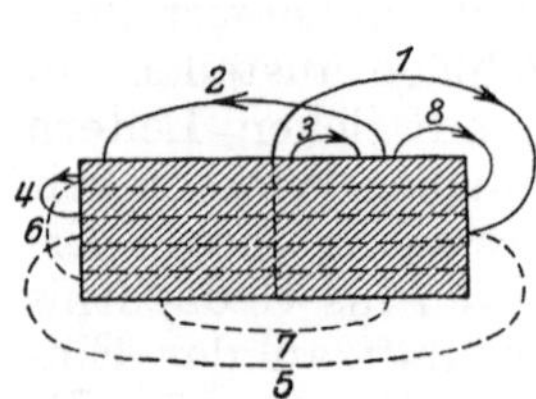

Abb. 117. Schema der Verteilung der elektrischen Spannungen auf der Oberfläche eines mit zwei Querschnitten versehenen Muskels.

Im einzelnen sind *die Spannungen auf der Muskeloberfläche* folgendermaßen verteilt: Wenn das schraffierte Rechteck der Abb. 117 den Längsschnitt durch einen aus parallelen Fasern bestehenden zylindrischen Muskel bedeutet, dessen Fasern an beiden Enden quer durchschnitten sind, dann findet man das größte Ruhepotential, wenn man von der Mitte eines Querschnitts und vom „Äquator", d. h. der den Zylinder in zwei gleiche Hälften teilenden, in Querrichtung verlaufenden Linie ableitet (*1*). Aber man erhält auch Spannungsunterschiede, wenn man von zwei Punkten der unverletzten Oberfläche, des Längsschnitts, welche verschieden weit vom Äquator (*2, 3*), oder wenn man von zwei Punkten des Querschnitts, welche verschieden weit von dessen Mittelpunkt entfernt sind (*4*), ableitet; nur sind die elektromotorischen Kräfte kleiner als bei der günstigsten Schaltung (*1*). Dagegen beträgt die Potentialdifferenz 0, wenn man symmetrische Punkte des Längsschnitts oder des Querschnitts miteinander verbindet (*5, 6, 7*).

Wenn so also ein Strom zustande kommt, sobald man Längs- und Querschnitt eines verletzten Muskels leitend miteinander verbindet, dann muß es bei der großen Stromempfindlichkeit von Muskeln oder Nerven auch möglich sein, diese durch ihren eigenen Ruhestrom zu erregen. Das ist denn auch wirklich durch GALVANIS klassisches Experiment der „*Zuckung ohne Metalle*" gezeigt. Läßt man, wie beschrieben, das proximale Ende des Nerven, welches distal mit dem „Längsschnitt" des Muskels verwachsen ist, auf den Muskelquerschnitt fallen, so fließt im Moment der Berührung der Ruhestrom durch den Nerven, welcher auf diesen Reiz anspricht und den Muskel zum Zucken bringt. Ähnlich ist folgender Versuch: Wenn man einen Sartorius vom Frosch aufhängt, sein unteres Ende quer abschneidet und nun das verletzte Ende in Ringerlösung eintaucht, so zuckt der Muskel im Moment des Eintauchens, offenbar, weil die Ringerlösung plötzlich einen äußeren leitenden Schließungsbogen zwischen Längs- und Querschnitt herstellt.

Nach all dem ist Verletzung die Vorbedingung für den Ruhestrom; und in der Tat hat HERMANN gezeigt, daß *völlig unverletzte Muskeln*, wie man sie nur bei sehr sorgfältiger Präparation erhalten kann, *stromlos sind*. Damit wird der Ruhestrom eigentlich in das Gebiet des Pathologischen verwiesen und sollte uns deshalb hier vielleicht gar nicht weiter beschäftigen. Immerhin ist er ein Lebensphänomen; denn in ihrer Totalität *abgestorbene Muskeln sind stromlos*. Für die Entstehung des Ruhestromes kommt es also jedenfalls in irgendeiner Weise auf den Gegensatz von Leben und Tod des Protoplasmas an. Aber vor allem hat DU BOIS-REYMOND schon 1843 an dem verletzten Muskel eine Beobachtung gemacht, welche seine elektrischen Eigenschaften durchaus zum Objekt der Physiologie macht: Wenn ein verletzter Muskel den Galvanometerzeiger aus seiner Ruhelage abgelenkt hat, und nun von seinem Nerven aus durch einen Induktionsschlag zum Zucken gebracht wird, so schwankt der Zeiger alsbald für kurze Zeit gegen seine Ruhelage zurück, vollführt, wie DU BOIS-REYMOND es ausgedrückt hat, eine „*negative Schwankung*", um sich danach wieder auf den ursprünglichen, von dem Ruhestrom herrührenden Stand zurückzubegeben; die negative Schwankung des Ruhestroms dauert etwa 4 msec. Dieser Versuch demonstriert, daß die Tätigkeit des Muskels vom Auftreten eines flüchtigen elektrischen Stromes begleitet ist, welcher dem Ruhestrom entgegengerichtet ist; HERMANN hat den Strom **Aktionsstrom** genannt; die zugehörige elektromotorische Kraft heißt das *Aktionspotential*.

Die negative Schwankung kommt offenbar folgendermaßen zustande: gerade so, wie eine verletzte Stelle sich negativ gegen eine unverletzte Stelle verhält, so *verhält sich eine tätige Stelle negativ gegen eine ruhende*; wenn also ein Muskel von seinem Nerven aus erregt wird, so läuft von der Eintrittsstelle des Nerven aus nicht bloß eine Kontraktionswelle, sondern auch eine *Negativitätswelle* über den Muskel hin. Leitet man z. B. bei einem Gastroknemius von einem Ende aus der Gegend der Eintrittsstelle des N. ischiadicus und vom anderen Ende, welches durch Abschneiden der Achillessehne verletzt worden ist, zum Galvanometer ab (s. Abb. 118), so wird der Ruhestrom, welcher in Richtung des Pfeils *1* fließt, durch den

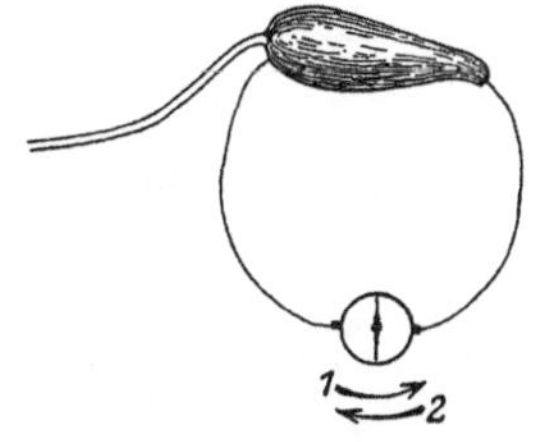

Abb. 118.
Negative Schwankung
des Ruhestroms.

Aktionsstrom von der Richtung des Pfeils *2* in dem gleichen Moment mehr oder weniger aufgehoben, in dem die Erregung ins Bereich der ersten Elektrode gelangt, weil sich dann sowohl die erregte Stelle als auch der

Querschnitt negativ verhalten. Eilt die Erregungswelle dann weiter, so gelangt sie zum Querschnitt, der bereits negativ ist, der sein elektrisches Verhalten also nicht weiter ändern wird, während dasjenige Ende, an dem der Nerv eintritt, inzwischen wieder positiv geworden ist.

Registriert man gleichzeitig die Negativitäts- und die Kontraktionswelle, so findet man, daß *die negative Schwankung schon ins Latenzstadium hineinfällt.* Dies läßt sich auf einfache Weise auch folgendermaßen demonstrieren: Wenn man den Nerven eines Nervmuskelpräparates auf ein langsam schlagendes Herz legt, dessen Latenzstadium ziemlich groß ist, so wird der Muskel im Tempo des Herzschlages durch die Aktionsströme des Herzens gereizt, aber die Muskelzuckung geht der Herzaktion stets voraus. Dies beweist, daß der elektrische Vorgang der Erregung zugeordnet ist und nicht der Kontraktion.

Ist die eben angegebene Deutung der negativen Schwankung richtig, dann läßt sich nicht bloß das Vorkommen, sondern auch die Beschaffenheit der *Aktionsströme unverletzter Muskeln* voraussagen. Erregt man einen unverletzten stromlosen Muskel, dessen Nervenendigungen durch Curare ausgeschaltet sind (S. 387), an seinem einem Ende, nachdem man zuvor durch Elektroden seine Mitte (*1*) und sein anderes Ende (*2*) mit dem stromanzeigenden Instrument verbunden hat, so wird, sobald die Erregungswelle, d. h. die Negativitätswelle, von der Reizstelle her bis zu der ableitenden Elektrode *1* geeilt ist, ein Strom zustande kommen, welcher im äußeren Schließungsbogen von der Elektrode *2* nach *1* gerichtet ist; kurz darauf, wenn die Erregungswelle sich dann bis ans andere Ende ausgebreitet

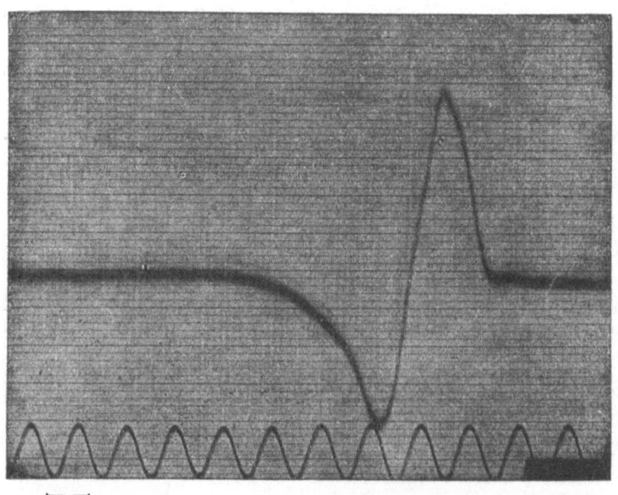

hat und der übrige Muskel inzwischen zur Ruhe zurückgekehrt ist, wird ein entgegengesetzter Strom von der Elektrode *1* durch den Stromanzeiger zur Elektrode *2* fließen. *Der Aktionsstrom des unverletzten Muskels* muß also *doppelphasisch* sein. Will man sich hiervon überzeugen, so ist das Galvanometer dafür nicht geeignet; denn es ist viel zu träge, als daß es den beiden entsprechend der großen Fortpflanzungsgeschwindigkeit der Erregungswellen rasch aufeinander folgenden, entgegengesetzt gerichteten Stromimpulsen folgen könnte. Dagegen ist die Massenträgheit eines geeigneten Kapillarelektrometers oder besser noch des Saitengalvanometers oder des Schleifenoszillographen (s. Abb. 51 und 52, S. 143) klein genug, um den diphasischen Aktionsstrom wiederzugeben. Abb. 119 stellt das Photogramm eines Saitengalvanometer-

$^1/_{148}''$ Reizung

Abb. 119. Diphasischer Aktionsstrom der Unterarmflexoren des Menschen. (Nach GARTEN.) Die Kurve ist von rechts nach links zu lesen. (Aus WINTERSTEINS Handbuch der vergleich. Physiologie.)

ausschlags dar, welcher durch Erregung der menschlichen Unterarmflexoren durch einen Induktionsschlag vom N. medianus aus hervorgerufen wurde.

Die Tatsache, daß der unversehrte tätige Muskel einen Strom erzeugt, ist übrigens lange bekannt und ohne jeden Apparat schon 1842 von MATTEUCCI demonstriert worden (s. Abb. 120): Stellt man sich zwei Nervmuskelpräparate her, legt den Nerven des zweiten auf den Muskel des ersten und reizt dann den Nerven des ersten mit einem Induktionsschlag, so kontrahiert sich nicht nur Muskel *I*, sondern auch Muskel *II* vollführt eine „*sekundäre Zuckung*", weil er durch den Aktionsstrom des Muskels *II* von seinem Nerven aus gereizt wird.

Kehren wir nun zunächst wieder zu den mechanischen Leistungen des Muskels zurück, so haben wir uns zu vergegenwärtigen, daß die bisher allein erörterte Muskelzuckung eine Kontraktionsform darstellt, welche im Leben — wenigstens bei den Skeletmuskeln — nur eine untergeordnete Rolle spielt. Die Bewegung, welche diese Muskeln ganz vorwiegend ausführen, ist nicht eine flüchtige, in Bruchteilen einer Se

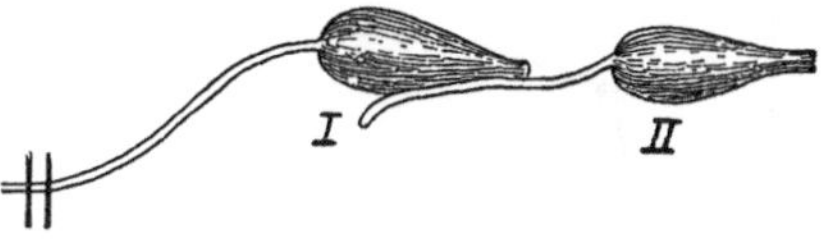

Abb. 120. Sekundäre Zuckung.

kunde sich abspielende Kontraktion, sondern eine *Dauerverkürzung* oder eine *Daueranspannung*, die beide je nachdem einen *Tetanus* oder einen *Tonus* repräsentieren, zwei Formen der Betätigung, mit denen wir uns nun eingehender befassen müssen.

Der **Tetanus** der Physiologie führt den gleichen Namen wie der Wundstarrkrampf der Klinik, der auf Infektion mit den Tetanusbazillen beruht und sich in lange andauernden, krampfhaften Zusammenziehungen der Muskeln äußert. Experimentell kann man einen Tetanus beim ausgeschnittenen Muskel am einfachsten so erzeugen, daß man ihn statt mit einem einzelnen mit zahlreichen rasch aufeinander folgenden Induktionsschlägen reizt, wie man sie z. B. durch Einschalten eines WAGNERschen Hammers in den Primärkreis eines DU BOIS-REYMONDschen Schlitteninduktoriums erhält (s. Abb. 122 c).

Das *Zustandekommen des Tetanus* kann man nach HELMHOLTZ analysieren, indem man statt eines einzelnen zunächst zwei Induktionsschläge rasch nacheinander auf den Muskel wirken läßt. Geht man dabei vom Reizintervall 0 aus und wählt man maximale Reize (S. 341), so ergibt sich, daß bis zu einem Reizintervall von etwa 1,2 msec die Hubhöhe nicht größer ist als auf den einzelnen Reiz hin. Dies ist so zu deuten, daß der ersten Erregung ein „*absolutes Refraktärstadium*" folgt, in dem der Muskel überhaupt nicht auf einen weiteren Reiz anzusprechen vermag (HELMHOLTZ) (Über das Refraktärstadium des Herzens s. S. 137). Es liegt

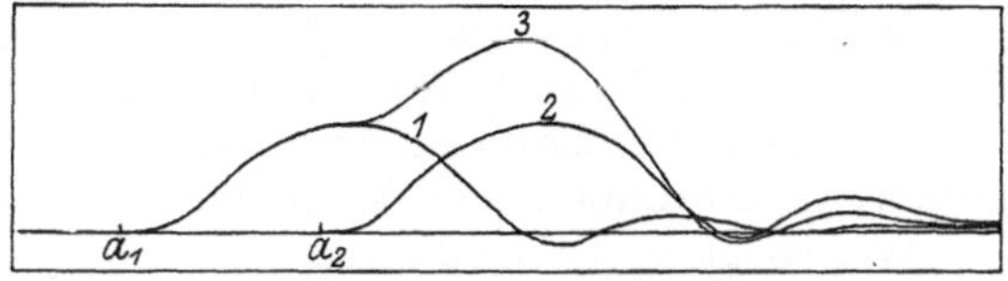

Abb. 121. Superposition zweier Einzelzuckungen (*1* und *2*), welche in den Zeitmomenten a_1 und a_2 erregt werden. *3* die durch die Superposition entstandene Kurve.

natürlich zunächst eine andere Erklärung näher, nämlich daß ein maximaler Reiz auch eine maximale Zuckung auslöst, die nicht weiter überhöht werden kann. Aber wenn man nun das Reizintervall über 1,2 msec hinaus vergrößert, dann nimmt die Hubhöhe tatsächlich doch noch zu, bis zunächst zu

4—5 msec relativ wenig, von da ab stärker. Es ist danach neben dem absoluten noch ein *relatives Refraktärstadium* zu unterscheiden, in dem die Erregbarkeit noch nicht ganz wiederhergestellt ist. Erfolgt der zweite Reiz aber erst zu einer Zeit, wo der durch den ersten Schlag gereizte Muskel schon wieder zu erschlaffen anfängt, also nach etwa 50—90 msec (S. 340), so kontrahiert er sich von neuem und etwa so, als wenn er von seiner Ruhelänge ausginge; die beiden Zuckungen „superponieren" oder „summieren" sich also (s. Abb. 121). Läßt man drei Induktionsschläge in geeignetem Abstand wirken, so superponieren sich drei Zuckungen. Es ist klar, daß auf die Weise durch *Superposition* eine Hubhöhe von einer Größe zustande kommt, welche die maximale Hubhöhe bei einer einzelnen Zuckung weit übersteigt.

Folgen bei einem Froschmuskel, dessen Zuckung etwa 100 msec dauert, zahlreiche Reize in einem zeitlichen Abstand von weniger als $^1/_{10}''$, aber mehr als $^1/_{20}''$, so muß eine Dauerverkürzung zustande kommen, bei welcher die Hubhöhe fortwährend im Tempo des Reizes etwas steigt oder fällt, es kommt zu einem *unvollständigen* oder *diskontinuierlichen Tetanus* (s. Abb. 122 a und b). Wirken aber mehr als 20 Reize pro Sekunde, d. h. wirkt jeder folgende Reiz, noch bevor der Muskel Zeit findet, aus dem vom vorhergehenden Reiz angeregten Kontraktionszustand in Erschlaffung überzugehen, so resultiert ein *vollkommener* oder *kontinuierlicher Tetanus* (s. Abb. 122 c). Hieraus ergibt sich, daß ein

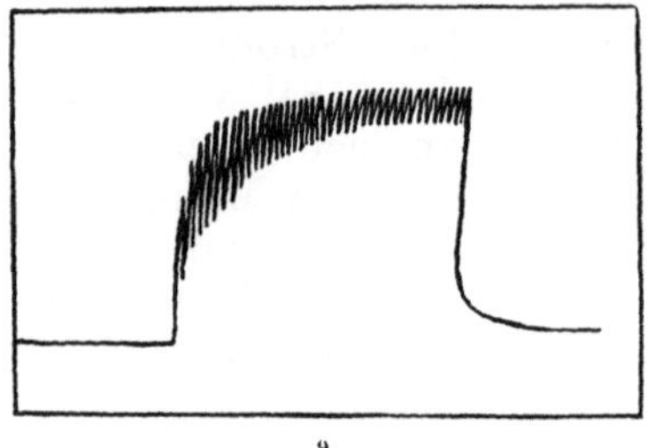

a

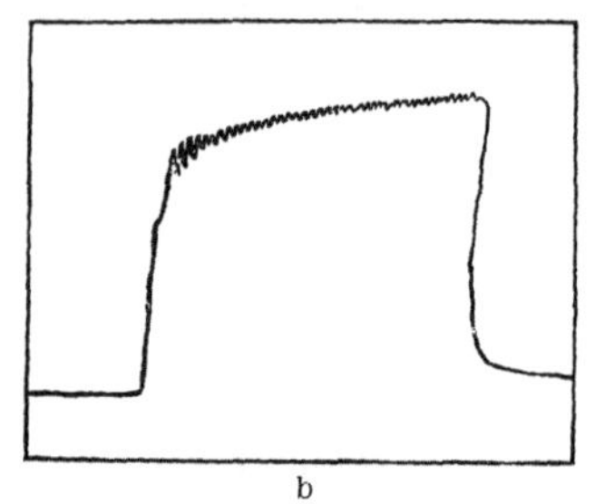

b

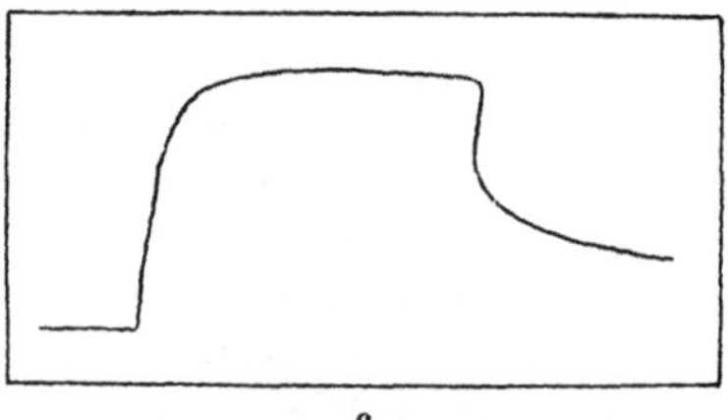

c

Abb. 122. Superposition von Zuckungen durch Reize von immer größerer Frequenz. a und b unvollkommener, c vollkommener Tetanus.

Muskel auf eine um so geringere Reizfrequenz mit glattem Tetanus anspricht, je langsamer seine Einzelzuckung verläuft. Daher bekommt man beim Froschmuskel einen vollkommenen Tetanus im allgemeinen mit 12 bis 20 Reizen, bei roten Muskeln des Kaninchens mit 10, bei weißen mit 20—30, bei manchen glatten Muskeln schon mit 6 und weniger Reizen pro Sekunde, wenn deren Refraktärstadium genügend kurz ist. Daher ist auch die für einen kontinuierlichen Tetanus zureichende Reizfrequenz um so kleiner, je ermüdeter der Muskel ist (s. S. 343).

Wie gesagt, übersteigt das Maß der *Verkürzung im Tetanus* in der Regel bei weitem die maximale Hubhöhe bei einer Einzelzuckung; der tetanisierte Muskel vermag sich um 65 bis 85% seiner Ruhelänge zu kontrahieren. Dies wird folgendermaßen erklärt: Ähnlich wie bei der auxotonischen Kontraktion der Spannungszuwachs als Reiz für eine weitere Zunahme der Spannung wirkt (s. S. 343), so bewirkt hier bei der tetanisierenden Erregung der zweite Reiz, der den durch den ersten Reiz bereits in Spannung versetzten Muskel trifft, eine weitere Zunahme der Spannung. Zum Beweis werden Versuche wie der folgende ausgeführt: Ein Muskel wird unbelastet durch einen maximalen Reiz zur Kontraktion veranlaßt und erst, wenn die Kontraktion ein gewisses Maß erreicht hat, belastet; alsdann kontrahiert er sich stärker, als wenn er die Last von vornherein zu tragen hat. Eine andere Erklärung ist die folgende: bei der der Erregung folgenden chemischen Umsetzung (S. 357 ff.) entsteht an der Oberfläche der Fasern eine „Verkürzungssubstanz", welche von der Oberfläche weg in die Umgebung der Fasern abfließen muß, damit der Muskel wieder erschlaffen kann. Wird durch eine Erregung nicht eine Zuckung ausgelöst, sondern durch viele rasch aufeinanderfolgende Erregungen ein Tetanus, so häuft sich mehr Verkürzungssubstanz in der Oberfläche an als sonst.

Auch die *Muskelkraft* ist *im Tetanus* größer als bei einer einzelnen Zuckung.

Im Tetanus geht der Muskel scheinbar in eine neue Ruhelage über, welche sich von dem gewöhnlichen Ruhezustand durch eine andere Form, nämlich durch geringere Länge und größere Dicke auszeichnet. In Wirklichkeit entspricht diese äußerliche Ruhe aber durchaus keinem innerlichen Ruhezustand. Dies kann man erstens an den *elektrischen Eigenschaften des Muskels während des Tetanus* erkennen. Während die den Einzelreizen entsprechenden Zuckungen bei frequenter Reizung im Tetanus miteinander völlig verschmelzen, bleiben die

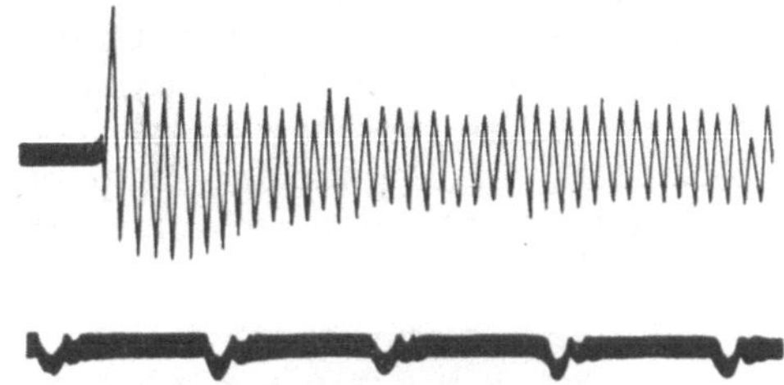

Abb. 123. Aktionsströme des M. brachioradialis vom Menschen bei elektrischer Nervenreizung mit einer Frequenz von 50 pro Sekunde. Untere Linie: Zeit in $^1/_5$ Sekunde.

zugehörigen *Aktionsströme* im allgemeinen separiert; der dauerverkürzte Muskel läßt daher die Saite des Saitengalvanometers im Tempo der rhythmischen Reize hin und her schwirren (Abb. 123). In der gleichen Weise antwortet der Muskel, wenn ihm vom Zentralnervensystem aus der Impuls zu

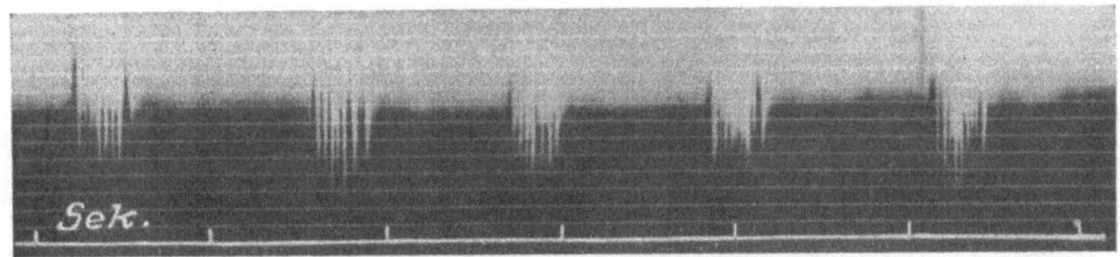

Abb. 124. Aktionsströme eines Lymphherzens vom Frosch. (Nach Brücke und Umrath.)

einer natürlichen tetanischen Kontraktion zugeleitet wird. Ein schönes Beispiel dafür sind die tetanusartigen Systolen, die die Lymphherzen vom Frosch im Gegensatz zu den als Einzelzuckungen aufzufassenden Kontraktionen des Herzens ausführen (s. S. 136 und 301). Die Abb. 124 gibt die zugehörigen Aktionsströme nach Brükke und Umrath wieder; man sieht

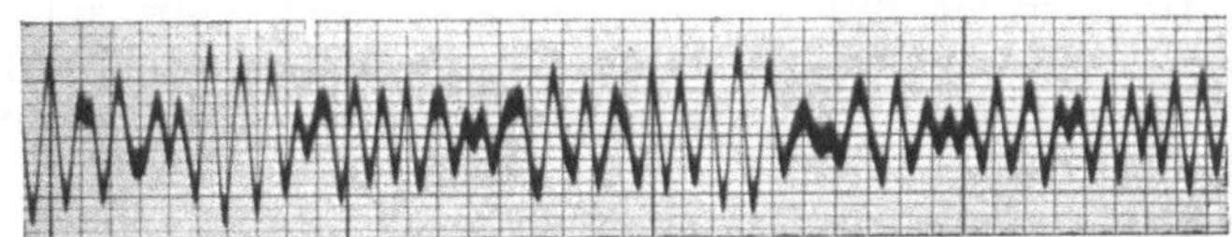

Abb. 125. Natürliche Aktionsströme der Oberarmflexoren des Menschen bei maximaler Willkürkontraktion. (Nach Henriques und Lindhard.)

bei jedem Herzschlag eine Serie rasch und regelmäßig aufeinanderfolgender Schwingungen von verschiedener Amplitude. Auch die Dauerverkürzungen, welche die Muskeln des Menschen im allgemeinen ausführen, sind als Tetani aufzufassen; denn wenn man einen Muskel während seiner natürlichen, z. B. willkürlichen Anspannung mit dem Saitengalvanometer verbindet, so registriert dieses zahlreiche diphasische Aktionsströme (Piper, Dittler und

Garten). Abb. 125 zeigt die elektrischen Oszillationen der Oberarmflexoren bei maximaler Willkürkontraktion (nach Henriques und Lindhard). Man sieht wieder zahlreiche Zacken, mehrere hundert pro Sekunde, welche mit verschiedener Höhe und in verschiedenem Abstand aufeinanderfolgen. Das komplizierte Bild ist der Ausdruck einer Interferenz vieler mit Phasendifferenz ablaufender regelmäßiger Einzelwellen. Dies ist folgendermaßen nachgewiesen: Adrian und Bronk haben in den eigenen Trizeps eine Nadelelektrode eingestochen, die aus einer dünnen metallenen Hohlnadel besteht, in die ein feiner isolierter Draht als zweite Elektrode eingeführt ist. Es gelingt so, eventuell von einer einzelnen Muskelfaser oder von wenigen synchron tätigen die Aktionsströme abzuleiten; man erhält, mit dem Kapillarelektrometer unter Zuhilfenahme einer Röhrenverstärker-Anordnung registriert, bei einer Willkürkontraktion Bilder wie in Abb. 126. Im Beginn der Anspannung (A) treten einfache Zacken auf, die allmählich mit der Zunahme der Anspannung einander näherrücken;

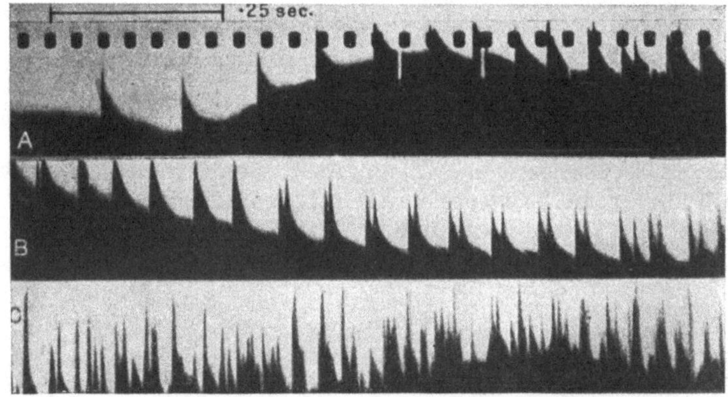

Abb. 126. Aktionsstrom des menschlichen Trizeps bei zunehmender Willkürkontraktion. (Nach Adrian und Bronk.)

anfangs ist die Frequenz etwa 6 pro Sekunde. Bei weiterer Steigerung der Anspannung (B) superponiert sich dann plötzlich ein zweiter Wellenzug. Durch Hinzutreten von immer mehr Wellenzügen kommt schließlich ein Bild (C) zustande, das in seiner Unregelmäßigkeit der Abb. 125 entspricht. Hiernach und nach später zu erwähnenden Studien über die Aktionsströme des Nerven (S. 378) muß man sich folgende Vorstellung vom Zustandekommen eines willkürlichen (oder reflektorischen) Tetanus machen: Bei schwacher Erregung fließen der einzelnen Muskelfaser langsam und in regelmäßigem Rhythmus aufeinanderfolgende Impulse vom Zentralnervensystem zu, auf die sie mit Einzelzuckungen oder mit unvollkommenem Tetanus reagiert. Da aber die Impulse in die verschiedenen Muskelfasern nicht salvenartig gleichzeitig eintreten, sondern mit Phasendifferenz, so resultiert trotz der Diskontinuität der einzelnen Aktionen doch eine gleichmäßige Gesamtkontraktion. Mit steigender Erregung nimmt die Frequenz der Impulse zu (bis maximal 80—90 pro Sek.), infolgedessen wird die Kontraktion jeder einzelnen Faser ein immer glatterer Tetanus, dessen Hubhöhe damit ansteigt. Zugleich wird aber auch eine wachsende Zahl von Muskelfasern vom Zentralnervensystem aus in Gang gesetzt, deren Aktionsströme von der Nadelelektrode, wenn sie genügend benachbart liegen, mit registriert werden.

Die Abb. 126 A zeigt aber auch noch eine weitere bemerkenswerte Erscheinung, nämlich mit der Zunahme der Willkürerregung steigt die Frequenz der Aktionsstromwellen, ohne daß sich ihre Amplitude ändert. Das wird von ADRIAN als ein Ausdruck der Geltung des Alles- oder Nichts-Gesetzes aufgefaßt (s. S. 137); der Aktionsstrom als Maß der Erregung hat immer die gleiche Stärke.

Die innerliche Diskontinuität der Tätigkeit während des Tetanus findet auch in dem sogenannten **Muskelton** einen Ausdruck. Setzt man ein Stethoskop auf den Bizeps und läßt ihn willkürlich anspannen, so hört man ein dumpfes Geräusch. Den eigenen Muskelton kann man zu hören bekommen, wenn man die äußeren Gehörgänge verschließt und dann die Kiefer durch Anspannung der Kaumuskulatur fest aufeinander-preßt. Nach HELMHOLTZ entspricht dem Muskelton ein Rhythmus von 12—20 Hertz. Tetanisiert man einen ausgeschnittenen Muskel künst-lich durch frequente elektrische Reize, so hört man bis zur Frequenz von etwa 350 einen Muskelton von der Frequenz des Unterbrechers, bei größeren Frequenzen einen tieferen als den Unterbrecherton. Mit der diskontinuierlichen Erregung hängt der Muskelton sicher nicht allein zu-sammen; denn auch bei der Herzsystole hört man einen Muskelton (s. S. 141), obwohl die Systole, nach ihrem Aktionsstrom zu urteilen, keinem Tetanus, sondern einer Einzelzuckung entspricht; der Ton rührt hier von den Schwin-gungen her, in die der Herzmuskel bei seiner plötzlichen Anspannung um den Inhalt gerät. Um etwas Ähnliches handelt es sich wahrscheinlich beim Muskel.

Für die innere Tätigkeit während der Dauerverkürzung sprechen vor allem die *Ermüdungserscheinungen*. Tetanisiert man einen ausge-schnittenen Muskel längere Zeit, so schwindet die Verkürzung mehr und mehr, oder hebt man durch willkürliche Anspannung der Schultermusku-latur den Arm, so sinkt er nach einiger Zeit langsam herab. Die Ermüdung dokumentiert sich außerdem auch darin, daß ein Tetanus besonders leicht von einem Verkürzungsrückstand, einer Kontraktur gefolgt ist (s. Abb. 122 c). Dies läßt voraussehen, daß nicht bloß beim Übergang vom Ruhe-zustand in die Dauerverkürzung eine Arbeit geleistet wird, welcher selbst-verständlich auch ein bestimmter chemischer Umsatz im Muskel entspricht, sondern daß der Muskel auch *während des Tetanus „innere Arbeit" leistet*, d. h., daß zur Aufrechterhaltung des Tetanus ein Verbrauch von Stoffen stattfindet.

Von ganz anderer Natur, wenigstens in seiner reinen Form, ist der **Tonus**, dem wir uns nun zuwenden. Betrachtet man eine Dauerver-kürzung mit den Augen des Technikers, so erscheint es im Hinblick auf die erstaunliche Vollkommenheit zahlreicher Einrichtungen unseres Körpers höchst unzweckmäßig, wenn zum längeren Halten einer emporgehobenen Last so wie im Tetanus andauernd Arbeit geleistet werden muß, statt daß man eine Sperrvorrichtung nach Art eines Hakens betätigt, die das Herab-sinken der einmal gehobenen Last ohne Energieaufwand verhindert. Nun dient der Tetanus der natürlichen Muskelbewegungen zwar vielfach nur dem vorübergehenden Hochhalten einer gehobenen Masse. Aber in manchen Fällen muß doch ein Zug oder Druck entgegen einer Kraft über lange Zeiträume, eventuell sogar lebenslänglich ausgeübt werden, ohne daß Er-müdung erfolgen darf, z. B. von seiten der Gefäßmuskeln, welche die Arterien umspannen, aber auch von seiten der Sphinkteren von Magen, Darm, Blase. In solchen Fällen scheint nun in der Tat die *Dauerverkürzung* bisweilen *ohne innere Arbeit* aufrechterhalten zu werden; man spricht dann statt von Tetanus von Tonus, der sich also äußerlich gar nicht vom Tetanus unterscheidet; die Differenz erkennt man erst bei genauerer Analyse (BETHE). Dies sei an einem Beispiel dargelegt: die aus glatten Muskelfasern bestehenden Schließmuskeln mancher Muscheln befinden sich andauernd in Spannung, da sie dem starken elastischen Zug der an den Schalen ansetzenden und diese öffnenden Schloßbänder das Gleichgewicht zu halten haben; sie ermüden dabei zeitlebens nicht. Wenn man ihren Tonus steigert, dadurch daß man eine Schale von der anderen durch ein angehängtes Gewicht loszureißen sucht, so tritt auch dann keine Ermüdung ein. Es kommt aber auch zu keiner Steigerung des Stoffwechsels. Wir werden nachher den Chemismus der Muskelaktion genau zu erörtern haben und werden dabei erfahren, daß im Tetanus der respiratorische Gaswechsel des Muskels erhöht ist; die Belastung der Muschelschale hat jedoch keinerlei Steigerung des Sauerstoffkonsums zur Folge (BETHE, PARNAS). Leitet man von dem Schließmuskel zu einem Saitengalvanometer, so bleibt die Saite ruhig, solange der Tonus konstant ist; nur wenn der Muskel sich verkürzt, z. B. wenn man die halbgeöffnete Muschel durch einen mechanischen Reiz zum Schließen veranlaßt, dann oszilliert die Saite wie beim Tetanus, aber nur so lange, als die Verkürzung zunimmt (A. FRÖHLICH und H. H. MEYER).

Im Gegensatz zu den Muskeln, mit welchen wir es bisher zu tun hatten, geht also der Schließmuskel der Muscheln von einem Ruhezustand, in welchem er sich ähnlich wie ein totes elastisch gespanntes Band verhält, unter dem Einfluß eines Reizes zu einem neuen Ruhezustand über, in dem seine elastische Spannung eine andere, nämlich eine größere oder kleinere ist. Dies setzt voraus, daß, wiederum im Gegensatz zu den bisher betrachteten Muskeln, durch Erregung nicht bloß Spannung, Tonussteigerung erzeugt werden kann, sondern auch Entspannung, Tonuslösung.

Derartigen entgegengesetzten Erregungseffekten sind wir übrigens schon an anderer Stelle begegnet; so kann ja der Gefäßtonus nicht bloß vermittels der Vasokonstriktoren gesteigert, sondern auch vermittels der Vasodilatatoren verringert werden; der Sympathikus wirkt ferner auf das Herz positiv, der Vagus negativ inotrop. Auch weiß man durch Untersuchungen von BIEDERMANN, daß die quergestreiften Muskeln der Krebsschere doppelt innerviert und durch elektrische Reize je nachdem sowohl zur Kontraktion als auch zur Entspannung zu bringen sind.

Dem Schließmuskel der Muscheln vergleichbar und für die Physiologie des Menschen von größerem Belang ist der Schließmuskel des Enddarms, der Sphincter ani. Nach BETHE und BECK verhält auch er sich in seinen elektrischen Äußerungen ganz anders als die Skeletmuskeln; nur bei Dehnung oder bei Entspannung produziert er stärkere oszillatorische Aktionsströme; wenn er aber einmal einen bestimmten Dauerzustand in der Spannung, eventuell bei maximaler Verkürzung, angenommen hat, dann schwinden die Aktionsströme mehr und mehr, bisweilen völlig. Danach gehört also wohl auch der Sphincter ani zu dem bei den Wirbellosen weit verbreiteten Typ von Muskeln, die ohne Aufwand von innerer Arbeit zu großen Dauerleistungen befähigt sind.

Einen guten Maßstab für das unterschiedliche Verhalten der Muskeln geben die „*Tragerekorde*". Darunter versteht BETHE das Produkt aus dem vom verkürzten Muskel pro cm² Querschnitt gehaltenen Gewicht und der maximalen Zeit, während deren das Gewicht getragen wird; die Tragerekorde sind also ein Maß für die Ermüdbarkeit des Muskels. Die folgende Tabelle enthält einige Werte.

Tier	Art des Muskels	Belastung in g	Tragezeit in Stunden	Muskel-querschnitt in cm²	Trage-rekorde
Teichmuschel	Schließmuskel belastet	450	480	0,15	$1{,}44 \cdot 10^6$
Kaninchen	Zirkulärmuskeln d. Karotis	35—54	26 000 (= ca. 3 Jahre)	0,01—0,013	$67{,}6 \cdot 10^6$ $-140 \cdot 10^6$
Mensch	Oberarmbeuger	31 500	0,25—0,5	25—30	287—575
Mensch	Oberarmbeuger	81 000	0,033—0,05	25—30	98—148
Kröte	Gastroknemius	300	0,1	0,45	67
Frosch	Gastroknemius	300	0,0111	0,5	6,7

Man sieht, wie außerordentlich die Tragerekorde des Muschelschließmuskeln sowie die der zeitlebens in Spannung befindlichen Gefäßmuskulatur diejenigen der nur für vorübergehende Leistungen beanspruchten Muskeln überragen.

Aber seit langem wird von manchen Forschern die Ansicht vertreten, daß doch auch die Skeletmuskeln der Wirbeltiere unter Umständen sich so wie Tonusmuskeln verhalten. So wird angegeben, daß bei Vergiftung mit dem Tetanustoxin oder dem Alkaloid Bulbokapnin, ferner in der Hypnose und bei spastischen Kontrakturen infolge von Rückenmarkserkrankungen beim Menschen die Skeletmuskeln in einen Zustand langanhaltender Starreverkürzung übergehen, während deren weder Aktionsströme noch ein Muskelton auf eine „innere Arbeit" hindeuten (A. FRÖHLICH und H. H. MEYER); auch der Stoffwechsel soll im Gegensatz zum Tetanus bei manchen krankhaften Kontrakturen (infolge von Hydrozephalus, bei spastischer Spinalparalyse u. a.) nicht erhöht gefunden werden (BORNSTEIN, GRAFE). Doch wird dem teils entgegengehalten, daß ein leichtes Schwirren der Saite im Saitengalvanometer, wie es einem leichten Willkürtetanus entspricht, doch auch in dem Starrezustand vorhanden sei, teils wird darauf verwiesen, daß, wenn ein Gesunder willkürlich dieselbe Kontrakturstellung einnimmt, die bei Hypnose oder Krankheit zustande kommt, der Stoffwechsel bei dem Gesunden nachweislich deshalb viel mehr gesteigert werde, als beim Kranken, weil bei diesem die durch Dauerverkürzung eingenommene Haltung sozusagen mit der Zeit eingeübt sei und deshalb viel ökonomischer ausgeführt werde (S. 239), als die vom Gesunden absichtlich nachgeahmte Kontraktur (GESSLER und HANSEN). Man muß wohl in der Tat einräumen, daß, wenn z. B. der auf einem bestimmten Kontraktionszustand der mimischen Muskulatur beruhende Gesichtsausdruck oder wenn die Haltung des Kopfes durch die Nackenmuskulatur oder wenn das Offenhalten der Augenlider und dergleichen stundenlang bewahrt bleiben, es schwer halten dürfte, nachzuweisen, daß der Stoffwechsel und die Wärmebildung in den betreffenden Muskeln nicht gesteigert sind; man wird hierbei also mit der Annahme auskommen können, daß minimale Reize reflektorisch die Haltung im Sinn eines auf einem leichten Tetanus beruhenden „Reflextonus" (S. 404) herbeiführen.

Auf der anderen Seite ist aber doch nicht zu bezweifeln, daß die Skeletmuskeln des höheren Tieres auch eine Tonusfunktion ausüben können, freilich in einer Art und Weise, die vielleicht grundsätzlich verschieden von dem ist, was seit den Versuchen von BETHE und PARNAS unter Tonusfunktion verstanden wird, nämlich die Fähigkeit zu arbeitsloser, auf einer Sperrung beruhender Dauerverkürzung. Unter Tonusfunktion wollen wir hier bei den betreffenden Skeletmuskeln im wesent-

lichen nur verstehen, daß eine ausgesprochene Fähigkeit zum Halten
und daß eine Abhängigkeit vom vegetativen Nervensystem vorhanden ist.

Es hat sich jedenfalls neuerdings gezeigt, daß *viele Skelettmuskeln
Doppelorgane* darstellen in dem Sinn, daß sie erstens neben den meist überwiegenden „Tetanusfasern" auch noch „Tonusfasern" enthalten, welche
manchmal, wie bei dem M. ileofibularis des Frosches, zu einem „Tonus-
bündel" zusammengefaßt sind; histologisch sind dabei die Tetanusfasern
durch sehr feine Fibrillen von den Tonusfasern unterschieden, die aus
gröberen säulenförmigen Strukturelementen zusammengesetzt sind (SOMMER-
KAMP, P. KRÜGER); zweitens antworten die Muskeln, die mit Tonusfasern
ausgestattet sind, auf das parasympathische Reizmittel Azetylcholin
mit einer deutlichen und anhaltenden Verkürzung, die um so stärker ist,
je größer der Gehalt an Tonusfasern (RIESSER, WACHHOLDER), und drittens
ist die Neigung eines Muskels, bei Reizung zu ermüden, um so geringer,
die Neigung, nach Ausführung einer Kontraktion in dieser zu verharren,
um so größer, je größer seine Azetylcholinempfindlichkeit (WACHHOLDER).

Dieses Symptom der Azetylcholinempfindlichkeit gewinnt aber ein besonderes Interesse für die Tonusfrage noch dadurch, daß, wie schon früher (S. 147) bemerkt, das Azetylcholin wahrscheinlich bei Nervenreizung in den Erfolgsorganen selber pro-

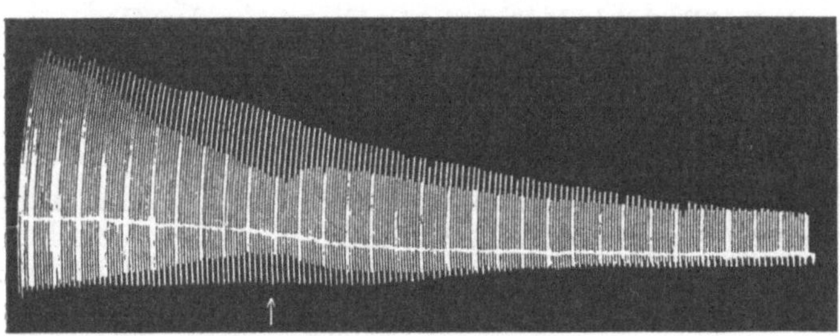

Abb. 127.   Einfluß des Adrenalin auf die Ermüdung eines indirekt gereizten
Sartorius vom Frosch.   (Nach CORKILL und TIEGS.)

duziert wird; zu dem früher (S. 148) darüber Gesagten soll hier nur noch
hinzugefügt werden, daß in der Tonusmuskulatur des Vorderarms vom
Froschmännchen, die beim Umklammerungsreflex tagelang für Dauerleistungen beansprucht wird, auch besonders viel Azetylcholin nachgewiesen wurde (PLATTNER).

Zu dem Thema der vegetativen Prägung der Muskelfunktion gehört
schließlich noch folgende interessante Beobachtung von ORBELI: wenn
man den nicht durchbluteten Gastroknemius vom Frosch durch rhythmische
Reizung der 7., 8. und 9. motorischen Wurzel des Rückenmarks (Kap. 22)
allmählich ermüdet und dann den Grenzstrang des Sympathikus reizt, dann
nimmt die gesunkene Hubhöhe nach einer Latenz von etwa $^1/_2$ Min. wieder
zu, die Ermüdung wird also mehr oder weniger rückgängig. Bepinselung
des Grenzstrangs mit einer verdünnten Nikotinlösung hat denselben Effekt
wie seine elektrische Erregung, desgleichen Zuführung von Adrenalin.
Reizt man aber zwecks Ermüdung nicht die Wurzeln, sondern den
Ischiadikus selbst, dann läßt sich durch eine hinzugefügte Sympathikusreizung kein Erholungseffekt erzielen, weil die im Ischiadikusstamm
verlaufenden Sympathikusfasern vorher schon mitermüdet worden sind.
Die Abb. 127 gibt zur Illustrierung dessen einen Versuch von CORKILL
und TIEGS wie der, in dem ein durchströmter Froschmuskel abwechselnd
direkt und indirekt gereizt und während des Eintritts der Ermüdung der
Durchströmungslösung Adrenalin 1 : 1 Mill. zugesetzt wurde. Man sieht,
wie das Adrenalin nur die indirekt erregten Zuckungen verstärkt.

Wenden wir uns nun dem die mechanischen Vorgänge begleitenden **Stoffwechsel der Muskeln** zu. Der Muskel besteht, abgesehen von seinen 70—80 % Wasser, hauptsächlich aus besonderen Eiweißkörpern, welche als *Myosin* und als *Myogen* bezeichnet worden sind. Das Myosin bildet vornehmlich die Muskelfibrillen, das Myogen das Sarkoplasma. Daneben finden sich in kleineren und wechselnden Mengen verschiedene K o h l e - h y d r a t e , vor allem *Glykogen* und *Glucose*, ferner verschiedene *Hexose*- *mono*- und *diphosphorsäureester*, $C_6H_{11}O_5 \cdot H_2PO_4$ (darunter der sog. EMBDEN- Ester oder *Lactacidogen*) und $C_6H_{10}O_4 \cdot (H_2PO_4)_2$. Der außerdem im Muskel enthaltene „Muskelzucker" oder *Inosit*, von der empirischen Formel einer Hexose $C_6H_{12}O_6$, ist ein Benzolderivat, nämlich Hexahydrohexaoxybenzol $C_6H_6(OH)_6$. Den Kohlehydraten steht genetisch nahe die *Fleischmilchsäure*, die rechtsdrehende Form der α-Oxypropionsäure $CH_3 \cdot CHOH \cdot COOH$. So- dann enthält der Muskel eine Reihe s t i c k s t o f f h a l t i g e r V e r b i n d u n g e n , besonders *Phosphagen* (*Kreatinphosphorsäure*) (S. 194) und dessen Abkömm- linge, Kreatin und Kreatinin, ferner *Adenylpyrophosphorsäure* (*Adenosin*- *triphosphorsäure*) (S. 205) und die davon sich herleitenden Adenylsäure, Inosinsäure, Purinbasen, endlich etwas F e t t , L i p o i d e , F a r b s t o f f e und S a l z e . An welchen dieser Komponenten spielt sich nun der die Kontrak- tion begleitende Stoffwechsel ab?

Seit REGNAULT und REISET ist bekannt, daß Muskelarbeit den respi- ratorischen Gaswechsel, den Konsum von Sauerstoff und die Produktion von Kohlensäure steigert. Das gilt aber nicht bloß für den ganzen Körper, sondern es ist von HERMANN u. a. auch für den isolierten Muskel bewiesen worden. Der Muskel arbeitet also anscheinend wie die Motoren der Technik auf Grund einer Verbrennungsreaktion. Nach der Zusammensetzung des Muskels könnte man am ersten, so wie LIEBIG, vermuten, daß das Brenn- material Eiweiß ist; aber wir haben früher (S. 239) erfahren, daß nach den Untersuchungen von VOIT und PETTENKOFER über den Stoffwechsel des Arbeitenden gerade diese Annahme abzulehnen ist; denn die Menge der stickstoffhaltigen Stoffwechselprodukte nimmt bei der Arbeit i m a l l g e m e i n e n n i c h t , sondern nur bei angestrengter Arbeit merklich zu. Wohl aber schwindet Kohlehydrat.

Es sieht also so aus, als ob die mechanische Energie des Muskels aus der bei der Verbrennung von Kohlehydraten frei werdenden Energie herstammt. Das ist aber nicht so ohne weiteres klar. Wenn ein ausge- schnittener Muskel arbeitet, so schlägt seine Reaktion von neutral in sauer um, indem sich mehr und mehr Milchsäure in ihm ansammelt (E. DU BOIS- REYMOND). Ist der Muskel durchblutet, so ist die Milchsäure auch im Venenblut nachzuweisen (v. FREY); die Produktion ist aber um so reich- licher, je schlechter die Blutversorgung, d. h. hier, je schlechter die Sauer- stoffzufuhr ist. Sperrt man die Sauerstoffzufuhr nun vollkommen, indem man den ausgeschnittenen Muskel in eine Atmosphäre von reinem Stick- stoff hängt, so bleibt er doch arbeitsfähig (HERMANN); freilich ermüdet er rascher, als in Gegenwart von Sauerstoff. Das gleiche gilt vom Herz- muskel, dessen Sauerstoffaufnahme durch Vergiftung mit Blausäure blockiert wurde (v. WEIZSÄCKER). Während der anoxybiotischen Arbeit ist die Kohlensäureabgabe sehr gering, die Produktion null; denn es wird nur so viel CO_2 abgegeben, als im Muskel in Form von $NaHCO_3$ schon präformiert vorhanden war und nun durch die sich bildende Milchsäure ausgetrieben wird (FLETCHER). Der Wert der anoxybiotisch geleisteten Arbeit ist dabei so groß, daß er keinesfalls auf Rechnung der kleinen, im Muskel absorbiert gewesenen Sauerstoffmengen, die nun zur Oxydation herangezogen werden, gesetzt werden kann.

Man kam so zu dem Schluß, daß *die Arbeitsleistung des Muskels nicht unmittelbar auf einer oxydativen, sondern irgendwie auf einer gärungsartigen Reaktion beruht, in welcher Kohlehydrat in Milchsäure umgewandelt wird.* Der Sauerstoff ist für die Arbeit freilich nicht belanglos, da bei seiner Abwesenheit ziemlich rasch Ermüdung eintritt. Immerhin konnte v. WEIZSÄCKER feststellen, daß man beim arbeitenden Herzmuskel des Frosches den Sauerstoffverbrauch durch Vergiftung mit Cyankali für 20—30 Minuten bis auf 36% der Norm herunterdrücken kann, ohne daß die Arbeitsleistung vermindert wird, und daß man durch stärkere Dosen Cyankali den Sauerstoffverbrauch sogar völlig aufheben kann, ohne daß die Arbeit unter 60—80% der Norm heruntersinkt. Welche positive Rolle aber der Sauerstoff spielt, das lehren folgende Beobachtungen: Ist ein in Stickstoff arbeitender Muskel total ermüdet worden, so erholt er sich vollkommen bei Zufuhr von Sauerstoff; zugleich verschwindet die Milchsäure, und es wird reichlich CO_2 abgegeben (FLETCHER und HOPKINS). Der respiratorische Quotient ist gleich eins. *Die chemischen Vorgänge bei der Muskeltätigkeit zerfallen danach in zwei Hauptphasen, eine Arbeitsreaktion, während deren Milchsäure aus Kohlehydrat gebildet wird, und eine Erholungsreaktion, bei der die Milchsäure unter Verbrauch von Sauerstoff verschwindet.* Dies Bild der wesentlichen Prozesse wird vortrefflich ergänzt durch die Feststellung von VERZÁR, daß der arbeitende Muskel der Katze dem ihn durchströmenden Blut den Sauerstoff mindestens zum großen Teil nicht während, sondern erst nach der Kontraktion entnimmt, daß also erst nachträglich die „Sauerstoffschuld" (S. 238) an den Muskel getilgt wird.

Nun hat sich aber neuerdings gezeigt, daß die Kohlehydrate doch nur mittelbar die Quelle der Muskelkraft darstellen, d. h. daß *die Milchsäurebildung* mit der Muskelkontraktion direkt nichts zu tun hat (nicht „Verkürzungssubstanz" ist), sondern nur indirekt, indem sie *den arbeitenden Muskel funktionsfähig erhält.* LUNDSGAARD hat nämlich gefunden, daß, wenn man den Muskel mit Monojodessigsäure vergiftet, er auf Reizung eine große Zahl normaler Zuckungen ausführen kann, dann mehr und mehr in Kontraktur verfällt und schließlich völlig erstarrt; bei dieser Arbeit wird aber keinerlei Milchsäure gebildet, weil die Monojodessigsäure die Spaltung der Kohlehydrate aufhebt. Die wichtige Rolle, die der Milchsäurebildung bei der Arbeit des Muskels zweifellos zuerteilt ist, muß also in etwas anderem bestehen, als in der unmittelbaren Mitwirkung bei der Kontraktion. Nun erfolgt in dem vergifteten arbeitenden Muskel ein *Zerfall des Phosphagens in Kreatin und Phosphorsäure* (EGGLETON, FISKE), umsomehr, je größer die Arbeitsleistung ist, und in einer solchen Menge, daß nach der Größe des Umsatzes und der zugehörigen Spaltungswärme der Reaktion beurteilt (s. S. 362) die Kontraktionsenergie auf diesen Vorgang bezogen werden kann; sobald alles Phosphagen zersetzt ist, vermag der Muskel nicht mehr zu erschlaffen, verharrt also in einem Zustand der Starre (LUNDSGAARD). Ferner zerfällt das Phosphagen bei der Kontraktion auch im unvergifteten Muskel; aber es wird in kurzer Zeit regeneriert, auch wenn der Muskel in einer Stickstoffatmosphäre gehalten wird. Daraus ist zu folgern, daß *die Resynthese des Phosphagens mit der Bildung der Milchsäure zusammenhängt;* diese ist offenbar die energieliefernde Reaktion, die die Regeneration und damit auch die Erschlaffung ermöglicht. Der Kohlehydratspaltung bzw. der Milchsäurebildung fällt demnach bei der Kontraktion des Muskels die

Aufgabe zu, immer wieder die Bedingungen dafür herzustellen, daß das mehr oder weniger abgelaufene Uhrwerk von neuem aufgezogen wird. Diese Rolle kann der Bildung der Milchsäure umso eher zugesprochen werden, als genaue Zeitmessungen gelehrt haben, daß die Entstehung der Milchsäure sich keineswegs entsprechend der früheren Auffassung auf die Dauer der Kontraktionsphase beschränkt, sondern noch weit in das Stadium der Erschlaffung hineinreicht (EMBDEN, LEHNARTZ). Im einzelnen gestaltet sich freilich der Stoffwechsel in der Arbeitsphase erheblich komplizierter. Auf Grund der Untersuchungen von MEYERHOF, LOHMANN, EMBDEN u. a. kann vorerst folgendes angenommen werden: die Glykolyse, d. h. hier die anaerobe Umwandlung von Kohlehydrat in Milchsäure (s. S. 200) erfolgt mit Hilfe eines Fermentsystems, das aus thermolabilen, nicht dialysablen Enzymen und einem thermostabilen dialysablen Coferment besteht. Das Coferment besteht aus Adenylpyrophosphat $+$ anorganischem Phosphat $+$ Magnesiumion (S. 200 und 205). Durch seine Anwesenheit wird die intermediäre Bildung von Hexosephosphorsäureestern herbeigeführt, die offenbar unentbehrliche Zwischenstufen für jeden weiteren glykolytischen Abbau von Kohlehydrat darstellen (S. 198). Die dabei erfolgende Aufspaltung des Adenylpyrophosphats in Adenylsäure $+$ Phosphat liefert dann die Energie, die die Resynthese des Phosphagens ermöglicht, während die bei der Milchsäurebildung frei werdende Energie ihrerseits dazu dient, das Adenylpyrophosphat zu regenerieren. Es ist danach also ein ganzes System miteinander gekoppelter Reaktionen, das der Arbeitsleistung zugrunde liegt.

Der Arbeitsreaktion folgt die Erholungsreaktion. Während der ersteren, d. h. während der Anspannung und der Erschlaffung häuft der Muskel mehr und mehr Milchsäure an, besonders in Abwesenheit von Sauerstoff. Dabei findet keine Verschiebung der angenähert neutralen Reaktion ins Saure statt, weil die Spaltung des Phosphagens der Umwandlung einer stärkeren in eine schwächere Säure und damit einer relativen Alkalisierung gleichkommt. Die Reaktionsverschiebung ins Saure wird aber vor allem in der Erholungsphase dadurch verhindert, daß, wie bereits (S. 158) gesagt wurde, in Gegenwart von Sauerstoff die Milchsäure unter Bildung von CO_2 weggeschafft wird. Diese Beseitigung beruht nach MEYERHOF wiederum auf einer eigentümlichen Reaktionskoppelung. Verfolgt man nämlich an einem ermüdeten Muskel die Erholung in Luft, so zeigt sich, daß der Sauerstoffverbrauch nur etwa $1/4$ bis $1/6$ so groß ist, als man nach der verschwundenen Menge Milchsäure zu erwarten hätte unter der Voraussetzung, daß die Milchsäure verbrennt; wohl aber entspricht die gleichzeitige CO_2-Produktion dem Sauerstoffverbrauch bei der Milchsäureverbrennung, da der respiratorische Quotient gleich 1 ist. Neben einem oxydativen Milchsäureschwund muß es also noch einen andersartigen Verbrauch von Milchsäure geben, und MEYERHOF fand, daß die nicht oxydativ verschwindende Milchsäure quantitativ in Glucose bzw. Glykogen übergeht. Die Reaktion der Milchsäurebeseitigung kann also etwa so formuliert werden:

a) $$8\,C_3H_6O_3 + 6\,O_2 = 6\,CO_2 + 6\,H_2O + 3\,C_6H_{12}O_6\,;$$

b) $$3\,C_6H_{12}O_6 = {}^3/n\,(C_6H_{10}O_5)n + 3\,H_2O\,.$$

Diese Gleichung bringt zum Ausdruck, daß nur $1/4$ so viel Sauerstoff in Reaktion tritt, als der Totalverbrennung der verschwindenden Milchsäure entsprechen würde (6 Mol. O_2 statt 24). Der Sinn dieser Reaktionsfolge ist

klar. Nachdem die Überführung von Kohlehydrat in Milchsäure die Arbeit
ermöglicht hat, wird diese nicht einfach der Oxydation preisgegeben, sondern
es wird nur ein kleiner Teil geopfert und mit der dabei frei werdenden
Energie der größere Teil in einer gekoppelten Reaktion in Kohlehydrat
zurückverwandelt, das dann zu erneuter Verwendung bereitsteht. Diesem
auch als PASTEUR-MEYERHOFsche Reaktion bezeichneten Vorgang kommt
eine große allgemeine Bedeutung zu, da er sich auch bei der aeroben Glykolyse in anderen Organen abspielt (s. S. 197).

Der Stoffumsatz im Muskel verursacht nun nicht bloß seine mechanischen Reaktionen, sondern auch die **Produktion von Wärme.** Es ist eine
der geläufigsten physiologischen Erkenntnisse, daß Muskelarbeit von Wärmebildung begleitet ist; bei der Besprechung des Stoff- und Energiebedarfs
hatten wir diesen Zusammenhang schon eingehend zu berücksichtigen.
Es sei auch daran erinnert, daß heftige Muskelkrämpfe die Körpertemperatur auf fieberhafte Höhe steigern können.

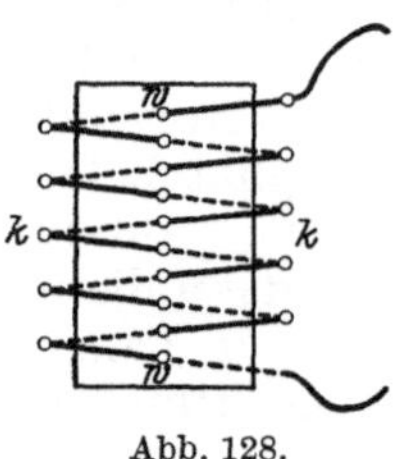

Abb. 128.

Aber die Erwärmung läßt sich auch am isolierten
Muskel bei seiner Betätigung nachweisen (HELMHOLTZ,
HEIDENHAIN); man benutzt dafür entweder das Thermo-
meter oder besser das viel empfindlichere Thermoelement.

Man verwendet dieses am besten in der Form der Thermo-
säule (Abb. 128), indem man auf einer isolierenden Unterlage
zahlreiche (ev. über 100) Lötstellen aus feinstem Konstantan-
und Eisendraht geradlinig dicht übereinander anbringt (ww) und
auf diese den Muskel legt (BÜRKER, A. V. HILL). Entsprechend
der Temperaturdifferenz, die bei der Kontraktion zwischen den
warmen Lötstellen ww und den kalten kk zustande kommt,
fließt dann ein Thermostrom. Da die Wärmekapazität der Lötstellen außerordentlich klein ist, reagiert ein in den Thermokreis eingeschaltetes Galvanometer sofort.
Aber es ist ersichtlich, daß die Geschwindigkeit, mit welcher dieser Ausschlag zustande kommt, sein Maximum, die Art seines Abklingens doch eine sehr komplizierte
Funktion des Wärmeflusses vom Muskel ins Thermoelement und in die Umgebung
des Muskels, des Wärmeflusses von den wärmeren zu den kälteren Lötstellen, der Wärmekapazität des Muskels und der Elektrode, der Trägheit des Galvanometers und anderer Momente sein muß. Trotzdem vermag die Anordnung bei zweckmäßiger
Eichung einen gewissen Aufschluß über Größe und zeitlichen Verlauf der Wärmeproduktion im Muskel zu geben.

Bei der thermoelektrischen Untersuchung der Wärmeproduktion eines
an seinen beiden Enden fixierten und in Tetanus versetzten Froschmuskels
nahm A. V. HILL die Eichung in folgender einfacher Weise vor: er verglich den
Gang des Galvanometerzeigers infolge einer kurz dauernden Erregung des
Muskels durch den Wechselstrom eines Induktoriums mit dem Gang, wie
er dann zustande kommt, wenn man den gleichen Muskel abgetötet und
gleich lange mit dem Wechselstrom durchsetzt; wenn man im zweiten
Fall den Wechselstrom in zweckentsprechendem Maß verstärkt, so tritt
die JOULEsche Stromwärme an die Stelle der Wärme, welche der
lebende Muskel auf den Reiz mit dem schwächeren Strom produziert,
während die übrigen physikalischen Bedingungen des Versuchs unverändert geblieben sind. Auf diese Weise fand HILL, daß der zeitliche Verlauf der Wärmeproduktion im Tetanus weitgehend von dem Verlauf
der künstlichen Durchwärmung abweicht; nach der Tetanisierung
kehrt der Galvanometerzeiger viel langsamer in seine Ruhelage zurück,
als nach der künstlichen Durchwärmung des toten Muskels, so daß
man zu dem Schluß kommt, daß *einer nur wenige Sekunden dauernden
Erregung des Muskels eine mehrere Minuten anhaltende Wärmeproduktion
entspricht.*

Für diese Erscheinung gewinnen wir sofort ein Verständnis, wenn wir uns der chemischen Vorgänge bei der Muskelaktion erinnern. Wir fanden, daß diese in zwei Teile zu zerlegen sind, in eine arbeitliefernde Reaktion, die vornehmlich in Zerfall und Regeneration des Phosphagens und des Adenylpyrophosphats und in der Bildung von Milchsäure besteht, und in eine Erholungsreaktion, welche der Arbeitsreaktion nachfolgt, und in welcher die Milchsäure durch teilweise Oxydation und Resynthese wieder beseitigt wird. In ähnlicher Weise *setzt sich die bei der Muskelaktion produzierte Wärme aus zwei Summanden zusammen, aus der anfänglich rasch gebildeten Kontraktionswärme und aus der danach langsam entstehenden Erholungswärme.* Zugunsten dieser Deutung können u. a. folgende Beobachtungen angeführt werden: läßt man den Muskel sich statt in Luft in einer Atmosphäre von Stickstoff anspannen, so ist der Verlauf der Wärmeproduktion vom Verlauf der Wärmebildung bei der künstlichen Durchwärmung nicht zu unterscheiden; die an die Gegenwart von Sauerstoff gebundene Erholungswärme fällt also fort (HILL). Ebenso fällt sie bei dem mit Monojodessigsäure vergifteten Muskel fort; denn die Vorbedingung ihres Entstehens, das Vorhandensein von Milchsäure, ist nun ja nicht mehr erfüllt (E. FISCHER). Der protrahierte Verlauf der Wärmebildung kommt ferner auch dann mehr und mehr in Wegfall, wenn man den in Luft hängenden Muskel mit kurzen Intervallen mehrmals erregt; offenbar wird der im Muskelinnern für die Restitution verbrauchte Sauerstoff nicht rasch genug durch Nachdiffundieren von der umgebenden Luft her ersetzt, so daß die inneren Muskelfasern mehr und mehr anoxybiotisch arbeiten müssen.

Das Verhältnis der Erholungswärme zur Arbeitswärme beträgt nach HILL und HARTREE ungefähr 1:1 bis 1,5:1.

Bemerkenswerterweise wird aber auch die Arbeitswärme nicht auf einmal zu Beginn der Kontraktion abgegeben. HILL und HARTREE konnten vielmehr durch sorgfältige mathematische Analyse des photographierten Galvanometerausschlages bei Kontraktion des an seinen beiden Enden fixierten Muskels drei Phasen der anaeroben Wärmebildung unterscheiden. Die erste entspricht der Anspannung des Muskels, ein kleinerer Abschnitt der Aufrechterhaltung der Spannung und schließlich ein dritter, der etwa 30% der Gesamtwärme gleich ist, wird erst bei der Erschlaffung abgegeben. Dieser letztere entspricht dem in die Erschlaffungsphase hineinfallenden Anteil der Milchsäurebildung, kompensiert durch den endothermen Verlauf der Phosphogen-Resynthese.

Die vom tätigen Muskel produzierte Wärme ist nun um so größer, je größer seine Spannung und je größer seine Länge während der Anspannung ist (HEIDENHAIN, HILL). Dafür sprechen folgende Beobachtungen: Fixiert man den Muskel an seinen beiden Enden, so daß er sich nicht verkürzen kann, sondern sich isometrisch betätigen muß (s. S. 340), so gerät er bei Reizung in einen Spannungszustand, in dem er sich zu verkürzen strebt. Die Spannung richtet sich nun u. a. nach der Reizstärke, und je größer die bei verschiedenen Reizen erreichte Spannung ist, desto größer ist auch die gleichzeitig auftretende Wärmemenge. Läßt man den Muskel sich aber verkürzen, so nimmt während der Kontraktion seine Spannung mehr und mehr ab, wie z. B. die Kraftmessungen beim SCHWANNschen Versuch (s. S. 342) ergeben haben; daher ist bei gleicher Reizstärke die Wärmeproduktion der Kontraktion um so kleiner, je stärker die Länge abnimmt, je größer also die Hubhöhe ist.

Wir können die Betätigung des Muskels demgemäß so auffassen, daß er bei der Erregung infolge der chemischen Umsetzungen in Spannung versetzt, sozusagen in ein elastisch gespanntes Band verwandelt wird. Fehlt ihm alsdann durch Fixierung seiner Enden die Möglichkeit sich zu verkürzen, so verwandelt sich die gesamte elastische Energie in Wärme. Vermag er sich jedoch zu verkürzen, so geht ein größerer oder kleinerer Teil der Spannungsenergie in äußere Arbeit über. Bezeichnen wir das Verhältnis der Arbeit zur gesamten umgesetzten Energie (beide in demselben kalorischen Maß gemessen) als „*Wirkungsgrad*", so findet man, wenn man die Belastung variiert, bei dem isolierten Froschmuskel in maximo einen Wirkungsgrad von etwa 12—15 %, während, wie wir früher (S. 238) sahen, der Vergleich der Arbeitsleistung eines Säugetiers mit seiner Wärmeproduktion einen Wirkungsgrad von etwa 30% ergibt.

Nachdem wir auf den vorangegangenen Seiten die chemischen Umsetzungen im Muskel und die Wärmeproduktion betrachtet haben, ist es nun noch nötig, beide, chemischen Umsatz und Energiewechsel, sowohl für die anaerobe Phase der Kontraktion wie für die oxybiotische Phase der Erholung genauer in Vergleich zu setzen.

Es ist experimentell gezeigt, daß, wenn in der Kontraktionsphase aus Glykogen Milchsäure entsteht, pro 1 g Milchsäure im Durchschnitt 380 cal frei werden. Man bezeichnet diesen Wert als den kalorischen Quotienten der Milchsäure. Dieser Wert ist nun nicht annähernd identisch mit der Wärmetönung der Umwandlung von Glykogen in Milchsäure. Denn dabei werden nur 180 cal frei; 200 cal müssen also bei irgendwelchen anderen Prozessen gebildet werden. Unter diesen ist aber nicht der Phosphagenzerfall zu verstehen; denn ebensoviel Wärme, wie bei der Kontraktion durch die Spaltung des Phosphagens entsteht, wird bei seiner durch die Milchsäurebildung ermöglichten Resynthese auch wieder gebunden. Dies kann man zunächst aus der Feststellung von E. FISCHER und von MEYERHOF und LUNDSGAARD folgern, daß vom jodessigsäurevergifteten und vom normalen Muskel bei gleicher Spannungsleistung gleich viel Wärme produziert wird. Dies würde also heißen, daß die Milchsäurebildungswärme durch die Phosphagenspaltungswärme zu ersetzen ist. Es wird aber besonders durch folgende Betrachtung erwiesen: Experimentell hat sich ergeben, daß die Spannungsleistung pro 1 g Milchsäure, also $\dfrac{\text{g Spannung} \cdot \text{cm Muskellänge}}{\text{g Milchsäure}} = 150 \cdot 10^6$, die Spannungsleistung pro 1 g durch Phosphagenzerfall entstehender Phosphorsäure $\dfrac{\text{g Spannung} \cdot \text{cm Muskellänge}}{\text{g Phosphorsäure}} = 51 \cdot 10^6$ ist. Da nun der kalorische Quotient der Milchsäure gleich 380 cal ist, so muß der entsprechende kalorische Quotient der Phosphorsäure $\dfrac{51 \cdot 10^6 \cdot 380}{150 \cdot 10^6} = 116$ sein, da nach dem Energiegesetz die aufgewendeten Energiemengen gleich sein müssen den gewonnenen Energiemengen, hier also die kalorischen Quotienten proportional den Spannungsleistungen; im Experiment wurde der mit dem errechneten Wert recht gut übereinstimmende Wert von 120 gefunden. So müssen also Kohlehydratspaltung und Phosphagenzerfall aufs engste miteinander verkoppelt sein. Eine entsprechende Betrachtungsweise wäre auf den Adenylpyrophosphat-Umsatz anzuwenden.

Kommen wir nun noch einmal auf die Frage nach der Herkunft der vorher genannten 200 cal zurück, die neben den 180 cal Wärmetönung der Milchsäurebildung bei der Kontraktion entstehen, so ist dazu zu sagen, daß sie bislang noch nicht mit Sicherheit bestimmten Reaktionen zugeordnet werden können.

Was sodann den Energieumsatz bei der oxydatischen Erholung betrifft, so werden dabei, wie wir sahen, von 4 g Milchsäure 3 g zu Glykogen restituiert, während 1 g verbrennt. Weitere Vorgänge kommen wohl nicht in Betracht, da ja (nach S. 361) die Vergiftung mit Monojodessigsäure ebenso wie Anaerobiose die Bildung der Erholungswärme verhindert.

Der Kohlehydratumsatz muß dann, auf die verbrannte Menge Milchsäure bezogen, $3785 : 4 = 946$ cal entsprechen (S. 359), wobei 3785 cal die Verbrennungswärme von 1 g Kohlehydrat ist. Hiervon sind wohl die 380 cal der Kontraktionsphase abzuziehen, da ja die Spaltung des Phosphagens, die des Adenylpyrophosphats und zum Teil die der Milchsäure in der Erholungsphase wieder rückgängig gemacht werden. Mithin müssen in der Erholungsphase $946 - 380 = 566$ cal auftreten gegenüber den 380 cal der Kontraktionsphase. Danach ist zu erwarten, daß bei direkter Wärmemessung etwa 40 % der Gesamtwärme während der Arbeit und 60 % während der Erholungsphase zum Vorschein kommen; dies wird ja auch annähernd durch das Experiment bestätigt (s. S. 360).

Wir wenden uns nun noch einem besonderen Muskelphänomen zu, nämlich der **Leichen- oder Totenstarre.** HERMANN hat die Totenstarre als eine letzte Kontraktion des Muskels bezeichnet; wir wollen sehen, wieweit seine Auffassung richtig ist. Die Totenstarre kommt dadurch zustande, daß die Muskeln sich langsam verkürzen und verdicken und dabei hart werden, wie Muskeln bei der Kontraktion. Gewöhnlich werden nicht alle Muskeln gleichzeitig von der Starre befallen, sondern sie beginnt in Herz und Zwerchfell, breitet sich dann auf Nacken- und Kiefermuskulatur aus und befällt darauf den Rumpf, die oberen und unteren Extremitäten (NYSTEN*sche Regel*). Die Zeit, zu welcher die Totenstarre nach dem Tode einsetzt, schwankt zwischen 10 Minuten und etwa 7 Stunden. Wärme begünstigt, Kälte verzögert ihren Eintritt; daher tritt die Starre auch beim Warmblüter früher ein als beim Kaltblüter. Sehr wesentlich ist der Funktionszustand vor dem Tode; nach starker Arbeit werden die Muskeln rasch starr; gehetztes Wild erstarrt z. B. fast unmittelbar nach dem Tode. Aber selbst unterschwellige indirekte Reizung der motorischen Nerven beschleunigt, Lähmung durch Nervendurchtrennung oder Curarisierung (S. 387) verzögert. Auch eine schlechte Blutzirkulation begünstigt den Eintritt der Starre.

Die Ursache ist natürlich in den *chemischen Vorgängen* in der Muskulatur zu suchen. Auch im ruhenden Muskel des toten Tiers verschwindet Glykogen, und es entsteht Säure, nur langsamer, als bei der Tätigkeit; es wird etwas CO_2 abgegeben, ferner bildet sich Milchsäure, welche durch die Unterbrechung der Blutzirkulation sich mehr und mehr ansammelt, teils, weil das Blut die Milchsäure nicht mehr ausspült, teils und besonders, weil kein Sauerstoff mehr zugeführt wird; infolgedessen bleibt die oxydative Entfernung der Milchsäure aus. Ferner kommt es zu Zerfall von Phosphagen und von Adenylpyrophosphorsäure. Die Starreverkürzung entspricht demnach in chemischer Hinsicht der Arbeitsphase, wenn auch nur einer sehr veränderten Arbeitsphase, da die Resynthesen infolge der Häufung von Milchsäure gestört sind. FLETCHER und WINTERSTEIN haben aber weiter gezeigt, daß die Starre nicht erscheint, wenn man für die Entfernung der Milchsäure aus dem absterbenden Muskel sorgt. Das kann entweder so geschehen, daß man den Muskel in eine Atmosphäre von reinem Sauerstoff bringt — dann wird die Milchsäure oxydativ beseitigt —, oder so, daß man dem Muskel Gelegenheit bietet, in ein genügendes Quantum von Ringerlösung per diffusionem die in ihm entstehende Säure abzugeben; unter diesen Umständen wird er selbst in einer Stickstoffatmosphäre nicht starr. Es liegt natürlich nahe, alle diese Erscheinungen in einer Säuretheorie der Totenstarre zusammenzufassen; aber trotz mannigfaltiger Ansätze ist es bisher doch nicht gelungen, eine befriedigende Erklärung des Erstarrungsmechanismus zu geben.

Der Starre folgt nach einiger Zeit die *Lösung der Starre.* Man betrachtet sie meist als die Folge einer Vernichtung der Muskelstruktur durch die sich anhäufenden sauren Stoffwechselprodukte.

Die Frage nach dem Mechanismus der Starreverkürzung berührt sich aufs engste mit der viel wichtigeren Frage, *auf welche Weise die durch den natürlichen Reiz angeregten inneren physikalischen und chemischen Prozesse die Spannung und eventuell Verkürzung der normalen Muskelfasern herbeiführen.* Eine umfassende hierauf antwortende **Theorie der Muskelkontraktion** kann ebenfalls heute noch nicht gegeben werden. Betrachtet man den Muskel mit den Augen des Technikers, so wird man zunächst dazu neigen, in ihm eine Maschine zu sehen, welche sich analog den Motoren der Technik betätigt, d. h. so, daß die Verbrennungswärme einer Oxydationsreaktion zum größeren oder kleineren Teil in Arbeit übergeführt wird; man wird also versuchen, den Muskel mit einer Wärmekraftmaschine zu vergleichen. Aber ganz abgesehen davon, daß das Studium des Muskels uns keinerlei Anhaltspunkte für eine Analogie im Mechanismus gewährt, welcher bei der technischen Maschine auf einer Expansion von durch die Verbrennung erzeugten Gasen beruht, läßt sich der Vergleich mit der Wärmekraftmaschine auch auf Grund einer allgemeinen thermodynamischen Betrachtung ablehnen (A. FICK). Nach dem zweiten Hauptsatz der mechanischen Wärmetheorie (CARNOT, CLAUSIUS) ist nämlich der Wirkungsgrad einer Wärmekraftmaschine gleich $\frac{T_1-T_0}{T_1}$, wenn T_1-T_0 die Temperaturdifferenz zwischen dem Kessel und dem Auspuff, in der absoluten Skala gemessen, darstellt. Setzen wir nun den Wirkungsgrad der Muskelmaschine zu 30% an, so ist, da für den ruhenden Warmblütermuskel $T_0 = 273^0 + 37^0$ ist, $\frac{T_1 - 310}{T_1} = 0{,}30$, also $T_1 = 443^0$ absolut $= 170^0$. Die kontraktile Substanz müßte sich also, um einen Wirkungsgrad von 30% zu erzielen, auf 170° erwärmen, was wenig wahrscheinlich ist. Aber selbst, wenn man zugibt, daß sich ja nicht der ganze Muskel zu erwärmen braucht, sondern daß nur die feinen Muskelfibrillen oder noch feinere Elemente die eigentlich Arbeit leistenden Strukturen sind, so müßte man bei der Kontraktion mit einem Temperaturgefälle von mehreren tausend Grad pro Millimeter zwischen arbeitenden und nicht arbeitenden Teilen rechnen, was ein sonst nirgends vorkommendes Maß von Wärmeleitungsvermögen bedeuten würde. Doch auch die spezielle Betrachtung der Vorgänge bei der Muskelkontraktion führt zu einer Ablehnung der genannten Auffassung; denn wir haben ja gesehen, daß der Arbeitsphase bei der Muskelaktion überhaupt kein Verbrennungsvorgang zugrunde liegt, sondern eine Anzahl eigentümlicher Spaltungsprozesse.

Aus diesen Gründen wird *der Muskel als eine chemodynamische Maschine* aufgefaßt, als eine Maschine, in welcher potentielle, d. h. chemische Energie nicht erst über die Zwischenstufe der Wärmeenergie, sondern direkt durch Veränderung der Maschinenstruktur in mechanische Energie übergeführt wird.

Es sind mannigfaltige Vorrichtungen der Art in Erwägung gezogen worden. Erstens wurde angenommen, daß durch die chemischen Reaktionen, insbesondere durch die die Kontraktion begleitende Säurebildung die *Oberflächenspannung* der kontraktilen Fibrillen geändert wird (BERNSTEIN). Eine Steigerung der Oberflächenspannung, wie sie durch H-Ionen z. B. auch an der Grenzfläche von Wasser und Öl zustande kommt, würde zu einer Verkleinerung der Oberfläche führen, und einer Verkleinerung der Oberfläche würden Verkürzung und Verdickung der Fibrillen natürlich gleichkommen. Die Oberflächenspannungstheorie hat vor allem zum Verständnis der amöboiden Bewegungen beigetragen (BERTHOLD, RHUMBLER). Es wird auf Grund von Versuchen an Modellen angenommen, daß, wenn z. B. eine Amöbe ein Pseudopodium in Richtung einer Nahrungsquelle ausstreckt und auf diese hinkriecht, dies darauf zurückzuführen ist, daß der diffundierende Nahrungsstoff die Oberfläche der Amöbe von einer Seite her zuerst erreicht und hier durch chemische Reaktion mit der Oberfläche eine Verminderung von deren Spannung herbeiführt, so daß das Protoplasma sich an dieser Seite vorstülpt, indem es von der überwiegenden Spannung der Gegenseite in diese Vorbuchtung hineingetrieben wird (s. dazu S. 45). Wie weit sich aber die Vorgänge bei der Muskelkontraktion einer solchen Theorie anpassen lassen, darüber läßt sich zur Zeit keinerlei Entscheidung treffen.

Eine zweite vielgenannte Hypothese bringt die Spannung und Kontraktion mit *Änderungen des Quellungszustandes der Muskeleiweißkörper* durch die Säurebildung in Zusammenhang; es wird etwa angenommen, daß die Säurebildung dazu führt, daß entsprechend der Reaktionsgleichung:

$$K^+ + Protein^- + H^+ = H \cdot Protein + K^+$$

das „Verkürzungsprotein" mehr oder weniger entionisiert, seinem isoelektrischen Punkt angenähert wird, und infolgedessen unter Abgabe von Quellungswasser koaguliert; diese Koagulation führe dann zu Verkürzung. Als Verkürzungsprotein ist dabei das Myosin anzusehen, dessen stäbchenförmig und parallel geordnete Mizellen die Muskelfibrillen bilden (v. MURALT, H. H. WEBER), und dessen isoelektrischer Punkt bei p_H 6,2—6,4 gelegen ist, so daß eine geringfügige Verschiebung der Reaktion des Muskels ins Saure genügen würde, die Entionisierung herbeizuführen.

Eine dritte Auffassung geht von der mehrfach zu begründenden Annahme aus, daß *die Eiweißmizellen* außerhalb ihres isoelektrischen Punkts durch die Wirkung elektrischer Kräfte *gestreckte Ketten* bilden, *die sich aufrollen* und dadurch verkürzen müssen, wenn eine Annäherung an den isoelektrischen Punkt zustande kommt (K. H. MEYER).

Gegen diese Hypothesen ist indessen der Einwand erhoben worden, daß der mit Monojodessigsäure vergiftete Muskel aus einer Atmosphäre von nicht zu hohem Kohlensäuregehalt während zahlreicher Kontraktionen CO_2 aufnimmt als Ausdruck der bei der Spaltung des Phosphagens zustande kommenden Alkalisierung (s. S. 359).

Wenn wir bisher fast nur den einzelnen Muskel in seiner Funktion betrachtet haben, so haben wir dabei eine Betätigungsweise studiert, wie sie in der Natur fast niemals vorkommt. Denn die Bewegungen, welche die einzelnen Teile des Körpers gegeneinander ausführen, kommen immer durch *die kombinierte Aktion einer ganzen Anzahl von Muskeln* zustande, welche vom Zentralnervensystem zu ihrer gemeinsamen Tätigkeit angeregt werden, indem den einzelnen Muskeln zeitlich und intensiv verschiedene Erregungen zufließen. Wir werden diese „Koordination" der Muskeln durch das Zentralnervensystem später (s. Kapitel 22) genauer zu analysieren haben. Hier soll nur der Effekt solcher kombinierten Aktionen an zwei Beispielen erörtert werden, welche als die beiden häufigsten Formen der Zusammenfassung zahlreicher Einzelmuskeln unseres Körpers von besonderem Interesse sind, nämlich der Zustand des *Stehens* und der Vorgang des *Gehens*.

Beim **Stehen** verhält sich der ganze Körper wie eine starre Masse. Da aber die einzelnen Körperteile ihre Lage auch mehr oder weniger gegeneinander verändern können, so müssen sie für das Stehen gegenseitig festgestellt sein. Dies könnte teils dadurch geschehen, daß die einzelnen Teile so übereinander aufgebaut werden, daß das Lot vom Schwerpunkt des höher gelegenen Teils in die mit dem nächst niederen Teil gemeinsame Unterstützungsfläche hineinfällt, teils könnten bei mangelndem Gleichgewicht der Massen Sehnen und Bänder durch ihre Spannung die gegenseitige Fixierung besorgen. Träfe beides zu, dann wäre das Stehen bloße Sache der Statik. Aber schon die Ermüdung, welche längeres Stehen verursacht, beweist, daß auch Muskeln bei der gegenseitigen Feststellung der Körperteile mitwirken müssen.

Die Haltung des Körpers beim Stehen ist individuell recht verschieden; auch der einzelne kann verschieden stehen, z. B. einerseits in einer „bequemen", andererseits in „militärischer" Haltung. Wir wollen das *Stehen in bequemer Haltung* betrachten.

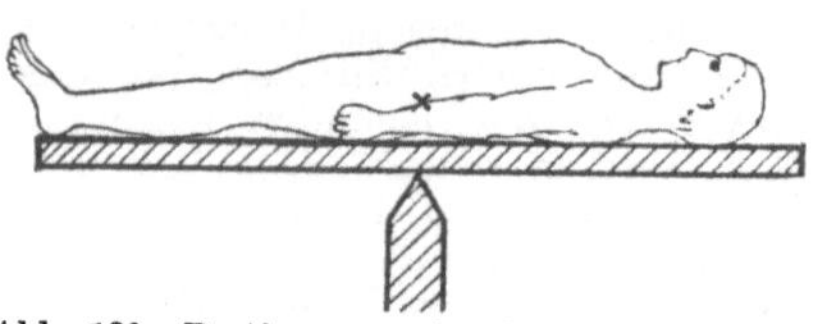

Abb. 129. Bestimmung des Schwerpunktes im Körper des Menschen. (Nach BORELLI.)

Voraussetzung für das Stehenkönnen ist, daß das Lot, welches vom Schwerpunkt des ganzen Körpers gefällt wird, in die Unterstützungsfläche des Körpers hineinfällt. Den *Schwerpunkt* bestimmt man an der Leiche, indem man sie in der beim Stehen eingenommenen gegenseitigen Haltung der Körperteile gefrieren läßt und dann nacheinander an mindestens zwei verschiedenen Punkten aufhängt; der Schwerpunkt liegt dann jedesmal senkrecht unter den Aufhängepunkten bzw. in einer der Ebenen, in denen die Aufhängeschnur gelegen ist, deren Schnittpunkte mit dem aufgehängten Körper man auf dessen Oberfläche anzeichnen kann. Am Lebenden kann man die Höhe des Schwerpunkts leicht in der Weise feststellen, wie es BORELLI schon im 17. Jahrhundert machte, daß man ein auf einer horizontalen Schneide ruhendes Brett so verschiebt, daß es sich in der Schwebe befindet, und daß man dann den Menschen in seiner Längsachse senkrecht zur Schneide auf das Brett legt und durch Verschieben des Körpers wieder Gleichgewicht herstellt (s. Abb. 129). Der Schwerpunkt liegt dann senkrecht über der Schneide. Man findet so, daß im allgemeinen der Schwerpunkt in der Höhe des zweiten Sakralwirbels senkrecht unter dem Promontorium gelegen ist; natürlich wechselt die Lage je nach der Entwicklung des Skelets, der Muskeln, des Gehirns und nach der Füllung der Eingeweide.

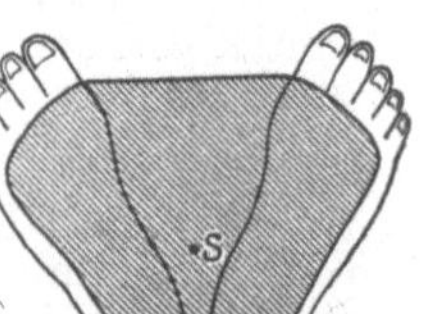

Abb. 130.
Die Unterstützungsfläche des Körpers beim Stehen in bequemer Haltung. (Nach BRAUNE und O. FISCHER.)
s Schnittpunkt der Schwerlinie mit der Unterstützungsfläche.

Die *Unterstützungsfläche* ist diejenige Fläche, welche sämtliche Unterstützungspunkte in sich einschließt, beim Säugetier also die äußersten Stützpunkte der vier Extremitäten. Abb. 130 zeigt die Form der Unterstützungsfläche *beim Menschen in bequemer Haltung*; die Projektion des Schwerpunktes *s* ist mit eingezeichnet.

Die *Standfestigkeit* des Körpers, gemessen durch die von irgendeiner Seite her wirkende Kraft, die nötig ist, um den Körper umzukippen, ist dann offenbar um so größer, je größer die Unterstützungsfläche, je schwerer der Körper, je niedriger der Schwerpunkt über der Unterstützungsfläche und je näher die Projektion des Schwerpunktes an der Mitte der Unterstützungsfläche gelegen ist.

Fragen wir nun, *auf welche Weise die einzelnen Körperteile beim Stehen gegeneinander festgestellt sind*. Um dies zu beurteilen, ist es notwendig, die Lage der *Schwerpunkte der einzelnen Teile* im Verhältnis zu den sie unterstützenden Flächen zu kennen.

Der Schwerpunkt des Kopfes liegt offenbar vor der Unterstützungsfläche des Atlantookzipitalgelenks; denn im Schlaf oder im Tode sinkt der Kopf vornüber, so daß das Kinn auf die Brust zu liegen kommt. Die Nackenmuskulatur ist also beim Stehen andauernd in Spannung und bewirkt so *die Feststellung des Kopfes gegen den Hals*. Nach BRAUNE und O. FISCHER, von welchen die exaktesten Bestimmungen der Teilschwerpunkte des Körpers herrühren, liegt der Schwerpunkt des Kopfes 0,5 cm vor der frontal gerichteten Drehachse des Atlantookzipitalgelenks.

Auch die *Steifung der Halswirbelsäule* in sich und die Verhinderung ihres Vornübersinkens ist Sache der Nackenmuskulatur.

Die *übrige Wirbelsäule* hat infolge der Bänder- und Knorpelverbindungen zwischen den einzelnen Wirbeln nur eine ziemlich beschränkte Beweglichkeit; die Lendenwirbelsäule ist dabei biegsamer, als die Brustwirbelsäule. Das Vornübersinken, das namentlich infolge der Belastung durch den Thorax zustande kommen müßte, wird durch tonische Anspannung der Rückenmuskeln, zum Teil auch durch Anspannung der Bauchmuskeln, welche die Eingeweide nach rückwärts und aufwärts gegen die Wirbelsäule drängen, verhindert.

Auch *die Feststellung des Rumpfes gegen die Beine im Hüftgelenk* wird von Muskeln besorgt. Der gemeinsame Schwerpunkt von Kopf, Rumpf und Armen liegt nämlich etwa 0,8 cm hinter der frontal durch beide Hüftgelenke gelegten Achse. Der Körper müßte also nach hinten umkippen; davor wird er aber durch den Zug von Muskeln, welche vor den Hüftgelenken vorbeilaufen, vor allem durch den Ileopsoas, auch durch den Rectus femoris bewahrt.

Betrachten wir weiter Kopf, Rumpf, Arme und Oberschenkel als eine einzige starre, in sich versteifte Masse, so geht aus der Beobachtung, daß deren Schwerpunkt etwa 1 cm vor der frontal gerichteten Kniegelenkachse gelegen ist, hervor, daß zur *Feststellung des Kniegelenks* nicht, wie man früher annahm, ein Zug von seiten des Extensor quadriceps erforderlich ist, um ein Hintenüberfallen unmöglich zu machen, sondern daß im Gegenteil die Kniebeugemuskulatur betätigt werden muß, um eine Überstreckung im Knie zu verhindern; die Bänder auf der Rückseite des Kniegelenks wirken dabei mit.

Was endlich die *Feststellung im Sprunggelenk* anlangt, so ist auch dafür eine Muskelaktion nötig; denn die Schwerlinie des ganzen Körpers fällt vor die Achse der Sprunggelenke. Der wirksame Zug wird von der Wadenmuskulatur, d. h. vor allem von Gastroknemius und Soleus entfaltet.

Das Aufrechtstehen verlangt also die Entfaltung einer ausgebreiteten Muskeltätigkeit. Würde zu deren Ersparung eine Haltung eingenommen, bei welcher alle Teilschwerpunkte senkrecht übereinander liegen, so daß ein labiles Gleichgewicht resultierte, so käme eine Haltung zustande, welche als recht unbequem empfunden wird.

Die verschiedenen genannten Muskeln müssen beim Stehen natürlich in einem ganz bestimmten Ausmaß angespannt werden, und wie es für alle Körperbewegungen in entsprechendem Maß gilt, so werden die Muskeln auch bei dieser ihrer statischen Funktion durch Anspannung ihrer Antagonisten unterstützt (s. Kap. 22). Die Kontrolle über den Effekt der notwendigen Innervationen übernehmen die auf Druck oder Zug ansprechenden Sinnesorgane der Muskeln, der Sehnen, der Gelenke und der Haut (s. Kap. 22, 34 u. 35), ferner die Augen, welche Schwankungen des Körpers bemerken, und die Labyrinthe, welche im Dienst der Tonusregulation stehen (s. Kap. 35). Die Wirksamkeit all dieser das Stehen sichernden Apparate wird vor allem dann klar, wenn das eine oder andere „sensible" Organ aus irgendeinem Grunde ausfällt; das Stehen wird dann auffallend schwankend (s. S. 402).

Leichte Schwankungen durch fortwährendes Korrigieren der Haltung gehören zur Norm; man hat sie mit Hilfe eines senkrecht auf dem Scheitel angebrachten Pinselchens registriert, welches gegen eine über dem Körper aufgehängte horizontale Fläche schreibt (LEITERSTORFER).

Die Notwendigkeit, beim Stehen eine Anzahl von Muskelgruppen in Tätigkeit zu versetzen, macht, wie schon bemerkt wurde, das Stehen ermüdend. Auch *der Stoffwechsel wird, im Verhältnis zur horizontalen Lage nicht unerheblich gesteigert*; das militärische Stehen erfordert sogar etwa 26% Mehrumsatz (s. S. 237).

Das **Gehen** ist viel schwieriger zu analysieren als das Stehen.

Eine richtige Auffassung wurde eigentlich erst möglich mit Einführung der Serienmomentphotographie durch Muybridge. Marey bediente sich dieser Methode in der Art, daß er die Versuchsperson schwarz bekleidete und nur die Linien, welche den wichtigsten Skeletteilen entsprechen, durch aufgesetzte weiße Streifen erhellte; wenn der Gehende sich dann vor einem schwarzen Hintergrund vorbeibewegte, so wurden von dem Film allein die Bewegungen der hellen Linien aufgenommen. Braune und O. Fischer ersetzten die weißen Streifen durch aufgenähte Geisslersche Röhren.

Beim Gehen wird der Rumpf abwechselnd von einem der beiden Beine getragen und zugleich vorwärts geschoben, während das andere Bein an dem ersten vorbeischwingt. Man kann bei jeder Gehphase danach das „*Standbein*" von dem „*Schwingbein*" unterscheiden. Die photographische Registrierung ergibt, wenn man von einem Doppelschritt 20 Auf-

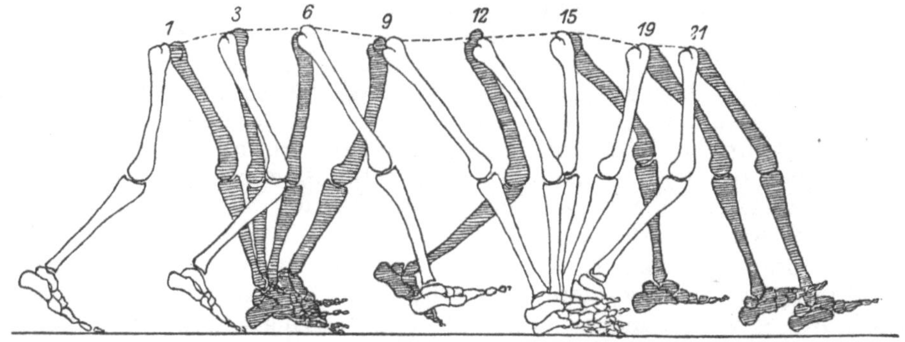

Abb. 131. Gehbewegung nach Braune und O. Fischer (abgeändert nach R. du Bois-Reymond).

nahmen macht und eine Auswahl davon auf einer Zeichnung darstellt, das Bild Abb. 131. Daraus ist folgendes zu entnehmen:

Das Schwingbein wird zum Standbein, indem es mit seiner Ferse den Boden berührt; während es schwingt, ist es nach vorne gehalten und leicht im Knie gebeugt. Indem es nun mehr und mehr in eine senkrechte Stellung übergeht, wird es mehr und mehr gestreckt; dann neigt es sich vornüber und wird, um den Schwerpunkt des Körpers nicht stark sinken zu lassen, durch Streckung im Fußgelenk verlängert. Dabei wickelt sich die Ferse und dann die Sohle mehr und mehr vom Boden ab, und der Körper wird durch den Fuß vorwärts gestemmt. Der Körper schaukelt also auf seiner Sohle vornüber.

Während das Standbein den Körper stützt und stemmt, pendelt das Schwingbein, wie gesagt, an ihm vorbei, jedoch nicht rein passiv, wie die Gebr. Weber lehrten, sondern unter steter Mitwirkung der Muskulatur. Gleich wenn es sich nach vollkommener Streckung vom Boden ablöst, wird sein Knie ziemlich kräftig gebeugt und der Fuß dorsal flektiert; im Verlauf des Schwingens wird es dann wieder mehr und mehr gestreckt.

Das Gehen geschieht aber nicht so, daß jedes Bein gleich lange Stand- und Schwingbein ist, d. h. daß der Körper in jedem Augenblick immer nur auf einem Bein steht, sondern das eine Bein steht schon, während das andere noch seine Sohle vom Boden abwickelt und dabei den Körper vorwärts stemmt; danach beginnt es erst zu schwingen und hört schon zu schwingen auf, während das andere Bein sich noch in der inzwischen eingenommenen Stemmstellung befindet. Man kann dies schematisch durch die Abb. 132 andeuten, in welcher die geraden Linien die Intervalle des Stehens, die gebogenen Linien die Intervalle des Schwingens bezeichnen; man sieht, daß das Zeitverhältnis von Schwung und Stand etwa 2:3 ist.

Der Schwerpunkt wird bei dieser Art des Gehens abwechselnd um etwa 4 cm gehoben und gesenkt.

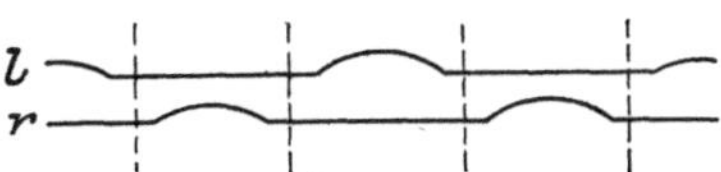

Abb. 132. Schema der Zeiten des Stehens und Schwingens der Beine beim Gang.

Die rhythmische Vorwärtsbewegung ist von *seitlichen Schwankungen* des Körpers begleitet. Der Körper wird nämlich aktiv nach der Seite des jeweiligen Standbeins verschoben; sonst würde er nach der Seite des Schwingbeins hin umfallen. Er erreicht den Höhepunkt der seitlichen Verschiebung in dem Moment, in welchem das Standbein senkrecht steht. Zu Beginn des Schwingens folgt dann die Verschiebung nach der Gegenseite. Ferner führt der Rumpf beim Gehen Drehbewegungen aus, die Arme werden passiv und aktiv pendelnd bewegt und der Rumpf wird vornübergeneigt, um so mehr, je rascher der Gang ist.

So ist es wohl verständlich, daß, obwohl der Schwerpunkt des Körpers nur geringe Schwankungen in der Vertikalebene ausführt, das Gehen einen erheblichen Energieaufwand bedeutet; dementsprechend ist der Stoffwechsel im Verhältnis zur völligen Ruhe je nach der Gehgeschwindigkeit um 100—300% gesteigert (s. S. 237), wovon der Hauptanteil auf die Leistungen des Standbeins entfällt.

21. Kapitel.

Die Nerven.

Zentrifugale und zentripetale Nerven 370. Die Neurofibrillen als leitende Elemente
371. Das doppelsinnige Leitungsvermögen 372. Die Fortpflanzungsgeschwindigkeit
der Erregung im Nerven 373. Reizungsmethoden; der elektrische Reiz 375. Der
Aktionsstrom des Nerven; Theorie der bioelektrischen Ströme 378. Der Elektrotonus und das PFLÜGERsche Zuckungsgesetz 383. Die Ermüdbarkeit und der Stoffwechsel der Nerven 387.

Schon in den vorhergehenden Kapiteln war davon die Rede, daß die
Bewegungen im allgemeinen so zustande kommen, daß den Muskeln von
den Nerven aus Erregungsimpulse zufließen. So führt die Betrachtung
naturgemäß zu der *Physiologie der Nerven.* Doch würde deren Bedeutung
ungenügend gekennzeichnet, wenn nicht auch gleich an die Nerven erinnert würde, welche dazu dienen, Erregungen aufzunehmen und
zum Zentralnervensystem weiterzuleiten, die durch äußere, die Sinnesorgane treffende Reize oder durch innere Reize bewirkt werden, um sie
danach an die die Muskeln versorgenden Nerven zu übertragen.

Auf diese Weise können die Nerven weit voneinander entfernte
Organe im Körper untereinander in Beziehung setzen, und da dies
meistens rasch geschieht, so liegt es in erster Linie an der Funktion
des Nervensystems, daß wir den aus zahlreichen Einzelorganen aufgebauten Organismus als ein einheitliches Ganzes funktionieren sehen,
wenngleich auch das Blut als Träger der inneren Sekrete viel zu dieser
Harmonie der Teile mit beiträgt (s. Kapitel 14).

Wir schreiben somit von vornherein den Nerven als wichtigste Aufgabe
die *Funktion der Erregungsleitung* zu und unterscheiden *zentripetale* oder
afferente Nerven, welche die Erregung dem Zentralnervensystem zuführen,
von *zentrifugalen* oder *efferenten Nerven,* in welchen der Erregungsvorgang vom Zentralnervensystem fortläuft. Die zentripetalen Nerven werden
vielfach auch als „*sensible*" Nerven bezeichnet, weil ihre Erregung erfahrungsgemäß meistens eine Empfindung in uns auslöst. Doch ist dieser
Name in all den zahlreichen Fällen unangebracht, wo wir, wie beispielsweise bei der Erregung niederer wirbelloser Tiere, nicht das mindeste Urteil
über das Empfindungsleben haben können; er wird deswegen passend durch
die nichts präsumierende Bezeichnung *rezeptorischer Nerv* ersetzt (BEER,
BETHE und VON UEXKÜLL), d. h. ein Nerv, welcher den ein Sinnesorgan
treffenden Reiz aufnimmt. Die zentrifugalen Nerven sind in der Über-
zahl *motorische Nerven,* welche eine Muskelkontraktion veranlassen; doch
kann die Wirkung auf den Muskel, wie beim Herzen oder beim Darm, auch
in einer Akzeleration oder in einer Hemmung bestehen. In anderen Fällen
ist das Erfolgsorgan eine Drüse, die Nerven fungieren als *sekretorische
Nerven.* Mit einem gemeinsamen Namen werden die zentrifugalen Nerven
den rezeptorischen als *effektorische Nerven* gegenübergestellt.

Bei der Erregungsleitung kommt es wahrscheinlich in erster Linie auf die in den Nervenfasern enthaltenen, ins Neuroplasma eingebetteten **Neurofibrillen** an.

Dafür sprechen zunächst rein anatomische Gründe. Wenn man unter dem Mikroskop ein gefärbtes Präparat von Nervenfasern betrachtet, die nicht in Alkohol fixiert wurden, weil dabei infolge von Schrumpfung die Neurofibrillen sich zu dem dicken Strang des Achsenzylinders zusammenlagern, sondern wenn man mit Osmiumsäure fixierte Präparate untersucht, so beobachtet man nach BETHE Bilder wie in Abb. 133, d. h. die einzelnen Neurofibrillen laufen isoliert voneinander durch die Faser, eingebettet in die „Perifibrillärsubstanz". *Die Neurofibrillen sind* nun *das einzige Element, welches kontinuierlich die ganze Faser durchzieht* (BETHE). Denn wie Abb. 133A zeigt, ist die (durch Osmium geschwärzte) Markscheide *m* an den RANVIERschen Schnürringen unterbrochen, ebenso die SCHWANNsche Scheide *s*; die HENLEsche Scheide *h* zieht zwar kontinuierlich über die Einschnürungen hinweg, sie gehört indessen kaum noch zur Nervenfaser hinzu. Nach BETHE ist aber auch die Perifibrillärsubstanz an den RANVIERschen Schnürringen durch eine siebartige Platte unterbrochen, die der Perifibrillärsubstanz, dem Neuroplasma, neben den Fibrillen jedenfalls nicht viel Raum übrigläßt.

Auch physiologische Gründe sprechen dafür, daß die Neurofibrillen für die Funktion der Leitung wesentlich sind. Wenn man einen Nerven lokal durch einen herumgelegten Faden quetscht, so ver-

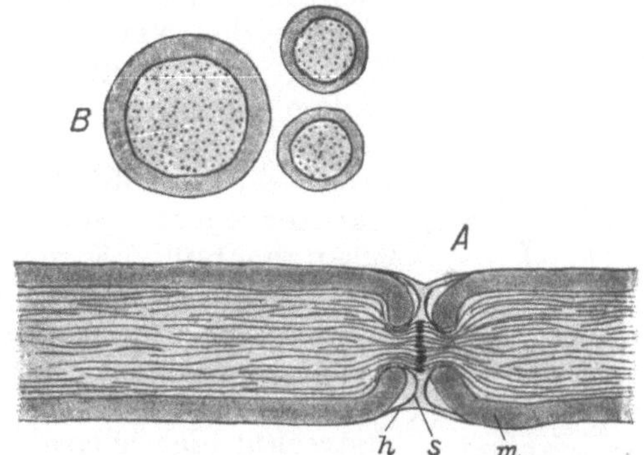

Abb. 133. Markhaltige Nervenfaser mit RANVIERschem Schnürring im Längsschnitt (A) und im Querschnitt (B). (Nach BETHE.)

m Markscheide, *h* HENLEsche Scheide, *s* SCHWANNsche Scheide.

liert er, wenn die Umschnürung ein gewisses Maß überschreitet, die Fähigkeit, eine Erregung zu übermitteln; löst man die Umschnürung dann wieder, so kann die Leitungsfähigkeit wiederkehren (DUCCESCHI). BETHE fand nun, daß aus der komprimierten Stelle so viel Perifibrillärsubstanz weggepreßt werden kann, daß sich ihre Menge zur Normalmenge verhält wie 1 : 654, ohne daß das Leitungsvermögen erlischt. Komprimiert man noch stärker, so geht das Leitungsvermögen verloren, zugleich verlieren die Neurofibrillen aber auch ihre normale Färbbarkeit. Beides zusammen läßt darauf schließen, daß *es für die Erregungsleitung keinesfalls allein auf die Perifibrillärsubstanz ankommt.*

Ein Nerv hat nun häufig zu gleicher Zeit die Fähigkeit sowohl zentripetaler als auch zentrifugaler Leitung. Das kommt daher, daß er aus einzelnen Nervenfasern zusammengesetzt ist, von welchen ein Teil das Zentralnervensystem mit den Sinnesorganen, ein anderer Teil mit den Muskeln verbindet. Solche Nerven heißen *gemischte Nerven.* Sie können beide Funktionen zu gleicher Zeit natürlich nur dann versehen, *wenn der Erregungsvorgang sich nicht von einer Faser auf die andere ausbreiten* kann, *sondern wenn jede Faser, wie die Drähte in einem Kabel, isoliert leitet.* Diese Eigenschaft müssen aber die Nerven besitzen; sonst wäre es z. B. nicht zu verstehen, daß der Druck auf zwei nahe beieinander gelegene Punkte der Haut oder die Belichtung zweier eng benachbarter Punkte der Netzhaut zwei gesonderte Empfindungen auslöst, oder es wäre nicht zu verstehen, daß eine isolierte Bewegung im Finger ausgeführt werden kann, ohne daß gleichzeitig durch Überspringen der Erregung auf die sensiblen Fasern alle möglichen Empfindungen im Arm auftreten. Experimentell wird die iso-

24*

lierte Leitung so bewiesen, daß man die einzelnen Wurzeln, aus denen
sich ein Nerv bei seinem Ursprung aus dem Rückenmark zusammensetzt,
jede für sich reizt; man erhält dann je nach der Wurzel Kontraktionen in
lauter verschiedenen Muskelpartien.

Aber wenn auch eine jede Nervenfaser für gewöhnlich die Erregung
nur in einer Richtung, entweder zentrifugal oder zentripetal, fortleitet,
so hat sie doch die Fähigkeit des **doppelsinnigen Leitungsvermögens**;
sie verhält sich wie ein in einem elektrischen Stromkreis liegender Draht,
der an sich den Strom in jeder Richtung zu leiten vermag, ihn aber, solange er in der bestimmten Schaltung festgelegt ist, immer nur in einer

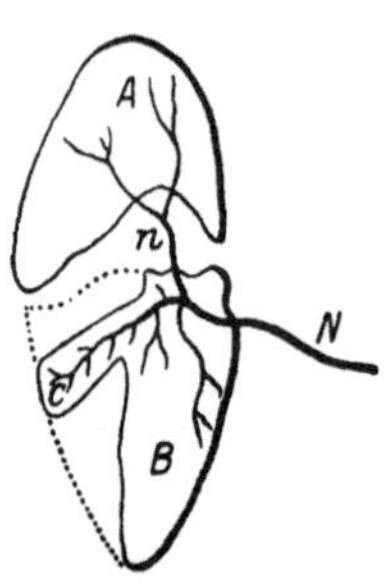

Abb. 134.
Zweizipfelversuch am
M. gracilis.
(Nach KÜHNE.)

Richtung leitet. Diese Feststellung ist natürlich für die
Theorie der Nervenleitung von prinzipieller Bedeutung.
KÜHNE führte zum Beweis des doppelsinnigen oder reziproken Leitungsvermögens den folgenden sogenannten
Zweizipfelversuch aus: er zerschnitt den M. gracilis vom
Frosch so (s. Abb. 134), daß die Hälfte A nur noch durch
den Nervenast n mit der Hälfte B und ihrem Anhang C
zusammenhing. Wenn man nun z. B. C reizt, so zuckt
sowohl B als auch A. Dagegen kommt keine Zuckung in
A oder C zustande, wenn man B an seinem unteren nerven-
freien Ende reizt; dies beweist, daß das doppelsinnige
Leitungsvermögen sich nicht auf das System Nerv-Muskel
erstreckt; hier herrscht, wie auch bei anderen erregbaren
Systemen (s. S. 397), *Irreziprozität der Erregungsleitung*.

Noch überzeugender spricht ein Versuch von BABUCHIN für die reziproke Nervenleitung: an das elektrische Organ des Zitterwelses begibt sich
eine einzige Nervenfaser, deren Erregung einen elektrischen Schlag des
Organs auslöst. Die Innervation des Organs geschieht so, daß die Faser
sich teilt und ihr Achsenzylinder sich dabei in seine Neurofibrillen aufsplittert, welche sich nun an die verschiedenen Partien des Organs begeben. Reizt man einen Ast der Faser, so entlädt sich das ganze Organ.

Der eleganteste Beweis ist von GOTCH und HORSLEY geführt. Wir werden
bald genauer erörtern, daß der erregte Nerv gerade so einen Aktionsstrom
produziert, wie der erregte Muskel (s. S. 347); beim lebenden Nerven ist
der Aktionsstrom überhaupt fast das einzige Dokument seiner Erregung,
während der Muskel ja seine Erregung offensichtlicher durch die Kontraktion, eine Drüse durch ihre Sekretion manifestiert. Wir werden ferner erfahren, daß durch die vorderen Wurzeln nur effektorische Fasern das Rük-
kenmark verlassen, während die rezeptorischen durch die hinteren Wurzeln
ins Rückenmark eintreten. Wenn man nun mit Elektroden von den vorderen
Wurzeln, welche an der Bildung des Ischiadikus beteiligt sind, zu einem Kapillarelektrometer ableitet und dann den Ischiadikus peripher reizt, dann
zeigt das Elektrometer einen Aktionsstrom an; ebenso, wenn man peripher
vom Ischiadikus ableitet und dann die betreffenden hinteren Wurzeln reizt.

Kehren wir nun noch einmal zu der isolierten Leitung in den Nervenfasern zurück. Man hat die Markscheide öfter mit der Isolationsmasse
eines Kabels verglichen; das ist aber unzutreffend; denn auch bei den
marklosen Nerven z. B. des Sympathikus besteht die isolierte Leitung.
Die Ursache ist bisher nicht bekannt. Die einzelnen Neurofibrillen sind
wahrscheinlich nicht gegeneinander isoliert, sondern die Erregung kann von
einer Fibrille auf die andere überspringen. Wenigstens muß man das wohl
aus dem vorher geschilderten Zweizipfelversuch von KÜHNE und vor allem

aus dem Versuch von BABUCHIN an dem elektrischen Nerven schließen, dessen Achsenzylinder sich in die einzelnen Neurofibrillen aufsplittert, und bei dem die Erregung eines Teiles der Neurofibrillen die übrigen zur Miterregung bringt. Man bezeichnet dies Phänomen als einen *Axonreflex* zum Unterschied von den gewöhnlichen Reflexen, bei denen die zentripetal laufende Erregung nur durch Vermittlung des Zentralnervensystems in zentrifugaler Richtung weitergeleitet werden kann (s. Kap. 22).

Die Geschwindigkeit, mit welcher sich der Erregungsvorgang im Nerven fortpflanzt, ist meßbar, geradeso, wie die Ausbreitung der Kontraktionswelle im Muskel (s. S. 341). Bis zum Jahre 1850, in welchem HELMHOLTZ zum erstenmal solch eine Messung vornahm, galt es als ausgemacht, daß die Wirkung der Nerven auf der mit unmeßbarer Geschwindigkeit erfolgenden Ausbreitung eines imponderablen Agens beruhe; „schnell wie ein Gedanke" ist auch heute noch der Ausdruck für einen Vorgang von ungeheurer Geschwindigkeit, wobei ja wiederum die Fortpflanzung eines nervösen Vorgangs, nämlich eines Vorgangs in der Substanz des Gehirns gemeint ist. HELMHOLTZ glaubte jedoch u. a. deshalb eine endliche Geschwindigkeit voraussetzen zu dürfen, weil wenige Jahre vorher von BESSEL auf die „persönliche Zeit" der Astronomen aufmerksam gemacht war, d. h. auf die individuellen, mehr als $^1/_{10}$ Sekunde ausmachen-

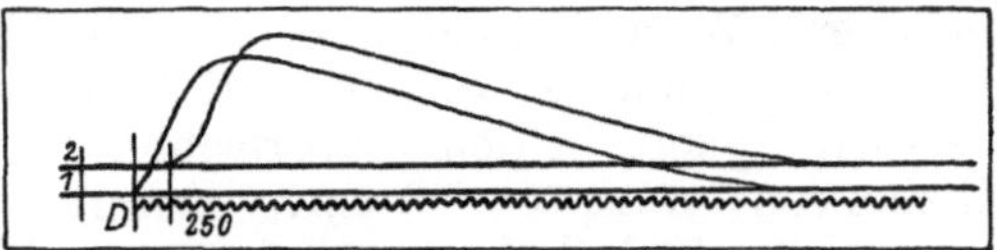

Abb. 135. Messung der Fortpflanzungsgeschwindigkeit der Erregung im Nerven. (Nach MAREY.) D Stimmgabelkurve (1 Schwingung = $^1/_{250}$ sec).

den Schwankungen in den Angaben der Astronomen über den Durchgang eines Sterns durch das Fadenkreuz eines Fernrohres (s. S. 464). HELMHOLTZ schloß daraus, daß die Fortpflanzung der Erregung vom Auge zum Zentralnervensystem und von da aus zur registrierenden Hand Zeit, und zwar je nach der Individualität des Beobachters, eine verschiedene Zeit brauche.

Die **Fortpflanzungsgeschwindigkeit der Erregung** im Nerven wurde von HELMHOLTZ zuerst am Nerv-Muskelpräparat des Frosches bestimmt. Er maß zu dem Zweck die Latenzzeit der Kontraktion einmal bei Erregung des Nerven an einer nahe bei seinem Eintritt in den Muskel gelegenen Stelle und ein zweites Mal an einem möglichst weit vom Muskel entfernten Punkt. Macht man die Bestimmung an dem S. 340 beschriebenen Apparat, so werden auf der rasch an der Spitze des Muskelhebels vorbeischießenden Schreibfläche zwei Muskelkurven verzeichnet, welche etwas gegeneinander verschoben sind, so wie die Abb. 135 es zeigt. Aus der Verschiebung der Kurven gegeneinander und aus der Geschwindigkeit der Schreibfläche läßt sich alsdann die Differenz der beiden Latenzzeiten ermitteln; mißt man dann noch die Entfernung zwischen den beiden gereizten Nervenpunkten, so ergibt sich die Fortpflanzungsgeschwindigkeit.

Auf diese Weise bestimmten HELMHOLTZ und BAXT auch die *Fortpflanzungsgeschwindigkeit der Erregung beim Menschen,* indem sie einmal den N. medianus in der Achselhöhle, das zweite Mal nahe am Handgelenk reizten und die Verdickung der Daumenballenmuskulatur registrierten.

Als Ergebnis dieser Messungen fand HELMHOLTZ beim Froschnerven eine Fortpflanzungsgeschwindigkeit von nur 24—27 m, beim Menschen einen ähnlichen Wert, nämlich 33 m pro Sekunde. In neueren Messungen wurden bei verschiedenen warmblütigen Tieren die Reizelektroden direkt an den Nerven angelegt, und das Einlaufen der Erregung im Muskel wurde bei Tier und Mensch nicht mechanisch, sondern mit dem Saitengalvanometer registriert. Das Ergebnis war *für die Warmblüter einschließlich des Menschen eine Fortpflanzungsgeschwindigkeit von 70—80 m pro Sekunde* (GARTEN). Die Geschwindigkeit, mit welcher sich die Erregung im Nerven ausbreitet, ist also nicht einmal so groß wie die Schallgeschwindigkeit (333 m), also mit der Ausbreitung des Lichts (300 Millionen m) gar nicht zu vergleichen. Vielmehr ist die Geschwindigkeit nur 7—10 mal so groß wie die Fortpflanzungsgeschwindigkeit der Kontraktionswelle im Muskel (s. S. 329), sie ist ungefähr $2^1/_2$ mal so groß wie diejenige eines guten Schnellzuges (100 km pro Stunde).

Die Fortpflanzungsgeschwindigkeit variiert je nach der Tiersorte, je nach der Nervenfunktion und je nach den äußeren Bedingungen. So sinkt sie z. B. beim Murmeltier während seines Winterschlafes bis auf 1 m ab. Ferner ist sie bei den marklosen Nerven wirbelloser Tiere nur klein, beim Hummer 6—12 m, beim Tintenfisch 2 m, bei der Nacktschnecke Ariolimax nur 40 cm und bei der Teichmuschel Anodonta sogar nur 1 cm pro Sekunde (CARLSON, CREMER). Sie hat im allgemeinen einen um so geringeren Wert, je langsamer die Kontraktion der zugehörigen Muskulatur vonstatten geht (s. S. 340 und 355); z. B. beträgt die Fortpflanzungsgeschwindigkeit in den motorischen Fasern des Sympathikus (Nickhaut-, Milznerven) nur 70—80 cm. Damit hängt ferner zusammen, daß die Leitungsgeschwindigkeit in den verschiedenen Fasern eines gemischten Nerven verschieden groß ist; so fanden ERLANGER und GASSER durch genaue Analyse der Aktionsstromwelle in einer noch (S. 379) zu beschreibenden Art, daß z. B. beim N. saphenus vom Hund die Leitungsgeschwindigkeit in einem Teil der Fasern 83, in einem anderen Teil nur 61 m pro Sekunde beträgt. Künstlich kann man die Geschwindigkeit durch Temperaturerniedrigung herabsetzen; auch sinkt sie bei der Narkose und infolge von lang anhaltender ermüdender Reizung.

Bisher haben wir die Art der **künstlichen Erregung des Nerven** noch ganz unberücksichtigt gelassen. Geradeso wie der Muskel, so kann auch der Nerv durch die allgemeinen Protoplasmareize, also mechanisch, chemisch, osmotisch, thermisch oder elektrisch gereizt werden, und dabei gilt auch hier wieder, daß der Angriff von außen rasch bis zu einer gewissen Stärke anschwellen muß. So kann man einen mechanischen Reiz durch einen Schlag, Schnitt oder durch Zug ausüben, er ruft aber nur dann eine Zuckung hervor, wenn die Deformation brüsk erfolgt; HEIDENHAIN ließ den Nerv mit einem kleinen Elfenbeinhammer, der durch einen elektromagnetischen Unterbrecher rhythmisch bewegt wird, einen sogenannten Tetanomotor, beklopfen und erzeugte dadurch einen Tetanus. Damit ein chemischer Reiz mit genügender Geschwindigkeit eine größere Zahl von Nervenfasern trifft, muß man das Chemikale in relativ großer Konzentration anwenden; da aber nicht alle Fasern gleichzeitig und gleich stark betroffen werden, so reagiert der dem Nerven anhängende Muskel nicht mit einer einheitlichen Kontraktion, sondern mit sogenannten *fibrillären Zuckungen* oder mit *Flimmern*, d. h. mit unregelmäßigen Zusammenziehungen der einzelnen Fasern (s. auch S. 84). Einen osmotischen Reiz übt man am besten mit einer konzentrierten Salz- oder Zuckerlösung aus; ebenso wirkt Vertrocknen durch die Wasserentziehung. Auch dabei kommt es zu fibrillären Zuckungen. Ein thermischer Reiz wird durch schnelles Abkühlen bis unter 0° oder Erwärmen auf 40—45° erzeugt; taucht man z. B. den Ellbogen in Eiswasser und kühlt auf die Weise den Ulnaris, so manifestiert sich die Reizung durch Schmerzen im Ausbreitungsgebiet des Nerven und durch Zuckungen. Allmähliche Änderung der Temperatur bis über eine gewisse Grenze erzeugt nicht Reiz, sondern im Gegenteil Lähmung.

Während bei all den genannten Formen der Reizung eine Beschädigung der empfindlichen Nerven, geradeso wie beim Muskel, fast nicht zu vermeiden ist, läßt sich der **elektrische Reiz** so fein dosieren, daß er darin ebenso wie in seiner Unschädlichkeit der natürlichen Art der Erregung an die Seite gestellt werden kann. Ferner gelingt es allein mit dem elektrischen Strom, alle Fasern eines Nerven, so wie oft im Leben, zu gleicher Zeit in Tätigkeit zu versetzen.

Man verwendet den elektrischen Strom in verschiedener Form und erzielt damit Wirkungen, welche wegen ihrer theoretischen und praktischen Bedeutung genauer zu erörtern sind. Unter Form ist dabei die Kurve des Stromverlaufs, also die Art des Stromanstiegs, seine Dauer und die Art des Stromabfalls zu verstehen.

Schicken wir einen *konstanten galvanischen Strom* von geeigneter Stärke durch einen Nerven, so *reagiert der anhängende Muskel mit einer Zuckung nur im Moment der Schließung und im Moment der Öffnung*, während er in der Zeit der konstanten Durchströmung im allgemeinen in Ruhe verharrt. Läßt man den Strom nicht momentan zu seinem konstanten Endwert ansteigen oder abfallen, sondern läßt ihn mehr oder weniger schnell anschwellen oder absinken, wendet man also zur Erregung statt „*Momentreizen*" „*Zeitreize*" an (VON KRIES), so ist die Reizwirkung des Stroms im allgemeinen geringer; bei Momentreizung reagiert z. B. ein Froschnerv auf einen 60 mal schwächeren Strom, als wenn man den Strom innerhalb 1 Sekunde bis zur gleichen Höhe ansteigen läßt. Die Reizwirkung kann sogar völlig ausbleiben, wenn man den Strom ganz langsam „*einschleichen*" oder „*ausschleichen*" läßt. DU BOIS-REYMOND hat diese Erfahrungen zusammen mit anderen, an anderen Stromformen gewonnenen in den Satz zusammengefaßt, daß *es bei der Erregung nicht auf den absoluten Wert der Stromintensität (bzw. Stromdichte) ankommt, sondern auf die Geschwindigkeit der Änderung der Intensität in der Zeit.* Die Geschwindigkeit ist dabei insofern ein relativer Begriff, als es auch vom Objekt abhängt, ob der Anstieg und der Abfall des Stromes von größerer oder geringerer Steilheit sein darf. Untersuchen wir z. B. nicht bloß Nerven, sondern auch Muskeln, so finden wir, daß ein Muskel um so eher auf Zeitreize anspricht, d. h. daß er einen um so flacheren Stromanstieg noch für seine Erregung verträgt, je träger er reagiert (s. S. 340); die Muskeln der langsamen Kröten sprechen daher noch auf Zeitreize an, wo Froschmuskeln schon versagen.

Das DU BOIS-REYMONDsche Gesetz hat aber nur beschränkte Gültigkeit. Vor allem kommt es beim konstanten Strom außer auf die Stromintensität und die Steilheit ihrer Änderung auch auf die *Dauer des Stromes* an. Läßt man z. B. Stromstöße mit momentanem Stromanstieg und Stromabfall von verschiedener Dauer auf einen Nerven wirken, so gelangt man bei sukzessiver Verkleinerung der Zeit zwischen Schließen und Öffnen zu einer Dauer, unterhalb deren der bis dahin gleich große Effekt einer Zuckung von bestimmter Höhe anfängt kleiner zu werden, um schließlich zu verschwinden (A. FICK, G. WEISS). Die Minimalzeit, oberhalb deren die Zuckung nicht weiter an Höhe gewinnt, ist von GILDEMEISTER als *Nutzzeit* bezeichnet worden; das soll heißen, daß, wenn man durch Schließen des Stromkreises Strom in ein erregbares Objekt hineinschickt, von der elektrischen Energie nur derjenige Bruchteil für die Erregung ausgenutzt wird, welcher innerhalb einer gewissen Zeit, eben der Nutzzeit fließt.

In besonderer Form wird die Nutzzeit als sogenannte *Chronaxie* (LAPICQUE) gemessen. Die Untersuchung der Abhängigkeit der zur Erregung notwendigen Schwellenspannung eines Gleichstromstoßes von der Zeit führt zu einer Hyperbel von dem in Abb. 136 wiedergegebenen Verlauf, der durch die empirische Formel von HOORWEG und G. WEISS:

$V = \dfrac{a}{t} + b$ wiedergegeben werden kann, in der V die Schwellenspannung,

t die Stromdauer und a und b zwei Konstanten bedeuten. Die Hyperbel wird als *Reizzeitspannungskurve* bezeichnet. Die Formel besagt, daß, wenn die Zeit t lang wird, die Schwellenspannung den Wert b erhält; b heißt nach LAPICQUE die *Rheobase*. Man könnte nun zunächst daran denken, die Erregbarkeit durch die Rheobase auszudrücken; das hieße in praxi: einen Gleichstrom so lange verstärken, bis ein Reizeffekt sichtbar wird. Die Zeit des Stromflusses wäre dann aber schlecht definiert, weil

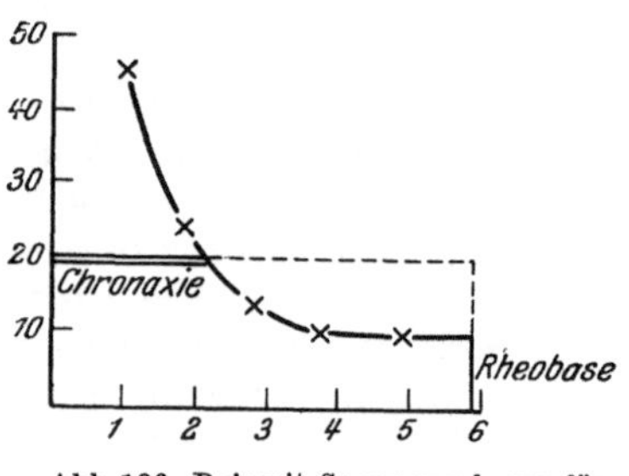

Abb. 136. Reizzeit-Spannungskurve für Schwellenreizung.

Auf der Abszisse ist die Zeit, auf der Ordinate die Spannung abgetragen.

ja die dem Schwellenwert entsprechende Minimalzeit in den asymptotischen Ast der Reizzeitspannungskurve fällt. Zudem ist die Rheobase für sich allein von Objekt zu Objekt, z. B. von Mensch zu Mensch variabel je nach Lage der Elektroden zum Nerven, nach der Beschaffenheit der Haut, nach Einbettung des Nerven ins Gewebe u. a. Nach LAPICQUE mißt man deshalb außer der Schwellenspannung bei langer Stromdauer, also außer der Rheobase noch die Minimalzeit bei einer Spannung, die gleich der verdoppelten Rheobase ist; diese Zeit heißt die *Chronaxie* oder *Kennzeit*. Durch diese Festlegung zweier Punkte der Reizzeitspannungskurve macht man sich von den genannten individuellen Schwankungen weitgehend unabhängig; man vermag also bestimmte, die „Zeiterregbarkeit" charakterisierende Normalwerte etwa für bestimmte Nerven des Menschen nachzuweisen.

Im Sinne der HOORWEG-WEISSschen Formel gilt also bei der Chronaxiemessung $V = 2b = \dfrac{a}{t} + b$, oder die Chronaxie $t_{\mathrm{chr}} = \dfrac{a}{b}$. Hat man b als Rheobase sowie die Chronaxie t_{chr} bestimmt, so kennt man auch a, kann also die ganze Reizzeitspannungskurve berechnen und prüfen, wieweit die Messungen der Zeiterregbarkeit die Kurve verifizieren.

Die Größe der *Chronaxie* (oder der Nutzzeit) ist von mannigfachen physiologischen und physikalischen Umständen abhängig. Erstens ist sie *um so größer, je träger das Objekt reagiert*. So beträgt die Chronaxie für den Bizeps des Menschen 0,08, für den Trizeps 0,16 msec, für den Dorsalflektor des Fußes 0,2, für den Plantarflexor 0,4, ferner für den motorischen Nerven des Froschsartorius 1, für den motorischen Nerven des Magens 20 und für eine Arterie vom Frosch (direkt gereizt) 500 msec. Hiermit hängt auch zusammen, daß ein Muskel mit großer Nutzzeit oder großer Chronaxie auf Ströme von sehr kurzer Dauer nur ansprechen wird, wenn man eine entsprechende sehr große Stromstärke anwendet, die eventuell das Gewebe rasch beschädigt. Glatte Muskeln, die eine lange

Nutzzeit haben, reagieren unter Umständen auf die gewöhnlichen Induktionsschläge gar nicht und reagieren erst, wenn man so starke Ströme anwendet, daß sie sie verbrennen. Mit der Trägheit der Reaktion hängt es auch zusammen, daß bei *Muskeln, welche, z. B. infolge einer Nervendurchschneidung, degenerieren, die Nutzzeit (bis auf das Mehrhundertfache) verlängert ist* (GILDEMEISTER).

Die Nutzzeit (oder die Chronaxie) ist ferner abhängig von der zeitlichen Entwicklung des Reizstroms. In der Abb. 137 (nach GILDEMEISTER) sind z. B. Ströme von gleicher maximaler Intensität, aber verschiedener Form in ihrem zeitlichen Verlauf dargestellt und durch Schraffierung die Elektrizitätsmengen angedeutet, welche während der Nutzzeit N bewegt werden. (Die Stromkurven a und b entsprechen dem Verlauf von Kondensatorentladungen durch das erregbare Objekt hindurch; bei gegebenem Widerstand geht die Entladung um so langsamer vor sich, je größer

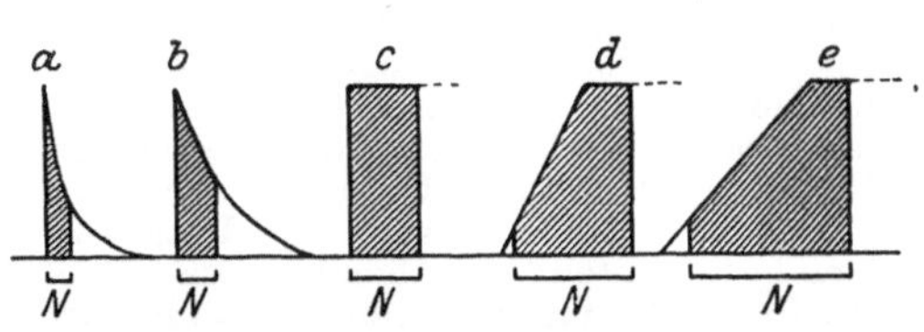

Abb. 137. Abhängigkeit der Nutzzeit (N) von der Stromform. (Nach GILDEMEISTER.)

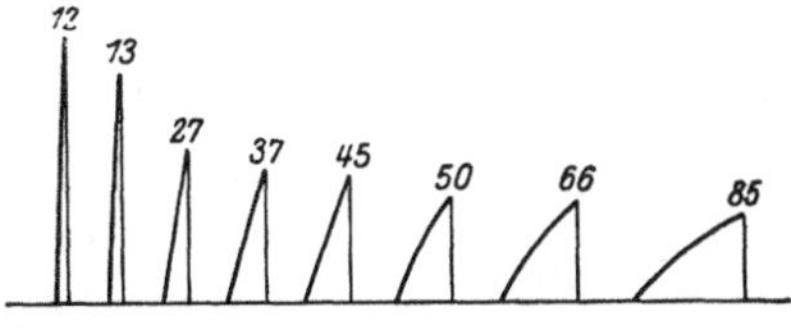

Abb. 138. „Dreieckige" Stromstöße, bei denen die physiologische Wirkung gleich, die bewegte Elektrizitätsmenge sehr verschieden groß ist. (Nach GILDEMEISTER.)

die Kapazität des Kondensators.) Die Abbildung zeigt, daß in demselben Sinn, wie die Nutzzeiten, die für die Erregung benötigten Elektrizitätsmengen wachsen.

Dasselbe lehrt auch die Abb. 138, in welcher mehrere „dreieckige" Stromstöße dargestellt sind, welche eben überschwellige Reize repräsentieren; die darüber geschriebenen Zahlen bedeuten die Flächeninhalte und sind ein Maß für die benötigten Elektrizitätsmengen. Auch die in dieser Abbildung niedergelegten Erfahrungen sprechen gegen die allgemeine Gültigkeit des DU BOIS-REYMONDschen Gesetzes; denn obgleich Stromstärke und Steilheit ihres Anstiegs mehr und mehr sinken, sind die Ströme doch als Schwellenreize untereinander gleichwertig.

Aus den verschiedenen Stromformen erklärt sich auch der bekannte *verschiedene Reizwert von Schließungs- und Öffnungsströmen eines Induktoriums.* Während nämlich bei Schließung und Öffnung gleiche induzierte Elektrizitätsmengen das Organ durchfließen, reagiert dieses im allgemeinen auf die Öffnungen kräftiger als auf die Schließungen. Das rührt u. a. davon her, daß bei der Schließung durch Selbstinduktion (Extrastrom) der Stromanstieg verzögert und der Strom so zu einem Zeitreiz wird. Die Abb. 139 gibt die Formen des Schließungs- und Öffnungsstromes wieder.

Bei größeren Stromstärken beobachtet man häufig noch eine weitere Abweichung vom DU BOIS-REYMONDschen Gesetz (s. S. 375), nämlich *auch während des konstanten Fließens kann ein Strom reizend wirken;* so ist die Durchströmung eines sensiblen Nerven, z. B. des Ulnaris, von Schmerzen begleitet, und bei Fröschen, welche infolge längerer Abkühlung eine gesteigerte Erregbarkeit erlangt haben, erzeugt konstante Durchströmung Tetanus (VON FREY). Diese Erscheinungen hängen wahrscheinlich mit der Elektrolyse zusammen, welche sich während der konstanten Durchströmung des einen Leiter zweiter Klasse darstellenden Gewebes notwendigerweise vollzieht.

Läßt man zwei elektrische Reize aufeinanderfolgen, so zeigt sich, daß es auch beim Nerven eine, wenn auch kurze *Refraktärphase* gibt. Bei einem frischen Ischiadikus vom Frosch dauert sie nur 1—2 msec. Durch Anwendung von Narkotika oder durch ermüdende Beanspruchung mit einem tetanisierenden Strom kann sie sich auf den zehnfachen Betrag erhöhen. (F. W. FRÖHLICH, v. BRÜCKE). Der marklose Olfaktorius vom Hecht hat ein Refraktärstadium von 150 msec. Das Vorhandensein der Refraktärphase macht es verständlich, daß ein Nerv bis höchstens etwa 500 Reize pro Sekunde ansprechen kann, daß der geschädigte Nerv auf geringere Frequenzen noch reagieren kann, während höhere ihn unerregt lassen (*Wedensky-Phänomen*), und daß zwei in einer Nervenfaser einander entgegenlaufende Impulse — anders als beim Telephondraht — einander auslöschen (P. Hoff-

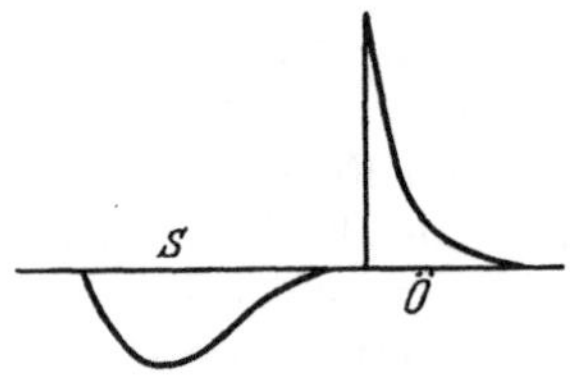

Abb. 139. Verlauf des Schließungs- und Öffnungsinduktionsstroms in der Sekundärspule. Die Flächen, d. h. die bewegten Elektrizitätsmengen, sind gleich **groß**.

mann). Der Refraktärphase folgt oft eine *übernormale Phase* von einigen msec, in der die Erregbarkeit gesteigert ist (Adrian und K. Lucas).

Legen wir uns nun ganz allgemein die Frage vor, *was der elektrische Strom am Nerven oder einem anderen erregbaren Gebilde bewirkt*, so werden wir in jedem Fall bei der Durchtränkung der lebenden Gewebe mit Elektrolytlösung an Ionenbewegungen zu denken haben. Nernst hat nun darauf hingewiesen, daß bei der Durchleitung eines elektrischen Stromes an all den zahlreichen Grenzflächen, welche durch die Plasmahäute der Zellen und durch Fibrillen gebildet werden, Ionenkonzentrationsänderungen ähnlich wie an Elektroden, die in einen Elektrolyten eintauchen, zustande kommen müssen, und hat diese polaren Konzentrationsänderungen, diese Membranpolarisationen als die unmittelbare Ursache der Erregung angesprochen. Erregung tritt danach also dann ein, wenn die Ionenkonzentrationsänderung an den Grenzflächen einen bestimmten Wert überschreitet. Nach Nernsts Vorstellung kommt die Konzentrationsänderung dadurch zustande, daß die Plasmahaut oder die Fibrille als ein zweites Lösungsmittel für die Ionen aufzufassen ist, in welchem die absoluten und relativen Ionengeschwindigkeiten andere sind als im Zell- oder Gewebswasser. Nach Bethe kommt es darauf an, daß die porösen wasserdurchtränkten Häute und Fibrillen durch verschieden starke Adsorption die relativen Beweglichkeiten der Ionen verändern. Nach seinen Untersuchungen an mit Salzlösungen durchtränkten Gelatine- oder Eiweißmembranen ändert sich aber infolge der Durchleitung eines elektrischen Stromes auf den beiden Seiten der Membran nicht bloß die Konzentration der Ionen des Salzes in entgegengesetztem Sinne, sondern auch die Konzentration der Ionen des Wassers H· und OH′, es kommt also zu einer Störung der neutralen Reaktion an den Grenzflächen, und da sich H- und OH-Ionen vor den anderen durch besondere chemische Aktivität auszeichnen, so vermutet Bethe in ihnen wohl mit Recht die Ursache der elektrischen Erregung. Von der tatsächlichen Anreicherung dieser Ionen auch an den Grenzflächen lebender Gewebe kann man sich nach Bethe ein deutliches Bild machen, wenn man durch die Stengelzellen von Tradescantia myrtifolia einen elektrischen Strom hindurchschickt; diese enthalten nämlich einen violettroten Farbstoff, welcher wie ein Indikator eine Änderung des H·- oder OH′-Gehalts mit einer Änderung seiner Farbe beantwortet, und bei der Durchströmung sieht man nun, wie auf der Seite des Stromeintritts die Farbe in Grün, auf der Seite des Austritts in Rot umschlägt. Der nächste Effekt in dem jedenfalls mehrgliedrigen Erregungsprozeß, welcher sich der Ionenkonzentrationsänderung anschließt, ist wahrscheinlich eine Änderung im Quellungszustand der aus Kolloiden aufgebauten und dadurch gegen Ionenkonzentrationsänderungen empfindlichen Häute und Fibrillen, der eine Permeabilitätsänderung zur Folge hat (Höber) (s. S. 218).

Auch die vorher geschilderten Einflüsse des zeitlichen Verlaufs der elektrischen Ströme können mehr oder weniger quantitativ auf die an den Grenzflächen der verschiedenen erregbaren Organe zustande kommenden Ionenkonzentrationsänderungen zurückgeführt werden (Nernst, A. V. Hill, Ebbecke, Gildemeister).

Der elektrischen oder sonst einer Art von physikalischer oder chemischer Reizung des Nerven folgt der physiologische Prozeß der *Erregung*. Ihr bekanntestes Symptom ist so wie beim Muskel der **Aktionsstrom**; er beruht auf dem vorübergehenden Negativwerden der jeweils erregten Stelle, d. h. einer Strecke von etwa 1 cm Länge, und indem sich diese Negativität von Ort zu Ort verschiebt, wird die Erregung über den Nerven hingeleitet. Man weist auch den Aktionsstrom des Nerven durch Ableiten zu einem Kapillarelektrometer oder einem Saitengalvanometer (eventuell unter Zwischenschaltung von Verstärkerröhren) nach; auf rein physiologischem Wege kann man ihn auch durch *sekundären Tetanus* (s. S. 349) demonstrieren, indem man den Nerven eines Nervmuskelpräparats auf einen anderen Nerven darauflegt und diesen elektrisch reizt (HERING). Enthält ein Nerv, so wie oft, Fasern verschiedener Funktion, so äußert sich dies auch in der Form seines Aktionsstroms (s. dazu S. 374). ERLANGER und GASSER fanden z. B. beim Frosch-Ischiadikus, daß die Aktionsstromwelle bei ihm einen um so komplizierteren Verlauf zeigt, je weiter von der Reizstelle entfernt man sie aufnimmt; es erweist sich, daß sie sich in eine Summe einander superponierter einfacher Wellen auflösen läßt, deren jede einer anderen Fortpflanzungsgeschwindigkeit der Erregung zugeordnet ist. Der Beweis für diese Auffassung ist u. a. so zu führen, daß, je schwächer man den Nerven reizt, um so mehr die Form der immer von der gleichen Stelle abgeleiteten Welle sich vereinfacht, weil die Erregbarkeit der Fasern um so kleiner ist, je niedriger die Leitungsgeschwindigkeit, so daß jeweils unterhalb einer gewissen Reizstärke nur noch die rasch leitenden Fasern in Aktion treten (s. Abb. 140). Es fragt sich, wie sich die Funktion in der

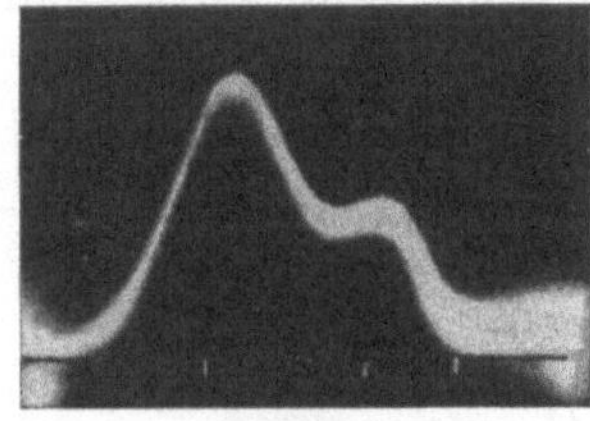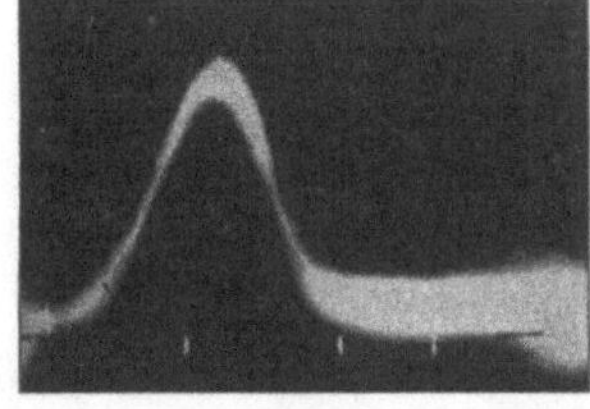

A   B

Abb. 140. Aktionsstromwelle des Froschischiadicus, trägheitsfrei mit einem Kathodenstrahl-Oszillographen aufgenommen (nach ERLANGER und GASSER). A bei starker Reizung. B bei schwacher Reizung, so daß die Fasern mit geringer Leitungsgeschwindigkeit nicht mit erregt werden.

verschiedenen Leitungsgeschwindigkeit ausdrückt. ERLANGER, GASSER und BISHOP beantworteten die Frage auf folgendem Wege: sie stellten z. B. für den Phrenikus und die Muskeläste des N. peroneus fest, daß ihre Aktionsstromwelle einfach ist und sich ziemlich rasch, nämlich zwischen 52 und 80 m/sec ausbreitet, und machen die wahrscheinliche Annahme, daß diese Nerven nur motorische und aus den Muskeln stammende, rezeptorische, der Tiefensensibilität (S. 392) dienende Fasern enthalten. Demgegenüber deutet die Aktionsstromform bei den hinteren Wurzeln auf das Vorhandensein von viererlei Fasersorten hin, deren trägste mit einer Leitungszeit von nur etwa 30 m/sec sie für den Schmerzsinn in Anspruch nehmen.

Den Unterschieden der Fasern in ihrer elektrischen Reaktion entsprechen nach LAPICQUE und LEGENDRE auch histologische Unterschiede; eine Faser leitet um so geschwinder und ist zugleich chronaximetrisch um so erregbarer, je dicker sie ist; die folgende Tabelle enthält einige Beispiele für den Frosch:

	Chronaxie in m/sec	Nervenfasern Dicke in μ
Motor. Fasern f. den m. gastrocnemius	0,3	20
Motor. Fasern f. den m. sartorius . . .	1	11
Herzvagusfasern	2	7
Motor. Fasern f. den Magen	20	2

Der Aktionsstrom des Nerven ist nicht bloß bei seiner künstlichen Reizung, sondern auch unter natürlichen Umständen nachzuweisen. Durchschneidet man z. B. den Vagusstamm und leitet von seinem peripheren Stumpf mit Elektroden zum stromanzeigenden Instrument ab,

so erhält man ein „Elektrovagogramm" (s. S. 127), wie Abb. 141 es zeigt;
man sieht Potentialschwankungen registriert, welche synchron mit der
Atmung verlaufen und durch zentripetal laufende Erregungen des Vagus
in der periodisch sich dehnenden Lunge hervorgerufen werden. Ein anderes
Beispiel für das Ansprechen von Rezeptoren gibt die Abb. 142. Hier ist

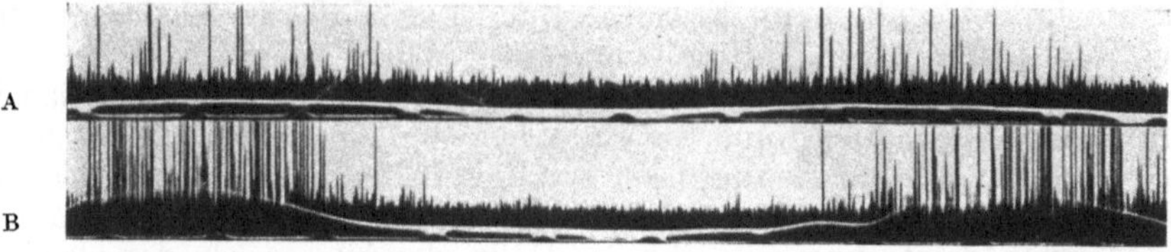

Abb. 141. Aktionsströme vom peripheren Stumpf des durchschnittenen Vagus vom Kaninchen,
A bei normaler, B bei forcierter Atmung durch abwechselndes Einblasen und Absaugen von
Luft. Zeit: ¹/₅ Sek. (Nach PARTRIDGE.)

das distale Ende des durchtrennten Carotis sinus-Nerven eines Kaninchens
auf die Elektroden gelegt, in A in toto, in B, nachdem sämtliche Fasern
des Nerven bis auf eine durchgeschnitten sind. Aus A ist abzulesen, daß

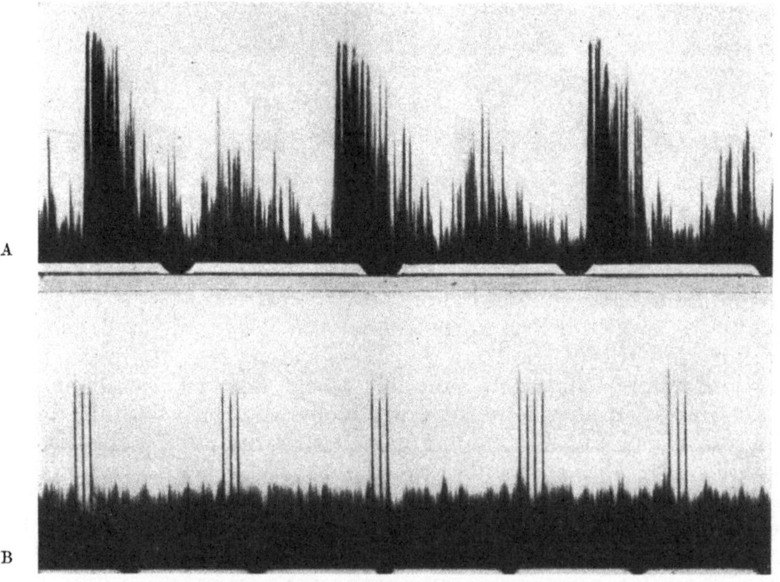

Abb. 142. Aktionsströme des Carotis sinus-Nerven vom Kaninchen, A Ableitung vom ganzen Nerven, B von
einer einzigen Nervenfaser. (Nach BRONK und STELLA.)

nicht nur jede systolische Druckschwankung in der Carotis eine Salve von
Impulsen auslöst, sondern in schwächerem Maß auch jede dikrote Drucksteigerung. Auch der rezeptorische Nerv eines Muskels gibt Ströme, sobald man den Muskel durch Spannung erregt. Abb. 143 zeigt ein
Bild der Aktionsströme, die nach ADRIAN und ZOTTERMAN vom rezeptorischen Nerven des sehr zarten M. sternocutaneus des Frosches mit
Hilfe eines Kapillarelektrometers bei etwa 2000facher Elektronenröhren-
verstärkung aufgenommen sind, und die wiederum, so wie die in Abb. 141
und 142 verzeichneten Ströme, *oszillatorischen Charakter* haben, *auch wenn
der Muskel kontinuierlich gespannt wird.* Ähnlich wie bei den natürlichen

Aktionsströmen des Muskels (S. 351) zeigt die Aufnahme auch hier eine sehr unregelmäßige Aufeinanderfolge von Zacken (A), die von der Interferenz einfacher, in den einzelnen Nervenfasern ablaufender, periodischer Erregungswellen herrühren. Wenn man nämlich den Muskel mehr und mehr verschmälert dadurch, daß man parallele Streifen von ihm abschneidet, so vereinfacht sich das Bild der vom Nerven abgeleiteten Aktionsströme mehr und mehr, und es bleibt schließlich eine regelmäßige Aufeinanderfolge gleich großer Zacken (B), die lehren, daß das rezeptorische Endorgan der einzelnen Muskelfaser auf den konstanten Spannungsreiz mit einem einfachen Rhythmus antwortet (s. dazu auch Abb. 142). Diese Reaktionsweise ist so zu erklären, daß der konstante Reiz einen ersten Impuls im Endorgan auslöst, dem ein zweiter Impuls nachfolgt, sobald das relativ lange Refraktärstadium des Endorgans abgeklungen ist; dann folgt ein dritter Impuls und so fort. Belastet man die Muskelfaser stärker, so nimmt die Frequenz des Stromrhythmus mehr und mehr zu, eventuell von 20 bis 200; dies kommt so zustande, daß der stärkere Reiz das relative Refraktärstadium (S. 350) schon früher durchbricht als der schwächere. Ganz entsprechend reagiert nach ADRIAN auch das einzelne VATER-PACINI'sche Körperchen, das man bei der Katze auf der Plantarseite des Hinterfußes für sich allein reizt. Aber auch bei Durchströmung mit einem konstanten elektrischen Strom oder bei andauernder chemischer Reizung antwortet die Nervenfaser mit einer rhythmischen Folge von Aktionsstromstößen. Überhaupt wird *jede kontinuierliche Reizung eines Sinnesorgans oder auch die nervöser Zentren eben wegen der Existenz des Refraktärstadiums in eine diskontinuierliche rhythmische Erregung umgewandelt.* So ist auch die rhythmische Tätigkeit des Atemzentrums, die von Magen und Darm und vieler anderer periodisch reagierender Gebilde aufzufassen.

Die physiologische Bedeutung der Aktionsströme reicht aber, wie bei dieser Gelegenheit hinzugefügt werden soll, noch weiter. *Überall, wo man überhaupt von Erregung des Protoplasmas reden kann, da scheint der Aktionsstrom eine Begleiterscheinung zu sein.* So verhält sich, wenn man eine Hälfte eines grünen Blattes

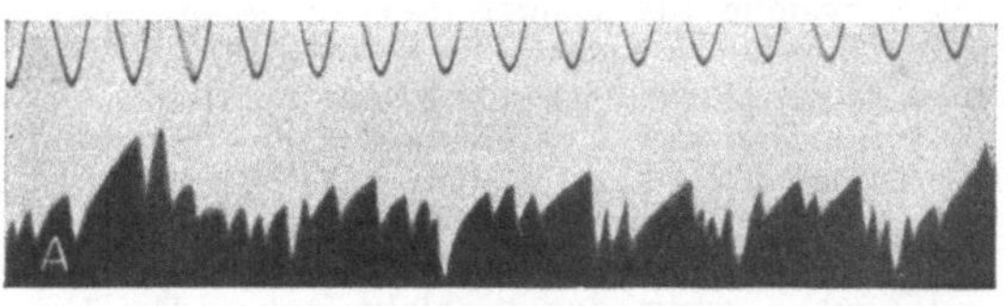

Abb. 143. Aktionsströme im rezeptorischen Nerven des M. sternocutaneus vom Frosch bei Spannungsreiz. (Nach ADRIAN und ZOTTERMAN.)

A der intakte Muskel, mit 2 g belastet. B Muskel durch Schnitt verschmälert .mit 1 g belastet; der Aktionsstrom rührt wahrscheinlich von einem Endorgan her.

besonnt, die andere im Schatten hält, die assimilatorisch tätige belichtete Hälfte negativ gegen die unbelichtete; so antwortet das Blatt einer insektenfressenden Dionaea auf einen Reiz nicht bloß mit einer Bewegung, sondern auch mit einem Aktionsstrom. Ferner kennt man beim Tier die *Drüsenströme* als Ausdruck der sekretorischen Tätigkeit und vor allem die mächtige Wirkung des erregten *elektrischen Organs* der elektrischen Fische mit seinem Aktionspotential von mehreren hundert Volt. Die Drüsenströme der Haut machen sich in eigenartiger Weise in dem sogenannten „*Willkürversuch*" von DU BOIS-REYMOND und

in dem *psychogalvanischen Reflexphänomen* bemerkbar. Beim Willkürversuch leitet man symmetrisch, z. B. von den beiden Händen, zu einem
Galvanometer ab; spannt man nun die Muskeln des einen Arms willkürlich
an, so macht die Galvanometernadel einen Ausschlag. Die Ursache ist
eine die Muskelaktion begleitende Mitinnervation der Schweißdrüsen. Dies
ist besonders für den psychogalvanischen Reflex festgestellt. Darunter
versteht man die zuerst von TARCHANOFF beobachtete Erscheinung, daß
alle möglichen Erregungen, z. B. durch einen Stich, durch Licht, durch
Schall, aber auch durch psychische Emotionen, wie sie etwa durch ein bedeutungsvolles Wort, das man der Versuchsperson zuruft, ausgelöst werden
können, sich in einer Zunahme des Ausschlags eines Galvanometers kundgeben, mit welchem die Versuchsperson (unter Einschaltung einer Stromquelle von 1—2 Volt) in Verbindung steht (VERAGUTH). Die Ausschläge
sind nun erstens dann am stärksten, wenn man von den besonders
schweißdrüsenreichen Hautflächen der Handteller, der Fußsohlen, der
Achselhöhlen, der Stirn ableitet, dagegen am schwächsten, wenn die Ableitung von den schweißdrüsenarmen Bezirken der Wangen, des Rückens,
des Gesäßes her vorgenommen wird. Zweitens verschwindet das Phänomen
für längere Zeit, wenn man dem Reagenten subkutan 1 mg Atropin
injiziert und dadurch die Drüsentätigkeit lähmt (LEVA).

Es liegt nahe, schließlich in diesem Zusammenhang auch die Frage aufzuwerfen,
wie man sich *das Zustandekommen der bioelektrischen Ströme* erklären soll. Da es sich,
wie wir jetzt festgestellt haben, um ein allgemein physiologisches Phänomen
handelt, so wird die Erklärung auch von allgemein gültigen Annahmen ausgehen
müssen. Das Merkwürdige an den bioelektrischen Strömen ist ja vor allem, daß
ihre Erzeuger sich in ihren äußeren Wirkungen zwar wie galvanische Elemente verhalten, aber dabei innerlich ganz anders beschaffen sind. Denn die Leiter erster
Klasse, welche als Elektroden zu jedem galvanischen Element gehören, und an
deren Oberfläche gerade die wesentlichen Potentialsprünge zustande kommen,
fehlen hier. Darum ist vor allem zu fragen, was an deren Stelle tritt. Wir haben
nun schon bei der Erwähnung der Vorstellungen über das Zustandekommen der
elektrischen Reizung gesehen (s. S. 378), daß die Membranen und Fibrillen der
Organe sich in ihrem Einfluß auf die Ionenbewegung ähnlich wie
Elektroden verhalten können. Im Prinzip werden wir auch zur Erklärung der bioelektrischen Erscheinungen annehmen können, daß die
Plasmamembranen der Sitz von Elektrodenpotentialen sind. Eine
Elektrode ist ja ein Metallstück, welches an seiner Oberfläche eine
Sorte von Ionen, die Metallionen, in einen umgebenden Elektrolyten
übertreten läßt. Geradeso kann eine Plasmamembran, welche auf ihrer
dem Protoplasma zugekehrten Innenseite mit einer anderen Elektrolytlösung in Berührung steht als auf ihrer Außenseite, durch irgendwelche Eigenschaften, durch ein besonderes Lösungs- oder ein besonderes Adsorptionsvermögen für bestimmte Ionen oder auch durch
eine Siebstruktur mit einem geeigneten Verhältnis zwischen dem Durchmesser der Poren und dem Durchmesser der Ionen dazu befähigt sein,
einer Ionensorte einen bevorzugten Durchtritt durch Diffusion zu

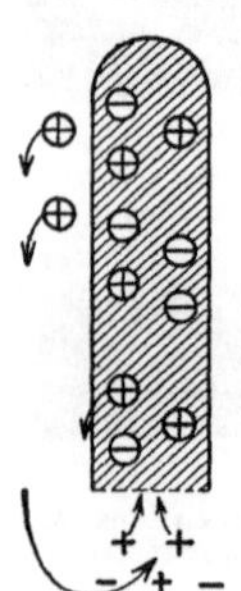

Abb. 144.
Schema zur
Erklärung des
Ruhestroms.

(Nach
BERNSTEIN.)

gewähren. So erfuhren wir früher (S. 95), daß z. B. die Plasmamembran der Blutkörperchen die Eigenschaft einer selektiven Durchlässigkeit für Anionen besitzt, für Kationen dagegen undurchlässig
ist. Ferner kann man Membranen, die allein für Kationen von geringem
Durchmesser ($H^{\cdot}$, $K^{\cdot}$) durchlässig sind, leicht aus Collodium herstellen
(MICHAELIS). Solche Membranen sind dann in der Tat der Sitz eines
Potentialsprungs nach Art einer Elektrode, also der Sitz einer elektrischen Doppelschicht im Sinn von HELMHOLTZ (W. OSTWALD, BERNSTEIN). Hat nun weiter solch
eine Membran an einer Stelle der Oberfläche einer Zelle eine andere Ionenpermeabilität als an einer anderen, so muß zwischen beiden Stellen eine Potentialdifferenz vorhanden sein. Stark schematisiert können wir uns das Zustandekommen des
Stromes etwa an Hand der Abb. 144 klarmachen; die schraffierte Fläche bedeute ein
Ende einer Muskelfaser, die starke Kontur sei ihre unverletzte Plasmahaut, die gestrichelte Linie unten bedeute einen durch Verletzung erzeugten Querschnitt; vor-

ausgesetzt nun, daß die intakte Plasmahaut für die inneren und äußeren Anionen, die in der Abbildung durch $\ominus$ und — bezeichnet sind, und für das äußere Kation $+$ undurchlässig und allein für das innere Kation $\oplus$ durchlässig ist, so muß ein Strom von der durch die Pfeile markierten Richtung als Ruhestrom des Muskels resultieren. Der Aktionsstrom wäre dann eventuell darauf zurückzuführen, daß an der jeweilig erregten Stelle die Ionen infolge einer Permeabilitätsänderung der Plasmamembran andere Durchtrittsbedingungen vorfänden als an einer ruhenden Stelle. In der Tat ist an verschiedenen Objekten gezeigt worden, daß direkte Reizung durch einen leichten elektrischen Schlag eine *reversible* Erhöhung der Permeabilität für Ionen herbeiführen kann. Es wird später (S. 385) auf diese Vorstellungen noch einmal zurückzukommen sein.

Kehren wir nach dieser Abschweifung zur Physiologie des Nerven zurück, und zwar noch einmal zu seiner *Durchströmung mit dem konstanten elektrischen Strom*. Die auf die Weise erzeugten Ionenkonzentrationsänderungen an den Grenzflächen (s. S. 378) gehen nämlich außer mit Erregung mit einer Reihe weiterer physiologischer Zustandsänderungen einher, welche von DU BOIS-REYMOND unter dem Namen des **Elektrotonus** zusammengefaßt worden sind. Während der Dauer der Durchströmung wird erstens *die Erregbarkeit des Nerven verändert*; in der Umgebung der Anode ist sie herabgesetzt, in der Umgebung der Kathode gesteigert. Zwischen den beiden Polen befindet sich ein „Indifferenzpunkt", an dem die Erregbarkeit unverändert geblieben ist; dieser Punkt liegt bei Anwendung schwacher Ströme mehr zur Anode, bei Anwendung starker Ströme mehr zur Kathode hin. Das Verhalten ist in der Abb. 145 dargestellt: in dieser bedeutet die gerade Linie den Nerven, der Pfeil gibt die Stromrichtung an, die positiven und die negativen Ordinatenwerte der Kurven bedeuten die Erregbarkeitsänderungen, die Bezeichnungen sch., m. und st. bedeuten schwache, mittelstarke und starke Ströme. Die Erregbarkeitsänderungen werden folgendermaßen nachgewiesen: liegt an einem

motorischen Nerven die Kathode näher, die Anode weiter entfernt vom Muskel, hat der Strom also, wie man sagt, **absteigende** Richtung, so erzeugt schon ein schwächerer Induktionsreiz, der zwischen Kathode und Muskel von einer dort festliegenden Elektrode ausgeübt wird, eine Zuckung oder einen Tetanus, als ohne die Durchströmung; hat dagegen der Strom **aufsteigende** Richtung, so ist umgekehrt die Reizschwelle

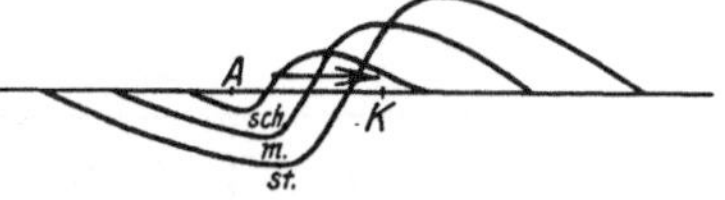

Abb. 145.
Erregbarkeitsänderung im Elektrotonus.
A Anode, K Kathode, sch., m., st. Kurven der Änderung der Erregbarkeit durch schwachen, mittelstarken und starken Strom.

in bezug auf den Induktionsstrom, der jetzt zwischen Anode und Muskel angreift, erhöht. Zum Nachweis der intrapolaren Veränderungen kann man keinen elektrischen Reiz verwenden, weil Reizstrom und konstanter Strom einander stören würden; man wählt statt dessen mechanische oder chemische Reize. Die Veränderung des Nerven an der Anode heißt *Anelektrotonus*, die an der Kathode *Katelektrotonus*.

Außer der Erregbarkeit ist *im Anelektrotonus auch die Leitungsfähigkeit herabgesetzt* (PFLÜGER). Durchströmt man den Nerven nämlich in aufsteigender Richtung und prüft wiederum die Erregbarkeit mit einem Induktionsstrom, so äußert sich die Steigerung der Erregbarkeit an der Kathode nur dann in einer verstärkten Zuckung des Muskels, wenn der konstante Strom relativ schwach ist; verstärkt man ihn, so nimmt im Gegenteil die Reizwirkung ab, um bei noch weiterer Verstärkung sogar zu verschwinden. Dies beruht darauf, daß die anelektrotonische Strecke leitungsunfähig geworden ist, so daß die in der Kathodengegend erzeugte Erregung nicht zum Muskel durchgelassen wird.

Steigert man die Stromstärke über ein gewisses Maß hinaus, dann tritt an die Stelle der kathodischen Erregbarkeitssteigerung eine „*depressive Kathodenwirkung*" (WERIGO), in der auch das Leitungsvermögen vermindert oder aufgehoben ist.

Die Änderungen der Erregbarkeit werden darauf zurückgeführt, daß die polarisatorischen Ionenkonzentrationsänderungen, die bei der Durchleitung eines elektrischen Stroms an den Membranen oder Fibrillen des Nerven zustande kommen, an diesen entgegengesetzte Veränderungen teils chemischer, teils kolloidchemischer Natur hervorrufen (s. S. 378); die Veränderungen an der Anode verursachen eine Verdichtung der Grenzflächen, die an der Kathode eine Auflockerung. Beide Arten von Veränderung heben, wenn sie einen gewissen Grad überschreiten, Erregbarkeit wie Leitfähigkeit auf. Anschaulich wird das elektrotonische Verhalten nach BETHE dadurch gezeigt, daß den physiologischen Veränderungen Veränderungen in der Färbbarkeit des Nerven unmittelbar nach seiner elektrischen Durchströmung entsprechen. Abb. 146 gibt drei Längsschnitte aus einem Froschnerven wieder, in denen man die Achsenzylinder verschieden stark tingiert sieht. Der mittlere Schnitt zeigt eine herabgesetzte Färbbarkeit an der Anode, der rechte eine gesteigerte Färbbarkeit an der Kathode, während der linke Schnitt den unveränderten Zustand repräsentiert. Man erhält das „Polarisationsbild" nicht oder nur angedeutet, nachdem der Nerv abgetötet oder auch nur narkotisiert ist.

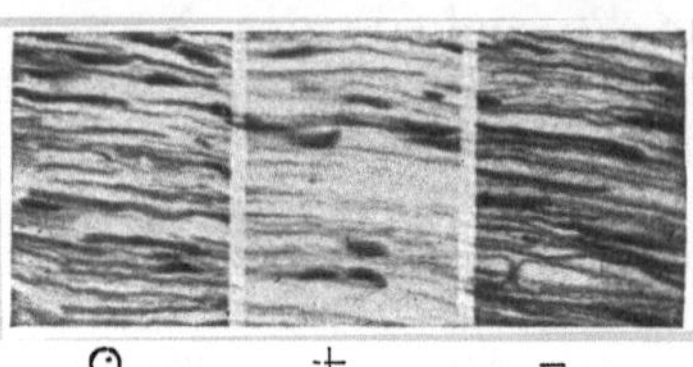

Abb. 146. Polarisationsbilder des Nerven.
(Nach BETHE.)

Auf diesen Erscheinungen beruht das sogenannte **Pflügersche Zukkungsgesetz**, d. h. ein eigenartig verschiedenes Verhalten des Muskels, je nachdem sein Nerv von einem aufsteigenden oder absteigenden, von einem schwachen oder starken konstanten Strom durchflossen wird. Das Zuckungsgesetz wird in folgendem Schema zusammengefaßt:

Stromstärke	Aufsteigender Strom		Absteigender Strom	
	Schließung	Öffnung	Schließung	Öffnung
Schwach	Zuckung	Ruhe	Zuckung	Ruhe
Mittelstark	Zuckung	Zuckung	Zuckung	Zuckung
Stark	Ruhe	Zuckung	Zuckung	Ruhe

Zur Erklärung des Gesetzes ist hauptsächlich folgendes zu sagen:
1. Wir haben schon früher (S. 375) gesehen, daß der konstante Strom im wesentlichen nur bei Schließung und bei Öffnung erregend wirkt. Man kann nun zeigen, daß *bei der Schließung die Erregung an der Kathode, bei der Öffnung an der Anode zustande kommt*, oder anders ausgedrückt: *der Beginn des Katelektrotonus und das Verschwinden des Anelektrotonus wirken reizend;* d. h. auch: jedesmal kommt es zur Erregung, wenn die Erregbarkeit ansteigt. Den Beweis für diesen Satz kann man auf verschiedene Art führen. Man kann z. B. die Latenzzeit bei Schließung und Öffnung messen; man findet dann, daß, wenn man einen Strom in aufsteigender Richtung durch den Nerven schickt, die Schließungszuckung eine größere Latenzzeit hat als die Öffnungszuckung, weil die Kathode weiter vom Muskel entfernt liegt als die Anode; bei absteigender Richtung ist das Umgekehrte der Fall (PFLÜGER, VON BEZOLD). Ein sehr anschaulicher Beweis am Muskel, welcher ebenfalls die Erscheinungen des Elektrotonus zeigt, beruht darauf, daß die Muskelkontraktion bei der Schließung an dem der Kathode anliegenden Ende, bei der Öffnung an dem der Anode anliegenden Ende beginnt; klemmt man nämlich einen Muskel in der Mitte ein, so pflanzt sich, wie unter ähnlichen Um-

ständen beim Nerven (s. S. 371), die Erregungswelle nicht über die komprimierte Stelle fort; leitet man nun durch die ganze Länge des Muskels den Strom, so zuckt bei der Schließung nur die eine, kathodische, bei der Öffnung nur die andere, anodische Hälfte (HERING).

Ein weiterer Beweis ist das sogenannte „polare Versagen"; wenn man das eine Ende eines Muskels durch Schnitt oder auf chemische Weise, z. B. durch Chloroform abtötet und nun die eine Elektrode ans gesunde, die andere ans abgestorbene Ende des Muskels legt, so zuckt dieser immer nur bei Schließung oder nur bei Öffnung, nämlich beim Schließen, wenn die Kathode, beim Öffnen, wenn die Anode der gesunden Substanz anliegt.

Die Ursache für die Öffnungserregung wird von manchen darin erblickt, daß die während der galvanischen Durchströmung zustande kommende Polarisation nach der Öffnung das Entstehen eines entgegengesetzt gerichteten Depolarisationsstroms veranlaßt, durch den die bisherige Anode zur Kathode wird, so daß sekundär wiederum die Erregung durch eine kathodische Veränderung entsteht. Unter dieser Voraussetzung ist auch derjenige Teil des PFLÜGERschen Zuckungsgesetzes verständlich, der besagt, daß schwache Ströme allein bei der Schließung eine Zuckung erregen, bzw. daß *der Beginn des Katelektrotonus stärker erregend wirkt als das Aufhören des Anelektrotonus.*

2. Während das Verhalten bei mittelstarken Strömen ohne weiteres klar ist, bedarf *das Verhalten gegenüber starken Strömen* noch einer Auseinandersetzung. Der aufsteigende Strom erzeugt bei Schließung deshalb keine Zuckung, weil zwar an der Kathode eine Erregung zustande kommt, durch die starke Veränderung im Anelektrotonus aber der Weg zum Muskel infolge der Leitungsunfähigkeit des Nerven blockiert ist. Der absteigende starke Strom verursacht nur eine Schließungszuckung, weil bei seiner Öffnung zwar durch Verschwinden des Anelektrotonus eine Erregung zustande kommen kann, diesmal aber die durch den starken Strom bewirkte depressive Kathodenwirkung ihre Fortleitung unmöglich macht. Die Wirkung der starken Durchströmung äußert sich beim gemischten Nerven sehr charakteristisch: ist der Strom stark und absteigend, so erfolgt bei Schließung Zuckung, aber keine Schmerzäußerung; ist der Strom aufsteigend, so erfolgt das Gegenteil, bei Schließung Schmerzäußerung, aber Muskelruhe.

Will man das **Pflügersche Zuckungsgesetz am Menschen** prüfen, so stößt man zunächst auf gewisse Schwierigkeiten, welche davon herrühren, daß hier der Nerv nicht die einzige leitende Verbindung zwischen den Elektroden darstellt, wie beim einfachen Nervmuskelpräparat, sondern daß der Strom auch die Haut und die den Nerven umgebenden Gewebe durchsetzt. Die Folge davon ist eine Stromausbreitung, wie sie in dem Schema der Abb. 147 angedeutet ist. Man sieht, daß die Stromfäden von den Elektroden nach allen Seiten ausstrahlen, und daß unter jeder Elektrode der Strom sowohl in den Nerven eintritt als auch aus ihm austritt (HELMHOLTZ). Dadurch kommt es, daß unter der Anode *A* sowohl Anelektrotonus *a* als auch, besonders zu beiden Seiten, Katelektrotonus *k* herrscht, und daß umgekehrt unter der Kathode Katelektrotonus und außerdem in der Umgebung Anelektrotonus herrscht. Die beiden Pole der Zuleitung erzeugen also am Nerven nicht bloß eine

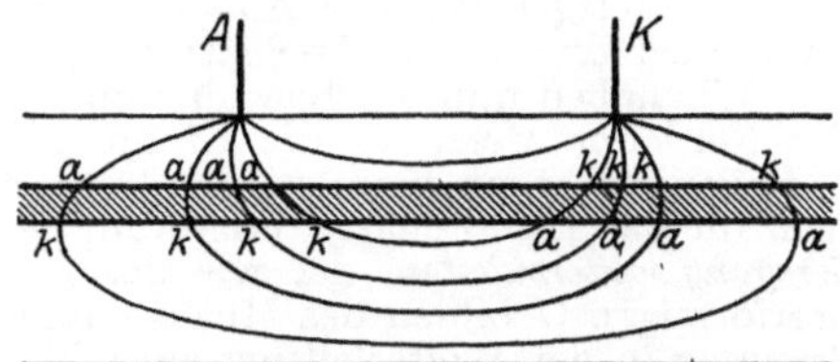

Abb. 147. Der Elektrotonus bei dem in natürlicher Lage befindlichen Nerven.

,,reelle" Anode und Kathode, sondern außerdem auch noch eine ,,virtuelle" Kathode und Anode.

Um beim Menschen die Reizwirkung zu diagnostischen oder therapeutischen Zwecken lokal zu beschränken, bedient man sich gewöhnlich einer kleinflächigen Elektrode, welche an dem zur Reizung bestimmten Ort angesetzt wird — sie heißt die *differente Elektrode* — und einer in einiger Entfernung angesetzten großflächigen, der *indifferenten Elektrode*. Da es für die Reizung des Nerven nicht eigentlich auf die Stromstärke ankommt (s. S. 375), sondern auf die Stromdichte, so kann man auf die beschriebene Weise die Stromlinien bis zur wirksamen Dichte an der differenten Elektrode zusammendrängen, während sie zugleich an der indifferenten Elektrode bis zur Unwirksamkeit auseinandergezogen sind. Bei normaler Elektrodenfläche (etwa 3 qcm) wird ein innerhalb des menschlichen Körpers gelegener Nerv bei 0,5—2 mA erregt.

Macht man nun die differente Elektrode abwechselnd zur Anode und Kathode, so findet man gewöhnlich ein Zuckungsgesetz gültig, das in die Formel gefaßt zu werden pflegt: KSZ— AÖZ — ASZ — KÖZ (WALLER). Nämlich bei allmählicher Steigerung der Stromstärke kommt es zuerst bei der Schließung zur Zuckung, wenn der wirksame Pol Kathode ist, es erscheint eine sogenannte *Kathodenschließungszuckung*; dann folgt bei weiterer Verstärkung *Anodenschließungszuckung*, dann *Anodenöffnungszuckung* und schließlich *Kathodenöffnungszuckung*. Diese Regel wird folgendermaßen erklärt: Zu allererst wird, entsprechend dem PFLÜGERschen Zuckungsgesetz, der Katelektrotonus an der der Kathode zugekehrten Seite des Nerven wirksam, die darauf folgende Anodenöffnungszuckung ist auf das Verschwinden des Anelektrotonus an der reellen Anode des Nerven zu beziehen; danach wirkt das Entstehen des Katelektrotonus an der virtuellen Kathode des Nerven, welche unter der Anode gelegen ist; schließlich rührt dann die Kathodenöffnungszuckung, welche zuletzt auftritt, von dem Verschwinden des Anelektrotonus an der virtuellen unter der Kathode gelegenen Anode her.

Diese Form, welche das PFLÜGERsche Zuckungsgesetz in seiner Anwendung auf den in das lebende Gewebe eingebetteten Nerven annimmt, ist für die praktische Medizin von Bedeutung, weil sie charakteristisch ist für das normale Verhalten des Nerven; in pathologischen Fällen finden sich Abweichungen als sogenannte *Entartungsreaktion*, bei der die ASZ vor der KSZ auftritt. Dem entspricht beim überbeanspruchten oder beim absterbenden isolierten Nerven die sogenannte *polare Umkehr*; der Katelektrotonus steigert dann nicht die an sich geringe Erregbarkeit, sondern setzt sie noch weiter herab, der Anelektrotonus hebt die Erregbarkeit nicht auf, sondern bessert sie. Physikochemisch ist dies so zu erklären (EBBECKE, THÖRNER), daß die Grenzflächen des geschädigten Nerven wie bei einer depressiven Kathodenwirkung (S. 384) aufgelockert sind und nun durch die Kathode in der gleichen Richtung noch weiter verändert werden, während die verdichtende Anode den Zustand des Nerven wieder mehr der Norm annähert. Therapeutisch wichtig ist, daß man sich gelegentlich der Anode bedient, um bei Krampfzuständen, Neuralgien und dergleichen durch den Anelektrotonus eine beruhigende Wirkung auszuüben. —
Wir haben nun gesehen, daß eine physikochemische Deutung für mehrere wichtige Nervenprozesse, für die Erregung, die Stromerzeugung, die Elektrotonisierung zu finden ist, wenn man sie als Grenzflächenphänomen auffaßt. Dies gilt besonders auch für das Hauptcharakteristikum des Nerven, *die Fähigkeit, eine lokal eingeleitete Erregung weiterzuleiten*, der wir uns nun noch einmal (S. 373) zuwenden. Bei den faserförmigen Gebilden des Muskels und des Nerven äußert sich die Ausbreitung der Erregung in der Weiterleitung einer Negativitätswelle. HERMANN hat diese Leitung durch eine ,,*Strömchentheorie*" zu verdeutlichen gesucht; er nahm an, daß, wenn bei lokaler Reizung eine lokale Negativität auftritt, von der benachbarten positiven Grenzfläche aus durch das elektrolytische Medium (in der Umgebung der Neurofibrillen) Stromfäden zu der negativen Stelle hinlaufen, so daß infolge der polar verschiedenen Ionenkonzentrationsänderungen an der Grenzfläche die durch die Reizung hervorgerufene Änderung rückgängig gemacht wird, während die benachbarte Stelle nun ihrerseits ebenso verändert wird wie die ursprünglich erregte Stelle. Dadurch

wird diese Stelle wiederum zum Ausgangspunkt einer neuen Strömchenbildung und so fort. R. S. Lillie hat diesen supponierten Vorgang in einem sehr lehrreichen Modell realisiert. Legt man einen Eisendraht in starke Salpetersäure, so überzieht er sich mit einer für die Säure unangreifbaren („passiven") und äußerst dünnen Haut von Eisenoxyd. Reizt man diesen „eisernen Nerven" mechanisch, indem man die Haut an einer Stelle ritzt, so läuft eine von nitrosen Gasen gebildete braune Welle rasch über den metallisch glänzenden Draht hin. Dies beruht darauf, daß das durch die Reizung bloßgelegte blanke Eisen sich als Anode gegenüber der Oxydhaut verhält, so daß ein Strömchen entsteht, welches die geritzte Stelle reoxydiert, die Nachbarschaft reduziert; diese wird dann ihrerseits zum Ausgangspunkt eines neuen Stromes. Entsprechend der Wanderung der reduzierten Stelle läßt sich von den Enden des Drahtes ein doppelphasischer Aktionsstrom ableiten. Leitet man dem in der Salpetersäure liegenden Draht einen konstanten Strom zu, so wird durch die Reduktion des Oxyds die Kathode zum Ausgangspunkt einer Erregungswelle. Während des Fließens eines konstanten, nicht zu starken Stromes ist die (mechanische) Reizbarkeit an der Anode durch Vermehrung der Oxydbildung herabgesetzt, an der Kathode entsprechend gesteigert. Der Draht zeigt ferner bei Einhaltung bestimmter Bedingungen ein Refraktärstadium, weil die Reoxydation des lokal freigelegten Eisens Zeit braucht. Man kann auch einen Strom in den „eisernen Nerven" einschleichen lassen (S. 375). Kurz, in vieler Hinsicht ist die Oxydhaut ein Analogon der Grenzflächenschicht der ruhenden, erregbaren, faserigen Gebilde, wie die in das Neuroplasma eingebetteten Neurofibrillen es sind. Durchbrechung und Wiederaufbau der Haut sind der Steigerung und Verminderung der Permeabilität bei der Plasmamembran an die Seite zu stellen.

Zum Schluß bleibt noch von den Begleiterscheinungen der spezifischen Funktion des Nerven etwas zu sagen, denen wir bei der Erörterung der in manchen Stücken vergleichbaren Muskelfunktion immer wieder begegnet sind, von der *Ermüdbarkeit des Nerven* und von seinem *Stoff- und Energiewechsel*. Beide Erscheinungen hängen eng miteinander zusammen.

Eine länger anhaltende **Ermüdung des Nerven** ist schwerer herbeizuführen als beim Muskel. Versuche darüber sind schon zu einer Zeit ausgeführt, als die Registrierung der Aktionsströme des Nerven als Kennzeichen seiner Tätigkeit noch auf größere Schwierigkeiten stieß, aber es bedurfte dafür besonderer Maßnahmen. Wenn man nämlich, wie es das einfachste ist, den Nerven eines Nerv-Muskelpräparates längere Zeit reizt, so stellt der Muskel bald seine Tätigkeit ein; das beweist natürlich nicht eine Ermüdbarkeit des Nerven, weil es auf der Ermüdung des Muskels beruht. Will man die erstere studieren, so muß man einen Kunstgriff anwenden, um den Muskel während der Zeit der Dauerreizung des Nerven von den Erregungsimpulsen abzusperren. Bernstein benutzte dafür das *Kurare*, ein südamerikanisches von den Indianern zu Jagd- und Kriegszwecken gebrauchtes Pfeilgift, das aus verschiedenen Strychnosarten extrahiert wird und an giftigen Bestandteilen vor allem das Kurarin enthält. Es hat die eigentümliche Wirkung, schon in sehr kleinen Dosen die quergestreiften Muskeln durch Vergiftung der *Synapse*, d. h. der Nerv und Muskel verbindenden Substanz sozusagen vom Nervensystem abzuhängen. Reflex- und Spontanbewegungen der Skeletmuskeln hören also auf. Aber auch z. B. die Ösophagusmuskulatur wird, soweit sie quergestreift ist, gelähmt, obwohl sie vom Vagus, also parasympathisch innerviert wird; ebenso der mit quergestreiften Muskeln ausgestattete Schleiendarm. Die charakteristische Lokalisation der Vergiftung an der Synapse wurde von Cl. Bernard und Kölliker durch folgendes Experiment nachgewiesen: unterbindet man bei einem Frosch die Art. iliaca, oder umschnürt man den Oberschenkel unter Ausschluß des N. ischiadicus und bringt dann etwas Kurare in den Rückenlymphsack, so tritt Lähmung des ganzen Tieres ein bis auf das Bein, dessen Kreislauf unterbrochen ist;

es fährt fort, auf Reizung der Haut an irgendeiner Stelle Bewegungen auszuführen, obwohl bei dieser Versuchsanordnung das Zentralnervensystem,
die sensiblen Nerven bis auf die des aus dem Kreislauf ausgeschalteten
Beines, die motorischen Nerven, auch die des unterbundenen Beines o b e r
h a l b der Ligatur dem Gift exponiert sind. Dagegen können sich alle
Muskeln auf direkten Reiz hin kontrahieren. So bleibt allein der Schluß
übrig, daß der Übergang zwischen Nerv und Muskel gelähmt ist.

Die Kurarewirkung benutzte nun BERNSTEIN in folgender Weise zum
Studium der Ermüdbarkeit des Nerven: man reizt bei einem durch
Kurare gelähmten Tier einen motorischen Nerven eventuell mehrere
Stunden lang; wird dann schließlich das Gift durch die Nieren zur Ausscheidung gebracht, so zeigt sich, daß der Nerv trotz der Reizung inzwischen nicht die Erregbarkeit verloren hat. Eleganter führt man
den Versuch so aus, daß man nach lange anhaltender Kurarisierung das
Gift durch sein Gegengift Physostigmin akut ausschaltet (DURIG); man
findet dann, daß *der Nerv unermüdet geblieben* ist.

Eine andere Methode, den ermüdbaren Muskel dem Einfluß des Nervensystems zu entziehen, ist die Durchleitung eines starken konstanten
Stromes in aufsteigender Richtung. Reizt man dann den Nerven oberhalb
der stromdurchflossenen Strecke mit tetanisierenden Induktionsschlägen,
so verharrt der Muskel wegen des Anelektrotonus in Ruhe, um sofort
als Zeichen der Funktionsfähigkeit zu reagieren, wenn man den konstanten
Strom unterbricht (BOWDITCH).

Es gibt freilich auch Bezirke im Körper, an denen sowohl die Muskeln als auch
die Nerven schwer ermüdbar sind; so hat BECK den Sympathikus oberhalb des
Ganglion cervicale supremum 17 Stunden lang gereizt und während der ganzen
Zeit die Pupille erweitert gefunden (s. S. 410).

Ferner kann man bei Ableitung der Aktionsströme vom Nerven im
allgemeinen feststellen, daß auch bei lange anhaltender Reizung die elektrischen Schwankungen wenig an Höhe einbüßen. Allerdings kann das
Verhalten auch anders sein; so hat GARTEN gefunden, daß der Olfaktorius
des Hechtes typisch ermüdbar ist; seine Aktionsströme schwinden in ziemlich kurzer Zeit, um nach Gewährung einer Erholungspause von neuem zu
erscheinen.

Wenn nach all dem der Nerv, dies ungemein leicht ansprechende
Organ, eine ungewöhnliche Resistenz gegenüber den ihn treffenden Reizen
aufweist, so daß besonders dadurch öfter die Meinung aufgekommen ist,
daß die Erregungsleitung ein rein physikalisches Polarisationsphänomen
ohne alle chemischen Begleiterscheinungen sei, so lehren doch weitere
Erfahrungen über die Ermüdbarkeit, daß diese Ansicht verkehrt ist. Schon
wenn man das naheliegende Experiment ausführt, dem Nerven den Sauerstoff zu entziehen, so zeigt sich, daß er deutlich ermüdbar wird. In einer
Stickstoffatmosphäre erlischt allmählich seine Erregbarkeit; reizt man
ihn dann, noch bevor er völlig erstickt ist, so spricht er nur noch auf jeden
zweiten oder dritten Reiz an, die Leitungsgeschwindigkeit wird geringer,
die Aktionsstromwelle gedehnter (FRÖHLICH, THÖRNER). In Sauerstoff
erholt er sich rasch. Auch in einer Atmosphäre von Kohlenoxyd sinkt
die Nervenerregbarkeit mehr und mehr; sie steigt aber wieder, wenn man
nichts weiter unternimmt, als den Nerven, der sich bis dahin im Dunkeln
befand, zu belichten, — offenbar weil das im Erregungsprozeß irgendwie
notwendige, Sauerstoff übertragende Atmungsferment des Nerven durch
die Verbindung mit dem Kohlenoxyd inaktiviert wird, aber durch das Licht,

in Übereinstimmung mit den Beobachtungen von WARBURG (S. 202), regeneriert werden kann (F. O. SCHMITT).

Die Erstickungsexperimente führen uns so zum Studium der Frage nach dem **Stoffwechsel des Nerven.** Wir müssen dabei unterscheiden zwischen dem Stoffwechsel bei Ruhe und bei Tätigkeit. Es könnte ja sein, daß die Erregung wirklich ein rein physikalisches Phänomen ist, daß aber nur ein gewisser Ruhestoffwechsel die Vorbedingungen für diese Funktion schafft.

Wenn man zunächst auf Grund der angeführten Beobachtungen den Sauerstoffkonsum des *ruhenden Nerven* untersucht, so erscheint er nur dann sehr niedrig, wenn man die Kleinheit der Substanzmenge, die man im Experiment verwendet, nicht genügend beachtet. Nach WINTERSTEIN ist der Sauerstoffkonsum pro g des isolierten Warmblüternerven nicht kleiner als der des isolierten Froschmuskels, freilich 6—12 mal kleiner als der verschiedener Drüsen oder 20 mal kleiner als der des Gehirns. Der Warmblüternerv erweist sich daher auch empfindlicher gegen die Abdrosselung der Blutzufuhr, als man meist annimmt. Eine halbstündige Abdrosselung genügt im allgemeinen, um die Erregbarkeit aufzuheben.

Dieser Sauerstoffkonsum wird nun durch elektrische *Reizung* merklich gesteigert, etwa um 10—20 % (THUNBERG); desgleichen die CO_2-Produktion (PARKER). Ferner wird Glucose verbraucht und Milchsäure sowie Ammoniak produziert (WINTERSTEIN).

Auf Grund dieser Befunde muß man erwarten, daß als Ausdruck des Stoffwechsels auch *Wärme vom Nerven produziert* wird. Wenn es bis vor wenigen Jahren nicht gelang, dies nachzuweisen, so lag es nur daran, daß die Meßmethode nicht empfindlich genug war. Erst durch eine außerordentlich vervollkommnete thermoelektrische Technik glückte es A. V. HILL, das thermische Verhalten des Nerven zu analysieren. Danach muß man zwischen einer Initial- und einer Erholungswärme unterscheiden, die erstere wird bei dem einzelnen Erregungsimpuls freigemacht, die letztere bildet sich langsam hingezogen, bis zu $1/_2$ Stunde nach der Erregung. Nach HILL produziert der Froschnerv an Initialwärme bei einem einzelnen Impuls $7 \cdot 10^{-8}$ cal pro g, bei frequenter Reizung in maximo $2,2 \cdot 10^{-6}$ cal pro g pro Sekunde. Die Erholungswärme übersteigt die Initialwärme um etwa das 15 fache. Die Energie, die ein Nervenimpuls im Muskel bei maximaler Reizung auslöst, ist pro g etwa 1 Million mal größer als die im Nerven in Freiheit gesetzte Energie.

22. Kapitel.

Das Rückenmark.

Äußerlich ist das Rückenmark einem dicken Nerven vergleichbar, welcher zahlreiche Äste abgibt, und auch in einer seiner beiden Hauptfunktionen ähnelt es einem peripheren Nerven, nämlich in der *Funktion der Erregungsleitung*. Aber wie es anatomisch vor den meisten peripheren Nerven durch den Besitz von Ganglienzellen ausgezeichnet ist, welche in seiner grauen Substanz gelegen sind (s. Abb. 418), so kommt ihm noch eine zweite besondere Funktion zu, welche mit dem Vorhandensein der Ganglienzellen zusammenhängt, die *Reflexfunktion*. Von dieser soll zuerst die Rede sein.

Unter einem **Reflex** versteht man, wie wir bereits sahen, eine auf einen bestimmten Reiz eintretende Aktion, welche dadurch, daß sie mit Regelmäßigkeit zustande kommt, den *Eindruck des Maschinenmäßigen*, des schablonenhaft durch eine bestimmte innere Organisation Erzwungenen macht. In vielen Fällen hat die Aktion auch den *Charakter des Zweckmäßigen*, d. h. sie dient der Behauptung des Organismus gegenüber den Eingriffen von seiten der Außenwelt. Die menschlichen Reflexe endlich sind, abgesehen von den schon genannten Eigentümlichkeiten, gegenüber anderen Äußerungen häufig durch das Unbeteiligtbleiben der Seele, durch die *Abwesenheit von Empfindungen und Gefühlen* ausgezeichnet.

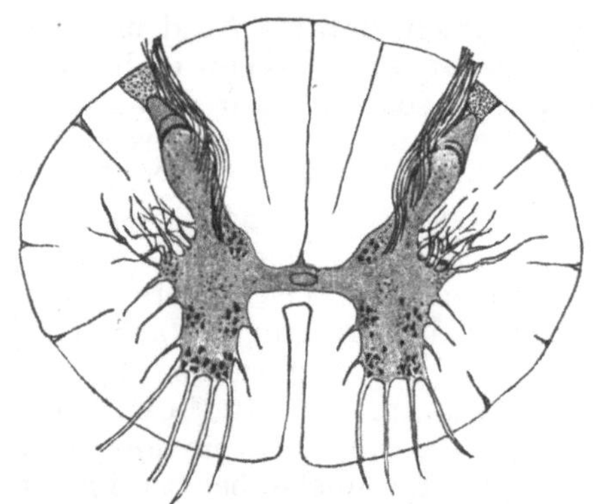

Abb. 148.
Querschnitt durch das menschliche Rückenmark.
In der grauen Substanz zahlreiche kleinere und größere Ganglienzellen.

Die Reflexaktionen sind in den meisten Fällen *Reflexbewegungen*, wie z. B. die Abwehrbewegung eines Beins, wenn die Haut des Fußes gekniffen wird. Solche Bewegung besteht aber nicht in der Zuckung des einen oder anderen Muskels, sondern sie ist gewöhnlich aus den zeitlich und intensiv genau abgestuften, rezeptorisch kontrollierten Kontraktionen mehrerer bestimmter Muskeln zusammengesetzt, ist also eine „koordinierte Bewegung". In anderen Fällen ist die reflektorisch hervorgerufene Aktion eine *Reflex-*

hemmung, d. h. die Unterbrechung einer Muskeltätigkeit, in wieder anderen Fällen sind es nicht Bewegungsorgane, sondern Drüsen, die sich betätigen; es kommt zu einer *Reflexsekretion*.

Die *reflexauslösenden Reize* können an irgendeinem beliebigen Sinnesorgan angreifen; da aber fast stets in jedem Augenblick die Vorgänge der Außenwelt mehrere Sinnesorgane in Tätigkeit versetzen, so macht das Verhalten des Tieres häufig den Eindruck des Willkürlichen, weil man die Ursachen der verschiedenen gleichzeitig ausgelösten Reflexe nicht deutlich übersieht. Den Eindruck des Gesetzmäßigen in den Reflexerscheinungen erhält man am sichersten nur dann, wenn man dafür sorgt, daß wesentlich ein bestimmter, beabsichtigter Reiz zur Wirkung gelangt. Um dies zum Zweck des Studiums der Reflexe zu erreichen, ist es vorteilhaft, die Haupteingangsstelle für Sinneserregungen, den Kopf, auszuschalten, d. h. das Versuchstier zu dekapitieren. Beim Frosch durchschneidet man zweckmäßig das Zentralnervensystem an der Grenze von Schädel und Wirbelsäule, man durchtrennt dabei das verlängerte Mark; beim Säugetier führt man den Schnitt an der Grenze von Hals- und Brustwirbelsäule aus; für kurzdauernde Versuche kann man auch bei Säugetieren das Rückenmark dicht unterhalb des verlängerten Marks durchtrennen, muß dann aber natürlich für künstliche Atmung sorgen. Man isoliert auf diese Weise das Rückenmark und erhält ein sogenanntes *spinales Tier*. Auch Dezerebrierung genügt vielfach, um eindeutige Reflexaktionen hervorrufen zu können.

Kneift man bei einem am Kopf aufgehängten **spinalen Frosch** einen Fuß, so macht das Bein je nach der Stärke des Reizes eine verschieden heftige Abwehrbewegung; legt man an eine Stelle der Haut des Rumpfes ein in Essigsäure getränktes Papierschnitzel, so schleudert das Tier mit einer wohlgezielten Wischbewegung seines Fußes das reizende Agens fort (*Wischreflex*); reibt man mit dem Finger die Brusthaut zwischen den vorderen Extremitäten, am besten bei einem Männchen, so wird der Finger, zumal in der Brunstzeit, vom Frosch fest umklammert, so wie sonst das Weibchen umklammert wird. In allen diesen Beispielen ruft der äußere Reiz eine Erregung in einem zentripetalen Nerven hervor, die Erregung eilt zum „Zentrum" und wird dort auf eine zentrifugale Bahn übergeleitet; die von der Peripherie einlaufende Erregung wird also sozusagen durch das Zentrum wieder zur Peripherie reflektiert, wie ein Lichtstrahl durch einen Spiegel; zertrümmert man den Spiegel, d. h. bohrt man den Wirbelkanal aus, so erlöschen die Reflexe. Dies ist der Beweis, daß die Reflexaktionen nicht etwa auf einem direkten Übergang der Erregung von einer afferenten auf eine efferente Faser in der Peripherie beruhen, sondern daß das Zentralorgan passiert werden muß.

Aber auch beim **unverletzten Frosch** lassen sich manche Reflexe mit Bestimmtheit auslösen. Der *Umdrehreflex* besteht in einem prompten Umdrehen in die Normalhaltung, sobald man das Tier auf den Rücken fallen läßt. Beim *Kornealreflex* wird das Auge eingezogen und das Lid geschlossen, sobald man die Kornea berührt. Setzt man den Frosch auf die Mitte einer Drehscheibe, so krümmt er bei langsamer Rotation seine Wirbelsäule in einer der Drehrichtung entgegengesetzten Richtung, bei rascherer Rotation dreht er sich um sich selbst in der Gegenrichtung; man bezeichnet die Reaktion als *Kompaßreflex*, weil der Frosch ähnlich wie die Magnetnadel seine ursprüngliche Stellung im Raum festzuhalten strebt.

Als Beispiel für das Verhalten eines dezerebrierten Tieres kann der **großhirnlose Hund** angeführt werden, der eine Anzahl merkwür-

diger, maschinenmäßiger Reaktionen darbietet (GOLTZ). So ruft ein Streichen der Schwanzwurzel lebhaftes Lecken, Streichen über den Unterkiefer
Gähnbewegung, Berührung der Seitenhaut des Rumpfes Kratzen mit
der Hinterpfote hervor.

Auch beim Menschen lassen sich je nach Umständen bestimmte
Reflexe mehr oder weniger leicht auslösen. Auch hier bietet die Ausschaltung des Großhirns eine Erleichterung, nicht bloß weil das Gehirn, wie
gesagt, ein Einstrahlungsort für besonders zahlreiche Sinneserregungen
darstellt, sondern auch, weil — wie später (S. 400) genauer erörtert werden
wird — die Reflexe zum Teil willkürlich gehemmt werden können. Daher
lassen sich manche Reflexe, z. B. eine Abwehrbewegung mit dem Arm
beim Kitzeln der gleichseitigen Wange, mit besonderer Sicherheit im Schlaf
auslösen; daher gelingt es stets, die reflektorische Pupillenverengerung bei
Lichteinfall herbeizuführen, weil der M. sphincter iridis der Willkür nicht
unterworfen ist; daher endlich beantwortet das Rückenmark, nachdem es
infolge eines krankhaften Zerstörungsprozesses vom übrigen Zentralnervensystem durch „Querschnittsläsion" isoliert worden ist, bestimmte Reize mit
regelmäßigen Reaktionen, wir werden später eine Anzahl von ihnen auf-
zählen (s. S. 406). Eine Zeit lang galt es allerdings als feststehend, daß das
isolierte Rückenmark des Menschen zu keinerlei selbständiger Leistung fähig
sei, daß beim Menschen also ein Analogon zum spinalen Tier nicht existiere.
In Wirklichkeit bewahrt das losgetrennte Rückenmark beim Menschen nur
viel seltener die Funktionsfähigkeit als beim Tier, am ersten noch, wenn
die Querläsion ganz allmählich zustande gekommen ist. Die Ursache ist
wohl eine besonders große Empfindlichkeit der menschlichen zentralnervösen Substanz. Bei dem Rückenmark jeder Spezies machen sich nämlich
nach einer Verletzung die sogenannten *Shockerscheinungen* geltend, d. h. eine
Zeitlang büßt das isolierte Rückenmark seine Funktionsfähigkeit ein. Vom
Shock werden vor allem diejenigen Teile befallen, welche sich in der Nähe
der Verletzungsstelle befinden; daher sind z. B. unmittelbar nach einer
Querdurchtrennung hinter dem verlängerten Mark die vorderen Extremitäten beim Frosch oft gelähmt, während die hinteren Extremitäten auf
Reiz reagieren. Aber je nach der Empfindlichkeit der Tiere breitet sich
der Shock verschieden weit aus, und zwar besonders kaudalwärts, und er
persistiert verschieden lange; beim menschlichen Rückenmark sind die
Shockerscheinungen besonders schwer und nachhaltig.

Aber auch beim gesunden und wachenden Menschen sind gewisse Reflexe stets nachzuweisen und können darum als Symptome einer normalen
Erregbarkeit des Zentralnervensystems verwendet werden. Dahin gehört
der schon erwähnte *Pupillarreflex*, ferner der *Kornealreflex*, d. h. der Lidschluß bei Berührung der Kornea, die Reflexe des *Hustens* und des *Niesens*,
der *reflektorische Speichelerguß*, welcher z. B. zustande kommt, wenn Säure
auf die Mundschleimhaut gelangt. Die Klinik gruppierte die bequem aus-
lösbaren Reflexe vor allem als *Hautreflexe* und als *Tiefenreflexe*; die ersteren
werden auch als *exterozeptive Reflexe* bezeichnet, weil sie durch Reize, die
von der Außenwelt kommen, ausgelöst werden, die letzteren als *propriozeptive Reflexe*, weil, wie wir gleich sehen werden, der Reiz im Körper
selbst entsteht (SHERRINGTON).

Von der Haut sind auszulösen der *Mamillarreflex*, d. h. die Erektion
der Mamilla bei Bestreichen des Warzenhofes, der *Bauchdeckenreflex*, d. h.
die zuckende Bewegung der Bauchmuskeln, wenn man mit einem harten
Gegenstand darüber streicht, der *Kremasterreflex*, d. h. die gleichzeitige

Hebung des Hodens, wenn man die Innenseite des Oberschenkels entlang streicht, der *Plantarreflex*, das Anziehen des Beins und Krümmen der Zehen, wenn die Fußsohle gekitzelt oder gestochen wird.

Die Tiefenreflexe sind teils als *Sehnen-*, teils als *Periostreflexe* bezeichnet worden. Die Sehnenreflexe werden durch Beklopfen oder durch plötzliches Anspannen von Sehnen erzeugt; Beispiele sind der *Patellarreflex* (das *Kniephänomen*), bestehend in einer raschen und flüchtigen Streckbewegung im Knie bei Beklopfen der Sehne unterhalb der Patella, und der *Achillessehnenreflex*, der sich in einer Kontraktion der Wadenmuskulatur bei der entsprechenden Reizung der Sehne äußert. Ein Periostreflex ist die Zuckung im Supinator longus, der durch ein Beklopfen des Radiusköpfchens ausgelöst wird. Sehnen- und Periostreflexe werden heute gewöhnlich als *Eigenreflexe* zusammengefaßt, seitdem gezeigt wurde, daß der Reflexreiz nicht in dem Beklopfen der Sehnen- oder des Periosts besteht, sondern in den Muskeln selber zustande kommt,
wenn sie bei der geschilderten Art der Auslösung mehr oder weniger gedehnt werden (P. HOFFMANN). Unter natürlichen Verhältnissen werden diese Eigenreflexe z. B. so in Gang gesetzt, daß sich irgendeiner Willkürbewegung, etwa der Beugung des Unterarmes gegen den Oberarm, plötzlich ein Widerstand entgegengestellt, so daß die sich kontrahierende Beugemuskulatur plötzlich gedehnt wird; dann wird durch die reflektorisch vermehrte Spannung der Widerstand überwunden. Oder der im Ellbogen in Winkelstellung willkürlich festgestellte Unterarm wird plötzlich durch einen Druck belastet; der Eigenreflex verhindert dann ein Ausweichen. Oder wenn beim Stehen durch ungenügende Anspannung der Wadenmuskulatur der Körper in Gefahr kommt, im Sprunggelenk vornüber zu kippen, dann wird durch Eigenreflex von der sich stärker spannenden Achillessehne aus eine stärkere Tonisierung der Wadenmuskulatur bewirkt.

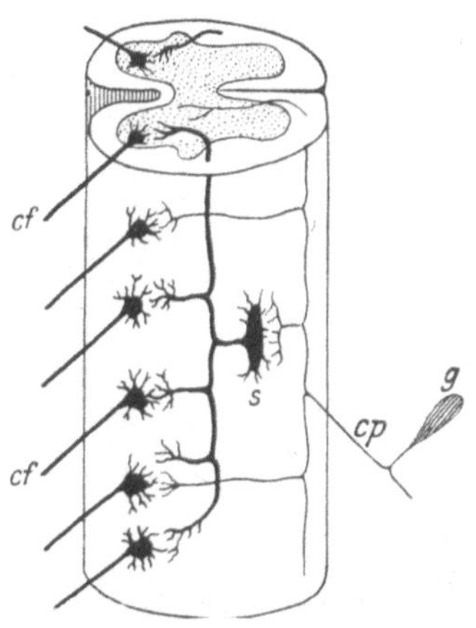

Abb. 149. Schema des Reflexbogens. (Nach HENLE und MERKEL.)

cp zentripetale Nervenfaser, *cf* zentrifugale Nervenfasern, *g* Spinalganglienzelle, *s* Schalt- oder Strangzelle.

Oder beim Abwärtsspringen auf die Zehenballen wird die Wade plötzlich gedehnt; durch die reflektorische Kontraktion wird der Körper auf dem Fußboden elastisch aufgefangen.

Jedem Reflex liegt nun als anatomisches Substrat ein „Reflexbogen" zugrunde. Dieser besteht aus einer zentripetalen und einer zentrifugalen Leitung und aus einem Stück Zentralnervensystem, welches der Übertragung der Erregung von der ersten auf die zweite Leitung dient, dem sogenannten „Reflexzentrum". Dieses kann einen mehr oder weniger großen Abschnitt des Zentralnervensystems einnehmen. Wenn wir z. B. auf einen hellen Lichtblitz mit Blinzeln reagieren, so tritt die Erregung auf dem Wege des N. opticus in der Vierhügelregion ins Zentralnervensystem ein und verläßt es tiefer unten an dem Austritt des Fazialis im verlängerten Mark. Wird dagegen der Depressorreflex (S. 148) ausgelöst, so überträgt sich die Erregung eines afferenten Vagusastes, des N. depressor, auf die efferenten Äste desselben Vagus, welche zum Herzen verlaufen.

Der Reflexbogen enthält außer den Nervenfasern mindestens zwei Ganglienzellen. Die Abb. 149 gibt eine grob schematische Darstellung des

Reflexbogens nach HENLE und MERKEL. Darin bedeutet *cp* eine zentripetale Faser mit der ihr zugehörigen spinalen Ganglienzelle *g*, sie teilt sich nach ihrem Eintritt ins Rückenmark T-förmig in einen kürzeren absteigenden und einen längeren aufsteigenden Ast, von denen jeder seitliche Fortsätze, *Reflexkollateralen*, zum nächsten Neuron, also zu den Ganglienzellen in den Vorderhörnern der grauen Substanz aussendet, aus welchen die zentrifugalen Fasern *cf* entspringen. *s* ist eine *Schalt- oder Strangzelle*, welche mit den Verzweigungen ihres Achsenzylinderfortsatzes öfter als vermittelndes Glied zwischen zentripetale und zentrifugale Faser als „Schaltneuron" eingeschaltet ist und ähnlich wie die zentripetale Faser mit ihren Reflexkollateralen verschiedene Rückenmarkniveaus untereinander in Verbindung setzt. Es ist die Frage aufgeworfen worden, welche Bedeutung den Ganglienzellen zukommt. Wir werden bald erfahren, daß das Zentralnervensystem als Leiter von Erregungen mit besonderen Eigenschaften

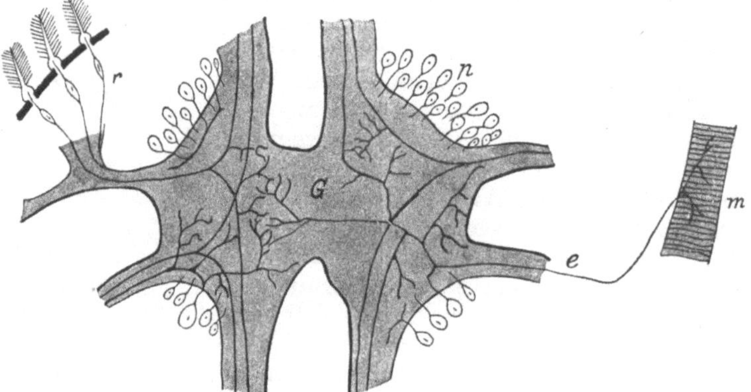

Abb. 150. Schema eines Reflexbogens bei Carcinus maenas. (Nach BETHE.)
G Ganglion, *r* rezeptorische Nevenfasern, an Sinneshaaren endigend, *e* effektorische Nervenfaser,
m Muskel, *p* Ganglienzellpolster.

ausgestattet ist, die dem peripheren Nervensystem mangeln. Es liegt natürlich nahe, den Träger dieser besonderen Eigenschaften in den Ganglienzellen zu erblicken, weil sie das Zentralnervensystem histologisch besonders charakterisieren. Es gibt aber Beobachtungen, die dagegen sprechen. BETHE hat nämlich gefunden, daß es **Reflexe ohne Ganglienzellen** gibt. Beim Taschenkrebs (Carcinus maenas) wie bei vielen anderen wirbellosen Tieren, splittern, wie die schematische Abb. 150 zeigt, die rezeptorischen Nervenfasern (*r*) nach ihrem Eintritt in ein Ganglion (*G*) des Strickleiternervensystems in ein Filzwerk von Nervenfasern, das sogenannte Neuropil, auf, und aus diesem selben Neuropil entwickeln sich die Nervenfasern (*e*), welche zu den effektorischen Organen, z. B. einem Muskel (*m*), hinlaufen. Die Ganglienzellen liegen in Form von Polstern (*p*) an der Peripherie des Ganglions. Diese anatomischen Verhältnisse verlocken dazu nachzusehen, was aus den Reflexen wird, wenn man die Ganglienzellpolster abschält, das Neuropil aber möglichst unverletzt läßt. Dieses Experiment hat BETHE an dem Ganglion für die zweite Antenne des Krebses ausgeführt. Das Ergebnis war, daß zwar gleich nach der Operation die Antenne gelähmt ist, aber schon am nächsten Tage ihre Reflexerregbarkeit wieder gewinnt, ja sogar erhöhte Reflexerregbarkeit aufweist, sie wird bei Berührung flektiert und danach wieder vorgestreckt, ihre Muskeln werden tonisch innerviert, unterschwellige Reize werden summiert — kurz das Neuropil äußert noch Leistungen, die wir als charakteristisch zentralnervöse Leistungen kennenlernen werden. Die Reflexe schwächen sich allerdings bald mehr und mehr ab und sind am 4. Tage erloschen. *Die Ganglienzellen sind also für das Zustandekommen der Reflexe nicht unbedingt notwendig.* Wenn es nicht dauernd ohne sie geht, wie der Versuch zeigt, so darf das wohl so aufgefaßt werden, daß die Lebensfähigkeit der Nervenfasern als Abkömmlingen und Ausläufern der Ganglienzellen an die Verbindung mit dem Protoplasten der Ganglienzelle gebunden ist, die eine „trophische Funktion" (s. S. 477) auf die Fasern ausübt.

Kann man dies Ergebnis beim Taschenkrebs nun verallgemeinern? Bei den Wirbeltieren, welche uns in erster Linie angehen, scheint es so etwas wie ein Neuropil nicht zu geben, und auf alle Fälle liegen im Rückenmark die Ganglienzellen nicht so abseits von den Nervenfasern wie beim Krebs, wo, ähnlich wie bei den Spinalganglien, die Ganglienzelle dem T-förmigen Achsenzylinderfortsatz nur seitwärts anhängt, so daß es bei den Wirbeltieren gar nicht in Frage kommt, daß die Erregungsvorgänge an den Ganglienzellen vorbeilaufen, ohne sie zu passieren. Vielmehr liegen nach APÁTHY und BETHE die Verhältnisse so, daß die Neurofibrillen das Ganglienzellprotoplasma durchsetzen; die Abb. 151 nach BETHE gibt ein Bild von diesem Durchtritt der Neurofibrillen durch zwei Pyramidenzellen des menschlichen Gehirns. Wahrscheinlich besteht also eine lange Kontinuität von Fibrillen von den rezeptorischen Organen an durch das Zentralnervensystem hindurch bis zu den effektorischen Organen. Ist das aber der Fall, dann wird man sich, wie beim Taschenkrebs, so auch bei den Wirbeltieren die zentralnervösen Eigenschaften irgendwie an die Neurofibrillen gebunden vorstellen müssen, und inwieweit dabei auch das die Fibrillen in den Ganglienzellen umgebende Protoplasma beteiligt ist, bleibt zunächst unentschieden. —

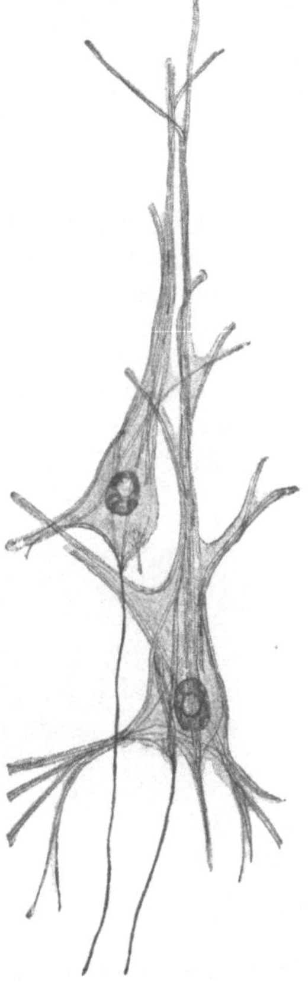

Abb. 151.
Zwei Pyramidenzellen aus dem Großhirn des Menschen.
(Nach BETHE.)

Wenden wir uns nun zu einem genaueren Studium der Reflexe! Den Reflexbogen durcheilt die Erregung in einer bestimmten Zeit, der **Reflex-**

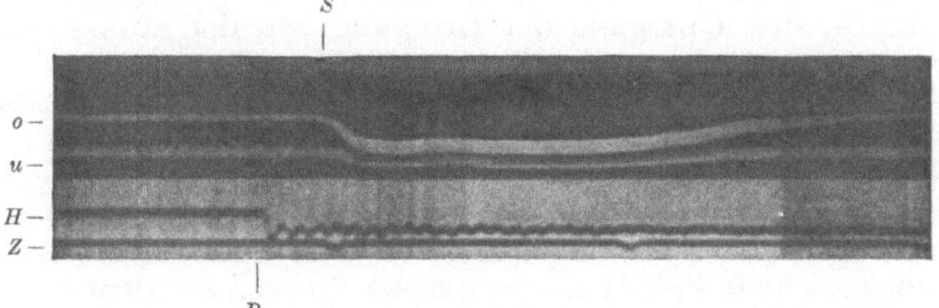

Abb. 152. Messung der Reflexzeit für den Blinzelreflex. (Nach GARTEN.)

zeit. Sie ist zuerst von HELMHOLTZ 1854 gemessen worden. Die Art der Bestimmung sei erstens an dem Beispiel des Blinzelreflexes dargelegt,

der durch einen elektrischen Schlag ausgelöst wird. GARTEN befestigte
zu dem Zweck auf dem oberen und unteren Lid je ein Stückchen weißes
Papier und registrierte deren Bewegungen photographisch auf einem
über eine Kymographiontrommel gespannten lichtempfindlichen Papier.
Abb. 152 ist die Reproduktion einer solchen Aufnahme; darin bedeutet
o die dem oberen, *u* die dem unteren Lid zugehörige Kurve, *H* die Kurve
eines Hebels, welcher im Reizmoment *R* gesenkt wird, und *Z* eine $^1/_5$ Se-
kunden-Markierung. *S* ist der Beginn der Reaktion des Lidschlags.

Ein zweites Beispiel einer eleganten saitengalvanometrischen Messung
der Reflexzeit bei einem E i g e n r e f l e x (nach P. HOFFMANN) ist in Abb. 153
wiedergegeben. Reizt man den N. tibialis durch einen Induktionsschlag,
so antwortet die Tibialismuskulatur darauf erstens dadurch, daß sich die
Erregung zentrifugal fortpflanzt und einen diphasischen Aktionsstrom *a* auslöst, zweitens dadurch, daß sich die Erregung auch zentripetal fortpflanzt,
im Rückenmark auf die zentrifugalen Tibialisfasern übergeleitet wird und
nun noch einen zweiten (etwas schwächeren) diphasischen Aktionsstrom *b*
kurze Zeit nach dem ersten hervorruft. Die Strecke zwischen *a* und *b* ist
dann ein Maßstab der Reflexzeit. Die Abbildung lehrt zugleich, daß der

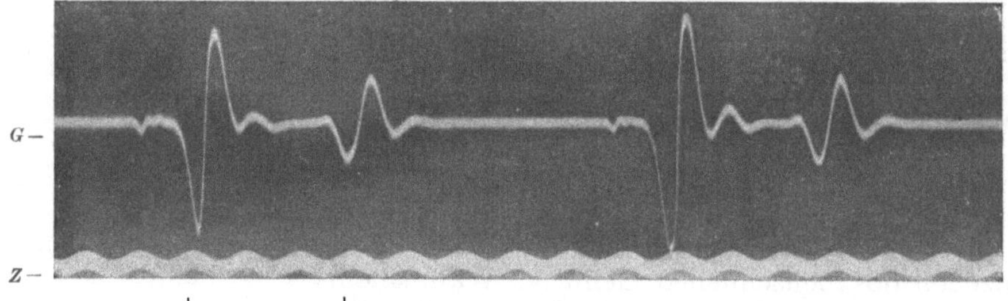

Abb. 153. Messung der Reflexzeit für die Kontraktion der Tibialismuskulatur bei induktiver Reizung des N. tibialis
(Nach P. HOFFMANN.) Zeitschreibung (*Z*) mit einer Stimmgabel von der Frequenz 100. G = Galvanometerkurve.

Reiz, der einen Eigenreflex auslöst, mit einer Einzelzuckung beantwortet
wird. Demgegenüber bestehen die e x t e r o z e p t i v e n Reflexbewegungen
meistens aus einer kürzeren oder längeren t e t a n i f o r m e n Kontraktion.

Man kann nun von vornherein aussagen, daß die Reflexzeit sich aus
verschiedenen Summanden zusammensetzen muß, nämlich aus der *Leitungszeit*, welche während der Passage der afferenten und der efferenten
Faser verstreicht, der *Latenzzeit* des Erfolgsorgans, d. h. in den meisten
Fällen eines Muskels, und aus der Zeit, welche uns hier am meisten interessiert, nämlich der sogenannten *Umsetzungszeit* oder *Reflexzeit im engeren
Sinne*, welche für den Übergang der Erregung von der afferenten auf die
efferente Faser verbraucht wird.

Die Reflexzeiten sind je nach dem Reflex verschieden lang. Der
Patellarreflex dauert z. B. 33—150 msec, der Reflex des Blinzelns auf Lichtreiz 50—200 msec, der Reflex der Hautrötung 20 000 msec. Veranschlagt man
bei dem zweiten Reflex die Länge der Leitung auf 30 cm, die Latenzzeit auf
10 msec, so erhält man eine Umsetzungszeit von 36—186 msec, wenn man die
Fortpflanzungsgeschwindigkeit im peripheren Nerven zu 70 m pro Sekunde
ansetzt (s. S. 374). Hier konsumiert der zentrale Vorgang also eine verhältnismäßig lange Zeit. Ob diese auf Rechnung der Passage der Ganglienzellen
zu setzen ist, ist nach BETHES Carcinusversuch zweifelhaft. Als Erklärung
kommt auch in Frage, daß die intrazentrale Leitung durch marklose

Nervenfasern vor sich geht, die im Vergleich zu den markhaltigen eine erheblich geringere Leitungsgeschwindigkeit haben. Die Umsetzungszeit ist bei den exterozeptiven Reflexen im allgemeinen größer als bei den Eigenreflexen; bei diesen beträgt die Umsetzungszeit oft nur 1 msec und weniger. Dieser Unterschied beruht wahrscheinlich darauf, daß bei den exterozeptiven Reflexen die Reflexbahn durch Einfügung mindestens einer Schaltzelle kompliziert ist. Die Umsetzungszeit für die gekreuzten Reflexe (S. 406) ist nach der gleichen Auffassung noch größer als für die gleichseitigen, weil in dem Reflexbogen noch eine Schaltstation mehr enthalten ist. Im Gegensatz zu der Leitung in der Peripherie ist *die Reflexzeit von der Reizstärke abhängig*, nämlich im allgemeinen um so kürzer, je stärker der Reiz; dies hängt z. T. damit zusammen, daß (nach S. 381) die Oszillationsfrequenz der Aktionsströme im rezeptorischen Nerven mit der Reizstärke zunimmt, sich also rascher ein Summationseffekt einstellt (S. 399).

Wir stoßen mit der Feststellung der Leitungsverzögerung auf eine der *besonderen Eigenschaften der zentralnervösen Substanz*, deren wir nun noch eine ganze Anzahl kennenlernen werden.

Während bei dem peripheren Nerven, wie wir S. 372 sahen, ein doppelsinniges Leitungsvermögen zu konstatieren ist, findet sich beim Rückenmark eine **irreziproke Leitung;** man weist dies nach, indem man einmal eine hintere Wurzel, welche von rezeptorischen, zentripetal leitenden Fasern gebildet wird (S. 410), elektrisch reizt und von der zugehörigen effektorischen vorderen Wurzel zur Prüfung auf das Erscheinen eines Aktionsstromes zu einem Galvanometer ableitet, und indem man ein zweites Mal umgekehrt die vordere Wurzel erregt und von der hinteren ableitet. Man erhält dann nur im ersten Fall einen Galvanometerausschlag (BERNSTEIN). Das Zentralnervensystem enthält also, bildlich gesprochen, Ventile, welche die Erregung nur in einem Sinne durchlassen; die Ventile liegen nach SHERRINGTON wahrscheinlich in den Synapsen, den intrazentralen Koppelungen der Neurone. Ähnlich verhalten sich übrigens auch die Synapsen motorischer Nerv-Muskel (s. S. 372) und Sinnesorgan-Sinnesnerv.

Eine dritte Eigentümlichkeit besteht darin, daß das Rückenmark sehr häufig eine **Erregungstransformation** vornimmt in dem Sinne, daß es rhythmische Impulse auch dann aussendet, wenn die von der Peripherie einlaufenden Erregungen nicht rhythmisch sind. Wird z. B. ein Hautnerv durch einen einzelnen Induktionsschlag erregt, so wird der Reiz mit einer Bewegung beantwortet, die nicht eine Zuckung ist, sondern ein Tetanus, wie er allein durch rhythmische Erregung zustande kommt (s. S. 350). Diese „zentrale Rhythmik" ist, wie die Aufzeichnung der Aktionsströme erkennen läßt (s. S. 351), durch 50—200 Impulse charakterisiert. In manchen Fällen äußert sich die Transformation aber außerdem auch noch in einem viel größeren Entladungsrhythmus, so wenn beim Hund eine leichte Berührung der Haut innerhalb eines sattelförmigen Bezirks an der Seite des Rumpfes den *Kratzreflex* auslöst oder beim Frosch eine anhaltende chemische Reizung mit dem *Wischreflex* beantwortet wird.

Weiter ist das Zentralnervensystem gegenüber dem peripheren durch eine *große Empfindlichkeit gegen alle möglichen äußeren Einflüsse* ausgezeichnet, welche sich in einem leicht zu erzeugenden **starken Wechsel der Erregbarkeit** äußert. Während z. B. der periphere Nerv durch Zirkulationsstörungen relativ wenig alteriert wird, stellt das Zentralnervensystem des Warmblüters seine Reflextätigkeit vollständig ein, wenn der Blutstrom auch nur $1/_2$—$1^1/_2$ Minute lang unterbrochen wird. Dies wird u. a. durch den alten STENSON*schen Versuch* aus dem Jahre 1667 demonstriert: komprimiert man bei einem Kaninchen die Bauchaorta und anämisiert auf diese Weise das Lendenmark, so werden die Hinterbeine in kürzester Zeit gelähmt; läßt man den Blutstrom dann wieder frei, so kehrt die Beweglichkeit wieder. Diese Lähmung beruht vor allem auf Sauerstoffmangel. Infolgedessen tritt beim Kaltblüter mit seinem geringen Sauerstoffbedürfnis die Lähmung erst nach längerer Zeit ein. Die Temperatur spielt allerdings dabei auch eine Rolle; denn je höher die Temperatur ist, um so rascher wird der Sauerstoff verbraucht. In einer sauerstofffreien Atmosphäre bleiben Frösche z. B. bei 2^0 tagelang reflexerregbar, bei $10—20^0$ nur 2 Stunden, bei 25^0 $^1/_2$ Stunde (AUBERT), und während beim Kaninchen, das man von der Aorta aus mit sauerstoffgesättigter, auf 20^0 gekühlter Ringerlösung durchspült, das Rückenmark noch Reflexe vermittelt, erlischt bei Durchspülung mit körperwarmer Lösung die Erregbarkeit rasch und völlig (WINTERSTEIN). Erwärmt man einen Frosch auf etwa 38^0, so gerät er in den Zustand der sogenannten *Wärmelähmung* (CL. BERNARD), in dem er unbeweglich wie narkotisiert daliegt; die Hauptursache dafür ist die Erstickung des Zentralnervensystems infolge des gesteigerten Sauerstoffbedarfs.

Mit dem großen Sauerstoffbedarf hängt wahrscheinlich zum Teil die *große Ermüdbarkeit mancher Reflexe* zusammen. Besonders deutlich zeigt sie sich bei den in rhythmischen Bewegungen bestehenden Kratz- und Wischreflexen, die *von der Haut aus* hervorzurufen sind. Löst man z. B. beim Hund den Kratzreflex mehrmals nacheinander aus, so nimmt er sowohl an Stärke wie an Frequenz rasch ab und erlischt bald völlig für viele Sekunden (SHERRINGTON). Sowie man den Reflexreiz aber an einer anderen Stelle ansetzt, tritt der Reflex wieder in alter Stärke hervor. Ermüdet ist also offenbar nicht der ganze Reflexbogen, jedenfalls nicht die „letzte gemeinsame Strecke", die vom Vorderhorn des Rückenmarks zu den Erfolgsorganen, den Muskeln, führt. Der Ermüdung liegt aber auch nicht eine Ermüdung der Hautsinnesorgane zugrunde; denn die Ermüdung kommt auch zustande, wenn man den sensorischen Nerven unmittelbar reizt. Die Erholung ist an die Anwesenheit von genügend Sauerstoff gebunden (VERWORN).

Im Gegensatz zu den Hautreflexen sind *die Eigenreflexe weniger ermüdbar*; man kann sie lange Zeit immer wieder sowohl von den rezeptorischen Organen im Muskel durch dessen Dehnung wie direkt von seinen rezeptorischen Nerven aus auslösen. Unter dem Gesichtspunkt der zweckmäßigen Reaktionsweise kann man diesen Unterschied zwischen Haut- und Eigenreflexen wohl verstehen; denn die ersteren dienen meist gelegentlichen und flüchtigen Reaktionen, die letzteren werden oft dauernd zum Halten beansprucht (S. 393).

Als Sitz der Ermüdung wird vielfach das Schaltneuron angegeben (SHERINGTON, P. HOFFMANN), erstens wegen des vermuteten Unterschieds im Aufbau der Reflexbogen für Eigen- und Hautreflexe (S. 397), zweitens wegen der Unermüdbarkeit der letzten gemeinsamen Strecke, die z. B. auch bei Ermüdung eines Reflexes jederzeit noch durch Willkür betätigt werden kann.

Besonders auffallend läßt sich die Erregbarkeit des Rückenmarks durch gewisse Gifte beeinflussen. *Strychnin* steigert die Erregbarkeit in dem Maß, daß schon ganz schwache, sonst unterschwellige Reize heftige Bewegungen, auf der Höhe der Giftwirkung Tetanus in sämtlichen Skeletmuskeln auslösen; so verfällt ein Frosch, dem $^1/_{10}$—$^2/_{10}$ mg Strychnin injiziert wurden, bei einer leichten Erschütterung seiner Unterlage in Streckkrämpfe, ein vergiftetes Kaninchen bekommt schon, wenn man eine Geige anstreicht, einen Tetanusanfall. Daß es sich dabei um einen zentral und nicht peripher ausgelösten Krampf handelt, wird dadurch bewiesen, daß ein Glied, dessen motorische Nerven durchschnitten sind, im Anfall ruhig bleibt (JOHANNES MÜLLER). Daß die Krämpfe nicht zerebralen Ursprungs sind, ergibt sich durch die Beobachtung, daß auch nach Durchschneidung des Halsmarks das Strychnin seine Wirkung entfaltet; und daß es sich endlich um eine Reflexaktion handelt, folgt daraus, daß nach Durchschneidung der hinteren Wurzeln oder nach Anästhesierung der Haut mit Kokain die Krämpfe ausbleiben. Ähnlich wie das Strychnin wirkt das Gift des *Tetanusbazillus*. Das Gegenteil, eine Herabsetzung bis Aufhebung der Reflexerregbarkeit, bewirken die *Narkotika*, welche zwar sämtliche Protoplasten, tierische und pflanzliche, reversibel zu lähmen vermögen (CL. BERNARD), bei ihrer geringsten wirksamen Dosis aber allein das Zentralnervensystem beeinflussen.

Ein weiteres Charakteristikum der zentralnervösen Substanz des Rückenmarks ist die Erscheinung der **Summation der Erregungen.** Diese ist vergleichbar der Summation oder Superposition der Zuckungen im Tetanus des Muskels (s. S. 349). Wie dort bei rhythmischer Reizung die Erregungen zwar voneinander gesondert bleiben können, wie die Aktionsströme beweisen (S. 351), die Einzelzuckungen aber zu einer Dauerkontraktion von größerer Hubhöhe verschmelzen, so verschmelzen im Zentralnervensystem mehrere rasch aufeinanderfolgende Einzelerregungen eines rezeptorischen Nerven, von welchen jede für sich nicht ausreicht, um eine Reflexaktion auszulösen, im Zentralnervensystem zu einer überschwelligen Erregung des effektorischen Nerven, indem jede vorausgegangene Erregung einen Erregungsrückstand hinterläßt. Hängt man z. B. die Füße eines spinalen Frosches in Wasser, durch welches man Induktionsschläge hindurchschickt, so kann das Tier bei einem Einzelschlag in Ruhe bleiben, während es bei frequenter Reizung mit dem gleichen Strom reagiert. Oder wenn man beim Kaninchen den N. laryngeus so schwach reizt, daß ein Schluckreflex noch nicht ausgelöst wird, so kann die Wiederholung des unterschwelligen Reizes nach längstens 20 sec nun doch eine Wirkung ausüben und das Schluckzentrum zur Absendung einer Kontraktionswelle veranlassen (V. BRÜCKE). Gute Beispiele einer Summationswirkung sind auch das Husten nach längerer Reizwirkung im Kehlkopfeingang, das Niesen nach längerem Jucken in der Nase, die Ejaculatio seminis durch eine längere periodische mechanische Reizung des Penis.

Nahe verwandt mit der Summation ist die **Bahnung,** d. h. die Erleichterung einer Reflexbewegung durch eine kurz vorausgehende, an sich unwirksame Erregung des Gehirns (EXNER) oder überhaupt eines zweiten Reizortes. Wenn man z. B. bei einem Kaninchen einen leichten unterschwelligen Hautreiz erzeugt, so kann dieser eine bestimmte Bewegung auslösen, wenn ihm ein elektrischer Reiz der freigelegten Großhirnrinde vorausgeschickt wird, welcher an sich auch unterschwellig ist, aber bei größerer Intensität die gleiche Bewegung erzeugt haben würde (EXNER, BUBNOFF und HEIDENHAIN). Das Reizintervall darf jedoch 0,6 sec nicht übersteigen. Nach SHERRINGTON kann man die von einer zentripetalen Wurzel aus abgeschickte Erregung durch vorangehende Erregungen benachbarter Wurzeln bahnen.

Die Bahnung ist nach v. BRÜCKE vielleicht so zu erklären, daß sich an ein kurzes Refraktärstadium, wie es auch beim Reflexzentrum der Tätigkeit nachfolgt, noch eine übernormale Phase (S. 378) anschließt, die erst allmählich in die normale Erregbarkeit abklingt, und daß in diese Phase der zweite Reiz hineinfällt. Eine andere Vorstellung vom Zustandekommen der Summation und der Bahnung hat SHERRINGTON entwickelt; er nimmt an, daß bei der Erregung an der Synapse Stoffe entstehen, vergleichbar etwa dem Vagus- oder dem Akzeleransstoff des Herzens (S. 147), welche ihrerseits das nächste angeschlossene Organ, also beim Zentralnervensystem das nächste Neuron beeinflussen, desto stärker, je stärker und je öfter gereizt ist (s. dazu auch Kap. 26).

Der Begriff der Bahnung wird aber gelegentlich auch etwas weiter gefaßt, so etwa, wenn er auf die Erscheinung angewendet wird, daß der Umklammerungsreflex bei dem Froschmännchen, der die Vorbedingung für die Begattung ist, nur dann in hinlänglicher Stärke auszulösen ist, wenn durch den chemischen Reiz gewisser von dem geschlechtsreifen Weibchen produzierter „Geruchsstoffe" die geeignete Disposition geschaffen ist (GOLTZ).

Das Gegenstück zur Summation und Bahnung ist die **Reflexhemmung.** Darunter versteht man die Tatsache, daß eine Reflexerregung durch eine zweite nicht bloß, wie bei der Summation, gefördert, sondern auch unterdrückt werden kann. Die zentralnervöse Hemmung ist also ganz den peripheren Hemmungen zu vergleichen, wie z. B. dem Einfluß des Vagus, welcher dem Akzeleranseinfluß auf das Herz entgegenwirkt, oder dem Einfluß der vasodilatierenden Nerven, welche den von den Vasokonstriktoren erzeugten Gefäßtonus herabsetzen. Von der Reflexhemmung kann man leicht eine Anschauung gewinnen. So bleibt z. B. der sonst so prompt erfolgende Umdrehreflex beim Frosch (s. S. 399) aus, wenn man den Hals des Frosches mit einem Gummiband umschnürt oder ihm ungefähr 1 ccm konzentrierter Kochsalzlösung unter die Rückenhaut spritzt. Der GOLTZsche Klopfversuch (s. S. 148) gelingt nicht mehr, wenn man gleichzeitig mit dem Klopfen des Bauches ein Bein reizt. Das Pendeln der Hinterbeine beim spinalen Hund (s. S. 407) hört sofort auf, wenn man den Hund in den Schwanz kneift.

Auch in der Physiologie und Pathologie des menschlichen Rückenmarks spielen die Hemmungserscheinungen häufig eine Rolle: man beißt die Zähne zusammen, wenn man z. B. bei einer kleinen Operation an der Hand nicht vor Schmerz reflektorisch die Hand zurückziehen will, man beißt sich auf die Zunge, um einen Kitzelreiz zu überwinden, bei heftigen Leibschmerzen sinkt man in die Knie, d. h. der Reflex des Stehens wird gehemmt.

Eine für alle natürlichen Bewegungen besonders wichtige Form der Reflexhemmung ist die *antagonistische Hemmung* (SHERRINGTON). Bringt man etwa bei einer Katze den als Beuger funktionierenden Biceps femoris durch Reiz zur Kontraktion, so erschlafft gleichzeitig die in Tonus befindliche Streckmuskulatur, so daß z. B. das auf einer Streckung beruhende Kniephänomen (s. S. 393) nicht mehr ausgelöst werden kann. Auch Kneifen des Bizeps oder elektrische Reizung nach Loslösung seiner Sehne bewirkt die Hemmung des Streckertonus. Das bedeutet, daß, wenn normalerweise eine Beugung ausgeführt wird, gleichzeitig durch die Anspannung des Muskels rezeptorische Nervenfasern erregt werden, die reflektorisch die Antagonisten zur Erschlaffung bringen, so daß die Beugung erleichtert wird. Der Ablauf der Bewegungen wird also innerlich, durch propriozeptive Reize (S. 392) oder, wie man auch sagt, durch die *Tiefensensibilität* gesteuert. In ähnlicher Weise wirksame propriozeptive Reize haben wir schon früher verschiedentlich kennengelernt; z. B. sei auf den auslösenden Reiz beim Depressorreflex verwiesen, der u. a. eine Hemmung des Herzschlags und eine Hemmung des Vasokonstriktorentonus im Splanchnikusgebiet veranlaßt (s. S. 148), oder auf die mechanische Erregung der rezeptorischen Vagusendigungen in den Lungen, welche eine „Selbststeuerung der Atmung" durch Bremsung der Inspiration mit gleichzeitiger Förderung der antagonistischen Exspiration herbeiführt (S. 127), die an die eben beschriebene Selbststeuerung der Bewegung der Gliedmaßen erinnert. Wird aber das Rückenmark durch Strychnin oder Tetanustoxin vergiftet, so wird der Koordinationsmechanismus, welcher Agonisteninnervation und Antagonistenhemmung verkoppelt, gestört, so daß der Reflexreiz gleich starke Krämpfe in beiden Muskelgruppen, in den Agonisten und den sonst gehemmten Antagonisten auslöst. So versucht der vom infektiösen Starrkrampf Befallene nicht nur vergeblich, durch Hemmung von Masseter und Temporalis den Mund zur Aufnahme von Speise zu öffnen, sondern er schließt ihn unwillkürlich nur noch fester.

Der am längsten bekannte Fall von Hemmung ist die sogenannte *zerebrale Hemmung*. SETSCHENOW beobachtete zuerst, daß, wenn man bei einem Frosch das Gehirn einschließlich der Lobi optici exstirpiert, die Reflexerregbarkeit steigt. Ein allein des Großhirns beraubter Frosch quakt regelmäßig, wenn man ihm mit einem Finger über die Rückenhaut streicht (GOLTZ). Ähnlich sind beim Menschen nach Ausschaltung des Gehirns die Reflexe entfesselt, z. B. nach einem „Schlaganfall" durch eine Blutung im Gehirn, oder bei einem Anenzephalus, d. h. bei einer Mißgeburt, bei welcher das Gehirn mehr oder weniger unentwickelt geblieben ist, oder auch bei einem Neugeborenen, dessen Gehirn noch nicht fertig ausgebildet (s. S. 457) und darum wohl wenig tätig ist. In solchen Fällen sieht man als Ausdruck der „Hyperreflexie" auch häufig Neigung zu krampfhafter *spastischer Kontraktion*, die etwa darin sich äußert, daß, wenn man den Versuch macht, den in Beugung gehaltenen Arm zu strecken, die Eigenreflexe die Beuger in nur noch stärkere Anspannung versetzen, so daß die Gefahr besteht, sie zu zerreißen, falls man den Spasmus zu überwinden trachtet. Umgekehrt setzt verstärkte Tätigkeit des Gehirns die Reflexerregbarkeit herab; so bleibt das Niesen auf einen Niesreiz, das Husten auf einen Hustenreiz aus, wenn man angestrengt aufmerksam ist, man sinkt in die Knie, d. h. der Reflex des Stehens wird ausgelöscht, wenn eine heftige Gemütsbewegung zustande kommt. Auch darin äußert sich die zerebrale Hemmung, daß man willkürlich Reflexe unterdrücken kann, z. B. das Kniephänomen oder den Blinzelreflex, aber natürlich nur solche Reflexe, bei welchen die beteiligten Muskeln willkürlich bewegt werden können, also z. B. nicht den Pupillar- oder den Kremasterreflex.

Zur Erklärung der zerebralen Hemmung sind eine Zeit lang eigene „Hemmungszentra" angenommen worden, deren Sitz im Gehirn sei. Aber die zerebrale Hemmung ist, so kompliziert auch die Verhältnisse für die Deutung gerade hier liegen mögen, doch vielleicht nicht wesensverschieden von den übrigen Hemmungen. Man muß nur bedenken, daß der Kopf der Träger besonders zahlreicher Sinnesorgane ist, daß also ins Gehirn besonders viele Erregungen einstrahlen, welche ebenso Hemmungswirkungen entfalten können, wie irgendwelche unmittelbar ins Rückenmark einstrahlende Erregungen. Für diese Deutung spricht u. a. die Tatsache, daß ein blinder Frosch, welcher mit den Augen sein Hauptsinnesorgan neben dem Hautsinn verloren hat, oder auch ein Frosch im Dunkeln wie ein großhirnloser Frosch reagiert; er quakt beim Streichen der Rückenhaut und führt auf Hautreize leichter Abwehrbewegungen aus als ein sehender Frosch (MERZBACHER).

Es ist oft versucht worden, auch für das Phänomen der Hemmung eine Erklärung zu geben. Wahrscheinlich ist eine einheitliche Deutung aber nicht möglich. Zur Analyse dieses wichtigen Phänomens eignen sich einfache Versuche wie der folgende, in denen zwei künstliche Reize nicht zu einer Summation der Effekte führen, sondern zum Gegenteil, eben zu einer Hemmung. Man kann z. B. beim Frosch durch tetanische Reizung der 8. hinteren Rückenmarkswurzel reflektorisch den Gastroknemius in Kontraktion versetzen, ebenso von der benachbarten 9. Wurzel aus. Wenn man aber beide zugleich reizt, so erhält man bei Einhaltung bestimmter zeitlicher Bedingungen keine Verstärkung (s. S. 399), sondern eine Abschwächung der Wirkung des Einzelreizes. Solche Hemmungen hat v. BRÜCKE im Anschluß an seine Theorie der Bahnung (S. 399) darauf zurückgeführt, daß an der Stelle, an der im Reflexzentrum die Erregungen in die zentrifugale gemeinsame Strecke einmünden, die eine Erregung zeitlich nicht in die übernormale Phase, sondern in das Refraktärstadium der anderen hineinfällt und sich beide gegenseitig wie durch Interferenz auslöschen. Zweifellos läßt sich auf diesem Wege aber nur ein Teil der reflektorischen Hemmungen erklären; deshalb wird auch hier die Wirkung besonderer chemischer Stoffe in Erwägung gezogen, die an den Synapsen erzeugt werden, Hemmungsstoffe von der Art des Vagusstoffs,

Nachdem wir so die Reflexleistungen des Rückenmarks durch das Studium der isolierten Reflexe analysiert und dabei die Besonderheiten in dem Reaktionsvermögen der zentralnervösen Substanz herausgefunden haben, wollen wir nun dazu übergehen, die Reflexleistungen mehr vom Standpunkt des ganzen Organismus zu betrachten. Die meisten Bewegungen, die wir ausführen, sind koordinierte Bewegungen, d. h. Bewegungen, die nicht in einer flüchtigen Kontraktion, Zuckung oder Tetanus, eines einzelnen Muskels bestehen, sondern eine Gruppe von Muskeln betreffen, von denen die einen die Rolle der Agonisten, die anderen die der Antagonisten, dritte die der Synergisten übernehmen. Wir haben nun schon erfahren (S. 400), daß, wenn ein Muskel ins Spiel tritt, seine allmählich zunehmende Spannung häufig reflektorisch eine allmähliche Entspannung seines Gegenspielers bewirkt, so daß die Bewegung einerseits erleichtert, andererseits auch nicht in schleudernder Form, vielmehr mit normaler Glätte ausgeführt wird. Dagegen ruft eine abrupte und starke Anspannung auch im Antagonisten eine Spannung hervor, die die heftige Bewegung bremst. Die Ausführung der koordinierten Bewegungen unterliegt also einer andauernden *rezeptorischen Kontrolle* durch die Tiefensensibilität, die Fähigkeit zur koordinierten Bewegung ist nach einem Ausdruck von EXNER eine „*Sensomobilität*". Um uns dies noch mehr zu verdeutlichen, betrachten wir folgenden Fall: jemand fasse ein schweres an der Decke aufgehängtes Gewicht und pendele es durch Beugung und Streckung seines Unterarmes hin und her, während die Aktionsströme mit eingestochenen Stahlnadeln vom Bizeps und Trizeps seines Oberarms zum Saitengalvanometer abgeleitet werden (R. WAGNER). Man erhält dann ein Bild des Vorgangs wie in Abb. 154; die sinusförmige Kurve ist die Registrierung der Beu-

gungen und Streckungen des Armes. Man sieht, daß, während die Saiten-
oszillationen einen Kontraktionszustand des Bizeps anzeigen, der Trizeps
völlig in Ruhe ist; aber da die schwere Masse des Gewichts nur einen Anstoß
in einer Richtung zu erhalten braucht, um dann durch ihre Trägheit in der
gleichen Richtung weiterzupendeln, hört die Bizepserregung auf, lange
bevor die Beugung des Arms beendet ist; diese erfolgt also in ihrer zweiten
Hälfte rein passiv. Aber nun setzen, wie man weiter sieht, im Trizeps
Oszillationen ein, schon bevor die Streckung beginnt, und bevor die Beugung beendet ist, weil die passive von dem schweren Gewicht forcierte
Beugung den Trizeps mehr und mehr dehnt; der Eigenreflex bremst nun
die Beugebewegung, und diese reflektorischen Oszillationen im Trizeps
setzen sich dann kontinuierlich in die Willküroszillationen fort, die dem
Willkürimpuls der Streckung zugehören. So erleichtert also einerseits
die Hemmung der Antagonisten die Beugung, andererseits bremst die
Spannung der Antagonisten durch Eigenreflex ein Übermaß von Beugung. Wie groß der Wert dieser zentralen Regulationen ist, das wird man

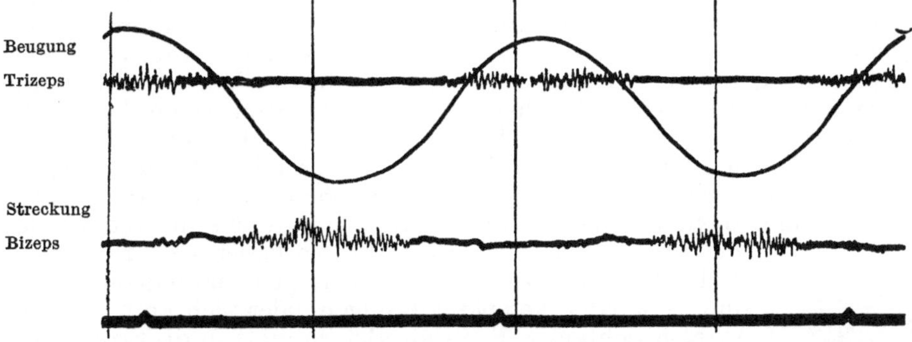

Abb. 154. Aktionsströme von Bizeps und Trizeps beim Hin- und Herpendeln eines Gewichts.
(Nach R. Wagner.) Zeitmarken: 1 Sek.

am besten gewahr, wenn man sie durch die Durchschneidung der Rezeptoren aufhebt. Wenn man z. B. bei einem Hund die hinteren Wurzeln
für die Extremitäten durchschneidet, so zeigt er gleich nach der Operation Lähmungserscheinungen, wie wenn die motorischen Fasern für
die Beine durchschnitten wären; durchschneidet man z. B. bloß die zentripetale Leitung für die hinteren Extremitäten, so schleppt die vordere
Hälfte des Tieres die hintere wie tot nach. Allmählich bessert sich der Zustand; das Tier sinkt zunächst noch in sich zusammen oder läuft mit
halbgebeugten Beinen. Dies sind Folgen der Aufhebung eines Reflextonus, auf den wir gleich noch zu sprechen kommen. Nach einiger Zeit
bleibt aber nur noch eine **Ataxie**, ein Mangel an Taxis, übrig, sich darin
äußernd, daß die Extremitäten schleudernde, ausfahrende Bewegungen
machen, daß sie zu hoch gehoben oder nach vorn geworfen oder überstreckt
werden. Der allmähliche und ziemlich weitgehende Ausgleich der ursprünglichen Störung ist so zu erklären, daß andere Sinnesapparate für die aus-
gefallene Körpersensibilität eintreten; das geht z. B. daraus hervor, daß
im Dunkeln oder nach Verletzung der Labyrinthe oder nach Ausschaltung gewisser Hirnteile, welche zu den Extremitäten in direkter Beziehung stehen, die Bewegungsfähigkeit aufs neue stark herabgesetzt wird
(H. E. Hering, Sherrington). Ganz ähnliche Beobachtungen kann man
beim Menschen machen, wenn bei der *Tabes dorsalis* die zentripetale

Leitung des Rückenmarks, insbesondere die Leitung der Tiefensensibilität hochgradig gestört worden ist. Auch dann wird der Gang typisch ataktisch, Arme und Beine können infolge von Tonusmangel stark überbeugt und überstreckt werden, und die große Bedeutung der übriggebliebenen Sinnesorgane erhellt einerseits aus dem bekannten Tabessymptom des *Rombergschen Phänomens*, d. h. dem Hin- und Herschwanken oder sogar Umstürzen des Körpers, sobald der Patient die Augen schließt, und andererseits aus der großen Übungsfähigkeit des Gangs, zumal wenn man durch Gelenkbandagen, Gurte, Wickelgamaschen u. dgl. die auf die hypästhetischen Bezirke ausgeübten sensiblen Reize vermehrt oder durch sie Reize auf sonst weniger zur rezeptorischen Kontrolle beansprucht voll empfindliche Hautstellen ausübt (v. Baeyer, Goldscheider). Ähnlich sind auch die Erscheinungen bei einem von Strümpell beobachteten Patienten, bei welchem durch einen Stich ins Genick die zentripetale Leitung auf der einen Seite des Halsmarkes zum Teil durchtrennt war; der Patient konnte den in seiner Rezeptivität beeinträchtigten Arm nur unter Kontrolle der Augen exakt bewegen; schloß er die Augen, so sank der gehobene Arm herab, und die Finger konnten einen angefaßten Gegenstand nicht mehr festhalten (s. auch Kap. 35). Vergleichbar ist auch die Ungeschicklichkeit der in der Winterkälte frostig gewordenen Finger; denn dabei handelt es sich bloß um einen Ausfall der Sensibilität der Finger durch die Kälte; die Muskeln für die Bewegungen der Finger liegen im Unterarm verborgen. Die Beweiskraft eines Experiments endlich haben Beobachtungen am Menschen, die operativ „deafferentiiert" sind, d. h. bei denen hintere Wurzeln durchschnitten worden sind (Foerster, s. dazu S. 410); sie haben gelehrt, daß die Willkürinnervationen solcher Menschen mannigfach gestört sind, entweder verspätet erfolgen oder sich an die falsche Adresse richten, z. B. in die Beuger statt in die Strecker, in die Spreizer statt in die Zusammenballer gelangen, über das Ziel schießen oder plötzlich ins Gegenteil umschlagen.

Nicht minder wichtig als die koordinierte Bewegung ist die **koordinierte Haltung**, da fast jeder Bewegung unseres Körpers auch eine bestimmte Gesamthaltung zugeordnet ist. Wir müssen bei ihrer Erörterung auf manches zurückgreifen, was über den Muskeltonus gesagt wurde (S. 353), der z. T. *Reflextonus* ist. Das Grundexperiment zum Beweis des Reflextonus ist das sogenannte *Brondgeestsche Phänomen*. Wenn man einen spinalen Frosch aufhängt, am besten, nachdem man durch mehrstündiges Abkühlen auf Eis seine Reflexerregbarkeit gesteigert hat (Biedermann), so sieht man, daß die Hinterbeine nicht schlaff herunterhängen, sondern in schwacher Beugestellung verharren, einem Mittelding zwischen der normalerweise eingenommenen Hockstellung und einer durch die Schwerkraft erzwungenen Streckstellung. Dies rührt davon her, daß in der Haut und besonders in den Muskeln der durch die Schwere gestreckten und damit in eine abnorme Haltung geratenen Beine propriozeptive Reize entstehen, welche ein gewisses Maß von tonischer Beugung verursachen; denn sobald man auf einer Seite die die afferente Leitung repräsentierenden hinteren Wurzeln durchschneidet, verschwindet der Beugertonus auf dieser Seite, so wie es etwa die Abb. 155 andeutet.

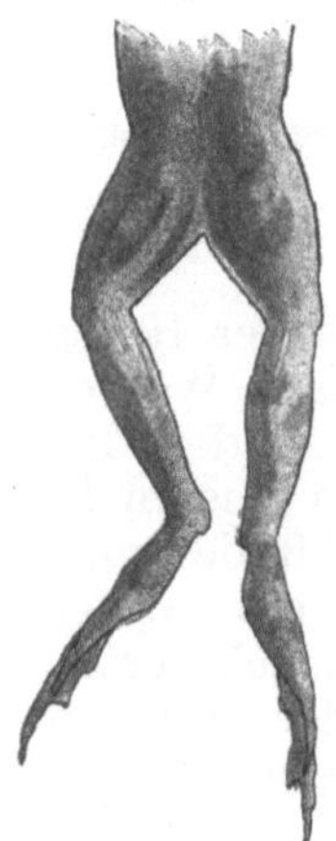

Abb. 155. Brondgeestscher Reflextonus beim Frosch. Links (in der Abbildung rechts) die hinteren Wurzeln durchschnitten.

Dem BRONDGEESTschen Experiment analoge Beobachtungen gibt es auch in der menschlichen Pathologie. Bekannt ist die schiefe Verziehung des Gesichts bei einer Lähmung des Fazialis; ähnlich verzerrt wird das Gesicht aber auch, wenn der sensible Trigeminus gelähmt wird, weil dann dessen tonisierender Einfluß auf die Gesichtsmuskeln fortfällt. Ferner gibt es eine Krankheit, bei welcher infolge einer übergroßen Reflexerregbarkeit des Rückenmarks die Extremitäten dauernd in stärkster Beugerkontraktur an den Leib gezogen oder in krampfhafter Adduktorenspannung gehalten werden, die sogenannte LITTLEsche Krankheit; man hat öfter mit Erfolg versucht, dadurch Besserung zu schaffen, daß man einen Teil der hinteren Wurzeln des Rückenmarks durchschneidet, der „spastische Tonus" wird durch diese Deafferentiierung herabgesetzt (FOERSTER).

Charakteristisch für den Reflextonus ist seine *Ermüdungslosigkeit*, die uns früher (S. 354) die Frage aufwerfen ließ, ob eigene Tonusmuskeln im Spiel sind. Die Frage wurde dahin beantwortet, daß es auch unter den quergestreiften Muskeln besonders wenig ermüdbare und zu Dauerverkürzung neigende gibt. Hier wollen wir zur Erklärung der scheinbaren Unermüdbarkeit hinzufügen, daß es sich meist um schwache Innervationen handelt, d. h. um solche, bei denen den einzelnen Muskelfasern nicht mehr als 5—10 Impulse pro Sekunde zufließen (S. 352); bei einem so langsamen Rhythmus ermüden sie nachweislich nicht (ADRIAN, SHERRINGTON). Wenn man dann noch hinzunimmt, daß nach Auszählungen, die SHERRINGTON und ECCLES an Muskeln vornahmen, deren rezeptorische Nerven zuvor durch Durchschneidung zur Degeneration gebracht worden waren (S. 411), eine einzelne motorische Ganglienzelle eines Vorderhorns etwa 150 Muskelfasern versorgt, indem ihr Neurit sich immer wieder dichotomisch teilt, so versteht man, daß die reflektorische Innervation in dem genannten langsamen Rhythmus einen schwachen kontinuierlichen Tetanus (S. 350) hervorrufen kann, der nicht ermüdet.

Das Studium der Reflexe des ganzen Organismus macht weiter darauf aufmerksam, daß infolge bestimmter Koppelungen innerhalb des Zentralnervensystems der gleiche Reiz, z. B. ein leichter Druck, an verschiedenen Orten angesetzt, sehr verschiedene Effekte verursacht, z. B. von der Haut aus nur eine flüchtige Bewegung, von der hinteren Rachenwand aus infolge der intrazentralen Verknüpfungen der Ursprungskerne effektorischer Nerven den komplizierten Vorgang des Schluckens (S. 25), oder von der Kehlkopfschleimhaut aus den ebenso komplizierten Vorgang des Hustens (S. 118), Reflexe, die LOEB mit dem passenden Namen der *Kettenreflexe* belegt hat. Oder bestimmte *Steuerungseinrichtungen* innerhalb des Zentralnervensystems leiten die Erregungen je nach der Stärke, mit der ein Reiz an einer bestimmten Stelle wirkt, auf sehr verschiedene Bahnen, so daß z. B. ein leichter Druck auf den Fuß nur eine schwache Beugung im Fußgelenk, ein etwas stärkerer Reiz eine Beugung im Knie oder auch schon zugleich im Hüftgelenk, ein noch stärkerer Reiz endlich ein Übergreifen der Erregung auf eine andere Extremität verursacht, beim Frosch auf das Vorderbein der gleichen Seite, bei der Schildkröte gewöhnlich auf das andere Hinterbein, wobei die Bewegung eventuell zugleich durch abwechselnde Beugung und Streckung periodischen Charakter annimmt.

Manche aus zahlreichen Einzelaktionen sich zusammensetzende Reflexhandlungen beruhen auch darauf, daß die Ausführung eines Reflexes die Bedingung für einen nächsten in sich begreift. So löst die Füllung des Ösophagus die Öffnung der Kardia aus, die dadurch bedingte

Füllung des Magens fördert den Tonus der Magenmuskulatur, und zugleich regt der Mageninhalt die Sekretion von Magensaft an, der Tonus der Magenmuskeln bewirkt seinerseits Pylorusöffnung, der Übertritt einer Chymusportion in das Duodenum erzeugt darauf wieder reflektorischen Schluß des Pylorus und außerdem Sekretion von Pankreassaft und peristaltische Bewegungen des Darms usw.

In ähnlicher Weise ist als eine Reflexverkettung auch eine der wichtigsten koordinierten Skeletmuskelbewegungen anzusehen, die **Lokomotion.** Daß diese die Hauptbedingungen für ihr Zustandekommen in den Schaltungen der leitenden Elemente des Rückenmarks findet, wird durch die verschiedenen Beobachtungen über die Fortdauer von lokomotorischen Bewegungen am spinalen Tier bewiesen; Fische und Enten schwimmen nach Abschneiden des Kopfes, geköpfte Hühner laufen davon, geköpfte Tauben fliegen, und auch der spinale Hund kann, wenn man ihn unter dem Rumpf unterstützt, mit allen vier Beinen Laufbewegungen machen. Will man speziell beim Säugetier diese Laufbewegungen analysieren, welche aus abwechselnden Beugungen und Streckungen des einzelnen Beins, alternierend mit den Bewegungen der anderen Beine bestehen, so handelt es sich vor allem um die Aufgabe, aufzuklären, 1. *durch welche Reize Beugungen und Streckungen zustande kommen,* 2. *unter welchen Bedingungen sie im einzelnen Bein rhythmisch aufeinander folgen und 3. wie die Bewegung des einen Beins auf das andere so wirken kann, daß eine alternierende Aktion resultiert.* Diese Aufgabe ist durch die Untersuchungen von GOLTZ und FREUSBERG und von SHERRINGTON zu einem guten Teil gelöst worden.

Wenn man bei einem spinalen Frosch oder einem spinalen Hund einen Fuß kneift, sticht oder elektrisch reizt, so erhält man eine mehr oder weniger ausgiebige Beugebewegung; der Reiz beschränkt sich in seiner Wirkung aber nicht auf das gereizte Bein, sondern greift auf die andere Seite über und bewirkt eine Streckung des anderen Beins. Der Versuch ist besonders demonstrativ, wenn bei hoher Reflexerregbarkeit der Fußreiz eine langanhaltende Beugung in allen drei Gelenken verursacht; sobald man dann den anderen Fuß kräftig reizt, wird das bisher gebeugt gehaltene erste Bein heftig gestreckt, und das zweite geht in die Beugestellung über. Man bezeichnet diesen Reflex als *gekreuzten Streckreflex.* Außer den Hautreizen bewirkt auch passive Beugung des Beins vermittels propriozeptiver Reizung von den rezeptorischen Nerven der Muskeln aus die Streckung auf der Gegenseite.

Weniger leicht ist der *gekreuzte Beugereflex* zu beobachten, welcher eine Streckung des Gegenbeins zur Voraussetzung hat. Die Streckung kann entweder passiv vorgenommen werden — sie hat aber nicht immer den gewünschten Erfolg — oder sie wird beim spinalen Hund durch einen besonderen Reflex, den *direkten Streckreflex* (SHERRINGTON), hervorgerufen. Wenn man nämlich den Fuß nicht kneift oder elektrisch reizt, sondern nur leicht gegen die Fußsohle drückt, so streckt sich das Bein rasch und kräftig. Vom selben Reizort aus kann man demnach, je nach der Art des Reizes, ganz entgegengesetzte Reaktionen, Beugung oder Streckung auslösen, und jede der beiden ist mit einem anderen gekreuzten Reflex geschaltet.

Bis zu einem gewissen Grad läßt sich auf Grund dieser gekreuzten Reflexe eine länger bekannte Erscheinung am spinalen Hund erklären, welche offenbar mit der Laufbewegung nahe verwandt ist, nämlich das sogenannte *FREUSBERGsche Phänomen.* Wenn man den Hund an den Vorderbeinen faßt und die Hinterbeine herunterhängen läßt, so verfallen diese in anhaltendes regelmäßiges, alternierendes Auf- und Abpendeln. Sobald man dann den einen Oberschenkel leicht unterstützt, hört das Pendeln auf, um sofort von neuem zu beginnen, wenn man das gestützte Bein wieder fallen läßt. Man kann sich vorstellen, daß die passive Streckung beim Herunterfallen die erneute Beugung im Gegenbein auslöst, und daß, wenn dieses sich dann wieder passiv streckt, wiederum im Gegenbein Beugung einsetzt.

Aber das rhythmische Hin und Her wird auch noch durch andere Momente veranlaßt. Nämlich erstens schafft jede Bewegung eines Beines die Disposition zur entgegengesetzten Bewegung. Ist z. B. ein Bein irgendwie in Beugestellung übergegangen, und man reizt nun etwa die Hüftgegend, so erfolgt Streckung; bestand dagegen Streckung, so erzeugt der gleiche Reiz in der Hüftgegend Beugung. Man bezeichnet diese Erscheinung als *Reflexumkehr* oder auch als *Schaltungsphänomen* (SHERRINGTON, MAGNUS). Sie ist ein Sonderfall der vielfach gültigen sogenannten *UEXKÜLLschen Regel,* nach welcher die Erregung stets in den gedehnten Muskel fließt, d. h. bei Beugung des Beins in die gedehnten Strecker, bei Streckung in die gedehnten Beuger. Der Reflex kommt nur zustande, solange die rezeptorischen Muskelnerven intakt sind.

Von besonderer Bedeutung für die Erklärung der Rhythmik ist die sogenannte *Rückschlagsbewegung.* Darunter versteht man die Erscheinung, daß, wenn man durch einen starken, z. B. elektrischen Reiz eine Beugung auslöst und nun die Reizung plötzlich unterbricht, eine kräftige Streckung nachfolgt (FREUSBERG, SHERRINGTON).

Endlich kann man direkt *rhythmische Bewegungen* auslösen, indem man die Haut, z. B. an der Sohle, fortgesetzt mit richtig dosierten Induktionsströmen reizt. Der Erfolg ist wohl so zu erklären, daß, wenn das gereizte Bein sich beugt, die fortgesetzte Reizung Reflexumkehr, also Streckung auslöst; die Beugung bewirkt aber einen gekreuzten Streckreflex, die Streckung einen gekreuzten Beugereflex. Auch der Wischreflex (s. S. 391) ist solch eine rhythmische Reaktion auf Grund einer fortgesetzten chemischen Reizung.

So kann man sich also auf Grund dieser Studien die Lokomotion ganz gut durch Verkettung einzelner spinaler Reflexe zustande gekommen denken. Der spinale Hund kann nun allerdings nicht laufen, es sei denn, daß man ihn unter dem Rumpf unterstützt. Die Ursache dafür ist nur die, daß den Muskeln der genügende Tonus fehlt; das Tier sinkt ununterstützt sofort zusammen. Woher es seinen normalen Tonus bezieht, wird später erörtert werden (S. 424).

Die Beobachtungen am spinalen Hund dürfen auch zur Erklärung der Lokomotion des Menschen herangezogen werden. Jedenfalls kann man die einzelnen maßgebenden Reflexe in geeigneten Fällen sämtlich auch beim Menschen mit isoliertem Rückenmark nachweisen (A. BOEHME).

Die Lehre von den Rückenmarksreflexen erfordert nun abschließend noch eine systematische Erörterung über die **Lokalisation besonders wichtiger Reflexzentra,** deren Kenntnis u. a. wegen ihrer Verwertung für die topische Diagnostik, d. h. für die Diagnose des Sitzes von Rückenmarkserkrankungen, große praktisch-medizinische Bedeutung hat.

Das Rückenmark ist nicht bloß anatomisch, sondern auch funktionell ein segmental oder metamer gegliedertes Organ; die Reflexzentra liegen dementsprechend in bestimmter Anordnung in den verschiedenen Niveaus des Rückenmarks übereinander. Diese segmentale Anordnung der Reflexzentra spiegelt sich deutlich in der Verteilung der die zentripetale und die zentrifugale Leitung der Reflexbogen bildenden Wurzelfasern auf die peripheren Organe, d. h. vor allem Haut und Muskeln (ECKHARD, TÜRCK, SHERRINGTON). Die Anatomie der peripheren Nerven läßt freilich von dieser **segmentalen Wurzelinnervation** nichts erkennen, insofern als in den verschiedenen Nervenplexus eine derartige Durchmischung von Wurzelfasern aus den verschiedensten Segmenten stattfindet, daß es ein Ding der Unmöglichkeit ist, dieses Fasergemisch durch anatomische Präparation zu entwirren. Wohl aber gelingt die Entmischung durch das Experiment oder durch klinische Beobachtung — besonders deutlich bei den rezeptorischen Nerven der Haut. Nämlich, so regellos die zentripetalen Fasern eines Segments durch die Plexusbildungen auch über verschiedene Nerven verteilt sein mögen, so finden sie sich doch in ihrem Endorgan, der Haut, wieder in einem bestimmten gemeinsamen Feld, der *Wurzelzone* oder dem *Wurzelareal* zusammen. Dies geht mit großer Anschaulichkeit aus der Abb. 156 hervor. In dieser ist auf der linken Hälfte die *Segmentinnervation der Haut,* auf der rechten *die Innervation durch die einzelnen peripheren Hautnerven* zur Darstellung gebracht.

Die Wurzelinnervation findet aber nicht in der Art statt, daß die Fasern einer Wurzel die ausschließliche Versorgung eines Hautareals übernehmen,

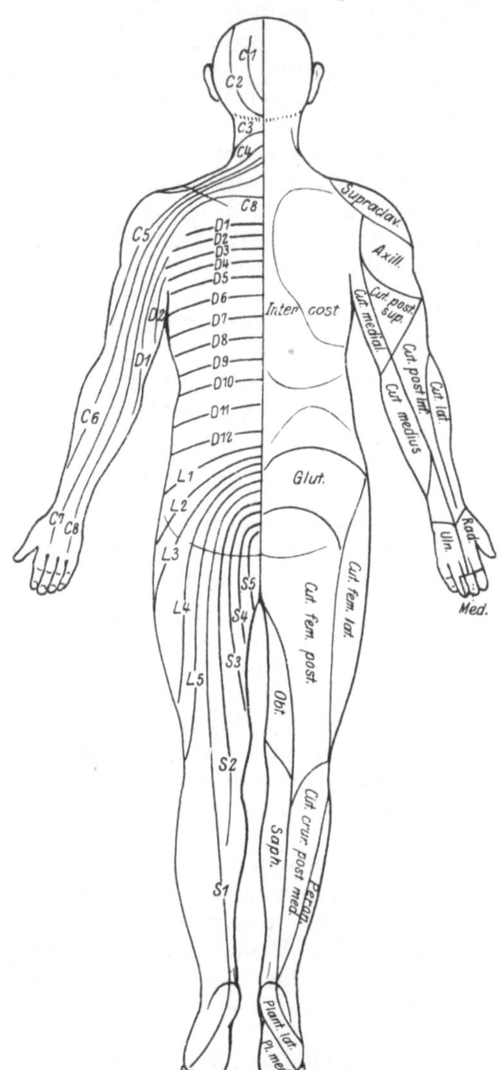

Abb. 156. Segmentinnervation der Haut. (Nach BING.)

vielmehr wird jedes Feld von wenigstens zwei benachbarten Wurzeln versorgt, so daß die verschiedenen Hautwurzelzonen einander sozusagen dachziegelartig überlagern. Dem trägt die Abbildung dadurch Rechnung, daß die Linien, auf denen die Bezeichnungen der Segmente angeschrieben sind, nicht die Grenzlinien der Wurzelfelder bedeuten, sondern ihre mittleren Linien, zu deren beiden Seiten sich das betreffende Wurzelfeld erstreckt. Diese Art der Innervation hat zur Folge, daß bei Erkrankung oder Durchschneidung einer einzelnen Wurzel noch keine anästhetische

Zone auf der Haut entsteht, sondern erst bei Ausfall von mehr als einer Wurzel.

Welch große Bedeutung die Kenntnis dieser Wurzelinnervation für die Differentialdiagnose zwischen *radikulärer* und *peripherer Lähmung*, aber auch für die Erkennung *psychogener Anästhesien* hat, leuchtet ohne weiteres ein.

In ähnlicher Weise lassen sich *Wurzelinnervation* und *periphere Innervation der Muskeln* auseinanderhalten. Der periphere Nerv, welcher einen Muskel versorgt, entstammt fast stets mehreren Segmenten, und umgekehrt verteilen sich die Fasern einer Wurzel auf mehrere Muskeln. Daher wird im allgemeinen durch die Erkrankung einer motorischen Wurzel ein Muskel noch nicht gelähmt, sondern nur geschwächt, und bei Lähmung einer Muskelgruppe läßt die Auswahl der betreffenden Muskeln erkennen, ob ihr eine Wurzelaffektion oder eine Leitungsstörung in einem peripheren Nerven zugrunde liegt.

Die metamere Verteilung der peripheren Nervenfasern geht nun Hand in Hand mit einer metameren Funktionsverteilung innerhalb des Rückenmarks; das Rückenmark läßt sich in eine Anzahl einzelner **segmentaler Reflexzentra** aufteilen. Bei niederen Wirbeltieren, bei welchen die operativen Shockerscheinungen weniger ausgesprochen sind (s. S. 392), ist dies durch Durchschneidungsversuche leicht zu demonstrieren. Wenn man z. B. bei einem Frosch das Rückenmark oberhalb und unterhalb des Austritts der Nerven für die vorderen Extremitäten durchschneidet, so bleibt der Umklammerungsreflex (s. S. 391) bestehen, oder wenn man einen Aal in mehrere Stücke zerlegt, so lassen sich an jedem derselben Reflexbewegungen auslösen. Bei Säugetieren und beim Menschen bringt dagegen oft eine Läsion, welche oberhalb, sogar weit oberhalb des Reflexzentrums liegt, den Reflex zum Verschwinden, als Ausdruck dessen, daß irgendwie in einer meist nicht genauer angebbaren Weise höher gelegene Teile an dem Zustandekommen der Reflexe mitbeteiligt sind; man kann daher im allgemeinen nur aussagen, daß ein Reflexzentrum sicher höher gelegen ist, als in diesem oder jenem Segment. Übrigens umfassen manche Reflexzentra naturgemäß entsprechend der Gruppe an ihr beteiligter Muskeln eine größere Zahl von Segmenten (s. dazu S. 393 und 405).

Die Zentra für einige der klinisch wichtigen Haut- und Sehnenreflexe werden in die folgenden Segmente lokalisiert:

Bauchdeckenreflex	8.—12. Thorakalsegment
Kremasterreflex	1.—2. Lumbalsegment
Patellarsehnenreflex	2.—4. Lumbalsegment
Achillessehnenreflex	5. Lumbal- — 2. Sakralsegment
Plantarreflex	1.—2. Sakralsegment.

Außer den Haut- und Sehnenreflexen vermittelt das Rückenmark noch einige andersartige Reflexe, deren Zentra, da sie charakteristisch lokalisiert sind, besonders auch für die Diagnose des Sitzes einer Rückenmarkserkrankung besonderes Interesse haben. So ist der unterste Abschnitt des Rückenmarks der Sitz von Zentra für die Darmentleerung, für die Blasenentleerung und für die Bewegungen des Genitaltrakts. Die Zentra werden als **Centrum ano-spinale**, **Centrum vesico-spinale** und **Centrum genito-spinale** bezeichnet. Auf ihre Bedeutung für die entsprechenden Tätigkeiten brauchen wir hier nicht noch einmal zurückzukommen, da sie früher (S. 65, 312, 326, siehe auch S. 441 u. 473) schon erörtert worden sind. Wenn allein das Sakralmark zerstört wird, so gesellt sich zu der Incontinentia alvi, der Incontinentia vesicae und der sexuellen Impotenz noch als charakteristisches Symptom eine Anästhesie in der Anogenitalregion. Nur wenn auch die Cauda equina mitbetroffen ist, bestehen gleichzeitig auch Lähmungen in den Muskeln der Beine.

Durch das ganze Rückenmark verbreitet liegen ferner *Reflexzentra für die Gefäßmuskulatur und für die Schweißdrüsen*. Die einzelnen Rückenmarksabschnitte beherrschen dabei bestimmte Gefäß- und Drüsenareale.

Man spricht ferner von einem **Centrum ciliospinale** (BUDGE). Aus dem 8. Zervikal- und dem 1.—3. Thorakalsegment entspringen Fasern, welche durch die zugehörigen Rami communicantes in den Halssympathikus eintreten und im Ganglion cervicale superius enden; von dort zieht ein zweites Neuron kopfwärts. Diese Fasern innervieren u. a. drei aus glatten Muskelfasern bestehende Muskeln des Auges, den M. dilatator iridis, den im oberen Augenlid gelegenen HORNERschen Muskel (M. palpebralis tertius oder M. tarsalis superior) und den die Fissura orbitalis inferior überspannenden M. orbitalis; die Reizung dieser Fasern verursacht Pupillenerweiterung (Mydriasis), Lidspaltenerweiterung und Protrusio bulbi (Exophthalmus), wie wir früher (s. Kap. 14) bei Gelegenheit der Erörterung der Nebennieren- und Schilddrüsenfunktionen bereits erfahren haben. Über das Centrum ciliospinale können diese Fasern erregt werden. So verursacht Verdunkelung des Auges, aber auch psychische Erregung, Schreck, Schmerz, ja selbst die bloße Vorstellung von Dunkelheit Pupillenerweiterung. Wird nun die Leitung durch eine *Störung im unteren Zervikalmark* funktionsunfähig, so manifestiert sich die Erkrankung durch Miosis (Pupillenverengerung), durch Lidspaltenverkleinerung und durch Enophthalmus; bei einseitiger Zerstörung verengt sich nur die eine, gleichseitige Pupille. Zu den charakteristischen Begleiterscheinungen der Erkrankung gehören aber häufig auch Atemstörungen, da die Bahnen vom Atemzentrum zu den Respirationsmuskeln durch das Zervikalmark laufen (s. S. 120 u. 420), ferner Störungen in der Herztätigkeit, gewöhnlich Pulsverlangsamung, wohl im Zusammenhang mit dem Ursprung der Nn. accelerantes des Herzens aus dem obersten Brustmark. Es ist also ein ganzer Komplex von Erscheinungen, der sog. *HORNERsche Symptomenkomplex*, der aus der zirkumskripten Störung an der Grenze von Zervikal- und Thorakalmark resultiert. Diese Tatsache hat der genannten Stelle die Bezeichnung eines Zentrums eingetragen, die aber wohl nicht gerechtfertigt ist, da die Stelle wahrscheinlich bloß der Durchgangsort mannigfaltiger Leitungsbahnen ist. —

Wenden wir uns nun der zweiten Hauptfunktion des Rückenmarks zu, seiner **Funktion der Erregungsleitung!**

Wie ein Baum im Erdreich wurzelt, so ist das Rückenmark mit seinen Wurzeln in die Organe des Körpers eingepflanzt. Wir haben bereits mehrfach davon Notiz genommen, daß die vorderen Wurzeln die motorischen, die hinteren die rezeptorischen Nervenfasern enthalten; den Beweis dafür lieferten vor mehr als 100 Jahren CHARLES BELL und MAGENDIE. Durchschneidet man nämlich die vorderen Wurzeln, so tritt Lähmung ein (BELL), durchschneidet man die hinteren Wurzeln, so geht die Sensibilität verloren (MAGENDIE). Am überzeugendsten demonstriert man das **Bell-Magendiesche Gesetz** durch ein Experiment, das von JOHANNES MÜLLER angegeben wurde: man durchschneidet bei einem und demselben Tier auf der einen Seite die vorderen, auf der anderen die hinteren Wurzeln; reizt man dann das Bein, dessen vordere Wurzeln durchschnitten sind, so bleibt es ruhig, aber das Gegenbein reagiert mit Abwehrbewegungen; reizt man dagegen dies letztere, dessen hintere Wurzeln durchschnitten sind, so erfolgt überhaupt keine Reaktion des Tieres, obwohl das gereizte Bein an sich, wie die erste Reizung lehrte, bewegungsfähig ist.

Die vorderen Wurzeln innervieren aber nicht bloß die Skeletmuskeln, sondern sie enthalten außerdem die Vasokonstriktoren, die Pupillomotoren (s. S. 410), die Pilomotoren und die Schweiß sezernierenden Nervenfasern; sie sind also rein effektorisch. Die hinteren Wurzeln enthalten dagegen außer den rezeptorischen Fasern bei vielen Tieren auch die effektorischen Vasodilatatoren, nach mancher Ansicht auch „trophische Fasern", welche in besonderer Weise den Bestand der Organe garantieren (s. S. 417), ferner parasympathische Fasern, welche sich weiterhin dem Sympathikus anschließen und dessen Fasern begleitend besonders dem Intestinaltrakt parasympathische Erregungen zuführen (KEN KURÉ). Dies sind also echte Ausnahmen von dem BELL-MAGENDIEschen Gesetz.

Eine scheinbare Ausnahme bildet die Erscheinung der sogenannten *sensibilité récurrente* (LONGET). Nämlich auch bei der Durchschneidung einer vorderen Wurzel kann man bei einem Tier Schmerzäußerungen beobachten. Dies beruht aber nicht auf einem Eintritt rezeptorischer Fasern auf der Ventralseite des Rückenmarks. Denn wenn man die vordere Wurzel durchschnitten hat und reizt nun ihren zentralen und ihren peripheren Stumpf, so erhält man eine Schmerzäußerung nur bei der Reizung des peripheren Stumpfes, und diese Reaktion verschwindet, sobald man auch noch die hintere Wurzel durchschneidet. Also biegen offenbar rezeptorische Fasern aus der hinteren Wurzel an der Vereinigungsstelle von hinterer und vorderer Wurzel in die letztere um, laufen in dieser also, entsprechend der LONGETschen Bezeichnung, sozusagen rückwärts; die Fasern dienen der sensiblen Innervation der meningealen Hüllen der Wurzeln.

Von vielseitigem Interesse ist die Frage, *welchen Verlauf die Wurzelfasern innerhalb des Rückenmarks nehmen.* Das mikroskopische Querschnittbild belehrt darüber, daß vornehmlich die weiße Substanz, welche fast nur aus in der Längsrichtung des Rückenmarks verlaufenden markhaltigen Nervenfasern besteht, die Leitungsfunktion ausübt. Aber welchen Anteil die Hinterstränge, welchen die Seitenstränge und die Vorderstränge an der afferenten und an der efferenten Leitung nehmen, ist bei der weitgehenden Homogenität ihres Aufbaus nicht direkt ersichtlich. Es gibt aber Verfahren, um sich über den Verbleib oder den Ursprung der Wurzelfasern zu orientieren.

Die wichtigste Methode ist die der **sekundären Degeneration.** TÜRCK fand im Jahre 1851, daß bei Rückenmarkserkrankungen das Querschnittsbild oft an bestimmten Stellen scharf umgrenzte Felder in der weißen Substanz erkennen läßt, innerhalb deren sämtliche Fasern zerfallen sind, während nahe benachbarte Partien ein völlig normales Aussehen gewähren. Es degenerieren bei bestimmten Krankheiten gewisse Faserstränge durch die ganze Länge des Rückenmarks. Die Ursache ist die Lostrennung der betreffenden Fasern von ihren Ganglienzellen (WALLER); von diesen hängt die Lebensfähigkeit der Fasern ab. Man drückt dies häufig auch so aus, daß man von einem *nutritiven oder trophischen Einfluß der Ganglienzellen* spricht (s. dazu S. 395); ein Neuron, bestehend aus der Nervenzelle, dem Achsenzylinderfortsatz und dessen Aufsplitterungen, den Endbäumchen, repräsentiert danach eine nutritive Einheit. Durchschneidet man z. B. eine vordere Wurzel, so degeneriert der periphere Stumpf, weil die Fasern den kontinuierlichen Zusammenhang mit den in den Vorderhörnern des Rückenmarks gelegenen Ganglienzellen, aus welchen sie entspringen, verloren haben; die Degeneration schreitet bis in die letzte Ausbreitung der betreffenden Fasern in der Peripherie fort. Durchschneidet man dagegen eine hintere Wurzel, so kommt es für den Effekt darauf an, ob der Schnitt oberhalb oder unterhalb des Spinalganglions geführt wird. Durchschneidet man oberhalb, so degeneriert allein das zentrale Stück der Wurzel, weil seine Fasern aus dem Spinalganglion stammen, und die Degeneration erstreckt sich nun in das Rückenmark hinein und breitet sich innerhalb dessen bis zur Endigung der Faser, die eventuell erst in der Medulla oblongata gelegen ist, aus; *die Degeneration verläuft also „aufsteigend"*. Liegt der Schnitt dagegen unterhalb des Ganglions, so degeneriert das periphere Stück, weil wiederum die Fasern von ihren Ganglienzellen losgelöst sind. Denn jede spinale Ganglienzelle entsendet ja zwei Fasern, eine peripher in die verschiedenen Sinnesorgane der Haut, der Muskeln, der Gelenke, der Eingeweide, und eine zweite zentralwärts (s. Abb. 149, S. 393). Diejenigen Fasern endlich, welche innerhalb des Rückenmarks zentrifugal leiten, entspringen zumeist aus Ganglienzellen, welche oberhalb des Rückenmarks, z. B. im Gehirn, gelegen sind; daher sind Verletzungen dort oben von einer *„absteigenden" Degeneration* gefolgt.

Von sekundärer Degeneration spricht man im Gegensatz zur primären, welche in unmittelbarer Nachbarschaft der verletzten Stelle auf-

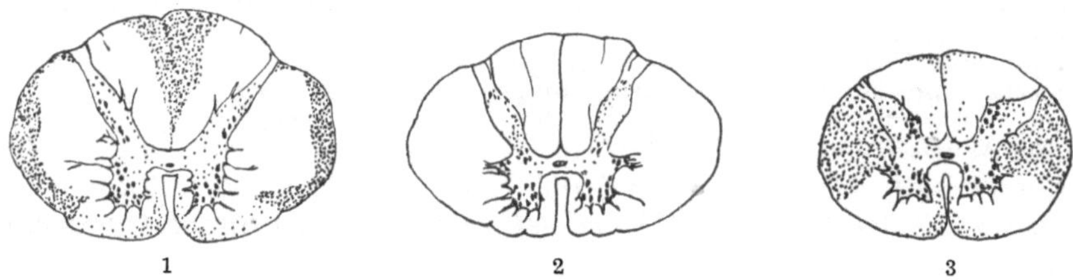

1   2   3

Abb. 157. Sekundäre aufsteigende und absteigende Degeneration im Rückenmark. (Nach HOCHE.) 1. Aufsteigende Degeneration im Halsmark. 2. Normales Thorakalmark (zum Vergleich). 3. Absteigende Degeneration im Lumbalmark.

tritt und von Quetschungen, Zirkulationsstörungen und dergleichen herrührt. Die sekundäre Degeneration schreitet dagegen allmählich von der Wunde aus den ganzen Achsenzylinderfortsatz des Neurons entlang fort; sie beginnt mit einem Zerfall der Neurofibrillen (BETHE), welchem sich eine Zerklüftung der Markscheide in einzelne größere und kleinere Tropfen anschließt (NASSE, SCHIFF). Der sekundären kann sich später noch eine *tertiäre Degeneration* anschließen, wenn der Zerfallsprozeß ein folgendes Neuron befällt; so kann z. B. die sekundäre absteigende Degeneration der motorischen Bahnen im Rückenmark, wenn sie an den Dendriten der Vorderhornganglienzellen ihr Ende erreicht hat, auf diese übergreifen und eine tertiäre Degeneration des peripheren motorischen Nerven einleiten.

Auf die Weise ist es also zu verstehen, wenn oberhalb einer Verletzungsstelle im Rückenmark die aufsteigende Degeneration ein anderes Querschnittsbild in der weißen Substanz hervorruft, als unterhalb die absteigende Degeneration, so wie die Abb. 157 es zeigt.

Eine zweite Methode, um sich über den Verlauf funktionell zusammengehöriger Fasern in der weißen Substanz des Zentralnervensystems zu orientieren, ist die *myelogenetische Methode* von FLECHSIG. Das Zentralnervensystem macht nämlich im Embryonalleben und zum Teil auch noch postembryonal einen allmählichen Reifungsprozeß bis zu seiner vollen Entwicklung durch. Dies äußert sich darin, daß die Achsenzylinder verschiedener Faserstränge zu verschiedenen Zeiten mit Markscheiden umkleidet werden. Die Untersuchung der Myelogenese hat besonders in der Erforschung der Gehirnstruktur eine große Rolle gespielt.

Ein weiteres Mittel, die physiologische Dignität der einzelnen Abschnitte der weißen Substanz festzustellen, bildet die *teilweise Durchschneidung des Rückenmarks* und die Beobachtung der darauf folgenden Ausfallserscheinungen.

Die gründlichste Aufklärung ist der Verfolgung der sekundären Degeneration zu danken, welche teils als Folge von Krankheitsprozessen, teils als Folge absichtlicher Durchschneidungen untersucht wurde. Auf die Weise ist man zu einer *Felderung der weißen Substanz* gelangt, so wie es etwa das Querschnittsbild aus dem Halsmark in der Abb. 158 schematisch zeigt. Die Felder 1, 2, 4, 5, und 6 repräsentieren aufsteigende, die Felder 3, 7, 8, 9 und 10 absteigende Bahnen.

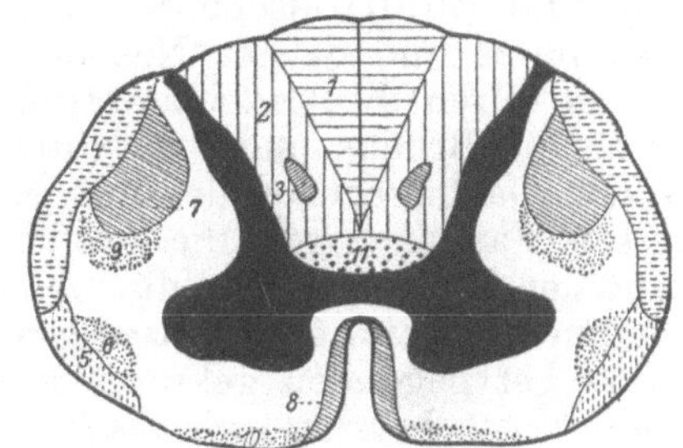

Abb. 158. Schema der Verteilung der Bahnen in der weißen Substanz des Rückenmarks.

1 GOLLscher Strang. 2 BURDACHscher Strang. 3 SCHULTZEsches kommaförmiges Bündel. 4 FLECHSIGsche Kleinhirnseitenstrangbahn. 5 GOWERSsches Bündel. 6 Tractus spinothalamicus. 7 Pyramidenseitenstrangbahn. 8 Pyramidenvorderstrangbahn. 9 Tractus cerebrospinalis (MONAKOWsches Bündel). 10 Tractus vestibulospinalis. 11 ventrales Hinterstrangfeld.

Die *hauptsächlichsten* **aufsteigenden Bahnen** sind:

1. Der *GOLLsche Strang* oder *Funiculus gracilis* (1) und der *BURDACHsche Strang* oder *Funiculus cuneatus* (2). Die beiden bilden den Hauptbestandteil der beiden Hinterstränge. Ihre Fasern entspringen aus den Spinalganglienzellen und enden in den Hinterstrangkernen der Medulla oblongata. Von dort erfolgt die rezeptorische Weiterleitung durch ein zweites Neuron, indem dessen Fasern über die Mittellinie auf die andere Seite hinüberkreuzen und in der medialen Schleife zum Thalamus opticus hinauflaufen; von dort führt ein drittes Neuron durch die Capsula interna zur Großhirnrinde.

Diejenigen Nervenfasern, welche im Zervikalmark in den GOLLschen Strängen verlaufen, sind weiter unten in die BURDACHschen Stränge eingetreten, oder mit anderen Worten: die Fasern treten zunächst in die lateralen Partien der Hinterstränge ein und rücken weiter aufwärts mehr und mehr medial.

Beim Eintritt in die weiße Substanz teilen sich die Fasern der Hinterstränge, wie früher (S. 394) schon einmal bemerkt wurde, T-förmig in einen langen aufsteigenden und in einen kürzeren absteigenden Ast. Die letzteren Äste sind in dem SCHULTZEschen *kommaförmigen Bündel* enthalten (3), das also absteigend degeneriert.

2. *Die hintere* oder *FLECHSIGsche Kleinhirnseitenstrangbahn* oder *Tractus spino-cerebellaris posterior* (4). Sie entspringt aus Zellen der an der Hinterhornbasis gelegenen CLARKEschen Säule, welche ihrerseits von den Endbäumchen von Hinterwurzelfasern umsponnen werden; die Kleinhirnseitenstrangbahn wird also von dem zweiten Neuron einer aufsteigenden Bahn gebildet. Die Fasern verlaufen in der hinteren Randzone des Seitenstrangs wahrscheinlich ungekreuzt zur Kleinhirnrinde (Wurm).

3. Die *vordere Kleinhirnseitenstrangbahn* oder *Tractus spino-cerebellaris anterior* oder das *GOWERSsche Bündel* (5). Es stammt aus Zellen des Vorder- und Seitenhorns der gleichen und der gegenüberliegenden Seite und begibt sich ebenfalls zum Kleinhirn. Die Fasern verlaufen ventral von der FLECHSIGschen Bahn am Rand der weißen Substanz.

4. *Der Tractus spino-thalamicus* (6). Er repräsentiert ebenfalls das zweite Neuron einer rezeptorischen Leitung; die Fasern des primären durch die hinteren Wurzeln eintretenden Neurons enden um Zellen der Hinterhörner. Von diesen laufen die Fasern durch die vordere Kom-

missur auf die andere Seite und ziehen in den Vorderseitensträngen, namentlich medial vom Gowersschen Bündel, diffus verteilt aufwärts zum Thalamus. Von dort führt ein drittes Neuron zur Großhirnrinde.

Die hauptsächlichsten **absteigenden Bahnen** sind:

1. *Die Pyramidenbahnen* oder *Fasciculi cortico-spinales*. Sie entspringen in der Großhirnrinde in derselben Gegend, an welche der Gollsche und Burdachsche Strang und der Tractus spino-thalamicus durch ihr zweites und drittes Neuron angeschlossen sind. Von dort ziehen die Fasern durch die Capsula interna, durch den Fuß der Pedunculi cerebri, durch die Brücke und durch die Medulla oblongata abwärts und endigen an den Ganglienzellen der Vorderhörner. Hier beginnt ein zweites Neuron, dessen Fasern durch die vorderen Wurzeln zur Peripherie laufen. Am kaudalen Ende der Medulla oblongata findet eine teilweise Überkreuzung der Fasern statt, die *Pyramidenkreuzung* (*Decussatio pyramidum*). Die an Zahl überwiegenden gekreuzten Fasern bilden die *Pyramidenseitenstrangbahn* (*Tractus cortico-spinalis lateralis*) (7), die ungekreuzten die *Pyramidenvorderstrangbahn* (8). Doch kreuzen auch diese Fasern weiter unten noch größtenteils durch die vordere Kommissur ins Vorderhorn der Gegenseite hinein, so daß sich die Pyramidenvorderstrangbahn in den tieferen Partien des Rückenmarks erschöpft.

2. Der *Tractus rubro-spinalis* oder das *Monakowsche Bündel* (9). Es stammt aus Ganglienzellen des roten Kerns in der Haube des Hirnschenkels; der Kern steht seinerseits mit dem Thalamus, dem Pallidum und der Großhirnrinde in Verbindung, ferner über die Bindearme mit dem Nucleus dentatus cerebelli. Die Fasern des Monakowschen Bündels kreuzen unmittelbar nach ihrem Ursprung in der Forelschen Kreuzung auf die andere Seite und laufen durch die Brückenhaube und die Medulla oblongata zum Seitenstrang des Rückenmarks; dort liegen sie medial vom Tractus spino-cerebellaris posterior und ventral von der Pyramidenseitenstrangbahn, zum Teil auch in dieser selbst.

3. Der *Tractus vestibulo-spinalis oder deitero-spinalis* (10). Er entspringt aus dem in der seitlichen Wand des 4. Ventrikels nahe dem Kleinhirn gelegenen Deitersschen Kern, in welchen die Fasern des N. vestibularis vom Labyrinth her einmünden. Seine Fasern laufen ungekreuzt und begeben sich teils in den Seitenstrang, teils in die vordere Randzone des Vorderstrangs. Das Bündel ist nicht scharf umgrenzt.

Neben diesen *langen Bahnen* findet man auch in der weißen Substanz noch *kurze Bahnen*, die, meist aus unregelmäßig verstreut verlaufenden Fasern bestehend, zur Verbindung verschiedener Etagen des Rückenmarks untereinander dienen (s. das Schema Abb. 149, S. 393); sie nehmen besonders das Vorderseitenstranggrundbündel, ferner das *ventrale Hinterstrangfeld* (11) ein.

Sehen wir an Hand der *physiologischen Durchschneidungsversuche*, auch der klinischen Befunde nun zu, inwieweit die Läsion absteigender Bahnen Effektoren, die Läsion aufsteigender Bahnen Rezeptoren außer Funktion setzt! Die reichlich vorhandenen experimentellen Angaben hierüber sind häufig einander widersprechend. Das liegt größtenteils an der Schwierigkeit der Versuche, da es fast unmöglich ist, einzelne Stränge des Rückenmarks isoliert zu durchschneiden, ohne benachbarte oder ohne die graue Substanz mitzuverletzen. Zum Teil sind die Angaben auch deshalb widersprechend, weil der Verlauf der Bahnen bei verschiedenen Tieren ganz verschieden ist; so gehen die für die Motilität so wichtigen Pyramidenbahnen bei der Ratte, der Maus, dem Meerschweinchen, dem Igel, dem Schaf durch die Hinterstränge (EDINGER).

Was die **Störungen der Motilität infolge partieller Durchschneidungen** anlangt, so haben die alten Versuche von SCHIFF, LUDWIG und WOROSCHILOFF u. a. an Kaninchen und Hunden gezeigt, daß die Motilität hauptsächlich von den Seitensträngen abhängt. Sticht man z. B. mit einem schmalen Messer durch das Rückenmark mitten hindurch, so daß Vorderstränge, graue Substanz und Hinterstränge größtenteils durchtrennt werden, während die Seitenstränge als Brücken stehen bleiben, so bleibt die Motilität im wesentlichen erhalten. Das ist nach dem Vorangegangenen gut zu verstehen, da die Pyramidenseitenstrangbahnen die zentrifugalen Hauptbahnen sind.

Wenn aber der genannte Stich auch kaum eine Lähmung von Muskeln verursacht, so erzeugt er doch auffallende Störungen, nämlich eine Herabsetzung des Muskeltonus und eine mangelhafte Koordination und dadurch Ungeschicklichkeit in den Bewegungen, und da man ähnliche Erscheinungen nach bloßer Durchschneidung der Vorderstränge beobachtet hat, so ist zu vermuten, daß dafür die Durchtrennung der ventral verlaufenden Tractus vestibulo-spinales verantwortlich zu machen ist.

Durchschneidet man das Rückenmark von der einen Seite her bis zur Mittellinie, so ist Lähmung auf der Operationsseite die Folge; sie erstreckt sich auf alle Muskeln, deren Innervation vom Rückenmark unterhalb des Operationsniveaus ausgeht.

Von großer Bedeutung für die ganze Auffassung der Funktionsweise des Zentralnervensystems ist die Tatsache, daß *nach der Halbseitenläsion die Lähmung wieder verschwinden kann*; Hunde und Affen laufen nach wenigen Wochen wieder tadellos (MOTT, SCHAEFER). Man kann sogar die Einschnitte in mehreren Operationen doppelt und dreifach alternierend von rechts und links her ausführen und doch die nach der jedesmaligen Durchschneidung von neuem zustande kommende Lähmung mehr oder weniger wieder verschwinden sehen (OSAWA), so daß man sich nicht anders vorstellen kann, als daß die motorischen Impulse durch Schaltneurone mehrmals von einer Seite auf die andere hin- und herkreuzen. Bei Hunden und Affen hat ROTHMANN auch beide Pyramidenbahnen in der Medulla oblongata durchtrennt; auch dann erfolgt Restitution, sogar bis zur Ausführung von isolierten Greifbewegungen und dergleichen, und selbst wenn auch noch die Tr. rubrospinales ausgeschaltet werden, erlischt die Beweglichkeit nicht gänzlich. Wir werden auf diese seltsame Restitutionsfähigkeit des Zentralnervensystems später (Kap. 24) zurückkommen.

Die angeführten Experimente werden bis zu einem gewissen Maß durch klinische Beobachtungen am Menschen ergänzt. Bei ihm werden die Pyramidenbahnen einer Seite am häufigsten durch eine Blutung in die Großhirnrinde oder in die Capsula interna außer Funktion gesetzt. Man spricht von einem Schlaganfall oder einer „Apoplexie"; sie äußert sich unmittelbar in einer „Hemiplegie", d. h. in einer Lähmung der einen dem Blutungsherd gegenüberliegenden Körperhälfte. Die Reflexe bleiben dabei mehr oder weniger erhalten, sind sogar oft gesteigert und von spastischer Natur (s. S. 401), nur die Willkür geht verloren.

Die **Störungen der Rezeptivität infolge partieller Durchschneidungen** äußern sich in besonders charakteristischer Weise in dem *BROWN-SÉQUARDschen Symptomenkomplex* bei einer Halbseitenläsion. Nämlich neben der einseitigen Lähmung bestehen Störungen in der Erregbarkeit der Sinnesapparate auf beiden Seiten; auf der gekreuzten Seite findet man

Unempfindlichkeit oder Unterempfindlichkeit für Temperaturreize und für schmerzhafte Erregungen (*Thermanästhesie* und *Analgesie*), ferner eine herabgesetzte Empfindlichkeit für Berührungsreize, also eine Störung der „Oberflächensensibilität". Auf der Seite der Verletzung dagegen anfänglich das Gegenteil einer herabgesetzten Empfindlichkeit, eine *Hyperästhesie*, die derart sein kann, daß auf eine leise Berührung der Haut hin Schmerzensschreie ausgestoßen werden, an deren Stelle aber später eine *Hypästhesie* zu treten pflegt, die sich nicht bloß auf die Haut bezieht, sondern auch eine *Störung der Tiefensensibilität* bedeutet; infolgedessen können Formen, Gewichte, Konsistenzen von Körpern nur mangelhaft beurteilt, Stellungen und Bewegungen der Gliedmaßen schlecht erkannt werden (s. Kap. 35).

Eine befriedigende Erklärung für das Zustandekommen der Hyperästhesie ist bisher nicht gefunden. Die verschiedene Verteilung der Hypästhesien beruht darauf, daß *die Bahnen für die Perzeption der Lage und Stellung ungekreuzt, die Bahnen für die Vermittlung der Berührungsempfindungen teils ungekreuzt und teils gekreuzt durchs Rückenmark verlaufen, während die Bahnen für den Schmerz- und Temperatursinn vollständig kreuzen.* Die Bahn für die Schmerzerregung kann sogar mehrmals von einer Seite auf die andere kreuzen, wiederum wohl dadurch, daß neben langen Bahnen auch kurze durchlaufen werden. Dafür spricht die Beobachtung, daß nach doppelseitiger Halbseitenläsion in verschiedenen Rückenmarkshöhen die Schmerzempfindlichkeit nicht verschwindet (OSAWA, KARPLUS und KREIDL)

Mit dieser Folgerung stehen weitere klinische Beobachtungen in guter Übereinstimmung. In Fällen quälendster einseitiger Neuralgien durchschneidet man mit Erfolg in dem dem Neuralgiegebiet zugehörigen Rückenmarkssegment den Vorderseitenstrang der Gegenseite (FOERSTER), in dessen Tr. spino-thalamicus die Schmerzleitung zusammen mit der für Wärme und Kälte durch die vordere Kommissur hinüberkreuzt; Temperatur- und Schmerzempfindlichkeit werden dadurch weitgehend vermindert, wenn auch nicht völlig aufgehoben, offenbar weil erstens auch einige Schmerzfasern homolateral laufen und zweitens die Schmerzleitung z. T. auch über den Grenzstrang geht. Ferner ist ausgesprochene Analgesie und Thermanästhesie neben geringeren Störungen in der Oberflächensensibilität das Symptom der *Syringomyelie*, einer eigentümlichen mit Höhlenbildung im Rückenmarksgrau einhergehenden Erkrankung des Menschen, oder auch die Folge von zentralen Blutungen oder Eiterungen.

Eine Störung der Tiefensensibilität tritt bei der früher (S. 403) schon erwähnten *Tabes dorsalis* in Erscheinung, dieser Erkrankung des Menschen, bei der wesentlich die Hinterstränge befallen sind. Die Oberflächensensibilität ist dabei nur teilweise aufgehoben, weil die Erregungen von der Haut teils ungekreuzt in den Hintersträngen, teils gekreuzt in den Vorderseitensträngen aufwärts geleitet werden.

Ritzt man beiderseits das Rückenmark an der lateralen Oberfläche an, so treten öfter schwere Bewegungsstörungen auf; die Tiere sinken zusammen, besonders im Dunkeln, der Gang wird taumelnd und breitspurig, die Gliedmaßen werden oft abnorm gestellt. Es handelt sich also um einen Tonusmangel und eine Ataxie, ähnlich wie nach Durchschneidung der Vorderstränge. Die Ursache dafür ist, daß die Tractus spino-cerebellares anteriores und posteriores ausfallen, und daß dadurch das zum Teil vom Kleinhirn abhängige *Gleichgewicht des Körpers* gestört wird (s. dazu Kap. 25).

23. Kapitel

Hirnstamm und Stammganglien.

Die Reflexzentra in der Medulla oblongata 418. Die Pupillenreflexe 419. Die automatischen Zentra des Hirnstammes 420. Die Gehirnnerven 421. Die Erregungsleitung im Hirnstamm 423. Die Zwangsbewegungen 423. Die Vierhügelregion 423. Stammganglien und extrapyramidales System 424.

Die Fortsetzung des Rückenmarks nach dem Gehirn zu bezeichnet man als *Hirnstamm*, äußerlich ein vielgliederiger Abschnitt, welcher aber anatomisch und funktionell einheitlich aufgefaßt werden kann als Ursprungsort für die Hirnnerven, vom Okulomotorius (III) bis zum Hypoglossus (XII) (s. Abb. 159). Nur der Olfaktorius (I) und der Optikus (II) entspringen höher oben; diese sind aber keine eigentlichen peripheren Nerven, sondern vorgestülpte Gehirnabschnitte.

Zum Hirnstamm gehören das *verlängerte Mark* (*Medulla oblongata*), *die Brücke* (*Pons*) und die *Hirnschenkel* (*Pedunculi cerebri*) mit der *Vierhügelregion* (*Corpora quadrigemina*). Fast sämtliche Kerne der Gehirnnerven liegen in dem dorsalen Teil des Hirnstamms und folgen meist dicht aufeinander (s. die Abb. 159 und 160). Dadurch kommt es, daß dies etwa 10 cm lange Stück Zentralnervensystem eine Menge überaus wichtiger *Reflexzentra* birgt, so daß geringfügige Verletzungen von nur wenigen Millimetern Ausdehnung schwere Störungen verursachen können, welche das Leben gefährden. Man kann sagen, daß keine Partie des ganzen Zentralnervensystems weniger entbehrlich ist als diese, zumal ihr unterer Abschnitt, die

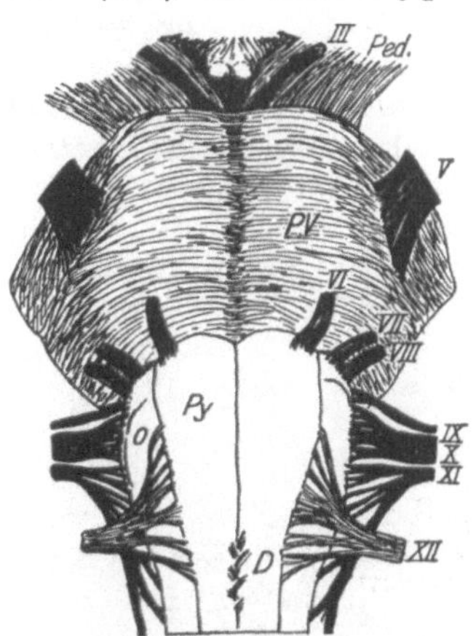

Abb. 159. Der Hirnstamm des Menschen von der Ventralseite. (Nach BING.)

Ped. Pedunculi cerebri, PV Pons Varoli, Py Pyramide, O Olive, D Decussatio pyramidum.

Medulla oblongata. Außer diesen hervorragenden Reflexfunktionen kommen dem Hirnstamm aber ebenso wichtige *automatische Funktionen* zu, und als drittes vermittelt es die *Leitung der Erregungen zwischen Gehirn und Rückenmark*. Nach vorn sind dem Hirnstamm dann die *Stammganglien* vorgelagert; sie sind hauptsächlich im *Striatum* (*Nucleus caudatus+Putamen*), im *Pallidum* (*Globus pallidus*) und im *Thalamus opticus* repräsentiert, denen aus Gründen funktioneller Einheitlichkeit heute meist noch das *Corpus subthalamicum*, die *Substantia nigra* und der *Nucleus ruber* zugerechnet werden. Dieser Anteil des Zentralnervensystems ist im Verhältnis zum Hirnmantel eine phylogenetisch alte Bildung (s. S. 430); seine funktionelle Bedeutung liegt, soweit die Kenntnisse darüber bis heute reichen, vor allem in der unwillkürlichen Direktion der Körperhaltung und der Körperhaltungsänderung im Gegensatz zum System der Pyramidenbahnen, das von der Großhirnrinde aus die Willkürbewegungen beherrscht; es wird deshalb auch als das *extrapyramidale motorische System* bezeichnet.

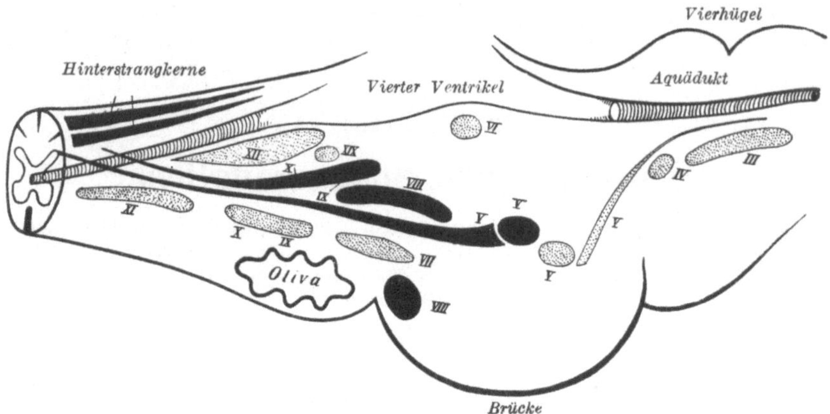

Abb. 160. Verteilung der Gehirnnervenkerne im Hirnstamm des Menschen. (Nach VILLIGER.) Die motorischen Kerne punktiert, die sensiblen schwarz.

Die **Medulla oblongata** *enthält vor allem folgende* **Reflexzentra**:

1. *Das Schluckzentrum*: es wird durch Erregung der sensiblen Nerven des Gaumens und des Rachens in Gang gesetzt, die zentripetale Leitung kommt also dem Trigeminus und dem Glossopharyngeus als Geschmacksnerven, dem Vagus, im speziellen dem Laryngeus superior als Empfänger von Berührungsreizen zu. Als zentrifugale Nerven für die sukzessive koordinierte Aktion der Mund-, Schlund- und Ösophagusmuskeln fungieren Hypoglossus und Fazialis, welche vor allem aus der Speise den Bissen bilden und ihn rückwärts schieben, und Glossopharyngeus und Vagus, welche die Pharynxkonstriktoren innervieren. Die Art der Verkettung der einzelnen Muskelaktionen ist schon früher (S. 26) im Kapitel über die Verdauung geschildert worden.

2. *Das Zentrum für Saugen und Kauen*: Auch dieses wird durch Äste des Trigeminus und Glossopharyngeus erregt; Fazialis, Hypoglossus und Trigeminus vermitteln die motorischen Reaktionen.

3. *Das Zentrum für die Speichelsekretion*: die Zuleitung der Erregungen geschieht in der Hauptsache durch die Geschmacksfasern

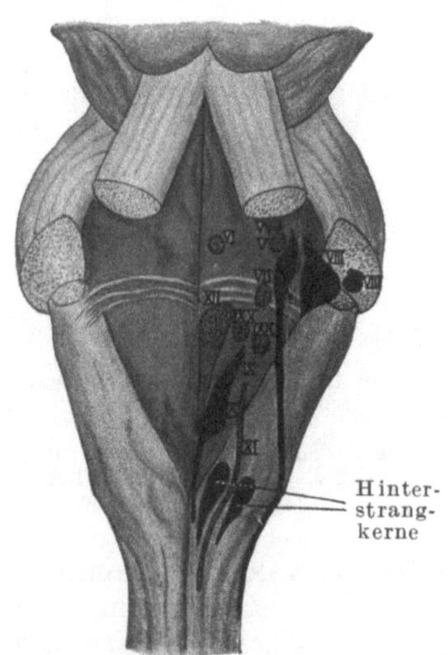

Abb. 161. Der vierte Ventrikel von oben, mit den hineinprojizierten Gehirnnervenkernen.

im Trigeminus und Glossopharyngeus (s. Kap. 33) und durch den Olfaktorius; die efferenten sekretorischen Fasern verlaufen im Fazialis, Glossopharyngeus und Sympathikus (s. S. 21).

4. *Das Zentrum für das Erbrechen*: Das Erbrechen wird hauptsächlich durch Vagus und Glossopharyngeus ausgelöst; an dem motorischen

Akt, welcher außer in Kontraktion des Magens und des Oesophagus auch in der Tätigkeit der Bauchmuskeln, des Zwerchfells, der Thoraxmuskeln, des Kehlkopfes und der Zunge besteht (s. S. 36), sind zahlreiche Nerven beteiligt.

5. *Zentra für Husten und Niesen*: Der Niesakt wird gewöhnlich durch Erregung der Trigeminusendigungen in der Nase, das Husten durch Reizung des N. laryngeus superior ausgelöst; die Erregung wird auf die motorischen Nerven für die Exspirationsmuskeln übergeleitet (s. S. 118). Mit dem Husten und Niesen ist mehr oder weniger deutlich eine reflektorische *Bronchialverengung* verknüpft, die von Nase, Kehlkopf oder Trachea durch mechanische oder chemische Reize (Staubpartikel, Gase) ausgelöst werden und sich bei Übererregbarkeit der Schleimhäute fast zu krampfhaftem Verschluß steigern kann.

6. *Das Phonationszentrum*: Durch seine Vermittlung werden reflektorisch Schreie ausgelöst.

7. *Das Zentrum für die Tränensekretion*: Es kann durch chemische Reizung des Trigeminus, z. B. mit Essigsäure oder Ammoniak, erregt werden; die Reizbeantwortung erfolgt durch den N. lacrimalis des Trigeminus, dem sekretorische Fazialisfasern über den N. petrosus superficialis maior, das Ganglion sphenopalatinum und den N. zygomaticus zugeführt sind.

8. *Das Zentrum für den Lidschluß*: Es überträgt Erregungen der rezeptorischen Trigeminusendigungen, die von der Konjunktiva und der Kornea her über das Ganglion ciliare zum Zentrum gelangen, auf den Fazialis, der den M. orbicularis oculi innerviert.

Die meisten dieser Reflexapparate haben die Aufgabe, wichtige Eingangspforten ins Körperinnere zu überwachen, herandringende und eindringende Stoffe zu sichten und je nach ihrer Beschaffenheit zuzulassen, abzulehnen oder unschädlich zu machen. Sämtlich können sie unabhängig von höher gelegenen Zentralteilen funktionieren; die Ursprungsgebiete der an den Reflexen beteiligten Gehirnnerven sind also auch wirklich die Reflexzentra. Das geht z. B. mit großer Deutlichkeit aus den Beobachtungen an sogenannten *Anencephali* hervor, d. h. an menschlichen Mißgeburten, bei welchen infolge einer Entwicklungsstörung das Gehirn fehlt. Selbst solche Anencephali, bei welchen bloß Hinterhirn und Nachhirn ausgebildet sind, d. h. Pons, Cerebellum und Medulla oblongata, sind im Besitz fast aller der aufgezählten Reflexe; sie saugen, schlucken, schreien und niesen ganz wie gesunde Kinder. Welche große Bedeutung für das Leben diesen Oblongata-Reflexen zukommt, erkennt man an einem anderen Beispiel aus der menschlichen Pathologie, an den Symptomen der *Bulbärparalyse*, dieser seltenen Krankheit, bei welcher allmählich die motorischen Kerne des Bulbus rachiticus — die alte Bezeichnung für die Medulla oblongata — gelähmt werden: die Zunge wird schwerfällig, die Sprache lallend, das Essen ist behindert, weil die Zunge den Bissen nicht zu formen vermag, da durch Lähmung des M. buccinatorius Speiseteile zwischen Wange und Kiefer liegenbleiben, auch die Schlundmuskulatur nicht funktioniert und mangels eines festen Abschlusses des Rachens gegen den Nasenraum die Speise zur Nase herausfließt, und da statt des dünnen Chordaspeichels nur mehr ein dickflüssiger Sympathikusspeichel fließt (s. S. 22); ferner wird die Stimme rauh und schwindet durch Kehlkopflähmung schließlich völlig; das Gesicht wird maskenartig starr.

Weiter aufwärts im Hirnstamm sind **in der Vierhügelregion Zentra für die Pupillenreflexe** gelegen. Die *Pupillenverengung* (*Miosis*) kommt so zustande, daß die durch Belichtung der Augen erzeugte Erregung der Sehnervenfasern den primären Optikuszentren zugeleitet wird, welche teils im Sehhügel, teils im Corpus geniculatum laterale und teils in den vorderen Vierhügeln gelegen sind; in den letzteren sind die Fasern mit den EDINGER-WESTPHALschen kleinzelligen Lateralkernen des Okulomotorius verbunden, welche speziell der Innervation der Irissphinkteren dienen. Da die beiden Lateralkerne auch unter sich verbunden sind, so erfolgt die **Pupillenreaktion konsensuell**, d. h. auch bei Belichtung nur eines Auges verengen sich beide Pupillen.

Ferner befindet sich in dieser Gegend des Hirnstammes ein zweites, dem Centrum cilio-spinale (s. S. 410) übergeordnetes *Zentrum für die Pupillenerweiterung*. Wir haben schon früher erfahren, daß bei schmerzhafter Erregung die Pupillen weit werden. Dieser Reflex, den man z. B. durch eine Reizung des N. ischiadicus auslösen kann, könnte zwar, wie wir sahen, auch vom isolierten Rückenmark allein vermittelt werden, aber für gewöhnlich geht er wohl über einen Bezirk, welcher an der Zwischenhirnbasis hinter dem Tractus opticus, lateral vom Infundibulum gelegen ist. Direkte Erregung dieser Stelle durch den elektrischen Strom löst Pupillenerweiterung aus (s. S. 294), isolierte Zerstörung hebt dagegen den Reflex auf (KARPLUS und KREIDL). Daß es sich nicht bloß darum handelt, daß ein durch schmerzhafte Reizung ausgelöster Erregungsimpuls von der Großhirnrinde herunterlaufend diese Stelle passiert, das beweist die Beobachtung, daß auch nach Abtragung des Großhirns der Reflex erhalten bleibt.

Wenden wir uns von den Reflexzentra zu den **automatischen Zentra des Hirnstammes.**

1. An Bedeutung steht obenan das *Atemzentrum*, welches etwa in der Höhe der Kerne des 9.—12. Gehirnnerven (s. Abb. 159 u. 160) in der Formatio reticularis beiderseits von der Mittellinie gelegen ist, also durch Stich in die Rautengrube im Calamus scriptorius getroffen wird. Wir haben früher (S. 121) erörtert, daß die Bezeichnung als automatisches Zentrum sich auf den experimentellen Nachweis gründet, daß auch nach weitestgehender Abblendung zentripetaler Reize von der Medulla oblongata die rhythmische Innervation der Atemmuskeln erhalten bleibt, freilich in Tempo und Ausmaß vom Blut aus, vor allem durch dessen Gehalt an Gasen geregelt und den wechselnden Bedürfnissen der Organe angepaßt wird. Wir haben aber ferner erfahren, daß die Atmung durch Vermittlung des Zentrums in mannigfacher Weise *von der Haut, von den Lungen, vom Kehlkopf aus auch reflektorisch zu beeinflussen* ist. Die zentrifugale Leitung vom Atemzentrum zu den motorischen Kernen für die Atemnerven im Zervikal- und Thorakalmark erfolgt durch die ventralen Abschnitte der Seitenstränge und durch die lateralen Abschnitte der Vorderstränge.

2. Das *Herzhemmungszentrum*: Seine Existenz folgt aus der ebenfalls früher (S. 146) erwähnten Feststellung, daß bei reizloser Ausschaltung der Vagi das Herz rascher schlägt. Es besteht also ein *Vagustonus*, d. h. eine Dauerinnervation der Vagusfasern. Wie beim Atemzentrum, so wirkt auch hier Kohlensäureanreicherung im Blut reizend; das Herztempo verlangsamt sich z. B. im Beginn einer Erstickung. Und wie dort, so sind *auch hier Reflexreize wirksam,* wie etwa die Reflexe von seiten der Blutdruckregler (s. S. 148) oder der GOLTZsche Klopfversuch (S. 149) lehrten.

3. Nach älteren Angaben liegt ferner ein *vasokonstriktorisches Hauptzentrum* am Boden des 4. Ventrikels, bilateral, ungefähr in der Höhe des

Fazialiskerns (s. Abb. 159 u. 160). Elektrische Reizung in diesem Gebiet erzeugt im ganzen Körper Gefäßverengung und demgemäß starke Blutdrucksteigerung; Zerstörung bewirkt das Gegenteil, Erweiterung und Druckabfall. Die Gefäße werden also von hier aus tonisch innerviert. Wieder ist eine Abhängigkeit der Tätigkeit vom Blutgehalt nachzuweisen; so nimmt im Beginn der Erstickung der Gefäßtonus zu. Hiervon ebenso wie von der reflektorischen Beeinflussung der Gefäßweite, von den pressorischen und depressorischen Nerveneinflüssen war bereits im Kapitel über die Physiologie der Gefäße die Rede (s. S. 172). Dort wurde auch erwähnt, daß die gefäßtonisierende Wirkung zum Teil vom Rückenmark ausgeht. Denn wenn man das Rückenmark unterhalb der Medulla oblongata durchschneidet, so fällt zwar zunächst der Blutdruck ab, aber nach einiger Zeit hebt er sich wieder, weil „vasokonstriktorische Nebenzentra" im Rückenmark vikariierend für das Hauptzentrum eintreten. Durchschneidet man dann abermals weiter unten, so wiederholt sich das gleiche, und selbst nach Ausrottung des ganzen Rückenmarks stellt sich ein gewisser Tonus wieder her, weil auch die peripheren Ganglien noch konstringierende Einflüsse ausüben können. Durch derartige Erfahrungen zerfließt natürlich der anatomische Begriff des vasokonstriktorischen Zentrums einigermaßen. Andererseits sind auch in Hinsicht der Existenz eines selbständigen Gefäßzentrums in der Medulla oblongata Bedenken aufgetaucht, seitdem man erkannt hat, daß an der Gehirnbasis im Hypothalamus ein großes Eingeweidezentrum gelegen ist (s. S. 293 und Kap. 26), von dem aus u. a. auch die Gefäßweite reguliert wird, und man neigt mehr dazu, die Medulla oblongata bloß als eine Durchgangsstation für vasomotorische Erregungen anzusehen.

4. Ähnlich ist heute vielfach die Einstellung gegenüber dem *Zuckerzentrum*, das auf Grund der *Piqûre* von CLAUDE BERNARD in die Gegend der Kerne des Akustikus und des Vagus lokalisiert wurde (S. 198); auch die Glykosurie kann durch Reizung im Gebiet des Hypothalamus hervorgerufen werden (KARPLUS).

Die große Bedeutung des Hirnstamms liegt aber nicht bloß darin, daß er der Sitz lebenswichtiger Zentra ist, sondern da aus ihm die **Gehirnnerven** (III—XII) entspringen, so hängen von ihm auch noch alle diejenigen Funktionen ab, an welchen n e b e n den automatischen und den typischen Reflexfunktionen die Gehirnnerven beteiligt sind. Die w e s e n t - l i c h e r e n dieser Funktionen seien im folgenden kurz zusammengefaßt:

Der *Hypoglossus* dient durch Bewegung der Zunge vor allem dem Sprechen und der Nahrungsaufnahme. Eine halbseitige Lähmung der Zunge durch Verletzung des einen Hypoglossus stört jedoch das Sprechen, Kauen und Schlucken nur wenig. Die halbseitige Lähmung erkennt man daran, daß, wenn die Zunge herausgestreckt wird, die Spitze nach der gelähmten Seite hin abweicht.

Die Funktionen des *Vagus* sind außerordentlich vielseitig, da er Schlund, Kehlkopf, Herz und Lungen mit motorischen und rezeptorischen, Magen und Darm mit motorischen und sekretorischen Fasern versorgt. Die Pharynxäste vermitteln den Schlingreflex (S. 26). Den Laryngeus superior sahen wir als rezeptorischen Nerven beim Husten beteiligt (S. 118). Der Laryngeus inferior oder Recurrens innerviert die Kehlkopfmuskeln. Die zentripetalen Herzfasern des Vagus vermitteln den Depressorreflex (S. 148), die zentrifugalen wirken negativ chrono- dromo-, und inotrop (S. 146). Die Bronchen werden mit motorischen, konstringierend wirkenden Fasern versorgt (S. 128), die zentripetalen Lungenfasern besorgen die „Selbststeuerung der Atmung" (S. 127). Im Magen und Darm wird die Bewegung vom Vagus angeregt (S. 36) ebenso die Sekretion des Magen- und des Pankreassaftes (S. 31 u. 46).

Vom Vagus ist also eine Fülle wichtiger Funktionen abhängig. Durchschneidet man die beiden Vagi bei einem Tier, so ist meistens der Tod durch Lungenentzündung die Folge. Die Ursache dieser sogenannten *Vaguspneumonie* ist teils in der Lähmung der Speiseröhre gelegen, in welcher die verschluckten Speisen sich stauen, bis sie bis an den Kehlkopfeingang reichen und in diesen überfließen, teils in einem mangelhaften Verschluß des Kehlkopfs beim Schlucken, so daß durch „Verschlucken" Speise direkt in die Luftwege eindringt, teils im Fehlen der Sensibilität des Kehlkopfinnern, so daß der Hustenreflex nicht mehr ausgelöst, die eingedrungene Speise also nicht mehr durch die explosive Exspiration des Hustens herausgetrieben wird. So kommt es dazu, daß Speise aspiriert und die Lunge infiziert wird.

Der *Glossopharyngeus* ist der Hauptgeschmacksnerv (s. Kap. 33). Er führt außerdem wahrscheinlich der Parotis sekretorische Fasern im N. auriculo-temporalis zu (s. S. 21). Ein im Sinus caroticus entspringender Ast ist zusammen mit dem N. depressor Blutdruckregler (S. 148).

Der *Akustikus* dient mit seiner einen Portion, dem *N. cochlearis*, dem Hören; die andere Portion, der *N. vestibularis*, vermittelt von den Bogengängen und den Statozysten des Labyrinths aus hauptsächlich und z. T. in Gemeinschaft mit den beiden spinozerebellaren Strängen (s. S. 413) die Erhaltung des Körpergleichgewichts (s. Kap. 35).

Der *Fazialis* ist vor allem Bewegungsnerv für das Gesicht; mit motorischen Fasern versorgt er ferner die Muskeln des äußeren Ohres und den M. stapedius im Innern des Ohrs. Außerdem enthält der Fazialis sekretorische Fasern für die Tränendrüsen (s. S. 419), die Drüsen der Nasenschleimhaut und für die Glandula submaxillaris und sublingualis (S. 21). Endlich enthält er wahrscheinlich in der Chorda tympani Geschmacksfasern (s. Kap. 33).

Auffällig gibt sich die Mannigfaltigkeit der Funktionen bei Lähmungen zu erkennen. Bei der doppelseitigen Fazialisparalyse fallen alle mimischen Bewegungen fort, das Gesicht ist erstarrt; da der M. orbicularis oculi mit betroffen ist, so kann das Auge nicht geschlossen werden (Lagophthalmus); die Lähmung des M. buccinatorius bewirkt, wie schon auf S. 419 gesagt wurde, daß die Speisen leicht zwischen Wangenschleimhaut und Kiefer hängen bleiben; auch die öfter zu beobachtende Verminderung der Speichelsekretion stört die Nahrungsaufnahme; Pfeifen, Saugen und Pusten gelingen nicht, die Sprache ist wegen der Lippenlähmung gestört; endlich kommt es öfter zu Hyperakusis, d. h. einer Überempfindlichkeit des Ohrs, infolge der Lähmung des M. stapedius (s. Kap. 31). Eine halbseitige Lähmung macht sich vor allem bemerkbar durch die Schiefe der Gesichtszüge; da die Gesichtsmuskeln normalerweise tonisch kontrahiert sind, so hängt die gelähmte Seite, insbesondere der Mundwinkel herab; die Tränen fließen oft deutlich nur einseitig.

Der *Abduzens* versorgt den M. rectus lateralis des Auges; daher kommt es zu Schielen nach einwärts, zu Strabismus convergens, wenn seine Funktion ausfällt, ferner zum Sehen von Doppelbildern (Kap. 30).

Der *Trigeminus* sendet rezeptorische Fasern in fast die ganze Haut des Kopfes, in die Konjunktiva und Kornea, in die Schleimhaut der Nase und des Mundes und in die Zähne. Der Zunge kann er Geschmacksfasern zuführen. Mit motorischen Fasern versorgt er die Kaumuskeln und den M. tensor tympani (über einige Ausfallserscheinungen siehe S. 477).

8. Der *Okulomotorius* innerviert einen großen Teil der äußeren Augenmuskeln (bis auf den M. rectus lateralis und M. obliquus superior), ferner den M. levator palpebrae superioris, den M. ciliaris und den M. sphincter pupillae. Lähmung des Okulomotorius erzeugt daher ein charakteristisches Symptomenbild, nämlich Hängen des oberen Lides (Ptosis), fast mangelnde Beweglichkeit des Bulbus und Schielen nach außen und unten infolge des Zuges von Rectus lateralis und Obliquus superior, ferner Mydriasis und Mangel des Akkommodationsvermögens, also Unfähigkeit, nahe Objekte scharf zu sehen.

Wenden wir uns nun schließlich der **Leitungsfunktion des Hirnstamms** zu! Der Hirnstamm ist die Durchgangsstätte für wichtige lange Bahnen (S. 413), vor allem für solche, welche das Rückenmark mit dem Großhirn und dem Kleinhirn und die letzteren beiden unter sich verbinden.

Diese Bahnen verlaufen im großen ganzen ventral vom Gebiet der Gehirnnervenkerne. Die zentripetalen Leitungen liegen im allgemeinen in der Haube, die zentrifugalen im Fuß. Erstere setzen sich zusammen 1. aus den Neuronen, welche, aus den Kernen der Hinterstränge entspringend, die Fortsetzung des GOLLschen und BURDACHschen Stranges bilden, alsbald nach ihrem Ursprung auf die Gegenseite kreuzen (s. S. 413) und zum Thalamus hinaufziehen, 2. aus den Tractus spino-thalamici, deren Fasern schon im Rückenmark gekreuzt haben, und 3. in der Medulla oblongata und zum Teil im Pons aus den beiden Tractus spino-cerebellares. Die motorischen Bahnen sind vor allem die Pyramidenbahnen; sie bestehen hier nicht bloß aus kortikospinalen, sondern auch aus „kortikobulbären" Fasern, die sich zu den motorischen Kernen des Trigeminus und Vagus und zu den Kernen des Fazialis und Hypoglossus begeben. Diese kortikobulbären Fasern kreuzen bereits vom Pons ab auf die Gegenseite, während die kortikospinalen Fasern erst im kaudalen Teil der Medulla oblongata, in der Decussatio pyramidum, auf die andere Seite übertreten. Die ebenfalls zentrifugale Bahn, welche vom Nucleus ruber herkommt (s. S. 414), kreuzt schon weiter oben (s. S. 426). Die Verbindung des Großhirns mit dem Kleinhirn wird durch die frontale und durch die okzipitotemporale Brückenbahn vermittelt; diese liegen im Fuß zu beiden Seiten der Pyramidenbahn.

Dieser anatomischen Anordnung entspricht es, daß bei einseitiger Durchschneidung des Hirnstammes die Sensibilität auf der Gegenseite ausfällt, während die motorische Lähmung nicht komplett zu sein braucht, eben weil die motorischen Bahnen in ganz verschiedenen Höhen kreuzen. Einseitige Verletzung, namentlich im Pons, in den Pedunculi cerebri und den Crura cerebelli ad pontem, verursacht häufig einseitige Bewegungsstörungen, sogenannte **Zwangsbewegungen,** welche das Tier hindern, geradeaus zu laufen. Man unterscheidet *Reitbahn- oder Manègebewegungen,* bei denen das Tier im Kreis umherläuft, *Uhrzeigerbewegungen,* bei denen das Hinterteil des Tieres feststeht und der Vorderkörper sich um ersteres als Achse dreht, und *Roll- oder Wälzbewegungen,* bei denen sich das Tier auf dem Boden um seine Längsachse dreht. Dazwischen gibt es alle Übergänge. Die Kreisbewegungen erfolgen bald nach der verletzten Seite hin, bald nach der Gegenseite. Die merkwürdige Störung rührt teils von der einseitigen unvollständigen Lähmung her, teils von Inkoordinationen durch Reizung und durch Unterbrechung von Bahnen zum Kleinhirn. Mit den Manège-, Zeiger- und Rollbewegungen ist oft *Nystagmus* kombiniert, d. h. zuckende Bewegungen der Augen; auf diese kommen wir später (Kap. 35) noch genauer zurück.

Liegt die Verletzung im Gebiet der Pedunculi cerebri, so gesellen sich zu den Bewegungsstörungen oft noch die Symptome einer Reizung oder einer Läsion der **Vierhügelregion.** Die vorderen Vierhügel sind, wie wir (S. 420) sahen, eines der primären Optikuszentren. Ihre Zerstörung verursacht Sehschwäche, aber nicht Erblindung, ferner Störungen in der

Koordination der Augen. Ihre Reizung bewirkt häufig Pupillenerweiterung, Lidhebung und Bewegungen der Augen. Die hinteren Vierhügel stehen im Dienst des Gehörs; Fasern aus dem Nucleus cochlearis der Gegenseite endigen hier. Daher beobachtet man (an Hunden und Affen) bei Läsion dieser Partie eine Schädigung, aber nicht Aufhebung des Hörvermögens. —

Wie bereits (S. 433) gesagt wurde, sind dem als Hirnstamm bezeichneten Abschnitt des Zentralnervensystems die **Stammganglien** vorgelagert. Wenn wir sie hier zu einem besonderen Zentralteil zusammenfassen, so ist das freilich sehr schematisch. Denn erstens ist keinerlei scharfe Grenze zu ziehen, — reichen doch z. B. der Nucleus ruber und die Substantia nigra in das Gebiet der Vierhügel hinein (s. Abb. 162), — und zweitens ist die Region der Stammganglien funktionell sicherlich ganz uneinheitlich; denn zu der rein motorischen Funktion des sogenannten *extrapyramidalen Systemes*, in dem vor allem Striatum, Pallidum, Substantia nigra und

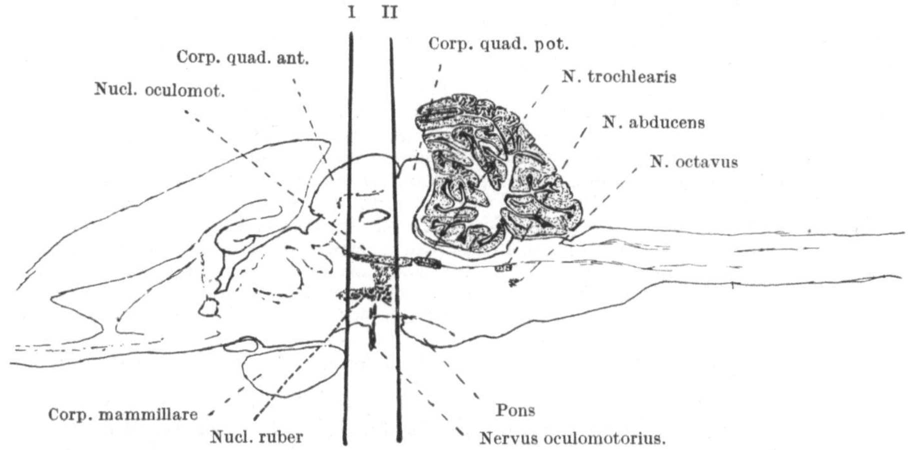

Abb. 162. Sagittalschnitt durch das Gehirn vom Kaninchen. (Nach RADEMAKER.)
Ein Schnitt in der Ebene I läßt die Tonusverteilung und die Stellreflexe normal, ein Schnitt in der Ebene II führt zu Enthirnungsstarre.

Nucleus ruber zusammengefaßt werden, kommt die wohl vorherrschend rezeptorische Funktion des Thalamus und die vegetative Steuerung der Regio hypothalamica hinzu. Ferner sind, wie wir gleich sehen werden, an der extrapyramidalen Motorik Stammganglien und Hirnstamm bei den verschiedenen Säugetieren offenbar in recht verschiedenem Maß beteiligt.

Wenn man den Hirnstamm vor dem Tentorium cerebelli, d. h. etwa in der Mitte der Corpora quadrigemina quer durchtrennt (s. Abb. 162, Schnittebene II), so entwickelt sich nach SHERRINGTON rasch die sogenannte *Enthirnungsstarre*. Dabei werden durch gleichzeitige Spannung der Strecker und Beuger die Gliedmaßen versteift, wobei diejenigen Muskeln, welche beim Stehen der Schwerkraft entgegenwirken, also z. B. beim Hund die Strecker der Gliedmaßen, die Heber des Nackens, die Strecker des Rückens und die Heber des Schwanzes an Kraft überwiegen (WACHHOLDER). Infolgedessen kann man das dezerebrierte Tier hinstellen, aber es steht dann in karikierter Weise stocksteif da; legt man es hin, so ist es unfähig sich aufzurichten, die „Stellfunktion" ist also infolge der pathologischen Verteilung des Tonus verlorengegangen. Dieser Starrezustand entsteht auch bei Querschnitten, die weiter rückwärts durch den Hirnstamm gelegt werden, solange man nicht tiefer durchtrennt als in der Höhe des Eintritts der Nn. acustici in die Medulla oblongata. Daraus folgt, daß die Enthirnungsstarre nichts mit dem Kleinhirn zu tun hat. Ganz anders das spinale Tier! Ein Tier mit unterhalb der Medulla oblongata abgetrenntem Rückenmark ist außerstande, sich aufrechtzuerhalten, es sinkt sofort wie tot in sich zusammen, wenn man es auf die Beine zu bringen versucht, obwohl es, wie wir sahen, einer Menge einfacher und komplizierter Reflexe fähig ist (s. besonders S. 406).

Aber auch beim Tier mit Dezerebrierungsstarre kann der Tonus noch sehr verschieden verteilt werden und unterliegt in streng gesetzmäßiger Weise der Einwirkung bestimmter Sinnesreize. Wie MAGNUS zeigte, gehen diese in erster Linie von den Labyrinthen und von den Rezeptoren der Halsmuskeln aus und bewirken auf reflektorischem Wege, daß *bei jeder*

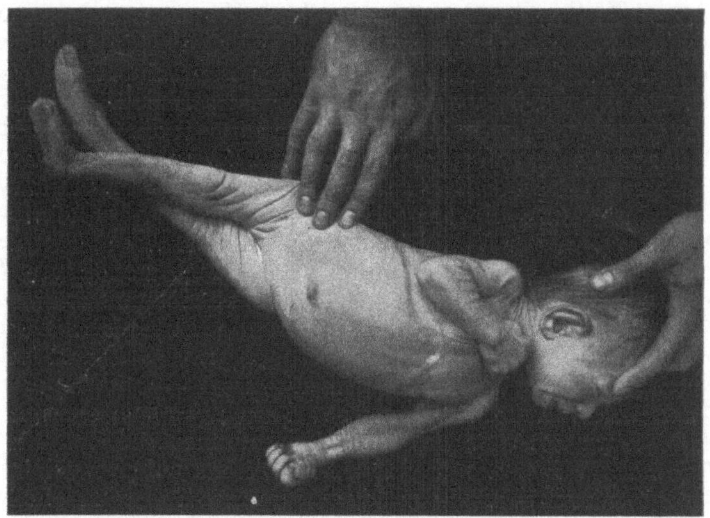

Abb. 163. Tonischer Nackenreflex bei einem durch Gehirnblutungen geschädigten Neugeborenen. (Nach MAGNUS und DE KLEIJN.)

Stellung des Kopfes im Raum und im Verhältnis zum Rumpf der Körper eine ganz bestimmte Haltung einnimmt. Die doppelte Auslösung der reflektorischen Tonisierung wird nach MAGNUS am besten so bewiesen, daß man entweder die Labyrinthe exstirpiert oder die hinteren Wurzeln der Zervikalnerven durchschneidet. Dreht man dann, um ein Beispiel zu geben, beim labyrinthexstirpierten Tier den Kopf um die Achse Scheitel — Schädelbasis, so werden die Extremitäten auf derjenigen Körperseite, welcher das Kinn zugekehrt ist, gestreckt, auf der Gegenseite gebeugt. Dies gilt anscheinend auch für den Menschen; die Abb. 163 zeigt z. B. den beschriebenen Reflex vom Hals auf den Rumpf bei einem Kind, dessen Gehirn durch Blutungen schwer lädiert war, wodurch ein Verhalten ähnlich dem eines dezerebrierten Tiers entstand. Den isolierten Einfluß der Labyrinthe zeigt man am besten so, daß man durch Eingipsen den Kopf gegen den Rumpf fixiert, so daß keine Halsreflexe durch Drehung der Halswirbelsäule ausgelöst werden können. Legt man dann den Kranken auf ein Brett, das man um seine Frontalachse dreht, so beobachtet man Streckung der Glieder, wenn das Fußende gehoben, Beugung, wenn das Fußende

gesenkt wird. Wichtig ist, daß alle Haltungen, die durch die gleichzeitige
Betätigung beider Reflexapparate hervorgerufen werden, natürlichen, vom
gesunden Tier eingenommenen Haltungen entsprechen. Auf die Natur
des Einflusses der Labyrinthe auf die Körperhaltung kommen wir später
(Kap. 35) zurück.

Sobald man nun mit der Querdurchtrennung noch weiter nach vorwärts
bis ins Gebiet des Sehhügels geht, so ändert sich das Verhalten völlig;
an die Stelle der Enthirnungsstarre tritt die normale Tonusverteilung
zwischen Streckern und Beugern, und zudem behalten die Tiere ihre
Fähigkeit, spontan sich hinzustellen. Auch jetzt läßt sich nachweisen,
daß die jeweilige Haltung reflektorisch bedingt ist, allerdings in komplizierter Weise durch Zusammenwirken der Labyrinthe, der Rezeptoren des
ganzen Körpers, zum Teil durch Mitwirken der Augen und auch des Kleinhirns. Dementsprechend werden von MAGNUS *Labyrinth-*, *Hals-*, *Körper-
und optische „Stellreflexe"* unterschieden, deren Zentra auf die verschiedenen
Niveaus des Hirnstammes bis in die Medulla oblongata hinein verteilt liegen.

Es fragt sich, bis zu welcher Höhe das Zentralnervensystem intakt
bleiben muß, wenn die Tonusverteilung normal sein soll. Das Experiment
ergab bei der Katze und beim Kaninchen, daß es auf die Unversehrtheit des
Nucleus ruber und seiner Verbindung nach hinten ankommt (RADEMAKER).
*Sobald der Nucleus ruber vor die Durchschneidungsebene fällt, tritt Enthirnungs-
starre ein* (s. Abb. 162). Ferner tritt die Starre auch dann ein, wenn man
beim Kaninchen von der Ventralfläche des Mittelhirns aus in der Mittellinie $3^1/_2$ mm tief einsticht; alsdann trifft man gerade die *FORELsche
Kreuzung*, d. h. die Fasern, welche als Tractus rubrospinales aus den roten
Kernen entspringend gleich an deren hinteren Polen sich überkreuzen.
Weitere Versuche am Kaninchen haben gezeigt, daß das Mittelhirndach
sowie die Substantia nigra an der Erhaltung der normalen Tonusverteilung
und der Stellreflexe nicht beteiligt sind. Man muß sich danach also vorstellen, daß die unteren Partien des Hirnstammes für sich die Strecker
zum Übergewicht bringen, und daß vom Nucleus ruber aus Einflüsse auf
die Beuger hinzukommen, die zu der normalen Tonusverteilung führen.

Diese Lehre, gilt aber nun wohl nur für gewisse Tiere, wie z. B. die
Katze und das Kaninchen, jedenfalls nicht für den Menschen. Denn hier
kommen starke Störungen der Tonusverteilung auch schon dann vor,
wenn die Stammganglien oberhalb des Nucleus ruber erkranken; dazu
gesellen sich Störungen in der Koordination und in dem Umfang der Bewegungen. All das weist vielleicht darauf hin, daß, wie die phylogenetischen
Betrachtungen der Funktion des Zentralnervensystems es mannigfach gezeigt haben, auch hier wieder gilt, daß die Leistungen von um so höher
gelegenen Zentralteilen aus dirigiert werden, je höher organisiert das Tier
ist. Beim Menschen gibt es also im Gehirn einen Apparat, der neben dem
System der Pyramidenbahnen und in besonderer Art die Motion beherrscht,
der deshalb als das *extrapyramidale motorische System* bezeichnet worden
ist. Insbesondere sind es lokalisierte Erkrankungen des Striatum und des
Pallidum, welche charakteristische Bewegungsstörungen herbeiführen. Der
Ausfall des *Pallidum* bewirkt Armut an Bewegungen, „Hypokinesen" und
„Akinesen", aber nicht auf Grund von Lähmungen; besonders unwillkürliche Bewegungen gehen verloren, wie etwa das Mitpendeln der Arme
beim Gehen oder wie die mimischen Bewegungen und Gesten, deren Mangel
oft ein merkwürdiges Mißverhältnis zwischen den Gemütsbewegungen und
ihrem körperlichen Ausdruck schafft, die Sprache wird monoton; dazu

kommt eine Hypertonie, die sich in Ungeschicklichkeit und in Steifigkeit der Bewegungen sowie in einer Starre der Haltung äußert (PARKINSON). Bei Erkrankungen des *Striatum* begegnet man umgekehrt Atonie und Hyperkinesen in Form von Grimassieren, von *Chorea* (*Veitstanz*), von dem als *Athetose* bezeichneten langsameren und steiferen Veitstanz oder auch nur von Zittern. Ähnliche Symptome werden auch mit krankhaften Veränderungen der *Substantia nigra* in Zusammenhang gebracht.

Wie dies ganze bis zum Nucleus ruber hinabreichende System in Gang gebracht wird, darüber ist wenig Sicheres bekannt. Wahrscheinlich spielen hier besonders der große rezeptorische Kern des Zwischenhirns, der Thalamus opticus, ferner das Kleinhirn und die Großhirnrinde wichtige Rollen.

Von der Funktion der *Regio hypothalamica* war schon früher (S. 276 u. 293) die Rede; wir kommen darauf auch später (Kap. 26) noch einmal zurück.

24. Kapitel

Das Großhirn.

Vergleichende Anatomie des Gehirns 430. Das Verhalten nach Exstirpation des Vorderhirns 431. Die Lokalisationslehre 437. Die Lokalisation der Motilität im Großhirn 438. Restitutionserscheinungen nach Ausschneiden bestimmter motorischer Rindenzentra 443. Die Lokalisation der Sensibilität 447. Die Sehsphäre 448. Die Hörsphäre 451. Geruchs- und Geschmackszentrum 451. Primär- und Sekundärzentra 452. Aphasie 454. Apraxie und Agnosie 456. Das Stirnhirn 457. Die Präponderanz der linken Hemisphäre 461. Der Balken 461. Der Schlaf 462. Der zeitliche Verlauf der Gehirnvorgänge 464.

Die Lehre von den Funktionen des Großhirns ist wohl derjenige Abschnitt der Physiologie, welcher uns unmittelbar am allermeisten fesselt. Denn das Mysterium des Lebens scheint uns hier in seiner größten Erhabenheit entgegenzutreten. Hier haben wir nicht allein ein Organ vor uns, dessen Architektur, Physik und Chemie wir studieren müssen, um seine Funktionen zu verstehen und seine Bedeutung für das organische Zusammenwirken aller Teile des Körpers richtig einschätzen zu können, sondern das Großhirn gilt uns außerdem als der Sitz und als das Organ der Seele. Denn aus vielen Erfahrungen, die namentlich dem Gebiet der Pathologie des Menschen angehören, können wir folgern, daß Fühlen und Wollen, Denken und Sicherinnern, daß das ganze geistige Leben nur dann seinen natürlichen Verlauf nimmt, wenn das Großhirn gesund ist.

Sobald wir zu dieser Erkenntnis gelangt sind, werden wir aber auch die Frage aufwerfen, wie es wohl zu erklären ist, daß gerade mit den Prozessen im Gehirn seelische Vorgänge Hand in Hand gehen, und indem wir so fragen, öffnen sich vor uns ganz neue andersartige Probleme als bisher; wir leuchten in die Tiefen der naturphilosophischen Untersuchungen hinein.

Aber für die Physiologie ist damit, daß wir in dieser Weise auf den Boden der Metaphysik hinübertreten, auch wenn wir die Frage nach dem Zusammenhang von Gehirn und Seele noch so umfänglich diskutieren würden, wenig gewonnen. Denn schließlich ist, wie wir bald finden werden, das Gehirn physiologisch betrachtet, soweit unsere Forschungsmethodik bisher reicht, auch nur als eine Schaltungszentrale anzusehen, die, vergleichbar dem Rückenmark und dem Hirnstamm, zwischen Rezeptoren und Effektoren vermittelt. Freilich eine Zentrale von unermeßlicher Vielseitigkeit! Denn die Vielseitigkeit beruht vor allem darauf, daß die innere Struktur des Gehirns wenigstens beim höheren Tier nicht nur einen besonderen Reichtum an Kombinationen der einzelnen Teile des Körpers ermöglicht, der in einer exorbitanten Zahl untereinander verschiedener „Äußerungen" in Erscheinung tritt, — jede Bewegung und jede Haltung ist ja durch das Verhalten der gesamten rezeptorischen Peripherie mitbestimmt und wirkt ihrerseits auf diese Peripherie zurück — sondern daß außerdem noch die mannigfaltigsten, zeitlich oft Jahre und Jahrzehnte zurückliegenden Einwirkungen der Außenwelt ihre Spuren hinterlassen haben und nun die Reaktionsbereitschaft des Systems in jedem Augenblick mit beeinflussen. Immerhin, wir haben dennoch eigentlich keinen Anlaß dazu, anzunehmen, daß die Aktionen des Gehirns sich mehr als in der Quantität von denen des Rückenmarks samt Hirnstamm unterscheiden, um so weniger, wenn wir nicht gerade bloß das Gehirn des erwachsenen Menschen betrachten, sondern unsere Ansicht von ontogenetischen und besonders phylogenetischen Betrachtungen mitbestimmen lassen. Daher erscheint es auch begreiflich, daß zum

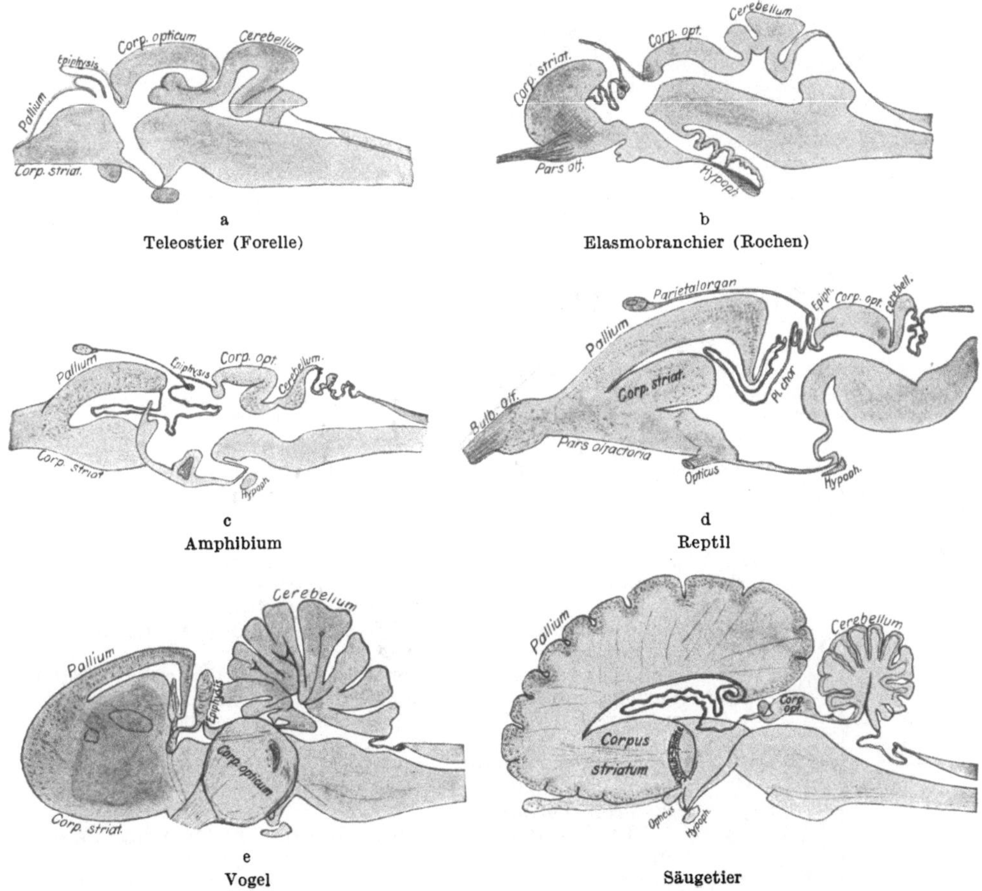

Abb. 164. Sagittalschnitt durch das Großhirn von Wirbeltieren. (Nach EDINGER.)

Studium der Gehirnfunktionen nicht grundsätzlich andere Mittel angewendet worden sind als zu dem des übrigen Nervensystems.

Um nun die gegebene Auffassung zu begründen, wollen wir die Analyse der Gehirntätigkeit gleich damit beginnen, daß wir durch einen „Rückblick" auf niedrigere Wesen uns klarmachen, durch welche Leistungen das Gehirn des Säugetiers und vornehmlich das des Menschen, sein „Seelenorgan", sich von dem einfacheren, aber in der Entwicklungsreihe doch auch sich stetig komplizierenden der übrigen Wirbeltiere unterscheidet. Einen experimentellen Weg zur Klärung dieser Frage beschreiten wir, wenn wir vergleichend untersuchen, welche Fähigkeiten einem Wirbeltier genommen werden und welche übrigbleiben, wenn wir sein Gehirn exstirpieren. Über das menschliche Gehirn werden wir uns in der gleichen Richtung orientieren, wenn wir die klinischen Erfahrungen über die Folgen krankhafter Zerstörung zu Rate ziehen.

Der Mitteilung der Ergebnisse schicken wir einen kurzen Überblick über die **vergleichende Anatomie des Gehirns** voraus.

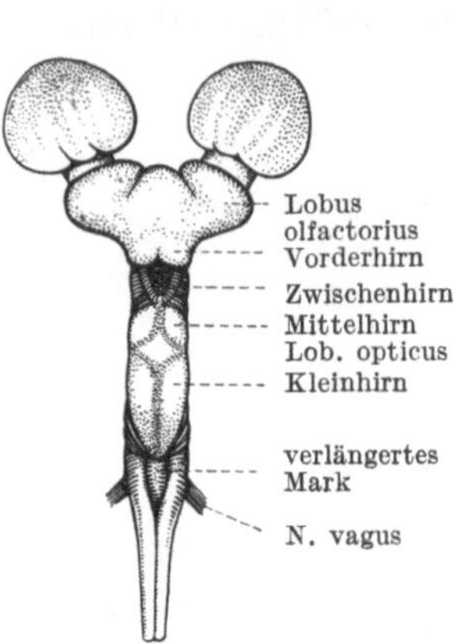

Abb. 165. Gehirn eines Haifisches.
(Nach STEINER.)

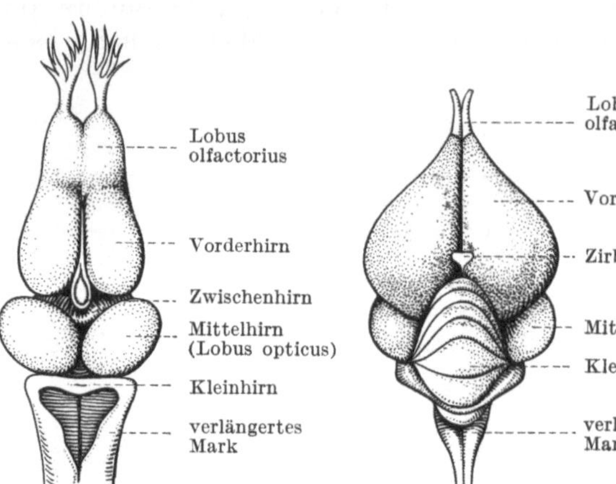

Abb. 166. Gehirn eines Frosches.   Abb. 167. Gehirn einer Taube.
(Nach ECKER.)   (Nach WIEDERSHEIM.)

Was man bei den Säugetieren gewöhnlich unter Gehirn oder auch unter Großhirn versteht, ist das Vorderhirn. Dessen Entwicklung in der Reihe der Wirbeltiere ist in Abb. 164 in Sagittalschnitten (nach EDINGER), in Abb. 165—168 in Aufsicht dargestellt.

Im Gehirn des Teleostiers (Forelle) (Abb. 164 a) bildet, wie man sieht, den Hauptteil des Vorderhirns das an seinem Boden gelegene *Corpus striatum* oder Basalganglion, welchem sich nach vorn der *Lobus olfactorius* anschließt. Seitenwände und Dach bestehen aus einer dünnen Epithellamelle.

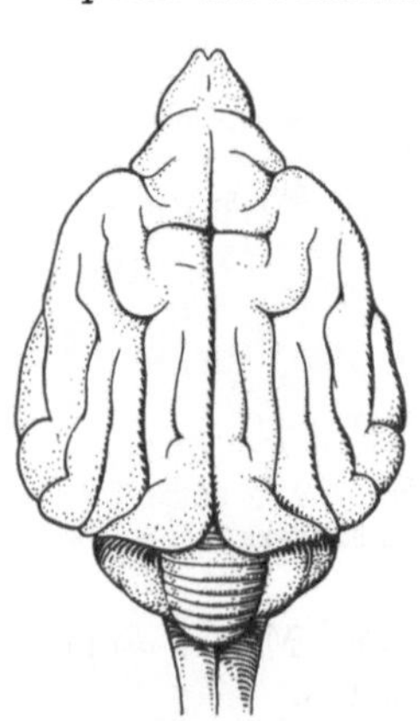

Diese Lamelle verdickt sich nun in der aufsteigenden Wirbeltierreihe vom Corpus striatum aus mehr und mehr und wird zum *Hirnmantel* oder *Pallium*, welches meist durch eine tiefe Längsfurche in zwei große Abschnitte, die beiden *Hemisphären*, zerfällt. Nur die kaudalste Partie des Vorderhirndachs behält stets den Epithelialcharakter und wird zur *Tela chorioidea*.

In das Pallium strahlen bei den Fischen nur Fasern vom Lobus olfactorius her ein (*Archipallium*); von den Amphibien ab entwickeln sich in ihm mehr und mehr Anteile (*Neopallium*), die auch mit den übrigen Sinnesorganen in Verbindung treten, und die selber effektorische Fasern zunächst (Reptilien, Vögel) bis ins Mittelhirn, dann (Säugetiere) aber auch ins Rückenmark schicken, so daß allmählich der ganze Körper mit dem Neopallium direkt in Wechselwirkung treten kann. Bei den höheren Säugetieren entwickelt sich das Pallium zu einem so mächtigen Organ, daß es an Masse den Stamm mit seinen Ganglien weit überwiegt und schon für sich als Großhirn imponiert.

Abb. 168. Gehirn eines Hundes.
(Nach MUNK.)

Wenn man also zum Zweck vergleichend-physiologischer Studien in den verschiedenen Tierklassen das Vorder- oder Großhirn exstirpiert, indem man das Zentralnervensystem vor dem Zwischenhirn quer durchtrennt und die vorderste Partie abträgt, so ist die Masse Gehirnsubstanz, die man zusammen mit dem Corpus striatum und dem Riechlappen dabei entfernt, relativ zum ganzen Gehirn sehr verschieden groß.

Dem entspricht der physiologische Befund; **die Ausfallserscheinungen nach Exstirpation des Vorderhirns** sind um so offenkundiger, je massiger dieses ist.

Exstirpiert man das Vorderhirn bei den **Knochenfischen** (Teleostier), so sind an den wenigen einfachen Reaktionen, die man bei diesen Tieren kennt, keinerlei Veränderungen nachzuweisen. STEINER fand bei dem Cyprinoiden Squalius cephalus, daß nach der Exstirpation die Schwimmbewegungen gerade so ausgeführt werden, wie vorher. Auch an Spontaneität fehlt es nicht, d. h. an Bewegungen, welche ohne eine bemerkbare äußere Anregung zustande kommen. Auf einen ins Bassin geworfenen Regenwurm schwimmt das großhirnlose Tier ebenso zu, wie auf ein Stück Bindfaden; aber während es den ersteren verschlingt, läßt es das zweite wieder los. Gerade so verhält sich ein normales Tier. Entsprechendes beobachtete VULPIAN beim Karpfen; auch hier ist die spontane Lokomotion nach der Operation erhalten. Er gibt ferner an, daß, wenn er an das Bassin herantrat, die großhirnlosen Tiere sich zusammen mit den normalen vor ihm versammelten und nach dem Futter, das er ihnen zuwarf, schnappten.

Etwas anders verhalten sich die **Elasmobranchier** nach der Vorderhirnwegnahme. Auch hier ist zwar noch die Spontaneität der Lokomotion nach der Wegnahme des Vorderhirns (beim Katzenhai, Scyllium catulus) erhalten (BETHE), aber die spontane Nahrungsaufnahme ist verlorengegangen (STEINER, BETHE). Dieser Unterschied beruht jedoch nur darauf, daß die Haifische Riechtiere, Squalius cephalus ein Sehtier ist. Während der Knochenfisch auf eine ihm zugeworfene Beute grades Wegs zuschießt, weil er sie mit Hilfe seines Mittelhirns sieht, umkreist sie der Hai, von den nach allen Seiten diffundierenden Riechstoffen angelockt, in immer engeren Kreisen. Da nun beim Hai mit dem Vorderhirn die mächtig entwickelten Lobi olfactorii mit entfernt werden, so geht naturgemäß auch der Riechreflex verloren. Daher hat hier auch den gleichen Effekt wie die Wegnahme des Vorderhirns die bloße Exstirpation der Riechlappen oder das Auskratzen der Riechschleimhaut.

Wenden wir uns den **Amphibien** zu, bei denen das Pallium ähnlich wie bei den Elasmobranchiern noch sehr wenig entwickelt ist, so haben auch hier die klassischen Studien von GOLTZ gelehrt, daß, wenn man nichts weiter exstirpiert als das Vorderhirn, insbesondere, wenn man auch das Zwischenhirn (s. Abb. 166) schont, das enthirnte Tier dann sich fast ebenso verhält wie ein normales. Die Bewegungen erfolgen spontan, selbst von einem erschütterungsfreien Galvanometerpfeiler springen die großhirnlosen Frösche fort. Sie drehen sich, auf den Rücken gefallen, sofort wieder um, sie klettern, sie wenden, auf einer Drehscheibe rotiert, den Kopf in Gegenrichtung. Sie wechseln den Aufenthalt von Wasser und Land. Zu Anfang des Winters vergraben sie sich. Läßt man sie mit Hilfe einer Schraubvorrichtung vorsichtig ins Wasser hinab, so beginnen die enthirnten Frösche nicht früher und nicht später zu schwimmen als die normalen. Auch dem Feind entziehen sie sich gerade so gut; denn von Nattern werden nicht mehr großhirnlose Tiere gefangen als gesunde. Immerhin sind Unterschiede zu bemerken. Vor allem ist nach Enthirnung die Reflexerregbarkeit gesteigert, wie das Beispiel des GOLTZschen Quakfrosches lehrte (s. S. 401). Ferner ist ein vorderhirnloser Frosch, wenn man ihn auch noch blendet, unfähig, seine Nahrung zu finden, während Frösche, die bloß blind sind, das noch können. Dieser Unterschied beruht aber wohl nur auf dem Wegfall der Riechfunktion und nicht auf dem Gehirnmangel. Dagegen beweist eine positive Mitwirkung des Gehirns vielleicht die Angabe von BURNETT, daß großhirnlose Frösche, welche zusammen mit normalen in ein Terrarium gebracht werden, den normalen im Fliegenfangen deutlich unterlegen sind.

Wenig bekannt ist über das Verhalten großhirnloser **Reptilien**. Nach FANO verhalten sich operierte Schildkröten ungefähr ebenso wie normale; sie bewegen sich spontan und umgehen ihnen in den Weg gestellte Hindernisse. Spontane Nahrungsaufnahme scheint jedoch bei den enthirnten Schildkröten und Schlangen nicht mehr vorzukommen, und Reize, vor denen sie sich sonst scheuten, treiben sie nicht mehr in die Flucht (SCHRADER).

Am längsten sind die Folgen der Vorderhirnexstirpation bei den **Vögeln** studiert. Seit FLOURENS (1822) kennt man das Bild der *vorderhirnlosen Taube*. Sie steht unbeweglich, wie eine Statue, mit eingezogenem Kopf da, wie man sie auch hinstellt. Gereizt öffnet sie vorübergehend die Augen und macht wohl einen Schritt vorwärts, um alsbald wieder in Schlaf zu versinken. Setzt man sie auf den Finger und bewegt den Arm auf und ab, so balanciert sie geschickt mit den Flügeln und dem Schwanz; wirft man sie in die Luft, so fliegt sie eine Strecke und läßt sich dann zu Boden, um wieder in den Zustand der Erstarrung zu verfallen. Niemals frißt sie spontan; auf einem Körnerhaufen stehend kann sie verhungern. Man muß sie also, um sie am Leben zu erhalten, füttern.

Aber dieses von der Norm weit abweichende Verhalten bleibt, wenn man sorgfältig und unter Schonung der Thalami optici operiert, manchmal nur wenige Tage bestehen (LONGET, SCHRADER). An die Stelle der Ruhe tritt dann im Gegenteil eine auffallende Beweglichkeit, das Tier läuft unausgesetzt im Käfig umher. Dabei vermeidet es Hindernisse, sogar solche, welche, wie eine Glasglocke oder eine etwas bestaubte Glasplatte, leicht zu übersehen sind. Sie wendet auch den Kopf nach dem Licht. Das Sehvermögen ist also nicht verlorengegangen. Die vorderhirnlose Taube hört auch, auf einen Knall oder auf ein Klingelzeichen öffnet sie manchmal die Augen und hebt den Kopf. Beim Balancieren auf dem Finger verläßt sie unvorhergesehen ihren Sitz und fliegt davon, um sich auf irgendeinen Gegenstand niederzulassen. Dabei trifft sie unter ihren Ruheplätzen deutlich eine Auswahl; sitzt sie unbequem, z. B. auf einem sich drehenden Stab oder dem Stöpsel einer Flasche oder einem Globus, der sich unter ihren Füßen bewegt, so späht sie umher und fliegt dann auf eine in der Nähe befindliche andere Stange, von dort auf die Lehne eines weiter entfernten Stuhls, klettert von dieser auf den Sitz und fliegt schließlich zu Boden. Hohe Hindernisse werden auch erklettert, erflattert oder überflogen. Nachts verfällt das Tier in Schlaf.

Hiernach könnte man meinen, daß die vorderhirnlose Taube ähnlich wie der vorderhirnlose Fisch oder Frosch fast in nichts von der Norm abweicht. Die eingehendere Beobachtung lehrt aber, daß das durchaus nicht der Fall ist; bei komplizierteren Reaktionen zeigt das Tier tiefgehende Störungen. Z. B. läuft der vorderhirnlose Täuber zwar girrend bei Tage wochenlang im Zimmer umher, aber das Weibchen, das man hinzusetzt, bleibt unbeachtet. Umgekehrt reagiert das vorderhirnlose Weibchen nicht auf das Locken des Täubers. Ebensowenig bekümmert es sich um seine Jungen. „Die eben flügge gewordenen Jungen verfolgen die Mutter, unaufhörlich nach Futter schreiend, sie könnten ebensogut einen Stein um Nahrung bitten" (SCHRADER). Auch in ihren Schlag kehren die operierten

Tauben nicht zurück. Alle Gegenstände sind für das vorderhirnlose Tier nur eine „Raum erfüllende Masse, es geht einer anderen Taube ebenso aus dem Weg wie einem Stein oder versucht über beide hinwegzusteigen", es hat weder Freund noch Feind, „in größter Gesellschaft lebt es als Einsiedler".

In ähnlicher Weise wie die Taube verhalten sich auch andere Vögel. So beschreibt SCHRADER vorderhirnlose Hühner, welche umherlaufen, Hindernissen ausweichen und in Unruhe geraten, wenn man Erbsen auf den Boden klappern läßt, aber um den Futternapf herum gehen, ohne ihn zu finden. Der vorderhirnlose Falke reagiert zwar, wenn man seinen Fuß berührt, aber nicht mehr mit Beißen, Fauchen und Gefiedersträuben, sondern nur noch mit Zurückziehen des Fußes; alle Wildheit ist verschwunden. Nähert man dem Tier die Hand, so schreit es wie in Angst, schlägt mit den Flügeln und verfolgt gespannt jede Bewegung der Hand. Nach einem vorgehaltenem Stück Fleisch schaut es mit weit aufgesperrtem Schnabel. Das Rascheln einer Maus versetzt es in Unruhe. Auf alles Bewegte stürzt es los, mag es nun eine Maus sein oder nur ein Papierball, den der Experimentator in Bewegung setzt. Aber ist die Maus mit den Klauen getötet, dann läßt es sie unbeachtet, es verfällt nicht darauf, sie zu zerhacken und aufzufressen.

Die Störungen, welche die Vorderhirnexstirpation verursacht, sind also höchst charakteristisch. Zahlreiche auch komplizierte Reaktionen auf Sinnesreize kommen glatt auch ohne Vorderhirn zustande, wie das Balancieren, das Umgehen von Hindernissen, das Auswählen und Hinstreben auf ein bestimmtes optisch wirksames Objekt. Aber bestimmte dieser komplizierten Reaktionen, die man wegen ihrer Mehrgliedrigkeit etwa mit den Kettenreflexen (s. S. 405) vergleichen kann, sind unmöglich geworden, gleichsam dadurch, daß die Kettenglieder auseinandergerissen sind; hier diente das Großhirn also offenbar der Verkettung, der „Assoziation" der einzelnen rezeptorischen und effektorischen Erregungen. So folgt dem Fangen der Maus nicht das Fressen, dem Girren nicht das Begatten. Man könnte sagen: die Tiere verhalten sich wie psychisch anomal, wie in ihrer Intelligenz und ihren Instinkten gestört. Aber diese Deutung, daß mit der Exstirpation des Vorderhirns nach BÜCHNERS Ausdruck sozusagen „die Seele stückweise weggeschnitten ist", bringt uns dem Verständnis der Hirnfunktion nicht näher. Der vorderhirnlose Falke zeigt Reaktionen, die wir wohl als Gemütsbewegungen, als Symptome von Angst und Begehrlichkeit deuten können; im girrenden Täuber regt sich offensichtig infolge innerer, von den Keimdrüsen ausgehender Reize (s. Kap. 14) der Geschlechtstrieb. Aber ähnliche Reaktionen können sogar noch bestehen, wie wir später (S. 436) sehen werden, wenn das Zentralnervensystem noch viel größere Defekte aufweist. In jedem Fall sind es Handlungen auf Grund komplizierter nervöser Schaltungen, die uns in keinem Punkt begreiflicher werden dadurch, daß wir Psychisches hinzudenken.

Eine besondere Reaktionsweise, die bei zahlreichen Vogelarten deutlich ist, und die bisher noch nicht erwähnt wurde, bedarf aber noch einer genaueren Betrachtung, nämlich die Hervorkehrung einer *Individualität* oder einer Persönlichkeit bei den einzelnen Tieren. Es gibt Äußerungen, die nicht die Gattung charakterisieren, sondern durch die sich ein Individuum vom anderen unterscheidet. Die persönlichen Schicksale bilden dies Verhalten aus. Den deutlichsten Ausdruck dessen bilden bei den Vögeln die Ergebnisse der Dressur. Der Papagei, welcher bestimmte Worte gelernt hat, der Dompfaff, der einige Lieder pfeift, die Gans, die den Gänsejungen kennt, sie sind Individualitäten, und sie sind es dadurch, daß sie ein Gedächtnis besitzen, daß sie sich an bestimmte Wahrnehmungen erinnern können. Was das physiologisch bedeutet, wissen wir nicht; aber wenn man, um es sich verständlich zu machen, von einer Formbarkeit der Gehirnsubstanz spricht, so ist der Ausdruck so allgemein, daß er wohl nicht zuviel besagt. Auch die Bahnung im Rückenmark, von der früher (S. 399) die Rede war, ist eine Umformung; aber durch die bahnende Erregungswelle wird in der Substanz des Rückenmarks nur für ganz kurze Zeit eine Spur hinterlassen, um alsbald wieder zu „verwischen". Die Substanz des Gehirns ist dauerhafter zu modellieren. So kann man sich *die Prägung neuer Assoziationen, die Lernfähigkeit, welche die Tätigkeit des Gehirns charakterisiert,* verbildlichen. Diese Lernfähigkeit ist sicherlich eine der wichtigsten Funktionen des Gehirns; ohne sie, ohne das dem Gehirn immanente Gedächtnis sind die höheren psychischen Tätigkeiten gar nicht denkbar, und die Differenziertheit in den Äußerungen der höheren Tiere ist darauf basiert. Die Formbarkeit der Gehirnsubstanz bei den niederen Wirbeltieren, bei Fischen und Amphibien, ist jedenfalls nur eine mäßige; denn von einer Lernfähigkeit beim Frosch weiß man wenig Sicheres, sein Gehirn ist also offenbar fast ebenso starr wie allgemein die Rückenmarksubstanz, und auch die Dressurfähigkeit der Fische und Reptilien und ihre Fähigkeit, Erfahrungen durch das Leben zu sammeln, die Reaktionsweise im Laufe der Zeit den Lebensbedingungen besser anzupassen, ist nur gering. Der höher organisierte Vogel ist den genannten niederen Wirbeltiergruppen an Lernfähigkeit unbedingt überlegen.

Es ist nun natürlich von großem Interesse zu erfahren, welcher Teil des Gehirns als „Lernhirn" anzusprechen ist. Wir werden hören, daß bei Säugetieren dafür wohl nur die Großhirnrinde in Betracht kommt. Anders bei den Vögeln! BERITOFF hat gezeigt, daß auch die vorderhirnlose Taube noch ein gewisses Maß von Dressurfähigkeit, also von Individualität besitzt. Man kann sie z. B. daran gewöhnen, nur dann ruhig aus einem Schälchen Hirsekörner zu picken, wenn ein Ton oder der Schlag eines Metronoms erschallt; denn sobald der Schall aufhört, hört auch die Reaktion des Pickens auf, beginnt aber wieder, wenn der Schall von neuem erklingt.

Die Erfahrungen über großhirnlose **Säugetiere** beziehen sich vornehmlich auf den Hund. Berühmt ist *der Hund ohne Großhirn,* welchen im Jahre 1892 GOLTZ herstellte und $1^1/_2$ Jahre lang beobachtete; ROTHMANN studierte einen großhirnlosen Hund sogar länger als drei Jahre. Nachdem sich die Tiere von der Operation erholt hatten, gewährten sie folgendes Bild: Wie bei den übrigen großhirnlosen Wirbeltieren, so ist auch hier die Haltung normal, die Lokomotion erhalten, obwohl die Masse Zentralnervensystem, welche operativ abzutragen war, wegen der gewaltigen Entwicklung des Großhirnmantels unvergleichlich größer ist. Dies beruht, wie früher (S. 426) gezeigt wurde, auf der kombinierten reflektorischen Einwirkung der Rezeptoren des Haut- und Muskelsinns und der Labyrinthe auf die gesamte Muskulatur und ist der Effekt der Summe von „Stellreflexen", die jeweilig von einer beliebigen Lage aus die Einnahme einer naturgemäßen Stellung mit normaler Tonusverteilung bewirken (MAGNUS). Der großhirnlose Hund macht aber auch spontan Gehbewegungen, er läuft im Trab und im Galopp; über eine niedrige Hürde vermag er hinwegzusteigen; manchmal zieht er sich auch geschickt aus der Affäre, wenn sich eine Falltür unter einem seiner Beine plötzlich öffnet; er humpelt wie ein gesundes Tier auf drei Beinen, wenn er sich eines zufällig verletzt. Freilich sind die Bewegungen nicht ganz so geschickt wie sonst; z. B. gleitet er auf glattem Boden leicht aus. In seinem Leben wechselt regelmäßig Schlafen und Wachen. Weckt man ihn durch einen Hautreiz, so knurrt er wohl oder bellt oder schnappt auch nach der ihn störenden Hand, wobei er allerdings ungeschickt am Ziel vorbeifährt. Mit der Schnauze in den Futtertrog gesteckt, frißt er selbständig; er leckt auch mit der Schnauze Milch auf, wie ein normaler Hund. Der gehirnlose Hund kann auch sehen; er erkennt zwar niemanden, aber groben Hindernissen weicht er aus und schrickt zusammen, wenn ein Licht aufblitzt. Zugleich blinzelt er, und seine Pupillen werden eng. Auch Geräusche werden perzipiert; so kann man ihn mit einer schrillen Pfeife aus dem Schlaf wecken; auf einen lauten Schall antwortet er mit einer Ohrbewegung oder auch gelegentlich damit, daß er sich das Ohr kratzt. Das Riechvermögen ist natürlich verlorengegangen, da mit dem Großhirn die Endigungsstätten der N. olfactorii entfernt wurden. Dagegen vermag der großhirnlose Hund noch zu schmecken: tut man in sein Futter Chinin oder Coloquinten, so speit er es mit Naserümpfen wieder aus. Sein Schmerzgefühl ist lebhaft; kneift man ihn, so knurrt, bellt oder quiekt er je nachdem; steckt man die Pfote in Eiswasser, so zieht er sie augenblicklich wieder heraus. Kraut man ihn am Kopf, so antwortet er wohl mit leisem Knurren. Der Geschlechtstrieb scheint erloschen. — Am auffallendsten ist seine *Teilnahmlosigkeit gegenüber allen Gegenständen seiner Umgebung.* Obwohl er bellen kann, bellt er niemals zusammen mit anderen Hunden. Auf seinen Namen hört er nicht mehr, gegen Lockrufe ist er stumpf, er wedelt nicht mehr freundschaftlich mit dem Schweif, die Peitsche erschrickt ihn nicht, gegen den Wärter, welcher ihn Tag für Tag zum Futterplatz bringt, wehrt er sich täglich mit wütendem Beißen und ist erst beruhigt, wenn er die Schnauze im Trog hat. Jeder Versuch, ihn zu erziehen oder zu irgend etwas abzurichten, mißlingt.

Nach all dem muß man sagen, daß der durch die Großhirnexstirpation verstümmelte Hund zwar noch erstaunlich viel zu leisten vermag, daß aber doch auch schwere Störungen vorhanden sind. Die Sinnesfunktionen sind hier viel stärker alteriert als etwa bei den Vögeln, welche sich namentlich die optischen Reize ganz anders nutzbar machen können. Allerdings bleibt zu bedenken, daß die Sektion bei dem Hund von GOLTZ ergab, daß nicht bloß der Thalamus opticus größtenteils degeneriert, sondern auch das Corpus geniculatum laterale der einen Seite zerstört war. Vor allem ist *durch den Wegfall aller persönlichen Reaktionen das ganze Wesen des Tieres stark automatisiert.* Was der großhirnlose Hund noch kann, das sind stereotype Äußerungen; was er persönlich früher erlernte, ist unwiederbringlich verlorengegangen. Vergangenes existiert nicht mehr für ihn, er ist „ein Kind des Augenblicks" geworden und verhält sich darin vergleichbar einem menschlichen Idioten. Dabei sind seine Automatismen nicht affektlos und wirken deshalb auch nicht ohne weiteres wie die Äußerungen einer „Reflexmaschine"; er gerät gelegentlich in Wut, kraut man ihm den Kopf, so äußert er in einem leisen Knurren ein gewisses Behagen. Die feineren Nuancierungen im Ausdruck durch Gebärde und Töne, die man als besonders starkes Dokument vorhandener Gemütsbewegungen anzusehen pflegt, fehlen freilich. Aber wenn man auch das Verhalten dahin auslegt, daß Verstand und Gemüt des Tieres durch die Wegnahme des Großhirns stark reduziert worden sind, — wieviel Psychisches den übriggebliebenen Reaktionen noch anhaftet, wird man nie entscheiden können, ebenso wie man angesichts der komplizierten durch äußere Reize angeregten Leistungen des Rückenmarks eine „Rückenmarksseele", von der PFLÜGER sprach, weder je beweisen noch wirklich überzeugend ableugnen kann.

In neuerer Zeit ist es KARPLUS und KREIDL sowie MAGNUS auch geglückt, *Affen* (Macacus rhesus) nach Herausnahme beider Hemisphären zu beobachten. Die meisten Tiere gingen allerdings kurz nach dem Eingriff zugrunde, die längste Beobachtungsdauer betrug 26 Tage. Die Tiere waren durch die Operation erheblich stärker mitgenommen, als die großhirnlosen Hunde. Immerhin war die Beweglichkeit erhalten geblieben; die Bewegungen des Kopfes und der Augen erfolgten sogar anscheinend unbehindert; die Extremitätenbewegungen waren dagegen schwer beschädigt. Es wurde aufrechtes Sitzen und Stehen beobachtet (s. Abb. 169), auch Greifen mit einer Extremität. Die Pupillen verengerten sich auf Lichteinfall, starke Geräusche weckten die Tiere auf, schwaches Rufen bewirkte Bewegungen der Ohrmuscheln.

Abb. 169. Macacus, seit 24 Stunden großhirnlos. (Nach KARPLUS und KREIDL.)

Schließlich gibt es auch einige Beobachtungen an *großhirnlosen Menschen*, freilich nur an Neugeborenen, welche als Anencephali (s. S. 419) zur Welt kamen. Wie weit die Fähigkeiten ihres reduzierten Zentralnervensystems mit den Fähigkeiten der entsprechenden Zentralnervensystemanteile des Erwachsenen in Parallele gesetzt werden dürfen, das wissen wir nicht. Solche Anencephali nun können mit ihren Extremitäten Strampelbewegungen machen, wie normale Säuglinge, sie greifen, wie diese, mit der Hand, sie saugen und schlucken, schreien und weinen; genährt schlafen sie „befriedigt" ein; tut man Chinin in die Milch, so verziehen sie das Gesicht wie vor Ekel zu einer Grimasse; kurz, sie benehmen sich, wie auch sonst Neugeborene sich benehmen, selbst wenn ihr Gehirn bis in die Gegend des Trigeminusaustritts unentwickelt geblieben ist. Die meisten Anencephali lebten nur wenige Tage. Nur EDINGER und B. FISCHER beschrieben einen Anencephalen, welcher $3^3/_4$ Jahre am Leben blieb; seine Gliedmaßen befanden sich in starker Kontrakturstellung, und er schrie Tag und Nacht. Die Sektion ergab völligen Mangel der Rinde, daher auch völlige Atrophie der Pyramidenbahnen, ferner partielle Defekte im Striatum, während Pallidum, Zwischen- und Mittelhirn sowie Kleinhirn vorhanden waren. —

Schließen wir hiermit die Erörterungen über die Leistungen der Wirbeltiere ohne Großhirn, so läßt sich das Ergebnis, rein physiologisch gesprochen, kurz dahin zusammenfassen, daß ein hochentwickeltes Großhirn dazu befähigt, eine ungeheure Zahl von Erregungen miteinander zu assoziieren, und zwar nicht bloß derart, daß eine in einem bestimmten Moment ins Gehirn einlaufende Sinneserregung in diese und jene der ungezählten effektorischen Bahnen weitergeleitet werden kann, sondern vor allem auch dadurch, daß frühere, eventuell weit zurückliegende Erregungen die Wirkung späterer Erregungen mit beeinflussen, z. B. so, daß die spätere Erregung sicherer und schneller einen bestimmten Weg einschlägt (Übung) oder so, daß die spätere Erregung eine Erregung, welche ein früherer Reiz bewirkte, von neuem weckt (Erinnerung), und daß sie dadurch einen anderen Weg einschlägt, als sie sonst einschlagen würde (Erfahrung).

Was weiß man nun darüber, wie das Gehirn diese Unmasse von Schaltungen und Umsteuerungen bewirkt? Heute stehen wir auf dem Standpunkt, daß *das Großhirn sich aus einer großen Zahl von Teilorganen zusammensetzt,* von welchen zwar normalerweise ein jedes seine besondere Funktion ausübt, welche aber keineswegs unabhängig nebeneinander existieren, sondern untereinander eng verbunden und dadurch zu einer funktionellen Einheit zusammengeschlossen sind, in der gegebenenfalls ein Teilorgan auch die Ausübung der Funktion eines anderen Teilorgans übernehmen oder mitbewirken kann. Jahrzehntelang hat aber im 19. Jahrhundert, von der großen Autorität von FLOURENS gestützt, die entgegengesetzte Lehre gegolten, daß jeder Teil des Gehirns für die Ausübung seiner Funktionen gleichwertig sei, und daß man durch beliebig lokalisierte Teilexstirpationen die Gehirnfunktionen zwar schwächen, aber keine einzige gesondert aufheben könne. Allerdings hat schon 1819 FRANZ JOSEPH GALL in seiner *Phrenologie* ein System der *Lokalisation der verschiedenen Gehirnfunktionen* aufgestellt; sein Gedankengang war dabei der, daß, wenn bei einem Menschen eine psychische Fähigkeit besonders hervorrage, dies auch in der Vorbuchtung einer besonderen Hirnpartie und demzufolge auch in einer lokalisierten Buckelung des Schädeldachs zum Ausdruck kommen könne. Seine Studien, namentlich an den Schädeln und Gehirnen von Menschen, die durch besondere Eigenschaften des Geistes oder des Charakters ausgezeichnet waren, wie Genies, Verbrecher, Wahnsinnige, bizarre Originale ließen ihn das Gehirn in eine Anzahl von Einzelhirnen aufteilen, welche „Sitz" des Mitleids, der Kindesliebe, der Vorsicht, der Ruhmsucht, des Bekämpfungstriebes und dergleichen seien. Er zerstückelte also die Seele in lauter Einzelseelen, deren jede aber wiederum eine volle seelische Persönlichkeit repräsentiert. Ganz abgesehen von der ungeheuerlichen Kritiklosigkeit, welche GALL bei seinen phrenologischen Untersuchungen walten ließ, braucht man sich jedoch nur die Frage vorzulegen, wie man sich die physiologische Funktion eines seiner Einzelhirne vorstellen soll, um einzusehen, daß es sich bei einem Versuch einer Lokalisation der Gehirnfunktionen, welche wie der von GALL von der Psychologie ausgeht, allenfalls darum handeln kann, zuerst zu den Elementen der psychischen Vorgänge, etwa zu einer Licht- oder zu einer Druckempfindung den zugehörigen lokalisierten Erregungsvorgang aufzusuchen, um von da aus stufenweise zu einer Lokalisierung komplizierterer Funktionen vorzudringen.

So baut sich die moderne **Lokalisationslehre** denn auch auf ganz anderen Grundlagen auf. Ihre Vorläufer sind zwei klinische Beobachtungen. Die eine stammt von BOUILLAUD (1825), einem Schüler GALLS, ergänzt durch DAX (1836) und BROCA (1861),welche auf Grund sorgfältiger klinischer und pathologisch-anatomischer Untersuchungen die Angabe machten, daß die koordinierte Innervation der am Sprechen beteiligten Muskeln durch eine Läsion im unteren Abschnitt der 3. linken Frontalwindung aufgehoben wird. Die andere rührt von HUGHLINGS-JACKSON (1864) her, welcher fand, daß die lokalisierten oder richtiger lokalisiert beginnenden epileptiformen Krämpfe, welche öfter nach Schädelverletzungen periodisch auftreten, von lokalisierten Läsionen der Großhirnrinde herrühren (sogenannte *Rindenepilepsie* im Gegensatz zur *genuinen Epilepsie*). Die eigentlichen Eckpfeiler der Lokalisationslehre sind aber durch die experimentellen Untersuchungen von FRITSCH und HITZIG geschaffen, welche im Jahre 1870, entgegen der bis dahin allgemein herrschenden Lehre, daß die Gehirnsubstanz auf künstliche Weise nicht zu erregen sei, zeigten, daß *von bestimmten Stellen der Großhirnrinde aus durch elektrische Reize bestimmte Bewegungen hervorgerufen werden können.* Diese Stellen bezeichnet man als **motorische Zentra** oder *Foci* oder als *Rindenfelder.* Insofern als man Grund hat anzunehmen, daß von hier aus auch unter natürlichen Verhältnissen die Impulse für die willkürliche Innervation der Muskulatur ausgehen, spricht man auch wohl von *psychomotorischen Zentra,* womit aber nicht im entferntesten gemeint sein soll, daß diese Rindenteile den „Sitz" der „Willkür" darstellen; sie sind nur Ausgangspunkte bestimmter motorischer Bahnen.

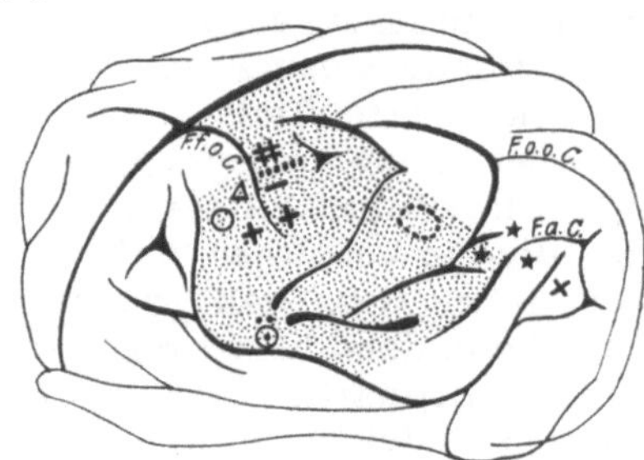

Abb. 170. Motorische Zentra auf der linken Großhirnhemisphäre des Hundes. (Nach HITZIG.) Ausdehnung der erregbaren Zone punktiert.

△ Hals-, Nacken- und Rumpfmuskulatur.
○ Hebung der Lider und Pupillendilatation (zugleich frontales Blickzentrum).
╫ Extension und Adduktion des Vorderbeines.
✛ Beugung und Rotation des Vorderbeines.
—— Bewegung von Vorder- und Hinterbein.
...... Bewegung des Schwanzes.
∷ Bewegung des Hinterbeines.
◌ Kontraktion des Orbicularis oculi (Lidschluß und Hebung von Mundwinkel und Backe gegen das Auge) und Hebung oder Seitenwendung des Auges auf der Gegenseite, eventuell in Form von zwei entgegengesetzten Ausschlägen — sogenannter Herd für Bewegung und Schutz des Auges, einseitig wirksames zentrales okulomotorisches Zentrum.
◉ Vorstrecken der Zunge.
.. Kieferöffnung.
▬ Schluß der Kiefer, Retraktion der Zunge und der Mundwinkel.
*** sowie × Ohrbewegungen.
F.f.o.C. FERRIERS frontales okulomotorisches Zentrum oder präzentrales Blickzentrum (teilweise mit ○ zusammenfallend).
F.o.o.C. FERRIERS okzipitales okulomotorisches Zentrum oder Blickzentrum.
F.a.C.   FERRIERS aurikulares Zentrum (Ohrbewegungen).

Bei den höheren Wirbeltieren, beim Menschen, beim Affen, auch beim Hund bilden die motorischen Zentra im wesentlichen einen zusammenhängenden sattelförmigen Bezirk auf der Mitte der Gehirnoberfläche, eine *motorische Zone* (Abb. 170—172, 179), beim Kaninchen erstrecken sie sich hauptsächlich längs des oberen Mantelrandes (Abb. 175). Beim Hund (Abb. 170) liegt die motorische Zone in ihrem medialen Teil, d. h. zu beiden Seiten der Fissura longitudinalis cerebri, im Gyrus sigmoideus posterior hinter dem Sulcus cruciatus, weiter lateral nimmt sie auch den Gyrus sigmoideus anterior und den Gyrus coronalis ein. Bei dem Affen ist der hauptsächlichste erregbare Bezirk die Gegend des

Sulcus centralis Rolandi; bei den Anthropoiden (Schimpanse) (Abb. 171) beschränkt er sich auf die vordere Zentralwindung bis zur Fissura Sylvii

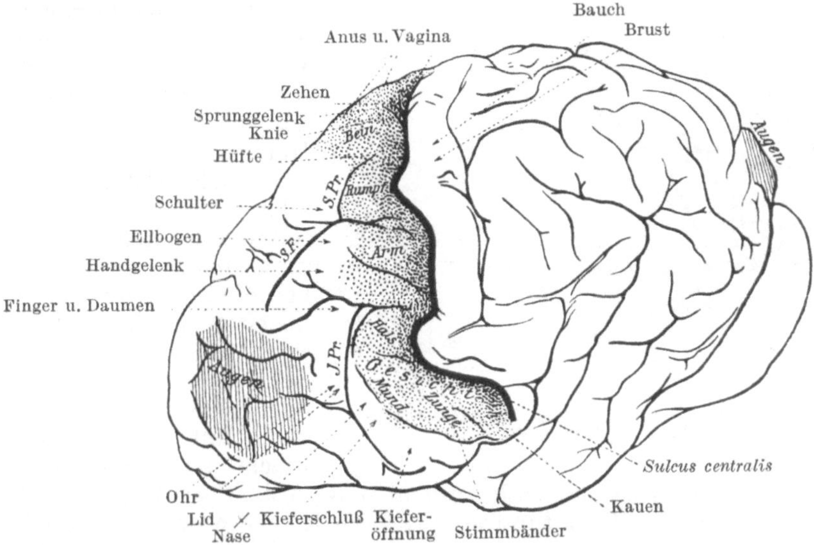

Abb. 171. Motorische Zentra auf der linken Großhirnhemisphäre des Schimpansen. (Nach SHERRINGTON und GRÜNBAUM.)

hin; bei den niederen Affen (Macacus) greift er auch auf die hintere Zentralwindung mit über. Beim Menschen (Abb. 172, s. auch Abb. 173

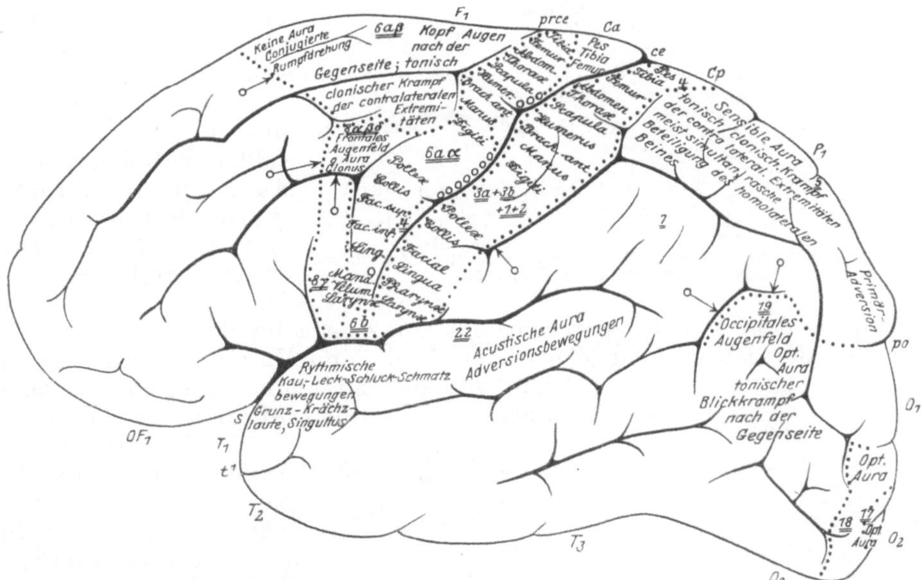

Abb. 172. Ergebnisse der Reizung auf der linken Großhirnhemisphäre des Menschen. (Nach O. FOERSTER.)

und 174), dessen motorische Zentra man in erster Linie aus klinischen Beobachtungen über Reizungs- und Ausfallserscheinungen infolge von herdförmigen Erkrankungen der Rinde, zum Teil aber auch durch elektrische Reizung bei Gelegenheit von Trepanationen kennengelernt hat (HORSLEY), liegt die Hauptzone etwa ebenso wie bei den Anthropoiden.

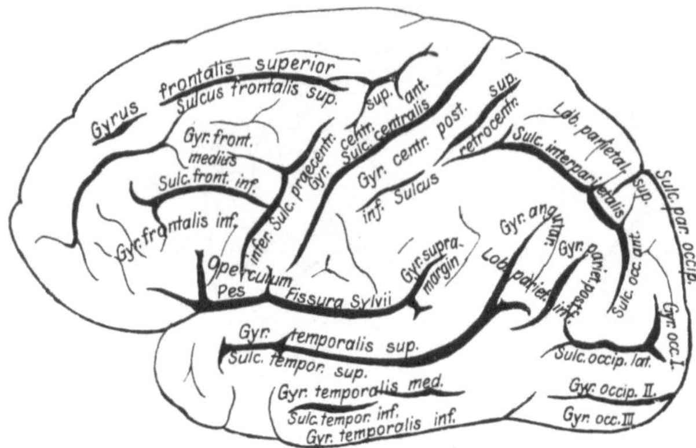

Abb. 173. Gyri und Sulci auf der Konvexität der linken menschlichen Großhirnhemisphäre. (Nach EDINGER.)

Gehen wir nun zunächst auf die spezielle Verteilung der motorischen Einzelleistungen auf die Oberfläche der Hemisphären ein, so zeigt sich, daß man bei allen Gehirnen mit sattelförmiger motorischer Zone die hintere Extremität von dem obersten medialen Abschnitt der motorischen Zone aus erregen kann; hier greift die Zone aber auch auf die mediale Fläche einer jeden Hemisphäre, auf den Lobus paracentralis, mit über (s. Abb. 174). Lateral und abwärts folgen dann die Foci für die vordere Extremität, und noch weiter unten liegen die Zentra für Hals und Kopf. Der ganze Körper ist also in der natürlichen Aufeinanderfolge seiner einzelnen Teile sozusagen auf die Gehirnrinde projiziert.

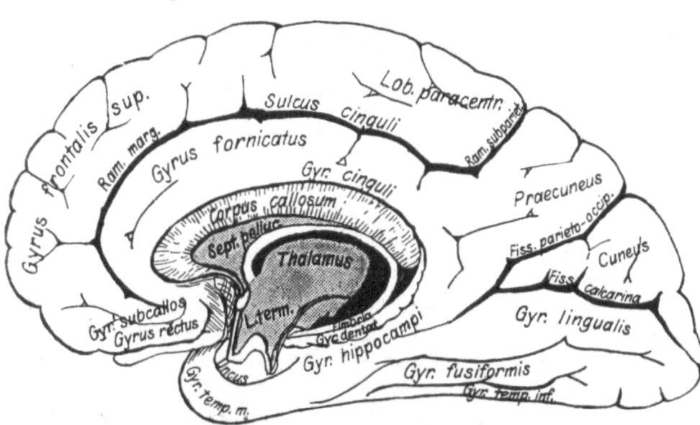

Abb. 174. Gyri und Sulci in der medialen Fläche der rechten menschlichen Großhirnhemisphäre. (Nach EDINGER.)

Außer den Skeletmuskeln können durch elektrischeReizung auch Muskeln autonomsympathisch innervierter Organe erregt werden. So liegen nahe den Beinzentren, besonders nach dem Lobulus paracentralis hin, Zentra für den Sphinkter und Detrusor der Blase und Zentra für Anus und Vagina. Ferner kann man von der Extremitätenregion aus eine starke Blutdrucksteigerung erzeugen.

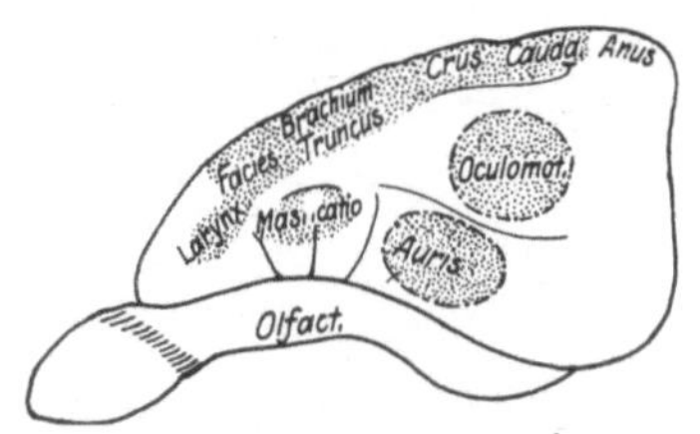

Abb. 175. Motorische Zentra auf der linken Großhirnhemisphäre des Kaninchens. (Nach FERRIER und MANN.)

Abseits von der motorischen Hauptzone befindet sich im Frontalhirn jederseits ein präzentrales Blickzentrum, von dem aus man Bewegung der Augen nach der Gegenseite und Pupillenerweiterung erregen kann, im Okzipitalhirn und seitlich bis in den Gyrus angularis hinein ein okzipitales Blickzentrum, auf dessen Reizung ebenfalls Augen, Kopf, Lider und Pupillen reagieren, und endlich im Temporalhirn ein Zentrum, dessen Reizung von Bewegungen des Ohrs gefolgt ist. Mit stärkeren Reizen erhält man zu den Augen- und Ohrbewegungen auch Bewegungen von Kopf und Rumpf nach der Gegenseite wie bei den willkürlichen Bewegungen, die bei der Lenkung der Aufmerksamkeit in bestimmter Richtung zustande kommen; C. u. O. VOGT haben die Bewegungen *Adversionsbewegungen* genannt (s. Abb. 172, S. 439 u. Abb. 180, S. 458).

Von großer Bedeutung ist es, daß alle diese Zentra nicht bloß elektrisch, sondern auch mechanisch, chemisch, osmotisch, in Krankheiten auch durch entzündliche Prozesse, also wohl eine Kombination dieser verschiedenen Reize, in Gang gesetzt werden können. Die physiologische Erregung geschieht jedenfalls von afferenten Fasern aus, deren es, wie die mikroskopischen Bilder lehren, in jedem winzigen Rindenabschnitt eine ungeheure Anzahl gibt. Die wichtigsten afferenten Fasern für die Foci im Gyrus praecentralis, also für die Zentra fast sämtlicher Skeletmuskeln, sind Assoziationsfasern vom Gyrus postcentralis her, welcher, wie vorgreifend bemerkt sei, der Einstrahlungsort für die rezeptorischen Leitungen der Haut, Muskeln und Sehnen darstellt. Daher kommt es, daß man bei den Anthropoiden durch etwas stärkere Reizung auch vom Gyrus postcentralis aus Bewegungen in den einzelnen Körperteilen hervorrufen kann, und daß an sich unwirksame Reize, welche man im Gyrus praecentralis anbringt, durch ebenfalls an sich unwirksame Reize im Gyrus postcentralis über die Reizschwelle gehoben werden können (SHERRINGTON und GRÜNBAUM); dies ist also eine Art Bahnung.

Die Effekte der Reizung im Gebiet der erregbaren Zonen sind nun durch eine Anzahl von Eigentümlichkeiten charakterisiert: 1. *Die durch künstliche Reizung von der Hirnrinde ausgelösten Bewegungen sind nicht Zuckungen einzelner Muskeln, sondern sind Bewegungen von Muskelkombinationen, welche den natürlichen willkürlichen Bewegungen entsprechen,* also z. B. Beugung oder Streckung im Schulter- oder Fußgelenk, auch verbunden mit Abduktion, Adduktion oder Rotation, oder rhythmisches Kauen ohne Rhythmik des Reizes. Die Imitation der natürlichen Bewegungsformen äußert sich besonders auch in der *reziproken Innervation der Antagonisten.* Wie wir früher bei den Rückenmarksreflexen erfahren haben, geht häufig mit der Kontraktion eines Muskels die Entspannung seiner Antagonisten durch Tonushemmung Hand in Hand (s. S. 400); so auch hier. SHERRINGTON durchschnitt z. B. den linken Okulomotorius und Trochlearis; reizt man alsdann denjenigen Rindenort, von dem aus normalerweise ein Blicken beider Augen nach rechts auszulösen ist, so geht nicht bloß das rechte Auge nach rechts, sondern auch das linke; da aber im linken Auge die Muskeln, welche eine Rechtsbewegung erzeugen können, gelähmt sind, so kann die Rechtsbewegung allein auf eine Tonushemmung im linken M. rectus lateralis zurückgeführt werden. Ähnlich ist vielleicht das Verhalten der von BETHE untersuchten Armamputierten aufzufassen, die mit Hilfe der (nach SAUERBRUCH) isolierten Muskelwülste ihres Oberarmstumpfs das Ersatzglied bewegten. Auch hier war festzustellen, daß bei jeder Armbewegung mit der Anspannung des Beugerwulstes der Streckerwulst erschlaffte und umgekehrt (s. Abb. 176). Andererseits entsprechen die durch fokale künstliche Reizung von der Rinde aus angeregten Bewegungen aber auch wieder nicht den natürlichen, da bei diesen meist mehr oder weniger der ganze Körper durch Einnahme besonderer Haltungen betätigt wird, die der jeweiligen Situation angemessen sind je nach der Vielfältigkeit gleichzeitiger oder einander folgender Sinnesreize, je nach den vorangegangenen und mit Erfahrungen verbundenen Situationen und je nach rascher Beurteilung der momentanen Situation.

2. *Die Organisationshöhe eines Tieres dokumentiert sich in der Differenziertheit der Rindenzentra.* Vergleicht man z. B. die Schemata, in welchen die motorischen Zentra für Hund und Affe eingetragen sind (Abb. 170 u. 171), so sieht man, daß in der Extremitätenregion des Affen viel mehr Foci für Einzelbewegungen angegeben sind, als beim Hund.

3. Höchst auffallend ist, daß *die von einem Zentrum ausgelöste Bewegung im allgemeinen kontralateral erfolgt.* Die Ursache dafür ist natürlich die früher (S. 413 ff.) erwähnte Kreuzung der Bahnen. Als wichtigste kortikofugale Bahn der höheren Säugetiere lernten wir die Pyramidenbahn kennen (S. 414); sie entspringt in der vorderen Zentralwindung aus den allein in dieser (nicht auch in der hinteren Zentralwindung) vorkommenden Riesenpyramidenzellen, in der Medulla oblongata erfährt sie ihre bekannte Hauptkreuzung. Die zweitwichtigste motorische Bahn ist der Tractus rubrospinalis (s. S. 414), welcher vom roten Haubenkern aus an die motorische Rinde angeschlossen ist; auch seine Fasern kreuzen.

Die kontralaterale Innervation ist aber nicht die einzige. Namentlich die für gewöhnlich bilateral in Tätigkeit gesetzten Organe wie Zunge, Kiefer, Rachen, Kehlkopf, Augen werden auch von einer Hemisphäre aus leicht bilateral bewegt. Es gibt aber allgemein neben der kontralateralen auch eine homolaterale Innervation von der Rinde

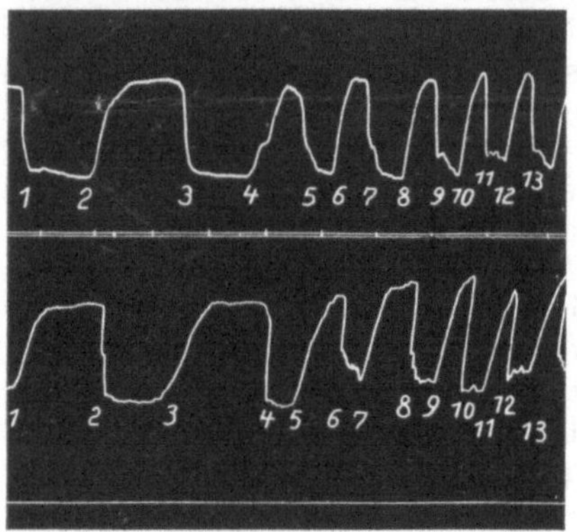

Abb. 176. Reziproke Innervation der Antagonisten. Oben Strecker-, unten Beugerkontraktion; die Zahlen geben das in verschiedenem Tempo erteilte Kommando „Beugen", „Strecken" an. (Nach BETHE und KAST.)

aus, die sich durch stärkere Reizung demonstrieren läßt, und die besonders auffällig ist, wenn man vorher die andere Hemisphäre exstirpiert hat.

4. *Übersteigt die Reizstärke ein gewisses Maß, dann treten an die Stelle der gewöhnlichen Bewegungseffekte Krämpfe* von klonischer Natur, d. h. Schüttelkrämpfe wie bei der Epilepsie. Diese Krämpfe beginnen stets in der dem Reizort zugeordneten Muskelpartie der gekreuzten Seite, um sich von da aus weiter auszubreiten, und zwar greift die Erregung in der Rinde von einem Zentrum auf die nächst benachbarten über, nie wird ein Zentrum übersprungen. Die Vermittlung von Zentrum zu Zentrum geschieht durch kurze Assoziationsfasern; daher kann man durch Umschneidung des gereizten Zentrums den Krampf lokalisieren. Diese Verhältnisse sind besonders interessant vom Standpunkt der menschlichen Pathologie, weil sie eine Nachahmung der JACKSONschen *Rindenepilepsie* (s. S. 438) darstellen.

Schon FRITSCH und HITZIG stellten sich die Frage, ob die mit ihrer Methode entdeckten Foci wirklich die Orte sind, von denen auch unter natürlichen Verhältnissen die Erregungen zu den betreffenden Muskelgruppen ausgehen, und ob nicht vielleicht Stromschleifen, welche in die Tiefe des Gehirns abirren, die Reizeffekte bedingen, und sie beantworteten ihre Frage durch das naheliegende Experiment, den mit den Elektroden abgegrenzten Fokus der grauen Rinde auszuschneiden; diese **Exstirpationsversuche** lehrten, daß dieselbe Funktion, welche vorher durch den künstlichen Reiz wachgerufen war, nun bei dem Tier gestört oder sogar aufgehoben ist. Nach Wegnahme des Armzentrums wird also die Bewegung des Arms gelähmt, nach Exstirpation des Kehlkopfzentrums die des Kehlkopfs usw. Einer eleganteren Methode der Rindenausschaltung bediente sich W. Trendelenburg; er befestigte im Schädeldach von Affen kleine gebogene Metallrohre, deren Biegung einen bestimmten Rindenbezirk berührte. Leitet man nun plötzlich durch solch ein Rohr eiskaltes Wasser, so wird der betreffende Rindenteil außer Funktion gesetzt, und die zugehörige Muskulatur, die eben noch für Bewegungen gebraucht wurde, erlahmt, um alsbald wieder aktionsfähig zu werden, wenn der Eiswasserstrom unterbrochen wird. Aber auch nach der Exstirpation kann sich merkwürdigerweise mit der Zeit die Störung einigermaßen wieder verlieren. Bis zu welchem Grad dies geschieht, ist vor allem abhängig von der Art des operierten Tiers. Beim Hund kommt die Restitution ziemlich leicht zustande, schwerer beim Affen und hier wieder schwerer beim Anthropoiden als beim niederen Affen, und am unvollkommensten restituiert das menschliche Gehirn, wobei freilich sehr viel auch auf die Mitwirkung des Patienten ankommt, da durch lange fortgesetzte systematische Übung eine Lähmung eventuell noch nach Monaten und Jahren mehr oder weniger rückgängig zu machen ist.

Über die Möglichkeiten, die *Restitutionserscheinungen* zu deuten, ist viel gestritten worden. Wenn nach einem herdförmigen Insult der Rinde zunächst ein großer Teil der Körpermuskulatur auf der gegenüberliegenden Seite gelähmt ist und nun im Laufe der nächsten Wochen die Lähmungen mehr und mehr zurückgehen, so daß schließlich nur eine wenig umfangreiche Motilitätsstörung übrigbleibt, so kann dies erstens darauf beruhen, daß durch Quetschungen, Zirkulationsänderungen, entzündliche Prozesse in der Umgebung der eigentlich verletzten Stelle ein größerer Rindenbezirk funktionsunfähig wird, daß aber mit dem allmählichen Schwinden dieser *Shockerscheinungen* die eigentlichen von der Läsion herrührenden *Ausfallserscheinungen* manifest werden, welche dann allein übrigbleiben. Nach einer ganz anderen Deutung kommt die Restitution so zustande, daß nach Wegfall eines Rindenteils andere Teile vikariierend eintreten, wofür in der außerordentlichen Reichhaltigkeit einander durchflechtender Nervenfasern mit einer fast unbegrenzten Assoziationsmöglichkeit eine genügende anatomische Basis gegeben sein könnte; man hat zur Erklärung der Kompensationsvorgänge geradezu von einem *Wandern der Zentra* gesprochen.

Beide Deutungen können richtig sein. Wenn z. B. ein Infektionsherd in der Rinde die Ursache einer Lähmung ist, so läßt sich leicht zeigen, daß die Größe der Lähmung jedenfalls zum Teil von der akzessorischen Schädigung der den Herd umgebenden Rindenpartien durch die Infektion herrührt; denn wenn man den Infektionsherd dadurch beseitigt, daß man das betreffende Rindenstückchen exzidiert, so wird dadurch der gelähmte Bezirk nicht vergrößert, sondern im Gegenteil verkleinert, offenbar weil die Entzündungserscheinungen in der Umgebung des Herdes nunmehr rasch schwinden (Malinowsky). Seit man gelernt hat, unter möglichster Schonung der Gehirnsubstanz mit glatten Schnitten und streng aseptisch zu operieren, haben auch die von vornherein auftretenden Ausfallserscheinungen an Umfänglichkeit stark eingebüßt.

Auch die Vorstellung, daß die Zentra wandern können, hat zu den verschiedensten Experimenten Anlaß gegeben, die über den Ort entscheiden sollten, wohin die „Funktion" wandert, wenn ihr bisheriger „Sitz" zerstört worden ist. Sherrington und Grünbaum führten bei einem Schimpansen

z. B. folgenden Versuch aus: Sie exstirpierten in der rechten Hemisphäre das Zentrum für Daumen, Finger und Handgelenk; dabei stellte sich, wie zu erwarten, zunächst eine Lähmung der linken Hand ein; nach einiger Zeit erfolgte Restitution. Nun wurde nachgesehen, ob das Zentrum für die Hand vielleicht in das symmetrisch gelegene Zentrum der anderen Hemisphäre gewandert sei; es wurde also das entsprechende linke Zentrum exstirpiert. Die Folge war alleinige Lähmung rechts, ohne daß die Funktion der linken Hand von neuem gestört wurde. Darauf wurde in einer dritten Operation nochmal die Armregion der rechten Hemisphäre freigelegt und die Gegend des Schulter- und Ellbogenzentrums mit der Elektrode abgetastet, um zu sehen, ob das Handzentrum sich vielleicht in die unmittelbare Nachbarschaft geflüchtet hätte; es erfolgte aber keine Handbewegung, und Exstirpation dieser Stelle rief nichts anderes als Schulter- und Ellbogenlähmung hervor. Mit ähnlich negativem Ergebnis wurden auch andere Versuche ausgeführt; die Frage der Restitution blieb auch bei diesen ungelöst.

In etwas anderem Zusammenhang haben auch zahlreiche Erfahrungen der Chirurgen auf das Problem der Restitution durch Funktionswechsel der Zentralteile die Aufmerksamkeit gelenkt. Wenn z. B. infolge der als „spinale Kinderlähmung" bekannten Erkrankung der Vorderhörner des Rückenmarks die Beuger des Unterschenkels total gelähmt sind, so verlagert man einen Teil der Streckmuskulatur auf die Beugeseite und befestigt sie dort durch Transplantation ihrer Sehnen und kann es nun durch langanhaltende Übung erreichen, daß die ehemaligen Strecker zwanglos als Beuger benutzt werden. Noch demonstrativer ist folgendes Verfahren, bei welchem es sich nicht um Muskel-, sondern um Nervenverpflanzung handelt: ist aus irgendeinem Grund der Fazialis gelähmt und degeneriert, so pfropft man das zentrale Stück des durchschnittenen Akzessorius oder einen Akzessoriusast auf das periphere Stück des Fazialis. Die Fasern des Akzessorius wachsen dann in die bindegewebigen Scheiden des degenerierten Fazialis peripherwärts aus, bis sie die vom Fazialis innervierte Muskulatur erreicht und sich mit ihr vereinigt haben. Der Patient kann jetzt durch Übung dahin kommen, seine mimischen Muskeln mehr oder weniger gut zu beherrschen. Noch mehr empfohlen wird die Pfropfung des Hypoglossus auf den Fazialis. Da die Zunge von beiden Seiten innerviert wird, so wird infolgedessen das Kauen und Sprechen nur wenig gestört, obwohl die eine Zungenhälfte atrophiert. Für diesen Verlust tauscht der Patient den Vorteil ein, daß sich seine starren Züge wieder beleben. Freilich wird das Sprechen öfter in lästiger Weise von Mitbewegungen des Gesichts begleitet. Zum Ersatz der verlorengegangenen Funktion kann man aber sogar Nervenfasern der Gegenseite für die Pfropfung heranholen. So hat MARAGLIANO bei einem Hund beide Ischiadici durchtrennt, den zentralen Stumpf links ausgerottet, den rechts längsgespalten und die eine Hälfte mit dem linken peripheren Stumpf vernäht. Der Hund lernte in einigen Monaten normal laufen.

Wie soll man sich nun dies Umlernen denken? Die zuletzt genannten Erfahrungen bei den die Peripherie betreffenden Muskel- und Nervenpfropfungen erscheinen insofern nicht so besonders rätselhaft, als man auch sonst an sich selber viele Erfahrungen über Umstellung der Funktionen der eigenen Körperteile sammeln kann; mit Recht wird als Beispiel daran erinnert, daß man ohne weiteres auf Diktat auch mit dem Fuß schreiben und allmählich darin eine gewisse Übung erwerben kann. Ganz anders steht es mit dem Umlernen nach Eingriffen ins Zentralorgan, bei denen, wie etwa in dem Experiment von Sherrington und Grünbaum, die notorische Ausgangsstelle für die reguläre Innervation bestimmter Muskeln auf dem Weg der Pyramidenbahn zerstört wird und doch Restitution erfolgt. Hierfür fehlt bisher die Erklärung, und es ist allenfalls eine weitere Fragestellung, wenn man tieferen Teilen des Gehirns eine Vermittlerrolle zuzuerteilen versucht.

Auf manche dieser merkwürdigen Erfahrungen fällt ein neues Licht durch eine Reihe von Beobachtungen über die Bewegungsfähigkeit transplantierter Muskeln, die von P. Weiss beschrieben sind. Weiss hat zunächst bei Salamanderlarven eine Extremitätenknospe in beliebiger Stellung und zu einer Zeit implantiert, zu der die Muskelanlagen in der Knospe noch nicht ausgebildet und Nerven noch nicht eingewachsen waren. Es entwickelt sich dann bei dem Salamander eine überzählige Extremität, die irgendwie innerviert ist, und es zeigt sich nun das unerwartete Phänomen, daß diese zwecklose Extremität Bewegungen ausführt, die nicht irgendbeliebig, sondern stets gleichzeitig und gleichartig mit denen der analogen normalen Extremität von statten gehen. Wird z. B. die normale Extremität zur Ausführung des Umklammerungsreflexes veranlaßt, so macht in unsinniger Weise die überzählige Extremität die Bewegung in genau der gleichen Art mit. Was für das durch Pfropfung einer Extremitätenknospe entstandene überzählige Bein des Salamanders gilt, läßt sich aber ebenso auch für den einzelnen transplantierten Muskel einer ausgewachsenen Kröte zeigen. Wenn man z. B. den Gastrocnemius einer Seite in den Rücken der anderen Seite transplantiert und dann auf ihn einen Nervenstamm pfropft, der sonst Oberschenkelmuskeln innerviert, so kontrahiert sich, wenn man reflektorisch den normalen Gastrocnemius in Bewegung setzt, stets auch der transplantierte mit. Es sieht hiernach also so aus, als ob es darauf ankommt, daß ein zentral erzeugtes Signal für eine ganz bestimmte Bewegung die Muskeln auf beliebigen (zentralen oder peripheren) Nervenwegen erreichen kann; sobald es sie erreicht, antworten die Muskeln mit der dem besonderen Signal entsprechenden Bewegung. Weiss hat das bildlich so ausgedrückt: die Muskeln verhalten sich wie abgestimmte Empfänger, die nur auf spezifische Erregungsimpulse ansprechen. Ob das bei den Amphibien aufgefundene Verhalten auch für die Säugetiere gilt, ist noch nicht festgestellt.

Was geschieht nun, wenn man noch tiefer in die Gehirnmasse eingreift und *die ganze motorische Zone einer Hemisphäre entfernt* wird? Dies Experiment ist besonders beim Hund häufig ausgeführt worden (Hitzig, H. Munk, Goltz u. a.). Es zeigt sich, daß unmittelbar nach der Operation das Tier auf der Gegenseite schwer geschädigt, aber nicht total gelähmt ist. Es vermag mühsam zu gehen, fällt aber leicht durch Einknicken der Beine nach der Gegenseite um; auch die Gesichtsmuskulatur der Gegenseite wird kaum bewegt. In wenigen Tagen ändert sich jedoch das Bild; die Bewegungsstörungen gleichen sich so weit aus, daß der unbefangene Beobachter zunächst gar keine Abweichungen von der Norm bemerkt; der Hund kann stehen, gehen, laufen springen. Intakt sind also die sogenannten *Gemeinschaftsbewegungen*. Das ist aber schließlich nicht verwunderlich, nachdem wir erfahren haben, daß die Apparate der Stammganglien und des Hirnstamms zusammen mit denen des Rückenmarks für die normale Haltung und die normalen Haltungsänderungen verantwortlich sind (S. 424). Ein eingehendes Studium weist aber leicht erhebliche Veränderungen auf. Der Gang ist auf der Gegenseite etwas schleudernd; sobald man das Tier in etwas schwierige Situationen bringt, benimmt es sich ungeschickt und hilflos; so zieht es, wenn sich plötzlich unter einem Bein der Gegenseite eine Falltür öffnet, das Bein nicht geschickt heraus; bringt man es in irgendeine abnorme Lage, so bleibt es hilflos liegen und findet sich nur mehr zufällig daraus heraus; stellt man es auf den Tisch, so zögert es herunterzuspringen, oder wenn es springt, so fällt es krachend auf den Boden, indem die Beine nicht genügend gesteift werden. Vollends versagt das Tier, wenn man *Einzelbewegungen* von ihm verlangt, bei welchen eine isolierte Muskelgruppe zu

einem Spezialzweck in Gang gesetzt wird. Z. B. reicht der Hund auf der
Gegenseite nicht mehr die Pfote, es gelingt ihm nicht mehr, ein Stück
Fleisch, das vor ihm vergraben ist, auszuscharren oder einen Knochen
zum Benagen zwischen den Vorderpfoten festzuhalten, er kann nicht mehr
über eine quer gespannte Schnur herübersteigen und dergleichen (Goltz).

Auch wenn man *bei einem Hund beide motorische Zonen exstirpiert*,
bleiben die Gemeinschaftsbewegungen einigermaßen erhalten, wenn auch
der Grad der Unbeholfenheit noch größer ist, als bei einseitiger Wegnahme. Das Fressen stößt auf die größten Schwierigkeiten; der Hund
benimmt sich dabei höchst ungeschickt, es gelingt ihm nur mit Mühe,
einen Knochen zu erfassen oder ein Stück Fleisch, das ihm vorgehalten
wird, zu erschnappen. Die Einzelbewegungen sind fast unmöglich geworden;
der Hund lernt es nie wieder, die Pfote zu geben (H. Munk, Bechterew).

Nicht viel anders verhalten sich *die niederen Affen nach Wegnahme
der einen motorischen Zone*. Karplus und Kreidl haben beim Makakus
eine ganze Hemisphäre entfernt und dabei auch das Striatum und den
Thalamus opticus zum Teil mitzerstört und gesehen, daß erstaunlicher-
weise die Tiere schon wenige Stunden nach der Operation aufrecht da-
sitzen und fressen. Anfangs ist allerdings die Motilität und Sensibilität
auf der kontralateralen Seite sehr beeinträchtigt; aber schon nach 3 bis
4 Wochen ist für den flüchtigen Beobachter auch hier das Verhalten
anscheinend normal. Die charakteristischen Gemeinschaftsbewegungen
des Laufens und Kletterns sind fast ungestört, insbesondere werden
dabei beide Hände und Füße benutzt. Freilich zeigt sich, daß die Gitter-
stäbe des Käfigs nicht immer richtig von sämtlichen Fingern umgriffen
werden, oder daß der Affe beim Laufen über eine Leiter zwischen die
Sprossen fährt (Goltz). Ferner bevorzugt er die homolaterale Hand,
wenn eine Frucht zu ergreifen ist, wenn er sich laust und dergleichen.
Immerhin läßt sich durch geduldige Dressur erzwingen, daß der Affe
schließlich ein Stück Zucker stets mit der kontralateralen Hand ergreift;
charakteristischerweise verzehrt er es dann aber nicht mit derselben Hand,
sondern er öffnet mit der gesunden Hand die geschädigte wie eine Zucker-
dose und holt sich das Stück Zucker heraus (Goltz).

Die Restitutionsfähigkeit ist danach also auch bei den Affen recht
groß. Immerhin ist zu sagen, daß, wenn in der motorischen Zone partielle Exstirpationen vorgenommen sind, in den Einzelbewegungen deut-
lichere und dauerhaftere Störungen übrigzubleiben pflegen als beim Hund.

Dies gilt in noch weit ausgesprochenerem Maß, wenn wir uns nun
den *Ausfallserscheinungen beim Menschen* zuwenden. Freilich ist dabei
von vornherein zu berücksichtigen, daß diese Ausfallserscheinungen in
den meisten Fällen von krankhaften Prozessen im Gehirn, von Blutungen,
Geschwülsten, Abszessen und dergleichen herrühren. Aber auch da,
wo sie durch glatte Rindenexzisionen veranlaßt sind, sind sie gewöhnlich
nachhaltiger, als bei irgend einem Tier. Der Unterschied ist besonders
auffallend in der Richtung, daß beim Menschen *auch die Gemeinschaftsbewegungen schwer geschädigt* werden; die Extremitäten geraten in einen
lang anhaltenden Zustand schlaffer Lähmung, und wenn später eine gewisse Restitution einsetzt, so ist charakteristisch eine auffallende Kontrakturstellung („*spastische Parese*") der Gliedmaßen, die von manchen
als eine Art partieller Enthirnungsstarre aufgefaßt wird. Im allgemeinen
werden die Arme stärker betroffen als die Beine und diese wieder stärker
als der Rumpf (s. S. 392). Die Einzelbewegungen sind natürlich noch

stärker gestört als die Gemeinschaftsbewegungen; können z. B. alle Finger noch ganz gut gestreckt werden, so mißlingt der Versuch, einen einzelnen Finger für sich zu bewegen; glückt eine Kniebeuge, so bekommt es der Patient nicht fertig, allein das Knie oder allein die Hüfte zu beugen. Zu den Kennzeichen herdförmiger Gehirnaffektionen beim Menschen gehört auch eine Veränderung der Reflexe. Die Hautreflexe, z. B. der Bauchdecken-, der Plantar- und der Mamillarreflex (s. S. 392), sind meistens erloschen; die Sehnenreflexe (S. 393) sind dagegen häufig gesteigert.

Die Schilderung der Motilitätsstörungen nach Rindenverletzung bei Tier und Mensch hat nun schon erkennen lassen, daß den Motilitätsstörungen sehr häufig solche der Sensibilität zugeordnet sind, und damit werden wir auf die Frage nach der *Lokalisation der Sensibilität* hingelenkt. Diese ist bei den Tieren nicht immer leicht vorzunehmen. Man ist darauf angewiesen, festzustellen, wo sich nach einer Exstirpation in der Rinde Störungen der Oberflächen- oder Tiefensensibilität am Körper finden. Ein anderes schonenderes Verfahren besteht in der Bepinselung der intakten Rinde mit Strychnin, in deren Folge eine starke Hyperästhesie in bestimmten Hautarealen je nach dem Ort der Bepinselung auftritt; Reizung der hyperästhetischen Zone führt alsdann zu Krämpfen, die lokal in der zugehörigen Muskulatur ausbrechen und dann nach Art eines epileptischen Anfalls den ganzen Körper befallen (DUSSER DE BARENNE, AMANTEA). Ein drittes naheliegendes, aber erst neuerdings besser durchgearbeitetes Verfahren besteht in dem Absuchen der Rinde nach Aktionsströmen im Gefolge von Sinneserregungen (M. H. FISCHER, KORNMÜLLER); man fand so, daß z. B. auf Licht- oder Schallreize nur spezifische und bestimmt umgrenzte Rindenbezirke ansprechen und mit dem Saitengalvanometer ,,Elektrencephalogramme" registrieren lassen.

Auf Grund der so gewonnenen Erfahrungen unterscheidet man außer einer psychomotorischen auch eine *psychosensorische Zone* oder **Körperfühlsphäre** (H. MUNK), welche die Projektion der rezeptorischen Nervenendigungen der Haut, der Muskeln, der Sehnen, der Gelenke repräsentiert. Bringt man z. B. bei einem Hund, dessen motorische Zone entfernt ist, an der Haut der Gegenseite irgendwo eine Klemme an, so läuft er, davon gepeinigt, unruhig umher, aber es fällt ihm nicht ein, durch eine wohlgezielte Bewegung mit der Pfote die Klemme abzustreifen (GOLTZ); oder er setzt beim Stehen den einen Fuß verkehrt, mit der Sohle nach oben, auf den Boden und korrigiert seine falsche Stellung nicht, oder er rutscht beim Laufen viel leichter aus als sonst. Auch sein ataktischer Gang ist ein deutliches Symptom von Sensibilitätsstörung (s. S. 403). Beim Menschen gehört gleichfalls zu den Folgen einer herdförmigen Erkrankung der Rinde fast immer eine *Störung der Sensibilität*; aber ebensowenig wie bei den Anthropoiden ist es notwendig, daß Anästhesie oder Hypästhesie stets mit einer Lähmung verbunden sind. Dies ist im Zusammenhang mit den Effekten der Rindenreizung (S. 441) so zu verstehen, daß bei den Anthropoiden und dem Menschen die Körperfühlsphäre allein der Gyrus postcentralis ist. Ein Herd in diesem Bezirk äußert sich in einer Herabsetzung oder Aufhebung der Berührungsempfindlichkeit der Haut und der Tiefenempfindlichkeit der Muskeln, Sehnen und Gelenke. Infolgedessen kann sich der Patient allein durch das Gefühl über die Lage seiner Körperteile zueinander nicht orientieren und vermag die Formen von Körpern durch Betasten und Umgreifen nicht zu erkennen. Manchmal findet man das Symptom der *Allocheirie*, d. h. die seltsame Reaktion, daß ein Hautreiz nicht an der Stelle verspürt wird, an der er ansetzt, sondern an der symmetrischen Stelle der gegenüberliegenden Körperseite. Dies ist wohl so zu erklären, daß, wenn die für gewöhnlich bevorzugte zentripetale Leitung zur gegenseitigen Hemisphäre verlegt ist, das homolaterale Zentrum erregt und die Empfindung auf dessen Gegenseite projiziert wird. Endlich gehören zu den sensiblen Ausfalls-erscheinungen auch beim Menschen *ataktische Bewegungen*.

Gelegentlich hat man sich beim Menschen auch durch *elektrische Reizung der freigelegten Rinde* über die Lokalisation der Sensibilität unterrichten können. Tastet man die ROLANDOsche Gegend mit der Elektrode ab, so treten bei Reizung der hinteren Zentralwindung Sensationen in ganz bestimmten Hautgebieten auf, z. B. im Arm eine Wärmeempfindung oder ein Streichelgefühl (CUSHING); Schmerz- und Bewegungsempfindungen können dagegen auf diese Weise anscheinend nicht hervorgerufen werden. Solche lokalisierten rein propriozeptiv bedingten Sensationen treten öfter auch kurz vor einem epileptischen Krampfanfall auf, sie werden als *Aura* bezeichnet (s. Abb. 172, S. 439).

Über die *Vertretung der übrigen Sinnesorgane in der Rinde* ist man wiederum teils durch Tierexperimente, teils durch klinische Beobachtungen unterrichtet. Naturgemäß leiden die Ergebnisse der Tierexperimente an weit größerer Unsicherheit, als wenn es sich um die Lokalisation der Motilität handelt; denn da die Tiere nichts aussagen können, so ist man darauf angewiesen, aus ihrer Reaktionsweise auf die größere oder geringere Einengung ihrer Rezeptivität zu schließen.

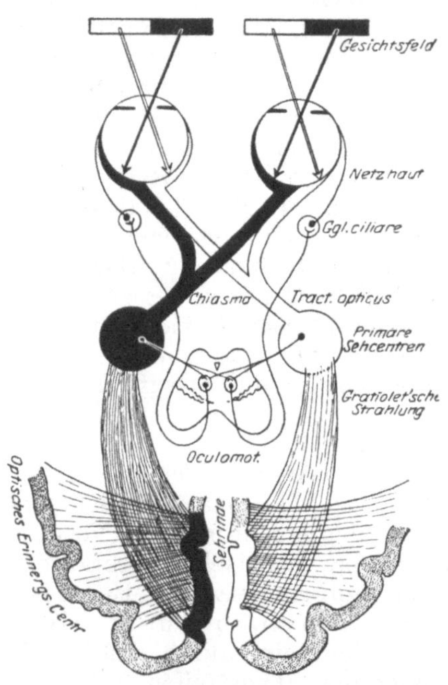

Abb. 177. Verlauf der Sehbahnen beim Menschen. (Nach BING.)

Die Funktion des Sehens ist an das Okzipitalhirn gebunden. Beim Menschen erstreckt sich die **Sehsphäre** auf die Umgebung der Fissura calcarina, auf den Cuneus und die obere Partie des Gyrus lingualis (s. Abb. 174, S. 440) und greift auch auf die Konvexität der Hemisphäre über. Wird dieser Teil beidseitig zerstört, so kommt es bei Tier und Mensch zur sogenannten *Rindenblindheit* (H. MUNK); darunter ist eine Blindheit zu verstehen, bei welcher ein eigentliches Sehen nicht oder nur in beschränktestem Maß (S. 435) möglich ist, bei welcher aber der Pupillen- und auch der Blinzelreflex noch ausgelöst werden kann. Manchmal ist Rindenblindheit auch die Folge einer Verletzung im Gyrus angularis (Abb. 173); die Ursache ist eine Mitverletzung der GRATIOLETschen Sehstrahlung, welche vom Thalamus und vom Corpus geniculatum laterale her zur Calcarinarinde aufsteigt (s. Abb. 177). Andauernde völlige Blindheit nach Verletzung der beiden Sehsphären ist sehr selten, der Grad der Restitution sehr verschieden. Die Aufhellung des Gesichtsfeldes geht meist vom Zentrum aus, es besteht also mehr oder weniger lange andauernd eine „konzentrische

Einengung". Elektrische Reizung der Sehsphären verursacht Lichterscheinungen; sie werden auch kurz vor dem Zustandekommen einer Sehstörung und ebenso wie andere Sensationen, die durch Rindenreizung hervorgerufen sind (S. 447), als Aura vor einem epileptischen Anfall beobachtet.

Wird nur e i n e Sehsphäre zerstört, dann kommt es zu *Hemianopsie*, d. h. {zu einem Ausfall des Gesichtsfeldes der Gegenseite. Die Störung beruht auf der Kreuzung der Optikusfasern und bedeutet je nach der Art des befallenen Tiers für die beiden Augen einen verschiedenen Grad der Störung. Beim Hund kreuzen die nasalen Dreiviertel der Optikusfasern, und nur das temporale Viertel zieht ungekreuzt zur gleichseitigen Hemisphäre. Die Folge davon ist, daß nach Zerstörung e i n e r Sehsphäre das kontralaterale Auge fast blind ist, bis auf einen kleinen nasalen Bezirk seines Gesichtsfeldes, von welchem aus Strahlen auf das temporale Viertel seiner Netzhaut fallen; umgekehrt ist das homolaterale Auge sehend bis auf einen entsprechend kleinen nasalen Gesichtsfelddefekt. Bei Affen und Menschen dagegen sind die beiden ganzen linken Netzhaut

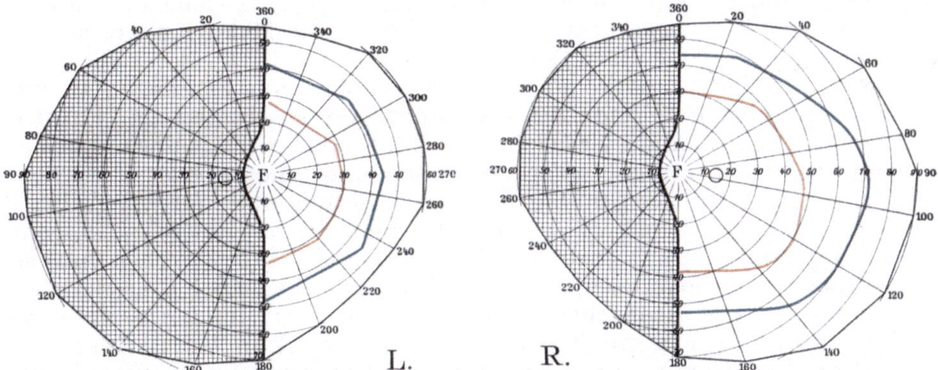

Abb. 178. Gesichtsfelddefekte bei linksseitiger kortikaler Hemianopsie mit Makulaaussparung infolge von Zerstörung des rechten Okzipitalpols. (Nach Heine.)

hälften in der linken, die ganzen rechten Netzhauthälften in der rechten Hemisphäre vertreten (H. Munk) (s. Abb. 177); einseitiger Ausfall der Sehsphäre bedingt daher Unfähigkeit, mit den homonymen Netzhauthälften die zugeordneten kontralateralen Gesichtsfeldhälften zu sehen, man spricht von *homonymer lateraler Hemianopsie* (s. Abb. 178; vergleiche dazu Abb. 242, S. 535). Wir werden später (s. Kap. 30) erfahren, daß diese Verschiedenartigkeit in der Verteilung der Optikusfasern auf die beiden Netzhäute davon abhängt, daß die Gesichtsfelder für die beiden Augen in verschiedenem Maß gemeinsam sind.

Eine ganz andere Form der Hemianopsie ist die *bitemporale Hemianopsie*, die dann zustande kommt, wenn z. B. durch einen Schädelbasisbruch das Chiasma sagittal durchgerissen wird oder — das häufigere Vorkommnis — die mittleren Partien des Chiasma durch eine Geschwulst der Hypophyse komprimiert werden. Alsdann fallen die medialen Netzhauthälften in der Funktion aus, die temporalen Hälften der Gesichtsfelder werden also unsichtbar („Scheuklappenanopsie") (s. dazu S. 271).

Die Lokalisation der Netzhauterregungen auf der Sehrinde geschieht nun nicht in der Weise, daß Punkt für Punkt der Netzhaut sozusagen auf die Rindenfläche projiziert ist. Dagegen spricht schon die Tatsache, daß kleine herdförmige Läsionen keine inselförmigen Defekte, sogenannte *Skotome*, im Sehfeld des Menschen verursachen. Aber zweifellos besteht eine gröbere Projektion. Beim Hund bewirkt Exstirpation des vorderen

Teils der Sehsphäre hauptsächlich einen Defekt im unteren, Exstirpation des hinteren Teils einen Defekt im oberen Gesichtsfeld; der mediale Bezirk des Gesichtsfelds wird durch Verletzung lateral, der laterale durch Verletzung medial ausgelöscht (H. Munk). In ähnlicher Weise dient beim Menschen speziell die Rinde um die Fissura calcarina der Vertretung der Netzhaut; die Läsion einer oberen Calcarinalippe stört die Funktion der oberen Netzhauthälften, so daß eine *Hemianopsia inferior* in Gestalt einer doppelseitigen *Quadrantenanopsie* das Resultat ist; die Läsion einer unteren Lippe ruft eine entsprechende *Hemianopsia superior* hervor. Wird der Boden der Fissura calcarina, also der Übergang von der oberen zur unteren Lippe ergriffen, so erblindet der horizontale Netzhautmeridian. Erkrankt der vordere Abschnitt der Calcarina, so wird besonders das periphere Sehen betroffen. Eigenartig ist das Verhalten des makulären Sehens; einerseits wird allgemein zugegeben, daß die Makulafunktion besonders resistent ist (s. Abb. 178); andererseits gibt es Fälle von eng umgrenzten Defekten in der Sehsphäre (z. B. durch Eindringen eines Nagels), die eine ausgesprochen makuläre Erblindung zur Folge haben; es sieht also so aus, als ob neben einer zirkumskripten Projektion der Makula noch Nebenvertretungen in der Rinde vorhanden sind.

An Stelle der Rindenblindheit ist die Folge von Störungen in der Gegend der Sehsphäre öfter die sogenannte *Seelenblindheit* (H. Munk). Darunter versteht man die Erscheinung, daß zwar die Dinge noch gesehen, aber in ihrer Eigenart nicht voll erkannt und entsprechend gewertet werden. Ein Hund geht z. B. noch um ein Hindernis herum, aber auf den Anblick seines Herrn oder des Futtertrogs oder der Peitsche reagiert er nicht mehr so wie sonst; oder streut man ihm Trauben und Korkstückchen hin, so frißt er beide gleichmäßig, spuckt die Korkstückchen aber sofort wieder aus (Luciani). Die Beobachtung am Menschen lehrt, daß die Seelenblindheit auf einem mehr oder weniger starken Verlust seines optischen Erinnerungsvermögens beruht; sein taktiles, sein akustisches oder sonst ein Erinnerungsvermögen kann dabei vollständig erhalten sein. Ein Patient findet sich z. B. in seiner eigenen Wohnung oder auf der Straße nicht mehr zurecht, obwohl er beim Herumgehen nirgends anstößt; er erkennt seinen Freund erst, wenn er spricht; mit irgendeinem sonst geläufigen Gebrauchsgegenstand weiß er nichts anzufangen, solange er ihn nur sieht; er erkennt seinen Zweck erst, wenn er ihn in die Hand nimmt. Die Störungen durch Seelenblindheit können dabei einen recht verschiedenen Grad haben; manchmal kann die Form und die Farbe der Gegenstände genau beschrieben werden, aber ihre Bedeutung bleibt unverständlich; in anderen Fällen ist „der Farbensinn abgespalten", d. h. über die Farbigkeit können keine Aussagen mehr gemacht werden. Diese Störung kommt gelegentlich als *Hemiachromatopsie* auch einseitig vor. Oder es ist besonders die Tiefenwahrnehmung, also das perspektivische Sehen (s. Kap. 30) beeinträchtigt, so daß sowohl Affen wie Menschen zu kurz oder zu weit greifen; oder das indirekte Sehen von Bewegungen hat gelitten.

Die Ursache der Seelenblindheit ist gewöhnlich eine doppelseitige Erkrankung der Sehrinde, insbesondere auf der Konvexität des Okzipitalhirns, während die Calcarinarinde intakt ist (s. Abb. 177). Bei einseitiger Erkrankung liegt der Herd bei Rechtshändern im linken Okzipitalhirn, während eine Erkrankung auf der linken Seite bei ihm gewöhnlich keine Seelenblindheit verursacht. Wird der Gyrus angularis befallen, so kommt noch eine besondere Art Seelenblindheit zustande, die *Wortblindheit* oder *Alexie*; dabei geht speziell das Erinnerungsvermögen für die Bedeutung der Schriftzeichen verloren. Der Patient kann nicht mehr lesen, obwohl er die Buchstaben sieht und sie sogar abzuschreiben vermag; sie haben für ihn nur noch Formenwert, keinen Bedeutungsinhalt.

Das Okzipitalhirn ist nicht bloß Einstrahlungsort für die optische Faserung, sondern, wie früher (S. 441) bereits erwähnt wurde, auch Abgangsstelle für *zentrifugale Impulse zu den Augenmuskeln* (s. Abb. 170—172, 180). Besonders Verletzungen gegen den Gyrus angularis hin verursachen Störungen in den Augenbewegungen.

Wie die Sehsphäre, so ist auch die **Hörsphäre** bei Tier und Mensch in den beiden Gehirnhälften korrespondierend gelagert, nämlich im Temporalhirn, vor allem in der ersten Temporalwindung (H. Munk, Ferrier). Sie ist der Einstrahlungsort für die vom Corpus geniculatum mediale herkommende Hörstrahlung (von Monakow). Werden bei einem Hund beide Hörzentren zerstört, so tritt völlige Taubheit (*Rindentaubheit*) ein, während deren nicht einmal mehr die akustischen Reflexe, Ohrbewegungen oder Heben des Kopfes ausgelöst werden können, welche beim total großhirnlosen Tier (Hund und Affe) noch erhalten sind (s. S. 435). Wird die Zerstörung nur einseitig ausgeführt, so zeigt sich das Gehör vornehmlich auf der Gegenseite, aber auch auf der Gleichseite beeinträchtigt; allmählich nimmt die Hörfähigkeit wieder zu. Jedes Ohr ist anscheinend in beiden Hemisphären vertreten (Luciani). Die Perzeptionsfähigkeit für höhere Töne ist beim Hund an die vorderen, die für tiefere Töne an die hinteren Partien der Hörrinde gebunden (H. Munk). Wird das Temporalhirn nur partiell zerstört, so resultiert eine der Seelenblindheit analoge *Seelentaubheit*, d. h. das Tier reagiert noch auf Schall, aber es macht durch keinerlei individuelle Reaktionen kenntlich, daß es die Bedeutung eines Anrufs, eines Peitschenknalls oder dergleichen begriffen hat (H. Munk).

Ganz ähnlich wie beim Tier liegen die Verhältnisse beim Menschen, auch hier ist eine Rinden- und eine Seelentaubheit zu unterscheiden. Rindentaubheit entsteht bei Erkrankung der Pars posterior sowie der Gyri transversi (Heschlsche Windungen) an der inselwärts gerichteten oberen Fläche der 1. Temporalwindung. Eine Lokalisation bestimmter Tonhöhen an bestimmte Orte hat sich nicht sicher feststellen lassen. Die Seelentaubheit des Menschen äußert sich besonders auffallend in der sogenannten *Worttaubheit*, dem Gegenstück zur Wortblindheit; der Patient hört noch das gesprochene Wort, aber so wie irgendein Geräusch, das Verständnis für die Sprache ist ihm abhanden gekommen (s. dazu auch S. 455). Auch *Tontaubheit, sensorische Amusie*, eine Unfähigkeit, Tonhöhen wie sonst zu unterscheiden, kommt vor, oder bestimmte Geräusche, wie das Rollen eines Wagens, das Rasseln der Straßenbahn werden nicht mehr erkannt.

Was endlich die **Lokalisation des Geruchs und des Geschmacks** anbelangt, so ist darüber kaum etwas Bestimmtes bekannt. Nach den anatomischen Untersuchungen ist die Riechsphäre in die Gegend des Gyrus hippocampi und des Cornu Ammonis zu verlegen; physiologische und klinische Erfahrungen stellen dies jedoch keineswegs sicher. Die Schmecksphäre wird von manchen in den Bereich der Zentra für die Mund- und Kieferbewegungen, genauer in das Operkulum der hinteren Zentralwindung lokalisiert. —

Was wir nun bis hierher an Rindenzentra kennengelernt haben, das läßt sich in der Hauptsache unter den Begriff der *Primärzentra* zusammenfassen, wenn darunter solche Zentra verstanden werden, welche als Orte der Einstrahlung sensorischer Nervenfasern oder der Ausstrahlung motorischer Nervenfasern mit dem ganzen Körper, seinen Sinnesorganen und seinen Muskeln in direkter Verbindung stehen. Ziehen wir dazu die Tatsache in Betracht, daß die Sinneszentra und die motorischen Zentra unter sich durch Assoziationsfasern verbunden sind, so haben wir schon ein gewisses Verständnis für die Funktionen des Großhirns erlangt. Auch manche Befunde, welche dem hier gezeichneten relativ einfachen Bild von der Lokalisation der Gehirnfunktionen zunächst durchaus zu widersprechen scheinen, werden uns begreiflicher, sobald wir die interzentralen Verknüpfungen beachten. So gelangen neben den „Schulfällen" immer wieder in der Klinik Fälle zur Beobachtung, in denen eine beschränkte Verletzung an einer Stelle des Gehirns von unverhältnismäßig schweren Störungen gefolgt ist, welche entweder den Ausfall mehrerer weit von der eigentlichen Verletzungsstelle entfernt gelegener Zentra vortäuschen oder sich auch in tiefgreifenden Veränderungen des ganzen somatischen und psychischen Wesens und Gebarens äußern. Diese „Fernwirkungen" beruhen häufig unzweifelhaft darauf, daß wichtige Verbindungsbahnen zwischen weit auseinanderliegenden Rindengebieten zerstört wurden. Das Vorhandensein solcher Bahnen erklärt wohl auch eine interessante Beobachtung von EWALD: einem Hund wurden ins Schädeldach an mehreren Stellen Elektroden eingeschraubt, mit Hilfe deren die Gehirnrinde bald da, bald dort gereizt werden konnte; der Hund wurde nun an den zu den Elektroden führenden Leitungsdrähten wie an einer Leine geführt und konnte, während er „ahnungslos" umherlief, einen Reiz empfangen. Es zeigte sich, daß dieser oder jener Körperteil keineswegs nur dann eine Reizbewegung ausführte, wenn das zugehörige typische Zentrum von dem elektrischen Schlag getroffen wurde, sondern daß mitten aus der Sehsphäre gelegentlich Bewegungen des Vorderbeins, mitten aus der Hörsphäre Kieferbewegungen auszulösen waren, daß öfter auch statt der Gegenseite die Gleichseite auf den Reiz ansprach. Der Effekt wechselte bemerkenswerterweise namentlich auch je nachdem, was für eine Haltung das Tier im Reizmoment gerade eingenommen hatte. Man muß sich diese Verhältnisse wohl so erklären, daß in dem komplizierten Flechtwerk von Assoziationsfasern, welche die verschiedenen Hirnteile untereinander verbinden, je nach dem augenblicklichen Erregungszustand des Gehirns bald dieser, bald jener Weg besser gebahnt ist.

Würde sich nun das Großhirn bloß aus den Primärzentra und den sie verknüpfenden Bahnen zusammensetzen, so wäre es nicht anders aufzufassen, als wie ein kompliziertes Gefüge von Reflexbogen, prinzipiell ebenso organisiert wie das Rückenmark. Aber ein Blick auf das Bild eines Gehirns, auf dessen Oberfläche die Primärzentra eingezeichnet sind (s. Abb. 170—172), weckt in uns die Frage, welche Aufgabe alle diejenigen großen Rindengebiete zu erfüllen haben, welche von Primärzentra nicht besetzt sind, also alle die Gebiete, welche man, weil sie auf Reizung weder durch Hervorrufen von Bewegungen noch von Empfindungen ansprechen, öfter auch als stumme Gebiete bezeichnet. Hinzu kommt die früher (S. 434) erörterte Feststellung, daß erst der Besitz des Gehirns vielen Tieren die Fähigkeit verleiht, Erfahrungen zu sammeln und dadurch zu lernen, so daß sie sich nicht mehr wie Automaten oder wie Reflexapparate verhalten, welche auf

Grund angeborener fester nervöser Verknüpfungen reagieren; die zugrunde
liegenden materiellen Eigenschaften der Gehirnsubstanz bezeichneten wir
bildlich als Formbarkeit oder Modellierfähigkeit. Inzwischen haben wir nun
mehrmals konstatiert, daß die Erfahrungen offenbar mit Hilfe besonderer
Rindenanteile gesammelt werden, daß an diesen also sozusagen die Erinne-
rungsbilder haften, und die Abb. 179 (nach Economo) soll diese sowie eine
Anzahl weiterer Feststellungen — freilich der Natur der Sache nach etwas
schematisiert — zur Darstellung bringen. Das optische Erinnerungsvermögen
ist anscheinend hauptsächlich an die Konvexität der Okzipitalrinde lateral
von der Calcarinagegend gebunden; denn Verlust dieses Gebietes verursacht „Seelenblindheit"; das optische Erinnerungsvermögen speziell
für die Schriftzeichen ist in die Gegend des Gyrus angularis zu lokalisieren; denn Herde, welche hier sitzen, erzeugen „Wortblindheit" oder

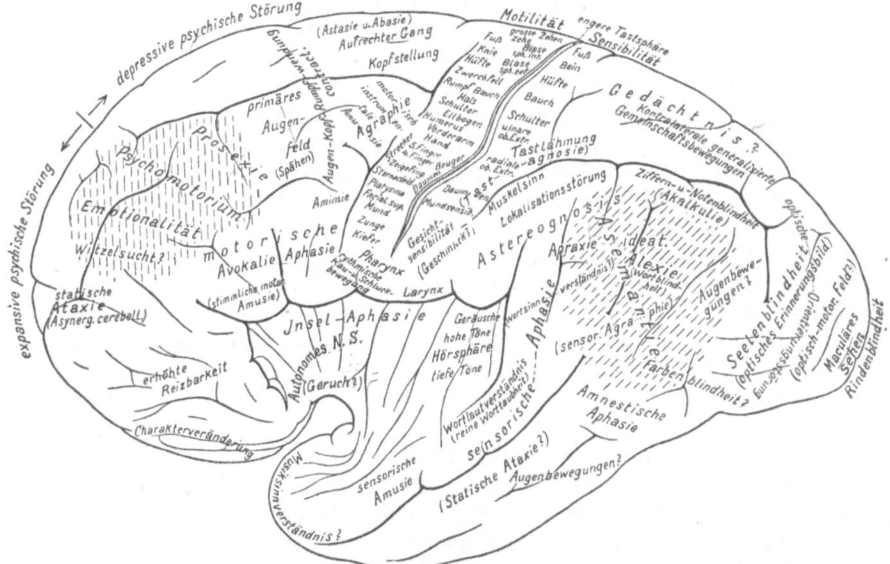

Abb. 179. Funktionslokalisation in der Rinde des Menschen. (Nach Economo.)

Alexie; „Seelentaubheit" resultiert bei beschränkten Verletzungen des
Temporalhirns. Wir können daher jetzt schon die Annahme machen,
welche durch die weiteren Ausführungen gerechtfertigt werden wird, daß
den Primärzentra *Sekundärzentra* übergeordnet sind, welche „im Dienst"
höherer psychischer Funktionen stehen, als es etwa einfache Sinnesempfindungen sind. Was bei der Verletzung dieser sensorischen Sekundärzentra als Ausfallserscheinung entsteht, kann ganz allgemein mit dem
Ausdruck *Agnosie*, Mangel an Erkenntnisvermögen, bezeichnet werden.
Das Gegenstück zu den sensorischen sind motorische Zentra, in welchen
ebenfalls auf Grund von Erfahrung und Übung besondere nervöse Schaltungen gebildet werden können, welche bestimmte Bewegungskombi-
nationen ermöglichen. Die Folgen der Zerstörung dieser Zentra bezeichnet man als *Apraxie* (Liepmann), als Unfähigkeit zum „Handeln",
d. h. zur Ausführung ganz bestimmter erlernter, nicht bloß stereotyper
und automatenhafter Bewegungen. Es wäre aber verkehrt anzunehmen,
daß diese Sekundärzentra sich in ähnlicher Schärfe auf der Rinde

abgrenzen lassen wie die Primärzentra. Die Primärzentra sind ja schließlich nicht viel mehr als die unmittelbaren Ursprungsstätten der motorischen und die unmittelbaren Einstrahlungsstätten der sensorischen Bahnen. Sekundärzentrum ist dem gegenüber mehr oder weniger das ganze übrige Gehirn, wenn auch bestimmt lokalisierte Defekte in besonders deutlicher Weise die motorischen und sensoriellen Leistungen oder — um das kompliziertere Geschehen durch besondere Worte zu kennzeichnen, — die *expressiven* und die *impressiven Reaktionen* zum Ausfall bringen. Wir wollen nun die Bedeutung der Sekundärzentra für Gnosis und Praxis zunächst an einem Beispiel kennenlernen, und zwar an dem des Sprechens und der **Sprachstörungen durch Rindenläsionen.**

Die *Sprache* ist ein charakteristischer Besitz des Menschen, welcher von jedem einzelnen neu erworben werden muß. Vorbedingung für das Erlernen ist eine Unversehrtheit der Hörfunktion. Zwar kann man bekanntlich auch ohne Gehör das Sprechen lernen, wie die Taubstummen es beweisen; immerhin ist es außerordentlich erschwert. Als Kind lernt nun der Mensch ganz bestimmte Klänge, Wortklänge, mit bestimmten Wahrnehmungen assoziieren; es bilden sich dadurch Vorstellungen, etwa die Vorstellung eines Hundes, einer Biene, einer Rose, welche immer wieder durch die Worte „Hund", „Biene", „Rose" wachgerufen werden können. Soll nun auf eine Anzahl von Wortklängen hin eine Antwort erteilt werden, soll z. B. die durch das Wort „Rose" geweckte Vorstellung in ihren Einzelheiten sprachlich beschrieben werden, so müssen dem Sprechenden erstens die Worte im Gedächtnis gegenwärtig sein, welche die Vorstellung „rot", „duftend", „stechend" ausdrücken; zweitens muß er gelernt haben, die beim Sprechen beteiligten zahlreichen Muskeln des Kehlkopfs, des Rachens, der Zunge, der Lippen so fein abgestuft zu innervieren, daß die bestimmten Worte wohl artikuliert herauskommen.

Nach dieser nur höchst oberflächlichen Analyse der Sprechfunktion können wir schon voraussehen, daß ein Verlust des Sprechvermögens, eine **Aphasie,** auf verschiedenen Wegen zustande kommen könnte, nämlich ganz allgemein *entweder durch Störungen in der impressiven, speziell akustischen, oder durch Störungen in der expressiven motorischen Sphäre.* Wir wollen nun die hauptsächlichsten der wirklich vorkommenden Aphasieformen betrachten, dabei aber vollkommen absehen von denjenigen einfachsten Formen der Aphasie, welche von einer Lähmung der Sprechmuskeln oder von einer richtigen Taubheit herrühren.

Am längsten bekannt ist die sogenannte *motorische oder* BROCAsche *Aphasie.* Hier ist das Sprechunvermögen, die *Wortstummheit* vorhanden, obwohl jeder einzelne der am Sprechen beteiligten Muskeln vom Gehirn aus innerviert werden kann, obwohl der Patient zu schlucken, zu kauen, zu pfeifen, zu singen, zu rufen vermag. Er kann weder spontan reden, noch kann er nachsprechen. Dabei versteht er alles, was gesagt wird; will er aber antworten, so bleibt es bei vergeblichen Bemühungen, welche sich oft in auffallenden Bewegungen des Mundes äußern. In manchen Fällen bleiben wohl auch Wort- oder Satzreste erhalten, namentlich Laute, die viel gebraucht und sozusagen reflektorisch erzeugt werden, wie „ja" oder „nein" oder ein im Affekt ausgestoßener Fluch. Seltener kommen sogenannte „Paraphasien" vor, d. h. Wortverstümmelungen, welche das Symptom einer mangelhaften Koordination darstellen; statt Lippe sagt der Patient Lipte, statt Tischler Tilscher.

Häufig geht die Aphasie noch mit *Agraphie* einher, d. h. mit einer Unfähigkeit zu schreiben, obwohl Arm und Hand an sich frei beweglich sind. Weder gelingt das Spontanschreiben noch das Schreiben auf Diktat; häufiger ist der Patient dagegen imstande, etwas, was ihm vorgeschrieben ist, zu kopieren; auch besonders geläufige Worte, wie der Name und der Wohnort, können wohl noch geschrieben werden. Auch eine *motorische Amusie*, d. h. der Verlust der Fähigkeit, eine Melodie zu singen, gesellt sich häufig hinzu.

Aphasie, Agraphie und Amusie sind typische Apraxien. Sie gehen nun fast immer mit einer bestimmt lokalisierten Läsion im Großhirn einher, nämlich, wie schon einmal (S. 437) erwähnt wurde, mit einer Läsion im Fuß der dritten Stirnwindung, insbesondere in der Pars opercularis und der Pars triangularis; dieser Ort ist also das *motorische Sprachzentrum* (s. Abb. 173). Besonders bemerkenswert ist dabei und wird uns noch später (S. 461) beschäftigen, daß meistens die völlige Sprachlähmung nur dann zustande kommt, wenn die dritte linke Stirnwindung Sitz des Herdes ist; nur Linkshänder — und das sind etwa 5% der Menschen — werden aphasisch bei einer Verletzung in der rechten Hemisphäre.

Ganz etwas anderes ist die sogenannte *sensorische oder Wernickesche Aphasie*; hier liegt, wie schon der Name besagt, die Störung auf der rezeptiven Seite der „Sprechbahn". Die sensorische Aphasie ist dadurch charakterisiert, daß der Patient zwar hören, aber nicht verstehen kann, die Wortklänge haben keine Bedeutung mehr für ihn, es assoziieren sich mit ihnen keine bestimmten Vorstellungen mehr, die Muttersprache klingt wie eine fremde Sprache. Die sensorische Aphasie beruht also auf einer sonderbaren Art von Taubheit, welche zweckmäßig als *Worttaubheit* bezeichnet worden ist (s. S. 451); sie ist eine richtige Agnosie. In manchen Fällen ist eine gewisse Verständigung mit dem Patienten noch dadurch möglich, daß es durch mehrmaliges Vorsagen gelingt, ihm die Worte faßlich zu machen; in anderen Fällen vermag er wenigstens die ersten Worte eines Satzes aufzufassen. Dabei ist die „innere Sprache" erhalten, d. h. er hat eine Vorstellung von dem Wortklang an sich und von seiner Bedeutung, so daß er imstande ist, spontan zu sprechen. Aber da die von ihm produzierten Worte wegen der Worttaubheit nicht der richtigen Kontrolle unterliegen, so kommt es oft zu paraphasischem Sprechen, bei welchem die Worte bis zur Unverständlichkeit verstümmelt sein können. Charakteristisch ist auch, im Gegensatz zur motorischen Aphasie, eine oft außerordentliche Redseligkeit, die mit dem prägnanten Ausdruck *Logorrhöe* bezeichnet worden ist, sowie in manchen Fällen ein automatisches Nachsprechen, *Echolalie* genannt.

Wie die motorische Aphasie mit der Agraphie, so ist die sensorische Aphasie häufig mit *Alexie* oder *Schriftblindheit* vergesellschaftet. Dies Unvermögen, speziell Schriftzeichen zu erkennen, kann ganz unabhängig von der sonstigen Seelenblindheit (s. S. 450) vorkommen.

Die sensorische Aphasie entsteht dadurch, daß die erste Schläfenwindung, besonders in ihrem hinteren Gebiet, erkrankt; dort befindet sich also ein *sensorisches Sprachzentrum* (s. Abb. 173). Bei Rechtshändern sitzt der Herd stets links, eine Erkrankung rechts verläuft bei den Rechtshändern fast symptomlos. Während die Aphasie bei Verletzung des motorischen Sprachzentrums oft permanent wird, restituiert die Sprechfunktion relativ leicht bei Verletzung des sensorischen Sprachzentrums. Alexie stellt sich in der Regel dann ein, wenn auch die Rinde hinter der ersten Schläfenwindung im Gyrus angularis erkrankt.

Eine dritte Form von Aphasie kommt dadurch zustande, daß der Patient zwar hört und das Gehörte versteht, daß ihm aber, wenn er antworten will, die notwendigen Worte nicht einfallen. Der Patient verhält sich also ähnlich, wie jemand, der sich vergeblich auf ein bestimmtes Wort besinnt, das ihm momentan aus dem Gedächtnis geschwunden ist. Man spricht deshalb von *amnestischer Aphasie* oder von *Amnesie*, auf deutsch Vergeßlichkeit. Sucht man dem Patienten beizuspringen, indem man ihm eine Anzahl für seine Antwort in Betracht kommender Worte vorsagt, so findet er das passende Wort heraus. In Fällen unvollständiger Amnesie macht der Patient häufig den Versuch, ein fehlendes Wort weitläufig zu umschreiben, oder es kommt vor, daß er oft nur die Anfangsbuchstaben der Worte im Gedächtnis behalten hat, oder es sind nur gut eingelernte Wortreihen übriggeblieben, wie die Zahlen oder die Wochentage, die er wohl vorwärts, aber nicht rückwärts herzusagen vermag.

Die amnestische Aphasie kommt selten für sich allein vor; meist ist sie mit verschiedenen Graden von motorischer oder sensorischer Aphasie kombiniert. Dementsprechend ist die zugrunde liegende Krankheit auch nicht bestimmt lokalisiert; man findet pathologische Prozesse bald in der unteren Frontalwindung, bald im Temporalhirn.

Nach all dem gelingt es also, nicht bloß mit der Methode der psychologischen Analyse die Sprechfunktion in mehrere Akte zu zerlegen, sondern *physiologisch baut sich das Sprechen aus einer Reihe von Hirntätigkeiten auf, indem bestimmte Rindenbezirke, welche miteinander assoziiert sind, der Reihe nach in Funktion treten.* Auch diese Leistung entspricht also schließlich dem Schema des Reflexbogens, mit dem wesentlichen Unterschied, daß die funktionellen Verknüpfungen nicht von Anfang an bestehen, sondern offenbar mehr oder weniger erst während des Lebens gebildet werden, aber doch auch wieder mit der auffallenden Vergleichbarkeit darin, daß auch die „erlernten" Reaktionen mit der Häufigkeit des Ablaufs mehr und mehr „stereotyp" werden und zu „gedankenlosen" Automatismen „herabsinken".

In ähnlicher Weise wie das Sprechen, so sind nun anscheinend auch andere Praxien und Gnosien des Menschen von bestimmten Hirnteilen abhängig.

Es gibt sehr verschiedene Grade von **Apraxie** und **Agnosie**. Eine einfache Apraxie ist es z. B., wenn ein Mensch die Fähigkeit verliert, bestimmte Ausdrucksbewegungen mit dem Arm auszuführen, z. B. mit der Faust zu drohen oder mit der Hand zu winken. Die Bewegungen, die er statt dessen ausführt, sind an sich vollkommen geordnet, nur sind es andere als beabsichtigt, oder sie sind nicht richtig aus den Einzelbewegungen zusammengestellt. Ein Patient kann z. B. auf Aufforderung den Arm heben, dann eine Faust machen, dann die Faust hin und her bewegen; befiehlt man ihm aber zu drohen, so gelingt es nicht, sondern er fuchtelt statt dessen ziellos mit dem Arm umher. Andere einfache Apraxien sind etwa die Unfähigkeit, militärisch zu grüßen, ein Zündholz anzustecken, an die Tür zu klopfen. Von einfachen Agnosien sei die als *Stereoagnosie* oder *Astereognosis* bezeichnete Störung des Tastsinnes erwähnt; ein Patient kann z. B. eine an sich intakte Berührungs- und Tiefenempfindlichkeit besitzen; aber er findet in seiner Tasche nicht das Taschentuch und die Börse, die er optisch sofort erkennt (EDINGER). Höchst merkwürdig ist das Auseinanderfallen komplizierterer Handlungen in ein sinnloses Gemisch von Einzelaktionen, so, wenn der Patient ein Stück Fleisch mit der Gabel vom Teller essen soll, erst zaudert, dann die Gabel ergreift, sie wieder fortlegt, das Fleisch mit der Hand faßt, dann wieder unschlüssig umherblickt und nicht von der Stelle kommt, oder wenn er das Streichholz anzündet und es darauf neben die Zigarre in den Mund steckt. Solche wirren Ereignisse können dem Beobachter eine Schwachsinnigkeit vortäuschen, welche in Wirklichkeit gar nicht vorhanden ist; er bemerkt aber leicht seinen Irrtum, wenn die Apraxie nur einseitig ist; denn dann können die gestellten Aufgaben von der nicht apraktischen Körperseite ganz korrekt gelöst werden.

Den Agnosien und Apraxien liegen in der Mehrzahl der Fälle ausgedehnte Scheitellappenherde zugrunde (LIEPMANN), *aber auch Stirnhirnaffektionen* gehen gelegentlich mit schwerer Apraxie einher. Es handelt sich demnach um Erkrankungen, welche sich nicht innerhalb, sondern in der näheren oder weiteren Umgebung der Primärzentra abspielen. Wir werden auf die Annahme hingelenkt, daß diejenigen Rindengebiete, welche als Sekundärzentra (S. 452) bezeichnet wurden, einen gewaltigen Schaltapparat repräsentieren, welcher die Aufgabe hat, die einzelnen Teile der Primärzentra in derjenigen ungeheuren Mannigfaltigkeit miteinander zu verknüpfen, welche der Reichhaltigkeit und dem individuellen Charakter der menschlichen Handlungen entspricht.

Sind wir mit den Lokalisationsversuchen bis hierher gelangt, so erhebt sich ganz von selbst die Frage, ob vielleicht auch gewisse Bezirke des Großhirns als Organe für die höchsten psychischen Funktionen angesprochen werden dürfen. Die Frage ist vielfach und unter mannigfaltigen Gesichtspunkten erörtert worden; Lösungen sind mit anatomischen, mit experimentell-physiologischen und mit klinischen Methoden gesucht, ohne daß eine Einigkeit erzielt worden wäre.

Von vergleichend-anatomischer Seite ist namentlich *das* **Stirnhirn** *als „Sitz" der Intelligenz* bezeichnet worden; es wird dafür geltend gemacht, daß mit der Zunahme des intelligenten Verhaltens in der Reihe der Tiere auch der vor den Primärzentra frontal gelegene Hirnabschnitt an Masse zunimmt (MEYNERT). So ist nach EDINGER der Stirnlappen klein bei Ziege und Känguruh, größer bei der Katze, im allgemeinen noch größer beim Hund und erlangt bei dem Affen unter den Tieren die größte Ausdehnung. Noch erheblich stärker ist das Stirnhirn dann beim Menschen entwickelt, und hier sind es wiederum die primitiven Rassen, welche von den höheren an Ausdehnung des Stirnhirns übertroffen werden. Noch ein anderer anatomischer Befund spricht für eine besondere Beteiligung des Stirnhirns bei den intellektuellen Leistungen, das ist die von FLECHSIG aufgefundene Tatsache, daß in der Individualentwicklung des Menschen das Stirnhirn zu den am spätesten reifenden Gehirnteilen gehört. Diese Reifung kann man gut an der *Myelogenese*, der Ausbildung der Markscheiden verfolgen (s. S. 412). Wenn man auch nicht mehr an der ursprünglichen Lehre von FLECHSIG festhalten kann, daß man nach dem Zeitpunkt der Ummarkung in der Großhirnrinde Projektions- und Assoziationsfelder scharf unterscheiden kann, so ist doch so viel richtig, daß die „stummen Gebiete" der Rinde (s. S. 452), besonders das Stirnhirn, zweifellos relativ spät markreif werden, und dieser Vorgang ist vielleicht ein anatomisches Korrelat der „geistigen Heranreifung". Endlich gibt die Cytoarchitektonik der Rinde (s. Abb. 181—183) deutliche Hinweise darauf, daß das Stirnhirn funktionell etwas Besonderes und zum großen Teil einen Neuerwerb des höheren Säugetiers darstellt. Die genaue histologische Durchforschung des

Aufbaues der Hirnrinde, wie sie in neuerer Zeit besonders von BRODMANN, von C. u. O. VOGT sowie von ECONOMO ausgeführt wurde, hat nämlich er-

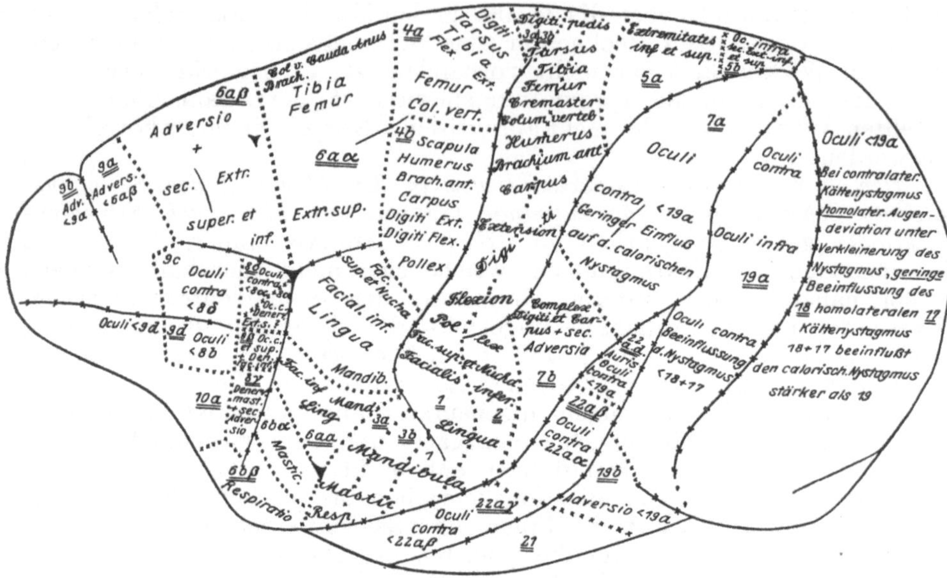

Abb. 180. Reizphysiologische Rindenfelderung bei der Meerkatze. (Nach C. u. O. VOGT u. BARANY.)

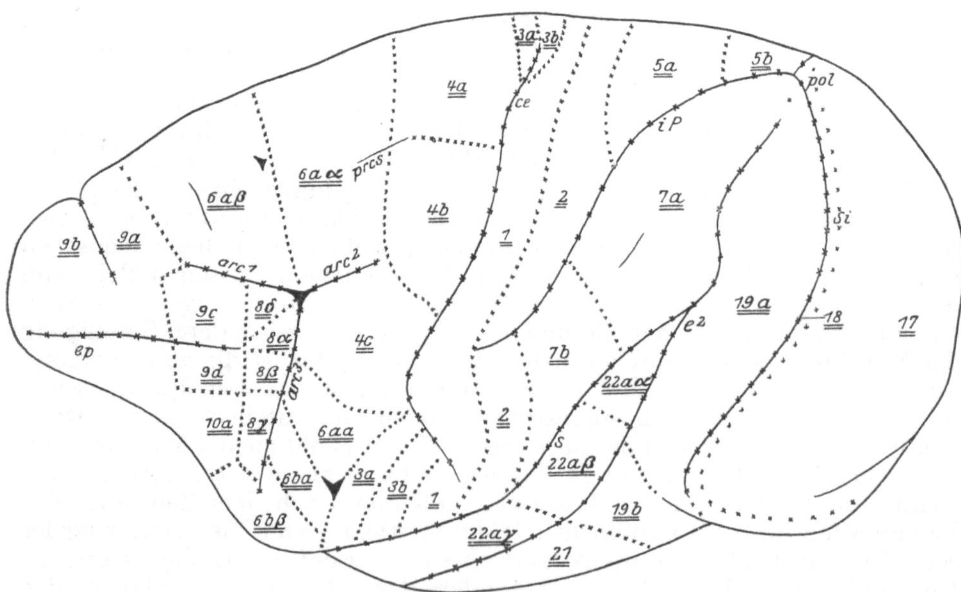

Abb. 181. Architektonische Rindenfelderung bei der Meerkatze. (Nach C. u. O. VOGT.)

geben, daß *die funktionelle Gliederung der Rinde merkwürdig genau mit ihrer architektonischen Gliederung vor allem in bezug auf Art, Größe und Verteilung der Ganglienzellen sowie in bezug auf die Anordnung der markhaltigen Nerven-*

fasern (Cyto- und Myeloarchitektonik) übereinstimmt. Abb. 180 u. 181 lehren das am Beispiel des Gehirns eines niederen Affen, nämlich einer Meerkatze nach C. und O. VOGT; Abb. 180 zeigt die durch Reizungsversuche aufgefundene Felderung der Konvexität der linken Hemisphäre, Abb. 181

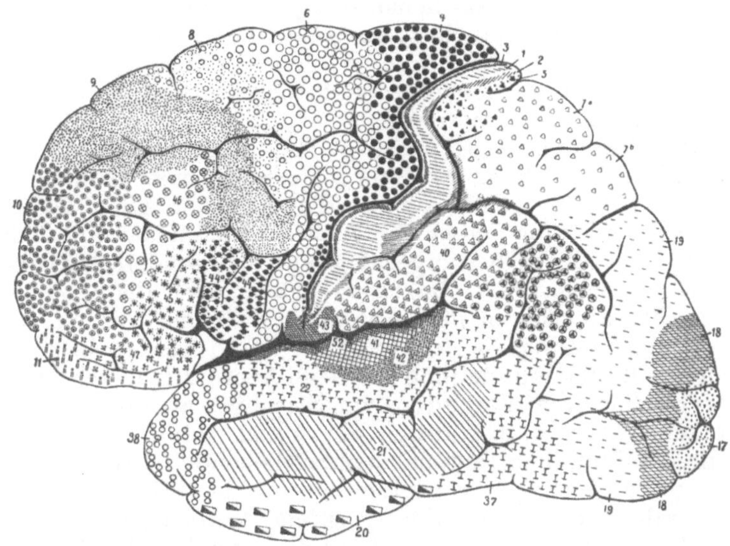

Abb. 182. Cytoarchitektonische Rindenfelderung beim Menschen. (Nach BRODMANN.)

die zugehörige architektonische Felderung. Vergleicht man damit die Felderung beim Menschen nach den Beobachtungen von O. FOERSTER (Abb. 172), so sieht man erstens, daß nach Bau und Bedeutung der einzelnen Rindenpartien die Gehirne weitgehend miteinander verglichen werden können, weit besser als nach dem oberflächlichen Relief, nach der Formation der Gyri und Sulci, auf die man früher vor allem achtete. Zweitens erkennt man aber, daß die Rinde des Menschen viel mehr bedeutet als die der Meerkatze; denn sie enthält große Bezirke, die der Rinde des niederen Affen völlig fehlen. Dies lehrt ferner besonders deutlich ein Ver-

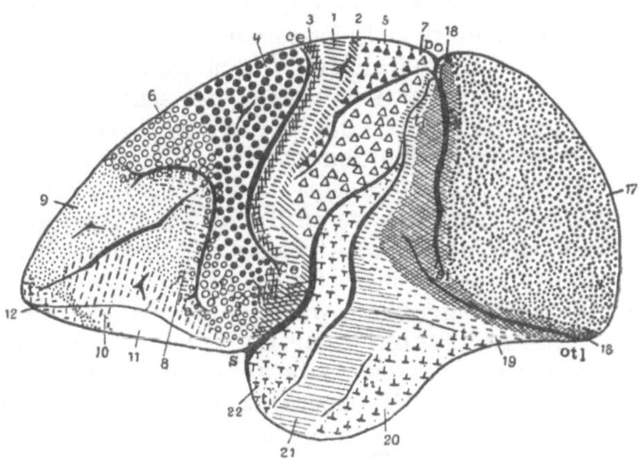

Abb. 183. Cytoarchitektonische Rindenfelderung bei der Meerkatze. (Nach BRODMANN.)

gleich der Abbildungen 182 und 183 nach BRODMANN, die ebenfalls die Cytoarchitektonik betreffen, in denen Numerierung und Zeichenverteilung bei den einzelnen Rindenanteilen den Vergleich zwischen Menschen- und Affenrinde sehr erleichtern und zugleich zeigen, wieviel neue Rindenbestandteile im menschlichen Gehirn bei der Entwicklung über das Affengehirn hinaus als Neuerwerb aufgetreten sind. Hiernach kann man den für weitere Forschungen wichtigen Schluß ziehen, daß Struktur und Leistung einander entsprechen, und damit erhebt sich dann auch die Frage, welche physiologische Bedeutung den einzelnen übereinander gelagerten, verschieden strukturierten Schichten zukommt, aus denen sich jeder Rindenabschnitt aufbaut, inwieweit etwa die von manchen ausgesprochene Ansicht das Richtige trifft, daß die Rinde als eine Summe mehrerer ineinander geschalteter Organe aufzufassen sei, in der jede der durchschnittlich 10 Schichten mit besonderen Aufgaben betraut wäre.

Auch das physiologische Experiment hat einige Beiträge zur Beurteilung des Stirnhirns geliefert. So haben Versuche von GOLTZ, FERRIER, ROTHMANN gelehrt, daß, wenn man bei Hunden oder Affen das Stirnhirn doppelseitig exstirpiert, die Dressurfähigkeit deutlich leidet und dadurch der Eindruck von Imbezillität hervorgerufen wird. Besonders hervorstechend sind aber die *Änderungen im Charakter*, welche nach der Operation hervortreten; die Tiere verlieren ihre Anhänglichkeit, sie werden unfolgsam, ihr Wesen wird hemmungslos, früher sanfte Tiere werden bissig.

Endlich weiß die Klinik manche Argumente zugunsten der Lokalisierung des intelligenten Verhaltens im Stirnhirn anzuführen. Schwachsinnige Menschen sind häufig durch ein wenig voluminöses Frontalhirn und eine diesem äußerlich entsprechende fliehende Stirn ausgezeichnet; eine von Geburt an bestehende Verkümmerung der Stirnlappen geht stets mit Idiotie einher; die zu starker geistiger Verblödung führende progressive Paralyse ist pathologisch-anatomisch besonders durch eine degenerative Atrophie des Stirnhirns gekennzeichnet. Andererseits ist freilich oft konstatiert, daß akute Erkrankungen und Verletzungen des Stirnhirns, selbst wenn sie beidseitig sind, fast symptomlos verlaufen können.

Man hat aber auch, besonders auf Grund der außerordentlich zahlreichen Beobachtungen, die während des Weltkriegs an Stirnhirnverletzten anzustellen waren, den Versuch gemacht, zu präziseren Vorstellungen von den Leistungen des Stirnhirns zu gelangen. Wenn man dabei von den vielfältigen Störungen absieht, die wohl eher als Begleiterscheinungen der Stirnhirnläsion aufzufassen sind, wie Aphasie, Agraphie und Amusie, die mehr oder weniger auf das Übergreifen der Störung auf benachbarte Rindenanteile bezogen werden können, oder wie Hypo- und Akinese, Amimie und Tonusstörung, die eine Beteiligung der frontothalamen Verbindungen und der Stammganglien selber verraten (S. 424), so läßt sich als charakteristisch für das Stirnhirn anscheinend herausheben, daß es *in motorischer und psychischer Hinsicht Direktiven erteilt*, daß es richtunggebend wirkt (GOLDSTEIN). Das soll erstens heißen, daß bei Stirnhirndefekten zwar keinerlei motorische Lähmung oder Schwäche und keinerlei Ataxien zu bestehen brauchen, daß sich aber doch eine auffallende Unsicherheit der Bewegungen dann zeigt, wenn ein bestimmtes Ziel erreicht werden soll, das — eventuell sichtbar — doch nur unter Überwindung von Hindernissen und auf Umwegen bei genügend angespannter Aufmerksamkeit erreicht werden kann. Freilich kommen öfter zugleich auch einfachere Störungen in der Fähigkeit, eine Richtung einzuhalten, vor; der Patient greift in der dem Krankheitsherd entgegengesetzten Richtung daneben oder zeigt vorbei, oder bei geschlossenen Augen geht er in der herdgekreuzten Richtung. Der Direktionsmangel in psychischer Hinsicht äußert sich darin, daß der Patient gegenüber komplizierteren Aufgaben versagt, weil ihm die nötige Entschlossenheit mangelt, oder weil er sich nicht genügend konzentrieren und dadurch das Wesentliche erkennen kann. Er bemerkt wohl alles, aber ohne rechtes Interesse und ohne rechte Aufmerksamkeit und daher auch oft ohne Affekt und ohne den Willen, das Ziel zu erreichen. Angelernte Handlungen, auswendig gelernte Sätze kann er dagegen fehlerfrei reproduzieren.

Wir müssen nun noch auf eine vorher (S. 437 u. 455) hervorgehobene interessante Feststellung zurückkommen, nämlich auf die **Präponderanz der linken Hemisphäre** bei der Ausübung der Sprechfunktion und auf ihren Zusammenhang mit der Rechtshändigkeit. Diese Bevorzugung der einen Hirnhälfte bei der überwiegenden Zahl der Menschen — wie gesagt, sind etwa 95% Rechtshänder — beschränkt sich keineswegs bloß auf das Sprechen und auf die Verwendung der Hände. Der Rechtshänder gebraucht gewöhnlich bei einseitigen Handlungen auch den rechten Fuß lieber als den linken, z. B. beim Stoßen, er kneift das rechte Auge leichter zu als das linke; die Klinik lehrt ferner, daß nicht bloß die motorische und sensorische Aphasie, sondern auch die Agraphie und Alexie sowie die Seelenblindheit für gewöhnlich durch linkssitzende Gehirnherde hervorgerufen werden.

Man kann also verallgemeinernd voraussetzen, daß die Mehrzahl der Menschen linkshirnig ist; das soll heißen, daß — freilich in quantitativ recht verschiedenem Maß — das linke Gehirn für die rezeptorischen und effektorischen Funktionen von größerer Wichtigkeit ist, als das rechte. Die Beobachtungen am kranken Menschen haben diese Annahme mehr und mehr gerechtfertigt, und zwar ist die Präponderanz der linken Hemisphäre physiologisch so zu verstehen, daß *die linke Hemisphäre auch für das, was die rechte Hemisphäre leistet, die Oberleitung übernommen hat.*

Wenn nämlich infolge einer links sitzenden Erkrankung die rechte Seite gelähmt oder apraktisch geworden ist, so ist sehr häufig auch die linke Seite apraktisch, wie wenn auch rechts ein Herd vorhanden wäre. Die Linksapraxie bedeutet dabei nicht etwa bloß eine „Linkischkeit", also eine Ungeschicklichkeit, sondern eine richtige Apraxie; der Patient weiß z. B. nicht mehr mit der linken Hand die Ausdrucksbewegung des Drohens auszuführen (S. 456), er kann nicht mehr an die Tür klopfen, den Schlüssel ins Schlüsselloch stecken und dergleichen; er zeigt ferner die Erscheinungen der Astereognosis (S. 456). Ganz anders, wenn der Herd rechts sitzt; dann ist zwar die linke Körperhälfte betroffen, aber für die Bewegungen der rechten Seite ist der Herd absolut indifferent. All das gilt jedoch im allgemeinen nur für den Rechtshänder; beim Linkshänder liegen die Verhältnisse gerade umgekehrt; da sind die rechts sitzenden Herde die gefährlicheren, weil sie nicht bloß Lähmungen auf der linken Seite, sondern auch Rechtsapraxie verursachen.

Nach LIEPMANN hat man sich die Abhängigkeit der rechten von der linken Hemisphäre durch die große *Kommissurenfaserung des* **Balkens** vermittelt zu denken; dafür spricht vor allem folgendes: lokalisiert sich ein Erkrankungsprozeß im Corpus callosum oder in der Balkenstrahlung im Centrum ovale, dann können Störungen auftreten wie bei einem rechts sitzenden Herd, der Kranke wird linksapraktisch und linksastereognostisch. Der rechten Hemisphäre werden also auf dem Weg der Balkenstrahlung Anregungen, welche für ihre Funktion notwendig sind, zugeführt.

Die Subordination der rechten Hemisphäre ist aber keine absolute. Namentlich bei Kindern, welche durch eine Erkrankung linksaphasisch geworden sind, wird die Sprache durch vikariierendes Eintreten der rechten Hemisphäre gut restituiert, wobei die stärkere Verselbständigung der rechten Hand durch das Schreibenlernen besonders wohltätig zu wirken scheint. Es wird auch berichtet, daß ein Erwachsener, welcher von Geburt rechtshändig war, infolge einer Verletzung aber links schreiben lernen mußte, später durch eine Erkrankung in der rechten Hemisphäre aphasisch wurde. Endlich gibt es Beobachtungen an Patienten, welche durch eine diffuse Erkrankung der linken Hirnhälfte bis zur Hilflosigkeit apraktisch geworden waren und in ihrem gestörten Gebaren (s. S. 457) einen vollständig vertrottelten Eindruck machten, bis dann durch systematische Übungen der linken Hand die rechte Hemisphäre allmählich unabhängig gemacht und damit eine erstaunliche Besserung im ganzen körperlichen und seelischen Verhalten erzielt wurde (LIEPMANN).

Endlich bleibt im Zusammenhang mit der Lokalisationslehre noch eine Partie der Großhirnoberfläche zu erwähnen, von der schon mehrfach die Rede war: das ist der Abschnitt der **Gehirnbasis** hinter dem Chiasma, also der Boden des Zwischenhirns mit den den dritten Ventrikel umstellenden grauen Kernen (Corpus subthalamicum, Nucleus paraventrikularis, Tuber cinereum und Corpus mamillare). Dieser den **Hypothalamus** bildende Abschnitt wurde früher (S. 276) und wird noch weiterhin im Kapitel 26 als Eingeweidezentrum charakterisiert. In ihm ist eine Zentralstelle zu erblicken, von der aus zahlreiche vegetative Funktionen gesteuert werden, die aber zugleich mit den Stammganglien verbunden ist und besonders über das Pallidum und den Thalamus Verbindungen mit der Rinde der Großhirnhemisphären unterhält. So kommt es, daß, wenn dieser Abschnitt zum Sitz einer Erkrankung wird, einerseits mannigfaltige vegetative Symptome, wie Gefäßenge oder Gefäßweite, Miosis oder Mydriasis, Gewichtszunahme oder Gewichtsverfall, Harnretention oder Blaseninkontinenz, Sexualstörungen u. a. hervortreten können, andererseits allerlei Hemmungsvorgänge in Gestalt von psychischer Indolenz, Apathie, Verflachung der Persönlichkeit, dazu Schlafsucht oder auch Schlaflosigkeit sich geltend machen (STERTZ).

Von diesen Symptomen sollen nun die Störungen des Schlafes noch besonders herausgehoben werden; denn wir haben es ja in dem **Schlaf** mit einer ungemein wichtigen physiologischen Funktion zu tun. Bei jedem Menschen unterliegen die rezeptorischen wie die effektorischen Fähigkeiten des Gehirns und damit auch die Tätigkeiten vieler der übrigen Körperteile starken und auffallenden Schwankungen; Steigerung der Fähigkeiten bedeutet Wachsein, Minderung Schlaf. Der Schlaf besteht vor allem in einer zeitweiligen Herabsetzung oder Aufhebung des Bewußtseins und der Willkür. Dieser Ruhezustand ist ein in hohem Maße physiologisches Bedürfnis unseres Körpers, sonst würde er nicht etwa ein Drittel des Lebens umfassen; ja er ist unentbehrlich, und manche Beobachtungen am Menschen sowie experimentelle Studien an jungen Hunden haben gelehrt, daß die Verhinderung seines Zustandekommens durch äußere Reize auf die Dauer sogar äußerst schädlich, ja totbringend wirkt (DE MANASSEINE). Die periodische Verminderung der Tätigkeit erstreckt sich auch auf das Rückenmark. Denn auch die Reflexerregbarkeit ist im Schlaf vermindert; zur Auslösung der Hautreflexe, der Sehnenreflexe, des Kremasterreflexes u. a. bedarf es stärkerer Reize als gewöhnlich. Auf diese Beobachtungen baut sich eine Methode zur Messung der Tiefe des Schlafes auf; man bestimmt zu verschiedenen Zeiten während des Schlafes die

Reizschwelle, oberhalb deren Erwachen zustande kommt. So fand KOHLSCHÜTTER durch Anwendung von Schallreizen, daß im allgemeinen der Schlaf in der ersten bis zweiten Stunde nach dem Einschlafen seine größte Tiefe erreicht, daß die Tiefe danach rasch wieder absinkt, und daß weiterhin der Schlaf mehrere Stunden lang konstant und ziemlich oberflächlich bis zum Erwachen fortdauert. In anderen Fällen beobachtet man aber auch, daß die Schlaftiefe allmählich zunimmt, daß dann einem ersten Maximum der Schlaftiefe ein zweites in den Morgenstunden nachfolgt, und daß noch kurz vor dem Erwachen der Schlaf sehr tief ist. Zu der den Schlaf charakterisierenden Reflexruhe tragen aber Mensch und Tier auch instinktiv bei, wenn sie zum Schlafen einen stillen und einen dunklen Raum aufsuchen und eine möglichst bequeme Haltung einnehmen, um so die peripheren Sinnesreize nach Möglichkeit auszuschalten.

Auch bei anderen Körperfunktionen ist — in mehr oder weniger deutlicher Abhängigkeit von der Erregbarkeit des Zentralnervensystems — die Herabsetzung während des Schlafes zu konstatieren. So schlägt das Herz verlangsamt. Die Atmung ist ruhiger, aber gleichzeitig vertieft. Dabei ist die alveoläre CO_2-Spannung erhöht als Ausdruck dessen, daß die Erregbarkeit des Atemzentrums herabgesetzt ist. Die Sekretion der Tränendrüsen, der Speichel- und Schleimdrüsen und der Nieren ist eingeschränkt; das Versiegen der Tränen äußert sich in dem Gefühl der Trockenheit in den Augen („der Sandmann kommt"); das Nachlassen der Schleimsekretion ist besonders deutlich etwa bei der im Schnupfen pathologisch gesteigerten Nasensekretion, die gewöhnlich nach dem Einschlafen aufhört. Ferner sind die Bewegungen des Magendarmtrakts ebenso wie der Tonus der Blasenmuskulatur verringert (s. S. 313), während der Schluß der Sphinkteren von Mastdarm und Blase anscheinend unverändert ist. Als Folge der zahlreichen Funktionseinschränkungen, namentlich als Folge der Erschlaffung der Skeletmuskeln ist die starke Herabsetzung des respiratorischen Gaswechsels anzusehen. Dagegen ist nach PAWLOW die Tätigkeit der Verdauungsdrüsen während des Schlafs unvermindert. Es ist auch überhaupt nicht so, daß der Schlaf alle Funktionen herabsetzt; z. B. werden die Lider aktiv geschlossen gehalten, die Pupillen sind verengt, die Bulbi aufwärts gedreht, um sie durch die Wand der Augenhöhle vor Licht zu schützen.

Über die Ursache für den Eintritt des Schlafzustandes ist viel spekuliert worden. Man hat sie erstens in Veränderungen in der Durchblutung des Gehirns gesucht. In der Tat erzeugt ja eine kurzdauernde Unterbrechung in der Zirkulation, experimentell z. B. durch Kompression der Karotiden, Bewußtlosigkeit (Ohnmacht), die eine gewisse Ähnlichkeit mit dem Schlaf hat. Auch hat man bei Tieren und Menschen, deren Schädelhöhle durch Trepanation eröffnet war, teils durch Inspektion, teils durch Registrierung der Volumschwankungen des Gehirns, indem die Schädelkapsel sozusagen als Plethysmograph verwendet wurde, zu finden gemeint, daß im Schlaf die Durchblutung sinkt; aber das Gegenteil scheint der Fall zu sein. Andere Hypothesen führten den Schlaf auf eine Narkose des Gehirns mit Kohlensäure zurück, die sich infolge verlangsamter Zirkulation mehr und mehr anhäufe (DUBOIS, OVERTON). Dieser Gedanke liegt nahe; ist doch auch der narkotische Schlaf dem natürlichen in vielem ähnlich — aber doch auch wieder prinzipiell verschieden, da bei der Narkose die rasche Erweckbarkeit ebenso wie der bisweilen fast augenblickliche Eintritt fehlt. Ferner hat man den Schlaf als die Folge einer Vergiftung mit Ermüdungsstoffen angesehen und die vorher erwähnte Gefährlichkeit des künstlichen Wachhaltens auf deren Ansammlung zurückgeführt; zugunsten dieser Lehre kann man anführen, daß, wenn man das Zentralnervensystem reflektorisch in Tätigkeit versetzt, ein beträchtlicher Konsum von Glucose und eine starke Produktion von Ammoniak in ihm zustande kommt (WINTERSTEIN). Neuerdings mehren sich die Hinweise auf die Existenz eines eigenen irgendwie periodisch funktionierenden **Schlafregulations-Zentrums** im Zwischenhirn. Besonders wird auf die Erfahrung verwiesen, daß bei der für die Encephalitis lethargica epidemica (Kopfgrippe) charakteristischen Schlafsucht pathologisch-anatomische Veränderungen in der Infundibulargegend gefunden werden (ECONOMO); aber auch andere Erkrankungen in dem Höhlengrau um den dritten Ventrikel gehen mit Schlafstörungen einher. Ferner haben MARINESCU und besonders W. R. HESS gefunden, daß, wenn man bei Katzen mit Hilfe feiner von oben her bis an die Gehirnbasis durchgeführter Stahldrähte in der Gegend um den dritten Ventrikel elektrische Reize ausübt, die Tiere unter Einnahme charakteristischer Haltungen in Schlaf verfallen, wobei zugleich oft diese oder jene vegetative Funktionsänderungen sichtbar werden. Endlich spricht die zuerst von GOLTZ gemachte Erfahrung, daß auch beim „großhirnlosen" Tier noch ein regelmäßiger Wechsel zwischen Schlafen und Wachen des Körpers zu beobachten ist, dafür, daß der Schlaf den tieferen Hirnpartien in der Gegend des Hirnstamms unterstellt ist. Andererseits ist die erholende Wirkung des Schlafes keineswegs bloß in der Einschränkung der körperlichen Funktionen zu erblicken, vielmehr ist dabei wohl eine von dem Regulationszentrum ausgehende Hemmung der Rindentätigkeit ein ganz wesentlicher Faktor.

Zum Schluß dieses Abschnitts sind nun noch einige Worte über den *zeitlichen Verlauf der Gehirnvorgänge* zu sagen. Auch damit setzen wir die Physiologie des Gehirns mit der des Rückenmarks in Beziehung. Die Zeit, welche der Erregungsprozeß braucht, um, von einem Rezeptor aus inszeniert, durch das Rückenmark zu einem effektorischen Organ hinzulaufen, wurde als Reflexzeit bezeichnet (s. S. 395). Entsprechend versteht man unter der **Reaktionszeit** des Menschen diejenige Zeit, welche verstreicht zwischen Reiz und bewußter willkürlicher Reaktion auf den Reiz (EXNER, WUNDT). Mit dieser Einbeziehung von psychischen Momenten in die Definition wird die Reaktion zu einem *Erregungsvorgang unter Mitbeteiligung des Großhirns* gestempelt.

Die einfachste Form der *Reaktionszeitmessung* besteht darin, daß im Moment der Reizung (z. B. durch Aufleuchten einer elektrischen Lampe) ein elektrischer Strom geschlossen und dadurch gleichzeitig ein elektromagnetisches Signal betätigt wird, welches den Beginn der Erregung auf einer bewegten Schreibfläche verzeichnet, und daß durch die darauffolgende willkürliche Reaktion (z. B. einen Druck mit dem Finger) der Stromkreis wieder geöffnet und dadurch das Signal abermals in Bewegung gesetzt wird.

Der Verlauf solcher Messungen hat nun gelehrt, daß, im Gegensatz zur Reflexzeit, auch unter scheinbar gleichen Reizbedingungen bei kurz aufeinanderfolgenden Erregungen erhebliche Variationen in der Zeit vorkommen, welche von dem Grad der Aufmerksamkeit, von der augenblicklichen Stimmung, von der Übung und dergleichen abhängen, — Variationen, welchen also offenbar Gehirnvorgänge zugrunde liegen, die die psychischen Tätigkeiten begleiten, über die wir aber bei unseren gegenwärtigen Kenntnissen von der Physiologie des Großhirns, speziell von den vielfältigen Wegen, welche eine ins Gehirn einlaufende Erregung nehmen kann, nichts weiter auszusagen vermögen.

Im allgemeinen findet man, daß bei starker Anspannung der Aufmerksamkeit die Reaktionszeit nach wenigen Reizen auf ein Minimum absinkt, welches, abgesehen von der Länge der peripheren Nervenbahn, *eine für das Individuum charakteristische Größe*, die sogenannte *persönliche Zeit* (s. S. 373), darstellt.

Außerdem ist die Reaktionszeit abhängig von der Art des gereizten Sinnesorgans. In dieser Hinsicht wurden z. B. die nebenstehenden Zeiten in msec gemessen (nach WUNDT).

Nach dieser Tabelle dauert die Reaktionszeit auf Licht also länger als auf Schall oder auf einen elektrischen Hautreiz. Die Angaben weichen untereinander nicht unerheblich ab. Dafür kann, abgesehen von der Individualität, auch die Reizstärke verantwortlich sein; im allgemeinen ist die Reaktionszeit um so kürzer, je stärker der Reiz. Die Reaktions-

Schall	Licht	Elektr. Hautreiz	Beobachter
149	200	182	HIRSCH
180	188	154	DONDERS
150	224	154	HANKEL
167	222	201	WUNDT
136	150	133	EXNER
120	193	117	v. KRIES
122	191	146	AUERBACH
125	150	—	CATTELL

zeit ist weiter abhängig von körperlicher und geistiger Ermüdung. Ferner kommt es darauf an, ob der Reagent seine Aufmerksamkeit mehr auf den zu erwartenden Sinnesreiz oder auf die Muskeltätigkeit einstellt; man bezeichnet die erste Reaktionsform als *sensorielle Reaktion*, die zweite als *muskuläre Reaktion*. Im allgemeinen ist die letztere um ungefähr 100 msec kürzer als die erstere (L. LANGE).

In den zeitlichen Ablauf des Reaktionsvorgangs lassen sich nun noch leicht zahlreiche komplizierende Faktoren einführen, z. B. dadurch, daß genauere Angaben über den Reiz verlangt werden, daß etwa die Form oder die Farbe eines optischen Reizes oder daß ein Tonintervall erkannt werden soll (*Erkennungsreaktion*) oder dadurch, daß die Aufgabe gestellt wird, daß nur auf den einen von zwei verschiedenen Reizen, etwa rotes oder blaues Licht, reagiert werden darf (*Unterscheidungsreaktion*) oder auch dadurch, daß mehrere verschiedene Reize mit mehreren verschiedenen Bewegungen beantwortet werden müssen (*Wahlreaktion*). Sämtliche derartige Komplikationen verlängern natürlich die einfache Reaktionszeit.

Zu einer Vertiefung unserer Kenntnisse von der Physiologie des Gehirns tragen alle diese Messungen, so groß auch ihre praktische Bedeutung sein mag, wenig bei, weil wir über die die psychischen Vorgänge begleitenden Gehirnprozesse zu wenig wissen.

25. Kapitel.

Das Kleinhirn.

Der Bau des Kleinhirns 466. Exstirpationsversuche 466. Reizung der Kleinhirnrinde 468.

In den Funktionen des Zentralnervensystems vom Menschen spielt das Kleinhirn anscheinend keine besonders wichtige Rolle; der eindringlichste Beweis dafür ist wohl der, daß gelegentlich das Kleinhirn durch einen schleichend verlaufenden Erkrankungsprozeß allmählich gänzlich konsumiert wurde, ohne daß die Einbuße sich durch besonders schwere oder auch nur auffallende Störungen bemerkbar gemach hätte. Die relativ untergeordnete Rolle kann man einigermaßen auch aus der vergleichenden Anatomie der Wirbeltiergehirne ablesen; denn diese belehrt darüber (s. Abb. 164, S. 429), daß das Kleinhirn zwar verhältnismäßig massig bei den Fischen und Vögeln entwickelt ist, dagegen bei Amphibien und Reptilien meist nur eine kümmerliche Ausbildung erfahren hat und bei den Säugetieren wohl an sich recht voluminös ist, immerhin gegenüber dem mächtigen Gebilde des Großhirns stark in den Hintergrund gedrängt ist. Diese anatomischen Verhältnisse spiegeln sich auch in den Ergebnissen des physiologischen Experiments. Denn nach diesen ist *das Kleinhirn als ein die Koordination der Körperbewegungen regulierender Apparat* aufzufassen, und ein solches Organ wird im Leben der Fische und Vögel eine größere Rolle spielen als bei den Amphibien und Reptilien und auch bei den Säugetieren; die Schwimm- und Flugbewegungen verlangen, namentlich wenn sie flink und elegant ausgeführt werden sollen, sicherlich eine feinere Koordination der Muskeln als die Bewegungen auf dem festen Boden, zumal die langsamen und kriechenden Bewegungen bei Amphibien und Reptilien. Tatsächlich sind unter den Fischen und Vögeln die guten Schwimmer und Flieger durch ein besonders stark entwickeltes Kleinhirn ausgezeichnet. Bei alledem haben uns aber die bisherigen experimentellen Studien nur außerordentlich unvollkommen darüber unterrichtet, wie das Kleinhirn eigentlich eingreift.

Die Lehre von den Funktionen des Kleinhirns gründet sich, ähnlich wie die Physiologie des Großhirns, vornehmlich auf Exstirpations- und Reizungsversuche. Betrachten wir hier nur die Verhältnisse bei den Säugetieren!

Wenn man beim Hund eine **Exstirpation der einen Hemisphäre des Kleinhirns** ausführt (LUCIANI, H. MUNK, LEWANDOWSKY), so sind schwere Störungen auf der Operationsseite die Folge. Das Tier liegt zunächst auf dieser Seite mit abnorm gespannten Extremitäten und mit gegen die Operationsseite gekrümmter Wirbelsäule; der Kopf ist nach der gesunden Seite verdreht. Macht das Tier den Versuch sich aufzurichten, so sinkt es nach der Operationsseite um und verfällt häufig in Rollbewegungen um die Längsachse; auch Zeiger- und Reitbahnbewegungen kommen gelegentlich vor; die Augen zeigen oft Nystagmus (s. S. 423) nach der Gegenseite.

Nach einigen Tagen beginnt das Tier sich etwas zu erholen. Es vermag zu stehen, aber infolge einer großen Ermüdbarkeit auf der kranken Seite, einer „Asthenie" und „Atonie", fällt es häufig um. Der Gang ist unsicher und taumelnd, nicht immer geradeaus, sondern nach der Operationsseite hin kreisend. Außer den auffallenden Störungen in der Motilität sind auch Störungen der Sensibilität festzustellen: der Gang ist ataktisch und stolzierend nach Art eines Hahns; bei der Ausführung von Einzelbewegungen verfällt das betreffende Glied in Zittern, weil es nicht geradeswegs auf die erstrebte Stelle hingeführt werden kann („Intentionszittern"), die Glieder der Operationsseite werden öfter inkorrekt gestellt, der Fußrücken z. B. nach unten.

Verstreicht längere Zeit nach der Verletzung, so kann fast völlige Restitution eintreten; die Bewegungen bleiben oft nur noch ein wenig ataktisch; Asthenie und Atonie verschwinden völlig (DUSSER DE BARENNE, RADEMAKER). Offenbar beruht die Restitution größtenteils auf einer Kompensation durch das Großhirn; denn sobald dieses lädiert wird, brechen

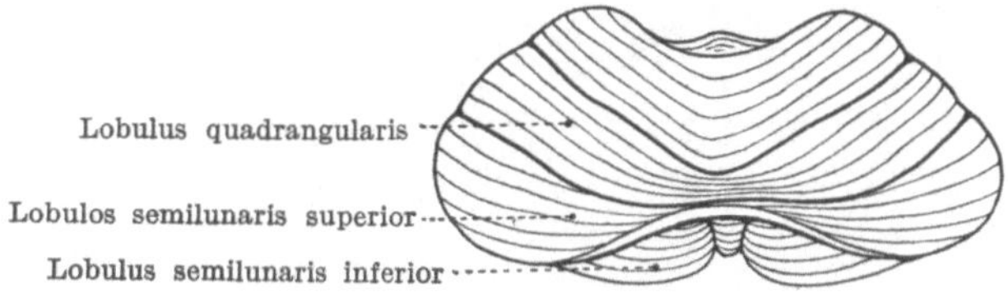

Abb. 184. Kleinhirn des Menschen von oben. (Nach VILLIGER.)

sofort die schweren Störungen, welche der Kleinhirnexstirpation unmittelbar folgten, in voller Heftigkeit wieder hervor.

Nach der **totalen Kleinhirnexstirpation** beim Hund zeigen sich auf beiden Seiten dieselben schweren Störungen, wie nach Wegnahme einer Hemisphäre auf der einen Seite. Die Tiere sind zunächst völlig haltlos, weil ihren Muskeln der Tonus fehlt, der Kopf schwankt hin und her. Allmählich lernen aber auch sie sich wieder aufrichten. Zunächst werden dabei die Vorderbeine spastisch gestreckt, der Kopf rückwärts gehoben; die Tiere überschlagen sich infolgedessen leicht nach hinten. Auch später besteht die Neigung zu spastischer Streckung, die besonders bei vermehrtem Druck auf die Fußsohlen auffällig wird („Stützreaktion"). Die Tiere torkeln beim Laufen und fallen leicht nach der einen oder nach der anderen Seite. Die Bewegungen sind dabei ataktisch übertrieben.

Dieser taktische und tonisierende Einfluß wird nun, wie die Folgen **partieller Exstirpationen** lehren, von bestimmten Kleinhirnabschnitten auf bestimmte Muskelgruppen ausgeübt, so daß man demnach auch beim Kleinhirn von einer *Lokalisation* oder *Zentralisation* seiner Funktionen sprechen kann (ROTHMANN, VAN RIJNBERK).

Schaltet man den Lobus quadrangularis der Hemisphäre einer Seite aus (s. Abb. 184), so wird das gleichseitige Vorderbein befallen; seine Bewegungen werden ataktisch, der Lagesinn ist gestört. Verletzung des Lobus semilunaris superior schädigt das gleichseitige Hinterbein. Vom Lobus semilunaris inferior ist die Rumpfmuskulatur abhängig, so daß bei doppelseitiger Zerstörung der Rücken einsinkt. Tonsille und Flocculus (s. Abb. 185) wirken besonders auf die Kopfmuskulatur; werden sie lädiert, so wird der Kopf nach der Operationsseite hin geneigt. Die Ver-

letzungen des Wurms haben doppelseitige Störungen im Gefolge; Zerstörungen
weiter nach vorn bedingen eine Neigung, nach vorn zu fallen, Zerstörungen weiter
nach hinten bewirken dagegen Fallen nach rückwärts; Verletzung im unteren Teil
des Lobus anterior schädigt das Kauen und die Bewegungen der Stimmbänder.

Dem vivisektorischen Ergebnis beim Hund entsprechen die *klinischen Erfahrungen beim Menschen.* Zwar kann, wie schon gesagt wurde,
gelegentlich eine allmähliche Konsumption des ganzen Kleinhirns durch
einen Erkrankungsprozeß fast symptomlos zustande kommen; allenfalls
sind heftige Kopfschmerzen und Schwindel Begleiterscheinungen des Zerfalls.
Aber bei akuten Erkrankungen kommt es zu schweren Störungen
des Stehens und Gehens. Der Gang wird wie der eines Trunkenen, taumelnd und im Zickzack, manchmal fällt der Patient hintenüber. Beim
Stehen schwankt er hin und her. Die Einzelbewegungen pflegen im Verhältnis zu den Gemeinschaftsbewegungen weniger geschädigt zu sein;
die oberen Extremitäten sind auch gewöhnlich weniger betroffen als die
unteren. Charakteristisch ist eine Koordinationsstörung, welche als Adia-
dochokinesie bezeichnet wird ($\delta\iota\alpha\delta o\chi\acute\eta$ = Aufeinanderfolge): der Patient ist nicht imstande, antagonistische Muskelgruppen in raschem Tempo

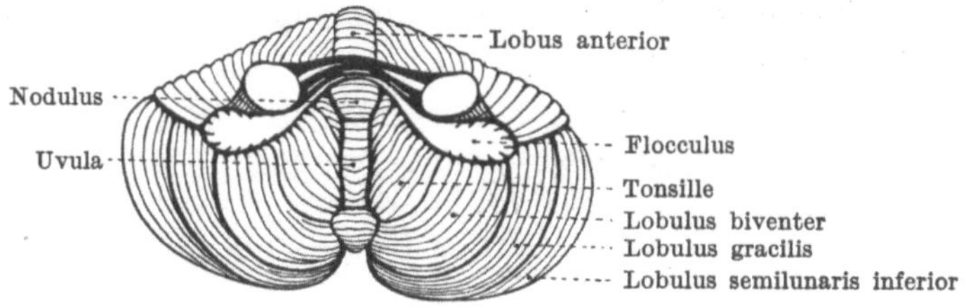

Abb. 185. Kleinhirn des Menschen von unten und vorn. (Nach VILLIGER.)

hintereinander in Bewegung zu setzen, z. B. rasch abwechselnd zu pro-
nieren und zu supinieren. Damit verwandt ist wohl auch die die Zere-
bellarerkrankungen oft kennzeichnende skandierende Sprache. Charakteristisch ist ferner der Verlauf des sogenannten Zeigeversuchs (BÁRÁNY):
wenn man einem Kleinhirnerkrankten aufgibt, mit geschlossenen Augen
auf einen Gegenstand zu zeigen, den er bei offenen Augen soeben berührte,
so zeigt er vorbei, und zwar in Richtung des Krankheitsherdes. Ferner
kommt Nystagmus vor und als Zeichen einer Disharmonie in den Angaben der verschiedenen Sinnesorgane, des Vestibularapparats, der Organe
der Haut- und Tiefensensibilität, der Augen, die Erscheinung des Schwin-
dels (s. dazu Kap. 35).

Wenden wir uns nun den **Reizversuchen** zu, so unterscheiden sich
ihre Ergebnisse von den entsprechenden Befunden beim Großhirn vor
allem darin, daß von der Kleinhirnrinde aus viel schwerer Bewegungen
auszulösen sind; man braucht viel stärkere elektrische Ströme, was nach
EDINGER darauf zurückzuführen ist, daß die zerebellifugalen Bahnen
nicht unmittelbar in der Rinde entspringen, sondern in der Tiefe in den
zentral gelegenen Kernen. Erhält man Reizeffekte, so sind sie fast stets,
wiederum im Gegensatz zum Großhirn, gleichseitig, und dies wird gewöhnlich darauf zurückgeführt, daß erstens die Fasern des Tractus vestibulo-spinalis, welche über den DEITERSschen Kern mit dem Kleinhirn
verbunden sind, ja auch ungekreuzt verlaufen, und daß zweitens von
der Kleinhirnrinde der einen Seite Fasern zum Nucleus ruber der Gegenseite hinüberkreuzen, von dem aus dann der Tractus rubro-spinalis ab-

wärts zieht, welcher durch seine Kreuzung (s. S. 426) den Effekt der ersten Kreuzung annulliert.

Besonders deutliche isolierte Bewegungen erhält man bei Reizung des Lobus quadrangularis, nämlich Bewegungen der Zehen oder auch des ganzen Vorderbeins der gleichen Seite (ROTHMANN); Reizung des Oberwurms bewirkt Augenbewegungen. Auch die Reizungsergebnisse demonstrieren demnach eine Vertretung verschiedener Körperabschnitte durch verschiedene Anteile des Kleinhirns.

Wie übt nun normalerweise das Kleinhirn seine Einflüsse auf den Körper aus? Offenbar ist es als ein großer Reflexapparat aufzufassen, durch dessen Vermittlung den Muskeln im allgemeinen ein genügender Tonus und bei Lageänderungen des Körpers den einzelnen Muskelgruppen die notwendigen korrektiven Tonusänderungen zugeführt werden; die anregenden Impulse zu dieser Tätigkeit erhält dabei das Kleinhirn teils von der Haut, den Muskeln, Sehnen und Gelenken auf dem Wege der im Kleinhirn endenden Tractus spinocerebellares, teils vom Labyrinth aus vermittels des Nervus vestibularis und seiner mit dem Kleinhirn verbundenen Kerne; die zentrifugale Bahn stellt wesentlich der Tractus vestibulo-spinalis und der Tractus rubro-spinalis dar. Aber das Kleinhirn ist *nicht ein Reflexapparat in dem Sinn, daß es das Reflexzentrum für bestimmte Bewegungen bildet*; denn dann müßte seine Zerstörung zu Lähmungen führen. Davon ist aber nicht die Rede. Das Kleinhirn ist offenbar nur ein *sensomotorischer Regulationsapparat für die Ausführung komplizierter koordinierter Bewegungen*, ohne den die dabei beteiligten Sinnesorgane und Muskelgruppen nur mangelhaft zusammenwirken. Das Kleinhirn hat also *keine selbständige Funktion*.

Man hat früher oft das Kleinhirn als ein besonderes Organ für die Gleichgewichtserhaltung aufgefaßt, vor allem deshalb, weil die unmittelbaren Folgen seiner Exstirpation den schweren Gleichgewichtsstörungen so ähnlich sind, die bei Verletzung des im Labyrinth gelegenen Vestibularapparates zustande kommen, und weil der N. vestibularis auch anatomisch mit dem Kleinhirn in nächster Beziehung steht. Aber die Versuche von DE KLEIJN und MAGNUS haben aufs deutlichste erwiesen, daß das Labyrinth seine Einflüsse auf die Stellung der verschiedenen Körperteile und damit auf das Körpergleichgewicht (Genaueres darüber s. Kapitel 35) unabhängig vom Kleinhirn ausübt. Wenn man das kleinhirnexstirpierte Tier untersucht, nachdem die schweren Anfangserscheinungen abgeklungen sind, und dann speziell die Labyrinthreflexe prüft (s. S. 425), so zeigt sich, daß sie sämtlich erhalten sind; diese Reflexe sind allein an die Intaktheit des Hirnstammes gebunden. Andererseits treten die für die Labyrinthwegnahme charakteristischen schweren Gleichgewichtsstörungen (s. Kapitel 35) an kleinhirnexstirpierten Tieren noch geradeso deutlich in die Erscheinung wie beim normalen Tier (DE KLEIJN und MAGNUS, B. LANGE). Die Labyrinthe sind also für die Einnahme bestimmter Stellungen und für die Ausführung bestimmter Stellungsänderungen notwendig, das Kleinhirn ist es nicht; so vermögen kleinhirnlose Hunde zu schwimmen (LUCIANI) und kleinhirnlose Tauben zu fliegen (B. LANGE), während die labyrinthexstirpierten Tiere das nicht können.

26. Kapitel.

Das vegetative Nervensystem.

Das sympathische und das parasympathische Nervensystem 470. Ihr Antagonismus im pharmakologischen Verhalten 473. Zentripetale Leitung im vegetativen Nervensystem 474. Zentrale Erregung des Sympathikus und der Ausdruck der Gemütsbewegungen 475. Trophische Nerven 477.

Das Großhirn kann man als das Organ der bewußten Willkürhandlungen bezeichnen. Aber es vermag seine Willkür über das Rückenmark und die Spinalnerven hinweg lange nicht auf alle Teile unseres Körpers auszuüben, sondern, wie wir im Verlauf dieser Darstellungen vielerorts erfahren haben, sind vor allen Dingen die Eingeweide mit ihren glatten Muskeln und ihren Drüsen, ferner das Herz, die Blutgefäße, die Organe der Haut, die Iris u. a. der Willkür entzogen, obwohl sie mit dem Zentralnervensystem durch eigene Nervenfasern verbunden sind. *Dieses System von Nerven, welches also unwillkürlich in Aktion tritt, wird wegen seiner ausgesprochenen* (aber keineswegs ausschließlichen) *Verbreitung auf die Organe der vegetativen Funktionen als das vegetative oder auch als das viszerale Nervensystem, wegen seiner Unabhängigkeit von der Willkür auch als autonomes Nervensystem bezeichnet.*

Wir sind auf seine Bedeutung im einzelnen schon häufig zu sprechen gekommen; hier soll die Betätigungsweise nun noch einmal systematisch erörtert werden.

Vorausgeschickt sei aber eine kurze **Anatomie des vegetativen Nervensystems,** die nicht weniger charakteristisch ist als seine Physiologie, in erster Linie dadurch, daß seine Nervenfasern niemals direkt vom Zentralnervensystem, in welchem sie entspringen, bis zur Peripherie ziehen, sondern daß sie durch eine Ganglienzelle unterbrochen werden; d. h. die aus dem Zentralnervensystem kommende Faser endet mit einem Endbäumchen an einer irgendwo außerhalb des Zentralnervensystems gelegenen Ganglienzelle, und aus dieser entspringt ein zweites Neuron, dessen Achsenzylinderfortsatz dann das Erfolgsorgan erreicht. Diese anatomische Besonderheit ist erst durch eine physiologische Reaktion erkannt worden. Die Ganglienzellen des viszeralen Nervensystems sind selektiv empfindlich gegen Nikotin. Verbreitet man dieses bei einem Tier durch intravenöse Injektion über den ganzen Körper, oder bepinselt man lokal die Ganglien des viszeralen Nervensystems mit einer 0,5%igen Nikotinlösung, so unterbricht man die nervöse Leitung, welche auf die Weise ihren Aufbau aus *präganglionären* und aus *postganglionären Fasern* manifestiert (Langley). Solche Ganglien sind z. B. die des sympathischen Grenzstrangs, das Ganglion coeliacum, das Ganglion ciliare u. a.

Das vegetative Nervensystem setzt sich nun aus zwei Hauptteilen zusammen, aus dem sympathischen und aus dem parasympathischen Nerven-

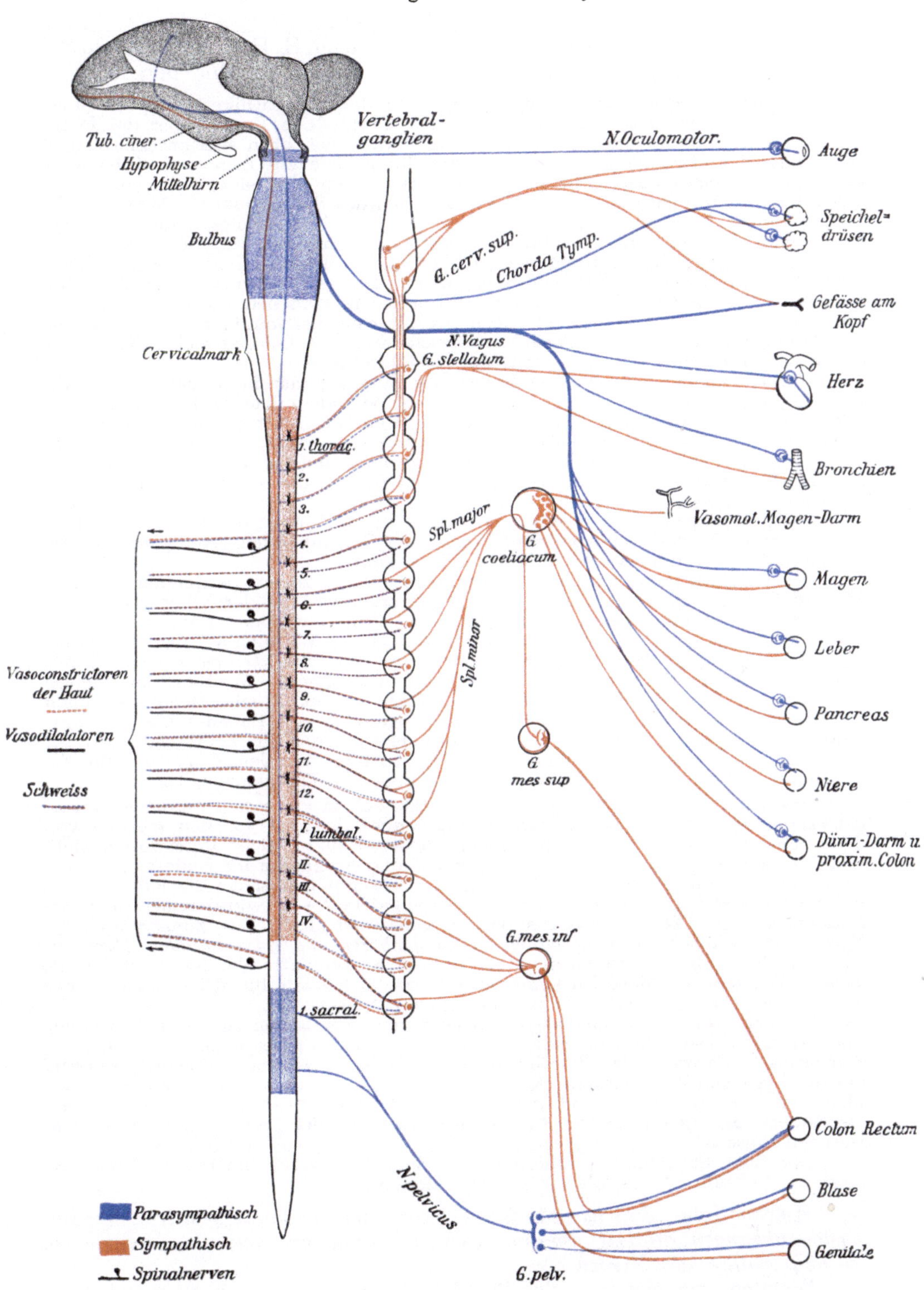

Abb. 186. Schema vom Aufbau des vegetativen Nervensystems. (Nach H. H. Meyer und Gottlieb.)

system (LANGLEY). In dem Schema der Abb. 186 nach H. H. MEYER und GOTT-LIEB sind die beiden Teile durch rote und blaue Farbe auseinandergehalten.

Das sympathische Nervensystem oder kurz der Sympathikus entspringt aus dem Thorakolumbalmark, aus dessen Wurzeln markhaltige Fasern über die *Rami communicantes albi* in den Grenzstrang und in die nach oben sich anschließenden Zervikalganglien hineinlaufen. Diese wegen ihrer Lage zur Seite der Wirbelsäule als *vertebrale Ganglien* bezeichneten Nervenknoten geben ihrerseits Fasern ab, welche teils direkt, teils über die *prävertebralen Ganglien* des Sympathikus (Ganglion coeliacum, Ganglion mesentericum superius und inferius) ihre Erfolgsorgane erreichen. Aber wenn auch eine Faser mehrere Ganglien nacheinander durchsetzt, so findet eine Unterbrechung der Leitung, wie sich mit der Nikotinmethode beweisen läßt, doch stets nur an einer einzigen Stelle statt. Die pupillen-dilatierenden Fasern passieren z. B. das Ganglion stellatum und die Zervikalganglien, da man durch Reizung unterhalb des Ganglion stellatum Erweiterung bekommt; aber Bepinselung des Ganglion stellatum mit Nikotin unterbricht doch die Leitung nicht, die Fasern laufen also durch das Ganglion stellatum glatt hindurch.

Während die präganglionären Fasern des Sympathikus meist markhaltig sind, sind die postganglionären meist marklos. Das ist besonders deutlich bei der Leitung, welche die Haut mit ihren Gefäßen, ihren Drüsen und glatten Muskeln versorgt; deren präganglionäre Fasern enden nämlich im Grenzstrang, und die postganglionären Fasern treten meistens in den *Rami communicantes grisei*, deren Farbe von ihrer Marklosigkeit herrührt, in die Spinalnerven zurück, um mit diesen ihre Erfolgsorgane zu erreichen.

Die postganglionären Fasern überwiegen an Zahl über die präganglionären; so ist es möglich, daß sich von einer Wurzel des Zentralnervensystems aus die Erregung auf einen größeren Bezirk ausbreiten kann.

Die Beziehung der einzelnen Wurzeln zu den einzelnen peripheren Organen ist durch systematische Reizung der Wurzeln, kombiniert mit der Nikotinvergiftung (durch CL. BERNARD, GASKELL, LANGLEY u. a.), eruiert worden. Dabei zeigte sich, daß Reizung der Zervikal- und der Sakralwurzeln keine Wirkung auf den Sympathikus hat. Der *Sympathikus entspringt allein aus dem Thorakolumbalmark*, im allgemeinen vom 1. Dorsal- bis zum 2.—5. Lumbalsegment. Weitere Einzelheiten über die Verteilung der Fasern sind aus der Abb. 186 ersichtlich. Danach kommen die postganglionären Fasern für sämtliche Eingeweide des Bauches aus den prävertebralen Ganglien, für die Haut des Rumpfes und der Extremitäten, ferner für deren Muskeln aus den Ganglien des Grenzstrangs, für den Kopf und für die Brusteingeweide aus den Zervikal- und den obersten Thorakalganglien.

Das parasympathische Nervensystem setzt sich aus Fasern zusammen, welche den Zerebrospinalnerven angehören; sie sind aber dadurch vor den meisten von deren Fasern ausgezeichnet, daß sie erstens der Willkür nicht unterworfen sind, und daß sie zweitens nur über eine periphere Ganglienzelle auf ihr Endorgan wirken. In dieser Art charakterisiert sind Fasern des Okulomotorius, des Fazialis, Glossopharyngeus und Vagus einerseits und Fasern aus dem 2.—4. Sakralsegment andererseits, welche im Nervus pelvicus oder erigens verlaufen. *Das parasympathische System hat demnach einen sogenannten kraniobulbären und einen sakralen Abschnitt*; zwischen diesen beiden treten aber auch noch parasympathische Fasern durch die hintern Wurzeln aus dem Rückenmark aus, die sich weiterhin den sympathischen Nerven zugesellen („spinaler Parasympathikus") (S. 411).

Die parasympathischen Fasern des Okulomotorius laufen zum Ganglion ciliare und versorgen den Sphincter iridis und den Ziliarmuskel. Der Fazialis enthält parasympathische Fasern in der Chorda tympani, welche sekretorisch und gefäßerweiternd auf die Speicheldrüsen wirken. Außerdem gibt der Fazialis ebenso wie der Glossopharyngeus sekretorische und gefäßerweiternde Fasern an den Trigeminus ab. Der Vagus versorgt die meisten Organe der Brust und des Bauches mit parasympathischen Fasern.

Der dem Sakralmark entstammende Nervus pelvicus innerviert Colon descendens, Rektum, Anus, Blase und Genitalorgane.

Hieraus folgt, daß *fast sämtliche Organe, welche vom vegetativen Nervensystem abhängen, doppelt inneorviert werden, sowohl von sympathischen wie von parasympathischen Nerven.*

Wenden wir uns nun der **Physiologie des vegetativen Nervensystems** zu, so wollen wir gleich an die zuletzt genannte anatomische Eigenart anknüpfen mit dem Hinweis, daß im allgemeinen *die doppelte Innervation zugleich eine antagonistische Innervation ist*; die einen Nerven wirken hemmend, die anderen fördernd, sei es, daß sie an zwei entgegengesetzt wirkenden Apparaten (s. S. 503) angreifen, wie in der Iris, sei es, daß sie ein und dasselbe Erfolgsorgan in zweierlei Richtung beeinflussen, wie im Herzen. Beispiele solcher antagonistischen Innervation sind etwa folgende: Am Auge verursacht der Sympathikus Erweiterung, der Okulomotorius Verengerung der Pupille; das Herz wird vom Sympathikus gefördert, vom Vagus gehemmt; umgekehrt wird die Darmtätigkeit durch den Splanchnikus herabgesetzt, durch den Vagus in den oberen, durch den Nervus pelvicus in den unteren Darmabschnitten angeregt; die Bronchialmuskeln werden durch den Vagus angespannt, durch den Sympathikus zur Erschlaffung gebracht. Bald wirkt also der Sympathikus fördernd und der Parasympathikus hemmend und bald umgekehrt. Die Regel der antagonistischen Innervation durch Sympathikus und Parasympathikus wird aber bisweilen durchbrochen; so werden die Gefäße sowohl mit Konstriktoren wie mit Dilatatoren vom Sympathikus versorgt, und bei den Muskeln ist nur eine sympathische Förderung sicher nachgewiesen (S. 356).

Läßt sich in diesem verwirrenden Bild ein Sinn erkennen? Dies gelingt in der Tat, wenn man die sympathische oder die parasympathische Zusammenfassung der Funktionen vom. Standpunkt der Interessen des ganzen Organismus an einer möglichst auf das Ganze gerichteten zweckmäßigen Reaktionsweise all seiner Teile ansieht. Dann erkennt man mehr und mehr (W. R. HESS, CANNON), daß der Sympathikus im ganzen Körper die Disposition zu erhöhter Leistung schafft, daß er „*ergotrop*" wirkt, während der Parasympathikus mehr die „*histotrope*" Rolle, die der Einwirkung auf Erholung und Wiederaufbau der erschöpften Gewebe übernimmt. So wird die Forderung erhöhter Leistung mit Hilfe des Sympathikus etwa dadurch erfüllbar gemacht, daß zugleich mit der Anstrengung der Muskeln und des Nervensystems Akzeleration des Herzens, Erweiterung der Coronargefäße, Steigerung des arteriellen Blutdrucks, Entleerung der Blutreservoire, Eröffnung der Bronchen, Ausschüttung von Glucose ins Blut, Weitung der Pupille, Ruhigstellung des Intestinaltrakts und seiner Drüsen und anderes mehr zustande kommt. Aber auch die typisch animalen Funktionen der Muskeln und Nerven werden, wie man erst neuerdings erfahren hat, unmittelbar vom Sympathikus aus zu größeren Leistungen befähigt: nach ORBELI wird die Ermüdung lange beanspruchter Muskeln vom Sympathikus aus hintangehalten (S. 356), nach BRÜCKE wird die Chronaxie bei elektrischer Auslösung des Beugereflexes durch gleichzeitige Reizung des Grenzstranges verkürzt (ohne daß die Rheobase sich ändert), es wird also die Erregbarkeit der Rezeptoren gesteigert, und andere Versuche haben es wahrscheinlich gemacht, daß durch den Sympathikus auch die Effektoren sowie das Zentralnervensystem selber an Erregbarkeit zunehmen. Der Parasympathikus bewirkt fast in all dem das Gegenteil. Unter anderen wird z. B. bei allzu starker Ergotropie vom Carotis sinus aus nicht bloß der Blutdruck zwecks Entlastung der Gefäße durch die verschiedenen früher aufgezählten Reflexe herabgesetzt, sondern auch der Tonus der Skeletmuskeln vermindert, der ganze Körper dadurch beruhigt, der Kopf geneigt, die Augen geschlossen (E. KOCH), zugleich die Hyperglykämie durch Insulinsekretion bekämpft.

Auch **pharmakologisch** läßt sich der **Antagonismus** zwischen sympathischem und parasympathischem System meist deutlich demonstrieren. So gleichartig nämlich das vegetative Nervensystem auf das Nikotin reagiert, so haben seine beiden Bestandteile doch gegenüber anderen Giften eine ganz verschiedene Affinität; die Gifte sind teils „*sympathikotrop*" und teils „*vagotrop*" (H. H. MEYER). Der Sympathikus wird, wie wir schon früher (s. besonders Kapitel 14) erfahren haben, durch das *Adrenalin*, ferner durch β-Tetrahydronaphthylamin gereizt, der Parasympathikus dagegen durch *Muskarin, Pilokarpin, Physostigmin, Cholin* und *Acetylcholin*. Umgekehrt wirkt das *Ergotoxin* auf den Sympathikus (wenigstens auf einen Teil desselben) lähmend, das *Atropin* auf den Parasympathikus. Muskarin ist z. B. ein Hemmungsmittel, Adrenalin ein Beschleunigungsmittel für das Herz; Physostigmin wirkt auf die Pupille konstringierend, Adrenalin dilatierend; und man kann die Pupille weit machen sowohl mit Adrenalin durch Reizung der Sympathikusendigungen im M. dilatator iridis als auch mit Atropin durch Lähmung der Okulomotoriusendigungen im M. sphincter iridis. Dagegen weichen die Schweißdrüsen der Haut anscheinend von der Regel ab; denn sie werden nur von Sympathikusästen innerviert, sprechen aber nicht auf Adrenalin an, sondern werden durch Pilokarpin in Tätigkeit versetzt und durch Atropin gelähmt. Das Schema der Abb. 186 gibt eine Erklärung für diese und andere Regelwidrigkeiten: einem Teil der sympathischen Nerven sind parasympathische Fasern beigemengt.

Die Bedingungen der Erregung durch Pharmaka liegen auch in anderer Hinsicht komplizierter als es zuerst den Anschein hat; es gibt Bedingungen, unter denen sich die gewöhnliche Reaktion der Organe in ihr Gegenteil verkehrt. Wenn man z. B. einem Tier zuerst Acetylcholin injiziert und auf diese Weise den Parasympathikus erregt, so wirkt nachträglich Adrenalin auf das Herz nicht fördernd, sondern hemmend, auf den Darm nicht tonussenkend, sondern tonisierend (PICK). Die Erregbarkeitsverhältnisse in der Peripherie haben sich also vollkommen durch die vorangegangene Art der Erregung verschoben. Einer derartigen Verschiebung begegnet man auch unter anderen Bedingungen der Beanspruchung. Ist z. B. der Uterus durch die Gravidität gedehnt, so reagiert er auf Reizung des Hypogastricus mit Kontraktion, während der nicht gravide Uterus dabei erschlafft. Oder verändert man die Erregbarkeit des Herzens durch Steigerung der Ca-Konzentration in der Durchspülungsflüssigkeit, so bewirkt Vagusreizung nicht mehr Hemmung, sondern Förderung.

Unter den *sympathikotropen und parasympathikotropen Stoffen* befinden sich nun bemerkenswerterweise einige, die nicht bloß durch Einführung von außen zur Wirkung gelangen, sondern *die im Körper selbst produziert werden*. In erster Linie ist in dieser Beziehung das Adrenalin zu nennen. Durch Sympathikusreizung wird es vom Nebennierenmark ins Blut abgesondert (S. 254) und ist zugleich selber ein universeller Erreger des Sympathikus. Eine Reizung des sympathischen Nervensystems wird also durch das Adrenalin unterstützt und dauerhafter gemacht. Ihm in mancher Hinsicht vergleichbar ist das Thyroxin, das Hormon der Schilddrüse, sowie die Hormone der Hypophyse (s. Kap. 14). Auf der anderen Seite wirken parasympathikotrop die gleichfalls im Körper produzierten Cholin und Acetylcholin, z. T. auch das Insulin. Der Körper hat also offenbar die Fähigkeit, mit Hilfe der regulierten Abscheidung seiner Hormone die Erregbarkeit des vegetativen Nervensystems auszuäquilibrieren. Wie das geschieht, unterliegt im einzelnen noch der Erforschung. Von besonderem Interesse ist dabei die Tatsache, daß eine adrenalinartige Substanz als Akzeleransstoff und daß Acetylcholin als Vagusstoff die vegetativ-nervöse Regulierung der Herztätigkeit besorgen (LOEWI), daß aber auch noch an anderen Synapsen bei der Reizung vegetativer Nerven diese oder ähnliche Lokalhormone entstehen (S. 148 und 356).

Bisher war allein von efferenten Nervenfasern die Rede. Man wird aber mit Recht fragen, ob denn die vegetativen Organe nicht auch mit *zentripetal leitenden Nerven* verbunden sind. Daß die Eingeweide mit afferenten Fasern versehen sind, beweist schon die Tatsache, daß die Organe der Brust und des Bauches unter Umständen lebhafte Schmerzen verursachen können (s. Kapitel 34). Die afferenten Fasern der Baucheingeweide sind im Sympathikus enthalten; Reizung des Vagus unterhalb des Diaphragmas verursacht infolgedessen in den meisten Fällen keinerlei Schmerzäußerung. Die sympathischen Fasern treten auf dem Wege der Rami communicantes albi ins Rückenmark ein, wie Durchschneidungen derselben und Reizungen ihres zentralen Stumpfes gelehrt haben (LANGLEY). Die sympathischen Nerven für die Haut und die Blutgefäße des Rumpfes und der Extremitäten enthalten dagegen keine zentripetal leitenden Fasern, ebensowenig wie der Sympathikus des Halses. Diese Teile des Körpers werden direkt von den Spinalnerven aus mit afferenten Fasern versehen. Für die Organe der Brust führt vor allem der Vagus die afferenten Fasern mit sich, wie wir früher bei Gelegenheit der Erörterung der Selbststeuerung der Atmung und Blutdruckregelung erfahren haben (s. auch Kap. 34). Afferenter Nerv bei dem Carotissinusreflex ist der Glossopharyngeus (s. S. 148).

Von den afferenten Nerven aus können nun *die Organe des vegetativen Nervensystems* in der mannigfaltigsten Weise *reflektorisch beeinflußt* werden; es sei etwa an den GOLTZschen Klopfversuch, an die Pupillenverkleinerung auf Lichteinfall, an die Blutdrucksteigerung bei Reizung der Haut oder an die Bronchenverengung bei Reizung der Nasenschleimhaut erinnert.

Auch vom Gehirn aus ist das vegetative Nervensystem zu beeinflussen, wie die Begleiterscheinungen psychischer Erregungen zeigen; denn jede Stimmung äußert sich unwillkürlich in der Betätigung der Eingeweide. So „bleibt vor Schreck das Herz stehen", d. h. es antwortet mit Extrasystolen, die Angst läßt einen erbleichen, d. h die Blutgefäße des Kopfes verengen sich, dagegen läßt Freude „das Herz höher schlagen", dem Hungerleider treibt der Anblick einer leckeren Speise Speichel in die Mundhöhle, große Aufregung erzeugt nicht selten Glykosurie. Ja es genügt bisweilen die lebhafte Vorstellung der entsprechenden Erregungen, um das vegetative Nervensystem in Tätigkeit zu versetzen; so vermag der bloße Gedanke an ein schreckliches Geschehnis den Puls zu verlangsamen, die deutliche Vorstellung eines dunklen Objektes kann Pupillenerweiterung herbeiführen, die Erinnerung an eine Aufregung ruft bereits das psychogalvanische Phänomen hervor (S. 382). Auf die Weise kann sogar bis zu einem gewissen Grad *eine willkürliche Beeinflussung des vegetativen Nervensystems vorgetäuscht* werden.

Dieser Einfluß des Großhirns auf das vegetative Nervensystem ist dadurch möglich, daß die einzelnen sympathischen und parasympathischen Innervationen im Gehirn an bestimmter Stelle, am Boden des III. Ventrikels, in der Infundibulargegend vertreten und *zentral zusammengefaßt* sind. Dort ist *in der Regio hypothalamica* ein Ort gegeben, von dem aus durch elektrische Reizung zahlreiche vegetative Funktionen zu beeinflussen sind, wie Pupillen- und Lidspaltenweite, Herz- und Gefäßaktion, Schweißsekretion, Glykosurie, Uterus-, Blasen- und Darmtätigkeit; auch die Abhängigkeit der Körpertemperatur von dieser Stelle sei noch einmal vermerkt (ECKHARDT, KARPLUS und KREIDL, ASCHNER) (s. dazu S. 276 und 293; ferner s. S. 462). Heftige Emotionen setzen vor allem den gesamten *sympathischen* Apparat, den ergotropen Anteil des vegetativen Nervensystems in Bewegung; er unterstützt und spornt den Willkürapparat an; aber zugleich kündigt er auch nach außen hin die ergotrope Bereitschaft in dem **Ausdruck der Gemütsbewegungen** an (H. H. Meyer, Metzner). Denn reizt man z. B. den Halssympathikus bei einer Katze, so erweitern sich die Lidspalten, die Augen treten hervor und bekommen weite Pupillen, schaumiger Speichel tritt aus, und die Haare auf dem Kopf sträuben sich durch die Innervation der Arrectores pilorum (S. 287); beim Menschen erblaßt zugleich die Haut und bedeckt sich mit Schweiß. Tritt dazu die Erregung des Grenzstrangs, so sträuben sich auch die Haare auf dem Rücken, bei manchen Tieren, wie Hund und Katze, besonders auf der Mitte des Rükkens in einem langen Streifen; beim Menschen verursacht die entsprechende Kontraktion der glatten Hautmuskeln eine „Gänsehaut", deren Zustandekommen zusammen mit der Kontraktion der Gefäße ein Gefühl von Schaudern den Rücken entlang verursacht; dabei schlägt das Herz in verändertem Tempo, die Bronchen werden weiter, so daß der Gaswechsel erleichtert wird, und die Beobachtung des geängstigten Tiers vor der Röntgenröhre läßt erkennen, daß die Peristaltik stillsteht (s. S. 33, 57 u. 64), die Sekretion der Verdauungsdrüsen versiegt, die Milz sich verkleinert (S. 168). So ist es also durchweg der Ausdruck der Erregung des Sympathikus, wenn man von einer seelischen Erschütterung zu sagen pflegt, sie wirke haarsträubend und mache das Herz stillestehen, der Schreck sei einem ins Gedärm gefahren, oder es laufe einem vor Schreck kalt den Rücken entlang. Durch all dies wird auch bis zu einem gewissen Grad verständlich, welche große Bedeutung unter Umständen der Seelenzustand für die Symptome und den Verlauf einer Krankheit hat; der andauernd gesteigerte Blutdruck, der den Patienten gefährdet, kann dadurch, daß man einen ihn quälenden Angst oder Aufregungszustand beseitigt, schlagartig auf die Norm herabgedrückt werden; durch hypnotische Beruhigung gelingt es, bei einem Diabetiker die Glykosurie zu vermindern (Gigon). Es glückt sogar, im hypnotischen Schlaf durch die Suggestion, der Reagent liege in eiskaltem Schnee, seinen Stoffwechsel um 20—30% in die Höhe zu treiben (Hansen), oder durch die Suggestion, es sei ein blasenziehendes Pflaster auf seine Haut gelegt, unter einem aufgelegten Stückchen Papier erst eine lokale Rötung der Haut, dann eine Quaddelbildung herbeizuführen. In entsprechender Weise kann man auch bei einem Hund die im Wärmekasten nach längerer Zeit ausbrechende Polypnoe und Sekretion von dünnflüssigem Speichel (S. 22) allmählich in einen bedingten Reflex (S. 24) umwandeln, so daß es bald genügt, den Hund in den ungeheizten Kasten zu bringen oder ihm nur die Heizlampe vorzuführen, um seine thermoregulatorischen Apparate in kurzer Zeit in Gang zu setzen (Sinelnikoff).

Diese „psychogenen" Einflüsse des vegetativen, insbesondere des sympathischen Nervensystems, aber überhaupt die ergotropen Einflüsse werden, wie schon (S. 474 u. bes. S. 256) gesagt, sehr wirksam unterstützt und vor allem nachhaltiger gemacht dadurch, daß der Nervenimpuls auch in das Nebennierenmark eindringt und Adrenalin zur Ausschüttung bringt, wie durch zahlreiche Experimente besonders von Cannon bewiesen wurde. Die Bedeutung der Zusammenfassung der gesamten sympathischen Innervation wird geradezu unterstrichen durch die Tatsache, daß im Körper eine eigene Hormondrüse eben die Nebenniere existiert, die diese Innervation unterstützt. Wenn man z. B. eine Katze dadurch ärgert, daß man einen Hund vor sie hinstellt, so versiegt die Magensekretion, aber nicht bloß auf nervösem Weg — dagegen spricht, daß das Versiegen eine Viertelstunde und länger anhalten kann —, sondern besonders dadurch, daß Adrenalin ins Blut ergossen wird. Man kann dies so nachweisen, daß man der Katze vor und nach dem Ärgern Blutproben entzieht und ein Stück überlebenden Darm in die verschiedenen Proben hineinhängt; das „Ärgerblut" hemmt deutlich Tonus und Rhythmus des Darmes. Ebenso ist die emotionelle Herzakzeleration mehr oder weniger hormonal bedingt; denn erstens kommt sie auch dann zustande, wenn sämtliche Herznerven durchschnitten sind, und zweitens verschwindet sie fast vollständig, wenn man zu der Denervierung noch die Adrenalinektomie hinzufügt (s. auch S. 173).

Außer den bisher genannten effektorischen Nerven des vegetativen Systems gibt es nach der Ansicht mancher Forscher nun noch eine durch ihre besondere Funktion ausgezeichnete Gruppe, deren Existenz seit Jahrzehnten problematisch ist; das sind die sog. **trophischen Nerven;** durch sie sollen den Organen noch eigene Impulse zugeleitet werden, die sie lebenskräftig und wachstumfähig erhalten. Wir wollen zunächst Gründe und Gegengründe für die umstrittene Lehre an zwei klassischen Beispielen kennenlernen. Die früher (S. 422) erwähnte *Vaguspneumonie*, die Lungenentzündung nach Durchschneidung der Vagi, wurde eine Zeit lang als die Folge eines Ausfalls trophischer Einflüsse aufgefaßt. Aber zur Erklärung ihres Zustandekommens genügt anscheinend, wie wir sahen, die Berücksichtigung der motorischen und rezeptorischen Lähmung in den oberen intestinalen und Respirationswegen (L. TRAUBE). Dazu kann man anführen, daß die Vaguspneumonie ausbleibt, wenn man allein die Lungenäste der Vagi durch eine tiefe Durchschneidung ausschaltet, und daß sie trotz Durchschneidung der Vagusstämme auch ausbleibt, wenn man das operierte Tier durch die Schlundsonde oder von einer Magenfistel aus ernährt.

Ein weiteres Beispiel irrtümlicher Deutung knüpft sich an die Beobachtung der Folgen einer *intrakraniellen Trigeminusdurchschneidung* (LONGET, MAGENDIE). Einige Tage nach der Operation pflegt die Hornhaut sich zu entzünden, es kommt zu eitriger Keratitis und weiter greifend zu Panophthalmie, d. h. zur Vereiterung des ganzen Bulbus, ferner bilden sich geschwürige Prozesse auf der Zunge und in der Mund- und Nasenschleimhaut (Glossitis, Stomatitis, Rhinitis). Diese gesteigerte Vulnerabilität im Gebiet des Trigeminus ist nun sicherlich im wesentlichen die Folge des Sensibilitätsausfalls am Kopf. Das Auge erkrankt, weil der Staub, der auf die Hornhaut gelangt, nicht reflektorisch durch Lidschlag und durch Tränensekretion beseitigt wird, und weil das operierte Tier nicht merkt, wenn es mit dem Kopf gegen die Wand des Käfigs stößt. Das ist nicht anders, wie wenn der Patient mit Syringomyelie sich infolge seiner Thermanästhesie (S. 416) häufig die Finger verbrennt; die Wunden und narbigen Verdickungen beruhen dann auch nicht auf „trophischen Störungen". SNELLEN hat einem Kaninchen mit durchschnittenem Trigeminus den Ohrlöffel nach vorn geklappt und auf das obere Augenlid aufgenäht; dann schützt der sensible Ohrlöffel das Auge, und es kommt trotz Trigeminusmangels nicht zur Keratitis. RANVIER hat durch eine oberflächliche Zirkumzision am Rand der Kornea deren sensible Nerven durchschnitten; auch dann blieb die Keratitis aus, weil die erhaltene Sensibilität in der Umgebung der Hornhaut dem Auge genügenden Schutz gewährte; erst wenn danach in einer zweiten Operation der ganze Trigeminus durchschnitten wurde, dann brach die Keratitis aus. Auch beim Menschen ist wegen unerträglicher Gesichtsneuralgien von FEDOR KRAUSE das Ganglion

Gasseri exstirpiert worden; hier trat keine Augenerkrankung auf, weil der Mensch vorsichtiger mit seinen Augen umgeht.

Glossitis und Stomatitis sind ähnlich einfach zu erklären (Rollett): da die Mundschleimhaut nichts mehr perzipiert, so bleiben Speiseteile zwischen den Zähnen, besonders auch zwischen Wangenschleimhaut und Alveolarfortsatz liegen und zersetzen sich; ferner beißt sich das Tier auf die Zunge, und die Wunden infizieren sich. Und aus ähnlichen Gründen kommt es zur Rhinitis.

Aber nicht in allen Fällen von Nervenläsionen sind die Folgen so zwanglos ohne Inanspruchnahme trophischer Funktionen zu erklären. Am allerhäufigsten zeigen sich *„trophische Störungen" bei Rückenmarksverletzungen* sowohl beim Menschen wie beim Tier. Beim spinalen Hund kann man fast mit Regelmäßigkeit darauf rechnen, daß kurze Zeit nach der Operation auf der Haut Geschwüre entstehen, welche sich oft rasch in die Breite und Tiefe ausdehnen. Die Geschwüre entstehen stets zuerst an solchen Stellen, welche von der Unterlage gedrückt werden, also vor allem über dem Becken, dem Kreuzbein, den Trochanteren, sind also vergleichbar dem Dekubitus, dem „Durchliegen", das auch sonst bei schweren Erkrankungen vorkommt. Damit ist schon gesagt, daß die „trophischen Störungen" nicht bloß durch den Sensibilitätsausfall erklärt werden können. Beim spinalen Tier, welches gelähmt auf seiner Streu daliegt, könnte man zunächst natürlich argwöhnen, daß neben dem Druck auf die Haut die Durchnässung mit Harn und die Beschmutzung mit Kot infolge der Inkontinenz von Blase und Rektum den Dekubitus erzeugen; er ist aber oft auch bei sorgfältigster Pflege des Tiers nicht zu vermeiden (Goltz). Vielleicht ist an dem Entstehen des Dekubitus die Vasomotorenlähmung, welche einer Querschnittsläsion des Rückenmarks unmittelbar folgt, und die dadurch bedingte Ernährungsstörung stark beteiligt; dafür spräche (s. S. 421), daß nach einiger Zeit bei sorgsamer Pflege die Geschwüre wieder völlig verheilen. Ganz klar ist aber die Sachlage bisher nicht.

Noch weniger übersichtlich ist die Erscheinung, daß nach Nervendurchschneidung oft auch „inaktive" Gewebe leiden, z. B. *die Haare oder die Zähne ausfallen, die Knochen brüchig werden* und *das Wachstum von Haaren, Federn, Nägeln und Knochen gestört* wird. Bethe fand, daß die größere Brüchigkeit der Knochen schon eintritt, wenn bloß die hinteren Wurzeln durchschnitten werden, und W. Trendelenburg konstatiert das gleiche für das Wachstum der Federn.

Zum Gebiet der trophischen Störungen wird endlich und vor allen Dingen die bekannte Tatsache gerechnet, daß alsbald nach Durchschneidung der efferenten Nerven *die quergestreiften Muskeln degenerieren*; sie werden zunächst abnorm elektrisch erregbar, d. h. sie reagieren in anderer Gesetzmäßigkeit (s. S. 386) auf den elektrischen Reiz als normale Muskeln, sie zeigen „Entartungsreaktion", und die Nutzzeit (s. S. 376) wird verlängert; zugleich bekommt die Muskelzuckung einen abnorm trägen Verlauf, und allmählich schwindet dann die kontraktile Substanz und mit ihr die Kontraktilität völlig. Diese Erscheinungen beruhen keineswegs auf der Lähmung und sind etwas anderes als die sonst häufig vorkommende „Inaktivitätsatrophie"; denn beim spinalen Tier mit erhaltenem Reflexbogen sind die Beine zwar auch oft völlig gelähmt, dennoch kommt es zunächst nicht zur Degeneration ihrer Muskeln.

Nach all dem kommen wir also zu der Feststellung, daß die Einbuße der normalen Nervenversorgung eine verminderte Vitalität und geringere

Widerstandsfähigkeit verursacht (s. auch S. 394 u. 411). Hierfür wird von einer Reihe von Forschern vor allem der *Ausfall der vegetativen Innervation* verantwortlich gemacht. Im Experiment führt nach COATES und TIEGS sympathische Denervation nach Verlauf mehrerer Monate zu regressiven Veränderungen der Muskeln; das klinische Bild der progressiven Muskeldystrophie geht nach KEN KURÉ mit dem Schwund besonderer kleinkalibriger Nervenfasern einher, die das Rückenmark auf dem Wege der hinteren Wurzeln verlassen (s. S. 410). Vielleicht ist die trophische Störung chemischer Natur in dem Sinne, daß sie auf eine Veränderung des Stoffwechsels in den degenerierten Nerven, die auf das periphere Organ übergreift, oder auf den Wegfall der Produktion von Lokalhormonen an den Synapsen zurückzuführen ist (PARKER).

Zum Schluß dieses Kapitels wollen wir noch die Frage nach der *Lebenswichtigkeit des vegetativen Nervensystems* aufwerfen, deren Beantwortung, wenigstens was den Sympathikus anlangt, auf dem Wege des Experiments möglich ist. CANNON hat bei Katzen beiderseitig den Grenzstrang, den Halssympathikus und das Semilunarganglion exstirpiert, also die sympathische Innervation des Herzens, der Atemwege, der Verdauungsdrüsen und Verdauungsmuskeln, der Gefäße, der Haare, der Schweißdrüsen und des Urogenitalsystems aufgehoben. Es ergab sich, daß unter Laboratoriumsbedingungen die Tiere scheinbar gesund bleiben; sobald aber besondere Ansprüche an sie gestellt werden, versagt ihr Körper. Verlangt man von ihnen größere Muskelarbeit, so werden sie rasch erschöpft, weil Herz, Bronchen, Nebennieren, Milz und andere Organe ihre Mitwirkung versagen; exponiert man sie besonderen Temperaturbedingungen, so erliegen sie leicht einer Erkältung oder einem Hitzschlag. Das Verhalten erinnert also an das früher geschilderte eines Tieres, bei dem sämtliche extrakardiale Nerven durchschnitten worden sind (S. 150).

27. Kapitel.

Bedeutung und Wesen der Sinnesfunktionen.

Empfindungsqualitäten und Empfindungsmodalitäten 481. Adäquate Reize und spezifische Dispositionen 482. Das Gesetz von den spezifischen Sinnesenergien 484. Reizschwelle und Unterschiedsschwelle; das WEBERsche Gesetz 486.

In zahlreichen der vorangegangenen Abschnitte haben die Sinnesorgane bereits eine Rolle gespielt; denn mag uns die Beobachtung entgegengetreten sein, daß ein Speiseteilchen, welches in den Kehlkopf eingedrungen ist, einen Anreiz zum Husten bildet, mag die Ätzung der Nasenschleimhaut mit Ammoniak Niesen auslösen, mag der Geruch der Nahrung die Speichel- oder die Magendrüsen veranlassen, ihren Saft abzuscheiden, mag eine schmerzhafte Reizung der Eingeweide uns in die Knie sinken lassen, oder mag ein Licht die Pupille verengern — wo immer wir durch Motion oder Sekretion Stellung zu unserer Umwelt nehmen, stets ist der Angriffspunkt für den Reiz ein Sinnesorgan.

Wir wollen uns nun vor die Frage stellen, was für Einrichtungen es sind, welche die Sinnesorgane zur Reizaufnahme so besonders geeignet machen. Dies ist vor allem eine physiologische Frage. Aber die bei weitem stärkere Anregung, die Natur der Sinnesorgane zu ergründen, welche jeder philosophierende Mensch verspürt, wenn er über den Zusammenhang seiner selbst mit dem, was ihn umgibt, ins klare zu kommen sucht, fließt aus der Jahrhunderte alten und doch immer aufs neue die Geister erregenden Erkenntnis, daß all unser Wissen von der Welt und von unserem eigenen Körper ohne die Tätigkeit unserer Sinne nicht zu denken ist, oder wie es in dem oft zitierten Satz von LOCKE ausgedrückt ist: nihil est in intellectu, quod non antea fuerit in sensu. Nur durch unsere Sinne empfinden wir die Außenwelt, unsere Sinnesempfindungen sind unsere Umwelt. Man denke sich das Farbige, das Riechende, das Schmekkende, das Schmerzhafte, das Tönende fort, dann verschwindet unsere Welt; Farben, Töne, Wärme, Drucke in mannigfaltiger Kombination bedeuten uns die Objekte um uns.

Wir können also die Welt, so wie wir sie als eine Realität vor uns hinstellen, nur erfassen, soweit sie auf unsere Sinne wirkt, sie hat keine von uns unabhängige Wirklichkeit. Dokument dessen ist, daß der Mensch ja auch die Wissenschaft von den Kräften der Außenwelt, die Physik, unbewußt im wesentlichen sinnesphysiologisch und psychologisch modelliert hat: die Akustik ist die Lehre, welche mit dem Gehör zu tun hat, die Optik befaßt sich mit den Lichtempfindungen, welche das Auge vermittelt, Mechanik und Wärmelehre nehmen Bezug auf den Tast- und Temperatursinn; die Lehren von der Elektrizität und dem Magnetismus aber haben sich deshalb spät entwickelt, weil wir die elektrischen und magnetischen Kräfte nicht unmittelbar mit dafür geeigneten Sinnen verspüren können. Hätten wir mehr oder hätten wir andere Sinnesorgane, hätten wir einen Sinn für die langen elektrischen Wellen, wie wir einen Sinn für die kürzeren uns als Licht erscheinenden Wellen des Äthers haben, würden Röntgenstrahlen, Magnetfeldschwankungen, korpuskuläre Strahlungen und Gravitationseinflüsse uns unmittelbar erregen, so sähe die Welt ganz anders für uns aus. Schon PROTAGORAS lehrte, daß der Mensch das Maß aller Dinge ist, daß es von unseren Sinnen abhänge, wie uns die Dinge erscheinen, und daß dieser Schein das allein uns Gegebene sei. Unsere Sinne treffen also nur eine Auslese unter den Vorgängen in der Außenwelt. Und beachten wir weiter, daß ein und dasselbe Ding je nach dem Zustand unseres Hautsinnes bald warm, bald kühl, je nach dem Zustand unseres Auges bald schwarz, bald weiß erscheinen kann, daß dieselben elektromagnetischen Wellen, wenn sie das Auge treffen, von uns als Licht, wenn sie die Haut treffen, von uns als Wärme empfunden werden, dann erkennen wir vollends, daß „die Sinne uns nur Wirkungen der Dinge vermitteln, nicht getreue Abbilder oder gar die Dinge selbst" (HELMHOLTZ); hinter der Sinnenwelt verbirgt sich das unerkennbare Ding an sich.

Natürlich ist hier nicht der Ort, die erkenntnistheoretischen Probleme, welche soeben mit knappen Worten nur gerade angedeutet wurden, in ihrem ganzen Umfang aufzurollen. Es kommt in diesem Zusammenhang nur darauf an, zu zeigen, daß die Sinne ebensosehr durch die grenzenlose Bedeutung, wie auch durch die Begrenztheit dessen, was sie uns vermitteln, uns fesseln, und daß der Wert sinnesphysiologischer Untersuchungen weit über die Interessen der Naturforschung und der praktischen Medizin hinausragt.

Wir wollen nun zunächst einmal versuchen festzustellen, *was wir unter einem Sinnesorgan zu verstehen haben*. Bei der bekannten, dem Laien geläufigen Einteilung versteht man unter den fünf Sinnen fünf anatomische Bezirke auf der Körperoberfläche, Auge, Ohr, Nase, Zunge und Haut. Diese Einteilung befriedigt aber nicht mehr, sobald man auch an die durch die Sinnesreize verursachten Empfindungen denkt. Denn das „Gefühl" ist nicht nur an die Haut gebunden, sondern wir fühlen auch mehr oder weniger unsere inneren Organe und können daher davon sprechen, daß Gefühl nicht bloß durch den Hautsinn, sondern auch durch einen Eingeweidesinn, einen Muskelsinn, einen Sehnensinn u. a. vermittelt wird.

HELMHOLTZ legte deshalb auch den Nachdruck bei der Definition der Sinnesorgane auf die *Empfindungen*. Unter einer solchen versteht man einen einfachsten Bewußtseinsvorgang, ein psychisches Element, das sich in etwas noch Einfacheres nicht mehr zerlegen läßt. Die Sonderexistenz einer Empfindung ist allerdings eine Fiktion; denn wir können uns etwas Rotes nicht vorstellen, ohne daß es in der Vorstellung zugleich eine gewisse Form hätte und an einen bestimmten Ort im Raum gebunden wäre, wir können uns eine Druckempfindung nicht unabhängig von unserer Haut oder sonst einem Körperteil vorstellen. Immer treten die Empfindungen in Komplexen auf, bilden die Bestandteile von *Wahrnehmungen*. Aber halten wir einmal an der Abstraktion der Empfindung fest, dann können wir durch Selbstbeobachtung konstatieren, daß ein Sinnesorgan, z. B. das Auge, Empfindungen erzeugt, welche wesensverwandt erscheinen, wie Rot, Gelb, Violett, Schwarz oder wie ein Rot von größerer oder geringerer Intensität. HELMHOLTZ (1879) bezeichnete diese von einem Sinnesorgan abhängigen Empfindungen als **Empfindungsqualitäten**. Die Wesensverwandtschaft, die Vergleichbarkeit ist dagegen nicht mehr vorhanden, wenn wir die Empfindungen, welche ein anderes Sinnesorgan auslöst, hinzuziehen. Es ist ein Ding der Unmöglichkeit, zu sagen, ob der würzige Geruch einer Speise oder die Wärme einer Flüssigkeit oder das Rot einer Blume die größere Stärke hat; heiß und blau oder salzig und der Ton c haben nichts miteinander gemein, sie gehören, wie FICHTE es nannte, verschiedenen Qualitätenkreisen oder, wie HELMHOLTZ es ausdrückte, verschiedenen **Empfindungsmodalitäten** an. *Ein Sinnesorgan ist danach ein Organ, welches durch die Produktion einer bestimmten Modalität von Empfindungen ausgezeichnet ist.*

Indessen auch diese Definition hat ihre Schwächen. So unüberbrückbar einerseits etwa die Empfindungen des Seh- und des Hörorgans auseinanderzuklaffen scheinen, so leicht meinen wir andererseits Übergänge zwischen den Empfindungen des Geruchs- und des Geschmacksorgans auffinden zu können, wenn wir z. B. den Essiggeruch nicht recht vom Essiggeschmack zu sondern vermögen, oder wenn wir von dem süßen Geruch des Chloroforms sprechen. Ferner werden wir bedenklich, ob nicht der Hautsinn in mehrere Sinne mit verschiedener Modalität aufzuteilen ist und in wie viele. Denn kalt und drückend ist wohl gerade so unverwandt wie kalt und blau. Aber sind warm und kalt als Qualitäten einer und derselben Modalität aufzufassen, wo doch am Indifferenzpunkt der Temperaturempfindung einerseits die Reihe der Kälteempfindungen verschiedener Intensität, andererseits die Reihe der Wärmeempfindungen beginnt? Und bildet nicht der ebenfalls von der Haut auszulösende Schmerz ein einigendes Band um sämtliche Hautempfindungen?

Vollends unbefriedigend wird die HELMHOLTZsche Einteilung, wenn wir vergleichende Sinnesphysiologie treiben wollen. Denn wir haben uns ja schon mehrfach klargemacht (s. S. 9 und 431 ff.), daß wir von den Sinnesempfindungen anderer Wesen nur per analogiam reden können, und daß wir es als einen waghalsigen Sprung ins Dunkle empfinden, wenn wir über die Empfindungen etwas aussagen sollen, welche die Sinnesorgane eines Regenwurmes oder einer Qualle wecken. Und gehen wir von der berechtigten Annahme aus, daß die Sinneswerkzeuge der höheren Tiere aus einfachsten Formen durch Differenzierung entstanden sind, so werden wir, wenn wir allein an das Psychische appellieren, vor die Aufgabe gestellt, darüber auszusagen, ob wohl am Anfang der Entwicklungsreihe ein Empfindungsvermögen für Licht oder eines für Druck gestanden habe, ob den niederen Tieren ein Universalsinnesorgan, ,,ein Übergangssinnesorgan", wie RANKE es nannte, eigen sei, das zugleich Gesichts-, Tast- und Geschmacksempfindungen auslösen könne. Ist nun aber Druck einfacher als Licht? Und können wir uns eine Druckempfindung vorstellen, welcher etwas von Lichtempfindung anhaftet?

Wir müssen also den Versuch machen, *eine rein physische Definition* aufzustellen. Diese ist in der Tatsache zu finden, daß jedes Sinnesorgan darauf eingerichtet ist, den Körper von einer ganz bestimmten Art von Vorgängen in der Außenwelt zu benachrichtigen; das Sehorgan spricht auf Lichtwellen an, das Gehörorgan auf longitudinale Luftwellen, Geruchs- und Geschmacksorgane auf Änderungen in der chemischen Beschaffenheit der Umgebung usw. Für jedes Sinnesorgan gibt es also einen **adäquaten Reiz** (JOHANNES MÜLLER 1826). Das Zustandekommen der adäquaten Reizbarkeit ist zum Teil leicht verständlich. Dadurch, daß der rezipierende Bestandteil des Auges, die Netzhaut, in die Tiefe einer

Knochenhöhle verlagert und überdeckt ist von der prallen Kugel der durchsichtigen Medien des Auges, ist das Auge für Druck, für Schallwellen, für chemische Agenzien unzugänglich gemacht und einzig für Lichtwellen durchlässig. Entsprechend ist das innere Ohr durch seine verborgene Lage der Einwirkung anderer Reize als des adäquaten entzogen. Außerdem sind die empfindlichen Sinnessubstanzen aber auch für die adäquaten Reize irgendwie ganz besonders empfindlich und für andere Reize unempfindlich; so kann man mit chemischen Agenzien auch andere Zellen und Gewebe erregen, aber die chemische Empfindlichkeit der Zunge und der Nase ist besonders groß, dagegen reagieren diese gar nicht auf Druck, Licht oder Schallwellen, obwohl sie an sich dafür mehr oder weniger zugänglich wären, und obwohl manche andere Gewebe darauf ansprechen. *Die Sinnesorgane besitzen also auch eine* „**spezifische Disposition**“ *für bestimmte Reizformen* (NAGEL), deren Bedingungen jedoch noch der Aufklärung bedürfen.

Erst durch diese Einrichtungen ist der Körper befähigt, die Objekte der Umwelt zu unterscheiden, d. h. unter der Voraussetzung einer geeigneten Verknüpfung der einzelnen Sinnesorgane mit bestimmten effektorischen Organen auf die verschiedenen Reize in verschiedener Art und Weise zu reagieren.

Halten wir an dieser Definition der *Sinnesorgane als Organe adäquater Reizbarkeit* fest, dann können wir sie wie irgendein Objekt der Naturwissenschaft behandeln und bei ihrem Studium prinzipiell von den begleitenden Sinnesempfindungen abstrahieren; wir werden also nicht mehr fragen: können die Fische hören?, sondern: haben die Fische auf Longitudinalwellen ansprechende Phonorezeptoren? Aus praktischen Gründen werden wir freilich guttun, immer wieder auf die Empfindungen zurückzugreifen, weil sie für die Untersuchung der Funktionsweise der menschlichen Sinnesorgane weitaus das bequemste Reagens auf eine Erregung darstellen. Bei der genannten Definition werden wir dann allerdings leicht dazu kommen, die Zahl oder die Umgrenzung der Sinnesorgane über das gewohnte Maß hinaus zu erweitern. Schon die von I. R. EWALD herrührende Bezeichnung sechster Sinn für denjenigen Teil des Labyrinths, welcher nicht Hörfunktion hat, sondern auf Lage- und Bewegungsänderungen des Körpers bzw. des Kopfes anspricht, begegnet einem gewissen Widerstand, weil dies Organ zwar für eine bestimmte Reizform spezifisch disponiert ist, uns aber keine oder nur höchst undeutliche Empfindungen produziert. Mit dem gleichen Rechte könnte man die Magenschleimhaut oder die Duodenalschleimhaut als chemische Sinnesorgane oder als Teile des Geschmacksorgans ansprechen, weil sie, wie wir früher (s. S. 31 und S. 34) erfuhren, auf ganz bestimmte chemische Stoffe ansprechen und den Körper zu ganz bestimmten, nämlich sekretorischen Reaktionen anregen.

Der Selbstbeobachtung bei der Erregung der Sinnesorgane verdanken wir auch die Kenntnis, daß es neben den adäquaten noch **inadäquate Reize** gibt, d. h. Reize, welche ungewöhnlich und unvollkommen die Sinnesorgane in Tätigkeit versetzen. Das bekannteste Beispiel ist die Lichterscheinung, das „Phosphen“, welches man bei einem Druck aufs Auge oder beim Hindurchgehen eines galvanischen Stroms durch den Kopf zu sehen bekommt. Derselbe galvanische Strom erzeugt beim Passieren der Nase eine Geruchsempfindung, beim Passieren des inneren Ohrs ein Geräusch und eine Korrektionsbewegung für die Lage des Körpers. Bedeutsam ist, daß als inadäquater Reiz nicht jede beliebige Reizform auftreten kann, wie z. B. Licht oder Schall, sondern daß die inadäquatenReize solche sind,welche auch sonst allgemeinErregungswert besitzen, wie eben Druck oder ein elektrischer Strom. Dieselben Reize können bei manchen Sinnesorganen sogar vom Sinnesnerven aus die dem Sinnesorgan adäquate Empfindung erregen. Quetscht man z. B. den Ulnaris da, wo er am Ellbogen oberflächlich über den medialen Epikondylus des Humerus verläuft, so spürt man nicht bloß einen Druck in der Haut des Kleinfingerballens, an welcher sich der Ulnaris verbreitet, sondern auch Wärme oder Kälte, und drückt oder elektrisiert man bei einem Defekt im Trommelfell die Chorda tympani innerhalb der Paukenhöhle, so kommt eine deutliche Geschmacksempfindung zustande. Dagegen gelingt es mit Lichtwellen nicht einmal den Optikusstamm zu erregen, wenn er unmittelbar nach der Herausnahme eines Auges bloßliegt, und ebensowenig läßt sich der Acusticus oder sonst ein Sinnesnerv durch Schallwellen erregen. Der adäquate Reiz wirkt also für gewöhnlich nur auf das Sinnesorgan selber vermöge dessen besonderer Konstruktion.

Die Feststellung der inadäquaten Reizbarkeit gab JOHANNES MÜLLER Anlaß zur Aufstellung seines berühmten und viel erörterten **Gesetzes von den spezifischen Sinnesenergien.** Dieses besagt, daß, wie auch immer die Sinnesnerven erregt werden mögen, sei es vom Sinnesorgan aus, welches durch einen adäquaten oder inadäquaten Reiz getroffen wird, sei es durch direkte Reizung, sei es durch innere, z. B. Blutreize, es stets seine spezifische Betätigungsweise offenbart, d. h. mit der Produktion seiner spezifischen Empfindung reagiert. Mag z. B. Licht oder Druck das Auge treffen, mag der Optikus elektrisch durchströmt werden, oder mögen die Fasern der optischen Leitung im Gehirn irgendwie in Tätigkeit geraten, stets resultiert eine Lichtempfindung. Der Ort der spezifischen Betätigungsweise wurde von JOHANNES MÜLLER anfangs im Sinnesnerven, später im Sinneszentrum erblickt, welches von seinem Sinnesorgan aus vermittels seines Sinnesnerven erregt wird; letzteren sah er als einen indifferenten Leiter an, dessen Funktion sich in nichts von der Funktion anderer, etwa motorischer Nervenfasern unterscheidet.

Die Bedeutung des Gesetzes ist zweifellos übertrieben worden; man hat ihm eine so allgemeine Gültigkeit zugesprochen, als ob bewiesen wäre, daß bei jedem Sinn die spezifische Energie sowohl durch adäquate als auch durch inadäquate Reizung geweckt werden könne, und daß sich die spezifischen Energien der Sinne nicht bloß in den Empfindungsmodalitäten äußern, sondern daß auch die einzelne Faser der nervösen Sinnesleitung ihre spezifische Energie besitze, derart, daß sich ihre Erregung in einer bestimmten Empfindungsqualität offenbare. Wäre dies wirklich der Fall, dann wären die Konsequenzen für die Beurteilung unseres Erkenntnisvermögens sehr weitgehende; denn dann käme es für unsere Wahrnehmungen nicht auf die Natur der Reize, also nicht auf die äußeren Vorgänge in unserer Umwelt an, sondern nur auf die den Nervenfasern von vornherein eigentümliche Art der Betätigung, und nur die spezifische Disposition rettete uns vor steten „Sinnestäuschungen".

Aber erstens gelingt es keineswegs in der Regel, durch inadäquate Reizung der Sinnesnerven mit einem der allgemeinen Nervenreizmittel ihre spezifische Energie, d. h. ihre Empfindungsmodalität auszulösen. Wenn seit JOHANNES MÜLLER zum Beweis der mechanischen Erregbarkeit und der spezifischen Energie des Optikus angegeben wurde, daß bei

der operativen Entfernung eines Auges im Moment der Nervendurchschneidung eine Lichterscheinung auftritt, so ist die Deutung wahrscheinlich unrichtig; denn die Lichterscheinung rührt wahrscheinlich nicht
von der Quetschung des Nerven, sondern von einer gleichzeitigen Zerrung
der Netzhaut her, wie eine solche auch jederzeit bei einem Druck auf
den Bulbus eine Lichtempfindung erzeugen kann. Der Lichtblitz infolge
galvanischer Durchströmung des Auges braucht ebenfalls nicht auf die
Reizung des Nerven, sondern kann auf die Erregung des Sinnesorgans
selber bezogen werden. Ebensowenig gelingt es anscheinend, durch direkte
Reizung des Acusticus eine Schallempfindung hervorzurufen, und das
gleiche gilt für die Geruchsnerven. Allein für die Geschmacksnervenfasern, welche in der Chorda tympani enthalten sind, steht es fest, daß
sie, wie bereits erwähnt wurde, bei mechanischer oder elektrischer Reizung
spezifisch ansprechen und deutliche Geschmacksempfindungen auslösen.

Zweitens kann durch inadäquate Reizung noch viel weniger die Fülle
der verschiedenen Empfindungsqualitäten von den Sinnesnerven
aus ausgelöst werden; dies gelingt selbst von den Sinnesorganen aus
nur unvollkommen. Zwar ruft die galvanische Durchströmung des Auges
Farbigkeiten hervor, welche nach HELMHOLTZ, G. E. MÜLLER u. a. je
nach der Stromrichtung verschieden sind; aber die elektrische Reizung
des Gehör- und des Geruchsorgans erzeugt nur undeutliche Sensationen,
und auf die gleiche Weise ist beim Geschmacksorgan niemals die Qualität
des Salzigen oder des Süßen auszulösen, sondern je nach der Stromrichtung ein saurer und ein alkalisch-beißender Geschmack, welche beide
mit großer Wahrscheinlichkeit als Folge einer Art elektrolytischer Zersetzung oder einer Membranpolarisation (BETHE) innerhalb des Geschmacksorgans aufgefaßt werden können (s. S. 378).

Aus all dem folgt, daß es für das Zustandekommen ganz bestimmter
Empfindungsqualitäten doch auf bestimmte Formen der äußeren Reize
ankommt, welche vermöge der spezifischen Disposition der Sinnesorgane
den Sinnesnerven zugeführt werden, und wenn die Nerven alsdann ansprechen, so muß auch — entgegen der Lehre von der Indifferenz der
Nerven als Leitungsorgane — dem jeweilig in ihnen ausgelösten Erregungsvorgang etwas Spezifisches anhaften; sonst könnte nicht bloß
in dem einen sicheren Fall der Chorda tympani die inadäquate Reizung
in der spezifischen Empfindungsmodalität beantwortet werden. In der
Tat lassen sich zugunsten dieser Folgerung heute schon gewisse Beobachtungen anführen, seit es mit Hilfe der modernen Verstärkertechnik
(S. 380) gelang, die zu der Reizung einzelner Rezeptoren der Haut
(vom Frosch) zugehörigen Aktionsströme aufzunehmen, wobei sich ergab, daß die für Berührungsreize empfindlichen Rezeptoren rasche und
starke Potentialschwankungen bewirken, während die für chemische (wohl
Schmerz hervorrufende) Reize empfindlichen mit langsameren und viel
niedrigeren Schwankungen antworten (ADRIAN, HOAGLAND). *Die Sinne
sind also vielleicht in ihrer anatomischen Totalität, vom peripheren Organ
bis zum Zentrum, als dem äußeren Reiz adaptiert anzusehen.* Ob dabei eine
und dieselbe Nervenfaser auf verschiedene Reizformen oder nur auf
eine einzige abgestimmt ist, ist einstweilen unentschieden. Aber so viel
läßt sich doch sagen, daß je nach der Form des Sinnesreizes, d. h. je
nachdem er die dem Sinn zugehörigen Nervenfasern in dieser oder jener
zeitlichen oder räumlichen Kombination in Tätigkeit versetzt, Empfindungen ganz verschiedener Qualität zustande kommen können. So

ist nachgewiesen (v. FREY), daß je nachdem der Drucksinn (s. Kapitel 34) schwach, flüchtig, rhythmisch, kleinflächig, durch einen bewegten Reiz oder stark, gleichmäßig, großflächig, durch einen ruhenden Reiz in Tätigkeit versetzt wird, so wesensverschiedene Empfindungen zustande kommen, wie Druck, Berührung, Kitzel oder Schwirren. Hier kommt es also offenbar nicht auf die einzelne Nervenfaser mit ihrer spezifischen Energie oder auf die spezifische Energie der der einzelnen Nervenfaser zugehörigen zentralen Erregungsstätte an, sondern die Totalität der Form der Erregung oder, wie man auch sagt, *die „Erregungsgestalt" ist entscheidend dafür, welche Empfindungsqualität entsteht.* In ähnlicher Weise sind auch so verschiedene Schallwahrnehmungen wie ein Klang, ein Geräusch, ein Knall, an bestimmte Erregungskomplexe oder Erregungsgestalten gebunden, welche durch eine jeweils verschiedene Kombination vom Reiz getroffener Acusticusfasern und durch eine jeweils verschiedene zeitliche Aufeinanderfolge von Reizen gebildet werden können (s. Kapitel 31).

So orientieren uns also die Sinne doch vollkommener über die Außenwelt als es die Lehre von den spezifischen Sinnesenergien zunächst möglich erscheinen ließ; denn wenn sie uns auch nicht „Abbilder" der Dinge geben (s. S. 481), so geben sie uns doch wenigstens „Zeichen" der Dinge, mit Hilfe deren wir uns zurechtfinden können (HELMHOLTZ). Nur unter seltenen und abnormen Bedingungen „täuschen" sie uns, so etwa, wenn eine Vergiftung mit Santonin uns Gelbsehen verursacht, wenn Bepinseln der Zunge mit Gymnemasäure die Süßempfindung aufhebt, so daß ein Stück Zucker uns den Eindruck eines Steins macht, wenn der elektrische Schlag durchs Auge die Erscheinung eines Blitzes bewirkt, oder wenn eine Zirkulationsstörung oder sonst ein abnormer Reiz im Sehzentrum in uns eine Gesichtshalluzination erweckt.

Die Relativität und Subjektivität unserer Erkenntnis auf Grund der Sinnesfunktionen äußert sich aber noch in anderer Hinsicht, nämlich nicht bloß, wenn wir die Beziehungen zwischen der Qualität der Empfindungen und der Natur der Vorgänge in der Außenwelt untersuchen, sondern auch, wenn wir die Intensität der Empfindungen mit der Größe der uns erregenden äußeren Vorgänge vergleichen. Wenn z. B. kurz nacheinander verschiedene Drucke auf unsere Haut wirken, so vermögen wir vielfach wohl anzugeben, welcher Druck der größere ist, aber ein genaues Maß für die Reizgröße haben wir in der Intensität der Empfindungen durchaus nicht; *Empfindungen lassen sich überhaupt nicht so wie physikalische Größen messen.*

Aber noch mehr: jeder Reiz muß eine gewisse Minimalgröße überschreiten, um überhaupt eine Empfindung auszulösen; man bezeichnet diese Größe als die *Reizschwelle.* Je höher der Schwellenwert ist, um so geringer ist die Empfindlichkeit des Sinnesorgans, d. h. seine Fähigkeit, eine Empfindung auszulösen. Auf der anderen Seite kann ein Reiz aber auch in infinitum anwachsen, ohne daß das Sinnesorgan darüber Auskunft zu geben vermöchte; denn die von ihm erregten Empfindungen gehen über ein gewisses Maß nicht hinaus. Auch hierin kommt demnach die Subjektivität unseres Erkennungsvermögens zum Ausdruck.

Nur in einem Fall scheint die Möglichkeit einer Aufstellung quantitativer Beziehungen zwischen Reiz und Empfindung vorzuliegen, nämlich bei der Feststellung der sogenannten *Unterschiedsschwelle.* Darunter versteht man die kleinste Differenz zweier Reizgrößen, welche eben wahrgenommen werden kann. Die Unterschiedsschwelle bestimmt man also z. B., wenn man eine Netzhautstelle mit einer bestimmten Lichtquelle beleuchtet und nun zusieht, um wieviel stärker eine zweite Lichtquelle, die kurz nach der ersten dargeboten wird, sein muß, damit eben ein Helligkeitsunterschied bemerkt wird. Man kann demnach anscheinend den Unterschied zweier physikalischer Größen, zweier Drucke, zweier Schalle oder zweier Lichter direkt an den eben merklichen Empfindungszuwächsen messen.

Derartige Messungen nahm zuerst E. H. WEBER (1831) im Gebiet des Drucksinns vor. Er legte kurz nacheinander, d. h. in einem Intervall von 15″—30″, auf ein und dieselbe Hautfläche verschiedene Gewichte und ließ angeben, wann ein Druckunterschied wahrgenommen wurde. Er fand, daß, wenn jemand z. B. 15 Gewichtseinheiten Belastung eben von 14 unterscheiden, also einen Zuwachs von 1 Einheit wahrnehmen konnte, er nicht 30 von 29, sondern nur 30 von 28, also einen Zuwachs von 2, und nicht 60 von 59, sondern nur 60 von 56, also einen Zuwachs von 4 Einheiten unterscheiden konnte. WEBER leitete daraus die nach ihm als *WEBERsches Gesetz* bezeichnete Regel ab, daß *die eben merklichen absoluten Reizunterschiede nicht gleich sind, sondern daß sie proportional den Reizintensitäten wachsen*, oder anders ausgedrückt: daß *die relativen Unterschiedsschwellen unabhängig von den absoluten Reizgrößen konstant sind.* Dies Gesetz sollte nicht bloß für Druckgrößen gültig sein, sondern auch für Helligkeiten, für Schallintensitäten, für Temperaturgrößen u. a. Z. B. folgt die Unabhängigkeit der relativen Unterschiedsschwelle von der absoluten Reizgröße für Helligkeiten schon aus der einfachen Beobachtung, daß, wenn man eine Photographie betrachtet, die Helligkeitsunterschiede darauf im allgemeinen richtig wiedergegeben erscheinen, auch wenn man die Photographie bei sehr verschiedenen Beleuchtungen betrachtet, obwohl die a b s o l u t e n Helligkeitsunterschiede dann je nach der Beleuchtung sehr verschieden sind. Ja sogar auf so komplexe Reizgrößen, wie sie in einem Wertgegenstand gegeben sind, ist das WEBERsche Gesetz angewandt worden: die Mark in der Hand des Bettlers hat einen weit größeren Erregungswert als dieselbe Mark in der Hand des Reichen.

Indessen haben zahlreiche Beobachtungen ergeben, daß die Formulierung von WEBER nur innerhalb gewisser, ziemlich enger Grenzen der Reizintensitäten richtig ist; das Gesetz versagt ebensowohl bei schwachen wie bei starken Reizen in dem Sinn, daß die Unterschiedsempfindlichkeit dann kleiner wird. Für schwache Druckreize lehrt dies z. B. die nebenstehende Tabelle nach Versuchen von STRATTON.

Daß die absolute Größe eines Reizzuwachses nicht entscheidend für das Auftreten einer Empfindung ist, das nachzuweisen bedarf es ja übrigens gar nicht erst besonderer Messungen. Denn zahlreiche gewöhnliche Beobachtungen lehren, daß der gleiche physikalische Vorgang ganz verschiedenen

Anfangsgewicht J	Eben unterscheidbares Vergleichsgewicht	Zuwachs $\triangle J$	$100 \cdot \dfrac{\triangle J}{J}$
1	1,5	0,5	50
5	6,0	1,0	20
10	11,01	1,01	10,1
25	26,33	1,33	5,3
50	52,11	2,11	4,2
75	77,76	2,76	3,7
100	103,53	3,53	3,5
150	155,03	5,03	3,4
200	206,40	6,40	3,2

Reizwert hat je nach den Bedingungen, unter denen er zur Wirkung gelangt; ein leises Geräusch z. B., das wir an einem halbwegs ruhigen Ort sofort wahrnehmen, kann bis zur Unmerklichkeit durch ein lautes Getöse übertäubt werden.

Aber die Beziehung zwischen dem eben merklichen Reizzuwachs und dem schon vorhandenen Reiz braucht nicht gerade von der Art der im WEBERschen Gesetz ausgedrückten einfachen Formulierung zu sein; nach PÜTTER läßt sich die Unterschiedsschwelle viel genauer als eine Exponentialfunktion der Reizintensität darstellen. Wie dem aber auch sein mag, auf jeden Fall *machen uns die Sinnesorgane keine absoluten Angaben über die Reizgrößen, sondern die eben wahrnehmbaren Unterschiede sind im allgemeinen um so größer, je größer die schon bestehenden Einwirkungen sind.*

Dies läßt sehr verschiedene Deutungen zu. Es könnte sein, daß der Erregungsprozeß, der durch den Reiz ausgelöst wird, nicht der Reizintensität proportional ist, sondern daß mit zunehmender Intensität die Erregungsgröße immer langsamer anwächst. Eine Disproportionalität dieser Art kann aber auch zwischen peripherer Erregung und Erregung im Gehirn bestehen. Endlich ist fraglich, ob Erregungs- und Empfindungsgröße nach einem einfachen Zahlenverhältnis zueinander in Beziehung gesetzt werden können. Alle diese Möglichkeiten sind viel diskutiert worden. Tatsächlich läßt sich zeigen, daß in manchen Fällen die Gültigkeit des WEBERschen Gesetzes unter den einfachsten der genannten Voraussetzungen erklärt werden kann, nämlich daß *die Erregungen langsamer wachsen als die Reize.* Ein Beispiel dafür gibt die Abb. 187, in der auf der Abszisse Lichtstärken verzeichnet sind, auf der Ordinate Aktionspotentiale, die von der Netzhaut eines belichteten Cephalopodenauges abzuleiten sind (F. W. FRÖHLICH).

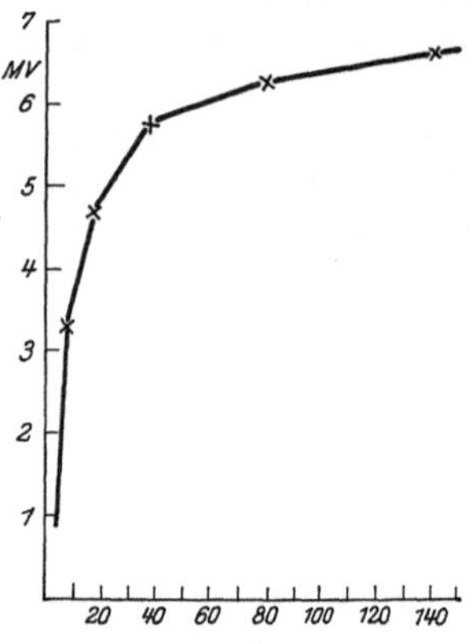

Abb. 187. Einfluß der Lichtintensität auf die elektromotorische Kraft der Aktionsströme des Cephalopodenauges. (Nach F. W. FRÖHLICH.) Auf der Abszisse die Lichtintensitäten, auf der Ordinate Millivolt.

28. Kapitel.

Der dioptrische Apparat des Auges.

Der Gesichtssinn erregt in uns die ganze Fülle der Lichter in ihrer verschiedenen Farbigkeit und Intensität, wir empfinden sie in bestimmter Ausdehnung und an einem bestimmten Ort, sie ordnen sich zu Sehdingen von bestimmter Form und Größe, welche ein bestimmtes Lageverhältnis zueinander einnehmen, gegebenenfalls sehen wir sie in Bewegung. All das beruht zuvörderst auf der Tätigkeit der Netzhaut, welche durch den ihr adäquaten Reiz der Lichtwellen — oder wie wir gewöhnlich sagen — durch Lichtstrahlen hervorgerufen wird. Dementsprechend ist es unsere Hauptaufgabe, die Beziehungen zwischen den physikalischen Vorgängen in der Außenwelt und den physiologischen Prozessen der Netzhaut klarzulegen. Aber zwischen Außenwelt und Netzhaut liegt der dioptrische Apparat des Auges, welcher dazu da ist, die räumlich verschieden verteilten Ausgangspunkte der Lichtstrahlen auf die Netzhaut zu projizieren, so daß diese in entsprechendem Maß an verschiedenen Stellen verschieden erregt wird und dadurch die Möglichkeit einer Unterscheidung der physikalisch-optischen Verhältnisse der Außenwelt gewährt. Von diesem dioptrischen Apparat soll zuerst die Rede sein.

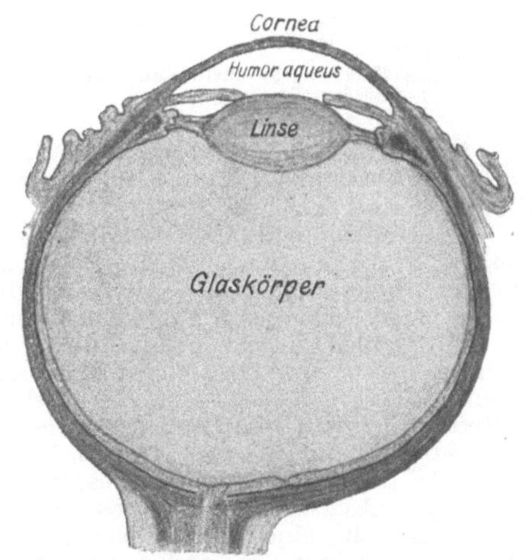

Abb. 188. Schnitt durch das menschliche Auge.

Das Auge ist vergleichbar einer photographischen Kamera; dort wie hier ist der lichtempfindlichen Schicht ein zentriertes optisches System vorgelagert, durch welches den einfallenden Lichtstrahlen ein bestimmter Weg vorgeschrieben wird. Im Hintergrund des Auges entsteht auf die Weise unter bestimmten Bedingungen ein scharfes flächenhaftes Bild der im Raum vor dem Auge befindlichen Gegenstände, wie man sich leicht an einem frisch enukleierten Rindsauge überzeugen kann, in dessen Kuppe man eine Öffnung hineinschneidet, um in das Innere blicken zu können.

Unter einem *zentrierten optischen System* versteht man ein System dioptrischer Medien, welche mit gekrümmten Flächen aneinander grenzen, deren Krümmungsmittelpunkte auf einer Geraden, der optischen Achse, gelegen sind. Die Abb. 188 zeigt, wie im Auge die dioptrischen Medien durch Hornhaut, Humor aqueus, Linse und Glaskörper, die Trennungsflächen durch vordere und hintere Hornhautfläche und vordere und hintere Linsenfläche gegeben sind. Das dioptrische System des Auges ist von dem einer photographischen Kamera besonders dadurch unterschieden, daß hinter dem System der gekrümmten brechenden Flächen nicht Luft, sondern ein Glaskörper liegt.

Der Gang beliebiger in ein zentriertes optisches System einfallender Lichtstrahlen läßt sich unter der Voraussetzung, daß die Winkel, welche von den Strahlen und der optischen Achse eingeschlossen werden, nur klein sind, berechnen, wenn die Krümmungsradien der sphärischen brechenden Flächen, die Abstände dieser auf der optischen Achse und die Brechungsindizes der brechenden Medien bekannt sind. Die Rechnungen sollen hier nicht durchgeführt, nicht einmal angedeutet, sondern es sollen nur einige der Ergebnisse mitgeteilt werden.

Zunächst betrachten wir den einfachen Fall, daß *nur eine Kugelfläche zwei Medien (I und II) mit verschiedenem Brechungsindex voneinander trennt* (s. Abb. 189).

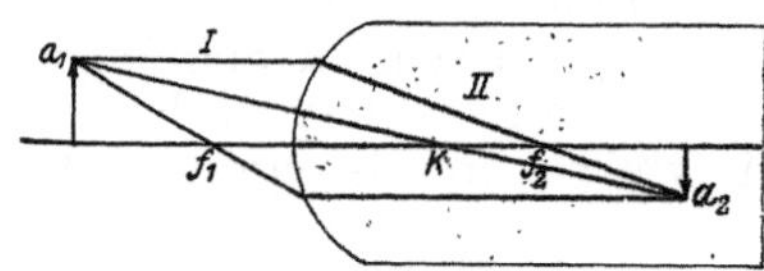

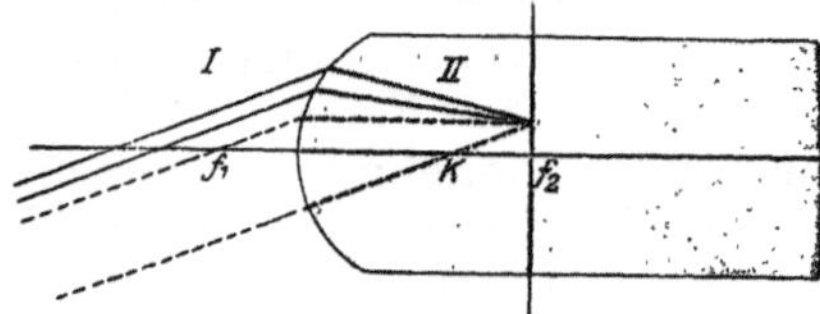

Abb. 189. Strahlengang in einem einfachen optischen System.

Abb. 190. Strahlengang in einem einfachen optischen System.

Sei k der Krümmungsmittelpunkt, f_1 der *erste* und f_2 der *zweite Brennpunkt*, wobei der Abstand von f_1 vom Scheitelpunkt gerade so groß ist wie der Abstand kf_2; alsdann gelten folgende Sätze:

1. Strahlen, welche in Medium I in der Richtung auf den Krümmungsmittelpunkt k verlaufen, also auf die Trennungsfläche senkrecht auftreffen, gehen ungebrochen in Medium II über, laufen also durch k hindurch. Solche Strahlen heißen *Hauptstrahlen* oder *Richtungsstrahlen*, k ist also der *Kreuzungspunkt der Richtungsstrahlen*.

2. Strahlen, welche in Medium I achsenparallel laufen, werden an der Grenzfläche so gebrochen, daß sie sich im Medium II im 2. Brennpunkt f_2 schneiden. Umgekehrt vereinigen sich Strahlen, welche in Medium II achsenparallel verlaufen, in Medium I im 1. Brennpunkt f_1. Die in f_1 und f_2 senkrecht auf der optischen Achse errichteten Ebenen heißen *erste und zweite Brennebene*.

Satz 1 und 2 ermöglichen es, *zu einem Objektpunkt a_1 in Medium I den Bildpunkt a_2 in Medium II zu finden* (Abb. 189). Man zieht von a_1 aus als einen Konstruktionsstrahl einen achsenparallelen, als zweiten den Richtungsstrahl. Beide schneiden sich in a_2. a_1 und a_2 heißen *konjugierte Punkte*; einer ist das Bild des anderen. Die auf der optischen Achse senkrechten Ebenen, welche a_1 und a_2 einschließen, heißen *konjugierte Ebenen*. Ein Bild in der Bildebene I entspricht einem ähnlichen Bild in der Bildebene II.

3. Strahlen, welche in Medium I in beliebiger Richtung, aber parallel zueinander verlaufen, vereinigen sich in einem bestimmten Punkt der 2. Brennebene. Abb. 190 zeigt, daß dieser Punkt leicht zu finden ist, indem man als Konstruktionsstrahl entweder denjenigen Richtungsstrahl zieht, welcher mit den einfallenden Strahlen parallel läuft, oder denjenigen Strahl, welcher f_1 parallel zu den einfallenden Strahlen verläßt. Dieser Satz läßt sich, ähnlich wie Satz 2, umkehren.

Gehen wir nun zu dem Strahlengang im *zentrierten optischen System* mit einer Mehrzahl sphärischer Flächen und brechender Medien über, so ergibt die Theorie von GAUSS einige weitere charakteristische Punkte auf der optischen Achse, welche für in beliebiger Richtung eintretende Strahlen die Richtung ihres Austritts aus dem System anzugeben erlauben. Diese Punkte heißen die *Kardinalpunkte* (s. Abb. 191).

1. F_1 und F_2 sind der *erste* und der *zweite Hauptbrennpunkt*; für sie gilt, wie in dem einfachen System, daß achsenparallel in das System eintretende Strahlen dasselbe in der Richtung verlassen, daß sie sich in F_2 schneiden, und daß umgekehrt Strahlen, welche aus F_1 kommend ins System eintreten, aus ihm achsenparallel austreten.

2. H_1 und H_2 heißen die *Hauptpunkte*, die in ihnen auf der optischen Achse senkrecht errichteten Ebenen h_1 und h_2 die *Hauptebenen*. Der Abstand des ersten Hauptpunkts vom ersten Hauptbrennpunkt und der Abstand des zweiten Hauptpunkts vom zweiten Hauptbrennpunkt, die sogenannten *Hauptbrennweiten*, verhalten sich zueinander wie die Brechungsindizes des ersten und des letzten brechenden Mediums in dem System. Für die Hauptebenen gilt der Satz, daß ein Strahl, welcher in beliebiger Richtung ins System eintretend auf einen bestimmten Punkt, z. B. L_1, in der 1. Hauptebene gerichtet ist, das System in einer solchen Richtung verläßt, daß er aus einem L_1 senkrecht gegenüberliegenden Punkt der 2. Hauptebene L_2 zu kommen scheint

3. K_1 und K_2 heißen die *Knotenpunkte*; man findet sie, wenn man die Differenz der beiden Hauptbrennweiten vom 1. und 2. Hauptpunkt aus auf der optischen Achse abträgt: $H_2F_2 - H_1F_1 = H_1K_1 = H_2K_2$; der Abstand der beiden Knotenpunkte ist daher gleich dem Abstand der beiden Hauptpunkte. Die Knotenpunkte haben die Eigenschaft, daß ein Strahl, welcher in Richtung auf K_1 ins System eintritt, das System in einer Richtung verläßt, als wenn er von K_2 herkäme; der austretende Strahl verläuft also parallel mit der Einfallsrichtung

4. In beliebiger Richtung parallel zueinander ins System eintretende Strahlen vereinigen sich in einem Punkt der 2. Hauptbrennebene. Strahlen, welche aus einem

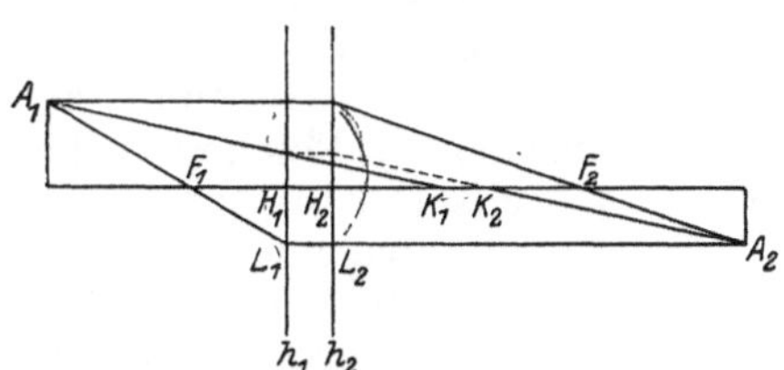

Abb. 191. Strahlengang im zentrierten optischen System.

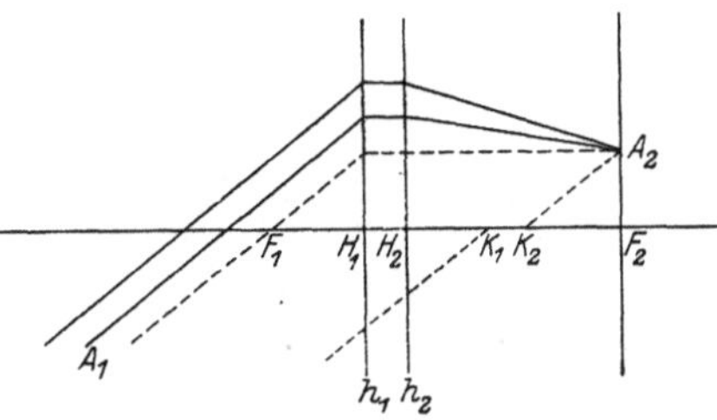

Abb. 192. Strahlengang im zentrierten optischen System.

Punkt der 1. Hauptbrennebene austreten, verlassen das System in zueinander paralleler Richtung.

Mit Hilfe dieser Sätze läßt sich *zu einem beliebigen vor dem System gelegenen Objektpunkt A_1 ein Bildpunkt A_2 hinter dem System auf folgende Weise konstruieren:* Man ziehe von A_1 einen Strahl durch den 1. Hauptbrennpunkt bis zur 1. Hauptebene in L_1; der Strahl wird so gebrochen, daß er durch den senkrecht über L_1 liegenden Punkt L_2 der 2. Hauptebene, also achsenparallel weiterläuft. Entsprechend verläuft ein von A_1 achsenparallel ausgehender Strahl durch F_2. Einen 3. Strahl richtet man auf den 1. Knotenpunkt, er verläuft parallel dazu aus K_2 kommend weiter. Die drei austretenden Strahlen schneiden sich in A_2.

Abb. 192 gibt die Konstruktion des Bildpunktes A_2 für einen in unendlicher Entfernung vor dem System gelegenen Objektpunkt A_1, welcher schräg zur optischen Achse parallele Strahlen aussendet.

Übertragen wir nun diese Verhältnisse auf das Auge! Hat man für dasselbe die Abstände der brechenden Flächen, die Brechungsindizes und die Krümmungsradien bestimmt, — auf die Meßmethoden werden wir noch einzugehen haben —, so kann man die **Kardinalpunkte des Auges** berechnen und mit deren Hilfe den Strahlengang konstruieren. Die Kardinalpunkte haben im menschlichen Auge nach Gullstrand die folgende Lage:

1. Hauptbrennpunkt F_1	17,06 mm	vor dem Hornhautscheitel
2. Hauptbrennpunkt F_2	24,385 mm	hinter dem Hornhautscheitel
1. Hauptpunkt H_1	1,35 mm	„ „ „
2. Hauptpunkt H_2	1,65 mm	„ „ „
1. Knotenpunkt K_1	7,05 mm	„ „ „
2. Knotenpunkt K_2	7,35 mm	„ „ „

Sie sind in das Schema der Abb. 193 eingezeichnet. *Der 2. Hauptbrennpunkt (F_2) fällt in die Netzhaut.*

Da die Haupt- und Knotenpunkte nur etwa 0,3 mm voneinander entfernt liegen, so kann man sie zur Vereinfachung der Strahlenkonstruktion zusammenfallen lassen. Man erhält dann das sogenannte **reduzierte Auge** (LISTING), dessen Scheitel 1,5 mm hinter dem Hornhautscheitel (in *h h*) gelegen ist, welches an Stelle der Knotenpunkte einen einzigen Kreuzungspunkt der Richtungsstrahlen in der Gegend des hinteren Linsenpols 7,15 mm hinter dem wahren Hornhautscheitel besitzt, und welches nur Glaskörper als einziges brechendes Medium enthält. In solch einem Auge verhält sich, wie die Abb. 193 zeigt, *die Objektgröße ($A B$) zur Bildgröße ($A_1 B_1$) wie der Objektabstand vom Kreuzungspunkt der Richtungsstrahlen zum Bildabstand von demselben Punkt.* Durch besondere Einrichtungen, von welchen später (S. 495) die Rede sein wird, wird es erreicht, daß, wenigstens innerhalb einer bestimmten Variationsbreite des Objektabstandes, das Bild stets in die Netzhaut fällt. Die Netzhaut kann, solange die Einfallswinkel klein sind, als plan angesehen werden.

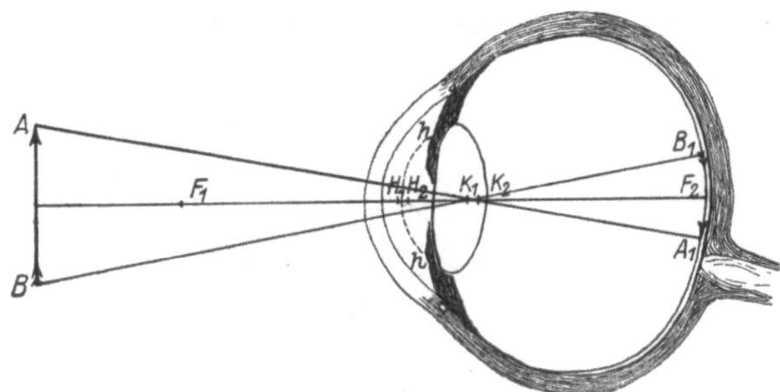

Abb. 193. Die Lage der Kardinalpunkte im Auge.

Was nun **die Bestimmung der optischen Konstanten des Auges** anlangt, so hat man

1. die **Abstände der brechenden Flächen** an den Durchschnitten gefrorener Augen ausgemessen. Zur Bestimmung des Abstandes der vorderen Hornhautfläche von der vorderen Linsenfläche kann man sich des Kornealmikroskops bedienen, welches man einmal auf die zur Sichtbarmachung mit Kalomel bepuderte Hornhaut und ein zweites Mal auf den der vorderen Linsenfläche direkt aufliegenden Pupillarrand der Iris einstellt.

2. Zur Bestimmung der **Brechungsindizes** füllt man *vorderes Kammerwasser* und *Glaskörpersubstanz* eines enukleierten Bulbus in ein Hohlprisma und mißt den Winkel der totalen Reflexion, oder man macht die Bestimmung mit einem ABBEschen Refraktometer. An der herausgenommenen *Linse* mißt man in Luft die Krümmungsradien, die Brennweite und die Dicke und berechnet nach einer bekannten Gleichung aus diesen Größen den Index. Vom Brechungsindex der *Hornhaut* kann man absehen, da diese als eine von parallelen Flächen eingeschlossene Lamelle nur eine geringfügige Parallelverschiebung der Strahlen bedingt.

3. Die **Krümmungsradien der brechenden Flächen,** d. h. der Krümmungsradius der Hornhaut, der vorderen und der hinteren Linsenfläche, sind von HELMHOLTZ nach folgendem Prinzip gemessen:

Von einem leuchtenden Objekt, welches sich vor dem Auge befindet, z. B. einer Kerzenflamme, sind im Auge drei Spiegelbildchen zu sehen, die sogenannten *PURKINJE-SANSON schen Bildchen,* welche durch teilweise Reflexion des Lichtes an den drei genannten Flächen zustande kommen. Das Hornhautbildchen ist, wie die Abb. 194 zeigt, am hellsten und deshalb jedermann bekannt; die beiden Linsenbildchen sind wegen der stärkeren Lichtabsorption im Kammerwasser und in der Linsensubstanz lichtärmer. Hornhaut- und 1. Linsenbildchen sind als Spiegelbilder an konvexen Flächen verkleinert und aufrecht, das 2. Linsenbildchen als Spiegelbild einer konkaven Fläche verkleinert und umgekehrt. Ist nun das leuchtende Objekt relativ klein und relativ weit entfernt von der Spiegelfläche, so gilt die Gleichung:

$$\text{Objektgröße : Bildgröße} = \text{Objektabstand} : \frac{r}{2}.$$

Wenn man also die Objektgröße und den Objektabstand kennt und die Bildgröße ausmißt, so kann man den Radius berechnen. Zur Bestimmung der Größe der drei PURKINJE-SANSONschen Bilder gab HELMHOLTZ das *Ophthalmometer* an.

Das Ophthalmometer besteht, abgesehen von einem Fernrohr, aus zwei gleichen planparallelen Glasplatten a und b, deren Längsschnitte in der Abb. 195 gezeichnet sind, so daß d ihre Dicke bedeutet. Die Platten liegen vom Beschauer der Zeichnung aus hintereinander — die hintere ist punktiert gezeichnet — und sind um die gemeinsame Achse p in entgegengesetzter Richtung um gleiche Winkel zu drehen. Die Strahlen 1 und 2, welche von zwei leuchtenden, senkrecht im Abstand e übereinander liegenden Punkten ausgehen, werden. wie in der Abbildung angegeben.

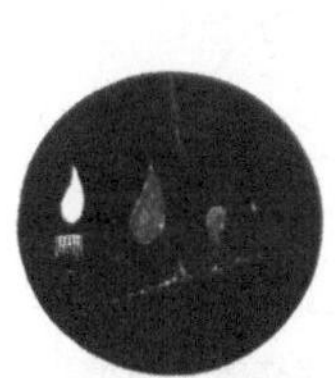

Abb. 194. Die drei PURKINJE-SANSON-schen Bildchen einer Kerze.

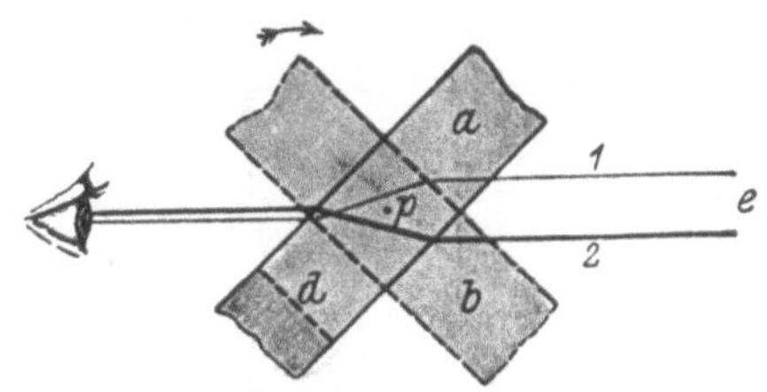

Abb. 195. Schema des Ophthalmometers von HELMHOLTZ.

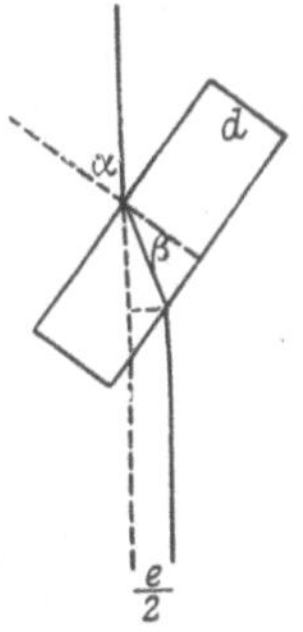

Abb. 196. Strahlen-verschiebung durch eine planparallele Platte.

durch beide Platten parallel verschoben und können bei einem geeigneten Maß der Plattendrehung zusammenfallen. Alsdann sieht das Auge statt zweier leuchtender Punkte nur einen in der Mitte von e; die Strahlen sind dann also offenbar um $\frac{e}{2}$ verschoben. Man kann nun diese Verschiebung, wie die Abb. 196 zeigt, leicht berechnen, wenn der Einfallswinkel α, der Brechungsindex $n = \dfrac{\sin \alpha}{\sin \beta}$ und die Plattendicke d bekannt sind. Die Verschiebung $x = \dfrac{e}{2}$ ist dann gleich $\dfrac{d \cdot \sin \alpha - \beta}{\cos \beta}$.

Das Ophthalmometer wird nun am Auge der Versuchsperson so verwendet, daß man in diesem zwei Lichtpunkte sich spiegeln läßt. Jedes der drei PURKINJE-SANSONschen Bildchen besteht alsdann aus zwei leuchtenden Bildpunkten, welche die Abstände e_1, e_2 und e_3 einhalten. Man mißt mit dem Ophthalmometer $\dfrac{e_1}{2}$, $\dfrac{e_2}{2}$ und $\dfrac{e_3}{2}$ und berechnet die Radien aus der vorher angegebenen Proportion.

Mit diesen Methoden sind folgende *Werte für die optischen Konstanten des menschlichen Auges* gefunden worden (GULLSTRAND):

Abstände der brechenden Flächen:

vordere Hornhaut- bis vordere Linsenfläche . . .	3,6 mm
vordere Linsen- bis hintere Linsenfläche	3,6 mm
hintere Linsenfläche bis Netzhaut	16,8 mm
vordere Hornhautfläche bis Netzhaut	24 mm

Brechungsindizes:

    vorderes Kammerwasser 1,336
    Linse 1,4085
    Glaskörper 1,336

Krümmungsradien:

    vordere Hornhautfläche . . . . 8 mm
    vordere Linsenfläche . . . . 10 mm
    hintere Linsenfläche . . . . 6 mm

Zu diesen Werten sind noch einige Anmerkungen zu machen.

Der *Brechungsindex der Linse* von 1,4085 ist ihr sogenannter Totalindex. Die Linse baut sich bekanntlich aus einer großen Zahl von Lamellen auf; von diesen haben die äußeren nur einen Index von 1,376, und
von da steigt der Index nach innen zu mehr und mehr an, der Brechungsindex des Linsenkerns beträgt 1,406. In anscheinend paradoxer Weise übertrifft also der Totalindex noch den maximalen Index des Kerns. Dies ist
folgendermaßen zu erklären: Der Kern hat nicht nur die höhere Brechkraft,
sondern er ist auch stärker gewölbt als die oberflächlichen Partien; man kann
sich also die Linse zerlegt denken in einen bikonvexen, fast kugeligen Kern
und zwei ihn umhüllende konkav-konvexe Linsen (s. Abb. 197). Würde

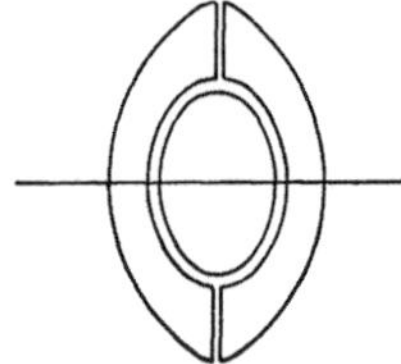

Abb. 197. Schema des Linsenbaus.
(Nach HELMHOLTZ.)

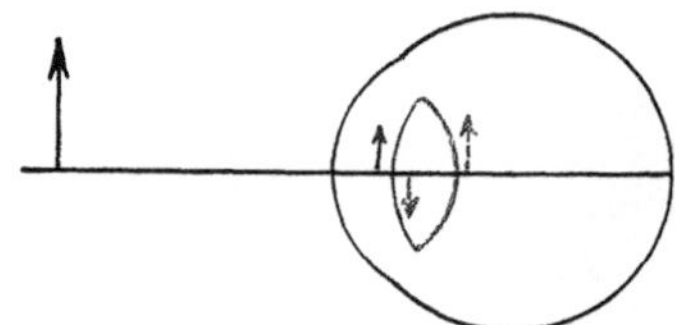

Abb. 198. Die Lage der PURKINJE-SANSONschen
Bildchen im Auge. (Nach HEINE.)

nun die ganze Linse aus Kernsubstanz bestehen, so würde offenbar
die Brechkraft der Kernlinse durch die beiden Konkavlinsen geschwächt
werden; die ganze Linse muß also an Brechkraft gewinnen, wenn sie
nicht homogen ist, sondern wenn der Brechungsindex der Konkavlinsen
kleiner ist als der des Kerns (s. hierzu S. 501).

Die verschiedenen Krümmungsradien bedingen die verschiedene
Größe und Lage der PURKINJE-SANSON schen Bildchen. Auf der Abb. 194
bedeutet das linke hellste Bildchen, wie gesagt, das Bildchen, welches
durch Spiegelung an der vorderen Hornhautfläche zustande kommt. Es
wird von dem mittleren, dem 1. Linsenbildchen, an Größe übertroffen,
weil die Wölbung der vorderen Linsenfläche geringer ist als die der Hornhaut. Das rechte von der Spiegelung der hinteren Linsenfläche herrührende
Bildchen ist am kleinsten, weil die hintere Linsenfläche am stärksten
gewölbt ist. Die von den Konvexspiegeln der Hornhaut und der vorderen
Linsenfläche erzeugten Bildchen sind virtuell; das erste liegt, entsprechend
dem Krümmungsradius von 8 mm, scheinbar 4 mm hinter der Hornhaut, also etwa in der Pupillarebene (s. Abb. 198), das zweite, entsprechend dem Radius von 10 mm, scheinbar 5 mm hinter der vorderen, also
etwa 1 mm hinter der hinteren Linsenfläche. Das vom Konkavspiegel
der hinteren Linsenfläche hervorgebrachte reelle Bildchen liegt etwa 3 mm
vor dieser Fläche, also ein wenig hinter der vorderen Linsenfläche. Bei
Bewegungen der Lichtquelle bewegen sich die virtuellen Bilder gleichsinnig, das reelle Bild gegensinnig.

Die *Hornhautoberfläche* ist in Wahrheit keine Kugelfläche, sondern näherungsweise (s. S. 504) die Fläche eines Rotationsellipsoids, dessen Achse durch die optische Achse gegeben ist; die seitlichen Partien sind also relativ abgeflacht. Auf die Bedeutung dieser Tatsache wird noch zurückzukommen sein.

Nachdem wir nun die Gesetze kennengelernt haben, welche den Strahlengang im Auge beherrschen, wenden wir uns zu der Frage der *Abbildung verschieden weit entfernter Objekte auf der Netzhaut.* Es ist nach dem Genannten selbstverständlich, daß, wie bei der photographischen Kamera, so auch beim Auge das Bild dem brechenden System näher oder ferner rückt, je nachdem man den Objektabstand größer oder kleiner wählt. Für das Auge, so wie wir es bisher betrachtet haben, fällt der 2. Hauptbrennpunkt in die Netzhaut (s. S. 492), d. h. Strahlen,

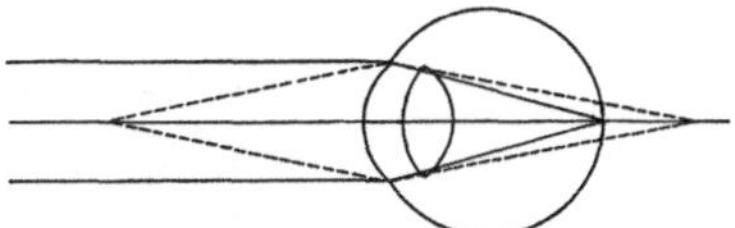

Abb. 199. Strahlengang im Auge bei verschiedenen Objektabständen.

welche von den Punkten eines unendlich fern gelegenen Objekts ausgesandt werden, also parallel ins Auge fallen, werden in der Netzhaut zu Bildpunkten vereinigt; *das Auge ist also auf unendlich eingestellt.* Daraus folgt, daß das Bild eines Objektes, welches sich näher als unendlich vor dem Auge befindet, erst hinter der Netzhaut gelegen sein kann (s. Abb. 199); die Netzhaut durchschneidet also den Kegel der auf ihren Bildpunkt konvergierenden Strahlen, sie wird darum von dem leuchtenden Objektpunkt nicht punktförmig erleuchtet, sondern flächenförmig in einem sogenannten „Zerstreuungskreis", und da sich das Objekt aus zahlreichen Punkten zusammensetzt, so besteht das Bild aus lauter einander teilweise überdeckenden Zerstreuungskreisen und muß deshalb unscharf sein (s. Abb. 200). Daß dies wirklich geschieht, davon kann man sich überzeugen, sobald man einen fern gelegenen Gegenstand ins Auge faßt; alle näher liegenden Gegenstände, denen sich die Aufmerksamkeit zu gleicher Zeit zuwendet, sehen dann verschwommen aus.

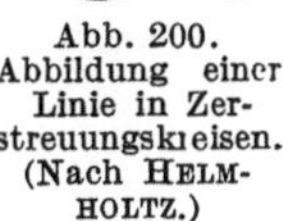

Abb. 200. Abbildung einer Linie in Zerstreuungskreisen. (Nach HELMHOLTZ.)

Aber ebenso leicht kann man bemerken, daß man auch nahe Objekte mit scharfen Konturen sehen kann. *Das Auge hat also das Vermögen, sich auf verschiedene Entfernungen zu akkommodieren.* Jedoch ist in einem bestimmten Moment das Auge immer nur auf eine bestimmte Entfernung eingestellt, *man kann nicht gleichzeitig nahe und ferne Dinge scharf sehen.*

Es fragt sich, worauf die **Akkommodation des Auges** beruht. Es gibt offenbar dreierlei Möglichkeiten. Entweder können die Abstände der brechenden Flächen von der Netzhaut geändert werden, so wie etwa die Einstellung der photographischen Kamera durch Verschieben der Mattscheibe vorgenommen wird, oder die Brechungsindizes können sich ändern oder endlich die Krümmungsradien. Von diesen verschiedenen Möglichkeiten hat die Natur, soviel man bisher weiß, die zweite nirgends realisiert, wohl aber die erste und die dritte bei verschiedenen Tierformen in mannigfaltiger Weise zur Ausführung gebracht. Dabei handelt es sich in jedem Fall um die Betätigung von *Akkommodationsmuskeln*, welche das Auge aus dem Zustand der Ruhe in den der Akkommodation überführen.

Betrachten wir in aller Kürze hier nur die Verhältnisse bei den Wirbeltieren! Das Auge der *Fische* ist in der Ruhe zumeist auf die Nähe eingestellt; Akkommodation bedeutet bei ihnen eine Einstellung in die Ferne. Dies geschieht so, daß die kugelige Linse durch einen Musculus retractor lentis, welcher in der sogenannten Campanula Halleri enthalten ist, gegen die Netzhaut hingezogen wird (s. Abb. 201) (BEER).

Gerade umgekehrt wird bei den *Amphibien* die in ihrer Form ebenfalls unveränderte Linse durch einen eigentümlichen Muskel, einen M. protractor lentis, der vom Linsenäquator nach vorn nach der Corneoskleralgrenze zieht, ein wenig vorwärts geschoben, so daß eine Einstellung des Auges auf größere Nähe die Folge ist (BEER, C. HESS).

Auch *Reptilien* und *Vögel* akkommodieren in die Nähe. Bei ihnen geschieht dies aber durch eine Deformierung der Linse; nämlich die Muskeln des Ziliarkörpers und der Iriswurzel üben bei ihrer Kontraktion einen kräftigen Druck auf die Peripherie der Linsenoberfläche aus, so daß diese ringförmig eingedrückt wird und die einwärts von der entstehenden Rinne gelegene Linsenmasse nach vorn in Form eines Konus hervorquillt (s. Abb. 202). Durch die damit verbundene starke Krümmungsvermehrung wächst die Brechkraft der Linse in bedeutendem Maße (C. HESS).

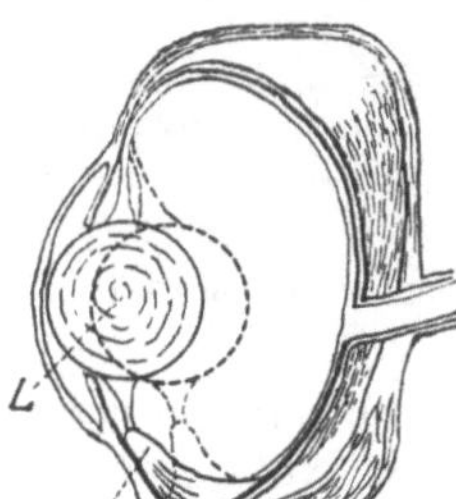

Abb. 201. Durchschnitt durch das Auge vom Hecht. *L* Linse. *cH* die Campanula Halleri, welche den Retractor lentis enthält. Die Stellungsänderung bei der Akkommodation ist durch punktierte Linien angedeutet.

Auch bei den *Säugetieren* geschieht die Akkommodation aus der Ferne in die Nähe durch eine Formänderung der Linse; der Mechanismus ist aber ein völlig anderer als bei Reptilien und Vögeln und soll uns nun eingehender beschäftigen.

Beleuchtet man ein menschliches Auge schräg von der einen Seite her mit zwei hellen senkrecht übereinander stehenden quadratischen Lichtern und betrachtet es, während es geradeaus in die Ferne blickt, von der anderen Seite her, so daß man die drei PURKINJE-SANSONschen Bildchen nebeneinander sieht (s. Abb. 203 A), und läßt nun das beobachtete Auge sich auf die Nähe akkommodieren, so sieht man, wie das mittlere, von der Spiegelung an der vorderen Linsenfläche herrührende Bild sich stark verkleinert (Abb. 203 B), d. h. die beiden leuchtenden Quadrate werden kleiner und rücken gegen das Zentrum der Pupille hin einander näher. Dies beweist, daß *die Wölbung der vorderen Linsenfläche bei der Akkommodation stark zunimmt* (CRAMER, HELMHOLTZ). Mit dem

Abb. 202. Schildkrötenlinse mit Iris und Ziliarkörper isoliert. *R* in Ruhe, *A* durch elektrische Reizung akkommodiert. (Nach C. HESS.)

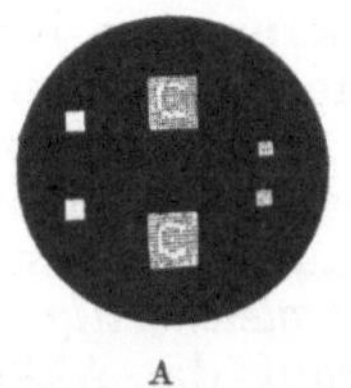
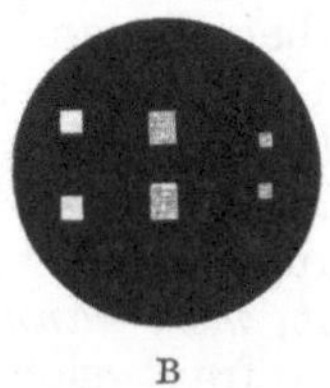

Abb. 203. Die PURKINJE-SANSONschen Bildchen in der Ruhe (A) und bei der Akkommodation (B) des menschlichen Auges. (Nach HELMHOLTZ.)

Ophthalmometer hat HELMHOLTZ die Krümmungsänderung genau gemessen und gefunden, daß die Krümmungsradien der drei brechenden Flächen betragen:

	bei Einstellung	
	in die Ferne	in die Nähe
Hornhaut	8 mm	8 mm
vordere Linsenfläche . . .	10 mm	6 mm
hintere Linsenfläche . . .	6 mm	5,5 mm

Also nimmt auch die hintere Linsenfläche ein wenig an der Wölbungszunahme teil.

Diese Änderungen der äußeren Krümmungsradien der Linse sind aber verhältnismäßig gering gegenüber der Änderung der Krümmungen des Linsenkerns. Dadurch wird erreicht, daß die Brechkraft erheblich stärker zunimmt, als der Formänderung entspricht.

Beobachtet man ein menschliches Auge von der Seite her, während es in die Nähe akkommodiert, so kann man deutlich sehen, daß der vordere Linsenpol sich vorschiebt; die vordere Augenkammer flacht sich zugleich vor der Linse ab und vertieft sich dafür in den seitlichen Partien ein wenig. Die Verschiebung des Pols beträgt, mit dem Kornealmiskroskop gemessen, etwa 0,4 mm.

Um die akkommodative Formänderung der Linse zu erklären, hat HELMHOLTZ folgende Hypothese aufgestellt: die Linse ist elastisch, sie ist eingeschlossen in die Linsenkapsel; an dieser setzt im Linsenäquator die zonula Zinnii an, deren radiär verlaufende Fasern an das Corpus ciliare angeheftet sind und einen Zug auf den Äquator ausüben, so daß die Linse dadurch in der Richtung von vorn nach hinten abgeflacht ist. *Bei der Akkommodation rücken durch die Wirkung des Ziliarmuskels die Ziliarfortsätze näher an die Linse heran, dadurch wird die Zonula Zinnii und die Linsenkapsel entspannt, und die Linse kann in ihre elastische Ruhelage, in ihre natürliche Form mit größerer Wölbung übergehen* (s. Abb. 204).

Diese Hypothese ist durch eine große Anzahl von Beobachtungen als richtig erkannt:

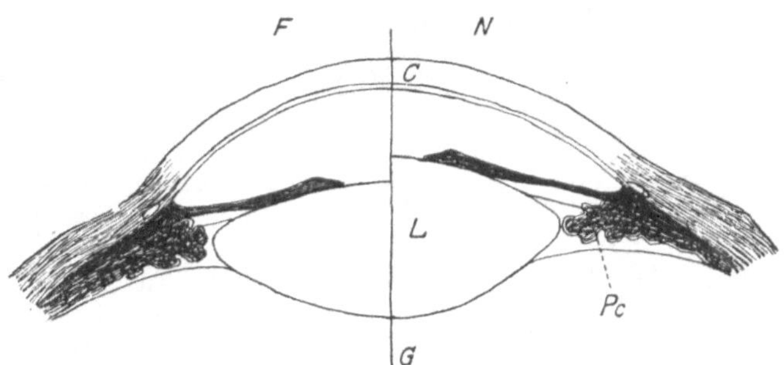

Abb. 204. Die Akkommodation im menschlichen Auge. (Nach HELMHOLTZ.)
Links Ruhestellung, Einstellung in die Ferne (*F*), rechts Akkommodation, Einstellung in die Nähe (*N*). *C* Cornea. *L* Linse. *G* Glaskörper. *Pc* Processus ciliaris.

1. Der M. ciliaris besteht aus meridionalen, radiären und zirkulären Fasern. Bei der Kontraktion der den Hauptanteil darstellenden meridionalen Fasern könnte sich das hintere Ende des Muskels sowohl nach vorn, wie das vordere nach hinten zu verschieben. Tatsächlich ist das Punctum fixum für den Ziliarmuskel der Ansatz der Chorioidea an der Sklera in der Gegend des Canalis Schlemmii; an diesen Punkt wird also die Chorioidea herangezogen und so die Zonula entspannt. HENSEN und VOELKERS bewiesen dies (1868) u. a. folgendermaßen: sie stachen eine Nadel oberflächlich in den Ziliarmuskel ein und fanden, daß bei elektrischer Reizung das herausragende Ende sich stets nach rückwärts bewegt. Also verschiebt sich die Spitze der Nadel mit dem Ziliarmuskel nach vorn, so daß das Corpus ciliare sich der Linse annähern muß.

2. Diese Annäherung kann man unter Umständen bei einem Defekt der Iris direkt von vorne sehen.

3. Dabei drückt aber nicht etwa das Corpus ciliare auf den Linsenäquator und deformiert auf die Weise die Linse; das Corpus ciliare rückt nicht bis zur Berührung an die Linse heran, sondern es wird nur ihr Aufhängeband erschlafft. Dies erkennt man auffallend an dem von C. HESS beobachteten *Linsenschlottern:* akkommodiert man krampfhaft in die

Nähe, so sinkt die Linse, der Schwerkraft folgend, ein wenig abwärts, je nach der Kopfhaltung also in verschiedener Richtung. Subjektiv kann man das folgendermaßen feststellen: man bringt in die vordere Brennebene des Auges — also in ca. 17 mm Abstand — eine Lichtquelle, welche parallele Strahlen auf die Netzhaut wirft; befindet sich nun, wie häufig, eine punktförmige Trübung in der Linse, so wirft diese einen Schatten auf die Netzhaut, welcher als dunkles Objekt im Gesichtsfeld erscheint. Während angestrengter Akkommodation bewegt sich nun dieses Scheinobjekt bei Änderung der Kopfhaltung stets entgegen der Schwerkraft. Erleichtert wird die Beobachtung durch Einträufelung von Eserinlösung in den Bindehautsack des Auges; dadurch wird ein vorübergehender Krampf des Ziliarmuskels, also eine dauernde Akkommodationsstellung hervorgerufen.

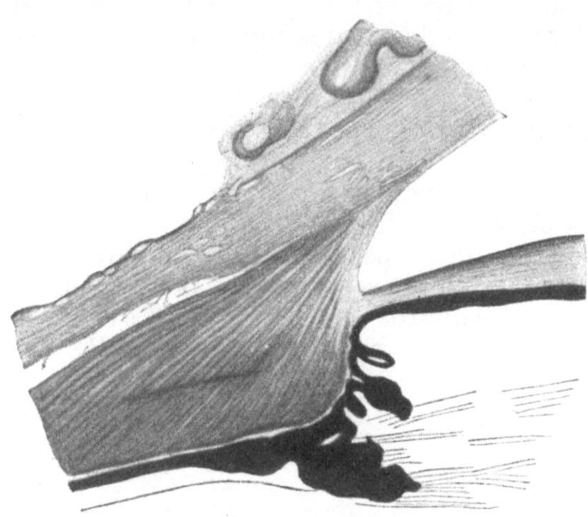

Abb. 205. Schnitt durch das Corpus ciliare eines Affen nach Atropinisierung. (Nach HEINE.) (Aus HELMHOLTZ, Handbuch der physiologischen Optik.)

rufen. Wird in diesem Zustand eine rasche zuckende Augenbewegung ausgeführt, so kann man oft sowohl subjektiv als auch objektiv ein richtiges Schlottern, eine Hin- und Herbewegung der Linse feststellen.

4. HEINE hat bei einem Affen in dem einen Auge durch Eserin einen Krampf, in dem anderen durch Atropin eine Lähmung des Akkommodationsmuskels erzeugt und die so fixierten Augen mikroskopisch untersucht. Die Bilder Abb. 205 und 206 zeigen, daß sich durch Verkürzung und Verdickung des Ziliarmuskels das vordere und axialwärts gerichtete Ende des Corpus ciliare in Richtung der vorderen Fläche der Linse, also im Sinne der Entspannung der

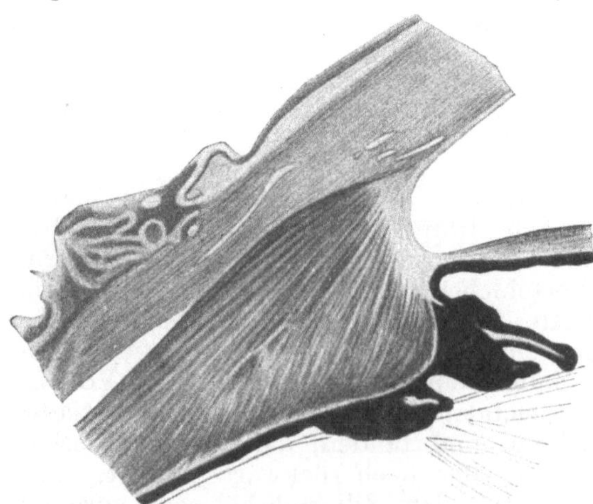

Abb. 206. Schnitt durch das Corpus ciliare eines Affen nach Eserinwirkung. (Nach HEINE.) (Aus HELMHOLTZ, Handbuch der physiologischen Optik.)

Zonula, verschiebt. Auch die Vertiefung der vorderen Augenkammer im Hornhautiriswinkel ist gut zu erkennen.

Vergleichen wir nun noch einmal diesen Akkommodationsmechanismus mit dem der Reptilien und Vögel, bei welchen ja ebenfalls die Akkommodation in die Nähe auf einer starken Wölbung der vorderen Linsenfläche beruht, so erkennt man den großen Unterschied: bei Reptilien und Vögeln kommt die Linse durch den Akkommodationsakt unter **erhöhten Druck** und **verläßt** ihre elastische **schwach** gewölbte Ruheform; bei den Säugetieren kommt die Linse durch den Akkommodationsakt unter **geringeren Druck** und **nähert** sich ihrer elastischen **stark** gewölbten Ruheform.

Die Innervation des Ziliarmuskels besorgt der Okulomotorius. HENSEN und VOELCKERS erhielten dementsprechend Akkommodation bei elektrischer Reizung des Hirnstamms im hinteren Abschnitt des III. Ventrikels, also in der Gegend der Okulomotoriuskerne. Die Okulomotoriusfasern passieren das Ganglion ciliare, in welchem sie eine Unterbrechung erfahren, und gelangen mit den Nervi ciliares breves zum Ziliarmuskel, wie ebenfalls durch Reizungsversuche von HENSEN und VOELCKERS gezeigt wurde. Wie alle parasympathischen Nervenendigungen, so werden auch diese Okulomotoriusfasern durch Atropin gelähmt und durch Pilokarpin oder Eserin (Physostigmin) gereizt (s. S. 473). Atropin erzeugt also durch Ruhigstellung des Akkommodationsapparates Einstellung in die Ferne, Unmöglichkeit, nahe zu sehen, Pilokarpin und Eserin erzeugen durch Akkommodationskrampf das Gegenteil.

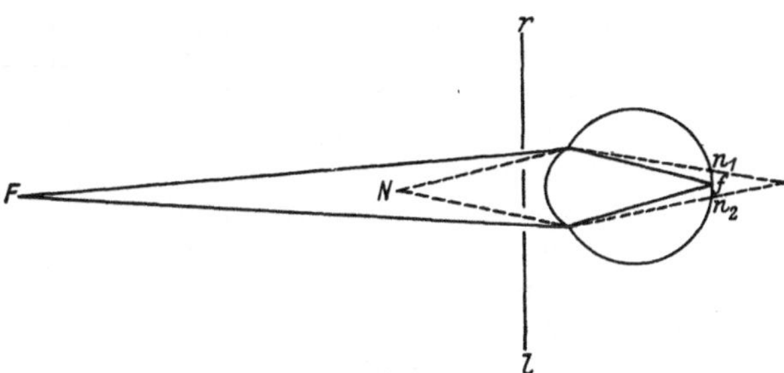

Abb. 207. Schema für den SCHEINERschen Versuch I.

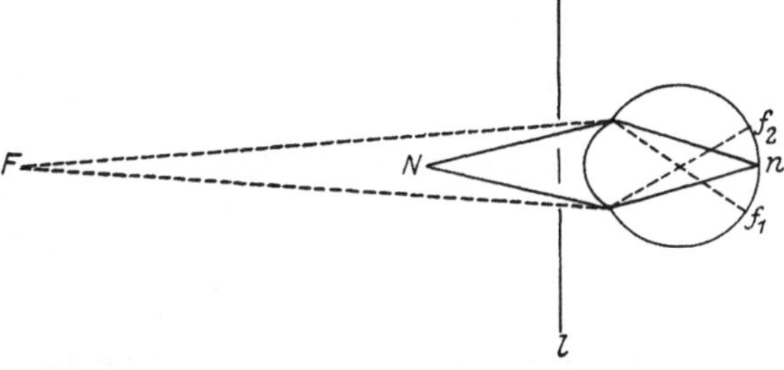

Abb. 208. Schema für den SCHEINERschen Versuch II.

Die Leistung des Akkommodationsmechanismus, das Auge für das Nahesehen zu befähigen, ist nun aber begrenzt; während der *Fernpunkt* des normalen Auges in der Unendlichkeit liegt, liegt sein *Nahpunkt* nicht unendlich nahe, d. h. im Abstand 0; rückt ein Objekt näher als etwa 10 bis 15 cm an das Auge heran, so erscheint es nicht mehr scharf, offenbar, weil das Refraktionsvermögen des Auges nicht mehr genügend gesteigert werden kann, um die vom Objektpunkt divergierenden Strahlen noch in der Netzhaut zur Vereinigung zu bringen.

Will man den **Nahpunkt des Auges** genau bestimmen, so genügt es nicht, eine feine Druckprobe oder dergleichen immer näher an das Auge heranzubringen, weil man nicht genau den Abstand anzugeben vermag, bei dem der Druck eben anfängt, etwas verschwommen auszusehen. Eine genaue Messung gelingt mit dem sogenannten *Optometer*, welchem ein Versuch des Pater SCHEINER (1619) zugrunde liegt: Betrachtet man durch ein Kartenblatt, in welchem sich horizontal nebeneinander zwei kleine Öffnungen befinden, deren Abstand kleiner ist als der Pupillendurchmesser, zwei Nadeln, welche auf der optischen Achse senkrecht hintereinanderstehen, so erscheint diejenige Nadel, auf welche man akkommodiert, einfach, die andere doppelt. Die Ursache ist aus den Abb. 207 u. 208 leicht ersichtlich: ist das Auge auf *F* eingestellt (s. Abb 207), so vereinigen sich sämtliche von *F* ausgehende Strahlen, also auch die zwei schmalen Bündel, welche durch den Schirm vor dem Auge durchgelassen werden, in f; die zwei von N ausgehenden, die Schirmöffnungen passierenden Bündel könnten sich dagegen erst hinter der Netzhaut zu einem Bildpunkt vereinigen, sie erleuchten dementsprechend zwei kleine Flecke auf der Netzhaut n_1 und n_2, von denen n_1 der rechten, n_2 der linken Schirmöffnung entspricht; N wird also doppelt gesehen. Umgekehrt, wenn das Auge auf N eingestellt ist (s. Abb. 208), dann muß F doppelt erscheinen; aber, wie man sich leicht durch abwechselndes Zuhalten des rechten oder linken Lochs im Schirm überzeugen kann, entspricht dem linken Loch das rechte (f_2), dem rechten das linke Doppelbild (f_1).

Zur Nahpunktsbestimmung bedient man sich nur einer Nadel und schiebt sie so lange näher an das Auge heran, bis trotz maximaler Akkommodationsanstrengung es nicht mehr gelingt, die Nadel einfach zu sehen.

Man findet auf die Weise für einen Normalsichtigen von 20 Jahren den Nahepunkt etwa 10 cm vor dem Auge. Sein *Akkommodationsgebiet* reicht also von ∞ bis 10 cm. Innerhalb dieses Gebietes muß er aber seinen Akkommodationsapparat im wesentlichen nur zwischen 500 cm und 10 cm anspannen. Denn die Rechnung ergibt für das reduzierte Auge (S. 492) den in der folgenden Tabelle angegebenen zahlenmäßigen Zusammenhang zwischen Objektweite und Bildweite.

Objektweite:	Bildweite:
∞ m	23,00 mm
5 m	23,06 mm
1 m	23,30 mm
0,25 m	24,30 mm

Der 2. Hauptbrennpunkt liegt für das reduzierte Auge etwa 23 mm hinter seinem Hornhautscheitel, d. h. in der Netzhaut (s. S. 492); Strahlen, welche achsenparallel aus der Unendlichkeit kommen, werden hier also zum Bildpunkt vereinigt. Bei 5 m Objektabstand liegt aber das Bild erst 0,06 mm weiter zurück und fällt damit noch in die lichtempfindliche Schicht der Netzhaut (S. 496ff.), welche ungefähr diese Dicke besitzt. Erst bei weiterer Annäherung würde das Objekt hinter die lichtempfindliche Schicht fallen, wenn nicht die Akkommodation einsetzte.

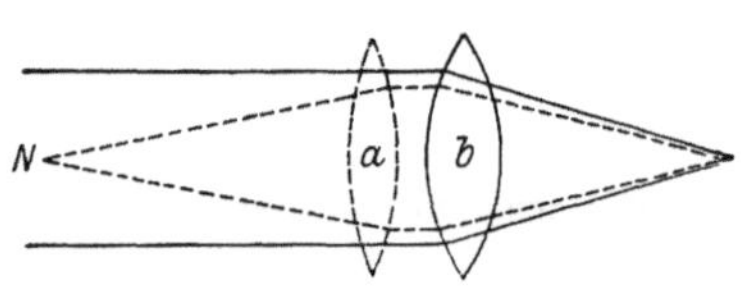

Abb. 209.
Zur Definition der Akkommodationsbreite.

Das Maß der aufgewendeten Akkommodationsleistung ist die **Akkommodationsbreite** oder *Akkommodationskraft*; sie läßt sich durch die Brechkraft derjenigen Konvexlinse a (Abb. 209) ausdrücken, welche, vor das normale, ruhende, also auf unendlich eingestellte Auge b davorgesetzt, Strahlen, die aus dem Nahpunkt N kommen würden, achsenparallel macht. Die Akkommodationsbreite des 20jährigen ist also gleich der Brechkraft einer Konvexlinse mit der Brennweite von 10 cm. Es ist üblich, die Brechkraft in reziproken Brennweiten auszudrücken und nach Dioptrien zu bemessen. Unter einer Linse von 1 *Dioptrie* (D) versteht man eine Linse von 100 cm Brennweite, bei 2 D Brechkraft liegt die Brennweite in 50 cm, bei 3 D in 33 cm usw. Die Akkommodationsbreite des 20jährigen ist also $A = \dfrac{100}{10} = 10\,\mathrm{D}$, während die Brechkraft des ruhenden, auf unendlich eingestellten Auges, ausgedrückt durch den reziproken Wert der vorderen Brennweite von 1,7 cm (S. 491), ungefähr gleich 60 D ist.

Der Hauptanteil der Brechkraft kommt dabei auf die Hornhaut. Denn beim „aphakischen" Auge, d. h. dem Auge ohne Linse, wie es durch die Staroperation zustande kommt, bei dem die vordere Brennweite von 17 mm auf 23,2 mm verschoben ist, ergibt die Berechnung eine Brechkraft von 43 D.

Liegt der Fernpunkt F nicht in Unendlich, sondern in endlichem Abstand (s. unten), so ist danach die Akkommodationsbreite offenbar gleich $\dfrac{100}{N} - \dfrac{100}{F}$. Liegt dagegen F „jenseits unendlich“, d. h. ist die Refraktion des ruhenden Auges so gering, daß nur konvergentes Licht zu einem Bildpunkt vereinigt werden kann (s. S. 502), muß man also schon vor das ruhende Auge ein Konvexglas setzen, damit ferne Objekte scharf gesehen werden können, so ist die Akkommodationsbreite gleich $\dfrac{100}{N} + \dfrac{100}{F}$, wobei F jetzt die Brennweite der Linse bedeutet, welche das ruhende Auge zum Sehen in die Ferne fähig macht.

Die Akkommodationsbreite ist eine Funktion des Alters; *sie nimmt, wie die folgende Tabelle lehrt, während des Lebens fort und fort ab*:

10 Jahre	$A + 15$ D	50 Jahre	$A + 2{,}5$ D
20 „	$+ 10$ D	60 „	0 D
30 „	$+ 7{,}5$ D	70 „	$- 1$ D
40 „	$+ 5$ D	80 „	$- 2$ D

Dies rührt nicht von einem Nachlassen in der Kraft des Ziliarmuskels her, sondern von einer *Abnahme der Elastizität und der Brechkraft der Linse*. Im Laufe der Jahre verdichtet sich nämlich die Linse, so daß die ursprünglich weicheren äußeren Schichten mehr und mehr die Eigenschaft des härteren Kerns annehmen. Warum das eine Minderung der Brechkraft bedeuten muß, ist bei anderer Gelegenheit (S. 494) schon auseinandergesetzt worden. Daß es auch eine Einbuße an der akkommodativen Wölbungsfähigkeit bedeutet, leuchtet ohne weiteres ein.

Diese Veränderung der Linse verursacht ein allmähliches Abrücken des Nahpunktes, das sich bei zahlreichen Arbeiten in der Nähe, namentlich beim Lesen, unangenehm bemerkbar macht, sobald in dem Alter zwischen 40 und 50 Jahren der Nahpunkt in den Abstand von 30 bis 40 cm hinausgeschoben ist und von da ab noch weiter wegrückt, wie es die nebenstehende Tabelle zeigt. Man spricht dann von *Altersweitsichtigkeit* oder **Presbyopie**. Diese kann durch eine geeignete Konvexbrille für das Nahsehen korrigiert wer-

Alter in Jahren	Nahpunkt in mm	Alter in Jahren	Nahpunkt in mm
10	70	45	200
15	80	50	400
20	100	55	570
25	120	60	1000
30	140	65	1330
35	180	70	4000
40	220	75	∞

den. Ungefähr im Alter von 60 Jahren wird die Akkommodationsbreite gleich 0. Jenseits davon kann man von einer negativen Akkommodationsbreite von -1 D bis -2 D sprechen, insofern, als hier schon das Sehen in die Ferne das Vorsetzen eines Konvexglases erforderlich macht (senile Hyperopie).

Sehr häufig sind Anomalien in der Refraktion, die als Kurzsichtigkeit und als Übersichtigkeit bezeichnet werden. Sie beruhen auf *anomalen Abmessungen im Auge*. Deswegen stellt man der normalen *Emmetropie* die *Ametropien* gegenüber.

Die *Kurzsichtigkeit* oder **Myopie** beruht gewöhnlich auf einem zu langen Bau des Augapfels. Infolgedessen werden im ruhenden Auge achsenparallele Strahlen schon vor der Netzhaut innerhalb des Glaskörpers zu einem Bildpunkt vereinigt (s. Abb. 210); nur Strahlen von einer gewissen Divergenz kreuzen sich in der Netzhaut. Der Fernpunkt liegt also in der Endlichkeit. und ebenso ist der Nahpunkt des Auges näher gerückt. Der Tabelle S. 500 kann man entnehmen, daß, wenn durch den Langbau des Auges die Netzhaut nur etwa 1 mm rückwärts geschoben ist, der Fernpunkt

schon auf 33 cm herangerückt wird; es kommen aber auch Verlagerungen um 6—8 mm
vor. Da im myopen Auge die Brechkraft relativ zu groß ist, so korrigiert man
sie durch Vorsetzen einer Konkavlinse (s. Abb. 210) oder auch durch Vorsetzen
einer *Kontaktschale* von geeigneter Wölbung. Darunter versteht man eine dünne
Glasschale, die unmittelbar auf die vordere Bulbushälfte gelegt und, mit ihrem Rand
im Konjunktivalsack der Sklera aufruhend, vom oberen und unteren Augenlid gehalten wird. Ist ihre Wölbung geringer als die der Hornhaut, dann bildet die zwischen
ihr und der Hornhaut sich sammelnde Tränenflüssigkeit oder ein Tropfen physiologischer Kochsalzlösung eine konvexkonkave Linse, die die relativ zu große Brechkraft des myopen Auges auf das richtige Maß herabsetzt (HEINE).

Die Myopie ist bekanntlich eine Refraktionsanomalie, welche sich erst allmählich, namentlich im Schulalter, ausbildet; die Ursachen sind hier nicht zu erörtern.

Im Gegensatz dazu ist die *Übersichtigkeit* oder **Hypermetropie** (Hyperopie) eine
angeborene Störung. Der Augapfel ist abnorm kurz; daher kreuzen sich im ruhenden Auge die achsenparallelen Strahlen erst hinter der Netzhaut (s. Abb. 211), nur
konvergent einfallendes Licht, welches von „jenseits unendlich" kommt, wird in
der Netzhaut zu Bildpunkten vereinigt. Fern- und Nahpunkt sind also weiter ab-
gerückt. Zur Korrektur der zu kleinen Brechkraft dient eine Konvexbrille oder
eine Kontaktschale von stärkerer Wölbung als die Hornhaut.

Die *Akkommodationsbreite*, also die Größe der Akkommodationsleistung, kann
bei den Ametropien vollkommen normal sein. Bei einem 20jährigen Myopen sei
z. B. der Fernpunkt in 33, der Nahpunkt in 7,7 cm Entfernung gelegen; dann ist
nach den Betrachtungen auf S. 501 seine Akkommodationsbreite $= \dfrac{100}{7,7} - \dfrac{100}{33} = 10$ D,
also ebenso groß, wie nach der Tabelle S. 501 bei einem normalen Emmetropen

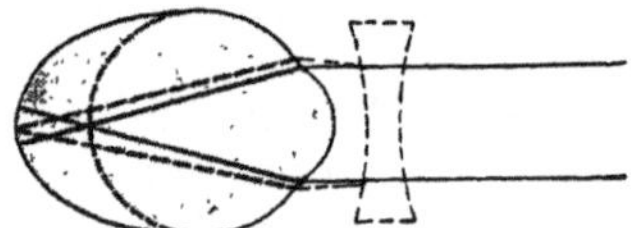

Abb. 210. Strahlengang im myopen Auge und
Korrektion der Myopie.

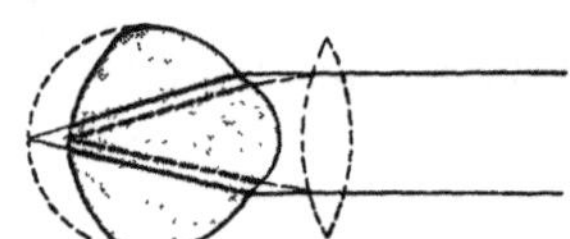

Abb. 211. Strahlengang im hypermetropen
Auge und Korrektion der Hypermetropie.

von 20 Jahren. Sein *Akkommodationsgebiet* ist dagegen von ∞ auf $33 - 7,7 = 25,3$ cm
reduziert. Beim Hypermetropen beträgt die Akkommodationsbreite $\dfrac{100}{N} + \dfrac{100}{F}$.

Im Kulturleben mit seinen zahlreichen Beschäftigungen in Augennähe sind
die Myopen im allgemeinen besser daran als die Hypermetropen. Denn diese müssen
erstens ihren Akkommodationsapparat bereits beim Fernsehen betätigen und um
so mehr beim Nahsehen, so daß ihr Akkommodationsmuskel leicht überanstrengt
wird und ermüdet (Asthenopie). Zweitens verschlechtert sich ihr Zustand im Laufe
der Jahre durch Presbyopie, während beim Myopen die presbyope Hyperopie den
Langbau des Auges durch die Abnahme der Brechkraft teilweise kompensiert.

Während die eben genannte Hypermetropie, die Übersichtigkeit, auf einer Achsen-
anomalie beruht, gibt es andere Hypermetropien, bei denen die Brechkraft des Auges
zu gering ist. Ein Grenzfall dieser Art ist die „Aphakie", die Hypermetropie des star-
operierten Auges. Hochgradig hypermetrop durch Abnahme der Brechkraft wird man
ferner unter Wasser, da die Brechung an der Hornhaut dann in Wegfall kommt.

Mit dem Akkommodationsakt sind noch zwei weitere Bewegungen
assoziiert, nämlich erstens eine Konvergenz der optischen Achsen und
zweitens Pupillenverengerung.

Die *Konvergenzreaktion* besteht in der synergistischen Kontraktion
der M. recti mediales und dient dem binokularen Sehen; das wird später
(s. Kapitel 30) erörtert werden.

Die **Pupillenreaktion** hat eine mehrfache Bedeutung. Es ist öfter
erwähnt worden, daß sich die Pupille *reflektorisch auf Lichteinfall verengt*. Dies hat den Zweck, durch Abblendung die Netzhaut vor einer Über-
fülle von Licht zu schützen, geradeso wie das Diaphragma in einer photo-

graphischen Kamera die Belichtung der Platte dämpft. Die Abblendung geschieht durch die Kontraktion des M. sphincter iridis. Da die Netzhaut sich aber allmählich einer größeren Lichtmenge zu adaptieren vermag (s. S. 531), so reagiert die Iris auf einen intensiven Lichtreiz so, daß nur anfänglich die Pupille rasch verkleinert wird und dann allmählich, entsprechend der fortschreitenden Netzhautadaptation, sich wieder weitet. Wächst die Intensität, mit der das Auge beleuchtet wird, nur allmählich selbst bis zu hohen Werten an, so bleibt die Pupillenverengerung aus. Die akkommodative Pupillenverengerung verfolgt wohl denselben Zweck, das Auge vor einem Übermaß von Licht, welches von einem nahen Objekt ausstrahlen kann, zu schützen. Außerdem dient sie der Verschärfung der Abbildung, nämlich erstens durch Abblendung der Randstrahlen, welche durch sphärische Aberration (s. S. 504) die Abbildungsbedingungen verschlechtern, und zweitens durch Verkleinerung der Zerstreuungskreise. Wenn ein Körper sich in der Nähe des Auges befindet, so kann in einem bestimmten Moment nur eine seiner Ebenen, auf welche gerade akkommodiert ist, scharf abgebildet werden, die übrigen erscheinen verschwommen. Zur Auffassung aller Einzelheiten gleitet darum das Auge beim Körperlichsehen sozusagen von Punkt zu Punkt, indem seine Akkommodation fortwährend wechselt. Wenn nun aber die Pupille beim Nahesehen sehr eng ist, so werden die Zerstreuungskreise so klein, daß auch bei fehlender Akkommodation die Abbildung nahezu punktuell wird, so daß der ganze Körper in seinen verschiedenen Ebenen angenähert scharf erscheint. Man kann sich diesen Einfluß der Abschirmung durch die Iris gut verdeutlichen, wenn man durch Vorsetzen einer Konvexlinse vor das Auge die Abbildung auf der Netzhaut vollkommen unscharf macht und dann noch ein Kartenblatt mit einem feinen Loch oder besser einer Anzahl von Löchern davorhält; alsdann sind die Gegenstände wieder leidlich deutlich (sogenanntes *stenopäisches Sehen*). Die Pupillenreaktion erfolgt doppelseitig, auch wenn nur ein Auge belichtet wird; die Pupillenreaktion ist *konsensuell*. Daß diese auf der Verknüpfung der EDINGER-WESTPHALschen Lateralkerne in den vorderen Vierhügeln beruht, wurde schon früher (S. 420) ausgeführt.

Akkommodation, Konvergenz und Pupillenverengerung unterstehen alle drei dem Okulomotorius und sind *zentral im Okulomotoriuskern miteinander assoziiert* (s. Kapitel 23). Die Verbindung kann aber krankhaft gelockert werden. So ist ein bekanntes Symptom zentralnervöser Affektionen die sogenannte *reflektorische Pupillenstarre*, bei der die Verengung durch Lichteinfall verlorengegangen ist, während Akkommodation und Konvergenz nach wie vor von der Pupillenverengung begleitet sind.

Die Innervationen des M. ciliaris und des M. sphincter iridis sind parasympathisch. Dementsprechend erzeugen Eserin (Physostigmin) und Pilokarpin nicht bloß Akkommodationskrampf (s. S. 498), sondern auch Pupillenverengerung oder *Miosis*; Atropin erzeugt nicht bloß Akkommodationslähmung, sondern auch Pupillenerweiterung oder *Mydriasis*. Eine mydriatische Wirkung kann aber auch durch Reizung des sympathisch innervierten M. dilatator iridis hervorgerufen werden, z. B. mit Adrenalin (s. S. 253 und 260) oder Kokain. Die reflektorische Pupillenerweiterung durch Sympathikusinnervation und ihre Bedingungen wurden ebenfalls schon früher (S. 410, 420 und 475) erörtert.

Wenden wir uns nun zu einer Anzahl von **Unvollkommenheiten in der Bilderzeugung**, welche beim Auge nachweisbar sind. HELMHOLTZ hat einmal gesagt, daß, wenn ein Optiker einem ein so nachlässig konstruiertes

Instrument anbieten würde wie das Auge, man es mit Protest zurückgeben würde. Gemeint sind die Fehler der *chromatischen Aberration*, der *sphärischen Aberration*, des *Astigmatismus*, der *mangelhaften Zentrierung* und der *Trübung der optischen Medien*.

Die **chromatische Aberration** beruht bekanntlich darauf, daß die kurzwelligen Lichter stärker gebrochen werden als die langwelligen (s. Abb. 212). Daher sind die im Gesichtsfeld älterer optischer Instrumente erscheinenden Objekte von störenden farbigen Säumen eingefaßt, welche bei den heutigen achromatischen Systemen durch die Kombination von Gläsern vermieden sind, deren Brechungsvermögen und Dispersion sich in geeigneter Weise unterscheiden.

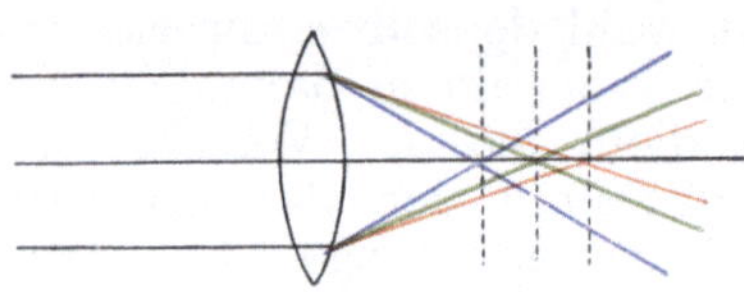

Abb. 212. Chromatische Aberration.

Die stärkere Brechung der kurzwelligen, die schwächere der langwelligen Strahlen bedingt es, daß im Auge der Brennpunkt für violettes Licht ungefähr 0,6 mm näher der Hornhaut liegt als der für rotes Licht. Infolgedessen kann das Auge niemals so akkommodieren, daß ein weißer Punkt wirklich punktförmig abgebildet wird, sondern er muß gefärbt erscheinen und von einem farbigen Zerstreuungskreis umgeben sein; eine weiße Fläche muß entsprechend an den Rändern farbig gesäumt sein, während die Fläche selber infolge der Überdeckung der verschiedenen Farben weiß aussieht.

Im allgemeinen bemerkt man die Chromasie des Auges nicht. Am leichtesten überzeugt man sich von ihrem Vorhandensein, wenn man einen leuchtenden Punkt oder eine leuchtende Linie durch ein Kobaltglas betrachtet, welches nur die äußersten Spektrallichter, Rot und Violett, durchläßt; ist man nämlich auf das rote Licht akkommodiert, so sieht das Objekt rot mit violettem Saum, ist man auf das violette Licht akkommodiert, so sieht es violett mit rotem Saum aus. Betrachtet man ferner die Abb. 213 und schiebt zugleich ein schwarzes Blatt Papier so vor das Auge, daß die Pupille zum Teil zugedeckt wird, und daß der Rand des Papiers parallel zu einer der Schwarz-Weiß-Grenzen der Abbildung läuft, so sieht man die Grenze farbig

Abb. 213. Zur Demonstration der chromatischen Aberration.

gesäumt, nämlich je nach der Richtung, in der man das Papier vorschiebt, entweder rötlich-gelb oder violett-blau (HELMHOLTZ). Nach ERNST BRÜCKE erscheint eine rote Fläche näher als eine in gleichem Abstand gelegene blaue Fläche, weil man auf die rote Fläche stärker akkommodieren muß als auf die blaue (s. S. 550).

Wie die Abb. 212 zeigt, wird die Chromasie schwächer, wenn das Auge auf die mittleren spektralen Lichter, auf Gelb oder Grün, eingestellt ist. Für diese Farben ist das Auge außerdem am empfindlichsten. Daher bleiben die roten und violetten Säume so leicht unbemerkt.

Unter **sphärischer Aberration** versteht man die Tatsache, daß achsenparallele Strahlen an Kugelflächen nicht so, wie bisher angenommen wurde, gebrochen werden, daß sie sämtlich sich im Brennpunkt vereinigen, sondern daß die Randstrahlen eine kürzere Brennweite haben als die zentralen Strahlen. Daraus folgt, daß auch monochromatisches Licht, welches ein Punkt aussendet, nirgends zu einem Bildpunkt vereinigt wird, sondern daß in jeder zur optischen Achse senkrechten Fläche an Stelle eines Bildpunktes ein Zerstreuungskreis zu finden ist.

Auch die Linse unseres Auges muß sphärische Aberration zeigen. Aber mehrere Umstände tragen dazu bei, sie möglichst unschädlich zu machen und das brechende System des Auges zu aplanasieren. Eines dieser Momente sah man in der schon (S. 495) erwähnten Tatsache, daß die Hornhaut keine Kugelfläche, sondern die Fläche eines Rotationsellipsoids darstellt; die Randpartien sind also weniger gekrümmt als die Mitte. Aber dieser Vorteil kommt nicht zur Geltung, es sei denn, die Pupille wäre durch Atropin überweit gemacht (AUBERT, GULLSTRAND); für gewöhnlich fängt die Iris die Randstrahlen ab. Die Iris selber ist eben durch ihre Schirmwirkung der wirksamste Schutz gegen die Aberration. Daß die Enge der Pupille ferner auch durch Verkleinerung der Zerstreuungskreise bei unscharfer Einstellung des Auges zur

Verbesserung der Abbildung beiträgt (s. S. 503), ist eine Sache für sich. Die Linse ist aber auch dadurch einigermaßen aplanatisch, daß sie keinen homogenen Brechungsindex besitzt, sondern daß ihre Ränder aus schwächer brechender Substanz bestehen als das Zentrum.

Der **Astigmatismus** ist der Wortbedeutung nach die Erscheinung, daß ein Punkt, ein Stigma, nicht als solcher, sondern anders wahrgenommen wird. Er beruht auf Unregelmäßigkeiten in der Krümmung der brechenden Flächen, welche von sehr verschiedener Art sind.

Unter *regulärem Astigmatismus* versteht man die Wirkung davon, daß die Hornhautoberfläche — auch abgesehen von der Abflachung ihrer Randpartien — keine Kugelfläche ist, sondern die Oberfläche der Kalotte eines Eies oder richtiger eines Ellipsoids, die man durch einen Schnitt parallel zur Längsachse erhalten hat. Solch eine Fläche kann man sich durch die Übereinanderlagerung zweier Zylinderflächen entstanden denken.

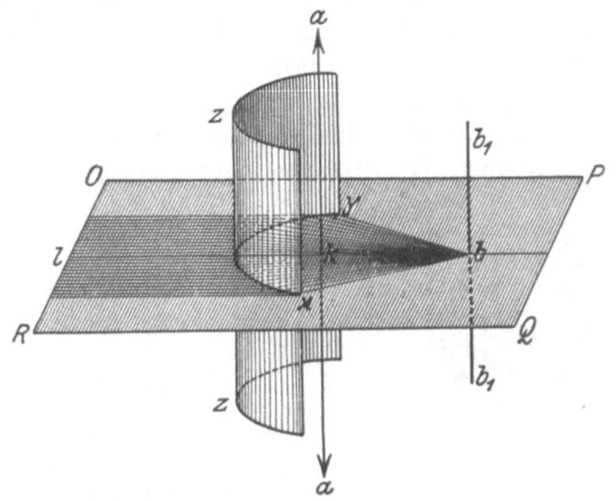

Abb. 214. Brechung an einer Zylinderfläche.

Die Abb. 214 stelle zunächst eine solche Zylinderfläche dar, welche zwei verschieden brechende Medien voneinander trennt. aa sei die Achse des Zylinders; diese schneidet eine senkrecht zu ihr stehende Ebene $OPQR$ in k. Dann muß ein in $OPQR$ verlaufender und auf k gerichteter Strahl lk ungebrochen aus dem 1. in das 2. Medium übertreten. Da $OPQR$ die Zylinderfläche in der Kreislinie xy schneidet, so müssen ferner sämtliche Strahlen, welche parallel zu lk in $OPQR$ verlaufen, im Brennpunkt b vereinigt werden. Man denke sich nun oberhalb und unterhalb der Ebene $OPQR$ weitere zu ihr parallele Ebenen, und es laufen auch in diesen Ebenen Strahlen, welche untereinander und zu den Strahlen der Ebene $OPQR$ parallel sind, so wird im 2. Medium aus den Brennpunkten in allen diesen Ebenen eine Brennlinie $b_1 b_1$ gebildet, welche senkrecht zu b verläuft. Also Strahlen, welche in Medium 1, aus der Unendlichkeit kommend, senkrecht zu der Zylinderachse aa auf die Zylinderfläche auffallen, werden im 2. Medium zu einer Brennlinie vereinigt.

Nun sei vor diese eine Zylinderfläche eine zweite so davorgesetzt, daß die Achsen senkrecht zueinanderstehen, oder, was auf dasselbe herauskommt, die gegebene Zylinderfläche werde so gekrümmt, daß die in ihr senkrecht zu lk verlaufende Gerade zz zu einem Kreisbogen wird; dann muß die brechende Fläche nun noch eine zweite Brennlinie erzeugen, welche zu der ersten senkrecht steht, und welche sich, wenn die Krümmung zz einen anderen Radius hat als die ursprüngliche Zylinderfläche (xy), in einem anderen Abstand von der brechenden Fläche befindet als $b_1 b_1$.

Eine derartige Beschaffenheit hat aber die Hornhautoberfläche; sie ist in ihren zentralen Partien keine Kugelfläche, sondern verhält sich wie eine Kugelkalotte, welche in einem Durchmesser etwas zusammengedrückt ist und dadurch in dem dazu senkrechten Durchmesser an Wölbung verloren hat. Bezeichnet man die Hornhautmitte als ihren Pol, so haben demnach ihre verschiedenen Meridiane verschiedenen Radius, die Fläche ist „meridianasymmetrisch". Eine solche Fläche bildet also einen leuchtenden Punkt in zwei hintereinander gelegenen Ebenen in Form von zwei aufeinander senkrecht stehenden Linien oder Stäben ab; die Folge ist dementsprechend, wie man auch gesagt hat, eine „Stabsichtigkeit".

Man kann nun mit dem Ophthalmometer die Meridianasymmetrie leicht quantitativ bestimmen, indem man der Drehachse der Platten des Instruments verschiedene Neigungen gibt (s. S. 493). Ein einfacher Nachweis stärkerer Grade von regulärem Astigmatismus gelingt mit dem *Keratoskop* (s. Abb. 215). Das ist eine mit einem Griff versehene Scheibe mit konzentrischen schwarzen und weißen Ringen, welche man in dem zu untersuchenden Auge spiegeln läßt, und dessen Spiegelbild man durch ein Loch im Zentrum der Scheibe betrachtet; bei stärker astigmatischen Augen erscheinen dann die konzentrischen Kreise auf der Hornhaut verzerrt.

Gewöhnlich ist der senkrechte Hornhautmeridian am stärksten, der horizontale am schwächsten gekrümmt; aber auch das Umgekehrte kommt vor, oder stärkste und schwächste Wölbung können auch schräg liegen. Aber stets stehen beim regulären Astigmatismus die Meridiane stärkster und schwächster Wölbung zueinander senkrecht.

Bei der gewöhnlichsten Form der Meridianasymmetrie liegt demnach die vordere Brennlinie horizontal, die hintere vertikal; fällt die vordere

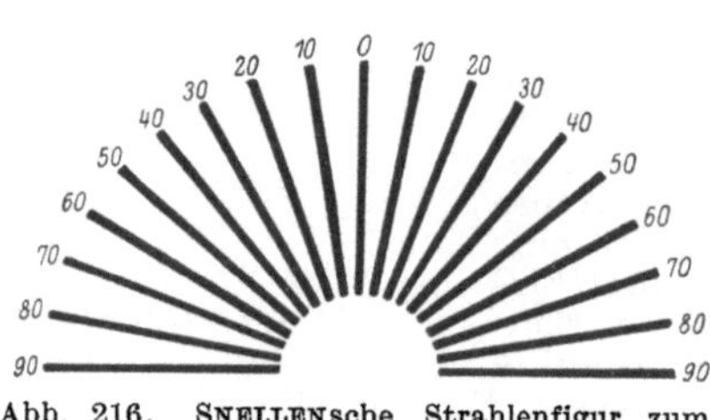

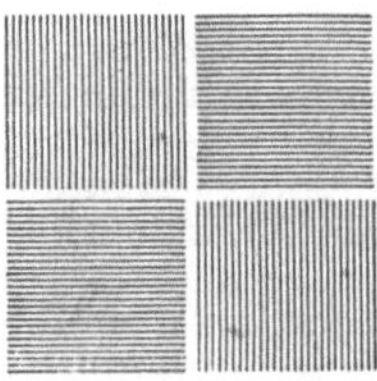

<table>
<tr><td>Abb. 215.
Keratoskop von
PLACIDO.</td><td>Abb. 216. SNELLENsche Strahlenfigur zum
subjektiven Nachweis des Astigmatismus.</td><td>Abb. 217. Zum sub-
jektiven Nachweis
des Astigmatismus.</td></tr>
</table>

Brennlinie in die Netzhaut, dann müssen beim Betrachten der sogenannten SNELLEN*schen Strahlenfigur* (s. Abb. 216) die horizontalen Strahlen scharf, die vertikalen maximal verwaschen aussehen; umgekehrt, wenn die hintere Brennlinie in die Netzhaut fällt. In ähnlicher Weise läßt die Abb. 217 den Astigmatismus erkennen; je nach der Akkommodation können bald die horizontalen und bald die vertikalen Linien verschwommen erscheinen. Bei stark ausgesprochenem Astigmatismus werden weder ferne noch nahe Objekte deutlich gesehen.

Aus dem Gesagten ergibt sich, daß man den Astigmatismus durch Vorsetzen eines Zylinderglases von geeigneter Krümmung und geeigneter Achsenrichtung korrigieren kann.

Der sogenannte *irreguläre Astigmatismus* ist die Folge unregelmäßiger Wölbung an irgendeiner der brechenden Flächen. Schon die Benetzung mit Tränen und Schleim oder ein kleiner Epitheldefekt machen die Hornhaut uneben. Ferner verursacht der Aufbau der Linse aus sternförmig angeordneten Fasern notwendigerweise einen komplizierteren Strahlengang. Krankhafte Prozesse können den irregulären Astigmatismus so steigern, daß leuchtende Punkte mehrfach abgebildet, also mehrfach gesehen werden (*Polyopia monophthalmica*). Der irreguläre Astigmatismus normaler Augen ist eine der Ursachen, warum leuchtende Punkte, wie die Fixsterne oder ein fernes Licht, nicht punkt-, sondern sternförmig gesehen werden.

Die letztgenannte Erscheinung kann aber auch von **mangelhafter Zentrierung** herrühren. Denn die Krümmungsmittelpunkte der verschiedenen brechenden Flächen des Auges liegen nachweislich nicht auf einer Geraden. Wenn also Punkte auch dann noch sternförmig erscheinen, wenn beim Sehen unter Wasser die Brechkraft der unregelmäßig gekrümmten Hornhaut ausgeschaltet ist, dann läßt sich dies vielleicht auch auf die mangelhafte Zentrierung zurückzuführen. Nach GULLSTRAND kommt ferner in Betracht, daß die Linse nicht verzerrungsfrei am Corpus ciliare aufgehängt ist.

Unvollkommen ist die Bilderzeugung in unserem Auge schließlich auch dadurch, daß der regelmäßige Strahlengang durch Trübungen in den brechenden Medien unterbrochen wird. Wir wollen dabei davon absehen, daß die Medien durchweg nicht optisch leer sind, sondern daß die in ihnen enthaltenen Kolloidteilchen das Licht beugen, so daß eine gewisse diffuse Erleuchtung der ganzen Netzhaut die Folge ist. Außerdem kommen aber auch gröbere Trübungen vor, welche teils von der Struktur der die Medien aufbauenden Zellen — besonders bei der Hornhaut und der Linse — herrühren, teils von festsitzenden oder beweglichen Korpuskeln von mehr oder weniger unbekannter Herkunft erzeugt werden.

Diese Trübungen brauchen das Sehen nicht zu stören, da die Schärfe der Abbildung auf der Netzhaut nicht notwendig darunter leidet, sondern nur ein Teil des Lichtes abgefangen wird. Nur wenn die Trübungen relativ groß und wenn sie relativ nahe an der Netzhaut gelegen sind, dann müssen sie einen Ausfall im Gesichtsfeld verursachen. Kleine Trübungen kann man dem davon Betroffenen subjektiv deutlich sichtbar machen, wenn man eine punktförmige Lichtquelle (*a* Abb. 218) im vorderen Brennpunkt seines Auges, also etwa 17 mm vom Hornhautscheitel entfernt, aufstellt; das von ihr ausgesendete divergente Licht fällt dann parallel ins Auge, so daß von den Trübungen (*b*) Schatten von der Größe der Trübungen (*β*) auf die Netzhaut geworfen werden (HELMHOLTZ). Da diese Schatten optisch genau so wirken wie größere dunkle Körper, welche in der Außenwelt vor einem hellen Hintergrund gelegen sind, so täuschen die **entoptischen Erscheinungen,** wie man diese Phänomene bezeichnet, das Vorhandensein greifbarer Körper vor.

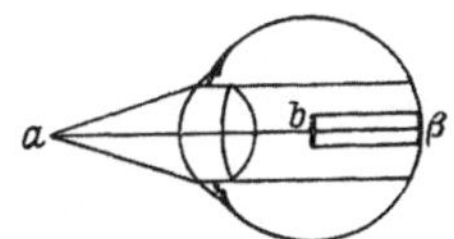

Abb. 218.
Nachweis von Trübungen
im Augeninnern.
(Nach HELMHOLTZ.)

Am bekanntesten sind die von kleinen Glaskörpertrübungen herrührenden sogenannten *fliegenden Mücken* („mouches volantes"); sie treten in Form von kleinen Kreisen mit hellem Zentrum, oft zu Perlschnüren vereinigt, oder als Konglomerate kleiner Kügelchen oder als blasse Streifen auf. Man sieht sie schon, wenn man gegen irgendeine gleichmäßig erleuchtete Fläche, z. B. gegen den hellen Himmel blickt, weil sie der Netzhaut nahe liegen. Sie bewegen sich, wie alle Trübungen, scheinbar, wenn das Auge bewegt wird. Sie bewegen sich aber außerdem unabhängig vom Augapfel auch dann durchs Gesichtsfeld, wenn ein bestimmter Punkt fixiert wird; meistens scheinen sie abwärts zu sinken, steigen also in Wirklichkeit aufwärts, sind also spezifisch leichter als die Glaskörperflüssigkeit.

Andere Trübungen werden von Schleimflöckchen oder Talgtröpfchen an der Hornhautoberfläche gebildet; dunkle Radien sind auf den strahligen Bau der Linse zu beziehen.

Ziehen wir nun abschließend noch einmal die ganze Summe der Unvollkommenheiten in dem dioptrischen Apparat des Auges in Rechnung, so ergibt sich, daß durch alle die offenkundigen Mängel das Sehen schließlich doch merkwürdig wenig beeinträchtigt wird; denn wenn auch verschiedene Einrichtungen getroffen sind, welche die Mängel zum Teil kompensieren, so bleibt doch als Tatsache bestehen, daß die dioptrischen Fehler die Netzhautbilder unscharf machen, daß wir also dauernd in Zerstreuungskreisen sehen müssen. Im scheinbaren Widerspruch damit ist nun aber das Auflösungsvermögen des Auges, seine Fähigkeit, einander nahe gelegene Punkte zu unterscheiden, sehr groß (s. S. 538). Dies ist nur durch eine besondere physiologische Korrektur, durch den sogenannten Simultankontrast ermöglicht; davon wird aber erst später (S. 528) die Rede sein.

Legen wir uns zum Abschluß der Dioptrik des Auges noch die Frage vor, *was aus dem ins Auge einfallenden Licht wird*. Dem ersten Anschein nach verschwindet es völlig im Auge, da die Pupille schwarz aussieht. Aber die Pupille sieht nicht etwa schwarz aus wie ein Kellerloch. Denn dieses erscheint nur aus der Ferne im Vergleich mit der hellen Umgebung des Mauerwerks durch Kontrast (s. S. 528) schwarz. Man braucht ja nur nahe an das Haus heranzutreten, um das Innere des Kellers überblicken zu können. Aber die Pupille erscheint selbst bei größter Annäherung schwarz. Man wird deshalb die Schwärze zunächst auf die *Absorption durch das dunkle Pigment* zurückführen, das als Netzhaut-, Iris- und Chorioidealpigment das Auge von innen auskleidet und denselben Zweck erfüllt wie die Schwärzung des Inneren einer photographischen Kamera, nämlich das diffus reflektierte Licht zu absorbieren, durch das die Schärfe der Abbildung beeinträchtigt würde. Zugunsten dieser Annahme könnte man die Beobachtungen an albinotischen Tieren (Kaninchen, Katzen) und Menschen anführen, deren Pupillen rot leuchtend aussehen. Aber wenn man bei diesen Tieren über den Augapfel eine Kappe aus Glas deckt, welche derart geschwärzt ist, daß nur im Zentrum über der Pupille ein Weg für das Licht freibleibt, so sieht die Pupille auch im hellsten Licht ebenso schwarz aus wie bei einem normalen Tier (DONDERS). Offenbar fällt also beim Albino diffuses Licht auch durch die pigmentlose Sklera ins Auge und tritt dann diffus reflektiert durch die Pupille aus. Rot erscheint diese, weil die Netzhaut reichlich mit Kapillaren durchsetzt ist. Wenn also auch normalerweise ein großer Teil des Lichts durch das Pigment absorbiert werden mag, so wird doch jedenfalls auch einiges Licht am Augenhintergrund reflektiert. Es bleibt deshalb die Frage offen, warum die Pupille schwarz aussieht.

Es gibt noch eine zweite Beobachtung, welche auf einen Zusammenhang zwischen diffuser Reflexion und Pupillenleuchten hinweist. Bei manchen Tieren, z. B. bei Katzen und Hunden, sieht man, auch wenn von einer mangelhaften Pigmentierung nicht die Rede sein kann, im Halbdunkel die Pupillen in einem grünlichen Schimmer aufleuchten. Dies liegt daran, daß bei ihnen die innere Austapezierung der Augen nicht überall schwarzbraun aussieht, sondern in größerer oder geringerer Ausdehnung farbig irisierend (*Tapetum lucidum*). Die Erscheinung beruht auf Interferenz in der Chorioidea, bei manchen Tieren durch feine Kriställchen hervorgerufen, die vielleicht aus Guaninkalk bestehen. Dadurch wird das Licht diffus reflektiert und dringt in allen Richtungen aus der Pupille heraus. Das Tapetum lucidum findet sich häufig bei nächtlich lebenden Tieren und hat seine Bedeutung wahrscheinlich darin, daß das schwache Dämmerlicht besser ausgenützt wird, da es die von ihm getroffenen Netzhautteile infolge der Reflexion mehr als einmal durchsetzt. Da das Tapetum vorwiegend die obere Netzhauthälfte einnimmt, so wird es besonders von den vom Erdboden ausgehenden Strahlen getroffen, denen natürlich eine besondere biologische Bedeutung zukommt.

Aber auch bei Tieren ohne Tapetum kann man unter bestimmten Umständen ein **Augenleuchten** zu sehen bekommen als Dokument dafür, daß auch bei ihnen nicht alles Licht im Innern absorbiert wird. Die Bedingung dafür hat ERNST BRÜCKE erkannt, nämlich das Auge, welches aufleuchten soll, darf nicht auf die Lichtquelle akkommodiert sein. Wenn in Abb. 219 A das beobachtende, B das beobachtete Auge darstellt, L die Lichtquelle und S einen Schirm, welcher A beschattet, so liegt das Bild von L, wenn B in die Ferne starrt, hinter dessen Netzhaut in L_1. L bildet also auf der Netzhaut einen Zerstreuungskreis pq. Die durch den Kreuzungspunkt der Richtungsstrahlen k aus B aus-

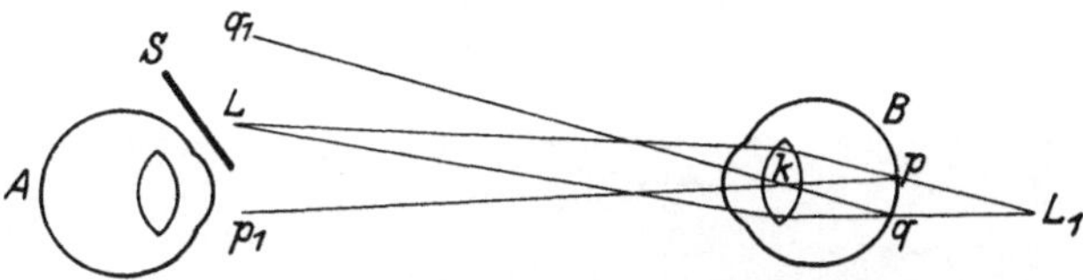

Abb. 219. BRÜCKEs Versuch des Augenleuchtens.

tretenden Strahlen bilden daher einen Kegel $p_1 q_1$. In diesem Kegel steht A und fängt einen Teil der aus B austretenden Strahlen auf, dessen Pupille daher für A rot aufleuchtet. Würde B auf L akkommodiert sein, dann läge L_1 in der Netzhaut von B, L und L_1 wären konjungierte Punkte (s. S. 490); die von L ausgehenden Strahlen würden also nach L zurückkehren, und nach A gelangte kein Licht.

Da bei dem BRÜCKEschen Versuch nur ein kleiner Bruchteil des in das beobachtete Auge eintretenden Lichts ins Auge des Beobachters gelangt, so leuchtet die Pupille nur schwach auf. Will man den Augenhintergrund hell erleuchtet sehen, so muß man es also irgendwie so einrichten, daß mehr oder weniger das ganze Bündel austretenden Lichts in das beobachtete Auge gelangt. Diese Fragestellung führte HELMHOLTZ (1851) zu seiner großen Entdeckung des **Augenspiegels,** welche für die moderne Ophthalmologie den Grund gelegt hat. HELMHOLTZ sagte sich, daß *das beobachtende Auge selbst zur Lichtquelle gemacht werden muß,* damit das aus dem beobachteten Auge austretende Licht vollständig zu ihm zurückkehrt. Er

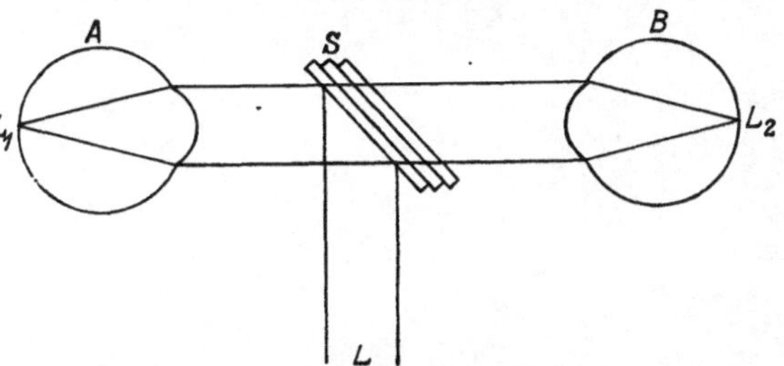

Abb. 220. HELMHOLTZ' Augenspiegel.

löste das Problem überaus einfach in der in Abb. 220 dargestellten Art: Die von L ausgehenden Strahlen fallen auf mehrere planparallele Glasplatten S und werden in das zu beobachtende Auge A reflektiert. Die von dem Bild L_1 in A zurückkehrenden Strahlen gelangen durch abermalige Reflexion zum Teil nach L zurück, zum Teil durchdringen sie aber auch S und gelangen in das Auge des Beobachters B, um in L_2 zu einem Bildpunkt vereinigt zu werden. Sind A und B beide emmetrop, dann sind ihre beiden Netzhäute konjugierte Ebenen; infolgedessen muß B die Netzhaut von A in all ihren Einzelheiten erkennen können, wie sie etwa die Abb. 221 zur Darstellung bringt.

Ist A nicht emmetrop, sondern myop, so daß seine Netzhaut konvergentes Licht ausstrahlt, dann kann B die Netzhaut von A doch scharf sehen, wenn er entsprechend hypermetrop ist. Man kann im Fall der Ametropie aber auch das beobachtete Auge und das beobachtende Auge durch geeignete Korrektionsgläser (s. S. 502) emmetrop machen. Vorausgesetzt ist bei diesen Erörterungen stets Akkommodationsruhe beider, des Beobachteten und des Beobachters.

An die Stelle des von HELMHOLTZ verwendeten Satzes planparalleler
Platten hat RUETE den heute meist gebrauchten flachen Konkavspiegel
mit zentraler Durchbohrung gesetzt.

Auf diese Weise kann man durch die Pupille, ähnlich wie durch ein
Schlüsselloch hindurch, einen Teil der Netzhaut überblicken, aber wie
beim Schlüsselloch um so mehr, je näher man an das beobachtete Auge

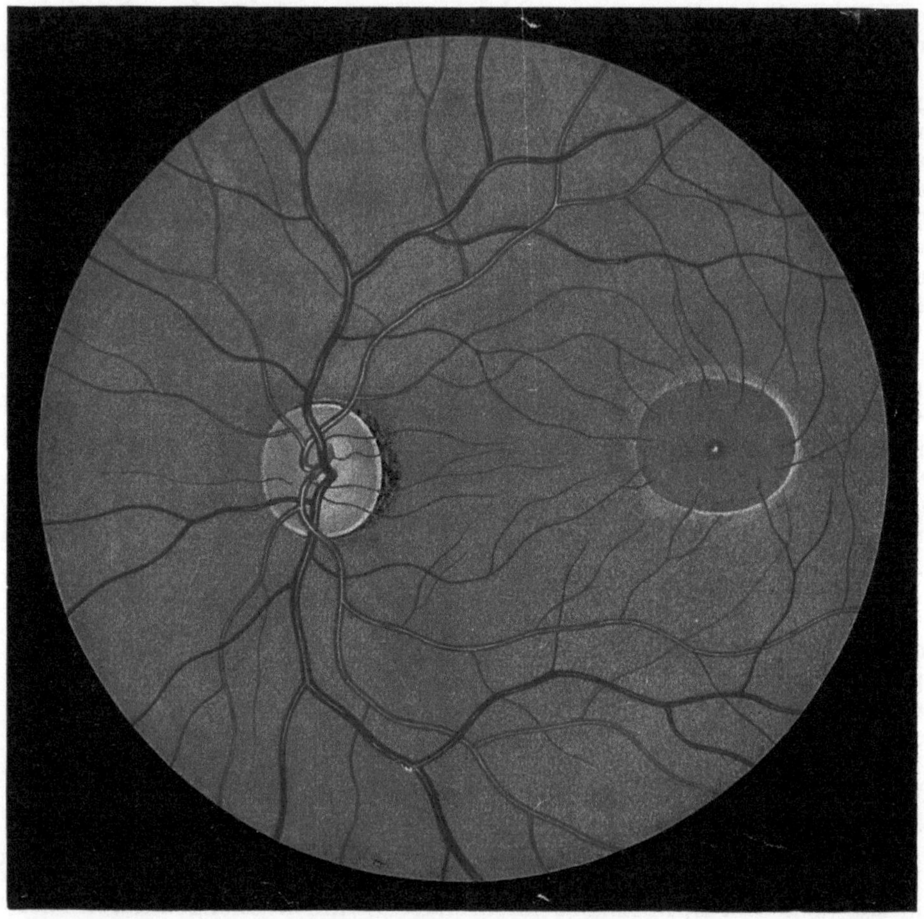

Abb. 221. Normaler Augenhintergrund.
Links die Papilla nervi optici mit der Art. und V. centralis retinae und ihren Verzweigungen, rechts die Macula lutea.
(Nach SIEGRIST.)

herangeht. Man muß dabei allerdings die Schwierigkeit überwinden lernen,
trotz des Beobachtens aus nächster Nähe doch die Akkommodation völlig
außer Spiel zu setzen.

Man bezeichnet diese Art des Betrachtens als *Augenspiegeln im aufrechten Bild*,
weil man die Netzhaut aufrecht sieht. Das Objekt, d. h. die beobachtete Netzhaut,
und ihr Bild in der Netzhaut des beobachtenden Auges müssen dann gleich groß
sein. Infolgedessen erscheint die Netzhaut des beobachteten Auges stark vergrößert.
Denn sei der Abstand der beiden Augen etwa 15 cm, und sei die Netzhaut des beobachteten Auges A durch die Wegnahme des dioptrischen Apparates bloßgelegt,
dann wäre, wie sich aus der Abb. 193, S. 492, ergibt, das Bild von A auf der Netzhaut

von B etwa 10mal verkleinert. Demnach muß dem Beobachter B bei dem genannten Abstand die Netzhaut von A beim Augenspiegeln etwa 10fach vergrößert erscheinen.

Einen größeren Bezirk der Netzhaut überblickt man beim *Augenspiegeln im umgekehrten Bild* (s. Abb. 222), wofür man nur den Nachteil einer geringeren Vergrößerung eintauscht. Bei diesem Verfahren beobachtet man wiederum das auf unendlich eingestellte Auge bei Beleuchtung mit einem Konkavspiegel, hält aber zugleich vor das beobachtete Auge eine Konvexlinse (c) von etwa 10 D. Das Bild der Netzhaut, welches beim emmetropen Auge in unendlicher Entfernung gelegen

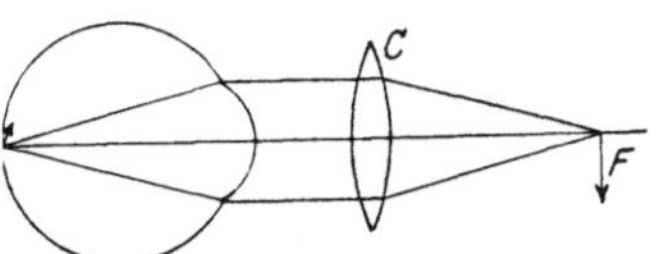

Abb. 222.
Augenspiegeln im umgekehrten Bild.

und unendlich groß ist, wird auf diese Weise als reelles umgekehrtes Bild in die Brennebene (F) der vorgehaltenen Linse verlagert und entsprechend verkleinert; die Verkleinerung ist natürlich um so stärker, je stärker die Brechkraft der vorgehaltenen Linse ist. Bei 10 D erscheint die Netzhaut in 6—7facher Vergrößerung, und das reelle in der Luft schwebende Bild kann von dem auf den geeigneten Abstand akkommodierten Auge des Beobachters betrachtet werden.

29. Kapitel

Die Wirkungen der Ätherwellen auf die Netzhaut und die Lichtempfindungen.

Der blinde Fleck 512. Die PURKINJEsche Aderfigur 514. Der Sehpurpur 515. Die Wanderung des Netzhautpigments und die Kontraktion der Zapfeninnenglieder 516. Die Lichtempfindungen 517. Die Mischung der Farben 520. Die Grundfarben von HELMHOLTZ 523. Die Helligkeiten der Farben und das farblose Spektrum 524. Die Theorie der Gegenfarben von HERING und die Dreikomponentenlehre von YOUNG und HELMHOLTZ 525. Der Simultankontrast 526. Der Sukzessivkontrast 529. Hell- und Dunkeladaptation und die Duplizitätstheorie 530. Die Farbenblindheit 532. Die Verteilung des Farbensinns im normalen Gesichtsfeld 535.

Die Physiologie des Sehens beginnt eigentlich erst mit der Beschreibung der sich in der Netzhaut unter dem Einfluß des Lichts abspielenden Vorgänge; denn die Dioptrik des Auges, mit welcher wir bisher zu tun hatten, ist nicht wesensverschieden von der Physik der gewöhnlichen optischen Instrumente. Daß die Netzhaut der Ort der Erregung des Auges durch das Licht sein muß, folgt aber aus der einfachen Tatsache, daß infolge der Abschirmung durch das Pigmentepithel das Licht nicht über die Netzhaut hinausdringen kann.

Die Netzhaut ist eine Membran von weniger als 0,5 mm Dicke; dennoch besitzt sie eine sehr komplizierte Struktur, welche in der schematischen Abb. 223 angedeutet ist. Es erhebt sich daher *die Frage, in welcher der übereinanderliegenden Schichten der Netzhaut die Erregung zustande kommt.*

Zur Entscheidung darüber kann erstens der Nachweis des **blinden oder Mariotteschen Flecks** (1668) herangezogen werden. Schließt man das linke Auge und fixiert mit dem rechten unverwandt das kleine weiße Kreuz in der Abb. 224 aus einer Entfernung von 25—30 cm, so verschwindet die große weiße Scheibe; sie taucht aber alsbald wieder auf, wenn man einen größeren oder geringeren Abstand einhält, oder wenn man den Blick von dem kleinen

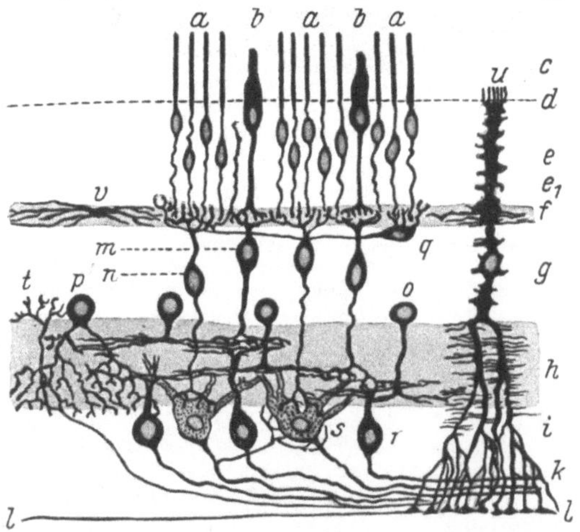

Abb. 223. Schema einer Säugernetzhaut. (Nach HOLMGREM.) *a* Stäbchen, *b* Zapfen, *c* Stäbchen-Zapfenschicht, *d* Membrana limitans externa, *e* Schicht der äußeren Körner, *f* äußere plexiforme Schicht, *g* innere Körnerschicht, *h* innere plexiforme Schicht, *i* Opticusganglienzellenschicht, *k* Opticusfaserschicht, *l* Limitans interna, *m* Zapfenbipolaren, *n* Stäbchenbipolaren, *o* Amakrine, *p* diffus Amakrine, *q* äußere Horizontalzelle, *r* Ganglienzelle mit Dendriten, *s* große multipolare Opticuszelle, *t* centrifugal in die Netzhaut aufsteigende Nervenfaser, *u* MÜLLERsche Stützfaser, *v* konzentrische Stützzelle.

Kreuz etwas abweichen läßt. Die Erscheinung beruht auf folgendem: Beim Fixieren stellt man das Auge so ein, daß das fixierte Objekt sich im Zentrum der Netzhaut, in der Fovea centralis bzw. auf der Macula lutea abbildet; ein in einem bestimmten Abstand temporalwärts von dem fixierten Objekt gelegenes zweites Objekt muß sich alsdann auf der nasalwärts von der Fovea centralis gelegenen Papilla nervi optici abbilden, und diese ist blind. Es ist leicht zu berechnen (s. S. 492), in welchem Abstand die Bilder des Kreuzes und der Scheibe in dem eben beschriebenen Versuch auf der Netzhaut liegen; der Abstand beträgt etwa 4 mm, dieselbe Distanz, welche Fovea und Papille trennen. Will man Kreuz und Scheibe aus größerer Entfernung als 25—30 cm betrachten, so muß man sie, wenn die Scheibe verschwinden soll, entsprechend weiter auseinanderlegen und kann dann auch die Scheibe entsprechend vergrößern.

Abb. 224. Figur zum Nachweis des blinden Flecks.

Die genaue Ausdehnung der blinden Stelle stellt man so fest, daß man eine Bleistiftspitze in den Bezirk der Scheibe bringt und nun die Spitze so weit über den Rand der Scheibe hinaus verschiebt, bis sie eben sichtbar wird. Verfährt man so nach allen Richtungen, so findet man, daß der blinde Fleck ungefähr einem Bezirk wie in Abb. 225 entspricht; die Strecke $A B$ bedeutet ein Drittel des Abstandes, in welchem sich das Auge bei der Betrachtung von der Fixiermarke a entfernt halten muß. Die Fortsätze in der Projektion der blinden Stelle auf das Papier entsprechen dem Abgang der Äste der Art. centralis retinae aus der Papille (s. Abb. 225).

Der MARIOTTEsche Versuch beweist, daß jedenfalls *nicht die markhaltigen Nervenfasern der Ort der Erregung durch die Lichtwellen sind.* Aber auch die *marklosen Nervenfasern* in der übrigen Netzhaut, welche in der dem Glaskörper anliegenden Schicht k zuerst vom Licht getroffen werden, können es nicht sein (HELM-

Abb. 225. Die Form des blinden Flecks. (Nach HELMHOLTZ.)

HOLTZ), da ja der ganze Sinn der scharfen punktförmigen Abbildung durch die Möglichkeit, daß eine und dieselbe Nervenfaser an ganz verschiedenen Stellen vom Licht erregt werden kann, annulliert würde. Zudem fehlt die Schicht der Nervenfasern ebenso wie die Schicht der Ganglienzellen gerade in der Fovea centralis, der am meisten zum Sehen benutzten Stelle der Netzhaut.

Man kann fragen, warum man die Existenz des blinden Flecks für gewöhnlich gar nicht an einem entsprechenden Ausfall im Gesichtsfeld bemerkt. Das liegt erstens daran, daß wir binokular sehen, so daß ein Ob-

jekt, welches sich in dem einen Auge in der Papille abbildet, im anderen
Auge auf einer sehenden Stelle zur Abbildung gelangt. Zweitens ist dafür
maßgebend, daß auch beim monokularen Sehen die Blindheit allein bemerkt werden kann, wenn die Aufmerksamkeit zugleich auf zwei Objekte
gerichtet ist, welche sich in einem bestimmten gegenseitigen Abstand und in
einem bestimmten Abstand vom Auge befinden. Drittens erscheinen — wovon
noch weiterhin (S. 537) die Rede sein wird — allein diejenigen Objekte in
voller Schärfe, welche sich bei der Fixierung im Zentrum der Netzhaut abbilden; das exzentrische Sehen ist unscharf und darum weniger eindrucksvoll.

Merkwürdig ist, daß im MARIOTTEschen Versuch beim Verschwinden der weißen
Scheibe an deren Stelle das Schwarz der Umgebung gesehen wird; ist der Untergrund andersfarbig, so wird die ausfallende Stelle in der anderen Farbe ergänzt;
fällt durch Abbildung im blinden Fleck das Mittelstück eines Kreuzes beim Sehen
aus, so wird auch dieses in der Projektion des blinden Flecks ergänzt. Ähnlich verhalten sich auch andere Stellen der Netzhaut, wenn sie infolge eines pathologischen
Prozesses erblinden; auch dann äußert sich der Gesichtsfelddefekt, das „Skotom“,
nicht als „ein Loch in der Welt“, sondern die blinde Stelle wird „von der Umgebung
her ausgefüllt“. Diese Tatsachen sind aber nicht merkwürdiger als etwa die, daß
unsere Temperaturempfindung beim Berühren eines Gegenstandes
flächig und nicht körnig ist, trotz des gegenseitigen Abstandes
der einzelnen Temperaturpunkte (s. Kap. 34) u. ä.

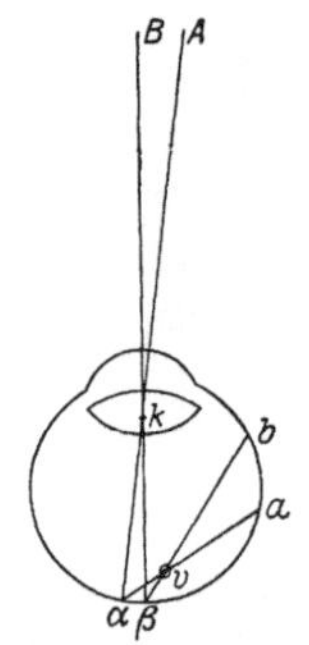

Abb. 226.
Wanderung eines Ge-
fäßschattens in der
PURKINJEschen
Aderfigur bei Bewe-
gung der Lichtquelle.
(Nach HELMHOLTZ.)

Ein zweiter Versuch, welcher zur Lokalisierung der Erregung in der Netzhaut dient, ist der Nachweis der **Purkinjeschen Aderfigur.** Wenn man in einem dunklen Raum
ein helles zirkumskriptes Licht, z. B. den Fokus einer Linse,
von der Seite her aufs Auge, am besten auf die Sklera
fallen läßt, während man geradeaus starrt, so taucht vor
dem Auge wie das Geäst eines Baumes die Figur der Netz-
hautgefäße (s. Abb. 221) auf, gewöhnlich schwarz auf gelb-
braunem Grund; wird die Lichtquelle bewegt, so bewegt
sich die Aderfigur in gleichem Sinn. Die Erscheinung beruht darauf, daß der Schatten der Gefäße auf die rückwärts von ihnen gelegene empfindliche Schicht der Netzhaut fällt. Nach HELMHOLTZ bemerkt man den Gefäß-
schatten für gewöhnlich nicht, weil beim Einfall des
Lichts von vorn her durch die Pupille andauernd die
gleichen Stellen der Netzhaut beschattet und darum an den Schatten
gewöhnt sind; erst wenn bei der seitlichen, besonders der diaskleralen
Durchleuchtung der Schatten auf sonst nicht beschattete Teile wirkt,
wird er auffällig. Daß Lichtquelle und Aderfigur gleichsinnig wandern,
wird durch die Abb. 226 verständlich gemacht; *a b* ist der Orts-
wechsel der Lichtquelle, *v* das schattenwerfende Gefäß und *A B* der Orts-
wechsel der Aderfigur. Aus den Strecken *A B* und *a b* läßt sich nun der
Abstand des Gefäßes *v* von der lichtempfindlichen Schicht in der Netzhaut berechnen; man findet etwa 0,2—0,3 mm. Da weiter die großen Ge-
fäßstämme in der äußeren plexiformen Schicht (s. Abb. 223f.) liegen, so
führt die genannte Distanz in *die Schicht der Stäbchen und Zapfen (c, e),
welche danach als Ort der Erregung anzusehen ist.*

Gelegentlich bekommt man die PURKINJEsche Aderfigur auch schön zu sehen,
wenn man morgens beim Aufwachen mit dem ausgeruhten Auge gegen die helle
Zimmerdecke blickt (HERMANN).

Noch ein anderes entoptisches Phänomen wird von den Blutgefäßen
aus verursacht: wenn man durch die gespreizten vor dem Auge rasch hin
und her bewegten Finger gegen einen hellen Hintergrund blickt (VIERORDT),

oder noch besser, wenn man durch ein blaues Glas gegen den hellen Himmel sieht (Rood), so bemerkt man im Gesichtsfeld zahlreiche funkelnde Körperchen, welche sich in geschlängelten Bahnen mit ziemlich großer Geschwindigkeit fortbewegen. Die Ursache sind die *in den Netzhautkapillaren strömenden Blutkörperchen.* Dies wird dadurch bewiesen, daß nicht bloß Blau, sondern alle vom Blut absorbierten Wellenlängen die Erscheinung hervortreten lassen, während die vom Blut durchgelassenen Lichter (Rot, Orange, auch Zyanblau) sie zum Verschwinden bringen (Abelsdorf, Nagel). Danach ist mit Helmholtz anzunehmen, daß die funkelnden „Teilchen" die Lücken zwischen den Blutkörperchen sind, zumal da man auch sonst in Kapillaren Plasmalücken zwischen den Blutkörperchen im Mikroskop zu sehen bekommt.

Verweist also die Auslegung des Purkinjeschen Versuches und des Blutkörperchensehens auf die Schicht der Stäbchen und Zapfen als eigentliche Sehschicht, so lassen sich zur Stütze dieser Annahme noch weitere und mannigfache Gründe anführen.

Es wurde bereits erwähnt, daß unser Sehen vornehmlich ein foveales Sehen ist. Die Anatomie der Fovea lehrt nun, daß die Netzhaut sich an dieser Stelle bis auf etwa 0,1 mm durch den Schwund ihrer inneren Schichten verdünnt; abgesehen von der Pigmentschicht bleibt nur die äußere Körnerschicht und die Schicht der Stäbchen und Zapfen übrig, und die letztere besteht in der Fovea allein aus Zapfen von besonders schmaler Gestalt; die äußere Körnerschicht wird von den zugehörigen Zapfenfasern und -körnern gebildet. Also *diejenige Stelle der Netzhaut, welche wir vorzugsweise zum Sehen benutzen, besteht fast nur aus Zapfen.*

Eine besondere Bedeutung für die Lokalisation der Erregung und für die Physiologie des Sehens überhaupt hat der **Sehpurpur.** Im Jahre 1876 entdeckte Boll, daß, wenn man die Netzhaut aus dem Auge eines Tieres herausnimmt, welches sich im Dunkeln aufgehalten hat, sie zunächst purpurrot aussieht, im hellen Tageslicht aber in wenigen Minuten ausbleicht. Kühne zeigte, daß man aus der Dunkelnetzhaut mit gallensauren Salzen einen Farbstoff extrahieren kann, eben den Sehpurpur oder das Rhodopsin. Legt man die Netzhaut mit der Stäbchenschicht wieder in das Auge hinein, so findet vom überlebenden Pigmentepithel aus eine Regeneration des Purpurs statt. Diese geht aber offenbar nicht von dem Pigment selber aus, da die Regeneration auch im Auge des Albinos stattfindet. Kühne fand ferner, daß, wenn man das Auge eines im Dunkeln gehaltenen Kaninchens 1—1$^1/_2$ Minuten dem Licht exponiert, auf der Netzhaut, ähnlich wie auf der photographischen Platte, ein Bild der vor dem Auge befindlichen Objekte, z. B. das Bild eines Fensterkreuzes, zustande kommt; er nannte es ein *Optogramm.* Es läßt sich mit 4%iger Alaunlösung fixieren, so daß man es auch im Tageslicht betrachten kann.

Die Ausbleichung des Sehpurpurs geht bei Licht von verschiedener Wellenlänge mit verschiedener Geschwindigkeit vor sich. Im Gelbgrün (530 mμ) erfolgt sie am raschesten, etwas langsamer im Grün und Blau, noch langsamer im Gelb und am langsamsten im Rot. Dies ist für die Theorie der Sehpurpurfunktion von Bedeutung (s. S. 531).

Schon Boll machte die wichtige Angabe, daß *der Sehpurpur in der Schicht der Stäbchen und Zapfen, und zwar vorzugsweise um die Stäbchenaußenglieder herum zu finden ist.* Die Fovea centralis ist daher fast davon frei. Es gibt Tiere, bei denen die Netzhaut keine oder fast keine Stäbchen enthält, so die Netzhaut von Hühnern, Tauben, Schildkröten, bei diesen ist die Netzhaut auch frei von Sehpurpur. Der Sehpurpur hat also speziell etwas mit der Funktion der Stäbchen zu tun. Worin diese besteht, soll erst später (S. 532) erörtert werden.

Ein zweiter bei der Belichtung der Netzhaut sich abspielender photochemischer Prozeß ist die Abspaltung anorganischer Phosphorsäure aus einer organischen Verbindung (LANGE und SIMON) und dadurch Säuerung der Netzhaut. Ort der Reaktion sind wahrscheinlich die Zapfen.

Das Licht erzeugt ferner die sogenannten *retinomotorischen Vorgänge*, die ebenfalls in den äußeren Schichten der Netzhaut ablaufen. Namentlich bei Fischen und Amphibien, weniger bei Reptilien, Vögeln und Säugetieren findet bei Belichtung eine **Wanderung des Netzhautpigments** nach innen, bei Verdunkelung eine Rückwanderung nach außen statt (BOLL) (s. Abb. 227). Die Verschiebung der dunklen Farbkörnchen geschieht in den langen fadenförmigen Fortsätzen, welche das Pigmentepithel zwischen die Sehzellen vorschieben kann, und erstreckt sich bei intensiver Belichtung bis zur Membrana limitans externa. Kurzwelliges Licht wirkt stärker als langwelliges. Die Reaktion erfolgt auch noch am ausgeschnittenen Auge und lokal bei lokaler Belichtung, so daß man nicht bloß ein Sehpurpur-, sondern auch ein Pigmentoptogramm hervorrufen kann.

Mit der Pigmentvorwanderung geht Hand in Hand eine **Kontraktion der Zapfeninnenglieder** bei der Belichtung (ENGELMANN und VAN GENDEREN STORT); auch sie ist am ausgesprochensten bei Fischen und Amphibien (s. die Abb. 224), schwächer bei Reptilien und Vögeln und fehlt fast ganz bei den Säugern. Sie wird von DITTLER wohl mit Recht mit der Säurebildung in Zusammenhang gebracht. Die Innenglieder können sich um 50—90 % ihrer Länge zusammenziehen. Dazu kommt öfter bei Fischen, auch bei Vögeln eine *Streckung der Stäbcheninnenglieder* auf den Lichtreiz.

Die Bedeutung der retinomotorischen Vorgänge ist wohl in folgendem zu erblicken: im hellen Licht überwiegt die Funktion der Zapfen, im Dämmerlicht die der Stäbchen (s. auch S. 532). Im hellen Licht rücken deshalb die Zapfen in die Bildebene in der Gegend der Membrana limitans externa. Da nun aber die Form und Lichtbrechung der Zapfenaußenglieder bei denjenigen Tieren, bei welchen die genannten Reaktionen besonders

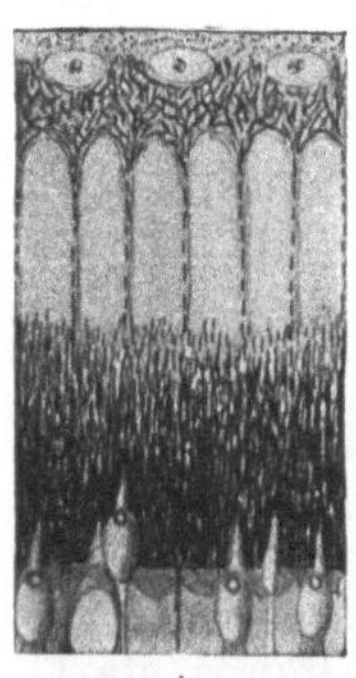 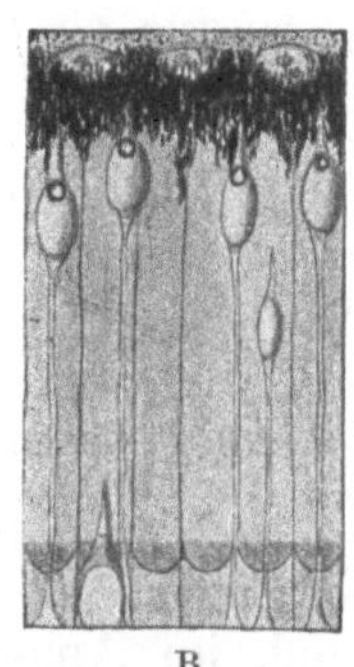

A   B

Abb. 227. Schnitte durch die hinteren Schichten der Netzhaut vom Frosch. (Nach ENGELMANN.) A nach Aufenthalt im hellen Tageslicht, B nach längerem Aufenthalt im Schatten. Pigmentzellen der Retina oben. In A Zapfenkörner durch Verkürzung der Zapfeninnenglieder an die Membrana limitans externa gezogen, in B im äußeren Drittel der Stäbchenschicht gelegen. In A Retinalpigment die inneren Enden der Stäbchen umhüllend, in B in die Pigmentzellen zurückgezogen.

deutlich sind, eine Zerstreuung des Lichts auf benachbarte Stäbchen und Zapfen ermöglichen und damit die Sehschärfe gefährden, so wird zwecks optischer Isolierung jeder Zapfen mit einem Pigmentschirm umhüllt. Im Dunkeln weichen demgegenüber die Zapfen eventuell so weit zurück, daß an der Limitans externa eine bloß aus Stäbchen bestehende Schicht übrigbleibt, deren Umkleidung mit Pigment entbehrt werden kann, weil schon die zylindrische Form und die hohe Brechkraft der Stäbchen genügen, um den Übertritt von Licht in die Stäbchenzwischensubstanz oder aus dieser zurück durch totale Reflexion zu verhindern (GARTEN).

Außer den Stäbchen und Zapfen könnte nur noch *das Pigmentepithel als lichtempfindliches Element* in Frage gezogen werden. Aber dagegen läßt sich einwenden, daß die Sehschärfe des Auges, d. h. seine Fähigkeit, örtlich verschiedene Lichtreize voneinander zu unterscheiden, einen Grad von Feinheit in der Aufteilung der lichtempfindlichen Schicht in einzelne Elemente zur Voraussetzung hat, welcher wohl in dem zarten Mosaik der Stäbchen und Zapfen, aber nicht in den gröberen Bausteinen des Pigmentepithels zu finden ist. Auf die genauen Messungen des räumlichen Unterscheidungsvermögens des Auges werden wir erst später (S. 536) zu sprechen kommen.

An weiteren Veränderungen, die bei der Belichtung der Netzhaut hervorgerufen werden, sind noch besonders bemerkenswert die *elektrischen Erscheinungen:* leitet man nach Wegnahme der vorderen Bulbushälfte mit einer Elektrode von der Innenseite der Netzhaut ab und legt eine zweite Elektrode außen in den hinteren Augenpol an, so findet man eine elektromotorische Kraft, deren positiver Pol an der Außenseite und deren negativer Pol an der Innenseite gelegen ist. Kurze Belichtung des Auges erzeugt einen *Netzhautstrom,* der bei dem Auge der Warmblüter aus mehreren Phasen besteht, denen vielleicht die verschiedenen Phasen des sogenannten PURKINJEschen Nachbildes (s. S. 530) entsprechen (KOHLRAUSCH).

Das Ergebnis der physiologischen Untersuchung führt also zu folgender *Auffassung von der Erregung der Netzhaut:* vom dioptrischen Apparat des Auges herkommend, durchsetzt das Licht die ganze Netzhaut, erregt sie aber erst in der hintersten Schicht. Dort sprechen die Stäbchen wahrscheinlich durch Vermittelung des Sehpurpurs an, welchen das Licht zersetzt. Nach v. STUDNITZ sind aber auch die Zapfen mit einer photosensiblen, doch farblosen Substanz behaftet, deren Zerfall für sie den Reiz abgeben würde. Der Erregungsprozeß wird sodann wohl durch die eigenartig gestalteten Endigungen der Stäbchen- und Zapfenfasern (Abb. 512) auf die bipolaren Ganglienzellen der inneren Körnerschicht übertragen und von diesen zu den großen Ganglienzellen und zu den Nervenfasern weitergeleitet.

Wenden wir uns nun zu Versuchen, welche die Aufklärung der Vorgänge beim Sehen von einer ganz anderen Seite her in Angriff genommen haben. Das Auge ist der Vermittler zwischen den physikalischen Reizen der Außenwelt und den Lichtempfindungen unserer Innenwelt. Bisher verfolgten wir wesentlich die Wirkungen der physikalischen Reize auf das Auge; beginnen wir nun mit den Lichtempfindungen und schließen wir von ihnen aus rückwärts auf das, was das Sehorgan leistet. Dazu ist es notwendig, *die gewaltige Zahl der* **Lichtempfindungen** *zunächst einmal in ein System einzugliedern.* Das Verfahren dabei ist rein subjektiv und vernachlässigt absichtlich alle Beziehungen zu dem, was die Physik unter Licht versteht.

Zunächst können wir zwei Gruppen von Lichtempfindungen einander gegenüberstellen, die *farblosen Lichter* und die *Farben,* oder, wie HERING es bezeichnete, die *tonfreien Farben* und die *getönten oder bunten Farben* (*Farbentöne*).

Die *farblosen Lichter* umfassen alle Abstufungen des Grau vom tiefsten Schwarz bis zum strahlendsten Weiß. Alle diese Lichter sind untereinander verwandt, sie unterscheiden sich nur durch die verschiedenen Grade ihrer Weißlichkeit oder ihrer Schwärzlichkeit voneinander. Sie lassen sich in eine einzige kontinuierliche Reihe einordnen.

Auch die *bunten Farben* bilden eine natürliche Reihe, welche in dem Kontinuum der Spektralfarben gegeben ist. Dieses beginnt mit dem Rot und führt über Orange, Gelb, Grün, Grünblau und Indigo zum Violett. Aber über das Violett hinaus können wir die Reihe mit den Purpurtönen fortsetzen, welche im Spektrum nicht enthalten sind, und gelangen so über den bläulichen und den rötlichen Purpur zum Anfangsglied der Reihe, zum Rot zurück. Die Linie schließt sich also zu einem *Farbenkreis.* In diesem nehmen aber einzelne Qualitäten eine ausgezeichnete Stellung ein. Nämlich, gehen wir noch einmal vom Rot aus, so gelangen wir am Gelb zu einem Wendepunkt; denn die verschiedenen Töne des Gelbrot, des Orange und des Rotgelb sind alle untereinander verwandt durch ihre Rötlichkeit und ihre Gelblichkeit; jenseits des Gelb kommt aber als etwas Neues hinzu die „Grünvalenz" und statt deren tritt die „Rotvalenz" zurück. Ebenso empfinden wir Grün und Blau als natürliche Wendepunkte. Es heben sich also aus der Fülle der bunten Farben vier heraus, die *Urfarben*, wie HERING, oder die *Prinzipalfarben*, wie AUBERT sie genannt hat, nämlich das Urrot, das Urgelb, das Urgrün und das Urblau. Daher setzen wir besser an die Stelle des Farbenkreises ein *Farbenviereck*. In ihm bilden dann Gelb und Blau einerseits und Grün und Rot andererseits *Gegenfarben* (LIONARDO DA VINCI, AUBERT, HERING). Diese schließen einander aus. Denn wohl kann man sich ein Rot vorstellen, dem eine Gelbkomponente anhaftet, eben ein gelbliches Rot, oder ein Blau, dem eine Grünkomponente anhaftet, also ein grünliches Blau; dagegen ein Grün, welches ein wenig rötlich, oder ein Gelb, welches etwas blau aussieht, gibt es nicht.

Die Farbentöne können nun dadurch noch abgeändert werden, daß man ihnen mehr oder weniger Weiß oder Schwarz zumischt. Man gelangt so von den gesättigten Farben zu den *ungesättigten* oder *verhüllten bunten Farben* (HERING). Die *Sättigung* ist also eine zweite Variable, welche wir neben den Farbentönen bei der Analyse unserer Farbenempfindungen herausschälen. Das Maximum der Verhüllung ist jedesmal in irgendeinem Glied der Schwarz-Weiß-Reihe zu erreichen. Bezeichnen wir in der Abb. 228 mit f irgendeine gesättigte Farbe, und repräsentiert die Linie sw die Schwarz-Weiß-Reihe, so entspricht jede Verbindungslinie von f mit einem beliebigen Punkt von sw einer anderen

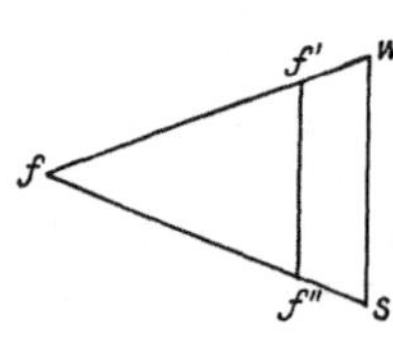

Abb. 228.
Verhüllungsdreieck.
(Nach HERING.)

Verhüllung von f. fsw nannte HERING ein *Verhüllungsdreieck*; es bezeichnet die ganze Mannigfaltigkeit der von einem bestimmten Farbenton ableitbaren verhüllten Farben.

Bis zu einem gewissen Grad kann man dem Gegensatz von Rot und Grün und dem von Blau und Gelb nun auch den Gegensatz von Schwarz und Weiß an die Seite stellen, aber doch nur bis zu einem gewissen Grad. Denn wenn man auch allen verschiedenen Graus den Wert der Empfindungsqualität geradeso zuerkennen mag wie den verschiedenen Farbentönen, so sind doch die Glieder der Schwarz-Weiß-Reihe zum Unterschied von den Gliedern des Farbenvierecks sämtlich untereinander verwandt, man kann sie alle als Weiß von verschiedener *Helligkeit* definieren, sie also noch in anderer Weise voneinander unterscheiden als die Farbentöne. Auch von den ungesättigten Farben kann man entsprechend als von Farben verschiedener Helligkeit reden. Die Linie $f_1 f_2$ in dem Verhüllungsdreieck repräsentiert z. B. verhüllte Farben von gleichem Farbenton und gleicher Sättigung, aber von verschiedener Helligkeit. Endlich sind auch die gesättigten Farben selber in ihrer Helligkeit voneinander verschieden. Betrachtet man z. B. ein

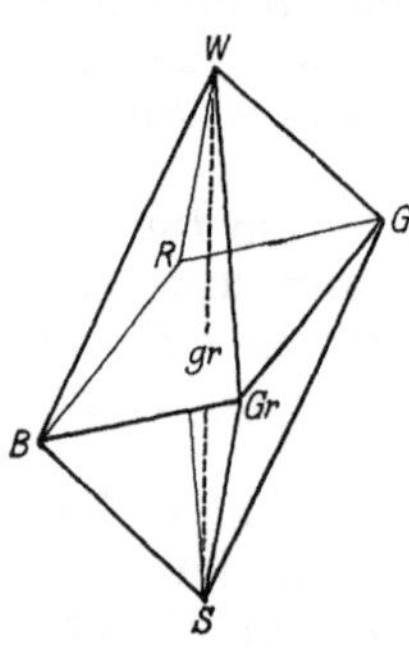

Abb. 229. Farbenkörper.

Sonnenspektrum, so erscheint das Gelb weitaus am hellsten, es folgen Rot und Grün, während Blau und Violett am dunkelsten aussehen. Die Helligkeit ist also eine dritte Variable in der Mannigfaltigkeit der Farbenempfindungen

Danach können wir das System der Lichtempfindungen etwa durch einen *Farbenkörper* von der Form einer Doppelpyramide räumlich darstellen (s. Abb. 229). Die Fläche $RGGrB$ stellt darin das Farbenviereck vor; seine Ränder bedeuten die gesättigten Farben, die Innenfläche enthält die Farben, welche mehr oder weniger mit einem bestimmten Grau (gr) verhüllt sind. Das Viereck liegt nicht horizontal, sondern schief, um anzudeuten, daß die „spezifische Helligkeit" des gesättigten Gelb am größten, die von Blau am geringsten, die von Rot und Grün eine mittlere ist. Die senkrechte Achse WS stellt die Schwarz-Weiß-Reihe dar; irgendein Schnitt durch die Länge von WS legt zwei einander gegenüberliegende Verhüllungsdreiecke bloß. Ein Horizontalschnitt durch den Farbenkörper trifft Farben gleicher Helligkeit, aber verschiedener Sättigung.

Welches ist nun der **Zusammenhang zwischen all diesen Lichtempfindungen und den physikalischen Reizen?** Wenn wir von der naheliegenden und gewöhnlich gemachten Voraussetzung ausgehen, daß jeder Empfindung ein bestimmter physiologischer Prozeß zugeordnet ist, so heißt diese Frage beantworten eine vollständige physiologische Theorie des Sehens geben, welche in allen Einzelheiten der experimentellen Kritik zu unterliegen hätte. Von dieser Möglichkeit sind wir aber noch weit entfernt.

Beginnen wir die Erörterung mit der Prüfung des Verhältnisses, das zwischen den Empfindungen von gesättigten Farben und den physikalischen Lichtreizen besteht. Farben maximaler Sättigung erhält man auf physikalischem Wege am einfachsten durch Dispersion mit einem Prisma oder durch Beugung mit einem Gitter. Es zeigt sich, daß — mit gewissen Einschränkungen — *die Länge der Lichtwellen bzw. die Schwingungszahl den Farbenton bestimmt.* Jedoch erstreckt sich die Empfindlichkeit des Auges für Lichtwellen nur auf ein bestimmtes Intervall von Wellenlängen. Die langen HERTZschen Wellen (mit einer Wellenlänge bis zu 30 km) und das ultrarote Licht (0,4 mm) haben keinen Reizwert, ebensowenig oder fast ebensowenig das ultraviolette Licht (100 mμ = 1000 Å-E) und die noch kürzeren Wellen bis zu den Röntgen- und γ-Strahlen (0,1—0,0001 mμ) hin. Die Ursache liegt nur zum Teil in der Absorption durch den dioptrischen Apparat, so z. B. für das ultraviolette Licht, welches größtenteils durch die Linse von der Netzhaut abgeschirmt wird. Die Hauptsache ist die Beschränkung der Erregbarkeit der Netzhaut auf bestimmte Wellenlängen, deren Ursache wahrscheinlich darin zu erblicken ist, daß das Auge sich bei seiner phylogenetischen Entwicklung der Sonnenstrahlung angepaßt hat und dadurch auf einen Wellenbereich anspricht, der zu beiden Seiten des Intensitätsmaximums dieser Strahlung gelegen ist.

Das sichtbare Spektrum beginnt im Rot mit einer Wellenlänge von 800—600 mμ (= 8000—6000 Å-E). Gelb umfaßt dann ungefähr das Intervall 600—580 mμ, Grün 580—500 mμ, Blau 500—430 mμ und Violett 430—390 mμ. In dem Intervall von 800—650 mμ ändert sich beim Rot nicht der Farbenton, nur die Helligkeit. Daran schließt sich das Kontinuum der verschiedenen Farbentöne bis zum kürzestwelligen Violett von etwa 390 mμ.

Beachten wir nun, daß allein die Lichtwellen aus dem genannten Intervall den adäquaten Reiz für die Erregung der Lichtempfindungen abgeben, so *vermissen wir sofort die Kongruenz der Reize mit den bei der psychologischen Ordnung vorgefundenen Empfindungen.* Wir fragen z. B., von was für Reizen die farblosen Lichter abhängen. Wir vermissen eine exponierte Stellung der Reize, welche die Urfarben auslösen; denn die Reize, welche Urrot (etwa 760 mμ), Urgelb (etwa 580 mμ), Urgrün (etwa 500 mμ) und Urblau (etwa 480 mμ) hervorrufen, unterscheiden sich in nichts von den die Übergangsfarben erregenden Lichtwellen. Ferner bleibt offen, wie die verschiedenen Purpurtöne erzeugt werden, und wovon die spezifische Helligkeit der Farben herrührt.

Die Bestrebungen, all dies klarzulegen, haben zur Untersuchung der **Mischung von Farben** geführt. Diese kann auf sehr verschiedene Art ausgeführt werden:

1. Spektralfarben, also gesättigte Farben, mischt man durch *verschiebliche Übereinanderlagerung zweier Sonnenspektra*.

2. Am bequemsten ist die Methode der *rotierenden Scheiben* oder des NEWTONschen Farbenkreisels. Man benutzt kreisförmige Scheiben aus buntem Papier, welche in der Mitte mit einem Loch und außerdem mit einem radiären Schlitz versehen sind; dadurch können mehrere Scheiben ineinander geschoben werden, so daß von den verschieden gefärbten Scheiben Sektoren von beliebiger Größe bei der Übereinanderlagerung frei bleiben (s. Abb. 230). Rotiert man die Scheiben auf einer gemeinsamen Achse, so kommt eine subjektive Farbenmischung zustande (MAXWELL).

Dies beruht auf der sogenannten **Trägheit der Netzhaut.** Wenn nämlich ein Licht vorübergehend auf das Auge wirkt, so klingt die Netzhauterregung nicht momentan ab, sondern sie überdauert noch kurze Zeit den Reiz, so daß man das Licht noch zu einer Zeit zu sehen glaubt, wo es schon gar nicht mehr da ist; man sieht ein *Nachbild* des Lichts. Ebensowenig wie das Abklingen ist das Anklingen der Erregung ein momentaner Vorgang; vielmehr muß ein Licht erst eine gewisse Zeit gewirkt haben, ehe es seiner Intensität entsprechend empfunden wird. Daher sieht ein schwächeres Licht, das längere Zeit wirkt, ebenso hell aus wie ein stärkeres Licht, welches nur kurze Zeit wirkt. Vom Anklingen und Abklingen der Netzhauterregung kann man sich auch durch folgenden Versuch überzeugen: Wenn man eine Scheibe, auf welcher schwarze und weiße Sektoren in der Art der Abb. 231 abwechseln, in immer schnellere Rotation versetzt, so sieht man zuerst in dem äußeren der konzentrischen Ringe sowohl den vorderen als auch den hinteren Rand der einzelnen Sektoren verschwimmen, bald auch in dem zweiten Ringe und schließlich auch in der Mittelscheibe. Steigt die Geschwindigkeit weiter, so verschwindet, mit dem äußeren Ring beginnend und nach innen fortschreitend, das Schwarz und Weiß, und an deren Stelle erscheint ein homogenes Grau, welches die ganze Scheibe gleichmäßig erfüllt und von einer Helligkeit ist, als ob das Schwarz und Weiß der einzelnen Sektoren gemischt und gleichmäßig über den ganzen zugehörigen Ring verteilt wäre (*TALBOTscher Satz*). Der Eindruck des Grau kommt also dadurch zustande, daß die Weißerregung noch andauert, wenn schon Schwarz dem Auge geboten wird, und umgekehrt. Genau so verschmelzen die farbigen Sektoren auf den MAXWELLschen Scheiben.

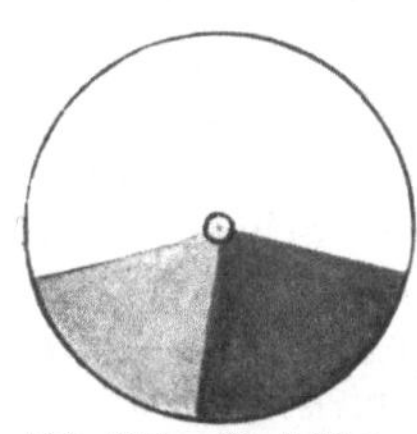

Abb. 230. Drei MAXWELLsche Scheiben (weiß, hellgrau und dunkelgrau) ineinandergesteckt.

Abb. 231. Weiß-Schwarz-Scheibe. (Nach HELMHOLTZ.)

Auf diesen Trägheitserscheinungen beruht auch das bekannte Spielzeug des *Stroboskops* oder *Zootrops* und seine Fortbildung zum *Kinematographen*. Mit diesen Apparaten werden vermöge der Trägheit der Netzhaut zahlreiche

Bilder zur Verschmelzung gebracht, welche die Bewegung eines Schiffs, eines Reiters, eines Geschosses, dramatischer Vorgänge und dergleichen vortäuschen, deren einzelne Phasen von der photographischen Platte festgehalten sind, die aber zu schnell aufeinanderfolgen, als daß das träge Auge sie voneinander zu trennen vermöchte. Nachbilder durch Netzhautträgheit bieten sich uns aber auch ohne Apparat im täglichen Leben oftmals dar; „es regnet Bindfäden", die Speichen des Wagenrads sind in Fahrt zu einer flimmrigen Scheibe verwischt, der rotierende Propeller bildet gegen den Himmel gesehen eine matte durchsichtige Fläche.

In dies Erscheinungsgebiet gehört u. a. auch folgende Beobachtung: in der Abb. 232 erscheint das weiße Quadrat größer als das schwarze, obwohl beide vollkommen gleich groß sind; man spricht von einer *Irradiation*, einer Ausstrahlung des Weiß. Das viel erörterte Phänomen beruht zum Teil darauf, daß die Ränder durch die mannigfaltigen Fehler des Auges (S. 503), eventuell auch noch durch unvollkommene Akkommodation nicht ganz scharf, sondern in Zerstreuungskreisen gesehen werden, zum Teil aber wohl auch darauf, daß der Blick nicht vollkommen auf der Figur zu ruhen vermag, sondern fortwährend in der einen oder anderen

Abb. 232. Zum Nachweis der Irradiation.

Richtung ein wenig abweicht; infolgedessen entstehen nach allen Seiten hin Nachbilder, die bei Weißreizen stärker ins Bewußtsein treten als bei Schwarzreizen. Auf Irradiation beruht es, daß die schmale Mondsichel zu einer größeren Scheibe zu gehören scheint als die daneben eben sichtbare wirkliche Mondscheibe, daß ein schwarzes Kleid schlank, ein weißer Schuh einen großen Fuß macht u. a.

3. Ein weiteres Prinzip, Farben zu mischen, ist in dem LUMIÈREschen *Autochromverfahren* zur Herstellung farbiger Photographien gegeben. Hierbei verwendet man eine Glasplatte, den Farbenraster, auf welchem rot-, grün- und blaugefärbte Stärkekörnchen, über 10000 pro mm², dicht nebeneinander liegen. Geht Licht durch die Platte hindurch, so mischen sich die Farben der Stärkekörnchen dadurch, daß sich die Körnchen wegen ihrer Kleinheit und wegen ihrer nahen Nachbarschaft auf einem und demselben Sehelement abbilden. Man sieht dadurch nicht die einzelnen Farben, sondern den Effekt ihrer Mischung.

Bei den drei genannten Verfahren handelt es sich um eine subjektive Mischung der Farben; das nächstliegende Verfahren, Pigmentfarben, Tuschen miteinander zu vermengen, wird uns erst nachher (S. 524) beschäftigen.

Auf jedem dieser Wege entstehen nun *durch Mischung einheitliche Farbenempfindungen, welchen man von ihrer komplexen Herkunft absolut nichts anmerkt.* Wegen ihrer Entstehung heißen sie **Additionsfarben.**

Exemplifizieren wir die Ergebnisse der Farbenmischung zunächst an dem Beispiel der Spektralfarben (HELMHOLTZ), d. h. physikalisch homogener Lichter, von denen ein jedes für sich die Empfindung der gesättigten Farbe erzeugt:

1. Bringt man sämtliche Farbstrahlen des prismatischen Sonnenspektrums zur Wiedervereinigung, so erscheint bekanntlich Weiß, dem nichts von Farbigkeit mehr anhaftet.

2. Mischt man beliebige Paare der Spektralfarben vom längstwelligen Rot bis zum Gelbgrün von etwa 540 mμ in beliebigen Mengen (Intensitäten), so kann man sämtliche dazwischenliegende Farben in genau derselben Reinheit und Sättigung erhalten, wie sie die einzelnen reinen spektralen Lichter aufweisen; man kann also z. B. durch geeignete Mengen von Rot und Gelbgrün sämtliche Abwandlungen von Rot über die Orangetöne und über Gelb bis zum Gelbgrün herstellen.

3. Ähnlich lassen sich durch Mischung von Violett und Blaugrün (bis zu etwa 510 mμ) sämtliche dazwischen liegende Farben des Spektrums, also sämtliche Abwandlungen von Blau, erzeugen. Das Ergebnis sind aber Empfindungen, welche nur im Farbenton mit den Spektralfarben übereinstimmen, nicht in der Sättigung; alle diese Mischfarben sind etwas verhüllt.

4. Dies letztere ist viel ausgesprochener, wenn man die mittleren Spektralfarben etwa von Gelb bis Blau mischt. Die Mischfarbe ist hier um so weniger gesättigt, je weiter die Komponenten im Spektrum auseinander liegen. Zu jeder dieser mittleren Farben ist sogar eine andere zu finden, welche, mit ihr vermischt, das Maximum der Unsättigung, Weiß, ergibt. Solche Farben, welche einander zu Weiß ergänzen, heißen *Kom*

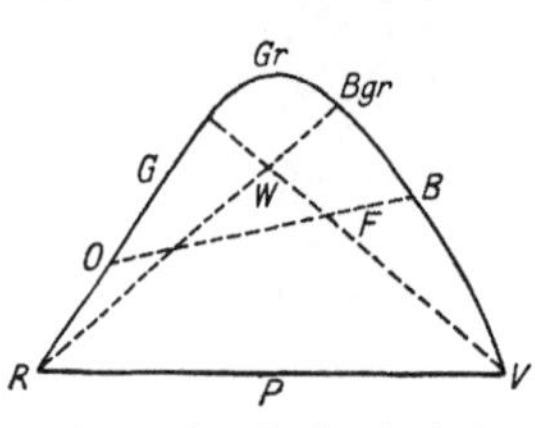

Abb. 233. Farbendreieck
(Nach HELMHOLTZ.)

plementärfarben. Paare derselben sind z. B. Orange und Blau, Gelb und Indigo, Grüngelb und Violett, Blaugrün und Rot usw. Nur zu den Grüntönen findet man keine Komplementärfarbe.

5. Mischt man Violett und Rot, so erscheint eine Farbe, welche sich mit keiner Spektralfarbe vergleichen läßt, nämlich Purpur.

Die Gesamtheit dieser Ergebnisse läßt sich schematisch in einem „*Farbendreieck*" (Abb. 233) darstellen (HELMHOLTZ). Dessen drei Ecken sind von spektralem Rot, Grün und Violett eingenommen, auf der Basis liegen die Purpurtöne und auf den zwei anderen Seiten die Spektralfarben von Rot bis Grün und von Grün bis Violett. Im Innern des Dreiecks liegen die verhüllten Farben, das Maximum der Verhüllung, Weiß, an einem bestimmten Punkt W. Dieser ist so angebracht, daß er den Schnittpunkt aller derjenigen Geraden darstellt, an deren Enden Komplementärfarben liegen (z. B. Rot und Blaugrün, Violett und Grünlichgelb). Die schwache Krümmung der rechten Seite bringt zum Ausdruck, daß die Mischung von zwei auf ihr gelegenen Farben keine völlig gesättigte Farbe gibt; denn die Verbindungslinie zweier ihrer Punkte fällt in die Fläche des Dreiecks, welche nur ungesättigte Farben repräsentiert. Anders bei der linken Seite; diese ist größtenteils geradlinig, die Verbindungslinie zweier ihrer Punkte fällt also mit der Seite zusammen. Das bedeutet, daß die Gemische von Rot bis Gelbgrün so wie die gesättigten Spektralfarben aussehen.

Aus dem Farbendreieck ist ferner abzulesen, welche Mengen oder Intensitäten man von zwei Farben nehmen muß, um eine bestimmte Mischfarbe zu erhalten. Die Abstände zweier Komplementärfarbenpunkte vom Weißpunkt sind z. B. so gewählt, daß die Abstände umgekehrt proportional den Mengen sind, welche angewendet werden müssen, um Weiß zu erzeugen; also RW Blaugrün und $BgrW$ Rot geben Weiß. Bildlich wird das auch so ausgedrückt: Man denke sich die notwendigen Mengen durch Gewichte dargestellt und diese an den Enden der Geraden aufgehängt, dann liegt W im Schwerpunkt dieses Systems. Repräsentiert der Punkt F ein bestimmtes ungesättigtes Blau, welches aus gesättigtem Blau und aus gesättigtem Orange hergestellt werden soll, und bedeutet B und O die Mengen Blau und Orange, welche dafür verwendet werden müssen, so muß sich $B : O = OF : BF$ verhalten.

Das hervorstechendste Ergebnis dieser Darstellung ist, daß *den Farben Rot, Grün und Violett eine ausgezeichnete Stellung einzuräumen ist*; sie sind von HELMHOLTZ deshalb als **Grundfarben** bezeichnet worden. *Ihre Bedeutung liegt darin, daß man mit ihnen allein durch geeignete Mischung sämtliche übrigen Farben (auch die Urfarben Gelb und Blau) subjektiv erzeugen kann,* freilich nur in angenäherter, aber immerhin größtmöglicher Sättigung; denn das Paar Rot und Grün gibt die eine, das Paar Grün und Violett die andere Hälfte der Spektralfarben, Rot und Violett gibt die Purpurtöne, und da Purpur und Grün komplementär sind, so geben die drei Komponenten Rot, Grün und Violett zusammen Weiß. An Stelle von Rot, Grün und Violett kann man als Grundfarben auch Rot, Grün und Blau wählen, da sich aus viel Blau und wenig Rot Violett erzeugen läßt. Auf die physiologische Bedeutung der Sonderstellung der Grundfarben werden wir bald zu sprechen kommen.

Die Herstellung der Additionsfarben durch Mischung wirft ein interessantes Licht auf die Fähigkeiten des Sehorgans. Sein Vermögen, die Umwelt zu analysieren, ist offenbar beschränkt, besonders im Vergleich mit dem Ohr. Denn dieses kann ja einen Akkord von Schallschwingungen in seine einzelnen Tonkomponenten zerlegen, das Auge kann dagegen einen Akkord von Lichtschwingungen nur als Ganzes erfassen und kann ihn nicht von einem (physikalisch gesprochen) reinen Farbenton unterscheiden. Ob ein Grüngelb aus Rot und Grün gemischt ist oder aus Orange und Gelbgrün, oder ob es homogenes spektrales Grüngelb ist, vermag das Auge nicht zu erkennen. Ferner merkt das Auge nichts davon, ob eine farblose Helligkeit durch Mischung zahlreicher verschiedener Lichtschwingungen oder durch Mischung von dreien oder auch nur von zweien zustande kommt, während das Ohr mit Leichtigkeit unterscheidet, ob etwa an einem Klavier alle Tasten zugleich angeschlagen werden oder nur wenige, und die Empfindung von Schwarz ist überhaupt nicht auf die direkte Einwirkung von Lichtwellen zurückzuführen. Man hat aus diesem Grund öfter darüber gestritten, ob man berechtigt ist, von *Schwarzempfindung* zu sprechen, so wie man von Weiß- oder von Grünempfindung spricht. Der Psychologe wird dies zweifellos bejahen und von seinem Standpunkt aus keinen Unterschied zwischen Schwarz, Grau oder Grün oder sonst einer Farbe anerkennen und nicht einräumen können, daß die Abwesenheit eines eigenen Reizes für die Beurteilung maßgebend sei (HERING). Zudem bedeutet ein Mangel jeglichen Lichtreizes noch keineswegs Schwarzempfindung. So erzeugt ja z. B. die Blindheit der Papilla nervi optici keinen schwarzen Fleck im Sehfeld, und daß zur Empfindung des tiefsten Schwarzes ganz besondere äußere Bedingungen erfüllt sein müssen, das wird später (S. 526) noch gezeigt werden.

Mischt man nun nicht reine Spektralfarben in der geschilderten Weise, sondern mischt die Farben bunter Papiere mit Hilfe MAXWELLscher rotierender Scheiben, so könnte man vielleicht prinzipiell andere Ergebnisse erwarten, als wie sie in dem Farbendreieck ausgedrückt wurden; denn die Farben bunter Papiere sind, wie die Spektralanalyse zeigt, keine reinen Farben. Was wir an Farben für gewöhnlich zu sehen bekommen, die sogenannten *Körperfarben*, das sind fast immer Kombinationen von Lichtwellen der verschiedensten Länge. Vermengt man nun z. B. ein gelbes Pigment mit einem blauen, so wie es in der Maltechnik geschieht, so erhält man für gewöhnlich Grün, während nach dem Farbendreieck Gelb und Blau als Komplementärfarben bei der Mischung Weiß oder Grau ergeben. Dies hat folgenden Grund: wenn auf ein gelb aussehendes Pigment Tageslicht fällt, so wird ein Teil desselben an der Oberfläche reflektiert, ein Teil durchdringt die Pigmentkörnchen, und dabei wird vornehmlich das gelbe Licht, in schwächerem Maß aber gewöhnlich auch Grün und Rot durchgelassen, dagegen Blau und Violett absorbiert. Das durchgedrungene Licht wird dann an tiefer gelegenen Körnchen bei genügend schräger Inzidenz total reflektiert, so daß schließlich in der Hauptsache gelbes, daneben grünes und rotes Licht von dem gelben Pigment ausgestrahlt wird und das Auge des Beobachters erreicht. Da rotes und grünes Licht sich aber subjektiv einigermaßen zu Weiß ergänzen, so wird zusammen mit dem reflektierten gelben Licht der Eindruck eines hellgelben Pigments hervorgerufen. Fällt das Tageslicht auf ein blau aussehendes Pigment, so wird von diesem in erster Linie blaues Licht, außerdem etwas Grün und Violett durchgelassen und dann reflektiert, dagegen Gelb und Rot absorbiert. Mischt man nun die beiden Pigmente, so wird von den Körnchen des blauen Pigments das Gelb und Rot, welches die gelben Körnchen passiert hat, ausgelöscht und von den Körnchen des gelben Pigments wird das Blau und Violett, das die blauen Körnchen passiert hat, ausgelöscht. So bleibt vorwiegend grünes Licht übrig. Dieses Grün wird sachgemäß als eine **Subtraktionsfarbe** bezeichnet.

Hiernach ist klar, daß die physikalische Mischung der Pigmente (in Form von Farbpulvern oder auch in gelöster Form) etwas ganz anderes ist als die subjektive physiologische Mischung derselben Pigmente, wenn sie auf Papier gestrichen und auf der Maxwellschen Scheibe rotiert werden. Im letzteren Fall weicht das Ergebnis nur insoweit von dem Ergebnis der Mischung reiner Spektralfarben ab, als die additive Mischfarbe ziemlich dunkel, also z. B. ein mit rotierenden farbigen Scheiben erzeugtes farbloses Licht ziemlich dunkelgrau ist; das beruht darauf, daß von den farbigen Papieren ein erheblicher Teil des auffallenden Lichtes wegabsorbiert wird.

Es bleibt bei der Darlegung der Beziehungen zwischen Lichtempfindung und physikalischem Reiz nun noch der **Zusammenhang zwischen der Helligkeit der Farbe und dem Lichtreiz** zu erörtern. Von der „spezifischen Helligkeit" der Spektralfarben war bereits die Rede (S. 518); die früher gemachten Angaben gelten dabei für mittlere Reizstärken. Geht man nämlich zu immer größeren Reizstärken, also zu immer größeren Schwingungsamplituden über, so steigert sich nicht bloß die Helligkeit, sondern es ändern sich zugleich Farbenton und Sättigung der Spektralfarben; je stärker der Reiz wird, um so mehr nähert sich die Empfindung dem farblosen Weiß. Dabei schwinden Rot und Grün eher als Gelb und Blau. Wendet man dagegen immer geringere Reizstärken an, so verschiebt sich das Maximum der Helligkeit vom Gelb gegen das Grün hin, Rot vermindert seine Helligkeit so, daß es vom Blau an Helligkeit übertroffen wird (sogenanntes *Purkinjesches Phänomen*), weiterhin verschwindet das Rot ganz, und die übrigen Lichter büßen an Farbigkeit mehr und mehr ein; schließlich bleibt von dem ursprünglichen farbigen Sonnenspektrum ein verkürztes farbloses Band übrig, dessen einzelne Abschnitte sich nur noch durch ihre Helligkeit voneinander unterscheiden. Geht man also auf dem umgekehrten Weg von unterschwelligen, durch ein Prisma dispergierten Lichtern aus, die man allmählich verstärkt, so taucht zuerst ein **farbloses Spektrum** auf (Hering und Hildebrand), und erst nach diesem „farblosen Intervall" erscheinen bei weiterer Verstärkung die Farben. Vielleicht darf man hiernach annehmen, daß jeder Farbe stets eine gewisse Farblos-Komponente beigemischt ist.

Versuchen wir nach all dem nun, uns ein Bild von den Vorgängen im Sehorgan zu machen, welche durch die physikalischen Lichter angeregt werden! Denn um mehr als um ein Bild kann es sich vorläufig nicht handeln, da das Material unserer faktischen Kenntnisse von den Netzhautprozessen, so wie sie vorher mitgeteilt wurden, viel zu geringfügig ist, als daß man mit ihm schon die Brücke zwischen der psychologischen Ord-

nung der Lichtempfindungen und der physikalischen Ordnung der Lichtreize zu schlagen vermöchte.

Es sind wesentlich zwei Hypothesen, in welchen die Psychophysik
des Sehorgans zum Ausdruck gekommen ist, die **Lehre von den Gegenfarben** von HERING (1878), welche die rein psychologische Betrachtung
der Lichtempfindungen zum Ausgang nimmt, und die **Dreikomponentenlehre** von YOUNG (1807) und HELMHOLTZ (1852), welche sich auf den Erfahrungen über die Mischung von spektralen Lichtern aufbaut.

Entsprechend der psychologischen Heraussonderung dreier Paare
von „Gegenfarben" nahm HERING an, daß drei „Sehsubstanzen" im Auge
vorhanden sind, eine *Rotgrünsubstanz*, eine *Gelbblausubstanz* und eine *Weißschwarzsubstanz*, welche von dem einfallenden Licht in verschiedener
Weise verändert werden. Rotes, gelbes und weißes Licht sollen die drei
Substanzen zersetzen und dadurch Rot-, Gelb- und Weißempfindung verursachen; grünes und blaues Licht sowie Dunkelheit sollen das Gegenteil
von Zersetzung, Aufbau, bewirken und so Grün-, Blau- und Schwarzempfindung erregen. Diese Hypothese geht von der allgemein-physiologischen
Erfahrung aus, daß, entsprechend den selbstregulatorischen Fähigkeiten
der Organismen, zu jeder Zersetzung oder *Dissimilation* auch die Kehrseite, eine *Assimilation*, gehört; eigenartig und mit sonstigen Erfahrungen
der Physiologie schwer in Einklang zu bringen scheint dabei HERINGS Annahme, daß ein äußerer Reiz eine Assimilation auslösen soll, so wie es
für das grüne und blaue Licht vorausgesetzt wird. Aber dem ist entgegen-
zuhalten, daß mit den Sehsubstanzen nicht reaktionsfähige Stoffe im Sinn
des Chemikers gemeint sind, sondern Bestandteile des Sehapparates in
weitestem Sinn, deren Lokalisation ziemlich offen bleibt.

HERING nahm ferner an, daß die Weißschwarzsubstanz bei j e d e r
Lichteinwirkung mit zersetzt wird; daraus folgt, daß jede durch einen
Lichtreiz ausgelöste Farbe nicht maximal
gesättigt ist, sondern neben ihrer „bunten
Valenz" eine gewisse „Weißvalenz" hat. Zu
dieser Annahme gelangten wir eben schon auf
einem anderen Wege bei Betrachtung des Zusammenhangs zwischen Helligkeit und Stärke
des Lichtreizes (S. 524).

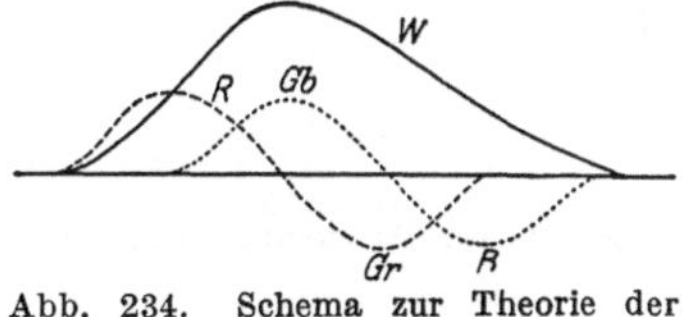

Abb. 234.   Schema zur Theorie der
Gegenfarben.

Die Annahmen von HERING können wir
durch ein Schema wie in der Abb. 234 graphisch darstellen. Die Abszisse
bedeutet darin die Reihe der spektralen Reizlichter, die positiven und negativen Ordinatenwerte stellen die Größe der Dissimilation oder Assimilation
der drei Sehsubstanzen dar, welche den objektiven Reizen entsprechen.

Die stete Erregung der Weißschwarzsubstanz im Sinne ihrer Dissimilation erklärt auch das Phänomen der Komplementärfarben. Die Komplementärfarben sind Gegenfarben. Wenn also gelbes und blaues Licht
gleichzeitig und gleich stark auf das Auge wirken, dann müssen Dissimilation und Assimilation einander die Wage halten. Es würde demnach gar
keine Empfindung resultieren, wenn nicht sowohl von Gelb als auch von
Blau die Weißschwarzsubstanz mit zersetzt und damit die Empfindung
Weiß wachgerufen würde.

Daß die Übergangsfarben auf die Veränderung z w e i e r Sehsubstanzen
zurückzuführen sind, z. B. die Empfindung Gelbgrün auf die Dissimilation der Gelbblausubstanz und die Assimilation der Rotgrünsubstanz,
ist selbstverständlich.

Auch der Einfluß der Lichtreizstärke auf die Helligkeit und Sättigung der Farben findet in der Lehre von den Gegenfarben eine Deutung. Wir sahen, daß bei stärkerer Reizung Rot und Grün mehr und mehr verschwinden und von gelben, auch von blauen Tönen abgelöst werden, daß weiterhin aber auch diese zurücktreten und nur Weiß übrigbleibt. Charakteristisch ist also das paarweise Verschwinden der Farbigkeiten. Dies läßt die Deutung zu, daß die Rotgrünsubstanz am ehesten versagt, die Schwarzweißsubstanz dagegen am resistentesten ist, eine Annahme, die auch durch andere Erfahrungen gestützt wird (s. S. 533 u. 535).

Die *Dreikomponentenlehre* von THOMAS YOUNG und HELMHOLTZ beruht auf der experimentellen Feststellung, daß mit Hilfe dreier Farben, Rot, Grün und Blau (oder Violett) durch Mischung sämtliche übrigen Farben erzeugt werden können; diese Feststellung fand ihren Ausdruck in dem Farbendreieck (S. 522). Daraufhin wurde das Postulat aufgestellt, daß im Sehorgan drei verschiedene reizbare Bestandteile vorhanden sind, von welchen der eine vornehmlich auf Rot, der zweite auf Grün und der dritte auf Blau anspricht; jeder Bestandteil soll aber auch auf die seinem Hauptreiz benachbarten Lichter mit reagieren. Dies kann schematisch durch die drei Erregungs- oder Valenzkurven der Abb. 235 dargestellt werden. Danach kann also beispielsweise Gelbempfindung entweder von der gleichzeitigen Erregung der Rotkomponente durch rotes, der Grünkomponente durch grünes Licht oder aber von der Erregung beider Komponenten durch gelbes Licht von der gleichen Tönung wie das Mischgelb herrühren. Es wird weiter angenommen, daß Weißempfindung die gleichzeitige und gleich starke Erregung aller drei Komponenten bedeutet. Alsdann ist auch klar, daß sich zwei Komplementärfarben zu Weiß ergänzen müssen; denn wenn z. B. Rot und Blaugrün komple

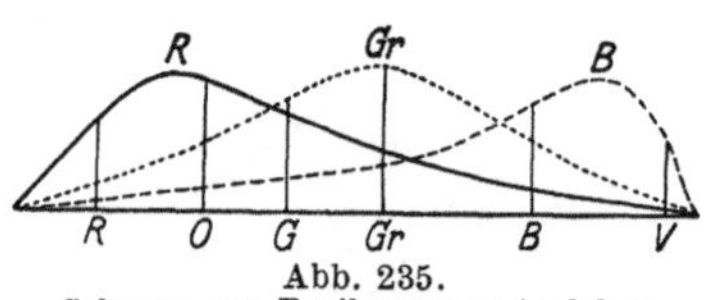

Abb. 235.
Schema zur Dreikomponentenlehre.

mentäre Lichter sind, so werden durch diese beiden Farben alle drei Komponenten erregt. Ferner ist aus den Kurven abzulesen, daß jeder Farbe eine gewisse Weißvalenz zukommt, da beispielsweise rotes Licht nicht bloß die Rotkomponente erregt, sondern ein wenig auch die Grün- und die Blaukomponente, und endlich folgt aus dem Schema, daß, je heftiger die Reizung, um so vollständiger die Farbentöne durch Weiß verdrängt werden.

Wenn hiernach die beiden Hypothesen den Beobachtungen, welche bei der Mischung der Farben in verschiedenen Mengenverhältnissen gemacht wurden, ungefähr gleich gut gerecht werden, so gilt das nicht mehr, wenn wir nun eine große Zahl weiterer physiologisch-optischer Beobachtungen als Maßstab an die Hypothesen anlegen.

Von großer Bedeutung für das Sehen sind die von GOETHE mit so viel Liebe erforschten *Kontrasterscheinungen.* Unter **Simultankontrast** oder *Nebenkontrast* versteht man die Erscheinung, daß zwei nebeneinander befindliche Flächen nicht so aussehen wie es den objektiv von ihnen ausgesandten Lichtern entspricht, sondern als ob jeder Fläche außerdem noch das zu dem Licht der Nachbarfläche kontrastierende Licht (die Gegenfarbe oder die Komplementärfarbe) anhaftete. Legt man z. B. kleine Quadrate, aus dem gleichen grauen Papier ausgeschnitten, auf verschiedene Papierbogen, welche von Schwarz über verschiedene Graustufen bis zum Weiß variieren, so sieht das auf Weiß liegende Quadrat am dunkelsten, das auf Schwarz liegende am hellsten aus, und die anderen zeigen entsprechend abgestufte Helligkeiten (*Helligkeitskontrast*). Legt man ein graues Quadrat auf einen roten Untergrund, so erscheint dem Grau die Kontrastfarbe, nämlich Blaugrün, beigemischt; legt man es auf einen gelben Untergrund, so erscheint es bläulich, auf grünem Grund hellpurpurn (rosa) und so fort (*Farbenkontrast*). Dies letztere Experiment gelingt am besten, wenn man bei Papieren von leuchtenden Farben die Grenzkonturen mildert, das Korn und andere Unebenheiten des Papiers verdeckt und die Farbe verhüllt, indem man dünnes Seidenpapier darüberlegt (*Florkontrast*). Einen ähnlichen Effekt hat es, wenn man nach HELMHOLTZ eine Scheibe nach Art der Abb. 236 rotiert. Die grauen Sektoren der Abbildung denke man sich farbig, z. B. grün; alsdann erscheint auf ganz zart grünem Grund zwingend ein rosa Ring, nicht ein grauer Ring entsprechend der Mischung von Schwarz und Weiß. Am bekanntesten ist das Phänomen der *farbigen Schatten* (O. v. GUERICKE 1612): Zwei Kerzen *A* und *B* (s. Abb. 237) werfen auf einen weißen Schirm von dem Stab *c* zwei Schatten *a* und *b*. Hält man nun vor die eine Kerze *A* ein farbiges, z. B. ein grünes Glas, so sieht der Schirm, von beiden Kerzen

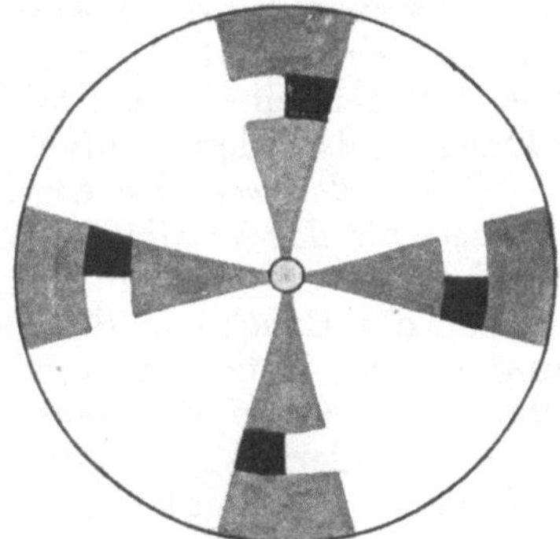

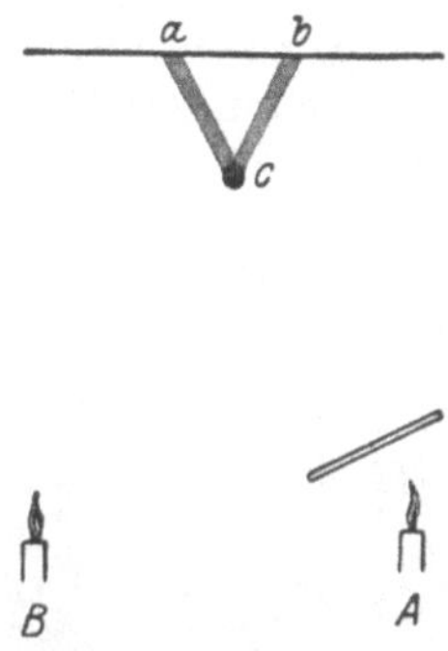

Abb. 236. Scheibe zum Nachweis des simultanen Farbenkontrasts. (Nach HELMHOLTZ.)

Abb. 237. Farbige Schatten.

her erleuchtet, hellgrün aus; der Schatten *b*, welcher bloß grünes Licht von *A* aus empfängt, erscheint leuchtend grün; der Schatten *a* dagegen, welcher bloß weißes Licht von *B* aus empfängt und darum auch weiß aussehen sollte, erscheint in der Kontrastfarbe rosa (hellpurpurn).

HERING erklärt alle diese Phänomene durch die Annahme, daß, wenn an einer Stelle des Sehapparates eine der Sehsubstanzen dissimiliert wird, dadurch auf nervösem Wege in der Nachbarschaft ein Assimilationsprozeß angeregt wird, und daß umgekehrt ein Assimilationsprozeß eine Dissimilation in der Umgebung auslöst. Diese wechselseitige Umstimmung wird auch als *Induktion* bezeichnet (BRÜCKE). Die supponierten physiologischen Vorgänge sind aber bisher noch nicht nachgewiesen; sie spielen sich vielleicht gar nicht in der Netzhaut, sondern in einem ihrer Projektionsorte im Zentralnervensystem ab.

HELMHOLTZ sprach zur Erklärung von einer Urteilstäuschung; werde an einer Stelle beispielsweise eine Helligkeit wahrgenommen, so unterliege man leicht der Täuschung, als ob die Nachbarschaft besonders spärlich Licht empfinge, und sei an einer Stelle ein Grau sichtbar und daneben Rot, so erscheine das Grau grünlich, weil man unbewußt den Gegensatz zwischen den Feldern vergrößere. Diese Erklärung wird indessen wenig befriedigen.

Eine besondere Form des Simultankontrastes wird als *Randkontrast* bezeichnet. Die Induktion dehnt sich nämlich nicht auf weite Abstände von dem Ort des induzierenden Lichtes aus; in unmittelbarer Nachbarschaft ist die induzierende Wirkung am kräftigsten und klingt dann weiterhin ab. Daher bringt sich der Kontrast an den Rändern der leuchtenden Fläche am deutlichsten zur Geltung. Grenzen z. B. eine schwarze und eine weiße Fläche aneinander, so erscheint unmittelbar neben der weißen Fläche die schwarze extra schwarz, neben der schwarzen die weiße extra weiß. Ein Rot, das an sich gesättigt erscheint, kann auf diese Weise neben Blaugrün noch röter aussehen. Man erkennt so, daß in der Tat, wie schon mehrfach angedeutet wurde, selbst die Spektralfarben nicht gesättigt sind, sondern eine Weißvalenz haben; wirkliche Sättigung ist überhaupt nicht durch objektives Licht, sondern nur physiologisch durch Kontrast zu erzielen, und entsprechend erzeugt man die Empfindung des tiefsten Schwarz nur durch Induktion mit einem umgebenden blendenden Weiß.

Auf Randkontrast beruht es auch, wenn kleine farbige Flecke auf schwarzem Grund stark mit Weiß verhüllt oder sogar farblos aussehen, ferner, wenn man beim Betrachten der Abb. 238 an jeder der Kreuzungsstellen der weißen Streifen einen verwaschenen grauen Fleck sieht, weil an der Kreuzungsstelle das Schwarz weniger Gelegenheit findet, Weiß zu induzieren, als an den Streifen selbst.

Die Bedeutung des Simultankontrasts für das gewöhnliche Sehen ist sehr groß. Vor allem kompensiert er die Unschärfe der Abbildung auf der Netzhaut, welche die notwendige Folge der früher erwähnten Fehler des Auges, der sphärischen und chromatischen Aberration, der mangelhaften Zentrierung, der diffusen Beleuchtung durch Beugung und Reflexion ist (s. S. 503). Die Helligkeit der bei Tageslicht auftretenden Zerstreuungskreise ist in der Mitte am größten und fällt nach dem Rande zu allmählich in die Umgebung ab. Dieser unscharfe Übergang wird nun durch den Simultankontrast einigermaßen beseitigt, indem die helle Mitte ein kontrastierendes

Abb. 238. Zur Demonstration des Randkontrasts. (Nach HERING.)

Dunkel am Rande erzeugt und die dunkle Umgebung umgekehrt die Helligkeit in der Peripherie des Zerstreuungskreises hebt. Sobald man eine Zeichnung mit scharfen Konturen nicht im hellen Tageslicht, sondern bei stark gedämpftem Licht betrachtet, sieht man sie daher verwaschen, auch wenn die Helligkeitsunterschiede an sich noch ziemlich erheblich sind. „Gleich einem Photographen, der eine mangelhafte Kopie retuschiert, korrigiert also die Wechselwirkung in der Netzhaut das Bild der Außendinge" (HERING).

Der Simultankontrast bedingt es auch, daß trotz höchst wechselnder Beleuchtung die Sehdinge einen einigermaßen beständigen Eindruck hervorrufen. Die Buchstaben eines Drucks auf weißem Papier sehen z. B.

stets schwarz aus, obwohl das vom Schwarz reflektierte Licht ganz außerordentlich variiert. HERING hat z. B. gezeigt, daß das Schwarz der Buchstaben am hellen Mittag dreimal soviel Licht aussenden kann als das Weiß am frühen Morgen; dennoch erscheinen die Buchstaben auch mittags schwarz, weil das strahlende Weiß der Umgebung zu ihrem effektiven Schwarz noch induziertes Schwarz hinzufügt.

Auch die simultanen Farbenkontraste machen sich alltäglich beim Sehen geltend; so erscheinen uns die weißen Wolken auf dem blauen Himmel gelblich, und die grauen Maulwurfshügel auf der grünen Wiese sehen rötlich aus.

Dem Simultan- oder Nebenkontrast nahe verwandt ist der **Sukzessivkontrast** oder *Nachkontrast*. Dabei handelt es sich darum, daß durch das Reizlicht nicht bloß gleichzeitig die Umgebung der getroffenen Netzhautstelle (wirklich oder scheinbar) affiziert wird, sondern daß die getroffene Stelle selber auch für die Zeit nach der Reizung verändert wird. Die Veränderung macht sich durch ein „*Nachbild*“ (s. S. 520) bemerkbar. Fixiert man z. B. längere Zeit, etwa 20—40″, ein rotes Quadrat auf weißem Grund und richtet sodann den Blick gegen eine weiße Fläche, so erscheint auf dieser im Gebiet der Fixation ein Quadrat in der komplementären, d. h. in blaugrüner Farbe, welches erst nach mehreren Minuten vollständig verblaßt ist. Wandert der Blick von dem roten Quadrat nicht auf eine weiße, sondern auf eine blaugrüne Fläche, so wird auf dieser ein blaugrünes Quadrat von besonders tiefer Sättigung sichtbar; blickt man auf eine rote Fläche, so erscheint als Nachbild ein mit Grau verhülltes rotes Quadrat; blickt man auf eine violette Fläche, so ist das Nachbild blau. Das Nachbild erscheint also stets in einer Farbe, welche der Mischung der Kontrastfarbe (komplementären Farbe) mit der Farbe des Hintergrundes entspricht. Fixiert man nicht ein farbiges, sondern ein schwarzes Quadrat, so tritt an die Stelle des *Farbenkontrastes* ein *Helligkeitskontrast*; auf weißer Fläche erscheint ein Quadrat in noch hellerem Weiß, auf Rot ein helleres Rot usf.

Als Folge des Sukzessivkontrastes ist es auch aufzufassen, wenn bei längerer Betrachtung ein Weiß an Helligkeit einbüßt, und wenn eine Farbe sich mehr und mehr verhüllt. In den gleichen Zusammenhang gehört die sogenannte *Lokaladaptation* von HERING, d. h. die Erscheinung, daß bei starrem Fixieren der Unterschied zwischen nebeneinander gelegenen verschiedenen Helligkeiten mehr und mehr verschwindet. Wenn also natürlicherweise der Blick fortwährend von Sehding zu Sehding wandert und nur unter Aufwand von Willenskraft an einem Ort haftet, so ist dies für das Erkennen der Umwelt nur von Vorteil.

Der Sukzessivkontrast läßt sich sowohl vom Standpunkt der Lehre von den Gegenfarben wie von dem der Dreikomponentenlehre deuten. Nach HERINGs Hypothese löst jede Dissimilation einer der Sehsubstanzen automatisch eine Assimilation, jede Assimilation eine Dissimilation aus, und zwar nicht bloß nachträglich, sondern schon während der eine Prozeß im Gang ist, regt sich in steigendem Maße die Gegenreaktion. Danach sollte man erwarten, daß, wenn sich das Auge längere Zeit unter konstanten Bedingungen befindet, sich ein Gleichgewicht zwischen Assimilation und Dissimilation einstellt, welchem eine Grauempfindung entsprechen müßte, und zwar gleichgültig, von welcher der Gegenfarben man ausgeht, ob z. B. von Weiß oder von Schwarz. Das ist nun aber offenbar nicht der Fall. Zwar büßt, wie wir sahen, ein Weiß, das lange Zeit geboten wird, in zunehmendem Maß an Leuchtkraft ein, und im Dunkeln ist das Gesichtsfeld des ausgeruhten Auges nicht völlig dunkel, sondern man sieht das so-, genannte *Eigengrau der Netzhaut*; aber von einer Gleichheit der Endhelligkeiten kann nicht die Rede sein.

Nach der Dreikomponentenlehre ist der Sukzessivkontrast durch Ermüdung der Netzhaut zu erklären (FECHNER, HELMHOLTZ). Wird z. B. einer Netzhautstelle nach Rot Weiß geboten, so haben die Rotkomponenten an Erregbarkeit eingebüßt, und das weiße Licht wirkt mit voller Stärke nur auf die Grün- und die Blaukomponenten; daher erscheint das zum Rot komplementäre Blaugrün. Aber diese Erklärung ist aus manchen Gründen unbefriedigend, schon deshalb, weil auch bei vielstündigem Aufenthalt im hellen Tageslicht sich keine deutliche Ermüdbarkeit des Auges bemerkbar macht, obwohl alle drei Komponenten fortwährend erregt werden und, nach dem Nachbild zu urteilen, die Ermüdung schon nach wenigen Stunden einsetzen sollte.

Während die länger dauernde Belichtung einer Netzhautstelle ein Nachbild erzeugt, welches mit dem Reiz kontrastiert und deshalb auch als *negatives Nachbild* bezeichnet wird, ruft eine kurz dauernde, aber intensive Belichtung zunächst ein *positives Nachbild* hervor; die Erregung überdauert also den Reiz und schwindet nur allmählich. Von diesem „Abklingen" der Erregung war bereits (S. 520) die Rede. Hier sei noch hinzugefügt, daß man im weiteren Verlauf der Selbstbeobachtung bemerkt, wie das positive Nachbild in das negative umschlägt, wie danach wieder das positive auftauchen kann usw. Es findet also ein *phasisches Abklingen der Nachbilder* statt. Besonders bekannt ist das farbige Abklingen der Sonnenbilder. Blickt man kurze Zeit in die Sonne und danach gegen den Himmel, so sieht man ein farbiges Nachbild, welches von Grünblau in Blau, dann in Violett, in Farblos und Rotgelb umzuschlagen pflegt. In charakteristischer Weise macht sich das farbige Abklingen bemerkbar, wenn man ein helles Objekt, z. B. einen mattweißen, gelblich beleuchteten Kartonstreifen im verdunkelten Raum mit mäßiger Geschwindigkeit vor einem dunklen Hintergrund entlang führt; die zeitlich aufeinanderfolgenden Phasen ordnen sich dann räumlich nebeneinander. Man sieht das gelbliche Licht des Kartons durch das positive, sogenannte primäre Nachbild verbreitert, dann folgt ein dunkles Intervall, dann das sekundäre oder PURKINJE*sche Nachbild*, mit unscharfen Rändern und in einem zum Gelb komplementären bläulichen Licht, darauf abermals ein dunkles Intervall und schließlich noch eine farblose tertiäre Phase. Daß diesem phasischen Abklingen der Erregung vielleicht der phasische Netzhautstrom zugeordnet werden kann, wurde schon S. 517 bemerkt. Der phasische Ablauf ist wohl darauf zurückzuführen, daß verschiedene Bestandteile der Netzhaut mit verschiedener Latenz in Aktion treten. So hängt die tertiäre Phase des PURKINJEschen Nachbildes wahrscheinlich von der Erregung der Stäbchen ab, während die primäre und sekundäre Phase der Erregung den Zapfen angehören; dafür spricht unter anderem, daß die tertiäre Phase durch die gleich zu besprechende Dunkeladaptation sehr gesteigert wird (KOHLRAUSCH).

Wenn man nach längerem Aufenthalt im Tageslicht in einen nur durch Dämmerlicht erleuchteten Raum tritt, so erkennt man die Gegenstände in seinem Innern zunächst nicht, so wie wenn der Raum völlig verdunkelt wäre. Im Verlauf weniger Minuten heben sich aber die Gegenstände mehr und mehr von ihrem Hintergrund ab und werden immer besser unterscheidbar; aber ihre Farbigkeit haben sie eingebüßt; sie sind nur an der verschiedenen Verteilung der farblosen Helligkeiten zu erkennen (s. S. 524). Diese Anpassung des Auges heißt **Dunkeladaptation** (AUBERT).

Genaue Messungen der Reizschwelle haben gezeigt (PIPER), daß die Anpassung anfänglich langsam, zwischen 10 und 30—40 Minuten rasch und dann wieder langsamer fortschreitet, bis sie erst nach länger als einer Stunde ihren Höhepunkt erreicht hat; die Lichtempfindlichkeit ist dann 1400 bis 8000mal größer als im Hellen. Begibt man sich umgekehrt nach längerem Aufenthalt in einem dunklen Raum ins Helle, so wird man zunächst geblendet und vermag die Gegenstände nur schlecht zu erkennen; aber die Empfindlichkeit des Auges sinkt rasch, und — im Gegensatz zur Dunkeladaptation — ist schon binnen weniger Minuten die Adaptation ans Tageslicht, die **Helladaptation,** vollendet.

Die Adaptation ist neben dem Simultankontrast die wichtigste Einrichtung unseres Auges, um die großen Schwankungen in der Beleuchtung der Sehdinge einigermaßen auszugleichen. Ohne sie würden wir z. B. beim Hereinbrechen der Dämmerung hilflos sein und überall anstoßen, wie es in der Tat in den Fällen pathologisch geringer Adaptationsfähigkeit, welche als *Hemeralopie* (Nachtblindheit) bezeichnet wird, zu beobachten ist (s. auch S. 212). Zur Erklärung der Adaptation können wir an die Erfahrungen über den *Sehpurpur* (s. S. 515) anknüpfen. Wir fanden, daß der Sehpurpur im Hellen ausgebleicht und im Dunkeln wieder regeneriert wird; es liegt also nahe, dabei an eine Beziehung zur Adaptation zu denken. Das Gefühl der Blendung bei einem dunkeladaptierten Auge, welches plötzlich dem Licht exponiert wird, könnte auf dem Übermaß der Zersetzung des angehäuften Sehpurpurs beruhen, die Dunkeladaptation ließe sich als eine Sensibilisierung der Netzhaut durch den sich ansammelnden Farbstoff auffassen. Zugunsten dieser Hypothese kann man eine ganze Reihe von Argumenten anführen.

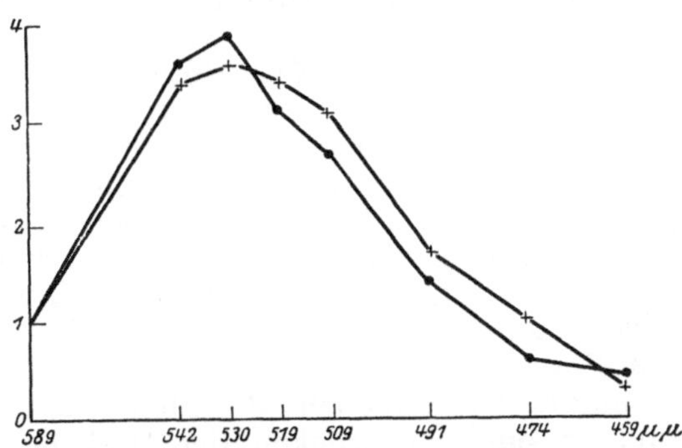

Abb. 239. Helligkeitsverteilung im farblosen Spektrum bei Betrachtung mit dunkeladaptiertem Auge (— · — · —) und bleichende Wirkung der spektralen Lichter auf den Sehpurpur (— × — × —). (Nach W. TRENDELENBURG.)

Erstens ergibt sich, daß die Dunkeladaptation im Zentrum der Netzhaut mindestens viel geringfügiger ist als in der Peripherie (PARINAUD, v. KRIES); dem entspricht, daß in der Fovea centralis der Sehpurpur fehlt oder richtiger fast fehlt (s. S. 515). Zweitens fanden wir, daß die Helligkeitsverteilung im Spektrum beim Sehen in der Dämmerung, also beim Sehen mit dunkeladaptiertem Auge, anders ist als bei hellem Licht; das Maximum der Helligkeit ist in der Dämmerung von Gelb nach Gelbgrün verschoben (S. 524); dem entspricht, daß der Sehpurpur ebenfalls vom Gelbgrün am raschesten ausgebleicht wird, und daß überhaupt die Kurve der „Bleichungswerte" derjenigen der „Dämmerungswerte", d. h. den relativen Helligkeiten in der Dämmerung parallel läuft, so wie es Abb. 239 nach W. TRENDELENBURG zeigt. Faßt man den Sehpurpur als Sensibilisator für die Sehelemente auf, dann wird ferner die folgende Erscheinung verständlich: befestigt man auf einem schwarzen Tuch mehrere weiße Papiermarken, beleuchtet sie so, daß sie vom dunkeladaptierten Auge eben deutlich gesehen werden, und fixiert man eine nach der anderen, so macht man die merkwürdige Beobachtung, daß immer diejenige Marke, welche man gerade ins Auge faßt, verschwindet, um alsbald wieder aufzutauchen, wenn man von ihr fortblickt (v. KRIES). In der Dämmerung existiert also im Auge ein *zentrales Skotom* (s. S. 449 und 514). Dies beruht darauf, daß beim Fixieren die Marke in der Fovea centralis zur Abbildung gelangt, diese aber infolge ihres Sehpurpurmangels bei schwacher Beleuchtung nicht anspricht.

Da der Sehpurpur speziell die Stäbchenaußenglieder umgibt und die fast purpurfreie Fovea centralis nur Zapfen enthält (s. S. 515), so ist auch die Anschauung ausgesprochen worden, daß die Netzhaut funktionell zweigeteilt sei, daß *die Stäbchen einen Dämmerungsapparat, die Zapfen einen Helligkeitsapparat darstellen.* Schon vor langer Zeit begründete M. SCHULTZE (1866) diese als **Duplizitätstheorie** bezeichnete Lehre durch den histologischen Nachweis, daß die Netzhaut mancher Nachttiere (Igel, Fledermaus, Maulwurf, Eule) keine oder nur vereinzelte Zapfen, die Netzhaut ausgesprochener Tagtiere (Eidechse, Schlange) dagegen keine Stäbchen enthält. Auch färberisch verhalten sich bei geeigneter Behandlung Stäbchen und Zapfen völlig verschieden (KOLMER). Hinzukommen zahlreiche physiologische Argumente. PARINAUD (1884) und v. KRIES (1894) vindizierten dem Stäbchenapparat vor allem die Fähigkeit, die für das Dämmerungssehen notwendige große *Empfindlichkeit für Helligkeiten* zu vermitteln, während der weniger lichtempfindliche Zapfenapparat die *Unterscheidung der Farben* ermögliche. Zur Begründung dessen kann vor allem der folgende schöne Versuch von v. FRISCH angeführt werden: er dressierte Fische so, daß sie nur auf Futter von einer bestimmten Farbe anbissen. Setzte er dann die Helligkeit im Aquarium allmählich so weit herab, daß die Fische die Farbe eben nicht mehr unterscheiden konnten, und nahm dann bei dem gleichen Dämmerlicht die Augen heraus und konservierte sie, so ergab die histologische Untersuchung, daß entsprechend dem, was früher (S. 516) beschrieben wurde, das Dämmerungslicht gerade eben die Bewegungen von Stäbchen und Zapfen einleitete, welche zu einer Räumung der Bildebene der Membrana limitans externa von den Zapfen und zu einem Einrücken der Stäbchen in diese Ebene führen. Ferner äußert sich die Duplizität der Netzhaut in großen *Unterschieden in der „Sehschärfe"* zwischen Netzhautzentrum und Netzhautperipherie, die wir noch (S. 537) erörtern werden. Endlich spricht für sie die Erfahrung, daß die früher (S. 520) beschriebene Verschmelzung von Schwarz und Weiß oder von verschiedenen Farben mit Hilfe der rotierenden Scheibe in der Dämmerung viel leichter zustande kommt als in der Helligkeit. Die *Verschmelzungsfrequenz* beträgt im Tageslicht etwa 60 pro Sekunde, bei Dunkeladaptation und schwacher Beleuchtung etwa 20.

Auch die merkwürdigen Erscheinungen der **Farbenblindheit** erläutern in gewisser Weise die Lehre von der Netzhautduplizität. Die bekannteste Form der Farbenblindheit ist die sogenannte *Rotgrünblindheit*, auch *Daltonismus* genannt, weil der Chemiker DALTON im Jahre 1794 die erste präzise Beschreibung derselben lieferte. Die Rotgrünblindheit ist ziemlich verbreitet; 3,5—4 % der Männer sind von ihr betroffen. Auffallenderweise kommt sie viel seltener, nur etwa zu 0,4 %, bei den Frauen vor. Die Anomalie tritt häufig familiär und erblich auf, dabei wird sie unter Überspringung des weiblichen Geschlechts nur auf die männlichen Individuen übertragen, wird also geschlechtsgebunden vererbt. Die Farbenblindheit bleibt oft bis in späte Jahre unbemerkt; bei Kindern wird sie häufig beim Beerenpflücken entdeckt, wenn rote Beeren im grünen Laub schlecht, d. h. wesentlich an ihrer Form, nicht an ihrer Farbe erkannt werden.

Die genaue Analyse der Farbenblindheit erfordert ein sachgemäßes Vorgehen; denn auch der Rotgrünblinde bezeichnet die Gegenstände vielfach in der richtigen Farbe, nicht bloß weil er von ihrer Farbe reden hört, sondern weil er sie auch nach ihrer Helligkeit beurteilt. Zur Prüfung des Farbensinns wird u. a. die *Holmgren*sche *Wollprobe* angewendet: man legt dem Prüfling eine große Zahl verschiedenfarbiger Wollproben vor und fordert ihn auf, etwa zu einem herausgegriffenen Grün alle farbverwandten Proben dazu zu legen. Der Rotgrünblinde wird dann außer reinem Grün etwa die gelbgrünen, aber auch die grauen und rotbraunen Proben wählen, dagegen blaugrüne beiseite lassen, welche der Normale ohne weiteres dazulegen würde. Viel verwendet werden zur Prüfung auch gedruckte *Farbentafeln*, welche aus kleinen grauen und farbigen Flächen verschiedener Helligkeit zusammengestellt sind (Nagels Farbentafeln, pseudoisochromatische Tafeln von Stilling). Der Prüfung des Farbensinns kommt eine große praktische Bedeutung zu, da die Unterscheidung roter und grüner Signale beim Eisenbahn- und Schiffsverkehr sowie beim Militärdienst erforderlich ist.

Die Analyse ergibt nun, daß sich der Rotgrünblinde so verhält, als wenn das Spektrum zur Hälfte aus Gelb und zur anderen Hälfte aus Blau verschiedener Helligkeit bestände, und als ob da, wo Gelb und Blau zusammenstoßen, in der Gegend des Grün (von etwa 530 mμ), eine „neutrale Stelle" von grauem Aussehen gelegen wäre. Daß der Rotgrünblinde in der Tat so sieht, beweist ein von Hippel beobachteter Fall, bei dem der Patient auf dem einen Auge farbentüchtig, auf dem anderen farbenblind war. Das Maximum der Helligkeit im Spektrum liegt zwischen 570 und 600 mμ, also da, wo der Farbentüchtige ebenfalls das Maximum der Helligkeit, Gelb, sieht; da von dieser Stelle aus die Helligkeit nach beiden Seiten hin abnimmt, so muß es Punkte zu beiden Seiten des Maximums geben,

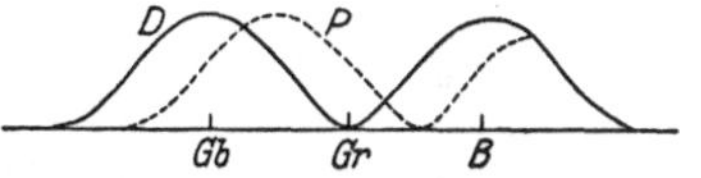

Abb. 240. Helligkeits- und Farbenverteilung im Spektrum des Protanopen (*P*) und des Deuteranopen (*D*).

welche für den Normalen rot und grün aussehen, dagegen von dem Anomalen im gleichen Farbenton und mit gleicher Helligkeit gesehen werden; so kommt die *Verwechslung von Rot und Grün*, z. B. von einem Rot von 650 mμ und einem Gelbgrün von 560 mμ zustande.

Die Rotgrünblindheit tritt in zweierlei Form auf, als *Protanopie* (Rotblindheit) und als *Deuteranopie* (Grünblindheit). Bei der Protanopie besteht eine besondere Unterwertigkeit des Rot, das Spektrum ist daher am langwelligen Ende verkürzt, die neutrale Stelle liegt im Blaugrün; bei der Deuteranopie reicht die Gelbvalenz des Spektrums bis ans rote Ende, die neutrale Stelle liegt im Grün. Dies Verhalten der Protanopen und der Deuteranopen ist in der Abb. 240 schematisch dargestellt. Doch gibt es zwischen den beiden Anomalien zahlreiche Übergänge (v. Hess).

Eine sehr seltene Art der Farbenblindheit ist die *Gelbblaublindheit*. Bei ihr wird nur Rot und Grün unterschieden. Auch diese Farbenblindheit kommt in verschiedenen Modifikationen vor. Bei einer derselben finden sich im Spektrum zwei neutrale Stellen, die eine im Gelb, die andere im Blau; zwischen ihnen wird Grün empfunden, außerhalb am langwelligen Ende Rot.

Eine mehr oder weniger ausgesprochene Blaublindheit kann dadurch vorgetäuscht werden, daß die Linse sich oft im Alter verfärbt, erst gelblich, dann gelb, schließlich gelbbraun wird. Sie absorbiert dann die kurzwelligen Lichter in verstärktem Maß. Wird solch eine Linse in der Staroperation entfernt (S. 502), so ist der Patient danach erstaunt über die Pracht der blauen Sehdinge, z. B. die des Himmels.

Diesen interessanten Sehstörungen wird natürlich am ersten die HERINGsche Lehre von den Gegenfarben gerecht; sachgemäß wird man die Rotgrünblindheit auf einen Ausfall der Rotgrünsubstanz, die Gelbblaublindheit auf einen Ausfall der Gelbblausubstanz zurückführen. Von der Existenz der Protanopie und der Deuteranopie vermag die HERINGsche Theorie aber keine Rechenschaft zu geben. HELMHOLTZ nahm zur Erklärung der Farbenblindheit den Funktionsausfall bei einer der drei für das Farbensehen supponierten Komponenten an; die Ausdrücke Rot- und Grünblindheit, Protanopie und Deuteranopie, gehen auf diese Annahme zurück. Aber es ist klar, daß bei dieser Deutung ganz unverständlich bleibt, wie das notorisch vorhandene Gelbsehen des Rotgrünblinden zustande kommen soll.

Zu den seltenen Störungen des Farbensinns gehört schließlich auch die **totale Farbenblindheit.** Bei ihr wird an Stelle des farbigen Spektrums nur ein farbloser Streifen mit verschiedener Helligkeitsverteilung gesehen, der Anblick der Außenwelt ist vergleichbar dem einer Photographie oder auch einer Landschaft im Dämmerlicht des Mondes. Diese Schilderung bedeutet schon eine Fragestellung für die Erklärung der totalen Farbenblindheit, nämlich die Frage, ob die totale Farbenblindheit dem normalen Sehen bei schwacher Beleuchtung vergleichbar ist, ob sie also vom Standpunkt der Duplizitätstheorie als die Folge eines *ausschließlichen Funktionierens des Stäbchenapparates* aufgefaßt werden kann. Für eine bestimmte Kategorie von Fällen trifft dies nun zweifellos zu. Denn erstens

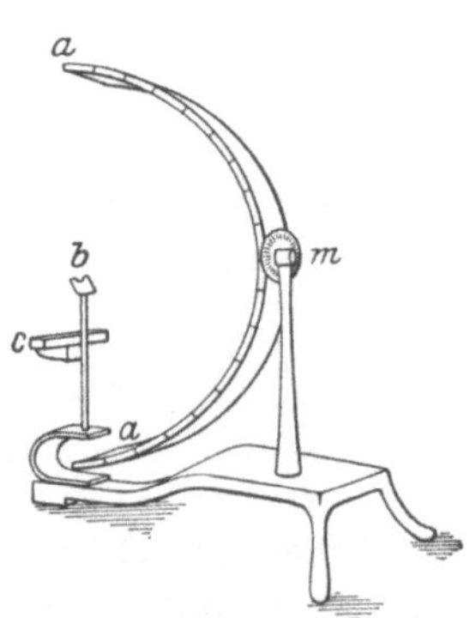

Abb. 241.
Perimeter nach FOERSTER.

hat so, wie beim Dämmerungssehen, auch das farblose Spektrum dieser Totalfarbenblinden sein Helligkeitsmaximum nicht im Gelb, sondern im Gelbgrün; die roten Lichter haben einen verminderten Reizwert, so daß das PURKINJEsche Phänomen (s. S. 530) zur Geltung kommt; im Gegensatz zum Farbentüchtigen erscheint also Blau heller als Rot. Zweitens besteht bei dem Totalfarbenblinden eine ausgesprochene Lichtscheu, weil er als Stäbchenseher auf den im Licht rasch ausbleichenden Sehpurpur angewiesen ist. Drittens ist öfter ein zentrales Skotom (s. S. 532) nachzuweisen; damit im Zusammenhang steht das Symptom des Nystagmus, ein fortwährendes kleinschlägiges seitliches Hin- und Herschwanken des Auges, offenbar darauf beruhend, daß, wenn der Patient einen Gegenstand zu fixieren sucht und ihn dabei auf seiner Fovea centralis zur Abbildung bringt, er ihm im selben Moment undeutlich wird. Viertens ist auch die Sehschärfe (s. S. 537) herabgesetzt, und fünftens findet man bei ihm bei Tag die gleiche Verschmelzungsfrequenz (s. S. 532) an der Drehscheibe wie beim Farbentüchtigen in der Dämmerung.

Diesen ziemlich gut erklärlichen Fällen von totaler Farbenblindheit stehen solche gegenüber, in denen das zentrale Skotom fehlt und die Helligkeitsverteilung im Spektrum eher mit der beim Normalen, jedenfalls nicht mit der des Dämmerungssehens übereinstimmt.

Die totale Farbenblindheit tritt familiär auf.

Ein gewisses Maß von Farbenblindheit kommt schließlich auch jedem normalen Auge in der Peripherie seiner Netzhaut zu. Nur beim „direkten

Sehen", d. h. beim Sehen mit dem Netzhautzentrum, ist die volle Farbentüchtigkeit festzustellen; beim „indirekten Sehen" dagegen macht sich schon in geringem Abstand von der Fovea centralis eine **Abnahme des Farbensinns** bemerkbar, welche sich mit steigender Exzentrizität bis zur totalen Farbenblindheit steigert. Man kann dies exakt mit einem *Perimeter* nachweisen (Abb. 241). Dieses besteht aus einem mit Gradteilung versehenen Halbkreis (*aa*), dessen Mitte (*m*) um eine horizontale Achse gedreht werden kann, so daß er dabei eine Kugelfläche beschreibt. Das Auge des zu Beobachtenden befindet sich im Mittelpunkt dieser Kugel (bei *b*), wobei sein Kinn auf der Unterlage *c* aufruht; er muß andauernd die mit einer Marke versehene Mitte des Halbkreises fixieren. Der Beobachter verschiebt nun entlang dem Halbkreis auf dessen Innenseite farbige Marken, welche von dem zu beobachtenden Auge nur indirekt gesehen werden können, so lange vom Rand gegen die Mitte des Halbkreises, bis die Farbe eben erkannt wird, und verzeichnet den Grad, bei welchem dies möglich ist. Führt man diese Bestimmung bei den verschiedensten Drehungen des Perimeterbogens aus und trägt sämtliche Beobachtungen in ein Gradnetz ein, welches eine Projektion der kugelförmigen Netzhaut in die Ebene repräsentiert, so erhält man eine Karte wie Abb. 242 (s. auch S. 542).

Daraus ist zu ersehen, daß der äußere Rand des „*Gesichtsfeldes*" total farbenblind ist; vom Auge werden dort nur farblose Helligkeiten unterschieden. Dann folgt eine Zone, welche rotgrünblind ist, innerhalb deren Gelb und Blau unterschieden werden, und auch Farben, wie Violett, Blaugrün, Gelbgrün und Orange nur blau oder gelb erscheinen. Noch weiter einwärts, in der unmittelbaren Nachbarschaft der Fovea centralis, ist der Farbensinn „normal".

Die Lage der Zonen ist keine fixierte, sondern hängt von besonderen Versuchsbedingungen ab; je größer die Marke, je intensiver ihr Licht, je geringer die Verhüllung der gezeigten Farben ist, um so weiter rücken die Grenzen in der Peripherie. Damit hängt es auch zusammen, daß für gewöhnlich, so wie auch in der Abbildung, der Grünsinn einen

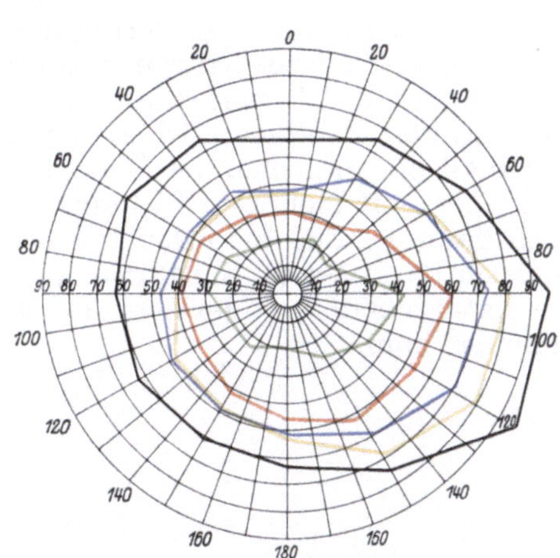

Abb. 242. Perimetrische Gesichtsfeldaufnahme für das rechte Auge.

anscheinend kleineren Bezirk einnimmt als der Rotsinn; das Grün der Marken ist gewöhnlich weniger gesättigt als das Rot.

Man kann also sagen, daß *in der Peripherie des Gesichtsfeldes nur ein Weißschwarzsinn vorhanden ist; weiter einwärts kommt dazu ein Gelbblausinn und noch weiter einwärts ein Rotgrünsinn.* Mit dieser Ausdrucksweise ordnet man bereits die Beobachtungen unter die Prinzipien der HERINGschen Theorie. Der Rotgrünsinn erweist sich dabei wiederum (s. dazu S. 524 und S. 532) als der schwächste. Die YOUNG-HELMHOLTZsche Theorie vermag die Erscheinung nicht zu erklären.

Bemerkenswert ist, daß die totale Farbenblindheit der peripheren Zone etwas anderes ist als die totale Farbenblindheit, welche vorher als Anomalie beschrieben wurde. Bei der letzteren liegt, gerade so wie beim Dämmerungssehen, das

Helligkeitsmaximum im Gelbgrün, und da die Helligkeitswerte des Spektrums für das totalfarbenblinde Auge mit den Bleichungswerten des Sehpurpurs übereinstimmen, so konnte angenommen werden, daß das Sehen des Totalfarbenblinden und das Sehen in der Dämmerung auf der Funktion der sehpurpurhaltigen Stäbchen beruht (s. S. 534). Demgegenüber stimmt die Helligkeitsverteilung für die farbenblinde Netzhautperipherie mit der für das farbentüchtige Zentrum überein, das Helligkeitsmaximum liegt beide Male im Gelb. Vielleicht ist daraus der Schluß zu ziehen, daß die periphere Farbenblindheit nicht auf der alleinigen Funktion der Stäbchen, sondern auf einer Farbenblindheit der Zapfen beruht.

Die Hypothesen über die Natur des Farbensehens von YOUNG und HELMHOLTZ und von HERING, die hier sozusagen als logische Grundlage für so viele interessante und wichtige physiologisch-optische Beobachtungen verwendet wurden, enthalten von Haus aus die Vorstellung, daß das Farbensehen eine Funktion der Netzhaut sei. Die Dreikomponentenlehre von HELMHOLTZ rechnete mit dem Vorhandensein dreier Sorten von Sehelementen, und man nahm dementsprechend zuerst an, daß es drei Arten von Zapfen gibt. HERINGS Sehsubstanzen wurden ebenfalls in die Netzhaut verlegt, und man glaubte bisweilen, den Sehpurpur mit der von ihm geforderten Schwarzweißsubstanz identifizieren zu können. Die Verhältnisse liegen aber zweifellos viel komplizierter. Hier seien dafür nur folgende zwei Feststellungen angeführt: Erstens treten Störungen des Farbensehens nicht bloß bei Erkrankungen der Netzhaut, sondern auch bei Erkrankungen der nervös-optischen Leitungen auf (s. auch S. 450), und besonders leicht wird dabei wiederum der Rotgrünsinn affiziert; so kennt man Rotgrünblindheit bei Erkrankung der Nervi oder der Tractus optici durch Vergiftung mit Alkohol, Nikotin oder Bakterientoxinen oder bei Läsion der Gehirnrinde; zweitens gibt es nicht bloß eine Farbenmischung dadurch, daß man ein und dieselbe Netzhautstelle zugleich oder in kurzer Aufeinanderfolge mit mehreren Lichtern verschiedener Wellenlänge reizt, sondern auch dadurch, daß man den beiden Augen verschieden gefärbte Objekte zugleich darbietet (s. S. 548); es gibt also eine *binokulare Farbenmischung*, die naturgemäß erst jenseits der Netzhaut, d. h. zentralwärts, zustande kommen kann.

30. Kapitel.

Die räumlichen Gesichtswahrnehmungen.

Wenn wir im vorhergehenden Kapitel die Helligkeits- und Farbenempfindungen für sich erörtert haben, so haben wir von etwas gesprochen, was in Wirklichkeit für sich gar nicht existiert; denn alle Helligkeiten oder Farbigkeiten sehen wir zugleich in bestimmter Ausdehnung und in bestimmter Form, wir sehen sie ferner an einem bestimmten Ort, in bestimmter Richtung und in einem bestimmten Abstand; jeder Helligkeit oder Farbigkeit haftet also etwas Räumliches an. Diese Komplexe nennen wir **Gesichtswahrnehmungen.**

Zu den einfachsten Leistungen des Raumsinnes unseres Auges gehört die Unterscheidung des Ortes zweier verschiedener leuchtender Objekte; man spricht von einer um so größeren **Sehschärfe,** je feiner dieses Unterscheidungsvermögen, d. h. je größer das *Auflösungsvermögen der Netzhaut* ist. Das Maß der Sehschärfe ist der reziproke Wert des kleinsten Abstandes, in welchem zwei in bestimmter Entfernung vom Auge befindliche leuchtende Punkte oder leuchtende Linien gelegen sein dürfen, um eben getrennt aufgefaßt zu werden; allgemeiner, nämlich unabhängig von der jeweiligen Entfernung vom Auge bemißt man die Sehschärfe durch den kleinsten *Sehwinkel;* das ist der kleinste Winkel, welchen die von dem leuchtenden Objekt ausgehenden Richtungsstrahlen miteinander einschließen.

Die Sehschärfe ist am größten in der Fovea centralis, also an derjenigen Stelle der Netzhaut, welche wir beim „direkten Sehen", beim Fixieren eines Punktes benutzen. Zwei leuchtende Punkte können beim direkten Sehen noch deutlich, durch einen dunklen Zwischenraum voneinander getrennt, wahrgenommen werden, wenn ihr Sehwinkel 50″ beträgt; das bedeutet auf der Netzhaut einen Abstand von ungefähr 4 μ. Wenn man die Annahme macht, daß zur Unterscheidung in dem genannten Sinn mindestens drei verschiedene Sehelemente notwendig sind, nämlich zwei, welche vom Licht gereizt werden, und ein dazwischenliegendes, welches ungereizt bleibt, so würden wir zu schließen haben, daß die Breite eines Sehelements etwa 3—4 μ beträgt. Dies ist aber ungefähr die Breite eines Zapfens.

Eine erheblich größere Sehschärfe findet man, wenn man versucht, die kleinste seitliche Verschiebung der beiden Hälften einer Geraden gegeneinander wahrzunehmen. Alsdann findet man als Grenze des Unterscheidungsvermögens einen Gesichtswinkel von nur 10″. Die Abb. 243 erläutert dies Vermögen. Die beiden Hälften der auf der Netzhaut abgebildeten Geraden *aa* sind auf einen Untergrund von Sechsecken aufgetragen, welcher das Mosaik der Zapfen darstellt. Man sieht, daß bei einem weit geringeren Abstand als einer Zapfenbreite die beiden Bildhälften der Geraden auf verschiedene Zapfenreihen zu liegen kommen.

Der als Maß der Sehschärfe angegebene Grenzwinkel von 50″ gilt nur für hohe Lichtstärken; mit abnehmender Beleuchtung nimmt auch die Sehschärfe ab. Daraus folgt, daß für die Sehschärfe nicht bloß eine rein anatomische Eigenschaft maßgebend sein kann, wie der Abstand der Sehelemente voneinander bzw. ihre Zahl in der Flächeneinheit. Wohl aber kann man die Beobachtung mit der Annahme erklären (HECHT), daß die Reizschwelle der einzelnen Sehelemente für Licht verschieden hoch liegt, und daß deshalb je nach der Lichtintensität mehr oder weniger Elemente in der Flächeneinheit der Netzhaut in Funktion treten. Mit sinkender Lichtstärke wird eine immer kleinere Zahl auf den Reiz ansprechen, so daß sich auf die Weise der gegenseitige Abstand der auf der Flächeneinheit erregten Elemente mehr und mehr vergrößert.

Bei gleicher Lichtintensität nimmt die Sehschärfe ferner von der Fovea centralis nach der Peripherie ab; die Abnahme erfolgt sehr rasch, wie man leicht bemerkt, wenn man bei „indirektem", d. h. extrafovealem Betrachten Einzelheiten an den Objekten zu erkennen sucht. Den Grad der Abnahme erläutert die Abb. 244; darin bedeutet die in F errichtete Ordinate die Sehschärfe der Fovea, sie ist gleich $^1/_1$ gesetzt. Die Abnahme der Sehschärfe

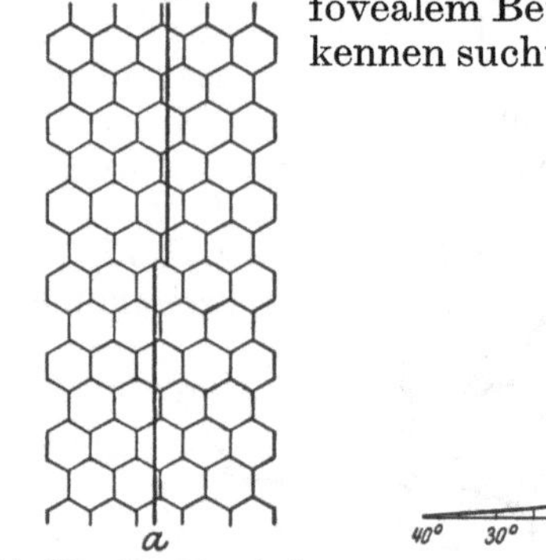

Abb. 243. Zur Theorie der Unterschiedsempfindlichkeit für seitliche Verschiebung einer Geraden nach HERING.

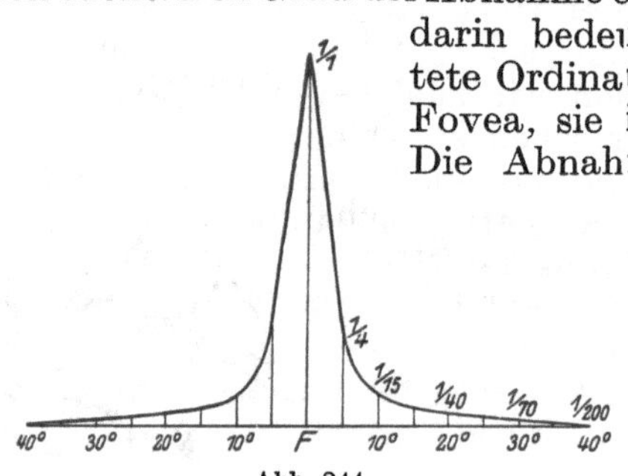

Abb. 244.
Die Größe der Sehschärfe bei direktem und indirektem Sehen.

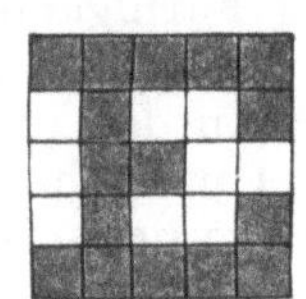

Abb. 245.
Der Buchstabe E in einer SNELLENschen Sehprobe.

nach der Peripherie wird mit der Verminderung der Zahl der Zapfen und dem Überwiegen der Stäbchen gegen die Ora serrata hin in Zusammenhang gebracht. Doch spielen auch ganz andere Momente dabei eine Rolle. So ist die Aufmerksamkeit von Natur den foveal gesehenen Objekten und ihrer Umgebung zugewandt; übt man sich darin, auf die Bilder exzentrischer Netzhautstellen zu achten, so steigt die periphere Sehschärfe mehr und mehr; sie erreicht freilich bei weitem nicht die Sehschärfe bei direktem Sehen. Trotz des mangelhaften räumlichen Unterscheidungsvermögens ist das indirekte Sehen mit der Netzhautperipherie von der größten Bedeutung; man schließe z. B. ein Auge und grenze das Gesichtsfeld des anderen dadurch ein, daß man durch ein vorgehaltenes Rohr blickt; man wird bemerken, daß man sich alsdann mit außerordentlicher Unsicherheit bewegt.

Die Verteilung der Sehschärfe, die bisher besprochen wurde, ist die Sehschärfe des helladaptierten Auges; bei Dunkeladaptation ist sie völlig anders, nämlich foveal gerade am geringsten, peripher aber auch nur niedrig und überall ungefähr gleich. Die Erklärung dafür gibt die Duplizitätstheorie (s. S. 532); die Sehschärfe des helladaptierten Auges kann man danach als „Zapfensehschärfe", die des dunkeladaptierten als „Stäbchensehschärfe" ansehen.

Praktisch wird die Sehschärfe gewöhnlich mit den aus Buchstaben oder Zahlen bestehenden SNELLENschen Sehproben gemessen. Diese, wie z. B. das E in Abb. 245, sollen von einem Normalsichtigen gerade noch gelesen werden können, wenn jedem der kleinen Quadrate ein Gesichtswinkel von l' entspricht. Wird der Buchstabe dem Auge in solcher Größe vorgewiesen, daß sein Sehwinkel bei 60 m Abstand $5'$ beträgt, und wird er wirklich in dieser Entfernung eben erkannt, so ist die Sehschärfe (Visus) gleich 1 ($V = {}^{60}/_{60}$); wird er dagegen erst in 30 m Entfernung gelesen, so ist $V = {}^{60}/_{60} = {}^1/_2$ usw.

Die Methode ist nicht einwandfrei, denn es kommt nicht bloß auf die Größe der Buchstaben an, sondern auch auf die größere oder geringere Ähnlichkeit der Buchstaben untereinander, auf den Sinn für Formen u. a.

Der Messung der Sehschärfe vergleichbar ist die Bestimmung des **Augenmaßes,** d. h. der Fähigkeit, zu taxieren, ob eine Linie gerade oder krumm ist, ob vertikal oder schräg, ob gleich lang oder länger als eine andere.

Das Augenmaß für Geradheit kann man z. B. so messen, daß man gleich hohe Ausschnitte aus Kreislinien von verschiedenem Radius vorzeigt und feststellt, ob die Krümmung wahrgenommen wird oder nicht. Man findet, daß die Krümmung der verschiedenen Kreislinien eben bemerkbar wird, wenn die Bogenhöhe größer als etwa $1,5'$ ist (GUILLERY). HELMHOLTZ nahm an, daß man zur Beurteilung den Blick die Linie entlang wandern läßt; ist die Linie gerade, so müssen sich die Nachbilder der einzelnen Streckenabschnitte im Zentrum der Netzhaut vollkommen decken. Der Eindruck der Geradheit kann aber auch bei ruhendem Auge und bei Instantanbeleuchtung gewonnen werden, wenn auch der Schwellenwert der Krümmung unter diesen Umständen meistens größer gefunden wird.

Abb. 246. HELMHOLTZsche Schachbrettfigur.

Interessant ist, daß durchaus nicht unter allen Umständen nur gerade Linien als gerade empfunden werden. Zwar wird eine Gerade, welche durch den Fixationspunkt geht und sich in einem Netzhautmeridian abbildet, stets auch als gerade empfunden; dagegen erscheinen Gerade, welche seitwärts vom Fixationspunkt gelegen sind, gekrümmt mit einer Konkavität gegen den Fixierpunkt. Man muß daher einer Linie, welche auf einer peripheren Partie der Netzhaut abgebildet wird, eine Konvexkrümmung gegen den Fixierpunkt geben, damit sie gerade erscheint, und um so mehr, je exzentrischer sie gesehen wird. Man betrachte z. B. die Abb. 246 in siebenfacher Vergrößerung aus einer Entfernung von etwa 20 cm mit einem Auge, so wird man ein Schachbrett mit regulären statt mit verzerrten Quadraten sehen (HELMHOLTZ). Die Erscheinung beruht offenbar darauf, daß uns unser Gesichtsfeld nicht als eine Ebene erscheint, sondern daß wir die Dinge vor uns wie an einer konkaven, annähernd kugelförmigen Fläche angeheftet sehen.

Auch *das Augenmaß für Längenunterschiede* ist bei der Augenbewegung größer als bei der Augenruhe. FECHNER fand, daß man einen Längenzuwachs von $^1/_{60}$—$^1/_{100}$ noch bemerkt. Haben die verglichenen Strecken gleiche Richtung, so ist der Wert der Unterschiedsschwelle kleiner, als wenn die Richtung verschieden ist.

Die Abweichungen der *subjektiven Horizontalen* von der objektiven sind außerordentlich klein; dagegen weicht die *subjektive Vertikale* regelmäßig am oberen Ende etwa um 1° nach außen ab; die objektive Vertikale erscheint also (bei senkrechter Haltung des Kopfes) oben nach einwärts geneigt, auch beim Sehen mit einem Auge.

Die Beurteilung der Geradheit, der Größe und der Richtung wird sehr häufig durch eine Anzahl von Nebenumständen beeinflußt, wie leicht aus zahlreichen **geometrisch-optischen Täuschungen** zu erkennen ist. Wird z. B. eine Strecke unterteilt, so erscheint sie größer als eine gleich lange Strecke, welche ungeteilt ist. Daher ist in der Abb. 247 der Eindruck zwingend, daß das rechte Quadrat breiter als hoch ist, das linke höher als breit. Die Erklärung dafür wird u. a. in einer Urteilstäuschung gefunden, welche durch das Hingleiten des Blickes und sein Verweilen auf den Unterteilungspunkten hervorgerufen wird. Bekannt ist auch die Streckentäuschung in der sogenannten MÜLLER-LYERschen Figur (Abb. 248);

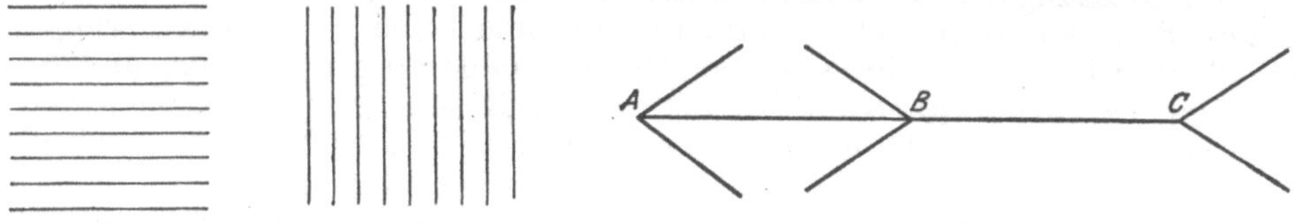

Abb. 247. Täuschung über die Länge einer Strecke durch deren Unterteilung.

Abb. 248. MÜLLER-LYERsche Figur.

die seitlichen Anhängsel an die horizontale Gerade bewirken, daß ihre beiden Hälften *AB* und *BC* lange nicht gleich groß erscheinen. Auch hier wird zur Erklärung eine Urteilstäuschung geltend gemacht, welche dadurch zustande komme, daß der Blick sich durch die Anhängsel verleiten lasse, an der rechten Streckenhälfte über die Enden hinauszufahren, während er an den Enden der linken Hälfte dadurch eher haltmache. Eine andere Erklärung (EINTHOVEN) geht von der physikalisch-optischen Erscheinung aus, daß, wenn die Enden der Streckenhälften mit ihren Anhängseln nicht scharf, sondern in Zerstreuungskreisen abgebildet werden, ihr optischer Schwerpunkt an der rechten Streckenhälfte auswärts, an der

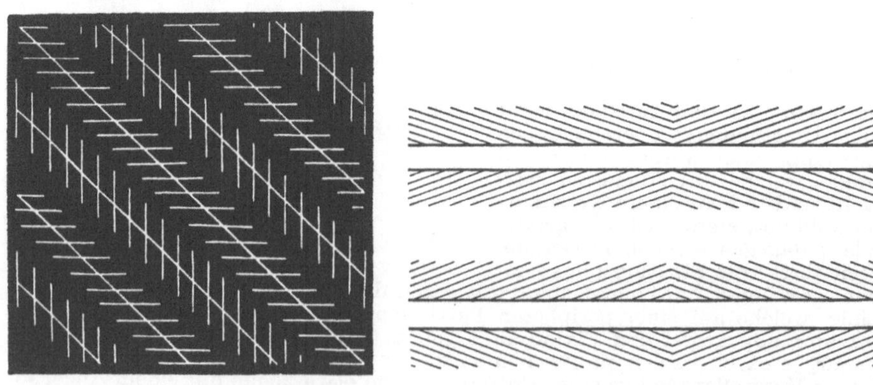

Abb. 249. ZÖLLNERsche Figur.

Abb. 250. HERINGsche Figur.

linken einwärts verlagert wird; fixiert man nun abwechselnd die Mitten der beiden Streckenhälften, so werden ihre Enden indirekt, also unscharf gesehen.

Eine andere Gruppe von geometrisch-optischen Täuschungen illustriert den Satz, daß spitze Winkel im allgemeinen überschätzt, stumpfe unterschätzt werden. Ein Beispiel ist die ZÖLLNERsche Figur (s. Abb. 249), in welcher durch die spitzen und stumpfen Winkel eine Täuschung über die Richtung der Parallelen erzwungen wird. Eine entsprechende Täuschung über die Geradheit bewirkt die Figur von HERING (Abb. 250).

Zu den elementaren Leistungen des Raumsinns unseres Auges gehört die im vorhergehenden bereits vorausgesetzte Fähigkeit, *die Hauptrichtungen als solche zu erkennen*. Die Frage, wie wir eigentlich dazu kommen, manche

Objekte als oben, andere als unten zu bezeichnen, wurde eindringlicher, seitdem man wußte, daß *das Auge die Außendinge in einem verkehrten Bild auf die Netzhaut projiziert*, so daß oben und unten vertauscht sind. Man empfand es als Problem, daß man trotz der Umkehrung die Dinge aufrecht sehe, und suchte nach Lösungen. Aber es handelt sich hier nur um ein Scheinproblem. Denn wir empfinden ja nicht unsere Netzhaut, die Seele sitzt nicht sozusagen hinter dem Auge und betrachtet das verkehrte Bild, sondern wir empfinden die Sehdinge und sprechen von bestimmten Dingen als oben, von anderen als unten befindlich. Man denke sich einen Blinden, dessen Raum vornehmlich ein Tastraum ist (s. Kap. 34); auch er erwirbt die Begriffe oben und unten, indem z. B. bestimmte Dinge, welche durch Heben des Armes zu ergreifen sind, oben befindlich genannt werden. Wird dieser Blinde sehend, so wird er dieselben Dinge, wenn er sie beim Ergreifen mit dem erhobenen Arm zugleich sieht, als oben bezeichnen, gleichgültig, an welchem Ort sie sich auf der Netzhaut abbilden. Würden wir von Geburt an nicht ein verkehrtes, sondern ein aufrechtes Netzhautbild haben, so würden wir die Dinge räumlich gerade so und nicht anders empfinden als jetzt.

Einigermaßen ist dies durch ein interessantes Experiment von STRATTON bewiesen; dieser hielt sein eines Auge geschlossen und brachte vor das andere ein Linsensystem, welches die Außenwelt auf den Kopf stellte; in der Weise verbrachte er mehr als acht Tage. Anfangs waren die Eindrücke, welche er durch das Gesicht zusammen mit dem Gefühl und den anderen Sinnen erhielt, völlig verwirrend. Aber schon am vierten Tage sah er die Landschaft aufrecht, hatte dabei jedoch zugleich das Gefühl, als stünde sein Körper verkehrt. Überhaupt fiel es ihm schwer, die optischen Eindrücke mit den Empfindungen, welche von den eigenen Gliedmaßen ausgehen, in Harmonie zu bringen, rechts und links wurden sowohl im Gefühl als auch im Handeln lange verwechselt. Gegen Ende des Versuchs wurden Arme und Beine wirklich da gefühlt, wo sie gesehen wurden; nur wenn sie nicht gesehen, nur gefühlt wurden, so wurden sie meist auch dann noch in der alten Weise lokalisiert. Nur graduell verschieden hiervon ist es, wenn es einem zur Gewohnheit wird, allerlei Handlungen vor dem Spiegel auszuführen, wobei ja ebenfalls neue Beziehungen zwischen Gesichtswahrnehmungen und den Wahrnehmungen der eigenen Glieder und ihrer Bewegungen hergestellt werden.

Die Fläche, an welcher wir sämtliche mit dem ruhenden Auge zu erfassenden Dinge zu sehen glauben, heißt das **Gesichtsfeld**; es weist bestimmte Grenzen auf, welche im wesentlichen durch die tiefe Lagerung des Augapfels und die Prominenz seiner Umgebung, daneben auch durch die beschränkte Sehfähigkeit der Netzhautperipherie gesteckt sind. Die Ausmessung des Gesichtsfeldes geschieht mit dem *Perimeter* und wurde schon früher (S. 534) beschrieben. Man bezeichnet dabei seine Grenzen durch die Größe der Winkel, welche die von den einzelnen Punkten der Grenzlinie aus gezogenen Richtungsstrahlen mit der „*Gesichtslinie*", der Verbindungslinie zwischen dem Fixierpunkt und der Fovea centralis, bilden. In dieser Weise bestimmt, dehnt sich das Gesichtsfeld für farblose Objekte nach Abb. 242 (S. 535) temporalwärts bis etwa 100°, nasalwärts bis 60°, nach oben ebenfalls bis 60° und nach unten bis etwa 65° aus. Doch variieren diese Grenzen individuell, besonders je nach der Formation der Augenbrauenbogen und der Nase. In jedem Fall ist aber die Fläche der temporalen Gesichtsfeldhälfte erheblich größer als die der nasalen.

Die Gesichtsfelder der beiden Augen überdecken sich zum Teil, d. h. wir vermögen bestimmte, beiden Gesichtsfeldern gemeinsame Punkte auf beiden Netzhäuten zugleich zur Abbildung zu bringen; insbesondere kann bei geeigneter Konvergenz der Gesichtslinien ein und derselbe Punkt, der *binokulare Blickpunkt* (*Fixierpunkt*) fixiert, also foveal abgebildet werden. Das beiden Augen gemeinsame *Deckfeld* ist in Abb. 251 grau hervorgehoben. Dessen Bedeutung für die Erfassung der räumlichen Tiefendimension wird uns nachher beschäftigen.

Mit der partiellen Überdeckung der beiden Gesichtsfelder hängt die früher (S. 449) erörterte partielle Kreuzung der Sehnervenfasern zusammen. Sie bewirkt beim Menschen, daß alle Lichteindrücke, welche die beiden Augen von der linken Seite her treffen, auf die rechte Großhirnhemisphäre, und daß alle Eindrücke von rechts her auf die linke Hemisphäre übertragen werden. Die beiden Gesichtsfelder sind aber keineswegs bei allen Säugetieren teilweise übereinandergelagert; beim Pferd mit seinen seitlich gestellten Augen sind sie z. B. ganz getrennt. In solchen Fällen ist die Kreuzung der Sehnervenfasern nicht eine partielle, sondern eine totale, so daß auch dann wieder sämtliche Eindrücke von links her nach rechts, sämtliche Eindrücke von rechts nach links hinüberprojiziert werden. Diese Verschiedenheit in der Lagebeziehung der Gesichtsfelder zueinander hat wohl die Bedeutung, daß je nach den Lebensbedingungen der Tiere einmal ein gewisses Bedürfnis nach Wahr-

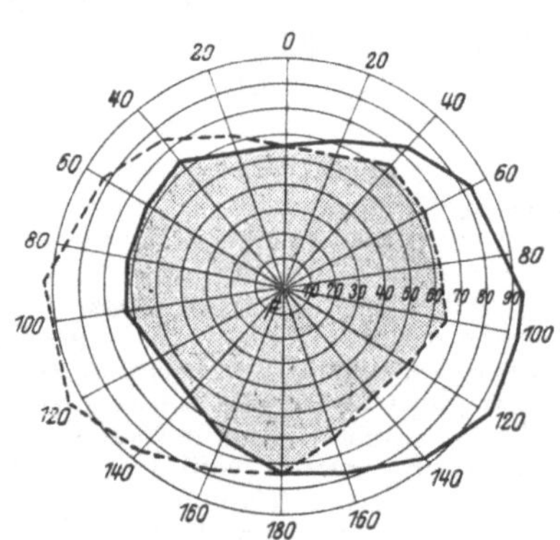

Abb. 251.
Das binokulare Gesichtsfeld. Die ausgezogene Linie begrenzt das Gesichtsfeld für das rechte, die gestrichelte das Gesichtsfeld für das linke Auge.

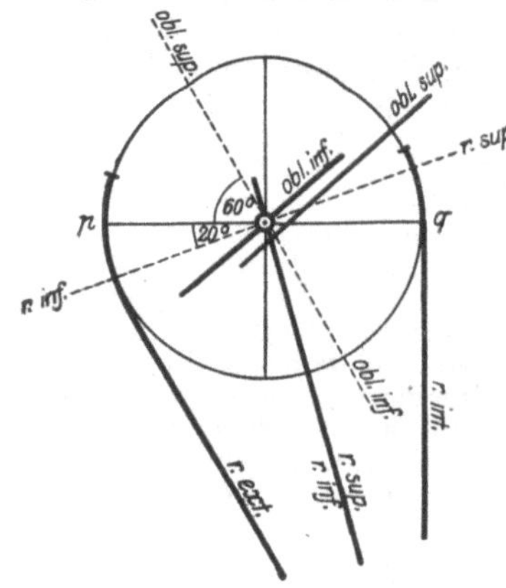

Abb. 252. Zugrichtungen und Drehachsen der Augenmuskeln. (Nach LANDOIS.)
Die Zugrichtungen sind durch ausgezogene, die Drehachsen durch punktierte Linien dargestellt.

nehmung des Raumes mit seiner Tiefe, ein anderes Mal nach panoramischer Orientierung vorhanden ist.

Das Feld, in welchem die Sehdinge erscheinen, wird durch die Augenbewegungen beträchtlich zum sogenannten **Blickfeld** erweitert. Das Blickfeld jedes Auges wächst durch die Bewegungen nach oben und unten etwa um je 45° über das Gesichtsfeld hinaus, nach lateral und medial um je 50°. Eine noch größere Ausdehnung der Sehfläche kann durch Bewegungen des Kopfes und weiterhin des Rumpfes und des ganzen Körpers gewonnen werden.

Die Augenbewegungen geschehen durch drei Paare von Muskeln, welche den Augapfel ähnlich auf dem Fettpolster der Augenhöhle bewegen, wie sich der Kopf des Femur auf der Pfanne seines Kugelgelenks bewegt. Die Drehung in solch einem Kugelgelenk kann an und für sich um zahllose Achsen erfolgen, aber praktisch wird sie durch die antagonistischen Augenmuskeln und durch den N. opticus gehemmt. Der Drehpunkt des Auges liegt beim Emmetropen 13,5 mm hinter dem Hornhautscheitel, das ist 1,3 mm hinter dem Mittelpunkt des Auges (DONDERS).

Die Wirkung der drei Paare von Augenmuskeln ergibt sich aus der Beziehung ihres Ursprungs und Ansatzes zueinander und zum Drehpunkt des Auges. Die Gerade, welche Ursprung und Ansatz (beim M. obliquus superior Trochlea und Ansatz) verbindet, gibt die Zugrichtung an;

die Zugebene ist die Ebene, welche die Zugrichtung und den Drehpunkt einschließt; die Drehachse ist dann die Senkrechte, welche die Zugebene im Drehpunkt schneidet. Je zwei im Antagonistenverhältnis stehende Muskeln haben eine gemeinsame Drehachse.

Zugrichtungen und Drehachsen der drei Augenmuskelpaare sind in den Horizontalschnitt durch das linke Auge eingetragen, welcher in Abb. 252 dargestellt ist. Daraus ist ersichtlich, daß, wenn man von der *Primärstellung* der Augen ausgeht, d. h. von derjenigen Stellung, in welcher bei aufrechter gerader Kopfhaltung die beiden Sehachsen parallel zueinander in sagittaler Richtung verlaufen, bei der Kontraktion von Rectus lateralis (externus) oder medialis (internus) der Hornhautscheitel eine Horizontale beschreibt, das Auge also um die Vertikalachse eine reine Seitwärtswendung ausführt. Die Drehachsen für Rectus inferior und superior und für die Obliqui liegen beide in der Horizontalebene des Auges, aber in verschiedener und entgegengesetzter Neigung zur Transversalachse (*pq*). Die Folge davon ist, daß bei der Kontraktion von Rectus superior oder inferior der Hornhautscheitel nicht einfach senkrecht gehoben oder gesenkt, sondern zugleich etwas nach innen bewegt wird, daß bei der Kontraktion des Obliquus superior der Scheitel nach unten und außen, bei der des Obliquus inferior nach oben und außen bewegt wird (RUETE, A. FICK). Abb. 253 stellt diese Bewegungen des Scheitels für das rechte Auge von vorn betrachtet dar, und zwar für eine Achsendrehung um 50°.

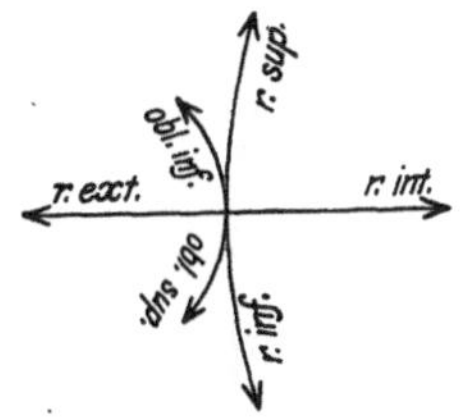

Abb. 253. Bewegungen des rechten Hornhautscheitels bei Kontraktion der einzelnen Augenmuskeln, von vorn betrachtet. (Nach HERING.)

Hieraus folgt, daß bei der reinen *Auswärts- oder Einwärtswendung* eines Auges von der Primärstellung aus nur ein Muskel, der Rectus lateralis oder der Rectus medialis, in Aktion zu treten braucht, daß für die *vertikale Erhebung* des Blickes Rectus superior und Obliquus inferior, für die *vertikale Senkung* Rectus inferior und Obliquus superior in bestimmtem gegenseitigen Verhältnis sich betätigen müssen. Jede *Schrägstellung* der Sehachse jedoch kann von der Primärstellung aus nur durch die Kontraktion dreier Muskeln erreicht werden.

Nehmen wir nun an, das Auge halte irgendeine Stellung außerhalb der Primärstellung fest, so wäre es an sich denkbar, daß das Auge dabei eine beliebige der zahllosen durch Rotation um die Sehachse zu erreichenden Lagen einnähme, so daß sich z. B. eine fixierte Gerade in einem beliebigen Meridian der Netzhaut abbilden könnte. Alsdann würde unsere Orientierung über die Lage dieser Linie zur Voraussetzung haben, daß wir sowohl die Stellung der Sehachsen als auch die Lage der Netzhautmeridiane perzipierten. In Wirklichkeit ist jedoch *jeder Lage der Sehachse eine einzige bestimmte Stellung des Auges zugeordnet* (DONDERSsches Gesetz); zu jeder Blicklage gehört nur eine bestimmte Netzhautlage.

Dies läßt sich am besten mit Hilfe von Nachbildern beweisen (RUETE, HELMHOLTZ). Man stelle sich gegenüber einer hellen Wand auf und fixiere einige Zeit ein vertikal oder horizontal davor ausgespanntes schwarzes Band bei Primärstellung des Auges. Wendet man den Blick dann auf eine bestimmte Stelle der Wand, so sieht man dort das Nachbild des Bandes und kann sich davon überzeugen, daß es stets gleich orientiert ist, auf welchem Wege man auch immer den Blick auf die Stelle der Wand hat wandern lassen. Auf diese Weise findet man aber auch, daß der vertikale und der horizontale Netzhautmeridian nur bei Rechts- und Links- und bei Aufwärts- und Abwärtsblicken, von der Primärstellung aus ihre Lage beibehalten, daß dagegen bei Einnahme einer Schrägstellung stets eine ganz bestimmte Neigung der Meridiane, also eine bestimmte „Raddrehung" des Auges um die Seh-

achse stattfindet. Die Abb. 254 zeigt die Lage der Nachbilder des vertikal aus-
gespannten Bandes.

Die Einstellung der Sehachse in eine bestimmte Richtung legt aber
nicht bloß die ganze Lage des einen Augapfels, sondern zugleich auch die
des anderen fest. Denn die *Muskulaturen der beiden Augen sind so fest
miteinander assoziiert, daß eines nicht unabhängig vom anderen bewegt werden
kann*, daß die beiden Augen vielmehr wie ein Organ, wie ein „*Doppelauge*"
gehandhabt werden (HERING). Dieser Assoziationsmechanismus funktioniert selbst dann weiter, wenn das eine Auge geschlossen oder gar erblindet
ist. Er bewirkt vor allem, daß die beiden Sehachsen stets auf einen gemeinsamen Punkt, den binokularen Blickpunkt oder Fixierpunkt gerichtet sind.
Dafür ist im allgemeinen eine bestimmte Konvergenzbewegung durch entsprechend abgestufte Innervation der Recti mediales vonnöten. Nur bei
Betrachtung unendlich entfernter Punkte laufen die Sehachsen parallel.
Eine Divergenz kommt nicht vor.

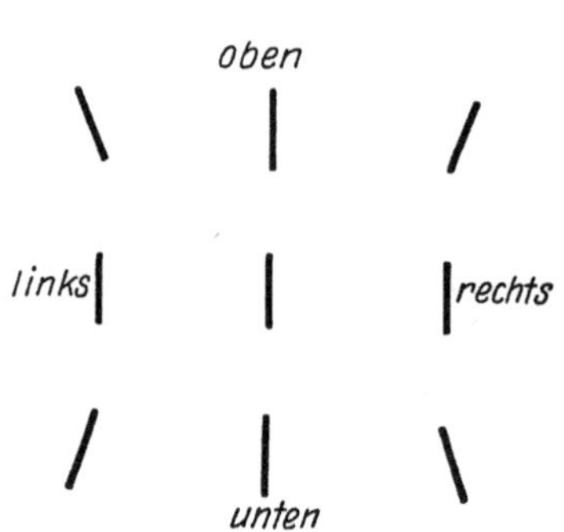

Abb. 254. Versuch zum Nachweis der
Raddrehung des Auges.

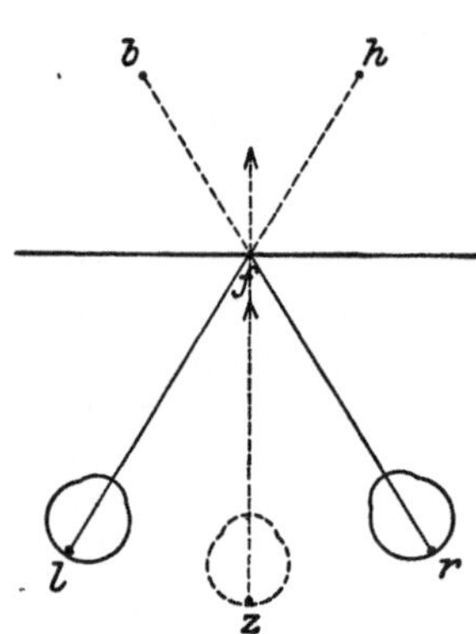

Abb. 255. Nachweis der identischen
Sehrichtung. (Nach HERING.)

Der genannte binokulare Muskelapparat ist zu dem Zweck der Assoziation der Muskeln unter die unmittelbare Herrschaft eines Zentrums in der
Vierhügelregion gestellt, welches früher (S. 423 und 503) bereits erwähnt
wurde. Von dort aus findet auch die Assoziation der äußeren Augenmuskeln
mit dem Ziliarmuskel und dem M. sphincter iridis jedes Auges statt und erfüllt
für das Sehen in der Nähe die ebenfalls bereits (S. 503) genannte Aufgabe.

Wie ein einheitliches Organ funktioniert das „Doppelauge" aber am
auffallendsten, wenn wir nicht seine motorischen, sondern seine sensorischen
Funktionen betrachten. Obgleich nämlich wegen der Gemeinschaftlichkeit
eines Teils der beiden Gesichtsfelder (Abb. 251) zahlreiche Punkte in beiden
Augen zugleich zur Abbildung kommen, werden sie doch nicht zweifach
gesehen, sondern man sieht sie einfach und an einem bestimmten Ort;
dieser entspricht aber weder der Sehrichtung des einen, noch auch der des
anderen Auges. Man kann dies durch folgenden einfachen Versuch beweisen
(HERING): Man schließe das rechte Auge und fixiere mit dem linken durch
ein 20—30 cm entferntes Fenster hindurch einen fernen und etwas nach
rechts gelegenen Gegenstand, z. B. ein Haus (s. Abb. 255 *h*) und mache auf
das Fenster mit Tinte einen schwarzen Fleck (*f*), so daß der Fleck die Mitte
des Hauses verdeckt. Dann öffne man das rechte und schließe das linke
Auge, ohne die Kopfstellung zu ändern. Fixiert man jetzt den Fleck mit
dem rechten Auge, so sieht man, daß er irgendeinen nach links hin gele-

genen Gegenstand, z. B. einen Baum (b), teilweise verdeckt. Öffnet man
darauf beide Augen und fixiert den Fleck, so sieht man hintereinander
in einer Linie, in **identischer Sehrichtung** (HERING) Haus und Baum,
bald diesen, bald jenes deutlicher, obwohl die beiden in Wirklichkeit sich
ganz wo anders befinden. Man sieht also so, als ob an Stelle der zwei
Augen ein „*Zyklopenauge*" (z) in der Gegend der Nasenwurzel säße und Fleck,
Baum und Haus betrachtete. Liegt der Fleck in der Medianebene des
Kopfes, so wie in Abb. 255, so fällt auch die identische Sehrichtung oder,
wie man auch sagt, die *Richtung der binokularen Blicklinie* in die Medianebene; weicht dagegen der Fleck nach links oder rechts ab, so ist auch die
identische Sehrichtung der Augen nach links oder rechts verschoben.

Nun wäre es aber verkehrt anzunehmen, daß Punkte, welche dem
binokularen Gesichtsfeld angehören, unter allen Umständen einfach gesehen
werden. Im Gegenteil, man kann sich durch einen sehr einfachen Versuch davon überzeugen, daß das nicht der Fall ist; man braucht nur durch einen
seitlichen Druck auf das Auge die gegenseitige Lage der beiden Augen ein
wenig zu verschieben, dann wird man sofort
Doppelbilder gewahr. Es müssen also bestimmte **Bedingungen für das binokulare Einfachsehen** erfüllt sein, und diese sind kurz so
formuliert: *die gesehenen Objekte müssen sich
auf korrespondierenden oder identischen Netzhautpunkten abbilden.* Diese Netzhautpunkte
findet man (angenähert), wenn man die beiden
Netzhäute so aufeinandergelegt denkt, daß die
horizontalen und die vertikalen Netzhautmeridiane, also auch die Foveae centrales einander
decken; würde man jetzt durch die beiden

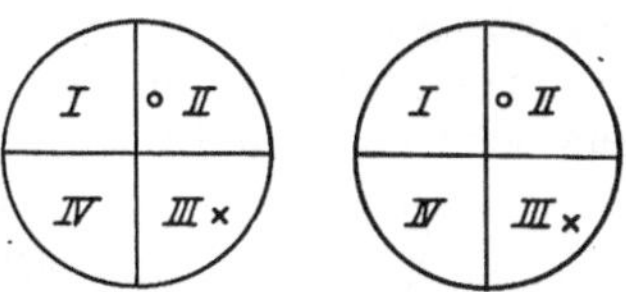

Abb. 256. Lage der Deckpunkte in
den beiden Netzhäuten zueinander.
Die gleich bezifferten Quadranten
enthalten zusammengehörige Deckpunkte: durch die kleinen Kreise und
Kreuze sind Deckpunktpaare bezeichnet.

Netzhäute an beliebiger Stelle (innerhalb des Deckfeldes) mit einer Nadel
hindurchstechen, so würde man korrespondierende oder identische Netzhautpunkte treffen. Wegen dieser Lagerung bezeichnet man die identischen Punkte auch als *Deckpunkte* (HERING). Wie das Schema Abb. 256
erkennen läßt, liegen also die Deckpunkte in jeder Netzhaut von den
Foveae aus in gleicher Richtung und in gleichem Abstand.

Legt man sich nun die Frage vor, wie das binokulare Einfachsehen zustande
kommen kann, so wird man leicht zu der Hypothese gelangen, daß die von zwei
Deckpunkten ausgehenden Erregungen irgendwo in der Sehbahn zusammenlaufen
und dann *eine* Erregung in der Rinde erzeugen. Nach den anatomischen Untersuchungen können für dies Zusammenlaufen die primären Sehzentren, die äußeren
Kniehöcker, nicht in Betracht kommen, weil die jederseits von den beiden Augen
gekreuzt und ungekreuzt in sie einlaufenden Optikuserregungen an verschiedenen
Stellen anlangen und auch getrennt weiterlaufen (MINKOWSKI). Wohl aber läßt
sich die Cytoarchitektonik (S. 459) der Sehrinde mit der genannten Hypothese
vereinbaren (KLEIST). Denn dort und nur dort in der Rinde ist die sogenannte
innere Körnerschicht verdoppelt, es ist also so, als ob in der Sehrinde wirklich die
Netzhäute bzw. ihre Projektionen übereinander gelagert sind und in einer dem
binokularen Einfachsehen dienlichen Weise einander decken, wobei die gemein-
schaftliche Funktion der beiden Lagen der inneren Körnerschicht so zu denken
wäre, daß die großen CAJALschen Sternzellen und die Fasern des GENNARIschen
Streifens, die sich zwischen den beiden Lagen befinden, die Vermittlerrolle übernehmen. Für diese Hypothese wird von KLEIST u. a. angeführt, daß die Aufspaltung der inneren Körnerschicht in zwei Lamellen bei der Sehrinde solcher Tiere angetroffen wird, deren Optikusfasern partiell kreuzen, und die binokular sehen (S. 449).

Um uns nun von der Bedeutung der Deckpunktpaare für das binokulare Einfachsehen zu überzeugen, werden wir uns zunächst nach der

Lage der Raumpunkte zu fragen haben, von denen aus das Licht auf Deckpunkte fällt.

Solche Raumpunkte sind in erster Linie alle Fixierpunkte, also die Punkte, auf welche die Sehachsen durch geeignete Konvergenzstellung der Augen unwillkürlich gerichtet werden, wenn sich unsere Aufmerksamkeit auf sie lenkt. Experimentell ist dies leicht zu zeigen, wenn man durch rasches Vorsetzen eines Prismas vor das Auge den einen der beiden vom Fixierpunkt ausgehenden Richtungsstrahlen ablenkt, so daß er nicht mehr in die Fovea fällt; der fixierte Punkt erscheint dann doppelt. Klinisch kommt ein ganz analoges Doppeltsehen dadurch zustande, daß gelegentlich ein Augenmuskel plötzlich gelähmt wird, so daß sich die gegenseitige Stellung der Augen mehr oder weniger sichtlich verändert; je nach der Lähmung kommt es also zu *Auswärts*- oder *Einwärtsschielen*, zu *Strabismus divergens* oder *convergens*. Die außerordentlich störenden Doppelbilder können sich dann bisweilen — besonders wenn sie nicht durch eine Krankheit, sondern künstlich durch das Vorsetzen eines prismatischen Glases hervorgerufen sind, — allmählich wieder dadurch verlieren, daß sich unwillkürlich die feste Koordination des binokularen Augenmuskelapparates derart lockert, daß durch entsprechende Anspannung und Entspannung von Muskeln eine neue Netzhautkorrespondenz hergestellt wird; die Doppelbilder verschwinden dann, wie man sagt, durch *Fusion*. Häufig werden die Doppelbilder — besonders bei Schielenden — aber auch deshalb vermißt, weil die Wahrnehmungen, die mit dem einen Auge gemacht werden, weit über die des anderen im Bewußtsein überwiegen, so daß das Sehen tatsächlich fast rein monokular geschieht; man spricht dann von einer zentralen Hemmung oder einer psychischen Ausschaltung des einen Auges. Vergleichbar ist dem etwa die geläufige Erfahrung, daß beim gewohnheitsmäßigen Mikroskopieren mit einem Auge die Eindrücke auf das andere kaum bemerkt werden.

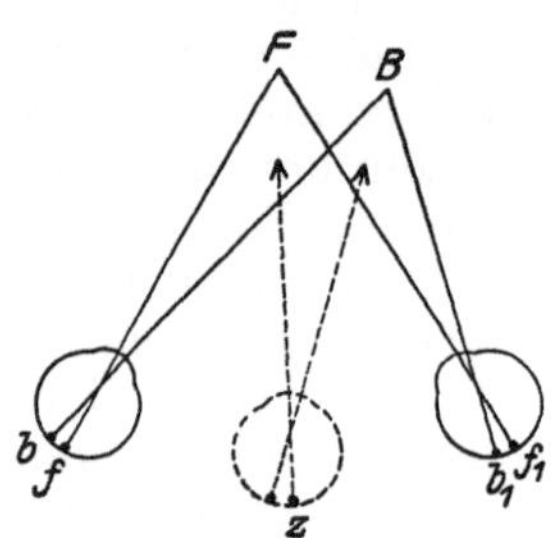
Abb. 257. Abbildung auf identischen Punkten.

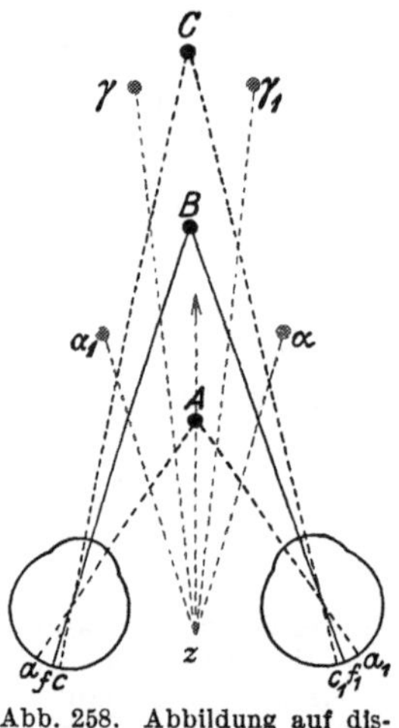
Abb. 258. Abbildung auf disparaten Netzhautpunkten.

Kommen wir nun auf die Lage der identischen Netzhautpunkte zurück, so ergibt sich, daß solche auch dann getroffen werden, wenn Licht von einem Punkt etwas rechts oder links (oder auch etwas oberhalb oder unterhalb) von dem fixierten Punkt ausgeht, wie die Abb. 257 andeutet; so sind die von B aus vom Licht getroffenen Netzhautpunkte b und b_1 Deckpunkte, weil die Strecken bf und $b_1 f_1$ gleich groß und gleich gerichtet sind; zF und zB sind dann die identischen Sehrichtungen für das Doppelauge z.

Anders, wenn wir einen Punkt beachten, welcher vor oder hinter dem Fixierpunkt gelegen ist! Man stelle z. B. vor sich drei Stäbe in der Medianebene hintereinander auf und fixiere den mittleren Stab B (Abb. 258), dann erreichen weder die von dem vorderen A, noch die von dem hinteren C ausgehenden Richtungsstrahlen korrespondierende Punkte; A und C werden infolgedessen doppelt gesehen, und zwar liegen die Doppelbilder für das Doppelauge z scheinbar in α und α_1, und in γ_1 und γ. Schließt man das rechte Auge, so verschwindet das linke Doppelbild von A, α_1, und das rechte Doppelbild von C, γ_1; umgekehrt, wenn man das linke Auge schließt. *Ein vor dem Fixierpunkt gelegener Punkt wird also in gekreuzten, ein hinter dem Fixierpunkt gelegener Punkt in gleichseitigen Doppelbildern gesehen.* Die nichtidentischen Punkte heißen auch *disparate Punkte* ($a\,a_1$ und $c\,c_1$); sie können (aber müssen nicht) je nachdem „binasal" oder „bitemporal" gelegen sein.

Nach diesen Erfahrungen an einigen Beispielen wird man die Frage ganz allgemein zu beantworten suchen, wo die Objektpunkte zu finden sind, welche Deckpunkte erregen und deshalb einfach gesehen werden. Die Antwort lautet: im **Horopter** (JOHANNES MÜLLER), d. h. einer „*Sehgrenze*", *in welcher sich bei der jeweiligen Augenstellung die von je zwei Deckpunkten ausgehenden Richtungsstrahlen schneiden.* Eine allgemeine Darstellung der Lehre vom Horopter kann hier wegen ihrer Schwierigkeit nicht gegeben werden. Die Lage des Horopters soll nur für zwei Sonderfälle nachgewiesen werden:

1. Die Sehachsen seien bei aufrechter Kopfhaltung in konvergenter und symmetrischer Richtung auf einen nahen Punkt F

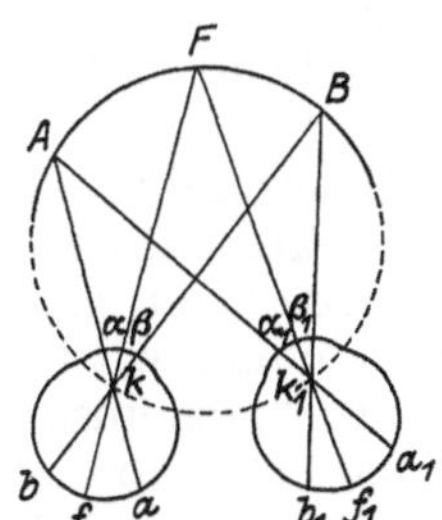

Abb. 259. Horopterkreis.

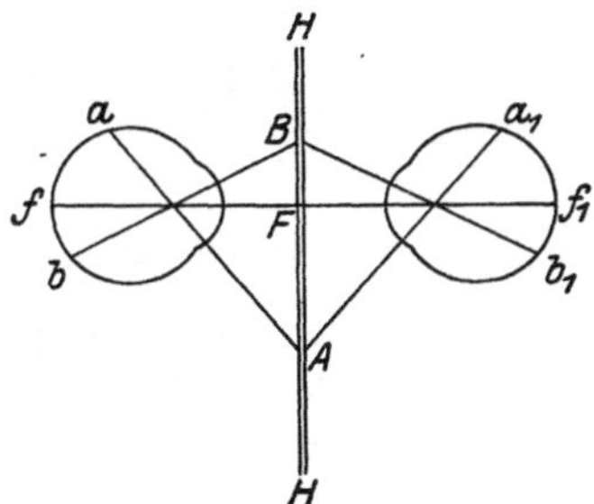

Abb. 260. Vertikalhoropter. (Nach HERMANN.)

(Abb. 259) eingestellt, so daß f und f_1 die beiden Foveae repräsentieren. a und a_1, sowie b und b_1 seien identische Netzhautpunkte, ihre durch die Knotenpunkte k und k_1 gezogenen Richtungsstrahlen schneiden sich in A und B. A, B und F müssen dann Punkte des zu der eingenommenen Konvergenzstellung gehörigen Horopters sein. Dieser Horopter ist nun offenbar eine Kreislinie, welche die Punkte $A\,F\,B\,k_1\,k$ einschließt (JOHANNES MÜLLER). Denn als Kreis ist die Linie dadurch definiert, daß die Winkel α und α_1 (sowie β und β_1), welche nach Konstruktion gleich groß sind, auch als Peripheriewinkel über dem gleichen Bogen AF (bzw. BF) gleich sind.

Der Horopter bei der konvergenten symmetrischen Richtung der Sehachsen besteht aber außer dem Horopterkreis noch aus einer Vertikalen, welche in dem symmetrisch gelegenen Fixierpunkt F auf der Ebene des Horopterkreises errichtet wird. Dies ist leicht aus der Abb. 260 zu ersehen: Die Bogen $a\,f\,b$ und $a_1\,f_1\,b_1$ bedeuten darin die durch die Foveae gehenden vertikalen Netzhautmeridiane; in der Linie $H\,H$ denke man sich das Papier geknifft, so daß die Sehachsen $f\,F$ und $f_1\,F$ konvergieren. $H\,H$ ist dann offenbar ein Horopter, da die von einem beliebigen seiner Punkte, z. B. von A oder B ausgehenden Richtungsstrahlen auf den vertikalen Meridianen gleiche Bogen ($a\,f = a_1\,f_1$, $b\,f = b_1\,f_1$) abschneiden.

2. Wenn F als Punkt des Horopterkreises in Abb. 259 weiter und weiter hinausrückt, wenn also die Konvergenz der Sehachsen mehr und

mehr abnimmt, so verringert sich auch die Krümmung des Horopterkreises mehr und mehr, um schließlich, wenn die Sehachsen parallel laufen, in eine zu ihnen senkrechte unendlich ferne horizontale Linie überzugehen. Daraus folgt, daß *für alle Stellungen, in denen die Sehachsen parallel und geradeaus gerichtet sind*, der Horopter durch eine unendlich ferne und senkrecht zu den Sehachsen stehende Ebene dargestellt wird.

Da wir nun vorwiegend mit konvergenten Sehachsen sehen, so folgt aus der Horopterdarstellung, daß die meisten Gegenstände, weil sie außer- oder innerhalb des Horopters liegen, auf disparaten Netzhautstellen abgebildet werden, also doppelt gesehen werden müssen. Aber *von den Doppelbildern merken wir für gewöhnlich nichts*. Dies hat mehrere Gründe. Erstens richten wir unsere Aufmerksamkeit unwillkürlich auf den fixierten, also in den korrespondierenden Foveae abgebildeten Gegenstand. Zweitens entgehen die extrafovealen Gegenstände um so leichter der Beachtung, weil sie wegen der exzentrisch geringen Sehschärfe nur undeutlich gesehen werden (S. 537). Drittens akkommodieren wir unwillkürlich auf die Ebene des fixierten Gegen

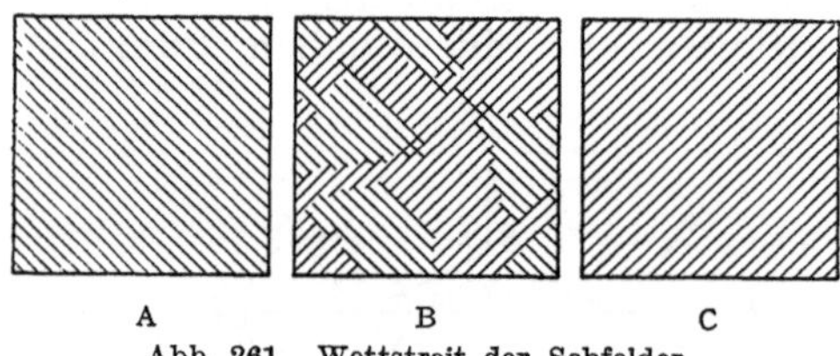

A   B   C
Abb. 261. Wettstreit der Sehfelder.

standes, so daß die vor oder hinter ihm nicht im Horopter gelegenen Objekte, welche sich auf disparaten Netzhautstellen abbilden, nur in Zerstreuungskreisen erscheinen. Ferner kommt es, wenn auf zwei Deckpunkten zwei verschiedene Gegenstände sich abbilden, zu einem eigentümlichen Phänomen, welches als **Wettstreit der Sehfelder** bezeichnet wird; nämlich die beiden Gegenstände werden nicht gleichzeitig in ihrer gemeinsamen Sehrichtung gesehen, sondern bald herrscht der eine, bald der andere im Bewußtsein vor. Betrachtet man z. B. durch zwei zylindrische Röhren bei Parallelstellung der Sehachsen zwei Flächen mit Linien von verschiedener Richtung (s. Abb. 261 *A* und *C*) (nach HERING), so siegt in dem binokularen Gesichtsfeld bald die eine, bald die andere Richtung, bald sieht man auch ein Feld, in welchem **in fortwährendem Wechsel** die Liniensysteme an verschiedenen Stellen einander durchbrechen (wie es in *B* grob angedeutet ist).

Hält sich die Disparation der gereizten Netzhautstellen innerhalb enger Grenzen, so kommt es überhaupt nicht zum binokularen Doppelsehen, sondern an deren Stelle tritt etwas Neues auf, eine *binokulare Tiefenwahrnehmung*. Wir kommen damit auf eine der wichtigsten Funktionen des Doppelauges, auf seine Bedeutung für die Erfassung des dreidimensionalen Raums.

Um die Bedeutung dieser Funktion abschätzen zu können, fragen wir uns zunächst, ob es nicht auch eine **Tiefenwahrnehmung bei monokularer Betrachtung** gibt. Diese Frage ist unzweifelhaft zu bejahen; denn auch wenn wir ein Auge schließen, ist der Eindruck des vor uns Liegenden zwingend ein körperlicher und nicht nur ein flächenhafter entsprechend der Flächenhaftigkeit der Netzhautbilder. Dafür ist eine ganze Anzahl von Faktoren maßgebend. Ein großer Teil derselben beruht auf den persönlichen Erfahrungen über den wechselnden Eindruck, welchen körperliche Sehdinge auf unser Auge machen. Von solchen *empirischen Faktoren* sind zu nennen:

1. die Größe des Netzhautbildes: Je ferner ein Gegenstand ist, um so kleiner ist sein Netzhautbild. Kennen wir also die wirkliche Größe des

Gegenstandes, so können wir aus der Größe seines Bildes auf seine Entfernung schließen. Daher kommen bei Gegenständen unbekannter Größe verkehrte Abschätzungen ihrer Entfernung vor, so, wenn wir die Glaskörpertrübungen für fliegende Mücken erklären, oder wenn das Kind, dem die genügenden Erfahrungen noch fehlen, nach dem Mond greift oder eine ferne Kuh für einen Hund erklärt. Der Maler erzielt bei seiner flächenhaften Darstellung körperlicher Gegenstände eine kräftige Tiefenwirkung, wenn er durch entsprechende Abstufungen in der Größe der gemalten Dinge den Eindruck eines Vorder-, eines Mittel- und eines Hintergrundes betont;

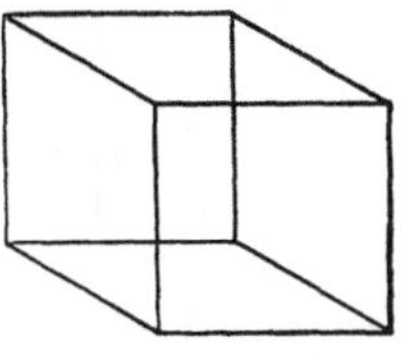

Abb. 262.

2. *die Schattenbildung bei den Körpern*, durch welche auch ferne Objekte ein Relief bekommen. Deshalb bevorzugt der Maler bekanntlich Morgen- und Abendbeleuchtungen in der Landschaft, weil die langen Schatten die Gegenstände besonders kräftig modellieren und körperlich erscheinen lassen;

3. *der Einfluß der Luftperspektive:* Ferne Gegenstände erscheinen weniger deutlich als nahe, nicht bloß deshalb, weil unsere Sehschärfe nicht ausreicht, um die sichtbaren Teile in alle Einzelheiten aufzulösen, sondern auch, weil die Luft nicht vollkommen durchsichtig ist, vielmehr einen Teil des Lichtes absorbiert, und weil die Luftströmungen durch Strahlenbrechung die Bilder verzerren. Hinzu kommt, daß die Luft als trübes Medium die Farben verändert; GOETHES Urphänomen der Chromatik, dem gemäß trübe Medien in der Aufsicht bläulich, in der Durchsicht rötlichgelb aussehen, läßt die dunkle Ferne mit einem blauen Dunst, die helle Ferne mit rötlichem Gelb verhüllt erscheinen;

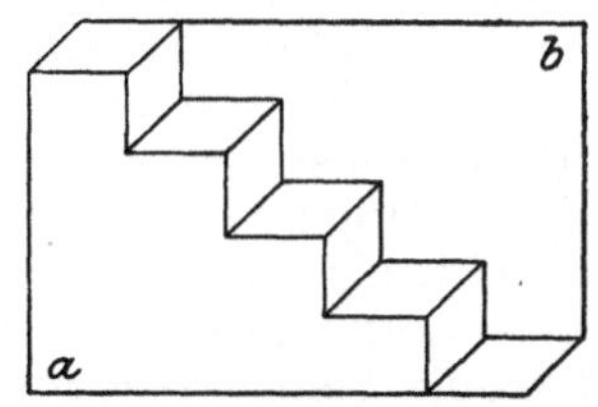

Abb. 263. SCHROEDERsche Treppe.

4. *die perspektivischen Verkürzungen:* An diese sind wir so sehr gewöhnt, daß die flächenhafte Darstellung eines Körpers in perspektivischer Verkürzung dermaßen zwingend körperhaft wirken kann, daß es kaum möglich ist, den Flächeneindruck zu gewinnen, z. B. wenn man einen Würfel so wie in der Abb. 262 zeichnet. Besonders die Wiedergabe der Verschiebungen und Überschneidungen in einer Architektur ruft, etwa in einem Panorama oder als Theaterdekoration, den lebhaftesten körperlichen Eindruck hervor. Daß freilich dieser Eindruck der Perspektive nicht völlig eindeutig zu sein braucht, lehrt das Beispiel der sogenannten SCHROEDERschen Treppe (s. Abb. 263), die wir bald von oben, bald von der Unterseite zu betrachten glauben, je nachdem uns die Fläche *a* oder *b* vorn erscheint. Auch der Eindruck des Würfels (Abb. 262) wechselt, so daß z. B. die rechte untere Ecke bald einer Vorder-, bald einer Hinterfläche anzugehören scheint.

5. Nahe verwandt mit der perspektivischen Verkürzung ist die scheinbare *gegenseitige Verschiebung der Teile* eines Körpers, wenn wir uns an ihm vorbeibewegen. Mit jedem Schritt sieht ein naher Körper durch diese Verschiebung anders aus, und die Veränderung ist um so größer, je näher er sich befindet.

6. *Die Bedeutung der Einstellebene:* In einem wesentlichen Punkt weicht die perspektivische Zeichnung von der flächenhaften Abbildung eines Raumdings durch einen dioptrischen Apparat wie den des Auges ab; das ist, daß in der perspektivischen Zeichnung alle dargestellten Objektpunkte

durch Bildpunkte vertreten sind, während im flächenhaften Raumbild nur die Punkte, auf die der dioptrische Apparat eingestellt ist, nur die Punkte, die in der zur optischen Achse senkrecht stehenden „Einstellebene" gelegen sind, auch im Bild punktförmig, alle übrigen in kleineren oder größeren, aber doch noch angenähert punktförmig wirkenden Zerstreuungskreisen erscheinen.

Bei der Ausnutzung aller der genannten empirischen Faktoren für die monokulare Erfassung der Tiefendimension verhält sich das Auge rein passiv. Es könnte für den gleichen Zweck mit der *Akkommodation* auch aktiv eingreifen. Ein Körper ist ja u. a. eben dadurch charakterisiert, daß er nicht gleichzeitig in allen seinen Ebenen scharf gesehen werden kann; das kann aber s u k z e s s i v e durch die Tätigkeit des Akkommodationsmuskels bewirkt werden. Wir vermöchten mit Hilfe dieser Akkommodation ein Tiefenkriterium dann zu gewinnen, wenn wir etwa den jeweiligen Grad der Kontraktion des Ziliarmuskels vermöge der darin enthaltenen sensiblen Nervenfasern empfänden. Diese Art Ausnutzung der Akkommodation kommt aber wahrscheinlich praktisch nicht zur Geltung. Wenn man z. B. durch eine Röhre mit kreisrunder Öffnung den scharfen Rand eines schwarzen Schirmes, der vor einem hellen Hintergrund in sagittaler Richtung mit gleichförmiger Geschwindigkeit verschoben wird, mit einem Auge betrachtet, so bemerkt man von der Annäherung oder Entfernung nichts — es sei denn, daß die Verschiebung in abrupter Weise vorgenommen wird (HILLE-BRAND).

Wird dagegen der Akkommodationsmuskel durch Atropin mehr oder weniger gelähmt, so kommt es zu einer eigentümlichen optischen Täuschung, zu sogenannter *Mikropie;* bei Einstellung des Auges auf die Nähe muß nämlich jetzt eine erheblich größere Anstrengung aufgebracht werden als sonst, und da sonst bei einer starken Anspannung des M. ciliaris ein scharf gesehenes Objekt ein großes Netzhautbild erzeugt, so wird nur der Eindruck erweckt, als ob die bekannten Sehdinge abnorm klein, eventuell auch, daß sie abnorm fern gelegen wären. Aus ähnlichen Gründen gibt es eine Mikropie beim Presbyopen. Umgekehrt verursacht Eserinisierung durch Krampf des Akkommodationsmuskels (s. S. 498) *Makropie*, also eine scheinbare Vergrößerung der Objekte.

Wenn nach all dem auch beim Sehen mit e i n e m Auge sehr wohl die Tiefendimension erfaßt werden kann, so ist die **binokulare Tiefenwahrnehmung** doch der monokularen überlegen, weil, wie schon (S. 548) gesagt wurde, das Binokularsehen durch den Einfluß der Abbildung auf disparaten Netzhautstellen noch ein besonderes Tiefenmoment hinzufügt. Man kann sich nämlich leicht davon überzeugen, daß auch dann noch, wenn der Einfluß der monokular wirkenden empirischen Faktoren und der Akkommodation ausgeschaltet ist, eine feine Tiefenschätzung möglich ist, vorausgesetzt, daß b e i d e Augen gebraucht werden. Man fixiere durch eine weite Papröhre binokular eine Glasperle, welche durch einen Kokonfaden vor einer gleichmäßig hellen Fläche aufgehängt ist; läßt der Untersuchende jetzt eine kleine Kugel etwas vor oder hinter der Perle durchs Gesichtsfeld fallen, so wird mit außerordentlicher Präzision die richtige Angabe gemacht (*HERINGscher Fallversuch*). Diese große *Tiefensehschärfe* schwindet aber alsbald, wenn ein Auge geschlossen wird; man sieht dann die fallende Kugel nicht vor oder hinter, sondern seitwärts von der Perle.

Einfacher läßt sich der günstige Einfluß des Binokularsehens so demonstrieren, daß man erst mit einem, dann mit zwei Augen eine Nadel ein-

zufädeln oder einen Stab durch einen aufgehängten Ring hindurchzu-
stecken versucht.

Die Ursache ist in jedem Fall Abbildung auf disparaten Netzhautstellen. Für den HERINGschen Fallversuch illustriert das die Abb. 258
(S. 546), aus welcher auch zu entnehmen ist, daß *der Eindruck größerer
Nähe durch gekreuzte Doppelbilder, der Eindruck größerer Ferne durch gleich-
innige Doppelbilder hervorgerufen wird*, oder anders ausgedrückt: daß, wenn
die Bildpunkte in den beiden Augen weiter auseinander rücken, als dem
normalen Abstand zweier Deckpunkte entspricht, also bei *bitemporaler
Disparation* das Urteil nahe, im anderen Fall, bei *binasaler Disparation*,
das Urteil fern gefällt wird. Diese Tiefenschätzung ist aber allein an *Querdisparation* gebunden, d. h. die disparaten Punkte liegen zwar auf korrespondierenden Querschnitten der Netzhaut, aber auf disparaten Längs-
schnitten. Der Tiefeneindruck ist dann um so größer, je größer die Querdisparation. *Längsdisparation erzeugt keine Tiefenlokalisation*, sondern nur — wenn sie groß genug
ist — höhendistante Doppelbilder. Man spanne
mehrere Fäden horizontal aus und betrachte
sie aus etwa 1 m Entfernung; man vermag
dann kein Urteil über ihre relative Entfernung
abzugeben. Ganz anders, wenn man die Fäden
vertikal spannt; befinden sich z. B. drei Fäden
in einem gegenseitigen Abstand von 3 cm und
betrachtet man sie aus einer Entfernung von 2 m,
so wird ein Vor- und Rückwärtsschieben des mittleren um nur 1,5 mm bereits erkannt (BOURDON).
Das entspricht ungefähr einer Querdisparation von
nur 5″. Die Tiefensehschärfe übertrifft also die gewöhnliche monokulare Sehschärfe (s. S. 537).

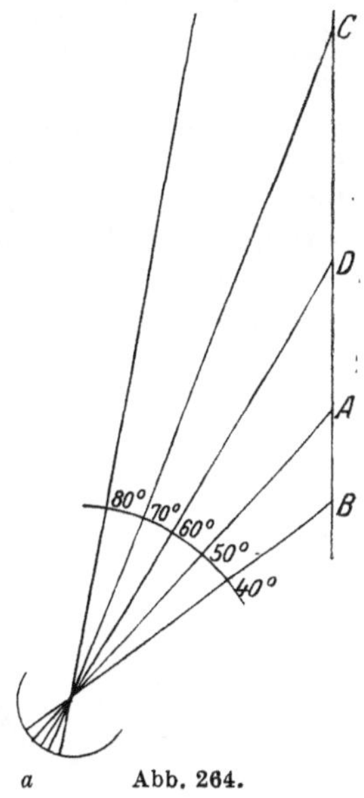

Der für die Tiefenschätzung so überaus wichtige Faktor der Querdisparation versagt aber rasch,
wenn man von kleinen auf große Objektdistanzen
übergeht. Dies lehrt in einfacher Weise die Abb. 264:
Hat das linke Auge z. B. *A* fixiert, so muß ein Punkt
um die Strecke AB aus der Ebene von *A* augenwärts

Abb. 264.

rücken, damit er sich auf dem 10^0 weiter temporal-
wärts gelegenen Netzhautmeridian des Auges *a* abbildet. Ist dagegen *C*
fixiert, so muß der näher gelegene Punkt, der wiederum 10^0 temporalwärts
abgebildet werden soll, um die viel größere Strecke CD von *C* aus entfernt
gelegen sein. Für die Leistungen des Binokularapparates liegen die Verhältnisse zahlenmäßig so, daß, während, wie gesagt, bei 2 m Abstand noch ein
Tiefenunterschied von 1,5 mm wahrgenommen wird, der Unterschied bei 20 m
schon auf 15 cm, bei 200 m auf 14 m und bei 2000 m auf 862 m steigt. Diese
rasche Abnahme der Tiefensehschärfe hängt mit dem relativ geringen Abstand unserer beiden Augen zusammen. Wir werden nachher (S. 553) ein
Instrument kennenlernen, welches den Augenabstand scheinbar vergrößert
und uns dadurch befähigt, auch noch am Horizont gelegene Objekte, deren
Relief für gewöhnlich völlig verflacht ist, körperlich wahrzunehmen.

Die Bedingungen für die Erregung von querdisparaten Netzhautstellen
durch einen und denselben leuchtenden Punkt sind nun bei allen dreidimensionalen Objekten erfüllt, und insofern ist das Körperlichsehen von
dem binokularen Apparat abhängig. Man betrachte z. B. in Abb. 265 A

und B, so sei A die perspektivische Darstellung einer Pyramide, welche mitten vor dem Beschauer liegt, welche ihm ihre abgestumpfte Spitze zukehrt und allein mit dem linken Auge angesehen wird; B stellt dann das Bild dar, welches dieselbe Pyramide dem rechten Auge gewährt. Werden nun die vier Ecken der Pyramidengrundflächen bei binokularer Betrach-

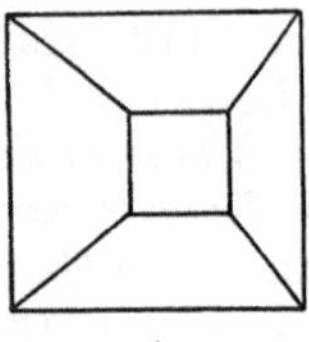 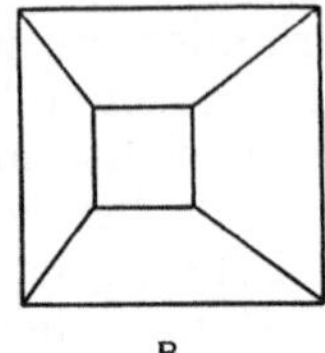 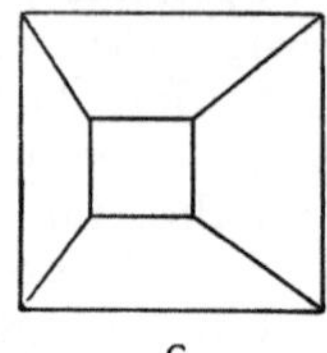 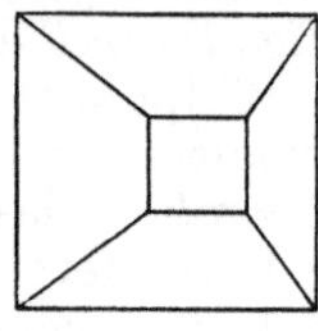

Abb. 265. Perspektivische Darstellungen einer abgestumpften Pyramide.

tung auf vier Deckpunktpaaren abgebildet, so müssen die vier Ecken der abgestumpften Spitze auf querdisparate Punkte fallen; infolgedessen erscheint der Eindruck der Tiefe. Es ist aber *ein Charakteristikum aller Körper*, daß sie, wenn sie sich nicht in zu großem Abstand vom Auge befinden, *dem rechten Auge ein anderes Aussehen darbieten, als dem linken;* eine Abbildung nur auf korrespondierenden Punkten ist also unmöglich. Die disparaten Stellen sind dabei querdisparate, weil auch die Netzhäute in der Querrichtung nebeneinander stehen.

Man betrachte auch die Abbildungen C und D; sie stellen eine Hohlpyramide dar, deren Grundfläche dem Beschauer zugekehrt ist, einmal,

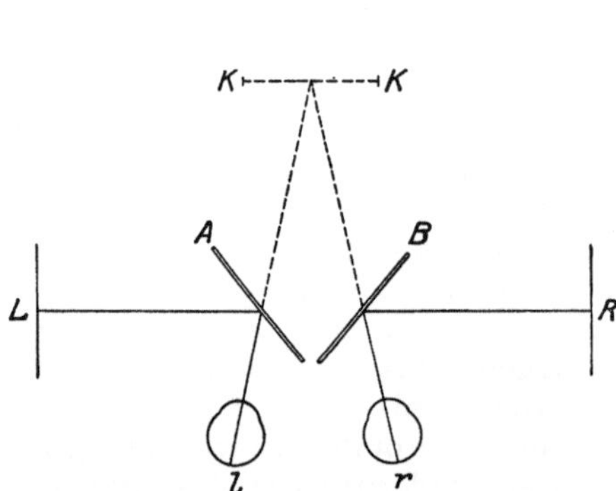
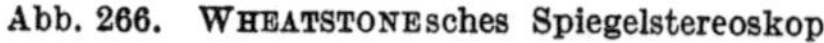
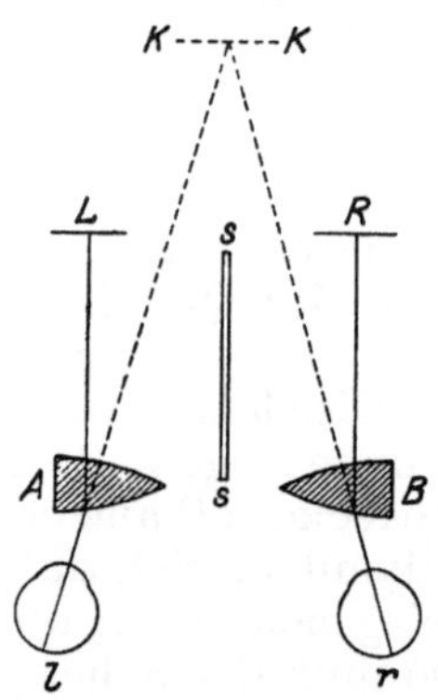

Abb. 266. WHEATSTONEsches Spiegelstereoskop.   Abb. 267. BREWSTERsches Prismenstereoskop.

wie sie dem linken Auge (C) und einmal, wie sie dem rechten Auge (D) erscheinen kann. Die Bilder C und D weichen nur darin von den Bildern A und B ab, daß die abgestumpfte Spitze dem rechten und linken Auge beide Male in entgegengesetzter Richtung perspektivisch verschoben erscheint; die Richtung der Querdisparation ist also entgegengesetzt. Infolgedessen hat auch die Tiefenlokalisation ein verschiedenes Vorzeichen; einmal erscheint die kleine Fläche dem Beschauer zugekehrt (A und B), das andere Mal (C und D) abgekehrt.

Daß das körperliche Sehen wirklich in der Hauptsache auf dieser Abbildung mit Querdisparation beruht, beweist das körperliche Sehen mit dem **Stereoskop.** Dessen Prinzip ist, daß zwei flächenhafte Bilder eines körperlichen Gegenstandes, welche ebensoviel voneinander abweichen, wie die beiden Netzhautbilder, welche der Körper im rechten und im linken Auge erzeugt, den beiden Augen gleichzeitig dargeboten werden.

Die ältere Konstruktion des WHEATSTONEschen *Spiegelstereoskops* (s. Abb. 266) enthält zwei in einem Winkel zueinander gestellte Planspiegel A und B; diesen gegenüber befinden sich die perspektivischen Bilder eines Körpers, das Bild L für das linke, das Bild R für das rechte Auge. Die Neigung der Spiegel wird so gewählt, daß die Augen des Beschauers die Bilder mit konvergenten Sehachsen, so wie es dem Sehen in der Nähe entspricht, betrachten. Dadurch werden die beiden Bilder im Doppelauge zur Deckung gebracht, und der Beschauer glaubt, hinter den Spiegeln in KK den dargestellten Körper plastisch zu sehen.

Das BREWSTERsche *Prismenstereoskop* (s. Abb. 267) enthält an Stelle der Spiegel zwei Konvexprismen A und B, ihnen gegenüber die perspektivischen Bilder L und R. Die von diesen ausgehenden Strahlen werden durch die Prismen divergent gemacht, die Augen l und r betrachten dementsprechend die Bilder mit konvergenten Sehachsen, sie bringen sie in KK zur Deckung. Der Schirm ss verhindert, daß Strahlen vom rechten Bild ins linke Auge gelangen und umgekehrt. Die Konvexität der Prismen ermöglicht es, schon bei einem Akkommodationsgrad, welcher der Konvergenz auf KK entspricht, die näher als KK an dem Auge befindlichen Bilder scharf zu sehen.

Sind nun die Bilder, welche dem Auge im Stereoskop geboten werden, identisch, so kommt natürlich kein körperlicher Eindruck zustande. Sind dagegen einzelne der Punkte ein wenig in Querrichtung gegeneinander verschoben, so springen sie nach vorn oder nach hinten aus der Ebene heraus, und um so mehr, je größer die Verschiebung.

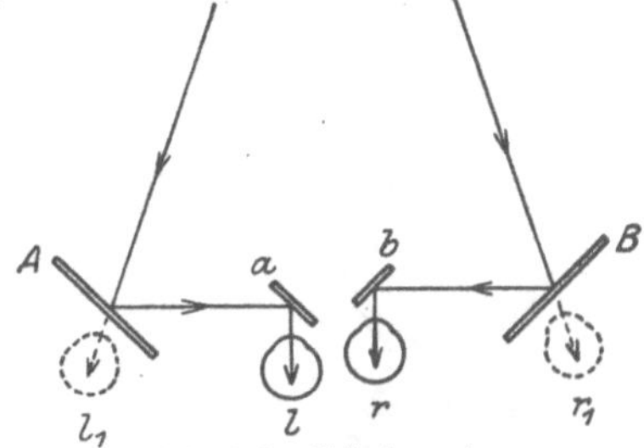

Abb. 268. Telestereoskop.

Daher kann man ein Stereoskop auch dazu verwenden, um rasch zu erkennen, ob zwei Zeichnungen in allen Einzelheiten übereinstimmen oder nicht; z. B. bei einer Banknotenfälschung springen die von der echten Note abweichenden Stellen stereoskopisch betrachtet heraus (DOVE).

Die Erhöhung der Tiefenwirkung durch größere Querdisparation wird praktisch ausgenutzt im **Telestereoskop** (HELMHOLTZ), welches es möglich macht, auch fern am Horizont gelegene Gegenstände, deren Netzhautbilder nur verschwindende Unterschiede aufweisen, plastisch zu sehen. Der HELMHOLTZsche Apparat ist nach Art eines Spiegelstereoskops gebaut (s. Abb. 268): A, B, a und b sind Spiegel oder total reflektierende Prismen, welche Strahlen, die von ferngelegenen Objekten ausgehen, in die Augen l und r leiten. Diese sehen also die Gegenstände so, als ob sie sich nicht in ihrem normalen Abstand befänden, sondern als ob ihre Pupillendistanz auf den Abstand $l_1 r_1$ vergrößert wäre. Das Relief wird auf diese Weise stark erhöht, und bei Kombination der Spiegel oder Prismen mit entspre-

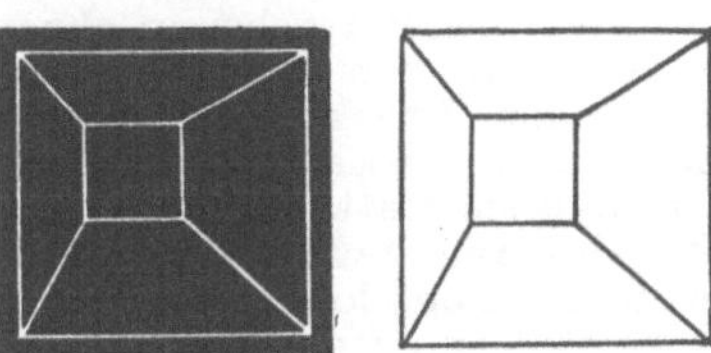

Abb. 269. Stereoskopischer Glanz.

chenden Linsen erscheinen die fernen Gegenstände nah und plastisch. Das gleiche Konstruktionsprinzip liegt den modernen Feldstechern und Scherenfernrohren zugrunde.

Weichen die beiden im Stereoskop dargebotenen Bilder sehr voneinander ab, so stellt sich *Wettstreit der Sehfelder* (s. S. 548) ein. Dieser ist besonders auffallend, wenn die beiden Bilder sich durch ihre Farbe unterscheiden. Doch kann es dabei durch „binokulare Farbenmischung" (s. S. 536) auch zu einem einheitlichen Eindruck kommen. Bilder, welche an korrespondierenden Stellen verschieden helle

Flächen enthalten, sehen im Stereoskop glänzend aus. Dieser sogenannte **stereoskopische Glanz** beruht darauf, daß durch die beiden Stereoskopbilder die gleiche Wirkung hervorgerufen wird, wie sie auch sonst ein glänzender Körper erzeugt. Nämlich das Glänzen entsteht dadurch, daß das Licht an verschiedenen Flächen nach verschiedenen Orten reflektiert wird, so daß eine und dieselbe Fläche den beiden Augen, weil sie verschiedene Lagen im Raum einnehmen, verschieden hell erscheint, und daß im Wettstreit bald der helle, bald der dunkle Eindruck siegt. Der stereoskopische Eindruck zweier Bilder, wie in Abb. 269, ist etwa der eines Kristalls aus glänzendem Graphit.

Die grundsätzliche Gleichheit von stereoskopischem Sehen und dem Sehen von Körpern wird anschaulich auch durch die *Umkehrung des Reliefs* und durch das sogenannte *pseudoskopische Sehen* bewiesen. Wenn man Zeichnungen wie Abb. 265 A und B im Stereoskop in geeignetem Abstand nebeneinander legt, so erhält man den Eindruck einer abgestumpften Pyramide im Hochrelief; vertauscht man die beiden Bilder, so daß sie eine Lage wie in Abb. 265 C und D zueinander einnehmen, so erscheint dieselbe Pyramide im Tiefrelief. Auf katoptrischem Wege erreicht man die Umkehrung der Stereoskopbilder mit dem sogenannten **Pseudoskop,** dessen Konstruktion die Abb. 270 ohne weiteres klar macht; Voll-

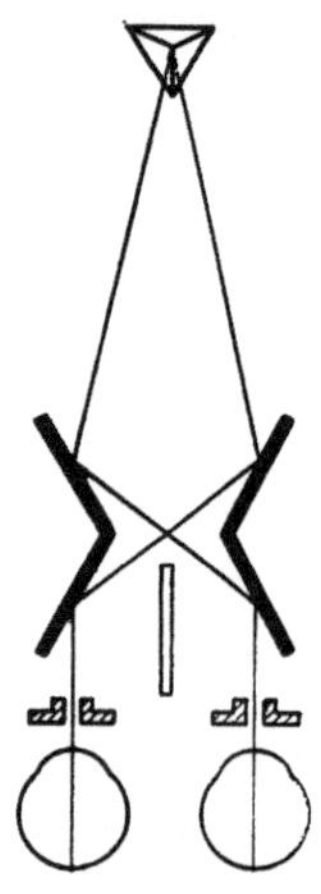

Abb. 270. Pseudoskop
nach J. R. Ewald.

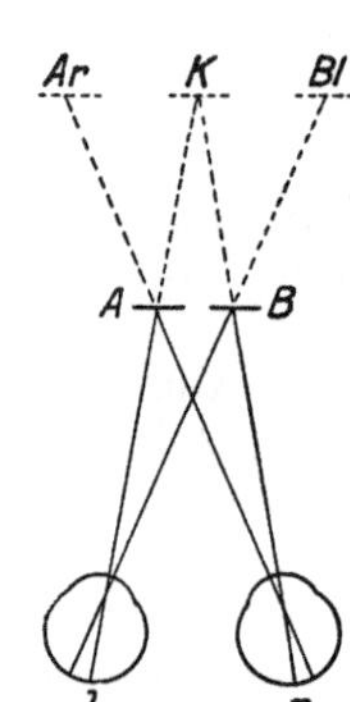

Abb. 271. Stereoskopieren
ohne Stereoskop.

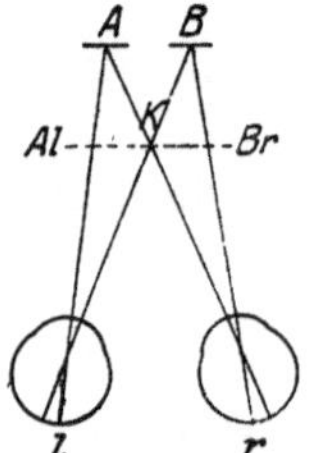

Abb. 272. Stereoskopieren
ohne Stereoskop.

körper erscheinen dadurch betrachtet als Hohlkörper, Hohlkörper als Vollkörper. Derartige Versuche zeigen unter Umständen, wie sehr das binokulare Tiefenmotiv den früher angeführten monokularen Tiefenmotiven überlegen ist. Denn in dem Konflikt dieser mit dem Einfluß der Querdisparation werden gelegentlich zwangsmäßig ganz unmögliche optische Situationen vorgetäuscht; man sieht z. B. eine frei auf einem Platz stehende Säule hinter den umgebenden Häusern.

Auch bei Betrachtung *ohne Stereoskop* gelingt es unter Umständen, an Stelle der zwei einzelnen Stereoskopbilder *einen körperlichen Eindruck zu gewinnen.* Man muß zu dem Zweck die Sehachsen entweder möglichst parallel auf die beiden Bilder richten, also sozusagen auf einen Punkt hinter der Ebene der Bilder blicken, oder man muß sie stark konvergieren lassen, wie wenn man einen Punkt vor der Bildebene ins Auge faßte. Im ersten Fall (s. Abb. 271) sieht man durch Verschmelzung der Stereoskopbilder einen Körper K in größerer Entfernung und daneben die beiden flächenhaften perspektivischen Bilder gekreuzt (Ar und Bl); im zweiten Fall (Abb. 272) scheint der Körper vor der Bildebene in der Luft zu schweben (K), und die flächenhaften Bilder (Al und Br) liegen zu beiden Seiten ungekreuzt. Die Schwierigkeit der Versuche liegt darin, daß man es fertig bringen muß, Akkommodation und Konvergenz bis zu einem gewissen Grad unabhängig voneinander zu betätigen und sich von den Doppelbildern nicht stören zu lassen.

Wenn nach dem Gesagten als die erste und wichtigste Grundlage für die Tiefenwahrnehmung mit dem Doppelauge die Querdisparation der Netzhautbilder angesehen werden muß, so kommt als ein Hilfsmittel doch jedenfalls auch noch der Einfluß der **Konvergenzstellung der Sehachsen** hinzu.

Je näher den Augen ein Gegenstand liegt, auf den sich die Aufmerksamkeit richtet, um so stärker müssen die Mm. recti mediales angespannt werden. Daß diese Einstellung für die Lokalisation der Tiefe von Bedeutung ist, dafür lassen sich mannigfache Versuche anführen.

Setzt man z.B. vor die Augen Prismen mit nasalwärts gerichteter brechender Kante, dann muß den Augen zur Fixierung eines in bestimmtem Abstand befindlichen Gegenstandes eine stärkere Konvergenz erteilt werden, als ohne die Prismen. Die Folge davon ist *Mikropie* (S. 550), man sieht den Gegenstand kleiner, weil die Netzhautbilder im Verhältnis zu dem Aufwand von Konvergenz zu klein sind; außerdem sieht man ihn für gewöhnlich genähert. Da die Akkommodation bei diesem Versuch unverändert bleibt, so kann es auf sie bei der verkehrten Abschätzung von Größe und Distanz nicht ankommen. In ähnlicher Weise kann man Mikropie durch alleinige Steigerung der Konvergenz auch erzwingen, wenn man im WHEATSTONEschen Spiegelstereoskop (s. S. 553) die beiden Bilder näher gegen die Frontalebene des Beschauers heranrückt, so daß die von den Bildern ausgehenden Strahlen mit kleinerem Einfallswinkel auf die Spiegel fallen. Besonders einfach läßt sich die Bedeutung der Konvergenz mit dem *Tapetenphänomen* von H. MEYER demonstrieren: Blickt man auf eine regelmäßig gefelderte Fläche, z. B. auf eine Tapete, ein Rohrgeflecht, einen Fliesenfußboden oder dergleichen, und läßt dabei die Sehachsen so konvergieren, daß sie sich vor der Fläche schneiden, so kann man es erreichen, daß die Doppelbilder des Musters gerade zur Deckung kommen; alsdann erscheint das Muster sofort kleiner und zugleich näher gerückt.

Es ist bisher nicht klargestellt, in welcher Weise die Änderungen der Konvergenz für die Beurteilung von Größe und Tiefe psychisch verwertet werden. Die nächstliegende Deutung, daß wir ein Gefühl für das Maß der Anspannung der Konvergenzmuskeln besitzen, ist wahrscheinlich unrichtig.

Während die bisherigen Betrachtungen über die räumlichen Gesichtswahrnehmungen vom ruhenden Netzhautbild in seinen Beziehungen zur Außenwelt ausgingen, wollen wir uns nun zum Schluß den *Verschiebungen der Netzhautbilder* und ihrem Einfluß auf die **Wahrnehmung von Bewegungen** zuwenden.

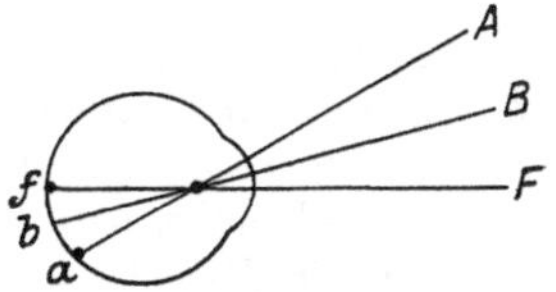

Abb. 273.

Verschiebungen der Netzhautbilder werden im allgemeinen auf zweierlei Weise erzeugt, erstens durch Bewegung des Objekts bei ruhendem Auge und zweitens durch Bewegung des Auges bei ruhendem Objekt, also allgemein gesagt dadurch, daß das räumliche Verhältnis von Sehdingen und Sehorgan sich ändert. Genau die gleiche Verschiebung des Netzhautbildes kann also ebensowohl auf einer bestimmten Außenbewegung, wie auf einer bestimmten Stellungsänderung der Augen beruhen; beides wird aber von uns sehr wohl unterschieden und in bezug auf den Raum ganz verschieden ausgelegt. Wenn ich den Punkt F fixiere, so daß er sich in der Fovea f abbildet (s. Abb. 273), so liegt das Netzhautbild von A in a, und ich sehe A in einer gewissen Höhe über F liegen. Wandert jetzt das Netzhautbild von a nach b, während das Auge stille steht, so habe ich eine Bewegungsempfindung, ich sehe A nach B sinken. Wende ich dagegen den Blick von F nach B, so ändert sich die Höhe von A gar nicht, obwohl sich auch diesmal wieder der Bogen zwischen der Fovea und dem Netzhautbild von A verkleinert. Die Augenmuskelinnervation kann also die Wirkung der Bildverschiebung kompensieren. Der Netzhautpunkt a hat demnach — und dasselbe gilt für alle Netzhautpunkte — *keinen unwandelbaren, sondern einen wechselnden Raumwert, der Raumwert hängt noch mit ab von der Einstellung des Auges.*

Wir wollen diese Verhältnisse nun im einzelnen betrachten und zuerst das Einfachere, die Erzeugung einer *Bewegungswahrnehmung bei ruhen-*

dem Auge durch Verschiebung des Netzhautbildes untersuchen. Es ist leicht festzustellen, daß nicht jede Bildverschiebung wahrgenommen wird, sondern daß sich deren Geschwindigkeit innerhalb einer oberen und einer unteren Grenze halten muß; wir sehen ein vorbeisausendes Geschoß ebensowenig, wie wir den Stundenzeiger einer Uhr sich bewegen sehen. Die untere Grenze der Perzeption einer rotierenden Bewegung wird nach AUBERT erreicht, wenn die Winkelgeschwindigkeit 1—2′ pro Sekunde beträgt, vorausgesetzt, daß daneben noch andere ruhende Objekte im Gesichtsfeld zu sehen sind, mit welchen das bewegte Objekt verglichen werden kann; andernfalls liegt die Schwelle höher. Der Wert von 1—2 Winkelminuten gilt aber nur für das direkte Sehen, das indirekte Sehen erfordert größere Geschwindigkeiten; schon bei 9° Exzentrizität beträgt der Schwellenwert 13—18′ und steigt weiter peripherwärts noch mehr.

Von Bedeutung ist, daß die Sehschärfe, also die Unterschiedsempfindlichkeit für örtlich verschiedene Simultanreize (s. dazu Kap. 33) nach der Netzhautperipherie hin rascher sinkt, als die uns hier interessierende Sehschärfe für Bewegungen. Die Sehschärfe im gewöhnlichen Sinn messen wir durch die Größe des Sehwinkels, welchen die von zwei eben unterschiedenen Lichtpunkten ausgehenden Strahlen miteinander einschließen (s. S. 537); wenn wir ebenso die *Sehschärfe für Bewegungen* durch den Sehwinkel ausdrücken, welchen ein mit übermerklicher Geschwindigkeit bewegter leuchtender Punkt beschreiben muß, damit seine Bewegung erkannt wird, so findet man, daß beide Sehschärfen beim direkten Sehen ungefähr gleich groß sind; 20° außerhalb der Fovea findet man dagegen 270″ als Schwellenwert für die gewöhnliche Sehschärfe, aber nur 75″ für die Bewegungssehschärfe (EXNER). Die letztere ist also peripher relativ viermal so groß als die erstere. Dies ist eine der Ursachen für die häufig zu beobachtende und biologisch sehr wichtige Erscheinung, daß ein ruhendes, nur indirekt gesehenes Objekt oft unbeachtet bleibt, während es mit Leichtigkeit die Aufmerksamkeit auf sich zieht, sobald es sich bewegt.

Verschiebt sich ein Objekt gegen ein zweites, so unterliegen wir unter Umständen der merkwürdigen Täuschung, daß *das bewegte Objekt für ruhend, das ruhende für bewegt angesehen wird.* Steht man z. B. auf einer Brücke und sieht auf den unter ihr fließenden Fluß hinab, so scheint sich plötzlich die Brücke stromaufwärts zu bewegen, während das Wasser selbst in Ruhe verharrt. Oder sitzt man im Eisenbahnwagen und beobachtet durch das Fenster einen auf einem anderen Geleise stehenden Zug, der sich mit einem Mal in Bewegung setzt, so erscheint der eigene Zug abzufahren, während der benachbarte anscheinend stehenbleibt. MACH erzählt von seinem Kind, das beim Betrachten des Himmels voller dicht fallender Schneeflocken vom Fenster aus meinte, das ganze Haus steige in die Höhe. In diesen und ähnlichen Fällen kann man meist verallgemeinernd sagen, daß *bei relativen Bewegungen gewöhnlich das kleinere Objekt als bewegt angenommen wird.*

Eine *Bewegungswahrnehmung* kommt ferner zustande, *wenn das Netzhautbild zwar ruht, aber das Auge sich bewegt.* Dies ist dann der Fall, wenn ein bewegter Gegenstand die Aufmerksamkeit auf sich zieht und das Auge reizt, ihm mit dem Blick zu folgen. Alsdann ersetzt die Augenbewegung vom psychischen Standpunkt aus, d. h. bei der räumlichen Wertung, die Bildverschiebung auf der Netzhaut; die Drehung der dauernd auf den Fixierpunkt gerichteten Blicklinie um einen bestimmten Winkel nach links bedeutet dieselbe Bewegungswahrnehmung, wie die Verschiebung des Netzhautbildes im ruhenden Auge um den gleichen Winkel nach rechts. Wenn dagegen die Blicklinie von einem Punkt der ruhenden Außenwelt auf einen anderen, etwas weiter links gelegenen gewendet wird, dann wandert zu gleicher Zeit auch das Netzhautbild um denselben Winkel nach links; die räumlichen Wertungen der Augenbewegung und der Bildverschiebung heben alsdann einander auf, die Außenwelt wird als ruhend aufgefaßt.

Die Bewegungswahrnehmungen hängen also von bestimmten konstanten Beziehungen zwischen den Verschiebungen der Netzhautbilder und den durch die optischen Eindrücke ausgelösten Augenbewegungen ab. Dies offenbart sich besonders deutlich, wenn irgendwie diese Beziehungen gelöst werden und dadurch Bewegungstäuschungen zustande kommen, wie etwa folgende Beispiele lehren:

1. Übt man einen seitlichen Druck auf ein Auge aus, so wird durch die Verschiebung der Netzhaut sofort die Vorstellung einer der Druckrichtung entgegengesetzten Bewegung der Außendinge hervorgerufen.

2. Unwillkürliche, nicht durch die Sehdinge ausgelöste Augenbewegungen und damit Netzhautverschiebungen erzeugen ebenfalls Scheinbewegung, so wenn reflektorisch oder durch intrazentrale Reizung ein Nystagmus auftritt. Hierher gehört wohl auch das sogenannte „Sternschwanken", d. h. das Sehen kleiner Ausschläge, in welchen die Fixsterne bei längerer Betrachtung infolge von unwillkürlichen Bewegungen des Auges ähnlich wie die Teilchen bei der BROWNschen Molekularbewegung hin und her zu tanzen scheinen.

3. Wenn ein Muskel, z. B. der M. rectus lateralis des rechten Auges plötzlich gelähmt wird, so scheint sich, wenn der Patient das linke Auge zuhält, das Gesichtsfeld nach rechts zu drehen, der Patient leidet an starkem „*Gesichtsschwindel*". Die Ursache ist folgende: Sobald der Patient den Blick nach rechts wendet, fällt die Verschiebung des Netzhautbildes kleiner aus, als sie nach der Größe des Impulses, welcher dem N. abducens erteilt wird, ausfallen sollte; der Patient hat daher denselben Eindruck, als wenn sich beim Rechtsblicken gleichzeitig die Gegenstände im Gesichtsfeld nach rechts verschieben. Wird der Patient aufgefordert, rasch nach einem Punkt zu greifen, den er allein mit dem gelähmten Auge fixiert, so lokalisiert er zu weit nach rechts und greift infolgedessen an dem Punkt vorbei, ungefähr an eine Stelle, die er mit dem verdeckten linken Auge fixieren würde (v. GRAEFE). Ähnlich kommt folgende Täuschung zustande: man richte den Blick auf einen am äußersten Rand des rechten Gesichtsfeldes liegenden Punkt und suche ihn dauernd zu fixieren, so wird der Punkt bald anfangen scheinbar nach rechts auszuweichen, weil die angespannten Muskeln anfangen zu ermüden, so daß die Wendung der Augen nicht mehr völlig dem Innervationsaufwand entspricht.

4. Erzeugt man auf der Netzhaut ein Nachbild, so wandert dieses mit jeder Änderung der Blickrichtung, weil eine Bewegungswahrnehmung immer dann zustande kommt, wenn trotz Augenbewegung das Netzhautbild an seinem Ort bleibt. Aus dem gleichen Grunde erscheinen Glaskörpertrübungen als „fliegende Mücken" (s. S. 507), welche sich mit dem Blick bewegen. Dagegen bleibt ein Nachbild bei lebhaftem Nystagmus vollkommen ruhig stehen, weil die nystagmischen Bewegungen unwillkürlich zustande kommen.

In welchem Zusammenhang die Bewegungen der Augen mit der Wahrnehmung der Bewegungen stehen, darüber sind die Ansichten geteilt; die zuletzt erwähnten Beobachtungen legen die Annahme einer Empfindung der Innervationsstärke nahe. —

Schließen wir hiermit die Erörterungen über die räumlichen Gesichtswahrnehmungen, so läßt sich aus der gesamten Darstellung erkennen, daß unsere Auffassung von der Existenz eines dreidimensionalen Raums mit den Einrichtungen unseres Sehorgans innig zusammenhängt. Das Auge ist freilich nicht das einzige Raumsinnesorgan. Das lehrt schon die Orientiertheit der Blinden. Neben den Augen kommen vor allem die Haut und das Labyrinth für die Erfassung des Räumlichen in Betracht. Auch daß der Begriff des dreidimensionalen Raums durch die Komposition zahlreicher Elemente zustande kommt, lehren die hier gegebenen immerhin knappen Hinweise auf das Zustandekommen der Raumwahrnehmung. Eine ausführlichere Darstellung würde zeigen, daß das Raumproblem eine der interessantesten, aber auch der schwierigsten Aufgaben der Sinnesphysiologie und der Psychologie ist, deren Bewältigung seit langer Zeit angestrebt wird und die Forscher in zwei große Lager geteilt hat, das der Nativisten und das der Empiristen; die *Nativisten* vertreten den Standpunkt, daß den Sinneseindrücken unmittelbar Raumwerte anhaften, daß also von Geburt an und vor aller Erfahrung die Sehdinge flächenhaft geordnet oder als den Raum erfüllend aufgefaßt werden. Die *Empiristen* lehren demgegenüber, daß ursprünglich nur die Empfindungsqualitäten existieren, daß erst auf Grund vielfältiger Sinneseindrücke unter der Mitwirkung von Erinnerungen und unbewußten Schlüssen die Raumauffassung sich bilde, daß der Raum also ein Produkt der Erfahrung sei. Wir haben in diesem Abschnitt gesehen, daß wenigstens in der Tiefenwahrnehmung unzweifelhaft empirische Faktoren enthalten sind. Im übrigen kann jedoch hier das Für und Wider der beiden Standpunkte unmöglich genügend abgewogen werden.

Der Gehörssinn.

Ähnlich wie das Auge, so vermittelt uns auch das Ohr eine große Zahl verschiedener Empfindungen, *Schallempfindungen* oder *Gehörsempfindungen*, deren Ursache wir an bestimmte Orte in dem uns umgebenden Raum lokalisieren; so bezeichnen wir Tiere und Menschen, Instrumente und mancherlei Phänomene der anorganischen Natur als *Schallquellen*. Während nun die Gesichtseindrücke, sobald wir die an ihnen haftenden Raumkomponenten ignorieren, den Charakter einer einfachsten psychischen Erscheinung besitzen, die durch noch so aufmerksame Beobachtung nicht in etwas noch Einfacheres zerlegt werden kann, liegen die Verhältnisse bei den Gehörseindrücken meistens anders. Ein Weiß von bestimmter Leuchtkraft, von dessen Form und von dessen Abstand und Richtung im Verhältnis zu meinem Körper ich absehe, läßt sich in keiner Weise als etwas Komplexes auffassen; dagegen sind die meisten Schalle in eine Summe von einfachen Empfindungen aufzulösen.

Die Schalle sind nach HELMHOLTZ in zwei große Gruppen einzuteilen, in die **Klänge** und in die **Geräusche,** deren Grenzen allerdings verwischt sind. Beispiele für Klänge sind die Gehörseindrücke, welche von den meisten musikalischen Instrumenten produziert werden; Geräusche sind dagegen das Rasseln eines Wagens, das Aufklatschen der Regentropfen, der Knall einer Pistole. Vornehmlich bei den Klängen gelingt durch aufmerksames Lauschen die analytische Zerlegung in mehrere einfache akustische Bestandteile, in **Töne;** aus dem Klang der Kirchenglocken hört man sie von tiefen Brummtönen bis zu höchsten singenden Tönen mit Leichtigkeit heraus; beim „Ton" eines Klaviers, der in Wirklichkeit ebenfalls ein Klang ist, fällt die Zerlegung dagegen schwerer. Fast alle musikalischen Instrumente liefern Klänge und nicht Einzeltöne, und unter den *Teiltönen* oder *Partialtönen* des Klangs unterscheidet man den *Grundton*, welcher gewöhnlich prävaliert, von den *Obertönen*, welche gewöhnlich mehr zurücktreten. Ein Instrument, das einen einfachen Ton erzeugt, ist eine Stimmgabel einige Zeit nach dem Anschlagen, wenn sie allmählich ausklingt.

Während die Klänge längere Zeit in gleichmäßiger Stärke fortbestehen können, sind die Geräusche im allgemeinen durch Unbeständigkeit, durch kurze Dauer oder durch Diskontinuität und durch Wechsel in der Stärke des Schalleindrucks gekennzeichnet. Der akustische Bestandteil des Geräusches hat dabei öfter deutlich Klang- oder Toncharakter. Man denke an Klirr-, Zisch-, Knips- und Knistergeräusche, in denen hohe Töne darinstecken, im Verhältnis zu Rasseln und Klappern, Sausen und Rauschen, Poltern und Rollen oder gar zu brummenden, gurgelnden und knurrenden Geräuschen, die durch tiefe Töne ausgezeichnet sind. Ein Geräusch entsteht auch, wenn man eine größere Zahl nebeneinander gelegener Klaviertasten zugleich niederdrückt; danach gehört auch zu dem Charakter des Geräusches, daß die Teiltöne, welche in ihm enthalten sind, nicht miteinander harmonieren, während sie im Klang gewöhnlich in ganz bestimmten, und zwar harmonischen Abstufungen vorkommen. So ergibt sich also, daß der Gehörssinn letzten Endes *Tonempfindungen* vermittelt.

Diese sind nun außer durch die Dauer und die Stärke auch durch ihre *Höhe* unterschieden. Ähnlich wie wir die Lichter leicht in eine uns natürlich erscheinende Ordnung bringen, wenn wir die einzelnen Farben so wie im Spektrum nebeneinander stellen, oder besser — d. h. unter Berücksichtigung der purpurnen Lichter — wenn wir sie zum Farbenkreis ordnen (s. S. 517), so ordnen wir die Töne in eine *Tonskala*, welche etwa mit den tiefsten beginnend einsinnig verläuft und mit den höchsten Tönen endet.

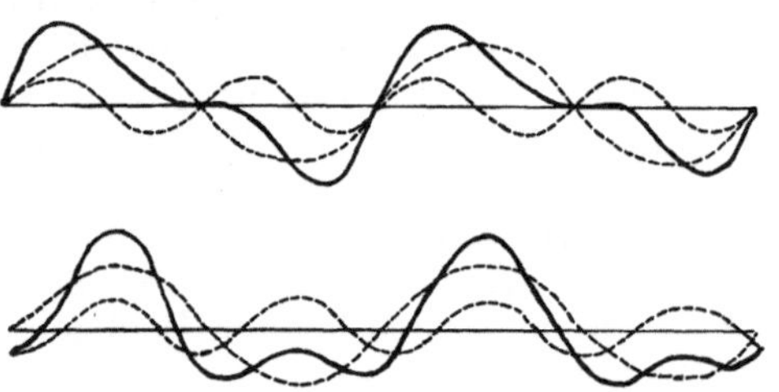

Abb. 274. Zwei Klangkurven des gleichen Klanges. Die Klänge 1 und 2 bestehen aus denselben Partialtönen, aber die letzteren sind in 1 phasengleich, in 2 phasendifferent.

Was entspricht nun diesen psycho-akustischen Elementarbestandteilen, den Tönen, und was den Komplexen der Klänge und Geräusche im Gebiet des Physikalischen? Bekanntlich entstehen *Töne*, wenn die Luft periodisch erschüttert wird, indem irgendwelche vibrierende Körper durch Stoß die Luft abwechselnd verdichten und verdünnen; *die dabei auftretenden Longitudinalwellen der Luft haben die Form einer Sinuskurve. Der Tonhöhe entspricht die Schwingungsfrequenz, der Tonstärke die Schwingungsamplitude.*

Zwei Schwingungen von gleicher Amplitude, aber verschiedener Frequenz werden jedoch nicht gleich stark gehört, sondern der höhere ist im allgemeinen auch der lautere; ein Sopran übertönt z. B. unter Umständen das ganze Orchester. Der physikalische Grund ist der, daß die lebendige Kraft der Schwingungen nicht proportional der Amplitude a wächst, sondern proportional $(an)^2$, wenn n die Schwingungszahl bedeutet. Aber auch bei gleicher Tonstärke, bei gleicher lebendiger Kraft der Schwingungen werden zwei Töne verschiedener Frequenz nicht gleich stark gehört, sondern neben dem physikalischen Faktor der Tonstärke spielt der physiologische Faktor der Gehörsempfindlichkeit eine wichtige Rolle. Die Empfindlichkeit ist am größten für Töne mittlerer Frequenz von etwa 2000 Hertz, für tiefste und höchste Töne ist sie sehr gering (M. Wien).

Ein *Klang* entsteht, wenn die Luft in komplizierter Weise periodisch erschüttert wird. So wie der Klang für das Ohr eine Summe von Partialtönen ist, so ist *die Klangkurve die Resultante einer Summe von Tonkurven*. Wie durch das Ohr, so läßt sich ein Klang auch auf rein mathematischem Wege in seine Teiltöne zerlegen, indem man durch Analyse nach Fourier die Klangkurve auf einzelne übereinander gelagerte Sinuskurven zurückführt. In der Abb. 274, 1 und 2 stellen die beiden gestrichelten Kurven zwei Töne dar, deren Schwingungen sich wie 1 : 2, wie Grundton und Oktave zueinander verhalten. Addiert oder subtrahiert man die zusammengehörigen positiven und negativen Ordinatenwerte, so findet man die Punkte der aus der Superposition der Sinusschwingungen resultierenden Klangkurve, welche in der Abbildung ausgezogen gezeichnet ist. Jede beliebige Klangkurve läßt sich als die Resultante einer größeren oder geringeren Zahl von Sinusschwingungen darstellen. Zum Beweis dessen konstruiere man irgendeine Klangkurve, schneide sie in Blech aus und ziehe sie hinter einem schmalen Spalt entlang, durch welchen Luft hindurchgeblasen wird; die Luft wird alsdann in einer der Kurvenform entsprechenden Weise erschüttert, und man wird die einzelnen Partialtöne, aus welchen der Klang zusammengesetzt worden ist, heraushören. Auch bei Klängen kann man von einer Höhe sprechen; zwei Klänge erscheinen gleich hoch, wenn ihr Grundton gleiche Höhe hat. Sie klingen dann aber (abgesehen von Stärkeunterschieden) trotzdem nicht gleich, wenn ihre Obertöne verschieden sind. Diese bestimmen die *Klangfarbe* oder den *Timbre*. Gibt man z. B. den „Ton" a auf dem Klavier und auf der Geige an, so erklingt jedes Instrument in charakteristisch verschiedener Weise.

Ein dritter Weg (neben dem der Selbstbeobachtung und dem der Berechnung), um einen Klang zu analysieren, ist die Zerlegung auf experimentell-physikalischem Wege mit Hilfe von *Resonatoren*.

Als solche dienen zweckmäßig Hohlkörper von mannigfacher Gestalt, meist in Trichter- oder Kugelform verschiedener Größe und mit zwei Öffnungen versehen, an deren eine das Ohr gebracht wird (Abb.275). Ertönt ein Klang, so gerät unter Umständen die Luft im Resonator in Mitschwingung, nämlich dann, wenn sein *Eigenton* erregt wird; denn jede mehr oder weniger abgeschlossene Luftmasse hat die Fähigkeit, am stärksten in einer bestimmten Periode zu schwingen. Der Resonator verhält sich also etwa wie ein farbiges Glas, das aus dem Tageslicht nur eine Farbe abfiltriert. Hat man einen ganzen Satz verschiedener Resonatoren und ertönt ein Klang, so kann man die Partialtöne des Klanges herausfinden, indem man einen Resonator nach dem anderen ans Ohr hält und achtgibt, mit welchen derselben man Töne heraushören kann, mit welchen nicht. Auch die Saiten eines Klaviers sind Resonatoren; singt man z. B. in ein Klavier bei aufgehobener Dämpfung hinein, so hört man den Klang der Stimme wieder herauskommen, weil alle diejenigen Saiten, welche mit irgendwelchen Partialtönen des Stimmklangs in Resonanz stehen, in Mitschwingung geraten und deshalb tönen.

Abb. 275.
Resonator nach HELMHOLTZ.

Die Tatsache, daß man mit Hilfe von Resonatoren auf physikalischem Wege einen Klang analysieren kann, hat HELMHOLTZ (1877) *auf den Gedanken gebracht, daß sich auch im Innern des Ohrs ein Resonatorensatz befindet, welcher uns dazu befähigt, die Partialtöne eines Klanges herauszuhören.*

Der Wahrnehmung von *Geräuschen* entsprechen unregelmäßige, nichtperiodische Erschütterungen der Luft. Gemäß der Feststellung, daß auch in den Geräuschen Klänge oder Töne darinstecken, kann der Lufterschütterung wohl eine vorübergehende oder wenig hervortretende Periodizität anhaften, das Gesetzlose ist aber das Dominierende. Verkürzt man einen Ton mehr und mehr, so daß schließlich nur noch zwei Schwingungen und weniger ans Ohr gelangen, so wird die Tonempfindung unbestimmt, eine halbe Schwingung erzeugt nur mehr den Eindruck eines kurzen explosiven Geräusches (ABRAHAM und SCHAEFER).

Wenden wir uns nach dieser Gegenüberstellung der akustischen Empfindungen und der physikalisch-akustischen Reize der **Physiologie des Hörens** zu, indem wir, ähnlich wie bei der Erörterung der physiologischen Optik, die Frage aufwerfen: in welcher Weise vermittelt das Sinnesorgan zwischen dem Physischen und dem Psychischen ? Das für die Schallschwingungen empfindliche Sinnesepithel liegt tief im Innern des Kopfes verborgen; dorthin werden erst indirekt die Schwingungen durch einen kompliziert gebauten physikalischen Apparat übertragen, welcher dem der Netzhaut vorgeschalteten dioptrischen Apparat des Auges an die Seite gestellt werden kann.

Die Schallwellen werden zunächst von dem äußeren Ohr aufgefangen. Die **Ohrmuschel** ist eine Art Schalltrichter; sie ist aber zum Hören nicht notwendig, was etwa durch die Tatsache bewiesen wird, daß gut hörende Tiere, wie die Vögel oder die Frösche, sie entbehren. Beim Menschen ist sie ein reduziertes Organ; die Muskeln, welche zu ihrer Bewegung vorhanden sind, sind rudimentär und meistens völlig funktionsuntüchtig, während vergleichsweise die Ohrmuschel des Pferdes von 17 Muskeln bewegt und jeweils reflektorisch in die Richtung des Schalls eingestellt wird. Die Stellung der Ohrmuscheln bedingt es aber auch beim Menschen, daß leicht unterschieden werden kann, ob ein Schall von vorn oder von hinten kommt; bindet man die Ohrmuscheln am Kopf fest oder steckt man in den äußeren Gehörgang nach außen ragende Röhren, so geht dies Unterscheidungsvermögen verloren. Hält man die Hand seitwärts vor die Ohrmuscheln, so wird ein von vorn kommender Schall nach hinten lokalisiert. Ob ein Schall von rechts oder von links kommt, kann man daran bemerken, daß je nachdem das rechte oder das linke Ohr stärker erregt wird.

Aber auch die Richtung, in der eine Schallquelle seitlich gelegen ist, wird ziemlich genau perzipiert. Diese Fähigkeit hat mit der Ohrmuschel nur sehr wenig zu tun, sondern beruht auf der *Eigentümlichkeit des Ohrs, kleine Zeitdifferenzen räumlich auszudeuten* (WERTHEIMER, v. HORNBOSTEL). Liegt eine Schallquelle rein seitlich, rechts oder links, so werden die beiden Ohren, wenn es sich um einen Knall handelt, mit einer Zeitdifferenz (Ohrabstand: Fortpflanzungsgeschwindigkeit des Schalls) = ca. $6 \cdot 10^{-4}''$ getroffen. Liegt die Schallquelle schräg, so ist die Zeitdifferenz kleiner als $6 \cdot 10^{-4}''$. Daß deren Perzeption die Schräglokalisation auslöst, wird dadurch bewiesen, daß, wenn man beiden Ohren von einer in der Medianebene gelegenen Schallquelle aus durch verschieden lange, seitlich in sie hineingesteckte Rohre den Schall mit einer Zeitdifferenz zuleitet, deren Wert geringer ist als $6 \cdot 10^{-4}''$, der Schall in der Tat aus schräger Richtung zu kommen scheint. Läßt man dagegen die Zeitdifferenz von $6 \cdot 10^{-4}''$ auf etwa $12 \cdot 10^{-4}''$ anwachsen, dann hört man statt eines Schalles zwei; es ist also ein „Schalldoppelbild" entstanden. Diese Verhältnisse erinnern an die Raumerfassung seitens des Auges (S. 548 u. 551); bleibt die Querdisparation der Abbildungen auf den beiden Netzhäuten unterhalb einer gewissen Grenze, so weckt die zweifache Erregung ein Urteil über die Tiefendimension des Sehobjektes; wird die Grenze der Querdisparation überschritten, dann entstehen Doppelbilder. — Der Schwellenwert der Richtungslokalisation ist von der Medianebene aus gerechnet gleich 3^0, entsprechend einer Zeitdifferenz von $3 \cdot 10^{-5}''$; es ist also eine ganz erstaunlich kurze Zeit, auf die das Ohr reagiert. Ob der Schall dann von vorn oder von hinten kommt, darüber entscheidet man wohl mit Hilfe der Ohrmuschel. Ist der Schallreiz nicht knallartig, sondern stationär, so tritt an die Stelle der räumlichen Ausdeutung einer Zeitdifferenz wohl die einer Phasendifferenz der Schwingungen.

Die Ohrmuschel leitet den Schall wie in ein Sprachrohr in den äußeren Gehörgang und damit zum Trommelfell und zum inneren Ohr. Aber die Schallwellen der Luft können auch direkt durch die Schädelknochen dem Endorgan zugeführt werden. Die Möglichkeit der **Knochenleitung** läßt sich sehr leicht nachweisen; verstopft man die äußeren Gehörgänge und setzt den Fuß einer schwingenden Stimmgabel auf den Schädel oder auf die Zähne, so hört man den Stimmgabelton sehr deutlich. Normalerweise ist aber die Luftleitung der Knochenleitung überlegen; denn wenn man die auf den Knochen aufgesetzte Stimmgabel abklingen läßt, bis man sie nicht mehr hört, und hält sie nun vors Ohr, so ertönt sie von neuem (*Rinne scher Versuch*). Setzt man die Stimmgabel auf die Mitte des Scheitels, so hört man ihren Ton scheinbar im Kopf oder in beiden Ohren. Ist die Hörfähigkeit des einen Ohrs etwa durch Erkrankung des Hörnerven auf einer Seite, z. B. auf der rechten. herabgesetzt, so hört man den Schall nach links verlagert. Gerade umgekehrt, wenn auf der rechten Seite ein Hindernis in der Schalleitung besteht, wenn man z. B. den rechten äußeren Gehörgang mit dem Finger verstopft, oder wenn rechts eine Mittelohreiterung besteht; dann wird der Schall der Stimmgabel nach rechts verlagert (*Weber scher Versuch*). Dies beruht darauf, daß normalerweise die durch die Schädelknochen zugeleiteten Schwingungen zum Teil über die Trommelfelle durch die äußeren Gehörgänge nach außen abfließen, und daß diese Ableitung nun einseitig aufgehoben wird.

Das **Trommelfell** (s. Abb. 276—278) hat die Form eines schräg gestellten sehr flachen Trichters; seine Mitte, der Nabel, ist durch das dort eingewachsene Ende des langen Hammerfortsatzes nach der Paukenhöhle

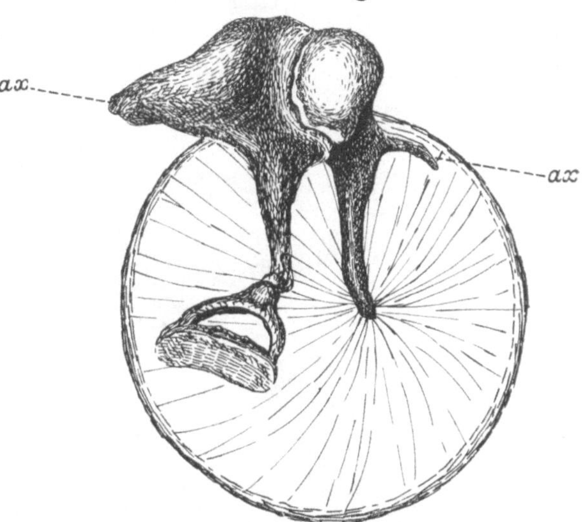

Abb. 276. Hammer, Amboß und Steigbügel der linken Seite mit dem Trommelfell, von medial. *ax, ax* Drehachse der Gehörknöchelchen.

zu einwärts gezogen. Wie andere Membranen, so wird man auch das Trommelfell als einen Resonator auffassen; es sollte dementsprechend nur bei einer ganz bestimmten Schwingungsfrequenz in Mitschwingung geraten. In der Tat hören die meisten Menschen auch einige hohe Töne in der viergestrichenen Oktave überlaut, was auf einem Eigenton des Trommelfells beruhen dürfte (HELMHOLTZ). Im übrigen bedingt es aber wohl der ziemlich unregelmäßige Bau und die ungleichmäßige Spannung der Trichtermembran, daß sie auf alle möglichen Schwingungen anspricht, daß das Trommelfell also sozusagen zahlreiche Eigentöne hat. Tatsächlich können wir ja einige tausend Töne voneinander unterscheiden. Hinzu kommt die Belastung mit dem Gehörknöchelchensystem, welche die Abstimmung des Trommelfells auf einen bestimmten Eigenton unwirksam macht, indem sie die Schwingungen dämpft. Letzteres ist auch für das Hören rasch aufeinander folgender Töne von großem Vorteil; denn ohne Dämpfung würden die Töne einer Tonskala ineinander verschwimmen.

Die **Gehörknöchelchen,** *Hammer, Amboß* und *Steigbügel* (s. Abb. 276) bilden einen kompliziert gestalteten Steg zur Übertragung der Trommel-

fellschwingungen auf das Labyrinth. Sie schwingen als Ganzes um eine
Achse, welche auf der Abbildung angedeutet ist; sie ist von vorn nach
hinten gerichtet und wird von dem nach vorn gerichteten kurzen Hammerfortsatz einerseits, von dem nach hinten gerichteten kurzen Amboßfortsatz
andererseits gebildet. Die Gehörknöchelchen stellen also eine Art Winkel-
hebel dar (s. Abb. 278). Wird durch eine auftreffende Luftverdichtung das
Trommelfell einwärts gedrückt, so daß auch der lange Hammerfortsatz
nach einwärts mitgenommen wird, so muß auch der lange Amboßfortsatz
und damit die Platte des Steigbügels sich einwärts bewegen. Da aber der
lange Hammerfortsatz etwa $1\frac{1}{2}$ mal so lang ist als der lange Amboßfortsatz, so wird durch die Gehörknöchelchen die Schwingungsamplitude, welche
im Trommelfell vorhanden ist, entsprechend reduziert; dafür werden die

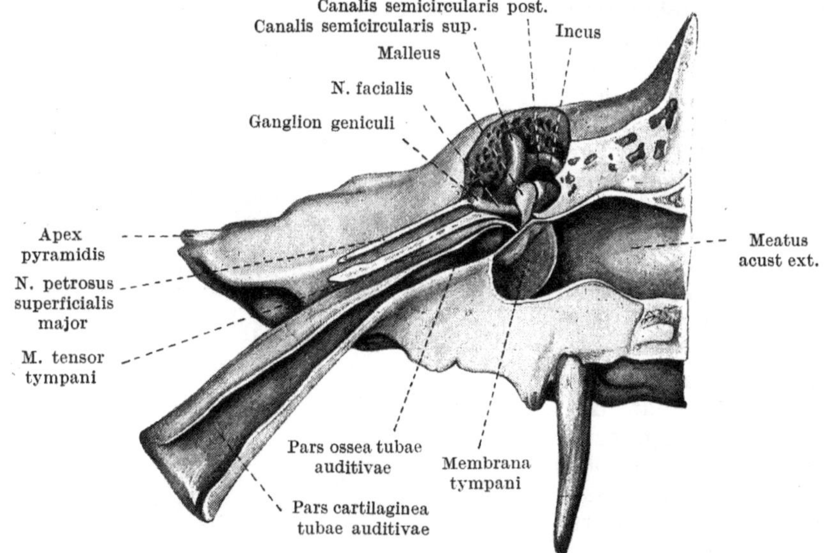

Abb. 277.   Die Tuba Eustachii eröffnet.   Die Sehne des M. tensor tympani inseriert am Griff
des Hammers.

Schwingungen der Steigbügelplatte aber um so kräftiger gemacht (HELM-
HOLTZ). Das ist von Vorteil, da zur Erregung von Schwingungen im Labyrinthwasser zwar nur kleine Exkursionen, aber relativ große Drucke notwendig
sind. Die Amplitude der Steigbügelplatte beträgt etwa 0,07 mm (POLITZER).
    An dem Gehörknöchelchenapparat greifen die zwei **Binnenmuskeln
des Ohrs** an, der M. tensor tympani und der M. stapedius. Der M. tensor
tympani entspringt am Dach der knorpeligen Tuba Eustachii und verläuft
in einer knöchernen Rinne in Richtung zur Paukenhöhle aufwärts; seine
Sehne biegt, wie Abb. 277 zeigt, am vorderen Rand dieser Rinne recht-
winklig um und heftet sich von oben her an der Basis des langen Hammerfortsatzes an. Der M. stapedius füllt die Höhle der Eminentia pyramidalis,
seine daraus herausragende Sehne inseriert von hinten her an dem Hals
des Steigbügels.
    Die Abbildung läßt erkennen, daß der M. tensor tympani zweifellos, ent-
sprechend seinem Namen, das Trommelfell spannen kann. Der M. stapedius wirkt vielleicht antagonistisch (s. S. 422). Beide Muskeln sind als

Schutzapparat für das innere Ohr aufzufassen. Auf starke Schallreize hin kontrahieren sie sich beide zu gleicher Zeit reflektorisch, zuckend bei kurzem Schall, tetanisch bei langem (HENSEN, KREIDL und KATO). Dadurch drosseln sie übermäßig große Amplituden der Gehörknöchelchen. Schaltet man die beiden Muskeln aus, so wird das Labyrinth durch überlaute Töne leichter geschädigt als sonst. Subjektiv macht sich ihre Bedeutung als Regulatoren der Schwingungsamplitude in der Hyperakusis geltend, die bei Fazialislähmung infolge des Ausfalls des M. stapedius beobachtet wird (s. S. 422). Die Schallhöhe hat keinen Einfluß; die Muskeln können deshalb wohl auch nicht, wie man öfter behauptet hat, die Bedeutung von Akkommodationsmuskeln haben.

Zum sogenannten Mittelohr gehört außer dem Trommelfell und den Gehörknöchelchen auch die **Tuba auditiva Eustachii.** Sie stellt eine Kommunikation zwischen Paukenhöhle und Rachenraum dar, welche durch Aneinanderlegen der Schleimhautflächen für gewöhnlich verschlossen ist, aber bei jeder Schluckbewegung durch Kontraktion des M. tensor veli palatini sich öffnet (POLITZER). Dies ist von Wichtigkeit; denn wenn die Tube etwa bei einem Katarrh durch Schwellung der Tubenwände dauernd geschlossen ist, so staut sich erstens das Sekret der Paukenhöhlenschleimhaut, und zweitens wird die eingeschlossene Luft allmählich resorbiert; dadurch entsteht ein luftverdünnter Raum, das Trommelfell wird einwärts gesogen, schmerzhaft gespannt und unempfindlich für Schallschwingungen, und es kommt zu unangenehmem Ohrensausen. Wäre umgekehrt die Tube dauernd offen, so würden Schallwellen, welche durch den äußeren Gehörgang und zugleich durch den Mund ins Ohr eindringen, zur Interferenz kommen und sich stören; ferner würde die eigene Stimme unangenehm dröhnen (*Autophonie*), wie man beim Gähnen bemerken kann, wenn man zu gleicher Zeit spricht, da dabei ähnlich wie beim Schlucken die Tube geöffnet wird.

Mit jedem Schluck wird also der Luft in der Paukenhöhle Gelegenheit gegeben, sich mit der Rachenluft ins Gleichgewicht zu setzen. Das hat unter Umständen eine große praktische Bedeutung. Wenn man z. B. mit einem Luftballon rasch in die Höhe steigt, so bekommt man durch Ausbuchtung des Trommelfells infolge des Drucküberschusses in der Paukenhöhle heftige Ohrenschmerzen, wenn man nicht durch fortwährendes Schlucken die Druckdifferenz beseitigt. Entsprechend haben sich manche geübte Flieger gewöhnt, bei Ausführung eines Sturzfluges ununterbrochen rasch hintereinander zu schlucken, um die störende Einbuchtung ihres Trommelfells zu verhindern. In ähnlicher Lage befinden sich die Caissonarbeiter beim Ein- und Ausschleusen (s. S. 100).

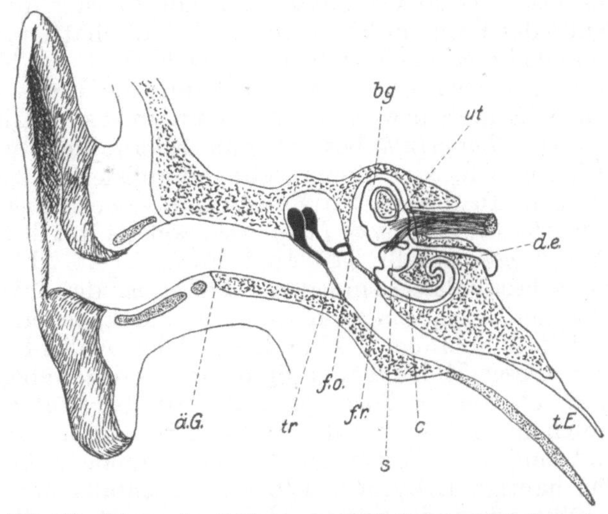

Abb. 278. Schema des Gehörorgans. (Nach NAGEL.) *ä.G.* äußerer Gehörgang, *tr* Trommelfell, *f.o.* ovales Fenster, *f.r.* rundes Fenster, *s* sacculus, *ut* utriculus, *c* cochlea, *d.e.* ductus endolymphaticus, *bg* Bogengang, *t.E.* tuba Eustachii.

Kehren wir nun zu der Übertragung der Schwingungen auf das **innere Ohr** zurück (s. dazu Abb. 278)! Da die Steigbügelplatte mit der *Membran des ovalen Fensters* (*f. o.*) fest verwachsen ist, so muß diese mit der Steigbügelplatte in gleicher Phase schwingen. Hinter der Membran des ovalen Fensters befindet sich das Labyrinthwasser. Da dieses praktisch inkompressibel ist, so können die Schwingungen der Membran nur zustande kommen, wenn das Wasser irgendwohin ausweichen kann; das ist aber durch einen zweiten membranösen Verschluß des Labyrinths möglich, durch die *Membran des runden Fensters* (*f. r.*), welche sich jedesmal in Richtung der Paukenhöhle vorbuchtet, wenn die Membran des ovalen Fensters sich einbuchtet, und umgekehrt. Man könnte meinen, daß die Schwingungen des Trommelfells nicht bloß durch den Steg der Gehörknöchelchen auf das ovale Fenster, sondern durch die Luft der Paukenhöhle auch auf die Membran des runden Fensters übertragen werden, so daß die eben angenommenen einander entgegengesetzten Bewegungen der beiden Membranen verhindert oder wenigstens abgeschwächt würden; dies wird aber dadurch

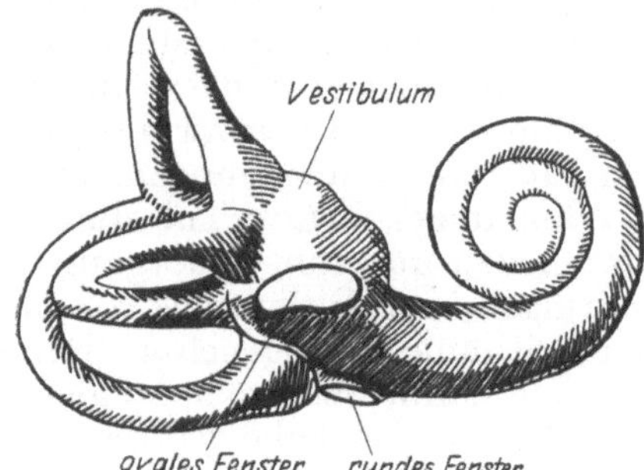

Abb. 279.
Wand des knöchernen Labyrinths.

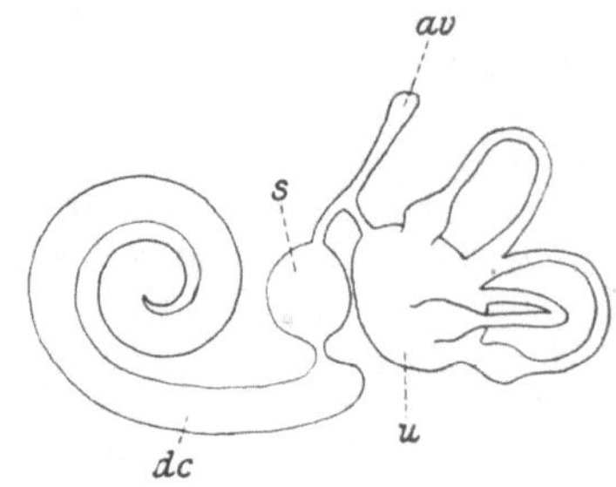

Abb. 280. Häutiges Labyrinth. (Nach MERKEL.)
dc Ductus cochlearis, *s* Sacculus, *u* Utriculus,
av Aquaeductus vestibuli.

vermieden (O. FRANK), daß das runde Fenster durch seine Lage hinter dem Wulst des Promontoriums in den Schallschatten gerückt ist. Dieselbe Lage ermöglicht es auch, daß auch bei Verlust des Trommelfells und der Gehörknöchelchen gehört werden kann; die direkt ins Mittelohr eindringenden Schallwellen wirken auch dann in erster Linie auf das ovale Fenster.

Das *Labyrinth* besteht nun bekanntlich, wie schon der Name ausdrücken soll, aus einem sehr komplizierten System kommunizierender Räume. In der harten Substanz des Felsenbeins ist eine Höhlung ausgespart, das *knöcherne Labyrinth*, welche mit Flüssigkeit, der sogenannten *Perilymphe*, gefüllt ist. Ihre Form ist in Abb. 279 wiedergegeben, ihre Hauptbestandteile sind das *Vestibulum*, die *Schnecke* und die *Bogengänge* oder *halbzirkelförmigen Kanäle*; in die knöcherne Wand des Vestibulums sind die Membranen des runden und des ovalen Fensters eingelassen. Innerhalb dieser Höhle hängt dann an bindegewebigen Strängen und Septen ein Sack von der Form der Abb. 280, das *häutige Labyrinth*. Seine Wände laufen im großen ganzen den Wänden des knöchernen Labyrinths parallel und sind von diesem durch eine schmale Schicht Perilymphe getrennt; das häutige Labyrinth selbst ist ebenfalls mit Flüssigkeit, *Endolymphe*, gefüllt; seine wichtigsten Abschnitte sind der *Sacculus*, der *Utriculus*, der *Ductus cochlearis* oder die häutige Schnecke und die *häutigen Bogengänge* (s. Abb. 278 u. 280).

Wenn nun die Perilymphe vom ovalen Fenster her erschüttert wird, so müssen sich die Schwingungen auch den zarten Wänden des häutigen Labyrinths mitteilen, und da in diesem die Fasern des N. acusticus an bestimmten Sinnesepithelien endigen, so ist anzunehmen, daß die Erregung auf mechanische Weise zustande kommt, ebenso wie ein motorischer Nerv durch rhythmisches Beklopfen mechanisch gereizt werden kann. HELMHOLTZ hat die spezielle Annahme gemacht, daß von den verschiedenen Abschnitten dieses vielteiligen Sinnesapparates allein der Schnecke Hörfunktion zukomme, zunächst auf Grund ihres anatomischen Baues, der es nahelegt, die Schnecke als einen Satz von Resonatoren aufzufassen, mit Hilfe deren die Klänge in ihre Teiltöne zerlegt werden können, ferner aber mit Rücksicht auf die Erfahrungen der Klinik über den Zusammenhang von Hörstörungen mit Erkrankungen der Schnecke.

Die anatomischen Verhältnisse legen es freilich nahe, auch für die übrigen Labyrinthteile eine Erregung durch die Schallschwingungen anzunehmen. Indessen ist aus der Abb. 279 ersichtlich, daß die beiden Enden jedes halbzirkelförmigen Kanals so nahe beieinander sich ins Vestibulum öffnen, daß es wenig wahrscheinlich ist, daß die Schwingungen der Steigbügelplatte bzw. der Membran des ovalen Fensters die Perilymphe in den Kanälen in Bewegung setzen können. Hinzukommt, daß nach neueren Untersuchungen der perilymphatische Raum des Vestibulums durch eine Grenzmembran mehr oder weniger vollständig so unterteilt ist, daß die Perilymphschwingungen den Bogengängen ferngehalten, dagegen dem Ductus cochlearis zugeführt werden (DE BURLET, ALEXANDER).

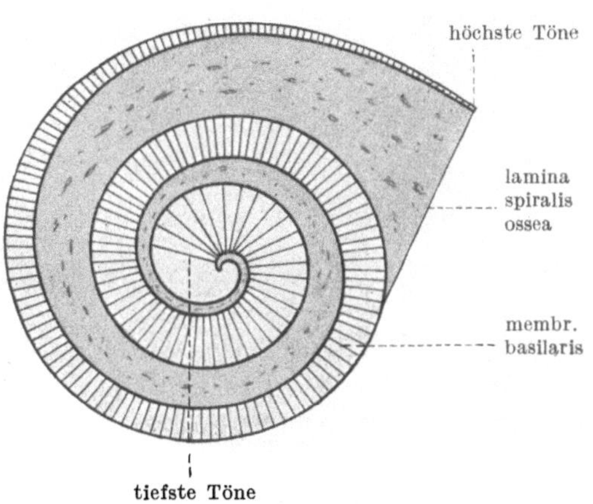

Abb. 281. Schema der spiralig angeordneten Basilarmembran mit ihren an der Basis schmalen, an der Spitze breiten radial gestellten Saiten (nach BRÜHL).

Die **Resonatorentheorie des Hörens** gründete HELMHOLTZ zunächst, wie gesagt, auf den anatomischen Bau.

Die häutige Schnecke bildet einen Spiralgang von $2^1/_2$ Windungen, den *Ductus cochlearis*, welcher in dem Schema der Abb. 278 abgewickelt und in eine Ebene gelegt gezeichnet ist. Einen Querschnitt durch einen einzelnen Schneckengang bei stärkerer Vergrößerung gibt die Abb. 282 wieder. Der Ductus cochlearis hat danach etwa dreieckigen Querschnitt; die untere und die eine Seitenwand sind membranös, die andere, äußere Seitenwand stößt an Knochen an. Die untere Wand bildet die *Basilarmembran*; auf ihr erheben sich, eines neben das andere auf den Spiralgang gestellt, die *Cortischen Organe*, die Träger der Sinnesepithelien, der sogenannten *Hörzellen*, an welche die Endigungen des N. cochlearis, der einen Hauptportion des N. acusticus, von der Schneckenachse her herantreten. Die membranöse Seitenwand, die den Ductus cochlearis auch nach oben abschließt, ist die sogenannte *REISSNERsche Membran* oder *membrana vestibularis*. Der Ductus cochlearis ist mit Endolymphe gefüllt, die beiden angrenzenden über und unter ihm gelegenen Räume, die *Scala vestibuli* und die *Scala tympani*, welche an der Schneckenspitze durch das Helicotrema miteinander kommunizieren, mit Perilymphe.

Schallschwingungen, welche von der Membran des ovalen Fensters der Perilymphe mitgeteilt werden, können die membranösen Wände des Ductus cochlearis, insbesondere die Basilarmembran in Mitschwingung versetzen; die Erregung der Akustikusfasern kommt dann vielleicht so zustande, daß die feinen Haare der Hörzellen vibrierend gegen die über ihnen schwebende *Membrana tectoria* (CORTIsche *Membran*) anschlagen, und daß dadurch die Hörzellen gereizt werden (HELMHOLTZ, HENSEN).

Nach HELMHOLTZ' Annahme *repräsentiert nun die Basilarmembran den Resonatorensatz.* Sie enthält zahlreiche radial gestellte elastische gespannte Saiten, welche in eine Grundsubstanz eingebettet sind (s. Abb. 281). Die Membran ist an der Schneckenbasis schmal, an der Schneckenspitze breit; nach HENSEN bemißt sich ihre Breite an der Basis zu 0,04 mm, an der Spitze zu 0,495 mm, also über 10 mal so viel; die Länge beträgt 33,5 mm. Die Saiten sind also oben und unten verschieden lang. Man kann sie deshalb mit den ver-

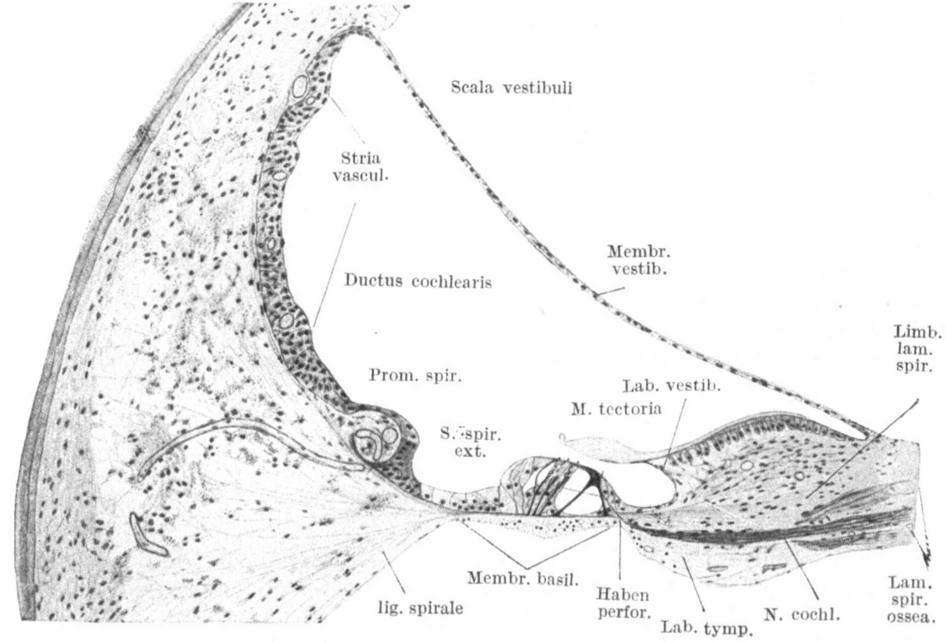

Abb. 282. Ductus cochlearis des Menschen, Anfang der I. Windung. (Nach HELDT.)

schieden langen, auch verschieden gespannten Saiten in einem Klavier vergleichen. Als Resonatoren würden sie bei der Analyse eines Klanges dann so zu funktionieren haben, daß auf je einen von dessen Partialtönen immer nur ein schmaler Querstreifen der Basilarmembran, dessen Eigenton getroffen ist, mit Schwingungen anspricht; die zugehörige in Schwingungen versetzte Nervenfaser würde dann die Empfindung einer ganz bestimmten Tonhöhe wachrufen.

Es fragt sich, was zugunsten dieser Hypothese angeführt werden kann. Prüfen wir zuerst, ob die *Zahl der Resonatoren,* welche in der Basilarmembran enthalten sind, ungefähr mit der großen Zahl von Tönen übereinstimmt, welche das Ohr zu unterscheiden vermag. Die Zahl der quergespannten Saiten wird zu 13—24000 angegeben. Die Zahl der „inneren Hörzellen" (s. Abb. 282), welche axialwärts von den CORTIschen Bögen in einer Reihe längs der Basilarmembran stehen, beträgt etwa 3500, an „äußeren Hörzellen", welche in 3—4facher Reihe stehen, sind 3—4mal so viele vorhanden (RETZIUS, HENSEN). Danach können jedenfalls einige tausend Tonstufen wahrgenommen werden. Dies stimmt nun mit den Untersuchungen über die *akustische Unterschiedsempfindlichkeit* gut überein.

Wie beim Sehorgan, so ist nämlich auch beim Gehörorgan die Empfindlichkeit auf ein bestimmtes Intervall von Schwingungsfrequenzen beschränkt, d. h. es gibt vom Standpunkt des Gehörorgans *tiefste und höchste Töne.* Die untere Grenze des Hörens liegt bei etwa 15—19 Hertz, die obere bei etwa 20000. Beide Grenzen sind fließend, die obere besonders in Abhängigkeit vom Alter; die Empfindlichkeit für hohe Töne nimmt nämlich mit dem Alter regelmäßig ab, alte Leute können daher z. B. die hohen zirpenden Töne der Grille häufig nicht hören (*Presbyakusis*). Die obere Grenze von 20000 Hertz gilt für das Kindesalter; mit ca. 35 Jahren ist die obere Hörgrenze auf etwa 15000 gesunken, mit 60 Jahren auf 5000 und weniger (ZWAARDEMAKER, GILDEMEISTER). Die Empfindlichkeit sinkt mit steigender Frequenz gewöhnlich sehr rasch S. 560); dis^7 wird z. B. noch in 3 m Entfernung gehört, eine Erhöhung um $^1/_4$ Ton verlagert die Schwelle schon in den Abstand von 1 cm. Das Intervall, das wir mit dem Ohr umfassen können, beträgt nach den angegebenen Grenzen etwa 11 Oktaven. Das ist im Vergleich mit dem Auge sehr viel; denn dessen Empfindlichkeit reicht nur von etwa 400—800 · 10^{12} Hertz (s. S. 519), umfaßt also nur 1 Oktave.

Das Intervall, das musikalisch verwendet wird, reicht nach HELMHOLTZ von etwa 40 bis 5000 Hertz, nämlich von E^1 des Kontrabaß = 41 bis zu d^5 der Piccoloflöte = 4702.

Die Unterschiedsempfindlichkeit des Ohrs ist nun innerhalb der verschiedenen Oktaven verschieden groß. Man mißt sie so, daß man, von einem bestimmten Ton angefangen, die Zahl der Schwingungen gerade nur um so viel vergrößert, daß eine eben merkliche Veränderung in der Höhe des Tons wahrgenommen wird. Man findet dann, daß in dem mittleren Frequenzgebiet von 100—1000 Hertz dafür schon ein Zuwachs von im Mittel 0,4 Hertz zureicht, dagegen beträgt oberhalb 4000 Hertz der mittlere Zuwachs etwa 100. Mißt man in dieser Weise das ganze Tongebiet durch, so findet man, daß etwa *4000 Tonstufen voneinander unterschieden werden können.* Da nach den anatomischen Untersuchungen, wie wir sahen, einige tausend Resonatoren vorhanden sind, so ist in dieser Hinsicht also den Anforderungen der Resonanztheorie Genüge getan.

Als ein zweites Argument für die Resonanztheorie kann die Existenz der *Tonlücken* und der *Toninseln* angeführt werden, d. h. die Erscheinung, daß in krankhaften Fällen ein kleinerer oder größerer Tonbereich in der Empfindung ausfällt, wie wenn einzelne Resonatoren zerstört wären, oder daß aus dem großen Tongebiet nur einige inselförmige Reste stehenbleiben, wie wenn die meisten Resonatoren weggefallen wären (BEZOLD). Im speziellen ist *Baßtaubheit,* d. h. eine Unempfindlichkeit für tiefe Töne, im Zusammenhang mit Erkrankung der Schneckenspitze, also desjenigen Abschnitts, in dem die Basilarmembran ihre größte Breite hat, konstatiert worden (BAGINSKY). Dagegen scheint umgekehrt eine absichtliche operative Verletzung der Schneckenbasis nicht Diskanttaubheit hervorzurufen, sondern ebenfalls und im Widerspruch mit der Theorie Baßtaubheit (I. R. EWALD); wir werden darauf später (S. 573) zurückkommen.

Auch die merkwürdigen Fälle von sogenanntem *Diplacusis binauralis dysharmonica,* bei welcher e i n e Schwingungsfrequenz die Empfindung zweier gegeneinander verstimmter Töne verursacht (STUMPF), kann im Sinne der Resonatorentheorie so gedeutet werden, daß die Resonatoren der einen Seite durch Änderung ihrer Spannung verstimmt sind, so daß ein Nervenendorgan auf eine andere Frequenz anspricht, als es normalerweise ansprechen würde.

In naher Beziehung zu den eben erörterten Erscheinungen stehen die Beobachtungen über *Hörstörungen durch Ermüdung für einzelne Töne.* WITTMAACK, YOSHII, HOESSLI u. a. haben den Versuch gemacht, durch lang anhaltende oder sehr starke Reizung von Tieren mit einem bestimmten Ton bestimmte Resonatoren der Basilarmembran zu überreizen und als Folge davon zu krankhafter Degeneration zu bringen. In der Tat ließen sich pathologische Veränderungen in der Schnecke und nur in der Schnecke nachweisen; ob aber deren verschiedene Lage in Abhängigkeit von der Höhe des Reiztones zugunsten oder zuungunsten der HELMHOLTZschen Lehre auszulegen ist, blieb strittig. Ferner sind HELD und KLEINKNECHT zur Entscheidung über die HELMHOLTZsche Theorie darauf ausgegangen, *die radialen Fasern der Basilarmembran am lebenden Tier ganz zirkumskript zu entspannen,* um so eine Tonlücke zu erzeugen. Sie bohrten mit einem 0,1 mm-Bohrer die Schneckenwand beim Meerschweinchen in der untersten Windung von der Paukenhöhle aus an, aber ohne dabei den Ductus cochlearis zu eröffnen; sie lockerten auf die Weise nur die Befestigung einiger Saiten der Basilarmembran, die in der Wand verankert sind. Prüfung des bekannten Ohrmuschelreflexes der operierten Tiere mit Stimmgabeln ergab so mehrfach ganz schmale Tonlücken, die eventuell nur *einen* Ton umfaßten.

Ein besonderes Argument ist die *Einflußlosigkeit der Phasenverschiebung.* In der Abb. 274 (S. 560) sind zwei Klangkurven dargestellt, welche beide durch Superposition zweier Sinusschwingungen von der gleichen Periode und der gleichen Amplitude entstanden sind; ihre Form ist nur deshalb verschieden, weil das Phasenverhältnis der beiden Sinusschwingungen ein verschiedenes ist. Falls nun, entsprechend der Resonatorentheorie, das Ohr einen Klang allein dadurch auffaßt, daß es ihn in seine Partialtöne zerlegt, ihn also nicht als Ganzes perzipiert, muß akustisch eine Phasenverschiebung ganz irrelevant sein. In der Tat ist namentlich durch HERMANN am Phonographen gezeigt worden, daß die Klangfarbe von dem Phasenverhältnis völlig unabhängig ist.

Dagegen scheint in einem anderen Fall gerade umgekehrt das Ohr die Schwingungsform eines Klanges als Ganzes wahrzunehmen und nicht die Zerlegung in die Einzelschwingungen auszuführen. Wenn nämlich gleichzeitig zwei Töne angegeben werden, deren Schwingungszahlen nur um wenige Schwingungen voneinander verschieden sind, so hört man bekanntlich *Schwebungen,* d. h. periodische Verstärkungen und Abschwächungen des Klangs, deren Zahl gleich der Differenz der Schwingungszahlen der beiden Töne ist. Da auch die zugehörige Klangkurve ein periodisches Ansteigen und Absinken der Amplitude darbietet, so scheint hier also der Klang als solcher auf das Endorgan zu wirken. Aber man kann, um dem Konflikt mit der Resonatorentheorie auszuweichen, mit HELMHOLTZ die Annahme machen, daß ein bestimmter Ton zwar eine bestimmte Saite der Basilarmembran zu maximalen Schwingungen erregt, daß aber infolge einer relativ starken Dämpfung auch die benachbarten Resonatoren mehr oder weniger mitschwingen, wobei die zugehörigen Nervenfasern freilich wegen der Geringfügigkeit der Erregung nicht mit ansprechen würden. Ertönen nun zwei Töne von fast gleicher Periode, dann werden sie auch einen zwischen ihnen liegenden Resonator gemeinsam erregen, und dieser muß dann natürlich auch objektiv entsprechend der Schwebungskurve schwingen. Daß diese Erklärung richtig ist, dafür kann man anführen, daß man unter Umständen nicht bloß die beiden nahe verwandten Partialtöne hört, sondern außerdem auch noch einen „Mittelton", welcher dem zwischenliegenden Resonator entspricht; dieser schwebt dann, während die beiden Partialtöne in gleichmäßiger Stärke erklingen.

Auch die Hörbarkeit der sogenannten *Kombinationstöne* hat der Resonatorentheorie Schwierigkeiten bereitet. Werden zwei Töne angegeben, deren Differenz der Schwingungszahlen eine gewisse Größe überschreitet, so hört man den SORGEschen oder *TARTINIschen Differenzton*, dessen Höhe der Differenz der Schwingungszahlen entspricht, ferner den *Summationston*, dessen Höhe gleich der Summe der beiden Schwingungszahlen ist, und unter Umständen noch einige weitere Töne. Da die Kombinationstöne früher als rein subjektiv angesehen wurden, so ließen sie sich natürlich nicht auf Grund der Resonatorentheorie erklären; seitdem ist aber nachgewiesen, daß sie zum Teil objektiv in den Schallquellen entstehen, zum Teil wohl auch durch komplizierte Schwingungen des Trommelfells gebildet werden, da sie auch sonst an Telephon- und Grammophonmembranen und an Membranen von ähnlicher Form wie das Trommelfell nachgewiesen sind.

Läßt sich so also eine größere Zahl von Beobachtungen für die HELMHOLTZsche Theorie ins Feld führen, so sind doch auch von vornherein starke Bedenken gegen sie geltend gemacht worden. Vor allem ist in Frage gezogen, ob es bei einer Membran von der winzigen Dimension der Basilarmembran wahrscheinlich ist, daß sie auf einen bestimmten Ton mit isolierten Schwingungen einer einzelnen ihrer quergespannten Saiten oder eines schmalen Streifens antworten kann, zumal da die Saiten nicht wie bei einem Klavier unabhängig voneinander aufgespannt, sondern zu einer Membran verbunden sind; ferner ist zu bezweifeln, ob die kurzen Saiten, welche an der größten Breite der Basilarmembran weniger als $^1/_2$ mm lang sind, als Resonatoren für die tiefsten hörbaren Töne angesehen werden können, da sonst für die tiefsten Töne bei unseren Instrumenten (A^2 beim Flügel = 27,5, C^2 bei der Orgel = 16,5, E^1 beim Kontrabaß = 41,25 Hertz) Resonatoren von ganz anderer Dimension in Gang gesetzt werden.

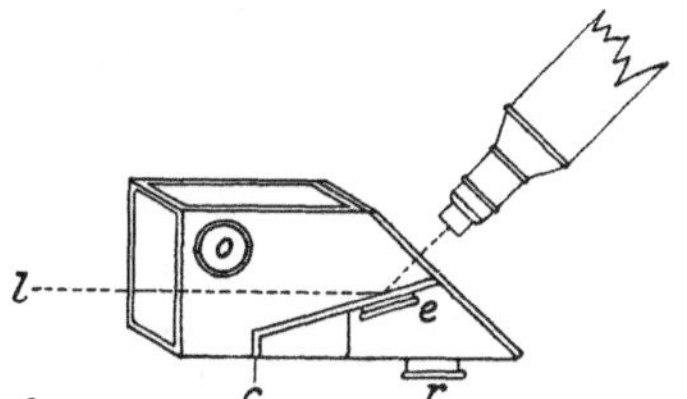

Abb. 283. Camera acustica nach EWALD.

Aus diesen Gründen ist immer wieder der Versuch gemacht worden, das Resonanzprinzip noch in anderer Weise auf die anatomischen Verhältnisse des inneren Ohres zu übertragen. Einen ansprechenden Versuch derart stellt die Hypothese von ROAF und FLETCHER dar. Nach ihr sind die die Resonanzschwingungen ausführenden Bestandteile der Schnecke nicht die einzelnen Saiten der Basilarmembran, sondern die Peri- und Endolymphe der Schnecke. Wenn nämlich von der Steigbügelplatte aus die Schallschwingungen dem inneren Ohr zugeleitet werden, dann pflanzt sich die Bewegung nicht auf die Flüssigkeit in den Bogengängen fort, weil Anfang und Ende eines jeden Boganges so dicht beieinander gelegen sind, daß ein Druckgefälle als Ursache einer Bewegung mangelt (s. auch S. 567). Aber auch die Flüssigkeit im Vorhof wird nur in unmittelbarer Nähe der fenestra ovalis in Mitschwingungen geraten können. Die Wirkung des Steigbügels betrifft also im wesentlichen die Flüssigkeit in der Schnecke. Die auf sie ausgeübten Druckschwankungen könnten sich nun von der fenestra ovalis zur fenestra rotunda allein durch das Helicotrema fortpflanzen, falls die Wandungen der scala vestibuli und der scala tympani allseitig starr wären. Da sie aber als Wandungen des ductus cochlearis membranös sind, so müssen sich die Druckschwankungen vom ovalen Fenster aus auch durch Ausbuchtung der Membranen nach dem runden Fenster hin ausgleichen, und es läßt sich zeigen, daß wegen der Trägheit der Flüssigkeit dies in um so größerer Nähe der Fenster geschehen wird, je höher die Schwingungsfrequenz ist; dagegen wird bei niedriger Frequenz der Schwingungen der Druckausgleich mehr durch die den Fenstern fernen Abschnitte des ductus cochlearis und durch das Helicotrema hindurch erfolgen. Nach dieser Hypothese gerät also bei jeder Frequenz die ganze Basilarmembran in Schwingungen, nur liegt das Amplitudenmaximum bei den höheren Tönen mehr in der Schneckenbasis, bei den tieferen in der Schneckenspitze; die auf der Basilarmembran endigenden Nervenfasern werden aber wahrscheinlich nur oberhalb einer gewissen Schwingungsamplitude in Erregung versetzt. Der Hauptvorzug dieser Hypothese liegt wohl darin, daß sie die Annahme saitenförmiger Resonatoren entbehrlich macht, die trotz ihrer Verbindung mit den Nachbarsaiten und trotz ihrer

Kürze auch bei tiefen Tönen isoliert ansprechen. Auch ist die Hypothese von ROAF und FLETCHER durch Modellversuche von v. BÉKÉSY gestützt.

Den Vorzug der modellmäßigen Nachbildung der anatomisch-physiologischen Verhältnisse bietet auch eine ganz andersartige Vorstellung von den Vorgängen in der Schnecke, nämlich die **Schallbildertheorie** von I. R. EWALD.

EWALD spannte feinste Gummimembranen in einen kleinen Rahmen, hängte sie in Wasser und leitete diesen nach Analogie der Perilymphe Schwingungen zu. Die Anordnung ist aus Abb. 283 ersichtlich. Ein Kasten, die *Camera acustica*, ist durch eine Wand c in zwei Abschnitte geteilt, in dieser Wand ist die Schallmembran bei e angebracht, sie wird von l her schräg beleuchtet und mit einem Mikroskop betrachtet.

o ist eine mit einer Membran verschlossene Öffnung, durch welche dem Wasser der Kammer die Schwingungen zugeleitet werden, o repräsentiert also das ovale Fenster; eine zweite Membran r entspricht dann der Membran des runden Fensters. Wieweit EWALD sein Modell den natürlichen Verhältnissen angepaßt hat, lehren die Werte für die Dimensionen einer seiner Membranen, nämlich 0,55 mm Breite und 8,5 mm Länge (vergleiche S. 568). Dagegen weicht das Modell von den in der Natur gegebenen Verhältnissen darin wesentlich ab, daß die Schwingungen der Flüssigkeit nicht innerhalb eines engen geschlossenen Kanals erzeugt werden.

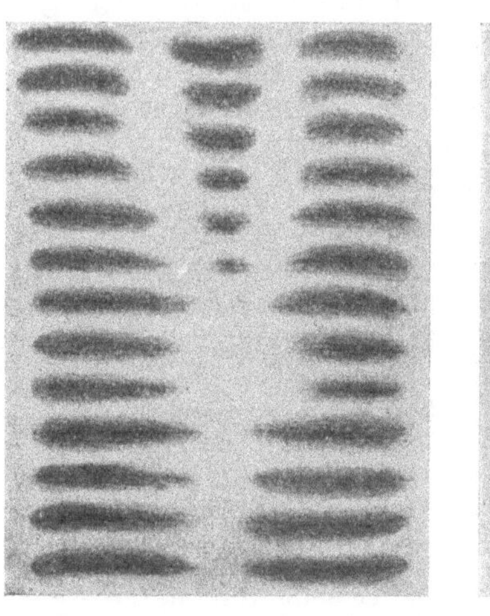
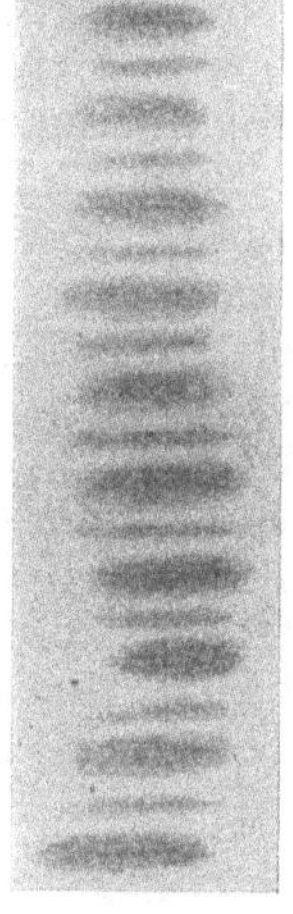

A   B

Abb. 284. Schallbild eines einfachen Tons (A) und eines Grundtons mit seiner Oktave (B). (Nach EWALD.)

Wenn man der Camera acustica nun Schallwellen zuleitet, so sieht man die Membran nicht an einem einzelnen Querstreifen in Schwingungen geraten, sondern sie wird durch stehende Wellen in regelmäßig aufeinanderfolgende Schwingungsknoten und Schwingungsbäuche aufgeteilt, so daß man *Schallbilder* wie in Abb. 284 zu sehen bekommt. Dieser ganz andersartige Bewegungseffekt ist darauf zurückzuführen, daß die Membran von EWALD nicht, wie von der Theorie von HELMHOLTZ vorausgesetzt, nur in der transversalen Richtung entsprechend dem Verlauf der Saiten der Basilarmembran gespannt, in der Längsrichtung ungespannt, sondern in sämtlichen Richtungen gleichmäßig gespannt ist. Knoten und Bäuche auf den Schallbildern stehen nun um so enger nebeneinander, je höher der zugeleitete Ton ist; beim tiefsten Ton, den EWALD erhielt ($C^1 = 16$), lag nur ein Schwingungsbauch auf der Länge der Membran, bei $C^8 = 32\,000$ betrugen die Abstände von Bauch zu Bauch etwa $^1/_{100}$ mm.

Falls die Basilarmembran in dieser Weise anspricht, hätten wir uns demnach vorzustellen, daß der Empfindung eines bestimmten Tons die Erregung einer bestimmten Serie von Nervenfasern entspricht, der Empfindung eines anderen Tons die Erregung einer anderen Serie, in welcher aber zum Teil dieselben Nervenfasern enthalten sein können wie beim ersten Ton.

Auch vom Standpunkt dieser Theorie sind die vorher beschriebenen Beobachtungen verständlich, zum Teil sogar noch besser verständlich. So hat Ewald öfter zufällig Schallmembranen in die Hand bekommen, welche infolge irgendwelcher Unregelmäßigkeiten im Bau auf einzelne Töne nicht ansprachen oder nur auf bestimmte beschränkte Tongebiete reagierten, also das Phänomen der *Tonlücken* und der *Toninseln* sichtbar darboten. Die Erfahrung, daß oft bei Verletzung der Schneckenspitze Baßtaubheit, aber bei Verletzung der Schneckenbasis nicht Diskanttaubheit, sondern im Gegenteil auch häufig Baßtaubheit auftritt (s. S. 569), stellt sogar eine notwendige Konsequenz der Ewaldschen Theorie dar; denn jede Verkürzung der Basilarmembran, von welchem Ende auch immer, muß die untere Hörgrenze der Membran heraufsetzen. Auch die bisher noch nicht erwähnte Beobachtung, daß ein Ton, welcher allmählich abklingt, höher zu werden scheint, fand eine unerwartete Aufklärung, da beim Abklingen der stehenden Schwingungen auf der Schallmembran die Knoten nach Ewald etwas näher aneinanderrücken.

Schließlich gibt es jedoch auch Beobachtungen, welche mit keiner der genannten Theorien, die von der Grundannahme einer alleinigen Hörfunktion der Schnecke ausgehen, in Übereinstimmung zu bringen sind. So hat Lucae über Fälle von völligem Verlust der beiden Schnecken beim Menschen berichtet, in denen die Hörfunktion nicht erloschen war, und Kalischer exstirpierte bei Hunden auf der einen Seite das ganze Labyrinth, auf der anderen Seite die Schnecke, so daß nur Sacculus, Utriculus und Bogengangsapparat der einen Seite übrigblieben, und fand ebenfalls gewisse Hörreaktionen erhalten. Auch beim Meerschweinchen konnte sich Richard davon überzeugen, daß nach doppelseitiger Zerstörung der Schnecke Schallreaktionen übrigbleiben, und daß erst nach Totalexstirpation beider Labyrinthe die Reaktionen völlig verschwinden. Endlich wissen wir heute mit Bestimmtheit, daß Fische ausgezeichnet Töne unterscheiden können, solange ihr Labyrinth oder ihr 8. Hirnnerv erhalten ist, obwohl sie keine Schnecke, also auch keine Basilarmembran besitzen; vielmehr bilden bei ihnen nach v. Frisch Sacculus und Lagena das Hörorgan (s. S. 617).

Man muß also schließen, daß vielleicht auch beim Säugetier der Vorhofbogengangsapparat nicht bloß im Dienst der Statik und Dynamik des Körpers steht (s. Kap. 35), sondern auch ein Hören vermittelt.

32. Kapitel

Stimme und Sprache.

Der Kehlkopf als Pfeife 574. Die Stimmgebung 575. Der Stimmumfang 576.
Die Vokale 577. Die Konsonanten 579.

Im Anschluß an die Physiologie des Gehörs soll zunächst die Funktion desjenigen Organs erörtert werden, das durch seine Erzeugung von Klängen und Geräuschen Bedeutung hat, und darin alle übrigen musikalischen Instrumente an Wert für den Menschen weit überragt. Denn dadurch, daß wir mit den Klängen und Geräuschen, die das *Stimmorgan* produziert, bestimmte psychische Komplexe assoziieren und diese von Mensch zu Mensch mit übertragen, wird der geistige Zusammenhalt der Menschen gewährleistet.

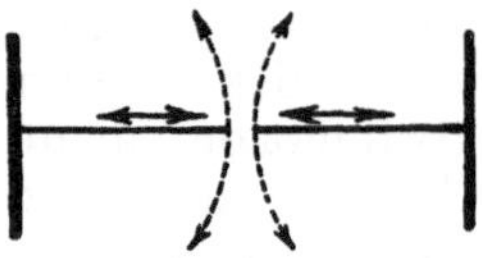

Der **Kehlkopf** *mit seinem Ansatzrohr der Rachen-, Mund- und Nasenhöhle* ist als ein Blasinstrument anzusehen, welches der Kategorie der Pfeifen angehört. Im speziellen ist der Kehlkopf eine *zweilippige membranöse Zungenpfeife*, d. h. er enthält zwei schwingungsfähige Membranen, die *Stimmbänder*, welche in dem „Windrohr" nach Art der Lippen einander gegenüberstehen und die spaltförmige *Stimmritze* zwischen sich lassen. Indem die Exspirationsmuskeln die Luft aus dem „Windkasten" der Lungen durch diesen Spalt hindurchtreiben, werden die Stimmbänder gespannt und die Stimmritze etwas erweitert, dann schnellen die Stimmbänder wieder zurück, verschließen mehr oder weniger die Stimmritze, darauf wird diese durch die andrängende Luft von neuem erweitert, und so fort. So kommt es zu regelmäßigen Schwingungen der Stimmbänder, und von ihnen aus wird die im Ansatzrohr befindliche Luft in periodische Erschütterungen versetzt. Was wir als Stimmklang hören, sind weniger die Schwingungen der Stimmbänder selbst, als die Schwingungen dieses Luftraumes. Die Höhe des Stimmklangs hängt von der variablen Länge, Dicke und Spannung der Stimmbänder ab; auch die Stärke des Anblasens ist von Bedeutung, da auch von ihr die Spannung mit abhängig ist. Die Form des Ansatzrohrs bedingt die Klangfarbe (s. später S. 576).

Abb. 285.

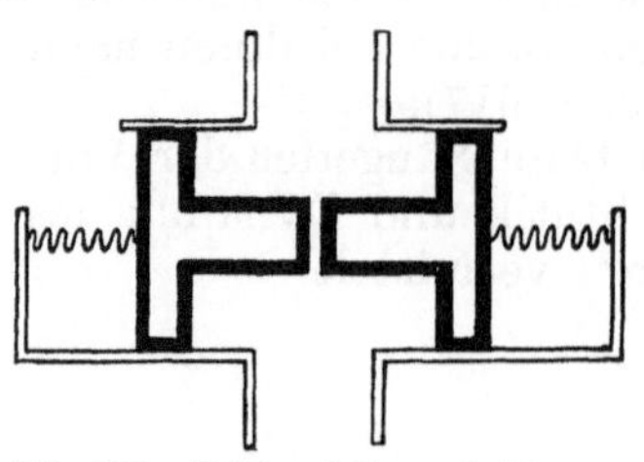

Abb. 286. Polsterpfeife nach EWALD.

Der Kehlkopf ist aber keine gewöhnliche Zungenpfeife; denn bei dieser schwingen die Zungen in der Richtung des Luftstroms, so wie es etwa das Schema der Abb. 285 in den gestrichelten Pfeilen andeutet. Dagegen schwingen die Ränder der Stimmbänder mehr in der Richtung der ausgezogenen Pfeile, also quer zur Richtung des Luftstroms. EWALD hat dies durch Konstruktion der sogenannten *Polsterpfeifen* nachgeahmt, von denen ein Modell in der Abb. 286 dargestellt ist. Die Zungen sind auf federnden Polstern angebracht, so daß sie sich senkrecht zum Luftstrom bewegen müssen. Diese Pfeifen können in beiden Richtungen, von oben und von unten her, angeblasen werden; auch das entspricht den Verhältnissen beim Kehlkopf insofern, als man ja ausnahmsweise auch inspiratorisch phoniert.

Die Bewegungen der Stimmbänder sind mit dem **Kehlkopfspiegel** zu beobachten, welchen der spanische Gesanglehrer Garcia (1854) angab (s. Abb. 287). Der Kehlkopfspiegel (*s*), ein kleiner kreisrunder Spiegel, wird von einem Stiel getragen, welcher um 45° gegen den Spiegel geneigt ist. Man legt die Spiegelplatte mit ihrem Rücken gegen die leicht anästhesierte hintere Rachenwand oder gegen das Zäpfchen, wirft mit Hilfe eines zentrisch durchbohrten an der eigenen Stirn befestigten Konkavspiegels Licht (*l*) auf den Spiegel, so daß es auf den Kehlkopfeingang reflektiert wird, und läßt die vom Kehlkopf und vom Kehlkopfspiegel reflektierten Lichtstrahlen durch das Loch

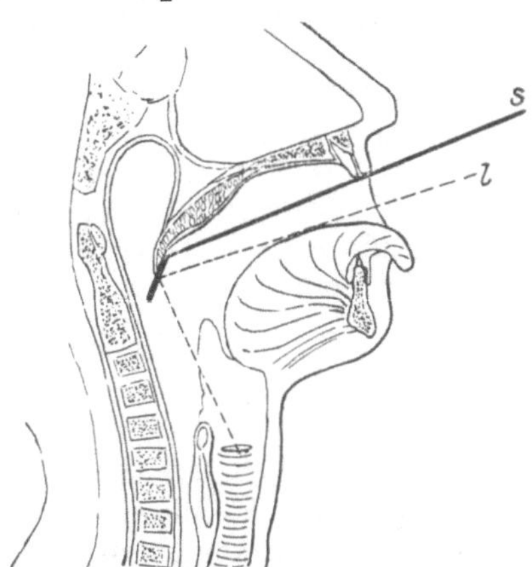

Abb. 287. Schematische Darstellung der Anwendung des Kehlkopfspiegels.

im Stirnspiegel in das eigene Auge gelangen. Das so erhaltene „*laryngoskopische*" *Bild* des Kehlkopfeingangs *bei ruhiger Atmung* ist in Abb. 288 dargestellt, daneben das Bild *bei Stimmgebung* (Abb. 289).

Die **Stimmgebung** geschieht durch die kombinierte Wirkung der verschiedenen Kehlkopfmuskeln, welche die Stimmbänder einander nähern

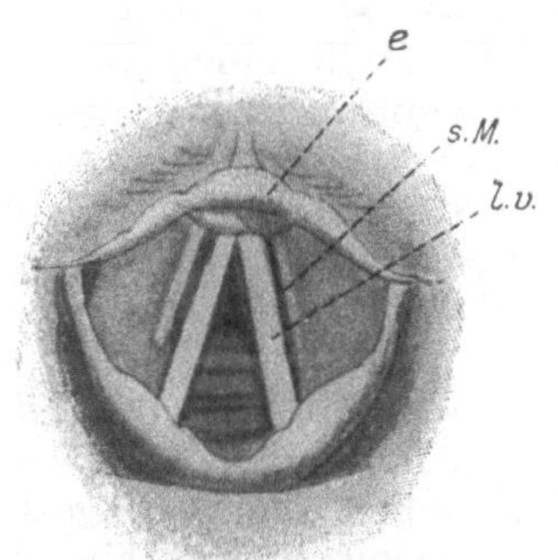

Abb. 288. Kehlkopfeingang bei ruhiger Atmung.
e Epiglottis. *l. v.* Ligamentum vocale.
s. M. Sinus Morgagnii.

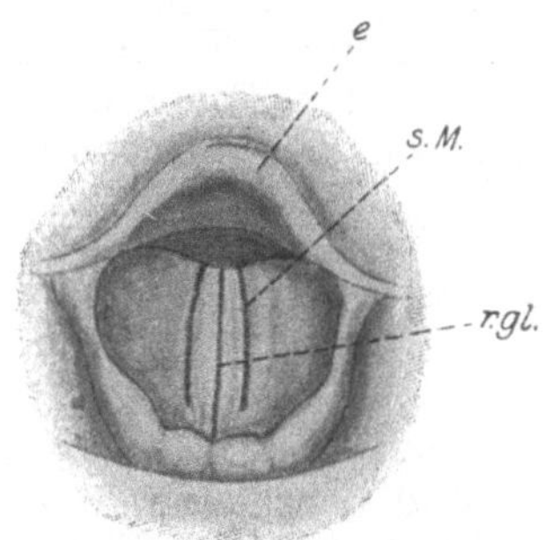

Abb. 289. Kehlkopfeingang bei Stimmgebung.
e Epiglottis. *s. M.* Sinus Morgagnii.
r. gl. Rima glottidis.

und in verschiedenem Maß in Spannung versetzen. Man unterscheidet im wesentlichen zwei Arten der Stimmgebung, die Bruststimme und die Kopf- oder Falsettstimme. Bei der *Bruststimme* sind die Stimmbänder einander so genähert, daß ihre Innenränder sich fast berühren; die Stimmritze ist also ganz lang und eng. Infolgedessen gerät auch die Luft unterhalb des Kehlkopfs, im Thorax, bei der Stimmgebung in lebhafte Mitschwingungen, welche man mit der dem Thorax aufgelegten Hand fühlen kann (sogenannter *Stimmfremitus* oder *Fremitus pectoralis*). Seltener benutzt man die *Kopf- oder Falsettstimme*; die Stimmbänder sind dabei stark gespannt, aber so geformt, daß nur ihre innersten Ränder schwingen; zugleich ist die Stimmritze in ihren vorderen zwei Dritteln ein wenig geöffnet. Infolgedessen entweicht die Luft leicht aus dem Brustraum; sie gerät um so mehr oberhalb des Kehlkopfs, „im Kopf", d. h. im Rachen in Resonanzschwingungen; wegen des damit verbundenen eigentümlichen Gefühls spricht man von Kopfstimme. Die Kopfstimme ist anstrengender als die Bruststimme, weil durch die Öffnung der Stimmritze der Luftvorrat sich leicht erschöpft. — Bei der *Flüsterstimme* steht die Stimmritze im ganzen ziemlich weit offen, die an ihren Rändern vorbeistreichende Luft erzeugt nur ein leises hauchendes Geräusch.

Der **Stimmumfang** beträgt im allgemeinen 1—2 Oktaven, nur geübte Sänger umfassen 3 Oktaven und mehr. Nach JOHANNES MÜLLER rechnet man für den

$$
\begin{array}{lrl}
\text{Baß} & E—f^1 = & 80—\ 341 \text{ Hertz} \\
\text{Tenor} & c—c^2 = 128—\ 512 & \text{,,} \\
\text{Alt} & f—f^2 = 170—\ 683 & \text{,,} \\
\text{Sopran} & c^1—c^3 = 256—1024 & \text{,,}
\end{array}
$$

Das wesentlich Entscheidende für die verschiedene Lage der Stimmregister ist die Kehlkopfgröße, d. h. die Länge der Stimmbänder. Kinder und Frauen haben einen kleineren Kehlkopf als Männer; daher liegt die Stimme bei den ersteren höher. Die männliche Stimme entsteht bekanntlich erst zur Zeit der Pubertät; dadurch, daß der Kehlkopf stärker wächst, stellt sich die Stimme auf ein tieferes Register um, sie „mutiert". Die *höchsten Töne* (das hohe C des Heldentenors $c_2 = 512$ Hertz) erzeugt man dadurch, daß man den Kehlkopf möglichst stark anbläst, weil dann die Stimmbänder außer durch Muskelwirkung auch noch durch den Anblasedruck gespannt werden; umgekehrt kann man die *tiefsten Töne* nur pianissimo hervorbringen.

Das **Ansatzrohr** über dem Kehlkopf dient, wie schon gesagt wurde, dazu, der Stimme die Klangfarbe zu geben. Es stellt einen Resonator von komplizierter Form dar, welcher entsprechend seinen Eigentönen bestimmte von den im Kehlkopfklang enthaltenen Obertönen verstärkt; auf die Höhe der Stimme hat das Ansatzrohr dagegen keinen Einfluß. Das Ansatzrohr ist so individuell geformt, daß die Klangfarbe der Stimme, das, was man gewöhnlich das Organ eines Menschen nennt, fast ebensoviel persönliches Gepräge hat, wie sein Antlitz.

Das Ansatzrohr besteht hauptsächlich aus dem Mundraum und aus dem Nasenraum. Es kann durch die Bewegungen der Zunge, des weichen Gaumens und der Gaumenbögen in aller erdenklichen Weise umgestaltet werden, Mund- und Nasenraum können dabei ebensowohl in breite Kommunikation miteinander gebracht wie auch gegeneinander abgeschlossen werden. Dadurch ist unter anderem die Möglichkeit für die Bildung der zahlreichen verschiedenen Laute gegeben, aus denen sich die Sprache zusammensetzt. Diese große Bedeutung des Ansatzrohrs wird einleuchtend durch die Möglichkeit der Flüstersprache demonstriert, bei welcher der Kehlkopf unbeteiligt ist und nur die Eigentöne des Ansatzrohrs angeblasen und Geräusche in ihm erzeugt werden. Dagegen tritt beim Gesang die Bedeutung der verschiedenen Formung des Ansatzrohrs gegenüber dem tönenden Kehlkopf in den Hintergrund.

Die Laute, welche mit Hilfe von Kehlkopf und Ansatzrohr erzeugt zur Bildung der **Sprache** verwendet werden, kann man in *stimmhafte* oder *phonische* und in *stimmlose* oder *aphonische Laute* einteilen.

Zu den phonischen Lauten gehören vor allen Dingen die **Vokale,** deren es eine große Zahl gibt. Man kann sie etwa vom Vokal A nach folgendem Schema ableiten:

Die Vokale entstehen dadurch, daß, während man den Kehlkopf anbläst, das Ansatzrohr in eine ganz bestimmte Form gebracht wird. Beim Vokal A hat die Mundhöhle die Form eines nach vorn offenen Trichters; die Zunge liegt platt auf dem Boden der Mundhöhle, der Mund ist weit geöffnet. Das Gaumensegel steht zugleich ziemlich tief, der Kehlkopf ist etwas gehoben (s. Abb. 290 A). Beim Übergang vom A über das O zum U wird die Mundöffnung mehr und mehr vorgeschoben und verengt, die Zunge etwas zurückgezogen, vorn tief gehalten, dagegen hinten gewölbt, das Gaumensegel steht ziemlich hoch und verschließt mehr oder weniger den Nasenraum; der Kehlkopf ist gesenkt (s. Abb. 290 U). Beim Übergang von A über E nach I wird dagegen die Zungenspitze nach vorn gehoben, der vordere Zungenrücken dem harten Gaumen angenähert, so daß die Mundhöhle einen schmalen Spalt bildet, der Zungengrund dagegen etwas gesenkt und die Zunge von vorn nach hinten zusammengezogen, so daß hinten

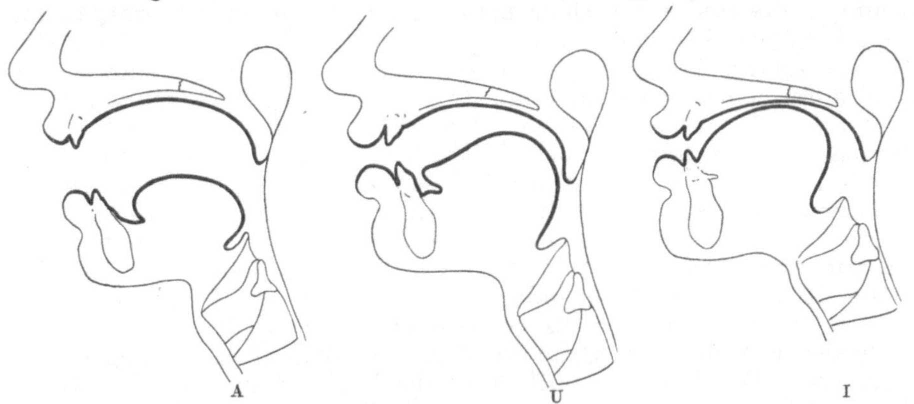

Abb. 290. Mund- und Rachenform bei Angabe der Vokale A, U und I.

im Rachen der sogenannte Kehlraum entsteht. Das Gaumensegel ist wiederum hoch gestellt, der Kehlkopf kräftig emporgehoben (s. Abb. 290 I).

Man kann die Vokale aber auch in der Weise aussprechen, daß man das Gaumensegel tief stellt, so daß Nasen- und Rachenraum miteinander kommunizieren; wenigstens gelingt das beim A, O und einigermaßen beim E. Die Vokale tönen alsdann durch Resonanz der Nasenhöhle in einer eigentümlichen sogenannten *nasalen Klangfarbe.*

Verengert man bei der Aussprache des I die Spalte der Mundhöhle, beim Aussprechen des U die vordere Mundöffnung mehr und mehr, so mischen sich dem Klang reibende Geräusche bei, und es entstehen dadurch die tönenden Konsonanten Ch und W.

Daß *die Vokale in der Tat bloß von der Form des Ansatzrohrs abhängen* und mit dem Kehlkopf an sich nichts zu tun haben, dafür kann man verschiedene Beweise anführen: Erstens kann man einen Vokal, z. B. ein A, ebensogut auf einen hohen wie auf einen tiefen Ton singen; der im Kehlkopf erzeugte Klang ist also ganz verschieden, der Vokal bleibt der gleiche.

Zweitens kann man die Vokale auch flüstern, sie also stimmlos angeben. Drittens kann man Geräusche erzeugen welche den einzelnen geflüsterten Vokalen ähnlich sind, wenn man der Mundhöhle eine solche Form gibt, wie sie beim Angeben eines Vokals gewöhnlich eingenommen wird, und dann die Mundhöhlenwandung mit dem Finger perkutiert.

Die Vokale sind also ihrem Wesen nach Klänge, welche durch das Anblasen der Mundhöhle vom Kehlkopf aus erzeugt werden. Nach der Lehre von HELMHOLTZ kommen sie im speziellen dadurch zustande, daß aus dem obertonreichen Klang, welcher im Kehlkopf entsteht, durch die Mundhöhle einer oder mehrere Töne durch Resonanz verstärkt werden. Die Schwingungszahlen dieser die Vokale charakterisierenden Obertöne müßten dann, wie das auch sonst bei den Obertönen eines Klanges der Fall ist, einfache Multipla der Frequenz der Grundschwingung sein, d. h. die für den Vokal charakteristischen Obertöne müßten zum Grundton harmonisch sein. Damit scheint jedoch die Analyse der Klangkurven der Vokale in Widerspruch zu stehen. Man erhält solche *Vokalkurven,* wenn man die durch die Stimme erregten Schwingungen einer möglichst leichten Membran mit Hilfe eines möglichst leichten Hebels aufzeichnet; am besten verwendet man dafür als Hebel einen an der Membran reflektierten Lichtstrahl, welcher auf eine photographische Platte schreibt. (HENSEN, PIPPING, HERMANN u. a.) Oder man registriert mit dem Saitengalvanometer die Stromschwankungen in einem durch die Stimme erregten Mikrophon. HERMANN fand bei der Analyse solcher Kurven, daß zwar jeder Vokal durch einen oder mehrere Töne von bestimmter Höhe gekennzeichnet ist, daß aber diese von ihm als *Formanten* bezeichneten Töne entgegen der HELMHOLTZschen Vokaltheorie auch unharmonisch zum Grundton sein können. HERMANN hat deshalb die Ansicht vertreten, daß die Formanten des Vokals nicht im Kehlkopfklang präformiert sind, sondern daß sie erst in der Mundhöhle durch deren Anblasen entstehen, etwa wie eine Flasche einen bestimmten Ton gibt, wenn man über ihre Öffnung bläst. Die nachstehende Tabelle enthält den Formant für den Vokal A, wenn dieser in ganz verschiedener Stimmhöhe, d. h. mit ganz verschiedener Höhe des Grundtons im Kehlkopfklang gesungen wird (HERMANN). Der Vokal A enthält hiernach also einen mit der Stimmhöhe nur sehr wenig schwankenden Ton. Daß es auf diese a b s o l u t e Höhe eines Partialtons im Vokalklang ankommt, dafür kann man auch folgenden Versuch von HERMANN anführen: Wenn man auf die Walze eines Phonographen einen Vokal schreiben läßt, so muß man, um ihn nachträglich zu reproduzieren, die Walze mit der gleichen Geschwindigkeit rotieren lassen, wie bei der Aufnahme; andernfalls tönt der Vokal nicht mehr rein, sondern mehr oder weniger verändert heraus.

Stimmhöhe	Formant
$G = 98$	$> fis^2 = 756$
$A = 110$	$> f^2 = 717$
$H = 123,5$	$> f^2 = 708$
$c = 130,8$	$f^2 = 698$
$d = 146,8$	$> f^2 = 710$
$e = 164,8$	$< g^2 = 781$
$fis = 185$	$< fis^2 = 725$
$g = 196$	$> f^2 = 714$

Die Hauptformanten für die 5 Hauptvokale entsprechen nach STUMPF etwa den folgenden Frequenzen:

Vokal:	U	O	A	E	I
Tonhöhe:	$g^1 = 384$	$g^1 = 384$	$g^2 = 768$	$g^1 = 384$	$g^1 = 384$
	$f^2 = 683$			$d^4 = 2304$	$e^4 = 2560$
					$b^4 = 3854$

Neben den Formanten erklingt aber noch eine Anzahl weiterer Partialtöne in geringerer Stärke, deren Gegenwart wesentlich zu der Klangfarbe der Stimme beiträgt.

Außer den Vokalen gehören zu den phonischen Lauten die sogenannten phonischen **Konsonanten.** Unter den Konsonanten versteht man bekanntlich im Gegensatz zu den Vokalklängen Laute mit Geräuschcharakter. Der letztere ist sehr verschieden stark ausgesprochen. In einer heiseren Stimme sind z. B. die Klänge der Vokale von Geräuschen begleitet; in den *phonischen Konsonanten* ist umgekehrt ein Geräusch von dem Klang der Stimme begleitet. Manche der phonischen Konsonanten, nämlich die sogenannten *Halbvokale* oder *Liquidae*, haben sogar fast Vokalcharakter. Zu ihnen gehören erstens *m*, *n* und *ng*, die sogenannten *Resonanten*, bei deren Bildung der Mund verschlossen wird, so daß die Luft durch die Nase entweicht und der Kehlkopfklang deren Luft in Mitschwingung versetzt; beim *m* wird der Mund an den Lippen, beim *n* an der Zunge und bei *ng* am Zungengrund verschlossen. Ferner gehören zu den phonischen Konsonanten die *l*- und *r*-Laute. Beim *l* entweicht die Luft durch den Mund, während die Zungenspitze und die Zungenränder gegen den Alveolarrand des Oberkiefers oberhalb der Zähne gelegen sind. Die *r*-Laute werden ihres intermittierenden Charakters wegen als Zitterlaute bezeichnet; bei ihrer Bildung wird die Mundhöhle nicht dauernd, sondern periodisch verschlossen, beim labialen *r* an den Lippen, beim lingualen *r* an der gegen den Alveolarrand angelegten Zungenspitze, beim uvularen oder hinteren Gaumen-*r* zwischen Zungenrücken und weichem Gaumen, beim laryngealen *r* an der Glottis.

Die übrigen Konsonanten werden in *Explosiv*- oder *Verschlußlaute* und in *Reibungslaute* unterschieden. Beide können sowohl phonisch, also mit einem Kehlkopfklang kombiniert, als auch aphonisch, stumm angegeben werden. Phonische Explosivlaute sind *b*, *d*, das italienische *g(i)* und *g*, bei denen die Luft nach plötzlicher Sprengung eines Verschlusses an den Lippen, dem vorderen oder hinteren Gaumen tönend entweicht. Phonische Reibungslaute sind *w*, *s* (weiches), *j* der Franzosen und *j*, sie sind Reibungsgeräusche mit Klangbeimischung und entstehen beim Entweichen der Luft an verengten Stellen des Mundes, nämlich wiederum an den Lippen, zwischen Zungenspitze und Alveolarrand und zwischen Zungenspitze und hinterem harten Gaumen. Werden die Verschluß- und Reibungslaute tonlos erzeugt, so entstehen die Konsonanten *p*, *t*, *k* und *f*, *ss*, *sch* und *ch*. Als sogenannter *Hauchlaut* entsteht an der geöffneten Stimmritze das *h*.

Aber selbst den sog. tonlosen Konsonanten sind Töne dadurch beigemischt, daß das angeblasene Ansatzrohr der Rachen- und Mundhöhle Eigenschwingungen ausführt. Den Vokalkurven entsprechend können also auch Konsonantenkurven aufgenommen und analysiert und es können den einzelnen Konsonanten charakteristische Formanten zugeordnet werden. Hinzukommen dann aber noch zahlreiche unregelmäßige Schwingungen, die für den akustischen Eindruck der einzelnen Konsonanten wesentlich sind.

Der Schwingungsbereich der menschlichen Sprache reicht somit von etwa 250 bis über 8000 Hertz. Wenn man also die menschliche Sprache künstlich reproduzieren will, so muß man zur Übertragung Einrichtungen anwenden, die auch tiefere und besonders höhere Frequenzen übertragen können, als den Formantenwerten der Vokale und Konsonanten ent-

sprechen. Moderne Rundfunkapparate übertragen die Schwingungen des
Stimmorgans getreu noch bis mindestens 4000 Hertz.

Die Analyse des menschlichen Stimmklangs ist von größter Bedeutung
für Verständnis und Behandlung der Schwerhörigkeit. Abb. 291 gibt die
sog. *Hörfläche* des Menschen wieder. Die Kurve *A E F G D* ist die Hör-
schwellenkurve, sie gibt also die Tonintensitäten für die verschiedenen

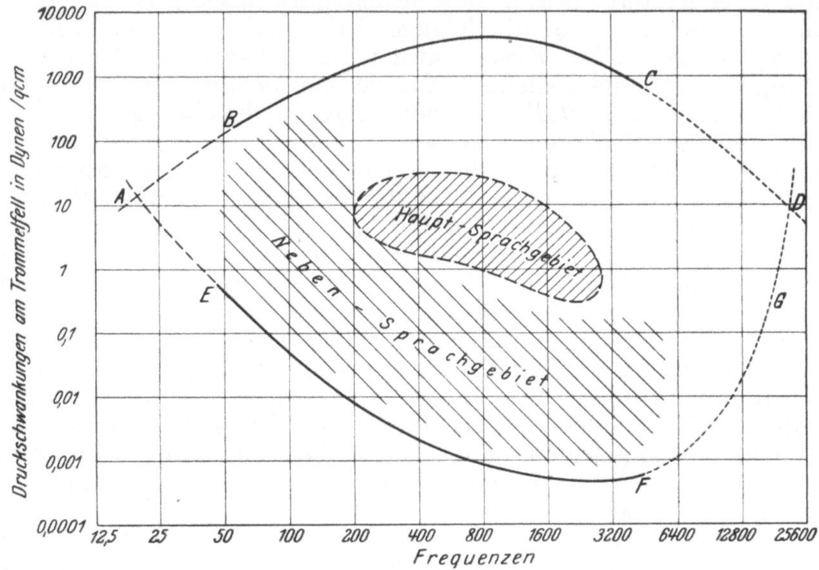

Abb. 291. Hörfläche des Menschen nach WEGEL und GILDEMEISTER.

Frequenzen an, die eben das Gehörorgan erregen. Die Kurve *A B C D*
verzeichnet die Intensitäten, welche außer Hörempfindungen auch Kitzel und
Schmerz im Ohr erregen. Der gewöhnlich durch die Sprache in Anspruch
genommene Intensitäts-Frequenzbereich der Hörfläche ist eng schraffiert
eingetragen. Man ersieht hieraus leicht, daß große Gebiete der Hörfläche
für das Sprachverständnis gleichgültig sind, und daß der Schwerhörige
durch Defekte in einem relativ engen Feld schwer betroffen wird. Dies
wird heute bei der Konstruktion von „Hörapparaten“ mit immer mehr
Erfolg für den Patienten berücksichtigt.

33. Kapitel.

Geschmacks- und Geruchssinn.

Niedere und höhere Sinne 581. Die Geschmacksqualitäten und die Geschmacksorgane 582. Die Geschmacksreize 584. Die Geruchsqualitäten und die Geruchs-
organe 584. Die Geruchsreize 585.

Mit der Physiologie des Geschmacks- und des Geruchssinns beginnen
wir die Darstellung der sogenannten *niederen Sinne*, zu welchen außer
den genannten auch die Hautsinne und die Lage- und Bewegungssinne
gerechnet werden. Der Grund für die herabsetzende Bezeichnung „*niedere
Sinne*" ist nicht die Armut an Empfindungsqualitäten, welche sie vermitteln, — denn das Geruchsorgan beispielsweise steht darin kaum hinter
den höheren Sinnesorganen zurück —, ebensowenig ist es eine geringere
Empfindlichkeit. Sondern die Ursache ist die größere Entbehrlichkeit,
wenigstens für den kultivierten Menschen. Denn alle namhaften Errungenschaften der Kultur, Künste und Wissenschaften, werden uns fast ausschließlich durch Auge und Ohr vermittelt. Die Wissenschaft, welche aus
den Sondererscheinungen allgemeine Sätze herleitet und deshalb die Bildung von Begriffen zur Voraussetzung hat, bedarf der Sprache und noch
mehr der Schrift zu dauerhafter Fixierung dieser Begriffe. Eine Vermittlung von Begriffen durch Geruchs- und Geschmacksorgan ist kaum denkbar, und die taktile Übertragung nach Art der Blindenschrift ist der optischen Übertragung der Begriffe zweifellos unterlegen. Auch die Künste,
Malerei und Skulptur, Musik und Dichtkunst, sind von Auge und Ohr
abhängig. In allgemeinster Auffassung beruhen sie auf der Wahrnehmung räumlich und zeitlich geordneter Komplexe von Empfindungen.
Den Raum erfassen wir vornehmlich mit Auge und Haut; aber die Eindrücke räumlicher Kunstwerke, welche die Haut etwa dem Blinden übermittelt, sind ästhetisch doch nur minderwertig, die Freude daran nicht
echt, viel mehr anempfunden. In der Musik und Dichtkunst aber kommt
es auf die Reproduktion von Empfindungskomplexen in der Zeit an, und
dem Ohr, das uns die Gehörsempfindungen nur mangelhaft in räumlicher
Ordnung, vielmehr zeitlich gegliedert vermittelt, können die anderen
„Zeitsinne", wie Geschmacks- und Geruchssinn, nach ihrer ganzen Organi-
sations- und Funktionsweise in der Fähigkeit, bestimmte Empfindungs-
komplexe zu reproduzieren, uns etwa sozusagen eine Geschmacks- und
Geruchssymphonie vorzuführen, kaum an die Seite gestellt werden. So
hat denn also allein vom Standpunkt des Kulturmenschen die Bezeichnung als niedere und höhere Sinne ihre Bedeutung.

Der *Geschmacks-* und der *Geruchssinn* unterrichten uns nun im speziellen über die chemischen Unterschiede in unserer Umgebung, und zwar
wesentlich im Interesse der vegetativen Funktionen. Deshalb stehen sie ge-
wissermaßen als Wächter am Eingang des Intestinal- und des Respirations-

trakts. Sie sorgen für die Nahrungsaufnahme, indem sie den Appetit anreizen und die Verdauung erregen, sie schützen durch Auslösen von Abwehrreflexen, wie Speien, Würgen, Erbrechen, vor schädlichen Substanzen. Die von ihnen abhängigen Empfindungen sind in auffallend hohem Maß mit dem Gefühl der Lust oder der Unlust assoziiert. —

Der **Geschmackssinn** verursacht uns im Gegensatz zum Gesichts- und Gehörssinn nur eine eng begrenzte Zahl von Empfindungsqualitäten, nämlich aus dem Komplex von Empfindungen, welche schmackhafte Stoffe erzeugen, vermögen wir mit Sicherheit nur vier **Grundqualitäten** herauszulösen, *salzig, sauer, süß* und *bitter*; das „Spektrum des Geschmacks" besteht also nur aus vier getrennten Linien (OEHRWALL). Die vier verschiedenen Empfindungen können aber einem und demselben Stoff anhaften, dessen Geschmack wir dann ähnlich analysieren, wie wir mit dem Ohr einen Klang in seine Partialtöne zerlegen. Den Geschmacksempfindungen gesellen sich dabei meistens noch *Druck-, Wärme-, Kälte-,* auch *Schmerzempfindungen* hinzu; ferner wird von dem „Schmeckstoff" häufig auch der *Geruchssinn* mit erregt, sei es daß flüchtige Bestandteile durch die Choanen, besonders beim Schlucken, in die Nase dringen, sei es daß gelegentlich, z. B. durch eine Lauge, erst in der Mundhöhle riechende Stoffe sich bilden. So entsteht ein Empfindungskomplex als Charakteristikum dieser oder jener Speise, den wir für gewöhnlich als etwas Einheitliches auffassen und auch nur mit Mühe in seine einzelnen Komponenten zu zerlegen vermögen. Relativ leicht gelingt es dabei, die Geruchskomponente abzusondern; meist genügt es, die Nase zuzuhalten, wie man es gewohnheitsmäßig tut, wenn man eine ekelhaft „schmeckende" Substanz, z. B. Rizinusöl, verschlucken will. Ein gutes Beispiel dafür, daß die zusammengesetzte Natur mancher Geschmacke sehr schwer zu erkennen ist, bildet die von manchen vertretene Auffassung, daß zu den elementaren Geschmacksempfindungen auch noch das *Laugenhafte* und das *Metallische* gehören; das Laugenhafte ist aber wohl nichts weiter als eine Summe verschiedenartiger Empfindungen, wie brennend, glatt, bitter, süß, denen noch, wie eben bemerkt, eine eigentümliche Geruchsempfindung beigemischt ist, und im Metallischen steckt wohl eine saure und gleichfalls eine riechende Komponente.

Die Geschmacksempfindungen entstehen, wenn gewisse lösliche und diffusible, also relativ niedrig molekulare Stoffe an bestimmte Orte der Mundhöhle, an die **Schmeckorte,** gelangen. Der Hauptschmeckort ist die Zungenschleimhaut, aber nicht im ganzen, sondern die Schmeckfähigkeit ist auf die Spitze, die Ränder und den Grund der Zunge beschränkt; ihre Mitte und ihre Unterfläche lösen keine Geschmacksempfindungen aus. Außer mit der Zunge kann man auch mit dem weichen Gaumen, dem Pharynx, den Tonsillen und der Epiglottis schmecken; die Schleimhaut der Lippen und der Wangen sowie das Zahnfleisch sind dagegen geschmacksunempfindlich.

Die verschiedenen Qualitäten salzig, sauer, süß und bitter werden nicht von allen Schmeckorten aus gleich gut erregt; auf der Zunge ist für süß die Spitze am empfindlichsten, für sauer die Ränder, für bitter der Grund. Daher vermag man den Geschmack einer Speise zu analysieren, indem man sie im Mund umherschiebt, indem man sie langsam verschluckt oder sie einschlürft. Die Tatsache der verschiedenen Verteilung legt die Vermutung nahe, daß *jede der vier Grundqualitäten von eigenen Sinnesorganen oder Sinnessubstanzen abhängig ist.* Dies wird besonders durch die Untersuchungen von OEHRWALL bestätigt. Er stellte fest, daß auf der Vorderzunge allein von den Papillae fungiformes Geschmacksempfindungen ausgelöst werden können; nämlich nur wenn man diese mit einem feinen, mit einer schmeckenden Lösung getränkten Pinsel betupft, kommen Geschmacksempfindungen zustande, nicht dagegen, wenn man dazwischenliegende Stellen berührt. Für den Pinsel waren 125 Papillen zugänglich, von diesen waren 98 schmeckfähig, aber in verschiedener Art und Weise, nämlich es schmeckten:

91 Weinsäure	67 Zucker u. Weinsäure	12 Weinsäure allein
79 Zucker	64 Zucker u. Chinin	3 Zucker allein
71 Chinin	60 Zucker, Chinin u. Weinsäure	0 Chinin allein.

Es sind also offenbar *auf manchen Papillen „Bitter-, Süß- und Sauerorgane" vereinigt, bei anderen kommen nur zwei, auf wieder anderen nur die eine oder die andere Sorte vor* (KIESOW, GOLDSCHEIDER).

Man kann noch einen anderen Versuch dafür anführen, daß die einzelnen Qualitäten von einzelnen Sinnessubstanzen abhängen. Bestreicht man die Zunge mit einer 2proz. Kokainlösung, so verschwindet zeitweilig die Fähigkeit, bitter zu schmecken; noch auffallender sind die Folgen der Vergiftung mit Gymnemasäure, einer in Gymnema silvestre enthaltenen Säure; sie vernichtet zeitweilig nicht bloß den Bitter-, sondern auch den Süßgeschmack, während sauer und salzig erhalten bleiben; infolgedessen wirkt Zucker wie Sand, Chinin wie Kreide.

Die eigentlichen *Geschmacksorgane* sind bekanntlich die Schmeckzellen in den sogenannten Geschmacksknospen, welche auf der Zunge an den Papillae fungiformes und den Papillae circumvallatae zu finden sind. An ihnen endigen die **Geschmacksnervenfasern.** Deren Herkunft ist nicht leicht festzustellen, da die Zunge nicht bloß mit Geschmacksnerven, sondern auch mit motorischen, sensiblen und sekretorischen Fasern versorgt wird. Geschmacksfasern sind zweifellos enthalten im Lingualis des dritten Trigeminusastes, in der Chorda des Fazialis, im Glossopharyngeus und für die Epiglottis im Laryngeus superior des Vagus. Dafür sprechen die verschiedenen experimentellen und klinischen Beobachtungen über *Geschmackslähmung* oder *Ageusie.*

Durchschneidet man den Stamm des Glossopharyngeus, so ist die Folge eine sogenannte *hintere Geschmackslähmung*, d. h. das hintere Zungendrittel und der Rachen büßen ihre Schmeckfähigkeit ein, und da besonders der Bittergeschmack schlundwärts lokalisiert ist, so wird z. B. charakteristischerweise bei hinterer Geschmackslähmung eine Chininlösung anstandslos verschluckt. Glossopharyngeusfasern gelangen auch indirekt auf dem Weg des Plexus tympanicus und des dritten Trigeminus zur Zunge, wie man aus den Geschmacksstörungen zu schließen hat, die nach Radikaloperation des Mittelohrs zur Beobachtung kommen. Die Glossopharyngeusdurchschneidung verursacht auch Degeneration der Geschmackszellen in den Papillae circumvallatae.

Durchschneidung des Lingualis hat *vordere Geschmackslähmung* zur Folge, d. h. Verlust der Schmeckfähigkeit in den vorderen zwei Dritteln der Zunge. Die Fasern stammen zum Teil aus der Chorda tympani; daher bewirkt die elektrische Reizung dieses Nerven innerhalb der Paukenhöhle bei einem Trommelfelldefekt, wie schon bei anderer Gelegenheit (s. Kap. 27) erörtert wurde, deutliche, meist saure oder metallische Geschmacksempfindung. Die schmeckenden Lingualisfasern gehören aber zum Teil von Anfang an

zum Trigeminus; dafür spricht die öfter beobachtete Geschmackslähmung
infolge einer intrakraniellen Trigeminusdurchschneidung, wie sie zur Beseitigung unerträglicher Gesichtsneuralgien vorgenommen wird (F. KRAUSE).

Was nun die **Geschmacksreize** anlangt, so müssen die Stoffe, die sie
ausüben, wie gesagt, die Eigenschaft der Wasserlöslichkeit und der Diffusibilität besitzen; dann können sie durch die die Geschmacksknospen zu-
deckende Schicht von Speichel bis zu den Schmeckzellen vordringen. Aber
wie erregen sie die Sinneszellen, und warum erzeugen manche Süßgeschmack,
andere Bittergeschmack und wieder andere sauren Geschmack? Könnten
wir diese Frage beantworten, so wäre zugleich eine Theorie der Geschmackssinnesfunktion gegeben; von einer befriedigenden Deutung sind wir
aber wohl noch weit entfernt. Die nächstliegende Voraussetzung zur
Aufstellung solch einer Theorie ist natürlich die Annahme, daß allen
Süßstoffen eine bestimmte physikalische oder chemische Eigenschaft gemeinsam ist, ebenso allen Bitter-, Sauer- und Salzigstoffen. Eigenschaften
der Art sind aber bis jetzt nicht oder kaum ausfindig zu machen gewesen. Denn z. B. süß schmecken manche Zucker, Saccharin, Chloro-
formdampf, essigsaures Blei oder Bleizucker, Leimsüß oder Glykokoll,
Berylliumsalze, verdünnte Laugen, genug Stoffe, welche den allerverschiedensten Klassen von chemischen Verbindungen angehören; andererseits
schmecken manche Stereoisomere, die sich durch nichts als durch ihre
optische Aktivität voneinander unterscheiden, verschieden, das d-Aspara-
gin z. B. süß, das l-Asparagin „fade". Ähnlich steht es mit den Bitterstoffen,
denen z. B. viele Alkaloide, Ätherdampf, Magnesiumsulfat oder Bittersalz,
Harnstoff, Pikrinsäure, zahlreiche Glykoside und die Peptone angehören.
Den salzigen Stoffen ist wenigstens die eine Eigenschaft gemeinsam, daß
sie Elektrolyte sind; aber es gibt zahlreiche Elektrolyte, die keine Spur
salzig schmecken. Einzig und allein vom Sauergeschmack kann man sagen,
daß er chemisch oder physiko-chemisch einheitlich bedingt ist, nämlich nur
Säuren, d. h. nur Verbindungen, welche H-Ionen abdissoziieren, schmecken
sauer, und genügend verdünnte Säuren schmecken im allgemeinen völlig
gleich, so daß man wohl behaupten kann, daß der *Sauergeschmack allein
den H-Ionen zukommt.*

Von Interesse für eine künftige Theorie der Geschmackssinnesfunktion
sind die Wirkungen der gleichzeitigen Erregung mit mehreren Geschmacks-
reizen, ähnlich wie die Erfolge der Farbenmischung wesentlich zur Aufstellung der Theorien des Farbensehens angeregt haben. Wenn man verschiedene Schmeckstoffe mischt, so kommt erstens sogenannte *Kompensation*
vor, d. h. die Einzelgeschmäcke heben einander mehr oder weniger auf.
Der Schwellenwert für Bitter wird z. B. unter bestimmten Versuchsbedingungen in einer Chininlösung bei einem Gehalt von $0,004\,\%$ erreicht, in
Gegenwart von Kochsalz steigt die Schwelle dagegen auf $0,01\,\%$, in Gegenwart von Salzsäure auf $0,026\,\%$; oder die bei $0,25\,\%$ gelegene Kochsalz-
schwelle wird durch Salzsäure oder durch Chinin auf $1,7\,\%$ heraufgerückt
(HEYMANS). Die Kompensation kann unter Umständen bis zu völliger
Aufhebung gehen, aber so, daß das Resultat nicht gleich null, sondern etwas
Neues, ein *Mischgeschmack* ist; so kann man Konzentrationen von Kochsalz und Zucker auffinden, bei denen die Lösung weder salzig noch süß
schmeckt, sondern „fade" (KIESOW). Ferner beobachtet man *Kontrasterscheinungen*, welche dem Neben- oder dem Nachkontrast der physiologischen Optik vergleichbar sind; die Süße einer Zuckerlösung wird z. B.
durch Beimischung von etwas Kochsalz gesteigert, destilliertes Wasser

schmeckt nach Ausspülen des Mundes mit Kaliumchlorat oder mit verdünnter Schwefelsäure deutlich süß (NAGEL, MOSSO). —

Wenden wir uns nun dem **Geruchssinn** zu, so stellen wir fest, daß er wieder ähnlich, wie der Gesichts- und der Gehörssinn, durch die außerordentlich große Zahl verschiedener Empfindungsqualitäten ausgezeichnet ist, welche er in uns erregt. Versucht man aber, diese ähnlich wie die Gesichts- und Gehörsempfindungen zu ordnen, so stößt man auf viel größere Schwierigkeiten; es ergibt sich durchaus nicht von selbst eine unanfechtbare Kontinuität, wie der Farbenkreis oder die Tonskala. Eine Einteilung der Gerüche ist oft versucht worden; LINNÉ und nach ihm ZWAARDEMAKER haben z. B. folgende Reihe von ineinander übergehenden Gruppen aufgestellt:

ätherische, aromatische, balsamische, moschusartige, lauchartige,

brenzliche, bocksartige, widerliche und ekelhafte Gerüche,

aber die Abstufung erscheint recht willkürlich und klassifiziert zudem die Gerüche keineswegs bloß nach Geruchsempfindungen. Auch zahlreiche andere Einteilungsversuche sind bisher erfolglos geblieben.

Die Auslösung der Geruchsempfindungen kommt dadurch zustande, daß gewisse verdampfbare Substanzen mit der Atemluft in die Nase eindringen. Aber nur die alleroberste Partie der Nasenschleimhaut dicht unterhalb der Lamina cribrosa des Siebbeins bildet die **Regio olfactoria,** nur dort finden sich die mit den Endigungen des N. olfactorius verbundenen Riechzellen. Der von ihnen eingenommene Bezirk umfaßt einen Teil der obersten Muschel und die gegenüberliegende Partie der Nasenscheidewand, Flächen etwa von der Größe eines Fünfpfennigstücks; die gesamte Regio olfactoria ist etwa 5 qcm groß.

Dorthin können die Riechstoffe nun auf zwei Wegen gelangen, nämlich erstens bei der Inspiration durch die Nasenlöcher. Dabei erreicht der Luftstrom aber nicht direkt die Regio olfactoria. Das lehren Versuche an Leichen (PAULSEN), denen man von der Luftröhre aus ammoniakhaltige Luft durch die Nase saugte, nachdem in diese Stückchen von rotem Lackmuspapier eingelegt waren; die riechenden Stoffe müssen erst von dem unteren und mittleren Nasengang aus nach aufwärts diffundieren. Durch „Schnüffeln", d. h. durch kurze mehrfache Inspirationsstöße kann man allerdings Luftwirbel erzeugen, welche den Transport des Riechstoffes an die Regio olfactoria beschleunigen. Zweitens können die Riechstoffe auch exspiratorisch wahrgenommen werden, indem sie von den Choanen aus vordringen; dies kommt namentlich beim Essen in Betracht, wenn nach dem Schlucken der durch das Gaumensegel hergestellte Nasenrachenverschluß geöffnet wird und nun die mit Speiseteilchen erfüllte Luft des Rachens in die Nase eintritt (s. S. 582).

Es ist bisher ohne weiteres von Riechstoffen gesprochen worden; jedoch hat man öfter an der Materialität der **Geruchsreize** gezweifelt und an die Übertragung von Schwingungen von bestimmten Substanzen aus geglaubt, weil manche der gerucherregenden Stoffe selbst in Jahren keinen Gewichtsverlust durch Verdampfung erkennen lassen. Aber das beweist nur, daß selbst das relativ unvollkommene Geruchsorgan des Menschen enorm empfindlich ist. Daß wirklich die riechenden Teilchen in der Luft transportiert werden, das lehren die „Duftwolken", die vom Winde weithin fortgetragen werden, das zeigt die Wirksamkeit fester Verschlüsse, und das beweist das Vorhandensein eines bestimmten Dampfdruckes, wenn man eine stark riechende Substanz, wie etwa Kampfer, in das Vakuum eines Barometers hineinbringt. Endlich gibt es auch meßbare Minimaldosen, in denen die Riechstoffe erst wirksam werden. Man bestimmt sie so, daß man z. B. in einen großen Behälter so viel von einer riechenden Flüssigkeit eintropft, bis die in ihm enthaltene Luft eben danach riecht (VALENTIN). Auf die Weise wurden folgende *Schwellenwerte* in $\frac{g}{cm^3}$ gefunden (ZWAARDEMAKER):

Azeton	$0,4 \cdot 10^{-8}$	Merkaptan	$4,4 \cdot 10^{-14}$
Kampfer	$1,6 \cdot 10^{-11}$	Äthylbisulfid	$3,0 \cdot 10^{-13}$
Nitrobenzol	$4,1 \cdot 10^{-11}$	Valeriansäure	$2,1 \cdot 10^{-12}$
Ionon	$1,0 \cdot 10^{-13}$	Pyridin	$4,0 \cdot 10^{-11}$
		Skatol	$4,0 \cdot 10^{-12}$

Doch sind die riechbaren Mengen zweifellos noch viel geringer bei „osmatischen Tieren", in deren Leben der Geruchssinn eine weit größere Rolle spielt als beim Menschen, z. B. beim Hund, welcher einer Spur folgt, oder bei Schmetterlingen, deren Männchen von einem mitten in der Stadt befindlichen Weibchen angelockt werden (STANDFUSS, FABRE). Die riechenden Stoffe müssen also hiernach erstens verdampfen und zweitens bis zu einem gewissen Grade wasserlöslich sein. Ferner sind sie oft durch Adsorbierbarkeit und anscheinend auch durch Lipoidlöslichkeit ausgezeichnet. Die öfter angegebenen Zusammenhänge zwischen chemischer Konstitution und Wirkung sind strittig. Von den etwa 2 Millionen bisher bekannten anorganischen und organischen Verbindungen erregt etwa ein Fünftel den Geruchssinn.

Stellen wir uns wiederum die Frage, *in welcher Weise das Sinnesorgan zwischen Reiz und Empfindung vermittelt!* Entspricht jedem der zahlreichen verschiedenen Reize und jeder der zahlreichen verschiedenen Empfindungen eine besondere Sinnessubstanz oder eine besondere Sorte von Riechzellen, so wie wir es für den Geschmackssinn annehmen konnten? Oder läßt sich die große Zahl der Qualitäten etwa wie beim Sehorgan auf die kombinierte Wirkung einiger weniger Sinnessubstanzen zurückführen? Diese Fragen sind heute noch ungelöst. Zugunsten der ersten Annahme läßt sich mancherlei anführen, nämlich erstens die partiellen *Anosmien* und *Hyposmien.* Es kommt z. B. vor, daß jemand durch einen starken Katarrh einen Teil seines Riechvermögens einbüßt, so daß er z. B. für Pyridin zwar noch sehr empfindlich ist, aber Merkaptan, das für gewöhnlich eine erheblich größere Riechkraft hat als Pyridin, gar nicht wahrnimmt.

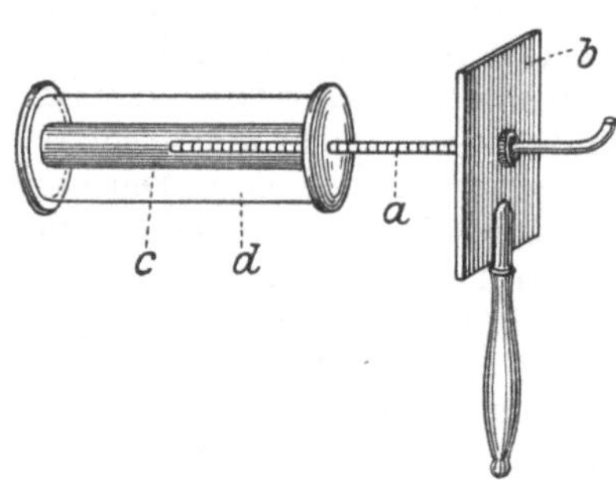
Abb. 292. Olfaktometer von ZWAARDEMAKER.

Zum quantitativen Nachweis solcher Einbußen benutzt man das *Olfaktometer* von ZWAARDEMAKER (s. Abb. 292). Dieses besteht aus einem graduierten Glasrohr *a*, welches durch einen Schirm *b* hindurchgesteckt und an seinem Ende aufwärts gebogen ist, so daß es in ein Nasenloch hineingeschoben werden kann. Über das andere Ende des Glasrohrs ist ein Zylinder *c* aus poröser Substanz gestülpt und kann leicht auf *a* hin- und hergeschoben werden. Die poröse Substanz wird mit einem flüssigen Riechstoff getränkt, das Abdunsten desselben in die umgebende Luft ist durch einen Glasmantel *d* verhindert. Je weiter man nun den porösen Zylinder über die Glasröhre stülpt, um so kleiner ist die mit Riechstoff behaftete Fläche, an welcher die inspirierte Luft vorbeistreicht; man sucht diejenige Stellung auf, bei welcher eben ein Geruch wahrgenommen wird. In dieser Weise lassen sich partielle Hyposmien quantitativ bestimmen.

Ferner kann man für die Existenz besonderer auf bestimmte Gerüche abgestimmter Endorgane die *isolierte Ermüdbarkeit* für einzelne Gerüche anführen, ferner die *isolierte Ausschaltung durch Gifte.* So erzeugt die Gymnemasäure nicht bloß Ageusie (s. S. 583), sondern auch Anosmie; diese schwindet dann charakteristischerweise so, daß nicht auf einmal alle Gerüche in allmählich ansteigendem Maß wiederkehren, sondern erst erscheinen die brenzlichen Gerüche, dann die lauchartigen und weiterhin die ätherischen, aromatischen und balsamischen Gerüche (ROLLETT). Die supponierten Sinnessubstanzen wären also in ähnlicher Weise verschieden resistent, wie etwa die „Sehsubstanzen" von HERING (s. S. 525 u. 535).

Andere Erfahrungen sprechen mehr für die zweite Annahme, daß, etwa nach Art der in EWALDS Schallbildertheorie oder in den Farbentheorien vertretenen Anschauung, die Erregungen der einzelnen Endorgane in mannigfachen Kombinationen zu verschiedenen Einheiten verschmolzen werden, denen dann jeweils besondere Empfindungen entsprechen (F. B. HOFMANN). So läßt sich z. B. die Erfahrung deuten, daß infolge eines Katarrhs ein Geruch sich verändern kann (*Parosmie*), daß sonst einander nur ähnliche Gerüche zum Verwechseln gleich werden, und daß durch gleichzeitige Darbietung mehrerer Geruchsstoffe ganz neue einheitliche Gerüche entstehen, wie z. B. aus Vanillin und Schwefelammonium. —

Schon einleitend wurde bemerkt, daß Geschmacks- und Geruchssinn beide am Eingang des Intestinal- und des Respirationstrakts lokalisiert sind. Machen wir uns abschließend klar, daß diese anatomische Zusammenstellung der Ausdruck einer gemeinsamen *Funktion für die vegetativen Zwecke des Körpers* ist! Was wir als den Geschmack oder den Geruch einer Speise bezeichnen, ist, wie bereits (S. 582) gesagt wurde, selten ein bloßer Geschmack oder ein bloßer Geruch, sondern häufiger ein Komplex von Empfindungen, welcher eine Einheit repräsentiert, für deren Analyse zunächst kein biologisches Erfordernis vorliegt. Wir sprechen vom „beißenden" Geschmack der Zwiebel und finden bei der Analyse nicht bloß einen Geschmack, sondern dazu einen Geruch und eine dem „Beißen" entsprechende Schmerzempfindung; im Geschmack einer sauren Speise steckt oft als Komponente die Empfindung des Zusammenziehenden, d. h. einer Kontraktion in der Submucosa, kombiniert mit der Ausflockung des Muzins auf der Schleimhaut. Ekelhafte Gerüche sind solche, welche von der Sensation der Würgbewegung begleitet sind, und so fort. Und wie wenig wir gewohnt sind, alle solche Komplexe sorgfältig in ihre Einzelbestandteile aufzulösen, beweisen manche Beobachtungen über völlige Änderungen des Geschmacks, wenn die Nase etwa durch einen Katarrh verstopft ist, oder auch die Klagen über die Beeinträchtigung des Geschmacks durch das Tragen eines künstlichen Gebisses, obwohl durch dieses einzig und allein die Tast- und die Temperaturempfindungen des harten Gaumens verändert, d. h. teilweise ausgeschaltet werden.

34. Kapitel.

Temperatur-, Druck- und Schmerzsinn.

Der Wärme- und Kältesinn 589. Die Wärme- und Kälteorgane 590. Der Drucksinn 592. Die Drucksinnesorgane 593. Die Simultan- und die Sukzessivschwellen
des Drucksinns 594. Der Schmerzsinn; die Schmerzhaftigkeit der inneren Organe
596. Der Schmerzsinn der Haut 598.

Zu den niederen Sinnen werden neben Geschmacks- und Geruchssinn
gewöhnlich auch Druck-, Wärme-, Kälte- und Schmerzsinn gezählt, also
Sinne, die, wenn auch nicht ausschließlich, so doch vornehmlich an
die Haut gebunden sind und deshalb oft als *Hautsinne* zusammengefaßt
werden. Aber wir haben uns im vorigen Kapitel klargemacht, daß die Be-
wertung des Auges als eines höheren Sinnesorgans ganz wesentlich mit
seinen Leistungen für die Erfassung des Räumlichen zusammenhängt, die
insbesondere die Festlegung der Begriffe durch die Schrift ermöglichen,
und gerade in dieser Hinsicht, als „Raumsinnesorgane" sind die Hautsinne auch dem Geschmacks- und dem Geruchssinn weit überlegen und dem
Gesichtssinn verwandt. Zwar erfolgt die räumliche Orientierung durch die
Haut nur durch unmittelbare Berührung der Außendinge; denn die Haut
gehört nicht zu den „Telerezeptoren", wie der Gesichtssinn, welcher auch
weit ab von unserem Körper gelegene Dinge wahrnimmt; wir erfassen mit
dem Hautsinn auch nicht große Gebiete des Raumes auf einmal, wie wir
mit dem Gesichtssinn das zugleich wahrnehmen, was sich im Gesichtsfeld
vorfindet; sondern der Hautsinn macht uns im Augenblick nur mit einem
kleinen Teil der Außenwelt bekannt und belehrt uns erst durch sukzes-
sives Berühren über einen größeren Raumumfang. Aber das Beispiel zahlreicher Blinder, welche ihr wichtigstes Raumsinnesorgan eingebüßt haben,
vor allem das Beispiel derjenigen, welche fast von Geburt an gleichzeitig
taub und blind wurden, wie Laura Bridgman oder Helen Keller, welche
sich allein mit ihrem Hautsinn nicht bloß sprachliche und schriftliche Ver-
ständigungsmöglichkeiten erwarben, sondern sich sogar Mathematik, verschiedene Sprachen und Naturwissenschaften zu eigen machten, belehren
uns darüber, daß unter besonderen Umständen die Erlebnisse der
Hautsinne an kultureller Bedeutung an diejenigen des Gesichts- und des
Gehörssinnes heranreichen können, so daß auf die Weise das Begreifen und
das begriffliche Denken wirklich auf dem Wege zustande kommt, den die
Worte „Begreifen" und „Begriff" eigentlich zum Ausdruck bringen.

Druck-, Wärme- und Kältesinn und besonders deutlich der Schmerzsinn sind, wie bereits gesagt wurde, nicht allein an die Haut gebunden,
sondern auch — mehr oder weniger — an die inneren Organe. Sie werden
öfter auch einheitlich als der *Gefühlssinn* zusammengefaßt, teils wegen der
gemeinsamen Lokalisation auf der Haut, teils, weil der Schmerz sozusagen
ein einigendes Band zwischen ihnen darstellt; denn intensive Druck-,
Wärme- und Kältereize gipfeln in gleicher Weise in Schmerzempfindungen.

Aber wir werden alsbald zahlreiche Erfahrungen kennenlernen, welche dafür sprechen, daß jeder der Sinne etwas Besonderes ist; die Abtrennung des Schmerzsinnes speziell kann u. a. damit begründet werden, daß bei nicht zu tiefer Narkose oder Lokalanästhesie, bei gewissen Rückenmarkserkrankungen oder bei Nervenschädigungen die Druckempfindungen erhalten bleiben, dagegen die Schmerzempfindungen verlorengehen (*Analgesie*), so daß z. B. ein Schnitt in die Haut nur als Druck, nicht als Schmerz empfunden wird, oder damit, daß bei einem transplantierten Hautstück die Rückkehr des „Gefühls" nicht alle Hautempfindungen zu gleicher Zeit betrifft, sondern daß erst die Druck-, dann die Schmerz- und dann die Temperaturempfindungen sich wieder einzustellen pflegen. So läßt es sich also begründen, wenn wir im folgenden die einzelnen Hautsinne für sich betrachten.

Der **Wärmesinn** löst die eine Qualität Wärmeempfindung, der **Kältesinn** die eine Qualität Kälteempfindung aus; nur durch ihre Intensität können sich also Wärmen und Kälten voneinander unterscheiden. Die Wärme- und die Kälteempfindungen sind zusammen mit den Schmerzempfindungen darin von den bisher erörterten Empfindungen verschieden, daß wir ihre Ursache nicht ohne weiteres in Dingen der Außenwelt erblicken, wie wir ein Licht, einen Geruch oder einen Druck objektivieren, sondern daß wir sie ebensosehr auf innere Vorgänge in unserem eigenen Körper beziehen; daher sagen wir wohl „mir ist heiß", aber nicht „mir ist laut" oder „mir ist hell". In dieser Hinsicht sind Wärme, Kälte und Schmerz den sogenannten „Gemeingefühlen" verwandt, welche allein von Zuständen unserer Organe hervorgerufen werden, wie das Sattsein, der Durst, der Hunger, das Erstickungsgefühl, die Übelkeit und dergleichen. Die Ursache ist, daß der Wärme- und Kältesinn außer durch Temperaturänderungen in der Umgebung auch durch die Temperaturänderungen in der Haut selber

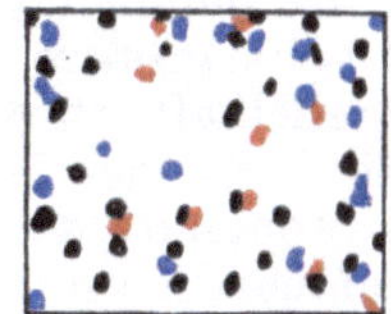

Abb. 293. Sinnespunkte der Haut an der Dorsalfläche der linken Handwurzel. (Nach BLIX.) Druckpunkte schwarz, Kältepunkte blau, Wärmepunkte rot.

infolge wechselnder Durchblutung erregt wird. Die Temperatursinnesorgane messen also nicht die Umgebungstemperatur, sondern die Temperatur der Haut; sie machen keine objektiven Angaben über den Wärmezustand der uns berührenden Körper, sondern nur Angaben relativ zu unserem eigenen augenblicklichen Zustand.

Die Wärme- und Kälteempfindungen werden außer von der Haut auch von der Schleimhaut von Mund, Nase, Speiseröhre, Kehlkopf und After, vielleicht auch vom Magen ausgelöst.

Die genauere Untersuchung lehrte, daß der Temperatursinn nicht gleichmäßig über die Haut verteilt, sondern daß er auf kleine punktförmige Bezirke beschränkt ist, derart, daß man *Wärme- und Kältepunkte* nebeneinander unterscheiden kann (BLIX, GOLDSCHEIDER). Betastet man die Haut ganz leicht und flüchtig mit hohlen Metallzylindern mit abgestumpfter Spitze, welche mit Eiswasser oder mit Wasser von 45° gefüllt sind, so fühlt die Versuchsperson, daß nur an bestimmten Stellen eine deutliche Wärme-, an anderen eine deutliche Kälteempfindung erregt wird. Markiert man die aufgefundenen Punkte mit festhaftender Farbe, so kann man konstatieren, daß sie unverrückbar in der Haut festliegen (s. Abb. 293). Die Kältepunkte überwiegen an den meisten Hautstellen weitaus über die Wärmepunkte; man findet nach den Zählungen von SOMMER im Mittel auf 1 qcm 6—23 Kälte- und nur 0—3 Wärmepunkte; die Gesamtzahl der Kältepunkte beträgt etwa 250 000, die der Wärmepunkte 30 000.

Die Existenz der BLIX schen Punkte läßt natürlich auf besondere **Kälte-und Wärmesinnesorgane** schließen. Dies folgt auch aus anderen Beobachtungen. Vor allem hat BLIX gezeigt, daß *die Temperaturpunkte auch auf inadäquate Reize ansprechen* und mit ihrer spezifischen Empfindung antworten, so wenn man sie elektrisch oder durch Druck (z. B. mit einer Bleistiftspitze) reizt. Merkwürdigerweise reagieren die Kältepunkte auch auf Wärme; wenn man auf einen Kältepunkt eine warme Fläche von etwa 40⁰ aufsetzt, so empfängt man eine deutliche sogenannte *paradoxe Kälteempfindung* (v. FREY, THUNBERG). Weniger leicht glückt es, eine *paradoxe Wärmeempfindung* festzustellen; es gelingt nur dann, wenn der Kältesinn einigermaßen zurücktritt. So beobachtete sie STRÜMPELL in Fällen von pathologischer Kälteanästhesie, in denen er mit Eisstückchen bei den Patienten deutlich Wärmeempfindungen auslösen konnte, oder man findet sie, wenn man kältepunktfreie Hautstellen, z. B. am Unterarm, aufsucht und diese mit Kälte reizt (RUBIN).

Durch inadäquate Reizung kommt auch die *Empfindung des Heißen* zustande, welche von der Wärmeempfindung deutlich verschieden ist. Schon die Selbstbeobachtung lehrt, daß heiß einen Komplex von Wärme und Kälte darstellt (ALRUTZ, THUNBERG); bei der Einwirkung starker Wärme auf eine größere Hautfläche ist man in der Tat, besonders im ersten Moment, zweifelhaft, ob man mehr Wärme oder mehr Kälte verspürt. Für die Komplexnatur des Heißen wird auch angeführt, daß an Orten, welchen die Kältepunkte fehlen, ein heißer Gegenstand nur Wärme, allenfalls noch Schmerz hervorruft, dagegen keine Hitzeempfindung, daß aber umgekehrt, wo die Wärmepunkte mangeln, ein starker Wärmereiz allein Kälteempfindung erzeugt.

Die Tatsache, daß die paradoxe Kälteempfindung leicht, die paradoxe Wärmeempfindung dagegen nur unter besonderen Umständen auszulösen ist, findet eine Erklärung in der Annahme, daß *die Kälteorgane oberflächlicher gelegen sind als die Wärmeorgane*; während daher ein Kälteorgan isoliert durch den inadäquaten Wärmereiz erregt werden kann, werden bei der Einzelerregung eines Wärmeorgans mit Kälte gewöhnlich zugleich mehrere der höher gelegenen Kälteorgane mit ansprechen. Diese Annahme über die Verteilung wird auch durch folgende weitere Beobachtung gestützt: erstens ist es charakteristisch, daß die Kälteempfindung auf den Temperaturreiz hin sofort in ihrer ganzen Intensität auftritt, während die Wärmeempfindung sich erst allmählich zu ihrer vollen Stärke entwickelt; dieser Unterschied fällt aber bei elektrischer Reizung fort (v. FREY). Ferner: wenn man die Haut mit einer erwärmten Silberlamelle in Berührung bringt, welche wegen ihrer geringen Wärmekapazität die Temperatur bloß in den oberflächlichen Schichten steigert, so erhält man eine reine Kälteempfindung (THUNBERG). Drittens zeigt sich, daß zahlreiche Gifte, wie Kokain, Phenol, Eisessig u. a., auf die Haut getupft die Kälteempfindlichkeit früher aufheben als die Wärmeempfindlichkeit (v. FREY).

Diese Beobachtungen bilden einen Wegweiser für die Auffindung der Temperaturorgane. In der Haut sind nämlich eine große Zahl verschiedener Sinnesapparate vereinigt, wie die MEISSNER schen Tastkörperchen, die VATER-PACINI schen Körperchen, die KRAUSE schen und die RUFFINI schen Endkolben, die freien Nervenendigungen u. a. Davon dienen die MEISSNER schen Tastkörperchen, wie wir noch sehen werden, wahrscheinlich dem Drucksinn, während für die Temperatursinne die KRAUSE schen und die RUFFINI schen Endkolben beansprucht werden. v. FREY hat nämlich darauf hingewiesen, daß die Conjunctiva bulbi und der Rand der Kornea der Druck- und der Wärmeempfindlichkeit entbehren, dagegen Kälteempfindungen vermitteln;

an dieser Stelle finden sich aber reichlich die KRAUSEschen Endkolben. Für die RUFFINIschen Organe als Organe des Wärmesinns wird besonders ihre tiefere Lage in der Kutis geltend gemacht.

Werfen wir schließlich nach der Erörterung der Temperaturempfindungen, der Temperaturreize und der Temperaturorgane, wie in den analogen Fällen bei den anderen Sinnen, auch hier die Frage auf, wie die Sinnesorgane zwischen Empfindung und Reiz vermitteln, wie die **Erregung der Temperaturorgane** zustande kommt. Die Frage ist viel schwieriger zu beantworten, als es im ersten Moment scheint. Die Haut funktioniert nicht wie ein Thermometer, welches bei Überschreitung einer bestimmten Nullpunkttemperatur Wärme, bei Unterschreitung derselben Kälte anzeigt. Das lehrt schon die Tatsache, daß wir z. B. für gewöhnlich das unbedeckte Gesicht, die bedeckte Körperhaut und die Schleimhaut der Mundhöhle als gleich temperiert, und zwar „auf Null eingestellt" weder als warm noch als kalt empfinden, obwohl ihre Temperatur ganz verschieden ist. Aber nicht bloß verschiedene Stellen der Haut, sondern auch eine und dieselbe Stelle kann zu verschiedenen Zeiten ganz verschieden temperiert sein und doch die gleiche Empfindung auslösen. Steigt man z. B. in ein warmes Bad, so erscheint das Wasser im ersten Moment warm im Vergleich zu der bis dahin bestehenden Temperaturindifferenz, aber nach einiger Zeit ist der Zustand der Indifferenz von neuem erreicht, in welchem weder warm noch kalt empfunden wird, obwohl die Haut notorisch wärmer geworden ist. Besonders deutlich zeigt das folgender Versuch von E. H. WEBER: man tauche die linke Hand auf kurze Zeit in Wasser von etwa 10°, die rechte in Wasser von etwa 40°, darauf bringe man beide Hände zugleich in Wasser von 25—30°; dann wird dies Wasser der linken Hand anfänglich warm, der rechten anfänglich kühl vorkommen.

Die Haut kann sich also verschiedenen Temperaturen adaptieren, so daß sie als indifferent empfunden werden; diese *Adaptationsfähigkeit* geht bei den Fingern z. B. so weit, daß eventuell ebensowohl noch 11°, wie auch 39° als indifferent, weder warm noch kalt empfunden werden; am Handrücken liegt die *Indifferenzbreite* etwa zwischen 23 und 33° (THUNBERG).

Die *Stärke der Temperaturempfindung* hängt bei gleichem Temperaturreiz von einer Reihe von Umständen ab. Erstens ist der Ort der Reizung entscheidend; die Augenlider, die Wangen, die Seiten des Rumpfes sind durch große, die behaarte Kopfhaut und die Fußsohlen durch geringe Empfindlichkeit ausgezeichnet. Füllt man z. B. zwei dünnwandige Gläser mit Wasser von 25° und 35°, so fühlt man den Temperaturunterschied durch das Glas sehr leicht mit dem Augenlid oder der Wange, während man ihn schon mit den Fingerspitzen nicht mehr erkennt. Zweitens ist die Temperaturempfindung um so intensiver, je größer die gereizte Fläche ist; Wasser von 37° erscheint der ganzen Hand wärmer, als Wasser von 40° dem einzelnen Finger (E. H. WEBER). Drittens kommt es auf die Geschwindigkeit der Temperaturänderung an; daher erscheint ein Stück Metall von Zimmertemperatur kühler, als ein Stück Holz von der gleichen Temperatur, weil das erstere entsprechend seinem größeren Wärmeleitungsvermögen der Haut rascher Wärme entzieht als letzteres; und ebenso erscheint ein dickes Stück Metall wegen seiner größeren Wärmekapazität kühler als ein dünnes.

Nach all dem liegt der von WEBER gezogene Schluß nahe, daß Wärmeempfindung beim Steigen, Kälteempfindung beim Sinken der Hauttemperatur zustande kommt, und daß Indifferenz herrscht, wenn die Temperatur konstant ist; es käme also in ähnlicher Weise auf die Änderung der Temperatur an, wie in DU BOIS-REYMONDS Erregungsgesetz für den Nerven auf die Änderung der Stromdichte (s. S. 375). Wärmeempfindung könnte danach z. B. ebensowohl auf Wärmezufluß von einem berührten Gegenstand her beruhen, wie auf einer irgendwie erregten stärkeren Blutzufuhr zur Haut von dem warmen Körperinnern.

Mit dieser Annahme wird man jedoch nicht allen Beobachtungen gerecht. Drückt man z. B. ein kaltes Metallstück etwa 30″ gegen die Stirn und entfernt es darauf, so hat man noch einige Zeit nachher, etwa 20″ lang, eine deutliche Kältenachempfindung, obwohl die Temperatur in der gereizten Stelle nicht fällt, sondern steigt (E. H. WEBER). Nach GOLDSCHEIDER ist dies aber darauf zurückzuführen, daß die Erregung der Kälteorgane die Reizeinwirkung überdauert, ähnlich wie man die Nachbilder auf eine Persistenz der Netzhauterregung zurückführt. In der Tat ist ja die Kältenachempfindung an manchen Orten außerordentlich auffällig, z. B. nach einem Kältereiz an der Zunge oder an der Wangenschleimhaut, wo man die Kälte in der geschlossenen warmen Mundhöhle nachspürt.

Auch der **Drucksinn** löst wohl, wie der Wärme- und der Kältesinn nur e i n e Qualität von Empfindungen aus. Manche unterscheiden allerdings die *Druckempfindungen* von den *Berührungsempfindungen* auf Grund der Beobachtung, daß, wenn man einen Druck auf die Haut von null an allmählich steigert, sich der Charakter der Empfindung, nicht bloß ihre Intensität, zu ändern scheint; zu der bloßen anfänglichen Berührungsempfindung scheint sich eine besondere Druckempfindung erst hinzuzugesellen. Wir werden später darauf zurückkommen.

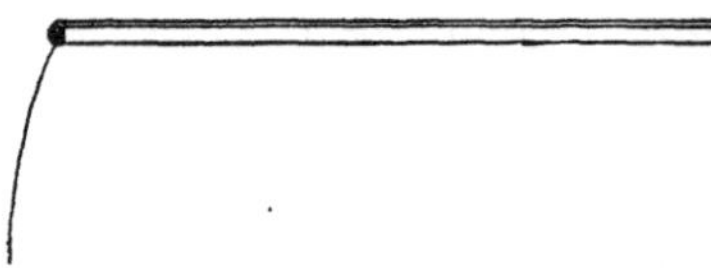

Abb. 294. Reizhaar. (Nach v. FREY.)

Druck spürt man auf der Haut, in Mund und Rachen, am Naseneingang, an der Analschleimhaut, an Muskeln, Sehnen und Faszien. Man bezieht den Druck auf ein drückendes Agens, objektiviert also erfahrungsgemäß die Empfindung.

Die genaue Untersuchung hat auch hier wieder gelehrt, daß der Sinn nicht diffus verbreitet, sondern in Sinnespunkten, sogenannten *Druck-* oder *Tastpunkten*, diskret auf der Haut verteilt ist, so daß mehr oder weniger druckempfindungsfreie Zonen die einzelnen Punkte voneinander trennen (BLIX). Die Druckpunkte findet man am leichtesten mit sogenannten *Reizhaaren* (v. FREY), Haaren, welche an Stäbchen senkrecht zu deren Richtung angekittet sind (Abb. 294). Man vermag damit einen Druck auszuüben, welcher um so größer ist, je stärker und je kürzer das Haar.

Man mißt diesen Druck auf folgende Weise: man bestimmt dasjenige in eine Wagschale gelegte Gewicht, das man durch Aufstemmen des Haares auf die andere Wagschale eben noch heben kann, und dividiert dies Gewicht durch den im Mikroskop festgestellten Querschnitt des Haares. Man kann so einen ganzen Satz von Reizhaaren mit verschiedenem Reizwert herstellen, der der Empfindlichkeit der einzelnen Hautpartien angepaßt ist.

Bei dieser punktförmigen oder kleinstflächigen Reizung der Haut ergibt sich, daß auf der *unbehaarten Haut* im Mittel 100 Druckpunkte auf 1 qcm kommen; auf der Volarseite des Handgelenks findet man 12 bis 41, am Daumenballen 111—135 pro qcm (v. FREY, KIESOW). Auf der *behaarten Haut*, welche weitaus den größten Teil, etwa 95 % der Körperbedeckung ausmacht, gehört im allgemeinen zu jedem Haar auch ein Druckpunkt, welcher meist an bestimmter Stelle gelegen ist, nämlich auf derjenigen Seite neben dem Haarschaft, wo dieser in schräger Richtung aus der Haut in s t u m p f e m Winkel heraustritt, d. h. also senkrecht über dem Haarbalg. Im Mittel kann man rechnen, daß auf der Haut auf

25 Druckpunkte 13 Kältepunkte und 1,5 Wärmepunkte kommen (s. Abb. 293).

Jeder Druckpunkt ist mit einem *Lokalzeichen* behaftet (LOTZE), d. h. die von ihm ausgehende Empfindung wird auf eine bestimmte Stelle der Haut bezogen, so daß man nachträglich angeben kann, welche Hautstelle gereizt wurde. Die Schärfe der Lokalisation ist aber verschieden groß, bei den Druckpunkten der behaarten Haut im allgemeinen geringer, als bei denen der unbehaarten Haut. Das Lokalzeichen ist im übrigen keine Sondereigenschaft der Druckpunkte, sondern kommt auch den Temperaturpunkten, den Punkten der Netzhaut und einigermaßen auch den Schmeckorten zu.

Ähnlich wie die Wärme- und Kältepunkte, so sind auch die Druckpunkte inadäquater Reizung zugänglich; wenigstens sprechen die Druckpunkte außer auf Druck auch auf einen elektrischen Reiz an.

Die nächste Frage ist nun, was die **Drucksinnesorgane** sind, deren Projektion die Druckpunkte repräsentieren. Geht man von dem Druckpunkt neben einem Haar senkrecht in die Tiefe, so stößt man in der Kutis auf einen *Nervenkranz*, welcher den Haarschaft umgibt (BONNET). Seine Anwesenheit macht die Sinnesfunktion der Haare in ausgezeichneter Weise verständlich. Man spürt ja jedes leise Streichen über die Haare hinweg; dabei werden die Hebelbewegungen an dem langen, aus der Epidermis herausragenden Haar auf den kurzen Hebelarm des in die Kutis eingepflanzten Haarschaftes übertragen und bewirken kräftige Zerrungen an dem Nervenkranz. Dies ist offenbar die eigentliche Funktion der Nervenkränze, weniger die Perzeption des Druckes, welcher von dem neben dem Haar gelegenen Druckpunkt aus ausgeübt wird. An der unbehaarten Haut, d. h. an den eigentlichen Tastflächen, wie vor allem den Handtellern, sind es nach v. FREY die MEISSNER*schen Tastkörperchen*, welche als Drucksinnesorgane zu gelten haben; denn sie allein kommen in genügend großer, der Zahl der Druckpunkte entsprechender Menge vor.

Vorher war auch von der Unterscheidung von *Berührungs- und Druckempfindungen* die Rede. Namentlich klinische Beobachtungen werden für diese Unterscheidung angeführt; denn es kommen Fälle vor, in denen bloß die oberflächlichen Berührungen perzipiert, dagegen starke Drucke nicht als etwas Besonderes empfunden werden, wie auch umgekehrt von anderen Patienten bloß die starken Drucke und nicht die flüchtigen Berührungen wahrgenommen werden (STRÜMPELL). Es wird auch angegeben, daß die Berührungsempfindlichkeit für sich allein durch Durchschneidung von Hautnerven zum Verschwinden zu bringen sei. Danach ist vielleicht anzunehmen, daß die Druckempfindung, mindestens zum Teil, durch Druck auf die in der Tiefe gelegenen Muskeln, Sehnen oder Faszien ausgelöst wird. Als Sinnesorgane werden die VATER-PACINI*schen Körperchen* angesehen, welche sich besonders in diesen Organen vorfinden.

Die kleinstflächige Reizung der Haut mit den Reizhaaren, wie sie zur Auffindung der Druckpunkte notwendig ist, ist eine ungewöhnliche Art der Druckerzeugung. Im allgemeinen werden Druckempfindungen durch Berührung mit größeren Flächen verursacht. Stellt man nun die Schwellenwerte des Druckes bei verschiedener Flächengröße fest, so stößt man auf Beobachtungen, welche zu einer Vorstellung über die **Natur der Erregung des Drucksinnes** führen. Druckempfindung kommt nämlich nicht einfach dann zustande, wenn an einer Stelle ein bestimmter Druck überschritten wird, sondern es zeigt sich, daß bei einer Reizfläche von etwa 0,5 qmm der aufzuwendende Druck ein Minimum hat, daß also die Druckschwelle sowohl bei der Verkleinerung, wie bei der Vergrößerung dieser Angriffsfläche steigt (v. FREY, KIESOW). Daß eine großflächige

Reizung weniger wirksam ist, lehrt besonders deutlich der sogenannte
*Meissner*sche *Versuch*: taucht man den Arm in körperwarmes Quecksilber, so spürt die Hand trotz des beträchtlichen auf ihrer Haut lastenden
hydrostatischen Druck nichts; nur in dem ringförmigen Bezirk, wo der
Arm aus dem Quecksilber heraustaucht, kommt eine ringförmige Druckempfindung zustande. Dieser Erscheinung hat v. FREY folgende Deutung
gegeben: *Druckempfindung entsteht dann, wenn die Drucksinnesorgane
in ein Druckgefälle zu liegen kommen; dafür ist eine Deformation der Haut
die Voraussetzung.* Beim MEISSNERschen Versuch kann nur dort, wo die
Haut aus dem Quecksilber herausragt, eine Deformation durch Verdrängung von Gewebsflüssigkeit zustande kommen, im übrigen
verhält sich der Arm als inkompressibel. Wie größtflächige Drucke, so
sind aber auch die kleinstflächigen wenig oder gar nicht wirksam, weil
bei punktförmiger Ausübung des Druckes die Deformation der Haut nicht
über die Epidermis hinaus in die Kutis hineinreicht, in welcher die Tastkörperchen liegen.

Dieselbe v. FREYsche Deutung erklärt auch gut die *Drucknachempfindungen*,
wie man sie z. B. erhält, wenn man eine Münze gegen die Stirnhaut preßt und sie
dann abhebt; der Druck verursacht eben eine nachhaltige Deformation durch
Verschiebung von Gewebswasser.

Auch die *Geschwindigkeit*, mit welcher der Druck auf die Haut ausgeübt wird,
ist für die Erregung von Bedeutung; je größer die Deformationsgeschwindigkeit ist,
desto niedriger liegt der Schwellenwert des Druckes.

Man könnte nun vielleicht erwarten, daß, wenn die Haut mit einer
größeren Fläche gedrückt wird, man jeden einzelnen Druckpunkt für sich
fühlen sollte, während man doch in Wirklichkeit die Fläche als ein Kontinuum wahrnimmt. Diese Feststellung führt zu der Frage, *was geschieht,
wenn zwei nahe benachbarte Hautstellen zu gleicher Zeit gedrückt werden.*
Es zeigt sich, daß durchaus nicht bei jedem beliebigen Abstand zwei Reize
zwei Empfindungen geben, sondern daß unterhalb einer bestimmten Distanz, welche je nach der Hautstelle verschieden groß ist, die zwei Empfindungen zu einer verschmelzen. E. H. WEBER fand (1834) beim gleichzeitigen Aufsetzen zweier Zirkelspitzen folgende Schwellenwerte:

Zungenspitze	1	mm	Handrücken	31,6	mm
Fingerkuppe	2	„	Kniescheibe	36,1	„
Lippenrot	4,5	„	Vorderarm, Unterschenkel	40,6	„
Nasenspitze	6,8	„	Brustbein	45,1	„
Metakarpus des Daumens	9	„	Oberarm	60	„
Wange	11,3	„	Mittlerer Nacken	67,7	„
Vord. Jochbeingegend	15,8	„	Mittlerer Rücken	67,7	„

Den Bezirk, innerhalb dessen die von den zwei Zirkelspitzen ausgelösten Erregungen zu einer einzigen Empfindung verschmelzen, bezeichnete WEBER als einen *Empfindungskreis*. Die angegebenen Werte
werden wohl auch **Raumschwellen** oder **Simultanschwellen** genannt.

Die Tabelle lehrt, daß der „Ortssinn" der Haut, d. h. die Unterschiedsempfindlichkeit für die örtlich verschiedenen Reize außerordentlich variiert.
An der Zungenspitze erfolgt die Verschmelzung der zwei Reize erst diesseits 1 mm, auf dem Rücken schon diesseits 6,8 cm. Es fragt sich, wie man
die Erscheinung erklären soll. VIERORDT hat darauf aufmerksam gemacht,
daß im allgemeinen *die Raumschwelle eine Funktion der Beweglichkeit* der
gereizten Stelle ist; je mehr eine Hautstelle bewegt wird und dadurch Gelegenheit erhält, mit den Objekten der Umgebung in Berührung zu kommen,
um so kleiner sind ihre Empfindungskreise. Ferner zeigt sich, daß durch

Übung die Empfindungskreise kleiner werden, und daß die Übung an einer Stelle die Empfindungskreise an einer symmetrischen Körperstelle mit verkleinert. Dagegen werden die Schwellenwerte durch körperliche und geistige *Ermüdung* vergrößert (GRIESBACH). Diese verschiedenen Beobachtungen lehren schon, daß für die Größe der Empfindungskreise offenbar nicht, so wie es WEBER ursprünglich annahm, die Verbreitung der Hautnerven verantwortlich ist, daß nicht ein Empfindungskreis der Ausbreitung einer die Druckempfindung vermittelnden Nervenfaser entspricht. Gegen solch eine anatomische Deutung spräche auch, daß die Dichte der Druckpunkte keineswegs im umgekehrten Verhältnis zu der Größe der Empfindungskreise steht. Vielmehr kommt es offenbar auf kompliziertere zentralnervöse bzw. psychische Momente an. Die verschiedene Feinheit des Ortssinnes an verschiedenen Stellen der Körperoberfläche ist vielleicht vergleichbar mit der verschiedenen Sehschärfe der einzelnen Netzhautpartien; diejenige Stelle der Netzhaut, die wir am meisten zum Sehen gebrauchen, der Bezirk um die Fovea centralis, hat auch die größte Sehschärfe, d. h. mit ihr vermögen wir zwei leuchtende Punkte in geringerer Distanz voneinander zu unterscheiden, als mit irgendeiner anderen Stelle.

Von der Größe der Empfindungskreise hängt auch unser Urteil über den Abstand zweier gedrückter Punkte, also sozusagen unser taktiles Augenmaß ab. Setzt man z. B. zwei Zirkelspitzen vor dem Ohr auf und führt sie in der Richtung zum Mundwinkel, also in der Richtung nach kleineren Empfindungskreisen, so scheinen sie auseinanderzuweichen.

Abweichend vom Drucksinn verhält sich hinsichtlich der Simultanschwellen der Wärmesinn. Nach REIN und STRUGHOLD können zwei Wärmepunkte nicht voneinander unterschieden werden, wenn sie innerhalb eines und desselben Hautsegments (S. 408) gelegen sind. So kommt es, daß z. B. auf der Streckseite des Oberschenkels mit seinen langen Segmenten (s. Abb. 156) Raumschwellenwerte bis zu 28 cm gefunden werden. Eine sichere Unterscheidung zweier erwärmter Punkte ist erst möglich, wenn ·die beiden Punkte in zwei Segmenten liegen, die durch ein drittes ungereiztes voneinander getrennt sind. Nicht einmal bei Sukzessivreizung können zwei Wärmepunkte voneinander unterschieden werden, wenn sie einem und demselben Segment angehören. Ähnlich wie der Wärme- verhält sich auch der Kältesinn.

Ganz anders ist die Unterschiedsempfindlichkeit der Haut, wenn wir nicht simultan, sondern kurz nacheinander (am besten in einem Intervall von 1″) die zwei Druckreize ausüben und die kleinste Distanz aufsuchen, bei welcher die beiden Reize eben als örtlich verschieden aufgefaßt werden. Es zeigt sich nämlich, daß die so gefundenen **Sukzessivschwellen** (v. FREY) viel kleiner sind als die Simultanschwellen, und daß im allgemeinen *die Sukzessivschwelle gleich dem Abstand zweier Druckpunkte* ist. Bei der Minimaldistanz, in welcher zwei Hautpunkte voneinander unterschieden werden, kann man aber nur aussagen, daß eben zwei verschiedene Punkte gereizt wurden; will man auch über die Richtung des einen im Verhältnis zum anderen aussagen, so muß die Distanz ungefähr verdoppelt werden; die **Richtungsschwellen** sind also größer als die einfachen Sukzessivschwellen (v. FREY und METZNER).

Aus all dem folgt — wie schon in der Einleitung zu diesem Kapitel bemerkt wurde —, daß der Drucksinn zahlreiche Elemente zum Aufbau unserer Raumvorstellung beiträgt, darin allein dem Auge vergleichbar. Wir fanden, daß er den Eindruck der Örtlichkeit, der Distanz zweier Reize, der bestimmten Richtung und des Flächenhaften vermittelt. Wir erfahren dadurch zugleich, daß der Drucksinn eines Hautbezirks viel mehr für die Beurteilung der Form eines drückenden Objekts zu leisten vermag, wenn die einzelnen Druckpunkte nacheinander als wenn sie gleich-

38*

zeitig beansprucht werden. Man kann sich dies leicht klarmachen, wenn man sich einmal einen Buchstaben mit einem Stäbchen auf die Haut schreiben läßt und ein anderes Mal die Kontur des ganzen, gleich großen Buchstaben in Form einer Letter auf die gleiche Hautstelle gedrückt bekommt; nur im ersten Fall wird es keinerlei Schwierigkeit machen, den Buchstaben zu „lesen". Noch erheblichere Beiträge für die Vorstellung vom Raum liefert der Drucksinn in Kombination mit anderen Sinnen, welche namentlich durch Bewegungen unseres Körpers, insbesondere der Arme als der beweglichen Träger der tastenden und greifenden Hände betätigt werden; dadurch werden „Bewegungsempfindungen", „Widerstandsempfindungen", „Schwereempfindungen" u. a. wachgerufen, welche die Vorstellungen des Großen und Kleinen, des Bewegten und Ruhenden, des Harten und Weichen, des Schweren und Leichten, des Spitzen und Stumpfen und dergleichen mitbedingen. Immerhin hat die auf diese Weise zu erwerbende Tastraumauffassung nicht den gleichen Grad von Bestimmtheit, wie die Raumauffassung mit dem Binokularapparat; man vergegenwärtige sich etwa die Vorstellung von dem bloß getasteten Raum der eigenen Kleidertasche! Die Unvollkommenheit ist hier wohl zum guten Teil dadurch verursacht, daß die Vorstellung sich aus zeitlich geordneten und nicht wie beim Sehen aus gleichzeitig vorhandenen Einzelbestandteilen aufbaut. Die höchste Eindruckskraft kommt freilich den Objekten im Raum zu, die zugleich gesehen und „begriffen" werden (PETERSEN). — Auf einen Teil dieser Sinnesleistungen werden wir noch im folgenden Kapitel zu sprechen kommen; von einer erschöpfenden Analyse des Tastraums kann aber hier nicht annähernd die Rede sein, ebensowenig wie früher die Analyse des optischen Raums über ihre Anfänge hinausgehen konnte.

Wenden wir uns nun dem **Schmerzsinn** zu! Er beansprucht in mancher Hinsicht unser besonderes Interesse. Denn wir haben es erstens mit einem Sinn zu tun, welcher in unserem Körper besonders weit verbreitet ist; nicht bloß die Haut kann uns Schmerzen bereiten, sondern auch zahlreiche andere Organe. Zweitens ist der Schmerz so wie keine andere Empfindung mit dem intensiven Gefühl der Unlust, des Unangenehmen assoziiert; zwar gibt es auch manche widerwärtige Gerüche und Geschmacke, welche durch die gleiche Gefühlsbetonung ausgezeichnet sind, es gibt gewisse Tonkombinationen, Disharmonien, welche Unlust erregen, aber fast jede Art von Schmerz ist von einem starken Unlustgefühl begleitet. Hiermit hängt wohl auch zusammen, daß der Schmerz nicht objektiviert, sondern auf das fühlende Subjekt bezogen wird; der Stachel ist nicht schmerzend, sondern der Stachel tut mir weh. Und hierin liegt das wesentlichste Moment für die große biologische Bedeutung des Schmerzes; denn die Reaktionen der Tiere bestehen, vom psychologischen Standpunkt aus betrachtet, im allgemeinen darin, Lust zu suchen und Unlust zu meiden, vom physiologischen Standpunkt aus darin, zerstörenden Reizen — und das sind fast immer die Schmerz verursachenden Reize — aus dem Wege zu gehen, und auch für den Arzt ist es eine der Hauptaufgaben, seine Mitmenschen, die von Schmerzen gepeinigt werden, von diesen zu befreien, indem sie die Ursache zu beseitigen versuchen.

Sehen wir nun genauer zu, was alles uns schmerzen kann. Krankhafte Zustände lehren, daß außer der Haut auch Magen, Darm und Peritoneum, Leber, Niere und Genitalorgane, die Meningen, Knochenhöhlen, Zahnalveolen, Muskeln, Gefäße, Auge und Ohr und andere Organe lebhafte, gelegentlich fast unerträgliche Schmerzen bereiten können. In merkwürdigem Gegensatz zu diesen Erfahrungen stehen die Angaben vieler Chirurgen, die namentlich seit Einführung der Lokalanästhesie sich gehäuft haben, daß die Operationen an **inneren Organen** sich ohne jede Schmerzäußerung von seiten der Patienten vornehmen lassen. Auch das Tierexperiment unterstreicht anscheinend diesen Widerspruch; denn wenn man z. B. bei einem Kaninchen die Erregbarkeit sogar noch durch Strychninisierung derart steigert, daß schon eine leichte Berührung der Haut allgemeine Krämpfe auslöst, so bleibt doch das Tier vollkommen ruhig, wenn man die freigelegten Eingeweide wie Magen, Darm, Leber oder Lunge berührt, schneidet oder sticht (KREIDL und SANO).

Danach kann man auf die Vermutung kommen, daß krankhafter Zustand der Organe den Unterschied in ihrer Reaktion bedingt, und darin liegt wohl auch, wenigstens teilweise, der Schlüssel zum Verständnis der verschiedenen Beobachtungen. Nämlich in der Krankheit wirken auf die Organe meistens Reize, welche mit Berührungs- oder Schnittreizen nicht vergleichbar sind, wie z. B. chemische Reize, Reize durch mangelhafte Durchblutung, durch Quetschung oder Zermalmung. In der Tat kann man bei Fröschen und Kaninchen durch Essigsäure von Herz, Magen und Darm aus Reaktionsbewegungen hervorrufen (KREIDL und SANO), während beispielsweise die Unempfindlichkeit des Herzens gegen Schnitte oft konstatiert wurde. Ferner löst Bariumchlorid heftige spastische Zusammenziehungen von Magen und Darm aus, die von Schmerzen begleitet sind, und ebenso bewirkt die intraarterielle Injektion von Bariumchlorid Schmerzäußerungen (FRÖHLICH und H. H. MEYER). Auch durch Quetschen des Darms zwischen den Fingern oder durch Dehnen und Aufblähen sind Schmerzäußerungen hervorgerufen, während andere Organe, wie die Nieren oder die Milz, dabei nicht zu schmerzen scheinen. Der Mensch verhält sich dem analog. Eine Punktion oder ein Schnitt in die Hirnrinde geschieht reaktionslos, während ihre chemische Alteration durch das im Rausch oder beim Versagen der Nieren veränderte Blut oder während des Gefäßkrampfs der Migräne heftiges Kopfweh verursacht; das Anstoßen der Schlundsonde gegen die Magenwand, das Einbohren eines spitzen Knochenstücks oder einer Gräte in die Darmwand bleibt unbemerkt, dagegen sind zirkulationsstörende Spasmen, die Bildung eines Geschwürs oder Hungerkontraktionen oft äußerst schmerzhaft.

Die Versorgung mit sensiblen Nervenfasern geschieht vor allem vom N. splanchnicus aus (s. dazu S. 474); denn wenn man diesen zuvor durchschneidet oder beim Menschen ihn durch Einstich einer Kanüle neben der Wirbelsäule unterhalb der 12. Rippe und Injektion von Novokain anästhesiert (KAPPIS), so schwindet die Schmerzhaftigkeit und bleibt nur in den unteren Darmabschnitten, in der Flexur und im Rektum erhalten, welche nicht vom N. splanchnicus versorgt werden. Auch von der Lunge aus sind durch Kneifen mit einer Pinzette, durch Brennen oder Betupfen mit Essigsäure beim Frosch Reaktionen auszulösen, die nicht mehr erfolgen, wenn man zuvor die N. vagi durchschneidet (A. NEUMANN).

Zum Teil beruht der Gegensatz zwischen den Angaben der Chirurgen und den landläufigen Erfahrungen über die Schmerzhaftigkeit der inneren Organe aber wohl noch auf etwas anderem (LENNANDER): während nämlich das Peritoneum viscerale ebenso wie die Pleura pulmonalis gegen Stich, Schnitt oder elektrische Schläge unempfindlich sind, sind das Peritoneum parietale und die Pleura costalis in der gewöhnlichen Weise, so etwa wie die Haut, schmerzhaft. Der Unterschied hängt jedenfalls damit zusammen, daß die ersteren von sympathischen und parasympathischen, die letzteren von zerebrospinalen Nervenfasern versorgt werden. LENNANDER hält nun dafür, daß die Schmerzen der inneren Organe häufig nur scheinbar von diesen selbst ausgehen, daß vielmehr durch krampfhafte Dauerkontraktionen, durch Zerrung bei Bestehen von Verwachsungen, durch infektiöse Stoffe, welche von den Organen abgegeben werden, und ähnliches die zerebrospinalen Fasern gereizt werden. Wie weit dies im allgemeinen in Betracht kommt, ist schwer zu sagen; die Hauptsache ist wohl die nachweislich vorhandene, nur eben an bestimmte adäquate Reize gebundene direkte Schmerzhaftigkeit der Organe.

Charakteristisch für die viszeralen Schmerzen ist ihre unsichere oder wenigstens *unscharfe, zum Teil sogar verkehrte Lokalisation* (MACKENZIE, HEAD). Ein typisches Beispiel für die letztere ist die Erfahrung, daß eine Affektion im Zwerchfell Schmerzen in der gleichseitigen Hals- und Schultergegend verursacht. Dies hängt damit zusammen, daß die sensiblen Nerven, welche die drei Orte versorgen, alle dem 4. und 5. Zervikalsegment des Rückenmarks angehören; man stellt sich demgemäß vor, daß die von dem erkrankten Zwerchfell aus ins Rückenmark einstrahlenden heftigen Erregungen sympathischer Nervenfasern auf die übrigen rezeptorischen Leitungen dieses Segments übergreifen und deren Erregbarkeit steigern (s. dazu S. 473). Die Klinik kennt zahlreiche ähnliche Beobachtungen.

Ferner ist typisch für die viszeralen Nerven, daß ihre Reizung mit bestimmten *Gefühlen größter Unlust* einhergeht, Bauchschmerzen mit dem Gefühl der Ohnmacht und der Übelkeit, Brustschmerzen mit Gefühlen von Angst und Todesfurcht; die die Gefühle auslösenden Erregungen greifen ferner auf effektorische viszerale Bahnen über und rufen Erblassen, Schweißausbruch, Pupillenerweiterung, Nachlassen der Sphinkteren von Blase und Rektum hervor (s. Kap. 26).

Am genauesten untersucht ist der **Schmerzsinn der Haut.** Er vermittelt Empfindungen, welche anscheinend nicht bloß intensiv, sondern auch qualitativ verschieden sind. THUNBERG unterscheidet vor allem den *stechenden* und den *dumpfen Schmerz.* Ersterer wird etwa durch Schneiden, durch Stechen oder Kneifen der Haut mit dem Fingernagel ausgelöst, letzterer dann, wenn man eine größere Hautfalte aufhebt und diese zwischen den Fingern quetscht. Der dumpfe Schmerz wird mehr auf die Tiefe, der stechende auf die Oberfläche bezogen.

Die *Reize*, welche den Schmerz in der Haut auslösen, sind überaus mannigfaltig; Druck, Wärme, Kälte, elektrische Ströme und Chemikalien sind oberhalb einer gewissen Reizgröße gleich wirksam.

Bei Erkrankungen der Haut wird dem chemischen Reiz wohl eine besondere Bedeutung zukommen, insbesondere der sauren Reaktion, welche sich bei entzündlichen Prozessen einstellt. v. GAZA und BRANDI haben nachgewiesen, daß, wenn man isotonische gepufferte Lösungen von wechselndem p_H in die Cutis injiziert, Schmerz erst auftritt, wenn der p_H-Wert unter 7.2 sinkt, und daß bei p_H 5,8 der Schmerz unerträglich wird, während schwach alkalische Lösungen (p_H 8) geeignet sind, entzündliche Schmerzen zu beseitigen.

Aus der Verschiedenartigkeit der wirksamen Reize folgt jedoch nicht, daß Schmerz nichts weiter ist als gesteigerter Druck oder gesteigerte Kälte oder gesteigerte Wärme; vielmehr ist er wohl eine *Empfindung sui generis, welche an besondere Sinnesorgane gebunden ist* (v. FREY). Darauf verweist eine ganze Reihe von Beobachtungen, welche zum Teil schon früher (s. S. 589) angeführt wurden. Erstens kann die Schmerzhaftigkeit für sich fehlen, während die anderen Hautsinne erhalten sind; man spricht dann von *Analgesie*. Die Analgesie beobachtet man z. B. bei nicht zu tiefer Narkose; man fühlt dann eventuell die Durchtrennung der Haut mit einem Messer, aber nur als Druck, nicht als schmerzhaft. Analgesie ist ferner ein Symptom der seltenen Syringomyelie, dieser mit Höhlenbildung im Rückenmark einhergehenden Erkrankung, bei welcher die Berührungsempfindlichkeit intakt bleiben kann (s. S. 416). Analgesie zeichnet auch bestimmte Stellen der normalen Wangenschleimhaut aus (KIESOW).

Zweitens wird die Besonderheit des Schmerzsinnes durch die einfache Beobachtung bewiesen, daß, wenn man die Haut möglichst kleinflächig, also z. B. mit einer Nadelspitze reizt, oft primär, d. h. ohne Voraufgehen anderer, insbesondere Druckempfindungen Schmerz auftritt. Auch mit einem Brennglas, das ein kleines Sonnenbildchen auf die Haut wirft, kann man primär Schmerz erzeugen. Charakteristisch ist dabei, daß der Empfindung ein auffallend langes Latenzstadium vorausgeht. Mit davon hängt es ab, daß der Schmerz bei Steigerung der Reizintensität aus dem Druck, der Wärme oder der Kälte direkt hervorzugehen scheint. Denn wenn man statt mit einer so kleinen Fläche, wie einer Nadelspitze, deren Reizwert zur Erregung des Drucksinnes sehr gering ist (s. S. 594), mit einer etwas größeren Fläche die Haut in steigendem Maße drückt, so kommt zu der anfänglichen Druckempfindung nachträglich, eben entsprechend der größeren Latenzzeit, die Schmerzempfindung hinzu. Dabei ist weiter von Bedeutung, daß, wenn die Haut mit einer einige Quadratmillimeter großen Fläche gedrückt wird, der Schwellenwert für die Schmerzempfindung etwa tausendmal so hoch liegt, als der für die Druckempfindung (v. FREY).

Drittens sind die Wärme- und Kältepunkte, wenn man in sie hineinsticht, analgetisch. Dagegen gibt es nach v. FREY eigene *Schmerzpunkte*, welche sich von den übrigen Sinnespunkten der Haut sondern lassen. Sie sind allerdings schwer nachzuweisen, weil sie sehr dicht stehen; sie werden darum von manchen bestritten.

Endlich gibt es Orte, die weder druck-, noch wärme-, noch kälteempfindlich sind, dagegen Schmerzempfindungen auslösen. Ein solcher Ort ist z. B. die hintere Rachenwand, wie die Schemata der Abb. 295 (nach SCHRIEVER und STRUGHOLD) erkennen lassen, in denen die Verbreitung von Druck-, Schmerz-, Kälte- und Wärmesinn auf Gau-

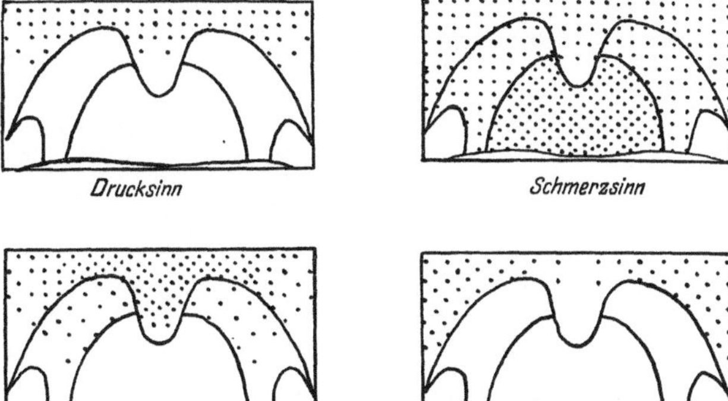

Abb. 295. Verbreitung von Druck-, Schmerz-, Kälte- und Wärmesinn auf der Rachenschleimhaut. (Nach SCHRIEVER und STRUGHOLD.) Die Dichte der Punktierung entspricht der Empfindlichkeit.

men, Uvula, Gaumenbögen, Tonsillen und Rachenwand dargestellt ist. Diese Schemata enthalten abermals den Beweis, daß die vier genannten Sinne voneinander unabhängig existieren; am verbreitetsten ist in der

untersuchten Gegend der Schmerzsinn, der Kältesinn reicht nicht über
die hinteren Gaumenbögen hinaus, Druck- und Wärmesinn reichen noch
weniger weit rückwärts.

Die Feststellung, daß der Schmerzsinn ein Sinn für sich ist, stellt
uns nun wiederum vor die Aufgabe, einem der vielen verschiedenartigen
Hautsinnesorgane die Schmerzfunktion zu vindizieren. v. FREY vertritt
die Ansicht, daß *wahrscheinlich in den freien Nervenendigungen der Haut
oder vielmehr in den Epithelzellen, in die die Nervenendigungen eindringen,
Schmerzsinnesorgane zu erblicken sind.* Diese liegen nämlich oberflächlicher als irgendein anderes Hautsinnesorgan, im Stratum germinativum
der Epidermis; für eine besonders oberflächliche Lage der Schmerzorgane
sprechen aber mehrere physiologische Gründe: die kleinstflächigen Drucke,
welche man mit einer Nadel ausübt, und welche primär Schmerz erzeugen,
erstrecken ihre Wirkung nicht über die Epidermis hinaus, erzeugen daher
keine Druckempfindung; chemische Reizung, z. B. die Ätzung mit einer
Säure, erzeugt primär Schmerzempfindung, und lähmt man die Hautsinne
von der Oberfläche aus mit Kokain, mit Phenol oder auch durch Kälte,
so wird zuerst der Schmerz ausgeschaltet (v. FREY). In die gleiche Richtung deutet der Hinweis von v. FREY, daß die Mitte der Kornea, welche
nur schmerzempfindlich ist, auch nur freie Nervenendigungen als einzige
Sinnesorgane enthält.

35. Kapitel.

Lage- und Bewegungssinne.

Die Perzeption der Lage und Bewegung einzelner Körperteile 601. Die Perzeption der Lage und Bewegung des ganzen Körpers 603. Drehschwindel und galvanischer Schwindel 604. Die Erhaltung des Gleichgewichts durch die Massenverteilung im Körper 606. Labyrinthexstirpationen zum Nachweis des statischen Sinns 607. Die Bogengangsfunktion 611. Sacculus und Utriculus 614.

In diesem letzten Kapitel der Sinnesphysiologie handelt es sich um die Funktion von Organen, welche dem Zentralnervensystem weniger von der Außenwelt Kenntnis geben als von Zuständen und Vorgängen an unserem eigenen Körper; wir können also von propriozeptiven Erregungen (s. S. 392) sprechen, welche sie vermitteln, und sie darum dem Schmerzsinn, dem Kälte- und dem Wärmesinn an die Seite stellen, soweit diese gleichfalls auf innerliche Veränderungen hin ansprechen. Eigenartig ist, daß manche dieser Sinnesorgane nur höchst undeutliche Empfindungen verursachen, ja teilweise sogar gar keine, so daß wir dann ihre Bedeutung nur an den motorischen Effekten ihrer Erregung erkennen können.

Als Organe des Lage- und Bewegungssinnes werden die Organe bezeichnet, weil sie *die Lage des Körpers im Raum, seine Haltung, seine passiven und aktiven Bewegungen sowie die Bewegungen seiner einzelnen Teile gegeneinander perzipieren.* Die Analyse der dabei ausgelösten Erregungen lehrt, daß meist mehrere Sinnesorgane zugleich in Aktion treten.

Beginnen wir mit der **Perzeption der Lage und Bewegung einzelner Körperteile,** insbesondere der Gliedmaßen! Wie man sich jederzeit überzeugen kann, bedarf es nicht erst des Hinsehens, um zu wissen, welche Haltung etwa Arme und Beine oder auch die einzelnen Finger einnehmen. Schwieriger ist es schon, die Stellung der Zunge zu beurteilen, wenigstens solange sie nirgends die Wandung der Mundhöhle berührt, und noch weit unvollkommener sind wir über die Lage des weichen Gaumens oder gar des Kehlkopfes unterrichtet, die wir für gewöhnlich sogar überhaupt nicht empfinden. Verharren die Gliedmaßen längere Zeit in vollkommener Ruhe, so fällt auch bei ihnen die Orientierung schwer; jede Bewegung verdeutlicht sofort das Bild, das wir uns von ihrer Haltung machen.

Daß für diese Leistungen besondere, in den einzelnen Körperteilen gelegene Sinnesorgane verantwortlich zu machen sind, zeigen die seltenen klinischen Fälle, in denen bei Erhaltensein der Motilität ausschließlich die Sensibilität aufgehoben ist. So beschrieb STRÜMPELL einen Patienten, welcher infolge eines Stichs in das Halsmark, offenbar in dessen rechte dorsale Partie, die gesamte Empfindlichkeit des rechten Armes eingebüßt hatte; der Patient wußte, wenn er nicht hinsah, nichts von diesem Arm; wenn er ihn aber unter Führung der Augen in eine bestimmte Haltung, sagen wir in eine Streckstellung im Ellbogen und in den Fingergelenken gebracht hatte und alsdann die Augen schloß, so verlor sich die Streckstellung allmählich, ohne daß es dem Patienten zum Bewußtsein kam. Auch auf experimentellem Wege ist die Bedeutung der Sensibilität für die Einnahme einer bestimmten Haltung und für die Ausführung von Bewegungen nachgewiesen; so ist hier an die früher beschriebenen Folgen der Durchschneidung der hinteren Wurzeln zu erinnern, welche in Tonusverlust, schweren Koordinationsstörungen und Ataxie zum Ausdruck kommen (s. S. 402 u. 416), und welche als Folgen eines Mangels der sensiblen Kontrolle der Muskeltätigkeit aufgefaßt wurden.

Als Organ des Lage- und Bewegungssinnes für die einzelnen Körperteile ist in erster Linie die Haut anzusehen. Bei Einnahme starker Beuge- und Streckstellungen spürt man ja unmittelbar den Druck auf der Beuge-, den Zug auf der Streckseite, es ist also der Drucksinn der Haut, welcher dann in Aktion tritt. Auch die Reibung der sich verschiebenden Kleider läßt die Bewegungen durch die Haut perzipieren. Doch da die Lage- und Bewegungsempfindungen für gewöhnlich nur undeutlich sind, sich insbesondere auch schlecht lokalisieren lassen, so bedarf es entschiedenerer Beweise für die Bedeutung des Hautsinns. v. FREY und O. B. MEYER haben den kleinsten Winkel aufgesucht, über den hinaus eine passive Drehung im Ellbogengelenk vorgenommen werden muß, damit die Drehrichtung eben erkannt wird; sie fanden den Schwellenwert bei etwa 1′. Dieser Schwellenwert wird nun um das Mehrfache seines Normalwertes erhöht, wenn die Haut unterhalb oder auch in der Umgebung des Gelenks mit Wechselströmen gereizt und dadurch in ihren Angaben gestört wird, oder wenn man an denselben Partien die Haut mit Kokain anästhesiert. Bei Kokainisierung der Haut des ganzen Unterarms konstatierte v. FREY an sich selber, daß er unfähig war, ohne Kontrolle der Augen die Gabel in den Mund zu führen oder eine Schüssel wagerecht zu halten, und der Finger, der das Auge berühren sollte, geriet weit daneben. Andererseits werden freilich auch Fälle von Hautanästhesie, z. B. bei Syringomyelie, beschrieben, in denen die Koordination der Bewegungen wenig an Präzision eingebüßt hatte.

Dies deutet schon darauf hin, daß außer der Hautempfindlichkeit zur Beurteilung der Lage und der Bewegung auch die „*Tiefensensibilität*" verwertet wird. Von einer solchen können wir auf Grund unserer früheren Erfahrungen über die Tiefenreflexe sprechen (s. S. 392). Die *Sehnen*- und *Periostreflexe* werden ja durch plötzliche Spannung von Muskeln ausgelöst, und daß die *Muskeln*, indem sie sich anspannen, die eigenen in ihnen enthaltenen sensiblen Endorgane erregen, beweist etwa SHERRINGTONS Experiment der Antagonistenhemmung durch bloßen Druck auf den „Agonisten" (s. S. 406 auch S. 381).

Eine Zeit lang wurde für die Beurteilung von Bewegungen die *Gelenksensibilität* besonders in den Vordergrund gerückt, wesentlich wegen der Vergröberung der Beurteilung bei Elektrisierung der Gelenke. Aber wie die Kokainversuche von v. FREY lehren, kommt es weniger auf die Gelenke als auf die Haut in deren Umgebung an. Zudem haben STRÜMPELL und v. FREY an geeigneten chirurgischen Fällen festgestellt, daß auch dann, wenn durch Resektion die Gelenkenden vollständig entfernt sind, die passiven Bewegungen mit der gleichen Feinheit abgeschätzt werden können, wie unter normalen Verhältnissen, solange die Haut über dem Gelenk ihre volle Empfindlichkeit besitzt, und zwar zu einem Zeitpunkt nach der Operation, wo von einer Wiederherstellung der Gelenksensibilität durch Auswachsen von Nervenfasern noch nicht die Rede sein kann. Gegen die Bedeutung eines Gelenksinnes kann man auch geltend machen, daß selbst bei den Gehbewegungen, die in Knie- und Hüftgelenk sehr große Schwankungen in der Belastung der Gelenkflächen hervorrufen, keinerlei von den Gelenken ausgehende Sensationen festzustellen sind.

Wie weit nun aber Rezeptionen, die durch Spannung der Sehnen, Faszien und Muskeln ausgelöst werden, bei der Beurteilung der Lage und Bewegung wirklich mitspielen, ist nicht leicht abzuschätzen. Bei extremen Beuge- und Streckstellungen, etwa im Hüft- oder Kniegelenk oder in den Fingern, sind die entsprechenden Zerrungen der Gelenkbänder und Faszien anscheinend zu spüren; zweifellos spürt man auch die s t ä r k e r e kraftvolle Muskelanspannung im Muskel selbst, ebenso wie man die Spannung fühlt, wenn nach Anästhesierung der Haut die darunter liegenden Muskeln durch einen faradischen Strom erregt werden (v. FREY). Aber unter gewöhnlichen Bedingungen kommen deutliche und lokalisierbare Empfindungen an den Muskeln nicht zum Bewußtsein. Dennoch läßt sich zeigen, daß die Muskelspannung perzipiert werden muß. E. H. WEBER hat als *Kraftsinn* die Fähigkeit bezeichnet, die Belastung eines Gliedes mit einem Gewicht durch die Muskelspannung wahrzunehmen. v. FREY hat nun den Kraftsinn so geprüft, daß er den ganzen Arm in eine eng anschließende steife Hülse einschloß und auf diese in verschiedenem Abstand von der Schulter Gewichte auflegte, die wegen der Größe der Unterstützungsfläche nicht als Druck auf die Haut wirken konnten (s. S. 594), und taxieren ließ, wann beim Abheben des Armes von der Unterlage etwa ein Belastungszuwachs bemerkbar wurde; er fand, daß die Unterschiedsempfindlichkeit unter diesen Umständen etwa 4—5 mal so groß ist, als wenn man sie durch Auflegen verschiedener Gewichte auf eine Stelle der Haut prüft. Der Drucksinn kann also für dies feine Unterscheidungsvermögen nicht verantwortlich gemacht werden, und da von einer Gelenksensibilität aus den vorher angeführten Gründen abgesehen werden kann, so bleibt eigentlich nur die Muskelsensibilität dafür übrig. Auch die vollkommene Beurteilung von Gewichtsunterschieden, die (nach SAUERBRUCH) Amputierte mit Hilfe ihrer isolierten, an der Prothese angreifenden Muskelstümpfe zustande bringen, spricht für die Wirksamkeit des Muskelkraftsinnes; hier kommt die Gelenksensibilität natürlich gar nicht in Frage. Ob aber im allgemeinen für die Taxierung von Lage und Bewegung viel auf die Muskeln ankommt, ist unsicher; z. B. werden die Bewegungen der Finger, deren Muskulatur im Unterarm gelegen ist, durchaus nicht in diesem, sondern in der Hand gespürt.

Nach all dem ist es also wohl der Drucksinn der Haut, welcher bei der Beurteilung der Lage und der Bewegung der Gliedmaßen die Hauptrolle spielt.

Wenden wir uns nun der **Perzeption der Lage und der Bewegung des ganzen Körpers** zu! Auch hierfür wird man — abgesehen von den Augen — in allererster Linie den Drucksinn der Haut in Anspruch nehmen. Denn mag man stehen oder irgendwie liegen, so werden jedenfalls bestimmte Stellen der Haut von der Unterlage gedrückt und bringen diesen Druck zum Bewußtsein. Insbesondere unterrichten uns beim Stehen die Fußsohlen schon über geringfügige Schwankungen des Körpers. Dies lehrt das Verhalten von Patienten mit Sensibilitätsstörungen, welche bei geschlossenen Augen leicht umstürzen, weil sie den Druck auf die Sohle nicht genau genug wahrnehmen (s. S. 404). Auch der Flieger, welcher sich in den Nebel verirrt hat, kann alle Orientierung über seine Lage im Raum verlieren, da ja ein Druck nur auf die Gesäßfläche ausgeübt wird, und die Haut des Gesäßes lange nicht so fein auf Druckschwankungen reagiert wie die Sohlenhaut, welche von früh auf in der Beurteilung der Beziehungen des

Körpers zu seiner Unterlage geübt worden ist. Immerhin gibt es auch unabhängig von den Augen und von der Haut noch einen besonderen *Sinn für die Lage des Körpers*, der im Kopf lokalisiert ist. Darauf wurde man u. a. durch die Beobachtung aufmerksam, daß Taubstumme, bei denen die Augen als Orientierungsmittel durch Zubinden ausgeschaltet sind, allerlei turnerische Übungen, für die die Erhaltung des Körpergleichgewichts von wesentlicher Bedeutung ist, oft unverhältnismäßig ungeschickt ausführen; auch ist bemerkt worden, daß Taubstumme sich unter Wasser manchmal auffallend schlecht orientieren und dadurch Gefahr laufen zu ertrinken. Mit der Taubheit haben, wie wir sehen werden, diese Erscheinungen nichts zu tun, sondern mit der Zerstörung von besonderen Abschnitten ihres *Labyrinths*.

Nicht nur die Lage, sondern auch die *passive Bewegung des ganzen Körpers* wird zu einem guten Teil mit Hilfe der Haut an den Unterstützungsflächen des Körpers aufgefaßt. Aber nicht die gleichförmige Geschwindigkeit wird perzipiert, sondern die positive oder negative Beschleunigung (MACH). Sitzt man z. B. im fahrenden Eisenbahnzug, so kann man bei geschlossenen Augen zweifeln, ob man fährt, und wenn man es weiß, so ist man doch oft über die Richtung vollkommen im unklaren. Sobald aber der stehende Zug sich in Bewegung setzt, spürt man die Richtung, weil infolge der Trägheit der Körper die Bewegung nicht gleich mitmacht, so daß sich der Druck auf die Haut an den Unterstützungsflächen ändert. Eine negative Beschleunigung löst öfter, z. B. im Fahrstuhl, die Täuschung einer Bewegung im entgegengesetzten Sinne aus.

Was für die Progressivbewegung gilt, das gilt in entsprechender Weise auch für die *Drehbewegung*. Bei dieser beobachtet man aber außerdem eine eigentümliche Täuschung auch bei konstanter Winkelgeschwindigkeit, nämlich die Vertikale erscheint nicht mehr vertikal, sondern an ihrer Stelle eine Schräge, welche die Resultante von Schwerkraft und Zentrifugalkraft darstellt (MACH). Bekannt ist in dieser Hinsicht, daß beim Durchfahren einer Kurve im Eisenbahnwagen Kirchtürme oder Telegraphenstangen scheinbar schief stehen, während sie beim Geradeausfahren senkrecht erscheinen, auch wenn der Wagen seitlich geneigt ist. Die Erscheinung beruht auf einer reflektorischen Raddrehung der Augen (S. 543). KREIDL hat nun gefunden, daß diese eigentümliche Störung bei einer größeren Zahl von Taubstummen fehlt. Wir werden also abermals auf den Zusammenhang der Labyrinthfunktion mit der Orientierung über die Lage im Raum hingewiesen und erfahren zugleich, daß diese Orientierung zum Teil durch Vermittlung der Augen vor sich geht.

Die passive (oder auch aktive) Drehbewegung erzeugt noch eine andere Täuschung; nämlich wenn die Drehung plötzlich unterbrochen wird, so hat man bei geschlossenen Augen noch einige Zeit die Nachempfindung einer Drehung im entgegengesetzten Sinn; hält man die Augen offen, so scheinen die Gegenstände der Umgebung sich im gleichen Sinn, wie bei der Drehung, zu bewegen. Auch dieser **Drehschwindel** wird durch das Labyrinth ausgelöst; dafür spricht die Feststellung von JAMES, daß von 519 Taubstummen 186 durch Rotation nicht schwindelig zu machen waren, während von 200 Gesunden sich nur 1 schwindelfrei zeigte. Noch eine andere Beobachtung lehrt, daß der Drehschwindel im Kopf entsteht. Sitzt man in gewöhnlicher Haltung auf einem Drehstuhl, so erfolgt die nachträgliche Scheindrehung um eine vertikale Achse; hält man dagegen den Kopf während der Rotation stark nach vorn oder hinten geneigt, so hat man hinterher ungefähr das Gefühl, als drehe man sich wie in einer „russischen" Schaukel um eine horizontale Achse (PURKINJE).

Ferner hat MÉNIÈRE ein nach ihm benanntes Symptomenbild kennen gelehrt, dessen Eigenart in der Kombination von plötzlichen schweren Schwindelanfällen mit Taubheit und Augenverdrehung besteht; pathologisch-anatomisch findet man dabei häufig Blutungen im inneren Ohr.

Endlich kann man Schwindel auch dadurch hervorrufen, daß man durch den Kopf einen konstanten elektrischen Strom hindurchschickt, indem man die Elektroden auf die Processus mastoidei aufsetzt; bei der Schließung des Stroms läuft man alsdann Gefahr, nach der Seite der Anode, bei Öffnung nach der Seite der Kathode umzusinken. Bei stärkeren Strömen führt man unwillkürlich und rasch kompensierende Bewegungen nach der Gegenseite aus. Das Gesichtsfeld scheint sich während der Durchströmung zu drehen. Man bezeichnet die Erscheinung als **galvanischen Schwindel**; er fehlt bei denselben Taubstummen, die auch keinen Drehschwindel zeigen.

In allen diesen Fällen beruht der Schwindel, wie überhaupt stets, auf der Disharmonie in den gleichzeitigen Angaben mehrerer Sinnesorgane. Wenn z. B. ein großer Spiegel, vor dem man steht, unvermutet bewegt wird, so kann ein „*Gesichtsschwindel*" erregt werden dadurch, daß den Augen eine Bewegung des Körpers vorgetäuscht wird, während die Fußsohlen die Angaben des festen Stehens machen. Oder man kann von heftigem Gesichtsschwindel ergriffen werden, wenn bei einer bekannten Jahrmarktsvorführung die Wände eines Zimmers, in dem man steht, plötzlich um eine Horizontalachse rotiert werden. In analoger Weise beruht der *Labyrinthschwindel* auf der Diskrepanz zwischen den Labyrinth- und anderen Lageempfindungen.

Es verweisen also zahlreiche Beobachtungen auf das Vorhandensein eines besonderen, der Erhaltung des Körpergleichgewichts dienenden „sechsten" Sinnes (S. 483), *eines statischen Sinnes, welcher anatomisch irgendwie mit dem Gehörorgan vergesellschaftet ist.* Im Gegensatz zu diesem letzteren, aber auch im Gegensatz zu den meisten Sinnesorganen, sind an das statische Labyrinth bei seiner Funktion nur höchst undeutliche, wenn überhaupt irgendwelche Sinnesempfindungen geknüpft.

Nun haben wir mit HELMHOLTZ als Gehörorgan die Schnecke angesehen und zwischen ihrem Bau und ihrer Funktion einen Zusammenhang hergestellt. Aber es wurde auch schon (S. 573) wahrscheinlich gemacht, daß darüber hinaus auch *noch weitere Abschnitte des Labyrinthes, also des Vorhofsbogengangsapparates, am Hören beteiligt sind.* Wir müssen darauf jetzt zurückkommen, nachdem wir Anhaltspunkte dafür gewonnen haben und noch weitere gewinnen werden, daß das Labyrinth auch nichtakustische Funktionen ausübt.

Natürlich ist es vom psychologischen Standpunkt wenig einleuchtend, daß ein und derselbe Sinnesapparat zwei so verschiedene Empfindungen, wie Schallempfindungen und Empfindungen der Lage und der Bewegung vermitteln soll. Vom physikalischen Standpunkt aus ist die Schwierigkeit geringer; denn sowohl der Reiz, welcher durch eine Lageveränderung ausgeübt wird, als auch der Schallreiz verursachen mechanische Erschütterungen. Anatomisch kann man aber auch die Auffassung vertreten, daß im Labyrinth zwei Apparate nur äußerlich miteinander verbunden sind, die vom N. cochlearis innervierte Schnecke und der vom N. vestibularis innervierte Vorhofbogengangsapparat; Cochlearis und Vestibularis wurzeln aber im Gehirn an verschiedenen Stellen.

Die Entscheidung darüber, ob außer der Schnecke auch die übrigen Labyrinthteile eine akustische Funktion haben, ist, wie wir früher (S. 573) sahen, auf operativem Wege und durch klinische Beobachtung gesucht worden, und danach muß man wohl zugeben, daß auch nach Zerstörung der beiden Schnecken Reaktionen auf Schallreize bestehen bleiben. Aber die Natur selber hat ebenfalls schneckenlose Labyrinthe tausendfach hergestellt. Denn die Schnecke ist ein phylogenetisch junges Organ. Die Fische sind, wie die Abb. 296 zeigt, noch allein im Besitz eines Vestibularapparates; erst von den Amphibien ab entwickelt sich aus der sogenannten Basalpapille und aus der Lagena die Schnecke. Bei zahlreichen Wirbellosen bestehen noch primitivere Verhältnisse; denn sie besitzen vom Labyrinth nur Teile, welche etwa dem Sacculus oder dem Utriculus entsprechen.

Wie steht es nun mit dem **Gehör der schneckenlosen Tiere?** Sollte es sich entscheiden lassen, daß es vorhanden ist, dann könnte man per analogiam schließen, daß der Vestibularapparat auch bei den Säugetieren nicht bloß statische Funktion hat.

Man hat früher namentlich über das *Hörvermögen der Fische* zahlreiche Experimente angestellt, ohne zu einer sicheren Entscheidung zu gelangen. Wenn Fische auf Glockenzeichen sich in Teichen an bestimmten Futterstellen sammeln, so ist es oft nicht der Schall, der sie anlockt, sondern die Erschütterungen des Bodens durch die Tritte des Teichhüters, welche von den Fischen perzipiert werden, oder es sind optische Reize (KREIDL). Erzeugt man durch Klangstäbe oder Membranen den Schall im Wasser selbst, so sind die Ergebnisse der Reizung oft um so undeutlicher, je vollkommener im Experiment alle gröberen Massenverschiebungen vermieden und allein die akustischen Schwingungen zur Wirkung gebracht werden (KREIDL, ZENNECK, KÖRNER).

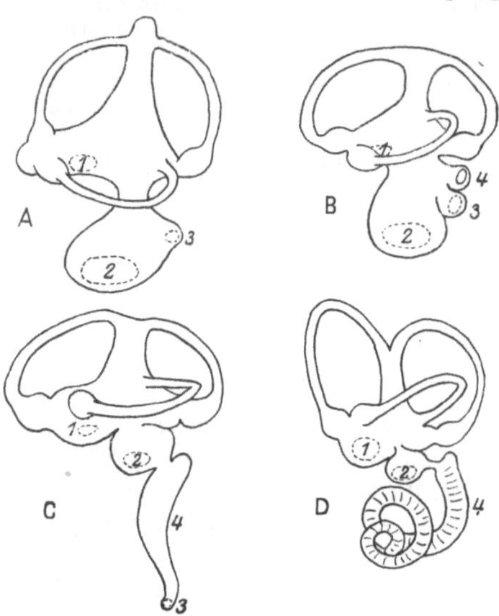

Abb. 296. Schema des linken Labyrinths vom Knochenfisch (A), Frosch (B), Krokodil (C) und Säuger (D). (Nach HESSE.) 1 Macula utriculi, 2 Macula sacculi, 3 Macula lagenae, 4 Basalpapille.

Erst in neuerer Zeit ist es durch die Dressurmethode geglückt, die Perzeption von Tönen sicher zu beweisen (PARKER, v. FRISCH); Fische (auch geblendete), die auf Töne an sich nicht im mindesten reagieren, lernen es, wenn ein bestimmter Ton immer nur beim Füttern erklingt; sie kommen dann z. B. aus einem Schlupfwinkel zum Füttern nur herausgeschwommen, wenn zugleich der „Freßton" ganz leise angegeben wird, und sie lernen den Futterton genau von einem oder sogar mehreren anderen zu unterscheiden. Es läßt sich so auch feststellen, daß der Hörbereich bei verschiedenen Fischsorten ein verschiedener ist. Durchschneidet man den 8. Hirnnerven, so erlischt die Reaktion (PARKER).

Es kann also heute nicht mehr bezweifelt werden, daß die Fische hören oder vielmehr, daß sie mit Hilfe ihres 8. Gehirnnerven durch Schallschwingungen innerhalb eines gewissen Frequenzgebiets erregt werden. Damit erhebt sich erstens die Frage, welcher Abschnitt des Vestibularapparates der Hörfunktion dient, und zweitens, ob dessen Bau ein gewisses Verständnis für das Tonunterscheidungsvermögen dieser Tiere in ähnlichem Maß ermöglicht wie bei der Schnecke der Säugetiere (S. 567ff.). Auf diese Fragen werden wir nachher eingehen (S. 614).

Die **Erhaltung des Körpergleichgewichts** erfordert freilich nicht durchaus einen regulierenden Sinnesapparat, und es wäre verkehrt, in jedem Falle solcher Erhaltung, selbst beim Fliegen und Schwimmen, wo der orientierende Druck auf die Fußsohlen (s. S. 603) fortfällt, nach einem statischen Sinn zu suchen. Denn wenn z. B. die Vögel beim Fliegen sich in der Luft nicht überschlagen, so liegt das vielfach nur daran, daß während des längsten Zeitabschnitts eines Flügelschlags **durch die bloße Verteilung der Körpermassen** das Gleichgewicht rein mechanisch erhalten ist, falls nur die Flügelbewegungen in der normalen Koordination ausgeführt werden. BETHE hat einer toten Taube mit Hilfe einer Art Drahtkorsett die verschiedenen Stellungen gegeben, welche sie nach den photographischen Aufnahmen von MAREY in den verschiedenen Phasen der Flugbewegung einnimmt; die Abb. 297 gibt die zwei extremen und eine mittlere Stellung von der Seite und von oben betrachtet wieder. Wenn man dann die Taube mit Hilfe eines Fallapparates, wie ihn Abb. 298 darstellt, in den verschiedensten Flügelstellungen fallen läßt, so findet man, daß nur bei der tiefsten Flügelstellung die Neigung besteht, in eine Lage mit dem Rücken nach unten umzukippen. In diesem labilen Gleichgewicht befindet sich die Taube aber nur einen Moment. In ähnlicher Weise erhalten nach BETHES Untersuchungen zahlreiche Wassertiere auf rein mechanische Weise ihre normale Orientierung im Raum. So schwimmen manche Wasserkäfer nur deswegen mit dem Rücken nach oben, weil sie einen Luftvorrat unter den Flügeldecken tragen, während andere, z. B. die Wasserwanze Notonecta, auf dem Rücken schwimmen, weil ihre Atemluft vorzugsweise auf die Bauchseite verteilt ist.

Andererseits gibt es aber auch Tiere, welche sich dauernd im labilen Gleichgewicht befinden und, um dieses aufrechtzuerhalten, fortwährend Balancierbewegungen ausführen müssen. Dazu gehören z. B. alle mit einer Schwimmblase versehenen Knochenfische; daher sinkt entsprechend der Verteilung der Massen in ihrem Körper im Tode, wo diese Regulierungsbewegungen fortfallen, der spezifisch schwere Rücken bekanntlich nach unten und der spezifisch leichtere Bauch kehrt sich nach oben. Bei diesen und ähnlich beschaffenen Tierformen existiert nun auch ein eigener **statischer Sinn zur Erhaltung des Körpergleichgewichts.**

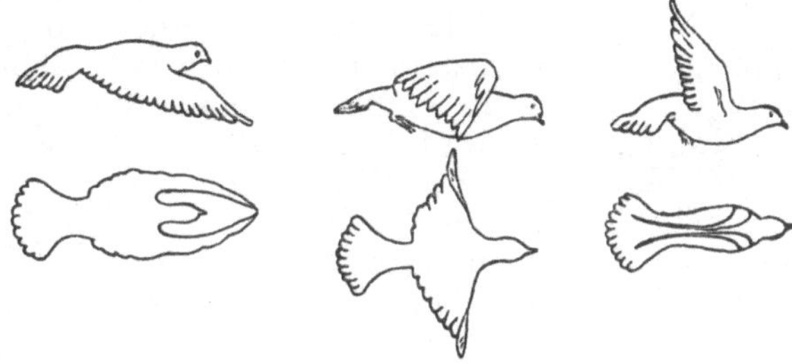

Abb. 297. Flügelstellungen der Taube beim Flug. (Nach MAREY.)

Wenn man bei Fischen, z. B. beim Flußbarsch, das Labyrinth doppelseitig exstirpiert (BETHE), so schwimmt das Tier entweder unter heftigen Wälzbewegungen um seine Längsachse oder im stabilen Gleichgewicht mit dem Rücken nach unten. Sobald es aber den Boden des Aquariums berührt, kehrt es in die Bauchlage um und schwimmt, mit dem Bauch den Boden streifend, in normaler Haltung. Offenbar wird es jetzt durch den Drucksinn seiner Haut über seine bis dahin verkehrte Lage orientiert. Hinzukommt aber noch die Orientierung durch die Augen. Denn wenn man die Corneae schwärzt, dann schwimmt der labyrinthlose Fisch im freien Wasser ruhig ohne die Wälzbewegungen in Rückenlage. Die Wälzbewegungen beruhen nämlich zum Teil auf einer Inkoordination in den balancierenden Bewegungen; die Tiere bemerken mit den Augen, daß sie beim Schwimmen in die Rückenlage umkippen, und indem sie ihre Situation zu korrigieren suchen, überschlagen sie sich infolge der mangelhaften Koordination abermals, und das wiederholt sich immer wieder. Daß die Bewegungsstörungen aber noch einen anderen Grund haben, bemerkt man, sobald man einen normalen und einen gleich großen labyrinthlosen Fisch in die Hand nimmt; die Bewegungen

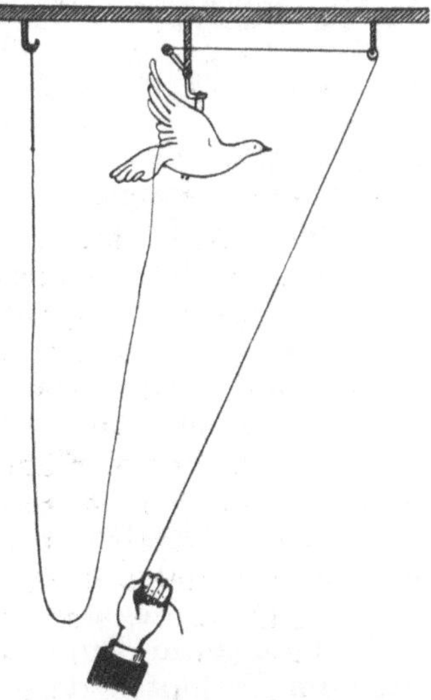

Abb. 298. Fallapparat zur Analyse des Flugs. (Nach BETHE.)

des operierten sind im Vergleich mit denen des normalen auffallend kraftlos.

Nach einseitiger Entfernung des Vestibularapparates krümmen sich die Tiere nach der Operationsseite hin und führen in der gleichen Richtung Reitbahnbewegungen (s. S. 423 u. 467) aus. Dies beruht im wesentlichen auf dem Überwiegen in der Kraft der Gegenseite; deren Brustflosse rudert kräftiger, auch ihr Kiemendeckel wird stärker gehoben.

Ganz analog ist das Verhalten der Frösche. Im Wasser befinden sich diese im stabilen Gleichgewicht, wenn der Bauch abwärts gerichtet ist, wie man an toten oder chloroformierten Fröschen erkennen kann. Exstirpiert man nun auf beiden Seiten das Labyrinth, so verharren die Tiere eine Zeitlang im labilen Gleichgewicht, wenn man sie auf den Rücken legt, was normale Tiere niemals tun; sie schwimmen wohl auch eine Strecke auf dem Rücken, bis sie in die Bauchlage umkippen. Beim Sprung überschlagen sie sich öfter, die Abwehrbewegungen sind schwächlich. Neigt man die Unterlage eines normalen Frosches, so daß der Kopf gegenüber dem Rumpf entweder gehoben oder gesenkt wird, so führt das Tier eine kompensierende Bewegung aus, die darauf hinzielt, die Stellung des Kopfes im Raum möglichst festzuhalten; so wird beim Heben des Kopfes die Wirbelsäule zu einem „Katzenbuckel" gekrümmt, umgekehrt macht das Tier beim Senken ein „hohles Kreuz". Den gleichen Sinn hat der sogenannte *Kompaßreflex:* wenn man den Frosch auf der Mitte einer Drehscheibe langsam rotiert, so krümmt er die Wirbel-

Abb. 299. Rechtsseitig labyrinth-ektomierter Frosch.

säule der Drehrichtung entgegen; beim Anhalten der Drehscheibe folgt eine Nachbewegung in der entgegengesetzten Richtung. Alle diese kompensierenden Bewegungen fehlen dem labyrinthlosen Tier.

Exstirpiert man nur ein Labyrinth, so biegt der Frosch, genau so wie der Fisch, seinen Rumpf nach der Operationsseite; zugleich wird auf dieser Seite das Vorderbein adduziert, auf der Gegenseite abduziert, der Kopf wird auf der Operationsseite geneigt (EWALD), so daß die charakteristische in der Abb. 299 wiedergegebene Haltung herauskommt.

Bei den Vögeln (Tauben) erzeugt die doppelseitige Labyrinthzerstörung anfänglich schwerste Störungen (FLOURENS); namentlich wird der Kopf stark hin- und hergeworfen, das Tier vermag sich infolgedessen nicht auf den Beinen zu halten. Nach einiger Zeit gewinnt es aber wieder die normale Haltung, und nun macht sich die Labyrinthlosigkeit vor allem in einer starken Schädigung des Flugvermögens geltend. Die Tiere flattern nur mehr ungeschickt und kraftlos; streben sie zum Boden, so schlagen sie oft heftig auf. Ihre Abwehrbewegungen sind schwächlich; streift man über den Kopf eine Kappe, um die optischen Korrektionen auszuschalten, so sinkt der Kopf alsbald kraftlos hintenüber. Wie der normale Frosch, so führt auch der normale Vogel bei passiver Änderung seiner Körperlage kompensierende Bewegungen mit dem Kopf aus, nicht bloß im Hellen, sondern auch im Dunkeln. Die Abb. 300 gibt ein vorzügliches Beispiel dafür im Verhalten der normalen Ente. Dazu kommen kompensierende Rollungen der Augen um ihre optische Achse. Diese Reflexe fehlen nach Wegnahme der Labyrinthe.

Nach einseitiger Labyrinthexstirpation sinkt der Kopf auf der Operationsseite herab und wird besonders anfallsweise stark verdreht (EWALD).

Weniger auffallend als bei den Fischen und Vögeln sind die Folgen der Entfernung des Vestibularapparates bei den Säugetieren, weil hier außer dem Gesicht auch der Drucksinn der Haut unter allen Umständen regulierend eingreift. Nur unmittelbar nach der Operation sind die Tiere, ähnlich wie die Taube, hilflos durch Schlaffheit ihrer Muskulatur und durch das heftige Hin- und Herschwanken des Kopfes, welcher dabei oft anhaltend gegen den Fußboden gehämmert wird. Diese Erscheinungen schwinden aber allmählich, und es bleibt im wesentlichen ein unsicherer, etwas torkelnder Gang und unter Umständen ein Mangel an Tonus, der sich z. B. beim Hund darin äußert, daß er beim Herunterspringen von einem Tisch krachend auf den Boden schlägt, oder daß er Schwierigkeiten hat, Knochen zwischen den Kiefern zu zermalmen. Nach einseitiger Exstirpation halten die Hunde lange Zeit den Kopf schief. Auch bei labyrinthdefekten taubstummen Menschen fällt der wackelige Gang auf, und es besteht oft ein Unvermögen, auf einem Bein zu stehen oder auf einem Schwebebaum zu balancieren (KREIDL).

Die Bedeutung der Labyrinthe für den Körpertonus ist aber nicht etwa damit zu umschreiben, daß man für jedes Labyrinth einen tonisierenden Einfluß auf die gesamte Muskulatur der gleichen Seite annimmt; vielmehr bedingt jede Kopfstellung eine andere, aber bestimmte gesetzmäßige Verteilung des Tonus auf die Rumpf- und Extremitätenmuskulatur, so daß *der Einfluß der Labyrinthe eine ausschlaggebende Bedeutung für die Haltung des ganzen Körpers hat.* Dieser Einfluß ist aber nur zum Teil ein direkter; die Labyrinthe wirken zunächst nur auf den Tonus der Halsmuskeln und in schwächerem Maße auf die Rumpfmuskulatur; die Stellung des Halses bedingt aber ihrerseits sekundär und reflektorisch durch Vermittlung der hinteren Zervikalwurzeln auch den Tonus in den Gliedmaßen. MAGNUS und DE KLEIJN haben dies so nachgewiesen, daß sie einerseits an Tieren, denen die hinteren Zervikalwurzeln

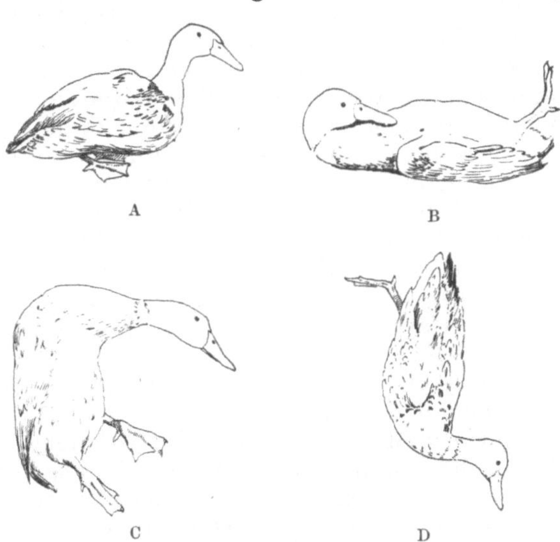

Abb. 300. Kompensatorische Kopfstellungen der Ente. (Nach F. M. HUXLEY.)

durchschnitten waren, die reinen *Labyrinthreflexe* studierten, d. h. die Tonusänderungen, welche dann durch irgendwelche Verlagerungen des Kopfes zu erzeugen sind, und daß sie andererseits an Tieren, denen die Labyrinthe exstirpiert waren, die reinen *Halsreflexe* untersuchten, also die Einflüsse von Verdrehungen des Kopfes gegen die Wirbelsäule auf die Stellung der Gliedmaßen. Von dieser Superposition der Stellungsreflexe war schon früher (S. 425) die Rede, und der Einfluß der Halsreflexe auf die Extremitätenhaltung bei labyrinthdefekten Menschen wurde durch die Abb. 163 illustriert.

Hieraus folgt, daß, wenn man eine einseitige Labyrinthexstirpation mit der Durchschneidung der hinteren Zervikalwurzeln kombiniert, die Folgen nicht schwerer sind als bei der bloßen Labyrinthwegnahme, sondern im Gegenteil leichter (Magnus und Storm van Leeuwen). Nämlich nach Labyrinthwegnahme unter gleichzeitiger Ausschaltung der Halsreflexe wird nur der Kopf durch die Halsmuskeln und in geringem Grad auch der Rumpf nach der Operationsseite hin verdreht; bei Intaktheit der Halsreflexe schließt sich dagegen sekundär noch ein Strecktonus in den Extremitäten der Gegenseite, ein Beugertonus in denen der Gleichseite an. Erst die Folge davon ist die Tendenz der einseitig labyrinthexstirpierten Tiere, nach der Operationsseite hin umzufallen oder anfänglich sogar Wälzbewegungen nach dieser Seite hin auszuführen. In späteren Stadien bleibt davon eine Tendenz übrig, sich in Kreisbahnen nach der Operationsseite hin zu bewegen.

Die gleiche Bedeutung hat die Kopfstellung für den Körpertonus auch bei dem Frosch (de Kleijn), also wohl allgemein bei den Wirbeltieren.

Wie bei den Vögeln, so werden bei den Säugetieren vom Labyrinth aus auch *Augenbewegungen* ausgelöst, welche Änderungen in der Stellung des Kopfes nach Möglichkeit kompensieren. Neigt man z. B. den Kopf vorn- und hintenüber, so werden die Augen entsprechend gehoben oder gesenkt, so daß der Horizont fixiert bleibt. Neigt man den Kopf nach rechts oder nach links, so antworten die Augen mit Gegenrollungen um ihre optische Achse. Bei den Kaninchen mit ihren seitlich gestellten Augen kann man die Ausgiebigkeit dieser Rollung leicht demonstrieren, wenn man auf die mit Kokain anästhesierte Hornhaut einen kleinen Zeiger aus angefeuchtetem Papier legt und nun das Tier um die Frontalachse neigt. Die Bewegungen erfolgen auch bei geschlossenen Lidern.

Wird ein Tier oder ein Mensch mit mäßiger Geschwindigkeit um die Vertikalachse rotiert, so bleiben die Augen, um die Bewegung zu kompensieren, mehr und mehr hinter der Drehung zurück, um dann ruckweise in die Ausgangsrichtung nach geradeaus zurückzukehren; solange die Rotation fortfährt, wiederholt sich diese Hin- und Herbewegung, welche als *Drehnystagmus* oder auch als *Augennystagmus* bezeichnet wird. Die Richtung des Augennystagmus wird nach der Richtung der raschen Komponente der Bewegung bezeichnet. In ähnlicher Weise wandern die Blicklinien vieler Menschen, wenn sie aus dem Fenster eines fahrenden Zuges hinaussehen, man spricht von *Eisenbahnnystagmus*. Während dieser letztere aber von dem Fixieren der wandernden Sehdinge abhängig ist, erfolgt der Drehnystagmus auch im Dunkeln oder bei geschlossenen Augen, selbst bei Blinden. Bei manchen Tieren, z. B. bei den Tauben, gesellt sich beim Rotieren zu dem Augennystagmus noch ein *Kopfnystagmus*, d. h. ein Hin- und Herpendeln des Kopfes in der Horizontalebene. *Alle diese Reaktionen des Auges verschwinden nach Labyrinthexstirpation.*

Nach diesen Darlegungen kommen wir also zu dem Ergebnis, daß der gesamte Vestibularapparat die Funktion hat, durch die reflektorische Tonisierung bestimmter Muskelgruppen (über den Tractus vestibulo-spinalis) und durch die reflektorische Auslösung koordinierter Tonusänderungen bei Änderung der Lage der Labyrinthe im Raum die Erhaltung des Körpergleichgewichts zu gewährleisten. Wir haben es also teils mit Lagereflexen zu tun, bei denen die jeweils vorhandene Stellung des Körpers zu dauernder Tonisierung bestimmter Muskelgruppen führt, und teils mit Bewegungsreflexen, bei denen eine Stellungsänderung eine Änderung in der Verteilung der Muskelspannungen bewirkt. Das Zentrum dieser Reflexfunktionen hat nach den Feststellungen von de Kleijn und Magnus (s. S. 469) seinen Sitz im Hirnstamm.

Fragen wir nun nach der Bedeutung der einzelnen Teile des Vestibularapparates, *Utriculus, Sacculus* und *Bogengänge!*

Die Physiologie der **Bogengänge** oder der *halbzirkelförmigen Kanäle* beginnt schon im Jahre 1824 mit Versuchen von FLOURENS über die Wirkung der Durchschneidung und Reizung einzelner Bogengänge bei Tauben und Säugetieren. Die drei Bogengänge jeder Seite stehen bekanntlich in drei Ebenen angenähert senkrecht zueinander, bei der Taube etwa so, wie es die Abb. 301 nach EWALD darstellt; die rechten und linken Bogengänge sind also paarweise einander zugeordnet, so daß die beiden äußeren horizontalen (E) und je ein vorderer vertikaler (A) und ein hinterer vertikaler (P) Bogengang zusammengehören. Durchschneidet man allein einen der beiden horizontalen Bogengänge bei einer Taube, so macht diese mit dem Kopf in der Horizontalebene pendelnde Bewegungen, welche sich nach einiger Zeit wieder verlieren; durchschneidet man dann den zweiten horizontalen Gang, so setzt das Pendeln in verstärktem Maße ein und steigert sich bei Erregung des Tiers anfallsweise zu so schwerem

Schütteln, daß das Tier das Gleichgewicht verliert und umstürzt; zugleich beobachtet man nystagmische Bewegungen der Augen. Durchschneidet man ein Paar zusammengehöriger vertikaler Kanäle, so erfolgt das Pendeln in der entsprechenden Ebene. GOLTZ dehnte (1878) die Versuche von FLOURENS auch auf die Fische und Frösche aus und entdeckte dabei die vorher beschriebenen Zwangsstellungen und Zwangsbewegungen nach teilweiser oder vollständiger Entfernung der Labyrinthe; er erklärte daraufhin zum ersten Male den Vestibularapparat als ein Sinnesorgan für das Gleichgewicht des Kopfes und dadurch des ganzen Körpers. MACH und BREUER sowie CRUM-BROWN stellten sodann eine *Theorie der Bogengangsfunktionen* auf, welche zu neuen wichtigen Experimenten Anlaß gab.

Nach dieser Theorie dienen die Bogengänge der *Wahrnehmung von passiven Drehungen des Kopfes und der reflektorischen Kompensation solcher Drehungen,* und zwar auf folgende Art und Weise: wird

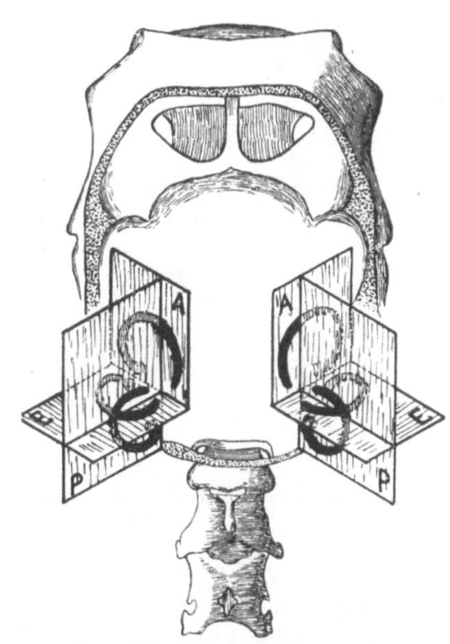

Abb. 301. Schema der Bogengänge der Taube (nach EWALD). Man sieht von hinten in den geöffneten Schädel hinein. In der Ebene A liegt der *Canalis anterior,* in der Ebene E der *Canalis externus,* in der Ebene P der *Canalis posterior.*

eine Drehung in der Ebene eines der Bogengangspaare ausgeführt, so verschiebt sich innerhalb der häutigen Kanäle infolge der Trägheit die Endolymphe gegen die umschließende Wand, so wie etwa Wasser in einer Schüssel sich relativ zu dieser verschiebt, wenn man sie dreht. Infolgedessen übt die Endolymphe einen Stoß gegen die *Crista ampullae* aus, den Hügel der Sinnesepithelien, welcher in die Ampulle eines jeden Bogengangs hineinragt (s. Abb. 302). Diese Crista trägt einen Büschel von Haaren, welche durch eine gelatinöse Masse zusammengehalten sind; der Büschel wird als *Cupula terminalis* bezeichnet. Durch den Endolymphstoß wird die Cupula verbogen, und die Durchbiegung bewirkt eine Erregung der Sinnesepithelien. Erfolgt die

Drehung des Kopfes in der Ebene der horizontalen Kanäle, so werden allein
diese erregt; erfolgt sie in der Ebene eines der Paare vertikaler Kanäle, so
reagieren nur deren Cupulae, und bei Drehung in beliebigen anderen Ebenen
werden mehrere Kanalpaare mit den entsprechenden Kraftkomponenten
in Aktion versetzt. Man kann sich nun vorstellen, daß den verschiedenen
Erregungen verschiedene Empfindungen zugeordnet sind, und vor allem liegt
die Annahme nahe, daß von den verschiedenen Bogengängen aus reflektorisch verschiedene Muskelgruppen erregt werden, so daß bei einer beliebigen passiven Drehung des Körpers oder auch nur des Kopfes kompensierende Bewegungen ausgelöst werden, welche die Lageänderung zu annullieren suchen.

Diese Theorie erklärt zunächst die bei der Rotation auftretenden Erscheinungen. Wir erfuhren (S. 604), daß nach MACH nicht die Drehung mit
konstanter Geschwindigkeit perzipiert wird, sondern nur die positiven

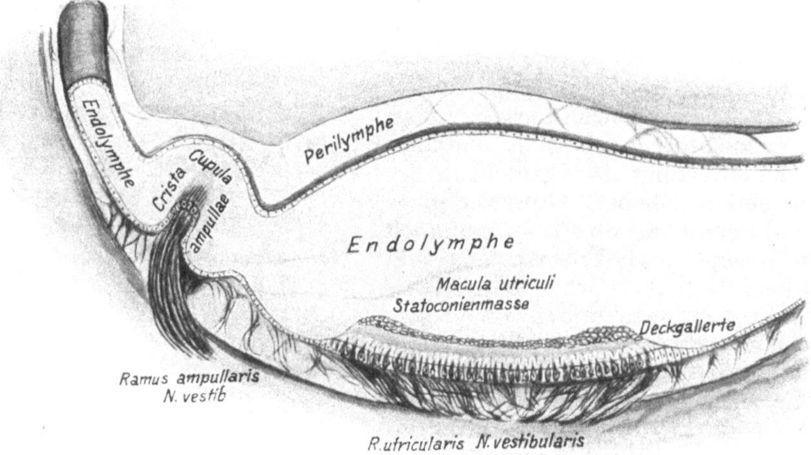

Abb. 302. Schematische Darstellung eines Schnittes durch die Macula utriculi und die Ampulle eines vertikalen
Bogenganges des Menschen. (Nach KOLMER.)

und negativen Beschleunigungen, und zwar tritt bei plötzlichem Anhalten
einer Rotation die Empfindung einer Drehung in entgegengesetzter Richtung auf. Dies könnte darauf beruhen, daß nach dem anfänglichen Endolymphstoß gegen die Cupula beim Andrehen deren Haare sich wieder aufrichten und während der konstanten Drehung aufgerichtet stehen, weil
die Endolymphe alsbald die gleiche Geschwindigkeit wie die Wand des
häutigen Kanals erlangt; wird dann aber die Rotation plötzlich beendet,
so wird abermals infolge der Trägheit eine Verschiebung der Endolymphe
gegen die Wand zustande kommen, diesmal aber in der entgegengesetzten
Richtung, so daß auch die Cupula in der entgegengesetzten Richtung verbogen wird. Nimmt man mit BREUER an, daß die Cupula infolge von mangelhafter Elastizität sich nicht momentan wiederaufrichtet, sondern nur allmählich, dann werden einem auch die Erscheinungen des Drehschwindels
verständlich, d. h. die lang anhaltende Nachempfindung einer Drehung
in entgegengesetzter Richtung, ferner auch der von PURKINJE entdeckte
Einfluß der Kopfhaltung auf die Richtung, in welcher die nachträgliche
Scheindrehung vor sich geht (s. S. 605).

Diese Auffassung von der Funktion der Bogengänge wird vortrefflich durch ein Experiment von EWALD gestützt: er legte den rechten horizontalen Bogengang bei einer Taube frei, eröffnete die knöcherne Wand und verschloß darauf das Lumen des Kanals nach Art der Zahnärzte mit einer Plombe; etwas weiter rechts, nach der Ampulle zu (s. Abb. 301), machte er eine zweite Öffnung in den knöchernen Kanal und befestigte darüber an der Schädelwand einen kleinen pneumatischen Hammer, welcher durch einen Schlauch mit einem Gummiballon in Verbindung stand, so daß bei einem Druck auf den Ballon der Hammer gegen den häutigen Kanal vorgetrieben wurde und eine gegen die Ampulle gerichtete Endolymphbewegung hervorrufen mußte; eine entgegengesetzte Welle entstand dann beim Nachlassen des Drucks auf den Ballon. Es zeigte sich nun, daß bei jedem Vortreiben des Hammers die Taube eine ausgiebige Bewegung des Kopfes und der Augen nach links genau in der Ebene des horizontalen Kanals ausführte; beim Zurücktreiben des Hammers erfolgte die gleiche Bewegung nach rechts. Ebenso ließen sich von den vertikalen Kanälen aus die entsprechenden Bewegungen auslösen. Es ist also in der Tat der Endolymphstoß, welcher gemäß der MACH-BREUERschen Theorie die Kompensationsbewegungen erzeugt; auch eine passive Drehung des Kopfes rechts herum, welche eine kompensierende Drehung nach links auslöst, muß eine Endolymphströmung ampullenwärts („ampullopetal") hervorrufen.

Auch der sogenannte *kalorische Nystagmus* ist als ein Beweis für die Betätigung der Bogengänge durch Endolymphströmung zu betrachten. SCHMIDEKAM und HENSEN beobachteten (1868), daß beim Einfüllen von kaltem Wasser in den äußeren Gehörgang häufig Schwindel und Übelkeit eintreten, während Wasser von Körpertemperatur indifferent ist. BAGINSKI fand unter den gleichen Bedingungen bei Kaninchen Gleichgewichtsstörungen und Nystagmus. BÁRÁNY untersuchte diese Reaktion genauer und schlug sie dazu vor, um beim Menschen einseitige Erkrankungen des Vestibularapparates zu diagnostizieren. Spritzt man jemandem in das rechte Ohr Wasser von etwa 20⁰ ein, so entsteht nach BÁRÁNY ein horizontaler und rotatorischer Nystagmus nach links mit Schwindelgefühl; heißes Wasser von etwa 40⁰ löst die entgegengesetzte Bewegung aus. BÁRÁNY erklärt dies mit der Annahme, daß durch die Einspritzung auf dem Weg der hinteren oberen Gehörgangswand die laterale Wand des Felsenbeins abgekühlt oder erwärmt wird, und daß dadurch Temperaturströmungen in der Endolymphe, namentlich in dem exponiert gelegenen äußeren horizontalen Bogengang hervorgerufen werden (SCHMALTZ), die den rotatorischen Nystagmus im einen oder anderen Sinn auslösen. Zum Beweis führt er an, daß dieselbe Einspritzung von kaltem Wasser, welche für gewöhnlich horizontalen und rotatorischen Nystagmus nach links auslöst, bei Nachvornbeugen des Kopfes um 180⁰ Nystagmus nach rechts bewirkt. Mit diesen Erscheinungen mögen manche Todesfälle beim Baden zusammenhängen, wenn plötzlich kaltes Wasser durch den äußeren Gehörgang oder gar durch einen Trommelfelldefekt in die Paukenhöhle eindringt und einen heftigen Schwindel erzeugt.

Man könnte wohl Zweifel hegen, ob die Reibungswiderstände in den engen Kanälen eine Verschiebung der Endolymphe wirklich zulassen; auch könnte man zweifeln, ob Abkühlung oder Erwärmung der Wand des Gehörgangs oder des Trommelfells auf die äußere Wand des Felsenbeins so übergreifen können, daß die erforderlichen Temperaturdifferenzen zustande kommen (s. dazu Abb. 278). Beides ist jedoch neuerdings bewiesen; es gelang, durch ein kleines Fenster in der Wand des knöchernen Bogengangs einen häutigen Bogengang unter dem Mikroskop zu betrachten und darin das Zustandekommen einer Strömung korpuskulärer Elemente schon bei einem Temperaturgefälle von 0,5° festzustellen (MAIER und LION). Ferner ließ sich mit Thermoelementen die von der MACH-BREUERschen Theorie geforderten Temperaturveränderungen nachweisen (SCHMALTZ und VÖLGER), und endlich ist es STEINHAUSEN geglückt, an der geschlossenen Ampulle des lebenden Hechtes zu beobachten, daß durch rotatorische oder calorische Reizung Endolymphströmungen zustande kommen, die die Cupula in die entsprechenden Bewegungen versetzen, ferner daß bei lange fortgesetzter Rotation die zuerst entstandene Cupulaablenkung wieder zurückgeht, bei plötzlichem Anhalten dann eine Ablenkung in Gegenrichtung zustande kommt und sich danach die Cupula innerhalb vieler Sekunden langsam wieder aufrichtet, genau wie es von der MACH-BREUERschen Theorie vorausgesagt wurde (S. 612).

Die Bogengänge reagieren aber nicht bloß auf Drehung, sondern auch *auf gradlinige Beschleunigung des Körpers.* Wenn man z. B. die Unterlage, auf der ein Kaninchen oder Meerschweinchen in natürlicher Lage sitzt, plötzlich in vertikaler Richtung abwärts bewegt, so werden die Beine gestreckt; hört die Bewegung plötzlich auf, so werden die Beine gebeugt. Gerade das Gegenteil geschieht, wenn die vertikale Bewegung aufwärts gerichtet wird. Der Reflex ist von MAGNUS und DE KLEIJN als Liftreaktion bezeichnet worden. Auch die Spreizreaktion wird durch geradlinige Beschleunigung ausgelöst: wenn man ein Meerschweinchen mit dem Kopf nach oben in der Hand hält und dann die Hand plötzlich senkt, so fahren die Zehen des Tieres auseinander. Diese und andere Reaktionen auf Progressivbewegung hat man öfter als Reflexe aufgefaßt, die durch Sacculus und Utriculus vermittelt werden. Aber auch sie hängen nach MAGNUS und DE KLEIJN von den Bogengängen ab. Wenn man nämlich Meerschweinchen einige Minuten lang scharf zentrifugiert, so werden oft die Otolithen in Sacculus und Utriculus (s. S. 615) losgerissen (WITTMAACK); trotzdem bleiben dann nicht bloß die Reaktionen auf Drehung, sondern auch die Reaktion auf Progressivbewegung erhalten. Es erscheint nun zunächst vielleicht nicht recht verständlich, wie bei einer Progressivbewegung die erforderliche Strömung der Endolymphe in den annähernd kreisförmigen Bogengängen zustande kommen soll. Es ist aber zu berücksichtigen, daß erstens die beiden Membranen des runden und ovalen Fensters eine Perilymphverschiebung zulassen, und daß zweitens auch Endolymphe in den Saccus endolymphaticus ausweichen kann.

So dient also das System der halbzirkelförmigen Kanäle der Regulierung der Körperhaltung, sobald durch passive Lageänderungen in irgendeiner Ebene die Gefahr eines Gleichgewichtsverlustes heraufbeschworen wird. Solche Lageänderungen können natürlich auch im Gefolge der lokomotorischen Bewegungen irgendwie zustande kommen; die Regulierung muß dann um so exakter ins Spiel treten, je komplizierter und je flinker die Muskeln agieren. Man findet daher bei den elegantesten Fliegern und Schwimmern auch den vollkommensten Bogengangsapparat; dementsprechend beobachtete EWALD, daß die Durchschneidung eines Bogengangpaares genügt, um den vollendeten Flug der Schwalbe stark zu stören, während dieselbe Operation für den Sperling und die Taube und vollends für das Huhn viel harmloser ist.

Wenden wir uns nun zur Physiologie des **Sacculus** und **Utriculus,** auch gemeinsam als *Statozysten* oder heute wieder passender (S. 617) mit dem alten Namen *Otozysten* oder Ohrsäckchen bezeichnet (v. FRISCH). Sie sind mit Endolymphe gefüllte Säckchen, deren Wand an einer Stelle durch eine Anhäufung von Sinnesepithelien zu einer *Macula sacculi* bzw.

utriculi verdickt ist; die Sinnesepithelien tragen kurze Haare, auf deren Enden eine gallertige Masse ruht, in welche zahlreiche Kriställchen, die *Otokonien*, eingelagert sind (s. Abb. 302). Über die Bedeutung der Otozysten als statisches Organ hat man sich besonders an Wirbellosen orientiert, deren ganzes „Labyrinth" nur aus einer Otozyste besteht; diese enthält oft an Stelle der Otokonienmasse einen massiven, meist aus kohlensaurem Kalk bestehenden *Otolithen*, welcher durch stark federnde Sinnesborsten gehalten ist (s. Abb. 303).

Bei vielen dieser Tiere gelingt die Entfernung der Otolithen außerordentlich leicht. Die Folge davon ist, daß die Tiere eine abnorme Lage, in die sie geraten, nicht mehr korrigieren, ähnlich wie das früher als Folge der totalen Labyrinthexstirpation bei den Wirbeltieren geschildert worden ist. Beim Flußkrebs befinden sich die Otozysten z. B. an der Basis der vorderen Antennen. Befestigt man den Krebs an einem Stab und hält ihn daran schräg ins Wasser, so reagiert er, solange er nicht entstatet ist, auf die Schiefhaltung mit einer dauernden Kompensationsstellung der gestielten Augen und mit lebhaften Ruderbewegungen der Beine auf der tiefliegenden Seite (in Richtung des punktierten Pfeils Abb. 304), während die Beine der hochliegenden Seite ziemlich ruhig und angezogen gehalten werden (KÜHN). Die Ruderbewegungen haben offenbar den Sinn, die Dorsoventralachse wieder senkrecht zu stellen. Ganz anders, wenn die Otozysten entfernt sind (siehe Abb. 305)! Die Haltung ist dann bei Schrägstellung in jeder Hinsicht dieselbe, wie bei der normalen Lage des Tiers; es werden keinerlei kompensierende Bewegungen ausgeführt. *Die Otozysten sind also Organe für die Perzeption der Lage.*

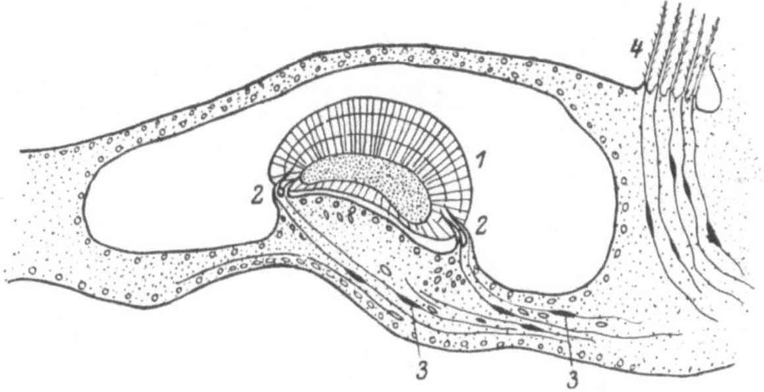

Abb. 303. Statozyste von Mysis (nach BETHE). 1 Statolith, auf den Sinneshaaren. 2 ruhend. 3 Sinneszellen. 4 Sinneshaare auf der Körperoberfläche.

Davon kann man sich auch öfter ohne operativen Eingriff überzeugen. Bei vielen Krebsen sind die Otozysten offen, und die Tiere stecken sich von Zeit zu Zeit kleine Steinchen als Otolithen ins „Ohr"; bei der Häutung werfen sie mit der Auskleidung der Otozysten auch die Steinchen mit ab. Verhindert man sie nun dadurch, daß man sie in ein Bassin mit reinem Wasser setzt, sich neue Otolithen einzuführen, so verhalten sie sich wie entstatet; Hummerlarven z. B., welche sonst im labilen Gleichgewicht balancieren, schwimmen alsdann mit dem Bauch nach oben und werden in bewegtem Wasser haltlos umhergeworfen.

Die Anatomie der Otozysten legt eine Hypothese über den *Mechanismus ihrer Wirkung* nahe (BREUER): der Otolith drückt seinem größeren spezifischen Gewicht entsprechend andauernd auf die Sinneshaare und Sinnesepithelien der Macula acustica oder zieht an ihnen. Diese andauernde Wirkung verursacht die Empfindung der regelrechten Lage im Verhältnis zur Vertikalen. Ändert sich nun die Lage, so sucht der Otolith der Schwerkraft zu folgen und zerrt darum auf der einen (höher gelegenen) Seite an dem Epithel, an welchem er durch die Haare oder federnden Borsten befestigt ist, auf der anderen (tiefer gelegenen) Seite übt er auf dieses einen vermehrten Druck aus, und auf diese geänderte Beanspruchung antwortet das Epithel mit der Auslösung einer Korrektionsbewegung.

Die Richtigkeit dieser Vorstellung wird durch ein ausgezeichnetes Experiment von KREIDL bewiesen: einer Garnele (Palaemon) wurde nach der Häutung zur Bildung neuer Otolithen Eisenfeilstaub geboten. Infolgedessen wurde der Krebs empfindlich gegen einen Elektromagneten; näherte man diesen von der Seite, so drehte sich der Krebs so, daß er seinen Rücken vom Magneten fortkehrte, er führte genau dieselben Bewegungen aus, wie wenn sein Rücken passiv zum Magneten hingedreht würde und er sich

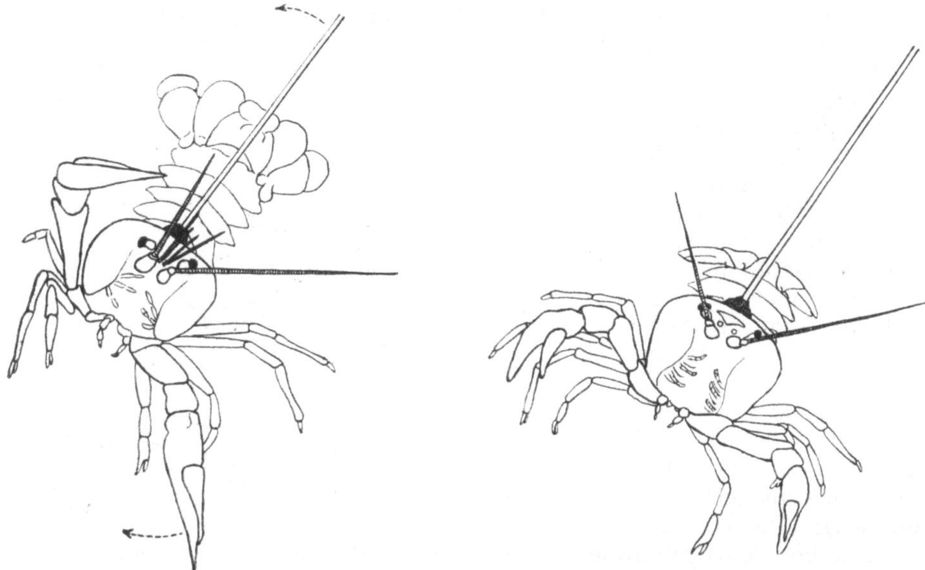

Abb. 304. Kompensationsbewegungen bei Schiefhaltung eines normalen Krebses. (Nach KÜHN.)

Abb. 305. Stellung eines otozystenlosen Krebses bei Schiefhaltung. (Nach KÜHN.)

dagegen wehrte. Und dies ist wohl zu verstehen; denn der Eisenstaub verlagerte sich in der Otozyste offenbar von der tiefsten Stelle nach der Seite in die Resultante von Schwerkraft und magnetischer Kraft, also geradeso, als ob das Tier die genannte passive Drehung seines Rückens erlebt hätte.

In ähnlich künstlicher Weise kann man die Otolithen auch durch die Kombination von Schwerkraft und Zentrifugalkraft ablenken und auf die Weise an sich überflüssige Einstellungsänderungen auslösen. So haben wir vorher (S. 604) erfahren, daß der Mensch eine Drehbewegung wie in einem Karussell mit einer reflektorischen Raddrehung seiner Augen beantwortet, der zufolge eine Linie vertikal erscheint, welche in Wirklichkeit mit ihrem oberen Ende nach der Rotationsachse geneigt ist und mit der Resultante aus Schwerkraft und Zentrifugalkraft zusammenfällt. Dieser Versuch verweist uns darauf, die kompensatorischen *Drehungen und Rollungen der Augen*, welche jeder Änderung der Körper- bzw. der Kopflage folgen, als Otozystenfunktion aufzufassen; die dabei neu eingenommene Augenstellung wird so lange beibehalten, als der Kopf in der veränderten Lage verharrt. In der Tat ist gezeigt, daß diese kompensatorischen Augenstellungen nicht mehr eingenommen werden, wenn die Otozysten mit der Zentrifuge zerstört worden sind. Das gleiche gilt aber auch für die übrigen *tonischen Labyrinthreflexe*, welche je nach der Orientierung des Kopfes im Raum die verschiedenen Stellungen von Rumpf und Gliedmaßen in der früher (s. S. 609) beschriebenen Weise herbeiführen; auch diese Vorrichtungen zur Einnahme der normalen Körperhaltungen versagen nach Ausschaltung der Otozysten (MAGNUS und DE KLEIJN).

Die Funktion der Otozysten wurde aus den vorher angegebenen Gründen zunächst vorwiegend an den Wirbellosen experimentell geklärt. Stellen wir uns dieselbe Aufgabe bei den Wirbeltieren, so stoßen wir sofort auf die Frage, *ob hier Sacculus und Utriculus verschiedene Aufgaben zu erfüllen haben*. Die experimentelle Beantwortung dieser Frage stößt begreiflicherweise auf erhebliche Schwierigkeiten, sie ist bisher besonders bei den Fischen angestrebt worden, deren Labyrinth, abgesehen von den Bogen-

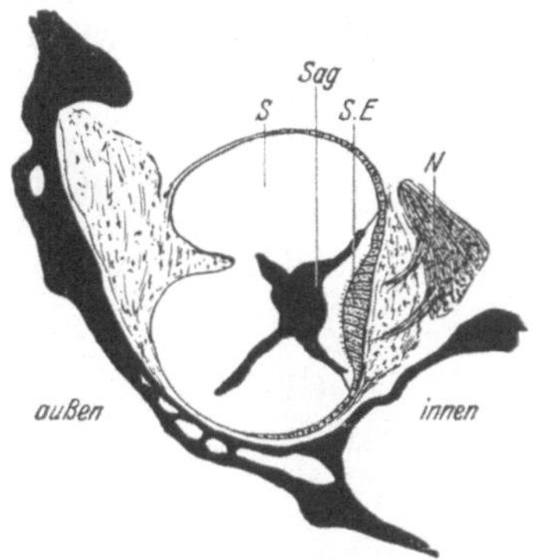

Abb. 306. Sacculus der Elritze.

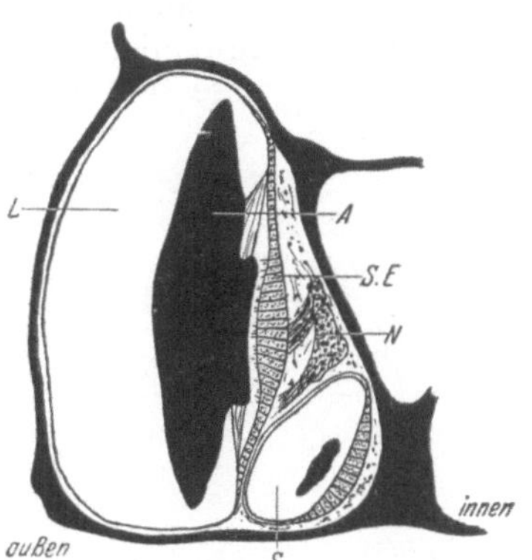

Abb. 307. Lagena der Elritze.

gängen, noch eine dritte Otozyste, die Lagena enthält, während die Entwicklung einer Schnecke aus der Basalpapille erst bei den Amphibien beginnt (s. S. 606).

Alle drei Otozysten der Fische, Utriculus, Sacculus (Abb. 306) und Lagena (Abb. 307) besitzen große harte Otolithen. Der Utriculus bildet zusammen mit den Bogengängen eine *Pars superior* des Labyrinths, Sacculus und Lagena eine *Pars inferior;* sie sind bei manchen Fischen fast voneinandergetrennt, nur durch einen engen *Canalis utriculo-saccularis* miteinander verbunden. Dies anatomische Verhalten gibt die Basis für die experimentelle Erforschung.

PARKER und MANNING sowie v. FRISCH haben nun bei verschiedenen Fischen festgestellt, daß die Entfernung der Pars inferior weder Störung des Gleichgewichts noch Tonusverlust nach sich zieht, während die Wegnahme der Pars superior in allen Symptomen einer Totalexstirpation des Labyrinths gleichkommt. Auch beim Frosch (TAIT), bei der Taube (HUIZINGA) und beim Kaninchen (VERSTEEGH) ist nachgewiesen, daß die Ausschaltung des Sacculus für die Gleichgewichtserhaltung irrelevant ist. Danach bilden also *nur Utriculus und Bogengänge den statischen Apparat. Was leistet der Sacculus?* Mit dieser Frage kommen wir nun noch einmal auf das Problem des Hörens ohne Schnecke zurück (S. 573). In der Tat sind Fische, denen die Pars superior fortgenommen ist, keineswegs taub (PARKER), und v. FRISCH und STETTER haben an der Elritze (Phoxinus laevis)

mit Hilfe der Dressurmethode (S. 606) das Hörvermögen nach den verschiedensten Eingriffen ins Labyrinth durchuntersucht und sind zu folgenden Ergebnissen gekommen: die normale Elritze reagiert auf Schallschwingungen
in dem Frequenzbereich von < 16 bis 5—6000 Hertz; nach Exstirpation der
Pars inferior, also des Sacculus und der Lagena, wird sie taub innerhalb des
großen Gebiets aufwärts von etwa 100. Dagegen reagiert das Fischchen
noch weiter auf die niedrigen Frequenzen, auf diese aber auch noch nach vollständiger Ausräumung des Labyrinths, ja auch noch nach Ausschaltung
der Sinnesorgane der Seitenlinie an Rumpf und Kopf. v. FRISCH und
STETTER schließen daraus, daß diese Empfindlichkeit, entsprechend dem
Vibrationsgefühl des Menschen, Sache des Hautsinns ist, mit dem die
Elritze, wie die Dressurversuche lehren, auch noch Schwingungen verschiedener Frequenz unterscheidet, geradeso wie der Mensch dazu imstande
ist. Während aber das Unterscheidungsvermögen für Töne verschiedener
Frequenz (S. 569) beim Fisch für das Labyrinth und den Tastsinn ungefähr
gleich gering ist, ist das menschliche Gehörorgan hierin dem seiner Haut
weit überlegen. Es ist leicht ersichtlich, daß durch diese Ergebnisse der
Experimentalphysiologie ebenso wie der funktionellen Anatomie wieder eine
Fülle neuer Aufgaben gestellt wird.

Sachverzeichnis.

Druck von C. G. Röder A.-G., Leipzig.